数据科学与工程数学基础

Mathematical Foundations for Data Science and Engineering

黄定江　著

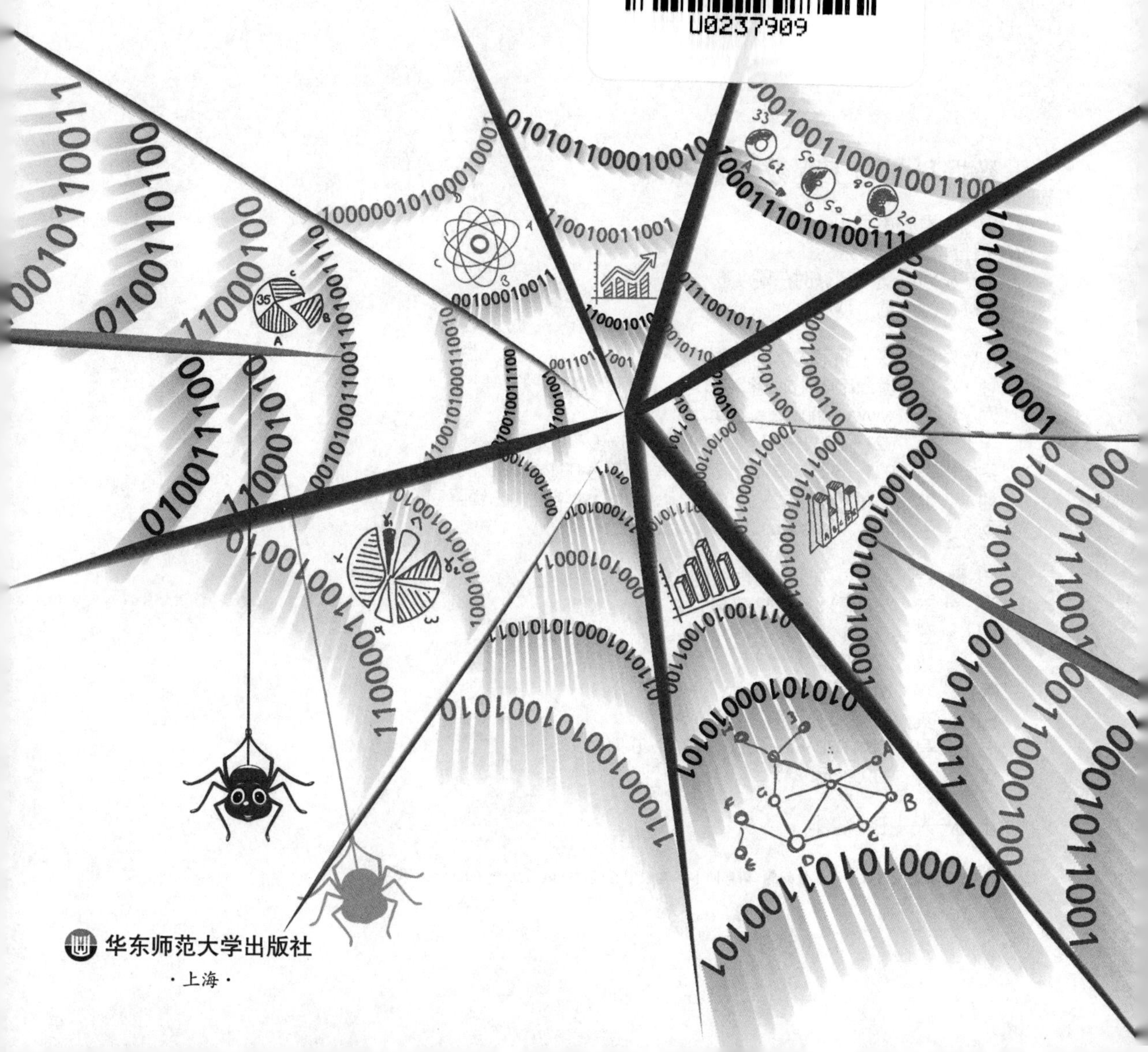

华东师范大学出版社
·上海·

图书在版编目(CIP)数据

数据科学与工程数学基础/黄定江著. 一上海:华东师范大学出版社,2023
ISBN 978-7-5760-4342-6

Ⅰ.①数…　Ⅱ.①黄…　Ⅲ.①数据处理-关系-工程数学-教材　Ⅳ.①TP274②TB11

中国国家版本馆 CIP 数据核字(2024)第 017691 号

数据科学与工程数学基础

著　　者　黄定江
责任编辑　蒋梦婷
责任校对　樊　慧　时东明
装帧设计　俞　越

出版发行　华东师范大学出版社
社　　址　上海市中山北路 3663 号　邮编 200062
网　　址　www.ecnupress.com.cn
电　　话　021-60821666　行政传真 021-62572105
客服电话　021-62865537　门市(邮购)电话 021-62869887
地　　址　上海市中山北路 3663 号华东师范大学校内先锋路口
网　　店　http://hdsdcbs.tmall.com

印 刷 者　上海展强印刷有限公司
开　　本　787 毫米×1092 毫米　1/16
印　　张　43.25
字　　数　871 千字
版　　次　2024 年 9 月第 1 版
印　　次　2024 年 9 月第 1 次
书　　号　ISBN 978-7-5760-4342-6
定　　价　99.00 元

出 版 人　王　焰

(如发现本版图书有印订质量问题,请寄回本社客服中心调换或电话 021-62865537 联系)

序言 —— Preface

数据科学与工程核心课程的系列教材终于要面市了，这是一件鼓舞人心的事. 作为华东师范大学数据学院的发起者和见证人，核心课程和系列教材一直是我心心念念的事情. 值此教材出版发行之际，我很高兴能被邀请写几句话，做个回顾，分享一些感悟，也展望一下未来.

借着大数据热的东风，依托何积丰院士在 2007 年倡导成立的华东师范大学海量计算研究所，2012 年 6 月在时任 SAP 公司 CTO 史维学博士(Dr. Vishal Sikka)的支持下，我们成立了华东师范大学云计算与大数据研究中心. 2013 年 9 月，学校发起成立作为二级独立实体的数据科学与工程研究院，开始软件工程一级学科下自设的数据科学与工程二级学科的博士和硕士研究生培养. 在进行研究生培养的探索过程中，我们深切感受到本科生的培养需要反思和改革. 因此，到了 2016 年 9 月，研究院改制成数据科学与工程学院，随后就招收了数据科学与工程专业的本科生，第一届本科生已于 2020 年毕业. 这是学院和专业的简单历史. 经过这么几年的实践和思考，我们越发坚信当年对“数据科学与工程”这一名称的选择，“数据学院”和“数据专业”已经得到越来越多的认可，学院的师生也逐渐接受“数据人”这一称呼.

这里我想分享以下几方面的感悟：为什么要办数据专业？怎么办数据专业？教材为什么很重要？对人才培养有什么贡献？

为什么要办数据专业？数据是新能源，这是大家耳熟能详的一句话. 说到能源，我们首先想到的是石油，所以大家就习惯把数据比喻成石油. 但是，在我们看来，“新能源”对应的英文说法应该是“New Power”. “Data is Power”，这是我们的基本信念，也是我们为什么要办数据学院的根本动机. 数据是人类文明史上的第三个重要的 Power，蒸汽能(Steam Power)和电能(Electric Power)引发了第一次和第二次工业革命. 如果说蒸汽能和电能造就了从西方开始的两百多年的工业文明，数据能(Data Power)将把人们带入数字文明时代. 数据是数字经济发展的重要的生产要素，这个生产要素不同于土地、劳动力，也不同于资本、技术. 如果要给数据找一个恰当的比拟，也许只有十九世纪末伟大的发明家尼古拉·特斯拉发明的交流电. 数据是新时代的交流电，就像上个世纪，交流电给世界带来的深刻变化一样，因为人们对数据能认识的提高，我们将进入一个“未来已来，一切重构”的时代. 数据学院就像一百多年前的电力学院或电气学院.

怎么办数据专业？我们数据学院脱胎于软件工程学院，在此以前还有计算机科学与工程学院，数据相关的研究和偏向管理与图书情报方向的信息系统学科和专业也密切相关，应用数学、概率统计更是数据分析和处理的理论基础，不可或缺. 到底什么样的专业才算是数据专业？起初的时候，这对我们基本上可以说是一个“灵魂拷问”. 为此，我们发起成立了由国内十五所高校三十多位知名教授组成的“高校数据科学与工程专业建设协作组”. 我们相信，有了先进的理念，再加上集体的力量，数据专业建设的探索之路就能走通. 协作组已经召开了四次研讨会，确定了称为 CST 的专业建设路线图，C 代表 Curriculum(培养计划)，S 代表 Syllabus(课程大纲)，T 代表 Textbook(教材建设). 在得知我们的工作后，ACM/IEEE 计算机工程学科规范主席 John Impagliazzo 教授邀请我们参与了 ACM/IEEE 数据科学学科规范的制定. 协作组达成共识：专业课程分为基础课、核心课、方向课三类，核心课是体现专业区分度的一组课程. 与数据专业(DSE)最相近的就是计算机科学与工程(CSE)和软件工程(SE)两个专业，我们确定的第一批 DSE 区别于 CSE 和 SE 的八门核心课程是：数据科学与工程导论、数据科学与工程数学基础、数据科学与工程算法基础、应用统计与机器学习、当代人工智能、云计算系统、分布式计算系统、当代数据管理系统. 随后我们又确定两门课纳入这个系列，分别是：区块链导论——原理、技术与应用和数据中台初阶教程. 数据专业作为一个新专业，三类课程的边界还不清晰，我们重点关注核心课程，核心课有遗漏的知识点可以纳入基础课或方向课. 这样可以保证知识体系的完整性，简单起步，快速迭代. 随着实践和认识的深入，逐渐明晰三类课程的边界，形成完善的培养计划.

教材为什么很重要？建设好一个专业，培养计划和课程体系固然很重要，但落实在根本上是教材. 一套好的教材是建成一个好的专业的前提，放眼看去，无论是国内还是国外，无论是具体高校还是国家区域层面，这都是不争的事实，好的专业都有成体系的好的教材.当然,现在的教材已经不仅仅指的是单纯的一本教科书,还有深层次的内容,比如说具体的教学内容和教学方式.我们都知道,教材是知识的结晶,是站到巨人肩膀上去的台阶.在自然科学领域,确实如此,一百年前我们民族的仁人志士呼唤"赛先生",在中华大地上科学的传播带来了翻天覆地的变化.在更广泛的领域,教材也还是技术、工艺和文化的传承,是产业发展的助推器.本世纪以来,随着互联网的蓬勃发展,人们已经深刻认识到,互联网改变世界.在人类的文明史上,没有任何一项科研成果像互联网这样深刻地改变人,改变世界.互联网之所以能改变世界,是因为它真正发挥了数据的威力.互联网实现了信息技术发展从"以计算为中心"到"以数据为中心"的路径转变.用"旧时王谢堂前燕,飞入寻常百姓家"来形容很多我们以前甚至当前教材上的一些内容,可能毫不为过.以互联网为代表的新型产业的发展,极大地推动了技术的进步,我们已经到了可以编写自己的教材,形成自己的技术体系和科学理论体系的时候了.我们是现代科学的后来者,已经习惯了从科学到技术再到应用的路径,现在有了成功的应用,企业也发展出了领先的技术,学界可以在此基础上发展出技术体系和科学理论体系,应用、技术和科学的联动才是真正的创新之路.

对人才培养有什么贡献? 在信息技术领域,迄今为止我们更多的是参考或沿袭了西方发达国家的培养计划和教材体系,在改革开放以来的四十年,这种"拿来主义"的做法很有效,培养了大量的人才,推动了我国的社会经济发展.但总的来说,我们的高校在这一领域更像是在培养"驾驶员",培养开车的人,现在到了需要我们来培养自己的造车人的时候了.技术发展趋势如此,国际形势也对我们提出了这样的要求.我们处在一个大变局的时代,世界充满不确定性,开放和创新是应对不确定性的不二之选.创新成为人才培养的第一性原理,更新观念,变革教育,卓越育人是我们华东师范大学新时期人才培养的基本理念.人才培养是大学的第一要务,科学研究、社会服务和文化传承是大学的另外三大职能,大学通过这三大职能的实现可以更好地服务于人才培养.这也是数据专业核心课程系列教材建设的指导思想,我们计划久久为功的这一件事是践行这一理解的一个小小的行动.

最后,要特别表示感谢,感谢华东师范大学和高等教育出版社的支持和鼓励,感谢数据专业建设协助组的各位老师们的通力协作和辛勤劳动,也要感谢数据学院师生的信任和付出.心有所信,方能行远;因为相信,所以看见.希望作为探路者的艰辛能成为大家学术和事业生涯中的一笔重要财富.

"The best way to predict the future is to invent it."——Alan Kay

周傲英

华东师范大学

2020年11月于上海

前言 —— Foreword

本书主要介绍数据驱动的机器学习和人工智能建模与计算所依赖的数学基础，包括：数值线性代数、概率论、信息论基础及概率模型估计、最优化方法等．我们知道数据的表示需要向量，机器学习中函数模型的权重可以用矩阵来表示；数据中的不确定性或随机性描述通常由概率来刻画，大数定律在函数空间的推广为统计机器学习模型的成功提供了理论基础；而最优化算法为最终训练出一套可靠的模型参数提供了强大的数值计算支撑．

尽管数值线性代数、概率论与信息论、优化理论的很多内容研究已经持续了一个世纪以上，但是直到近二十多年来人们才发现它们已然成为数据科学建模求解的核心数学基础，比如，奇异值分解的广泛应用、最大似然和最大后验的成功运用、凸优化方法可靠和迅速地求解等等，使得这些理论和方法足以嵌入到基于计算机程序运行的数据分析和人工智能算法设计之中．

但是就像很多其他学科利用线性代数、概率统计和优化方法作为基础工具一样，现实世界的数据问题转换为一个代数计算或概率估计或优化求解问题是不容易的，特别是数据科学、机器学习和人工智能领域的问题与其他领域的不同之处在于，它们对这三部分知识的需求是如此地交错复杂又浑然一体，比如，矩阵既可以用于表示数据，但它也是函数模型变换的一部分；协方差矩阵巧妙地融合了概率和线性代数，把方差和矩阵组合在一起，从而能用作主成分分析的建模对象；数据科学大部分优化问题是非凸的，判断它是不是凸的或者将某个问题表述为凸优化的形式是比较困难的，这可以部分地借助对称正半定矩阵的概念等来实现．

本书目的

因此，本书的主要目的是帮助读者快速理清和掌握数据驱动的机器学习和人工智能建模与计算所需的相关数学知识，即表示数据所需的向量和矩阵的概念与运算，以及数值线性代数的四大核心议题；构建数据概率模型所需的概率基础和相关的统计和信息论准则；判断、描述以及求解凸优化问题的方法和背景知识等. 全书包括四个部分，共 10 章内容.

第一部分：绪论，即第 1 章，主要介绍数据科学与工程数学基础在数据科学与大数据技术专业中的定位、应用背景、服务学科领域和主要数学内容的构成以及相关的数学基础简史，使读者对本书有初步的了解. 这一章，我们会对从图像感知到自然语言处理再到数据分析与机器学习做一个简要的概览，让读者能够从"应用驱动"的角度来了解数据科学所涉及的和所需的数学基础，为全书的数据案例和数学内容展开做好铺垫.

第二部分：数据的低维表示与建模——矩阵分析，涵盖了从第 2 章到第 5 章的主要内容.

第 2 章介绍了线性代数的几何：度量和投影，包括向量的范数和内积、矩阵的范数和内积、赋范线性空间和内积空间、矩阵的四个基本子空间、投影以及特殊的正交矩阵等. 这些概念有助于我们从几何的角度来理解线性代数的基本概念以及在数据科学中的应用. 如范数和内积将被用作定义数据的各种相似性度量，以及防止数据模型过拟合的正则化手段；投影既是一个几何量，也是一个变换，在数据科学的降维任务中具有本质的作用. 赋范线性空间、内积空间以及各种扩展为各种数据空间和模型的假设空间提供了直观的数学基础.

第 3 章介绍了五种常用的矩阵分解方法，包括 LU（三角）分解、QR（正交）三角分解、谱（特征）分解、Cholosky 分解和奇异值分解等. 线性代数包含很多有趣的矩阵，如：对角阵、三角矩阵、正交矩阵、对称矩阵、置换矩阵、投影矩阵和关联矩阵等等. 在这些矩阵当中对称正（半）定矩阵是核心，因为数据科学与机器学习中大部分矩阵都是非方阵，而非方阵总是可以通过与其自身的转置相乘得到对称正（半）定矩阵. 对称正（半）定矩阵有正（非负）的特征值，并且有正交的特征向量，它也可以表示成一些秩一矩阵的线性组合，因此可以方便地用于低秩近似计算. 在机器学习中，我们主要处理的是这些大规模的对称正定矩阵或复杂的非方阵矩阵，需要借助矩阵分解的技术，特别是奇异值分解，把它表示为对角阵、三角阵和正交矩阵的乘积等等，然后利用这些特殊且简单的矩阵实现复杂矩阵的特征值等矩阵基本特征的快速计算，并用于数据压缩、数据降维、稀疏优化以及低秩矩阵恢复问题的求解等，这对帮助理解原本复杂的高维数据矩阵的结构和性质具有重要的作用．矩阵分解目前已成为数值线性代数研究的主题之一，为第 4 章数值线性代数三大传统的核心主题内容提供了基础．

第 4 章介绍了数值线性代数三大核心主题内容，包括线性方程组的求解、最小二乘问题和特征值的求解．数据科学中的很多问题最终都归结为上述三类问题的求解，因此这一章主要介绍线性方程组的类型和解的结构，引入基于矩阵分解的线性方程组和最小二乘问题的求解方法，并讨论解的敏感性，这些内容将与后续优化问题求解、数据科学中的线性回归等问题相联系．此外，还介绍了大规模矩阵求解特征值的一些计算方法，包括幂迭代法，这已被广泛应用于数据科学中的搜索技术 pagerank 的矩阵特征值计算．

第 5 章主要介绍向量和矩阵微分．包括向量和矩阵函数，以及数据科学和统计机器学习中常见的各种函数（包括模型函数、损失函数和目标函数等）、深度神经网络中函数的构造（包括模型函数和激活函数等），梯度和高阶导数的定义和性质、向量值函数和矩阵函数的梯度和求解方法以及用迹微分法求梯度的方法，并引入深度网络中的反向传播和自动微分求解方法．这一章介绍的函数模型是数据科学中两大类型的模型之一．这些内容将在优化方法和数据科学中的各种优化问题求解中反复使用．

第三部分：数据的随机表示与建模——概率和信息论，涵盖了从第 6 章至第 7 章的内容．

第 6 章介绍香农熵、信息熵、KL 散度和微分熵等信息论基本概念和性质，并引入基于熵概念的信息度量准则和数据科学建模原理．信息论与机器学习有着紧密的联系，学习某种意义上就是一个熵减的过程，学习的过程也就是使信息的不确定度下降的过程，因此这些内容可以用于创造和改进学习算法（主要是分类问题），甚至衍生出了一个新方向——信息理论学习．特别可用于数据科学中基于概率和熵的相似性度量，这与第 2 章中非概率的相似性度量形成对应．

第 7 章介绍概率模型与估计．包括概率不等式在机器学习的理论分析，通常也称为计算学习理论，如 PAC 可学习性以及算法的泛化界和收敛性分析等方面具有重要的应用、数据建模的概率思想、模型的参数估计和非参数估计、概率模型的图语言描述和统计决策理论．其中数据建模的概率思想将引出数据科学和机器学习中模型的概率表示和类型等；模型的参数估计和非参数估计重点介绍极大似然、极大后验、直方图估计、核密度估计和非参回顾估计等;概率模型的图语言描述将给出条件独立性、有向非循环图、无向图、团和势等,这为以后学习朴素贝叶斯、隐马尔科夫等概率图模型内容奠定基础;统计决策理论主要涉及模型参数估计的好坏判断,这与机器学习中建立模型的策略密切相关.这一章介绍的概率模型是数据科学中另一大类型的模型之一,与第 5 章中的非概率模型,也即函数模型形成对应.

第四部分:数据的数值优化计算——凸优化,即第 8 章至第 10 章的内容.

第 8 章介绍优化的基础理论.包括优化问题的分类、凸集和凸函数的定义和判别方法以及保凸运算,引入凸优化问题的定义和标准形式,并介绍数据科学和机器学习中常见的典型优化问题.事实上,机器学习中通过经验风险最小化准则建立的很多问题都可以建模为凸优化问题.

第 9 章介绍拉格朗日对偶函数和拉格朗日对偶问题,把标准形式(可能是非凸)的优化问题转化为对偶问题进行求解;并引出优化问题的最优性条件;介绍数据科学中各种常见的优化问题的对偶性问题.数据科学和机器学习中的很多问题是非凸的,比如最大割问题,可以通过转换为对偶问题进行有效求解.

第 10 章介绍无约束优化问题的性质和求解方法,包括直线搜索、梯度下降、最速下降、随机梯度下降方法等零阶和一阶方法;约束优化问题的求解方法,包括可行函数法和罚函数法;凸优化问题求解的高阶算法,包括牛顿法、内点法和拟牛顿法等二阶方法以及深度学习中一些常见的优化技术.这些方法将用于数据科学与机器学习中各种优化问题的求解.

读者范围

本书主要面向“数据科学与大数据技术”“人工智能”“计算机科学”等专业的本科生或低年级研究生.对于在工作中需要用到数值线性代数、概率论与信息论以及模型估计和最优化方法,或者更一般地说,用到计算方法的科研人员、科学家以及工程师,本书也较为合适.这些人群包括直接从事数据分析、机器学习和人工智能算法的科技工作者,亦包括一些工作在其他科学和工程领域但是需要借助数据科学数学基础的科技工作者,这些领域包括计算科学、经济学、金融、统计学、数据挖掘等.在阅读本书之前,读者只需要掌握现代微积分的基础知识即可.如果读者对一些基本的线性代数和基本的概率论有一定的了解,应能较好地理解本书的所有论证和讨论．当然，我们希望即使没有学过线性代数和概率论的读者也能够理解本书所有的基本思想和内容要点．

使用本书作为教材

我们希望本书能够在不同的课程中作为基本教材或者是参考教材来发挥它的作用，这些课程包括数据科学的数学基础、人工智能的数学基础、机器学习的数学基础和计算机科学的数学基础等．从 2018 年开始，我们即在华东师范大学数据学院的本科生和低年级研究生的同名课程中使用本书的初稿．我们的经验表明，用 3 个学分，也即 48 学时到 54 学时，可以粗略讲授本书的大部分内容．如果用一个 4 学分的课程时间，也即 64 学时到 72 学时，讲课进度就可以比较从容，也可以增加更多的例子，并且可以更加详尽地讨论有关理论．若能用 6 个学分的课程时间，就可以对奇异值分解、最小二乘问题、特征值的计算、线性规划和二次规划（对于以应用为目的的学生极为重要）这些基本内容进行较广泛的细致讨论，或者加强这些内容对应算法方面的介绍或对学生布置更多的习题训练．本书可以作为数值线性代数、概率论与信息论、最优化方法等基础的参考读物．此外，对于像数学系更关注理论的课程，本书可以作为辅助教材，它提供了一些简单的实际例子．

致谢

本书写作参考了 Glbert Strange 教授的《Linear Algebra and Its Application》和《Linear Algebra and Learning from data》，Larry Wasserman 教授的《All of Statistics》，Thomaas Cover 教授的《Elements of Information Theory》，Giuseppe Calafiorce 教授和 El Ghaoui Laurent 教授的《Optimization Models》，Stephen Boyd 教授和 Lieven Vandenberghe 教授的《Convex Optimization》，文再文教授等的《最优化理论》等经典数学教材，以及 Vladimir Vapnik 教授的《Statistical learning theory》，Hastie Trevor 教授，Tibshirani Robert 教授和 Friedman Jerome 教授的《The Elements of Statistical Learning》，Ian Goodfellow、Yoshua Bengio、Aaron Courville 的《Deep Learning》，周志华教授的《机器学习》，李航教授的《统计学习方法》和邱锡鹏教授的《神经网络与机器学习》等经典的机器学习教材．

本书是在华东师范大学周傲英副校长和数据科学与工程学院的大力支持下，历时四年多完成的，虽然四年的时间不算短，并且主要内容也在华东师范大学数据学院本科生和低年级研究生的同名课程中使用过并取得了不错的讲授和学习效果，但是作为为“数据科学与大数据技术”这样一个崭新的硬专业提供一本适用的教材，这点时间显然是不够的，很多内容还没有得到很好的打磨以适应不同层次水平的学生或相关的科研人员. 但我们还是希望能够快速出版以满足日益增长的专业需求和读者们对这一领域持续探索的热情. 我们只能期待在使用的过程中不断获得反馈以便快速迭代，从而获得更广泛的使用普遍性. 这正如数据科学、人工智能和计算机科学这一领域从业者的行事准则：上线、迭代更新、再迭代……直至打磨稳定. 我们也计划采用这种方式，所以恳请读者们如果碰到任何书本有关的问题，能及时反馈给我们 djhuang@dase. ecnu. edu. cn，以便改进，我们将不吝感激.

本书在写作过程中得到了来自由华东师范大学、哈尔滨工业大学、中国人民大学、中山大学、东北大学、西北工业大学、河南大学以及桂林电子科技大学等 15 所高校组成的数据专业协作组以及华东师范大学出版社和高等教育出版社的专家们的反馈和建议，同时也获得了华东师范大学很多同事、我课题组的研究生们以及我课程上的学生们的反馈和建议. 篇幅所限，我们无法一一表达感谢，只能在此对大家一并表达诚挚的谢意.

最后要特别感谢我的课题组的研究生们，博士生郝珊锋、刘文辉、伍志坚、申弋斌、刘友超和硕士生唐赟喆、赖叶静、张洋、余若男、汤路民、杨康、周雪茗、杨礼孟、王明和李特等同学，他们花费了很多时间来协助我一起修改、编辑书中的公式、表格和图片等，才使得本书能够快速面世. 郝珊锋、刘文辉和唐赟喆也协助我一起制作了与本书配套的同名课程的 MOOC 视频（本课程在融优学堂和超星泛雅 http://mooc1. chaoxing. com/course/208843967. html 上线），感谢他们的努力付出.

限于作者的知识水平，书中难免有不妥和错误之处，恳请读者不吝批评和指正.

黄定江

2020 年 10 月

数学符号

下面简要介绍本书所使用的数学符号.如果你不熟悉数学符号所表示的数学概念,可以参考对应的章节.

数据集

$\mathbb{X}$	输入空间
$\mathbb{Y}$	输出空间
$\boldsymbol{x} \in \mathbb{X}$	输入,实例
$y \in \mathbb{Y}$	输出,标记
$\mathbb{T}=\{(\boldsymbol{x}_1, y_1), (\boldsymbol{x}_2, y_2), \cdots, (\boldsymbol{x}_N, y_N)\}$	训练数据集
N	样本容量
$(\boldsymbol{x}_i, y_i)$	第 i 个训练数据点
$\boldsymbol{x}=(x_1, x_2, \cdots, x_n)$	输入向量,n 维实数向量
$x_{i,j}$	输入向量 $\boldsymbol{x}_i$ 的第 j 分量

向量和矩阵

a	标量(整数或实数)
$\boldsymbol{a}$	向量
$\boldsymbol{A}$	矩阵
A	张量
$\boldsymbol{I}_n$	n 行 n 列的单位矩阵
$\boldsymbol{I}$	维度蕴含于上下文的单位矩阵
$\boldsymbol{e}_i$	索引 i 处值为 1 其他值为 0 的标准基向量
$\mathrm{diag}(\boldsymbol{a})$	对角方阵,其中对角元素由 $\boldsymbol{a}$ 给定
a_i	向量 $\boldsymbol{a}$ 的第 i 个元素,其中索引从 1 开始

a_{-i}	除了第 i 个元素,$\boldsymbol{a}$ 的所有元素
a_{ij}	矩阵$\boldsymbol{A}$ 的 i 行 j 列元素
$\boldsymbol{A}_{i,:}$	矩阵 $\boldsymbol{A}$ 的第 i 行
$\boldsymbol{A}_{:,i}$	矩阵$\boldsymbol{A}$ 的第 i 列
$\mathbb{A}$	集合
$\mathbb{R}$	实数集
$\mathbb{C}$	复数域集
$\mathbb{A} \backslash \mathbb{B}$	差集,即其元素包含于$\mathbb{A}$ 但不包含于$\mathbb{B}$
$\mathbb{R}^n$	n 维实向量空间
$\mathbb{C}^n$	n 维复向量空间
$\dim(\mathbb{V})$	空间$\mathbb{V}$ 的维数
$\boldsymbol{A}^{-1}$	矩阵的逆
$\boldsymbol{A}^{\mathrm{T}}$	矩阵 $\boldsymbol{A}$ 的转置
$\boldsymbol{A}^{\dagger}$	$\boldsymbol{A}$ 的 Moore-Penrose 伪逆
$\boldsymbol{A} \odot \boldsymbol{B}$	$\boldsymbol{A}$ 和 $\boldsymbol{B}$ 的逐元素乘积(Hadamard 乘积)
$\lvert \boldsymbol{A} \rvert$ 或 $\det(\boldsymbol{A})$	$\boldsymbol{A}$ 的行列式
$\operatorname{rank}(\boldsymbol{A})$	矩阵的秩
A_{ij}	元素 a_{ij} 的代数余子式
$\boldsymbol{A}^{*}$	$\boldsymbol{A}$ 的伴随矩阵
$\operatorname{Tr}(\boldsymbol{A})$	矩阵的迹
λ	矩阵的特征值

范数

$\lVert \cdot \rVert$	范数
$\lVert \boldsymbol{x} \rVert_2$	向量的 l_2 范数
$\lVert \boldsymbol{x} \rVert_1$	向量的 l_1 范数
$\lVert \boldsymbol{x} \rVert_\infty$	向量的 l_∞ 范数
$\lVert \boldsymbol{X} \rVert_2$	矩阵 $\boldsymbol{X}$ 的谱范数
$\operatorname{sim}_{\cos}(\boldsymbol{x}, \boldsymbol{y})$	余弦相似度
$\operatorname{vec}(\boldsymbol{A})$	矩阵的向量化
$\lVert \boldsymbol{A} \rVert_F$	矩阵的 F 范数

$\lVert \boldsymbol{A} \rVert_*$	矩阵的核范数
$\mathrm{Col}(\boldsymbol{A})$	$\boldsymbol{A}$ 的列空间
$\mathrm{Row}(\boldsymbol{A})$	$\boldsymbol{A}$ 的行空间
$\mathrm{Null}(\boldsymbol{A})$	$\boldsymbol{A}$ 的零空间
$\mathrm{Null}(\boldsymbol{A}^{\mathrm{T}})$	$\boldsymbol{A}$ 的左零空间

微分

$\frac{\mathrm{d}y}{\mathrm{d}x}$	y 关于 x 的导数
$\frac{\partial y}{\partial x}$	y 关于 x 的偏导
$\nabla_{\boldsymbol{x}} y$	y 关于 $\boldsymbol{x}$ 的梯度
$\nabla_{\boldsymbol{X}} y$	y 关于 $\boldsymbol{X}$ 的矩阵导数
$\nabla_{\mathrm{X}} y$	y 关于 X 求导后的张量
$\frac{\partial \boldsymbol{f}}{\partial \boldsymbol{x}^{\mathrm{T}}}$	向量值函数 $\boldsymbol{f}$ 对 $\boldsymbol{x} \in \mathbb{R}^m$ 的 Jacobian 矩阵
$\nabla_{\boldsymbol{x}}^2 f(\boldsymbol{x})$ 或 $\boldsymbol{H}_f(\boldsymbol{x})$	实值函数 f 在点 $\boldsymbol{x}$ 处的 Hessian 矩阵

概率基础

Ω	样本空间
E	随机试验
A	事件
$P(A)$	事件 A 发生的概率
$P(B \mid A)$	事件 A 发生的情况下，事件 B 发生的概率
$F_X(x)$	累积分布函数 CDF
$f_X(x)$	概率密度函数
$E(X)$	随机变量 X 的期望
$D(X)$	随机变量 X 的方差
$\mathrm{Cov}(X, Y)$	随机变量 X、Y 的协方差
$N(\boldsymbol{x}; \boldsymbol{\mu}, \boldsymbol{\Sigma})$	均值为 $\boldsymbol{\mu}$ 协方差为 $\boldsymbol{\Sigma}$，$\boldsymbol{x}$ 的高斯分布
$\Phi_X(t)$	X 的矩母函数，t 为实数
$\mathbb{E}_{x \sim P}[f(x)]$	$f(x)$ 关于 $P(x)$ 的期望

$X_n \xrightarrow{P} X$	X_n 依概率收敛于 X
$X_n \rightsquigarrow X$	X_n 依分布收敛于 X
$X_n \xrightarrow{qm} X$	X_n 均方意义下收敛于 X
$\Phi(z)$	标准正态分布的累积分布函数
$R_{\text{exp}}(f)$	期望风险
$R_{\text{emp}}(f)$	经验风险

信息论基础

$I(x_i)$	事件 x_i 的自信息
$I(x_i;y_i)$	事件 x_i 和事件 y_i 的互信息
$H(X)$	随机变量 X 的信息熵
$p(X)$	随机变量 X 的概率分布
$H(\boldsymbol{p})$	熵函数
$D_{\text{KL}}(P \parallel Q)$	P 和 Q 的 KL 散度
$H(P,Q)$	P 和 Q 交叉熵
$h(X)$	连续随机变量 X 的微分熵

概率模型和参数估计

θ	待估参数
Θ	参数空间
$L(\theta)$	样本在参数 θ 下的似然函数
$f(x;\theta)$	由 θ 参数化，关于 x 的函数
$p(\mathcal{D} \mid \theta)$	由 θ 参数化，获得给定数据 $\mathcal{D}$ 的概率
$\mathbf{1}_{\text{condition}}$	如果条件为真则为 1，否则为 0
$K(u)$	参数为 u 的核函数
$\Gamma(x)$	伽马函数
$\text{Beta}(a,b)$	Beta 函数
$\Phi_C(\boldsymbol{x}_C)$	团的势函数，变量 $\boldsymbol{x}_C$ 属于集合 C
$\boldsymbol{w}$	权重向量

优化

$\mathbf{aff}\mathbb{C}$	集合 $\mathbb{C}$ 的仿射包

$\mathbf{relint}\mathbb{C}$	集合$\mathbb{C}$的相对内部
$\mathbf{conv}\mathbb{C}$	集合$\mathbb{C}$的凸包
$\mathbf{int}\mathbb{C}$	集合$\mathbb{C}$的内部
$\mathbf{cl}\mathbb{C}$	集合$\mathbb{C}$的闭包
$\mathbf{bd}\mathbb{C}$	集合$\mathbb{C}$的边界：$\mathbf{bd}\mathbb{C}=\mathbf{cl}\mathbb{C}\setminus\mathbf{int}\mathbb{C}$
$I_{\mathbb{C}}$	集合$\mathbb{C}$的示性函数
$S_{\mathbb{C}}$	集合$\mathbb{C}$的支撑函数
$\boldsymbol{x}\geqslant\boldsymbol{y}$	向量$\boldsymbol{x}$和$\boldsymbol{y}$之间的分量不等式
$\boldsymbol{X}\succeq\boldsymbol{Y}$	矩阵$\boldsymbol{X}-\boldsymbol{Y}$是半正定矩阵,严格成立时是正定矩阵
$\mathcal{S}^n$	对称的$n\times n$矩阵
$\mathcal{S}_+^n$, $\mathcal{S}_{++}^n$	对称半正定、正定$n\times n$矩阵
$\mathbb{R}_+$, $\mathbb{R}_{++}$	非负、正实数
$\mathbf{epi}f$	函数f的上镜图
$\mathbf{dom}f$	函数f的定义域
$\lambda_{\max}(\boldsymbol{X})$, $\lambda_{\min}(\boldsymbol{X})$	对称矩阵$\boldsymbol{X}$的最大、最小特征值
$\mathrm{dist}(A, B)$	集合(或点)A和B之间的距离
∇f	函数的导数
f^*	f的共轭函数

目 录 —— Contents

第一章

绪　论

本章我们将简要介绍数据科学与工程数学基础在数据科学与大数据专业中的定位、应用背景、服务学科领域和主要数学内容的构成以及相关的数学基础简史，使读者对本书有初步的了解. 1.1 节主要从大数据结构的角度来探讨数据科学与工程数学基础在数据科学与大数据专业中的定位. 1.2 节从应用的角度探讨各种智能处理任务如何在数据的框架下归结为数据分析的各种基本运算任务. 1.3 节叙述数据分析的各种基本运算任务的理论背景，也即机器学习的基本概念、问题模式、方法要素和应用任务以及与这些理论涉及的相关数学基础. 1.4 节给出数据科学与工程所需的数学内容框架，给出粗略的概览，界定本教材涉及的数学内容的范围. 1.5 节概览本教材涉及的数学基础简史.

1.1 本教材产生的背景和定位

近年来，人工智能的强势崛起，特别是 2016 年 AlphaGo 和韩国九段棋手李世石的人机大战，让我们深刻地领略到了数据和模型驱动的机器学习技术的巨大潜力. 数据是载体，智能是目标，而数据分析技术，特别是机器学习是从数据通往智能的技术、方法和途径. 因此，机器学习是数据分析的核心，是现代人工智能的本质.

1. 关于数据

机器学习就是关于计算机基于数据构建数学模型并运用模型对数据进行预测与分析，从数据中挖掘出有价值的信息的学科. 数据本身是无意识的，它不能自动呈现出有用的信息. 通俗地说，数据是指对客观事件进行记录并可以鉴别的符号，数据是信息的载体，我们研究数据是希望获得信息，没有联系的、孤立的数据是不能获得信息的，只有当这些数据可以用来描述一个客观事物和客观事物的关系，形成有逻辑的数据流，才能被称为信息. 因此信息是来源于数据并高于数据. 但是信息具有实效性，只有通过对信息进行归纳、演绎、比较等手段进行挖掘，使其有价值的部分沉淀下来，并与已存在的人类知识体系相结合，它们才能转变成知识. 因此，我们研究数据的目标之一是发展一套数据处理技术，以期从中获得信息和知识.

那么有哪些类型的数据需要研究呢？这里所描述的数据是可以被计算机识别存储并加工处理的描述客观事物的信息符号的总称，是所有能被输入计算机中，且能被计算机处理的符号的集合，是计算机程序加工处理的对象. 客观事物包括数值、字符、声音、图形、图像等，如表 1.1，它们本身并不是数据，通常被称为衍生数据，只有通过编码变成能被计算机识别、存储和处理的符号形式后才是数据. 当前由于信息技术和互联网的广泛发展，形成了由大量衍生数据为基础构成的所谓大数据. 那么怎样才能从大数据中找出有价值的东西呢？首先需要我们对大数据的结构特性有清晰的理解，然后基于这种结构来发展相应的数据处理技术，以从中获得相应的信息和知识. 然而，目前我们对大数据的刻画基本上都是用描述性的语言，比如，高维、海量这种模糊的术语(如表 1.1)，而对大数据的本质结构并没有清晰的数学刻画.

表 1.1　数据类型和大数据的特性描述

N	数据类型		N	大数据特性
1	关系数据	结构化数据	1	高维
2	时间序列	半结构化	2	海量
3	图数据	半结构化	3	多模
4	文本数据	非结构化	4	高速
5	图片	非结构化	5	噪声
6	视频	非结构化	6	缺失
7	音频	非结构化	7	非平衡
			8	稀疏

为了回答这个问题，我们来看看数据分析解决问题的步骤：

(1) 首先要给数据一个抽象的表示；

(2) 其次基于表示进行建模，建立数学模型；

(3) 接着估计模型的参数，也就是计算或设计解此模型的算法；

(4) 然后编出程序、进行测试、调整得到最终解答；

(5) 最后为了应对大规模的数据所带来的问题，还需要设计一些高效的实现手段，包括硬件层面和算法层面.

2. 经典数据结构与运算

这一过程与传统计算机科学解决数据计算问题的过程是相似的. 传统计算机科学处理问题也涉及对数据进行表示，并建立一个数学模型以及设计一个解此模型的算法. 其中构建数学模型的实质是分析问题，从中提取操作的对象，并找出这些操作对象之间含有的关系，然后用数学的语言加以描述．这里有两种情况要考虑：

(1) 对于数值计算问题：所用的数学模型是用数学方程描述，所涉及的运算对象一般是简单的整型、实型和逻辑型数据，因此程序设计者的主要精力集中于程序设计技巧上，而不是数据的存储和组织上．

(2) 计算机科学应用的更多领域是“非数值型计算问题”，处理的对象是类型复杂的数据，它们的数学模型无法用数学方程描述，而是用数据结构描述，因此程序设计需要设计出合适的数据结构来对数据进行有效地存储和组织．众所周知，数据结构最早是由美国计算机科学家、图灵奖得主唐纳德・克努特(Donald Ervin Knuth)于 1968 年在其《计算机程序设计艺术》一书中系统提出．传统计算机科学中经典的数据结构，用一句话可以概括为：在同一类有限的数据集中，研究数据元素离散关系和数据运算．其具体内容如表 1.2 所示．

表 1.2 经典数据结构

N	经典的数据结构	离散关系
1	逻辑结构	集合、线性、树形、图形(常用数据结构：数组、栈、队列、链表、树、图、堆)
2	物理结构	顺序、链接、索引、散列
3	运算结构(结构算法)	检索、插入、删除、更新和排序
数据结构：在同一类有限的数据集中，研究数据元素离散关系和数据运算		

而计算机科学算法(Algorithm)是指对解决方案的准确而完整的描述，是一系列解决问题的清晰指令，算法代表着用系统的方法描述解决问题的策略机制，它也依赖于数据结构．可以看出传统计算机科学的核心——算法与程序设计以及其依赖的数据结构，这些内容都是建立在离散结构基础之上．而离散结构主要指离散对象之间的数学结构，所以又称离散数学，已成为传统计算机科学的核心数学基础，所以计算机科学是以“离散数学”为重点的数学体系．离散数学这个名称最终在 1974 年由美国 IEEE 计算机协会典型课程分委员会正式提出，并于 1976 年被列为计算机科学的核心课程．离散数学主要包括传统的逻辑学、集合论(包括函数)、数论基础、算法设计、组合分析、离散概率、关系理论、图论与树、抽象代数(包括代数系统、群、环、域等)、布尔代数、计算模型(语言与自动机)等等，主要用于描述经典数据的物理结构和逻辑结构，以及增、删、改、查等运算结构．

3. 大数据的结构与运算

回到现今的数据科学与工程面临的数据处理问题，与传统计算机科学一样，大部分也都是“非数值型计算问题”. 对于大数据，它们的数学模型已无法用数学方程来描述，我们进行程序设计和建立数学模型的目的如下：(1)更高效地存储和组织大数据；(2)发现大数据中有别于传统离散关系的新的数据关系，如相关关系（包括相似关系、顺序关系、类别关系）或因果关系；(3)由这些新的数据关系引出或定义新的数据运算结构，比如常见的分类（如电商希望对其客户数据进行建模分析来实现客户分类）、聚类、回归、降维（能够对数据进行可视化）和排序等运算. 对数据进行这些关系发现和数据运算获得的结果可以归结为从数据中获得信息和知识. 如果这一套流程全部依赖于计算机程序来完成，并自动化地辅助人类决策，就形成了所谓的人工智能，更准确说是数据驱动的人工智能. 在上述三个目的中，大数据的存储和组织形式与计算机科学中经典的数据和存储形式并没有很大的差异和变化（增加了并行处理等模式），所以这一部分仍然依赖于经典的数据结构以及相应的离散数学基础. 然而，对于第二和第三个目的，其实属于数据分析的范畴，仅仅具有经典的数据结构和相应的离散数学基础是不够的，需要形成一套新的大数据结构以及相应的数学基础来支撑.

如果我们把大数据特性中海量高维数据集抽象为无限数据集，多模数据集归结为多元数据集，高速到达数据归结为快速增长的数据集，噪声、缺失、非平衡、稀疏归结为奇异性，则数据分析中大数据所依赖的大数据结构可粗略地总结为：在多元无限快速增长的奇异数据集中，研究数据对象的数学关系和数据运算. 见表 1.3.

表 1.3 大数据结构

N	大数据结构	数学关系
1	表示结构	向量、矩阵、张量、拓扑空间、流形、李群和随机表示等
2	关系结构	相关关系（相似关系、顺序关系、类别关系）和因果关系
3	模型结构	概率相关模型非概率模型（函数模型）
4	计算结构	优化计算、统计计算
5	运算结构（结构算法）	运算结构（结构算法）& 分类、聚类、回归、降维、排序、密度估计等
大数据结构：在多元无限快速增长的数据集中，研究数据对象的数学关系和数据运算		

对上述定义的大数据结构的研究事实上是现今机器学习的主要内容. 而支撑这套数据结构的数学基础已突破了传统的离散数学,更多的是与矩阵计算、概率与统计、信息论和优化理论等连续数学相关(注意统计学如今在国内外都属于与数学并行的一级独立学科,但是因为其很多理论基础植根于数学,所以我们在这里仍然把它归为应用数学的范畴),见表 1.4. 因此需要形成一套新的数据科学与工程的数学基础来支撑对大数据结构的研究. 从上述角度看,数据科学与工程的数学基础之于数据科学类似于离散数学之于计算机科学. 我们需要在这些新的大数据结构维度上考虑问题.

那么,这些基础具体包括哪些内容呢? 我们在 1.4 节会详细给出. 首先在 1.2 节通过数据科学或人工智能中两类常见的应用场景:即视觉感知和自然语言处理的例子,来展示人工智能的很多应用任务处理都可以归结为上述提到的大数据结构中各种数据关系和运算任务问题. 然后在 1.3 节会介绍这些数据分析运算任务的理论基础,也即机器学习的理论背景以及相关涉及的数学问题,并由此在 1.4 节给出数据科学与工程所需的数学内容框架.

表 1.4 大数据的数学和运算结构

N	数据数学结构	相关关系或因果关系
1	代数结构	向量、矩阵、张量
2	度量结构	欧氏距离、范数
3	网络结构	有向图、无向图
4	拓扑结构	Klein 瓶
5	函数结构	线性函数、分片函数
运算结构:分类、回归、聚类、降维、密度估计和排序等		

1.2 从图像感知到自然语言处理

下面我们通过介绍两类场景案例来展示如何把数据驱动的图像感知和自然语言处理问题转变成一个基本的数据分析计算任务. 第一个案例是涉及图像识别的感知任务分析,代表了近年来以数据驱动的人工智能研究的核心进展. 第二个案例是信息检索和文本分类,代表了数据科学与机器学习被广泛认可的一个成功应用. 这些案例将简要表明数据驱动的人工智能应用中数据分析任务涉及的代数表示和概率建模以及各种优化问题. 其中文本分类涉及凸优化问题——源于逻辑回归模型或支持向量机的使用；而感知任务通常涉及高度非线性和非凸优化问题——源于深度神经网络的使用.这两个案例将在本书的很多地方被提及，作为很多重要的数学概念和结论的应用案例.

1.2.1 猫、分类和神经网络

计算机视觉旨在识别和理解图像/视频中的内容，其诞生于 1966 年 MIT AI Group 的"the summer vision project".当时，人工智能其他分支的研究已经有一些初步成果.由于人类可以很轻易地进行视觉认知，MIT 的教授们希望通过一个暑期项目解决计算机的视觉问题.当然，计算机视觉没有在一个暑期内解决，但计算机视觉经过 50 余年发展已成为一个十分活跃的研究领域.如今，互联网上超过 70%的数据是图像/视频，全世界的监控摄像头已超过人口数，每天有超过八亿小时的监控视频数据生成.如此大的数据量亟待自动化的视觉理解与分析技术.

图 1.1 是计算机视觉领域的四大基本任务，包括图像分类、目标定位、目标检测和图像分割.给定一张输入图像，图像分类任务旨在判断该图像所属类别.目标定位需要解决图像中目标所在位置的问题.目标检测既要识别出图中的物体，又要知道物体的位置，即图像分类和目标定位任务.图像分割进一步分为语义分割和实例分割，语义分割除了识别物体类别与位置外，还要标注每个目标的边界，将物体进行像素级别的分割提取，但不区分同类物体；而实例分割任务除了识别物体类别与位置外，还要标注每个目标的边界，且区分同类物体.

(a) 图像分类 (b) 目标定位 (c) 目标检测 (d) 图像分割

图 1.1 计算机四大视觉任务

例 1.2.1. 已知一个类别标签集合{*airplane*，*automobile*，*bird*，*cat*，*deer*，*dog*，*frog*，*horse*，*ship*，*truck*}，计算机如何判断图 1.2 是属于哪个类别呢？需要注意的是，计算机可以使用 RGB 位图表示彩色图像，RGB 位图用三维数组表示，数组元素的取值范围为[0, 255]的整数,数组的大小是宽度×高度×通道数,RGB 图像的通道数即红、绿、蓝三个通道. 这张猫的图像就可以用大小为 $32\times32\times3$ 的三维数组进行表示.

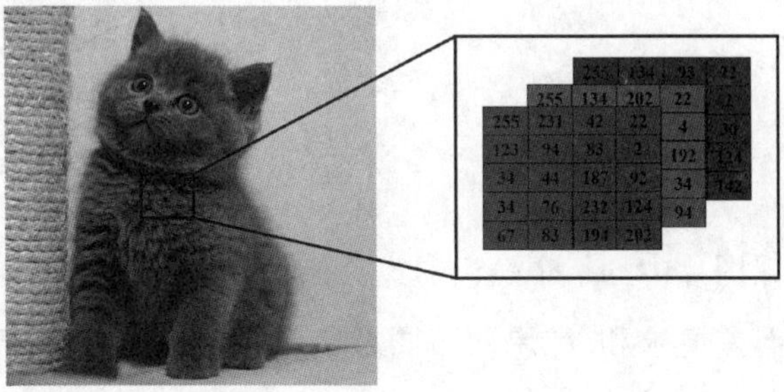

图 1.2 图像的数据表示

在机器学习中,我们经常采用基于数据驱动的方法对图像进行分类,即给计算机大量图像数据和标签,然后实现学习算法,让计算机学习到每个类别的特征. 具体方法流程如下:

(1) 输入:输入 N 个图像的集合(即训练集),每个图像的标签是所有分类标签中的一种.

(2) 学习:使用训练集来学习每个类的特征,这一步也被称为是在训练分类器或学习一个模型.

(3) 评价:让分类器预测未曾见过的测试图像的标签,将预测标签与真实标签进行对比,来评价分类器的质量. 通常使用测试集的准确率、精确率、召回率和 F1 - score 等指标来评价分类器.

对图像分类的基本流程有了一定了解之后,我们首先对数据集进行简单划分. 在例 1.2.1 中,我们选取 CIFAR - 10 图像分类数据集,如图 1.3 所示. 该数据集包含 60 000 张 $32\times32\times3$ 的图像,共有 10 个类别,每个类别有 6 000 张图像和对应标签. 对数据集进行划分,将每个类别的 5 000 张图片作为训练集,剩下的 1 000 张图片作为测试集. 在这里,我们将简单介绍三种类型的分类器,分别是 K 最近邻分类算法、线性分类算法和卷积神经网络算法.

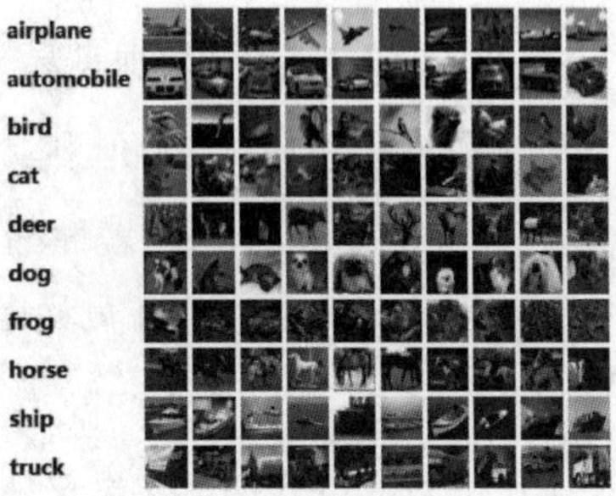

图 1.3 CIFAR - 10

1. *K* 最近邻分类算法

K 最近邻分类(KNN)算法是数据挖掘分类技术中最简单的方法之一. 所谓 K 最近

邻指的是每个样本都可以用它最接近的 K 个邻居来代表. KNN 就是通过测量不同特征值之间的距离来进行样本分类.

在 CIFAR-10 中，首先将测试图像和训练图像转化为两个 3072 维的向量 $\boldsymbol{l}_1$ 和 $\boldsymbol{l}_2$，然后计算它们之间的 L_1 距离：

$$d_1(\boldsymbol{l}_1, \boldsymbol{l}_2)=\sum_{p=1}^{3072} \mid \boldsymbol{l}_1^p-\boldsymbol{l}_2^p \mid$$

如图 1.4 所示，以图片中的一个颜色通道为例. 两张图像通过 L_1 距离进行比较，逐个像素求差值，再将所有差值求和. 如果两张图像完全一样，则 L_1 距离为 0；如果两张图像差异极大，则 L_1 值将会非常大.

test image

56	32	10	18
90	23	128	133
24	26	178	200
2	0	255	220

−

training image

10	20	24	17
8	10	89	100
12	16	178	170
4	32	233	112

=

plxel-wise absolute value differences

46	12	14	1
82	13	39	33
12	10	0	30
2	32	22	108

add → 456

图 1.4 以图片中的一个颜色通道为例

但同时我们会有疑问，KNN 算法中的 K 值该如何选取呢？计算距离时是选择 L_1 距离还是其他度量策略呢？这些选择的值被称为超参数. 在数据驱动的机器学习算法设计中，超参数十分常见，但如何选取往往需要通过验证集进行参数调优.

2. 线性分类器

尽管 KNN 算法直观且易于实现，但受限于模型本身的特性，该方法通常性能不佳，并伴随着高昂的计算代价，因此我们寻求一种更强大的方法来解决图像分类问题.

作为另一种具有代表性的分类方法，线性分类器通过特征的线性组合来实现样本分类. 该方法通过评分函数得到原始图像到类别分数的映射，接着使用损失函数来量化预测分类标签与真实标签之间的一致性. 这样分类任务被转化成一个最优化问题，在最优化过程中，将通过更新评分函数的参数来最小化损失函数值.

在本方法中，我们从最简单的概率函数开始，一个线性映射：

$$f(\mathbf{W}, b; x_i)=\mathbf{W}x_i+b$$

在此公式中，假设每个图像数据集都被拉成为一个长度为 D 的列向量，大小为[$D\times$

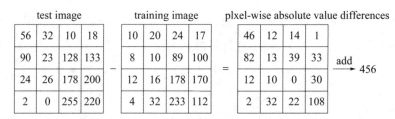

1]. 其中$[K \times D]$ 的矩阵 $\boldsymbol{W}$ 和大小为$[K \times 1]$ 的列向量 $\boldsymbol{b}$ 为该函数的参数. 仍然以 CIFAR－10 为例，$\boldsymbol{x}_i$ 就包含了第 i 个图像的所有像素信息，这些信息被拉成为一个[3072 ×1] 的列向量，$\boldsymbol{W}$ 大小为[10×3072]，$\boldsymbol{b}$ 的大小为[10×1]. 因此，3072 个数字输入函数，函数输出 10 个不同类别的得分. 参数 $\boldsymbol{W}$ 被称为权重，$\boldsymbol{b}$ 被称为偏差向量.

假设图像只有 4 个像素(也不考虑 RGB 通道)，有 3 个分类(cat、dog、ship). 首先将图像像素拉伸为一个列向量，与 $\boldsymbol{W}$ 进行矩阵乘法再加上偏差向量，然后得到各个分类的分值. 为了便于可视化，假设图像只有 4 个像素，3 个分类，红色代表猫，绿色代表狗，蓝色代表船. 首先将图像像素拉伸为一个列向量，与 $\boldsymbol{W}$ 进行矩阵乘法再加上偏差向量，得到各个分类的分值. 需要注意的是，权重 $\boldsymbol{W}$ 估计不准确：真实类别猫分类的分值非常低. 从图 1.5 中看，算法认为这个图像是一只狗. 这就需要使用损失函数来衡量我们对结果的不满意程度，当评分函数输出结果与真实结果之间差异越大，损失函数输出越大，反之越小.

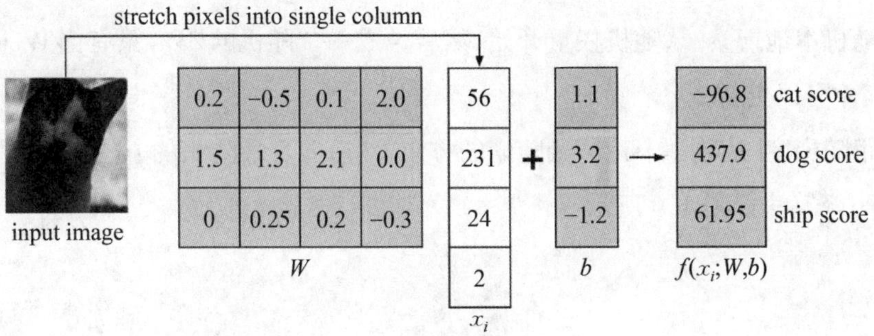

图 1.5 评分函数可视化

Softmax 函数是最常用的分类器之一，使用 Softmax 函数将一组得分范围在$(-\infty, +\infty)$的映射 f 转换为一组(0，1)的概率，并且这组概率的和为 1. 每张训练图像属于类别 i 的概率得分可以用公式表示：

$$\boldsymbol{p}_i = \frac{e^{f_i}}{\sum_{j=1}^{K} e^{f_j}}$$

根据预测类别的概率得分，使用交叉熵函数作为损失函数，计算真实标签与预测标签之间的损失. 将标签 y 转换成 one-hot 向量 y，例如真实标签为 4，则 $y = [0, 0, 0, 0, 1]$. 每张训练图像对应的交叉熵损失用公式表示为

$$l = -\sum_{c=1}^{K} y_c \log(p_c) = -\boldsymbol{y}_c \log(\boldsymbol{p}_c)$$

显然每张图像都只需要计算一个类别的概率得分和真实标签的交叉熵. 因此第 i 张图像的交叉损失函数又可以表示为

$$\boldsymbol{l}_i=-\log\left(\frac{e^{f_{y_i}}}{\sum_{j=1}^{K}e^{f_j}}\right)=-\boldsymbol{f}_{y_i}+\log\left(\sum_{j=1}^{K}e^{f_j}\right).$$

定义了损失函数后,我们需要确定最优化目标,最优化的目标即对所有训练集的图像的损失和最小

$$\min Loss=\min\sum_{i=1}^{N}\boldsymbol{l}_i=\min-\sum_{i=1}^{N}\log\left(\frac{e^{f_{y_i}}}{\sum_j e^{f_j}}\right).$$

为了寻找能使得损失函数值最小化的参数 $\boldsymbol{W}$ 的过程,可以考虑多个策略:

(1) 随机搜索. 从随机权重开始,然后迭代取优,从而获得更低的损失值.

(2) 随机本地搜索. 从随机权重开始,然后生成一个随机的 $\delta\boldsymbol{W}$,只有当 $\boldsymbol{W}+\delta\boldsymbol{W}$ 的损失值变低,才可以更新.

(3) 跟随梯度. 从数学上计算最陡峭的方向,然后向着最陡峭的方向下降.

梯度下降算法如图 1.6 所示:

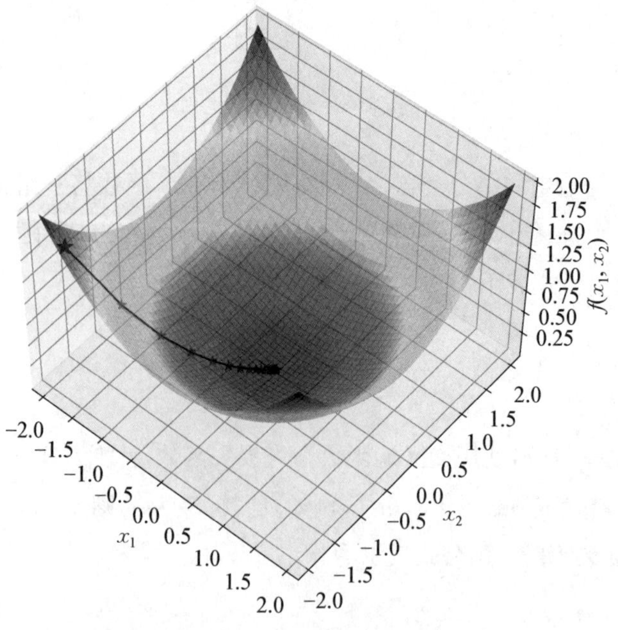

图 1.6 梯度下降算法

3. 卷积神经网络

我们已经了解到基于参数的评分函数、损失函数和最优化过程之间是如何运作的. 根据基于参数的函数映射,可将其拓展为一个远比线性函数复杂的函数——卷积神经网络(CNN). 卷积神经网络映射图像像素值到分类分值的方法和线性分类器一样,但是映射 f 要复杂得多,其包含的参数也更多. 而损失函数和最优化过程这两个部分将会保持相对稳定.

一个典型的卷积神经网络架构如图 1.7 所示,输入一张图像,经过一系列卷积层、非线性层、池化层和完全连接层,最终得到类别概率输出. 在一个简单的卷积神经网络中,每层都使用一个可以微分的函数将激活数据从一个层传递到另一个层. 在本例中,一个用于 CIFAR－10 图像数据分类的卷积神经网络的结构可以是[输入层-卷积层-激活层-池化层-全连接层].

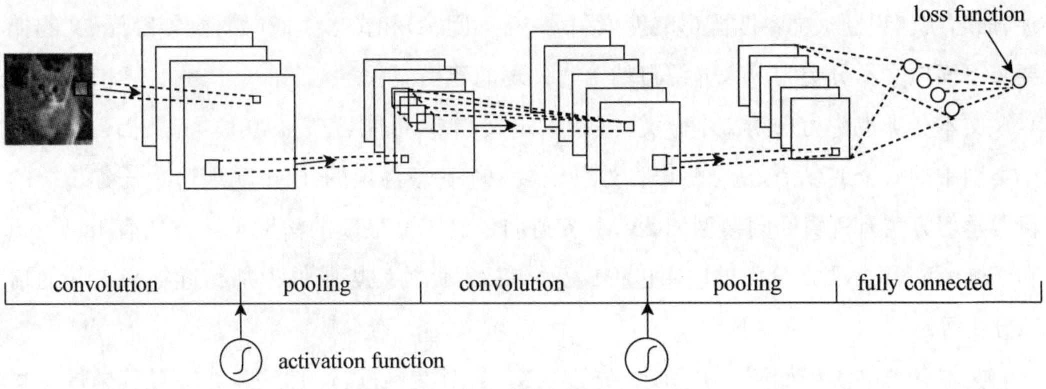

图 1.7 一个典型的 CNN 架构图

输入层通常是输入卷积神经网络的原始数据或经过预处理的数据,可以是图像识别领域中原始三维的多彩图像,也可以是音频识别领域中经过傅里叶变换的二维波形数据,甚至是自然语言处理中一维表示的句子向量. 以图像分类任务为例,输入层输入的图像一般包含 RGB 三个通道,是一个由长宽分别为 H 和 W 组成的三维像素值矩阵 $H \times W \times 3$,卷积神经网络会将输入层的数据传递到一系列卷积、池化等操作进行特征提取和转化,最终由全连接层对特征进行汇总和结果输出.

由此看来,卷积神经网络一层一层地将图像从原始像素值变换成最终的分类评分值. 其中有的层含有参数,有的没有. 具体来说,卷积层和全连接层对输入执行变换操作的时候，不仅会用到激活函数，还会用到很多参数. 而激活层和池化层则是进行一个固定不变的函数操作. 卷积层和全连接层中的参数会随着梯度下降被训练，这样卷积神经网络计算出的分类评分就能和训练集中的每个图像的标签吻合了.

至此，我们了解了图像识别任务及其所涉及的机器学习任务和数学基础.

1.2.2 文本、词向量和朴素贝叶斯

计算机视觉主要是让计算机具有“看”客观世界的能力，语音识别主要是让计算机“听”外界的声音，自然语言处理主要解决如何让计算机理解人类语言，更好地进行人机交互. 因此自然语言处理是人工智能的另一大核心研究主题. 下面我们进一步通过自然语言处理相关的例子来了解其涉及的数据分析任务和相关的数学基础.

目前自然语言处理的应用主要有自动问答、机器翻译和信息检索等. 而这些任务又大致可归结为四大类任务：文本分类（如：舆情监测、新闻分类）、序列标注（如：分词、词性标注、命名实体识别）、文本匹配（如：搜索引擎、自动问答）和文本生成（如：机器翻译、文本摘要）. 下面以文本分类为例来介绍自然语言处理的建模流程.

文本分类也称为自动文本分类，是指给定文档 p（可能含有标题 t），将文档分类为 n 个类别中的一个或多个，是自然语言处理领域一个比较经典的任务. 实现这个任务传统的机器学习方法有逻辑回归模型和 SVM（支持向量机）等，最新的深度学习方法有 fastText 和 TextCNN 等. 文本分类的应用也很广泛，包括常见的垃圾邮件识别和近年来兴起的情感分析等.

文本分类的流程如图 1.8 所示，先输入文档，对文档进行预处理，然后对其进行文本表示，文本表示完成后，就可以设计一个分类器来对文档进行分类.

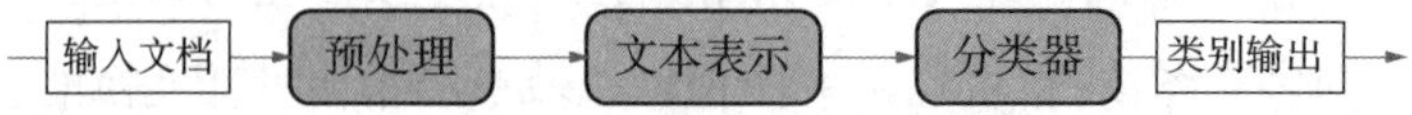

图 1.8 文本分类流程

下面以电影评论分类为例，来介绍文本表示和分类器设计这两个任务是如何进行的，涉及哪些数学基础.

例 1.2.2. 以文本分类中的影评分类为例，介绍自然语言处理的建模流程. 影评分类数据如表 1.5 所示：

表 1.5 两条电影影评数据

电影影评	类别
the plot of this movie is funny, excellent!!	1
this movie is awful indeed.	0

这里主要有两个问题需要考虑：一是如何在计算机中表示电影评论数据(为简化处理，忽略影评数据中的标点符号)；二是基于影评数字化表示，对其进行分类建模. 例 1.2.2 有两条影评，一类是正类影评，用 1 表示；另外一类是负类影评，用 0 表示. 在这里，我们仅展示了两条影评作为样例，实际应用中影评数据集可以很大，比如 Keras 上的 IMDB 数据集内部集成了 5 万条严重两极分化的数据. 影评分类不仅可以让我们知道观众的喜好和反馈，还可以用于指导电影工业的制片和放映排片，甚至可以当成电影票房预估的影响因素之一. 对于影评分类问题的第一步也是最基础的一步就是如何表示文本，然后在此基础上，对文本分类进行建模.

文本表示属于语言表示，在方法上可以从两个维度进行区分. 一个维度是按粒度进行划分，语言具有一定的层次结构，语言表示可以分为字、词、句子、篇章等不同粒度的表示. 另一个维度是按表示形式进行划分，可以分为离散表示和连续表示两类. 离散表示是将语言看成离散的符号，而连续表示将语言表示为连续空间中的一个点，包括分布式表示和分散式表示. 文本表示的目的是指将字词处理成向量或矩阵，以便计算时可以处理，因此文本表示是自然语言处理的开始环节. 当前主流的文本表示方法大致有五种，分别是独热编码(one-hot)、词袋模型、TF - IDF、共现矩阵，以及在深度学习中比较火的词嵌入表示. 前四种属于离散表示，特点是离散、高维和稀疏；后一种是分布式表示，特点是连续、低维、稠密.

1. 独热编码

独热编码又称一位有效编码，主要是采用 N 位状态寄存器来对 N 个状态进行编码，每个状态都有独立的寄存器位，并且在任意时候只有一位有效；在自然语言处理领域中，通过将每个单词转换成一个个独热编码表示便于后续的处理. 通过统计语料中所有不重复单词得到不重复词表的大小为 V.

One-hot 向量是最简单的词向量，用一个 $\mathbb{R}^{|V|\times 1}$ 向量来表示每个单词，将所有的词排序，每个词对应下标由 0 和 1 组成，下面给出例 1.2.2 的 one-hot 表示：

$$w^{the}=\begin{bmatrix}1\\0\\0\\\vdots\\0\end{bmatrix},\ w^{plot}=\begin{bmatrix}0\\1\\0\\\vdots\\0\end{bmatrix},\ w^{of}=\begin{bmatrix}0\\0\\1\\\vdots\\0\end{bmatrix},\ \cdots,\ w^{indeed}=\begin{bmatrix}0\\0\\0\\\vdots\\1\end{bmatrix}$$

在例 1.2.2 中共有 10 个不重复的单词，所以词汇表的大小 $|V|=10$. 将每个词表示成一个 V 维的向量，向量的元素由 0 和 1 组成，且在每个词的独热编码表示中，只有一个位置数值为 1，其他位置的数值为 0；比如 plot 这个词在词表中处于第 2 个位置，所在 10 维的向量中，它在第二个位置元素为 1，其他都为 0. 这样每个单词被表示成完全独立的实体，但任意两个词向量没有体现相似性的概念，即：

$$(w^{the})^{\mathrm{T}}w^{plot}=(w^{the})^{\mathrm{T}}w^{of}=0$$

也就是说两个向量的点乘的结果都为 0，这样无法衡量词间的相似性也不能区分词的重要性. 这里涉及向量的点乘和数据比较，在后面的章节会讲解.

2. 词袋模型

词袋模型表示也被称为计数向量表示. 在这种表示方法中，把文本看作一个词袋，统计每个单词的个数，而忽略文本的语序、语法和句法.

使用词袋模型表示文本，有两个步骤，以之前的影评数据作为语料.

第一步：统计语料中所有不重复的词并构建相应的索引词表 V，例 1.2.2 由 10 个单词组成；$V=\{1$：“*the*”，2：“*plot*”，3：“*of*”，4：“*this*”，5：“*movie*”，6：“*is*”，7：“*funny*”，8：“*excellent*”，9：“*awful*”，10：“*indeed*”$\}$.

第二步：在词表 V 的基础上，将每个文本表示成词表大小的向量. 具体的做法是：统计文本中每个单词的出现次数，并将该次数作为向量在词表索引号的值；最后得到了一个基于计数频次的文本的向量化表示. 这个词表一共包含 10 个不同的单词，利用词表的索引号，例 1.2.2 中两个影评文本可以用两个 10 维向量表示：文本 1 表示为：(1, 1, 1, 1, 1, 1, 1, 1, 0, 0)，文本 2 表示为：(0, 0, 0, 1, 1, 1, 0, 0, 1, 1).

3. TF-IDF

TF-IDF，即词频表示. 是一种统计方法，用来评估一个字词对于一个文件集或一个语料库中的其中一份文件的重要程度，这表明同一个词在不同文章中出现时，其重要性是不一样的. TF-IDF 的主要思想是：如果某个词或短语在一篇文档中出现的频率高，并且在其他文档中很少出现，则认为此词或者短语具有很好的类别区分能力，适合用来分类；词袋模型是基于计数得到的，而 TF－IDF 则是基于频率统计得到的. TF－IDF 的分数代表了词语在当前文档和整个语料库中的相对重要性. TF－IDF 分数由两部分组成：第一部分是词语频率（TF），第二部分是逆文档频率（IDF）.

$$\mathrm{TF}=\frac{\text{该词在当前文档出现次数}}{\text{当前文档中的词语总数}}$$

$$\mathrm{IDF}=\ln\frac{\text{文档总数}}{\text{出现该词语的文档总数}}$$

词语频率 TF 越高，那么这个词对这篇文档就越重要；IDF 越大，那么包含某个词的文档越少，说明这个词具有很好的类别区分能力. TF－IDF 加权的各种形式常被搜索应用，作为文件与用户查询之间相关程度的度量或评级.

下面以影评数据为例，简单介绍下 TF－IDF 的计算过程，在实际过程中通常要复杂得多；以“plot”为例，计算其在文本 1 中的 TF－IDF 值：

$$\mathrm{tf}_{\mathrm{plot},\text{文本1}}=\frac{1}{8},\ \mathrm{idf}_{\mathrm{plot},\text{文本1}}=\ln\frac{2}{1}=\ln 2$$

$$\mathrm{TF}-\mathrm{IDF}_{\mathrm{plot},\text{文本1}}=\mathrm{tf}_{\mathrm{plot},\text{文本1}}\cdot\mathrm{idf}_{\mathrm{plot},\text{文本1}}=\frac{1}{8}\cdot\ln 2\approx 0.0866$$

以此类推，计算每个文档中的每个词的 TF－IDF 值，并将 TF－IDF 值放入到词袋向量中的相应位置，得到最终的表示，TF－IDF 是在词袋模型上进行的改进. 词袋模型中文本向量的每个位置的值是通过统计词表索引中该位置的词出现的次数，而在 TF－IDF 则是计算每个位置的词的 TF－IDF 值. 我们在 2.1 节还会继续举用向量进行词袋模型和词频表示的例子.

4. 共现矩阵

One-hot 向量可以表示每个词，但是这样其实无法衡量词间的相似性，也不能区分词的重要性，这种现象可以通过共现矩阵得到一定的缓解. 共现矩阵通过统计一个事先指定大小的窗口内的单词共现次数，以单词周边的共现词的次数作为当前单词的向量表示. 基于影评语料记录每个单词在目标单词的特定大小的窗口（取窗口大小为 1，即只考虑与该单词邻接的词）中出现的次数，得到的关联矩阵 $\boldsymbol{X}$，称为共现矩阵：

$$
\boldsymbol{X}=\begin{array}{c|cccccccccc}
 & the & plot & of & this & movie & is & funny & excellent & awful & indeed \\
\hline
the & 0 & 1 & 0 & 0 & 0 & 0 & 0 & 0 & 0 & 0 \\
plot & 1 & 0 & 1 & 0 & 0 & 0 & 0 & 0 & 0 & 0 \\
of & 0 & 1 & 0 & 1 & 0 & 0 & 0 & 0 & 0 & 0 \\
this & 0 & 0 & 1 & 0 & 2 & 0 & 0 & 0 & 0 & 0 \\
movie & 0 & 0 & 0 & 2 & 0 & 2 & 0 & 0 & 0 & 0 \\
is & 0 & 0 & 0 & 0 & 2 & 0 & 1 & 0 & 1 & 0 \\
funny & 0 & 0 & 0 & 0 & 0 & 1 & 0 & 1 & 0 & 0 \\
excellent & 0 & 0 & 0 & 0 & 0 & 0 & 1 & 0 & 0 & 0 \\
awful & 0 & 0 & 0 & 0 & 0 & 1 & 0 & 0 & 0 & 1 \\
indeed & 0 & 0 & 0 & 0 & 0 & 0 & 0 & 0 & 1 & 0
\end{array}
$$

比如，this 这个单词，左边相邻是 of，右边相邻是 movie，of 只出现 1 次，而 movie 出现两次，所以 this 这个词的词向量表示就是第 4 行或第 4 列的一个向量. 该矩阵是一个对称矩阵，矩阵的每一行或者每一列都可以表示成该行或该列索引单词的词向量. 对称矩阵在数据科学和机器学习领域具有重要的应用，很多数据表示和模型最后都归结为对称矩阵建模. 共现矩阵很多元素是 0，因此这个矩阵也称为“稀疏矩阵”，稀疏矩阵问题在数据压缩和机器学习领域也有着重要的应用，这些内容我们在后面课程中会介绍.

共现矩阵这种方法在一定程度上缓解了 one-hot 向量相似度为 0 的问题，但由于其稀疏性造成的数据稀疏和维度灾难的问题依旧没有得到解决，尤其是当语料库非常大时，这个矩阵会非常稀疏，对其进行计算研究会很困难. 一个自然而然的解决思路是对原始词向量进行降维，从而得到一个稠密的连续词向量. 降维是无监督学习的一个主要应用，数学上会用到奇异值分解，我们在第 3 章会讲解.

在这里可以注意到，对称矩阵、稀疏矩阵、奇异值分解是这门数学基础课程的核心概念. 本书在后面会重点讲述这些内容.

5. 词嵌入表示

前面考虑都是离散稀疏的表示，下面我们就来看看连续的分布式表示——词嵌入表示. 词嵌入表示可以理解成是一种映射，将文本空间中的单词通过一定的方式映射到另外一个数值向量空间，在该数值空间中，意义相似的单词具有类似的表示形式，即它们在这个数值空间中相对其他意义不同的词的距离会更远. 常见的词嵌入表示包括：Word2Vec、

GloVe、fasttext 和 BERT 等. 本节重点介绍一下 Word2Vec 的词嵌入过程. Word2Vec 又包括连续词袋(CBOW)和连续跳跃元语法(skip-gram)两种模型. 下面以连续词袋模型为例,简单介绍词嵌入的过程.

连续词袋(CBOW)模型基于上下文来预测当前的词,从而学习到词嵌入,其中上下文是由一个邻近词窗口来定义. 如示意图 1.9 表示了简单的 CBOW 模型. 在该模型中,假设窗口大小为 $2i+1$,每个词向量 $\boldsymbol{w}_t \in \mathbb{R}^{|V|}$, $|v|$ 表示语料库词典中词汇的数量,n 为输入向量的个数(与窗口大小相同),C 是上下文单词的个数,$\boldsymbol{V} \in \mathbb{R}^{|V| \times n}$ 和 $\boldsymbol{U} \in \mathbb{R}^{n \times |V|}$ 是两个权重矩阵.

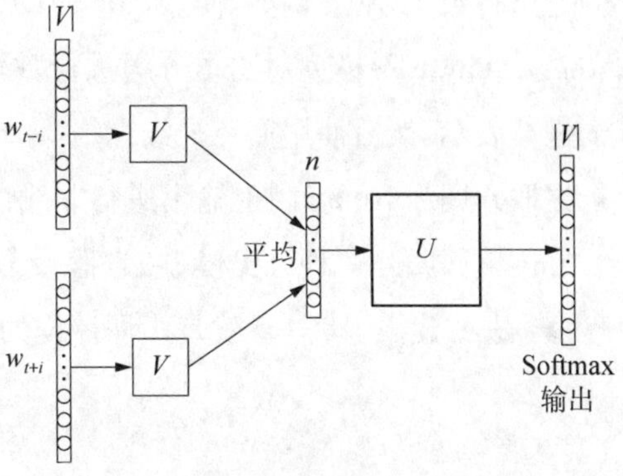

图 1.9　CBOW 模型($\boldsymbol{w}_t$ 为目标词,其余词 $\boldsymbol{w}_i$, $i \neq t$ 为上下文 $\boldsymbol{w}_{context}$)

第一步:计算隐层 $\boldsymbol{h}$

$$\boldsymbol{h} = \frac{1}{C}\boldsymbol{V}^T \cdot \left(\sum_{i=1}^{C} \boldsymbol{w}_i\right)$$

第二步:计算输出层输出

$$\boldsymbol{u}_j = \boldsymbol{U}^T \cdot \boldsymbol{h}$$

$$y_j = p(\boldsymbol{w}_t \mid \boldsymbol{w}_{context}) = \frac{\exp(\boldsymbol{u}_j)}{\sum_{j'=1} \exp(\boldsymbol{u}_{j'})}$$

这里涉及矩阵乘法、求平均以及非线性激活函数 softmax. softmax 又称归一化指数函数,是逻辑函数的一种推广,它能将一个含任意实数的 K 维向量 $\boldsymbol{z}$ 的"压缩"到另一个 K 维实向量,使得每一个元素的范围都在(0, 1)之间,并且所有元素的和为 1. 在人工神经网络最后一层经常使用 softmax 函数作为分类函数,这些神经网络通常取对数损失函数或交叉熵损失函数,给出了多项 Logistic 回归的非线性变量. 从 softmax 层得到的输出可以看作是一个概率分布.

一开始,权重矩阵是随机初始化的,一般需要通过定义损失函数对模型进行优化,才能得到矩阵 $\boldsymbol{V}$ 和 $\boldsymbol{U}$ 的参数. 这个损失函数一般为交叉熵损失,用它衡量预测分布和实际分布的差异,并对差异通过梯度下降和反向传播算法进行学习优化,得到最终的词向量表示矩阵 $\boldsymbol{V}$ 和 $\boldsymbol{U}$.

交叉熵(Cross Entropy)是 Shannon 信息论中一个重要概念,主要用于度量两个概率分布间的差异性信息. 语言模型的性能通常用交叉熵和复杂度(perplexity)来衡量. 我们在第 6 章会讲到熵的概念. 最小化优化问题和梯度下降法在第 8—10 章讲解.

在给出文本表示后,主要考虑使用传统方法和神经网络方法这两类方法对文本分类问题进行数学建模. 例如,使用 TF - IDF 对文档进行表示,然后使用逻辑回归(Logistics Regression, LR)模型对文本分类进行数学建模为传统方法. 使用词向量 Word2Vec 对单词进行表示,然后使用循环神经网络(Recurrent Neural Network, RNN)对词向量特征进行提取并用 softmax 映射输出进行非线性分类建模为神经网络方法.

逻辑回归是一种分类模型,它假设数据标签服从伯努利分布,使用条件概率 $P(y=1 \mid \boldsymbol{x})$ 进行建模,其中 $\boldsymbol{x}$ 就是影评评论的 TF - IDF 表示,参数模型如下:

$$P(y=1 \mid \boldsymbol{x}; \boldsymbol{w})=\frac{\exp(\boldsymbol{w}^T\boldsymbol{x}+b)}{1+\exp(\boldsymbol{w}^T\boldsymbol{x}+b)}$$

其中 $\boldsymbol{w}$ 是权重参数向量,它的维数与 $\boldsymbol{x}$ 的维数相同,b 是偏置项. 对于逻辑回归的参数模型,使用“极大似然法”来构建对数损失:

$$L=-\frac{1}{m}\sum_{i=1}^{m}\ln(P(y_i \mid \boldsymbol{x}; \mathbf{w}))$$

其中:

$$P(y_i \mid \boldsymbol{x}; \boldsymbol{w})=P(y=1 \mid \boldsymbol{x}; \boldsymbol{w})^{y_i}(1-P(y=1 \mid \boldsymbol{x}; \boldsymbol{w})^{y_i})^{1-y_i}$$

最后使用优化算法(如梯度下降法)对参数进行估计.

Word2Vec 是在大量无监督语料上使用浅层神经网络训练出来的词嵌入模型,它将单词映射成低维稠密向量,仅仅是缓解了词语相似度的表达但是未能彻底解决语言学中的一词多义问题. 因此可以先通过深度网络对词向量进行进一步的特征抽取. 在这里主要使用 RNN 来进行表示学习.

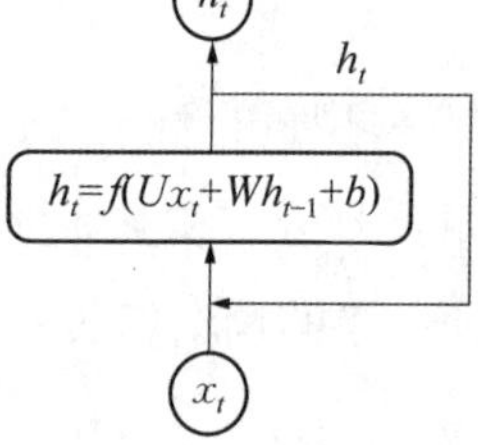

图 1.10 RNN 结构图

对于序列数据建模(文本、语音、股票等),RNN 引入了隐状态 $\boldsymbol{h}$ 的概念. 经过 RNN 编码后,$\boldsymbol{h}$ 可以提取序列数据的特征. RNN 架构图如图 1.10 所示:第 t 时刻的输入以及第 t−1 时刻的隐藏状态 h_{t-1} 经非线性变换 f 得到 h_t.

RNN 按时间展开可以得到图 1.11. 在处理文本数据时,图 1.11 中的 $\boldsymbol{x}_1$ 可以看作是第一个单词的词向量,$\boldsymbol{x}_2$ 可以看作是第二个单词的词向量,依次类推在处理语音数据时,此时 $\boldsymbol{x}_1$, $\boldsymbol{x}_2$,

$\boldsymbol{x}_3$, …, $\boldsymbol{x}_n$ 是每帧的声音信号,隐藏状态 $\boldsymbol{h}_i$ 编码了第 i 以及之前时刻的数据特征

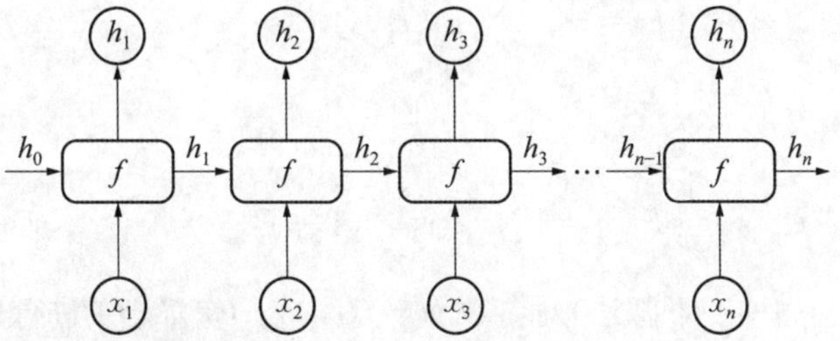

图 1.11 RNN 按时间展开

在文本分类问题中,对于一个包含 n 个单词的文本 $W=(\boldsymbol{w}_1, \boldsymbol{w}_2, \cdots, \boldsymbol{w}_n)$,我们使用 RNN 对文本进行序列建模编码,如下图 1.12 所示,取第 n 时刻的隐藏状态 $\boldsymbol{h}_n$ 来表示文本并使用其进行文本分类.

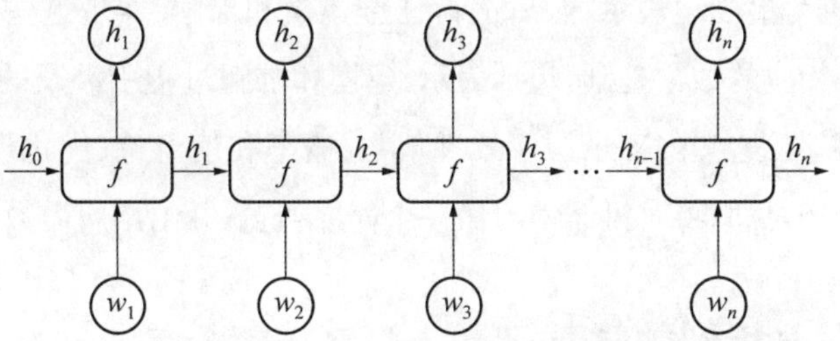

图 1.12 RNN 对文本进行编码

得到文本表示后,先使用线性变换对获得的特征进行加权组合,然后用 softmax 进行映射输出:

$$\begin{bmatrix} logit^{(0)} \\ logit^{(1)} \end{bmatrix} = \boldsymbol{G}\boldsymbol{h}_n + \boldsymbol{t} = \begin{bmatrix} g_{11} & g_{12} & \cdots & g_{1d} \\ g_{21} & g_{22} & \cdots & g_{2d} \end{bmatrix} \boldsymbol{h}_n + \begin{bmatrix} t_{11} \\ t_{21} \end{bmatrix}$$

$$P(\text{负类} \mid \boldsymbol{x};\boldsymbol{w}) = P(y=0 \mid \boldsymbol{x};\boldsymbol{w}) = \frac{\exp(logit^{(0)})}{\exp(logit^{(0)}) + \exp(logit^{(1)})}$$

$$P(\text{正类} \mid \boldsymbol{x};\boldsymbol{w}) = P(y=1 \mid \boldsymbol{x};\boldsymbol{w}) = \frac{\exp(logit^{(1)})}{\exp(logit^{(0)}) + \exp(logit^{(1)})}$$

这里 $\boldsymbol{G}$ 是 $2\times d$ 的参数矩阵,$\boldsymbol{t}$ 是 2×1 的列向量,$\boldsymbol{w}$ 是模型参数,由 RNN 中的 $\boldsymbol{U}$、$\boldsymbol{W}$、$\boldsymbol{b}$ 以及 softmax 分类层中的 $\boldsymbol{G}$、$\boldsymbol{t}$ 组成 $\boldsymbol{w}=(\boldsymbol{U}, \boldsymbol{W}, \boldsymbol{b}, \boldsymbol{G}, \boldsymbol{t})$.

得到各个类别的概率后，使用“极大似然法”来构建对数损失：

$$L=-\frac{1}{m}\sum_{i=1}^{m}\ln(P(y_i \mid \boldsymbol{x}; \boldsymbol{w}))$$

其中：

$$P(y_i \mid \boldsymbol{x}; \boldsymbol{w})=P(y=1 \mid \boldsymbol{x}; \boldsymbol{w})^{y_i}(1-P(y=1 \mid \boldsymbol{x}; \boldsymbol{w})^{y_i})^{1-y_i}$$

最后使用优化算法(如梯度下降法)对参数 $\boldsymbol{w}=(\boldsymbol{U}, \boldsymbol{W}, \boldsymbol{b}, \boldsymbol{G}, \boldsymbol{t})$ 进行估计.

可以看出，无论是传统方法还是深度学习方法，最后一步损失函数和优化问题可能是相同的，但是文本表示和中间的特征建模可能不一样，这也是自然语言处理中最重要的一部分.

这样我们就完成了图像和文本分类这样两个计算机视觉和自然语言处理任务，从数据驱动方法的角度看，这些任务最后都归结为数据分析中各种基本运算，如分类、回归、降维等等. 首先要把数据进行恰当地表示，然后进行任务建模和求解. 实现这些运算的方法理论支撑是机器学习以及相应的数学基础，包括表示、建模和求解过程中涉及的向量、矩阵、概率分布、交叉熵和优化算法. 这些内容来源于线性代数、概率和信息论、优化理论，正是本课程的核心内容. 因此下一节我们将对机器学习做一个简要概览，并给出所需数学的具体框架.

1.3 从数据分析到数学基础

上一节讨论了当前人工智能中的处理任务可以转换为数据分析中的分类或降维等运算任务. 我们把这种数据驱动的人工智能称为数据智能. 机器学习为数据智能提供重要的数据分析技术支撑. 本节我们将对机器学习的理论背景以及其涉及的相关数学问题进行介绍. 首先给出机器学习概览，然后从数据、模型、学习三个角度来引出所需的数学基础. 注意，本书本质不是讲人工智能和机器学习，而是讲人工智能、机器学习和数据分析背后所需的数学基础.

1.3.1 数据分析和机器学习概览

数据分析主要用于对数据的预测与分析，特别是对未知新数据的预测与分析. 对数据的预测可以让计算机更加智能化，或者说使计算机的某些性能得到提高；对数据的分析可以让人们获取新的知识，给人们带来新的发现.

在数据分析中，我们假设存在一个未知的通用数据集，其中包含所有可能的数据对以及它们在现实世界中出现的概率分布. 在实际应用中，由于内存不足或其他一些不可避免的原因，我们观察到的只是通用数据集的一个子集. 此获取的数据集通常称为训练集(训练数据)，用于学习通用数据集的属性和知识. 数据分析的基本问题就是基于可获得的训练数据集，构建一个数学模型，通常是概率统计模型，不光用来刻画训练数据集中的数据关系，而且还能用于预测或发现未知数据之间的关系. 数据分析总的目标就是考虑构建什么样的模型和如何构建模型，以使模型对数据进行准确的预测与分析，同时也要考虑尽可能地提高建模的效率.

在数据科学与工程领域，这种基于训练数据来构建模型并用于未知数据的预测和分析，可以归结为机器学习，它是数据分析的核心. 机器学习就是关于如何用计算机基于数据构建概率统计模型并运用模型对数据进行预测与分析的一门学科. 应该说，这个定义只是机器学习一种定义而已，机器学习从上世纪 50 年代感知机被提出以来，到目前为止并没有一个统一的定义.

而近年来热门的深度学习和机器学习又有什么关系呢? 粗略地说，深度学习是主要使用深度神经网络的机器学习算法，也即通过多层非线性变换对高复杂度数据建模的算法的合集. 深度学习是机器学习的一个研究分支，机器学习是人工智能的一部分，它们之间的关系如图 1.13 所示.

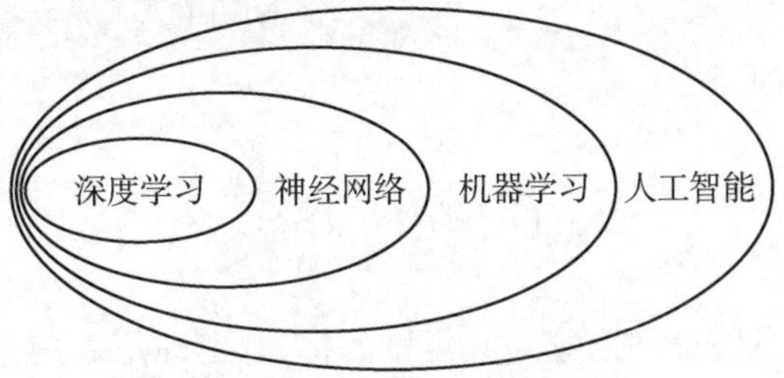

图 1.13　AI 中四个概念的包含关系

传统机器学习通常被称为浅层学习，深度学习属于深层学习，深度学习和机器学习的差异主要是在数据规模、模型深度和计算能力需求上的差异.

从数据科学的角度看，机器学习也是数据全生命周期的核心环节，在数据科学中具有重要的地位，如图 1.14 所示.

下面来了解机器学习中的一些基本术语. 我们通过一个商家对其客户进行分类的例子来考察机器学习的典型过程. 给定一些数据，如图 1.15 左边表格表示一些客户情况数

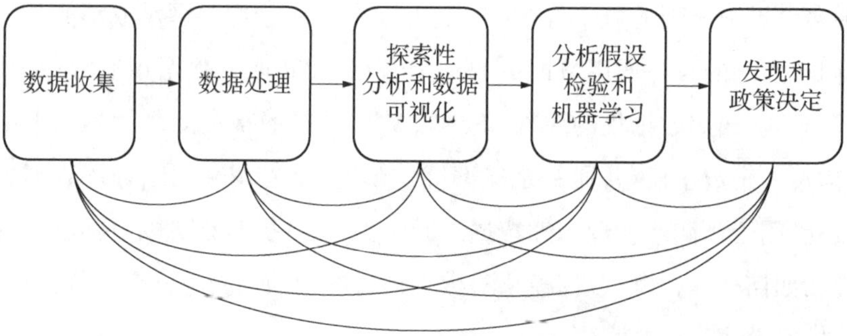

图 1.14 数据分析与机器学习在数据全生命周期所处的阶段

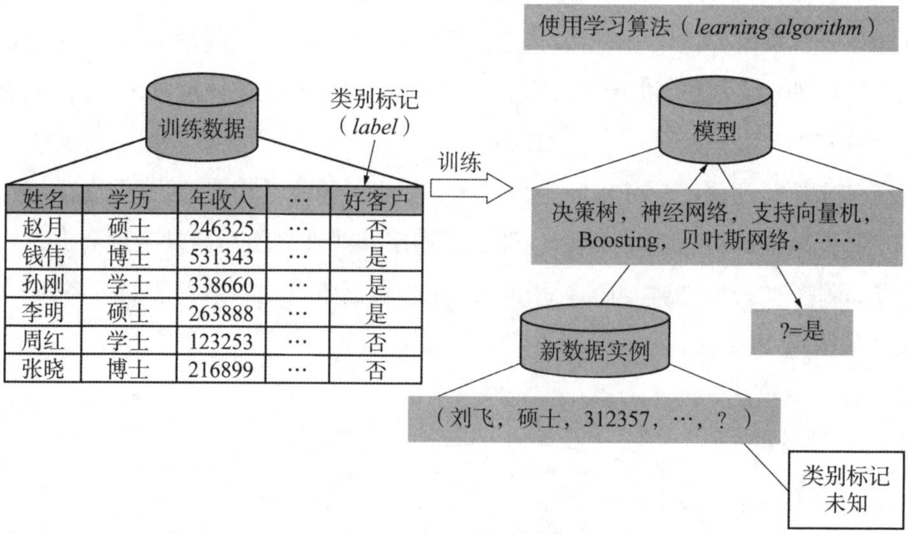

图 1.15 典型的机器学习过程

据，包括客户的基本信息特征和商家对其类别的标记，也即是否是好的客户. 这些数据，我们称之为训练数据. 商家希望从这些训练数据中训练出一个模型，以便来了一个新客户，能够对其进行预测分类，看是不是好的客户，从而为其提供相应的服务. 这个模型根据训练数据的大小，可以建模成传统的浅层机器学习模型，比如说决策树和支持向量机，也可以是深度神经网络；可以是概率模型，也可以是非概率模型，再按照一定准则来建立和选取模型. 在训练出模型后还要有测试数据来测试模型是不是好的模型，也就在新的数据上表现是否好，如果不好的话，我们还需要调整训练，这就是所谓的学习.

从这个过程我们可以看出，一个机器学习系统主要由数据、模型和学习三部分组成，其中数据包括训练数据和测试数据；模型包括确定性模型和不确定性模型，也对应于非概率模型和概率模型，学习部分包括模型选择的策略和模型学习的算法.其中，模型、策略和算法也称为机器学习方法的三要素.

据此，我们可以把机器学习方法概括如下：从给定的、有限的（在大数据时代，虽然数据规模很大，但大多数时候数据量总是有限的）、用于学习的训练数据集合出发，假设数据是独立同分布产生的；假设要学习的模型属于某个函数的集合，称为假设空间并且应用某个评价准则，从假设空间中选取一个最优的模型，使它对已知的训练数据及未知的测试数据在给定的评价准则下有最优的预测，其中最优的模型选取由算法实现.

实现机器学习方法的步骤如下：(1)得到一个有限的训练数据集合；(2)确定包含所有可能模型的假设空间，即学习模型的集合；(3)确定模型选择的准则，即学习的策略；(4)实现求解最优模型的算法，即学习的算法；(5)通过学习方法选择最优模型；(6)利用学习的最优模型对新数据进行预测和分析.

预测和分析是机器学习的主要任务，也是大数据计算的主要任务.根据预测目标输出不同，可以分为：分类、回归、标注、聚类、降维和概率密度估计等.当输出变量取有限个离散值时，预测问题就成了分类问题，这时输出变量可以是连续变量，也可以是离散的.当输出变量取连续值时，预测问题就成了回归问题.标注可以看成是分类的扩展，输入的是观测序列，输出是标记序列.聚类是数据实例集合当中相似的数据实例分配到相同的类，不相似的数据分配到不同的类.降维是将训练数据中的样本实例从高维空间转换到低维空间.概率密度估计简称概率估计，假设训练数据由一个概率模型生成，由训练数据来学习模型的结构和参数，这几类任务都是无标记信息的.

这些任务按照是否从有无标记数据中学习，可以分为监督学习、无监督学习和半监督学习等等，既包括众多经典的统计学习方法，如感知机、逻辑回归和支持向量机，也包括近年来火热的深度神经网络.

监督学习是指从有标记数据中学习预测模型的机器学习问题.标记数据表示输入输出的对应关系，预测模型对给定的输入产生相应的输出.监督学习的本质是学习输入到输出的映射的统计规律，这个映射以概率函数、代数函数或人工神经网络为基函数模型，采用迭代计算方法，最后得到学习结果为函数.监督学习方法的应用包括分类、标注与回归问题，这些方法在自然语言处理、信息检索、文本数据挖掘等领域有着极其广泛的应用.

无监督学习是指从无标记的数据中学习预测模型的机器学习问题，无标记数据是自然得到的数据，预测模型表示数据的类别、转换或概率.无监督学习的本质是学习数据的统计规律和潜在结构.无监督学习方法的应用主要包括聚类、降维、概率密度估计和图分析等.无监督学习可以用于数据分析或者监督学习的前处理.

半监督学习是机器学习的一个分支,它涉及同时使用少量带标签数据及大量无标签数据来训练预测模型.由于标注数据获取耗时且成本高昂,而无标注数据收集相对简便经济,这种方法侧重于挖掘无标签数据中的隐藏信息,以此增强有限标注数据的训练效果,旨在以较低投入实现更优的学习性能.

此外,还有主动学习和强化学习.主动学习是指机器不断主动给出实例让教师进行标记,然后利用标记数据学习预测模型的机器学习问题.通常的监督学习使用给定的标记数据,往往是随机得到的,可以看作是"被动学习",主动学习的目标是找出对学习最有帮助的实例让教师标记,以较小的标记代价,达到较好的学习效果.主动学习比前面的半监督学习更接近监督学习.

强化学习是指智能系统在与环境的连续互动中学习最优行为策略的机器学习问题.假设智能系统与环境的互动基于马尔可夫决策过程,智能系统能观测到的是与环境互动得到的数据序列,强化学习的本质是学习最优的序贯决策.

机器学习的目标是找到好的模型,使得学到的模型能很好的适用于"未知的测试数据",而不仅仅是训练数据,我们称模型适用于未知数据的能力为泛化(generalization)能力.一般而言训练数据越多越有可能通过学习获得强泛化能力的模型.

在给出这些机器学习的基本术语之后,下面我们分别对机器学习系统中的数据、模型和学习三部分展开介绍.

1.3.2 数据

在1.1节大数据结构描述中已经提到,数据科学中要处理的数据类型包括:图像、视频、文本、语音、网页、图数据、时间序列以及传统的表格数据等,在1.2节已经处理过图像和文本数据.数据科学中我们面临的大数据通常具有高维、海量、多模、高速、噪声、稀疏和非平衡性等特性.这些特性都是建模时要根据具体数据情况进行考虑的,其中,最基本的就是如何根据数据类型和数据特性对数据进行表示.从对大数据的结构定义中可以看出,数据分析和机器学习处理任务首要的问题就是要对数据进行恰当的表示.数据表示包括数据表示为向量、输入数据和输出结果的表示和范围、输入数据变量和输出结果变量的基本假设三个部分.

1. 数据表示为向量

若有一份人力资源数据,假设数据按表格1.6存放,表的每一行表示某个人,每一列表示人的某个特征，如何把表格转换成可以由计算机读取并以数字表示的数据？

注：如果没有其他说明，应缩放数据集的所有列，使其均值为 0 和方差为 1.

表 1.6 人力资源数据

姓名	性别	学位	邮编	年龄	年薪
赵月	女	硕士	710001	34	246 325
钱伟	男	博士	518051	44	531 343
孙刚	男	学士	410013	52	338 660
李明	男	硕士	100010	31	263 888
周红	女	学士	150010	25	123 253

这里我们可以使用一些指导原则，比如：(1)首先可以将类变量转化为数字，在表 1.6 中性别列(类变量)可以被转换为表示“男性”的数字 0 和表示“女性”的 1，或可以分别用数字−1，+1 表示. (2)其次，利用领域知识，例如学位可分为学士学位、硕士学位、博士学位，或者邮政编码，实际上是某一个区域的编码. 在表 1.7 中，将表 1.6 中的数据转换为数字格式，每个邮政编码表示为两个数字，即纬度和经度. (3)利用合理的单位，可能直接读入机器学习算法的数值数据都应该仔细考虑单位，合理缩放和约束. 本例中，年薪在转化后可以以万为单位. 在这样一些数据表示的指导原则下，我们可以将人力资源数据表转换成如表 1.7 这样计算机可读取的数据. 比如性别就转换成−1，+1 这样一列数据，学位就用 1、2、3 来表示，邮编就用经纬度来表示，年薪全部转换成以万为单位. 在转换成计算机读取的数据后，接下来我们需要给这些数据赋予数学结构，并使用这些数据建立机器学习模型.

表 1.7 转换后的人力资源数据

性别	学位	纬度	经度	年龄	年薪
−1	2	34.230 4	108.934 3	34	24.632 5
+1	3	22.532 9	113.930 3	44	53.134 3
+1	1	28.235 1	112.931 3	52	33.866 0
+1	2	39.931 6	116.410 1	31	26.388 8
−1	1	45.757 0	126.642 5	25	12.325 3

假设特定的领域专家已经适当地转换了数据，我们知道表 1.7 中每一行都是代表某个人的特征，比如说第一行代表赵月的 6 个特征，每个人的所有特征形成一个一元的六维数组，作为计算机的输入. 如果总共有 n 个人，每个人都有 D 个特征的话，就形成了 n 个 D 维数组，我们把它记为 $\boldsymbol{x}_n$. 这个一元数组，我们把它称为向量，也即每个输入 $\boldsymbol{x}_n$ 是 D 维向量，其被称为特征、属性或协变量. 除了人力资源数据可以表示为向量外，其他复杂的结构化对象，例如，图像、句子、电子邮件消息、时间序列、分子形状和图形等也都可以表示成向量.

数据集中 N 个输入 $\boldsymbol{x}_1, \cdots, \boldsymbol{x}_N$ 经过合适转换后，按行排成一个 $N\times D$ 的二元数组，我们称之为矩阵，这些矩阵也被称为特征或属性矩阵，记作 $\boldsymbol{X}\in\mathbb{R}^{N\times D}$. 这里 $\mathbb{R}^{N\times D}$ 表示 $N\times D$ 维向量空间. 特征矩阵每一行是某个个体 $\boldsymbol{x}_n$，称为机器学习中的实例(instance)或数据点. 一般，使用 N 来表示数据集中的实例数，并使用小写 $n=1, \cdots, N$ 来索引实例，下标 n 指的是数据集中第 n 个实例；使用 D 来表示数据集中总的特征数，每列表示关注的特征，用 $d=1, \cdots, D$ 索引特征. 我们刚刚介绍的这个表示只是输入数据的表示.

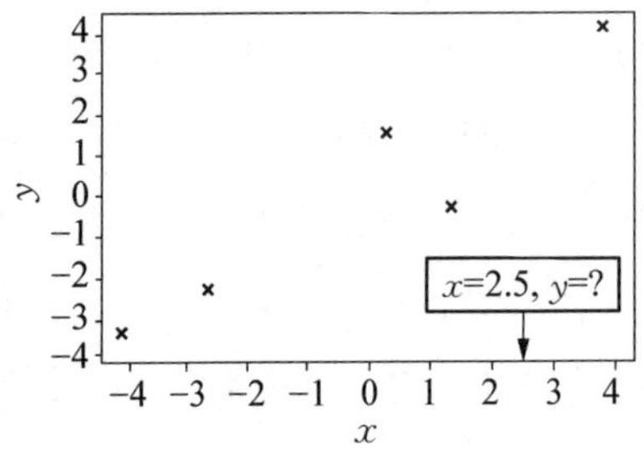

图 1.16　线性回归的实例数据 (x_n, y_n)：$\{(-4.200, -3.222), (-2.700, -2.093), (+0.300, +1.690), (+1.200, -0.348), (+3.800, +4.134)\}$，注意 $x=2.5$ 处的函数值不属于训练数据

对于监督学习问题，每个输入实例 $\boldsymbol{x}_n$ 有与之相关联的输出标签 $\boldsymbol{y}_n$. 这时，数据集被写为一组实例标签对或输入输出对：$\{(\boldsymbol{x}_1, \boldsymbol{y}_1), \cdots, (\boldsymbol{x}_n, \boldsymbol{y}_n), \cdots, (\boldsymbol{x}_N, \boldsymbol{y}_N)\}$，也称为样本或样本点. 图 1.16 表示一维输入 x 和对应标签 y 的实例.

对于无监督学习，通常使用大量的无标注数据学习或训练，这时每一个样本是一个实例. 训练数据集表示为 $\boldsymbol{x}_1, \cdots, \boldsymbol{x}_N$，其中 $\boldsymbol{x}_i$，$i=1, 2, \cdots, N$ 是样本. 无监督学习每个输入是一个实例，由特征向量表示. 每一个输出是对输入的分析结果，由输入的类别、转换或概率表示. 模型可以实现对数据的聚类、降维或概率估计.

将数据表示为向量 $\boldsymbol{x}_n$ 需要使用线性代数中的概念. 数据表示为向量属于数据的代数表示. 除了把数据表示为向量，我们还可以把数据表示为矩阵或更高阶的张量. 此外，有些数据集具有隐含的对称性，这也可以用代数的方法表达出来. 向量和矩阵的基本概念和运算在线性代数课程中已经学习，本教材不再赘述.

注记 1. 鉴于数据可通过向量形式表达，我们能够执行向量的处理操作，以优化其潜在的表达能力. 这一操作通常涉及两大策略：一是将原始特征向量投射到低维空间，得到其近似表示；二是利用非线性变换构建高维特征空间. 前者实质上关联于无监督学习领域中的降维技术，特别是通过实施主成分分析(PCA)来实现，该方法与第 3 章节阐述的特征值分解及奇异值分解理论紧密相关，旨在捕捉数据的某种本质特征. 对于后者，我们引入特征映射函数 $\phi(\cdot)$，可将原始样本 x_n 映射到一个更高维度的表示 $\phi(x_n)$，这一映射过程称为核技巧或特征扩展. 通过这种映射，我们可以构造出新的特征，它们是原始特征的非线性组合，这样的高维嵌入有助于揭示数据中的复杂结构，使得原本难以分隔的数据在新空间中变得线性可分.

注记 2. 数据除了代数表示之外，还有图表示. 比如社交网络数据，具有网络结构，可以用图来表示. 有些数据本身没有图结构，但可以附加上一个图结构. 比方说度量空间的点集，我们可以根据点与点之间的距离来决定是否把两个点连接起来，这样就得到一个图结构.

注记 3. 在许多机器学习算法中，通常需要对数据进行标记，如比较两个向量的相关性或相似性，这需要用到一些几何度量，比如距离. 在本书第 2 章我们会介绍计算两个实例之间的相似性或距离，具有相似特征的实例应该具有相似的输出或标签. 两个向量的比较要求我们构造一个几何模型(在第 2 章中解释)，并需要用第 8 章中的技术优化所得到的学习问题.

2. 输入数据和输出结果的表示和范围

在监督学习中，将模型输入数据与输出结果的所有可能取值的集合，分别称为输入空间与输出空间，并且通常将输入实例 $\boldsymbol{x}_n$ 和输出标签 $\boldsymbol{y}_n$ 分别看作定义在输入空间和输出空间上的随机变量 X 和 Y 的取值. 输入与输出空间可以是有限元素的集合，也可以是在集合上通过附加各种数学运算结构，如加法或数乘运算变成一个基本的数学空间，最常见的就是欧氏空间. 输入与输出空间可以是同一个空间，也可以是不同的空间，但通常输出空间远远小于输入空间，甚至是输入空间的子空间.

在监督学习中，每个具体的输入实例 $\boldsymbol{x}_n$，如果由特征向量表示，这时所有特征向量存在的空间称为特征空间，特征空间的每一维对应于一个特征. 有时假设输入空间与特征空间为相同的空间，则对它们不予区分；有时假设输入空间与特征空间为不同的空间，则将实例从输入空间映射到特征空间，模型实际上都是定义在特征空间上的.

3. 输入数据变量和输出结果变量的基本假设

在机器学习中，通常会将输入与输出看作是定义在输入(特征)空间与输出空间上的随机变量的取值. 输入输出变量用大写字母表示，习惯上输入变量写作 X，输出变量写作 Y. 输入与输出变量的取值，用小写字母表示，输入变量的取值写作 $\boldsymbol{x}$，输出变量的取值写

作 $\boldsymbol{y}$. 变量可以是标量和向量,都用相同类型字母表示. 除特别声明外,本书中向量均为列向量.

输入变量 X 和输出变量 Y 有不同的类型,可以是连续的,也可以是离散的. 可以根据输入输出变量的不同类型对预测任务给予不同的名称:当输入变量与输出变量均为连续变量的预测问题称为回归问题;当输出变量为有限个离散变量的预测问题称为分类问题;输入变量与输出变量均为变量序列的预测问题,称为标注问题.

在监督学习框架下,我们假定输入变量 X 与输出变量 Y 联合遵循某个未知的分布 $P(X, Y)$,其中 $P(X, Y)$既可以是概率质量函数(probability mass function),也可以是概率密度函数(probability density function). 学习时,我们默认该联合分布的存在,但并不明确其具体形式. 训练集和测试集被视为依据同一 $P(X, Y)$独立同分布(independent and identically distributed, i. i. d.)抽取的样本. 特别是,统计机器学习基于一个核心假设,即数据间展现出一定的统计规律性,这体现在 X 与 Y 之间存在联合概率分布,这是监督学习对数据本质属性的基本前提.

关于随机变量、联合概率分布等基础概念在概率论课程中已有介绍,本教材也不再过多介绍.

从刚才数据表示的内容可以看出,这一部分主要涉及线性代数和概率论,因此线性代数和概率论是数据表示的数学基础.

1.3.3 模型

获得数据的合适向量表示之后,我们就可以开始构建数据分析模型,模型是一个数据分析或机器学习系统最重要的部分. 机器学习首要考虑的问题是学习什么样的模型. 机器学习的模型可以分为非概率模型(也称为确定性模型)和概率模型,随具体的学习方法而定.

在监督学习中,模型分为两大类:一类是判别模型(Discriminative Model),它通过确定性函数 $y=f(x)$ 映射输入到输出,该函数直接给出了给定输入 x 时输出 y 的预测值. 另一类是生成模型(Generative Model),它采用条件概率分布 $P(y|x)$来表达输出 y 给定输入 x 的生成过程,即模型描述了给定 x 时 y 的概率分布.

机器学习中常见的决策树、朴素贝叶斯、隐马尔可夫模型、条件随机场、概率潜在语义分析、潜在狄利克雷分配、高斯混合模型是概率模型. 感知机、支持向量机、近邻、AdaBoost、左均值、潜在语义分析以及神经网络是非概率模型. 逻辑回归既可看作是概率模型,又可看作是非概率模型.

1. 模型是函数

模型常被建构成一种映射函数，其本质在于接收特定的输入实例，这些实例在数学语境下被诠释为特征向量，并据此生成相应的预测或决策输出. 我们将模型抽象为形式化的数学映射 f，其作用于 D 维欧几里得空间$\mathbb{R}^D$，并产生实数集$\mathbb{R}$中的一个元素，即：

$$f:\mathbb{R}^D \to \mathbb{R} \tag{1.1}$$

倘若输入向量为 $x=(x_1, x_2, \cdots, x_D)$，则 $y=f(x)$ 即为输出. 它体现了模型对输入特征向量的整体评估或预测结果，如图 1.17 所示.

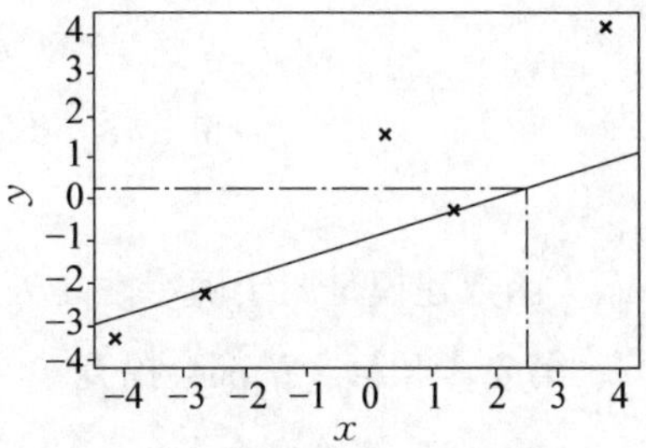

图 1.17 实例函数在=2.5 时的预测：$f(2.5)=0.25$

函数类型主要有线性函数和非线性函数，它们可以用来表示机器学习中的线性模型和非线性模型. 机器学习中常见的感知机、线性支持向量机、左近邻、左均值、潜在语义分析都是线性模型；核函数支持向量机、AdaBoost、神经网络都是非线性模型；深度学习实际是复杂神经网络的学习，也就是复杂的非线性模型的学习.

我们来看两个具体的例子.

例 1.3.1. 考虑仿射函数

$$f(\boldsymbol{x})=\boldsymbol{\theta}^{\mathrm{T}}\boldsymbol{x}+\theta_0 \tag{1.2}$$

当 $\theta_0=0$ 时退化为标准的线性函数. 仿射函数在平面上就是一条直线，如图 1.17 所示. 仿射函数或线性函数表达的模型较为简单，但又具有一定的数据建模能力，所以仿射或线性函数在可以解决问题的一般性和所需的数学知识量之间取得了很好的平衡. 但是很多时候数据中具有非线性特征，而线性函数不能表达数据的非线性特征，这时就要用非线性函数来建模.

例 1.3.2. 考虑深度学习中的函数

$$f(\boldsymbol{x})=f_L(f_{L-1}(\cdots f_2(f_1(\boldsymbol{x})))) \tag{1.3}$$

其中 $f_i(\boldsymbol{x})=\mathrm{ReLU}(A_i\boldsymbol{x}+b_i)=(A_i\boldsymbol{x}+b_i)_+=\max(A_i\boldsymbol{x}+b_i, 0)$，是非线性激活函数 ReLU 和仿射变换的复合. ReLU 是神经网络中一个非常重要的非线性激活函数，定义了神经网络在线性变换后的输出. 图 1.18 展示了数据向量 $\boldsymbol{x}$ 的分段线性函数的神经网络构造. 除了 ReLU，还有 1.2 节提到的 softmax 也是非线性激活函数，我们在后续的章节还会详细介绍一些常用的非线性激活函数.

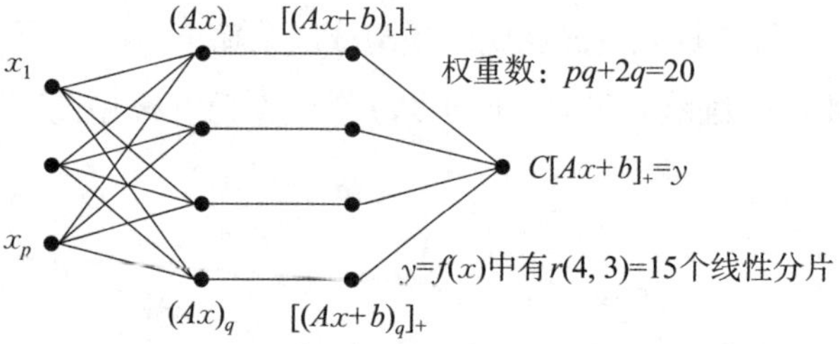

图 1.18　数据向量 $\boldsymbol{x}$ 的分段线性函数的神经网络构造

函数建模是属于确定性建模. 关于模型涉及的线性和非线性函数的性质在本书第 2 章、第 5 章和第 8 章都会提到.

2. 模型是概率分布

机器学习旨在从噪声数据中提取信号,并建立方法评估噪声影响,确保预测的准确性和可靠性. 其中的关键在于构建能表达预测不确定性的模型,为每个预测提供置信区间. 概率论是基础,用于正式描述不确定性. 该领域两大技术包括:多元概率分布定义变量间依赖关系,以及概率图模型直观展示变量条件依赖. 基于这些概率模型增强数据理解、预测和不确定性评估能力.

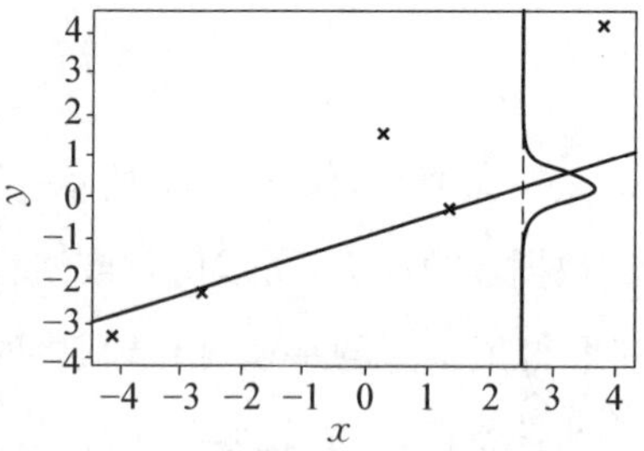

图 1.19　实例函数(黑色实心对角线)及其在 $x = 2.5$ 时的预测不确定性(绘制为高斯分布)

图 1.19 说明了函数作为高斯分布的预测不确定性. 给定一些数据,我们可以利用线性回归对 $x = 2.5$ 处的 y 值进行预测得到一个预测值. 但是真实的 y 值实际上服从一个正态分布. 我们试图预测出 y 最可能的取值. 在黄点处概率最大,在其他预测值服从正态分布.

本书第 7 章将介绍概率的相关模型,包括概率模型的图语言描述.

3. 监督学习模型的假设空间

对于监督学习来说,学习的目的在于学习一个由输入到输出的映射,这一映射由模型来表示. 换句话说,学习的目的就在于找到最好的这样的模型. 监督学习的模型可以是概率模型和非概率模型,也即由条件概率分布 $P(Y \mid X)$ 或决策函数 $Y=f(X)$ 表示,随具体的学习方法而定. 对具体的输入进行相应的输出预测时,写作 $P(y \mid x)$ 或 $y=f(x)$.

在监督学习中，模型构建的是从输入到输出的映射集合，这一集合被称作假设空间 $\mathcal{F}$.

假设空间可以定义为决策函数的集合：

$$\mathcal{F}=\{f \mid Y=f(X)\} \tag{1.4}$$

其中，X 和 Y 是定义在输入空间 $\mathcal{X}$ 和输出空间 $\mathcal{Y}$ 上的变量. 这时 $\mathcal{F}$ 通常是由一个参数向量决定的函数族：

$$\mathcal{F}=\{f \mid Y=f_{\boldsymbol{\theta}(X)}, \boldsymbol{\theta} \in \mathbb{R}^n\} \tag{1.5}$$

参数向量 $\boldsymbol{\theta}$ 取值于 n 维欧氏空间 $\mathbb{R}^n$，称为参数空间.

假设空间也可以定义为条件概率的集合：

$$\mathcal{F}=P \mid P(Y \mid X) \tag{1.6}$$

其中，X 和 Y 是定义在输入空间 $\mathcal{X}$ 和输出空间 $\mathcal{Y}$ 上的随机变量. 这时 $\mathcal{F}$ 通常是由一个参数向量决定的条件概率分布族：

$$\mathcal{F}=\{P \mid P_{\theta(Y \mid X)}, \boldsymbol{\theta} \in \mathbb{R}^n\} \tag{1.7}$$

参数向量 $\boldsymbol{\theta}$ 取值于 n 维欧氏空间 $\mathbb{R}^n$，也称为参数空间.

假设空间的确定意味着学习的范围的确定. 因为假设空间是由函数或概率构成的空间，与数学中的泛函分析和概率分析的基本概念如范数、度量密切相关，我们将在第 2 章会提及.

本书中称由决策函数表示的模型为非概率模型，由条件概率表示的模型为概率模型. 为了简便起见，当论及模型时，有时只用其中一种模型.

1.3.4 学习

学习的目标是找到一个模型及其相应的参数，使得模型在未知数据上表现良好. 在讨论机器学习系统的学习部分时，有三个不同的学习阶段：(1)训练或参数估计；(2)超参数调整或模型选择；(3)预测或推理. 其中预测阶段是在未知的测试数据上使用经过训练的模型进行预测. 换句话说，参数和模型选择已经固定，模型应用到表示新数据点的向量. 根据预测模型是函数模型或者是概率模型，分别对应于机器学习的两个主要流派：优化方法流派和贝叶斯流派. 当预测模型使用概率模型时，预测阶段称为推理. 因此，在学习阶段，参数估计和模型选择是关键. 这里会涉及模型选择的策略.

1. 策略

训练或参数估计阶段是根据训练数据调整预测模型,我们希望找到对训练数据表现良好的预测模型,因此需要考虑按照什么样的准则学习或选择最优的模型. 前面我们已经定义了模型的假设空间,统计机器学习的目标在于从假设空间中选取最优模型.

这里主要有两种策略:根据某种质量指标找到最好的预测模型(有时称为寻找点估计)或使用贝叶斯推断. 寻找点估计可用于函数模型和概率模型两种类型的预测模型,但贝叶斯推断只用于概率模型. 对于非概率模型,我们遵循所谓的经验风险最小化准则,经验风险最小化提供了一个优化问题来寻找好的参数. 对于统计模型,最大似然原理可以被用于找到一组好的参数. 我们还可以使用贝叶斯推断或潜变量对概率模型中参数的不确定性进行建模. 关于最大似然和贝叶斯推断在本书的第 7 章会涉及.

下面我们重点论述监督学习模型的选择策略——经验风险最小化准则. 首先引入损失函数与风险函数的概念. 损失函数度量模型一次预测的好坏,风险函数度量平均意义下模型预测的好坏.

(1) 损失函数和风险函数.

监督学习问题是在假设空间 $\mathcal{F}$ 中选取模型作为决策函数,对于给定的输入 X,由 $f(X)$ 给出相应的输出 Y,这个输出的预测值 $f(X)$ 与真实值 Y 可能一致也可能不一致,用一个损失函数或代价函数来度量预测错误的程度. 损失函数是 $f(X)$ 和 Y 的非负实值函数,记作 $L(Y, f(X))$.

统计机器学习常用的损失函数有以下几种:

① 0—1 损失函数

$$L(Y, f(X))=\begin{cases}1 & Y \neq f(X) \\ 0 & Y \neq f(X)\end{cases} \tag{1.8}$$

② 平方损失函数

$$L(Y, f(X))=(Y-f(X))^2 \tag{1.9}$$

③ 绝对损失函数

$$L(Y, f(X))=| Y-f(X) | \tag{1.10}$$

④ 对数损失函数或对数似然损失函数

$$L(Y,\ P(Y \mid X)) = -\log P(Y \mid X) \tag{1.11}$$

这些函数在很多机器学习模型中都有重要应用. 比如在分类问题中，可以使用 0－1 损失函数的正负号来进行模式判断，函数值本身的大小并不是很重要，0－1 损失函数比较的是预测值 $f(x_i)$ 与真实值 y_i 的符号是否相同. 其他损失函数都有类似相应的应用，我们在后面章节会介绍.

损失函数越小，模型越好. 那么这个误差到底有多大呢？怎么来衡量呢？由于模型的输入 X、输出 (X, Y) 是随机变量，遵循联合分布 $P(X, Y)$，所以损失函数的期望是

$$R_{exp}(f) = E_P[L(Y,\ f(X))] = \int_{x \times y} L(y,\ f(x)) P(x,\ y) dx dy \tag{1.12}$$

这是理论上模型 $f(X)$ 关于联合分布 $P(X, Y)$ 的平均意义下的损失，称为风险函数或期望损失.

学习的目标就是选择期望风险最小的模型. 但是由于联合分布 $P(X, Y)$ 是未知的，$R_{exp}(f)$ 不能直接计算. 实际上，如果知道联合分布 $P(X, Y)$，可以从联合分布直接求出条件概率分布 $P(Y \mid X)$，也就不需要学习了. 正因为不知道联合概率分布，所以才需要进行学习. 这样一来，一方面根据期望风险最小学习模型要用到联合分布，另一方面联合分布又是未知的，所以从数学上看，监督学习就成为一个病态问题. 这个问题可以通过概率中的大数定律以及经验风险最小化准则来解决.

(2) 经验风险和经验风险最小化准则.

给定一个训练数据集

$$T = (x_1,\ y_1),\ (x_2,\ y_2),\ \cdots,\ (x_N,\ y_N)$$

模型 $f(X)$ 关于训练数据集的平均损失称为经验风险或经验损失，记作 R_{emp}：

$$R_{emp}(f) = \frac{1}{N} \sum_{i=1} L(y_i,\ f(x_i)) \tag{1.13}$$

期望风险 $R_{exp}(f)$ 是模型关于联合分布的期望损失，经验风险 $R_{emp}(f)$ 是模型关于训练样本集的平均损失. 根据大数定律，当样本容量 N 趋于无穷时，经验风险 $R_{emp}(f)$ 趋于期望风险 $R_{exp}(f)$. 所以一个很自然的想法是用经验风险估计期望风险. 但是，由于现实中训练样本数目有限，甚至很小，所以用经验风险估计期望风险常常并不理想，要对经验风险进行一定的矫正. 这就关系到监督学习的一个基本策略：经验风险最小化准则.

在给定假设空间、特定的损失函数及一个明确的训练数据集条件下，公式(5.1)描述

的经验风险函数就被唯一确定了. 经验风险最小化(Empirical Risk Minimization, ERM)原则假定,能够使得经验风险达到最小的模型即视为最佳模型. 遵循这一原则,寻找最优模型的过程转化为了解决一个优化问题:

$$\min_{f\in\mathcal{F}}\sum_{i=1}^{N}L(y_i,\ f(x_i)) \tag{1.14}$$

这里 $\mathcal{F}$ 代表所有可能的假设集合. 该策略旨在从假设空间中挑选出一个模型,它在训练样本上的累积损失达到最小.

当样本容量足够大时,经验风险最小化能保证有很好的学习效果,在现实中被广泛采用. 比如,极大似然估计就是经验风险最小化的一个例子. 当模型是条件概率分布、损失函数是对数损失函数时,经验风险最小化就等价于极大似然估计. 但是,当样本容量很小时,经验风险最小化学习会产生"过拟合"现象. 这时需要采用结构风险最小化准则或正则化来进行模型选择. 下面我们来描述过拟合,结构风险最小化准则和正则化,它作为经验风险最小化的补充,使其能够很好地概括最小化预期风险.

(3) 过拟合、结构风险最小化和正则化.

训练机器学习模型的目的是处理未知测试数据. 这种未知测试数据称为测试集. 假定预测器 f 有足够丰富的函数类,我们基本上可以记住训练数据以获得零经验风险. 虽然这对于最小化训练数据的损失是很好的,但实际上,只有一组有限的数据,因此我们将数据分成训练集和测试集. 训练集用于拟合模型,测试集用于评估泛化性能. 使用下标 *train* 和 *test* 来分别表示训练和测试集.

经验风险最小化(ERM)是一种常用策略,但可能导致过拟合. 模型在训练数据上表现优异,而在测试数据上性能显著下降,即发生了过拟合现象. 实际上,经验风险 $R_{\mathrm{emp}}(f,\ \boldsymbol{X}_{\mathrm{train}},\ \boldsymbol{y}_{\mathrm{train}})$通过训练数据估计模型风险,而期望风险 $R_{\exp}(f)$表示模型在真实数据分布上的平均损失,通常难以直接计算. 当 $R_{\mathrm{emp}}(f,\ \boldsymbol{X}_{\mathrm{train}},\ \boldsymbol{y}_{\mathrm{train}})$远低于 $R_{\exp}(f)$时,即表明模型在训练数据上过拟合,则难以推广至真实数据. 这常见于数据量有限且模型复杂度高的情况.

因此,我们可以通过引入所谓的结构风险最小化策略来防止过拟合. 结构风险最小化等价于正则化. 结构风险是在经验风险上加上表示模型复杂度的正则化项或惩罚项. 在假设空间、损失函数以及训练数据集确定的情况下,结构风险定义为:

$$R_{\mathrm{srm}}(f)=\frac{1}{N}\sum_{i=1}^{N}L(y_i,\ f(x_i))+\lambda J(f) \tag{1.15}$$

其中 $J(f)$ 为模型的复杂度，是定义在假设空间 $\mathcal{F}$ 上的泛函. 模型 f 越复杂，复杂度 $J(f)$ 就越大；反之，模型 f 越简单，复杂度 $J(f)$ 就越小. 也就是说，复杂度表示了对复杂模型的惩罚. $\lambda \geqslant 0$ 是系数，用以权衡经验风险和模型复杂度. 结构风险小的模型往往对训练数据以及未知的测试数据都有较好的预测.

比如，贝叶斯估计中的最大后验概率估计就是结构风险最小化的一个例子. 当模型是条件概率分布、损失函数是对数损失函数、模型复杂度由模型的先验概率表示时，结构风险最小化就等价于最大后验概率估计.

结构风险最小化的策略认为结构风险最小的模型是最优的模型. 所以求最优模型，就是求解最优化问题：

$$\min_{f \in \mathcal{F}} \frac{1}{N} \sum_{i=1}^{N} L(y_i, f(x_i)) + \lambda J(f) \tag{1.16}$$

上述最优化问题一般也称为正则化. 因此，正则化是结构风险最小化策略的实现. 其中正则化项或惩罚项 $\lambda J(f)$ 用来以某种方式偏向于寻找经验风险的最小化，这使得优化问题更难返回过于灵活的模型. 正则化项可以取不同的形式，一般是模型复杂度的单调递增函数，模型越复杂，正则化值就越大. 例如，回归问题中，损失函数是平方损失，正则化项可以是参数向量的 L_2 范数：

$$L(w) = \frac{1}{N} \sum_{i=1}^{N} (f(x_i; w) - y_i)^2 + \frac{\lambda}{2} \| w \|^2 \tag{1.17}$$

其中，$\| w \|$ 表示参数向量 w 的 L_2 范数. 正则化项也可以是参数向量的 L_1 范数：

$$L(w) = \frac{1}{N} \sum_{i=1}^{N} (f(x_i; w) - y_i)^2 + \frac{\lambda}{2} \| w \|_1 \tag{1.18}$$

其中，$\| w \|$ 表示参数向量 w 的 L_1 范数. 第一项的经验风险较小的模型可能较复杂（有多个非零参数），这时第二项的模型复杂度会较大. 正则化的作用是选择经验风险与模型复杂度同时较小的模型.

这样，监督学习问题就变成了经验风险或结构风险函数的最优化问题. 这时经验或结构风险函数是最优化的目标函数.

上面主要是针对监督学习的策略. 因为无监督学习的基本任务主要包括聚类、降维和概率模型估计等，所以对于无监督学习模型的策略，在不同的问题中有不同的形式，但也都可以表示为目标函数的优化. 比如，聚类中样本与所属类别中心距离的最小化，降维中样本从高维空间转换到低维空间过程中信息损失的最小化，概率模型估计中模型生成数据概率的最大化.

例 1.3.3. 对于一个监督学习问题，设其数据集为 $\{(x_1, y_1), (x_2, y_2), \cdots, (x_n, y_n)\}$，以一元线性回归作为模型，根据经验风险最小化可得：

$$\min_{(k,b)\in\mathbb{R}^2} \frac{1}{N}\sum_{i=1}^{N} | kx_i + b - y_i |$$

例 1.3.4. 对于一个无监督学习问题，设其数据集为 $\{(x_1^1, x_1^2), (x_2^1, x_2^2), \cdots, (x_n^1, x_n^2)\}$，使用 PCA 对其降维，计算原来位置到新位置的距离作为信息损失（即原来位置到一维直线的距离）可得：

$$\min_{(a,b,c)\in\mathbb{R}^3} \frac{1}{N}\sum_{i=1}^{N} \frac{| ax_i^1 + bx_i^2 + c |}{\sqrt{a^2+b^2}}$$

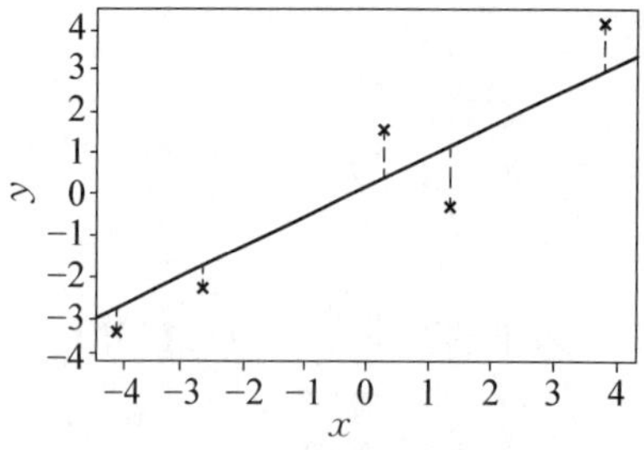

(a) 一元线性回归

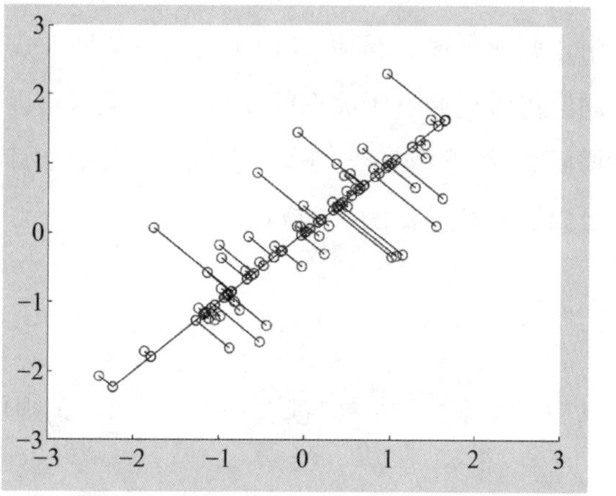

(b) PCA 降维

图 1.20 监督学习与无监督学习

可以看出利用经验风险代替期望风险的数学理论基础就是概率统计中的大数定律. 然后要使得经验风险最小或结构风险最小，这里需要求解最优化问题，其中最优化问题的目标函数是由各种向量或矩阵损失函数和正则化项构成的，正则化项通常可以是模型参数向量或参数矩阵的范数. 关于范数、损失函数和目标函数的有关定义、性质和计算，包括微分，将在本书第 2 章和第 5 章以及第 8 章介绍.

注记 4. 在机器学习实践中，另一种常用的模型评估技术是交叉验证（Cross-validation）. 当数据资源充足时，一个模型选择策略为：将数据随机分割为三个互斥部分：

训练集(Training Set)、验证集(Validation Set)和测试集(Test Set). 其中,训练集服务于模型的训练过程;验证集用于模型性能的比较与优选;而测试集则是独立评估模型泛化能力的标准. 在探索不同复杂度模型的过程中,我们倾向于采纳在验证集上展现出最小预测误差的那个模型. 在数据量受限的情形下,交叉验证技术有助于高效筛选模型. 其核心思想在于数据的循环利用:将数据集多次分割成不同的训练-测试子集组合,每一次迭代中,一部分数据用于模型训练,剩余部分则用于模型的测试与性能评估. 这一过程反复进行,直至每部分数据都被用作一次验证. 最终根据平均的性能完成模型的选择.

2. 算法

算法是指学习模型的具体计算方法. 统计学习基于训练数据集,根据学习策略,从假设空间中选择最优模型,最后需要考虑用什么样的计算方法求解最优模型. 这时,统计机器学习问题归结为最优化问题,统计学习的算法成为求解最优化问题的算法. 如果最优化问题有显式的解析解,这个最优化问题就比较简单. 但通常解析解不存在,这就需要用数值计算的方法求解. 如何保证找到全局最优解,并使求解的过程非常高效,就成为一个重要问题. 统计学习可以利用已有的最优化算法,有时也需要开发独自的最优化算法. 这里需要考虑优化问题是不是凸的,是不是精确可解,有没有对偶等. 算法通常是迭代算法,通过迭代达到目标函数的最优化,比如,梯度下降算法、随机梯度下降算法、牛顿法等等. 对于梯度下降算法,简单说,就是沿负梯度寻找方向迭代并寻找函数值最小的点. 在梯度下降算法中,一个优化算法中要包含三个要素,起点、步长以及下降方向. 三要素的选取决定了算法表现是否良好. 梯度下降的迭代公式是:

$$\boldsymbol{x}^{(k+1)}=\boldsymbol{x}^{(k)}-\lambda_k \nabla f(\boldsymbol{x}^{(k)})$$

图 1.21(a)给出了梯度下降算法示意图,图 1.21(b)给出了一些常用的优化算法在鞍点处的迭代路径示意图.

关于最优化的求解理论和方法将在本书第 8 章至 10 章进行详细的介绍. 因为目标函数通常是向量函数和矩阵函数,所以优化问题求解会涉及矩阵的分解和方程组的求解以及向量函数和矩阵函数的微分,这些内容将在本书第 3 章至第 5 章详细介绍.

3. 模型评估、泛化能力

统计机器学习的目的是使学到的模型不仅对已知数据而且对未知数据都能有很好的预测能力. 当损失函数给定时,基于损失函数的模型的训练误差和模型的测试误差就自然成为学习方法评估的标准. 注意,统计学习方法具体采用的损失函数未必是评估时使用的损失函数. 当然,让两者一致是比较理想的.

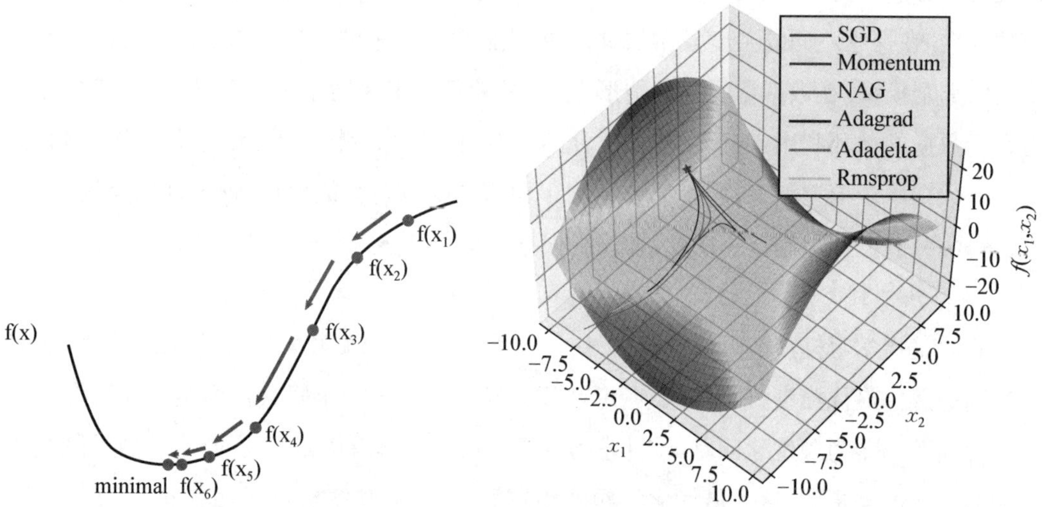

(a) 梯度下降算法示意图　　(b) 鞍点处迭代路径示意图

图 1.21　优化算法

假设学习到的模型是 $Y=\hat{f}(x)$,训练误差是模型 $Y=\hat{f}(x)$ 关于训练数据集的平均损失:

$$R_{\mathrm{emp}}(\hat{f})=\frac{1}{N}\sum_{i=1}^{N}L(y_i,\ \hat{f}(x_i)) \tag{1.19}$$

其中 N 是训练样本容量.

测试误差是模型 $Y=\hat{f}(x)$ 关于测试数据集的平均损失:

$$e_{\mathrm{test}}=\frac{1}{N'}\sum_{i=1}^{N'}L(y_i,\ \hat{f}(x_i)) \tag{1.20}$$

其中 N' 是测试样本容量.

测试误差反映了学习方法对未知的测试数据集的预测能力,是学习中的重要概念. 显然,给定两种学习方法,测试误差小的方法具有更好的预测能力,是更有效的方法. 通常将学习方法对未知数据的预测能力称为泛化能力.

现实中采用最多的办法是通过测试误差来评价学习方法的泛化能力. 但这种评价是依赖于测试数据集的. 因为测试数据集是有限的,很有可能由此得到的评价结果是不可靠的. 统计学习理论试图从理论上对学习方法的泛化能力进行分析,并定义了泛化误差. 也就是说,如果学到的模型是 $Y=\hat{f}(x)$,那么用这个模型对未知数据预测的误差即为泛化误差.

泛化误差反映了学习方法的泛化能力,如果一种方法学习的模型比另一种方法学习的模型具有更小的泛化误差,那么这种方法就更有效.事实上,泛化误差就是所学习到的模型的期望风险.

$$R_{\exp}(\hat{f})=E_P[L(Y,\hat{f}(X))]=\int_{x\times y}L(y,\hat{f}(x))P(x,y)\mathrm{d}x\,\mathrm{d}y \tag{1.21}$$

学习方法的泛化能力分析往往是通过研究泛化误差的概率上界进行的,简称为泛化误差上界.具体来说,就是通过比较两种学习方法的泛化误差上界的大小来比较它们的优劣.泛化误差上界通常具有以下性质:(1)它是样本容量的函数,当样本容量增加时,泛化上界趋于0;(2)它是假设空间容量的函数,假设空间容量越大,模型就越难学,泛化误差上界就越大.关于统计机器学习方法泛化误差上界的估计和证明常常会用到概率不等式,比如 Hoeffding 不等式等.更详细的内容读者可以参考瓦普尼克的《统计学习理论》一书.

机器学习的学习过程主要包括模型选择的策略和算法求解两部分.此外,也涉及模型评估和泛化能力的考量.一般统计机器学习方法之间的不同,主要来自其模型、策略、算法的不同.确定了模型、策略和算法,统计机器学习的方法也就确定了.这就是将其称为统计学习方法三要素的原因.统计机器学习方法的三要素,再加上数据,就构成了一个机器学习系统主要的要素.

1.3.5 机器学习的应用

我们之前把大数据的运算结构定义为分析数据时所要实现的各种计算任务,包括分类、聚类、回归、排序、降维和密度估计等,它们都属于机器学习的各种应用.具体而言,监督学习的应用主要在三个方面:分类问题、标注问题和回归问题.

(1) 分类运算.通过带有标签训练集训练出来一个模型,用于判断新输入数据的类型.简单来说,用已知的数据来对未知的数据进行划分.这是一种有监督学习.分类可以是二分类问题(是/不是),也可以是多分类问题(在多个类别中判断输入数据具体属于哪一个类别).分类问题的输出是离散值,用来指定其属于哪个类别.分类问题在现实中应用非常广泛,比如垃圾邮件识别、手写数字识别、人脸识别、语音识别等.

(2) 标注运算.序列标注视为一种监督学习任务,可视为分类任务的拓展,同时也是更高级结构预测问题的基础简化形态.在此任务中,输入数据是一个观测序列,而预期输出则是相应的一连串标签或状态序列. 其核心目的是构建一个模型，该模型能够基于输入的观测序列预测出相应的标签序列. 值得注意的是，尽管可用的标签种类数量是有限的，但这些标签按序列排列组合后的总数却随序列长度呈指数级膨胀.

(3) 回归运算. 回归的目的是预测数值型的目标值，它的目标是接受连续数据，寻找最适合数据的方程，并能够对特定值进行预测. 这个方程称为回归方程，回归运算是求该方程的回归系数.

回归分析，即量化因变量受自变量影响的大小，建立线性回归方程或者非线性回归方程，从而达到对因变量的预测，或者对因变量的解释作用.

分类和回归的区别在于输出变量的类型. 定量输出称为回归，或者说是连续变量预测；定性输出称为分类，或者说是离散变量预测. 举个例子：预测明天的气温是多少度，这是一个回归任务；预测明天是阴、晴还是雨，就是一个分类任务.

无监督学习的主要应用主要在三个方面：聚类、降维和密度估计.

(1) 聚类运算. 聚类将数据集中的样本划分为若干个通常是不相交的子集，每个子集称为一个簇(cluster)，每个簇对应一个潜在概念或类别. 当然这些类别在执行聚类算法之前是未知的，聚类过程是自动形成簇结构，簇所对应的概念语义由使用者命名.

聚类和分类是有区别的. 对于一组数据，若不知道数据之间的关系，也不知道可以分为多少类，则可以使用聚类算法来对数据进行一个关系分析. 通过聚类，我们可以把未知类别的数据，分为一类或者多类，这个过程是一种无监督学习.

聚类既能作为一个单独过程，用于寻找数据内在的分布结构，也可作为分类等其他学习任务的前驱过程. 如在一些商业应用中需对新用户的类型进行判别，但定义用户类型对商家来说可能不太容易，此时可先对用户进行聚类，根据聚类结果将每个簇定义为一个类，然后再基于这些类训练分类模型，用于判别新用户的类型.

(2) 降维运算. 降维就是指采用某种映射方法，将原高维空间中的数据点映射到低维度的空间中. 降维的本质是学习一个映射函数 $f:\boldsymbol{x}\mapsto\boldsymbol{y}$，其中 $\boldsymbol{x}$ 是原始数据点的表达，目前多使用向量表达形式，$\boldsymbol{y}$ 是数据点映射后的低维向量表达，通常 $\boldsymbol{y}$ 的维度小于 $\boldsymbol{x}$ 的维度(当然提高维度也是可以的). f 可能是显式的或隐式的、线性的或非线性的.

目前大部分降维算法处理向量表达的数据，也有一些降维算法处理高阶张量表达的数据. 之所以使用降维后的数据表示是因为在原始的高维空间中，包含有冗余信息以及噪声信息，降低了准确率；而通过降维，我们希望减少冗余信息所造成的误差，提高识别(或其他应用)的精度. 又或者希望通过降维算法来寻找数据内部的本质结构特征. 在很多算法中，降维算法成为了数据预处理的一部分，如 PCA.

(3) 密度估计. 密度估计是机器学习中的一个关键概念，旨在从一组观测数据中推断出随机变量 X 的概率密度函数 $p(x)$. 通过估计 $p(x)$，我们可以更好地理解数据的分布特性，从而做出更准确的预测和决策. 密度估计主要分为两大类：参数估计和非参数估计. 参数估计假设数据服从某种已知的概率分布模型（如高斯分布、泊松分布等），而该模型的参数（如均值、方差等）是未知的. 我们的目标是基于观测数据来估计这些参数的值. 一旦参数被估计出来，我们就可以用这些参数来定义概率密度函数 $p(x)$. 非参数估计不假设数据服从任何特定的概率分布模型. 相反，它试图直接从数据中学习概率密度函数 $p(x)$ 的形状. 这种方法通常更加灵活，但也更加复杂.

无监督学习相关的应用还包括话题分析和图分析.

(4) 话题分析. 话题分析是文本分析的一种技术. 给定一个文本集合，话题分析旨在发现文本集合中每个文本的话题，而话题由单词的集合表示. 注意，这里假设有足够数量的文本，如果只有一个文本或几个文本，是不能做话题分析的. 话题分析可以形式化为概率模型估计问题，或降维问题.

(5) 图分析. 很多应用中的数据是以图的形式存在，图数据表示实体之间的关系，包括有向图、无向图、超图. 图分析的目的是发掘隐藏在图中的统计规律或潜在结构. 链接分析是图分析的一种，包括 PageRank 算法，主要是发现有向图中的重要节点. PageRank 算法属于无监督学习方法.

与话题分析和 PageRank 计算有关的例子将在本书第 4 章进行详细介绍. 除了上述监督学习和无监督任务外，还有一些计算任务可以建模成不同形式的问题. 比如排序运算.

排序或机器学习排序是指应用机器学习为信息检索系统构建排序模型，通常通过一个二次排序函数实现. 排序学习可以是监督、半监督或强化学习，用于构建信息检索系统的排名模型. 训练数据通常为包含部分排序信息的列表，该排序通常表示为对每个物体都使用一个数字或序号表示的分数，或者是二元判断（相关或不相关）. 排序模型的最终目的是得到可靠的排序，即便列表中的物体未曾出现过. 常用的排序学习方法主要有：逐个的（PointWise）、逐对的（PairWise）和逐列的（ListWise）.

1.4 数据分析和机器学习所需数学内容框架

由上述机器学习概览可知，在对数据建立了模型之后，模型求解大多被定义为一个优化问题或后验抽样问题，具体地，频率派方法其实就是一个优化问题. 而贝叶斯模型的计算则往往牵涉蒙特卡罗(Monte Carlo)随机抽样方法. 因此数据科学与工程或机器学习的数学基础主要依赖于以数值线性代数(矩阵计算)、概率论与信息论基础及概率模型估计、数值优化为主的数学体系. 除此之外，还涉及更高等的数学基础，如统计机器学习所需的泛函分析基础，特别是再生核希尔伯特空间和 Mercer 定理；用于描述数据高维结构的几何基础，包括张量、拓扑学和微分流形(嵌入定理)以及随机过程. 这些内容非常多，散落在数学的各个不同分支的教材里面，不方便一本书一本书地去学习，需要设计一本新的类似于计算机科学中"离散数学"这样的统一的"数据科学与工程数学基础"教材来覆盖这些方面的内容(如图 1.22 所示).

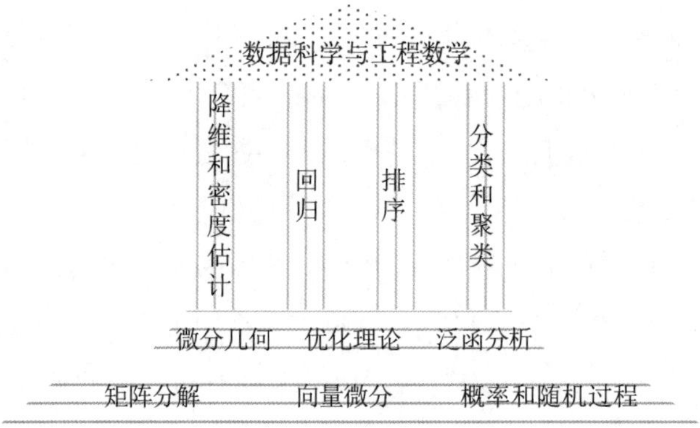

图 1.22 数据科学与工程的数学基础

本书就是针对这个需求进行设计的. 全书的内容组织结构如图 1.23 所示：第一章是绪论，接下来是数值线性代数(矩阵计算)部分：包括向量和矩阵基础、度量与投影、矩阵分解、矩阵计算问题、向量和矩阵微分；然后是概率论和信息论部分：包括概率基础、信息论基础、概率模型和估计；最后是优化理论，包括优化基础、最优性条件和对偶理论、优化算法等. 向量和矩阵等代数概念可用于数据表示，概率论和信息论可以用于描述数据的随机分布关系，这两部分一起为数据的表示和建模提供了数学基础；数值线性代数也是概率和优化部分内容的基础. 优化理论则提供了数据的数值优化模型和方法.

本书主要包括数据的低维表示和建模、数据的概率和随机表示与建模、数据的数值优化方法，主要面向数据科学与工程专业的本科生. 对于包括数据的高维几何表示等，这里并不涉及，我们计划在未来《数据科学与工程的高等数学基础》这本教材中来介绍这些内容.

本章剩余的部分将对全书涉及的主要概念提供一个简要概览,并对相关内容所涉及的学科做一个简要的历史回顾.大多数概念在这里是非正式的,更严格的定义和例子描述将在随后的章节中详细给出.

1.4.1 数值线性代数简介

在数据科学、机器学习和人工智能领域,大量的问题最终都可归结为基于向量和矩阵的建模与计算.矩阵计算,又称为数值线性代数,它是科学与工程计算的核心,其中具有挑战性的问题是大规模矩阵计算问题.数值线性代数研究的主要内容就是,如何针对各类科学与工程问题所提出的矩阵计算问题,设计出相应快速可靠的算法.

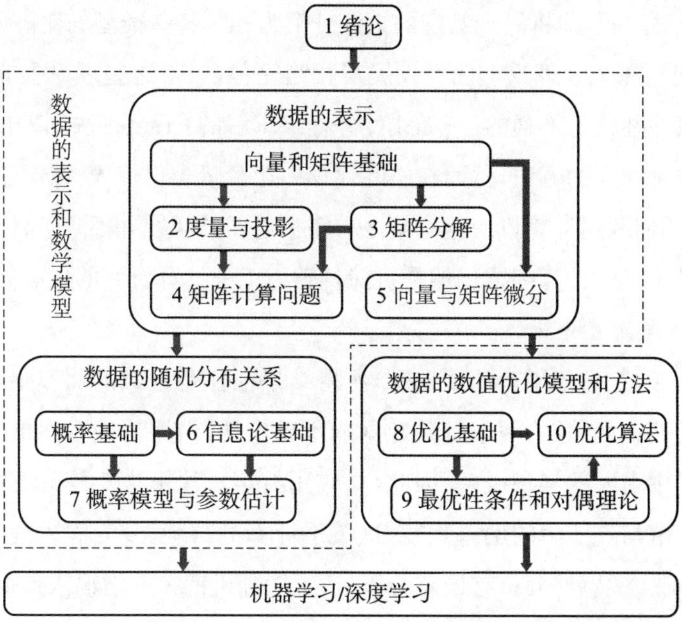

图 1.23 数据科学与工程的数学基础内容组织结构流程图

1. 数值线性代数的基本问题

传统上,数值线性代数主要处理如下四大矩阵计算问题:

(1) 求解线性方程组的问题,即给定 n 阶非奇异矩阵 A 和 n 维向量 b,求一个 n 维向量 x,使得

$$Ax = b$$

(2) 线性最小二乘问题，即给定 $m\times n$ 矩阵 A 和 m 维向量 b，求一个 n 维向量 x，使得

$$\|Ax-b\|_2=\min\{\|Ay-b\|_2: y\in\mathbf{R}^n\}$$

(3) 矩阵特征值问题，即给定一个 n 阶方阵 A，求它的部分或全部特征值以及对应的特征向量.

给定一个矩阵计算问题，首要的任务就是，如何根据问题的特点，设计出求解这一问题的有效的计算方法. 其中一个基本的思路就是设法将一个一般的矩阵计算问题转化为一个或几个易于求解的特殊问题，而实现这一转化任务最主要的技巧就是矩阵分解. 由于矩阵分解，特别是奇异值分解的应用十分广泛，目前有的教科书已经将其列为数值线性代数的第四大问题.

(4) 矩阵分解问题，即将一个给定的矩阵分解为几个特殊类型的矩阵的乘积.

上述四类问题在数学理论上已经发展得相当完善，但是这些理论上非常漂亮的结果用于实际计算时往往是行不通的. 例如线性方程组求解的 Cramer 法则理论上给出了求解线性方程组的非常漂亮的方法，然而在实际计算中运算量大得惊人，以至于完全不能用于实际计算. 因此如何利用计算机快速有效地求解上述四类问题并不是一件容易的事情，特别是对于大规模矩阵的计算问题仍然是目前科学与工程计算研究的核心问题之一.

2. *敏度分析与误差分析*

在数值计算领域，由于固有的误差源，所得结果往往是近似的而非绝对精确. 这些误差根源主要分为两方面：其一源于基础数据的不确定性，由测量或观察的不精确造成；其二则是计算步骤中引入的累积误差. 因此，在应用特定算法解决矩阵计算问题后，核心问题在于评估计算解与真实解的偏差程度，这关乎计算的精确性. 为深入理解这一问题，需借助两大分析工具：敏感性分析与误差分析. 敏感性分析旨在探索输入数据的微小变动如何影响解的变动幅度，通过引入“条件数”这一度量标准来量化这一敏感度. 同时，鉴于计算机运算的有限精度，分析舍入误差对算法输出的潜在影响极为关键，它是评判算法性能好坏的一个核心指标. 完成对计算问题的敏感性剖析，并对所有算法实施误差分析后，我们能够预估计算结果的精确度，从而揭示计算的可靠性.

3. *算法的复杂性与收敛速度*

算法效率及收敛速度是评估算法性能的关键指标. 算法可分为直接法和迭代法两类：直接法无误差下在有限步骤内得出精确解，而迭代法则通过逐步逼近策略达到解的近似，无法在有限步内直接获得确切解. 直接法的速度常以其运算规模衡量，而算法复杂性分析

关注的就是估算这一运算规模. 值得注意的是,尽管运算量能反映算法速度的一部分,但实际上算法的执行效率还受计算机硬件限制,特别是在数据读写速度远不及计算速度的现代计算机上,算法的实际运行效率极大程度上取决于数据处理过程中的传输量. 因此,评估算法不仅要考虑计算复杂性,还需综合考量数据访问效率.

而对于迭代法,除了对每步所需的运算量进行分析外,还需对其收敛速度进行分析. 通常迭代法的收敛类型包括线性收敛和平方收敛等. 一般来说,平方收敛的算法要比线性收敛的算法快得多.

4. 算法的软件实现与数值线性代数软件包

将数值方法转化为实际计算应用,关键在于有效的软件实现,这超越了单纯的编码活动. 高质量的软件实现基于对算法数学原理的深入掌握,计算机体系结构的透彻认知,以及丰富的实战经验. 现今,主流数值线性代数运算已被整合进两大知名软件包——LAPACK 和 MATLAB 中,它们是众多专家历经数十年迭代优化与创新的智慧结晶.

1.4.2 概率与信息论简介

自然界和社会上发生的现象是多种多样的,这些现象从确定性程度来看可以分为确定性现象和不确定现象两大类,其中不确定现象是指在个别试验中其结果呈现出不确定性,在大量重复试验中其结果又具有统计规律性的现象,我们称之为随机现象. 概率论与数理统计是研究随机现象统计规律的一门数学学科. 它不仅提供了量化不确定性的方法,也提供了用于导出新的不确定性论断的公理. 在人工智能领域,概率论主要有两种用途,首先,概率法则告诉我们 AI 系统如何推理,据此我们设计一些算法来计算或估算由概率论导出的表达式. 其次,可以用概率和统计从理论上分析我们提出的 AI 系统的行为. 概率论能够提出不确定性的论断以及在不确定性情况下进行推理,而信息论能够量化概率分布中的不确定性总量. 信息论是应用数学的一个分支,主要研究的是对一个信号包含信息的多少进行量化. 它最初被发明是用来研究在一个含有噪声的信道上,用离散的字母表来发送信息,例如通过无线电传输来通信. 在这种情况下,信息论告诉我们如何对消息设计最优编码以及计算消息的期望长度. 这些消息是使用多种不同编码机制,从特定的概率分布上采样得到的. 在机器学习中,也可以把信息论应用于连续型变量,此时某些消息长度的解释不再适用.

1. 为什么要使用概率

计算机科学的许多分支所涉及的研究问题一般都是完全确定的,因此较少使用概率. 但是,机器学习这一分支却大量使用概率论,这是因为机器学习通常必须处理不确定量,有时也可能需要处理随机(非确定性)量. 不确定性和随机性可能来自多方面. 根据图灵奖得主 Pearl 的工作总结和启发,不确定性有三种可能的来源:一是被建模系统内在的随机性,二是不完全观测,三是不完全建模.

2. 频率派概率和贝叶斯概率

尽管我们的确需要一种用于对不确定性进行表示和推理的方法,但是概率论并不能直接提供在人工智能领域需要的所有工具. 概率论最初的发展是为了分析事件发生的频率. 我们把直接与事件发生的频率相联系的这种概率,称为频率派概率. 但是这种对于重复事件的推理并不适用那些不可重复的命题. 例如一个医生诊断了病人,并说该病人患流感的概率为 0.4,这意味着非常不同的事情——既不能让病人有无穷多的副本,也没有任何理由去相信病人的不同副本在具有不同的潜在条件下表现出相同的症状. 在医生诊断病人的例子中,我们用概率来表示一种信任度. 其中 1 表示非常肯定病人患有流感,而 0 表示非常肯定病人没有患流感. 这种概率涉及确定性水平,被称为贝叶斯概率.

概率可以被看作用于处理不确定性的逻辑扩展. 逻辑提供了一套形式化的规则,可以在给定某些命题是真或假的假设下,判断另外一些命题是真的还是假的. 概率论提供了一套形式化的规则,可以在给定一些命题的似然后,计算其他命题为真的似然.

3. 随机过程

随机过程被认为是概率论的"动力学"部分,意思是说它的研究对象是随时间演变的随机现象. 对于这种现象,一般来说,人们不能用随机变量或者多维随机变量来合理地表达,需要用一族(无限多个)随机变量来描述. 本书首先从随机过程在不同时刻状态之间的特殊的统计联系,引入马尔科夫过程的概念,然后对马尔科夫链(状态、时间都是离散的马尔科夫过程)的两个基本问题,即转移概率的确定以及遍历性问题做不同程度的研究和介绍. 马尔科夫过程的理论在近代物理、生物学、管理科学、经济、信息处理以及数值计算方法等方面都有重要的应用.

4. 统计推断

统计推断是具有广泛应用的一个数学分支,它以概率论为理论基础,根据试验或观测得到的数据来研究随机现象对研究对象的客观规律性做出各种合理的估计和判断. 统计推断的内容包括如何收集整理数据资料,如何对所得的数据资料进行分析研究,从而对所研究的对象的性质特点做出推断,后者就是我们所说的统计推断问题. 本书只讲述统计推断的基本内容.

在概率论当中我们所研究的随机变量，它的分布都是假设已知的，在这一前提下去研究它的性质特点和规律性，例如求出它的数字特征，讨论随机变量函数的分布，介绍常用的各种分布等. 在统计推断中，我们研究的随机变量，它的分布是未知的，或者是不完全知道的，人们是通过对所研究的随机变量进行重复独立的观察，得到许多观察值，对这些数据进行分析，从而对所研究的随机变量的分布做出种种推断.

5. 概率与图

机器学习的算法经常会涉及在非常多的随机变量上的概率分布，通常这些概率分布涉及的直接相互作用都是介于非常少的变量之间. 使用单个函数来描述整个联合概率分布是非常低效的(无论是计算还是统计上). 我们可以把概率分布分解成许多因子的乘积形式，而不是使用单一的函数来表示概率分布. 这种分解可以极大的减少用来描述一个分布的参数数量. 每个因子使用的参数数目是其变量数目的指数倍. 这意味着，如果我们能够找到一个使每个因子分布具有更少变量的分解方法，就能极大地降低表示联合分布的成本. 可以用图来描述这种分解，这里我们使用图论当中图的概念：由一些可以通过边互相连接的顶点的集合构成. 当用图来表示这种概率分布的分解时，我们把它称为结构化概率模型或者图模型. 有两种主要的结构化概率模型：有向的和无向的. 两种图模型都使用图 G，其中图的每个节点对应着一个随机变量，连接两个随机变量的边意味着概率分布可以表示成这两个随机变量之间的直接作用.

有向模型使用带有有向边的图，它们用条件概率分布来表示分解. 无向模型使用带有无向边的图，它们将分解表示成一组函数：不像有向模型那样，这些函数通常不是任何类型的概率分布.

总体上，这些图模型表示的分解仅仅是描述概率分布的一种语言，它们不是互相排斥的概率分布族. 有向或者无向不是概率分布的特性；它是概率分布的一种特殊描述所具有的特性，而任何概率分布都可以用这两种方式进行描述.

6. 信息论

信息论是研究信息传输和信息处理过程中一般规律的一门学科，也是现代信息科学和通信科学领域的一门基础理论. 信息是个相当宽泛的概念，很难用一个简单的定义将其完全准确地把握. 然而，对于任何一个概率分布，可以定一个称为熵的量，它具有许多特性，符合度量信息的直观要求. 这个概念可以推广到互信息. 互信息是一种测度，用来度量一个随机变量包含另一个随机变量的信息量，熵恰好变成了一个随机变量的信息. 相对熵是一个更广泛的量，它是刻画两概率分布之间距离的一种度量，而互信息又是它的特殊情形. 以上所有的这些量密切相关,存在许多简单的共性. 在本书中,我们将介绍这些概念并且使用信息的一些关键思想来描述概率分布或者量化概率分布之间的相似性,而这可以广泛应用于机器学习中的相似性度量.

1.4.3 最优化简介

最优化问题,即在一定限制条件下,寻找使得某个或多个目标函数达到最优值(如最大值或最小值)的问题. 这类问题广泛存在于定量决策过程中,其核心在于如何高效分配和控制有限资源,以实现某种预设的最优目标. 鉴于许多数学问题难以直接得出显式解,最优化方法成为了人们解决这类问题的研究方向. 随着计算机技术的飞速发展,为最优化方法提供了强大的计算支持,使得最优化方法得以在数据科学、人工智能、工农业生产、金融经济管理、能源、交通、环境科学以及军事等众多领域得到广泛应用. 我们将首先给出最优化问题的一般定义和数学形式,随后在第 8 至 10 章将深入探讨与最优化相关的具体内容,包括算法设计、模型分析以及应用实例等.

1. 最优化问题的一般形式

最优化问题或者说优化问题的一般形式表示为:

$$\begin{aligned} \min \quad & f_0(\boldsymbol{x}) \\ \text{s.t.} \quad & f_i(\boldsymbol{x}) \leqslant 0,\ i=1,\ \cdots,\ m \\ & h_j(\boldsymbol{x})=0,\ j=1,\ \cdots,\ p \end{aligned} \tag{1.22}$$

其中,向量 $\boldsymbol{x}=(x_1,\ \cdots,\ x_n)^T$ 称为问题的优化变量,函数 $f_0:\mathbb{R}^n\to\mathbb{R}$ 称为目标函数,在机器学习中常为损失函数. 函数 $f_i:\mathbb{R}^n\to\mathbb{R}$,被称为不等式约束函数,$f_i(\boldsymbol{x})\leqslant 0,\ i=1,\ \cdots,\ m$)称为不等式约束,函数 $h_j:\mathbb{R}^n\to\mathbb{R}$,被称为等式约束函数,$h_j(\boldsymbol{x})=0,\ j=1,\ \cdots,\ p$ 称为等式约束. 上面的术语"s. t. "是"subject to"的缩写,有时也简单地用冒号":"代替.

这一标准形式总是可以得到的. 按照惯例,不等式和等式约束的右端非零时,可以通过对任何非零右端进行移项得到. 类似地,我们将 $f_i(\boldsymbol{x})\geqslant 0$ 表示为 $-f_i(\boldsymbol{x})\leqslant 0$. 另外,对于如下极大化问题

$$\begin{aligned} \max \quad & f_0(\boldsymbol{x}) \\ \text{s.t.} \quad & f_i(\boldsymbol{x}) \leqslant 0,\ i=1,\ \cdots,\ m \\ & h_j(\boldsymbol{x})=0,\ j=1,\ \cdots,\ p \end{aligned} \tag{1.23}$$

可以通过在同样的约束下极小化 $-f_0$ 得到求解.

2. 最优化问题的解

最优化问题的解一般在可行集中取得.

定义 1.4.1. 目标函数和约束函数所有有定义点的集合：

$$\mathcal{D}=\bigcap_{i=0}^{m} \mathbf{dom} f_i \cap \bigcap_{j=1}^{p} \mathbf{dom} h_j$$

称满足所有约束条件的向量 $\boldsymbol{x} \in \mathcal{D}$ 为可行解或可行点，全体可行点的集合称为可行集，记为 $\mathcal{F}$，其表示为：

$$\mathcal{F}=\{\boldsymbol{x} \in \mathcal{D} \mid f_i(\boldsymbol{x}) \leqslant 0,\ i=1, \cdots, m,\ h_j(\boldsymbol{x})=0,\ j=1, \cdots, p\}$$

若 $f_i(\boldsymbol{x})$ 和 $h_j(\boldsymbol{x})$ 是连续函数，则 $\mathcal{F}$ 是闭集. 在可行集中找一点 $\boldsymbol{x}^*$，使目标函数 $f_0(\boldsymbol{x})$ 在该点取最小值，则称 x^* 为问题的最优点或最优解，$f_0(\boldsymbol{x}^*)$ 称为最优值，记为 p^*：

$$p^*=\inf\{f_0(\boldsymbol{x}) \mid f_i(\boldsymbol{x}) \leqslant 0,\ i=1, \cdots, m,\ h_j(\boldsymbol{x})=0,\ j=1, \cdots, p\}$$

- $p^*=\infty$，如果问题不可行(没有 $\boldsymbol{x}$ 满足约束)；
- $p^*=-\infty$，问题无下界.

优化问题(8.6)可以看成在向量空间 $\mathbb{R}^n$ 的备选解集中选择最好的解. 用 $\boldsymbol{x}$ 表示备选解，$f_i(\boldsymbol{x}) \leqslant b_i$ 和 $h_j(\boldsymbol{x})=0$ 表示 $\boldsymbol{x}$ 必须满足的条件，目标函数 $f_0(\boldsymbol{x})$ 表示选择 $\boldsymbol{x}$ 的成本(同理也可以认为 $-f_0(\boldsymbol{x})$ 表示选择 $\boldsymbol{x}$ 的效益或者效用). 优化问题(8.6)的解即为满足约束条件的所有备选解中成本最小(或者效用最大)的解.

在数据拟合中，人们需要在一组候选模型中选择最符合观测数据与先验知识的模型. 此时，变量为模型中的参数，约束可以是先验知识以及参数限制(比如说非负性). 目标函数可能是与真实模型的偏差或者是观测数据与估计模型的预测值之间的偏差，也有可能是参数值的似然度和置信度的统计估计. 此时，寻找优化问题(8.6)的最优解即为寻找合适的模型参数值，使之符合先验知识，且与真实模型之间的偏差或者预测值与观测值之间的偏差最小(或者在统计意义上更加相似).

在最优解的相关概念中，常被人们所探讨的是全局最优解和局部最优解，如下定义所述.

定义 1.4.2. **整体(全局)最优解：**若 $\boldsymbol{x}^* \in \mathcal{F}$，对于一切 $\boldsymbol{x} \in \mathcal{F}$，恒有 $f_0(\boldsymbol{x}^*) \leqslant f_0(\boldsymbol{x})$，则称 $\boldsymbol{x}^*$ 是最优化问题(8.6)的整体最优解.

定义 1.4.3.　局部最优解:若 $\boldsymbol{x}^* \in \mathcal{F}$,存在某个领域 $N_\varepsilon(\boldsymbol{x}^*)$,使得对于一切 $\boldsymbol{x} \in N_\varepsilon(\boldsymbol{x}^*) \cap \mathcal{F}$,恒有 $f_0(\boldsymbol{x}^*) \leqslant f_0(\boldsymbol{x})$,则称 $\boldsymbol{x}^*$ 是最优化问题(8.6) 的局部最优解. 其中 $N_\varepsilon(\boldsymbol{x}^*) = \{\boldsymbol{x} \mid \|\boldsymbol{x} - \boldsymbol{x}^*\| < \varepsilon, \varepsilon > 0\}$.

当 $\boldsymbol{x} \neq \boldsymbol{x}^*$,有 $f_0(\boldsymbol{x}^*) < f_0(\boldsymbol{x})$,则称 $\boldsymbol{x}^*$ 为优化问题(8.6)的严格最优解. 反之,若一个点是局部最优解,但不是严格最优解,则称之为非严格最优解.

例 1.4.1.　下面给出一些无约束优化问题的最优值以及最优解或局部最优解示例.

- $f_0(x) = \dfrac{1}{x}$, $\mathbf{dom} f_0 = R^{++}$: $p^* = 0$, 无最优解.
- $f_0(x) = -\log x$, $\mathbf{dom} f_0 = R^{++}$: $p^* = -\infty$, 无下界.
- $f_0(x) = x\log x$, $\mathbf{dom} f_0 = R^{++}$: $p^* = -\dfrac{1}{e}$, $x = \dfrac{1}{e}$ 是最优解.
- $f_0(x) = x^3 - 3x$: $p^* = -\infty$, $x = 1$ 是局部最优解.

由上述定义可知,局部最优解 $\boldsymbol{x}^*$ 使 f_0 最小,但仅对可行集上的邻近点. 此时目标函数的值不一定是问题的(全局)最优值. 局部最优解可能对用户没有实际意义. 因此,在实际的优化问题中局部最优解的存在是一个挑战,因为大多数算法往往被困在局部极小,如果存在的话,从而不能产生期望的全局最优解.

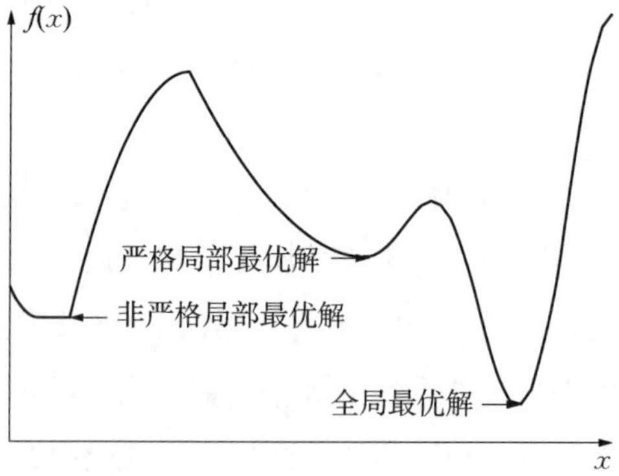

图 1.24　函数的全局与局部最优解、严格和非严格最优解

3. 易处理优化问题和不易处理优化问题

在实际应用中,我们遇到的各种优化问题,并非都是易于求解的. 其中有一些问题,如寻找一组有限的线性等式或不等式的解,可以用有效可靠的方法数值求解. 相反,对于其他的一些问题,可能没有可靠有效的求解算法. 在不考虑优化问题的计算复杂性的前提

下，在这里，不管问题的大小（非正式的，问题的大小由模型中的决策变量或约束的数量来衡量），我们对所有可以用可靠的方式（在任何问题实例中）在数值上找到全局最优解，称之为“可处理的”优化模型，而其他问题被称为“难处理的”优化模型. 本书的重点是讨论可处理的模型，特别是可以以线性代数问题的形式或以凸的形式来表达的模型（称之为凸模型），通常是可处理的. 此外，如果凸模型具有一些特殊结构，那么，可以使用一些现有的可靠的数值求解器进行求解. 这些内容将在第 8 至 10 章进行具体介绍.

4. 优化问题的形式转换

优化问题(8.6)的形式是非常灵活的，通常可以对其进行形式转换，这就有利于将一个给定的问题转变为一个易于处理的问题. 例如，优化问题

$$\min_{x}\sqrt{(x_1+1)^2+(x_2-2)^2} \quad \text{s.t. } x_1 \geqslant 0$$

与

$$\min_{x}(x_1+1)^2+(x_2-2)^2 \quad \text{s.t. } x_1 \geqslant 0$$

是等价的，而第二个优化问题的目标函数是可微的. 有些情况下，还可以使用变量替换. 例如，给定一个优化问题

$$\max_{x} x_1x_2^3x_3 \quad \text{s.t. } x_i \geqslant 0,\ i=1,\ 2,\ 3,\ x_1x_2 \leqslant 2,\ x_2^3x_3 \leqslant 1$$

令新变量 $z_i=\log x_i$，$i=1, 2, 3$，在对目标函数取对数之后，该问题可以等价地写为

$$\max_{z} z_1+3z_2+z_3 \quad z_1+z_2 \leqslant \log 2,\ 2z_2+z_3 \leqslant 0.$$

优点是替换后的目标函数和约束函数都是线性的.

5. 优化方法与算法

根据优化问题的不同形式，其求解的困难程度可能会有很大差别. 对于一个比较简单优化问题，如果我们能用代数表达式给出其最优解，那么这个解称为显式解. 然而，对于实际问题往往较为复杂，是没有办法求显式求解的，因此常采用迭代算法. 主要思想是寻找一个点列，通过迭代，不断地逼近精确解. 关于迭代法的算法设计以及涉及的各种收敛性将在第 12 章详细介绍.

6. 最优化理论与方法的基本研究内容

优化理论与方法是现代科学和工程技术发展的重要组成部分，它的基本思想是，利用有效的数理模型和数值计算技术，对给定的目标函数进行求解，从而实现最优解. 它主要

涉及模型建立、理论分析和算法求解三个部分，更具体地：

(1) 模型建立：根据各类实际应用的需要，建立各种有效的优化模型，以描述真实的实际问题；

(2) 理论分析：对各种优化模型进行理论分析，主要对从实际优化模型中抽象出来的一般类优化问题进行理论原理，解的最优性条件等进行分析和判别，用以指导后面的求解方法和算法设计；

(3) 算法求解：对各类优化模型提出各种求解的优化方法或设计高效的求解算法，实现优化问题的求解.

本书的第 2 章至第 7 章会涉及数据科学与人工智能领域众多优化模型的建立，在第 8 至第 10 章将会系统介绍优化模型的理论分析和求解方法.

1.5 数据科学与工程数学的历史

正如在 1.1 节所提到的那样，数据科学与工程的数学基础涉及几乎所有数学的分支，包括代数、几何、分析和概率的理论与计算方法，因此我们不能对涉及的所有数学的发展做一个简要的历史回顾. 下面主要对本书所涉及的数学知识，包括线性代数、概率和优化的早期历史做一个简要的介绍.

1.5.1 早期阶段:线性代数的诞生

线性代数作为一个涉及解决数值问题的算法的领域，它的起源或许可以追溯到中国古代方程. 与本书第四章提到的求解线性方程组的高斯消去法相同的方法早在公元一世纪的中国古代数学经典《九章算术》中就出现了，被称为直除法.

图 1.25 是古代中国的线性代数文本.

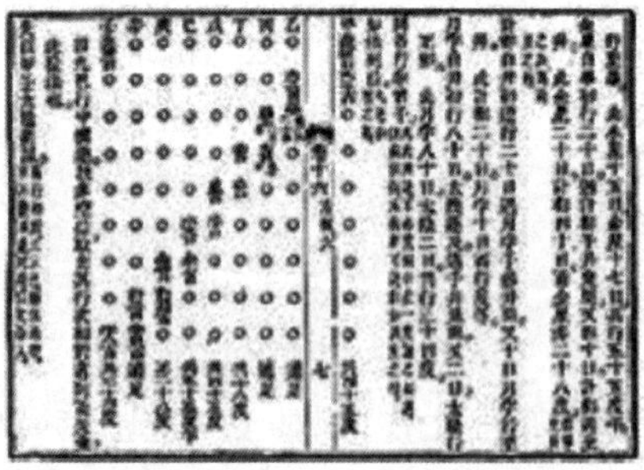

图 1.25 古代中国的线性代数文本

1.5.2 概率论的起源

概率论是一门研究随机现象的数学规律的学科. 它起源于 17 世纪中叶，来自赌徒的问题刺激着当时的数学家们思考概率问题. 费马、帕斯卡、惠更斯等首先对这个问题进行了研究与讨论，科尔莫戈罗夫等数学家对它进行了公理化. 后来，由于社会和工程技术问题的需要，促使概率论不断发展，棣莫弗、拉普拉斯、高斯等著名数学家对这方面内容都进行了研究. 概率论发展到今天，和以它作为基础的数理统计学科一起，在自然科学、社会科学、工程技术、军事科学及生产生活实际等诸多领域中起着不可替代的作用.

1.5.3 优化作为理论工具

在19世纪，高斯建立在线性代数的早期结果上，创造了一种求解最小二乘问题的方法，该方法依赖于求解相关的线性方程(即正规方程). 他用这种方法准确预测了小行星Ceres的轨迹.

在17世纪和19世纪之间，优化问题对理论力学和物理学的发展至关重要. 大约在1750年，Maupertuis引入最小作用原理，根据该原理，自然系统的运动可以被描述为涉及"能量"的某种成本函数的最小化问题. 这种基于优化的(或变分的)方法是经典力学的基础.

意大利数学家Giuseppe Lodovico (Luigi) Lagrangia，也称拉格朗日，是这一发展的关键人物，他的名字与优化中的核心概念对偶有关. 优化理论在物理学中发挥了核心作用. 随着计算机的诞生，它开始进入物理学以外的领域，在各种实际应用中发挥重要作用.

1.5.4 数值线性代数的出现

随着计算机在20世纪40年代后期问世，数值线性代数飞速发展. 早期的贡献者包括Von Neumann, Wilkinson, Householder和Givens.

早期的挑战是算法不可避免地传播数值误差. 这导致了对算法稳定性和相关扰动理论的大量研究活动. 在这种背景下，研究人员认识到某些自19世纪起物理领域遗留下来的某些问题求得数值解的困难，例如一般方阵的特征值分解. 最近产生的分解算法，例如奇异值分解，被认为在许多应用中起着核心作用.

优化在线性代数的发展中起着关键作用. 在20世纪70年代，实用的线性代数与软件有着密切联系. 用FORTRAN编写的高效软件包，例如LINPACK和LAPACK，在20世纪80年代推出. 这些软件包后来被应用到并行编程环境中. 线性代数的一个关键发展阶段是科学计算平台的出现，如Matlab, Scilab, Octave, R等. 这些平台将早期开发的FORTRAN软件包隐藏在用户友好的界面之后，并且使用非常接近自然数学符号的编码符号来解决线性方程式变得非常容易.

线性代数的相关应用已经有很多成功案例. PageRank算法由著名的搜索引擎用于对

网页进行排名，它依赖于幂法算法来解决特殊类型的特征值问题. 目前数值线性代数领域的大部分研究工作涉及解决超大规模问题. 两个研究方向很普遍，一个涉及解决分布式平台上的线性代数问题，另一项重要工作涉及采样算法.

1.5.5 线性和二次规划的出现

线性规划模型由 George Dantzig 在 20 世纪 40 年代引入，涉及军事领域中的 0-1 规划问题. 将线性代数的范围扩展到不等式产生了著名的单纯形算法. 线性规划的另一个重要的早期贡献者是苏联数学家 Leonid Kantorovich.

二次规划在许多领域都很受欢迎，例如金融，其中目标中的线性项是指投资的预期负收益，而平方项对应于风险(或收益的方差). 该模型由 H. Markowitz(他当时是兰德公司 Dantzig 的同事)在 20 世纪 50 年代引入，以模拟投资问题. H. Markowitz 在 1990 年因此获得诺贝尔经济学奖. 在 20 世纪 60 年代到 70 年代，很多注意力都集中在非线性优化问题上. 提出了寻找局部最小值的方法. 与此同时，研究人员认识到这些方法不能找到全局最小值，甚至无法收敛. 因此，当时认为，线性优化在数值上易于处理，而一般非线性优化不是. 这有具体的实际后果：线性编程求解器可以可靠地用于日常操作(例如，用于航空公司机组人员管理)，但非线性求解器需要专家对它们进行测试. 在 20 世纪 60 年代，凸分析随着其发展成为优化进展的重要理论基础.

1.5.6 凸规划的出现

在 20 世纪 60 年代至 80 年代，美国的大多数优化研究都集中在非线性优化算法和应用上，苏联则将研究重点更多地放在优化理论上. 由于非线性问题很难，苏联研究人员回到线性规划模型，并在理论上研究如下问题：什么使线性程序变得容易？它是否真的是客观和约束函数的线性，还是其他一些更通用的结构？是否存在非线性但仍易于解决的问题？

在 20 世纪 80 年代后期，苏联的两位研究人员 Yurii Nesterov 和 Arkadi Nemirovski 发现，使优化问题“容易”的一个关键特性不是线性，而是实际的凸性. 他们的结果不仅是理论上的，而且是算法上的，因为他们引入了所谓的内点方法来有效地解决凸问题. 粗略地说，凸问题很容易(包括线性规划问题)而非凸的很难. 其实并非所有的凸问题都很容易，但它们的(相当大的)子集是容易的. 相反，只有少部分一些非凸问题实际上很容易解决(例如一些路径规划问题可以在线性时间内解决). 自 Nesterov 和 Nemirovski 的开创性工作以来，凸优化已成为推广线性代数和线性规划的有力工具：它具有可靠性（它总是收敛于全局最小值）和易处理性（它在合理的时间内完成）.

1.5.7 现阶段

目前，人们对从工程设计、统计学和机器学习到金融和结构力学等各个领域的优化技术应用非常感兴趣. 与线性代数一样，最近的凸优化软件包，例如 CVX 或 YALMIP，可以非常容易地为中等大小的问题建立原型模型.

由于非常大的数据集的出现，目前正努力研究实现机器学习，图像处理等中出现的极大规模凸问题的解决方案. 在这种情况下，20 世纪 90 年代对内点方法的初步关注已被早期算法（主要是 20 世纪 50 年代开发的所谓"一阶"算法）的重新审视和开发所取代，这些算法迭代非常容易.

习　题

习题 1.1. 卷积神经网络是一类典型的处理图像的模型，其中卷积是其中一种非常重要的函数操作. 试计算下列输入和卷积核做卷积的结果.

$$input = \begin{bmatrix} 1 & 3 & 0 & -1 \\ 3 & 0 & -1 & 2 \\ 1 & -1 & 2 & 0 \end{bmatrix}, Kernel = \begin{bmatrix} -1 & 1 \\ -1 & 1 \end{bmatrix}$$

习题 1.2. 现有一组图片数据集，任务目标是将这些图片分类. 其中图片中包含的类别有：猫、狗、鹦鹉、人. 试试用 *one-hot* 向量将类别表示为向量.

习题 1.3. 现有文本集：

- *I know.*
- *You know.*
- *I know that you know.*
- *I know that you know that I know.*

试计算，该文本集各个单词的 $TF-IDF$ 值.

习题 1.4. 设数据集为 $x_1, x_2, \cdots, x_n$,其中被分为两类 y_1, y_2,试写出线性分类器的评分函数的形式. 并尝试使用 0-1 损失函数和平方损失函数来写出这个线性分类器的损失函数.

习题 1.5. 现有一个数据集有 5 个数据,分别被分类为

$$\begin{bmatrix}0\\1\end{bmatrix}, \begin{bmatrix}0\\1\end{bmatrix}, \begin{bmatrix}0\\1\end{bmatrix}, \begin{bmatrix}1\\0\end{bmatrix}, \begin{bmatrix}1\\0\end{bmatrix}$$

而一个模型给出的评分分别为

$$\begin{bmatrix}2\\8\end{bmatrix}, \begin{bmatrix}1\\9\end{bmatrix}, \begin{bmatrix}3\\2\end{bmatrix}, \begin{bmatrix}1\\5\end{bmatrix}, \begin{bmatrix}2\\0\end{bmatrix}$$

试给出此时模型给各个数据的概率评分以及交叉熵损失的值.

习题 1.6. 设数据集为 $x_1, x_2, \cdots, x_n$,其中被分为两类 y_1, y_2. 如果使用线性分类器,给出一个考虑结构风险的损失函数的公式.

习题 1.7. 利用 *python* 将一张黑白图片或彩色图片转化为矩阵或张量,并使图片水平翻转.

习题 1.8. 利用 *python* 统计 IMDB 影评数据集 *data.txt* 文件中,各单词出现的次数并计算每篇影评中各单词的 TF、IDF 以及 TF-IDF 值.

第二章

度量与投影

本章我们首先简要地讨论了数据的向量和矩阵表示，它们统称为数据的低维结构表示. 有了表示之后，便可以借助向量和矩阵的相关数学工具处理实际问题. 例如，如何获得两段文本或两幅图像的类别信息，我们可以通过判断文本或者图像数据向量之间的相似性或者相关性来实现这一目标. 最简单的方法就是用两向量之间的距离或者角度来表示相似度，距离越小或者角度越小，相似度越大. 但是如果把文本或者图像放在向量空间中，只依赖于向量的加法和数乘运算似乎是不能实现这一目标. 此时，表示文本或者图像的向量仅仅只是空间中的一个点，而且只能知道它们在空间中的位置，但是它们之间的远近关系以及离原点的距离，也就是说向量本身的长度、角度等几何特征并不清楚，就无法刻画这些向量之间的相关性或相似性. 为此需要在向量空间或者线性空间上引入向量之间的几何结构：度量和投影，用来刻画向量空间的几何特征，包括向量的长度，两个向量之间的距离、角度等度量特征，以及高维空间到低维空间的投影特征等. 而内积和相应的范数以及距离或角度度量可以用来描述数据之间的相似性，这种相似性可以用于数据分析和机器学习中实现数据类别判断的分类和聚类方法的模型构建，比如支持向量机模型的构建等. 另一方面，在数据科学中，常常将高维空间中难以处理或难以展示的数据投影到低维空间. 经过投影变化后得到的数据和原数据在某些关注的性质上有多大差异，为计算这种差异也需要利用度量. 本章的内容概览图如下：

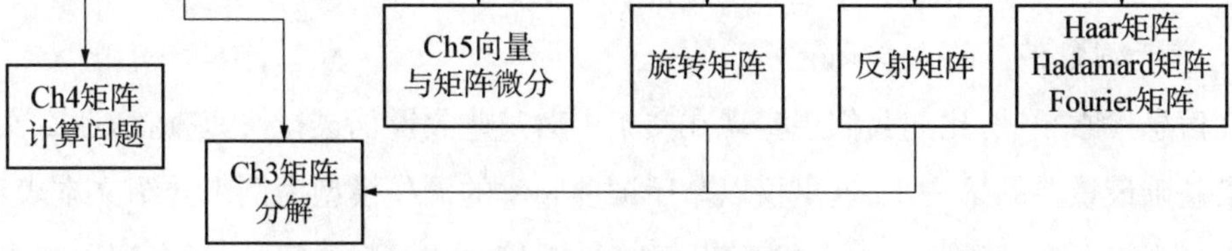

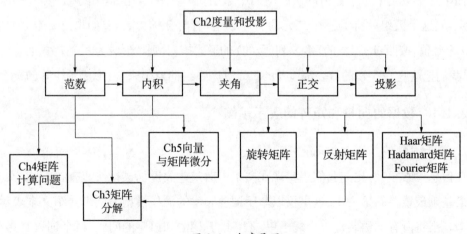

图 2.1　本章导图

2.1 数据的向量与矩阵表示

本节首先从数据的角度来谈谈向量和矩阵的基本概念，以便建立向量和矩阵之间的联系.

在中学解析几何中，我们已经看到，有些事物不能用一个数来刻画. 例如，为了刻画一点在平面上的位置需要两个数，一点在空间的位置需要三个数，也就是需要它们的坐标. 又比如，力学中的力、速度、加速度等，由于它们既有大小、又有方向，也不能用一个数刻画它们，在确定坐标系后它们可以用三个数来刻画. 但是还有不少东西用三个数来刻画是不够的. 比如几何中，要刻画一个球需要刻画球的大小和位置，需要知道它中心的坐标(三个数)以及它的半径，即一个球需要四个数来刻画. 而确定一个刚体位置则需要六个数来表示.

在数据科学、模式分析和人工智能领域，涉及怎么刻画来自现实世界或网络世界各种实际的对象，比如一篇文章、一幅图像、一段语音和一条交易记录等，来作为计算机编码的输入依据和算法处理的对象. 为了准确理解这些来自传感器中记录的数值或者网络活动过程中记录的数值数据，不混淆这些数值代表的实际意义，我们需要按照一定的顺序来记录或排列这些数值，让它形成一个有序的数组，如果这个数组中每个数值的次序只由一个单独的索引(比如竖着排列的顺序)就可以确定，则这个数组就称为一个一元有序数组. 如果有 n 个数值，就称为一元 n 维有序数组. 我们把这些例子中都涉及的数组抽象出来，就形成了向量的概念. 特别地，在数据科学、模式分析、人工智能和机器学习的语境下，我们可以粗略地称之为数据向量.

如果这个数组中每个数值的次序由两个索引(而非一个，比如横的顺序和竖的顺序)所确定，则这个数组就称为一个二元的有序数组，有时会称为数表. 如果这个数表总共有 $m\times n$ 个数值，按照 m 行(横的) 和 n 列(竖的) 的形式排列，则就形成为一个大小为 $m\times n$ 的数表. 我们把这些 $m\times n$ 的数表都涉及的二元有序数组抽象出来，就形成了矩阵的概念.

2.1.1 数据的向量和矩阵的表示示例

1. 基于词袋模型的文本表示

在信息检索领域，比如我们想实现在文本中对某些关键词进行快速查找，那么文本表示是最基础最重要的第一步. 这里仅以基于词项频率的词袋模型为例来介绍文本表示. 词袋模型是指将所有词语装进一个袋子里，不考虑其词法和语序的问题，每个词语都是独立的. 而词项频率指词项(索引的单位)在文本(词项序列)中出现的频率，简称词频. 下面我们来看几段具体的文本.

例 2.1.1. 用向量表示文本

下面是纽约时报网络版在 2010 年 12 月 7 日的四则新闻提要：

(a) *Suit Over Targeted Killing in Terror Case Is Dismissed. A federal judge on Tuesday dismissed a lawsuit that sought to block the United States from attempting to kill an American citizen, Anwar Al-Awlaki, who has been accused of aiding Al Qaeda.*

(b) *In Tax Deal With G. O. P, a Portent for the Next 2 Years. President Obama made clear that he was willing to alienate his liberal base in the interest of compromise. Tax Deal suggests new path for Obama. President Obama agreed to a tentative deal to extend the Bush tax cuts, part of a package to keep jobless aid and cut pay roll taxes.*

(c) *President Xi meets Chinese sports delegation, hails Olympians for winning glory for country. President Xi Jinping met with the Chinese sports delegation from the Paris Olympics, praising their record-breaking performance as a reflection of China's national strength and modernization. He emphasized the importance of sportsmanship and urged continued efforts to strengthen China's position as a global sports powerhouse.*

(d) *Top Test Scores From Shanghai Stun Educators. With China's debut in international standardized testing Shanghai students have surprised experts by outscoring counterparts in dozens of other countries.*

用一元数组来表示这四则新闻标题，一元数组中的每一个元素对应一个特定项在文档中出现的次数.

首先将四则新闻标题中的单词进行简化，比如去除名词复数变为单数，例如将(b)中 *Years* 改为 *Year*；动词改为现在时，例如将(a)中 *Killing* 改为 *kill*. 现在假设这些特定项组成一个字典 V，字典 V 中的单词为$\{aid, kill, deal, president, tax, china\}$.

其次，我们想知道每则新闻标题在字典中的各单词出现的频数，比如 *aid* 或 *kill* 在新闻(a)、(b)、(c)、(d)中出现的次数.

非常容易可以看出，在新闻(a)中 *aid* 共出现了 1 次，*kill* 共出现了 2 次，而字典 V 中的其他单词并没有出现，通过一元数组表示这一结果，即

$$\boldsymbol{a}=(1,\ 2,\ 0,\ 0,\ 0,\ 0)$$

将一元数组 $\boldsymbol{a}$ 归一化($\boldsymbol{a}$ 中每个单词除以总共出现的次数)，便可以得到这则新闻标题在字典 V 中出现的相对频率，即

$$\hat{\boldsymbol{a}}=\left(\frac{1}{3},\ \frac{2}{3},\ 0,\ 0,\ 0,\ 0\right)$$

同理，将其他三则新闻也用一元数组表示，即分别为

$$\hat{\boldsymbol{b}}=\left(\frac{1}{10},\ 0,\ \frac{3}{10},\ \frac{1}{5},\ \frac{2}{5},\ 0\right)$$

$$\hat{\boldsymbol{c}}=\left(0,\ 0,\ 0,\ \frac{1}{2},\ 0,\ \frac{1}{2}\right)$$

$$\hat{\boldsymbol{d}}=(0,\ 0,\ 0,\ 0,\ 0,\ 1)$$

这样我们就把上述每一个新闻提要按照词频表示成一个一元六维的数组，这些数组是由一些具有意义的数值构成的，我们可以将它抽象出来，赋予新的定义，即向量.

2. 用矩阵表示词项-文档集合和图像

矩阵在线性代数中起到了举足轻重的地位，线性方程组、线性映射、线性变换都与矩阵密不可分. 而在数据科学中，矩阵也是最为常见的数据表现形式之一，自然语言处理和图像处理都离不开矩阵的表示. 例如，我们通常可以用矩阵来表示文本向量集和图像.

例 2.1.2. 用矩阵表示文本向量集

在例 2.1.1 中，每则新闻标题都由一个六维向量表示，那么这四则新闻标题组成的新闻集可以由 4 个这样的六维向量组成的向量集表示. 换言之，这个新闻集可以按列组成一个 6×4 的二元数组. 即

$$\boldsymbol{A}=\begin{bmatrix} \frac{1}{3} & \frac{1}{10} & 0 & 0 \\ \frac{2}{3} & 0 & 0 & 0 \\ 0 & \frac{3}{10} & 0 & 0 \\ 0 & \frac{1}{5} & \frac{1}{2} & 0 \\ 0 & \frac{2}{5} & 0 & 0 \\ 0 & 0 & \frac{1}{2} & 1 \end{bmatrix}$$

在图像中,二元数组则更为常见,因为在计算机中读取图像的过程中,其本身就已经转化为二元数组的形式.

例 2.1.3. 计算机中存储的图像

在计算机中,如果只保留图像的灰度,那么该图像可以表示为二元数组,其中二元数组中的每个输入包含图像中相应像素的强度值(可以为"*double*"类型值,取值范围为[0, 1],其中 0 表示黑色,1 表示白色;或为"*int*"类型值,介于 0 至 255 之间). 图 2.2 显示了一张灰度图,具有 500 个水平像素和 600 个垂直像素.

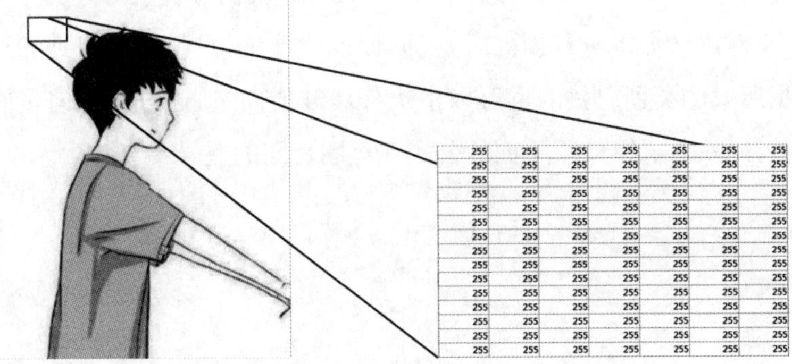

图 2.2 图像的表示

通过这样类似的方式便可以广泛地建立了数据与向量和矩阵间的联系. 值得声明的是,本书不再赘述向量和矩阵的各种运算、矩阵变换和矩阵的基本特征等内容,这在许多线性代数教材中已经被详尽地介绍. 下面我们将从机器学习中广泛使用地度量(metric)相关的数学概念开始,介绍向量的内积与范数等内容.

2.2 内积与范数: 数据度量的观点

在许多实际的数据科学问题中,常需对同一线性空间中的向量(或矩阵)引入一种度量作为它们的"大小",进而比较两个向量或矩阵的"接近"程度. 引入这种体现其"大小"的量就是范数,它们在理论和实际应用中都占有重要的地位.

例如在第 2.1.1 节中,我们对四则新闻标题都进行了向量化的表示,一个自然的问题是"如何知道四则新闻标题表示的是相关信息?",可以通过对这四则新闻提要进行简单聚类来实现:

- Suit Over Targeted Killing in Terror Case Is Dismissed ...

- In Tax Deal With G. O. P, a Portent for the Next 2 Years ...
- Obama Urges China to Check North Koreans ...
- Top Test Scores From Shanghai Stun Educators ...

我们可以利用余弦相似度,一种度量向量之间相似性的工具来解答这个聚类问题.

$$\mathrm{sim}_{\cos}(\boldsymbol{x},\ \boldsymbol{y})=\frac{\boldsymbol{x}\cdot\boldsymbol{y}}{|\boldsymbol{x}||\boldsymbol{y}|}$$

其中 $\boldsymbol{x}$, $\boldsymbol{y}$ 是文本向量, $\mathrm{sim}_{\cos}(\boldsymbol{x},\ \boldsymbol{y})$ 表示 $\boldsymbol{x}$, $\boldsymbol{y}$ 的余弦相似度.

如图 2.3 所示,在 MINST 手写数字分类问题中.我们分别从每一类中取一些数据作为训练样本.当对测试样本进行预测时,根据最近邻算法,只需要去找到和这个数据最相似的训练数据所属的类别.另外,也可以把矩阵展开成向量,通过度量向量间的距离来度量矩阵间的差异,从而可以使用下面的公式计算图片间的差异:

$$\mathrm{dist}(\boldsymbol{A},\ \boldsymbol{T})=\sum_{jk}|A_{jk}-T_{jk}|$$

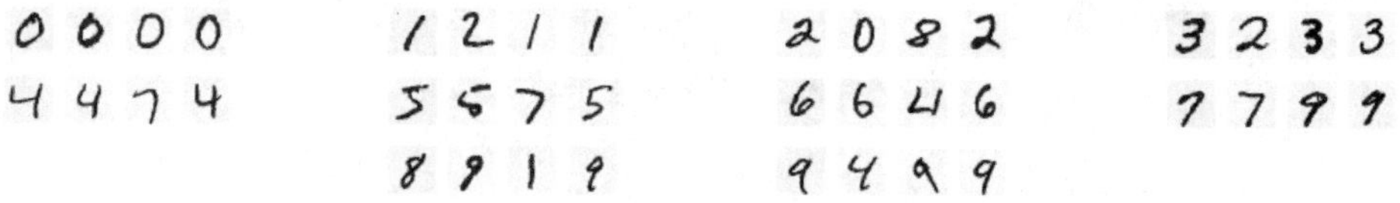

图 2.3 对 MINST 数据集进行分类,绿色(第一列)的为训练集,蓝色的为测试集

其中 d 是手写数字训练图片的表示矩阵 $\boldsymbol{A}$ 和测试图片的表示矩阵 $\boldsymbol{T}$ 之间的距离(两个矩阵同等大小), A_{jk}、T_{jk} 分别表示矩阵 $\boldsymbol{A}$ 和 $\boldsymbol{T}$ 的第 j 行第 k 列的元素, j、k 取遍矩阵所有元素.距离越大,则图片越不相似;距离越小,图片越相似.

可以看到,无论是分类还是聚类,两个数据之间的相似性度量起着一个非常关键的作用.这就需要引入向量与向量之间的相似度量方法,下面先介绍向量的范数,长度与距离,用以学习向量与向量之间的相似度量方法.

2.2.1 向量范数

1. 向量范数的定义

向量范数可以看作向量的模或者长度的推广.

例 2.2.1. 复数 $\boldsymbol{x}=(a,\ b)=a+\mathrm{i}b$ 的长度或者模指的是

$$\|\boldsymbol{x}\|=\sqrt{a^2+b^2}$$

显然复数 $\boldsymbol{x}$ 的模 $\|\boldsymbol{x}\|$ 具有下列三条性质：

(1) 非负性：$\|\boldsymbol{x}\|\geqslant 0$，当且仅当 $\boldsymbol{x}=\boldsymbol{0}$ 时等号成立；

(2) 齐次性：$\|\lambda\boldsymbol{x}\|=|\lambda|\,\|\boldsymbol{x}\|$，$\forall\lambda\in\mathbb{R}$；

(3) 三角不等式：$\|\boldsymbol{x}+\boldsymbol{y}\|\leqslant\|\boldsymbol{x}\|+\|\boldsymbol{y}\|$，$\boldsymbol{x}$，$\boldsymbol{y}\in\mathbb{C}$.

例 2.2.2.　n 维向量 $\boldsymbol{x}=(x_1, x_2, \cdots, x_n)\in\mathbb{R}^n$ 的**模**或长度定义为

$$\|\boldsymbol{x}\|=\sqrt{x_1^2+x_2^2+\cdots+x_n^2}$$

显然向量 $\boldsymbol{x}$ 的模 $\|\boldsymbol{x}\|$ 也具有下列三条性质：

(1) 非负性：$\|\boldsymbol{x}\|\geqslant 0$，当且仅当 $\boldsymbol{x}=\boldsymbol{0}$ 时等号成立；

(2) 齐次性：$\|\lambda\boldsymbol{x}\|=|\lambda|\,\|\boldsymbol{x}\|$，$\forall\lambda\in\mathbb{R}$；

(3) 三角不等式：$\|\boldsymbol{x}+\boldsymbol{y}\|\leqslant\|\boldsymbol{x}\|+\|\boldsymbol{y}\|$，$\boldsymbol{x}$，$\boldsymbol{y}\in\mathbb{R}^n$.

向量的模又称为欧氏长度，代表了从原点 $\boldsymbol{0}$ 到点 $\boldsymbol{x}$ 的直线距离.

从这两个例子可以看出，向量的模可以看作是向量到实数的一个映射函数，满足非负性、齐次性和三角不等式. 我们把它们进一步推广，可得范数的定义.

定义 2.2.1.　设 $\mathbb{V}$ 是数域上 $\mathbb{K}$ 的 n 维线性空间，函数

$$\|\cdot\|:\mathbb{V}\to\mathbb{R}$$
$$\boldsymbol{x}\mapsto\|\boldsymbol{x}\|$$

它把向量 $\boldsymbol{x}$ 映射为它的长度 $\|\boldsymbol{x}\|\in\mathbb{R}$，并且使得对 $\forall\lambda\in\mathbb{R}$ 和 $\forall\boldsymbol{x}$，$\boldsymbol{y}\in\mathbb{V}$，满足

(1) 非负性：$\|\boldsymbol{x}\|\geqslant 0$，$\|\boldsymbol{x}\|=0$ 当且仅当 $\boldsymbol{x}=\boldsymbol{0}$；

(2) 齐次性：$\|\lambda\boldsymbol{x}\|=|\lambda|\,\|\boldsymbol{x}\|$；

(3) 三角不等式：$\|\boldsymbol{x}+\boldsymbol{y}\|\leqslant\|\boldsymbol{x}\|+\|\boldsymbol{y}\|$.

称 $\|\boldsymbol{x}\|$ 是向量 $\boldsymbol{x}$ 的**向量范数**，其定义了范数的线性空间 $\mathbb{V}$ 为**赋范线性空间**.

例 2.2.3.　对任给的 $\boldsymbol{x}=(x_1, x_2, x_3)\in\mathbb{C}^3$，试问如下实值函数是否构成向量范数？

(1) $|x_1|+|2x_2+x_3|$；

(2) $|x_1|+|2x_2|-5|x_3|$；

(3) $|x_1|+3|x_2|+2|x_3|$.

解.　我们只需要验证实值函数是否满足三条性质.

(1) 取 $\boldsymbol{x}=(0, 1/2, -1)$，$|0|+|1-1|=0$ 即存在非零 $\boldsymbol{x}$ 使得此实值函数为 0，不

满足非负性. 所以 $|x_1|+|2x_2+x_3|$ 不是一个向量范数.

(2) 取 $\boldsymbol{x}=(0,0,1)$ 则 $|0|+|2\times 0|-5|1|=-5<0$ 不满足非负性. 所以 $|x_1|+|2x_2|-5|x_3|$ 不是一个向量范数.

(3) 非负性：$|x_1|+3|x_2|+2|x_3|\geqslant 0$,且当且仅当 $x_1=x_2=x_3=0$ 时等号成立.

齐次性：令 $c\in\mathbb{C}$, $|cx_1|+3|cx_2|+2|cx_3|=|c||x_1|+3|c||x_2|+2|c||x_3|$.

三角不等式：令 $\boldsymbol{x}=(x_1,x_2,x_3)$, $\boldsymbol{y}=(y_1,y_2,y_3)\in\mathbb{C}^3$ 则,

$$\begin{aligned}&|x_1+y_1|+3|x_2+y_2|+2|x_3+y_3|\\ \leqslant&|x_1|+3|x_2|+2|x_3|+|y_1|+3|y_2|+2|y_3|\end{aligned}$$

所以, $|x_1|+3|x_2|+2|x_3|$ 是向量范数.

2. 常用范数

这里以 $\mathbb{R}^n$ 空间为例, $\mathbb{C}^n$ 空间类似,最常用的范数就是 p 范数.

例 2.2.4. 对于任意 $\boldsymbol{x}=(x_1,x_2,\cdots,x_n)\in\mathbb{R}^n$, 由

$$\|\boldsymbol{x}\|_p=\left(\sum_{i=1}^{n}|x_i|^p\right)^{\frac{1}{p}},\ 1\leqslant p<\infty$$

定义的 $\|\cdot\|_p$ 是 $\mathbb{R}^n$ 上的向量范数,称为 p **范数**或 l_p 范数.

(1) 当 $p=1$ 时,得到 **1 范数**或 l_1 范数,也称为 Manhattan 范数

$$\|\boldsymbol{x}\|_1=\sum_{i=1}^{n}|x_i|$$

(2) 当 $p=2$ 时,得到 **2 范数**或 l_2 范数,也称为欧几里得范数

$$\|\boldsymbol{x}\|_2=\sqrt{\sum_{i=1}^{n}x_i^2}$$

其中 l_2 范数就是通常意义下的距离.

我们定义∞范数为 l_p 范数中 p 趋近于无穷的极限.

例 2.2.5. 证明：对于任意 $\boldsymbol{x}=(x_1,x_2,\cdots,x_n)\in\mathbb{R}^n$, 由

$$\|\boldsymbol{x}\|_\infty=\lim_{p\to\infty}\|\boldsymbol{x}\|_p=\max_{i=1,\cdots,n}|x_i|$$

定义的 $\|\cdot\|_\infty$ 是 $\mathbb{R}^n$ 上的向量范数,称为 ∞ **范数**或 l_∞ 范数.

证明.　易证 $\|\boldsymbol{x}\|_\infty=\max_i|x_i|$. 下证 $\max_i|x_i|=\lim_{p\to+\infty}\|\boldsymbol{x}\|_p$. 令 $|x_j|=\max_i|x_i|$，则有

$$\begin{aligned}\|\boldsymbol{x}\|_\infty=|x_j|&\leqslant\left(\sum_{i=1}^n|x_i|^p\right)^{\frac{1}{p}}=\|\boldsymbol{x}\|_p\\&\leqslant(n|x_j|^p)^{\frac{1}{p}}=n^{\frac{1}{p}}\|\boldsymbol{x}\|_\infty\end{aligned}$$ □

由极限的夹逼准则，并注意到 $\lim_{p\to+\infty}n^{\frac{1}{p}}=1$，证毕.

有的函数并不是范数，但是也能反映向量间的相似性.

例 2.2.6.　当 $0<p<1$，由

$$\|\boldsymbol{x}\|_p=\left(\sum_{i=1}^n|x_i|^p\right)^{\frac{1}{p}}$$

定义的 $\|\cdot\|_p$ 不是 $\mathbb{R}^n$ 上的向量范数.

证明.　考虑 $n=2$，$p=\frac{1}{2}$. 取 $\boldsymbol{\alpha}=(1,0)$，$\boldsymbol{\beta}=(0,1)$，则

$$\begin{gathered}\|\boldsymbol{\alpha}\|_{\frac{1}{2}}=\|\boldsymbol{\beta}\|_{\frac{1}{2}}=1,\ \|\boldsymbol{\alpha}+\boldsymbol{\beta}\|_{\frac{1}{2}}=4\\\|\boldsymbol{\alpha}+\boldsymbol{\beta}\|_{\frac{1}{2}}\geqslant\|\boldsymbol{\alpha}\|_{\frac{1}{2}}+\|\boldsymbol{\beta}\|_{\frac{1}{2}}\end{gathered}$$ □

不满足三角不等式.

在数据科学中，常通过向量中非零元素的数目判断向量的稀疏程度.

定义 2.2.2.　向量 $\boldsymbol{x}$ 的**基数函数**定义为 $\boldsymbol{x}$ 中非零元素的个数，即

$$\operatorname{card}(\boldsymbol{x})=\sum_{i=1}^n\mathcal{I}(x_i\neq0)$$

其中，

$$\mathcal{I}(x_i\neq0)=\begin{cases}1, & x_i\neq0\\0, & x_i=0\end{cases}$$

基数函数也被称为 l_0 范数，注意它并不满足范数定义的条件，因此不是真正意义上的范数，在不产生歧义的情况下，我们仍将它称为 l_0 范数.

例 2.2.7.　求向量 $\boldsymbol{x}=(-1,2,4)$ 的 0，1，2 和∞-范数.

解.

$$\|\boldsymbol{x}\|_0=3$$

$$\|\boldsymbol{x}\|_1=|-1|+2+4=7$$

$$\|\boldsymbol{x}\|_2=\sqrt{|-1|^2+2^2+4^2}=\sqrt{21}$$

$$\|\boldsymbol{x}\|_\infty=\max\{|-1|,\ 2,\ 4\}=4$$

例 2.2.8. 在$\mathbb{R}^n$(或$\mathbb{C}^n$)上可以定义各种向量范数,其数值大小一般不同,但是在各种向量范数之间存在下述重要的关系

$$\|\boldsymbol{x}\|_\infty \leqslant \|\boldsymbol{x}\|_1 \leqslant n\|\boldsymbol{x}\|_\infty$$

$$\frac{1}{\sqrt{n}}\|\boldsymbol{x}\|_1 \leqslant \|\boldsymbol{x}\|_2 \leqslant \|\boldsymbol{x}\|_1$$

$$\frac{1}{\sqrt{n}}\|\boldsymbol{x}\|_2 \leqslant \|\boldsymbol{x}\|_\infty \leqslant \|\boldsymbol{x}\|_2$$

或者

$$\|\boldsymbol{x}\|_\infty \leqslant \|\boldsymbol{x}\|_2 \leqslant \|\boldsymbol{x}\|_1 \leqslant \sqrt{n}\|\boldsymbol{x}\|_2 \leqslant n\|\boldsymbol{x}\|_\infty$$

3. 范数的几何意义

定义 2.2.3. 对于 l_p 范数小于等于 1 的向量集合,

$$\mathcal{B}_p=\{\boldsymbol{x}\in\mathbb{R}^n:\|\boldsymbol{x}\|_p\leqslant 1\}$$

称为 l_p 的**单位范数球**.

例 2.2.9. 单位范数球的形状反映了不同范数的性质,对于不同的 p,范数球有着不同的几何形状. 图 2.4 分别表示了 $\mathcal{B}_2$, $\mathcal{B}_1$, $\mathcal{B}_\infty$ 在$\mathbb{R}^2$ 的范数球形状.

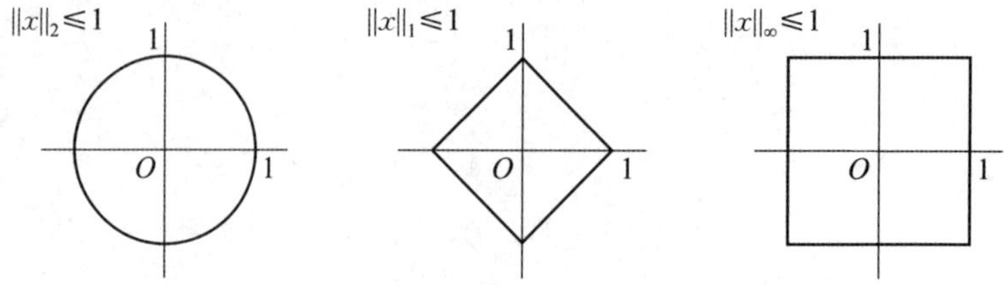

图 2.4 $\mathbb{R}^2$上的范数球

4. 范数的性质

定义 2.2.4. 设 $\{\boldsymbol{x}^{(k)}\}$ 为$\mathbb{R}^n$中一向量序列,$\boldsymbol{x}^*\in\mathbb{R}^n$,其中

$$\boldsymbol{x}^{(k)}=(x_1^{(k)},\ x_2^{(k)},\ \cdots,\ x_n^{(k)}),\ \boldsymbol{x}^*=(x_1^*,\ x_2^*,\ \cdots,\ x_n^*)$$

如果 $\lim_{k\to\infty}x_i^{(k)}=x_i^*$, $i=1,\ 2,\ \cdots,\ n$,则称 $\boldsymbol{x}^{(k)}$ **收敛**于向量 x^*,记作

$$\lim_{k\to\infty}\boldsymbol{x}^{(k)}=\boldsymbol{x}^*$$

或者称$\{\boldsymbol{x}^{(k)}\}$**依坐标收敛**于$\boldsymbol{x}^*$.

定理 2.2.1.　(范数的连续性)设非负函数$N(\boldsymbol{x})=\|\boldsymbol{x}\|$为$\mathbb{R}^n$上任一向量范数,则$N(\boldsymbol{x})$是$\boldsymbol{x}$分量$x_1, x_2, \cdots, x_n$的连续函数.

证明.　设$\boldsymbol{x}=\sum_{i=1}^n x_i\boldsymbol{e}_i$, $\boldsymbol{y}=\sum_{i=1}^n y_i\boldsymbol{e}_i$,其中$\boldsymbol{e}_i=(0, \cdots, 1, 0, \cdots, 0)$(即第$i$个元素为1). 只需证明当$\boldsymbol{x}\to\boldsymbol{y}$时,$N(\boldsymbol{x})\to N(\boldsymbol{y})$即可. 事实上,

$$\begin{aligned}|N(\boldsymbol{x})-N(\boldsymbol{y})|&=|\|\boldsymbol{x}\|-\|\boldsymbol{y}\||\leqslant\|\boldsymbol{x}-\boldsymbol{y}\|=\left\|\sum_{i=1}^n(x_i-y_i)\boldsymbol{e}_i\right\|\\&\leqslant\sum_{i=1}^n|x_i-y_i|\|\boldsymbol{e}_i\|\leqslant\|\boldsymbol{x}-\boldsymbol{y}\|_\infty\sum_{i=1}^n\|\boldsymbol{e}_i\|\end{aligned}$$

即

$$|N(\boldsymbol{x})-N(\boldsymbol{y})|\leqslant c\|\boldsymbol{x}-\boldsymbol{y}\|_\infty\to 0\ (\text{当 }\boldsymbol{x}\to\boldsymbol{y}\text{ 时})$$

其中

$$c=\sum_{i=1}^n\|\boldsymbol{e}_i\|$$

□

定理 2.2.2.　(范数的等价性)设$\|\boldsymbol{x}\|_s$, $\|\boldsymbol{x}\|_t$为$\mathbb{R}^n$上向量的任意两种范数,则存在常数$c_1, c_2>0$,使得

$$c_1\|\boldsymbol{x}\|_s\leqslant\|\boldsymbol{x}\|_t\leqslant c_2\|\boldsymbol{x}\|_s,\text{对一切 }\boldsymbol{x}\in\mathbb{R}^n$$

证明.　只要就$\|\boldsymbol{x}\|_s=\|\boldsymbol{x}\|_\infty$证明上式成立即可,即证明存在常数$c_1, c_2>0$,使

$$c_1\leqslant\frac{\|\boldsymbol{x}\|_t}{\|\boldsymbol{x}\|_\infty}\leqslant c_2,\text{对一切 }\boldsymbol{x}\in\mathbb{R}^n\text{ 且 }\boldsymbol{x}\neq\boldsymbol{0}$$

现考虑泛函$f(\boldsymbol{x})=\|\boldsymbol{x}\|_t$, $\boldsymbol{x}\in\mathbb{R}^n$.

记$\mathbb{S}=\{\boldsymbol{x}\mid\|\boldsymbol{x}\|_\infty=1, \boldsymbol{x}\in\mathbb{R}^n\}$,则$\mathbb{S}$是一个有界闭集. 由于$f(\boldsymbol{x})$为$\mathbb{S}$上的连续函数,所以$f(\boldsymbol{x})$于$\mathbb{S}$上达到最小、最大值,不妨设为$c_1$, c_2. 设$\boldsymbol{x}\in\mathbb{R}^n$且$\boldsymbol{x}\neq\boldsymbol{0}$,则$\dfrac{\boldsymbol{x}}{\|\boldsymbol{x}\|_\infty}\in\mathbb{S}$,从而有

$$c_1\leqslant f\left(\frac{\boldsymbol{x}}{\|\boldsymbol{x}\|_\infty}\right)\leqslant c_2,$$

显然 $c_1, c_2 > 0$,上式 $c_1 \leqslant \left\| \frac{\boldsymbol{x}}{\|\boldsymbol{x}\|_\infty} \right\|_t \leqslant c_2$, 即

$$c_1\|\boldsymbol{x}\|_\infty \leqslant \|\boldsymbol{x}\|_t \leqslant c_2\|\boldsymbol{x}\|_\infty, \text{对一切 } \boldsymbol{x} \in \mathbb{R}^n$$

□

注意,定理 2.2.2 不能推广到无穷维空间. 由定理 2.2.2 可得到结论:如果在某一种范数意义下向量序列收敛,则在任何一种范数意义下该向量序列亦收敛.

定理 2.2.3. (向量序列收敛定理)设 $\{\boldsymbol{x}^{(k)}\}$ 为$\mathbb{R}^n$中一向量序列,$\boldsymbol{x}^* \in \mathbb{R}^n$ 则

$$\lim_{k\to\infty}\boldsymbol{x}^{(k)} = \boldsymbol{x}^* \Leftrightarrow \lim_{k\to\infty}\|\boldsymbol{x}^{(k)} - \boldsymbol{x}^*\| = 0$$

其中$\|\cdot\|$为向量的任一种范数. 若 $\lim_{k\to\infty}\|\boldsymbol{x}^{(k)} - \boldsymbol{x}^*\| = 0$,称向量序列$\{\boldsymbol{x}^{(k)}\}$依范数收敛于 $\boldsymbol{x}^*$.

证明. 显然,对于∞范数,命题成立. 即

$$\lim_{k\to\infty}\boldsymbol{x}^{(k)} = \boldsymbol{x}^* \Leftrightarrow \|\boldsymbol{x}^{(k)} - \boldsymbol{x}^*\|_\infty \to 0(\text{当 } k \to \infty \text{ 时}),$$

而对于 $\mathbb{R}^n$上任一种范数$\|\cdot\|$,由定理 2.2.2,存在常数 $c_1, c_2 > 0$, 使

$$c_1\|\boldsymbol{x}^{(k)} - \boldsymbol{x}^*\|_\infty \leqslant \|\boldsymbol{x}^{(k)} - \boldsymbol{x}^*\| \leqslant c_2\|\boldsymbol{x}^{(k)} - \boldsymbol{x}^*\|_\infty$$

于是有

$$\|\boldsymbol{x}^{(k)} - \boldsymbol{x}^*\|_\infty \to 0 \Leftrightarrow \|\boldsymbol{x}^{(k)} - \boldsymbol{x}^*\| \to 0(\text{当 } k \to \infty \text{ 时})$$

□

这就说明向量列依坐标收敛等价于依范数收敛.

定义 2.2.5. (柯西序列)一向量序列 $\{\boldsymbol{x}^{(k)}\}$ 被称为**柯西序列**,如果对于任何正实数 $r > 0$,存在一个正整数 N 使得对于所有的整数 $m, n \geqslant N$, 都有

$$\|\boldsymbol{x}^{(m)} - \boldsymbol{x}^{(n)}\| \leqslant r$$

定义 2.2.6. (完备性)如果任何柯西序列都收敛,则称一个度量空间是**完备的**.

在机器学习中,范数不仅能够用于作为度量损失的工具,而且还是收敛性分析的主要手段.

2.2.2 内积与夹角

内积引入了直观的几何概念,例如向量的长度以及两个向量之间的角度或距离. 引入内积的另外一个目的是确定向量是否彼此正交.

1. 内积的定义

定义 2.2.7.　n 维实向量空间$\mathbb{R}^n$ 的**标准内积(点积)**是两个向量的对应元素乘积之和,即

$$\langle \boldsymbol{x}, \boldsymbol{y} \rangle = \boldsymbol{x}^{\mathrm{T}} \boldsymbol{y} = \sum_{i=1}^{n} x_i y_i$$

通常内积都是指这种标准内积. 下面给出一般性内积的定义.

定义 2.2.8.　设向量 $\boldsymbol{x}, \boldsymbol{y} \in \mathbb{V} \subset \mathbb{R}^n$,假设有一个从$\mathbb{V} \times \mathbb{V} \to \mathbb{R}$ 的函数$\langle \boldsymbol{x}, \boldsymbol{y} \rangle$, 若满足

(1) 非负性:对于 $\forall \boldsymbol{x} \in \mathbb{V}$,有$\langle \boldsymbol{x}, \boldsymbol{x} \rangle \geqslant 0$, $\langle \boldsymbol{x}, \boldsymbol{x} \rangle = 0$ 当且仅当 $\boldsymbol{x} = \boldsymbol{0}$;

(2) 对称性:$\langle \boldsymbol{x}, \boldsymbol{y} \rangle = \langle \boldsymbol{y}, \boldsymbol{x} \rangle$;

(3) 齐次性:对于 $\forall \lambda \in \mathbb{R}$, $\boldsymbol{x}, \boldsymbol{y} \in \mathbb{V}$,有$\langle \lambda \boldsymbol{x}, \boldsymbol{y} \rangle = \lambda \langle \boldsymbol{x}, \boldsymbol{y} \rangle$;

(4) 线性性:对于 $\forall \boldsymbol{x}, \boldsymbol{y}, \boldsymbol{z} \in \mathbb{V}$,有$\langle \boldsymbol{x} + \boldsymbol{y}, \boldsymbol{z} \rangle = \langle \boldsymbol{x}, \boldsymbol{z} \rangle + \langle \boldsymbol{y}, \boldsymbol{z} \rangle$.

则 $\langle \boldsymbol{x}, \boldsymbol{y} \rangle$ 是向量 $\boldsymbol{x}, \boldsymbol{y}$ 的内积,且定义了内积的线性空间$\mathbb{V}$ 为**内积空间**. 若内积是点积时,称定义了标准内积的线性空间为**欧氏空间**.

例 2.2.10.　考虑 $\mathbb{V} = \mathbb{R}^2$. 如果我们定义

$$\langle \boldsymbol{x}, \boldsymbol{y} \rangle := x_1 y_1 - (x_1 y_2 + x_2 y_1) + 2 x_2 y_2$$

则$\langle \cdot, \cdot \rangle$是一个内积,但不是点积.

例 2.2.11.　令 $\boldsymbol{x} = (1, 1) \in \mathbb{R}^2$,如果把点积作为内积,则向量 $\boldsymbol{x}$ 的长度为

$$\|\boldsymbol{x}\| = \sqrt{\boldsymbol{x}^{\mathrm{T}} \boldsymbol{x}} = \sqrt{1^2 + 1^2} = \sqrt{2}$$

我们现在采用一个不同的内积

$$\langle \boldsymbol{x}, \boldsymbol{y} \rangle := \boldsymbol{x}^{\mathrm{T}} \begin{bmatrix} 1 & -\frac{1}{2} \\ -\frac{1}{2} & 1 \end{bmatrix} \boldsymbol{y} = x_1 y_1 - \frac{1}{2}(x_1 y_2 + x_2 y_1) + x_2 y_2$$

则向量长度为

$$\langle \boldsymbol{x}, \boldsymbol{x} \rangle = x_1^2 - x_1 x_2 + x_2^2 = 1 - 1 + 1 = 1 \Rightarrow \|\boldsymbol{x}\| = \sqrt{1} = 1$$

所以相对于点积这个内积使得 $\boldsymbol{x}$ 变短了. 事实上,在 x_1、x_2 同号的情况下,上述内积会给出一个比点积更小的向量长度值;如果异号则给出更大的值.

2. 对称、正定矩阵表示内积

我们可以通过正定矩阵来定义内积.

- 考虑一个定义了内积的 n 维线性空间$\mathbb{V}$以及其上的内积$\langle\cdot,\cdot\rangle:\mathbb{V}\times\mathbb{V}\to\mathbb{R}$和有序基底 $\boldsymbol{B}=(\boldsymbol{b}_1, \cdots, \boldsymbol{b}_n)$. 对任意的 $\boldsymbol{x}, \boldsymbol{y}\in\mathbb{V}$,可以用基向量线性表出,也即 $\boldsymbol{x}=\sum_{i=1}^{n}\psi_i\boldsymbol{b}_i\in\mathbb{V}$ 以及 $\boldsymbol{y}=\sum_{j=1}^{n}\lambda_j\boldsymbol{b}_j\in\mathbb{V}$.
- 由内积的线性性,可得 $\boldsymbol{x}, \boldsymbol{y}$ 的内积

$$\langle\boldsymbol{x}, \boldsymbol{y}\rangle=\left\langle\sum_{i=1}^{n}\psi_i\boldsymbol{b}_i, \sum_{j=1}^{n}\lambda_j\boldsymbol{b}_j\right\rangle=\sum_{i=1}^{n}\sum_{j=1}^{n}\psi_i\langle\boldsymbol{b}_i, \boldsymbol{b}_j\rangle\lambda_j=\hat{\boldsymbol{x}}^{\mathrm{T}}\boldsymbol{A}\hat{\boldsymbol{y}}$$

其中 $a_{ij}:=\langle\boldsymbol{b}_i, \boldsymbol{b}_j\rangle$,$\hat{\boldsymbol{x}}, \hat{\boldsymbol{y}}$ 分别是 $\boldsymbol{x}, \boldsymbol{y}$ 关于 $\boldsymbol{B}$ 的坐标.

- 内积是被 $\boldsymbol{A}$ 唯一决定了,而内积的对称性决定了 $\boldsymbol{A}$ 也是对称的.
- 由内积的非负性可得

$$\forall\boldsymbol{x}\in\mathbb{V}\backslash\{\boldsymbol{0}\}:\boldsymbol{x}^{\mathrm{T}}\boldsymbol{A}\boldsymbol{x}>0$$

例 2.2.12. 考虑下列矩阵

$$\boldsymbol{A}_1=\begin{bmatrix}9 & 6\\6 & 5\end{bmatrix}, \boldsymbol{A}_2=\begin{bmatrix}9 & 6\\6 & 3\end{bmatrix}$$

则 $\boldsymbol{A}_1$ 是对称正定矩阵. 因为它是对称的且对于任意的 $\boldsymbol{x}\in\mathbb{V}\backslash\{\boldsymbol{0}\}$ 有

$$\boldsymbol{x}^{\mathrm{T}}\boldsymbol{A}_1\boldsymbol{x}=[x_1\quad x_2]\begin{bmatrix}9 & 6\\6 & 5\end{bmatrix}\begin{bmatrix}x_1\\x_2\end{bmatrix}=9x_1^2+12x_1x_2+5x_2^2=(3x_1+2x_2)^2+x_2^2>0$$

$\boldsymbol{A}_2$ 是对称的但不正定. 因为 $\boldsymbol{x}^{\mathrm{T}}\boldsymbol{A}_2\boldsymbol{x}=9x_1^2+12x_1x_2+3x_2^2=(3x_1+2x_2)^2-x_2^2$ 可以小于 0.(比如 $\boldsymbol{x}=(2, -3)$ 时)

通过上式我们很容易得到,如果 $\boldsymbol{A}\in\mathbb{R}^{n\times n}$ 是对称、正定的,则

$$\langle\boldsymbol{x}, \boldsymbol{y}\rangle=\hat{\boldsymbol{x}}^{\mathrm{T}}\boldsymbol{A}\hat{\boldsymbol{y}}$$

定义了一个关于有序基底 $\boldsymbol{B}$ 的内积,其中 $\hat{\boldsymbol{x}}, \hat{\boldsymbol{y}}$ 是$\mathbb{V}$中向量 $\boldsymbol{x}, \boldsymbol{y}$ 关于$\boldsymbol{B}$ 下的坐标. 于是有如下定理成立.

定理 2.2.4. 对于一个实值有限维空间 $\mathbb{V}$ 和$\mathbb{V}$ 下一个有序基底 $\boldsymbol{B}$,如果$\langle\cdot,\cdot\rangle:\mathbb{V}\times\mathbb{V}\to\mathbb{R}$ 是一个内积当且仅当存在一个对称、正定矩阵 $\boldsymbol{A}\in\mathbb{R}^{n\times n}$ 满足

$$\langle \boldsymbol{x}, \boldsymbol{y} \rangle = \hat{\boldsymbol{x}}^{\mathrm{T}} \boldsymbol{A} \hat{\boldsymbol{y}}$$

这一思想在机器学习的支持向量机模型中有着重要的应用价值.

3. 内积定义范数

内积和范数有着紧密的联系,我们可以利用内积来定义一个向量的范数.如果我们将$\|\boldsymbol{x}\|$定义为$\sqrt{\langle \boldsymbol{x}, \boldsymbol{x} \rangle}$,容易验证$\sqrt{\langle \boldsymbol{x}, \boldsymbol{x} \rangle}$满足范数定义要求的非负性、齐次性和三角不等式.

从这个角度看,一个内积空间包含有一个赋范线性空间.

定义 2.2.9.　设 $\mathbb{V}$ 是内积空间,则由

$$\|\boldsymbol{x}\| = \sqrt{\langle \boldsymbol{x}, \boldsymbol{x} \rangle}, \ \forall \boldsymbol{x} \in \mathbb{V}$$

定义的函数$\|\cdot\|$是 $\mathbb{V}$ 上的向量范数,称为由内积$\langle\cdot,\cdot\rangle$导出的范数.

标准内积与 l_2 范数之间存在联系:

$$\|\boldsymbol{x}\|_2^2 = \boldsymbol{x}^{\mathrm{T}} \boldsymbol{x}$$

并不是每个范数都可以由内积导出,如 l_1 和 l_∞ 范数不能由内积导出.同样,范数不一定可以推出内积,当范数满足平行四边形公式$\|\boldsymbol{x}+\boldsymbol{y}\|^2 + \|\boldsymbol{x}-\boldsymbol{y}\|^2 = 2(\|\boldsymbol{x}\|^2 + \|\boldsymbol{y}\|^2)$时,这个范数一定可以诱导内积;完备的内积空间称为希尔伯特空间.

4. 柯西施瓦兹不等式

定理 2.2.5.　若$\|\cdot\|$是由$(\mathbb{V}, \langle\cdot,\cdot\rangle)$导出的范数,那么

$$\langle \boldsymbol{x}, \boldsymbol{y} \rangle^2 \leqslant \|\boldsymbol{x}\|^2 \|\boldsymbol{y}\|^2$$

证明.　当 $\boldsymbol{y} = \boldsymbol{0}$ 时,不等式成立.

当 $\boldsymbol{y} \neq \boldsymbol{0}$ 时,对任意 $\lambda \in \mathbb{R}$,

$$\begin{aligned} 0 &\leqslant \langle \boldsymbol{x} - \lambda \boldsymbol{y}, \boldsymbol{x} - \lambda \boldsymbol{y} \rangle \\ &= \langle \boldsymbol{x} - \lambda \boldsymbol{y}, \boldsymbol{x} \rangle - \lambda \langle \boldsymbol{x} - \lambda \boldsymbol{y}, \boldsymbol{y} \rangle \\ &= \langle \boldsymbol{x}, \boldsymbol{x} \rangle - 2\lambda \langle \boldsymbol{x}, \boldsymbol{y} \rangle + \lambda^2 \langle \boldsymbol{y}, \boldsymbol{y} \rangle \\ &= \|\boldsymbol{x}\|^2 - 2\lambda \langle \boldsymbol{x}, \boldsymbol{y} \rangle + \lambda^2 \|\boldsymbol{y}\|^2 \end{aligned}$$

取 $\lambda = \langle \boldsymbol{x}, \boldsymbol{y} \rangle \|\boldsymbol{y}\|^{-2}$,得

$$0 \leqslant \|\boldsymbol{x}\|^2 - \langle \boldsymbol{x}, \boldsymbol{y} \rangle^2 \|\boldsymbol{y}\|^{-2}$$

从而得到

$$\langle \boldsymbol{x}, \boldsymbol{y}\rangle^2 \leqslant \|\boldsymbol{x}\|^2\|\boldsymbol{y}\|^2$$

或者

$$|\langle \boldsymbol{x}, \boldsymbol{y}\rangle| \leqslant \|\boldsymbol{x}\|\|\boldsymbol{y}\| \qquad \square$$

5. 距离的度量空间

利用范数或者内积,我们可以定义两个向量间的距离.

定义 2.2.10. 考虑一个赋范空间 $(\mathbb{V}, \|\cdot\|)$. 我们称

$$\mathrm{dist}(\boldsymbol{x}, \boldsymbol{y}) := \|\boldsymbol{x}-\boldsymbol{y}\|$$

为 $\boldsymbol{x}, \boldsymbol{y} \in \mathbb{V}$ 的距离.

如果 $\mathbb{V}$ 是一个内积空间$(\mathbb{V}, \langle\cdot, \cdot\rangle)$,我们定义 $\boldsymbol{x}, \boldsymbol{y}$ 的距离为:

$$\mathrm{dist}(\boldsymbol{x}, \boldsymbol{y}) := \|\boldsymbol{x}-\boldsymbol{y}\| = \sqrt{\langle \boldsymbol{x}-\boldsymbol{y}, \boldsymbol{x}-\boldsymbol{y}\rangle}$$

如果我们用点积作为内积,则上述距离称为**欧几里得距离**,简称**欧氏距离**.

因此,向量间距离的度量可通过范数直接获得,无需依赖内积,也可通过内积获得. 据此,我们可以抽象出更为一般的度量空间. 它是我们在数据科学和工程领域探索中强有力的数学工具之一.

定义 2.2.11. 一个**度量空间**由一个有序对 $(\mathbb{V}, d)$ 表示,其中$\mathbb{V}$ 是一种集合,d 是定义在$\mathbb{V}$ 上的一种度量:

$$d: \mathbb{V} \times \mathbb{V} \to \mathbb{R}$$

且对任意 $\boldsymbol{x}, \boldsymbol{y}, \boldsymbol{z} \in \mathbb{V}$,需满足

(1) 非负性:即 $d(\boldsymbol{x}, \boldsymbol{y}) \geqslant 0$,且 $d(\boldsymbol{x}, \boldsymbol{y}) = 0 \Leftrightarrow \boldsymbol{x} = \boldsymbol{y}$;

(2) 对称性:即 $d(\boldsymbol{x}, \boldsymbol{y}) = d(\boldsymbol{y}, \boldsymbol{x})$;

(3) 三角不等式:$d(\boldsymbol{x}, \boldsymbol{z}) \leqslant d(\boldsymbol{x}, \boldsymbol{y}) + d(\boldsymbol{y}, \boldsymbol{z})$.

所以赋范线性空间由范数导出的距离构成一个特殊的**度量空间**. 度量空间也称为**距离空间**.

定义 2.2.12. (*Banach* 空间)如果赋范线性空间作为(其范数自然诱导度量 $d(\boldsymbol{x}, \boldsymbol{y}) = \|\boldsymbol{x}-\boldsymbol{y}\|$ 的)原点空间是完备的,即柯西序列收敛,则称这个赋范线性空间为巴拿赫(*Banach*)空间.

6. 向量之间的夹角

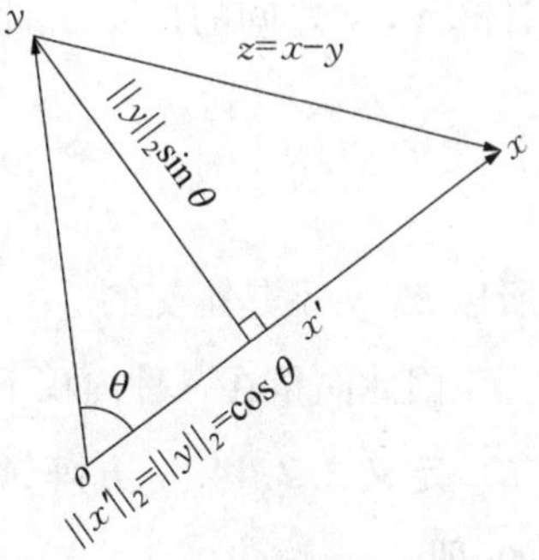

图 2.5　向量 $\boldsymbol{x}$，$\boldsymbol{y}$ 之间的夹角 θ

有了内积和范数，便可以定义两个向量之间的角度. 例如，假设笛卡尔坐标系中有两个非零向量 $\boldsymbol{x}$，$\boldsymbol{y}$，它们与原点 o 构成一个三角形，如图 2.5 所示. 令 θ 是 ox 与 oy 之间的夹角，$\boldsymbol{z}=\boldsymbol{x}-\boldsymbol{y}$. 运用勾股定理，有

$$\begin{aligned}\|\boldsymbol{z}\|_2^2&=(\|\boldsymbol{y}\|_2\sin\theta)^2+(\|\boldsymbol{x}\|_2-\|\boldsymbol{y}\|_2\cos\theta)^2\\&=\|\boldsymbol{x}\|_2^2+\|\boldsymbol{y}\|_2^2-2\|\boldsymbol{x}\|_2\|\boldsymbol{y}\|_2\cos\theta\end{aligned}$$

由于

$$\|\boldsymbol{z}\|_2^2=\|\boldsymbol{x}-\boldsymbol{y}\|_2^2=(\boldsymbol{x}-\boldsymbol{y})^{\mathrm{T}}(\boldsymbol{x}-\boldsymbol{y})=\boldsymbol{x}^{\mathrm{T}}\boldsymbol{x}+\boldsymbol{y}^{\mathrm{T}}\boldsymbol{y}-2\boldsymbol{x}^{\mathrm{T}}\boldsymbol{y}$$

则有

$$\boldsymbol{x}^{\mathrm{T}}\boldsymbol{y}=\|\boldsymbol{x}\|_2\|\boldsymbol{y}\|_2\cos\theta$$

则向量 $\boldsymbol{x}$，$\boldsymbol{y}$ 之间的夹角为

$$\cos\theta=\frac{\boldsymbol{x}^{\mathrm{T}}\boldsymbol{y}}{\|\boldsymbol{x}\|_2\|\boldsymbol{y}\|_2}\tag{2.1}$$

当 $\boldsymbol{x}^{\mathrm{T}}\boldsymbol{y}=0$ 时，向量 $\boldsymbol{x}$，$\boldsymbol{y}$ 之间的角度为 90°，称为正交. 当 θ 为 0° 或者 180° 时，$\boldsymbol{x}$，$\boldsymbol{y}$ 成一直线，即 $\boldsymbol{y}=k\boldsymbol{x}$，$k\in\mathbb{K}$，称为平行.

7. 向量的正交

定义 2.2.13.　设向量 $\boldsymbol{x}$，$\boldsymbol{y}\in\mathbb{X}$，如果 $\langle\boldsymbol{x},\boldsymbol{y}\rangle=0$，则称 $\boldsymbol{x}$，$\boldsymbol{y}$ **正交**，记作 $\boldsymbol{x}\perp\boldsymbol{y}$. 特别地，如果 $\|\boldsymbol{x}\|=1=\|\boldsymbol{y}\|$，$\boldsymbol{x}$ 和 $\boldsymbol{y}$ 即是单位向量时，称 $\boldsymbol{x}$，$\boldsymbol{y}$ **标准正交**.

零向量与任何向量正交.

对于非零向量组 $\{\boldsymbol{x}_1,\boldsymbol{x}_2,\cdots,\boldsymbol{x}_d\}$，如果对于 $\forall i\neq j$，有 $\langle\boldsymbol{x}_i,\boldsymbol{x}_j\rangle=0$，则称向量组两两正交，并且具有如下性质.

命题 2.2.1.　两两正交的向量组线性无关.

例 2.2.13.　考虑两个向量 $\boldsymbol{x}=(1,1)$，$\boldsymbol{y}=(-1,1)\in\mathbb{R}^2$. 我们用两种不同的内积来确定它们之间的夹角 ω. 使用点积作为内积则可以得到 ω 为 90°，所以 $\boldsymbol{x}\perp\boldsymbol{y}$.

而我们选择内积

$$\langle\boldsymbol{x},\boldsymbol{y}\rangle=\boldsymbol{x}^{\mathrm{T}}\begin{bmatrix}2&0\\0&1\end{bmatrix}\boldsymbol{y}$$

计算 $\boldsymbol{x}$，$\boldsymbol{y}$ 之间的角度 ω 时，

$$\cos\omega=\frac{\langle \boldsymbol{x},\boldsymbol{y}\rangle}{\|\boldsymbol{x}\|\|\boldsymbol{y}\|}=-\frac{1}{3}\Rightarrow\omega\approx 109.5^{\circ}$$

所以 $\boldsymbol{x}$，$\boldsymbol{y}$ 不是正交的.

因此向量在一种内积下正交并不代表它们在其他内积下也正交.

定义 2.2.14. 方阵 $\boldsymbol{A}\in\mathbb{R}^{n\times n}$ 是一个正交矩阵当且仅当它的列向量是标准正交的，即

$$\boldsymbol{A}\boldsymbol{A}^{\mathrm{T}}=\boldsymbol{I}=\boldsymbol{A}^{\mathrm{T}}\boldsymbol{A}$$

因此 $\boldsymbol{A}^{-1}=\boldsymbol{A}^{\mathrm{T}}$.

正交矩阵变换是特殊的，因为用正交矩阵 $\boldsymbol{A}$ 作用一个向量 $\boldsymbol{x}$ 时，向量 $\boldsymbol{x}$ 的长度不变. 事实上，对于点积，我们得到

$$\|\boldsymbol{A}\boldsymbol{x}\|^2=(\boldsymbol{A}\boldsymbol{x})^{\mathrm{T}}(\boldsymbol{A}\boldsymbol{x})=\boldsymbol{x}^{\mathrm{T}}\boldsymbol{A}^{\mathrm{T}}\boldsymbol{A}\boldsymbol{x}=\boldsymbol{x}^{\mathrm{T}}\boldsymbol{I}\boldsymbol{x}=\boldsymbol{x}^{\mathrm{T}}\boldsymbol{x}=\|\boldsymbol{x}\|^2$$

并且两个向量 $\boldsymbol{x}$，$\boldsymbol{y}$ 的夹角也不会在正交矩阵的作用下改变. 同样用点积作为内积，则 $\boldsymbol{A}\boldsymbol{x}$ 和 $\boldsymbol{A}\boldsymbol{y}$ 的夹角为

$$\cos\omega=\frac{(\boldsymbol{A}\boldsymbol{x})^{\mathrm{T}}(\boldsymbol{A}\boldsymbol{y})}{\|\boldsymbol{A}\boldsymbol{x}\|\|\boldsymbol{A}\boldsymbol{y}\|}=\frac{\boldsymbol{x}^{\mathrm{T}}\boldsymbol{A}^{\mathrm{T}}\boldsymbol{A}\boldsymbol{y}}{\sqrt{\boldsymbol{x}^{\mathrm{T}}\boldsymbol{A}^{\mathrm{T}}\boldsymbol{A}\boldsymbol{x}\boldsymbol{y}^{\mathrm{T}}\boldsymbol{A}^{\mathrm{T}}\boldsymbol{A}\boldsymbol{y}}}=\frac{\boldsymbol{x}^{\mathrm{T}}\boldsymbol{y}}{\|\boldsymbol{x}\|\|\boldsymbol{y}\|}$$

这就是向量 $\boldsymbol{x}$，$\boldsymbol{y}$ 之间的夹角. 这就意味着正交矩阵 $\boldsymbol{A}$ 能够保持角度和长度不变.

2.2.3 数据科学中常用的相似性度量

聚类和分类是数据分析的重要技术. 聚类是把大数据集聚为 N 类子集，并且每个子集(目标类)的数据都具有共同或者相似的特征. 分类则是将一个数据映射到某个已知目标类别中.

相似性度量是聚类与分类算法中一个很重要的数学工具. 本小节主要讨论非概率相关的相似性度量.

1. 距离作为相似性度量

在一个向量空间中，两点之间是否相似最直观的就是距离相近的相似. 也就是说，我们可以将聚集在一起的点认为它们是相似的，而距离较远的点则相似度就低.

假设有 n 个样本，每个样本由 m 个属性的特征向量组成. 样本集合可以用矩阵 X 表示

$$
\boldsymbol{X}=(x_{ij})_{m\times n}=\begin{bmatrix} x_{11} & x_{12} & \cdots & x_{1n} \\ x_{21} & x_{22} & \cdots & x_{2n} \\ \vdots & \vdots & & \vdots \\ x_{m1} & x_{m2} & \cdots & x_{mn} \end{bmatrix}
$$

矩阵的第 j 列表示第 j 个样本，第 i 行表示第 i 个属性，矩阵元素 x_{ij} 表示第 j 个样本的第 i 个属性值；$i=1, 2, \cdots, m$, $j=1, 2, \cdots, n$.

定义 2.2.15.　给定特征空间或样本集合 X，X 是由范数或内积导出的 m 维度量空间 $\mathbb{R}^m$ 中点的集合，其中 $\boldsymbol{x}_i$, $\boldsymbol{x}_j \in X$, $\boldsymbol{x}_i=(x_{1i}, x_{2i}, \cdots, x_{mi})$, $\boldsymbol{x}_j=(x_{1j}, x_{2j}, \cdots, x_{mj})$，样本 $\boldsymbol{x}_i$ 与样本 $\boldsymbol{x}_j$ 的**闵可夫斯基距离**，简称**闵氏距离**，定义为

$$
\operatorname{dist}(\boldsymbol{x}_i, \boldsymbol{x}_j)=\sqrt[p]{\sum_{k=1}^{m} |x_{ki}-x_{kj}|^p}=\|\boldsymbol{x}_i-\boldsymbol{x}_j\|_p
$$

其中 $1 \leqslant p < \infty$.

(1) 当 $p=2$ 时，对应欧氏距离，是多维空间中各个点之间的直线距离.

(2) 当 $p=1$ 时，对应曼哈顿距离，也称出租车距离，用以标明两个点在标准坐标系上的绝对轴距总和.

(3) 当 $p\to\infty$ 时，对应切比雪夫距离，是将两个点其各坐标数值差绝对值的最大值作为距离.

定义 2.2.16.　**欧氏距离**计算公式如下：

$$
\operatorname{dist}(\boldsymbol{x}, \boldsymbol{y})=\sqrt{\sum_{i=1}^{m}(x_i-y_i)^2}=\|\boldsymbol{x}-\boldsymbol{x}\|_2
$$

定义 2.2.17.　**曼哈顿距离**计算公式如下：

$$
\operatorname{dist}(\boldsymbol{x}, \boldsymbol{y})=\sum_{i=1}^{n} |x_i-y_i|=\|\boldsymbol{x}-\boldsymbol{y}\|_1
$$

曼哈顿距离是在 1 范数意义下的距离. 这是因为曼哈顿城的道路总是横着或者竖着，我们要计算从一点走到另外一点的距离就不能够使用两点之间的直线距离了.

如图 2.6 所示，绿线代表欧氏距离，红线代表曼哈顿距离，蓝、黄线代表等价的曼哈顿距离.

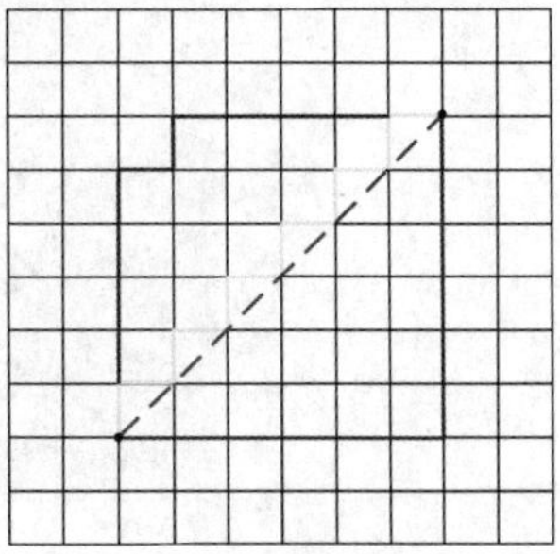

图 2.6　曼哈顿距离

定义 2.2.18.　**切比雪夫距离**计算公式如下：

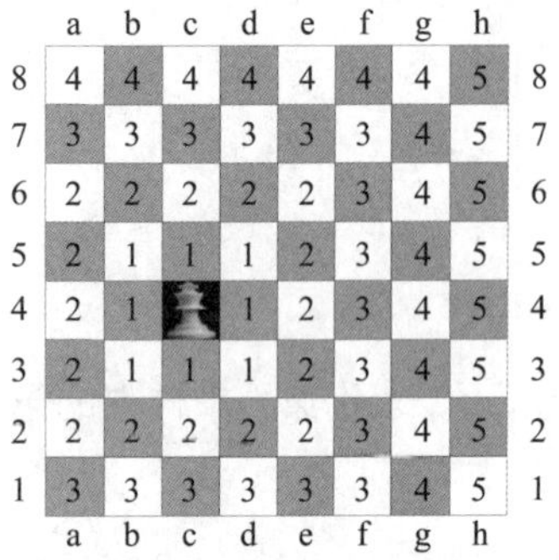

图 2.7　国际象棋中的切比雪夫距离

$$\mathrm{dist}(\boldsymbol{x},\ \boldsymbol{y})=\max \mid x_i - y_i \mid = \|\boldsymbol{x}-\boldsymbol{y}\|_\infty$$

切比雪夫距离乍一看非常奇怪,实际上它类似于国际象棋中国王的走法,相当于国王从格子 $(x_1,\ y_1)$ 走到格子 $(x_2,\ y_2)$ 最少需要多少步. 如图 2.7 所示.

下面以闵氏距离为例,用 k -近邻(k - Nearest Neighbor, k - NN)算法来展示不同相似性度量对于模型的影响.

例 2.2.14.　k -近邻算法是机器学习中一种非常简单的算法. 给定带类别的数据,当预测新的数据属于哪一类别时,只需比较距离该数据最近的 k 个已知数据点中哪种类别是多数,则认为这个数据点就是该类别.

比如取 $k=3$, 图 2.8 中的黑色点(菱形)即是所要预测的数据点,而蓝色(圆点)为正例,红色(叉)为负例. 因为距离最近的三个点中,有两个是正例,一个为负例. 故我们认为这个数据点为正例.

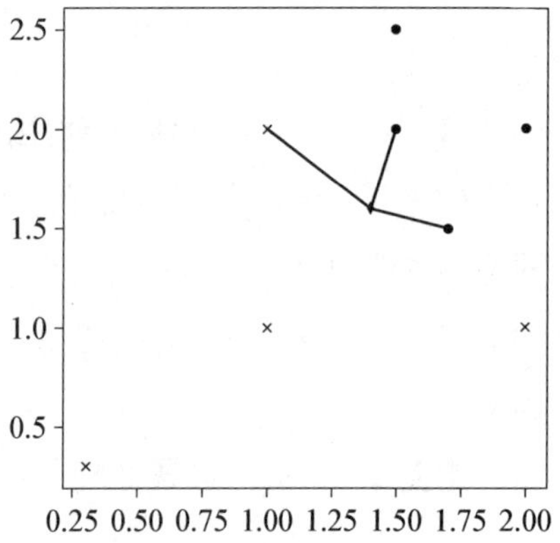

图 2.8　k - NN,待预测样本为正类

为了说明不同度量对模型的影响,给定训练集:

正例为:{(1.5, 2), (1.7, 1.5), (2, 2), (1.5, 2.5)}

负例为:{(1, 2), (0.3, 0.3), (2, 1), (1, 1)}

固定 $k=3$, 然后将平面分成两部分,一部分涂上红色表示某模型将此区域的点预测为负例,另外一部分涂成蓝色表示正例. 图 2.9 左图采用的距离

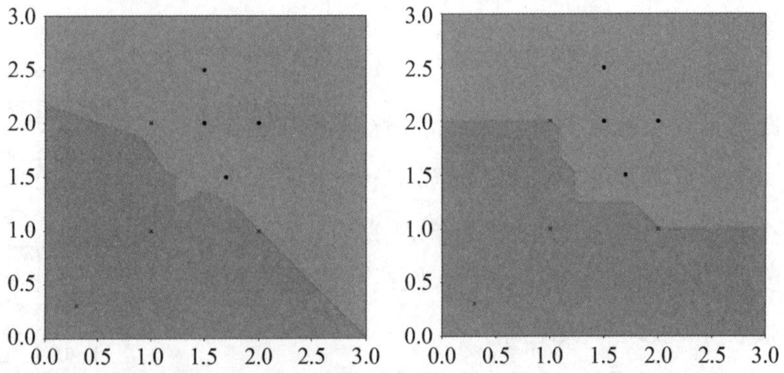

图 2.9　左图采用欧氏距离,右图采用曼哈顿距离

度量方式是欧氏距离,右图采用的是曼哈顿距离.

若确定给出的数据都是准确值没有任何误差,我们就有理由相信右边的模型比左边的模型更好.若不能保证给出的数据都是准确值,那左边的模型也有可能比右边的更好.

需要注意,闵氏距离,包括曼哈顿距离、欧氏距离和切比雪夫距离都存在明显的缺点.例如考虑:二维样本(身高,体重),其中身高范围是[150, 190],体重范围是[50, 60].有三个样本:$\boldsymbol{a}(180, 50)$, $\boldsymbol{b}(190, 50)$, $\boldsymbol{c}(180, 60)$.那么 $\boldsymbol{a}$ 与 $\boldsymbol{b}$ 之间的闵氏距离(无论是曼哈顿距离、欧氏距离或切比雪夫距离)等于 $\boldsymbol{a}$ 与 $\boldsymbol{c}$ 之间的闵氏距离,但是身高的 10 cm 真的等价于体重的 10 kg 吗?因此用闵氏距离来衡量这些样本间的相似度存在缺点.

2. 余弦相似度

前面使用样本特征向量之间的闵氏距离作为相似性度量,我们也可以考虑从特征向量之间的夹角来界定相似程度.

定义 2.2.19. **余弦相似度**是通过计算两个样本特征向量 $\boldsymbol{x}_i$ 和 $\boldsymbol{x}_j$ 之间夹角的余弦值,以此作为两个样本间相似度大小的衡量,计算公式如下

$$\mathrm{sim}_{\cos}(\boldsymbol{x}_i, \boldsymbol{x}_j)=\frac{\boldsymbol{x}_i \cdot \boldsymbol{x}_j}{\|\boldsymbol{x}_i\|\|\boldsymbol{x}_j\|}=\frac{\sum_{k=1}^{m} x_{ki} x_{kj}}{\left[\sum_{k=1}^{m} x_{ki}^2 \sum_{k=1}^{m} x_{kj}^2\right]^{\frac{1}{2}}}$$

显然因为夹角余弦取值范围为[−1, 1],所以余弦相似度的取值范围也是[−1, 1].

夹角余弦越大表示两个向量的夹角越小,夹角余弦越小表示两向量的夹角越大.

当两个向量的方向重合时夹角余弦取最大值 1,当两个向量的方向完全相反夹角余弦取最小值−1.

例 2.2.15. 回顾例 2.1.1 中的四则新闻提要,我们知道它们分别可以用向量表示为:

$$\boldsymbol{a}'=\left(\frac{1}{3}, \frac{2}{3}, 0, 0, 0, 0\right)$$

$$\boldsymbol{b}'=\left(\frac{1}{10}, 0, \frac{3}{10}, \frac{1}{5}, \frac{2}{5}, 0\right)$$

$$\boldsymbol{c}'=\left(0, 0, 0, \frac{1}{2}, 0, \frac{1}{2}\right)$$

$$\boldsymbol{d}'=(0, 0, 0, 0, 0, 1)$$

利用夹角的概念可得两两新闻提要之间的余弦相似度如表 2.1 所示：

表 2.1 四则新闻标题两两之间的余弦夹角

$\cos\theta$	$\boldsymbol{a}'$	$\boldsymbol{b}'$	$\boldsymbol{c}'$	$\boldsymbol{d}'$
$\boldsymbol{a}'$	1	0.0816	0	0
$\boldsymbol{b}'$	0.0816	1	0.2582	0
$\boldsymbol{c}'$	0	0.2582	1	0.7071
$\boldsymbol{d}'$	0	0	0.7071	1

当两则新闻提要之间没有重复的单词出现，夹角余弦值为 0；当两则新闻提要是相同的，夹角余弦值为 1.

余弦相似度从夹角上区分差异，而对绝对的数值不敏感，因此没法衡量每个维度上数值的差异，我们通过下例进行说明.

例 2.2.16. 用户对内容评分，按 5 分制，X 和 Y 两个用户对两个内容的评分分别为 (1, 2)和(4, 5).

- X 和 Y 之间的余弦相似度 0.98，两者极为相似. 但从评分上看 X 似乎不喜欢这两个内容，而 Y 则比较喜欢.
- 余弦相似度对数值的不敏感导致了结果的误差，需要调整余弦相似度来修正这种不合理性，即所有维度上的数值都减去一个均值.
- 假设两个内容评分均值都是 3，那么调整后评分分别为(−2, −1)和(1, 2)，再用余弦相似度计算，得到−0.8，相似度为负值并且差异不小，但显然更加符合现实.

3. 其他相似性度量

定义 2.2.20. **汉明距离**表示两个(相同长度)字符串对应位置上的值不等的个数.

例 2.2.17. 计算如下字符串的汉明距离

(1) “1011101”与“1001001”之间的汉明距离是 2.

(2) “2143896”与“2233796”之间的汉明距离是 3.

(3) “*toned*”与“*roses*”之间的汉明距离是 3.

这个距离常常用在字符串的处理上，也可以将其拓展应用到向量上.

2.2.4 矩阵的内积与范数

矩阵也是数据科学中常见的处理对策，有必要将向量的内积与范数加以推广，引出矩阵的内积与范数.

1. 矩阵范数

定义 2.2.21. 令 $m\times n$ 实矩阵 $\boldsymbol{A}=[\boldsymbol{a}_1 \quad \cdots \quad \boldsymbol{a}_n]$,将这个矩阵"拉长"为 $mn\times 1$ 向量

$$\boldsymbol{a}=\mathrm{vec}(\boldsymbol{A}):=\begin{bmatrix}\boldsymbol{a}_1\\ \vdots\\ \boldsymbol{a}_n\end{bmatrix}$$

$\mathrm{vec}(\boldsymbol{A})$ 称为**矩阵 $\boldsymbol{A}$ 的(列)向量化**.

利用向量的内积和范数表达,即可以得到下面有关矩阵内积和范数的定义.

定义 2.2.22. 设矩阵 $\boldsymbol{A}$ 和 $\boldsymbol{B}$ 是 $m\times n$ 实矩阵,其矩阵内积为:

$$\langle\boldsymbol{A},\boldsymbol{B}\rangle=\langle\mathrm{vec}(\boldsymbol{A}),\mathrm{vec}(\boldsymbol{B})\rangle=\sum_{i=1}^{n}\boldsymbol{a}_i^{\mathrm{T}}\boldsymbol{b}_i=\sum_{i=1}^{n}\langle\boldsymbol{a}_i,\boldsymbol{b}_i\rangle \tag{2.2}$$

或等价写作

$$\langle\boldsymbol{A},\boldsymbol{B}\rangle=\mathrm{vec}(\boldsymbol{A})^{\mathrm{T}}\mathrm{vec}(\boldsymbol{B})=\mathrm{Tr}(\boldsymbol{A}^{\mathrm{T}}\boldsymbol{B}) \tag{2.3}$$

定义 2.2.23. 对于任意的 $\boldsymbol{A},\boldsymbol{B}\in\mathbb{R}^{m\times n}$, $c\in\mathbb{R}$. 如果函数 $\|\cdot\|:\mathbb{R}^{m\times n}\to\mathbb{R}$ 满足条件

(1) $\|\boldsymbol{A}\|\geqslant 0(\|\boldsymbol{A}\|=0\Leftrightarrow\boldsymbol{A}=0)$ (正定条件);

(2) $\|c\boldsymbol{A}\|=|c|\,\|\boldsymbol{A}\|$ (齐次条件);

(3) $\|\boldsymbol{A}+\boldsymbol{B}\|\leqslant\|\boldsymbol{A}\|+\|\boldsymbol{B}\|$ (三角不等式);

则称 $\|\cdot\|$ 是 $\mathbb{R}^{m\times n}$ 上的一个**矩阵范数**.

例 2.2.18. 对任意 $\boldsymbol{A}\in\mathbb{R}^{m\times n}$,由

$$\|\boldsymbol{A}\|_{m_1}:=\sum_{i=1}^{m}\sum_{j=1}^{n}|a_{ij}|$$

定义的 $\|\cdot\|_{m_1}$ 是 $\mathbb{R}^{m\times n}$ 上的矩阵范数,称为 l_1 范数.

证明. 容易验证:

(1) $\|\boldsymbol{A}\|_{m_1}\geqslant 0$, $(\|\boldsymbol{A}\|_{m_1}=0\Leftrightarrow\boldsymbol{A}=0)$;

(2) $\|c\boldsymbol{A}\|_{m_1}=\sum_{i=1}^{m}\sum_{j=1}^{n}|ca_{ij}|=|c|\sum_{i=1}^{m}\sum_{j=1}^{n}|a_{ij}|=|c|\,\|\boldsymbol{A}\|_{m_1}$;

(3) $\|\boldsymbol{A}+\boldsymbol{B}\|_{m_1}=\sum_{i=1}^{m}\sum_{j=1}^{n}(|a_{ij}+b_{ij}|)\leqslant\sum_{i=1}^{m}\sum_{j=1}^{n}(|a_{ij}|+|b_{ij}|)=$

$\|A\|_{m_1}+\|B\|_{m_1}$.

因此,实函数 $\|A\|_{m_1}=\sum_{i=1}^{m}\sum_{j=1}^{n}|a_{ij}|$ 是一种矩阵范数.

实际上,这个范数就是 $\mathrm{vec}(A)$ 的 l_1 范数. □

例 2.2.19. 对任意 $A\in\mathbb{R}^{m\times n}$, 由

$$\|A\|_F:=\left(\sum_{i=1}^{m}\sum_{j=1}^{n}|a_{ij}|^2\right)^{\frac{1}{2}}=(\mathrm{Tr}(A^{\mathrm{T}}A))^{\frac{1}{2}}$$

定义的 $\|\cdot\|_F$ 是$\mathbb{R}^{m\times n}$上的矩阵范数,称为 l_2 范数或 *Frobenius* 范数(F 范数).

实际上,这个范数就是 $\mathrm{vec}(A)$ 的 l_2 范数.

例 2.2.20. 在数据科学中,有时还用到 p, q -矩阵范数.

$$\|A\|_{1,2}=\left(\sum_{j=1}^{n}\|a_j\|_1^2\right)^{\frac{1}{2}}=\left(\sum_{j=1}^{n}\left(\sum_{i=1}^{m}|a_{ij}|\right)^2\right)^{\frac{1}{2}}$$

$$\|A\|_{2,1}=\sum_{j=1}^{n}\|a_j\|_2=\sum_{j=1}^{n}\left(\sum_{i=1}^{m}|a_{ij}|^2\right)^{\frac{1}{2}}$$

$$\|A\|_{p,q}=\left(\sum_{j=1}^{n}\left(\sum_{i=1}^{m}|a_{ij}|^p\right)^{\frac{q}{p}}\right)^{\frac{1}{q}}$$

2. 范数的相容性

考虑到矩阵乘法的重要地位,因此讨论矩阵范数时一般附加"相容性"条件.

定义 2.2.24. 若矩阵范数$\|\cdot\|$满足:

$$\|AB\|\leqslant\|A\|\|B\|,\text{对任意 } A\in\mathbb{R}^{m\times p},\ B\in\mathbb{R}^{p\times n}$$

则称矩阵范数满足**相容性条件**.

不满足相容性条件的矩阵范数我们可以称其为**广义矩阵范数**.

例 2.2.21. $\|\cdot\|_{m_1}$ 满足相容性条件.

$$\|AB\|_{m_1}\leqslant\|A\|_{m_1}\|B\|_{m_1},\text{对任意 } A\in\mathbb{R}^{m\times p},\ B\in\mathbb{R}^{p\times n}$$

例 2.2.22. $\|\cdot\|_F$ 满足相容性条件.

$$\|AB\|_F\leqslant\|A\|_F\|B\|_F,\text{对任意 } A\in\mathbb{R}^{m\times p},\ B\in\mathbb{R}^{p\times n}$$

例 2.2.23. 类似向量的无穷范数可定义矩阵的 $\|\cdot\|_{m_\infty}$, 它不满足相容性条件.

证明. 取

$$A=\begin{bmatrix}1&1\\1&1\end{bmatrix}$$

那么

$$\|A^2\|_{m_\infty}=\|2A\|_{m_\infty}=2\not\leqslant\|A\|_{m_\infty}^2=1$$

我们只需要对 $\|\cdot\|_{m_\infty}$ 做一点修改,就可以使其满足相容性条件:

$$\|A\|_{m_\infty}:=n\max_{1\leqslant i\leqslant m,\ 1\leqslant j\leqslant n}|a_{ij}|$$ □

3. 算子范数

由于在大多数与估计有关的问题中,矩阵和向量会同时参与讨论,所以希望引进一种矩阵的范数,它是和向量范数相联系并且和向量范数相容的.

定义 2.2.25.　若矩阵范数 $\|\cdot\|_M$ 和向量范数 $\|\cdot\|_v$ 满足

$$\|Ax\|_v\leqslant\|A\|_M\|x\|_v,\ A\in\mathbb{R}^{m\times n},\ x\in\mathbb{R}^n$$

则称矩阵范数 $\|\cdot\|_M$ 与向量范数 $\|\cdot\|_v$ 是相容的.

对于给定的任意向量范数,我们都可以构造一个与该向量范数相容的矩阵范数.

定义 2.2.26.　$m\times n$ 矩阵空间上如下定义的范数 $\|\cdot\|$ 称为**从属于向量范数 $\|\cdot\|_v$ 的矩阵范数**,也称其为由向量范数 $\|\cdot\|_v$ 诱导出的**算子范数**

$$\begin{aligned}\|A\|&=\max\{\|Ax\|_v\mid x\in\mathbb{R}^n,\ \|x\|_v=1\}\\&=\max\left\{\frac{\|Ax\|_v}{\|x\|_v}\mid x\in\mathbb{R}^n,\ x\neq 0\right\}\end{aligned}$$

显然,该矩阵范数和向量范数 $\|\cdot\|_v$ 是相容的.

因为,对任意 $x\in\mathbb{R}^n$, $x\neq\mathbf{0}$,

$$\frac{\|Ax\|_v}{\|x\|_v}\leqslant\max\left\{\frac{\|Ax\|_v}{\|x\|_v}\mid x\in\mathbb{R}^n,\ x\neq\mathbf{0}\right\}=\|A\|$$

所以 $\|Ax\|_v\leqslant\|A\|\|x\|_v$.

我们有如下定理:

定理 2.2.6.　算子范数都满足相容性条件.

证明.　设矩阵范数 $\|\cdot\|$ 是由向量范数 $\|\cdot\|_v$ 诱导出的算子范数, $A\in\mathbb{R}^{m\times p}$, $B\in\mathbb{R}^{p\times n}$, $x\in\mathbb{R}^n$,

$$\|AB\|=\max_{\|x\|=1}\|ABx\|_v\leqslant\max_{\|x\|=1}\|A\|\|Bx\|_v=\|A\|\max_{\|x\|=1}\|Bx\|_v=\|A\|\|B\|$$

经常利用向量的 l_p 范数诱导出算子范数：

$$\|A\|_p=\max_{x\neq 0}\frac{\|Ax\|_p}{\|x\|_p}$$ □

定理 2.2.7. 设 $A\in\mathbb{R}^{m\times n}$，$p=1, 2, \infty$ 时，向量的 l_p 范数诱导出的算子范数分别为

$$\|A\|_1=\max_{1\leqslant j\leqslant n}\sum_{i=1}^{m}|a_{ij}|$$

$$\|A\|_\infty=\max_{1\leqslant i\leqslant m}\sum_{j=1}^{n}|a_{ij}|$$

$$\|A\|_2=\sqrt{\lambda_{\max}(A^{\mathrm{T}}A)}$$

证明. 当 $A=O$ 时，以上三式显然成立. 假定 $A\neq O$，对以上的三个范数进行证明.

1 范数证明 对于 1 范数，将给定的 $A\in\mathbb{R}^{m\times n}$ 按列分块 $A=[a_1\ \cdots\ a_n]$，并记 $\delta=\|a_{j_0}\|_1=\max_{1\leqslant j\leqslant n}\|a_j\|_1$，则对任意满足 $\|x\|_1=\sum_{i=1}^{n}|x_i|=1$ 的 $x\in\mathbb{R}^n$，有

$$\begin{aligned}\|Ax\|_1&=\left\|\sum_{j=1}^{n}x_ja_j\right\|\leqslant\sum_{j=1}^{n}|x_j|\|a_j\|_1\\&\leqslant\sum_{j=1}^{n}|x_j|\max_{1\leqslant j\leqslant n}\|a_j\|_1=\|a_{j_0}\|_1=\delta\end{aligned}$$

此处我们证明了 $\|A\|_1:=\max_{\|x\|_1=1}\|Ax\|_1\leqslant\delta$.

此外，令 x 为第 j_0 个元素为 1，其余分量为 0 的向量 e_{j_0}，则有 $\|e_{j_0}\|_1=1$，而且

$$\|Ae_{j_0}\|_1=\|a_{j_0}\|_1=\delta$$

这样我们证明了存在满足 $\|x\|_1=1$ 的 x，使得 $\|Ax\|_1=\delta$.

因此有

$$\|A\|_1=\max_{\|x\|_1=1}\|Ax\|_1=\delta=\max_{1\leqslant j\leqslant n}\|a_j\|_1=\max_{1\leqslant j\leqslant n}\sum_{i=1}^{m}|a_{ij}|$$

∞范数证明 对于∞范数，记

$$\eta=\max_{1\leqslant i\leqslant m}\sum_{j=1}^{n}|a_{ij}|$$

则对任意满足 $\|\boldsymbol{x}\|_\infty=1$ 的 $\boldsymbol{x}\in\mathbb{R}^n$，有

$$\|\boldsymbol{A}\boldsymbol{x}\|_\infty=\max_{1\leqslant i\leqslant m}\left|\sum_{j=1}^n a_{ij}x_j\right|\leqslant\max_{1\leqslant i\leqslant m}\sum_{j=1}^n|a_{ij}||x_j|\leqslant\max_{1\leqslant i\leqslant m}\sum_{j=1}^n|a_{ij}|=\eta$$

此处我们证明了 $\|\boldsymbol{A}\|_\infty:=\max_{\|\boldsymbol{x}\|_\infty=1}\|\boldsymbol{A}\boldsymbol{x}\|_\infty\leqslant\eta$.

设 $\boldsymbol{A}$ 的第 k 行元素的绝对值之和最大，即 $\eta=\sum_{j=1}^n|a_{kj}|$. 令

$$\tilde{\boldsymbol{x}}=(\mathbf{sign}(a_{k1}),\ \cdots,\ \mathbf{sign}(a_{kn}))$$

则 $\boldsymbol{A}\neq\boldsymbol{O}$ 蕴含 $\|\tilde{\boldsymbol{x}}\|_\infty=1$，有 $\|\boldsymbol{A}\tilde{\boldsymbol{x}}\|_\infty=\sum_{j=1}^n|a_{kj}|=\eta$.

这里证明了存在满足 $\|\boldsymbol{x}\|_\infty=1$ 的 $\boldsymbol{x}$，使得 $\|\boldsymbol{A}\boldsymbol{x}\|_\infty=\eta$，则

$$\|\boldsymbol{A}\|_\infty=\eta=\max_{1\leqslant i\leqslant m}\sum_{j=1}^n|a_{ij}|$$

2 范数证明　对于 2 范数，应有

$$\|\boldsymbol{A}\|_2=\max_{\|\boldsymbol{x}\|_2=1}\|\boldsymbol{A}\boldsymbol{x}\|_2=\max_{\|\boldsymbol{x}\|_2=1}\left[(\boldsymbol{A}\boldsymbol{x})^{\mathrm{T}}\boldsymbol{A}\boldsymbol{x}\right]^{\frac{1}{2}}$$

$$=\max_{\|\boldsymbol{x}\|_2=1}\left[\boldsymbol{x}^{\mathrm{T}}(\boldsymbol{A}^{\mathrm{T}}\boldsymbol{A})\boldsymbol{x}\right]^{\frac{1}{2}}$$

注意，$\boldsymbol{A}^{\mathrm{T}}\boldsymbol{A}$ 是半正定矩阵，设其特征值为

$$\lambda_1\geqslant\lambda_2\geqslant\cdots\geqslant\lambda_n\geqslant 0$$

以及其对应的正交规范特征向量为 $\boldsymbol{q}_1,\ \cdots,\ \boldsymbol{q}_n\in\mathbb{R}^n$.

则对任一满足 $\|\boldsymbol{x}\|_2=1$ 的向量 $\boldsymbol{x}\in\mathbb{R}^n$ 有

$$\boldsymbol{x}=\sum_{i=1}^n\alpha_i\boldsymbol{q}_i$$

$$\sum_{i=1}^n\alpha_i^2=1$$

于是，有

$$\boldsymbol{x}^{\mathrm{T}}\boldsymbol{A}^{\mathrm{T}}\boldsymbol{A}\boldsymbol{x}=\sum_{i=1}^n\lambda_i\alpha_i^2\leqslant\lambda_1$$

这里我们证明了 $\|\boldsymbol{A}\|_2=\max_{\|\boldsymbol{x}\|_2=1}[\boldsymbol{x}^{\mathrm{T}}(\boldsymbol{A}^{\mathrm{T}}\boldsymbol{A})\boldsymbol{x}]^{\frac{1}{2}}\leqslant\sqrt{\lambda_1}$.

另一方面,若取 $\boldsymbol{x}=\boldsymbol{q}_1$, 则有

$$\boldsymbol{x}^{\mathrm{T}}\boldsymbol{A}^{\mathrm{T}}\boldsymbol{A}\boldsymbol{x}=\boldsymbol{q}_1^{\mathrm{T}}\boldsymbol{A}^{\mathrm{T}}\boldsymbol{A}\boldsymbol{q}_1=\boldsymbol{q}_1^{\mathrm{T}}\lambda_1\boldsymbol{q}_1=\lambda_1$$

这里我们证明了存在满足 $\|\boldsymbol{x}\|_2=1$ 的 $\boldsymbol{x}$,使得$\|\boldsymbol{A}\boldsymbol{x}\|_2=\sqrt{\lambda_1}$.

所以

$$\|\boldsymbol{A}\|_2=\max_{\|\boldsymbol{x}\|_2=1}\|\boldsymbol{A}\boldsymbol{x}\|_2=\sqrt{\lambda_1}=\sqrt{\lambda_{\max}(\boldsymbol{A}^{\mathrm{T}}\boldsymbol{A})}$$ □

我们通常分别称矩阵的 1 范数、∞范数和 2 范数为列和范数、行和范数和谱范数. 显然矩阵列和范数与行和范数容易计算,而矩阵的谱范数不易计算,它需要计算 $\boldsymbol{A}^{\mathrm{T}}\boldsymbol{A}$ 的最大特征值,但是谱范数具有几个好的性质,使它在理论研究中很有用处. 下面给出谱范数几个常用的性质.

定理 2.2.8. 设 $\boldsymbol{A}\in\mathbb{R}^{n\times n}$, 则

(1) $\|\boldsymbol{A}\|_2=\max\{|\boldsymbol{y}^{\mathrm{T}}\boldsymbol{A}\boldsymbol{x}|\mid\boldsymbol{x},\ \boldsymbol{y}\in\mathbb{C}^n,\ \|\boldsymbol{x}\|_2=\|\boldsymbol{y}\|_2=1\}$;

(2) $\|\boldsymbol{A}^{\mathrm{T}}\|_2=\|\boldsymbol{A}\|_2=\sqrt{\|\boldsymbol{A}^{\mathrm{T}}\boldsymbol{A}\|_2}$;

(3) 对于任意 $n\times n$ 的正交矩阵 $\boldsymbol{U}$ 和 $\boldsymbol{V}$ 有,$\|\boldsymbol{U}\boldsymbol{A}\|_2=\|\boldsymbol{A}\boldsymbol{V}\|_2=\|\boldsymbol{A}\|_2$.

例 2.2.24. 设矩阵 $\boldsymbol{A}=\begin{bmatrix}2 & -1\\ -2 & 4\end{bmatrix}$,求$\|\boldsymbol{A}\|_p$, $p=1,\ 2,\ \infty$ 以及$\|\boldsymbol{A}\|_F$

$$\|\boldsymbol{A}\|_1=\max\{2+|-2|,\ |-1|+4\}=5$$
$$\|\boldsymbol{A}\|_\infty=\max\{2+|-1|,\ |-2|+4\}=6$$

因为

$$\boldsymbol{A}^{\mathrm{T}}\boldsymbol{A}=\begin{bmatrix}2 & -2\\ -1 & 4\end{bmatrix}\begin{bmatrix}2 & -1\\ -2 & 4\end{bmatrix}=\begin{bmatrix}8 & -10\\ -10 & 17\end{bmatrix}$$

由

$$|\boldsymbol{I}\lambda-\boldsymbol{A}^{\mathrm{T}}\boldsymbol{A}|=\begin{vmatrix}\lambda-8 & 10\\ -10 & \lambda-17\end{vmatrix}=0$$

解得 $\lambda_1\approx 23.466$, $\lambda_2\approx 1.534$ 故$\|\boldsymbol{A}\|_2\approx\sqrt{23.466}\approx 4.844$.

$$\|\boldsymbol{A}\|_F=(2^2+(-1)^2+(-2)^2+4^2)^{\frac{1}{2}}=5$$

4. 算子范数的几何意义

例 2.2.25.　对应于 $p=1, 2, \infty$ 三种向量范数的单位球面$\mathbb{S}=\{\boldsymbol{x}\in\mathbb{R}^2 \mid \|\boldsymbol{x}\|_p=1\}$在矩阵

$$\boldsymbol{A}=\begin{bmatrix}1 & 2\\0 & 2\end{bmatrix}$$

作用下的效果分别为

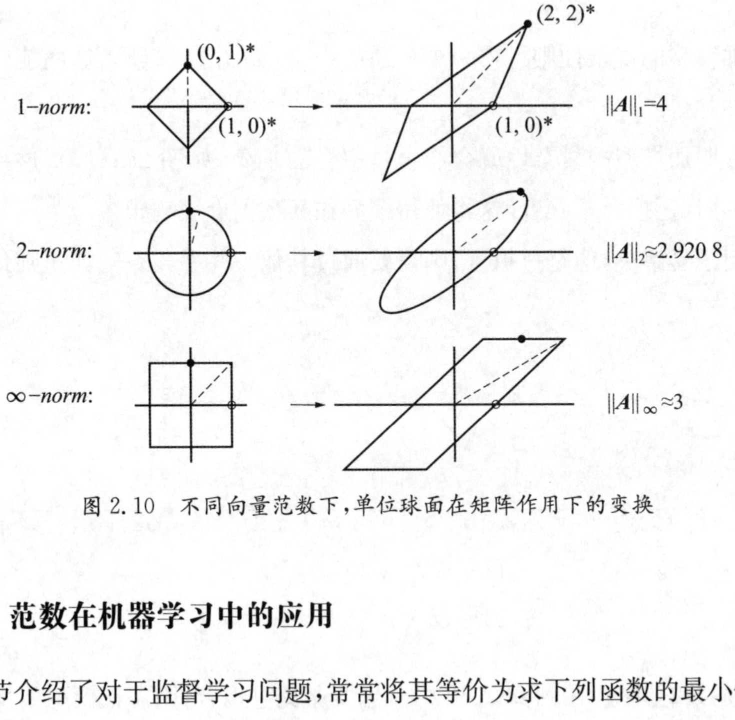

图 2.10　不同向量范数下，单位球面在矩阵作用下的变换

2.2.5　范数在机器学习中的应用

在 1.3 节介绍了对于监督学习问题，常常将其等价为求下列函数的最小值问题：

$$R_{srm}(f)=\frac{1}{N}\sum_{i=1}^{N}L(y_i, f(\boldsymbol{x}_i))+\lambda J(f)$$

其中 y_i 是特征 $\boldsymbol{x}_i$ 的标签，而 $f(\boldsymbol{x}_i)$ 则是模型 f 对于特征 $\boldsymbol{x}_i$ 给出的一个预测值；$L(y_i, f(\boldsymbol{x}_i))$ 是损失函数，用于衡量单个样本预测值和真实值的误差；$\frac{1}{N}\sum_{i=1}^{N}L(y_i, f(\boldsymbol{x}_i))$ 是误差项（也称为代价函数），误差项主要用来衡量输出的预测值和真实值之间的整体误差；$J(f)$ 是正则化项，正则化项主要用于防止模型过拟合，λ 是用于调节经验风险和正则化项关系的超参数.

在监督学习中损失函数 L 的形式按照是否应用了距离度量，一般可分为两种：基于距离度量的损失和非距离度量形式的损失.

结构风险中引入正则项的主要目的之一是防止过拟合. 我们来具体看一下过拟合现象.

例 2.2.26. 考虑平面上有一系列点，它们是由带有噪声的四次曲线产生的. 分别用一次函数、4 次多项式函数和 6 次多项式函数来拟合这些点.

- 欠拟合的模型因为模型假设过于简单，如图 2.11(a)，而无法反映数据的真实情况.
- 若增加模型的复杂性则可得一个合适的拟合，如图 2.11(b)，从而能够很好地反映数据的分布和趋势.
- 若继续增加模型的复杂性就会产生过拟合的现象，如图 2.11(c). 这种模型不仅仅拟合了数据，并且还拟合了噪音. 这将使得模型在新数据上表现很差.

欠拟合问题易解决，但是过拟合，则需要通过其他一些手段——如正则化来解决.

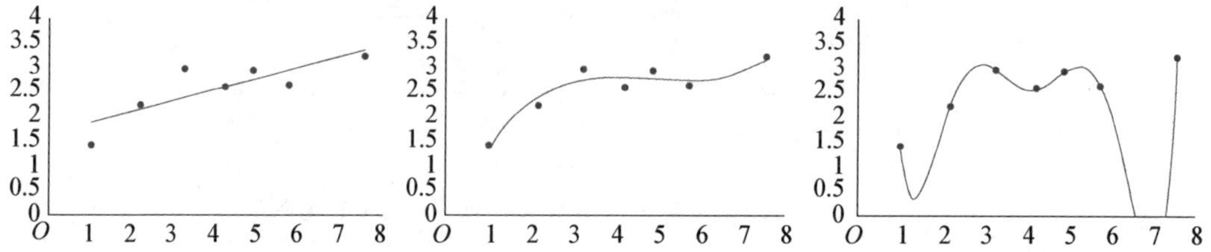

(a) $y=ax+b$　(b) $y=ax^4+bx^3+cx^2+dx+e$　(c) $y=ax^6+bx^5+cx^4+dx^3+e$

图 2.11 欠拟合、正常拟合、过拟合

正则化：范数的选择. 在例 2.2.26 中若想要避免过拟合，则需让模型不出现用更高次函数去拟合四次函数产生的带有噪声的数据的情况，高次函数拟合效果虽好但也拟合了数据噪声.

正则化在多种模型中的应用都非常广泛，如果数据集的特征数量大于样本的总数时，问题常常会有多个解，这时需要借助正则项来选出性质不同的解. 这里我们记 $\boldsymbol{r}=(\boldsymbol{w}, b)$.

如果想要平衡模型的拟合性质和解的光滑性，我们可以使用 Tikhonov 正则化（也叫岭回归），把 l_2 范数的平方作为正则项. 那么我们问题的目标函数为：

$$\min \sum_{i=1}^{N} L(y_i, f(\boldsymbol{x}_i)) + \lambda \|\boldsymbol{r}\|_2^2$$

而如果希望得到的解 $\boldsymbol{r}$ 是稀疏的，那么可以考虑添加 l_1 范数为正则项，对应的正则化问题叫作 LASSO 问题：

$$\min \sum_{i=1}^{N} L(y_i, f(\boldsymbol{x}_i)) + \lambda \|\boldsymbol{r}\|_1$$

对于某些实际问题，权重 $\boldsymbol{r}$ 本身不是稀疏的，但其在某种变换下是稀疏，因此我们也需要调整对应的正则项：

$$\min \sum_{i=1}^{N} L(y_i, f(\boldsymbol{x}_i)) + \lambda \|\boldsymbol{F}\boldsymbol{r}\|_1$$

如当 $\boldsymbol{F}$ 取

$$\boldsymbol{F} = \begin{bmatrix} 1 & -1 & & & \\ & 1 & -1 & & \\ & & \ddots & \ddots & \\ & & & 1 & -1 \end{bmatrix}$$

时，它实际上要求 $\boldsymbol{r}$ 相邻点之间的变化是稀疏的. 实际上不同的正则化方法可以结合起来，同时提出多种要求. 例如融合 LASSO 模型(fused-LASSO)可表示为

$$\min \sum_{i=1}^{N} L(y_i, f(\boldsymbol{x}_i)) + \lambda_1 \|\boldsymbol{r}\|_1 + \lambda_2 \|\boldsymbol{F}\boldsymbol{r}\|_1$$

2.3　正交与投影

在上一节的内容中我们提到向量正交的概念，实际上这一概念可以拓展至空间. 而正交与投影又有着广泛的应用价值，并且在数据科学的许多工程应用(如信号降噪滤波、数据降维、主成分分析、时间序列分析)中，许多问题的最优求解都可归结为数据在某个子空间的投影问题. 图 2.12 展示了将三维空间中的向量投影到二维平面上.

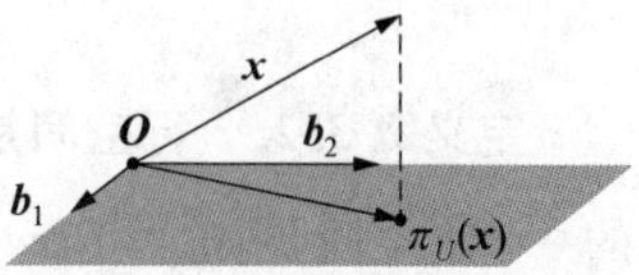

图 2.12　将三维空间中的向量投影到二维平面上

2.3.1　矩阵的四个基本子空间

为了更好的理解子空间与投影，我们先讨论四个基本子空间：

(1) **列空间**：$\mathrm{Col}(\boldsymbol{A})$；

(2) **行空间**: $\mathrm{Row}(\boldsymbol{A})=\mathrm{Col}(\boldsymbol{A}^{\mathrm{T}})$;

(3) **零空间**: $\mathrm{Null}(\boldsymbol{A})$;

(4) **左零空间**: $\mathrm{Null}(\boldsymbol{A}^{\mathrm{T}})$.

四个基本子空间也是线性代数中非常重要的概念. 为方便叙述,对于矩阵 $\boldsymbol{A}\in\mathbb{R}^{m\times n}$,其 m 个行向量记作

$$\begin{aligned}\boldsymbol{r}_1&=[a_{11}\quad a_{12}\quad\cdots\quad a_{1n}]^{\mathrm{T}}\\\boldsymbol{r}_2&=[a_{21}\quad a_{22}\quad\cdots\quad a_{2n}]^{\mathrm{T}}\\&\cdots\\\boldsymbol{r}_m&=[a_{m1}\quad a_{m2}\quad\cdots\quad a_{mn}]^{\mathrm{T}}\end{aligned}$$

其 n 个列向量记作

$$\boldsymbol{a}_1=\begin{bmatrix}a_{11}\\a_{21}\\\vdots\\a_{m1}\end{bmatrix},\ \boldsymbol{a}_2=\begin{bmatrix}a_{12}\\a_{22}\\\vdots\\a_{m2}\end{bmatrix},\ \cdots,\ \boldsymbol{a}_n=\begin{bmatrix}a_{1n}\\a_{2n}\\\vdots\\a_{mn}\end{bmatrix}$$

即 $\boldsymbol{A}=[\boldsymbol{r}_1\quad\boldsymbol{r}_2\quad\cdots\quad\boldsymbol{r}_m]^{\mathrm{T}}=[\boldsymbol{a}_1\quad\boldsymbol{a}_2\quad\cdots\quad\boldsymbol{a}_n]$.

定义 2.3.1. **列空间**是其列向量 $\{\boldsymbol{a}_1,\ \boldsymbol{a}_2,\ \cdots,\ \boldsymbol{a}_n\}$ 的所有线性组合的集合,它是$\mathbb{R}^m$的一个子空间,用符号 $\mathrm{Col}(\boldsymbol{A})$ 表示,即有

$$\mathrm{Col}(\boldsymbol{A})=\left\{\boldsymbol{y}\in\mathbb{R}^m\mid\boldsymbol{y}=\sum_{j=1}^{n}\alpha_j\boldsymbol{a}_j,\ \alpha_j\in\mathbb{R}\right\}=\mathbf{span}\{\boldsymbol{a}_1,\ \boldsymbol{a}_2\cdots\boldsymbol{a}_n\}\tag{2.4}$$

定义 2.3.2. **行空间**是其行向量 $\{\boldsymbol{r}_1,\ \boldsymbol{r}_2,\ \cdots,\ \boldsymbol{r}_m\}$ 的所有线性组合的集合,它是$\mathbb{R}^n$的一个子空间,用符号 $\mathrm{Row}(\boldsymbol{A})$ 表示,也可以用 $\mathrm{Col}(\boldsymbol{A}^{\mathrm{T}})$ 表示,有

$$\mathrm{Row}(\boldsymbol{A})=\mathrm{Col}(\boldsymbol{A}^{\mathrm{T}})=\left\{\boldsymbol{y}\in\mathbb{R}^n\mid\boldsymbol{y}=\sum_{i=1}^{m}\beta_i\boldsymbol{r}_i,\ \beta_i\in\mathbb{R}\right\}=\mathbf{span}\{\boldsymbol{r}_1,\ \boldsymbol{r}_2\cdots\boldsymbol{r}_m\}\tag{2.5}$$

定义 2.3.3. **零空间**是所有满足齐次线性方程组 $\boldsymbol{Ax}=\boldsymbol{0}$ 的解向量集合,它是$\mathbb{R}^n$的一个子空间,用符号 $\mathrm{Null}(\boldsymbol{A})$ 表示,即有

$$\mathrm{Null}(\boldsymbol{A})=\{\boldsymbol{x}\in\mathbb{R}^n\mid\boldsymbol{Ax}=\boldsymbol{0}\}\tag{2.6}$$

定义 2.3.4. **左零空间**是所有满足齐次线性方程组 $\boldsymbol{A}^{\mathrm{T}}\boldsymbol{y}=\boldsymbol{0}$ 的解向量集合,它是$\mathbb{R}^n$

的一个子空间，用符号 $\mathrm{Null}(\boldsymbol{A}^{\mathrm{T}})$ 表示，即有

$$\mathrm{Null}(\boldsymbol{A}^{\mathrm{T}})=\{\boldsymbol{y}\in\mathbb{R}^{m}\mid \boldsymbol{A}^{\mathrm{T}}\boldsymbol{y}=\boldsymbol{0}\} \tag{2.7}$$

给定一个矩阵，为了获得其四个基本子空间，我们需要用到以下结论：

命题 2.3.1.

(1) 一系列初等行变换不改变矩阵的行空间.

(2) 一系列初等行变换不改变矩阵的零空间.

(3) 一系列初等列变换不改变矩阵的列空间.

(4) 一系列初等列变换不改变矩阵的左零空间.

证明. 下面仅对(1)(2)进行证明，(3)(4)也可以用类似的方法证明. 先验证(1)，任何一种初等行变换都不改变行空间. 事实上，

- 对于Ⅰ型初等行变换(用非零常数乘某一行)，有

$$\mathbf{span}\{\boldsymbol{r}_1,\cdots,\boldsymbol{r}_i,\cdots,\boldsymbol{r}_m\}=\mathbf{span}\{\boldsymbol{r}_1,\cdots,c\boldsymbol{r}_i,\cdots,\boldsymbol{r}_m\}$$

- 对于Ⅱ型初等行变换(某一行的 c 倍加到另一行)，有

$$\mathbf{span}\{\boldsymbol{r}_1,\cdots,\boldsymbol{r}_i+c\boldsymbol{r}_j,\cdots,\boldsymbol{r}_j,\cdots,\boldsymbol{r}_m\}=\mathbf{span}\{\boldsymbol{r}_1,\cdots,\boldsymbol{r}_i,\cdots,\boldsymbol{r}_j,\cdots,\boldsymbol{r}_m\}$$

对任意 $\boldsymbol{y}\in\mathbf{span}\{\boldsymbol{r}_1,\cdots,\boldsymbol{r}_i,\cdots,\boldsymbol{r}_j,\cdots,\boldsymbol{r}_m\}$ 存在 $\beta_1,\cdots,\beta_m$，使得

$$\begin{aligned}\boldsymbol{y}&=\beta_1\boldsymbol{r}_1+\cdots+\beta_i\boldsymbol{r}_i+\cdots+\beta_j\boldsymbol{r}_j+\cdots+\beta_m\boldsymbol{m}\\&=\beta_1\boldsymbol{r}_1+\cdots+\beta_i(\boldsymbol{r}_i+c\boldsymbol{r}_j)+\cdots+(\beta_j-c\beta_i)\boldsymbol{r}_j+\cdots+\beta_m\boldsymbol{m}\end{aligned}$$

可以推出 $\boldsymbol{y}\in\mathbf{span}\{\boldsymbol{r}_1,\cdots,\boldsymbol{r}_i+c\boldsymbol{r}_j,\cdots,\boldsymbol{r}_j,\cdots,\boldsymbol{r}_m\}$

- 对于Ⅲ型初等行变换(互换矩阵中两行的位置)，有

$$\mathbf{span}\{\boldsymbol{r}_1,\cdots,\boldsymbol{r}_i,\cdots,\boldsymbol{r}_j,\cdots,\boldsymbol{r}_m\}=\mathbf{span}\{\boldsymbol{r}_1,\cdots,\boldsymbol{r}_j,\cdots,\boldsymbol{r}_i,\cdots,\boldsymbol{r}_m\}$$

现在验证(2)的结论. 令 $\boldsymbol{E}_i$ 是对应于矩阵 $\boldsymbol{A}$ 的第 i 次初等行变换的初等矩阵. 由初等行变换可逆. 于是，

$$\boldsymbol{B}\boldsymbol{x}=(\boldsymbol{E}_k\boldsymbol{E}_{k-1}\cdots\boldsymbol{E}_1\boldsymbol{A})\boldsymbol{x}=\boldsymbol{0}\Leftrightarrow\boldsymbol{A}\boldsymbol{x}=\boldsymbol{0}$$

即齐次线性方程 $\boldsymbol{B}\boldsymbol{x}=\boldsymbol{0}$ 与 $\boldsymbol{A}\boldsymbol{x}=\boldsymbol{0}$ 具有相同的解向量，从而 $\boldsymbol{A}$ 经过若干次初等行变换后得到的矩阵 $\boldsymbol{B}$ 与 $\boldsymbol{A}$ 具有相同的零空间，初等行变换不改变矩阵的零空间. □

例 2.3.1. 求 3×3 矩阵

$$A=\begin{bmatrix}1&2&1\\-1&-1&1\\1&4&5\end{bmatrix}$$

的行空间、列空间、零空间和左零空间.

解. 依次进行初等列变换,得到列简约阶梯型矩阵:

$$\begin{bmatrix}1&2&1\\-1&-1&1\\1&4&5\end{bmatrix}\xrightarrow[C_3-C_1]{C_2-2C_1}\begin{bmatrix}1&0&0\\-1&1&2\\1&2&4\end{bmatrix}\xrightarrow[C_3-2C_2]{C_1+C_2}\boldsymbol{A}_C=\begin{bmatrix}1&0&0\\0&1&0\\3&2&0\end{bmatrix}$$

由此得到两个线性无关的列向量 $\boldsymbol{c}_1=(1,0,3)$, $\boldsymbol{c}_2=(0,1,2)$,它们是列空间 $\mathrm{Col}(\boldsymbol{A})$ 的基

$$\mathrm{Col}(\boldsymbol{A})=\mathbf{span}\{(1,0,3),(0,1,2)\}$$

由于一系列初等列变换不改变左零空间,根据 $\boldsymbol{A}_C$,知 $-3\boldsymbol{r}_1-2\boldsymbol{r}_2+\boldsymbol{r}_3=\boldsymbol{0}$.

那么我们就可以根据 $\boldsymbol{A}_C$ 的主元位置,矩阵 $\boldsymbol{A}$ 的主元行是第 1 行和第 2 行,即行空间 $\mathrm{Col}(\boldsymbol{A}^{\mathrm{T}})$ 可以写作

$$\mathrm{Col}(\boldsymbol{A}^{\mathrm{T}})=\mathbf{span}\{(1,2,1),(-1,-1,1)\}$$

对 $\boldsymbol{A}$ 进行初等行变换

$$\begin{bmatrix}1&2&1\\-1&-1&1\\1&4&5\end{bmatrix}\xrightarrow[R_2+R_1]{R_3-R_1}\begin{bmatrix}1&2&1\\0&1&2\\0&2&4\end{bmatrix}\xrightarrow[R_1-2R_2]{R_3-2R_2}\boldsymbol{A}_R=\begin{bmatrix}1&0&-3\\0&1&2\\0&0&0\end{bmatrix}$$

$\boldsymbol{A}$ 的秩为 2. 解方程组 $\boldsymbol{A}_R\boldsymbol{x}=\boldsymbol{0}$ 得到 $\boldsymbol{x}=k(3,-2,1)$

$$\mathrm{Null}(\boldsymbol{A})=\mathbf{span}\{(3,-2,1)\}$$

所以零空间维数为 1.

类似地,求解 $\boldsymbol{A}_C^{\mathrm{T}}\boldsymbol{x}=\boldsymbol{0}$ 得到 $\boldsymbol{x}=k(3,2,-1)$ 所以

$$\mathrm{Null}(\boldsymbol{A}^{\mathrm{T}})=\mathbf{span}\{(3,2,-1)\}$$

左零空间的维数也是 1.

我们接下来的目标是:求四个基本子空间的基和维数. 线性代数的课程中我们学习过

矩阵的行秩等于列秩. 我们很容易得到列空间和行空间的维数.

定理 2.3.1.　设 $\boldsymbol{A} \in \mathbb{R}^{m\times n}$, 则 $\dim(\mathrm{Col}(\boldsymbol{A})) = \dim(\mathrm{Row}(\boldsymbol{A})) = \mathrm{rank}(\boldsymbol{A})$.

再考虑零空间, 有如下定理:

定理 2.3.2.　设 $\boldsymbol{A} \in \mathbb{R}^{m\times n}$ 则 $\dim(\mathrm{Null}(\boldsymbol{A})) = n - \mathrm{rank}(\boldsymbol{A})$.

证明.　令 $r = \mathrm{rank}(\boldsymbol{A})$, 根据定义 $\mathrm{Null}(\boldsymbol{A}) = \{\boldsymbol{x} \in \mathbb{R}^n \mid \boldsymbol{Ax} = \boldsymbol{0}\}$, 对 $\boldsymbol{A}$ 做行初等变换并交换其中的一些列, $\boldsymbol{A}$ 变换为

$$\boldsymbol{A}' = \begin{bmatrix} \boldsymbol{I} & \boldsymbol{B} \\ \boldsymbol{O} & \boldsymbol{O} \end{bmatrix} = \begin{bmatrix} 1 & & & & b_{11} & b_{12} & \cdots & b_{1,\,n-r} \\ & 1 & & & b_{21} & b_{22} & \cdots & b_{2,\,n-r} \\ & & \ddots & & \vdots & \vdots & & \vdots \\ & & & 1 & b_{r1} & b_{r2} & \cdots & b_{r,\,n-r} \\ 0 & 0 & \cdots & 0 & 0 & 0 & \cdots & 0 \\ \vdots & \vdots & \vdots & \vdots & \vdots & \vdots & \cdots & \vdots \\ 0 & 0 & \cdots & 0 & 0 & 0 & \cdots & 0 \end{bmatrix}$$

显然 $\boldsymbol{A}'\boldsymbol{x} = \boldsymbol{0}$ 有以下 $n-r$ 个解

$$\boldsymbol{x}^{(1)} = \begin{bmatrix} b_{11} \\ \vdots \\ b_{r1} \\ -1 \\ 0 \\ \vdots \\ 0 \end{bmatrix} \boldsymbol{x}^{(2)} = \begin{bmatrix} b_{12} \\ \vdots \\ b_{r2} \\ 0 \\ -1 \\ \vdots \\ 0 \end{bmatrix} \cdots \boldsymbol{x}^{(n-r)} = \begin{bmatrix} b_{1,\,n-r} \\ \vdots \\ b_{r,\,n-r} \\ 0 \\ 0 \\ \vdots \\ -1 \end{bmatrix}$$

并且容易看出向量组 $\{\boldsymbol{x}^{(1)}, \boldsymbol{x}^{(2)}, \cdots, \boldsymbol{x}^{(n-r)}\}$ 是一个极大线性无关组. 注意到, 如果 $\boldsymbol{x}$ 是方程 $\boldsymbol{A}'\boldsymbol{x} = \boldsymbol{0}$ 的解, 那么当 $x_{r+1}, x_{r+2}, \cdots, x_n$ 取定时, 可以唯一确定 $\boldsymbol{x}$. 换句话说 $\{\boldsymbol{x} \in \mathbb{R}^n \mid \boldsymbol{A}'\boldsymbol{x} = \boldsymbol{0}\}$ 的维数最大为 $n-r$.

综上 $\boldsymbol{A}'\boldsymbol{x} = \boldsymbol{0}$ 解空间的维数为 $n-r$, 即 $\boldsymbol{Ax} = \boldsymbol{0}$ 解空间的维数为 $n-r$, 即

$$\dim(\mathrm{Null}(\boldsymbol{A})) = n - r$$ □

上述的证明过程实际上也是求解矩阵 $\boldsymbol{A}$ 零空间 $\mathrm{Null}(\boldsymbol{A})$ 基底和维数的过程. 由此得到秩定理, 描述了矩阵的秩与其零空间维数之间的关系.

定理 2.3.3. 矩阵 $\boldsymbol{A}_{m\times n}$ 的列空间和行空间的维数相等. 这个共同的维数就是矩阵 $\boldsymbol{A}$ 的秩 $\mathrm{rank}(\boldsymbol{A})$，它与零空间维数之间有下列关系：

$$\dim(\mathrm{Col}(\boldsymbol{A}))+\dim(\mathrm{Null}(\boldsymbol{A}))=n \tag{2.8}$$

利用上述定理可以得到以下推论

推论 2.3.1. 设 $\boldsymbol{A}\in\mathbb{R}^{m\times n}$则 $\dim(\mathrm{Null}(\boldsymbol{A}^{\mathrm{T}}))=m-\mathrm{rank}(\boldsymbol{A})$.

2.3.2 四个基本子空间的正交性

在子空间分析中，两个子空间之间的关系由这两个子空间的元素(即向量)之间的关系刻画. 下面将继续讨论四个基本子空间之间的关系. 设 $\boldsymbol{A}\in\mathbb{R}^{m\times n}$，$\boldsymbol{A}$ 的四个基本子空间中，$\mathrm{Col}(\boldsymbol{A})$、$\mathrm{Null}(\boldsymbol{A}^{\mathrm{T}})$ 都是$\mathbb{R}^m$的子空间，它们是否有交集？$\mathrm{Col}(\boldsymbol{A}^{\mathrm{T}})$、$\mathrm{Null}(\boldsymbol{A})$ 都是$\mathbb{R}^n$ 的子空间，它们是否有交集？

定理 2.3.4. 设 $\boldsymbol{A}\in\mathbb{R}^{m\times n}$，

$$\mathrm{Col}(\boldsymbol{A})\cap\mathrm{Null}(\boldsymbol{A}^{\mathrm{T}})=\{\boldsymbol{0}\}$$
$$\mathrm{Col}(\boldsymbol{A}^{\mathrm{T}})\cap\mathrm{Null}(\boldsymbol{A})=\{\boldsymbol{0}\}$$

证明. 设 $\boldsymbol{v}\in\mathrm{Col}(\boldsymbol{A}^{\mathrm{T}}\}\cap\mathrm{Null}(\boldsymbol{A})$，即 $\boldsymbol{v}$ 在 $\boldsymbol{A}=[\boldsymbol{r}_1\quad\boldsymbol{r}_2\quad\cdots\quad\boldsymbol{r}_m]^{\mathrm{T}}$ 的行空间中且 $\boldsymbol{A}\boldsymbol{v}=\boldsymbol{0}$. 设 $\boldsymbol{v}=a_1\boldsymbol{r}_1+a_2\boldsymbol{r}_2+\cdots+a_m\boldsymbol{r}_m$，则

$$\boldsymbol{A}\boldsymbol{v}=\boldsymbol{0}\Rightarrow\boldsymbol{r}_1^{\mathrm{T}}\boldsymbol{v}=0,\ \cdots,\ \boldsymbol{r}_m^{\mathrm{T}}\boldsymbol{v}=0\Rightarrow\boldsymbol{v}^{\mathrm{T}}\boldsymbol{v}=0\Rightarrow\boldsymbol{v}=\boldsymbol{0}$$

即

$$\mathrm{Col}(\boldsymbol{A}^{\mathrm{T}}\}\cap\mathrm{Null}(\boldsymbol{A})=\{\boldsymbol{0}\}$$

同理 $\mathrm{Col}(\boldsymbol{A})\cap\mathrm{Null}(\boldsymbol{A}^{\mathrm{T}}\}=\{\boldsymbol{0}\}$. □

定义 2.3.5. 设 $\mathbb{S}$ 和$\mathbb{T}$ 是$\mathbb{R}^n$ 的两个子空间. 如果

$$\mathbb{S}\cap\mathbb{T}=\{\boldsymbol{0}\}$$

称 $\mathbb{S}$ 和$\mathbb{T}$ **无交连.**

列空间和左零空间是无交连的，行空间和零空间是无交连的.

定义 2.3.6. 设 $\mathbb{S}$ 和$\mathbb{T}$ 是$\mathbb{R}^n$的两个子空间. 如果对于 $\forall\boldsymbol{v}\in\mathbb{S}$，$\forall\boldsymbol{w}\in\mathbb{T}$，均有

$$\boldsymbol{v}^{\mathrm{T}}\boldsymbol{w}=0$$

则称$\mathbb{S}$**垂直**于$\mathbb{T}$，$\mathbb{T}$**垂直**于$\mathbb{S}$，记做$\mathbb{S}\perp\mathbb{T}$，$\mathbb{T}\perp\mathbb{S}$. 或者说，子空间$\mathbb{S}$和子空间$\mathbb{T}$是**正交**的.

定理 2.3.5.　正交的两个子空间必定是无交连的.

证明.　假设$\mathbb{R}^n$中的两个子空间$\mathbb{S}$、$\mathbb{T}$不是无交连的，则 $\exists \boldsymbol{v}\neq\boldsymbol{0}$, $\boldsymbol{v}\in\mathbb{S}\cap\mathbb{T}$，而$\boldsymbol{v}^{\mathrm{T}}\boldsymbol{v}\neq 0$，因而$\mathbb{S}$和$\mathbb{T}$不正交. 从而正交的两个子空间必是无交连的.

显然，无交连的子空间不一定是正交的. 如 **span**$\{(1, 1)\}$ 和 **span**$\{(1, 0)\}$.

例 2.3.2.　设$\boldsymbol{A}$是$m\times n$阶阵，则 Col($\boldsymbol{A}$) 和 Null($\boldsymbol{A}^{\mathrm{T}}$) 正交，Col($\boldsymbol{A}^{\mathrm{T}}$) 和 Null($\boldsymbol{A}$) 正交.

证明.　对 $\forall \boldsymbol{v}\in$ Null($\boldsymbol{A}^{\mathrm{T}}$)，则

$$\boldsymbol{v}^{\mathrm{T}}\boldsymbol{A}=\boldsymbol{0}\Rightarrow\boldsymbol{v}^{\mathrm{T}}\boldsymbol{a}_1=0,\ \boldsymbol{v}^{\mathrm{T}}\boldsymbol{a}_2=0,\ \cdots,\ \boldsymbol{v}^{\mathrm{T}}\boldsymbol{a}_n=0$$

对 $\forall \boldsymbol{w}\in$ Col($\boldsymbol{A}$)，有 $\boldsymbol{w}=\alpha_1\boldsymbol{a}_1+\alpha_2\boldsymbol{a}_2+\cdots+\alpha_n\boldsymbol{a}_n$，故

$$\boldsymbol{v}^{\mathrm{T}}\boldsymbol{w}=\alpha_1\boldsymbol{v}^{\mathrm{T}}\boldsymbol{a}_1+\alpha_2\boldsymbol{v}^{\mathrm{T}}\boldsymbol{a}_2+\cdots+\alpha_n\boldsymbol{v}^{\mathrm{T}}\boldsymbol{a}_n=0$$

因此，Null($\boldsymbol{A}^{\mathrm{T}}$) $\perp$ Col($\boldsymbol{A}$)，即 Col($\boldsymbol{A}$) 和 Null($\boldsymbol{A}^{\mathrm{T}}$) 正交. 将$\boldsymbol{A}$换成$\boldsymbol{A}^{\mathrm{T}}$，即得到 Col($\boldsymbol{A}^{\mathrm{T}}$) $\perp$ Null($\boldsymbol{A}$)，Col($\boldsymbol{A}^{\mathrm{T}}$) 和 Null($\boldsymbol{A}$) 正交. □

相对于正交，正交补是两个子空间更强的一种关系.

定义 2.3.7.　设$\mathbb{V}\subset\mathbb{R}^n$是一个子空间，$\mathbb{V}$在$\mathbb{R}^n$中的正交补定义为集合

$$\{\boldsymbol{w}\in\mathbb{R}^n \mid \boldsymbol{v}^{\mathrm{T}}\boldsymbol{w}=0,\ \forall\boldsymbol{v}\in\mathbb{V}\}$$

记作 $\mathbb{V}^{\perp}$.

也就是说$\mathbb{V}$的正交补空间是$\mathbb{R}^n$中所有和$\mathbb{V}$正交的向量构成的集合. 显然一个空间和它的正交补空间是正交的，即$\mathbb{V}\perp\mathbb{V}^{\perp}$. 同时$\mathbb{V}$与$\mathbb{V}^{\perp}$的和是直和，因此，对于$\mathbb{R}^n$中的任意向量$\boldsymbol{x}$可以唯一地分解成如下形式：

$$\boldsymbol{x}=\boldsymbol{x}_1+\boldsymbol{x}_2$$

其中$\boldsymbol{x}_1\in\mathbb{V}$，$\boldsymbol{x}_2\in\mathbb{V}^{\perp}$，并且$\boldsymbol{x}_1^{\mathrm{T}}\boldsymbol{x}_2=0$. 这种分解形式叫作向量的**正交分解**.

直观地，我们也能看出子空间$\mathbb{V}$在向量空间$\mathbb{R}^n$的正交补空间$\mathbb{V}^{\perp}$含有正交和补充双重含义：

(1) 子空间$\mathbb{V}^{\perp}$与$\mathbb{V}$正交；

(2) 向量空间$\mathbb{R}^n$是子空间$\mathbb{V}$与$\mathbb{V}^{\perp}$的直和，即$\mathbb{R}^n=\mathbb{V}\oplus\mathbb{V}^{\perp}$. 这表明，向量空间$\mathbb{R}^n$是由子空间$\mathbb{V}$补充$\mathbb{V}^{\perp}$而成.

正交补空间是一个比正交子空间更严格的概念：当向量空间 $\mathbb{R}^n$ 和子空间 $\mathbb{V}$ 给定之后，和 $\mathbb{V}$ 正交的空间不一定是唯一的，但是 $\mathbb{V}$ 的正交补 $\mathbb{V}^{\perp}$ 是唯一的.

从矩阵的四个基本子空间的正交性和维数上，可以观察出它们是有存在正交补这一关系的. 事实上，可以容易地证明这一结论，如下定理所示.

定理 2.3.6. 证明：$\mathrm{Col}(\boldsymbol{A}^{\mathrm{T}})^{\perp}=\mathrm{Null}(\boldsymbol{A})$，$\mathrm{Col}(\boldsymbol{A})^{\perp}=\mathrm{Null}(\boldsymbol{A}^{\mathrm{T}})$.

证明. 已知 $\mathrm{Col}(\boldsymbol{A}^{\mathrm{T}})$ 和 $\mathrm{Null}(\boldsymbol{A})$ 是正交的，也就是说

$$\mathrm{Null}(\boldsymbol{A}) \subseteq \mathrm{Col}(\boldsymbol{A}^{\mathrm{T}})^{\perp}$$

对 $\forall \boldsymbol{x} \in \mathrm{Col}(\boldsymbol{A}^{\mathrm{T}})^{\perp}$，$\boldsymbol{x}$ 和 $\mathrm{Col}(\boldsymbol{A}^{\mathrm{T}})$ 中的任意向量正交，那么：

$$\boldsymbol{x}^{\mathrm{T}}\boldsymbol{r}_1=0,\ \boldsymbol{x}^{\mathrm{T}}\boldsymbol{r}_2=0,\ \cdots,\ \boldsymbol{x}^{\mathrm{T}}\boldsymbol{r}_m=0$$

即 $\boldsymbol{A}\boldsymbol{x}=\boldsymbol{0}$. 说明 $\boldsymbol{x} \in \mathrm{Null}(\boldsymbol{A})$，也即

$$\mathrm{Col}(\boldsymbol{A}^{\mathrm{T}})^{\perp} \subseteq \mathrm{Null}(\boldsymbol{A})$$

因此 $\mathrm{Col}(\boldsymbol{A}^{\mathrm{T}})^{\perp}=\mathrm{Null}(\boldsymbol{A})$. 同样可以证明 $\mathrm{Col}(\boldsymbol{A})^{\perp}=\mathrm{Null}(\boldsymbol{A}^{\mathrm{T}})$. □

因此，空间 $\mathbb{R}^m$ 可以分解为 $\mathrm{Col}(\boldsymbol{A})$ 与 $\mathrm{Null}(\boldsymbol{A})$ 的直和，空间 $\mathbb{R}^n$ 可以分解为 $\mathrm{Col}(\boldsymbol{A}^{\mathrm{T}})$ 与 $\mathrm{Null}(\boldsymbol{A})$ 的直和，我们将这些结论总结为线性代数基本定理. 图 2.13 展示了四个基本子空间的关系.

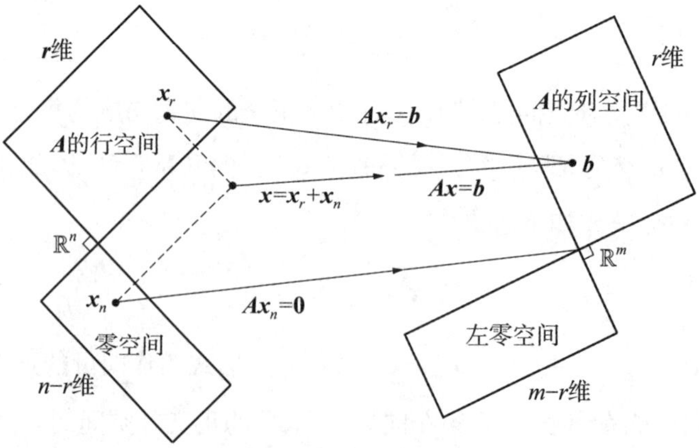

图 2.13 四个子空间

定理 2.3.7. **(线性代数基本定理)** 若 $\boldsymbol{A}$ 是 $m \times n$ 矩阵，

(1) (正交角度) $\mathrm{Col}(\boldsymbol{A}^{\mathrm{T}}) \perp \mathrm{Null}(\boldsymbol{A})$，$\mathrm{Col}(\boldsymbol{A}) \perp \mathrm{Null}(\boldsymbol{A}^{\mathrm{T}})$；

(2)（扩张角度）$\mathrm{Col}(\boldsymbol{A}^{\mathrm{T}})\oplus\mathrm{Null}(\boldsymbol{A})=\mathbb{R}^n$，$\mathrm{Col}(\boldsymbol{A})\oplus\mathrm{Null}(\boldsymbol{A}^{\mathrm{T}})=\mathbb{R}^m$；

(3)（维数角度）$\dim(\mathrm{Col}(\boldsymbol{A}^{\mathrm{T}}))+\dim(\mathrm{Null}(\boldsymbol{A}))=n$，$\dim(\mathrm{Col}(\boldsymbol{A}))+\dim(\mathrm{Null}(\boldsymbol{A}^{\mathrm{T}}))=m$.

2.3.3　正交投影

投影是一类重要的线性变换.投影在图形学、编码理论、统计和机器学习中起着重要作用.在机器学习中，我们经常处理高维数据.高维数据通常很难分析或可视化.但是，高维数据通常具有以下属性：只有少数维包含大多数信息，而其他大多数维对于描述数据的关键属性也不是必需的.当我们压缩或可视化高维数据时将丢失信息.为了最大程度地减少这种压缩损失，我们希望在数据中找到最有用的信息维度.然后，可以将原始的高维数据投影到低维特征空间上，并在此低维空间中进行操作，以了解有关数据集的更多信息并提取模式.例如机器学习中主成分分析(Principal Component Analysis, PCA)、深度学习中深度自动编码器大量采用了降维的思想.

定义 2.3.8.　设 $\mathbb{V}$ 是一向量空间，$\mathbb{U}\subseteq\mathbb{V}$ 是 $\mathbb{V}$ 的一个子空间.如果线性映射 $\pi:\mathbb{V}\to\mathbb{U}$ 满足

$$\pi^2=\pi\circ\pi=\pi$$

则称 π 为投影.

设 π 对应的矩阵 $\boldsymbol{P}_\pi$，显然 $\boldsymbol{P}_\pi$ 满足 $\boldsymbol{P}_\pi^2=\boldsymbol{P}_\pi$，称 $\boldsymbol{P}_\pi$ 为投影矩阵.

正如阳光照出人的影子，如果我们按照影子的大小做个假人摆在影子的地方，那么这个假人的影子和原来的影子是一样的.投影包括中心投影、斜投影和正交投影.本节主要关注正交投影.

定义 2.3.9.　给定定义了标准内积和欧氏距离的向量空间 $\mathbb{R}^n$ 中的向量 $\boldsymbol{x}$，$\mathbb{U}$ 是 $\mathbb{R}^n$ 的子空间，求 $\boldsymbol{y}\in\mathbb{U}$，使得 $\|\boldsymbol{y}-\boldsymbol{x}\|$ 最小，即

$$\pi_{\mathbb{U}}(\boldsymbol{x})=\arg\min_{\boldsymbol{y}\in\mathbb{U}}\|\boldsymbol{y}-\boldsymbol{x}\|$$

称向量 $\boldsymbol{y}$ 为向量 $\boldsymbol{x}$ 在子空间 $\mathbb{U}$ 的**正交投影**.

可以对 $\boldsymbol{x}$ 正交分解，$\boldsymbol{x}=\boldsymbol{x}_1+\boldsymbol{x}_2$，其中 $\boldsymbol{x}_1\in\mathbb{U}$，$\boldsymbol{x}_2\in\mathbb{U}^{\perp}$.所以

$$\|\boldsymbol{y}-\boldsymbol{x}\|^2=\|\boldsymbol{y}-(\boldsymbol{x}_1+\boldsymbol{x}_2)\|^2=\|(\boldsymbol{x}_1-\boldsymbol{y})+\boldsymbol{x}_2\|^2.$$

而 $\boldsymbol{x}_1-\boldsymbol{y}\in\mathbb{U}$，$\boldsymbol{x}_2\in\mathbb{U}^{\perp}$，所以 $\|(\boldsymbol{x}_1-\boldsymbol{y})+\boldsymbol{x}_2\|^2=\|\boldsymbol{x}_1-\boldsymbol{y}\|^2+\|\boldsymbol{x}_2\|^2$.所以我们只需

令 $\boldsymbol{y}=\boldsymbol{x}_1$ 即可，那么 $\boldsymbol{x}_2=\boldsymbol{x}-\boldsymbol{y}=\boldsymbol{x}-\pi_{\mathbb{U}}(\boldsymbol{x})\in\mathbb{U}^{\perp}$.

1. 投影到一维子空间

接下来，我们看一下如何寻找一个投影矩阵 $\boldsymbol{P}_\pi$ 使得向量投影到某个一维子空间上. 如图 2.14 所示.

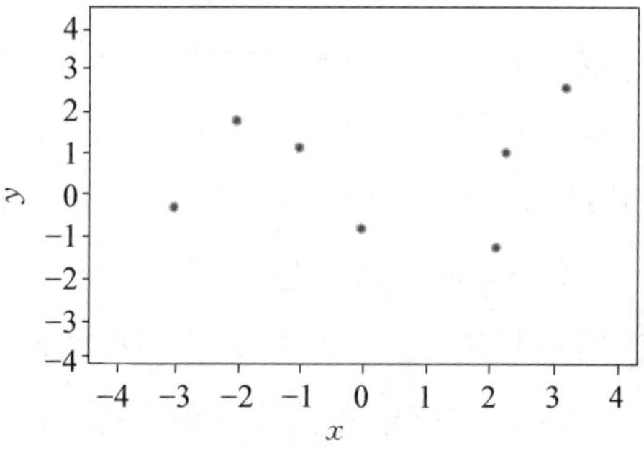

(a) 原始数据集

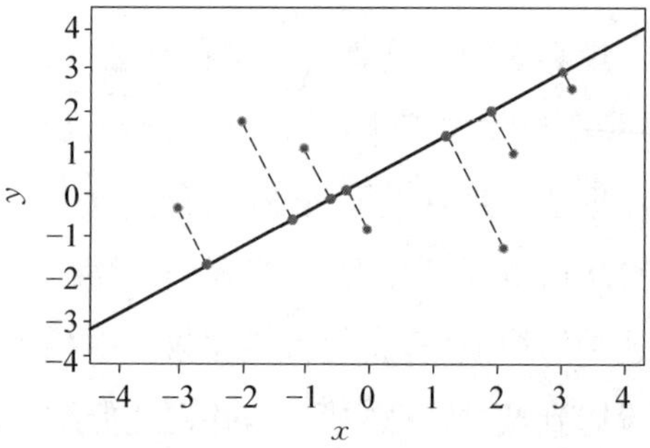

(b) 原始数据(蓝色)和其相应的投影到低维子空间(直线)上的正交投影(橙色)

图 2.14 将二维空间的点投影到一维子空间上

假设给定 $\mathbb{R}^n$ 中一条通过原点的直线(一维子空间)，其具有基向量 $\boldsymbol{b}$，相应的基底矩阵表示为 $\boldsymbol{B}=[\boldsymbol{b}]$，也就是说这组基中仅有一个向量.

这条直线是由 $\boldsymbol{b}$ 张成的一维子空间 $\mathbb{U}=\mathrm{Col}(\boldsymbol{B})\subseteq\mathbb{R}^n$.

假设 $\boldsymbol{x}\in\mathbb{R}^n$，当把 $\boldsymbol{x}$ 投影到 $\mathbb{U}$ 时，我们想寻找一个点 $\pi_{\mathbb{U}}(\boldsymbol{x})\in\mathbb{U}$ 最接近 $\boldsymbol{x}$，即

$$\pi_{\mathbb{U}}(\boldsymbol{x})=\arg\min_{\boldsymbol{y}\in\mathbb{U}}\|\boldsymbol{y}-\boldsymbol{x}\|$$

因为 $\pi_{\mathbb{U}}(\boldsymbol{x})\in\mathbb{U}$，又 $\mathbb{U}=\mathrm{Col}(\boldsymbol{B})=\mathbf{span}\{\boldsymbol{b}\}$，所以 $\pi_{\mathbb{U}}(\boldsymbol{x})=\lambda\boldsymbol{b}$，$\lambda\in\mathbb{R}$.

我们将结合 $\boldsymbol{x}-\pi_{\mathbb{U}}(\boldsymbol{x})\in\mathbb{U}^{\perp}$，逐步确定坐标 λ，投影 $\pi_{\mathbb{U}}(\boldsymbol{x})\in\mathbb{U}$ 和 $\pi_{\mathbb{U}}$ 的投影矩阵 $\boldsymbol{P}_\pi$.

(1) 确定 λ. 因为 $\pi_{\mathbb{U}}(\boldsymbol{x})\in\mathrm{Col}(\boldsymbol{B})$ 是 $\boldsymbol{x}$ 的投影，所以 $\boldsymbol{x}-\pi_{\mathbb{U}}(\boldsymbol{x})\in\mathrm{Col}(\boldsymbol{B})^{\perp}=\mathrm{Null}(\boldsymbol{B}^{\mathrm{T}})$，有

$$\boldsymbol{b}^{\mathrm{T}}(\boldsymbol{x}-\pi_{\mathbb{U}}(\boldsymbol{x}))=0\Leftrightarrow\boldsymbol{b}^{\mathrm{T}}\boldsymbol{x}-\lambda\boldsymbol{b}^{\mathrm{T}}\boldsymbol{b}=0$$

从而

$$\lambda=\frac{\boldsymbol{b}^{\mathrm{T}}\boldsymbol{x}}{\boldsymbol{b}^{\mathrm{T}}\boldsymbol{b}}$$

或者利用内积和范数表示可得

$$\langle \boldsymbol{x}, \boldsymbol{b} \rangle - \lambda \langle \boldsymbol{b}, \boldsymbol{b} \rangle = 0 \Leftrightarrow \lambda = \frac{\langle \boldsymbol{x}, \boldsymbol{b} \rangle}{\langle \boldsymbol{b}, \boldsymbol{b} \rangle} = \frac{\langle \boldsymbol{x}, \boldsymbol{b} \rangle}{\|\boldsymbol{b}\|^2}.$$

(2) 确定 $\pi_U(\boldsymbol{x})$. 因为 $\pi_U(\boldsymbol{x}) = \lambda \boldsymbol{b}$，由上面的结论可得：

$$\pi_U(\boldsymbol{x}) = \frac{\langle \boldsymbol{x}, \boldsymbol{b} \rangle}{\|\boldsymbol{b}\|^2} \boldsymbol{b} = \frac{\boldsymbol{b}^{\mathrm{T}} \boldsymbol{x}}{\|\boldsymbol{b}\|^2} \boldsymbol{b}$$

我们可以给出 $\pi_U(\boldsymbol{x})$ 的长度

$$\begin{aligned}
\|\pi_U(\boldsymbol{x})\| &= \|\lambda \boldsymbol{b}\| = |\lambda| \|\boldsymbol{b}\| \\
&= |\cos\omega| \|\boldsymbol{x}\| \|\boldsymbol{b}\| \frac{\|\boldsymbol{b}\|}{\|\boldsymbol{b}\|^2} \\
&= |\cos\omega| \|\boldsymbol{x}\|
\end{aligned}$$

其中 ω 是 $\boldsymbol{x}$ 和 $\boldsymbol{b}$ 之间的夹角，$\cos\omega = \frac{\boldsymbol{b}^{\mathrm{T}} \boldsymbol{x}}{\|\boldsymbol{b}\| \|\boldsymbol{x}\|}$.

(3) 确定投影矩阵 $\boldsymbol{P}_\pi$. 投影矩阵 $\boldsymbol{P}_\pi$ 是投影 $\pi_U(\boldsymbol{x})$ 对应的变换矩阵，那么就有 $\pi_U(\boldsymbol{x}) = \boldsymbol{P}_\pi \boldsymbol{x}$，则有

$$\pi_U(\boldsymbol{x}) = \lambda \boldsymbol{b} = \boldsymbol{b} \lambda = \boldsymbol{b} \frac{\boldsymbol{b}^{\mathrm{T}} \boldsymbol{x}}{\|\boldsymbol{b}\|^2} = \frac{\boldsymbol{b} \boldsymbol{b}^{\mathrm{T}}}{\|\boldsymbol{b}\|^2} \boldsymbol{x}$$

可以得出

$$\boldsymbol{P}_\pi = \frac{\boldsymbol{b} \boldsymbol{b}^{\mathrm{T}}}{\|\boldsymbol{b}\|^2}$$

例 2.3.3. 确定投影到 $\mathbb{R}^3$ 的子空间 **span**$\{\boldsymbol{b}\}$ 上的投影矩阵 $\boldsymbol{P}_\pi$，其中 $\boldsymbol{b} = (1, 2, 2)$.

由上面的结论可得

$$\boldsymbol{P}_\pi = \frac{\boldsymbol{b} \boldsymbol{b}^{\mathrm{T}}}{\boldsymbol{b}^{\mathrm{T}} \boldsymbol{b}} = \frac{1}{9} \begin{bmatrix} 1 \\ 2 \\ 2 \end{bmatrix} [1 \quad 2 \quad 2] = \frac{1}{9} \begin{bmatrix} 1 & 2 & 2 \\ 2 & 4 & 4 \\ 2 & 4 & 4 \end{bmatrix}$$

给定向量 $\boldsymbol{x} = (1, 1, 1)$ 其投影为

$$\pi_{\mathbb{U}}(\boldsymbol{x})=\boldsymbol{P}_\pi\boldsymbol{x}=\frac{1}{9}\begin{bmatrix}1&2&2\\2&4&4\\2&4&4\end{bmatrix}\begin{bmatrix}1\\1\\1\end{bmatrix}=\frac{1}{9}\begin{bmatrix}5\\10\\10\end{bmatrix}\in\operatorname{Col}\left(\begin{bmatrix}1\\2\\2\end{bmatrix}\right)$$

接下来,我们考虑更一般的情况.

2. 投影到一般子空间

我们将 $\mathbb{R}^m$ 中的向量 $\boldsymbol{x}\in\mathbb{R}^m$ 投影到更低维的子空间 $\mathbb{U}\subseteq\mathbb{R}^m$ 中,其中 $\dim(\mathbb{U})=n\geqslant 1$.

设 $(\boldsymbol{b}_1,\cdots,\boldsymbol{b}_n)$ 是子空间 $\mathbb{U}$ 的一个有序基底. $\mathbb{U}$ 上的任何投影 $\pi_{\mathbb{U}}(\boldsymbol{x})$ 必须是 $\mathbb{U}$ 中的一个元素. 故有

$$\pi_{\mathbb{U}}(\boldsymbol{x})=\sum_{i=1}^{n}\lambda_i\boldsymbol{b}_i$$

和一维情况一样,我们将逐步确定 $\lambda_1,\cdots,\lambda_n$, $\pi_{\mathbb{U}}(\boldsymbol{x})$ 和投影矩阵 $\boldsymbol{P}_\pi$.

确定 $\lambda_1,\cdots,\lambda_n$　设

$$\pi_{\mathbb{U}}(\boldsymbol{x})=\sum_{i=1}^{n}\lambda_i\boldsymbol{b}_i=\boldsymbol{B\lambda}\in\operatorname{Col}(\boldsymbol{B})$$

最接近 $\boldsymbol{x}\in\mathbb{R}^m$,其中 $\boldsymbol{B}=[\boldsymbol{b}_1\quad\boldsymbol{b}_2\quad\cdots\quad\boldsymbol{b}_n]\in\mathbb{R}^{m\times n}$, $\boldsymbol{\lambda}=[\lambda_1\quad\lambda_2\quad\cdots\quad\lambda_n]^{\mathrm{T}}\in\mathbb{R}^n$.

因为 $\pi_{\mathbb{U}}(\boldsymbol{x})$ 是 $\boldsymbol{x}$ 的投影,所以 $\boldsymbol{x}-\pi_{\mathbb{U}}(\boldsymbol{x})\in\operatorname{Col}(\boldsymbol{B})^{\perp}=\operatorname{Null}(\boldsymbol{B}^{\mathrm{T}})$

$$\begin{gathered}\boldsymbol{b}_1^{\mathrm{T}}(\boldsymbol{x}-\pi_{\mathbb{U}}(\boldsymbol{x}))=\langle\boldsymbol{b}_1,\boldsymbol{x}-\pi_{\mathbb{U}}(\boldsymbol{x})\rangle=0\\\boldsymbol{b}_2^{\mathrm{T}}(\boldsymbol{x}-\pi_{\mathbb{U}}(\boldsymbol{x}))=\langle\boldsymbol{b}_2,\boldsymbol{x}-\pi_{\mathbb{U}}(\boldsymbol{x})\rangle=0\\\vdots\\\boldsymbol{b}_n^{\mathrm{T}}(\boldsymbol{x}-\pi_{\mathbb{U}}(\boldsymbol{x}))=\langle\boldsymbol{b}_n,\boldsymbol{x}-\pi_{\mathbb{U}}(\boldsymbol{x})\rangle=0\end{gathered}$$

使用矩阵可以将上式改写成

$$\begin{gathered}\boldsymbol{b}_1^{\mathrm{T}}(\boldsymbol{x}-\boldsymbol{B\lambda})=0\\\vdots\\\boldsymbol{b}_n^{\mathrm{T}}(\boldsymbol{x}-\boldsymbol{B\lambda})=0\end{gathered}$$

故有

$$\begin{bmatrix} \boldsymbol{b}_1^{\mathrm{T}} \\ \vdots \\ \boldsymbol{b}_n^{\mathrm{T}} \end{bmatrix} [\boldsymbol{x}-\boldsymbol{B\lambda}]=\boldsymbol{0} \Leftrightarrow \boldsymbol{B}^{\mathrm{T}}(\boldsymbol{x}-\boldsymbol{B\lambda})=\boldsymbol{0} \Leftrightarrow \boldsymbol{B}^{\mathrm{T}}\boldsymbol{B\lambda}=\boldsymbol{B}^{\mathrm{T}}\boldsymbol{x}$$

最终的方程称为正规方程. 因为 $\boldsymbol{b}_1, \cdots, \boldsymbol{b}_n$ 是$\mathbb{U}$ 的基. 因此 $\boldsymbol{B}^{\mathrm{T}}\boldsymbol{B}$ 是可逆的($\boldsymbol{B}^{\mathrm{T}}\boldsymbol{By}=\boldsymbol{0} \Rightarrow \boldsymbol{y}^{\mathrm{T}}\boldsymbol{B}^{\mathrm{T}}\boldsymbol{By}=0 \Rightarrow \boldsymbol{By}=\boldsymbol{0}$). 也就是说

$$\boldsymbol{\lambda}=(\boldsymbol{B}^{\mathrm{T}}\boldsymbol{B})^{-1}\boldsymbol{B}^{\mathrm{T}}\boldsymbol{x}$$

确定 $\pi_{\mathbb{U}}(\boldsymbol{x})$

$$\boldsymbol{\lambda}=(\boldsymbol{B}^{\mathrm{T}}\boldsymbol{B})^{-1}\boldsymbol{B}^{\mathrm{T}}\boldsymbol{x}$$

$\boldsymbol{\lambda}$ 也就是$\pi_{\mathbb{U}}(\boldsymbol{x})$ 在有序基底 $\boldsymbol{B}$ 下的坐标.

$$\pi_{\mathbb{U}}(\boldsymbol{x})=\boldsymbol{B\lambda}=\boldsymbol{B}(\boldsymbol{B}^{\mathrm{T}}\boldsymbol{B})^{-1}\boldsymbol{B}^{\mathrm{T}}\boldsymbol{x}$$

确定 $\boldsymbol{P}_\pi$　由上面的讨论容易看出

$$\boldsymbol{P}_\pi=\boldsymbol{B}(\boldsymbol{B}^{\mathrm{T}}\boldsymbol{B})^{-1}\boldsymbol{B}^{\mathrm{T}}$$

例 2.3.4.　已知 $\mathbb{R}^3$中的子空间$\mathbb{U}=\mathbf{span}\left\{\begin{bmatrix}1\\1\\1\end{bmatrix}, \begin{bmatrix}0\\1\\2\end{bmatrix}\right\}$和向量 $\boldsymbol{x}=\begin{bmatrix}6\\0\\0\end{bmatrix}$,确定 $\boldsymbol{x}$ 投影到$\mathbb{U}$ 上的坐标 $\boldsymbol{\lambda}$、投影点 $\pi_{\mathbb{U}}(\boldsymbol{x})$ 和投影矩阵 $\boldsymbol{P}_\pi$

解.　首先确定

$$\boldsymbol{B}=\begin{bmatrix}1&0\\1&1\\1&2\end{bmatrix}$$

其次计算

$$\boldsymbol{B}^{\mathrm{T}}\boldsymbol{B}=\begin{bmatrix}1&1&1\\0&1&2\end{bmatrix}\begin{bmatrix}1&0\\1&1\\1&2\end{bmatrix}=\begin{bmatrix}3&3\\3&5\end{bmatrix},\ \boldsymbol{B}^{\mathrm{T}}\boldsymbol{x}=\begin{bmatrix}1&1&1\\0&1&2\end{bmatrix}\begin{bmatrix}6\\0\\0\end{bmatrix}=\begin{bmatrix}6\\0\end{bmatrix}$$

然后只需要解方程 $\boldsymbol{B}^{\mathrm{T}}\boldsymbol{B}\boldsymbol{\lambda}=\boldsymbol{B}^{\mathrm{T}}\boldsymbol{x}$ 得到 $\boldsymbol{\lambda}$，

$$\begin{bmatrix}3 & 3\\3 & 5\end{bmatrix}\begin{bmatrix}\lambda_1\\\lambda_2\end{bmatrix}=\begin{bmatrix}6\\0\end{bmatrix}\Leftrightarrow\boldsymbol{\lambda}=\begin{bmatrix}5\\-3\end{bmatrix}$$

故投影点 $\pi_{\mathrm{U}}(\boldsymbol{x})=\boldsymbol{B}\boldsymbol{\lambda}=(5,2,-1)$. 最后

$$\boldsymbol{P}_\pi=\boldsymbol{B}(\boldsymbol{B}^{\mathrm{T}}\boldsymbol{B})^{-1}\boldsymbol{B}^{\mathrm{T}}=\frac{1}{6}\begin{bmatrix}5 & 2 & -1\\2 & 2 & 2\\-1 & 2 & 5\end{bmatrix}$$

我们还可以验证 $\boldsymbol{P}_\pi^2=\boldsymbol{P}_\pi$.

3. 投影到仿射子空间

到目前为止,我们讨论了如何将向量投影到低维子空间 $\mathbb{U}$ 上. 下面,将讨论如何将向量投影到仿射子空间上.

给定仿射空间 $\mathbb{L}=\boldsymbol{x}_0+\mathbb{U}$,其中 $\boldsymbol{b}_1$, $\boldsymbol{b}_2$ 是子空间$\mathbb{U}$ 的基,如图 2.15(a). 将向量 $\boldsymbol{x}$ 投影到$\mathbb{L}$ 上,等价于在子空间$\mathbb{U}$ 上投影 $\boldsymbol{x}-\boldsymbol{x}_0$. 设 π_{U} 为$\mathbb{U}$ 上的正交投影映射,则最小化 $\|\boldsymbol{x}-\boldsymbol{x}_0-\boldsymbol{b}\|_2^2(\boldsymbol{b}\in\mathbb{U})$ 得 $\pi_{\mathrm{U}}(\boldsymbol{x}-\boldsymbol{x}_0)$. 这一过程如图 2.15(b) 所示.

现在,我们可以用前面讨论过的在子空间上的正交投影,来获得投影 $\pi_{\mathrm{U}}(\boldsymbol{x}-\boldsymbol{x}_0)$, 如图 2.15(b)所示.

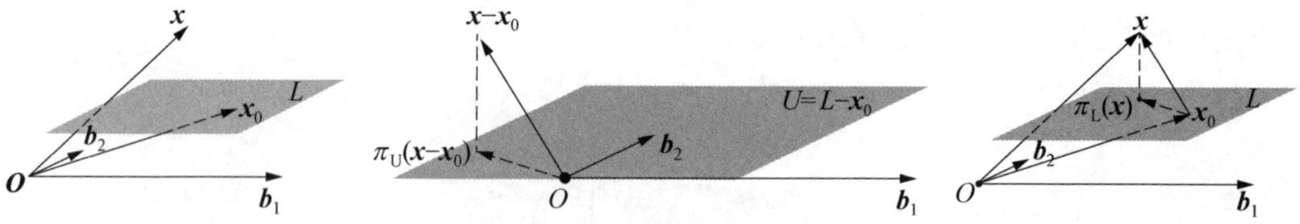

(a) 问题示意　(b) 问题转化为到子空间的投影 π_{U}　(c) 加上支撑点以获得仿射投影 π_{L}

图 2.15　投影到仿射空间

最后通过添加 $\boldsymbol{x}_0$ 将该投影转换回$\mathbb{L}$,这样我们就可以得出仿射空间$\mathbb{L}$ 上的正交投影为

$$\pi_{\mathrm{L}}(\boldsymbol{x})=\boldsymbol{x}_0+\pi_{\mathrm{U}}(\boldsymbol{x}-\boldsymbol{x}_0)$$

2.4 正交基与 Gram-Schmidt 正交化

2.4.1 标准正交基

线性代数中已经学过,线性空间中的向量可以由该空间的一组基表示.

定义 2.4.1. **(标准正交基)**设 n 维向量 $\boldsymbol{e}_1, \boldsymbol{e}_2, \cdots, \boldsymbol{e}_r$ 是向量空间 $\mathbb{V}$ ($\mathbb{V} \subset \mathbb{R}^n$) 的一个基,如果 $\boldsymbol{e}_1, \cdots, \boldsymbol{e}_r$ 两两正交,且都是单位向量,即对于 $\forall i, j=1, \cdots, r$,有

$$\langle \boldsymbol{e}_i, \boldsymbol{e}_j \rangle = \begin{cases} 0, & i \neq j \\ 1, & i = j \end{cases}$$

则称 $\boldsymbol{e}_1, \cdots, \boldsymbol{e}_r$ 是 $\mathbb{V}$ 的一个**规范(标准)正交基**,有时也简称作正交基.

若 $\boldsymbol{e}_1, \cdots, \boldsymbol{e}_r$ 是 $\mathbb{V}$ 的一个规范正交基,那么 $\mathbb{V}$ 中任意向量 $\boldsymbol{a}$ 可以由 $\boldsymbol{e}_1, \cdots, \boldsymbol{e}_r$ 线性表示,设表示为

$$\boldsymbol{a} = \lambda_1 \boldsymbol{e}_1 + \lambda_2 \boldsymbol{e}_2 + \cdots + \lambda_r \boldsymbol{e}_r$$

为求其中的系数 $\lambda_i, i=1, \cdots, r$,可以计算 $\boldsymbol{e}_i$ 与 $\boldsymbol{a}$ 的内积,有

$$\begin{aligned} \langle \boldsymbol{e}_i, \boldsymbol{a} \rangle &= \langle \boldsymbol{e}_i, \lambda_1 \boldsymbol{e}_1 + \lambda_2 \boldsymbol{e}_2 + \cdots + \lambda_r \boldsymbol{e}_r \rangle \\ &= \lambda_1 \langle \boldsymbol{e}_i, \boldsymbol{e}_1 \rangle + \lambda_2 \langle \boldsymbol{e}_i, \boldsymbol{e}_2 \rangle + \cdots + \lambda_r \langle \boldsymbol{e}_i, \boldsymbol{e}_r \rangle = \lambda_i \end{aligned}$$

即

$$\lambda_i = \langle \boldsymbol{a}, \boldsymbol{e}_i \rangle$$

利用这个公式能方便地求得向量的坐标. 因此,我们给向量空间取基时常常取标准正交基. 接下来我们应用投影的思想,确定 $\mathrm{Col}(\boldsymbol{A})$ 中的一组标准正交基.

2.4.2 Gram-Schmidt 正交化

设 $\boldsymbol{a}_1, \cdots, \boldsymbol{a}_r$ 是向量空间 $\mathbb{V}$ 的一个基,我们的目的是找到一组正交基 $\boldsymbol{e}_1, \cdots, \boldsymbol{e}_r$ 使得

$$\mathbf{span}\{\boldsymbol{e}_1, \cdots, \boldsymbol{e}_r\} = \mathbf{span}\{\boldsymbol{a}_1, \cdots, \boldsymbol{a}_r\}$$

首先取 $\boldsymbol{a}_1$ 作为一个基,记为 $\boldsymbol{b}_1$. 那么 $\boldsymbol{a}_2$ 可以正交分解为

$$\boldsymbol{a}_2 = \boldsymbol{a}_2^{(1)} + \boldsymbol{a}_2^{(2)},$$

其中 $\boldsymbol{a}_2^{(1)} \in \mathrm{Col}(\boldsymbol{b}_1)$，$\boldsymbol{a}_2^{(2)} \in \mathrm{Null}(\boldsymbol{b}_1^{\mathrm{T}})$. 利用投影公式：

$$\boldsymbol{a}_2^{(1)} = \frac{\langle \boldsymbol{b}_1, \boldsymbol{a}_2 \rangle}{\langle \boldsymbol{b}_1, \boldsymbol{b}_1 \rangle} \boldsymbol{b}_1$$

$$\boldsymbol{a}_2^{(2)} = \boldsymbol{a}_2 - \frac{\langle \boldsymbol{b}_1, \boldsymbol{a}_2 \rangle}{\langle \boldsymbol{b}_1, \boldsymbol{b}_1 \rangle} \boldsymbol{b}_1$$

我们记 $\boldsymbol{a}_2^{(2)}$ 为 $\boldsymbol{b}_2$. 并把 $\boldsymbol{b}_2$ 添加到正交基中，$\mathbf{span}\{\boldsymbol{a}_1, \boldsymbol{a}_2\} = \mathbf{span}\{\boldsymbol{b}_1, \boldsymbol{b}_2\}$. 注意这里 $\boldsymbol{b}_1$，$\boldsymbol{b}_2$ 还不是标准正交基.

假设已经有了一组有序正交基底 $(\boldsymbol{b}_1, \boldsymbol{b}_2, \cdots, \boldsymbol{b}_k)$，记 $\boldsymbol{B}_k = [\boldsymbol{b}_1 \quad \boldsymbol{b}_2 \quad \cdots \quad \boldsymbol{b}_k]$，那么 $\boldsymbol{a}_{k+1}$ 可以正交分解

$$\boldsymbol{a}_{k+1} = \boldsymbol{a}_{k+1}^{(1)} + \boldsymbol{a}_{k+1}^{(2)},$$

其中 $\boldsymbol{a}_{k+1}^{(1)} \in \mathrm{Col}(\boldsymbol{B}_k)$，$\boldsymbol{a}_{k+1}^{(2)} \in \mathrm{Null}(\boldsymbol{B}_k^{\mathrm{T}})$. 利用投影公式：

$$\begin{aligned}
\boldsymbol{a}_{k+1}^{(1)} &= \pi_{\mathrm{Col}(\boldsymbol{B}_k)}(\boldsymbol{a}_{k+1}) = \boldsymbol{B}_k(\boldsymbol{B}_k^{\mathrm{T}}\boldsymbol{B}_k)^{-1}\boldsymbol{B}_k^{\mathrm{T}}\boldsymbol{a}_{k+1} \\
&= [\boldsymbol{b}_1 \quad \boldsymbol{b}_2 \quad \cdots \quad \boldsymbol{b}_k] \begin{bmatrix} \langle \boldsymbol{b}_1, \boldsymbol{b}_1 \rangle & \cdots & \langle \boldsymbol{b}_1, \boldsymbol{b}_k \rangle \\ \vdots & \ddots & \vdots \\ \langle \boldsymbol{b}_k, \boldsymbol{b}_1 \rangle & \cdots & \langle \boldsymbol{b}_k, \boldsymbol{b}_k \rangle \end{bmatrix}^{-1} \begin{bmatrix} \langle \boldsymbol{b}_1, \boldsymbol{a}_{k+1} \rangle \\ \vdots \\ \langle \boldsymbol{b}_k, \boldsymbol{a}_{k+1} \rangle \end{bmatrix}
\end{aligned}$$

由于 $\{\boldsymbol{b}_1, \cdots, \boldsymbol{b}_k\}$ 是相互正交的. 所以

$$\begin{aligned}
\boldsymbol{a}_{k+1}^{(1)} &= [\boldsymbol{b}_1 \quad \boldsymbol{b}_2 \quad \cdots \quad \boldsymbol{b}_k] \begin{bmatrix} \langle \boldsymbol{b}_1, \boldsymbol{b}_1 \rangle & & \\ & \ddots & \\ & & \langle \boldsymbol{b}_k, \boldsymbol{b}_k \rangle \end{bmatrix}^{-1} \begin{bmatrix} \langle \boldsymbol{b}_1, \boldsymbol{a}_{k+1} \rangle \\ \vdots \\ \langle \boldsymbol{b}_k, \boldsymbol{a}_{k+1} \rangle \end{bmatrix} \\
&= \frac{\langle \boldsymbol{b}_1, \boldsymbol{a}_{k+1} \rangle}{\langle \boldsymbol{b}_1, \boldsymbol{b}_1 \rangle}\boldsymbol{b}_1 + \frac{\langle \boldsymbol{b}_2, \boldsymbol{a}_{k+1} \rangle}{\langle \boldsymbol{b}_2, \boldsymbol{b}_2 \rangle}\boldsymbol{b}_2 + \cdots + \frac{\langle \boldsymbol{b}_k, \boldsymbol{a}_{k+1} \rangle}{\langle \boldsymbol{b}_k, \boldsymbol{b}_k \rangle}\boldsymbol{b}_k
\end{aligned}$$

而 $\boldsymbol{a}_{k+1}^{(2)} = \boldsymbol{a}_{k+1} - \boldsymbol{a}_{k+1}^{(1)}$，我们记 $\boldsymbol{a}_{k+1}^{(2)}$ 为 $\boldsymbol{b}_{k+1}$，并把 $\boldsymbol{b}_{k+1}$ 添加到正交基中，$\mathbf{span}\{\boldsymbol{a}_1, \boldsymbol{a}_2, \cdots, \boldsymbol{a}_{k+1}\} = \mathbf{span}\{\boldsymbol{b}_1, \boldsymbol{b}_2, \cdots, \boldsymbol{b}_{k+1}\}$.

以此类推，我们可以得到 $\{\boldsymbol{b}_1, \boldsymbol{b}_2, \cdots, \boldsymbol{b}_r\}$ 使得

$$\mathbf{span}\{\boldsymbol{a}_1, \boldsymbol{a}_2, \cdots, \boldsymbol{a}_r\} = \mathbf{span}\{\boldsymbol{b}_1, \boldsymbol{b}_2, \cdots, \boldsymbol{b}_r\}$$

再把这组基单位化即可.

Gram-Schmidt 正交化　总结之前的过程，可以通过以下方法求得 $\mathbb{V}$ 的一个规范正交

基 $\boldsymbol{e}_1$, …, $\boldsymbol{e}_r$. 这种方法称为 Gram-Schmidt 正交化.

取

$$
\begin{aligned}
\boldsymbol{b}_1 &= \boldsymbol{a}_1 \\
\boldsymbol{b}_2 &= \boldsymbol{a}_2 - \frac{\langle \boldsymbol{b}_1, \boldsymbol{a}_2 \rangle}{\langle \boldsymbol{b}_1, \boldsymbol{b}_1 \rangle}\boldsymbol{b}_1 \\
&\vdots \\
\boldsymbol{b}_r &= \boldsymbol{a}_r - \frac{\langle \boldsymbol{b}_1, \boldsymbol{a}_r \rangle}{\langle \boldsymbol{b}_1, \boldsymbol{b}_1 \rangle}\boldsymbol{b}_1 - \frac{\langle \boldsymbol{b}_2, \boldsymbol{a}_r \rangle}{\langle \boldsymbol{b}_2, \boldsymbol{b}_2 \rangle}\boldsymbol{b}_2 - \cdots - \frac{\langle \boldsymbol{b}_{r-1}, \boldsymbol{a}_r \rangle}{\langle \boldsymbol{b}_{r-1}, \boldsymbol{b}_{r-1} \rangle}\boldsymbol{b}_{r-1}
\end{aligned}
$$

然后把它们单位化,取

$$
\boldsymbol{e}_1 = \frac{1}{\|\boldsymbol{b}_1\|}\boldsymbol{b}_1,\ \boldsymbol{e}_2 = \frac{1}{\|\boldsymbol{b}_2\|}\boldsymbol{b}_2,\ \cdots,\ \boldsymbol{e}_r = \frac{1}{\|\boldsymbol{b}_r\|}\boldsymbol{b}_r
$$

就是 $\mathbb{V}$ 的一个规范正交基.

例 2.4.1.　求向量组 $\boldsymbol{a}_1 = (3, 1, 1)$, $\boldsymbol{a}_2 = (2, 2, 0)$ 的生成子空间的标准正交基.

解.　取

$$
\begin{aligned}
\boldsymbol{b}_1 &= (3, 1, 1) \\
\boldsymbol{b}_2 &= \boldsymbol{a}_2 - \frac{\boldsymbol{b}_1^{\mathrm{T}}\boldsymbol{a}_2}{\boldsymbol{b}_1^{\mathrm{T}}\boldsymbol{b}_1}\boldsymbol{b}_1 = (2, 2, 0) - \frac{8}{11}(3, 1, 1) = \frac{-2}{11}(1, -7, 4) \\
\boldsymbol{e}_1 &= \frac{1}{\sqrt{11}}(3, 1, 1) \\
\boldsymbol{e}_2 &= \frac{1}{\sqrt{66}}(1, -7, 4)
\end{aligned}
$$

故标准正交基为 $\boldsymbol{e}_1$, $\boldsymbol{e}_2$.

正交和投影是基础性概念,与超定系统的最小二乘解,并与机器学习中的降维、分类或回归都有紧密联系,我们在第 4 章中进一步给出.

2.5　具有特殊结构和性质的矩阵

本节我们介绍一些特殊结构的正交矩阵,包括旋转矩阵、反射矩阵和信号处理中常见的矩阵. 特别由旋转和反射引出的 Givens 变换矩阵和 Householder 变换矩阵将用于下一章构造矩阵的正交分解.

2.5.1 特殊的正交变换矩阵——旋转

旋转是信号处理、机器学习、机器人学中的一个基本的研究对象，学习旋转或从给定的一组样本中找到潜藏的旋转问题有许多实际应用(包括计算机视觉、人脸识别、姿态估计、晶体物理学). 除了它们在实践领域重要性之外，在理论上，旋转具有一般映射不具有的性质. 例如，旋转是一种线性保角变换. 在群论中，n 维空间的旋转矩阵构成了特殊正交群 $\mathcal{SO}(n)$.

旋转过程中，线段的长度、直线间的夹角大小是保持不变的. 旋转也是一种线性映射. 本节，我们从平面空间中的旋转出发，推广到一般空间中的向量旋转.

1. 平面上的旋转

在平面内，一个图形绕着一个定点旋转一定的角度得到另一个图形的变化叫作旋转. 这个定点叫作旋转中心，旋转的角度叫作旋转角，如果一个图形上的点 A 经过旋转变为点 $\hat{A}$，那么这两个点叫作旋转的对应点.

旋转是一个线性映射，更具体地，可以看成欧氏空间的一个自同构，它把空间中元素映射为另外一个元素.

在一个平面中，如果我们说一个点绕原点旋转 $\theta>0$ 时，默认保持以下约定：

- 原点是固定的点；
- 一般，旋转方向规定为逆时针.

例 2.5.1. 考虑定义在 $\mathbb{R}^2$ 上平面直角坐标系的自然基底

$$\left\{\boldsymbol{e}_1=\begin{bmatrix}1\\0\end{bmatrix},\ \boldsymbol{e}_2=\begin{bmatrix}0\\1\end{bmatrix}\right\}$$

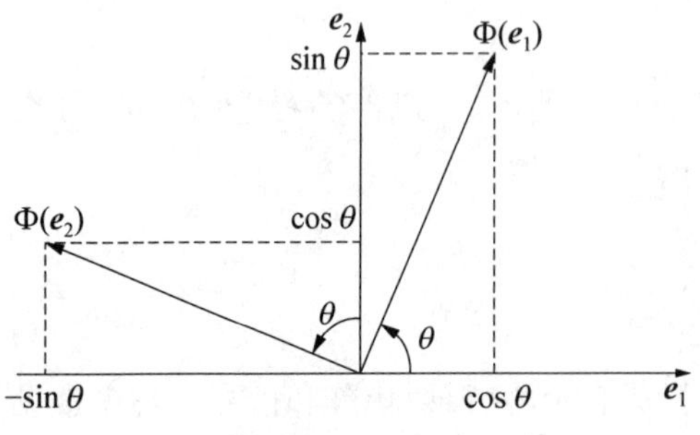

图 2.16 平面中的旋转

我们把旋转 θ 这个线性变换记为 Φ_θ，容易得到：

$$\Phi_\theta(\boldsymbol{e}_1)=\begin{bmatrix}\cos\theta\\\sin\theta\end{bmatrix},\ \Phi_\theta(\boldsymbol{e}_2)=\begin{bmatrix}-\sin\theta\\\cos\theta\end{bmatrix}$$

设 $\mathbb{R}^2$ 中任一点 $\boldsymbol{x}=\begin{bmatrix}x_1\\x_2\end{bmatrix}=x_1\boldsymbol{e}_1+x_2\boldsymbol{e}_2$，

那么旋转 θ 后的坐标：

$$\begin{aligned}\Phi_\theta(\boldsymbol{x}) &= x_1\Phi_\theta(\boldsymbol{e}_1)+x_2\Phi_\theta(\boldsymbol{e}_2)\\ &= [\Phi_\theta(\boldsymbol{e}_1)\quad \Phi_\theta(\boldsymbol{e}_2)]\begin{bmatrix}x_1\\x_2\end{bmatrix}\end{aligned}$$

所以平面上旋转 θ 的变换矩阵 $\boldsymbol{R}_\theta$ 为：

$$\boldsymbol{R}_\theta=\begin{bmatrix}\cos\theta & -\sin\theta\\ \sin\theta & \cos\theta\end{bmatrix}$$

2. 三维空间中的旋转

例 2.5.2.　对于 $\mathbb{R}^3$ 中的向量 $\boldsymbol{x}$，设 $\mathbb{R}^3$ 的三个基底分别为 $\boldsymbol{e}_1$，$\boldsymbol{e}_2$，$\boldsymbol{e}_3$. 若 $\boldsymbol{x}$ 绕 $\boldsymbol{e}_3$ 旋转 θ，如图 2.17，记为 Φ_θ^3，类似二维空间的做法

$$\Phi_\theta^3(\boldsymbol{e}_1)=\begin{bmatrix}\cos\theta\\ \sin\theta\\ 0\end{bmatrix},\ \Phi_\theta^3(\boldsymbol{e}_2)=\begin{bmatrix}-\sin\theta\\ \cos\theta\\ 0\end{bmatrix},\ \Phi_\theta^3(\boldsymbol{e}_3)=\begin{bmatrix}0\\0\\1\end{bmatrix}$$

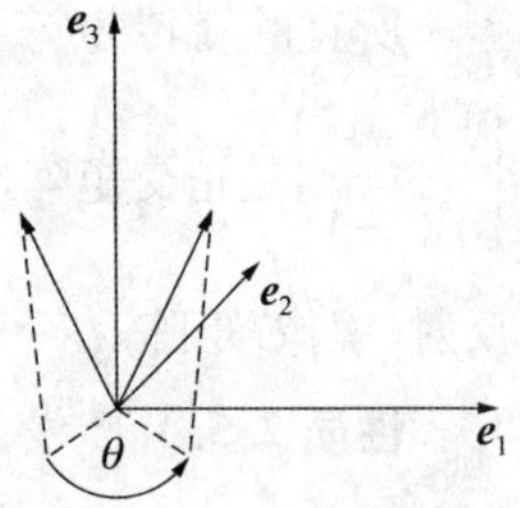

图 2.17　三维空间中的旋转

因此，绕 $\boldsymbol{e}_3$ 旋转 θ 的变换矩阵 $\boldsymbol{R}_\theta^3$ 为：

$$\boldsymbol{R}_\theta^3=\begin{bmatrix}\cos\theta & -\sin\theta & 0\\ \sin\theta & \cos\theta & 0\\ 0 & 0 & 1\end{bmatrix}$$

例 2.5.3.　类似地，绕 $\boldsymbol{e}_1$ 旋转 θ 的变换矩阵 $\boldsymbol{R}_\theta^1$ 为：

$$\boldsymbol{R}_\theta^1=\begin{bmatrix}1 & 0 & 0\\ 0 & \cos\theta & -\sin\theta\\ 0 & \sin\theta & \cos\theta\end{bmatrix}$$

绕 $\boldsymbol{e}_2$ 旋转 θ 的变换矩阵 $\boldsymbol{R}_\theta^2$ 为：

$$\boldsymbol{R}_\theta^2=\begin{bmatrix}\cos\theta & 0 & -\sin\theta\\ 0 & 1 & 0\\ \sin\theta & 0 & \cos\theta\end{bmatrix}$$

3. 高维空间中的旋转

在 n 维空间中，我们可以固定其中的 $n-2$ 维，在 n 维空间中的二维子平面上旋转.

定义 2.5.1.　令 $\mathbb{V}$ 是 n 维欧氏向量空间，$\Phi:\mathbb{V}\rightarrow\mathbb{V}$ 是一线性变换，其变换矩阵

$$
\boldsymbol{R}_{i,j}(\theta):=\begin{bmatrix}\boldsymbol{I}_{i-1} & & & & \\ & \cos\theta & & -\sin\theta & \\ & & \boldsymbol{I}_{j-i-1} & & \\ & \sin\theta & & \cos\theta & \\ & & & & \boldsymbol{I}_{n-j}\end{bmatrix}
$$

其中 $1\leqslant i<j\leqslant n$，$\theta\in\mathbb{R}$. 那么 $\boldsymbol{R}_{i,j}$ 叫作 ***Givens* 旋转矩阵**. 二维旋转是 $n=2$ 时 *Givens* 旋转的一个特殊情形.

4. 旋转矩阵的性质

所有的旋转矩阵都是正交矩阵. 但并不是所有的正交矩阵都是旋转矩阵. 比如 $\begin{bmatrix}1 & 0\\ 0 & -1\end{bmatrix}$ 是正交矩阵，但它不是一个旋转矩阵，事实上，它是一个使向量关于 x 轴对称的反射(镜像)矩阵，在下一节将会介绍. 旋转矩阵是一类特殊的实矩阵，具有较好的性质.

性质 2.5.1. 设 $\boldsymbol{R}\in\mathbb{R}^{n\times n}$，$\boldsymbol{R}$ 是旋转矩阵当且仅当它是正交矩阵并且 $\det(\boldsymbol{R})=1$.

性质 2.5.2. 保距性：设 $\boldsymbol{R}_\theta\in\mathbb{R}^{n\times n}$ 是旋转矩阵，$\forall\,\boldsymbol{x},\boldsymbol{y}\in\mathbb{R}^n$，有 $\|\boldsymbol{x}-\boldsymbol{y}\|_2=\|\boldsymbol{R}_\theta\boldsymbol{x}-\boldsymbol{R}_\theta\boldsymbol{y}\|_2$.

即空间中的两个点在旋转前后距离保持不变.

性质 2.5.3. 保角性：设 $\boldsymbol{R}_\theta\in\mathbb{R}^{n\times n}$ 是旋转矩阵，$\forall\,\boldsymbol{x},\boldsymbol{y}\in\mathbb{R}^n\backslash\{\boldsymbol{0}\}$，有

$$
\frac{\langle\boldsymbol{x},\boldsymbol{y}\rangle}{\|\boldsymbol{x}\|\|\boldsymbol{y}\|}=\frac{\langle\boldsymbol{R}_\theta\boldsymbol{x},\boldsymbol{R}_\theta\boldsymbol{y}\rangle}{\|\boldsymbol{R}_\theta\boldsymbol{x}\|\|\boldsymbol{R}_\theta\boldsymbol{y}\|}
$$

即空间中的两个向量在旋转前后角度保持不变. $\boldsymbol{R}_\theta\boldsymbol{x}$，$\boldsymbol{R}_\theta\boldsymbol{y}$ 的夹角与 $\boldsymbol{x}$，$\boldsymbol{y}$ 的夹角相同.

性质 2.5.4. 多个旋转矩阵的乘积仍然是旋转矩阵.

性质 2.5.5. 仅在二维情形有可交换性即 $\boldsymbol{R}_\theta\boldsymbol{R}_\phi=\boldsymbol{R}_\phi\boldsymbol{R}_\theta$.

$$
\begin{bmatrix}\cos\theta & \sin\theta\\ -\sin\theta & \cos\theta\end{bmatrix}\begin{bmatrix}\cos\phi & \sin\phi\\ -\sin\phi & \cos\phi\end{bmatrix}=\begin{bmatrix}\cos\phi & \sin\phi\\ -\sin\phi & \cos\phi\end{bmatrix}\begin{bmatrix}\cos\theta & \sin\theta\\ -\sin\theta & \cos\theta\end{bmatrix}
$$

在三维或更高维，交换性不成立，比如在三维情形下 $\boldsymbol{e}_3$ 绕 $\boldsymbol{e}_3$ 旋转 $\pi/2$ 仍是 $\boldsymbol{e}_3$，再绕 $\boldsymbol{e}_2$ 旋转 $\pi/2$ 会变换到 $\boldsymbol{e}_1$. 如果 $\boldsymbol{e}_3$ 先绕 $\boldsymbol{e}_2$ 旋转 $\pi/2$ 到 $\boldsymbol{e}_1$，再绕 $\boldsymbol{e}_3$ 旋转 $\pi/2$ 会变换到 $\boldsymbol{e}_2$.

5. 旋转矩阵的应用

正交 Procrustes 问题：使一组数据通过正交变换近似匹配另外一组数据. 假设 $\boldsymbol{x}_t$，

$\boldsymbol{y}_t$，$1 \leqslant t \leqslant T$ 是$\mathbb{R}^n$中的单位向量. 考虑一组实例 $\boldsymbol{x}_t$，$1 \leqslant t \leqslant T$，目标是预测 $\hat{\boldsymbol{y}}_t = \boldsymbol{Q}\boldsymbol{x}_t$，它是 $\boldsymbol{x}_t$ 正交变换后的数据. $\boldsymbol{y}_t$ 是 $\boldsymbol{x}_t$ 旋转后的真实值，那么第 t 个实例的预测损失为 $L_t(\boldsymbol{Q}) = \|\boldsymbol{Q}\boldsymbol{x}_t - \boldsymbol{y}_t\|^2$. 目标是使总的损失即 $L(\boldsymbol{Q}) = \sum_{t=1}^{T} \frac{1}{2}\|\boldsymbol{Q}\boldsymbol{x}_t - \boldsymbol{y}_t\|^2$ 最小.

由题可得：

$$\begin{aligned}\arg\min_{\boldsymbol{Q}\in\mathcal{O}(n)} \sum_{t=1}^{T} \frac{1}{2}\|\boldsymbol{Q}\boldsymbol{x}_t - \boldsymbol{y}_t\|^2 &= \arg\min_{\boldsymbol{Q}\in\mathcal{O}(n)} T - \Big(\sum_{t=1}^{T} \boldsymbol{y}_t^{\mathrm{T}}\boldsymbol{Q}\boldsymbol{x}_t\Big) \\ &= \arg\max_{\boldsymbol{Q}\in\mathcal{O}(n)} \mathrm{Tr}\Big(\Big(\sum_{t=1}^{T} \boldsymbol{x}_t\boldsymbol{y}_t^{\mathrm{T}}\Big)\boldsymbol{Q}\Big)\end{aligned}$$

记 $\boldsymbol{S} := \sum_{t=1}^{T} \boldsymbol{x}_t\boldsymbol{y}_t^{\mathrm{T}}$，那么这个问题变形为

$$\arg\max_{\boldsymbol{Q}\in\mathcal{O}(n)} \mathrm{Tr}(\boldsymbol{S}\boldsymbol{Q})$$

如果我们要求这个正交矩阵必须是旋转矩阵，那么这个问题形式为

$$\arg\min_{\boldsymbol{R}\in\mathcal{SO}(n)} \sum_{t=1}^{T} \frac{1}{2}\|\boldsymbol{R}\boldsymbol{x}_t - \boldsymbol{y}_t\|^2 = \arg\max_{\boldsymbol{R}\in\mathcal{SO}(n)} \mathrm{Tr}(\boldsymbol{S}\boldsymbol{R})$$

此时问题变为 Wahba 问题.

我们可以通过奇异值分解的办法解决这两个问题. 我们将会在下一章介绍奇异值分解.

2.5.2　特殊的正交变换矩阵—反射

1. 平面上的反射变换

下面我们考虑另外一种特殊的正交矩阵：反射矩阵.

例 2.5.4.　考虑二维平面中的一个向量 $\boldsymbol{x} = (x_1, x_2)$，$\boldsymbol{b} = (\cos\theta, \sin\theta)$，如何求得向量 $\boldsymbol{x}$ 关于子空间 $\mathbf{span}\{\boldsymbol{b}\}$ 对称的向量 $\boldsymbol{x}'$？

由于 $\boldsymbol{x}$ 和 $\boldsymbol{x}'$ 关于子空间 $\mathbf{span}\{\boldsymbol{b}\}$ 对称，所以 $\frac{\boldsymbol{x}+\boldsymbol{x}'}{2} = \boldsymbol{u}$. 其中 $\boldsymbol{u}$ 是 $\boldsymbol{x}$ 在子空间 $\mathbf{span}\{\boldsymbol{b}\}$ 上的投影. $\boldsymbol{v} \in (\mathbf{span}\{\boldsymbol{b}\})^{\perp}$，$\boldsymbol{x} = \boldsymbol{u} + \boldsymbol{v}$，那么

$$\boldsymbol{x}' = \boldsymbol{u} - \boldsymbol{v} = \boldsymbol{x} - 2\boldsymbol{v} = 2\boldsymbol{u} - \boldsymbol{x}$$

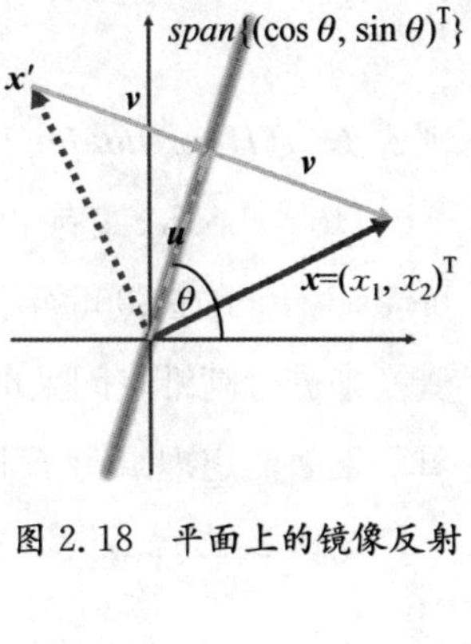

图 2.18　平面上的镜像反射

根据投影公式 $\boldsymbol{u}=\boldsymbol{b}\boldsymbol{b}^{\mathrm{T}}\boldsymbol{x}$，那么

$$\boldsymbol{u}=\begin{bmatrix}\cos\theta\\ \sin\theta\end{bmatrix}\begin{bmatrix}\cos\theta & \sin\theta\end{bmatrix}\boldsymbol{x}=\begin{bmatrix}\cos^2\theta & \cos\theta\sin\theta\\ \cos\theta\sin\theta & \sin^2\theta\end{bmatrix}\boldsymbol{x}$$

则

$$\boldsymbol{x}'=2\boldsymbol{u}-\boldsymbol{x}=\begin{bmatrix}2\cos^2\theta-1 & 2\cos\theta\sin\theta\\ 2\cos\theta\sin\theta & 2\sin^2\theta-1\end{bmatrix}\boldsymbol{x}=\begin{bmatrix}\cos 2\theta & \sin 2\theta\\ \sin 2\theta & -\cos 2\theta\end{bmatrix}\boldsymbol{x}$$

令 $\phi=2\theta$，

$$\boldsymbol{x}'=\begin{bmatrix}\cos\phi & \sin\phi\\ \sin\phi & -\cos\phi\end{bmatrix}\boldsymbol{x}$$

或者我们记 $(\mathbf{span}\{\boldsymbol{b}\})^{\perp}$ 中的单位向量为 $\boldsymbol{w}$，容易求得 $\boldsymbol{w}=(\sin\theta,-\cos\theta)$. $\boldsymbol{v}$ 是 $\boldsymbol{x}$ 在 $\mathbf{span}\{\boldsymbol{w}\}$ 上的投影，即 $\boldsymbol{v}=\boldsymbol{w}\boldsymbol{w}^{\mathrm{T}}\boldsymbol{x}$. 利用

$$\boldsymbol{x}'=\boldsymbol{x}-2\boldsymbol{v}=(\boldsymbol{I}-2\boldsymbol{w}\boldsymbol{w}^{\mathrm{T}})\boldsymbol{x}$$

$$\boldsymbol{x}'=\begin{bmatrix}1-2\sin^2\theta & 2\cos\theta\sin\theta\\ 2\cos\theta\sin\theta & 1-2\cos^2\theta\end{bmatrix}\boldsymbol{x}=\begin{bmatrix}\cos 2\theta & \sin 2\theta\\ \sin 2\theta & -\cos 2\theta\end{bmatrix}\boldsymbol{x}$$

可以得到同样的结论.

2. 高维空间上的反射变换

在三维空间中，我们有时需要得到一个向量关于一个二维平面的镜像，在 n 维空间中，有时需要得到一个向量关于 $n-1$ 维超平面的镜像. 这时我们根据平面的法向量 $\boldsymbol{w}$ 可以很容易地求出关于 $\boldsymbol{w}$ 垂直的超平面的镜像反射.

定义 2.5.2. 设 $\boldsymbol{w}\in\mathbb{R}^n$ 满足 $\|\boldsymbol{w}\|_2=1$，定义 $\boldsymbol{H}\in\mathbb{R}^{n\times n}$ 为

$$\boldsymbol{H}=\boldsymbol{I}-2\boldsymbol{w}\boldsymbol{w}^{\mathrm{T}} \tag{2.9}$$

则称 $\boldsymbol{H}$ 为 ***Householder* 变换**矩阵.

Householder 变换也叫作初等反射矩阵或者镜像变换，它是著名的数值分析专家 Householder 在 1958 年为讨论矩阵特征值问题而提出来的. 我们可以利用 Householder 变换来进行高维空间上的反射变换.

下面的定理给出了 Householder 变换的一些简单而又十分重要的性质：

定理 2.5.1. 设 $\boldsymbol{H}$ 是由(2.9)定义的一个 *Householder* 变换，那么 $\boldsymbol{H}$ 满足

(1) 对称性：$\boldsymbol{H}^{\mathrm{T}}=\boldsymbol{H}$；

(2) 正交性：$\boldsymbol{H}^{\mathrm{T}}\boldsymbol{H}=\boldsymbol{I}$；

(3) 对合性：$\boldsymbol{H}^2=\boldsymbol{I}$；

(4) 反射性：对任意的 $\boldsymbol{x}\in\mathbb{R}^n$，如图 2.19 所示，$\boldsymbol{H}\boldsymbol{x}$ 是 $\boldsymbol{x}$ 关于 $\boldsymbol{w}$ 的垂直超平面的镜像反射.

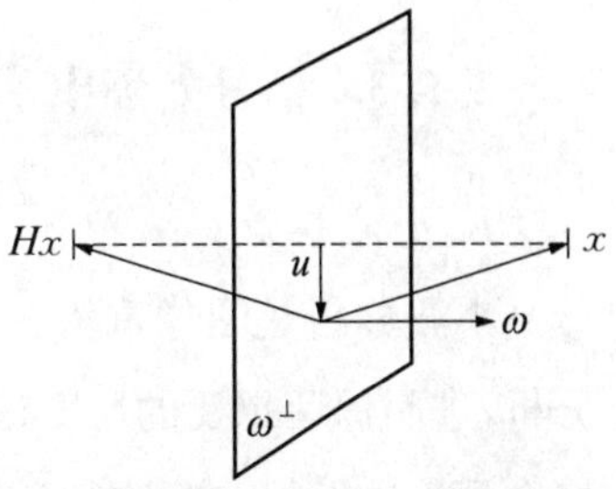

图 2.19　Householder 变换是关于 $\boldsymbol{w}$ 的垂直超平面的镜面反射

证明.　(1)显然成立.(2)和(3)可由(4)导出. 事实上，我们有

$$\begin{aligned}\boldsymbol{H}^{\mathrm{T}}\boldsymbol{H}=\boldsymbol{H}^2&=(\boldsymbol{I}-2\boldsymbol{w}\boldsymbol{w}^{\mathrm{T}})(\boldsymbol{I}-2\boldsymbol{w}\boldsymbol{w}^{\mathrm{T}})\\&=\boldsymbol{I}-4\boldsymbol{w}\boldsymbol{w}^{\mathrm{T}}+4\boldsymbol{w}\boldsymbol{w}^{\mathrm{T}}\boldsymbol{w}\boldsymbol{w}^{\mathrm{T}}=\boldsymbol{I}\end{aligned}$$

(4) 设 $\boldsymbol{x}\in\mathbb{R}^n$，则 $\boldsymbol{x}$ 可表示为 $\boldsymbol{x}=\boldsymbol{u}+\alpha\boldsymbol{w}$ 其中 $\boldsymbol{u}\in\operatorname{span}\{\boldsymbol{w}\}^{\perp}$，$\alpha\in\mathbb{R}$. 利用 $\boldsymbol{u}^{\mathrm{T}}\boldsymbol{w}=0$ 和 $\boldsymbol{w}^{\mathrm{T}}\boldsymbol{w}=1$，可得

$$\begin{aligned}\boldsymbol{H}\boldsymbol{x}&=(\boldsymbol{I}-2\boldsymbol{w}\boldsymbol{w}^{\mathrm{T}})(\boldsymbol{u}+\alpha\boldsymbol{w})\\&=\boldsymbol{u}-\alpha\boldsymbol{w}\end{aligned}$$

这就说明了 $\boldsymbol{H}\boldsymbol{x}$ 为 $\boldsymbol{x}$ 关于 $\operatorname{span}\{\boldsymbol{w}\}^{\perp}$ 的镜像反射.　□

3. Householder 矩阵的特征值和行列式

这里我们用一个很简单的办法说明 Householder 矩阵的行列式是 -1.

$\mathbb{R}^{n\times n}$ 中的 Householder 矩阵 $\boldsymbol{H}=\boldsymbol{I}-2\boldsymbol{w}\boldsymbol{w}^{\mathrm{T}}$ 将 $\boldsymbol{x}$ 变换到关于 $\boldsymbol{w}$ 的垂直超平面 $\mathbf{span}\{\boldsymbol{w}\}^{\perp}$ 的镜像上，这里 $\boldsymbol{w}$ 仍是单位向量. 而在 $\mathbf{span}\{\boldsymbol{w}\}^{\perp}$ 上的每个向量，它们关于这个超平面的镜像仍是本身. 也就是若 $\boldsymbol{x}\in\mathbf{span}\{\boldsymbol{w}\}^{\perp}$，$\boldsymbol{H}\boldsymbol{x}=\boldsymbol{x}$. 而 $\mathbf{span}\{\boldsymbol{w}\}^{\perp}$ 是 $n-1$ 维的，也就是说 $\boldsymbol{H}$ 至少有 $n-1$ 个特征值是 1. 而在 $\mathbf{span}\{\boldsymbol{w}\}$ 上的每个向量 $\boldsymbol{x}=\alpha\boldsymbol{w}$，它们关于这个超平面的镜像是 $-\boldsymbol{x}$. 因为

$$\boldsymbol{H}\boldsymbol{x}=(\boldsymbol{I}-2\boldsymbol{w}\boldsymbol{w}^{\mathrm{T}})\boldsymbol{x}=\alpha\boldsymbol{w}-2\alpha\boldsymbol{w}=-\alpha\boldsymbol{w}=-\boldsymbol{x}.$$

那么 $\boldsymbol{H}$ 至少有 1 个特征值是 -1. $\boldsymbol{H}$ 一共有 n 个特征值，所以 $\boldsymbol{H}$ 全部特征值有 $n-1$ 个特征值是 1，1 个特征值是 -1. 方阵的行列式是它所有特征值的乘积，那么 $\det(\boldsymbol{H})=-1$.

最后，我们给出旋转变换和反射变换复合的性质.

- 旋转矩阵乘以旋转矩阵仍然是旋转矩阵.
- 反射矩阵乘以反射矩阵会得到旋转矩阵.
- 旋转矩阵乘以反射矩阵会得到反射矩阵.

2.5.3 信号处理中常见的正交矩阵

1. 小波模型

小波分析是图像重构的一种重要方法. 它通过不同尺度变化对失真图像进行多尺度分析,进而保留想要的尺度信息,去掉噪声等对应的干扰信息. 小波分析中一个最重要的概念是小波框架,它是空间中基函数的推广. 具体地,将图像理解成一个向量 $\boldsymbol{x} \in \mathbb{R}^n$,令 $\boldsymbol{W} \in \mathbb{R}^{m\times n}$ 为小波框架. 需要注意的是,这里 m 可以比 n 大,但是有 $\operatorname{rank}(\boldsymbol{W})=n$,也就意味着 $\boldsymbol{W}$ 带有一些冗余信息. 在小波框架下,可以对图像 $\boldsymbol{x}$ 做分解得到小波系数 $\boldsymbol{\alpha} \in \mathbb{R}^m$,即 $\boldsymbol{\alpha}=\boldsymbol{W}\boldsymbol{x}$. 反之,给定小波系数 $\boldsymbol{\alpha}$,可以重构出图像 $\boldsymbol{x}=\boldsymbol{W}^{\mathrm{T}}\boldsymbol{\alpha}$. 为了保证重构的完整性,我们要求 $\boldsymbol{W}^{\mathrm{T}}\boldsymbol{W}=\boldsymbol{I}$. 因为冗余性,所以 $\boldsymbol{W}\boldsymbol{W}^{\mathrm{T}} \neq \boldsymbol{I}$.

对于一张图像而言,只有少数的小波系数对原始图像起到决定作用. 考虑到基于小波框架的重构模型,常用的有:

- 分解模型:直接求解重构图像,其通过惩罚图像的小波系数的 l_1 范数来去除图像中不必要的噪声信息. 问题形式为

$$\min_{\boldsymbol{x}\in\mathbb{R}^n} \|\boldsymbol{\lambda} \odot (\boldsymbol{W}\boldsymbol{x})\|_1 + \frac{1}{2}\|\boldsymbol{A}\boldsymbol{x} - \boldsymbol{b}\|_2^2$$

其中 $\boldsymbol{A}$ 是观测矩阵,$\boldsymbol{b}$ 为实际观测的图像数据,$\boldsymbol{\lambda} \in \mathbb{R}^m$ 是给定的非负向量,$\odot$表示逐个分量相乘.

- 合成模型:求解图像对应的小波系数来重构图像,其通过小波系数的 l_1 范数来去除图像中不必要的噪声信息. 问题形式为

$$\min_{\boldsymbol{x}\in\mathbb{R}^n} \|\boldsymbol{\lambda} \odot \boldsymbol{\alpha}\|_1 + \frac{1}{2}\|\boldsymbol{A}\boldsymbol{W}^{\mathrm{T}}\boldsymbol{\alpha} - \boldsymbol{b}\|_2^2$$

- 平衡模型:求解图像对应的小波系数来重构图像. 在合成模型中,$\boldsymbol{\alpha}$ 不一定对应于真实图像的小波系数. 因此,平衡模型添加$(\boldsymbol{I}-\boldsymbol{W}\boldsymbol{W}^{\mathrm{T}})\boldsymbol{\alpha}$ 的二次罚项来保证$\boldsymbol{\alpha}$ 更接近真实图像的小波系数. 问题形式为

$$\min_{\boldsymbol{x}\in\mathbb{R}^n} \|\boldsymbol{\lambda} \odot \boldsymbol{\alpha}\|_1 + \frac{1}{2}\|\boldsymbol{A}\boldsymbol{W}^{\mathrm{T}}\boldsymbol{\alpha} - \boldsymbol{b}\|_2^2 + \frac{\kappa}{2}\|(\boldsymbol{I}-\boldsymbol{W}\boldsymbol{W}^{\mathrm{T}})\boldsymbol{\alpha}\|_2^2$$

其中 κ 为给定常数.

2. Haar 矩阵

哈尔小波变换(Haar wavelet)是由数学家阿尔弗雷德·哈尔于 1909 年提出的函数变换,是小波变换中最简单的一种变换,也是最早提出的小波变换.

Haar 矩阵是哈尔小波变换的离散情形. Haar 矩阵中的每个元素都是 0、+1 或者 −1,并且任意两行都是正交的. 例如 $n=2$ 时,

$$\boldsymbol{H}_2=\begin{bmatrix}1 & 1\\1 & -1\end{bmatrix}$$

下面讨论更高阶 Haar 矩阵的构造.

3. Haar 矩阵的构造

当 $n=4$ 时,我们可以构造 Haar 矩阵:

- 取第一行全部为 1,$[1\quad 1\quad 1\quad 1]$. 可以看作是用$[1\quad 1]$替换掉了 $\boldsymbol{H}_2$ 的第一行$[1\quad 1]$中的每个 1.
- 用$[1\quad 1]$替换掉 $\boldsymbol{H}_2$ 第二行中的每个 1,得到 $\boldsymbol{H}_4$ 的第二行$[1\quad 1\quad -1\quad -1]$.
- 前两行中,每一行的前两个元素,每一行的后两个元素都是一样的,所以我们取第三行$[1\quad -1\quad 0\quad 0]$,第四行$[0\quad 0\quad 1\quad -1]$.

这样任意两行都是正交的.

$$\boldsymbol{H}_4=\begin{bmatrix}1 & 1 & 1 & 1\\1 & 1 & -1 & -1\\1 & -1 & 0 & 0\\0 & 0 & 1 & -1\end{bmatrix}$$

当 $n=8$ 时,构造 Haar 矩阵:

- 将 $\boldsymbol{H}_4$ 中的每个 1 都替换为$[1\quad 1]$,得到 $\boldsymbol{H}_8$ 的前四行:

$$\begin{bmatrix}1 & 1 & 1 & 1 & 1 & 1 & 1 & 1\\1 & 1 & 1 & 1 & -1 & -1 & -1 & -1\\1 & 1 & -1 & -1 & 0 & 0 & 0 & 0\\0 & 0 & 0 & 0 & 1 & 1 & -1 & -1\end{bmatrix}$$

- 可以看到前四行第 $2k-1$ 与第 $2k$,$k=1,\ 2,\ 3,\ 4$ 个元素是相同的,所以余下的四行分别令其第 $2k-1$ 与第 $2k$,$k=1,\ 2,\ 3,\ 4$ 个元素分别是 1、−1,其余元素为 0. 这样任意

两行也都是正交的.

$$
\boldsymbol{H}_8=\begin{bmatrix}
1 & 1 & 1 & 1 & 1 & 1 & 1 & 1\\
1 & 1 & 1 & 1 & -1 & -1 & -1 & -1\\
1 & 1 & -1 & -1 & 0 & 0 & 0 & 0\\
0 & 0 & 0 & 0 & 1 & 1 & -1 & -1\\
1 & -1 & 0 & 0 & 0 & 0 & 0 & 0\\
0 & 0 & 1 & -1 & 0 & 0 & 0 & 0\\
0 & 0 & 0 & 0 & 1 & -1 & 0 & 0\\
0 & 0 & 0 & 0 & 0 & 0 & 1 & -1
\end{bmatrix}
$$

4. Haar 矩阵变换的特点

哈尔小波变换有以下几点特性：

- 不需要乘法(只有相加或相减)；
- 输入与输出个数相同；
- 可以分析一个信号的局部特征；
- 大部分运算为 0,不用计算.

Haar 矩阵变换常用于图像信号的压缩.

5. 傅里叶矩阵

因为傅里叶矩阵通常是定义在复数域上的复矩阵,先介绍与复矩阵有关的概念.

对于一个矩阵,我们可以定义它的共轭矩阵.

定义 2.5.3. 设 $\boldsymbol{A}=(a_{ij})_{n\times n}\in\mathbb{C}^{n\times n}$ 为复矩阵,那么 $\boldsymbol{A}$ 的共轭矩阵定义为

$$
\bar{\boldsymbol{A}}=(\overline{a_{ij}})_{n\times n}
$$

性质 2.5.6. (共轭矩阵的性质)设 $\boldsymbol{A},\boldsymbol{B}\in\mathbb{C}^{n\times n}$, $k\in\mathbb{C}$,则

(1) $\overline{\boldsymbol{A}+\boldsymbol{B}}=\bar{\boldsymbol{A}}+\bar{\boldsymbol{B}}$;

(2) $(\overline{k\boldsymbol{A}})=\bar{k}\bar{\boldsymbol{A}}$;

(3) $\overline{\boldsymbol{A}\boldsymbol{B}}=\bar{\boldsymbol{A}}\bar{\boldsymbol{B}}$;

(4) $(\overline{\boldsymbol{A}^{-1}})=(\bar{\boldsymbol{A}})^{-1}$.

我们把转置这个概念拓展一下.

定义 2.5.4. 设矩阵 $\boldsymbol{A}=(a_{ij})_{n\times n}\in\mathbb{C}^{n\times n}$,那么矩阵 $\boldsymbol{A}$ 的**共轭转置**矩阵为

$$A^H = (\overline{A^{\mathrm{T}}}) = (\bar{A})^{\mathrm{T}} = (\overline{a_{ji}})_{n\times n}$$

例 2.5.5.　设矩阵

$$A = \begin{bmatrix} 1 \\ -i \end{bmatrix},\ B = \begin{bmatrix} 1+i & 2+i \\ 1-i & 1-2i \end{bmatrix}$$

那么

$$A^H = [1 \quad i],\ B^H = \begin{bmatrix} 1-i & 1+i \\ 2-i & 1+2i \end{bmatrix}$$

共轭转置具有以下性质：

性质 2.5.7.　假设下述和、积、逆有意义，则矩阵的共轭转置具有下述性质：

(1) 设 $A \in \mathbb{C}^{n\times m}$, $B \in \mathbb{C}^{n\times m}$，则 $(A+B)^H = A^H + B^H$；

(2) 设 $A \in \mathbb{C}^{n\times m}$, $B \in \mathbb{C}^{m\times k}$，则 $(AB)^H = B^H A^H$；

(3) 设 $A \in \mathbb{C}^{n\times m}$, $k \in \mathbb{C}$，则有 $(kA)^H = \bar{k}A^H$；

(4) 设 $A \in \mathbb{C}^{n\times m}$，则有 $(A^H)^H = A$；

(5) 设 $A \in \mathbb{C}^{n\times n}$ 可逆，则有 $(A^{-1})^H = (A^H)^{-1}$.

正如在 $\mathbb{R}^n$ 上能够定义内积，$\mathbb{C}^n$ 上也能定义内积. 设 $u, v \in \mathbb{C}^n$, u, v 的内积定义为

$$\langle u, v\rangle = u^H v$$

这种内积有 Hermite 性，即

$$u^H v = \overline{v^H u}$$

现在就可以将正交矩阵的概念扩展到复数域上形成酉矩阵.

定义 2.5.5.　设矩阵 $U \in \mathbb{C}^{n\times n}$，如果矩阵 U 满足

$$U^H U = I$$

那么我们称 U 为**酉矩阵**.

容易知道正交矩阵都是酉矩阵.

例 2.5.6.　矩阵

$$U = \begin{bmatrix} 2^{-1/2} & 2^{-1/2} & 0 \\ -2^{-1/2}i & 2^{-1/2}i & 0 \\ 0 & 0 & i \end{bmatrix}$$

是一个酉矩阵.

酉矩阵具有以下性质：

性质 2.5.8. 设矩阵 $\boldsymbol{U} \in \mathbb{C}^{n \times n}$ 是酉矩阵，那么

(1) $\boldsymbol{U}$ 可逆且 $\boldsymbol{U}^H = \boldsymbol{U}^{-1}$；

(2) $|\det(\boldsymbol{U})| = 1$；

(3) $\boldsymbol{U}^H$ 也是酉矩阵；

(4) $\|\boldsymbol{Ux}\|_2 = \|\boldsymbol{x}\|_2$.

下面我们给出傅里叶矩阵的定义.

定义 2.5.6. 如果矩阵 $\boldsymbol{F}_n \in \mathbb{C}^{n \times n}$ 为

$$\boldsymbol{F}_n = \frac{1}{\sqrt{n}} \begin{bmatrix} 1 & 1 & 1 & 1 & 1 & \cdots & 1 \\ 1 & \omega_n & \omega_n^2 & \omega_n^3 & \omega_n^4 & \cdots & \omega_n^{(n-1)} \\ 1 & \omega_n^2 & \omega_n^4 & \omega_n^6 & \omega_n^8 & \cdots & \omega_n^{2(n-1)} \\ 1 & \omega_n^3 & \omega_n^6 & \omega_n^9 & \omega_n^{12} & \cdots & \omega_n^{3(n-1)} \\ \vdots & \vdots & \vdots & \vdots & \vdots & & \vdots \\ 1 & \omega_n^{(n-1)} & \omega_n^{2(n-1)} & \omega_n^{3(n-1)} & \omega_n^{4(n-1)} & \cdots & \omega_n^{(n-1)^2} \end{bmatrix}$$

其中 $\omega_n \in \mathbb{C}$，且 $\omega_n = e^{i\frac{2\pi}{n}} = \cos\dfrac{2\pi}{n} + i\sin\dfrac{2\pi}{n}$ 是方程 $\omega_n^n = 1$ 的单位根，那么矩阵 $\boldsymbol{F}_n$ 称为 n 阶傅里叶矩阵.

显然 $\boldsymbol{F}_n$ 是对称矩阵，第 j 行第 k 列的元素为 $F_{jk} = \dfrac{1}{\sqrt{n}}\omega_n^{(j-1)(k-1)} = \dfrac{1}{\sqrt{n}}e^{\frac{2\pi i}{n}(j-1)(k-1)}$.

例 2.5.7. 二阶的傅里叶矩阵为

$$\boldsymbol{F}_2 = \frac{1}{\sqrt{2}} \begin{bmatrix} 1 & 1 \\ 1 & i^2 \end{bmatrix}$$

四阶的傅里叶矩阵为

$$\boldsymbol{F}_4 = \frac{1}{\sqrt{4}} \begin{bmatrix} 1 & 1 & 1 & 1 \\ 1 & i & i^2 & i^3 \\ 1 & i^2 & i^4 & i^6 \\ 1 & i^3 & i^6 & i^9 \end{bmatrix}$$

定理 2.5.2.　傅里叶矩阵 $\boldsymbol{F}_n$ 是酉矩阵，即满足

$$\boldsymbol{F}_n^H\boldsymbol{F}_n=\boldsymbol{I}$$

证明.　设 $\boldsymbol{f}_i$ 是 $\boldsymbol{F}_n$ 第 i 列的列向量，那么

$$\boldsymbol{f}_i^H\boldsymbol{f}_i=\left(\frac{1}{\sqrt{n}}\right)^2\sum_{j=1}^{n}\omega_n^{(i-1)(j-1)}(\bar{\omega}_n^{(i-1)(j-1)})=\frac{1}{n}\sum_{j=1}^{n}\omega_n^{(i-1)(j-1)}\omega_n^{n-(i-1)(j-1)}=\frac{1}{n}\sum_{j=1}^{n}\omega_n^n=1$$

而当 $i\neq k$ 时，

$$\begin{aligned}\boldsymbol{f}_i^H\boldsymbol{f}_k&=\left(\frac{1}{\sqrt{n}}\right)^2\sum_{j=1}^{n}\omega_n^{(i-1)(j-1)}(\bar{\omega}_n^{(k-1)(j-1)})=\frac{1}{n}\sum_{j=1}^{n}\omega_n^{(i-1)(j-1)}\omega_n^{n-(k-1)(j-1)}\\&=\frac{1}{n}\sum_{j=1}^{n}\omega_n^{n+(i-k)(j-1)}=\frac{1}{n}\sum_{j=1}^{n}\omega_n^{(i-k)(j-1)}\end{aligned}$$

不妨令 $i>k$，那么我们只需要考察当 $0<i<n$ 时的 $\frac{1}{n}\sum_{j=1}^{n-1}\omega_n^{i(j-1)}$. 注意到 $\omega_n^i\neq1$ 是方程 $x^n-1=0$ 的根，所以将方程左边因式分解可得

$$(x-1)(x^{n-1}+x^{n-2}+\cdots+x^2+x+1)=0$$

所以有

$$\sum_{j=0}^{n}(\omega_n^i)^{j-1}=0$$

故得证.　□

通常对于向量的第 n 维离散傅里叶变换(Discrete Fourier Transform, DFT)表示为乘法 $\boldsymbol{b}=\boldsymbol{F}_n\boldsymbol{x}$，其中 $\boldsymbol{x}$ 是原始输入信号，$\boldsymbol{F}_n$ 是 $n\times n$ 的 DFT 矩阵，$\boldsymbol{b}$ 是信号的 DFT，对于矩阵的离散傅里叶变换，常表示为 $\mathcal{F}(\boldsymbol{X})$，$\boldsymbol{X}$ 是原始输入矩阵，例如图像信号.

本节我们讨论了一些特殊正交矩阵，Haar 矩阵是实数域上的矩阵. 在复数域上，类似正交矩阵，我们定义了酉矩阵，从而得到了傅里叶矩阵. 这些矩阵都是信号处理中的常见矩阵，它们也将在矩阵分解，数据降维中发挥重要作用.

6. 相位恢复问题

相位恢复是信号处理中的一个核心议题，它旨在从变换域中观测到的信号幅度值来重构原始信号. 在实际应用中，例如光学成像，我们将待测物体(信号)置于指定位置，通过透射光照射并经过衍射成像，探测器会捕获到光场的振幅分布. 由于光学探测器只能记录

光的强度(即振幅的平方)而丢失了相位信息,因此我们需要从这些信息中恢复出原始信号的完整信息.

基于 Fraunhofer 衍射理论,探测器处捕获的光场可以被视为观测物体傅里叶变换的近似,我们可以将这一问题描述如下. 考虑一个二维图像 $\boldsymbol{X}$,其二维离散傅里叶变换为 $\mathcal{F}(\boldsymbol{X})$. 由于傅里叶变换的结果是复数矩阵,它可以由其模长 $|\mathcal{F}(\boldsymbol{X})|$ 和相位 phase$(\mathcal{F}(\boldsymbol{X}))$表示,即

$$\mathcal{F}(\boldsymbol{X})=|\mathcal{F}(\boldsymbol{X})|\odot\mathrm{phase}(\mathcal{F}(\boldsymbol{X}))$$

其中$\odot$表示矩阵对应元素的逐点相乘. 当同时知道模长$|\mathcal{F}(\boldsymbol{X})|$和相位 phase$(\mathcal{F}(\boldsymbol{X}))$时,可以容易地使用傅里叶逆变换求出 $\boldsymbol{X}$. 然而,上述光学探测过程中我们仅能获得模长信息$|\mathcal{F}(\boldsymbol{X})|$,使得这一图像重构问题变得极具挑战性.

在实际应用中,我们不一定使用傅里叶变换对原始信号进行采样处理. 给定复信号 $\boldsymbol{x}=(x_0, x_1, x_2, \cdots, x_{n-1})\in\mathbb{C}^n$以及采样数$m$,我们可以逐分量定义如下线性变换:

$$(\mathcal{A}(\boldsymbol{x}))_k=\langle\boldsymbol{a}_k, \boldsymbol{x}\rangle,\ k=1, 2, \cdots, m$$

如果将其对应的振幅观测记为 b_k,那么相位恢复问题本质上是求解如下的二次方程组:

$$b_k^2=|\langle\boldsymbol{a}_k, \boldsymbol{x}\rangle|^2,\ k=1, 2, \cdots, m.$$

虽然求解线性方程组很简单,但是求解二次方程组问题却是 NP 难的.

通常可以将此问题转化为非线性最小二乘问题:

$$\min_{x\in\mathbb{C}^n}\sum_{k=1}^{m}(|\langle\boldsymbol{a}_k, \boldsymbol{x}\rangle|^2-b_k^2)^2$$

这个模型的目标函数是可微(Wirtinger 导数)的四次函数,是非凸优化问题.

另一种方法是相位提升(phase lift). 相位恢复问题本质的困难在于处理二次方程组. 注意到

$$|\langle\boldsymbol{a}_k, \boldsymbol{x}\rangle|^2=\mathrm{Tr}(\boldsymbol{x}\bar{\boldsymbol{x}}^{\mathrm{T}}\boldsymbol{a}_k\bar{\boldsymbol{a}}_k^{\mathrm{T}})$$

令 $\boldsymbol{X}=\boldsymbol{x}\bar{\boldsymbol{x}}^{\mathrm{T}}$,方程组可以转化为

$$\mathrm{Tr}(\boldsymbol{X}\boldsymbol{a}_k\bar{\boldsymbol{a}}_k^{\mathrm{T}})=b_k^2,\ k=1, 2, \cdots, m,\ \boldsymbol{X}\succcurlyeq 0,\ \mathrm{rank}(\boldsymbol{X})=1$$

所以得到优化问题

$$\min_{\boldsymbol{X}} \quad \operatorname{rank}(\boldsymbol{X})$$
$$s.t. \quad \operatorname{Tr}(\boldsymbol{X}\boldsymbol{a}_k\bar{\boldsymbol{a}}_k^{\mathrm{T}})=b_k^2,\ k=1,2,\cdots,m$$
$$\boldsymbol{X}\geqslant 0$$

习　题

习题 2.1. 设 $a_1, a_2, \cdots, a_n$ 是 n 个正数，证明：由

$$\Omega(\boldsymbol{x})=\left(\sum_{i=1}^{n} a_i x_i^2\right)^{\frac{1}{2}}$$

定义的函数 $\Omega:\mathbb{R}^n\rightarrow\mathbb{R}$ 是一个范数.

习题 2.2. 证明：当且仅当 $\boldsymbol{x}$ 和 $\boldsymbol{y}$ 线性相关且 $\boldsymbol{x}^{\mathrm{T}}\boldsymbol{y}\geqslant 0$ 时，才有

$$\|\boldsymbol{x}+\boldsymbol{y}\|_2=\|\boldsymbol{x}\|_2+\|\boldsymbol{y}\|_2$$

习题 2.3. 设 $\|\cdot\|$ 是 $\mathbb{R}^m$ 上的一个向量范数，并且设 $\boldsymbol{A}\in\mathbb{R}^{m\times n}$. 证明：若 $\operatorname{rank}(\boldsymbol{A})=n$，则 $\|\boldsymbol{x}\|_A:=\|\boldsymbol{A}\boldsymbol{x}\|$ 是 $\mathbb{R}^n$ 上的一个向量范数.

习题 2.4. 证明：在 $\mathbb{R}^n$ 上，当且仅当 $\boldsymbol{A}$ 是正定矩阵时，函数 $f(\boldsymbol{x})=(\boldsymbol{x}^{\mathrm{T}}\boldsymbol{A}\boldsymbol{x})^{\frac{1}{2}}$ 是一个向量范数.

习题 2.5. 证明：对任意 $\boldsymbol{A}\in\mathbb{R}^{m\times n}$，由

$$\|\boldsymbol{A}\|_{m_\infty}:=\max_{1\leqslant i\leqslant m,\ 1\leqslant j\leqslant n}|a_{ij}|$$

定义的 $\|\cdot\|_{m_\infty}$ 是 $\mathbb{R}^{m\times n}$ 上的(广义)矩阵范数.

习题 2.6. 求下列矩阵的 1-范数、2-范数和无穷范数：

$$A_1=\begin{bmatrix}1 & 2\\ 1 & 0\end{bmatrix},\ A_2=\begin{bmatrix}-1 & 0\\ 1 & 2\end{bmatrix}$$

习题 2.7. 证明：如果

$$\boldsymbol{A}=[\boldsymbol{a}_1 \quad \boldsymbol{a}_2 \quad \cdots \quad \boldsymbol{a}_n]$$

是按列分块的,那么

$$\|\boldsymbol{A}\|_F^2 = \|\boldsymbol{a}_1\|_2^2 + \|\boldsymbol{a}_2\|_2^2 + \cdots + \|\boldsymbol{a}_n\|_2^2$$

习题 2.8. 证明:$\|\boldsymbol{AB}\|_F \leqslant \|\boldsymbol{A}\|_F\|\boldsymbol{B}\|_F$ 和$\|\boldsymbol{AB}\|_F \leqslant \|\boldsymbol{A}\|_F\|\boldsymbol{B}\|_2$.

习题 2.9. 设$\|\cdot\|$是由向量范数$\|\cdot\|$诱导出的矩阵范数.证明:若 $\boldsymbol{A} \in \mathbb{R}^{n\times n}$ 非奇异,则

$$\|\boldsymbol{A}^{-1}\|^{-1} = \min_{\|\boldsymbol{x}\|=1}\|\boldsymbol{Ax}\|$$

习题 2.10. 设 $\boldsymbol{a}_1=(1, 2, -1)$, $\boldsymbol{a}_2=(-1, 3, 1)$, $\boldsymbol{a}_3=(4, -1, 0)$, 试用正交化过程把这组向量规范正交化.

习题 2.11. 假设 $\boldsymbol{V}^{\mathrm{T}}\boldsymbol{V}=\boldsymbol{I}$, 证明:

$$\|(\boldsymbol{x}_i-\boldsymbol{\mu}_n)-\boldsymbol{V}\boldsymbol{V}^{\mathrm{T}}(\boldsymbol{x}_i-\boldsymbol{\mu}_n)\|_2^2=(\boldsymbol{x}_i-\boldsymbol{\mu}_n)^{\mathrm{T}}(\boldsymbol{x}_i-\boldsymbol{\mu}_n)-(\boldsymbol{x}_i-\boldsymbol{\mu}_n)^{\mathrm{T}}\boldsymbol{V}\boldsymbol{V}^{\mathrm{T}}(\boldsymbol{x}_i-\boldsymbol{\mu}_n)$$

习题 2.12. 令 $\{\boldsymbol{v}_1, \boldsymbol{v}_2, \cdots, \boldsymbol{v}_n\}$ 是子空间$\mathbb{W}$的正交基,且 $\boldsymbol{u}$ 是子空间$\mathbb{W}$内的向量,证明:若 $\boldsymbol{u}=a_1\boldsymbol{v}_1+a_2\boldsymbol{v}_2, +\cdots+a_n\boldsymbol{v}_n$, 则

$$\|\boldsymbol{u}\|^2=|a_1|^2+|a_2|^2+\cdots+|a_n|^2$$

习题 2.13. 考虑两个子空间 $\mathbb{U}_1$和$\mathbb{U}_2$,其中$\mathbb{U}_1$是齐次方程组 $\boldsymbol{A}_1\boldsymbol{x}=\boldsymbol{0}$ 的解空间,$\mathbb{U}_2$是齐次方程组 $\boldsymbol{A}_2\boldsymbol{x}=\boldsymbol{0}$ 的解空间.其中

$$\boldsymbol{A}_1=\begin{bmatrix}1 & 0 & 1\\ 1 & -2 & -1\\ 2 & 1 & 3\\ 1 & 0 & 1\end{bmatrix}, \boldsymbol{A}_2=\begin{bmatrix}3 & -3 & 0\\ 1 & 2 & 3\\ 7 & -5 & 2\\ 3 & -1 & 2\end{bmatrix}$$

(1) 求子空间 $\mathbb{U}_1$, $\mathbb{U}_2$ 的基和维数;

(2) 求子空间 $\mathbb{U}_1\cap\mathbb{U}_2$ 的基.

习题 2.14. 考虑两个子空间 $\mathbb{U}_1$和$\mathbb{U}_2$,其中$\mathbb{U}_1$是 $\boldsymbol{A}_1$ 的列张成的空间,$\mathbb{U}_2$是 $\boldsymbol{A}_2$ 的列张成的空间.其中

$$\boldsymbol{A}_1=\begin{bmatrix}1 & 0 & 1\\ 1 & -2 & -1\\ 2 & 1 & 3\\ 1 & 0 & 1\end{bmatrix}, \boldsymbol{A}_2=\begin{bmatrix}3 & -3 & 0\\ 1 & 2 & 3\\ 7 & -5 & 2\\ 3 & -1 & 2\end{bmatrix}$$

(1) 求子空间 $\mathbb{U}_1, \mathbb{U}_2$ 的基和维数；

(2) 求子空间 $\mathbb{U}_1 \cap \mathbb{U}_2$ 的基.

习题 2.15. 假设 $M, P \in \mathbb{R}^{n\times n}$ 为对称阵，P 为正交阵，

$$\boldsymbol{A}=\begin{bmatrix} \boldsymbol{M} & \boldsymbol{PM} \\ \boldsymbol{MP} & \boldsymbol{PMP} \end{bmatrix} \in \mathbb{R}^{2n\times 2n}$$

(1) 证明：$\boldsymbol{A}^{\mathrm{T}}=\boldsymbol{A}$.

(2) 假设 $\boldsymbol{U} \in \mathbb{R}^{m\times m}$, $\boldsymbol{V} \in \mathbb{R}^{n\times n}$ 是正交矩阵，$\boldsymbol{D} \in \mathbb{R}^{m\times n}$. 证明：$\|\boldsymbol{UDV}\|_2 = \|\boldsymbol{D}\|_2$, $\|\boldsymbol{UDV}\|_F = \|\boldsymbol{D}\|_F$.

(3) 证明：$\|\boldsymbol{A}\|_F = 2\|\boldsymbol{M}\|_F$ 以及 $\|\boldsymbol{A}\|_2 \leqslant 2\|\boldsymbol{M}\|_2$.

(4) 假设 $n=4$, $\boldsymbol{M}=\mathrm{diag}(-2, 1, 0, 0)$, $\boldsymbol{P}=[\boldsymbol{e}_4 \quad \boldsymbol{e}_3 \quad \boldsymbol{e}_2 \quad \boldsymbol{e}_1]$. 证明：$\|\boldsymbol{A}\|_p = 2$, $\forall p \in [1, \infty)$.

习题 2.16. 假设 $\boldsymbol{P} \in \mathbb{R}^{n\times n}$ 是一个非零投影矩阵.

(1) 证明：$\boldsymbol{Py}=\boldsymbol{y}$, $\forall \boldsymbol{y} \in \mathrm{Col}(\boldsymbol{P})$ 以及 $\boldsymbol{Px}-\boldsymbol{x} \in \mathrm{Null}(\boldsymbol{P})$, $\forall \boldsymbol{x} \in \mathbb{R}^n$.

(2) 证明：$\boldsymbol{P}$ 的特征值 $\lambda \in \Lambda(\boldsymbol{P}) \subseteq \{0, 1\}$. 假设 $\mathrm{Col}(\boldsymbol{P})=\mathbf{span}\{u_1, \cdots, u_r\}$, $\mathrm{Null}(\boldsymbol{P})=\mathbf{span}\{v_{r+1}, \cdots, v_n\}$，试找到 $\boldsymbol{P}$ 的特征分解 $\boldsymbol{P}=\boldsymbol{XDX}^{-1}$.

(3) 证明：当 $\boldsymbol{P} \neq \boldsymbol{I}_n$, $\det(\boldsymbol{P})=0$.

(4) 假设 $\boldsymbol{A} \in \mathbb{R}^{n\times m}$, $m \leqslant n$, $\mathrm{rank}(\boldsymbol{A})=m$ 以及 $\boldsymbol{P}=\boldsymbol{A}(\boldsymbol{A}^{\mathrm{T}}\boldsymbol{A})^{-1}\boldsymbol{A}^{\mathrm{T}}$，证明：$\boldsymbol{P}$ 是正交投影矩阵，且 $\mathrm{rank}(\boldsymbol{P})=m$.

习题 2.17. 求向量 $(1, 1, 1)$ 投影到一维子空间 $\mathbf{span}\{(1, -1, 1)\}$ 的正交投影.

习题 2.18. $\mathbb{R}^5$ 的欧氏空间. 子空间 $U \subseteq \mathbb{R}^5$ 和 $\boldsymbol{x} \in \mathbb{R}^5$ 如下：

$$U=\mathbf{span}\left\{\begin{bmatrix}0\\-1\\2\\0\\2\end{bmatrix}, \begin{bmatrix}1\\-3\\1\\-1\\2\end{bmatrix}, \begin{bmatrix}-3\\4\\1\\2\\1\end{bmatrix}, \begin{bmatrix}-1\\-3\\5\\0\\7\end{bmatrix}\right\}, \boldsymbol{x}=\begin{bmatrix}-1\\-9\\-1\\4\\1\end{bmatrix}$$

(1) 确定 $\boldsymbol{x}$ 在子空间 $\mathbb{U}$ 上的正交投影 $\pi_{\mathbb{U}}(\boldsymbol{x})$；

(2) 计算 $\boldsymbol{x}$ 到子空间 $\mathbb{U}$ 的距离 $\mathrm{dist}(\boldsymbol{x}, \mathbb{U})$.

第三章

矩阵分解

在上一章中,我们介绍了向量和矩阵,以及矩阵的范数和内积等基本概念. 我们知道,矩阵既可以把它们看作存放了数据的表格,也可以看作为某种线性变换. 若将矩阵视为数据表格,可以将矩阵看作若干"简单"的数据表格的线性组合,每个简单表格的系数有时可以反映其在组合中的"重要程度". 若是从线性变换的角度看待矩阵,可以将矩阵看作若干个"简单"线性变换的乘积. 我们学习过矩阵的特征分解,已经能感受到这种思想,并且也提到这样的分解是不唯一的. 事实上,对什么样的数据表格是"简单"的,什么样的线性变换是"简单"的可以有不同的理解方式,从而得到不同的矩阵分解方式. 这些分解有助于我们把原本复杂的高阶矩阵,甚至是非方阵矩阵分解成一些简单的具有某些特殊性质的矩阵,进而可以利用这些分解结果去处理大规模线性方程组的求解,最小二乘问题以及特征值和特征向量的计算等,而这些问题是数值线性代数的核心研究课题. 本章将一一介绍常用的矩阵分解方式,包括 LU 分解、正交三角分解(QR)、Cholesky 分解、谱分解和奇异值分解(SVD). 本章的内容概览图如下:

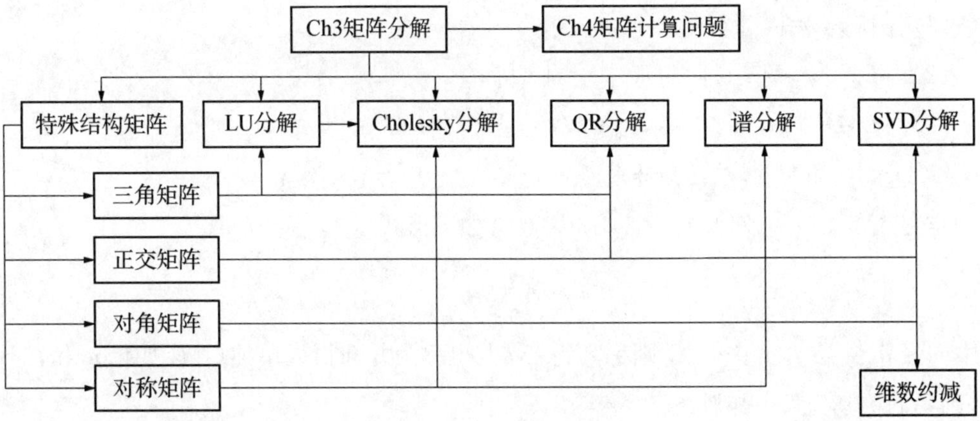

图 3.1 本章内容概览

3.1 数学中常见的具有特殊结构的矩阵

我们已经学习过方阵、对称矩阵、正定矩阵、对角矩阵和上(下)三角矩阵等一些特殊矩阵的概念,这里不再赘述. 下面我们将简要介绍被广泛应用的正交矩阵和秩一矩阵. 这些矩阵将在矩阵的分解中扮演着重要角色.

1. 正交矩阵

正交矩阵(orthogonal matrix)指行向量和列向量是分别标准正交的方阵,即

$$\boldsymbol{A}^{\mathrm{T}}\boldsymbol{A}=\boldsymbol{A}\boldsymbol{A}^{\mathrm{T}}=\boldsymbol{I}$$

从定义上可以看出

$$\boldsymbol{A}^{-1}=\boldsymbol{A}^{\mathrm{T}}$$

正交矩阵求逆,只需对矩阵转置即求得矩阵的逆.

性质 3.1.1. 正交矩阵的正交性 设 $\boldsymbol{A}=[a_1 \quad \cdots \quad a_n]$,并且 $\boldsymbol{A}$ 是一个正交矩阵,那么

$$\boldsymbol{a}_i^{\mathrm{T}}\boldsymbol{a}_j=\begin{cases}1 & \text{如果 } i=j\\ 0 & \text{如果 } i\neq j\end{cases}$$

正交矩阵因为有列正交性,以其作为基底,则可以大大减少我们的计算量.

性质 3.1.2. 和范数有关的性质 如果矩阵 $\boldsymbol{U}\in\mathbb{R}^{m\times m}$, $\boldsymbol{V}\in\mathbb{R}^{n\times n}$ 是正交矩阵, $\boldsymbol{M}\in\mathbb{R}^{m\times n}$, $\boldsymbol{x}\in\mathbb{R}^{m}$

(1) $\|\boldsymbol{U}\|_2=1$, $\|\boldsymbol{U}\|_F=\sqrt{m}$;

(2) $\|\boldsymbol{Ux}\|_2=\|\boldsymbol{x}\|_2$, $\|\boldsymbol{Ux}\|_F=\|\boldsymbol{x}\|_F$;

(3) $\|\boldsymbol{UMV}\|_2=\|\boldsymbol{M}\|_2$, $\|\boldsymbol{UMV}\|_F=\|\boldsymbol{M}\|_F$.

2. Dyads(并向量,单纯矩阵或秩一矩阵)

定义 3.1.1. 矩阵 $\boldsymbol{A}\in\mathbb{R}^{m\times n}$ 如果具有如下形式:

$$\boldsymbol{A}=\boldsymbol{u}\boldsymbol{v}^{\mathrm{T}}$$

其中向量 $\boldsymbol{u}\in\mathbb{R}^{m}$, $\boldsymbol{v}\in\mathbb{R}^{n}$,则称其为 dyad,也称为并向量或单纯矩阵. 如果 $\boldsymbol{u}$ 和 $\boldsymbol{v}$ 不为零,则我们称其为秩一矩阵.

若 $\boldsymbol{A}=\boldsymbol{u}\boldsymbol{v}^{\mathrm{T}}$,则对于输入向量 $\boldsymbol{x}\in\mathbb{R}^{n}$ 有如下作用:

$$\boldsymbol{Ax}=(\boldsymbol{u}\boldsymbol{v}^{\mathrm{T}})\boldsymbol{x}=(\boldsymbol{v}^{\mathrm{T}}\boldsymbol{x})\boldsymbol{u}$$

- 因为 $a_{ij}=u_iv_j$,所以每一行(列)是对应的列(行)的缩放,其中"缩放"由向量 $\boldsymbol{u}(\boldsymbol{v})$ 给出.
- 对于一个给定的 $\boldsymbol{A}=\boldsymbol{u}\boldsymbol{v}^{\mathrm{T}}$,由对应的线性映射 $\boldsymbol{x}\mapsto\boldsymbol{Ax}$ 可知,无论输入 $\boldsymbol{x}$ 是什么,输出

向量始终与 $\boldsymbol{u}$ 共线. 因此,输出向量是 $\boldsymbol{u}$ 的一个缩放,并且缩放量为 $\boldsymbol{v}^{\mathrm{T}}\boldsymbol{x}$,即取决于向量 $\boldsymbol{v}$.

- 对于一个给定的 $\boldsymbol{A}=\boldsymbol{u}\boldsymbol{v}^{\mathrm{T}}$,如果 $\boldsymbol{u}$ 和 $\boldsymbol{v}$ 不为零,则其秩为 1,因为它的像空间都是由 $\boldsymbol{u}$ 生成的,因此把 $\boldsymbol{A}=\boldsymbol{u}\boldsymbol{v}^{\mathrm{T}}$ 称为秩一矩阵.
- 若 $\boldsymbol{A}=\boldsymbol{u}\boldsymbol{v}^{\mathrm{T}}$ 且 $\boldsymbol{A}\in\mathbb{R}^{n\times n}$,则有唯一的非零特征值 $\lambda=\boldsymbol{v}^{\mathrm{T}}\boldsymbol{u}$ 与对应的特征向量 $\boldsymbol{u}$.

对于 $\boldsymbol{A}=\boldsymbol{u}\boldsymbol{v}^{\mathrm{T}}$,我们可以利用欧几里得范数单位化 $\boldsymbol{u}$ 和 $\boldsymbol{v}$,并且用一个系数来衡量 dyad 的大小,以此来标准化 dyad,也即任何 dyad 都可以写成如下正规化的形式:

$$\boldsymbol{A}=\boldsymbol{u}\boldsymbol{v}^{\mathrm{T}}=(\|\boldsymbol{u}\|_2\cdot\|\boldsymbol{v}\|_2)\frac{\boldsymbol{u}}{\|\boldsymbol{u}\|_2}\frac{\boldsymbol{v}^{\mathrm{T}}}{\|\boldsymbol{v}\|_2}=\sigma\tilde{\boldsymbol{u}}\tilde{\boldsymbol{v}}^{\mathrm{T}}$$

其中 $\sigma>0$,并且 $\|\tilde{\boldsymbol{u}}\|=\|\tilde{\boldsymbol{v}}\|=1$.

例 3.1.1. 一般在推荐系统中,数据往往使用“用户—物品”矩阵来表示. 表 3.1 表示了 m 个矩阵,n 个物品的矩阵. 用户对其接触过的物品进行评分,评分表示了用户对于物品的喜爱程度,分数越高,表示用户越喜欢这个物品. 而这个矩阵往往是稀疏的,空白项是用户还未接触到的物品,推荐系统的任务则是选择其中的部分物品推荐给用户. 这就需要对矩阵中的空白项进行补全,因此产生矩阵补全问题.

表 3.1 用户-物品表

	物品 1	物品 2	物品 3	物品 4	物品 5	物品 6	物品 7	物品 8	物品 9	物品 10
用户 1	3					5			2	
用户 2			3		5			2		
用户 3		1		2			5			
用户 4			3					3		5
用户 5	5				2					

矩阵补全问题一般可表示为寻找与观测到数据集合 $\mathbb{E}$ 中所有项匹配的最低秩评分矩阵,形式化如下

$$\begin{aligned}&\min_{\boldsymbol{X}}\quad \operatorname{rank}(\boldsymbol{X})\\&s.t.\quad X_{ij}=M_{ij}\quad \forall i,j\in\mathbb{E}\end{aligned}$$

其中 $\mathbb{E}$ 为可以被观察到评分的(用户,物品)指标集,$\boldsymbol{M}$ 为观察评分矩阵,M_{ij} 为观测到的用户 i 对物品 j 的评分,$\boldsymbol{X}$ 为预测评分矩阵,X_{ij} 为预测的用户 i 对物品 j 的评分.

或者转化为限定在秩为 r 的条件下，求矩阵使得观测到的评分与预测的评分矩阵对应项最接近：

$$\min_{\boldsymbol{X}} \quad \sum_{ij}(X_{ij}-M_{ij})^2 \quad \forall i,\ j\in\mathbb{E}$$
$$s.t. \quad \operatorname{rank}(\boldsymbol{X})=r$$

利用秩一分解，将 $\boldsymbol{X}$ 看作 $\sum_{k=1}^{r}\boldsymbol{f}_k\boldsymbol{g}_k^{\mathrm{T}}$，则 $X_{ij}=\sum_k\boldsymbol{f}_k[i]\boldsymbol{g}_k[j]$，优化问题可以进一步写作：

$$\min_{\boldsymbol{f}_k,\ \boldsymbol{g}_k,\ 1\leqslant k\leqslant r}\sum_{ij}\left(\sum_{k=1}^{r}\boldsymbol{f}_k[i]\boldsymbol{g}_k[j]-\boldsymbol{M}_{ij}\right)^2 \quad \forall i,\ j\in\mathbb{E}$$

3. 分块矩阵

任何矩阵都可以分成具有相容维的若干块或子矩阵的分块形式：

$$\boldsymbol{A}=\begin{bmatrix}\boldsymbol{A}_{11} & \boldsymbol{A}_{12}\\ \boldsymbol{A}_{21} & \boldsymbol{A}_{22}\end{bmatrix}$$

所谓相容维就是指 $\boldsymbol{A}_{11}$，$\boldsymbol{A}_{12}$ 行数一样，$\boldsymbol{A}_{11}$，$\boldsymbol{A}_{21}$ 列数一样. 当 $\boldsymbol{A}$ 是方阵，并且 $\boldsymbol{A}_{12}=\boldsymbol{O}$，$\boldsymbol{A}_{21}=\boldsymbol{O}$，那么称 $\boldsymbol{A}$ 为块对角矩阵：

$$\boldsymbol{A}=\begin{bmatrix}\boldsymbol{A}_{11} & \boldsymbol{O}\\ \boldsymbol{O} & \boldsymbol{A}_{22}\end{bmatrix}$$

接下来我们看看分块对角矩阵特征值和块对角矩阵特征值的关系. 若 $\boldsymbol{A}$ 为块对角矩阵，用 $\lambda(\boldsymbol{A})$ 表示 $\boldsymbol{A}$ 的特征值集合. 显然，它是 $\boldsymbol{A}_{11}$ 和 $\boldsymbol{A}_{22}$ 特征值集合 $\lambda(\boldsymbol{A}_{11})$ 和 $\lambda(\boldsymbol{A}_{22})$ 的并集，也即

$$\lambda(\boldsymbol{A})=\lambda(\boldsymbol{A}_{11})\cup\lambda(\boldsymbol{A}_{22})$$

一个块对角矩阵是可逆的，当且仅当它的每个对角块是可逆的，并且

$$\begin{bmatrix}\boldsymbol{A}_{11} & \boldsymbol{O}\\ \boldsymbol{O} & \boldsymbol{A}_{22}\end{bmatrix}^{-1}=\begin{bmatrix}\boldsymbol{A}_{11}^{-1} & \boldsymbol{O}\\ \boldsymbol{O} & \boldsymbol{A}_{22}^{-1}\end{bmatrix}$$

除了块对角矩阵，还有分块三角矩阵. 分块方阵 $\boldsymbol{A}$，如果 $\boldsymbol{A}_{21}=\boldsymbol{O}$，称之为分块上三角矩阵；如果 $\boldsymbol{A}_{12}=\boldsymbol{O}$，称之为分块下三角矩阵.

若 $\boldsymbol{A}$ 为分块三角矩阵，用 $\lambda(\boldsymbol{A})$ 表示 $\boldsymbol{A}$ 的特征值集合，同样有：

$$\lambda(\boldsymbol{A})=\lambda(\boldsymbol{A}_{11})\cup\lambda(\boldsymbol{A}_{22})$$

下面我们给出分块三角矩阵的逆和分块矩阵的逆.

命题 3.1.1.　非退化的分块三角矩阵的逆可以表示为：

$$\begin{bmatrix}\boldsymbol{A}_{11} & \boldsymbol{O}\\ \boldsymbol{A}_{21} & \boldsymbol{A}_{22}\end{bmatrix}^{-1}=\begin{bmatrix}\boldsymbol{A}_{11}^{-1} & \boldsymbol{O}\\ -\boldsymbol{A}_{22}^{-1}\boldsymbol{A}_{21}\boldsymbol{A}_{11}^{-1} & \boldsymbol{A}_{22}^{-1}\end{bmatrix}$$

$$\begin{bmatrix}\boldsymbol{A}_{11} & \boldsymbol{A}_{12}\\ \boldsymbol{O} & \boldsymbol{A}_{22}\end{bmatrix}^{-1}=\begin{bmatrix}\boldsymbol{A}_{11}^{-1} & -\boldsymbol{A}_{11}^{-1}\boldsymbol{A}_{12}\boldsymbol{A}_{22}^{-1}\\ \boldsymbol{O} & \boldsymbol{A}_{22}^{-1}\end{bmatrix}$$

这可以通过矩阵乘积来验证上述公式. 当然也可以通过对下列分块矩阵的逆矩阵公式取特殊情形来得到. 所以接下来就看一下分块矩阵的逆的解.

命题 3.1.2.　考虑非退化分块矩阵

$$\boldsymbol{A}=\begin{bmatrix}\boldsymbol{A}_{11} & \boldsymbol{A}_{12}\\ \boldsymbol{A}_{21} & \boldsymbol{A}_{22}\end{bmatrix}$$

其中 $\boldsymbol{A}_{11}$ 和 $\boldsymbol{A}_{22}$ 是方阵并且可逆. 令 $\boldsymbol{S}_1=\boldsymbol{A}_{11}-\boldsymbol{A}_{12}\boldsymbol{A}_{22}^{-1}\boldsymbol{A}_{21}$，$\boldsymbol{S}_2=\boldsymbol{A}_{22}-\boldsymbol{A}_{21}\boldsymbol{A}_{11}^{-1}\boldsymbol{A}_{12}$，我们可以通过待定系数法来求解 $\boldsymbol{A}^{-1}$，得到

$$\begin{aligned}\begin{bmatrix}\boldsymbol{A}_{11} & \boldsymbol{A}_{12}\\ \boldsymbol{A}_{21} & \boldsymbol{A}_{22}\end{bmatrix}^{-1}&=\begin{bmatrix}\boldsymbol{S}_1^{-1} & -\boldsymbol{A}_{11}^{-1}\boldsymbol{A}_{12}\boldsymbol{S}_2^{-1}\\ -\boldsymbol{A}_{22}^{-1}\boldsymbol{A}_{21}\boldsymbol{S}_1^{-1} & \boldsymbol{S}_2^{-1}\end{bmatrix}\\ &=\begin{bmatrix}\boldsymbol{S}_1^{-1} & -\boldsymbol{S}_1^{-1}\boldsymbol{A}_{12}\boldsymbol{A}_{22}^{-1}\\ -\boldsymbol{S}_2^{-1}\boldsymbol{A}_{21}\boldsymbol{A}_{11}^{-1} & \boldsymbol{S}_2^{-1}\end{bmatrix}\end{aligned}$$

引理 3.1.1.　**(矩阵求逆引理)** 假设 $\boldsymbol{A}_{11}$ 和 $\boldsymbol{A}_{22}$ 分别是 $n\boldsymbol{A}_{11}\times n\boldsymbol{A}_{11}$ 和 $n\boldsymbol{A}_{22}\times n\boldsymbol{A}_{22}$ 阶方阵并且可逆，$\boldsymbol{A}_{12}$ 和 $\boldsymbol{A}_{21}$ 分别是 $n\boldsymbol{A}_{11}\times n\boldsymbol{A}_{22}$ 和 $n\boldsymbol{A}_{22}\times n\boldsymbol{A}_{11}$ 阶矩阵，则如下等式成立：

$$(\boldsymbol{A}_{11}-\boldsymbol{A}_{12}\boldsymbol{A}_{22}^{-1}\boldsymbol{A}_{21})^{-1}=\boldsymbol{A}_{11}^{-1}+\boldsymbol{A}_{11}^{-1}\boldsymbol{A}_{12}(\boldsymbol{A}_{22}-\boldsymbol{A}_{21}\boldsymbol{A}_{11}^{-1}\boldsymbol{A}_{12})^{-1}\boldsymbol{A}_{21}\boldsymbol{A}_{11}^{-1}\tag{3.1}$$

上式也即 $\boldsymbol{S}_1$ 的逆的表达式. 类似的也可得 $\boldsymbol{S}_2$ 的逆的表达式.

令矩阵求逆引理中 $\boldsymbol{A}_{11}=\boldsymbol{E}$，$\boldsymbol{A}_{12}=-\boldsymbol{F}$，$\boldsymbol{A}_{22}^{-1}=\boldsymbol{G}$，$\boldsymbol{A}_{21}=\boldsymbol{H}$ 可得以下 Woodbury 公式.

推论 3.1.1.　**(*Woodbury* 公式)** 假设 $\boldsymbol{E}$ 和 $\boldsymbol{G}$ 分别是 $n_{\boldsymbol{E}}\times n_{\boldsymbol{E}}$ 和 $n_{\boldsymbol{G}}\times n_{\boldsymbol{G}}$ 阶方阵并且可逆，$\boldsymbol{F}$ 和 $\boldsymbol{H}$ 分别是 $n_{\boldsymbol{E}}\times n_{\boldsymbol{G}}$ 和 $n_{\boldsymbol{G}}\times n_{\boldsymbol{E}}$ 阶矩阵，则如下等式成立：

$$(\boldsymbol{E}+\boldsymbol{FGH})^{-1}=\boldsymbol{E}^{-1}-\boldsymbol{E}^{-1}\boldsymbol{F}(\boldsymbol{G}^{-1}+\boldsymbol{HE}^{-1}\boldsymbol{F})^{-1}\boldsymbol{HE}^{-1}$$

矩阵求逆引例中的公式和 Woodbury 公式本质上是同一个公式，如果我们对公式中的四个矩阵取特殊情形还可得一个著名的公式：Sherman-Morrison 公式.

推论 3.1.2. (***Sherman-Morrison* 公式**)设矩阵 $\boldsymbol{A}\in\mathbb{R}^{n\times n}$，$\boldsymbol{u}$，$\boldsymbol{v}\in\mathbb{R}^{n}$，如果我们令矩阵求逆引理公式(3.1)中

$$\boldsymbol{A}_{11}=\boldsymbol{A},\ \boldsymbol{A}_{12}=\boldsymbol{u},\ \boldsymbol{A}_{22}=-1,\ \boldsymbol{A}_{21}=\boldsymbol{v}^{\mathrm{T}}$$

则可以得到如下等式：

$$(\boldsymbol{A}+\boldsymbol{uv}^{\mathrm{T}})^{-1}=\boldsymbol{A}^{-1}-\frac{\boldsymbol{A}^{-1}\boldsymbol{uv}^{\mathrm{T}}\boldsymbol{A}^{-1}}{1+\boldsymbol{v}^{\mathrm{T}}\boldsymbol{A}^{-1}\boldsymbol{u}}$$

这个式子让我们能够计算矩阵 $\boldsymbol{A}$ 的秩一扰动的逆，并且计算仅仅依赖于 $\boldsymbol{A}$ 的逆. Sherman-Morrison 公式可用于拟牛顿迭代法的 BFGS 公式的推导.

一个更有趣的性质是矩阵 $\boldsymbol{A}$ 的秩一扰动和原矩阵的秩的变化不超过 1. 这个事实不仅仅对方阵成立，对一般的矩阵也成立. 我们有如下定理

定理 3.1.1. 令 $\boldsymbol{A}\in\mathbb{R}^{m\times n}$，$\boldsymbol{q}\in\mathbb{R}^{m}$，$\boldsymbol{p}\in\mathbb{R}^{n}$ 则有

$$|\operatorname{rank}(\boldsymbol{A})-\operatorname{rank}(\boldsymbol{A}+\boldsymbol{qp}^{\mathrm{T}})|\leqslant 1$$

这个定理证明可利用线性代数基本定理来实现. 这个定理在 Matrix Completion 类问题中有重要应用，比如欧几里得距离矩阵的完备化问题.

3.2 数据科学中常见的矩阵

现实世界的对象，除了用数值型向量表示数据之外，也可以用网络和图进行表达. 事实上，网络和图是表示现实世界各种对象关系和相互作用过程的数据结构. 比如社交网络、通信网络表达人与人间的相互关系，而蛋白质相互作用网络表达蛋白质间的相互作用关系，甚至病毒传播、单词共现、图像都可以看作一个网络.

3.2.1 图的矩阵

网络可以抽象出图结构. 图结构可以说是无处不在. 通过对它们的分析，我们可以深入了解社会结构、语言和不同的交流模式，因此图一直是学界研究的热点. 图是点和边的集合，是网络表达的结构化和抽象化. 现实世界的对象可以看成网络和图中的“点”，关系

或相互作用可以通过点与点相连的“边”以及给边赋予“权重”和“方向”来进一步表达关系的“远近亲疏、重要程度和因果关系”. 图一般可以按照边是否有向分为无向图和有向图；按照边是否有权重分为无权图和加权图；按照点与点的连接关系分为完全图和二分图等.

从数据科学的角度看，图分析任务包括节点分类、链接预测、聚类、降维或可视化等. 实现任务的相应模型包括随机游走、相似性方法、最大似然和概率模型、属性基方法、嵌入方法等. 我们以谱聚类方法为例，介绍图和矩阵的关系.

例 3.2.1. 设有数据集 $\mathbb{X}=\{(1,3),(1,4),(2,4),(3,2),(2,1),(3,1)\}$，如图 3.2(a)所示. 我们希望能够通过某一种方式将这 6 个点自动地分成两类，如图 3.2(b)所示. 我们可以将每一个顶点和它距离最近的 3 个顶点进行连接得到图 3.2(c). 从而将问题转化为研究图上顶点聚类.

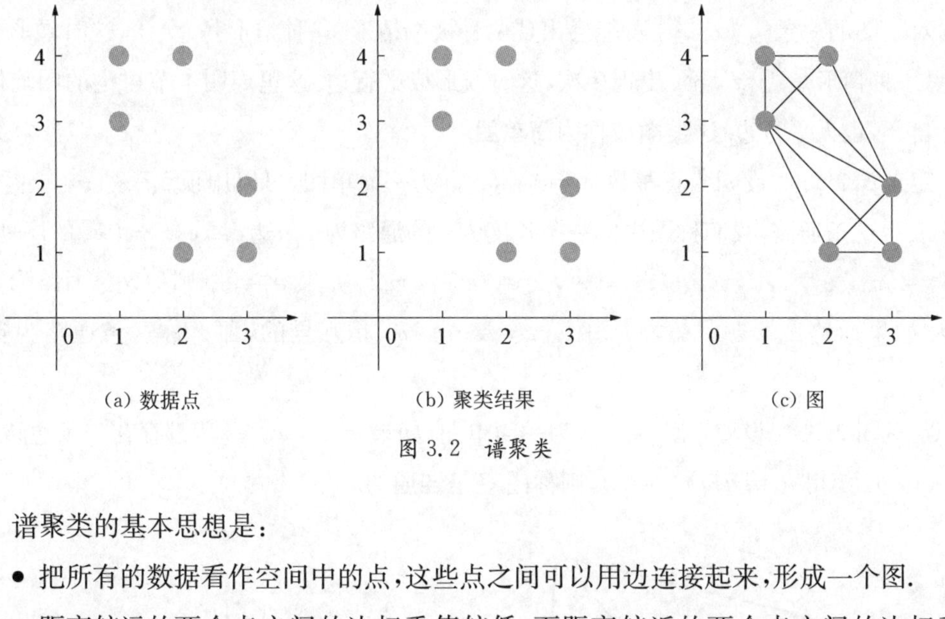

(a) 数据点　　(b) 聚类结果　　(c) 图

图 3.2 谱聚类

谱聚类的基本思想是：

- 把所有的数据看作空间中的点，这些点之间可以用边连接起来，形成一个图.
- 距离较远的两个点之间的边权重值较低，而距离较近的两个点之间的边权重值较高.
- 通过对所有数据点组成的图进行切图，让切图后不同的子图间边权重和尽可能的低，而子图内的边权重和尽可能的高，从而达到聚类的目的.

谱聚类解决如何发现并表示点与点之间，点与边之间关系的问题. 而点与边之间，点与点之间可以通过关联矩阵、邻接矩阵、度矩阵和拉普拉斯矩阵来描述.

大部分图分析任务中的模型可以直接定义在原始图的邻接矩阵或由邻接矩阵和度矩

阵导出的拉普拉斯矩阵上.下面我们介绍图以及相关矩阵的概念.

1. 图的基本概念回顾

图是由一些节点和连接这些节点的边组成的离散结构.

定义 3.2.1. 一张图 $\mathcal{G}$ 是一个二元组,$\mathcal{G}=(\mathbb{V}, \mathbb{E})$ 是由节点集合 $\mathbb{V}=\{v_1, v_2, \cdots, v_n\}$ 和边集 $\mathbb{E}$ 组成的,其中 $\mathbb{E}$ 中的元素是一个二元对 $\{x, y\}$, $x, y \in \mathbb{V}$.

(1) 对于无向图而言,$\{x, y\}$ 是无序对,$\{x, y\}$ 和 $\{y, x\}$ 是 $\mathbb{E}$ 中的同一个元素,表示点 x 和 y 有一条边相连.

(2) 对于有向图,$\{x, y\}$ 表示有一条由 x 指向 y 的有向边,和 $\{y, x\}$ 是 $\mathbb{E}$ 中不同的元素.

(3) 如果图 $\mathcal{G}=(\mathbb{V}, \mathbb{E})$ 中每一条边 $\{v_i, v_j\}$, $1 \leqslant i, j \leqslant n$,都被赋予一个权重 w_{ij},则称这样的图为**加权图**或**赋权图**.

对于图的一条边 $\{x, y\}$ 可能会出现两种极端情形.一种情形是 $x=y$,这时候形成自环;另一种情形是边 $\{x, y\}$ 出现多次,这时候形成平行边.这里声明本节讨论的图均假定既无自环,也无平行边.这类图被称为**简单图**.

定义 3.2.2. 设 n 为正整数,$\mathcal{G}=(\mathbb{V}, \mathbb{E})$ 为一简单图,可以用顶点序列 $v_0, v_1, \cdots, v_n$ 来表示这条通路,我们称图中的一条长度为 n 的**通路**为 n 条边 $e_1, e_2, \cdots, e_n$ 的序列,其中 $e_1=\{v_0, v_1\}$, $e_2=\{v_1, v_2\}$, $\cdots$, $e_n=\{v_{n-1}, v_n\}$.如果 $v_0=v_n$ 则称这条通路为一条**回路**.如果通路 $v_0, v_1, \cdots, v_n$ 中 $v_1, v_2, \cdots, v_n$ 是互异的,那么称这条通路为**简单通路**.

定义 3.2.3. 设 $\mathcal{G}=(\mathbb{V}, \mathbb{E})$ 为一简单图,如果 $\forall u_1, u_2 \in \mathbb{V}$ 都存在一条通路 $v_0, v_1, \cdots, v_n$ 使得 $v_0=u_1$, $v_n=u_2$,则称图 $\mathcal{G}$ 是**连通**的.

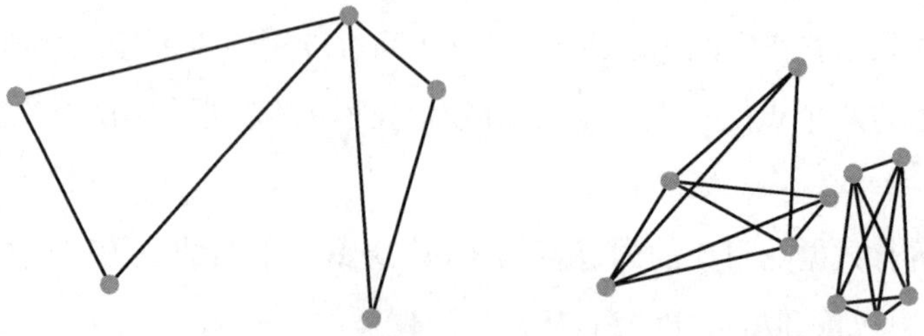

(a) 连通图　　(b) 非连通图

图 3.3 连通图和非连通图

定义 3.2.4. 设图 $\mathcal{G}=(\mathbb{V}_{\mathcal{G}}, \mathbb{E}_{\mathcal{G}})$, $\mathcal{H}=(\mathbb{V}_{\mathcal{H}}, \mathbb{E}_{\mathcal{H}})$,如果 $\mathbb{V}_{\mathcal{H}} \subseteq \mathbb{V}_{\mathcal{G}}$ 且 $\mathbb{E}_{\mathcal{H}} \subseteq \mathbb{E}_{\mathcal{G}}$,那

么我们称图 $\mathcal{H}$ 为 $\mathcal{G}$ 的子图.

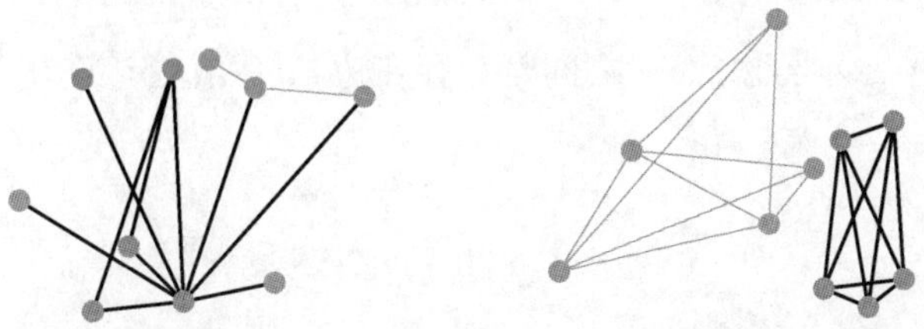

(a) 子图　(b) 连通分量

图 3.4　子图

定义 3.2.5.　设图 $\mathcal{H}=(\mathbb{V}_{\mathcal{H}}, \mathbb{E}_{\mathcal{H}})$ 是图 $\mathcal{G}=(\mathbb{V}_{\mathcal{G}}, \mathbb{E}_{\mathcal{G}})$ 的子图. 如果 $\forall v \in \mathbb{V}_{\mathcal{H}}, u \in \mathbb{V}_{\mathcal{G}}/\mathbb{V}_{\mathcal{H}}$ 都满足 $\{v, u\} \notin \mathbb{E}_{\mathcal{G}}$,则称 $\mathcal{H}$ 是图 $\mathcal{G}$ 的一个连通分量.

定理 3.2.1.　如果图 $\mathcal{G}=(\mathbb{V}, \mathbb{E})$ 是一连通图,那么图 $\mathcal{G}$ 有唯一的连通分量为自身.

本节如无特殊说明,一般讨论的是连通图,只有一个连通分量.

2. 有向图的矩阵

定义 3.2.6.　设有向图 $\mathcal{G}=(\mathbb{V}, \mathbb{E})$,所有顶点的排列为 $v_1, v_2, \cdots, v_m$,所有边的排列为 $e_1, e_2, \cdots, e_n$,其中 $m=|\mathbb{V}|$ 表示顶点数,$n=|\mathbb{E}|$ 表示边数,用 b_{ij} 表示顶点 v_i 与边 e_j 关联的次数,其中 b_{ij} 定义为

$$b_{ij}=\begin{cases}1 & v_i \text{ 是边 } e_j \text{ 的起点}\\ -1 & v_i \text{ 是边 } e_j \text{ 的终点}\\ 0 & \text{其他}\end{cases}$$

则称所得的矩阵 $\boldsymbol{B}=(b_{ij})_{m\times n}$ 为有向图 $\mathcal{G}$ 的关联矩阵.

例 3.2.2.　物品、交通、电荷和信息等网络可以表示成一个由 m 个顶点和 n 条有向边构成的有向图. 我们可以通过顶点-边的 $m\times n$ 关联矩阵来描述这样的网络. 图 3.5 是一个具有 4 个顶点和 4 条边的网络例子,其顶点-边的关联矩阵是:

$$\boldsymbol{B}=\begin{bmatrix}-1 & -1 & 0 & 0\\ 1 & 0 & -1 & -1\\ 0 & 1 & 1 & 0\\ 0 & 0 & 0 & 1\end{bmatrix}$$

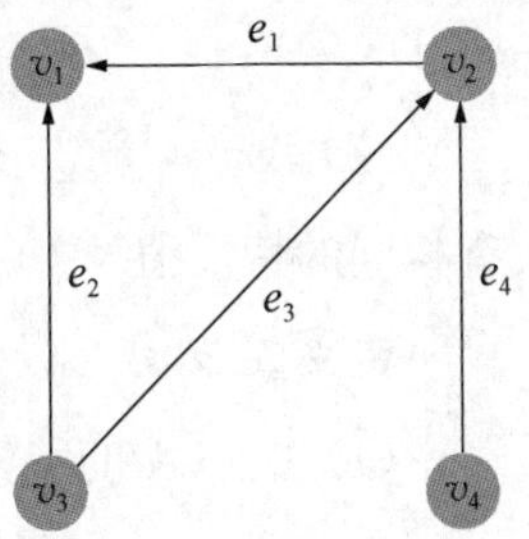

图 3.5　一个有 4 个顶点的图

3. 无向图相关的矩阵

定义 3.2.7. 设图 $\mathcal{G}=(\mathbb{V}, \mathbb{E})$,我们把图 $\mathcal{G}$ 的顶点排列成 $v_1, v_2, \cdots, v_n$, $n=|\mathbb{V}|$. 用 a_{ij} 表示顶点 v_i 与顶点 v_j 之间是否存在边,其中 a_{ij} 定义为

$$a_{ij}=\begin{cases}1 & \{v_i, v_j\}\in\mathbb{E}\\ 0 & \{v_i, v_j\}\notin\mathbb{E}\end{cases}$$

则称所得的矩阵 $\boldsymbol{A}=(a_{ij})_{n\times n}$ 为无向图$\mathcal{G}$的**邻接矩阵**. 我们把节点 v_i 相邻节点的数量称为 v_i 的**度**,记为 $d(v_i)$,则 $d(v_i)=\sum_j a_{ij}$,图 $\mathcal{G}$ 的度矩阵 $\boldsymbol{D}=(d_{ij})_{n\times n}$ 定义为

$$d_{ij}=\begin{cases}d(v_i) & i=j\\ 0 & i\neq j\end{cases}$$

例 3.2.3. 图 3.2(c)所对应的邻接矩阵和度矩阵分别为

$$\boldsymbol{A}=\begin{bmatrix}0&1&1&1&0&0\\1&0&1&1&0&0\\1&1&0&1&1&1\\1&1&1&0&1&1\\0&0&1&1&0&1\\0&0&1&1&1&0\end{bmatrix},\ \boldsymbol{D}=\begin{bmatrix}3&0&0&0&0&0\\0&3&0&0&0&0\\0&0&5&0&0&0\\0&0&0&5&0&0\\0&0&0&0&3&0\\0&0&0&0&0&3\end{bmatrix}$$

性质 3.2.1. 设无向图 $\mathcal{G}=(\mathbb{V}, \mathbb{E})$ 对应于顶点排列 $v_1, v_2, \cdots, v_n$ 的邻接矩阵为 $\boldsymbol{A}$,其中 $n=|\mathbb{V}|$,则 $\boldsymbol{A}$ 有以下性质:

(1) $\boldsymbol{A}$ 是对称矩阵,即 $\boldsymbol{A}=\boldsymbol{A}^{\mathrm{T}}$.

(2) $\boldsymbol{A}$ 有 n 个实特征值,其中一定有最大特征值 λ_1 是单重特征值,且满足 $\lambda_1\leqslant\max_{v\in\mathbb{V}} d(v)$.

(3) 设 $\hat{v}_1, \hat{v}_2, \cdots, \hat{v}_n$ 为图$\mathcal{G}$节点的另一种排列,其对应的邻接矩阵为$\hat{\boldsymbol{A}}$,则$\boldsymbol{A}$与$\hat{\boldsymbol{A}}$具有相同的特征值.

定义 3.2.8. 设图 $\mathcal{G}=(\mathbb{V}, \mathbb{E})$ 的邻接矩阵为 $\boldsymbol{A}$,则称

(1) 矩阵 $\boldsymbol{A}$ 的特征值为图 $\mathcal{G}$ 的特征值.

(2) 矩阵 $\boldsymbol{A}$ 的谱为图 $\mathcal{G}$ 的谱.

例 3.2.4. 在例 3.2.3 中的邻接矩阵的特征值从小到大分别为

$$\lambda_1 = -1.82842712$$
$$\lambda_2 = \lambda_3 = \lambda_4 = -1$$
$$\lambda_5 = 1$$
$$\lambda_6 = 3.82842712$$

所以图 3.2(c)的特征值为 λ_i，$i=1$，…，6，其谱为 λ_6.

定义 3.2.9.　设无向图 $\mathcal{G}=(\mathbb{V},\mathbb{E})$ 的邻接矩阵和度矩阵分别为 $\boldsymbol{A}$ 和 $\boldsymbol{D}$，我们称矩阵 $\boldsymbol{L}=\boldsymbol{D}-\boldsymbol{A}$ 为图 $\mathcal{G}$ 的**拉普拉斯矩阵**.

例 3.2.5.　图 3.2(c)对应的拉普拉斯矩阵为

$$\boldsymbol{L}=\boldsymbol{D}-\boldsymbol{A}=\begin{bmatrix} 3 & -1 & -1 & -1 & 0 & 0 \\ -1 & 3 & -1 & -1 & 0 & 0 \\ -1 & -1 & 5 & -1 & -1 & -1 \\ -1 & -1 & -1 & 5 & -1 & -1 \\ 0 & 0 & -1 & -1 & 3 & -1 \\ 0 & 0 & -1 & -1 & -1 & 3 \end{bmatrix}$$

定义 3.2.10.　设无向图 $\mathcal{G}=(\mathbb{V},\mathbb{E})$ 的邻接矩阵和度矩阵分别为 $\boldsymbol{A}$ 和 $\boldsymbol{D}$. 称矩阵

$$\widetilde{\boldsymbol{L}}=\boldsymbol{D}^{-\frac{1}{2}}\boldsymbol{L}\boldsymbol{D}^{-\frac{1}{2}}=\boldsymbol{I}-\boldsymbol{D}^{-\frac{1}{2}}\boldsymbol{A}\boldsymbol{D}^{-\frac{1}{2}}$$

为图 $\mathcal{G}$ 的**正规化的拉普拉斯矩阵**.

例 3.2.6.　上例对应的正规化拉普拉斯矩阵为

$$\boldsymbol{L}=\begin{bmatrix} 1 & -1/3 & -1/\sqrt{15} & -1/\sqrt{15} & 0 & 0 \\ -1/3 & 1 & -1/\sqrt{15} & -1/\sqrt{15} & 0 & 0 \\ -1/\sqrt{15} & -1/\sqrt{15} & 1 & -1/5 & -1/\sqrt{15} & -1/\sqrt{15} \\ -1/\sqrt{15} & -1/\sqrt{15} & -1/5 & 1 & -1/\sqrt{15} & -1/\sqrt{15} \\ 0 & 0 & -1/\sqrt{15} & -1/\sqrt{15} & 1 & -1/3 \\ 0 & 0 & -1/\sqrt{15} & -1/\sqrt{15} & -1/3 & 1 \end{bmatrix}$$

性质 3.2.2.　设有向无权图 $\mathcal{G}$ 的关联矩阵为 $\boldsymbol{B}$，其对应的无向图的拉普拉斯矩阵为 $\boldsymbol{L}$，则 $\boldsymbol{L}$ 和 $\boldsymbol{B}$ 满足以下关系：

$$\boldsymbol{L}=\boldsymbol{B}\boldsymbol{B}^{\mathrm{T}}$$

例 3.2.7. 图 3.5 对应的拉普拉斯矩阵为

$$\boldsymbol{L}=\boldsymbol{D}-\boldsymbol{A}=\begin{bmatrix}2 & -1 & -1 & 0\\ -1 & 3 & -1 & -1\\ -1 & -1 & 2 & 0\\ 0 & -1 & 0 & 1\end{bmatrix}$$

易验证，$\boldsymbol{L}=\boldsymbol{B}\boldsymbol{B}^{\mathrm{T}}$.

4. 加权图相关的矩阵

在实际问题中，权重 W_{ij} 通常是具有某种含义的数值，比如在聚类中是衡量节点远近关系的距离度量数值. 对于例 3.2.1 中的聚类例子，目的是要把它聚成两类. 从例 3.2.5 的拉普拉斯矩阵中可以发现，第 3 个节点和第 4 个节点是对称的. 也就是说，如果仅仅根据这个无向图的拉普拉斯矩阵，可以把数据聚成{1, 2, 3}, {4, 5, 6}这两类，也就可以聚成{1, 2, 4}, {3, 5, 6}这样两类. 但是后者显然不是很合理. 这主要因为我们前面定义的邻接矩阵并没有对连接两个顶点的边的长度进行区别考虑. 所以，在实际的聚类中，我们要考虑对边进行赋权，构建权重相关的邻接矩阵和拉普拉斯矩阵.

定义 3.2.11. 设加权图 $\mathcal{G}=(\mathbb{V},\mathbb{E})$，把图 $\mathcal{G}$ 的顶点排列成 $v_1, v_2, \cdots, v_n$, $n=|\mathbb{V}|$，将图 $\mathcal{G}$ 的邻接矩阵 $\boldsymbol{A}=(a_{ij})_{n\times n}$ 定义为

$$a_{ij}=\begin{cases}w_{i,j} & \{v_i, v_j\}\in\mathbb{E}\\ 0 & \{v_i, v_j\}\notin\mathbb{E}\end{cases}$$

其中 $w_{i,j}$ 是边 $\{v_i, v_j\}$, $i, j=1, \cdots, n$ 上的权重. 这样的矩阵称为**加权图的邻接矩阵**.

在实际问题中，权重的定义方式多种多样. 在聚类中，一种较为常用的权重定义方式是使用高斯核

$$w_{ij}=e^{-\frac{\|v_i-v_j\|_2^2}{2\sigma^2}}$$

其中 $\|v_i-v_j\|_2$ 表示顶点 v_i 和 v_j 的欧氏距离，σ 是一参数，用于调节顶点间距离到权重的映射值.

定义 3.2.12. 设加权图 $\mathcal{G}=(\mathbb{V},\mathbb{E})$，我们把图 $\mathcal{G}$ 的顶点排列成 $v_1, v_2, \cdots, v_n$, $n=|\mathbb{V}|$，顶点 v_i 的带权度数定义为 $d(v_i)=\sum_j w_{ij}$，其中 w_{ij} 是边 $\{v_i, v_j\}$, $i, j=$

1，…，n 上的权重，加权图的度矩阵 $D=(d_{ij})_{n\times n}$ 定义为

$$d_{ij}=\begin{cases}d(v_i) & i=j\\ 0 & i\neq j\end{cases}$$

定义 3.2.13.　设加权图 $\mathcal{G}=(\mathbb{V},\mathbb{E})$ 的邻接矩阵和度矩阵分别为 $\boldsymbol{A}$ 和 $\boldsymbol{D}$，我们称 $\boldsymbol{L}=\boldsymbol{D}-\boldsymbol{A}$ 为加权图的**拉普拉斯矩阵**.

定义 3.2.14.　设加权图 $\mathcal{G}=(\mathbb{V},\mathbb{E})$ 的邻接矩阵和度矩阵分别为 $\boldsymbol{A}$ 和 $\boldsymbol{D}$，我们称矩阵

$$\widetilde{\boldsymbol{L}}=\boldsymbol{D}^{-\frac{1}{2}}\boldsymbol{L}\boldsymbol{D}^{-\frac{1}{2}}=\boldsymbol{I}-\boldsymbol{D}^{-\frac{1}{2}}\boldsymbol{A}\boldsymbol{D}^{-\frac{1}{2}}$$

为加权图的**正规化拉普拉斯矩阵**.

对于一个加权图，如果我们令图上所有边的权重变为原来的 k 倍，$k\neq 0$. 那么显然对于未正规化的拉普拉斯矩阵 $\boldsymbol{L}$ 将变为 $k\boldsymbol{L}$. 而正规化的拉普拉斯矩阵 $\widetilde{\boldsymbol{L}}$ 则不会发生变化. 这是因为

$$\widetilde{L}_{ij}=\frac{L_{ij}}{\sqrt{d(v_i)d(v_j)}}=\frac{kL_{ij}}{\sqrt{kd(v_i)kd(v_j)}}$$

因此正规化的拉普拉斯矩阵更为常用，它能够避免权重绝对值大小的影响.

例 3.2.8.　如果使用高斯核 $(\sigma=1)$ 来给例 3.2.1 中图 3.2(c)上的边进行赋权，则可得到如下拉普拉斯矩阵：

$$\boldsymbol{L}=\begin{bmatrix}1.231 & -0.607 & -0.607 & -0.018 & 0 & 0\\ -0.607 & 1.056 & -0.368 & -0.082 & 0 & 0\\ -0.607 & -0.368 & 1.157 & -0.082 & -0.082 & -0.018\\ -0.018 & -0.082 & -0.082 & 1.157 & -0.368 & -0.607\\ 0 & 0 & -0.082 & -0.368 & 1.056 & -0.607\\ 0 & 0 & -0.018 & -0.607 & -0.607 & 1.231\end{bmatrix}$$

性质 3.2.3.　设权重为正的加权图 $\mathcal{G}=(\mathbb{V},\mathbb{E})$ 对应于顶点排列 $v_1,v_2,\cdots,v_n$ 的拉普拉斯矩阵和正规化拉普拉斯矩阵分别为 $\boldsymbol{L}$ 和 $\widetilde{\boldsymbol{L}}$，其中 $n=|\mathbb{V}|$，则 $\boldsymbol{L}$ 和 $\widetilde{\boldsymbol{L}}$ 有以下性质：

(1) $\boldsymbol{L}$ 和 $\widetilde{\boldsymbol{L}}$ 是对称矩阵，即有 $\boldsymbol{L}=\boldsymbol{L}^{\mathrm{T}}$ 和 $\widetilde{\boldsymbol{L}}=\widetilde{\boldsymbol{L}}^{\mathrm{T}}$.

(2) 对任意的 n 维向量 $\boldsymbol{x}$，有 $\boldsymbol{x}^{\mathrm{T}}\boldsymbol{L}\boldsymbol{x}\geqslant 0$ 和 $\boldsymbol{x}^{\mathrm{T}}\widetilde{\boldsymbol{L}}\boldsymbol{x}\geqslant 0$，因而 $\boldsymbol{L}$ 和 $\widetilde{\boldsymbol{L}}$ 是半正定矩阵.

(3) $\boldsymbol{L}$ 和 $\tilde{\boldsymbol{L}}$ 的最小特征值为 0,且对应的特征向量分别为 $\mathbf{1}$ 和 $\boldsymbol{D}^{-\frac{1}{2}}\mathbf{1}$.

证明. 第(1)条性质是显然的.

为了证明第(2)条性质,我们首先证明等式

$$\sum_{\{v_i, v_j\}\in\mathbb{E}} w_{ij}(x_i - x_j)^2 = \boldsymbol{x}^{\mathrm{T}}\boldsymbol{L}\boldsymbol{x}$$

利用拉普拉斯矩阵的定义有

$$\begin{aligned}\boldsymbol{x}^{\mathrm{T}}\boldsymbol{L}\boldsymbol{x} &= \boldsymbol{x}^{\mathrm{T}}\boldsymbol{D}\boldsymbol{x} - \boldsymbol{x}^{\mathrm{T}}\boldsymbol{A}\boldsymbol{x} = \sum_{i=1}^{n} d_i x_i^2 - \sum_{i,\, j=1}^{n} w_{ij} x_i x_j \\ &= \frac{1}{2}\Big(\sum_{i,\, j=1}^{n} w_{ij} x_i^2 - 2\sum_{i,\, j=1}^{n} w_{ij} x_i x_j + \sum_{i,\, j=1}^{n} w_{ij} x_j^2\Big) \\ &= \frac{1}{2}\sum_{i,\, j=1}^{n} w_{ij}(x_i - x_j)^2 \\ &= \sum_{\{v_i, v_j\}\in\mathbb{E}} w_{ij}(x_i - x_j)^2\end{aligned}$$

那么对于一个权重为正的加权图来说,无论 $\boldsymbol{x}$ 取什么,$\boldsymbol{x}^{\mathrm{T}}\boldsymbol{L}\boldsymbol{x}$ 都是非负的. 所以 $\boldsymbol{L}$ 是半正定矩阵.

对于 $\tilde{\boldsymbol{L}}$ 和任意的 $\boldsymbol{x}$ 有

$$\begin{aligned}&\boldsymbol{x}^{\mathrm{T}}\tilde{\boldsymbol{L}}\boldsymbol{x} \\ &= \boldsymbol{x}^{\mathrm{T}}\boldsymbol{D}^{-\frac{1}{2}}\boldsymbol{L}\boldsymbol{D}^{-\frac{1}{2}}\boldsymbol{x} \\ &= (\boldsymbol{D}^{-\frac{1}{2}}\boldsymbol{x})^{\mathrm{T}}\boldsymbol{L}(\boldsymbol{D}^{-\frac{1}{2}}\boldsymbol{x}) \geqslant 0\end{aligned}$$

所以 $\tilde{\boldsymbol{L}}$ 也是半正定矩阵.

对于第(3)条性质. 我们只需要分别计算

$$\boldsymbol{L}\mathbf{1} = \mathbf{0},\ \tilde{\boldsymbol{L}}\boldsymbol{D}^{-\frac{1}{2}}\mathbf{1} = \mathbf{0}$$

并且综合第(2)条性质 $\boldsymbol{L}$, $\tilde{\boldsymbol{L}}$ 是半正定的,可以知道 0 是 $\boldsymbol{L}$, $\tilde{\boldsymbol{L}}$ 最小的特征值,并且对应的特征向量分别为 $\mathbf{1}$ 和 $\boldsymbol{D}^{-\frac{1}{2}}\mathbf{1}$.

对于谱聚类,我们最终可以将问题转化为求该图对应的拉普拉斯矩阵或正规化拉普拉斯矩阵次小特征值对应的特征向量问题. 在得到特征向量后,对其分量进行聚类,聚类

结果即为谱聚类的结果.

例 3.2.9. 我们已经得到图 3.2(c)对应的拉普拉斯矩阵 $\boldsymbol{L}$. 可以计算得到它的次小特征值对应的特征向量为

$$\boldsymbol{x}=(-0.442, -0.421, -0.358, 0.358, 0.421, 0.442)$$

我们可以得到前 3 个节点作为一类,后 3 个节点作为一类.

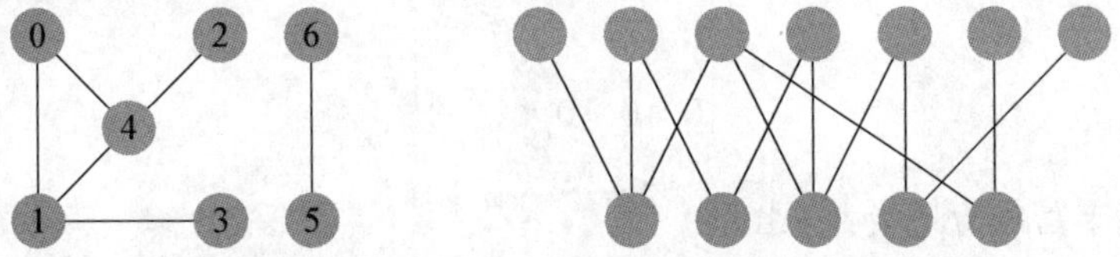

(a) 图与邻接矩阵 (b) 二分图

图 3.6 对应矩阵为稀疏矩阵的图

3.2.2 稀疏矩阵

定义 3.2.15. 一个矩阵中,若数值为零的元素的数目远远多于非零元素的数目,称这样的矩阵为**稀疏矩阵**.

反过来,当一个矩阵的非零元素数目远远多于零元素数目时,称这样的矩阵为**稠密矩阵**.

稀疏矩阵零元素分布常常是没有规律的. 邻接矩阵经常是稀疏矩阵.

例 3.2.10. 矩阵

$$\begin{bmatrix} 0 & 1 & 0 & 0 & 1 & 0 & 0 \\ 1 & 0 & 0 & 1 & 1 & 0 & 0 \\ 0 & 0 & 0 & 0 & 1 & 0 & 0 \\ 0 & 1 & 0 & 0 & 0 & 0 & 0 \\ 1 & 1 & 1 & 0 & 0 & 0 & 0 \\ 0 & 0 & 0 & 0 & 0 & 0 & 1 \\ 0 & 0 & 0 & 0 & 0 & 1 & 0 \end{bmatrix}$$

是图 3.6 对应的邻接矩阵.

例 3.2.11. 形如图 3.6(b)中的图是一种特殊图,称为二分图,它可以转换为如下矩

阵,是一个稀疏矩阵

$$\begin{bmatrix} 1 & 0 & 0 & 0 & 0 \\ 1 & 1 & 0 & 0 & 0 \\ 1 & 0 & 1 & 0 & 1 \\ 0 & 1 & 1 & 0 & 0 \\ 0 & 0 & 1 & 1 & 0 \\ 0 & 0 & 0 & 0 & 1 \\ 0 & 0 & 0 & 1 & 0 \end{bmatrix}$$

二分图有丰富的应用场景,比如

- 电子商务:当我们在处理用户-网页、用户-服务、用户-产品等问题时,会遇到这样一个二分图,将这个图转换为矩阵也常常是一个稀疏的矩阵.
- 深度学习:一个多层感知机两层之间也是这样一个二分图.但对于大多数一般的深度神经网络,各层之间的连接矩阵不是一个稀疏矩阵而是一个稠密矩阵.
- 模型压缩:现在有一些剪枝方法,可以修剪掉一些不需要的边,这时便有可能得到一个稀疏矩阵.

在其他实际应用场景中,我们也会接触大量的稀疏矩阵,尤其是超大型的稀疏矩阵,例如:

- 推荐系统:用户只可能对有限商品进行过评价,对于大量的其他商品是没有过评价信息的,因此在用户-商品评价矩阵中有大量的零元素.
- 记数编码:当我们用词汇出现的频率表示文档时,在词汇表中有大量词汇没有在文档中出现过,使得文档矩阵出现很多零元素.
- 图像矩阵:以手写识别数据集为例,只有图像中间区域出现数字,表示该位置有像素点,其他背景都被标记为 0,使表示图像的矩阵有大量的零元素.

当然,有些数据,例如语音、图像,在直观上,也许不是稀疏的.但是它们在某种变换下是稀疏的,例如,在字典表示下是稀疏的.下面我们就简要介绍一下字典学习.

类似于字典中的词汇可以组合成各种知识一样,字典学习的目标在于对(超)大规模数据集进行高效的压缩,从而揭示这些数据点背后所蕴含的基本结构和原理.假设我们有一个 m 维空间中的数据集 $\{\boldsymbol{a}_i\}_{i=1}^n$,其中 $\boldsymbol{a}_i \in \mathbb{R}^m$,我们假设这些数据点均由同一个未知字典 $\boldsymbol{D} \in \mathbb{R}^{m\times k}$ 生成,并且生成的数据包含噪声 $\boldsymbol{e}$.因此,字典学习的线性模型可以

表示为

$$\boldsymbol{a}=\boldsymbol{D}x+\boldsymbol{e},$$

字典的每一列 $\boldsymbol{d}_i$ 被称之为字典的一个基向量;$\boldsymbol{x}$ 被称之为字典中基的系数向量. 在字典学习模型中,我们需要同时求解字典 $\boldsymbol{D}$ 和系数 $\boldsymbol{x}$.

通常,数据的维数 m 和字典中基向量的数量 k 都远小于观测数量 n. 例如,在 20×20 的图像中,$m=400$,但观测数量 n 可以非常大(如 $n\geqslant 100\,000$). 当 $k<m$ 时,称字典 $\boldsymbol{D}$ 是不完备的;当 $k>m$ 时,称字典 $\boldsymbol{D}$ 是超完备的;$k=m$ 的字典在表示上并无优势,因此实际中通常不予考虑.

在噪声 $\boldsymbol{e}$ 为高斯白噪声的假设下,我们可以定义损失函数为

$$f(\boldsymbol{D},\boldsymbol{X})=\frac{1}{n}\|\boldsymbol{D}\boldsymbol{X}-\boldsymbol{A}\|_F^2$$

其中 $\boldsymbol{A}=[\boldsymbol{a}_1,\boldsymbol{a}_2,\cdots,\boldsymbol{a}_n]\in\mathbb{R}^{m\times n}$ 是所有观测数据的集合,$\boldsymbol{X}=[\boldsymbol{x}_1,\boldsymbol{x}_2,\cdots,\boldsymbol{x}_n]\in\mathbb{R}^{k\times n}$ 是所有基系数的集合.

在实际计算中,我们并不要求字典 $\boldsymbol{D}$ 的列是正交的,因此一个数据点 $\boldsymbol{a}_i$ 可能存在多种不同的表示. 这种冗余性引入了表示的稀疏性,特别是在字典 $\boldsymbol{D}$ 超完备(即 $k>m$)时. 稀疏性有助于我们快速确定数据点是由哪些基向量表示的,从而提高计算效率. 当我们考虑稀疏性这一特点时,进一步可定义稀疏编码损失函数为

$$f(\boldsymbol{D},\boldsymbol{X})=\frac{1}{n}\|\boldsymbol{D}\boldsymbol{X}-\boldsymbol{A}\|_F^2+\lambda\|\boldsymbol{X}\|_1$$

其中 λ 为正则化参数,用于控制 $\boldsymbol{X}$ 的稀疏度. 然而,由于 $f(\boldsymbol{D},\boldsymbol{X})$ 中包含乘积项 $\boldsymbol{D}\boldsymbol{X}$,损失函数在极小值点处可能使 $\|X\|_1\to 0$(因为若 $(\boldsymbol{D},\boldsymbol{X})$ 为问题的最小值点,则对于任意 $c>1$,有 $f\left(c\boldsymbol{D},\frac{1}{c}\boldsymbol{X}\right)<f(\boldsymbol{D},\boldsymbol{X})$). 因此,这里的稀疏正则项可能失去意义.

为了解决这个问题,我们增加一个约束条件,要求字典中的基向量模长不能太大,即 $\|\boldsymbol{D}\|_F\leqslant 1$. 最终的优化问题可以表示为

$$\begin{aligned}\min_{\boldsymbol{D},\boldsymbol{X}}\quad&\frac{1}{2n}\|\boldsymbol{D}\boldsymbol{X}-\boldsymbol{A}\|_F^2+\lambda\|\boldsymbol{X}\|_1\\ s.t.\quad&\|\boldsymbol{D}\|_F\leqslant 1\end{aligned}$$

3.2.3 低秩矩阵

在数据科学中，会碰到很多大规模但秩很低的稠密矩阵，我们将这样的矩阵称为低秩矩阵.

定义 3.2.16. 设矩阵 $\boldsymbol{A}\in\mathbb{R}^{n\times m}$，如果矩阵 $\boldsymbol{A}$ 的秩 $\operatorname{rank}(\boldsymbol{A})$ 远小于 $\max\{n, m\}$，那么我们称这样的矩阵为**低秩矩阵**.

之所以考虑 $\operatorname{rank}(\boldsymbol{A})$ 和 $\max\{n, m\}$ 的关系，是因为很多时候，我们都是在非方阵的情况下考虑低秩矩阵的，并且常常有 n 远小于 m，或者 m 远小于 n 的情况发生.

例 3.2.12. 考虑矩阵

$$\boldsymbol{A}=\begin{bmatrix}1&2&1&3&1&2&3&4&1&2\\2&1&3&2&1&2&1&2&1&1\end{bmatrix}$$

也是一个低秩矩阵.

例 3.2.13. 图 3.7(a)是一个 390×390 的图像，对应矩阵的特征值从小到大展示在图 3.7(b)上. 可以注意到很多特征值都集中在 0 附近. 记图 3.7(a)的矩阵为 $\boldsymbol{A}$.

(a) 图像

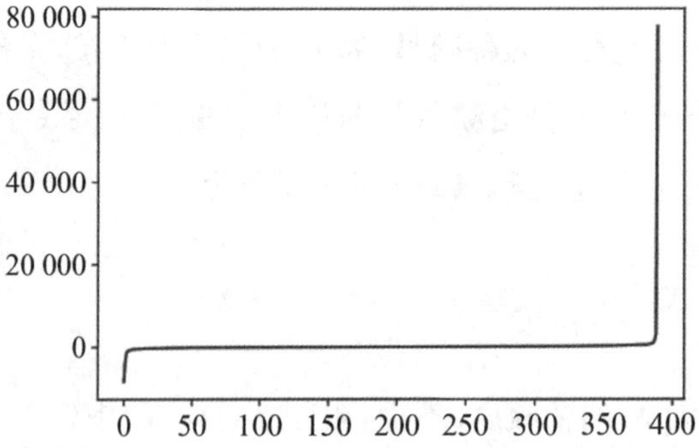

(b) 图像的特征值

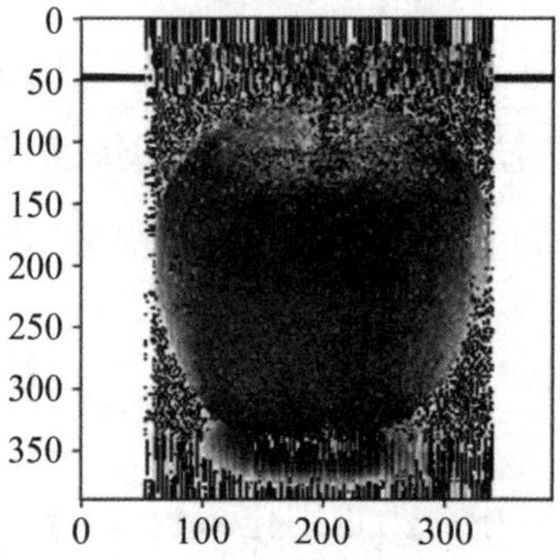

(c) 新图像

图 3.7 图像以及图像的特征值

前面我们提到若一个方阵 $\boldsymbol{A}$ 可对角化，那么存在可逆矩阵 $\boldsymbol{P}$ 有

$$\boldsymbol{A}=\boldsymbol{P}\boldsymbol{\Sigma}\boldsymbol{P}^{-1}$$

其中 $\boldsymbol{\Sigma}$ 是对角矩阵，且主对角线上元素是 $\boldsymbol{A}$ 从小到大的特征值. 那么上面图像所对应的矩阵 $\boldsymbol{A}$ 就可以写出

$$\boldsymbol{A}=\boldsymbol{P}\boldsymbol{\Sigma}\boldsymbol{P}^{-1}$$

此时，如果令那些绝对值小于 200 的特征值(这些特征值的绝对值大小不到最大特征值绝对值大小的 0.3%)都设为 0，即求得新矩阵

$$\hat{\boldsymbol{A}}=\boldsymbol{P}\hat{\boldsymbol{\Sigma}}\boldsymbol{P}^{-1}$$

其中 $\hat{\boldsymbol{\Sigma}}_{ii}=0$，若 $|\hat{\boldsymbol{\Sigma}}_{ii}|<200$. 此时 $\operatorname{rank}(\hat{\boldsymbol{A}})=112$，对应的图像为图 3.7(c). 这说明我们实际上是可以把图像的矩阵看作是低秩矩阵. 矩阵的特征值和特征向量存储着图像的信息，尤其是特征值大的那些特征向量存储了更多的信息.

低秩矩阵在很多领域都有用处. 如图像恢复、图像校正、图像去噪、图像分割、图形化建模、组合系统辨识、视频监控、人脸识别、潜在语义检索、评分与协同筛选、矩阵填充、背景建模等. 这些问题总体上可以分为三大问题：低秩矩阵恢复、低秩矩阵补全、低秩矩阵表示.

1. 低秩矩阵恢复

当低秩矩阵 $\boldsymbol{A}$ 的观测或样本矩阵 $\boldsymbol{D}=\boldsymbol{A}+\boldsymbol{E}$ 的某些元素被严重损坏时. 我们希望能够自动识别被损坏的元素，精确地恢复原低秩矩阵 $\boldsymbol{A}$.

在工程和应用科学的许多领域(例如机器学习、控制、系统工程、信号处理、模式识别和计算机视觉)中，将一个数据矩阵分解为一个低秩矩阵与一个误差(或扰动)矩阵之和，旨在恢复低秩矩阵是远远不够的，而是需要将一个数据矩阵 $\boldsymbol{D}$ 分解为一个低秩矩阵 $\boldsymbol{A}$ 与一个稀疏矩阵 $\boldsymbol{E}$ 之和 $\boldsymbol{D}=\boldsymbol{A}+\boldsymbol{E}$，并且希望同时恢复低秩矩阵与稀疏矩阵. 矩阵的这类分解称为低秩与稀疏矩阵分解. 通常这种问题，我们使用鲁棒 PCA 来求解.

$$\begin{aligned}&\min_{\boldsymbol{A},\boldsymbol{E}}\quad \|\boldsymbol{A}\|_*+\lambda\|\boldsymbol{E}\|_1\\&s.t.\quad \boldsymbol{D}=\boldsymbol{A}+\boldsymbol{E}\end{aligned}$$

其中 $\boldsymbol{A}$ 代表了低秩结构信息，$\boldsymbol{E}$ 是稀疏噪声，$\|\boldsymbol{A}\|_*=\operatorname{Tr}(\sqrt{\boldsymbol{A}^{\mathrm{T}}\boldsymbol{A}})$ 是 $\boldsymbol{A}$ 的核范数.

实际上述 $\boldsymbol{D}=\boldsymbol{A}+\boldsymbol{E}$ 假定可以在视频分割这一场景中得到验证. 视频分割旨在分离视频中的静止对象，利用静止对象构成的矩阵低秩特性，将视频信息矩阵 $\boldsymbol{M}$ 分解为低秩矩阵 $\boldsymbol{L}$(表示静止对象)与稀疏矩阵 $\boldsymbol{S}$(表示动态及背景噪声)之和，即 $\boldsymbol{M}=\boldsymbol{L}+\boldsymbol{S}$.

2. 低秩矩阵补全

当数据矩阵 $\boldsymbol{D}$ 含丢失元素时，可根据矩阵的低秩结构来恢复 $\boldsymbol{D}$ 的所有元素，称此恢复过程为矩阵补全.

记 Ω 为集合 $\{1, 2, \cdots, m\} \times \{1, 2, \cdots, n\}$ 的子集，矩阵补全的原始模型可描述为如下的优化问题

$$\begin{aligned} \min_{\boldsymbol{A}} \quad & \operatorname{rank}(\boldsymbol{A}) \\ s.t. \quad & P_{\Omega}(\boldsymbol{A}) = P_{\Omega}(\boldsymbol{D}) \end{aligned}$$

其中 $P_{\Omega}: \mathbb{R}^{m\times n} \to \mathbb{R}^{m\times n}$ 为一线性投影算子，即

$$(P_{\Omega}(\boldsymbol{D}))_{ij} = \begin{cases} D_{ij} & (i, j) \in \Omega \\ 0 & (i, j) \notin \Omega \end{cases}$$

3. 低秩矩阵表示

低秩矩阵表示是将数据集矩阵 $\boldsymbol{D}$ 表示成字典矩阵 $\boldsymbol{B}$（也称为基矩阵）下的线性组合，即 $\boldsymbol{D} = \boldsymbol{BZ}$，并希望线性组合系数矩阵 $\boldsymbol{Z}$ 是低秩的.

$$\begin{aligned} \min_{\boldsymbol{Z}} \quad & \operatorname{rank}(\boldsymbol{Z}) \\ s.t. \quad & \boldsymbol{D} = \boldsymbol{BZ} \end{aligned}$$

3.3 LU 分解

3.3.1 LU 分解

LU 分解指将 $n \times n$ 的矩阵 $\boldsymbol{A}$ 分解成两个三角矩阵的乘积，形式如下：

$$\boldsymbol{A} = \boldsymbol{LU} = \begin{bmatrix} 1 & & & & \\ l_{21} & 1 & & & \\ l_{31} & l_{32} & 1 & & \\ \vdots & \vdots & \vdots & \ddots & \\ l_{n1} & l_{n2} & \cdots & l_{n,n-1} & 1 \end{bmatrix} \begin{bmatrix} u_{11} & u_{12} & u_{13} & \cdots & u_{1n} \\ & u_{22} & u_{23} & \cdots & u_{2n} \\ & & u_{33} & \cdots & u_{3n} \\ & & & \ddots & \vdots \\ & & & & u_{nn} \end{bmatrix}$$

其中，$\boldsymbol{L}$ 为 $n \times n$ 单位下三角矩阵（对角元素为 1），$\boldsymbol{U}$ 是 $n \times n$ 上三角矩阵. 从秩一分解的角度分析 $\boldsymbol{A} = \boldsymbol{LU}$，可以将 $\boldsymbol{A}$ 写成若干个秩一矩阵和的形式：

$$\boldsymbol{A} = \boldsymbol{l}_1 \boldsymbol{u}_1^{\mathrm{T}} + \boldsymbol{l}_2 \boldsymbol{u}_2^{\mathrm{T}} + \cdots + \boldsymbol{l}_r \boldsymbol{u}_r^{\mathrm{T}} = \sum_{i=1}^{r} \boldsymbol{l}_i \boldsymbol{u}_i^{\mathrm{T}}$$

其中，r 为矩阵 $\boldsymbol{A}$ 的秩.

若 $\boldsymbol{A}$ 是满秩，也即 $r=n$，则令

$$\boldsymbol{L}=[\boldsymbol{l}_1 \quad \boldsymbol{l}_2 \quad \cdots \quad \boldsymbol{l}_n],\ \boldsymbol{U}=[\boldsymbol{u}_1 \quad \boldsymbol{u}_2 \quad \cdots \quad \boldsymbol{u}_n]^{\mathrm{T}}$$

那么就有

$$\boldsymbol{A}=\sum_{i=1}^{n}\boldsymbol{l}_i\boldsymbol{u}_i^{\mathrm{T}}=[\boldsymbol{l}_1 \quad \boldsymbol{l}_2 \quad \cdots \quad \boldsymbol{l}_n]\begin{bmatrix}\boldsymbol{u}_1^{\mathrm{T}}\\ \boldsymbol{u}_2^{\mathrm{T}}\\ \vdots\\ \boldsymbol{u}_n^{\mathrm{T}}\end{bmatrix}=\boldsymbol{LU}$$

如果我们进一步假设 $\boldsymbol{l}_i$ 和 $\boldsymbol{u}_i$ 的前 $i-1$ 个元素均为 0，并且 $\boldsymbol{l}_i$ 的第 i 个元素为 1，那么实际上就得到了 $\boldsymbol{A}$ 的 LU 分解.

现在考虑

$$\boldsymbol{l}_1\boldsymbol{u}_1^{\mathrm{T}}=\boldsymbol{A}-[0 \quad \boldsymbol{l}_2 \quad \cdots \quad \boldsymbol{l}_n]\begin{bmatrix}\boldsymbol{0}^{\mathrm{T}}\\ \boldsymbol{u}_2^{\mathrm{T}}\\ \vdots\\ \boldsymbol{u}_n^{\mathrm{T}}\end{bmatrix}$$

我们知道 $\boldsymbol{l}_1$ 的第一个元素为 1，所以 $\boldsymbol{u}_1$ 就是 $\boldsymbol{l}_1\boldsymbol{u}_1^{\mathrm{T}}$ 的第一行的行向量. 另外一方面，矩阵

$$[0 \quad \boldsymbol{l}_2 \quad \cdots \quad \boldsymbol{l}_n]\begin{bmatrix}\boldsymbol{0}^{\mathrm{T}}\\ \boldsymbol{u}_2^{\mathrm{T}}\\ \vdots\\ \boldsymbol{u}_n^{\mathrm{T}}\end{bmatrix}=\begin{bmatrix}0 & \boldsymbol{0}^{\mathrm{T}}\\ \boldsymbol{0} & *\end{bmatrix}\begin{bmatrix}0 & \boldsymbol{0}^{\mathrm{T}}\\ \boldsymbol{0} & *\end{bmatrix}=\begin{bmatrix}0 & \boldsymbol{0}^{\mathrm{T}}\\ \boldsymbol{0} & *\end{bmatrix}$$

的第一行和第一列均为 0，即有

$$\begin{bmatrix}a_{11} & a_{12} & a_{13} & \cdots & a_{1n}\\ a_{21} & * & * & \cdots & *\\ a_{31} & * & * & \cdots & *\\ \vdots & \vdots & \vdots & \ddots & \vdots\\ a_{n1} & * & \cdots & \cdots & *\end{bmatrix}=\begin{bmatrix}1\\ l_{21}\\ l_{31}\\ \vdots\\ l_{n1}\end{bmatrix}[u_{11} \quad u_{12} \quad u_{13} \quad \cdots \quad u_{1n}]+\begin{bmatrix}0 & 0 & 0 & \cdots & 0\\ 0 & * & * & \cdots & *\\ 0 & * & * & \cdots & *\\ \vdots & \vdots & \vdots & \ddots & \vdots\\ 0 & * & \cdots & \cdots & *\end{bmatrix}$$

$$
=\begin{bmatrix} u_{11} & u_{12} & u_{13} & \cdots & u_{1n} \\ l_{21}u_{11} & * & * & \cdots & * \\ l_{31}u_{11} & * & * & \cdots & * \\ \vdots & \vdots & \vdots & \ddots & \vdots \\ l_{n1}u_{11} & * & \cdots & \cdots & * \end{bmatrix}
$$

所以 $\boldsymbol{u}_1$ 就是 $\boldsymbol{A}$ 的第一行. 而 $\boldsymbol{l}_1$ 则是 $\boldsymbol{A}$ 的第一列除以 u_{11} 也就是 a_{11} 得到的.

我们记 $\widetilde{\boldsymbol{A}}^{(0)}=\boldsymbol{A}$，当 $i\geqslant 1$ 时，记

$$
\widetilde{\boldsymbol{A}}^{(i)}=\boldsymbol{A}-\sum_{j=1}^{i}\boldsymbol{l}_j\boldsymbol{u}_j^{\mathrm{T}}
$$

根据上面对于 $\boldsymbol{u}_1$ 和 $\boldsymbol{l}_1$ 的推导，很容易将其应用到 $\boldsymbol{u}_i$ 和 $\boldsymbol{l}_i$ 上. 也就是说，$\boldsymbol{u}_i$ 就是 $\widetilde{\boldsymbol{A}}^{(i-1)}$ 的第 i 行. 而 $\boldsymbol{l}_i$ 则是 $\widetilde{\boldsymbol{A}}^{(i-1)}$ 的第 i 列除以 $\widetilde{a}_{ii}^{(i-1)}$ 得到的.

可以看出从 $\boldsymbol{A}$ 得到 $\boldsymbol{U}$ 的过程等价于对 $\boldsymbol{A}$ 进行初等行变换. 具体地说，$\boldsymbol{u}_k$ 是通过将矩阵 $\boldsymbol{A}$ 的第 k 行分别减去 $\boldsymbol{A}$ 的前 $k-1$ 行的若干倍得到的.

因此，我们可以利用初等行变换将矩阵进行 LU 分解.

- 步骤 1：利用初等行变换（某一行加其他行的倍数）化矩阵 $\boldsymbol{A}$ 为阶梯型矩阵 $\boldsymbol{U}$，即

$$
\boldsymbol{A}=\boldsymbol{A}^{(0)}\xrightarrow{\boldsymbol{L}_1}[\,]\xrightarrow{\boldsymbol{L}_2}\cdots\xrightarrow{\boldsymbol{L}_{k-1}}[\,]\cdots\xrightarrow{\boldsymbol{L}_{n-1}}[\,]=\boldsymbol{U}
$$

$\boldsymbol{A}$ 经过 $\boldsymbol{L}_1,\boldsymbol{L}_2,\cdots,\boldsymbol{L}_{k-1}$ 得到 $\boldsymbol{A}^{(k-1)}$，$\boldsymbol{L}_k$ 将 $\boldsymbol{A}^{(k-1)}$ 的第 k 行的 $-l_{ik}$ 倍，分别加到第 i 行，使得第 i 行的第 k 列元素都为 0，其中 $i=k+1,\cdots,n$. 为了计算这样的 l_{ik}，需要计算 $\dfrac{a_{ik}^{(k-1)}}{a_{kk}^{(k-1)}}$. 我们把其中 $\boldsymbol{A}^{(k-1)}$ 的第 k 行第 k 列的元素即 $a_{kk}^{(k-1)}$ 称为主元.

- 步骤 2：对单位矩阵执行与步骤 1 相应的初等行变换的逆变换，得到单位下三角矩阵 $\boldsymbol{L}$，即

$$
\boldsymbol{I}\xrightarrow{\boldsymbol{L}_{n-1}^{-1}}[\,]\xrightarrow{\boldsymbol{L}_{n-2}^{-1}}\cdots\xrightarrow{\boldsymbol{L}_{k-1}^{-1}}[\,]\cdots\xrightarrow{\boldsymbol{L}_1^{-1}}[\,]=\boldsymbol{L}
$$

输出 LU 分解由 $\boldsymbol{A}=\boldsymbol{L}\boldsymbol{U}$ 给出.

在上述步骤 1 中，$\boldsymbol{L}_k$ 的一般形式可以表示为：

$$
\boldsymbol{L}_k=\begin{bmatrix}1 & & & & & \\ & \ddots & & & & \\ & & 1 & & & \\ & & -l_{k+1,k} & 1 & & \\ & & \vdots & & \ddots & \\ & & -l_{n,k} & & & 1\end{bmatrix}=\boldsymbol{I}-\boldsymbol{l}_k\boldsymbol{e}_k^{\mathrm{T}}
$$

其中

$$\boldsymbol{l}_k=(0,\ \cdots,\ 0,\ l_{k+1,k},\ \cdots,\ l_{n,k}).$$

我们把这种类型的初等下三角矩阵称作 **Gauss 变换**,而称向量 $\boldsymbol{l}_k$ 为 **Gauss 向量**. 基于 Gauss 变换的 LU 分解计算方法也称为 **Gauss 消去法**.

Gauss 变换 $\boldsymbol{L}_k$ 具有许多良好的性质:

- 对于一个给定的向量 $\boldsymbol{x}=(x_1,\ \cdots,\ x_n)\in\mathbb{R}^n$,有

$$\boldsymbol{L}_k\boldsymbol{x}=(x_1,\ \cdots,\ x_k,\ x_{k+1}-x_kl_{k+1,k},\ \cdots,\ x_n-x_kl_{n,k})$$

由此立即可知,只要取

$$l_{ik}=\frac{x_i}{x_k},\ i=k+1,\ \cdots,\ n$$

便有 $\boldsymbol{L}_k\boldsymbol{x}=(x_1,\ \cdots,\ x_k,\ 0,\ \cdots,\ 0)$,这里要求 $x_k\neq 0$.

- Gauss 变换 $\boldsymbol{L}_k$ 的逆易求解. 因为 $\boldsymbol{e}_k^{\mathrm{T}}\boldsymbol{l}_k=0$,所以

$$(\boldsymbol{I}-\boldsymbol{l}_k\boldsymbol{e}_k^{\mathrm{T}})(\boldsymbol{I}+\boldsymbol{l}_k\boldsymbol{e}_k^{\mathrm{T}})=\boldsymbol{I}-\boldsymbol{l}_k\boldsymbol{e}_k^{\mathrm{T}}\boldsymbol{l}_k\boldsymbol{e}_k^{\mathrm{T}}=\boldsymbol{I}$$

即

$$\boldsymbol{L}_k^{-1}=\boldsymbol{I}+\boldsymbol{l}_k\boldsymbol{e}_k^{\mathrm{T}}$$

- Gauss 变换作用于矩阵 $\boldsymbol{A}\in\mathbb{R}^{n\times n}$ 就相当于对该矩阵进行秩一修正,也即

$$\boldsymbol{L}_k\boldsymbol{A}=(\boldsymbol{I}-\boldsymbol{l}_k\boldsymbol{e}_k^{\mathrm{T}})\boldsymbol{A}=\boldsymbol{A}-\boldsymbol{l}_k(\boldsymbol{e}_k^{\mathrm{T}}\boldsymbol{A})$$

因此有

$$
\begin{aligned}
\boldsymbol{L}&=\boldsymbol{L}_1^{-1}\cdots\boldsymbol{L}_{n-1}^{-1}\\
&=(\boldsymbol{I}+\boldsymbol{l}_1\boldsymbol{e}_1^{\mathrm{T}})(\boldsymbol{I}+\boldsymbol{l}_2\boldsymbol{e}_2^{\mathrm{T}})\cdots(\boldsymbol{I}+\boldsymbol{l}_{n-1}\boldsymbol{e}_{n-1}^{\mathrm{T}})\\
&=\boldsymbol{I}+\boldsymbol{l}_1\boldsymbol{e}_1^{\mathrm{T}}+\cdots+\boldsymbol{l}_{n-1}\boldsymbol{e}_{n-1}^{\mathrm{T}}
\end{aligned}
$$

即 $\boldsymbol{L}$ 有如下形式

$$\boldsymbol{L}=\boldsymbol{I}+[\boldsymbol{l}_1 \quad \boldsymbol{l}_2 \quad \cdots \quad \boldsymbol{l}_n \quad 0]=\begin{bmatrix} 1 & & & & \\ l_{21} & 1 & & & \\ l_{31} & l_{32} & 1 & & \\ \vdots & \vdots & \vdots & \ddots & \\ l_{n1} & l_{n2} & l_{n3} & \cdots & 1 \end{bmatrix}$$

例 3.3.1. 求矩阵 $\boldsymbol{A}$ 的 LU 分解.

$$\boldsymbol{A}=\begin{bmatrix} 1 & 2 & 3 \\ 4 & 5 & 6 \\ 7 & 8 & 10 \end{bmatrix}$$

解. $\boldsymbol{A} \rightarrow \boldsymbol{U}$

$$\underset{\boldsymbol{A}^{(0)}}{\begin{bmatrix} 1 & 2 & 3 \\ 4 & 5 & 6 \\ 7 & 8 & 10 \end{bmatrix}} \xrightarrow[R_3-\left(\frac{7}{1}\right)R_1]{R_2-\left(\frac{4}{1}\right)R_1} \underset{\boldsymbol{A}^{(1)}}{\begin{bmatrix} 1 & 2 & 3 \\ 0 & -3 & -6 \\ 0 & -6 & -11 \end{bmatrix}} \xrightarrow{R_3-\left(\frac{-6}{-3}\right)R_2} \underset{\boldsymbol{A}^{(2)}}{\begin{bmatrix} 1 & 2 & 3 \\ 0 & -3 & -6 \\ 0 & 0 & 1 \end{bmatrix}}$$

初等行变换 $\xrightarrow[R_3-\left(\frac{7}{1}\right)R_1]{R_2-\left(\frac{4}{1}\right)R_1}$ 即对矩阵 $\boldsymbol{A}^{(0)}$ 左乘一个初等矩阵

$$\boldsymbol{L}_1=\begin{bmatrix} 1 & 0 & 0 \\ -4 & 1 & 0 \\ -7 & 0 & 1 \end{bmatrix}$$

初等行变换 $\xrightarrow{R_3-\left(\frac{-6}{-3}\right)R_2}$ 即对 $\boldsymbol{A}^{(0)}$ 左乘一个初等矩阵

$$\boldsymbol{L}_2=\begin{bmatrix} 1 & 0 & 0 \\ 0 & 1 & 0 \\ 0 & -2 & 1 \end{bmatrix}$$

即 $\boldsymbol{L}_2\boldsymbol{L}_1\boldsymbol{A}=\boldsymbol{U}$. 所以 $\boldsymbol{A}=\boldsymbol{L}_1^{-1}\boldsymbol{L}_2^{-1}\boldsymbol{U}$，显然

$$\boldsymbol{L}_1^{-1}=\begin{bmatrix} 1 & 0 & 0 \\ 4 & 1 & 0 \\ 7 & 0 & 1 \end{bmatrix}, \boldsymbol{L}_2^{-1}=\begin{bmatrix} 1 & 0 & 0 \\ 0 & 1 & 0 \\ 0 & 2 & 1 \end{bmatrix}$$

可得

$$L = L_1^{-1} L_2^{-1} = \begin{bmatrix} 1 & 0 & 0 \\ 4 & 1 & 0 \\ 7 & 2 & 1 \end{bmatrix}$$

根据利用秩一分解求解 LU 分解的方法,我们可以归纳得到算法 3.1.

算法 3.1　LU 分解

$\boldsymbol{L} = \boldsymbol{I},\ \boldsymbol{U} = \boldsymbol{O}$
for $k = 1$ **to** $n-1$ **do**
　for $i = k+1$ **to** n **do**
　　$l_{ik} = a_{ik}/a_{kk}$　%更新 $\boldsymbol{L}$ 的第 k 列
　end for
　for $j = k$ **to** n **do**
　　$u_{kj} = a_{kj}$　%更新 $\boldsymbol{U}$ 的第 k 行
　end for
　for $i = k+1$ **to** n **do**
　　for $j = k+1$ **to** n **do**
　　　$a_{ij} = a_{ij} - l_{ik}u_{kj}$　%更新矩阵 $\boldsymbol{A}(k+1:n,\ k+1:n)$
　　end for
　end for
end for

根据以上算法,我们会得到唯一形式的 LU 分解. 我们可以证明如下定理.

定理 3.3.1.　(LU 分解的唯一性)如果 $\boldsymbol{A} \in \boldsymbol{R}^{n\times n}$ 非奇异,并且其 LU 分解存在,则 $\boldsymbol{A}$ 的 LU 分解是唯一的,且 $\det(\boldsymbol{A}) = u_{11}u_{22}\cdots u_{nn}$.

证明.　令 $\boldsymbol{A} = \boldsymbol{L}_1\boldsymbol{U}_1$ 和 $\boldsymbol{A} = \boldsymbol{L}_2\boldsymbol{U}_2$ 是非奇异矩阵 $\boldsymbol{A}$ 的两个 LU 分解,则 $\boldsymbol{L}_1\boldsymbol{U}_1 = \boldsymbol{L}_2\boldsymbol{U}_2$.

由于 $\boldsymbol{L}_2^{-1}\boldsymbol{L}_1$ 是下三角矩阵,并且 $\boldsymbol{U}_2\boldsymbol{U}_1^{-1}$ 是上三角矩阵,所以这两个矩阵必定都等于单位矩阵,否则它们不可能相等. 就是说,$\boldsymbol{L}_1 = \boldsymbol{L}_2$, $\boldsymbol{U}_1 = \boldsymbol{U}_2$, 即 LU 分解是唯一的.

若 $\boldsymbol{A} = \boldsymbol{LU}$,则 $\det(\boldsymbol{A}) = \det(\boldsymbol{LU}) = \det(\boldsymbol{L})\det(\boldsymbol{U}) = \det(\boldsymbol{U}) = u_{11}u_{22}\cdots u_{nn}$.　□

3.3.2　选主元的 LU 分解

然而,LU 分解并不一定总是存在的. 我们来看一个例子.

例 3.3.2.　求矩阵 $\boldsymbol{A}$ 的 LU 分解.

$$\boldsymbol{A}=\begin{bmatrix}1 & 2 & 0\\1 & 2 & 1\\0 & 2 & 0\end{bmatrix}$$

解. $\boldsymbol{A}\rightarrow\boldsymbol{U}$

$$\begin{bmatrix}1 & 2 & 0\\1 & 2 & 1\\0 & 2 & 0\end{bmatrix}\xrightarrow{R_2-\left(\frac{1}{1}\right)R_1}\begin{bmatrix}1 & 2 & 0\\0 & 0 & 1\\0 & 2 & 0\end{bmatrix}$$

由于第一次初等变换后得到矩阵

$$\boldsymbol{L}_1\boldsymbol{A}=\begin{bmatrix}1 & 2 & 0\\0 & 0 & 1\\0 & 2 & 0\end{bmatrix}$$

的主元 $a_{22}^{(1)}=0$，无法进行下一步初等行变换，也就无法继续进行 LU 分解.

定理 3.3.2. 矩阵 $\boldsymbol{A}\in\mathbb{R}^{n\times n}$ 能够进行 LU 分解的充分必要条件是 $\boldsymbol{A}$ 的前 $n-1$ 个主元均不为 0.

我们自然地会提出疑问，什么时候主元会为 0，当主元为 0 时，又该如何处理？

定理 3.3.3. 假设通过 LU 分解的过程能得到 $\boldsymbol{A}^{(k-1)}$，则主元 $a_{kk}^{(k-1)}$ 不为零的充分必要条件是 $\boldsymbol{A}$ 的 k 阶顺序主子式 $|\boldsymbol{A}_k|$ 不为零.

证明. 这是显然成立的，因为我们对矩阵 $\boldsymbol{A}$ 做初等行变换，将矩阵的第 i 行的若干倍加到第 k 行，其中 $k>i$，这个变换并不改变矩阵的顺序主子式的值. 也就是说 $|\boldsymbol{A}_k|=\prod_{i=1}^{k}a_{ii}^{(i-1)}$. 我们得到 $\boldsymbol{A}^{(k-1)}$，说明 $a_{ii}^{(i-1)}\neq 0,\ i=1,\ \cdots,\ k-1$，因此 $a_{kk}^{(k-1)}$ 不为零，等价于 $\boldsymbol{A}$ 的 k 阶顺序主子式 $|\boldsymbol{A}_k|$ 不为零. □

例 3.3.3. 在例 3.3.2 中，$\boldsymbol{A}$ 的 2 阶顺序主子式为 0，因此 $a_{22}^{(1)}=0$，那么当主元为 0 时如何继续分解矩阵？

$$\boldsymbol{A}=\begin{bmatrix}1 & 2 & 0\\1 & 2 & 1\\0 & 2 & 0\end{bmatrix}$$

解. 对于出现主元为 0 的矩阵使用初等行变换中的行交换.

$\boldsymbol{A} \to \boldsymbol{U}$

$$\underset{\boldsymbol{A}^{(0)}}{\begin{bmatrix}1&2&0\\1&2&1\\0&2&0\end{bmatrix}} \xrightarrow{R_2-\left(\frac{1}{1}\right)R_1} \underset{\boldsymbol{A}^{(1)}}{\begin{bmatrix}1&2&0\\0&0&1\\0&2&0\end{bmatrix}} \xrightarrow{R_2\leftrightarrow R_3} \underset{\boldsymbol{A}^{(2)}}{\begin{bmatrix}1&2&0\\0&2&0\\0&0&1\end{bmatrix}}$$

第一次初等变换 $\xrightarrow{R_2-\left(\frac{1}{1}\right)R_1}$ 即对矩阵 $\boldsymbol{A}^0$ 左乘 $\boldsymbol{L}_1=\begin{bmatrix}1&0&0\\-1&1&0\\0&0&1\end{bmatrix}$，第二次初等变换 $\xrightarrow{R_2\leftrightarrow R_3}$ 即对矩阵 $\boldsymbol{A}^{(1)}$ 左乘 $\boldsymbol{P}=\begin{bmatrix}1&0&0\\0&0&1\\0&1&0\end{bmatrix}$，即 $\boldsymbol{PL}_1\boldsymbol{A}=\boldsymbol{U}$.

所以 $\boldsymbol{A}=(\boldsymbol{PL}_1)^{-1}\boldsymbol{U}=\boldsymbol{L}_1^{-1}\boldsymbol{P}^{-1}\boldsymbol{U}$.

$$\begin{bmatrix}1&0&0\\0&1&0\\0&0&1\end{bmatrix} \xrightarrow{R_2\leftrightarrow R_3} \begin{bmatrix}1&0&0\\0&0&1\\0&1&0\end{bmatrix} \xrightarrow{R_2+\left(\frac{1}{1}\right)R_1} \begin{bmatrix}1&0&0\\1&0&1\\0&1&0\end{bmatrix}$$

$$\boldsymbol{A}=(\boldsymbol{PL}_1)^{-1}\boldsymbol{U}=\begin{bmatrix}1&0&0\\1&0&1\\0&1&0\end{bmatrix}\begin{bmatrix}1&2&0\\0&2&0\\0&0&1\end{bmatrix}$$

虽然 $(\boldsymbol{PL}_1)^{-1}$ 不是一个下三角矩阵，但是 $\boldsymbol{P}(\boldsymbol{PL}_1)^{-1}$ 是下三角矩阵. 并且

$$\boldsymbol{PA}=(\boldsymbol{P}(\boldsymbol{PL}_1)^{-1})\boldsymbol{U}$$

这说明我们只需要对 $\boldsymbol{A}$ 的行重新排列，就可以对重新排列后的矩阵进行 LU 分解.

所以为了避免在 LU 分解过程中主元为零，在每次对 $\boldsymbol{A}^{(i-1)}$ 做初等变换 $\boldsymbol{L}_i$ 前需要判断主元是否为零. 若为零，交换 $\boldsymbol{A}^{(i-1)}$ 第 i 行与 $a_{ji}^{(i-1)}\neq 0$ 的第 $j(j\geqslant i)$ 行，使 $a_{ji}^{(i-1)}$ 成为主元. 记这个行交换的初等变换矩阵为 $\boldsymbol{P}_i$，若不需要交换行则 $\boldsymbol{P}_i=\boldsymbol{I}$. 然后再做初等变换 $\boldsymbol{L}_i$ 得到 $\boldsymbol{A}^{(i)}$，重复上面的过程，最终得到上三角矩阵 $\boldsymbol{U}$. 即

$$\boldsymbol{L}_n\boldsymbol{P}_n\boldsymbol{L}_{n-1}\boldsymbol{P}_{n-1}\cdots\boldsymbol{L}_2\boldsymbol{P}_2\boldsymbol{L}_1\boldsymbol{P}_1\boldsymbol{A}=\boldsymbol{U}$$

这样我们得到了 $\boldsymbol{A}$ 的分解：

$$\boldsymbol{A}=(\boldsymbol{L}_n\boldsymbol{P}_n\boldsymbol{L}_{n-1}\boldsymbol{P}_{n-1}\cdots\boldsymbol{L}_2\boldsymbol{P}_2\boldsymbol{L}_1\boldsymbol{P}_1)^{-1}\boldsymbol{U}$$

虽然 $(\boldsymbol{L}_n\boldsymbol{P}_n\boldsymbol{L}_{n-1}\boldsymbol{P}_{n-1}\cdots\boldsymbol{L}_2\boldsymbol{P}_2\boldsymbol{L}_1\boldsymbol{P}_1)^{-1}$ 不是一个下三角矩阵，但是如果我们先令 $\boldsymbol{A}$ 按如下方式重新排列各行，有

$$\boldsymbol{P}_n\boldsymbol{P}_{n-1}\cdots\boldsymbol{P}_2\boldsymbol{P}_1\boldsymbol{A}=\boldsymbol{P}_n\boldsymbol{P}_{n-1}\cdots\boldsymbol{P}_2\boldsymbol{P}_1(\boldsymbol{L}_n\boldsymbol{P}_n\boldsymbol{L}_{n-1}\boldsymbol{P}_{n-1}\cdots\boldsymbol{L}_2\boldsymbol{P}_2\boldsymbol{L}_1\boldsymbol{P}_1)^{-1}\boldsymbol{U}$$

可以证明

$$\boldsymbol{P}_n\boldsymbol{P}_{n-1}\cdots\boldsymbol{P}_2\boldsymbol{P}_1(\boldsymbol{L}_n\boldsymbol{P}_n\boldsymbol{L}_{n-1}\boldsymbol{P}_{n-1}\cdots\boldsymbol{L}_2\boldsymbol{P}_2\boldsymbol{L}_1\boldsymbol{P}_1)^{-1}$$

是一个下三角矩阵.

上述过程可归纳为算法 3.2.

算法 3.2 列主元 LU 分解

```
L = I, U = O
p = [1 : n]   %记录行变换矩阵 P
for k = 1 to n - 1 do
  if a_kk = 0 then
    for i = k + 1 to n do
      if a_ik ≠ 0 then
        for j = 1 to n do
          tmp = a_kj, a_kj = a_ij, a_ij = tmp   % 交换第 k 行与第 i 行
        end for
        p_k = i   %更新行变换矩阵 P
      end if
    end for
  end if
  for i = k + 1 to n do
    l_ik = a_ik / a_kk   %更新 L 的第 k 列
  end for
  for j = k to n do
    u_kj = a_kj   %更新 U 的第 k 行
  end for
  for i = k + 1 to n do
    for j = k + 1 to n do
      a_ij = a_ij - l_ik l_kj   %更新矩阵 A(k + 1 : n, k + 1 : n)
    end for
  end for
end for
```

3.4 QR 分解

矩阵的 QR 分解也称正交三角分解，是一种特殊的三角分解. QR 分解在解决最小二

乘问题、矩阵特征值的计算等问题中起到重要作用,也是目前计算一般矩阵的全部特征值和特征向量的最有效方法之一. 矩阵 $\boldsymbol{A}$ 的 QR 分解可以通过 Gram-Schmidt 正交化、Householder 变换和 Givens 变换等方法实现.

定义 3.4.1.　设矩阵 $\boldsymbol{A}\in\mathbb{R}^{m\times n}(m\geqslant n)$,如果存在 m 阶正交矩阵 $\boldsymbol{Q}$ 和 n 阶上三角矩阵 $\boldsymbol{R}$,使得

$$\boldsymbol{A}=\boldsymbol{Q}\begin{bmatrix}\boldsymbol{R}\\\boldsymbol{O}\end{bmatrix}_{m\times n}$$

则称之为 $\boldsymbol{A}$ 的 QR 分解或正交三角分解.

在上述定义中,当 $\boldsymbol{A}\in\mathbb{C}^{m\times n}(m\geqslant n)$ 且 $\boldsymbol{Q}$ 为 m 阶酉矩阵,则称之为 $\boldsymbol{A}$ 的酉三角分解.

3.4.1　基于 Gram-Schmidt 正交化的 QR 分解

定理 3.4.1.　对任意一个列满秩的实矩阵 $\boldsymbol{A}\in\mathbb{R}^{m\times n}(m\geqslant n)$,都存在正交三角分解

$$\boldsymbol{A}=\boldsymbol{Q}\begin{bmatrix}\boldsymbol{R}\\\boldsymbol{O}\end{bmatrix}_{m\times n}$$

其中 $\boldsymbol{Q}$ 为 m 阶正交矩阵,$\boldsymbol{R}$ 具有正的对角元的上三角矩阵;而且当 $m=n$ 且 $\boldsymbol{A}$ 非奇异时,上述分解还是唯一的.

上述定理对于复矩阵也成立,此时 $\boldsymbol{Q}$ 为酉矩阵.

证明.　设 $\boldsymbol{A}$ 是一个列满秩的实矩阵,$\boldsymbol{A}$ 的 n 个列向量为 $\boldsymbol{a}_1, \boldsymbol{a}_2, \cdots, \boldsymbol{a}_n$,由于 $\boldsymbol{a}_1, \boldsymbol{a}_2, \cdots, \boldsymbol{a}_n$ 线性无关,将它们用 Schmidt 正交化方法得标准正交向量 $\boldsymbol{q}_1, \boldsymbol{q}_2, \cdots, \boldsymbol{q}_n$ 即

$$\begin{cases}\boldsymbol{a}_1 &= r_{11}\boldsymbol{q}_1\\ \boldsymbol{a}_2 &= r_{12}\boldsymbol{q}_1+r_{22}\boldsymbol{q}_2\\ &\cdots\\ \boldsymbol{a}_n &= r_{1n}\boldsymbol{q}_1+r_{2n}\boldsymbol{q}_2+\cdots+r_{nn}\boldsymbol{q}_n\end{cases}$$

其中 $r_{ii}>0, i=1, 2, \cdots, n$,从而有

$$[\boldsymbol{a}_1\ \ \boldsymbol{a}_2\ \ \cdots\ \ \boldsymbol{a}_n]=[\boldsymbol{q}_1\ \ \boldsymbol{q}_2\ \ \cdots\ \ \boldsymbol{q}_n]\begin{bmatrix}r_{11} & r_{12} & r_{13} & \cdots & r_{1n}\\ 0 & r_{22} & r_{23} & \cdots & r_{2n}\\ 0 & 0 & r_{33} & \cdots & r_{3n}\\ \vdots & \vdots & \vdots & & \vdots\\ 0 & 0 & 0 & \cdots & r_{nn}\end{bmatrix}$$

如果给 $\boldsymbol{q}_1, \boldsymbol{q}_2, \cdots \boldsymbol{q}_n$ 补上 $m-n$ 个标准正交的向量 $\boldsymbol{q}_{n+1}, \boldsymbol{q}_{n+2}, \cdots \boldsymbol{q}_m$ 就有

$$[\boldsymbol{a}_1 \quad \boldsymbol{a}_2 \quad \cdots \quad \boldsymbol{a}_n] = [\boldsymbol{q}_1 \quad \boldsymbol{q}_2 \quad \cdots \quad \boldsymbol{q}_m] \begin{bmatrix} r_{11} & r_{12} & r_{13} & \cdots & r_{1n} \\ 0 & r_{22} & r_{23} & \cdots & r_{2n} \\ 0 & 0 & r_{33} & \cdots & r_{3n} \\ \vdots & \vdots & \vdots & & \vdots \\ 0 & 0 & 0 & \cdots & r_{nn} \\ 0 & 0 & 0 & \cdots & 0 \\ \vdots & \vdots & \vdots & & \vdots \\ 0 & 0 & 0 & \cdots & 0 \end{bmatrix}$$

令

$$\boldsymbol{Q} = [\boldsymbol{q}_1 \quad \boldsymbol{q}_2 \quad \cdots \quad \boldsymbol{q}_m], \boldsymbol{R} = \begin{bmatrix} r_{11} & r_{12} & r_{13} & \cdots & r_{1n} \\ 0 & r_{22} & r_{23} & \cdots & r_{2n} \\ 0 & 0 & r_{33} & \cdots & r_{3n} \\ \vdots & \vdots & \vdots & & \vdots \\ 0 & 0 & 0 & \cdots & r_{nn} \end{bmatrix}$$

则 $\boldsymbol{Q}^{\mathrm{T}}\boldsymbol{Q} = \boldsymbol{I}$.

再证唯一性.

如果

$$\boldsymbol{A} = \boldsymbol{QR} = \boldsymbol{Q}_1\boldsymbol{R}_1$$

由此得 $\boldsymbol{Q} = \boldsymbol{Q}_1\boldsymbol{R}_1\boldsymbol{R}^{-1}$,令 $\boldsymbol{D} = \boldsymbol{R}_1\boldsymbol{R}^{-1}$,那么 $\boldsymbol{D}$ 仍为具有正对角元的上三角矩阵.

由于

$$\boldsymbol{I} = \boldsymbol{Q}^{\mathrm{T}}\boldsymbol{Q} = (\boldsymbol{Q}_1\boldsymbol{D})^{\mathrm{T}}(\boldsymbol{Q}_1\boldsymbol{D}) = \boldsymbol{D}^{\mathrm{T}}\boldsymbol{D}$$

即 $\boldsymbol{D}$ 为正交矩阵,因此 $\boldsymbol{D}$ 为单位矩阵(正交上三角矩阵为对角矩阵)

故

$$\boldsymbol{Q} = \boldsymbol{Q}_1\boldsymbol{D} = \boldsymbol{Q}_1, \ \boldsymbol{R}_1 = \boldsymbol{DR} = \boldsymbol{R}$$

当 $\boldsymbol{A} \in \mathbb{R}^{m\times n}$ 时,此时 $\boldsymbol{Q}$ 不唯一. 得到分解形式:

$$\boldsymbol{A}=\boldsymbol{Q}\begin{bmatrix}\boldsymbol{R}_{n\times n}\\ \boldsymbol{O}_{m-n}\end{bmatrix}$$

也可以写成

$$\boldsymbol{A}=\boldsymbol{Q}_{m\times n}\boldsymbol{R}_{n\times n}$$

$\boldsymbol{Q}_{m\times n}$ 为$\boldsymbol{Q}$ 的前 n 列. □

注意到$\boldsymbol{A}^{\mathrm{T}}\boldsymbol{A}=(\boldsymbol{QR})^{\mathrm{T}}(\boldsymbol{QR})=\boldsymbol{R}^{\mathrm{T}}\boldsymbol{R}$,因此可以得出结论:$\boldsymbol{G}=\boldsymbol{R}^{\mathrm{T}}$ 是$\boldsymbol{A}^{\mathrm{T}}\boldsymbol{A}$ 的下三角 Cholesky 因子. 由于这个原因,在关于估计的文献中,矩阵 $\boldsymbol{R}$ 常称为平方根滤波器(算子).

下面的引理称为矩阵分解引理,它在矩阵 QR 分解的应用中是一个有用的结果.

引理 3.4.1.　若$\boldsymbol{A}$ 和$\boldsymbol{B}$ 是两个任意$m\times n$ 实矩阵,则

$$\boldsymbol{A}^{\mathrm{T}}\boldsymbol{A}=\boldsymbol{B}^{\mathrm{T}}\boldsymbol{B}\tag{3.2}$$

当且仅当存在一个$m\times m$ 正交矩阵$\boldsymbol{Q}$,使得

$$\boldsymbol{QA}=\boldsymbol{B}\tag{3.3}$$

下面的例子可以说明,如何通过 Gram-Schmidt 正交化方法求得矩阵的 QR 分解.

例 3.4.1.　求下列矩阵的正交三角分解表达式:

$$\boldsymbol{A}=\begin{bmatrix}0&1&1\\1&1&0\\1&0&1\end{bmatrix}$$

解.　记$\boldsymbol{a}_1=(0,1,1)$, $\boldsymbol{a}_2=(1,1,0)$, $\boldsymbol{a}_3=(1,0,1)$,由 Gram-Schmidt 正交化方法. 先正交化得

$$\begin{cases}\boldsymbol{b}_1=\boldsymbol{a}_1=(0,1,1)\\ \boldsymbol{b}_2=\boldsymbol{a}_2-\dfrac{\langle\boldsymbol{a}_2,\boldsymbol{b}_1\rangle}{\langle\boldsymbol{b}_1,\boldsymbol{b}_1\rangle}\boldsymbol{b}_1=\left(1,\dfrac{1}{2},-\dfrac{1}{2}\right)\\ \boldsymbol{b}_3=\boldsymbol{a}_3-\dfrac{\langle\boldsymbol{a}_3,\boldsymbol{b}_1\rangle}{\langle\boldsymbol{b}_1,\boldsymbol{b}_1\rangle}\boldsymbol{b}_1-\dfrac{\langle\boldsymbol{a}_3,\boldsymbol{b}_2\rangle}{\langle\boldsymbol{b}_2,\boldsymbol{b}_2\rangle}\boldsymbol{b}_2=\left(\dfrac{2}{3},-\dfrac{2}{3},\dfrac{2}{3}\right)\end{cases}$$

然后单位化

$$\begin{cases} \boldsymbol{q}_1 = \dfrac{1}{\sqrt{2}}(0,\ 1,\ 1) \\ \boldsymbol{q}_2 = \dfrac{1}{\sqrt{6}}(2,\ 1,\ -1) \\ \boldsymbol{q}_3 = \dfrac{1}{\sqrt{3}}(1,\ -1,\ 1) \end{cases}$$

整理得

$$\begin{cases} \boldsymbol{a}_1 = |\boldsymbol{b}_1|\boldsymbol{q}_1 \\ \boldsymbol{a}_2 = \langle \boldsymbol{a}_2,\ \boldsymbol{q}_1\rangle \boldsymbol{q}_1 + |\boldsymbol{b}_2|\boldsymbol{q}_2 \\ \boldsymbol{a}_3 = \langle \boldsymbol{a}_3,\ \boldsymbol{q}_1\rangle \boldsymbol{q}_1 + \langle \boldsymbol{a}_3,\ \boldsymbol{q}_2\rangle \boldsymbol{q}_2 + |\boldsymbol{b}_3|\boldsymbol{q}_3 \end{cases}$$

于是

$$\boldsymbol{Q} = [\boldsymbol{q}_1 \quad \boldsymbol{q}_2 \quad \boldsymbol{q}_3] = \begin{bmatrix} 0 & \dfrac{2}{\sqrt{6}} & \dfrac{1}{\sqrt{3}} \\ \dfrac{1}{\sqrt{2}} & \dfrac{1}{\sqrt{6}} & -\dfrac{1}{\sqrt{3}} \\ \dfrac{1}{\sqrt{2}} & -\dfrac{1}{\sqrt{6}} & \dfrac{1}{\sqrt{3}} \end{bmatrix}$$

$$\boldsymbol{R} = \begin{bmatrix} |\boldsymbol{b}_1| & \langle \boldsymbol{a}_2,\ \boldsymbol{q}_1\rangle & \langle \boldsymbol{a}_3,\ \boldsymbol{q}_1\rangle \\ 0 & |\boldsymbol{b}_2| & \langle \boldsymbol{a}_3,\ \boldsymbol{q}_2\rangle \\ 0 & 0 & |\boldsymbol{b}_3| \end{bmatrix} = \begin{bmatrix} \sqrt{2} & \dfrac{1}{\sqrt{2}} & \dfrac{1}{\sqrt{2}} \\ 0 & \dfrac{\sqrt{6}}{2} & \dfrac{1}{\sqrt{6}} \\ 0 & 0 & \dfrac{2}{\sqrt{3}} \end{bmatrix}$$

那么 $\boldsymbol{A} = \boldsymbol{QR}$ 即为所求表达式.

在实际数值计算中,Gram-Schmidt 正交化是数值不稳定的,计算中累积的舍入误差会使最终结果的正交性变得很差. 因此常用一种修正的 Gram-Schmidt 正交化方法,它是对经典 Gram-Schmidt 正交化法的修正,使上三角矩阵 $\boldsymbol{R}$ 的元素不是按列,而是按行计算,这时舍入误差将变小.

3.4.2 基于 Householder 变换的 QR 分解

定理 3.4.2. $\mathbf{0} \neq \boldsymbol{x} \in \mathbb{R}^n$，则可构造单位向量 $\boldsymbol{w} \in \mathbb{R}^n$，使得由其得到的 Householder 变换 $\boldsymbol{H}$ 满足

$$\boldsymbol{H}\boldsymbol{x} = \alpha \boldsymbol{e}_1 \tag{3.4}$$

其中 $\alpha = \pm \|\boldsymbol{x}\|_2$.

证明. 由于

$$\boldsymbol{H}\boldsymbol{x} = (\boldsymbol{I} - 2\boldsymbol{w}\boldsymbol{w}^{\mathrm{T}})\boldsymbol{x} = \boldsymbol{x} - 2(\boldsymbol{w}^{\mathrm{T}}\boldsymbol{x})\boldsymbol{w}$$
$$2(\boldsymbol{w}^{\mathrm{T}}\boldsymbol{x})\boldsymbol{w} = \boldsymbol{x} - \boldsymbol{H}\boldsymbol{x}$$

因此 $\boldsymbol{w}$ 为与 $\boldsymbol{x} - \boldsymbol{H}\boldsymbol{x}$ 同方向的单位向量，故欲使 $\boldsymbol{H}\boldsymbol{x} = \alpha \boldsymbol{e}_1$，则 $\boldsymbol{w}$ 应为

$$\boldsymbol{w} = \frac{\boldsymbol{x} - \alpha \boldsymbol{e}_1}{\|\boldsymbol{x} - \alpha \boldsymbol{e}_1\|_2}$$

又因 $\boldsymbol{H}$ 是正交矩阵，必须有

$$\|\boldsymbol{x}\|_2 = \|\boldsymbol{H}\boldsymbol{x}\|_2 = \|\alpha \boldsymbol{e}_1\|_2 = |\alpha| \cdot \|\boldsymbol{e}_1\|_2 = |\alpha|$$

即 $\alpha = \pm \|\boldsymbol{x}\|_2$. 容易验证，如上选取的 $\boldsymbol{H}$ 确实满足式(3.4). □

定理 3.4.2 告诉我们，对任意的 $\boldsymbol{x} \in \mathbb{R}^n (\boldsymbol{x} \neq \mathbf{0})$ 都可构造出 Householder 矩阵 $\boldsymbol{H}$，使 $\boldsymbol{H}\boldsymbol{x}$ 的后 $n-1$ 分量为零. 而且其证明亦知，可按如下的步骤来构造确定 $\boldsymbol{H}$ 的单位向量 $\boldsymbol{w}$：

- 计算 $\boldsymbol{v} = \boldsymbol{x} \pm \|\boldsymbol{x}\|_2 \boldsymbol{e}_1$；
- 计算 $\boldsymbol{w} = \boldsymbol{v} / \|\boldsymbol{v}\|_2$.

此外，在实际计算中，α 取正还是取负根据具体情况来决定.

例 3.4.2. 用 Householder 变换将向量 $\boldsymbol{x} = (0, 3, 4)$ 化为与 $\boldsymbol{e} = (1, 0, 0)$ 平行的向量.

解. 由于 $\|\boldsymbol{x}\|_2 = 5$，不妨取 $\alpha = \|\boldsymbol{x}\|_2 = 5$. 令

$$\boldsymbol{w} = \frac{\boldsymbol{x} - \alpha \boldsymbol{e}}{\|\boldsymbol{x} - \alpha \boldsymbol{e}\|_2} = \frac{1}{5\sqrt{2}} \begin{bmatrix} -5 \\ 3 \\ 4 \end{bmatrix}$$

则

$$\boldsymbol{H}=\boldsymbol{I}-2\boldsymbol{w}\boldsymbol{w}^{\mathrm{T}}=\frac{1}{25}\begin{bmatrix}0 & 15 & 20\\ 15 & 16 & -12\\ 20 & -12 & 9\end{bmatrix}$$

因此 $\boldsymbol{H}\boldsymbol{x}=5\boldsymbol{e}$.

利用 Householder 变换求矩阵的 QR 分解的步骤：

将矩阵 $\boldsymbol{A}$ 按列分块 $\boldsymbol{A}=[\boldsymbol{\alpha}_1 \quad \boldsymbol{\alpha}_2 \quad \cdots \quad \boldsymbol{\alpha}_n]$，取 $\boldsymbol{w}_1=\dfrac{\boldsymbol{\alpha}_1-a_1\boldsymbol{e}}{\|\boldsymbol{\alpha}_1-a_1\boldsymbol{e}\|_2}$，$a_1=\|\boldsymbol{\alpha}_1\|_2$，则

$$\boldsymbol{H}_1=\boldsymbol{I}-2\boldsymbol{w}_1\boldsymbol{w}_1^{\mathrm{T}}$$

那么

$$\boldsymbol{H}_1\boldsymbol{A}=[\boldsymbol{H}_1\boldsymbol{\alpha}_1 \quad \boldsymbol{H}_1\boldsymbol{\alpha}_2 \quad \cdots \quad \boldsymbol{H}_1\boldsymbol{\alpha}_n]=\begin{bmatrix}\alpha_1 & * & \cdots & * \\ 0 & & & \\ \vdots & & \boldsymbol{B}_1 & \\ 0 & & & \end{bmatrix}$$

将矩阵 $\boldsymbol{B}_1$ 按列分块，$\boldsymbol{B}_1=[\boldsymbol{\beta}_2 \quad \boldsymbol{\beta}_3 \quad \cdots \quad \boldsymbol{\beta}_n]$，取 $\boldsymbol{w}_2=\dfrac{\boldsymbol{\beta}_2-b_2\boldsymbol{e}}{\|\boldsymbol{\beta}_2-b_2\boldsymbol{e}\|_2}$，$b_2=\|\boldsymbol{\beta}_2\|_2$，

则

$$\widetilde{\boldsymbol{H}}_2=\boldsymbol{I}-2\boldsymbol{w}_2\boldsymbol{w}_2^{\mathrm{T}}$$

并且令

$$\boldsymbol{H}_2=\begin{bmatrix}1 & \boldsymbol{0}^{\mathrm{T}}\\ \boldsymbol{0} & \widetilde{\boldsymbol{H}}_2\end{bmatrix}$$

故有

$$\boldsymbol{H}_2(\boldsymbol{H}_1\boldsymbol{A})=\begin{bmatrix}a_1 & * & * & \cdots & * \\ 0 & a_2 & * & \cdots & * \\ 0 & 0 & & & \\ \vdots & \vdots & & \boldsymbol{C}_1 & \\ 0 & 0 & & & \end{bmatrix}$$

依次进行下去，得到第 $n-1$ 个 n 阶的 Householder 矩阵 $\boldsymbol{H}_{n-1}$，使得

$$\boldsymbol{H}_{n-1}\cdots\boldsymbol{H}_2\boldsymbol{H}_1\boldsymbol{A}=\begin{bmatrix} a_1 & * & \cdots & * \\ & a_2 & \cdots & * \\ & & \ddots & \vdots \\ & & & \\ 0 & 0 & \cdots & 0 \\ \vdots & \vdots & & \vdots \\ 0 & 0 & \cdots & 0 \end{bmatrix}=\begin{bmatrix}\boldsymbol{R}\\ \boldsymbol{O}\end{bmatrix}$$

因 $\boldsymbol{H}_i$ 是自逆矩阵，令 $\boldsymbol{Q}=\boldsymbol{H}_1\boldsymbol{H}_2\cdots\boldsymbol{H}_{n-1}$，则

$$\boldsymbol{A}=\boldsymbol{Q}\begin{bmatrix}\boldsymbol{R}\\ \boldsymbol{O}\end{bmatrix}$$

例 3.4.3.　已知矩阵 $\boldsymbol{A}=\begin{bmatrix}0 & 3 & 1\\ 0 & 4 & -2\\ 2 & 1 & 1\end{bmatrix}$，利用 Householder 变换求 $\boldsymbol{A}$ 的 $\boldsymbol{QR}$ 分解.

解.　因为 $\boldsymbol{\alpha}_1=(0,\ 0,\ 2)$，记 $a_1=\|\boldsymbol{\alpha}_1\|_2=2$，令

$$\boldsymbol{w}_1=\frac{\boldsymbol{\alpha}_1-a_1\boldsymbol{e}_1}{\|\boldsymbol{\alpha}_1-a_1\boldsymbol{e}_1\|_2}=\frac{1}{\sqrt{2}}(-1,\ 0,\ 1)$$

则

$$\boldsymbol{H}_1=\boldsymbol{I}-2\boldsymbol{w}_1\boldsymbol{w}_1^{\mathrm{T}}=\begin{bmatrix}0 & 0 & 1\\ 0 & 1 & 0\\ 1 & 0 & 0\end{bmatrix}$$

从而

$$\boldsymbol{H}_1\boldsymbol{A}=\begin{bmatrix}2 & 1 & 1\\ 0 & 4 & -2\\ 0 & 3 & 1\end{bmatrix}$$

记 $\boldsymbol{\beta}_2=(4,\ 3)$，则 $b_2=\|\boldsymbol{\beta}_2\|_2=5$，令

$$\boldsymbol{w}_2=\frac{\boldsymbol{\beta}_2-b_2\boldsymbol{e}_1}{\|\boldsymbol{\beta}_2-b_2\boldsymbol{e}_1\|_2}=\frac{1}{\sqrt{10}}(-1,\ 3)$$

则

$$\widetilde{\boldsymbol{H}}_2=\boldsymbol{I}-2\boldsymbol{w}_2\boldsymbol{w}_2^{\mathrm{T}}=\begin{bmatrix}\frac{4}{5} & \frac{3}{5}\\ \frac{3}{5} & -\frac{4}{5}\end{bmatrix}$$

记

$$\boldsymbol{H}_2=\begin{bmatrix}1 & \boldsymbol{0}^{\mathrm{T}}\\ 0 & \widetilde{\boldsymbol{H}}_2\end{bmatrix}=\begin{bmatrix}1 & 0 & 0\\ 0 & \frac{4}{5} & \frac{3}{5}\\ 0 & \frac{3}{5} & -\frac{4}{5}\end{bmatrix}$$

则

$$\boldsymbol{H}_2(\boldsymbol{H}_1\boldsymbol{A})=\begin{bmatrix}2 & 1 & 2\\ 0 & 5 & -1\\ 0 & 0 & -2\end{bmatrix}=\boldsymbol{R}$$

取

$$\boldsymbol{Q}=\boldsymbol{H}_1\boldsymbol{H}_2=\begin{bmatrix}0 & \frac{3}{5} & -\frac{4}{5}\\ 0 & \frac{4}{5} & \frac{3}{5}\\ 1 & 0 & 0\end{bmatrix}$$

则 $\boldsymbol{A}=\boldsymbol{QR}$.

3.4.3 基于 Givens 变换的 QR 分解

定理 3.4.3. 对于任意向量 $\boldsymbol{x}\in\mathbb{R}^n$，存在 Givens 变换 $\boldsymbol{T}_{kl}$ 使得 $\boldsymbol{T}_{kl}\boldsymbol{x}$ 的第 l 个分量为 0,第 k 个分量为非负实数,其余分量不变.

证明. 记 $\boldsymbol{x}=(x_1,\ x_2,\ \cdots,\ x_n)$，$\boldsymbol{T}_{kl}\boldsymbol{x}=(y_1,\ y_2,\ \cdots,\ y_n)$. 由 Givens 矩阵的定义

可得

$$\begin{cases} y_k = cx_k + sx_l \\ y_l = -sx_k + cx_l \\ y_j = x_j,\ j \neq k,\ l \end{cases}$$

- 当 $|x_k|^2 + |x_l|^2 = 0$ 时,取 $c = 1,\ s = 0$,则 $\boldsymbol{T}_{kl} = \boldsymbol{I}$,此时

$$y_k = y_l = 0,\ y_j = x_j (j \neq k,\ l)$$

结论成立.

- 当 $|x_k|^2 + |x_l|^2 \neq 0$ 时,取

$$c = \frac{x_k}{\sqrt{|x_k|^2 + |x_l|^2}},\ s = \frac{x_l}{\sqrt{|x_k|^2 + |x_l|^2}},$$

则

$$\begin{cases} y_k = \dfrac{x_k^2}{\sqrt{|x_k|^2 + |x_l|^2}} + \dfrac{x_l^2}{\sqrt{|x_k|^2 + |x_l|^2}} = \sqrt{|x_k|^2 + |x_l|^2} > 0 \\ y_l = -\dfrac{x_k x_l}{\sqrt{|x_k|^2 + |x_l|^2}} + \dfrac{x_l x_k}{\sqrt{|x_k|^2 + |x_l|^2}} = 0 \\ y_j = x_j,\ j \neq k,\ l \end{cases}$$

结论成立. □

推论 3.4.1.　给定一个向量 $\boldsymbol{x} \in \mathbb{R}^n$,则存在一组 Givens 矩阵 $\boldsymbol{T}_{12}, \boldsymbol{T}_{13}, \cdots, \boldsymbol{T}_{1n}$,使得

$$\boldsymbol{T}_{1n} \cdots \boldsymbol{T}_{13} \boldsymbol{T}_{12} \boldsymbol{x} = \|\boldsymbol{x}\|_2 \boldsymbol{e}_1,$$

称为用 Givens 变换化向量 $\boldsymbol{x} \in \mathbb{R}^n$ 与第一自然基向量 $\boldsymbol{e}_1$ 共线.

证明.　设 $\boldsymbol{x} = (x_1, x_2, \cdots, x_n)$,由定理 3.4.3 知存在 Givens 矩阵 $\boldsymbol{T}_{12}$,使得

$$\boldsymbol{T}_{12} \boldsymbol{x} = (\sqrt{|x_1|^2 + |x_2|^2},\ 0,\ x_3,\ \cdots,\ x_n)^{\mathrm{T}}$$

对于 $\boldsymbol{T}_{12}\boldsymbol{x}$ 又存在 Givens 矩阵 $\boldsymbol{T}_{13}$ 使得

$$\boldsymbol{T}_{13}(\boldsymbol{T}_{12}\boldsymbol{x}) = (\sqrt{|x_1|^2 + |x_2|^2 + |x_3|^2},\ 0,\ 0,\ x_4,\ \cdots,\ x_n)$$

依此继续下去,可以得出

$$\boldsymbol{T}_{1n}\cdots\boldsymbol{T}_{13}\boldsymbol{T}_{12}\boldsymbol{x}=(\sqrt{|x_1|^2+|x_2|^2+\cdots+|x_n|^2},0,0,\cdots,0)=\|\boldsymbol{x}\|_2\boldsymbol{e}_1$$ □

例 3.4.4. 用 Givens 变换化向量 $\boldsymbol{x}=(1,2,2)$ 与第一自然基向量共线

解. 由于 $x_1=1$，$x_2=2$，$\sqrt{|x_1|^2+|x_2|^2}=\sqrt{5}$，取 $c_1=\frac{1}{\sqrt{5}}$，$s_1=\frac{2}{\sqrt{5}}$ 构造 Givens 矩阵

$$\boldsymbol{T}_{12}=\begin{bmatrix}\frac{1}{\sqrt{5}} & \frac{2}{\sqrt{5}} & 0\\ -\frac{2}{\sqrt{5}} & \frac{1}{\sqrt{5}} & 0\\ 0 & 0 & 1\end{bmatrix},$$

故有 $\boldsymbol{T}_{12}\boldsymbol{x}=(\sqrt{5},0,2)$. 对于 $\boldsymbol{T}_{12}\boldsymbol{x}$ 取 $c_2=\frac{\sqrt{5}}{3}$，$s_2=\frac{2}{3}$，则

$$\boldsymbol{T}_{13}=\begin{bmatrix}\frac{\sqrt{5}}{3} & 0 & \frac{2}{3}\\ 0 & 1 & 0\\ -\frac{2}{3} & 0 & \frac{\sqrt{5}}{3}\end{bmatrix},\ \boldsymbol{T}_{13}\boldsymbol{T}_{12}\boldsymbol{x}=3\boldsymbol{e}_1$$

利用 Givens 变换求矩阵 QR 分解的步骤：

先将矩阵 $\boldsymbol{A}$ 按列分块，

$$\boldsymbol{A}=[\boldsymbol{\alpha}_1\quad \boldsymbol{\alpha}_2\quad \cdots\quad \boldsymbol{\alpha}_n]$$

- 对于 $\boldsymbol{\alpha}_1$ 存在一组 Givens 矩阵 $\boldsymbol{T}_{12}$，$\boldsymbol{T}_{13}$，…，$\boldsymbol{T}_{1n}$ 使得

$$\boldsymbol{T}_{1n}\cdots\boldsymbol{T}_{13}\boldsymbol{T}_{12}\boldsymbol{\alpha}_1=\|\boldsymbol{\alpha}_1\|_2\boldsymbol{e}_1$$

于是

$$\boldsymbol{T}_{1n}\cdots\boldsymbol{T}_{13}\boldsymbol{T}_{12}\boldsymbol{A}=\begin{bmatrix}a_1 & *\\ \boldsymbol{0} & \boldsymbol{B}_1\end{bmatrix},\ a_1=\|\boldsymbol{\alpha}_1\|_2$$

- 将矩阵 $\begin{bmatrix} * \\ \boldsymbol{B}_1\end{bmatrix}$ 按列分块

$$\begin{bmatrix} * \\ \boldsymbol{B}_1 \end{bmatrix} = \begin{bmatrix} * & * & \cdots & * \\ \boldsymbol{\beta}_2 & \boldsymbol{\beta}_3 & \cdots & \boldsymbol{\beta}_n \end{bmatrix}$$

又存在一组 Givens 矩阵 $\boldsymbol{T}_{23}$，$\boldsymbol{T}_{24}$，…，$\boldsymbol{T}_{2n}$ 使得

$$\boldsymbol{T}_{2n}\cdots\boldsymbol{T}_{24}\boldsymbol{T}_{23}\begin{bmatrix} * \\ \boldsymbol{\beta}_2 \end{bmatrix} = (*, a_2, 0, \cdots, 0),\ a_2 = \|\boldsymbol{\beta}_2\|_2$$

因此

$$\boldsymbol{T}_{2n}\cdots\boldsymbol{T}_{24}\boldsymbol{T}_{23}\boldsymbol{T}_{1n}\cdots\boldsymbol{T}_{13}\boldsymbol{T}_{12}\boldsymbol{A} = \begin{bmatrix} a_1 & * & * & \cdots & * \\ 0 & a_2 & * & \cdots & * \\ \boldsymbol{0} & \boldsymbol{0} & & \boldsymbol{C}_2 & \end{bmatrix}$$

依次进行下去得到

$$\boldsymbol{T}_{n-1,n}\cdots\boldsymbol{T}_{2n}\cdots\boldsymbol{T}_{23}\boldsymbol{T}_{1n}\cdots\boldsymbol{T}_{12}\boldsymbol{A} = \begin{bmatrix} a_1 & * & \cdots & * \\ & a_2 & \cdots & * \\ & & \ddots & \vdots \\ & & & a_n \\ 0 & 0 & \cdots & 0 \\ \vdots & \vdots & & \vdots \\ 0 & 0 & \cdots & 0 \end{bmatrix} =: \begin{bmatrix} \boldsymbol{R} \\ \boldsymbol{O} \end{bmatrix}$$

- 令 $\boldsymbol{Q} = \boldsymbol{T}_{12}^{\mathrm{T}}\cdots\boldsymbol{T}_{1n}^{\mathrm{T}}\boldsymbol{T}_{23}^{\mathrm{T}}\cdots\boldsymbol{T}_{2n}^{\mathrm{T}}\cdots\boldsymbol{T}_{n-1,n}^{\mathrm{T}}$，则 $\boldsymbol{A} = \boldsymbol{Q}\begin{bmatrix} \boldsymbol{R} \\ \boldsymbol{O} \end{bmatrix}$.

利用 Givens 变换进行 QR 分解，需要作 $\dfrac{n(n-1)}{2}$ 个初等旋转矩阵的连乘积，当 n 较大时，计算量较大，因此常用镜像变换来进行 QR 分解.

例 3.4.5. 已知矩阵 $\boldsymbol{A} = \begin{bmatrix} 0 & 3 & 1 \\ 0 & 4 & -2 \\ 2 & 1 & 1 \end{bmatrix}$，利用 Givens 变换求 $\boldsymbol{A}$ 的 QR 分解.

解. 因为 $a_{21} = 0$，$a_{31} = 2$，取 $c = \dfrac{0}{\sqrt{0^2 + 2^2}} = 0$，$s = \dfrac{2}{\sqrt{0^2 + 2^2}} = 1$，构造

$$G_{(2,3)}^{(1)}=\begin{bmatrix}1 & & \\ & 0 & 1 \\ & -1 & 0\end{bmatrix}$$

则

$$A^{(1)}=G_{(2,3)}^{(1)}A=\begin{bmatrix}0 & 3 & 1 \\ 2 & 1 & 1 \\ 0 & -4 & 2\end{bmatrix}$$

因为 $a_{11}^{(1)}=0$，$a_{21}^{(1)}=2$，取 $c=\dfrac{0}{\sqrt{0^2+2^2}}=0$，$s=\dfrac{2}{\sqrt{0^2+2^2}}=1$，构造

$$G_{(1,2)}^{(1)}=\begin{bmatrix}0 & 1 & \\ -1 & 0 & \\ & & 1\end{bmatrix}$$

则

$$A^{(2)}=G_{(1,2)}^{(1)}A^{(1)}=\begin{bmatrix}2 & 1 & 1 \\ 0 & -3 & -1 \\ 0 & -4 & 2\end{bmatrix}$$

因为 $a_{22}^{(2)}=-3$，$a_{32}^{(2)}=-4$，取 $c=\dfrac{-3}{\sqrt{3^2+4^2}}=-\dfrac{3}{5}$，$s=\dfrac{-4}{\sqrt{3^2+4^2}}=-\dfrac{4}{5}$，构造

$$G_{(2,3)}^{(2)}=\begin{bmatrix}1 & & \\ & -\frac{3}{5} & -\frac{4}{5} \\ & \frac{4}{5} & -\frac{3}{5}\end{bmatrix}$$

则

$$A^{(3)}=G_{(2,3)}^{(2)}A^{(2)}=\begin{bmatrix}2 & 1 & 1 \\ 0 & 5 & -1 \\ 0 & 0 & -2\end{bmatrix}=R$$

易得

$$Q=\begin{bmatrix}0 & \frac{3}{5} & -\frac{4}{5}\\ 0 & \frac{4}{5} & \frac{3}{5}\\ 1 & 0 & 0\end{bmatrix}$$

即得到 QR 分解：$\boldsymbol{A}=\boldsymbol{QR}$.

3.5　谱分解与 Cholesky 分解

本节主要讨论两类特殊的矩阵：对称矩阵和半正定矩阵的分解.

- 对称矩阵的谱分解(特征分解)：可以把任意对称矩阵分解成三个矩阵的积，包括一个正交矩阵和一个实的对角矩阵.
- 正定矩阵的 Cholesky 分解：可以把任意对称正定矩阵分解成一个具有正的对角元的下三角矩阵和其转置的乘积.

特征值与物理或力学中振动的频谱相联系，所以特征分解也称为谱分解.

3.5.1　谱分解

前面我们已经讨论过一般矩阵相似对角化的问题并得到如下定理所述的结论.

定理 3.5.1.　(矩阵的特征分解定理)一个矩阵 $\boldsymbol{A}\in\mathbb{R}^{n\times n}$ 可以分解为 $\boldsymbol{A}=\boldsymbol{PDP}^{-1}$，其中 $\boldsymbol{P}$ 是由特征向量构成的可逆矩阵，$\boldsymbol{D}$ 是对角矩阵且对角元是 $\boldsymbol{A}$ 的特征值，当且仅当 $\boldsymbol{A}$ 有 n 个线性无关的特征向量.

实际上对于对称矩阵有着更为特殊的性质，这也意味着它的特征分解会有更为特殊的结论. 下面我们将逐步认识到这一点.

性质 3.5.1.　关于对称矩阵特征值特征向量的有用性质：

(1) 对称矩阵总是具有实特征值.

(2) 对称矩阵的不同特征值对应的特征向量是相互正交的.

定理 3.5.2.　设 $\boldsymbol{A}$ 是实对称矩阵，则 $\boldsymbol{A}$ 的特征值皆为实数.

证明.　设 λ_0 是 $\boldsymbol{A}$ 的特征值，于是有非零向量 $\boldsymbol{x}=(x_1, x_2, \cdots, x_n)$ 满足 $\boldsymbol{Ax}=\lambda_0\boldsymbol{x}$. 令 $\bar{\boldsymbol{x}}=(\bar{x}_1, \bar{x}_2, \cdots, \bar{x}_n)$，其中 $\bar{x}_i$ 是 x_i 的共轭复数，则 $\overline{\boldsymbol{Ax}}=\bar{\lambda}_0\bar{\boldsymbol{x}}$. 考察等式

$$\bar{\boldsymbol{x}}^{\mathrm{T}}(\boldsymbol{Ax})=\bar{\boldsymbol{x}}^{\mathrm{T}}\boldsymbol{A}^{\mathrm{T}}\boldsymbol{x}=(\boldsymbol{A}\bar{\boldsymbol{x}})^{\mathrm{T}}\boldsymbol{x}=(\overline{\boldsymbol{Ax}})^{\mathrm{T}}\boldsymbol{x}$$

其左边为$\lambda_0\bar{\boldsymbol{x}}^{\mathrm{T}}\boldsymbol{x}$,右边为$\bar{\lambda}_0\bar{\boldsymbol{x}}^{\mathrm{T}}\boldsymbol{x}$. 故

$$\lambda_0\bar{\boldsymbol{x}}^{\mathrm{T}}\boldsymbol{x}=\bar{\lambda}_0\bar{\boldsymbol{x}}^{\mathrm{T}}\boldsymbol{x}$$

又因$\boldsymbol{x}$是非零向量

$$\bar{\boldsymbol{x}}^{\mathrm{T}}\boldsymbol{x}=\bar{x}_1x_1+\bar{x}_2x_2+\cdots+\bar{x}_nx_n\neq 0$$

故$\lambda_0=\bar{\lambda}_0$,即$\lambda_0$是一个实数. □

这样便可以得到如下谱分解定理:

定理 3.5.3. (谱分解定理)设实矩阵$\boldsymbol{A}$是n阶方阵,则下面3个命题等价:

(1) $\boldsymbol{A}=\boldsymbol{A}^{\mathrm{T}}$.

(2) 存在一个正交矩阵$\boldsymbol{Q}$使得$\boldsymbol{Q}^{\mathrm{T}}\boldsymbol{A}\boldsymbol{Q}=\boldsymbol{\Lambda}$,其中$\boldsymbol{\Lambda}$是对角矩阵.

(3) 存在n个$\boldsymbol{A}$的特征向量构成$\mathbb{R}^n$的一个标准正交基.

证明. (1)⇒(2):利用数学归纳法,当$n=1$时,易知(1)推(2)成立. 假设当$k=n-1$时结论成立. 设λ_1是$\boldsymbol{A}\in\mathbb{R}^{n\times n}$的一个特征值,对应的特征向量为$\boldsymbol{q}_1$,即$\boldsymbol{A}\boldsymbol{q}_1=\lambda_1\boldsymbol{q}_1$,且令$\|\boldsymbol{q}_1\|=1$. 我们可以将$\{\boldsymbol{q}_1\}$扩充成一个标准正交基$\{\boldsymbol{q}_1, \boldsymbol{q}_2, \cdots, \boldsymbol{q}_n\}$,从而得到了一个正交矩阵$\boldsymbol{Q}$. 又因为$\boldsymbol{A}\boldsymbol{q}_i\in\mathbb{R}^n$可以由$\boldsymbol{q}_1, \boldsymbol{q}_2, \cdots, \boldsymbol{q}_n$线性表出,并且$\boldsymbol{A}\boldsymbol{q}_1=\lambda_1\boldsymbol{q}_1$,那么

$$\boldsymbol{A}\boldsymbol{Q}=\boldsymbol{A}[\boldsymbol{q}_1\quad\boldsymbol{q}_2\quad\cdots\quad\boldsymbol{q}_n]=[\boldsymbol{q}_1\quad\boldsymbol{q}_2\quad\cdots\quad\boldsymbol{q}_n]\begin{bmatrix}\lambda_1 & \boldsymbol{a}^{\mathrm{T}}\\ \boldsymbol{0} & \boldsymbol{C}\end{bmatrix}=\boldsymbol{Q}\boldsymbol{A}_1$$

故$\boldsymbol{A}_1=\boldsymbol{Q}^{\mathrm{T}}\boldsymbol{A}\boldsymbol{Q}$. 由于$\boldsymbol{A}$对称,所以$\boldsymbol{A}_1$对称,从而$\boldsymbol{a}^{\mathrm{T}}=\boldsymbol{0}^{\mathrm{T}}$,且$\boldsymbol{C}$对称.

根据假设,存在正交矩阵$\boldsymbol{Q}_1$使得$\boldsymbol{Q}_1^{\mathrm{T}}\boldsymbol{C}\boldsymbol{Q}_1=\boldsymbol{\Lambda}_1$,故有$\boldsymbol{C}=\boldsymbol{Q}_1\boldsymbol{\Lambda}_1\boldsymbol{Q}_1^{\mathrm{T}}$. 因此

$$\boldsymbol{A}_1=\begin{bmatrix}\lambda_1 & \\ & \boldsymbol{C}\end{bmatrix}=\begin{bmatrix}1 & \\ & \boldsymbol{Q}_1\end{bmatrix}\begin{bmatrix}\lambda_1 & \\ & \boldsymbol{\Lambda}_1\end{bmatrix}\begin{bmatrix}1 & \\ & \boldsymbol{Q}_1^{\mathrm{T}}\end{bmatrix}$$

现令

$$\boldsymbol{Q}_2=\boldsymbol{Q}\begin{bmatrix}1 & \\ & \boldsymbol{Q}_1\end{bmatrix},\quad\begin{bmatrix}\lambda_1 & \\ & \boldsymbol{\Lambda}_1\end{bmatrix}=\boldsymbol{\Lambda}$$

即有$\boldsymbol{A}=\boldsymbol{Q}_2\boldsymbol{\Lambda}\boldsymbol{Q}_2^{\mathrm{T}}$, $\boldsymbol{Q}_2^{\mathrm{T}}\boldsymbol{A}\boldsymbol{Q}_2=\boldsymbol{\Lambda}$.

(2)⇒(3):将矩阵$\boldsymbol{Q}$按列分块$\boldsymbol{Q}=[\boldsymbol{q}_1\quad\boldsymbol{q}_2\quad\cdots\quad\boldsymbol{q}_n]$,记$\boldsymbol{\Lambda}=\mathrm{diag}(\lambda_1, \lambda_2, \cdots,$

λ_n). 则

$$AQ=[Aq_1 \quad Aq_2 \quad \cdots \quad Aq_n]=Q\Lambda=[\lambda_1 q_1 \quad \lambda_2 q_2 \quad \cdots \quad \lambda_n q_n]$$

故, q_1, q_2, ⋯, q_n 是矩阵 A 的特征向量.

(3)⇒(1):令 q_1, q_2, ⋯, q_n 是矩阵 A 的 n 个两两正交且模为 1 的特征向量. 则 $Q=[q_1 \quad q_2 \quad \cdots \quad q_n]$ 是正交矩阵. 记 $\Lambda=\mathrm{diag}(\lambda_1, \lambda_2, \cdots, \lambda_n)$ 其中 λ_i 是 q_i 对应的特征值. 则

$$AQ=[Aq_1 \quad Aq_2 \quad \cdots \quad Aq_n]=[\lambda_1 q_1 \quad \lambda_2 q_2 \quad \cdots \quad \lambda_n q_n]=Q\Lambda$$

故 $A=Q\Lambda Q^{\mathrm{T}}$,易知 A 是对称矩阵. □

定义 3.5.1. 设对称矩阵 A 为 n 阶方阵,则 A 可以被分解为

$$A=Q\Lambda Q^{\mathrm{T}},$$

其中 $Q=[q_1 \quad q_2 \quad \cdots \quad q_n]$ 是由相互正交的特征向量 q_1, q_2, ⋯, q_n 组成的 n 阶方阵, $\Lambda=\mathrm{diag}(\lambda_1, \lambda_2, \cdots, \lambda_n)$ 是由特征值 λ_1, λ_2, ⋯, λ_n 组成的 n 阶对角矩. 我们把这种分解叫作对称矩阵的**谱分解**或者**特征分解**.

我们也可以将 $A=Q\Lambda Q^{\mathrm{T}}$ 改写成秩一矩阵和的形式:

$$A=Q\Lambda Q^{\mathrm{T}}=\sum_{i=1}^{n}\lambda_i q_i q_i^{\mathrm{T}}$$

求解对称矩阵 $A\in\mathbb{R}^{n\times n}$ 的特征分解步骤:

- 计算矩阵 A 的特征值 λ_1, ⋯, λ_n,即求特征方程 $|A-\lambda I|=0$ 的 n 个根.
- 求特征值对应的 n 个相互正交的特征向量 q_1, ⋯, q_n, 即求解方程组并单位化

$$Aq_i=\lambda_i q_i,\ i=1,\ \cdots,\ n$$

- 记矩阵 $Q=[q_1 \quad q_2 \quad \cdots \quad q_n]$.
- 最终得到矩阵 A 的特征分解为 $A=Q\mathrm{diag}(\lambda_1, \lambda_2, \cdots, \lambda_n)Q^{\mathrm{T}}$

例 3.5.1. 求实对称矩阵 $A=\begin{bmatrix}2 & 1\\ 1 & 2\end{bmatrix}$ 的特征分解.

(1) 计算特征值和正交单位特征向量.

(2) 写出左特征向量方阵 Q 和特征值方阵 Λ.

(3) 写出其秩一矩阵和的形式.

解. 根据各步骤计算如下：

(1) 由

$$|\lambda \boldsymbol{I}-\boldsymbol{A}|=\begin{vmatrix}\lambda-2 & -1\\ -1 & \lambda-2\end{vmatrix}=0$$

得到特征值

$$\lambda_1=3,\ \lambda_2=1.$$

得到对应的特征向量将其单位化有

$$\boldsymbol{q}_1=\left(\frac{1}{\sqrt{2}},\frac{1}{\sqrt{2}}\right),\ \boldsymbol{q}_2=\left(-\frac{1}{\sqrt{2}},\frac{1}{\sqrt{2}}\right)$$

(2)

$$\boldsymbol{Q}=[\boldsymbol{q}_1\quad \boldsymbol{q}_2]=\begin{bmatrix}\frac{1}{\sqrt{2}} & -\frac{1}{\sqrt{2}}\\ \frac{1}{\sqrt{2}} & \frac{1}{\sqrt{2}}\end{bmatrix},\ \boldsymbol{\Lambda}=\begin{bmatrix}\lambda_1 & \\ & \lambda_2\end{bmatrix}=\begin{bmatrix}3 & \\ & 1\end{bmatrix}$$

又因为 $\boldsymbol{A}$ 是实对称矩阵，所以

$$\boldsymbol{A}=\boldsymbol{Q}\boldsymbol{\Lambda}\boldsymbol{Q}^{\mathrm{T}}=\begin{bmatrix}\frac{1}{\sqrt{2}} & -\frac{1}{\sqrt{2}}\\ \frac{1}{\sqrt{2}} & \frac{1}{\sqrt{2}}\end{bmatrix}\begin{bmatrix}3 & \\ & 1\end{bmatrix}\begin{bmatrix}\frac{1}{\sqrt{2}} & \frac{1}{\sqrt{2}}\\ -\frac{1}{\sqrt{2}} & \frac{1}{\sqrt{2}}\end{bmatrix}$$

(3) 可将其写成秩一矩阵和的形式如下：

$$\boldsymbol{A}=3\begin{bmatrix}\frac{1}{\sqrt{2}}\\ \frac{1}{\sqrt{2}}\end{bmatrix}\begin{bmatrix}\frac{1}{\sqrt{2}} & \frac{1}{\sqrt{2}}\end{bmatrix}+1\begin{bmatrix}-\frac{1}{\sqrt{2}}\\ \frac{1}{\sqrt{2}}\end{bmatrix}\begin{bmatrix}-\frac{1}{\sqrt{2}} & \frac{1}{\sqrt{2}}\end{bmatrix}=3\begin{bmatrix}\frac{1}{2} & \frac{1}{2}\\ \frac{1}{2} & \frac{1}{2}\end{bmatrix}+\begin{bmatrix}\frac{1}{2} & -\frac{1}{2}\\ -\frac{1}{2} & \frac{1}{2}\end{bmatrix}$$

从线性空间的角度看，在一个定义了内积的线性空间里，对一个 n 阶对称方阵进行特征分解，就产生了该空间的 n 个标准正交基. 矩阵对应的变换将空间中的向量投影到这 n 个基上，而特征值的模则代表向量在每个基上的投影长度的伸缩倍数.

下面我们介绍对称矩阵中很重要的一个概念叫瑞利商. 它在度量样本的类间距离和

类内距离有着重要的应用.

定义 3.5.2.　设矩阵 $\boldsymbol{A}\in\mathbb{R}^{n\times n}$ 为对称矩阵，$R(\boldsymbol{x})=\dfrac{\boldsymbol{x}^{\mathrm{T}}\boldsymbol{A}\boldsymbol{x}}{\boldsymbol{x}^{\mathrm{T}}\boldsymbol{x}}$，$(0\neq\boldsymbol{x}\in\mathbb{R}^{n})$ 被称为瑞利商.

性质 3.5.2.　给定一个对称矩阵 $\boldsymbol{A}\in\mathbb{R}^{n\times n}$，瑞利商 $R(\boldsymbol{x})$ 有如下性质：

$$\lambda_{\min}(\boldsymbol{A})\leqslant R(\boldsymbol{x})\leqslant\lambda_{\max}(\boldsymbol{A})$$

并且有

$$\lambda_{\max}(\boldsymbol{A})=\max_{\|\boldsymbol{x}\|_2=1}\boldsymbol{x}^{\mathrm{T}}\boldsymbol{A}\boldsymbol{x},\ \lambda_{\min}(\boldsymbol{A})=\min_{\|\boldsymbol{x}\|_2=1}\boldsymbol{x}^{\mathrm{T}}\boldsymbol{A}\boldsymbol{x}$$

当 $\boldsymbol{x}=\boldsymbol{u}_1$ 或 $\boldsymbol{x}=\boldsymbol{u}_n$ 时，瑞利商取到最大值或最小值，其中 $\boldsymbol{u}_1$，$\boldsymbol{u}_n$ 分别是最大特征值和最小特征值对应的特征向量.

证明.　矩阵 $\boldsymbol{A}\in\mathbb{R}^{n\times n}$ 为一对称矩阵，那么设它的 n 个特征值 $\lambda_1\geqslant\lambda_2\geqslant\cdots\geqslant\lambda_n$ 对应的标准正交的特征向量为 $\boldsymbol{q}_1$，$\boldsymbol{q}_2$，$\cdots$ $\boldsymbol{q}_n$. 可以将 $\boldsymbol{x}$ 表示为

$$\boldsymbol{x}=a_1\boldsymbol{q}_1+a_2\boldsymbol{q}_2+\cdots+a_n\boldsymbol{q}_n$$

则瑞利商分母为

$$\boldsymbol{x}^{\mathrm{T}}\boldsymbol{x}=\left(\sum_{i=0}^{n}a_i\boldsymbol{q}_i\right)^{\mathrm{T}}\left(\sum_{j=0}^{n}a_j\boldsymbol{q}_j\right)=\sum_{i=0}^{n}a_i^2\boldsymbol{q}_i^{\mathrm{T}}\boldsymbol{q}_i=\sum_{i=0}^{n}a_i^2$$

而瑞利商分子为

$$\begin{aligned}\boldsymbol{x}^{\mathrm{T}}\boldsymbol{A}\boldsymbol{x}&=\left(\sum_{i=0}^{n}a_i\boldsymbol{q}_i\right)^{\mathrm{T}}\boldsymbol{A}\left(\sum_{j=0}^{n}a_j\boldsymbol{q}_j\right)=\sum_{i=0}^{n}\sum_{j=0}^{n}a_i\boldsymbol{q}_i^{\mathrm{T}}\boldsymbol{A}a_j\boldsymbol{q}_j\\&=\sum_{i=0}^{n}\sum_{j=0}^{n}a_ia_j\lambda_j\boldsymbol{q}_i^{\mathrm{T}}\boldsymbol{q}_j=\sum_{i=0}^{n}a_i^2\lambda_i\boldsymbol{q}_i^{\mathrm{T}}\boldsymbol{q}_i=\sum_{i=0}^{n}a_i^2\lambda_i\end{aligned}$$

又 $\lambda_1\geqslant\lambda_2\geqslant\cdots\geqslant\lambda_n$，所以 $\lambda_n\boldsymbol{x}^{\mathrm{T}}\boldsymbol{x}\leqslant\boldsymbol{x}^{\mathrm{T}}\boldsymbol{A}\boldsymbol{x}\leqslant\lambda_1\boldsymbol{x}^{\mathrm{T}}\boldsymbol{x}$，故

$$\lambda_{\min}(\boldsymbol{A})\leqslant R(\boldsymbol{x})\leqslant\lambda_{\max}(\boldsymbol{A})$$

当 $\boldsymbol{x}=\boldsymbol{u}_1=a_1\boldsymbol{q}_1(a_1\neq0)$ 时：

$$\boldsymbol{x}^{\mathrm{T}}\boldsymbol{x}=a_1^2,\ \boldsymbol{x}^{\mathrm{T}}\boldsymbol{A}\boldsymbol{x}=a_1^2\lambda_1,\ R(\boldsymbol{x})=\lambda_{\max}(\boldsymbol{A})$$

当 $\boldsymbol{x}=\boldsymbol{u}_n=a_n\boldsymbol{q}_n(a_n\neq0)$ 时：

$$\boldsymbol{x}^{\mathrm{T}}\boldsymbol{x}=a_n^2,\ \boldsymbol{x}^{\mathrm{T}}\boldsymbol{A}\boldsymbol{x}=a_n^2\lambda_1,\ R(\boldsymbol{x})=\lambda_{\min}(\boldsymbol{A})$$

□

通过对瑞利商的讨论，我们也得到了如下推论：

推论 3.5.1. 对于一个对称矩阵 A 有

$$\boldsymbol{A}\text{ 半正定,即 }\boldsymbol{A}\succeq 0\Leftrightarrow\lambda_i(\boldsymbol{A})\geqslant 0,\ i=1,\ \cdots,\ n$$

$$\boldsymbol{A}\text{ 正定,即 }\boldsymbol{A}\succ 0\Leftrightarrow\lambda_i(\boldsymbol{A})>0,\ i=1,\ \cdots,\ n$$

简洁起见，我们这里将 n 阶对称矩阵的集合可以记为 S^n，n 阶半正定矩阵的集合可以记为 S_+^n，n 阶正定矩阵的集合可以记为 S_{++}^n.

定理 3.5.4. （*Poincare* 不等式）令 $\boldsymbol{A}\in S^n$，并令 $\mathbb{V}$ 是 $\mathbb{R}^n$ 中的任意一个 k 维子空间，这里 $1\leqslant k\leqslant n$. 那么，存在单位向量 $\boldsymbol{x},\ \boldsymbol{y}\in\mathbb{V}$，$\|\boldsymbol{x}\|_2=\|\boldsymbol{y}\|_2=1$，使得

$$\boldsymbol{x}^{\mathrm{T}}\boldsymbol{A}\boldsymbol{x}\leqslant\lambda_k(\boldsymbol{A}),\ \boldsymbol{y}^{\mathrm{T}}\boldsymbol{A}\boldsymbol{y}\geqslant\lambda_{n-k+1}(\boldsymbol{A})$$

证明. 令 $\boldsymbol{A}=\boldsymbol{U}\boldsymbol{\Lambda}\boldsymbol{U}^{\mathrm{T}}$ 是 $\boldsymbol{A}$ 的谱分解，记 $\mathbb{Q}=\mathrm{Col}(\boldsymbol{U}_k)$ 是 $\boldsymbol{U}_k=[\boldsymbol{u}_k\quad\cdots\quad\boldsymbol{u}_n]$ 张成的子空间. 由于 $\mathbb{Q}$ 是 $n-k+1$ 维的，$\mathbb{V}$ 维度为 k，$\mathbb{V}\cap\mathbb{Q}$ 一定是非空的. 选取一个单位向量 $\boldsymbol{x}\in\mathbb{V}\cap\mathbb{Q}$. 则存在 $\boldsymbol{\eta}$，$\|\boldsymbol{\eta}\|=1$ 使得 $\boldsymbol{x}=\boldsymbol{U}_k\boldsymbol{\eta}$，那么

$$\boldsymbol{x}^{\mathrm{T}}\boldsymbol{A}\boldsymbol{x}=\boldsymbol{\eta}^{\mathrm{T}}\boldsymbol{U}_k^{\mathrm{T}}\boldsymbol{U}\boldsymbol{\Lambda}\boldsymbol{U}^{\mathrm{T}}\boldsymbol{U}_k\boldsymbol{\eta}=\sum_{i=k}^{n}\lambda_i(\boldsymbol{A})\eta_i^2$$

$$\leqslant\lambda_k(\boldsymbol{A})\sum_{i=k}^{n}\eta_i^2=\lambda_k(\boldsymbol{A})$$

这就证明了命题中的第一个不等式. 对于第二个不等式，我们可以对 $-\boldsymbol{A}$ 用同样的处理方式即可证明.

推论 3.5.2. （极小极大准则）令 $\boldsymbol{A}\in S^n$，并令 $\mathbb{V}$ 是 $\mathbb{R}^n$ 中的子空间. 那么，对于 $k\in\{1,\ \cdots,\ n\}$，有

$$\lambda_k(\boldsymbol{A})=\max_{\dim\mathbb{V}=k}\ \min_{\boldsymbol{x}\in\mathbb{V},\ \|\boldsymbol{x}\|_2=1}\boldsymbol{x}^{\mathrm{T}}\boldsymbol{A}\boldsymbol{x}$$

$$=\min_{\dim\mathbb{V}=n-k+1}\ \max_{\boldsymbol{x}\in\mathbb{V},\ \|\boldsymbol{x}\|_2=1}\boldsymbol{x}^{\mathrm{T}}\boldsymbol{A}\boldsymbol{x}$$

证明. 根据 Poincare 不等式，如果 $\mathbb{V}$ 是 $\mathbb{R}^n$ 的 k 维子空间，那么 $\min_{\boldsymbol{x}\in\mathbb{V},\ \|\boldsymbol{x}\|_2=1}\boldsymbol{x}^{\mathrm{T}}\boldsymbol{A}\boldsymbol{x}\leqslant\lambda_k(\boldsymbol{A})$. 如果令 $\mathbb{V}=\mathbf{span}\{\boldsymbol{u}_1,\ \cdots,\ \boldsymbol{u}_k\}$，那么我们就得到了第一个等式. 对 $-\boldsymbol{A}$ 用同样的处理方式，会得到第二个等式. □

极小极大准则可以用于比较两个对称矩阵和的特征值和原矩阵特征值的大小关系.

推论 3.5.3.　令 $\boldsymbol{A},\boldsymbol{B}\in S^n$,对每个 $k=1,\cdots,n$,有

$$\lambda_k(\boldsymbol{A})+\lambda_{\min}(\boldsymbol{B})\leqslant\lambda_k(\boldsymbol{A}+\boldsymbol{B})\leqslant\lambda_k(\boldsymbol{A})+\lambda_{\max}(\boldsymbol{B})$$

证明.　根据推论 3.5.1,有

$$\begin{aligned}\lambda_k(\boldsymbol{A}+\boldsymbol{B})&=\min_{\dim\mathbb{V}=n-k+1}\ \max_{\boldsymbol{x}:\|\boldsymbol{x}\|_2=1}(\boldsymbol{x}^{\mathrm{T}}\boldsymbol{A}\boldsymbol{x}+\boldsymbol{x}^{\mathrm{T}}\boldsymbol{B}\boldsymbol{x})\\&\geqslant\min_{\dim\mathbb{V}=n-k+1}\ \max_{\boldsymbol{x}:\|\boldsymbol{x}\|_2=1}\boldsymbol{x}^{\mathrm{T}}\boldsymbol{A}\boldsymbol{x}+\lambda_{\min}(\boldsymbol{B})\\&=\lambda_k(\boldsymbol{A})+\lambda_{\min}(\boldsymbol{B})\end{aligned}$$

□

这就证明了推论中不等式的左半部分,对于右半部分,可以用类似的方法证明.

3.5.2　Cholesky 分解

LU 分解的本质是一种三角化分解,即将矩阵分解为一个上三角矩阵和下三角矩阵的乘积,而这一类分解中,还有另一种分解:设 $\boldsymbol{A}=(a_{ij})\in\boldsymbol{R}^{n\times n}$ 是对称正定矩阵,$\boldsymbol{A}=\boldsymbol{G}\boldsymbol{G}^{\mathrm{T}}$ 称为矩阵 $\boldsymbol{A}$ 的 Cholesky 分解,其中,$\boldsymbol{G}\in\boldsymbol{R}^{n\times n}$ 是一个具有正的对角线元素的下三角矩阵,即

$$\boldsymbol{G}=\begin{bmatrix}g_{11}&&&\\g_{21}&g_{22}&&\\\vdots&\vdots&\ddots&\\g_{n1}&g_{n2}&\cdots&g_{nn}\end{bmatrix}\tag{3.5}$$

比较 $\boldsymbol{A}=\boldsymbol{G}\boldsymbol{G}^{\mathrm{T}}$ 两边,易得

$$a_{ij}=\sum_{k=1}^{j}g_{jk}g_{ik}$$

从而有

$$g_{jj}g_{ij}=a_{ij}-\sum_{k=1}^{j-1}g_{jk}g_{ik}=:v(i)\tag{3.6}$$

如果知道了 $\boldsymbol{G}$ 的前 $j-1$ 列,那么 $v(i)$ 就是可计算的.

在式(3.6)中令 $i=j$,立即有 $g_{jj}^2=v(j)$. 然后,由式(3.6)得

$$g_{ij}=v(i)/g_{jj}=v(i)/\sqrt{v(j)}\tag{3.7}$$

总结以上结论，可得到计算 Cholesky 分解的下述算法 3.3：

算法 3.3 Cholesky 分解

for $j=1:n$ **do**
  for $i=j:n$ **do**
    $v(i)=a_{ij}$;
    for $k=1:j-1$ **do**
      $v(i)=v(i)-g_{jk}g_{ik}$;
    end for
    $g_{ij}=v(i)/\sqrt{v(j)}$;
  end for
end for

定理 3.5.5. （*Cholesky* 分解）如果 $\boldsymbol{A}\in\boldsymbol{R}^{n\times n}$ 是对称正定矩阵，则 *Cholesky* 分解 $\boldsymbol{A}=\boldsymbol{G}\boldsymbol{G}^{\mathrm{T}}$ 是唯一的，其中，下三角矩阵 $\boldsymbol{G}\in\boldsymbol{R}^{n\times n}$ 的非零元素由式(3.7)决定.

例 3.5.2. 求矩阵 $\boldsymbol{A}$ 的 *Cholesky* 分解

$$\boldsymbol{A}=\begin{bmatrix}4 & -1 & 1\\ -1 & 4.25 & 2.75\\ 1 & 2.75 & 3.5\end{bmatrix}$$

解. 显然 $\boldsymbol{A}^{\mathrm{T}}=\boldsymbol{A}$，特征值 $\lambda_1=1.15>0$，$\lambda_2=3.9>0$，$\lambda_3=6.7>0$. 因此，$\boldsymbol{A}$ 为对称正定矩阵. 故存在 $\boldsymbol{A}=\boldsymbol{G}\boldsymbol{G}^{\mathrm{T}}$，则有：

$$g_{11}=\sqrt{a_{11}}=2,\ g_{21}=\frac{a_{21}}{g_{11}}=-0.5,\ g_{31}=\frac{a_{31}}{g_{11}}=0.5$$

$$g_{22}=\sqrt{a_{22}-g_{21}^2}=2$$

$$g_{32}=\frac{a_{32}-g_{31}g_{21}}{g_{22}}=1.5$$

$$g_{33}=\sqrt{a_{33}-g_{31}^2-g_{32}^2}=1$$

可得：

$$\boldsymbol{G}=\begin{bmatrix}2 & 0 & 0\\ -0.5 & 2 & 0\\ 0.5 & 1.5 & 1\end{bmatrix}$$

为了避免开方运算，我们可以将 $\boldsymbol{A}$ 分解为：$\boldsymbol{A}=\boldsymbol{LDL}^{\mathrm{T}}$，即

$$\begin{bmatrix} a_{11} & a_{12} & \cdots & a_{1n} \\ a_{21} & a_{22} & \cdots & a_{2n} \\ \ddots & & \vdots & \ddots \\ a_{n1} & a_{n2} & \cdots & a_{nn} \end{bmatrix} = \begin{bmatrix} 1 & & & \\ l_{21} & 1 & & \\ \ddots & & \vdots & \\ l_{n1} & \cdots & l_{n,n-1} & 1 \end{bmatrix} \begin{bmatrix} d_1 & & & \\ & d_2 & & \\ & & \vdots & \\ & & & d_n \end{bmatrix} \begin{bmatrix} 1 & l_{21} & \cdots & l_{n1} \\ & 1 & \cdots & l_{n2} \\ & & \vdots & \ddots \\ & & & 1 \end{bmatrix}$$

使用待定系数法可得

$$a_{ij}=\sum_{k=1}^{n} l_{ik} d_k l_{jk}=d_j l_{ij}+\sum_{k=1}^{j-1} l_{ik} d_k l_{jk},\ i,\ j=1,\ 2,\ \cdots,\ n$$

基于以上分解过程可以得到改进的 Cholesky 分解算法：

算法 3.4 改进的 Cholesky 分解

for $j=1:n$ **do**
　$d_j=a_{jj}-\sum_{k=1}^{j-1} l_{jk}^2 d_k$
　for $i=j+1:n$ **do**
　　$l_{ij}=\left(a_{ij}-\sum_{k=1}^{j-1} l_{ik} d_k l_{jk}\right)/d_j$;
　end for
end for

3.6 奇异值分解

奇异值分解(Singular Value Decomposition, SVD)是线性代数和矩阵论中一种重要的矩阵分解技术. 1873 年，Beltrami 给出实正方阵的奇异值分解. 1874 年，Jordan 也独立推导出实正方阵的奇异值分解. 1902 年，Autonne 把奇异值分解推广到复方阵. 1939 年，Eckhart 和 Young 进一步把它推广到复长方形矩阵.

奇异值分解在数据分析、信号处理和模式识别等方面都具有广泛应用，比如在图像压缩领域，图像数据中通常存在冗余，包括：图像中相邻像素间的相关性引起的空冗余；图像序列中不同帧之间存在相关性引起的时间冗余；不同彩色平面或频谱带的相关性引起的频谱冗余. 可以通过图像压缩处理来减少图像数据中的冗余信息从而用更加高效的格式存储和传输数据，其原理就是通过图像矩阵分解理论减少表示数字图像时需要的数据量，比如通过矩阵的特征分解，提取较大的特征值，舍弃比较小的特征值. 这是因为特征值代表了信息量，所以保留比较大的特征值、舍弃比较小的特征值，从而达到图像矩阵压缩的

目的. 但是由于特征值分解压缩图片存在着不可靠性，所以通常会采用矩阵的奇异值分解，把获得的奇异值，取其中比较大的奇异值(类同特征值提取的压缩方法)，舍去较小的奇异值，以达到数字图像压缩的目的. 图像矩阵的奇异值及其特征空间反映了图像中的不同成分和特征. 一般认为较大的奇异值及其对应的奇异向量表示图像信号，而噪声反映在较小的奇异值及其对应的奇异向量上，依据一定的准则选择门限，低于该门限的奇异值置零(截断)，然后通过这些奇异值和其对应的奇异向量重构图像进行去噪. 若考虑图像的局部平稳性，也可以对图像分块进行奇异值分解去噪，这样能在一定程度上保护图像的边缘细节.

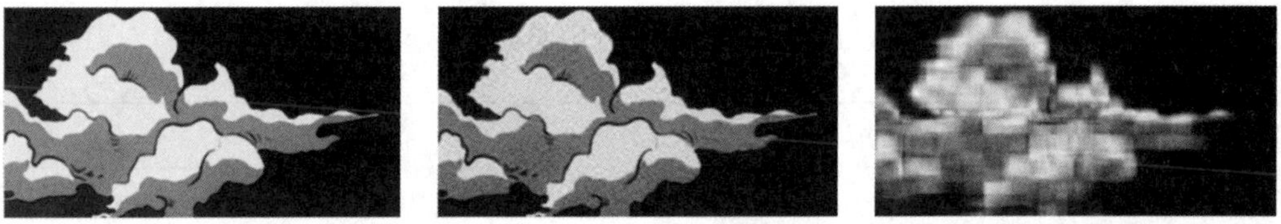

(a) 原图　　(b) 提取 50 个奇异值的图像　　(c) 提取 10 个奇异值的图像

图 3.8　使用 SVD 进行图像压缩

3.6.1 奇异值分解

定义 3.6.1. 矩阵的奇异值分解是指，将一个非零的 $m \times n$ 实矩阵 $\boldsymbol{A}$，$\boldsymbol{A} \in \mathbb{R}^{m \times n}$ 表示为以下三个实矩阵乘积的形式，即进行矩阵的因子分解：

$$\boldsymbol{A} = \boldsymbol{U}\boldsymbol{\Sigma}\boldsymbol{V}^{\mathrm{T}} \tag{3.8}$$

其中 $\boldsymbol{U}$ 是 m 阶正交矩阵，$\boldsymbol{V}$ 是 n 阶正交矩阵，$\boldsymbol{\Sigma}$ 是由降序排列的非负的对角线元素组成的 $m \times n$ 矩形对角矩阵，满足

$$\boldsymbol{U}\boldsymbol{U}^{\mathrm{T}} = \boldsymbol{I},\ \boldsymbol{V}\boldsymbol{V}^{\mathrm{T}} = \boldsymbol{I},\ \boldsymbol{\Sigma} = \mathrm{diag}(\sigma_1, \sigma_2, \cdots, \sigma_p),\ \sigma_1 \geqslant \sigma_2 \geqslant \cdots \geqslant \sigma_p \geqslant 0,\ p = \min(m, n)$$

$\boldsymbol{U}\boldsymbol{\Sigma}\boldsymbol{V}^{\mathrm{T}}$ 称为矩阵 $\boldsymbol{A}$ 的**奇异值分解**，σ_i 称为 $\boldsymbol{A}$ 的**奇异值**，$\boldsymbol{U}$ 的列向量称为**左奇异向量**，$\boldsymbol{V}$ 的列向量称为**右奇异向量**.

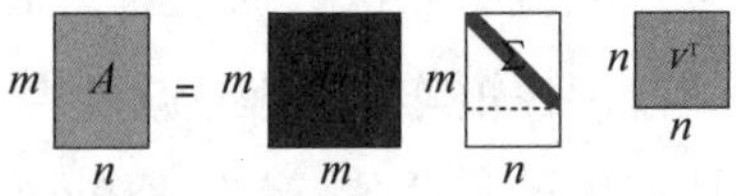

图 3.9　完全奇异值分解

例 3.6.1. 矩阵 $\boldsymbol{A}=\begin{bmatrix}1&0&0&0\\0&0&0&4\\0&3&0&0\\0&0&0&0\\2&0&0&0\end{bmatrix}$ 的奇异值分解为：

$$\begin{bmatrix}1&0&0&0\\0&0&0&4\\0&3&0&0\\0&0&0&0\\2&0&0&0\end{bmatrix}=\begin{bmatrix}0&0&\sqrt{0.2}&-\sqrt{0.8}&0\\1&0&0&0&0\\0&1&0&0&0\\0&0&0&0&1\\0&0&\sqrt{0.8}&\sqrt{0.2}&0\end{bmatrix}\begin{bmatrix}4&0&0&0\\0&3&0&0\\0&0&\sqrt{5}&0\\0&0&0&0\\0&0&0&0\end{bmatrix}\begin{bmatrix}0&0&0&1\\0&1&0&0\\1&0&0&0\\0&0&1&0\end{bmatrix}$$

定义 3.6.2. 设有 $m\times n$ 实矩阵$\boldsymbol{A}$，其秩 $\operatorname{rank}(\boldsymbol{A})=r$，$r\leqslant\min(m,n)$，则称$\boldsymbol{U}_r\boldsymbol{\Sigma}_r\boldsymbol{V}_r^{\mathrm{T}}$为 $\boldsymbol{A}$ 的**紧奇异值分解**，即

$$\boldsymbol{A}=\boldsymbol{U}_r\boldsymbol{\Sigma}_r\boldsymbol{V}_r^{\mathrm{T}}$$

其中$\boldsymbol{U}_r\in\mathbb{R}^{m\times r}$，$\boldsymbol{V}_r\in\mathbb{R}^{n\times r}$，$\boldsymbol{\Sigma}_r$ 是r 阶对角矩阵；矩阵$\boldsymbol{U}_r$ 由完全奇异值分解中$\boldsymbol{U}$ 的前r列、矩阵$\boldsymbol{V}_r$ 由$\boldsymbol{V}$的前r列、矩阵$\boldsymbol{\Sigma}_r$ 由$\boldsymbol{\Sigma}$的前r个对角线元素得到. 紧奇异值分解的对角矩阵$\boldsymbol{\Sigma}_r$ 的秩与原始矩阵$\boldsymbol{A}$ 的秩相等.

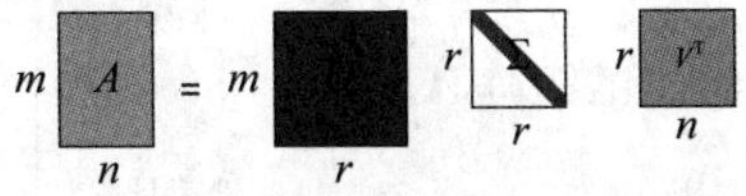

图 3.10 紧奇异值分解

例 3.6.2. 由例 3.6.1 给出的矩阵 $\boldsymbol{A}=\begin{bmatrix}1&0&0&0\\0&0&0&4\\0&3&0&0\\0&0&0&0\\2&0&0&0\end{bmatrix}$ 的秩 $r=3$，其紧奇异值分解为：

$$\begin{bmatrix}1&0&0&0\\0&0&0&4\\0&3&0&0\\0&0&0&0\\2&0&0&0\end{bmatrix}=\begin{bmatrix}0&0&\sqrt{0.2}\\1&0&0\\0&1&0\\0&0&0\\0&0&\sqrt{0.8}\end{bmatrix}\begin{bmatrix}4&0&0\\0&3&0\\0&0&\sqrt{5}\end{bmatrix}\begin{bmatrix}0&0&0&1\\0&1&0&0\\1&0&0&0\end{bmatrix}$$

定义 3.6.3. 设有 $m\times n$ 实矩阵$\boldsymbol{A}$，其秩 $\operatorname{rank}(\boldsymbol{A})=r$，且 $0<k<r$，则称$\boldsymbol{U}_k\boldsymbol{\Sigma}_k\boldsymbol{V}_k^{\mathrm{T}}$ 为矩阵 $\boldsymbol{A}$ 的**截断奇异值分解**，即

$$\boldsymbol{A}\approx\boldsymbol{U}_k\boldsymbol{\Sigma}_k\boldsymbol{V}_k^{\mathrm{T}}$$

其中$\boldsymbol{U}_k\in\mathbb{R}^{m\times k}$，$\boldsymbol{V}_k\in\mathbb{R}^{n\times k}$，$\boldsymbol{\Sigma}_k$ 是k 阶对角矩阵；矩阵$\boldsymbol{U}_k$ 由完全奇异值分解中$\boldsymbol{U}$ 的前k 列、矩阵$\boldsymbol{V}_k$ 由$\boldsymbol{V}$的前k 列、矩阵$\boldsymbol{\Sigma}_k$ 由 $\boldsymbol{\Sigma}$的前 k 个对角线元素得到. 截断奇异值分解的对角矩阵 $\boldsymbol{\Sigma}_k$ 的秩比原始矩阵$\boldsymbol{A}$ 的秩低.

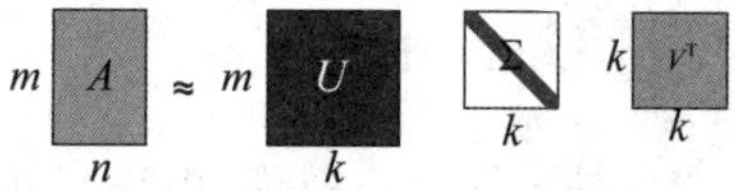

图 3.11 截断奇异值分解

例 3.6.3. 由例 3.6.1 给出的矩阵$\boldsymbol{A}=\begin{bmatrix}1&0&0&0\\0&0&0&4\\0&3&0&0\\0&0&0&0\\2&0&0&0\end{bmatrix}$的秩为 3，若取 $k=2$，则其截断奇异值分解为

$$\begin{bmatrix}1&0&0&0\\0&0&0&4\\0&3&0&0\\0&0&0&0\\2&0&0&0\end{bmatrix}\approx\begin{bmatrix}0&0\\1&0\\0&1\\0&0\\0&0\end{bmatrix}\begin{bmatrix}4&0\\0&3\end{bmatrix}\begin{bmatrix}0&0&0&1\\0&1&0&0\end{bmatrix}=\begin{bmatrix}0&0&0&0\\0&0&0&4\\0&3&0&0\\0&0&0&0\\0&0&0&0\end{bmatrix}$$

在实际应用中，常常需要对矩阵的数据进行压缩，将其近似表示，奇异值分解提供了一种方法. 后面将要叙述，奇异值分解是在平方损失意义下对矩阵的最优近似. 紧奇异值

对应着无损压缩，截断奇异值分解对应着有损压缩.

1. 奇异值分解的几何解释

从线性映射的透视探索奇异值分解，一个 $m\times n$ 矩阵 $\boldsymbol{A}$ 表述了从 n 维空间 $\mathbb{R}^n$ 到 m 维空间 $\mathbb{R}^m$ 的一种线性映射，形式上体现为变换 $Tx=\boldsymbol{A}x$，其中 $x\in\mathbb{R}^n$，而 $\boldsymbol{A}x\in\mathbb{R}^m$，分别是它们所在空间的向量代表.

这一映射过程可被拆分为三项基本操作：

- 空间坐标系经历旋转或反射；
- 各坐标轴依据特定比例(伸缩)变化；
- 再次实施旋转或反射变换于新的坐标系中.

奇异值分解理论确保了上述分步转换的可行性，为理解其几何本质提供了框架. 具体而言，矩阵 $\boldsymbol{A}$ 的奇异值分解 $\boldsymbol{A}=\boldsymbol{U\Sigma V}^{\mathrm{T}}$ 中，$\boldsymbol{U}$ 和 $\boldsymbol{V}$ 均为正交矩阵，意味着 $\boldsymbol{V}$ 的列向量集合确立了 $\mathbb{R}^n$ 内一组正交标准基，反映 $\mathbb{R}^n$ 空间内的坐标系旋转或翻转. 类似地，$\boldsymbol{U}$ 的列向量在 $\mathbb{R}^m$ 中定义了一套正交标准基，指示了另一个空间的旋转或翻转变换. 而矩阵 $\boldsymbol{\Sigma}$ 的对角元素 σ_1，σ_2，…，σ_r(其中 r 是 $\boldsymbol{A}$ 的秩)，代表了原 $\mathbb{R}^n$ 坐标系各轴的非负实数缩放因子，依次为 σ_1 倍、σ_2 倍等. 任何 $\mathbb{R}^n$ 中的向量 x，经由 $\boldsymbol{A}$ 所定义的变换——实质上是先通过 $\boldsymbol{V}^{\mathrm{T}}$ 进行坐标系调整，接着 $\boldsymbol{\Sigma}$ 执行轴向的尺度变化，最后 $\boldsymbol{U}$ 完成另一坐标系的旋转或反射——转换为 $\mathbb{R}^m$ 中的向量 $\boldsymbol{A}x$. 奇异值分解在此过程中重置了 $\mathbb{R}^n$ 和 $\mathbb{R}^m$ 两个空间的基准向量(基底).

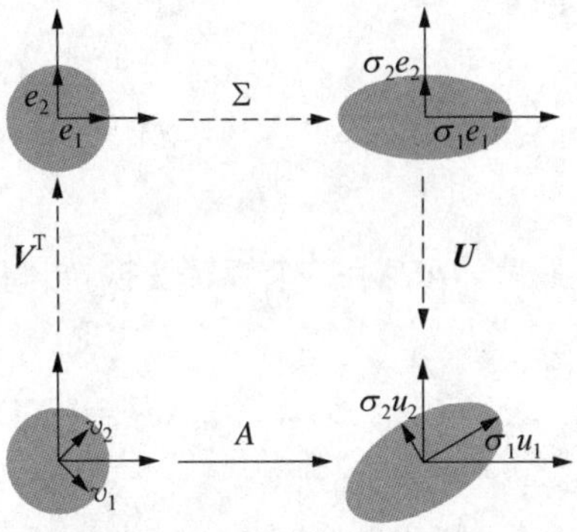

图 3.12　奇异值分解的几何意义图解

下面通过一个例子直观地说明奇异值分解的几何意义.

例 3.6.4.　给定一个二阶矩阵

$$\boldsymbol{A}=\begin{bmatrix}3 & 1\\ 2 & 1\end{bmatrix}$$

其奇异值分解为

$$\boldsymbol{U}=\begin{bmatrix}0.8174 & -0.5760\\ 0.5760 & 0.8174\end{bmatrix},\ \boldsymbol{\Sigma}=\begin{bmatrix}3.8643 & 0\\ 0 & 0.2588\end{bmatrix},\ \boldsymbol{V}^{\mathrm{T}}=\begin{bmatrix}0.9327 & 0.3606\\ -0.3606 & 0.9327\end{bmatrix}$$

观察基于矩阵 $\boldsymbol{A}$ 的奇异值分解将$\mathbb{R}^2$ 的标准正交基

$$\boldsymbol{e}_1=\begin{bmatrix}1\\0\end{bmatrix},\ \boldsymbol{e}_2=\begin{bmatrix}0\\1\end{bmatrix}$$

进行线性转换的情况.

首先,$\boldsymbol{V}^{\mathrm{T}}$ 表示一个旋转变换,将标准正交基 $\boldsymbol{e}_1$, $\boldsymbol{e}_2$ 旋转,得到向量

$$\boldsymbol{V}^{\mathrm{T}}\boldsymbol{e}_1=\begin{bmatrix}0.9327\\-0.3606\end{bmatrix},\ \boldsymbol{V}^{\mathrm{T}}\boldsymbol{e}_2=\begin{bmatrix}0.3606\\0.9327\end{bmatrix}$$

其次,$\boldsymbol{\Sigma}$ 表示一个缩放变换,将向量 $\boldsymbol{V}^{\mathrm{T}}\boldsymbol{e}_1$, $\boldsymbol{V}^{\mathrm{T}}\boldsymbol{e}_2$ 在坐标轴方向缩放 σ_1 倍和 σ_2 倍,得到向量

$$\boldsymbol{\Sigma}\boldsymbol{V}^{\mathrm{T}}\boldsymbol{e}_1=\begin{bmatrix}3.6042\\-0.0933\end{bmatrix},\ \boldsymbol{\Sigma}\boldsymbol{V}^{\mathrm{T}}\boldsymbol{e}_2=\begin{bmatrix}1.3935\\0.2414\end{bmatrix}$$

最后,$\boldsymbol{U}$ 表示一个旋转变换,再将向量 $\boldsymbol{\Sigma}\boldsymbol{V}^{\mathrm{T}}\boldsymbol{e}_1$, $\boldsymbol{\Sigma}\boldsymbol{V}^{\mathrm{T}}\boldsymbol{e}_2$ 旋转得到

$$\boldsymbol{A}\boldsymbol{e}_1=\boldsymbol{U}\boldsymbol{\Sigma}\boldsymbol{V}^{\mathrm{T}}\boldsymbol{e}_1=\begin{bmatrix}3\\2\end{bmatrix},\ \boldsymbol{A}\boldsymbol{e}_2=\boldsymbol{U}\boldsymbol{\Sigma}\boldsymbol{V}^{\mathrm{T}}\boldsymbol{e}_2=\begin{bmatrix}1\\1\end{bmatrix}$$

综上,矩阵的奇异值分解也可以看作是将其对应的线性变换分解为旋转变换、缩放变换以及旋转变换的组合. 这一组合是一定存在的.

2. 奇异值分解基本定理

对于半正定矩阵来说,奇异值分解总是存在的. 因为,我们知道如果 $\boldsymbol{A}$ 是半正定矩阵,那么存在一个正交矩阵 $\boldsymbol{P}$ 使得 $\boldsymbol{A}$ 有特征分解

$$\boldsymbol{A}=\boldsymbol{P}\boldsymbol{\Sigma}\boldsymbol{P}^{\mathrm{T}}$$

此时令 $\boldsymbol{U}=\boldsymbol{P}=\boldsymbol{V}$ 那么就有

$$\boldsymbol{A}=\boldsymbol{U}\boldsymbol{\Sigma}\boldsymbol{V}^{\mathrm{T}}$$

所以对称矩阵的奇异值分解就是它们的特征分解.

下面,我们将给出一般矩阵奇异值分解的存在性证明,并给出构造的一般方法.

定理 3.6.1. **(奇异值分解基本定理)**若 $\boldsymbol{A}$ 为一 $m\times n$ 实矩阵,$\boldsymbol{A}\in\mathbb{R}^{m\times n}$,则 $\boldsymbol{A}$ 的奇异值分解存在

$$\boldsymbol{A}=\boldsymbol{U}\boldsymbol{\Sigma}\boldsymbol{V}^{\mathrm{T}}$$

其中$\boldsymbol{U}$是m阶正交矩阵,$\boldsymbol{V}$是n阶正交矩阵,$\boldsymbol{\Sigma}$是$m\times n$对角矩阵,其前r个对角元素$\sigma_1,\cdots,\sigma_r$为正,且按降序排列,其余均为0.

证明.　考虑矩阵$\boldsymbol{A}^{\mathrm{T}}\boldsymbol{A}$,这个矩阵是对称半正定的,所以我们可以对其进行谱分解

$$\boldsymbol{A}^{\mathrm{T}}\boldsymbol{A}=\boldsymbol{V}\boldsymbol{\Lambda}_n\boldsymbol{V}^{\mathrm{T}}$$

其中$\boldsymbol{V}\in\mathbb{R}^{n\times n}$是正交矩阵,$\boldsymbol{\Lambda}_n$是对称矩阵,并且对角线元素是$\boldsymbol{A}^{\mathrm{T}}\boldsymbol{A}$的特征值$\lambda_i\geqslant 0,\ i=1,\cdots,n$,并且是按降序排列的. 因为$\mathrm{rank}(\boldsymbol{A})=\mathrm{rank}(\boldsymbol{A}^{\mathrm{T}}\boldsymbol{A})=r$,所以前$r$个特征值是正的.

注意到$\boldsymbol{A}\boldsymbol{A}^{\mathrm{T}}$和$\boldsymbol{A}^{\mathrm{T}}\boldsymbol{A}$有相同的非零特征值,因此它们的秩是相等的. 我们定义

$$\sigma_i=\sqrt{\lambda_i}>0,\ i=1,\cdots,r$$

记$\boldsymbol{v}_1,\cdots,\boldsymbol{v}_r$是$\boldsymbol{V}$的前$r$列,它们同时也是$\boldsymbol{A}^{\mathrm{T}}\boldsymbol{A}$前$r$个特征值对应的特征向量. 即有

$$\boldsymbol{A}^{\mathrm{T}}\boldsymbol{A}\boldsymbol{v}_i=\lambda_i\boldsymbol{v}_i,\ i=1,\cdots,r$$

因此同时在两边左乘上$\boldsymbol{A}$就有

$$(\boldsymbol{A}\boldsymbol{A}^{\mathrm{T}})\boldsymbol{A}\boldsymbol{v}_i=\lambda_i\boldsymbol{A}\boldsymbol{v}_i,\ i=1,\cdots,r$$

这就意味着$\boldsymbol{A}\boldsymbol{v}_i$是$\boldsymbol{A}\boldsymbol{A}^{\mathrm{T}}$的特征向量. 因为$\boldsymbol{v}_i^{\mathrm{T}}\boldsymbol{A}^{\mathrm{T}}\boldsymbol{A}\boldsymbol{v}_j=\lambda_j\boldsymbol{v}_i^{\mathrm{T}}\boldsymbol{v}_j$,所以这些特征向量也是正交的. 将它们标准化,并令

$$\boldsymbol{u}_i=\frac{\boldsymbol{A}\boldsymbol{v}_i}{\sqrt{\lambda_i}}=\frac{\boldsymbol{A}\boldsymbol{v}_i}{\sigma_i},\ i=1,\cdots,r$$

这些$\boldsymbol{u}_1,\cdots,\boldsymbol{u}_r$是$r$个$\boldsymbol{A}\boldsymbol{A}^{\mathrm{T}}$关于非零特征值$\lambda_1,\cdots,\lambda_r$的特征向量.

因此

$$\boldsymbol{u}_i^{\mathrm{T}}\boldsymbol{A}\boldsymbol{v}_j=\frac{1}{\sigma_i}\boldsymbol{v}_i^{\mathrm{T}}\boldsymbol{A}^{\mathrm{T}}\boldsymbol{A}\boldsymbol{v}_j=\frac{\lambda_j}{\sigma_i}\boldsymbol{v}_i^{\mathrm{T}}\boldsymbol{v}_j=\begin{cases}\sigma_i & i=j\\ 0 & \text{其他}\end{cases}$$

以矩阵的方式重写即有

$$\begin{bmatrix}\boldsymbol{u}_1^{\mathrm{T}}\\ \vdots\\ \boldsymbol{u}_r^{\mathrm{T}}\end{bmatrix}\boldsymbol{A}[\boldsymbol{v}_1,\cdots,\boldsymbol{v}_r]=\mathrm{diag}(\sigma_1,\cdots,\sigma_r)=\boldsymbol{\Sigma}_r \tag{3.9}$$

至此就证明了紧 SVD. 我们下面继续证明完全 SVD. 注意到根据定义

$$\boldsymbol{A}^{\mathrm{T}}\boldsymbol{A}\boldsymbol{v}_i=\boldsymbol{0},\ i=r+1,\ \cdots,\ n$$

即有

$$\boldsymbol{A}\boldsymbol{v}_i=\boldsymbol{0},\ i=r+1,\ \cdots,\ n$$

为了说明上述等式成立，假设 $\boldsymbol{A}^{\mathrm{T}}\boldsymbol{A}\boldsymbol{v}_i=\boldsymbol{0}$ 且 $\boldsymbol{A}\boldsymbol{v}_i\neq\boldsymbol{0}$，这意味着 $\boldsymbol{A}\boldsymbol{v}_i\in \mathrm{Null}(\boldsymbol{A}^{\mathrm{T}})\equiv \mathrm{Col}(\boldsymbol{A})^{\perp}$，这与 $\boldsymbol{A}\boldsymbol{v}_i\in\mathrm{Col}(\boldsymbol{A})$ 矛盾. 所以 $\boldsymbol{A}\boldsymbol{v}_i=\boldsymbol{0},\ i=r+1,\ \cdots,\ n$. 然后我们取相互正交的单位向量 $\boldsymbol{u}_{r+1},\ \cdots,\ \boldsymbol{u}_m$，且均与 $\boldsymbol{u}_1,\ \cdots,\ \boldsymbol{u}_r$ 正交，即有

$$\boldsymbol{u}_i^{\mathrm{T}}\boldsymbol{A}\boldsymbol{v}_j=0,\ i=1,\ \cdots,\ m;j=r+1,\ \cdots,\ n$$

它们一起形成 $\mathbb{R}^m$ 的一组标准正交基. 因此，扩展前述紧奇异值分解(3.9)有

$$\begin{bmatrix}\boldsymbol{u}_1^{\mathrm{T}}\\ \vdots\\ \boldsymbol{u}_m^{\mathrm{T}}\end{bmatrix}\boldsymbol{A}[\boldsymbol{v}_1\ \ \cdots\ \ \boldsymbol{v}_n]=\begin{bmatrix}\boldsymbol{\Sigma}_r & \boldsymbol{0}^{\mathrm{T}}\\ \boldsymbol{0} & \boldsymbol{O}\end{bmatrix}=\boldsymbol{\Sigma}$$

令 $\boldsymbol{U}=[\boldsymbol{u}_1\ \ \cdots\ \ \boldsymbol{u}_m]$，$\boldsymbol{V}=[\boldsymbol{v}_1\ \ \cdots\ \ \boldsymbol{v}_n]$ 就能得到 SVD 分解

$$\boldsymbol{A}=\boldsymbol{U}\boldsymbol{\Sigma}\boldsymbol{V}^{\mathrm{T}}$$

至此就证明了矩阵 $\boldsymbol{A}$ 存在奇异值分解. □

3. 奇异值分解的计算

奇异值分解定理的证明过程蕴含了奇异值分解的计算方法. 矩阵 $\boldsymbol{A}$ 的奇异值分解可以通过求对称矩阵 $\boldsymbol{A}^{\mathrm{T}}\boldsymbol{A}$ 的特征值和特征向量得到. $\boldsymbol{A}^{\mathrm{T}}\boldsymbol{A}$ 的特征向量构成正交矩阵 $\boldsymbol{V}$ 的列；$\boldsymbol{A}^{\mathrm{T}}\boldsymbol{A}$ 的特征值 λ_j 的平方根为奇异值 σ_j，即

$$\sigma_j=\sqrt{\lambda_j},\ j=1,\ 2,\ \cdots,\ n$$

对其由大到小排列作为对角线元素，构成对角矩阵 $\boldsymbol{\Sigma}$；求正奇异值对应的左奇异向量，再求扩充的 $\boldsymbol{A}^{\mathrm{T}}$ 的标准正交基，构成正交矩阵 $\boldsymbol{U}$ 的列. 从而得到 $\boldsymbol{A}$ 的奇异值分解 $\boldsymbol{A}=\boldsymbol{U}\boldsymbol{\Sigma}\boldsymbol{V}^{\mathrm{T}}$.

给定 $m\times n$ 矩阵 $\boldsymbol{A}$，可以根据上面的叙述写出奇异值分解的计算过程：

首先，求 $\boldsymbol{A}^{\mathrm{T}}\boldsymbol{A}$ 的特征值和特征向量. 计算对称矩阵 $\boldsymbol{W}=\boldsymbol{A}^{\mathrm{T}}\boldsymbol{A}$，求解特征方程 $(\boldsymbol{W}-\lambda\boldsymbol{I})\boldsymbol{x}=\boldsymbol{0}$，得到特征值 λ_i，并将特征值由大到小排列

$$\lambda_1 \geqslant \lambda_2 \geqslant \cdots \geqslant \lambda_n \geqslant 0$$

将特征值λ_i, $i=1, 2, \cdots, n$代入特征方程求得对应的特征向量. 求n阶正交矩阵$\boldsymbol{V}$. 将特征向量单位化得到$\boldsymbol{v}_1, \boldsymbol{v}_2, \cdots, \boldsymbol{v}_n$,构成$n$阶正交矩阵$\boldsymbol{V}$,即$\boldsymbol{V}=[\boldsymbol{v}_1 \quad \boldsymbol{v}_2 \quad \cdots \quad \boldsymbol{v}_n]$. 其次,求$m\times n$对角矩阵$\boldsymbol{\Sigma}$. 计算$\boldsymbol{A}$的奇异值$\sigma_i=\sqrt{\lambda_i}$, $i=1, 2, \cdots, n$,构造$m\times n$矩形对角矩阵$\boldsymbol{\Sigma}$, 主对角线元素是奇异值,其余元素是零:

$$\boldsymbol{\Sigma}=\operatorname{diag}(\sigma_1, \sigma_2, \cdots, \sigma_n)$$

最后,求m阶正交矩阵$\boldsymbol{U}$,对$\boldsymbol{A}$的前r个正奇异值,令$\boldsymbol{u}_j=\dfrac{1}{\sigma_j}\boldsymbol{A}\boldsymbol{v}_j$, $j=1, 2, \cdots, r$得到$\boldsymbol{U}_1=[\boldsymbol{u}_1 \quad \boldsymbol{u}_2 \quad \cdots \quad \boldsymbol{u}_r]$. 求$\boldsymbol{A}^{\mathrm{T}}$的零空间的一组标准正交基$\{\boldsymbol{u}_{r+1}, \cdots, \boldsymbol{u}_m\}$, 令$\boldsymbol{U}_2=[\boldsymbol{u}_{r+1} \quad \cdots \quad \boldsymbol{u}_m]$,并令$\boldsymbol{U}=[\boldsymbol{U}_1 \quad \boldsymbol{U}_2]$,得到奇异值分解$\boldsymbol{A}=\boldsymbol{U}\boldsymbol{\Sigma}\boldsymbol{V}^{\mathrm{T}}$.

例 3.6.5. 试求矩阵$\boldsymbol{A}=\begin{bmatrix}1 & 1\\ 2 & 2\\ 0 & 0\end{bmatrix}$的奇异值分解.

解. 求对称矩阵

$$\boldsymbol{A}^{\mathrm{T}}\boldsymbol{A}=\begin{bmatrix}5 & 5\\ 5 & 5\end{bmatrix}$$

求$\boldsymbol{A}^{\mathrm{T}}\boldsymbol{A}$的特征值与特征向量,即求

$$\lambda^2-10\lambda=0$$

所以特征值为$\lambda_1=10$, $\lambda_2=0$. 从而得到

$$\boldsymbol{v}_1=\frac{1}{\sqrt{2}}\begin{bmatrix}1\\ 1\end{bmatrix}, \boldsymbol{v}_2=\frac{1}{\sqrt{2}}\begin{bmatrix}1\\ -1\end{bmatrix}$$

所以正交矩阵

$$\boldsymbol{V}=\frac{1}{\sqrt{2}}\begin{bmatrix}1 & 1\\ 1 & -1\end{bmatrix}$$

奇异值为$\sigma_1=\sqrt{10}$, $\sigma_2=0$所以对角矩阵为

$$\boldsymbol{\Sigma}=\begin{bmatrix}\sqrt{10} & 0\\ 0 & 0\\ 0 & 0\end{bmatrix}$$

再求正交矩阵 $\boldsymbol{U}$,基于 $\boldsymbol{A}$ 的正奇异值计算得到列向量

$$\boldsymbol{u}_1=\frac{1}{\sigma_1}\boldsymbol{A}\boldsymbol{v}_1=\frac{1}{\sqrt{5}}\begin{bmatrix}1\\ 2\\ 0\end{bmatrix}$$

而列向量 $\boldsymbol{u}_2$, $\boldsymbol{u}_3$ 是 $\boldsymbol{A}^{\mathrm{T}}$ 零空间 $\mathrm{Null}(\boldsymbol{A}^{\mathrm{T}})$ 的一组标准正交基,所以

$$\boldsymbol{u}_2=\frac{1}{\sqrt{5}}\begin{bmatrix}-2\\ 1\\ 0\end{bmatrix},\ \boldsymbol{u}_3=\begin{bmatrix}0\\ 0\\ 1\end{bmatrix}$$

故正交矩阵 $\boldsymbol{U}$ 为

$$\boldsymbol{U}=\frac{1}{\sqrt{5}}\begin{bmatrix}1 & -2 & 0\\ 2 & 1 & 0\\ 0 & 0 & \sqrt{5}\end{bmatrix}$$

所以 $\boldsymbol{A}$ 的奇异值分解为

$$\boldsymbol{A}=\frac{1}{\sqrt{5}}\begin{bmatrix}1 & -2 & 0\\ 2 & 1 & 0\\ 0 & 0 & \sqrt{5}\end{bmatrix}\begin{bmatrix}\sqrt{10} & 0\\ 0 & 0\\ 0 & 0\end{bmatrix}\frac{1}{\sqrt{2}}\begin{bmatrix}1 & 1\\ 1 & -1\end{bmatrix}$$

4. 奇异值分解和特征分解

性质 3.6.1. 设矩阵 $\boldsymbol{A}$ 的奇异值分解为 $\boldsymbol{A}=\boldsymbol{U}\boldsymbol{\Sigma}\boldsymbol{V}^{\mathrm{T}}$,则以下关系成立:

$$\boldsymbol{A}^{\mathrm{T}}\boldsymbol{A}=(\boldsymbol{U}\boldsymbol{\Sigma}\boldsymbol{V}^{\mathrm{T}})^{\mathrm{T}}(\boldsymbol{U}\boldsymbol{\Sigma}\boldsymbol{V}^{\mathrm{T}})=\boldsymbol{V}(\boldsymbol{\Sigma}^{\mathrm{T}}\boldsymbol{\Sigma})\boldsymbol{V}^{\mathrm{T}}$$
$$\boldsymbol{A}\boldsymbol{A}^{\mathrm{T}}=(\boldsymbol{U}\boldsymbol{\Sigma}\boldsymbol{V}^{\mathrm{T}})(\boldsymbol{U}\boldsymbol{\Sigma}\boldsymbol{V}^{\mathrm{T}})^{\mathrm{T}}=\boldsymbol{U}(\boldsymbol{\Sigma}\boldsymbol{\Sigma}^{\mathrm{T}})\boldsymbol{U}^{\mathrm{T}}$$

也就是说,矩阵 $\boldsymbol{A}^{\mathrm{T}}\boldsymbol{A}$, $\boldsymbol{A}\boldsymbol{A}^{\mathrm{T}}$ 的特征分解存在,且可以由矩阵 $\boldsymbol{A}$ 的奇异值分解的矩阵表示. $\boldsymbol{V}$ 的列向量是 $\boldsymbol{A}^{\mathrm{T}}\boldsymbol{A}$ 的特征向量,$\boldsymbol{U}$ 的列向量是 $\boldsymbol{A}\boldsymbol{A}^{\mathrm{T}}$ 的特征向量,$\boldsymbol{\Sigma}$ 是奇异值是 $\boldsymbol{A}^{\mathrm{T}}\boldsymbol{A}$, $\boldsymbol{A}\boldsymbol{A}^{\mathrm{T}}$ 的特征值的平方根.

性质 3.6.2. 矩阵 $\boldsymbol{A}$ 的奇异值分解中，奇异值 $\sigma_1, \sigma_2, \cdots, \sigma_n$ 是唯一的，而矩阵 $\boldsymbol{U}, \boldsymbol{V}$ 不是唯一的.

在矩阵 $\boldsymbol{A}$ 的奇异值分解中，奇异值、左奇异向量和右奇异向量之间存在对应关系.

性质 3.6.3. 设矩阵 $\boldsymbol{A}$ 的奇异值分解为 $\boldsymbol{A}=\boldsymbol{U\Sigma V}^{\mathrm{T}}$，则以下关系成立：

$$\boldsymbol{A}\boldsymbol{v}_j=\sigma_j\boldsymbol{u}_j,\ j=1,\ 2,\ \cdots,\ n$$

$$\begin{cases}\boldsymbol{A}^{\mathrm{T}}\boldsymbol{u}_j=\sigma_j\boldsymbol{v}_j & j=1,\ 2,\ \cdots,\ n\\ \boldsymbol{A}^{\mathrm{T}}\boldsymbol{u}_j=\boldsymbol{0} & j=n+1,\ n+2,\ \cdots,\ m\end{cases}$$

证明. 由 $\boldsymbol{A}=\boldsymbol{U\Sigma V}^{\mathrm{T}}$，易知 $\boldsymbol{AV}=\boldsymbol{U\Sigma}$. 比较这一等式两端的第 j 列，得到 $\boldsymbol{A}\boldsymbol{v}_j=\sigma_j\boldsymbol{u}_j$，$j=1,\ 2,\ \cdots,\ n$，这是矩阵 $\boldsymbol{A}$ 的右奇异向量和奇异值、左奇异向量的关系. 类似地，我们可以得到另外一组关于矩阵 $\boldsymbol{A}$ 的左奇异向量和奇异值、右奇异向量的关系. □

考虑矩阵 $\boldsymbol{A}$ 的特征分解 $\boldsymbol{A}=\boldsymbol{PDP}^{-1}$ 和奇异值分解 $\boldsymbol{A}=\boldsymbol{U\Sigma V}^{\mathrm{T}}$. 对于任何矩阵 $\boldsymbol{A}\in\mathbb{R}^{n\times m}$，SVD 始终存在. 特征分解仅针对方阵 $\boldsymbol{A}\in\mathbb{R}^{n\times n}$ 定义的，并且只有在我们可以找到 n 个相互独立的特征向量时才存在. 特征分解矩阵中的向量不一定是正交的，因此对基的改变并不是简单的旋转和缩放. 另一方面，SVD 中矩阵 $\boldsymbol{U}$ 和 $\boldsymbol{V}$ 是正交矩阵，因此它们可以表示旋转或反射. 特征分解和 SVD 都是三个线性映射的组合：

- 改变空间的基底.
- 在每个新基底方向上进行独立缩放并且从一个空间映射到另外一个空间.
- 改变另外一个空间的基底.

特征分解和 SVD 之间的主要区别在于，在 SVD 中，上述两个空间可以是不同维的向量空间. 在 SVD 中，左右奇异向量矩阵 $\boldsymbol{U}$ 和 $\boldsymbol{V}$ 通常不是互为逆矩阵. 在特征分解中，特征向量矩阵 $\boldsymbol{P}$ 和 $\boldsymbol{P}^{-1}$ 是互为逆矩阵. 在 SVD 中，对角矩阵 $\boldsymbol{\Sigma}$ 中的项都是实数且非负，对于特征分解中的对角矩阵来说通常不成立. SVD 和特征分解通过它们的投影被紧密联系.

- $\boldsymbol{A}$ 的左奇异向量是 $\boldsymbol{AA}^{\mathrm{T}}$ 的特征向量.
- $\boldsymbol{A}$ 的右奇异向量是 $\boldsymbol{A}^{\mathrm{T}}\boldsymbol{A}$ 的特征向量.
- $\boldsymbol{A}$ 非零奇异值是 $\boldsymbol{A}^{\mathrm{T}}\boldsymbol{A}$ 非零特征值的开方，同时也是 $\boldsymbol{AA}^{\mathrm{T}}$ 非零特征值的开方.

对于对称矩阵的特征分解和 SVD 是相同的.

3.6.2 基于奇异值分解的矩阵性质

本节，我们将利用矩阵 $\boldsymbol{A}\in\mathbb{R}^{m\times n}$ 的完全奇异值分解或紧奇异值分解

$$A = U\Sigma V^{\mathrm{T}} = U_r\Sigma_r V_r^{\mathrm{T}}$$

来重新探讨矩阵 $\boldsymbol{A}$ 关于秩、零空间、列空间、矩阵范数、矩阵广义逆、正交投影相关的一些性质：

性质 3.6.4. 设矩阵 $\boldsymbol{A} \in \mathbb{R}^{m\times n}$，其奇异值分解为 $\boldsymbol{A} = \boldsymbol{U\Sigma V}^{\mathrm{T}}$，则矩阵 $\boldsymbol{A}$ 的秩和对角矩阵 $\boldsymbol{\Sigma}$ 的秩相等，等于正奇异值 σ_i 的个数 r（包含重复的奇异值）.

由于在实际中 $\boldsymbol{\Sigma}$ 上对角元可能很小，但不为零（例如由于数值误差），因此可以在给定的误差 $\epsilon \geqslant 0$ 的范围内给出一个更加可靠的数值秩：

$$r = \max_{\sigma_k > \epsilon\sigma_1} k$$

性质 3.6.5. 设矩阵 $\boldsymbol{A} \in \mathbb{R}^{m\times n}$ 的紧奇异值分解为 $\boldsymbol{A} = \boldsymbol{U}_r\boldsymbol{\Sigma}_r\boldsymbol{V}_r^{\mathrm{T}}$，其秩 $\operatorname{rank}(\boldsymbol{A}) = r$，则有 $\dim(\operatorname{Null}(\boldsymbol{A})) = n - r$ 且生成 $\operatorname{Null}(\boldsymbol{A})$ 的一组正交基底由 $\boldsymbol{V}$ 的最后 $n-r$ 列给出，也即

$$\operatorname{Null}(\boldsymbol{A}) = \operatorname{Col}(\boldsymbol{V}_{nr}),\ \boldsymbol{V}_{nr} = [\boldsymbol{v}_{r+1} \quad \cdots \quad \boldsymbol{v}_n]$$

证明. 根据线性代数的基本定理，有 $\operatorname{Null}(\boldsymbol{A}) = n - r$. 因为 $\boldsymbol{V} = [\boldsymbol{V}_r \quad \boldsymbol{V}_{nr}]$ 是正交矩阵，所以 $\{\boldsymbol{v}_{r+1}, \cdots, \boldsymbol{v}_n\}$ 是正交向量组，并且 $\boldsymbol{V}_r^{\mathrm{T}}\boldsymbol{V}_{nr} = \boldsymbol{O}$. 因此对于 $\boldsymbol{V}_{nr}$ 列空间中任意的向量 $\boldsymbol{\eta} = \boldsymbol{V}_{nr}\boldsymbol{z}$，由矩阵 $\boldsymbol{A} \in \mathbb{R}^{m\times n}$ 的紧奇异值分解有

$$\boldsymbol{A\eta} = \boldsymbol{U}_r\boldsymbol{\Sigma}_r\boldsymbol{V}_r^{\mathrm{T}}\boldsymbol{\eta} = \boldsymbol{U}_r\boldsymbol{\Sigma}_r\boldsymbol{V}_r^{\mathrm{T}}\boldsymbol{V}_{nr}\boldsymbol{z} = \boldsymbol{0}$$

所以

$$\operatorname{Null}(\boldsymbol{A}) = \operatorname{Col}(\boldsymbol{V}_{nr}) \qquad \square$$

性质 3.6.6. 设矩阵 $\boldsymbol{A} \in \mathbb{R}^{m\times n}$ 的紧奇异值分解为 $\boldsymbol{A} = \boldsymbol{U}_r\boldsymbol{\Sigma}_r\boldsymbol{V}_r^{\mathrm{T}}$，其秩 $\operatorname{rank}(\boldsymbol{A}) = r$，则 $\boldsymbol{A}$ 的列空间由 $\boldsymbol{U}$ 的前 r 个列向量生成，即

$$\operatorname{Col}(\boldsymbol{A}) = \operatorname{Col}(\boldsymbol{U}_r),\ \boldsymbol{U}_r = [\boldsymbol{u}_1 \quad \cdots \quad \boldsymbol{u}_r]$$

证明. 首先，因为 $\boldsymbol{\Sigma}_r\boldsymbol{V}_r^{\mathrm{T}} \in \mathbb{R}^{r\times n}$，$r \leqslant n$，是一个行满秩矩阵，则当 $\boldsymbol{x}$ 张成整个 $\mathbb{R}^n$ 时，$\boldsymbol{z} = \boldsymbol{\Sigma}_r\boldsymbol{V}_r^{\mathrm{T}}\boldsymbol{x}$ 张成整个 $\mathbb{R}^r$. 因此

$$\begin{aligned}
\operatorname{Col}(\boldsymbol{A}) &= \{\boldsymbol{y} \mid \boldsymbol{y} = \boldsymbol{Ax},\ \boldsymbol{x} \in \mathbb{R}^n\} \\
&= \{\boldsymbol{y} \mid \boldsymbol{y} = \boldsymbol{U}_r\boldsymbol{\Sigma}_r\boldsymbol{V}_r^{\mathrm{T}}\boldsymbol{x},\ \boldsymbol{x} \in \mathbb{R}^n\} \\
&= \{\boldsymbol{y} \mid \boldsymbol{y} = \boldsymbol{U}_r\boldsymbol{z},\ \boldsymbol{z} \in \mathbb{R}^r\} \\
&= \operatorname{Col}(\boldsymbol{U}_r)
\end{aligned} \qquad \square$$

例 3.6.6.　矩阵 $\boldsymbol{A}=\begin{bmatrix}1&0&0&0\\0&0&0&4\\0&3&0&0\\0&0&0&0\\2&0&0&0\end{bmatrix}$ 的奇异值分解为

$$\begin{bmatrix}1&0&0&0\\0&0&0&4\\0&3&0&0\\0&0&0&0\\2&0&0&0\end{bmatrix}=\begin{bmatrix}0&0&\sqrt{0.2}&-\sqrt{0.8}&0\\1&0&0&0&0\\0&1&0&0&0\\0&0&0&0&1\\0&0&\sqrt{0.8}&\sqrt{0.2}&0\end{bmatrix}\begin{bmatrix}4&0&0&0\\0&3&0&0\\0&0&\sqrt{5}&0\\0&0&0&0\\0&0&0&0\end{bmatrix}\begin{bmatrix}0&0&0&1\\0&1&0&0\\1&0&0&0\\0&0&1&0\end{bmatrix}$$

所以

$$\mathrm{Col}(\boldsymbol{A})=\mathrm{Col}\left(\begin{bmatrix}0&0&\sqrt{0.2}\\1&0&0\\0&1&0\\0&0&0\\0&0&\sqrt{0.8}\end{bmatrix}\right),\ \mathrm{Null}(\boldsymbol{A})=\mathrm{Col}\left(\begin{bmatrix}0\\0\\1\\0\end{bmatrix}\right)$$

命题 3.6.1.　矩阵的 F 范数满足以下等式

$$\|\boldsymbol{A}\|_F^2=\mathrm{Tr}(\boldsymbol{A}^{\mathrm{T}}\boldsymbol{A})=\sum_{i=1}^{n}\lambda_i(\boldsymbol{A}^{\mathrm{T}}\boldsymbol{A})=\sum_{i=1}^{n}\sigma_i^2$$

其中 σ_i 是矩阵 $\boldsymbol{A}$ 的奇异值.

命题 3.6.2.　矩阵 $\boldsymbol{A}$ 的 2 范数的平方是 $\boldsymbol{A}^{\mathrm{T}}\boldsymbol{A}$ 的最大特征值，所以 $\|\boldsymbol{A}\|_2^2=\sigma_1^2$. 即 $\boldsymbol{A}$ 的 2 范数就是 $\boldsymbol{A}$ 的最大的奇异值.

命题 3.6.3.　对于矩阵核范数，有

$$\|\boldsymbol{A}\|_*=\sum_{i=1}^{r}\sigma_i,\ r=\mathrm{rank}(\boldsymbol{A})$$

定义 3.6.4.　令 $\boldsymbol{A}$ 是一个 $m\times n$ 矩阵，若存在一个 $n\times m$ 矩阵 $\boldsymbol{G}$，使得下列条件满足：

$$(\boldsymbol{AG})^{\mathrm{T}}=\boldsymbol{AG}$$
$$(\boldsymbol{GA})^{\mathrm{T}}=\boldsymbol{GA}$$
$$\boldsymbol{GAG}=\boldsymbol{G}$$
$$\boldsymbol{AGA}=\boldsymbol{A}$$

则称 $\boldsymbol{G}$ 是 $\boldsymbol{A}$ 的广义逆或*Moore-Penrose* 逆或伪逆.

我们还可以定义其他广义逆,比如在上面四条中去掉一条到三条就可以定义另外 14 种广义逆. 但是只有 Moore-Penrose 逆有下列性质.

性质 3.6.7. 设矩阵 $\boldsymbol{A}\in\mathbb{R}^{m\times n}$,如果 $\boldsymbol{G}$ 是 $\boldsymbol{A}$ 的 Moore-Penrose 逆,那么 $\boldsymbol{G}$ 是 $\boldsymbol{A}$ 唯一的 Moore-Penrose 逆.

在后面的内容中,我们不关心其他的广义逆,所以默认这里的广义逆均指的是 Moore-Penrose 逆.

可以利用奇异值分解求解广义逆. 若矩阵 $\boldsymbol{M}$ 的奇异值分解为 $\boldsymbol{M}=\boldsymbol{U\Sigma V}^{\mathrm{T}}$,那么 $\boldsymbol{M}$ 的伪逆为

$$\boldsymbol{M}^{\dagger}=\boldsymbol{V\Sigma}^{\dagger}\boldsymbol{U}^{\mathrm{T}}$$

其中 $\boldsymbol{\Sigma}^{\dagger}$ 是 $\boldsymbol{\Sigma}$ 的伪逆,是将 $\boldsymbol{\Sigma}$ 主对角线上每个非零元素都求倒数之后再转置得到的. 可以通过定义验证这一点.

例 3.6.7. 求矩阵 $\boldsymbol{A}=\begin{bmatrix}0&1\\1&1\\1&0\end{bmatrix}$ 的广义逆.

解. 首先对 $\boldsymbol{A}$ 进行奇异值分解得

$$\boldsymbol{A}=\boldsymbol{U\Sigma V}^{\mathrm{T}}=\begin{bmatrix}\frac{1}{\sqrt{6}}&\frac{1}{\sqrt{2}}&\frac{1}{\sqrt{3}}\\\frac{2}{\sqrt{6}}&0&-\frac{1}{\sqrt{3}}\\\frac{1}{\sqrt{6}}&-\frac{1}{\sqrt{2}}&\frac{1}{\sqrt{3}}\end{bmatrix}\begin{bmatrix}\sqrt{3}&0\\0&1\\0&0\end{bmatrix}\begin{bmatrix}\frac{1}{\sqrt{2}}&\frac{1}{\sqrt{2}}\\-\frac{1}{\sqrt{2}}&\frac{1}{\sqrt{2}}\end{bmatrix}$$

根据公式有

$$A^{\dagger}=\begin{bmatrix}\frac{1}{\sqrt{2}} & -\frac{1}{\sqrt{2}}\\ \frac{1}{\sqrt{2}} & \frac{1}{\sqrt{2}}\end{bmatrix}\begin{bmatrix}\frac{1}{\sqrt{3}} & 0 & 0\\ 0 & 1 & 0\end{bmatrix}\begin{bmatrix}\frac{1}{\sqrt{6}} & \frac{2}{\sqrt{6}} & \frac{1}{\sqrt{6}}\\ \frac{1}{\sqrt{2}} & 0 & -\frac{1}{\sqrt{2}}\\ \frac{1}{\sqrt{3}} & -\frac{1}{\sqrt{3}} & \frac{1}{\sqrt{3}}\end{bmatrix}=\frac{1}{3}\begin{bmatrix}-1 & 1 & 2\\ 2 & 1 & -1\end{bmatrix}$$

对于一些特殊的矩阵的逆，我们可以使用奇异值分解推导出更便于计算的公式.

性质 3.6.8.　如果 $A\in\mathbb{R}^{n\times n}$ 可逆，那么

$$A^{\dagger}=A^{-1}$$

例 3.6.8.　矩阵 $A=\begin{bmatrix}2 & 1\\ 1 & 2\end{bmatrix}$ 的广义逆矩阵为

$$A^{\dagger}=\frac{1}{2}\begin{bmatrix}1 & 1\\ -1 & 1\end{bmatrix}\begin{bmatrix}1 & 0\\ 0 & \frac{1}{3}\end{bmatrix}\begin{bmatrix}1 & -1\\ 1 & 1\end{bmatrix}=\frac{1}{3}\begin{bmatrix}2 & -1\\ -1 & 2\end{bmatrix}$$

容易验证

$$AA^{\dagger}=A^{\dagger}A=I$$

性质 3.6.9.　当矩阵 $A\in\mathbb{R}^{m\times n}$ 为列满秩矩阵时有

$$A^{\dagger}=(A^{\mathrm{T}}A)^{-1}A^{\mathrm{T}}$$

证明.　如果 $A\in\mathbb{R}^{m\times n}$ 是一个列满秩矩阵，因此 $r=n\leqslant m$，故有

$$A^{\dagger}A=V_rV_r^{\mathrm{T}}=I_n$$

所以 $A^{\dagger}$ 是矩阵 A 的左逆(即 $A^{\dagger}A=I_n$). 注意到 $A^{\mathrm{T}}A$ 是可逆的，所以

$$(A^{\mathrm{T}}A)^{-1}A^{\mathrm{T}}=(V\Sigma^{-2}V^{\mathrm{T}})V\Sigma^{\mathrm{T}}U^{\mathrm{T}}=V\Sigma^{-1}U^{\mathrm{T}}=A^{\dagger}$$

A 所有的左逆都可以表示为 $A^{\dagger}+Q^{\mathrm{T}}$，其中 Q 满足 $A^{\mathrm{T}}Q=O$. □

性质 3.6.10.　当矩阵 $A\in\mathbb{R}^{m\times n}$ 为行满秩矩阵时有

$$A^{\dagger}=A^{\mathrm{T}}(AA^{\mathrm{T}})^{-1}$$

证明.　如果 $A\in\mathbb{R}^{m\times n}$ 是一个行满秩矩阵，因此 $r=m\leqslant n$，故有

$$AA^{\dagger}=U_rU_r^{\mathrm{T}}=I_m$$

所以 $A^{\dagger}$ 是矩阵 A 的右逆(即 $AA^{\dagger}=I_m$). 注意到 AA^{T} 是可逆的,所以

$$A^{\mathrm{T}}(AA^{\mathrm{T}})^{-1}=V\Sigma^{\mathrm{T}}U^{\mathrm{T}}(U\Sigma^{-2}U^{\mathrm{T}})=V\Sigma^{-1}U^{\mathrm{T}}=A^{\dagger}$$

A 所有的右逆都可以表示为 $A^{\dagger}+Q$,其中 Q 满足 $AQ=O$. □

例 3.6.9. 求矩阵 $A=\begin{bmatrix}0&1\\1&1\\1&0\end{bmatrix}$ 的广义逆.

解. 显然这是一个列满秩的矩阵,利用列满秩矩阵的公式

$$\begin{aligned}A^{\dagger}=(A^{\mathrm{T}}A)^{-1}A^{\mathrm{T}}&=\left(\begin{bmatrix}0&1&1\\1&1&0\end{bmatrix}\begin{bmatrix}0&1\\1&1\\1&0\end{bmatrix}\right)^{-1}\begin{bmatrix}0&1&1\\1&1&0\end{bmatrix}\\&=\begin{bmatrix}1&2\\2&1\end{bmatrix}^{-1}\begin{bmatrix}0&1&1\\1&1&0\end{bmatrix}\\&=\frac{1}{3}\begin{bmatrix}-1&1&2\\2&1&-1\end{bmatrix}\end{aligned}$$

我们知道任何一个矩阵 $A\in\mathbb{R}^{m\times n}$ 是一个从输入空间 $\mathbb{R}^n$ 到输出空间 $\mathbb{R}^m$ 的线性映射,并且根据线性代数基本定理,可以将 $\mathbb{R}^n$, $\mathbb{R}^m$ 分解成如下正交子空间的直和:

$$\mathbb{R}^n=\mathrm{Null}(A)\oplus\mathrm{Null}(A)^{\perp}=\mathrm{Null}(A)\oplus\mathrm{Col}(A^{\mathrm{T}})$$
$$\mathbb{R}^m=\mathrm{Col}(A)\oplus\mathrm{Col}(A)^{\perp}=\mathrm{Col}(A)\oplus\mathrm{Null}(A^{\mathrm{T}})$$

正如前面讨论的,矩阵 A 的奇异值分解 $A=U\Sigma V^{\mathrm{T}}$ 给四个基本子空间提供了正交基底,我们令

$$U=[U_r\quad U_{nr}],\ V=[V_r\quad V_{nr}]$$

其中 $r=\mathrm{rank}(A)$, 就有

$$\mathrm{Null}(A)=\mathrm{Col}(V_{nr}),\ \mathrm{Col}(A^{\mathrm{T}})=\mathrm{Col}(V_r)$$
$$\mathrm{Col}(A)=\mathrm{Col}(U_r),\ \mathrm{Null}(A^{\mathrm{T}})=\mathrm{Col}(U_{nr})$$

接下来,我们讨论如何将一个向量 $x\in\mathbb{R}^n$ 投影到 $\mathrm{Null}(A)$, $\mathrm{Col}(A^{\mathrm{T}})$ 中,以及把一个向量

$\boldsymbol{y} \in \mathbb{R}^m$ 投影到 $\mathrm{Null}(\boldsymbol{A}^{\mathrm{T}})$, $\mathrm{Col}(\boldsymbol{A})$ 中.

如果给定一个向量 $\boldsymbol{x} \in \mathbb{R}^n$ 和 d 个线性无关且正交的向量 $\boldsymbol{b}_1, \cdots, \boldsymbol{b}_d \in \mathbb{R}^n$,那么 $\boldsymbol{x}$ 到子空间 $\mathbf{span}\{\boldsymbol{b}_1, \cdots, \boldsymbol{b}_d\}$ 的正交投影就是向量 $\boldsymbol{x}^* = \boldsymbol{B\alpha}$,其中 $\boldsymbol{B} = [\boldsymbol{b}_1 \quad \cdots \quad \boldsymbol{b}_d]$, $\boldsymbol{\alpha} \in \mathbb{R}^d$,并且我们需要解方程 $\boldsymbol{B}^{\mathrm{T}}\boldsymbol{B\alpha} = \boldsymbol{B}^{\mathrm{T}}\boldsymbol{x}$ 来得到 $\boldsymbol{\alpha}$. 注意到,如果 $\boldsymbol{B}$ 的列向量是正交的,则有 $\boldsymbol{B}^{\mathrm{T}}\boldsymbol{B} = \boldsymbol{I}_d$,因此 $\boldsymbol{\alpha} = \boldsymbol{B}^{\mathrm{T}}\boldsymbol{x}$,故可得投影 $\boldsymbol{x}^* = \boldsymbol{BB}^{\mathrm{T}}\boldsymbol{x}$.

因此,如果将一个向量 $\boldsymbol{x} \in \mathbb{R}^n$ 投影到 $\mathrm{Null}(\boldsymbol{A})$ 上,投影 $\pi_{\mathrm{Null}(\boldsymbol{A})}(\boldsymbol{x})$ 则可以通过以下等式算出

$$\pi_{\mathrm{Null}(\boldsymbol{A})}(\boldsymbol{x}) = (\boldsymbol{V}_{nr}\boldsymbol{V}_{nr}^{\mathrm{T}})\boldsymbol{x}$$

我们又知道 $\boldsymbol{I} = \boldsymbol{VV}^{\mathrm{T}} = \boldsymbol{V}_r\boldsymbol{V}_r^{\mathrm{T}} + \boldsymbol{V}_{nr}\boldsymbol{V}_{nr}^{\mathrm{T}}$. 因此由广义逆的定义,可知投影矩阵 $\boldsymbol{P}_{\mathrm{Null}(\boldsymbol{A})} = (\boldsymbol{V}_{nr}\boldsymbol{V}_{nr}^{\mathrm{T}}) = \boldsymbol{I}_n - \boldsymbol{V}_r\boldsymbol{V}_r^{\mathrm{T}} = \boldsymbol{I}_n - \boldsymbol{A}^{\dagger}\boldsymbol{A}$. 在 $\boldsymbol{A}$ 行满秩的情况下,由性质 3.6.10 可知 $\boldsymbol{A}^{\dagger} = \boldsymbol{A}^{\mathrm{T}}(\boldsymbol{AA}^{\mathrm{T}})^{-1}$,所以有 $\boldsymbol{P}_{\mathrm{Null}(\boldsymbol{A})} = \boldsymbol{I}_n - \boldsymbol{A}^{\mathrm{T}}(\boldsymbol{AA}^{\mathrm{T}})^{-1}\boldsymbol{A}$,矩阵 $\boldsymbol{P}_{\mathrm{Null}(\boldsymbol{A})}$ 称为子空间 $\mathrm{Null}(\boldsymbol{A})$ 上的正交投影矩阵.

用同样的方式,可以得到 $\boldsymbol{x}$ 在 $\mathrm{Col}(\boldsymbol{A}^{\mathrm{T}})$ 上的投影为

$$\pi_{\mathrm{Col}(\boldsymbol{A}^{\mathrm{T}})}(\boldsymbol{x}) = (\boldsymbol{V}_r\boldsymbol{V}_r^{\mathrm{T}})\boldsymbol{x} = \boldsymbol{A}^{\dagger}\boldsymbol{Ax}$$

而当 $\boldsymbol{A}$ 行满秩时,有

$$\pi_{\mathrm{Col}(\boldsymbol{A}^{\mathrm{T}})}(\boldsymbol{x}) = \boldsymbol{A}^{\mathrm{T}}(\boldsymbol{AA}^{\mathrm{T}})^{-1}\boldsymbol{Ax}$$

类似地,可以得到 $\boldsymbol{y}$ 在 $\mathrm{Col}(\boldsymbol{A})$ 上的投影为

$$\pi_{\mathrm{Col}(\boldsymbol{A})}(\boldsymbol{y}) = (\boldsymbol{U}_r\boldsymbol{U}_r^{\mathrm{T}})\boldsymbol{y} = \boldsymbol{AA}^{\dagger}\boldsymbol{y}$$

而当 $\boldsymbol{A}$ 列满秩时,有

$$\pi_{\mathrm{Col}(\boldsymbol{A})}(\boldsymbol{y}) = \boldsymbol{A}(\boldsymbol{A}^{\mathrm{T}}\boldsymbol{A})^{-1}\boldsymbol{A}^{\mathrm{T}}\boldsymbol{y}$$

向量 $\boldsymbol{y}$ 在 $\mathrm{Null}(\boldsymbol{A}^{\mathrm{T}})$ 上的投影为

$$\pi_{\mathrm{Null}(\boldsymbol{A}^{\mathrm{T}})}(\boldsymbol{y}) = (\boldsymbol{U}_{nr}\boldsymbol{U}_{nr}^{\mathrm{T}})\boldsymbol{y} = (\boldsymbol{I}_m - \boldsymbol{AA}^{\dagger})\boldsymbol{y}$$

并且当 $\boldsymbol{A}$ 列满秩时,有

$$\pi_{\mathrm{Null}(\boldsymbol{A}^{\mathrm{T}})}(\boldsymbol{y}) = (\boldsymbol{I}_m - \boldsymbol{A}(\boldsymbol{A}^{\mathrm{T}}\boldsymbol{A})^{-1}\boldsymbol{A}^{\mathrm{T}})\boldsymbol{y}$$

3.6.3　奇异值分解与低秩表示

假设矩阵 $\boldsymbol{A}$ 的奇异值分解为 $\boldsymbol{A} = \boldsymbol{U\Sigma V}^{\mathrm{T}}$,其中 $\boldsymbol{U} \in \mathbb{R}^{m\times m}$ 和 $\boldsymbol{V} \in \mathbb{R}^{n\times n}$ 都是正交矩阵,

$\boldsymbol{\Sigma} \in \mathbb{R}^{m\times n}$是对角矩阵. 我们把 $\boldsymbol{A}$ 的奇异值分解看成矩阵 $\boldsymbol{U\Sigma}$ 和 $\boldsymbol{V}^{\mathrm{T}}$ 的乘积,将 $\boldsymbol{U\Sigma}$ 按列分块,将 $\boldsymbol{V}^{\mathrm{T}}$ 按行分块,即

$$\boldsymbol{U\Sigma}=(\sigma_1\boldsymbol{u}_1,\ \sigma_2\boldsymbol{u}_2,\ \cdots,\ \sigma_n\boldsymbol{u}_n);\ \boldsymbol{V}^{\mathrm{T}}=\begin{bmatrix}\boldsymbol{v}_1^{\mathrm{T}}\\ \boldsymbol{v}_2^{\mathrm{T}}\\ \vdots\\ \boldsymbol{v}_n^{\mathrm{T}}\end{bmatrix}$$

则有

$$\boldsymbol{A}=\sigma_1\boldsymbol{u}_1\boldsymbol{v}_1^{\mathrm{T}}+\cdots+\sigma_n\boldsymbol{u}_n\boldsymbol{v}_n^{\mathrm{T}}=\sum_{i=1}^{n}\sigma_i\boldsymbol{A}_i$$

称该式子为矩阵 $\boldsymbol{A}$ 的外积展开式,其中 $\boldsymbol{A}_i=\boldsymbol{u}_i\boldsymbol{v}_i^{\mathrm{T}}$ 为 $m\times n$ 的秩一矩阵,是列向量 $\boldsymbol{u}_i$ 和行向量 $\boldsymbol{v}_i^{\mathrm{T}}$ 的外积,其第 k 行第 j 列元素为 $\boldsymbol{u}_i$ 的第 k 个元素与 $\boldsymbol{v}_i^{\mathrm{T}}$ 的第 j 个元素的乘积. 如果矩阵 $\boldsymbol{A}$ 的秩为 r,则对于任意 $i>r$ 的项,因为奇异值为 0,所以可以将该矩阵分解为 r 个秩为 1 矩阵 $\boldsymbol{A}_i$ 之和:

$$\boldsymbol{A}=\sum_{i=1}^{r}\sigma_i\boldsymbol{A}_i$$

其中外积矩阵 $\boldsymbol{A}_i$ 前面的系数是矩阵 $\boldsymbol{A}$ 第 i 个非零奇异值 σ_i.

更进一步,如果把上述 $\boldsymbol{A}_i$ 从 1 到 r 求和替换成从 1 到 $k(k<r)$ 求和,则我们可以获得矩阵 $\boldsymbol{A}$ 的近似

$$\hat{\boldsymbol{A}}_k=\sum_{i=1}^{k}\sigma_i\boldsymbol{A}_i$$

其中 $\mathrm{rank}(\hat{\boldsymbol{A}}_k)=k$,称为矩阵 $\boldsymbol{A}$ 的秩 k 近似.

低秩矩阵近似

给定一个秩为 r 的矩阵 $\boldsymbol{A}$,欲求其最优的秩 k 近似矩阵,其中 $k\leqslant r$,该问题可形式化为求

$$\min_{\boldsymbol{S}\in\boldsymbol{R}^{m\times n}}\ \|\boldsymbol{A}-\boldsymbol{S}\|_F$$
$$s.t.\quad \mathrm{rank}(\boldsymbol{S})=k$$

定理 3.6.2. 设矩阵 $\boldsymbol{A}\in\mathbb{R}^{m\times n}$,矩阵的秩 $\mathrm{rank}(\boldsymbol{A})=r$,并设 $\mathbb{M}$ 为 $\mathbb{R}^{m\times n}$ 中所有秩不超

过 k 的矩阵集合,其中 $0<k<r$,则存在一个秩为 k 的矩阵 $\boldsymbol{X}\in\mathbb{M}$,使得

$$\|\boldsymbol{A}-\boldsymbol{X}\|_F=\min_{\boldsymbol{S}\in\mathbb{M}}\|\boldsymbol{A}-\boldsymbol{S}\|_F$$

称矩阵 $\boldsymbol{X}$ 为矩阵 $\boldsymbol{A}$ 在 F 范数下的最优近似.

定理 3.6.3.　设矩阵 $\boldsymbol{A}\in\mathbb{R}^{m\times n}$,矩阵的秩 $\mathrm{rank}(\boldsymbol{A})=r$,有奇异值分解 $\boldsymbol{A}=\boldsymbol{U\Sigma V}^{\mathrm{T}}$,并设$\mathbb{M}$为$\mathbb{R}^{m\times n}$中所有秩不超过 k 的矩阵集合,其中 $0<k<r$,若秩为 k 的矩阵 $\boldsymbol{X}\in\mathbb{M}$,满足

$$\|\boldsymbol{A}-\boldsymbol{X}\|_F=\min_{\boldsymbol{S}\in\mathbb{M}}\|\boldsymbol{A}-\boldsymbol{S}\|_F$$

则 $\|\boldsymbol{A}-\boldsymbol{X}\|_F=(\sigma_{k+1}^2+\sigma_{k+2}^2+\cdots+\sigma_n^2)^{\frac{1}{2}}$. 特别地,$\hat{\boldsymbol{A}}_k=\boldsymbol{U}\hat{\boldsymbol{\Sigma}}k\boldsymbol{V}^{\mathrm{T}}$ 是该优化问题的一个最优解,其中

$$\hat{\boldsymbol{\Sigma}}_k=\mathrm{diag}(\sigma_1,\ \cdots,\ \sigma_k,\ 0,\ \cdots 0)=\begin{bmatrix}\boldsymbol{\Sigma}_k & 0\\ 0 & 0\end{bmatrix}$$

证明.　若秩为 k 的矩阵 $\boldsymbol{X}\in\mathbb{M}$,满足 $\|\boldsymbol{A}-\boldsymbol{X}\|_F=\min_{\boldsymbol{S}\in\mathbb{M}}\|\boldsymbol{A}-\boldsymbol{S}\|_F$ 则

$$\|\boldsymbol{A}-\boldsymbol{X}\|_F\leqslant\|\boldsymbol{A}-\hat{\boldsymbol{A}}_k\|_F=(\sigma_{k+1}^2+\sigma_{k+2}^2+\cdots+\sigma_n^2)^{\frac{1}{2}}$$

下面证明 $\|\boldsymbol{A}-\boldsymbol{X}\|_F\geqslant(\sigma_{k+1}^2+\sigma_{k+2}^2+\cdots+\sigma_n^2)^{\frac{1}{2}}$. 设 $\boldsymbol{X}$ 的奇异值分解为 $\boldsymbol{Q\Omega P}^{\mathrm{T}}$,其中

$$\boldsymbol{\Omega}=\mathrm{diag}(\omega_1,\ \cdots,\ \omega_k,\ 0,\ \cdots 0)=\begin{bmatrix}\boldsymbol{\Omega}_k & 0\\ 0 & 0\end{bmatrix}$$

若令矩阵 $\boldsymbol{B}=\boldsymbol{Q}^{\mathrm{T}}\boldsymbol{AP}$,则 $\boldsymbol{A}=\boldsymbol{QBP}^{\mathrm{T}}$,由此得到 $\|\boldsymbol{A}-\boldsymbol{X}\|_F=\|\boldsymbol{Q}(\boldsymbol{B}-\boldsymbol{\Omega})\boldsymbol{P}^{\mathrm{T}}\|_F=\|\boldsymbol{B}-\boldsymbol{\Omega}\|_F$. 用 $\boldsymbol{\Omega}$ 分块方法对 $\boldsymbol{B}$ 分块

$$\boldsymbol{B}=\begin{bmatrix}\boldsymbol{B}_{11} & \boldsymbol{B}_{12}\\ \boldsymbol{B}_{21} & \boldsymbol{B}_{22}\end{bmatrix}$$

其中 $\boldsymbol{B}_{11}\in\mathbb{R}^{k\times k}$, $\boldsymbol{B}_{12}\in\mathbb{R}^{k\times(n-k)}$, $\boldsymbol{B}_{21}\in\mathbb{R}^{(n-k)\times k}$, $\boldsymbol{B}_{22}\in\mathbb{R}^{(n-k)\times(n-k)}$,可得

$$\|\boldsymbol{A}-\boldsymbol{X}\|_F^2=\|\boldsymbol{B}-\boldsymbol{\Omega}\|_F^2=\|\boldsymbol{B}_{11}-\boldsymbol{\Omega}_k\|_F^2+\|\boldsymbol{B}_{12}\|_F^2+\|\boldsymbol{B}_{21}\|_F^2+\|\boldsymbol{B}_{22}\|_F^2$$

现证 $\boldsymbol{B}_{12}=\boldsymbol{O}$, $\boldsymbol{B}_{21}=\boldsymbol{O}$. 用反证法. 若 $\boldsymbol{B}_{12}\neq\boldsymbol{O}$,令

$$\boldsymbol{Y}=\boldsymbol{Q}\begin{bmatrix}\boldsymbol{B}_{11} & \boldsymbol{B}_{12}\\ \boldsymbol{O} & \boldsymbol{O}\end{bmatrix}\boldsymbol{P}^{\mathrm{T}}$$

则$\boldsymbol{Y}\in\mathbb{M}$ 且 $\|\boldsymbol{A}-\boldsymbol{Y}\|_F^2=\|\boldsymbol{B}_{21}\|_F^2+\|\boldsymbol{B}_{22}\|_F^2<\|\boldsymbol{A}-\boldsymbol{X}\|_F^2$,这与 $\boldsymbol{X}$ 的定义

$\| \boldsymbol{A}-\boldsymbol{X} \|_F = \min_{S \in \mathbb{M}} \| \boldsymbol{A}-\boldsymbol{S} \|_F$ 矛盾，因此 $\boldsymbol{B}_{12}=\boldsymbol{O}$.

同理可证 $\boldsymbol{B}_{21}=\boldsymbol{O}$. 于是

$$\| \boldsymbol{A}-\boldsymbol{X} \|_F^2 = \| \boldsymbol{B}_{11}-\boldsymbol{\Omega}_k \|_F^2 + \| \boldsymbol{B}_{22} \|_F^2$$

再证 $\boldsymbol{B}_{11}=\boldsymbol{\Omega}_k$，为此令

$$\boldsymbol{Z}=\boldsymbol{Q}\begin{bmatrix} \boldsymbol{B}_{11} & \boldsymbol{O} \\ \boldsymbol{O} & \boldsymbol{O} \end{bmatrix}\boldsymbol{P}^{\mathrm{T}}$$

则 $\boldsymbol{Z} \in \mathbb{M}$，且

$$\| \boldsymbol{A}-\boldsymbol{Z} \|_F^2 = \| \boldsymbol{B}_{22} \|_F^2 \leqslant \| \boldsymbol{B}_{11}-\boldsymbol{\Omega}_k \|_F^2 + \| \boldsymbol{B}_{22} \|_F^2 = \| \boldsymbol{A}-\boldsymbol{X} \|_F^2$$

由 $\boldsymbol{X}$ 的定义

$$\| \boldsymbol{A}-\boldsymbol{X} \|_F = \min_{S \in \mathbb{M}} \| \boldsymbol{A}-\boldsymbol{S} \|_F$$

知

$$\| \boldsymbol{B}_{11}-\boldsymbol{\Omega}_k \|_F^2 = 0$$

即 $\boldsymbol{B}_{11}=\boldsymbol{\Omega}_k$.

最后看 $\boldsymbol{B}_{22}$，设 $\boldsymbol{B}_{22}$ 有奇异值分解为 $\boldsymbol{U}_1\boldsymbol{\Lambda}\boldsymbol{V}_1^{\mathrm{T}}$，则 $\| \boldsymbol{A}-\boldsymbol{X} \|_F = \| \boldsymbol{B}_{22} \|_F = \| \boldsymbol{\Lambda} \|_F$. 下面证明 $\boldsymbol{\Lambda}$ 的对角线元素为 $\boldsymbol{A}$ 的奇异值. 为此令

$$\boldsymbol{U}_2=\begin{bmatrix} \boldsymbol{I}_k & \boldsymbol{O} \\ \boldsymbol{O} & \boldsymbol{U}_1 \end{bmatrix},\ \boldsymbol{V}_2=\begin{bmatrix} \boldsymbol{I}_k & \boldsymbol{O} \\ \boldsymbol{O} & \boldsymbol{V}_1 \end{bmatrix}$$

其中 $\boldsymbol{I}_k$ 是 k 阶单位矩阵，$\boldsymbol{U}_2$，$\boldsymbol{V}_2$ 的分块与 $\boldsymbol{B}$ 的分块一致. 注意到 $\boldsymbol{B}$ 以及 $\boldsymbol{B}_{22}$ 的奇异值分解，即得

$$\boldsymbol{U}_2^{\mathrm{T}}\boldsymbol{Q}^{\mathrm{T}}\boldsymbol{A}\boldsymbol{P}\boldsymbol{V}_2=\begin{bmatrix} \boldsymbol{\Omega}_k & \\ & \boldsymbol{\Lambda} \end{bmatrix},\ \boldsymbol{A}=(\boldsymbol{Q}\boldsymbol{U}_2)\begin{bmatrix} \boldsymbol{\Omega}_k & \\ & \boldsymbol{\Lambda} \end{bmatrix}(\boldsymbol{P}\boldsymbol{V}_2)^{\mathrm{T}}$$

由此可知 $\boldsymbol{\Lambda}$ 的对角线元素为 $\boldsymbol{A}$ 的奇异值，故有

$$\| \boldsymbol{A}-\boldsymbol{X} \|_F = \| \boldsymbol{\Lambda} \|_F \geqslant (\sigma_{k+1}^2+\sigma_{k+2}^2+\cdots+\sigma_n^2)^{\frac{1}{2}}$$

故 $\| \boldsymbol{A}-\boldsymbol{X} \|_F = (\sigma_{k+1}^2+\sigma_{k+2}^2+\cdots+\sigma_n^2)^{\frac{1}{2}}$，同时易证 $\| \boldsymbol{A}-\hat{\boldsymbol{A}}_k \|_F = \| \boldsymbol{A}-\boldsymbol{X} \|_F$. □

在秩不超过 k 的 $m \times n$ 矩阵的集合中，存在矩阵 $\boldsymbol{A}$ 的 F 范数意义下的最优近似矩阵

$\boldsymbol{X}$. $\hat{\boldsymbol{A}}_k=\boldsymbol{U}\hat{\boldsymbol{\Sigma}}_k\boldsymbol{V}^{\mathrm{T}}$ 是达到最优值的一个矩阵. 紧奇异值分解是在 F 范数意义下的无损压缩. 截断奇异值分解是有损压缩. 截断奇异值分解得到的矩阵的秩为 k，通常远小于原始矩阵的秩 r，所以是由低秩矩阵实现了对原始矩阵的压缩.

定理 3. 6. 3 中若把 F 范数改为谱范数，则有

$$\|\boldsymbol{A}-\boldsymbol{X}\|_2=\sigma_{k+1}=\min_{\boldsymbol{S}\in\mathbb{M}}\|\boldsymbol{A}-\boldsymbol{S}\|_2$$

成立. 定理 3. 6. 3 也被称为 Eckhart-Young 或 Eckhart-Young-Mirsky 定理.

例 3. 6. 10.　求矩阵 $\boldsymbol{A}=\begin{bmatrix}1&0&0&0\\0&0&0&4\\0&3&0&0\\0&0&0&0\\2&0&0&0\end{bmatrix}$ 秩为 2 的最优近似.

解.　先对 $\boldsymbol{A}$ 进行奇异值分解得

$$\begin{bmatrix}0&0&-\frac{\sqrt{5}}{5}&0&-\frac{2\sqrt{5}}{5}\\1&0&0&0&0\\0&1&0&0&0\\0&0&0&1&0\\0&0&-\frac{2\sqrt{5}}{5}&0&\frac{\sqrt{5}}{5}\end{bmatrix}\begin{bmatrix}4&&&\\&3&&\\&&\sqrt{5}&\\&&&0\\0&0&0&0\end{bmatrix}\begin{bmatrix}0&0&0&1\\0&1&0&0\\-1&0&0&0\\0&0&-1&0\end{bmatrix}$$

然后令

$$\hat{\boldsymbol{A}}_2=\begin{bmatrix}0&0\\1&0\\0&1\\0&0\\0&0\end{bmatrix}\begin{bmatrix}4&0\\0&3\end{bmatrix}\begin{bmatrix}0&0&0&1\\0&1&0&0\end{bmatrix}=\begin{bmatrix}0&0&0&0\\0&0&0&4\\0&3&0&0\\0&0&0&0\\0&0&0&0\end{bmatrix}$$

即为矩阵 $\boldsymbol{A}$ 秩 2 的最优近似.

假定一幅图像有 $m\times n$ 个像素，如果将这 mn 个数据一起传送，往往会显得数据量太大. 因此，我们希望能够改为传送另外一些比较少的数据，并且在接收端还能够利用这些传送的数据重构原图像. 用 $m\times n$ 矩阵 $\boldsymbol{A}$ 表示要传送的原 $m\times n$ 个像素.

假定对矩阵 $\boldsymbol{A}$ 进行奇异值分解，便得到 $\boldsymbol{A}=\boldsymbol{U}\boldsymbol{\Sigma}\boldsymbol{V}^{\mathrm{T}}$，其中，奇异值按照从大到小的顺序排列. 如果从中选择 k 个大奇异值以及与这些奇异值对应的左和右奇异向量逼近原图像，便可以使用 $k(n+m+1)$ 个数值代替原来的 $m\times n$ 个图像数据. 这 $k(n+m+1)$ 个被选择的新数据是矩阵 $\boldsymbol{A}$ 的前 k 个奇异值，$m\times m$ 左奇异向量矩阵 $\boldsymbol{U}$ 的前 k 列和 $n\times n$ 右奇异向量矩阵 $\boldsymbol{V}$ 的前 k 列的元素.

把比率

$$\rho=\frac{nm}{k(n+m+1)} \tag{3.10}$$

称为图像的压缩比. 显然，被选择的大奇异值的个数 k 应该满足条件 $k(n+m+1)<nm$，即 $k<\frac{nm}{n+m+1}$.

图 3.13 在视觉上展示了取不同数量的奇异值的效果：

- 当 $k=5$ 时，我们已经可以看出图像上是什么了.
- 当 $k=10$ 时，我们获得了更多的细节. 但是仍然有一些模糊.
- 当 $k=50$ 时，我们获得了一个相当不错的图像，只有非常细微的地方有一些模糊. 整体上和原图相差无几.

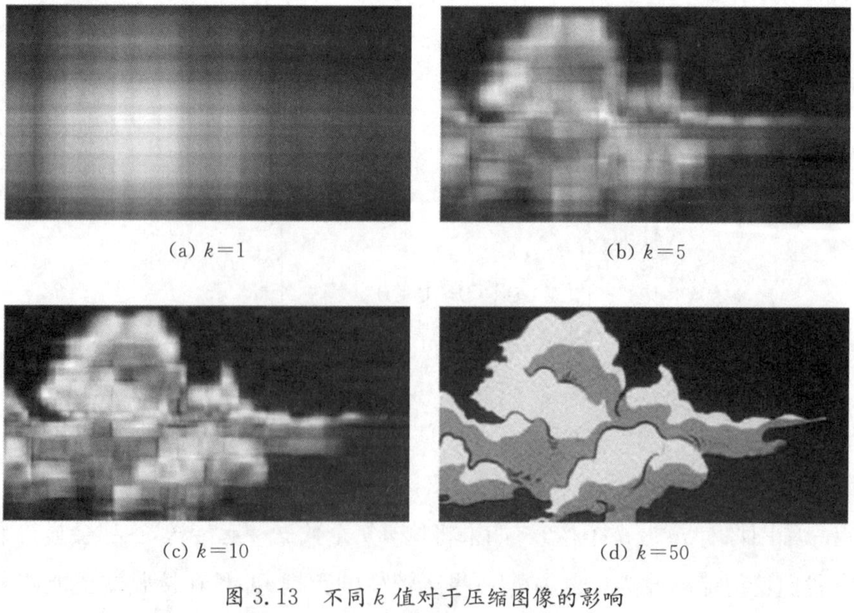

(a) $k=1$　(b) $k=5$　(c) $k=10$　(d) $k=50$

图 3.13　不同 k 值对于压缩图像的影响

原图是一张 1 328×680 的图像，要传输这样一张图像需要发送 1 328×680=903 040 个数值. 而如果使用 $k=50$ 时的截断 SVD，那么只需要传送 $50\times(1\,328+680+1)=100\,450$ 个数值. 也就是说压缩比达到了 8.989 9.

因此，我们在传送图像的过程中，就无须传送 $m\times n$ 个原始数据，而只需要传送 $k(n+m+1)$ 个有关奇异值和奇异向量的数据即可. 在接收端，在接收到奇异值 $\sigma_1, \sigma_2, \cdots, \sigma_k$ 以及左奇异向量 $\boldsymbol{u}_1, \boldsymbol{u}_2, \cdots, \boldsymbol{u}_k$ 和右奇异向量 $\boldsymbol{v}_1, \boldsymbol{v}_2, \cdots, \boldsymbol{v}_k$ 后，即可通过截断奇异值分解公式

$$\hat{\boldsymbol{A}}_k=\sum_{i=1}^{k}\sigma_i\boldsymbol{u}_i\boldsymbol{v}_i^{\mathrm{T}} \tag{3.11}$$

重构出原图像.

一个容易理解的事实是：若 k 值偏小，即压缩比 p 偏大，则重构的图像的质量有可能不能令人满意. 反之，过大的 k 值又会导致压缩比过小，从而降低图像压缩和传送的效率. 因此，需要根据不同种类的图像，选择合适的压缩比，以兼顾图像传送效率和重构质量.

本节介绍了各种奇异值分解的形式，包括完全奇异值分解、紧奇异值分解、截断奇异值分解等. 也介绍了矩阵性质与奇异值分解的关系. 如矩阵范数、矩阵的广义逆、最优低秩矩阵近似等. 其中，矩阵的低秩近似问题实际上是一个优化问题. 它表明数据科学与机器学习中某些优化问题可以方便地通过奇异值分解进行求解，这些优化问题还包括 PCA、正交的 Procrustean 变换等.

习　题

习题 3.1.　判定矩阵

$$\boldsymbol{A}=\begin{bmatrix}3 & 2 & -1\\ -1 & 0 & 0\\ -1 & 3 & 0\end{bmatrix},\ \boldsymbol{B}=\begin{bmatrix}0 & 2 & -1\\ -1 & 4 & -1\\ 1 & 3 & -5\end{bmatrix}$$

能否进行 LU 分解，为什么？

习题 3.2. 对下列矩阵进行 LU 分解：

$$\boldsymbol{A}=\begin{bmatrix}2&1&1\\1&3&2\\1&2&2\end{bmatrix},\ \boldsymbol{B}=\begin{bmatrix}12&-3&3\\-18&3&-1\\1&1&1\end{bmatrix},\ \boldsymbol{C}=\begin{bmatrix}2&1&1\\1&2&1\\1&1&0\end{bmatrix}$$

习题 3.3. 设 $\boldsymbol{A}$ 对称且 $a_{11}\neq 0$，并假定经过一步 *Gauss* 消去之后，$\boldsymbol{A}$ 具有如下形式

$$\begin{bmatrix}a_{11}&\boldsymbol{a}_1^{\mathrm{T}}\\\boldsymbol{0}&\boldsymbol{A}_2\end{bmatrix}$$

证明 $\boldsymbol{A}_2$ 仍是对称阵.

习题 3.4. 证明：上三角矩阵与上三角矩阵的乘积仍是上三角矩阵.

习题 3.5. 求下列对称正定矩阵

$$\boldsymbol{A}=\begin{bmatrix}5&2&-4\\2&1&-2\\-4&-2&5\end{bmatrix},\ \boldsymbol{B}=\begin{bmatrix}25&15&-5\\15&18&0\\-5&0&11\end{bmatrix}$$

的不带平方根的 *Cholesky* 分解.

习题 3.6. 定义

$$\boldsymbol{A}=\begin{bmatrix}2&-2&1\\-1&1&-1\\-3&-1&1\end{bmatrix}$$

(1) 给出矩阵 $\boldsymbol{A}^{\mathrm{T}}\boldsymbol{A}$ 的 *Cholesky* 分解；

(2) 假设上述 *Cholesky* 分解形式为 $\boldsymbol{G}\boldsymbol{G}^{\mathrm{T}}$. 试证明：$\|\boldsymbol{A}^{\mathrm{T}}\boldsymbol{A}\|_2=\|\boldsymbol{A}\|_2^2=\|\boldsymbol{G}\|_2^2$.

习题 3.7. 求下列矩阵的正交三角(QR)分解：

$$\boldsymbol{A}=\begin{bmatrix}0&1&1\\1&1&0\\1&0&1\end{bmatrix},\ \boldsymbol{B}=\begin{bmatrix}1&\frac{1}{2}&5\\1&-\frac{1}{2}&2\\-1&\frac{1}{2}&-2\\1&-\frac{3}{2}&0\end{bmatrix}$$

习题 3.8. 用 Householder 方法求矩阵 $\boldsymbol{A}=\begin{bmatrix}1 & 1\\ 2 & 0\\ 2 & 1\end{bmatrix}$ 的 QR 分解.

习题 3.9. 用 Givens 变换求矩阵 $\boldsymbol{A}=\begin{bmatrix}1 & 1\\ 2 & 0\\ 2 & 1\end{bmatrix}$ 的 QR 分解.

习题 3.10. 已知矩阵

$$\boldsymbol{A}=\begin{bmatrix}0 & 2 & 4\\ \frac{1}{2} & 0 & 2\\ \frac{1}{4} & \frac{1}{2} & 0\end{bmatrix}$$

验证 $\boldsymbol{A}$ 是可对角化矩阵，并求 $\boldsymbol{A}$ 的谱分解表达式.

习题 3.11. 求下列矩阵的奇异值(SVD)分解：

$$\boldsymbol{A}=\begin{bmatrix}1 & 0 & 0 & -1\\ 0 & 1 & 0 & 0\\ 0 & 1 & 0 & 0\end{bmatrix},\ \boldsymbol{B}=\begin{bmatrix}1 & 0\\ 0 & 1\\ 1 & 1\end{bmatrix},\ \boldsymbol{C}=\begin{bmatrix}2 & 0 & 1\\ 1 & 2 & 0\end{bmatrix}$$

习题 3.12. 已知 $\boldsymbol{A}\in\mathbb{R}_r^{m\times n}$(秩为 $r>0$) 的奇异值分解表达式为

$$\boldsymbol{A}=\boldsymbol{U}\begin{bmatrix}\Delta & 0\\ 0 & 0\end{bmatrix}\boldsymbol{V}^{\mathrm{T}}$$

试求矩阵 $\boldsymbol{B}=\begin{bmatrix}\boldsymbol{A}\\ \boldsymbol{A}\end{bmatrix}$ 的奇异值分解表达式.

习题 3.13. 设 k 是正整数，定义

$$\boldsymbol{A}=\begin{bmatrix}-8 & 5 & 1\\ -4 & 7 & 5\\ -8 & 5 & 1\\ -4 & 7 & 5\end{bmatrix},\ \gamma_k=\inf_{\substack{\boldsymbol{M}\in\mathbb{R}^{3\times 4}\\ \operatorname{rank}(\boldsymbol{M})\leqslant k}}\|\boldsymbol{A}^{\mathrm{T}}-\boldsymbol{M}\|_2$$

(1) 计算矩阵 $\boldsymbol{A}$ 的 SVD 分解 $\boldsymbol{A}=\boldsymbol{U\Sigma V}^{\mathrm{T}}$，并使 $2\boldsymbol{U}$ 为 Hadamard 矩阵；

(2) 对每个可能的取值 k，计算 γ_k，并找出矩阵 $\boldsymbol{A}_k \in \mathbb{R}^{3\times 4}$ 使得 $\operatorname{rank}(\boldsymbol{A}_k) \leqslant k$ 且 $\|\boldsymbol{A}^{\mathrm{T}} - \boldsymbol{A}_k\|_2 = \gamma_k$.

习题 3.14. 证明：若 $\boldsymbol{A}$ 为正交矩阵，则 $|\det(\boldsymbol{A})|$ 等于 $\boldsymbol{A}$ 的奇异值之积.

习题 3.15. 假定 $\boldsymbol{A}$ 为可逆矩阵，求 $\boldsymbol{A}^{-1}$ 的奇异值分解.

习题 3.16. 令 $\boldsymbol{A}$ 为 $m\times n$ 矩阵，且 $\boldsymbol{P}$ 为 $m\times m$ 正交矩阵. 证明：$\boldsymbol{PA}$ 与 $\boldsymbol{A}$ 的奇异值相同. 矩阵 $\boldsymbol{PA}$ 与 $\boldsymbol{A}$ 的左、右奇异向量有何关系？

习题 3.17. 证明：对任意矩阵 $\boldsymbol{M} \in \mathbb{R}^{n\times n}$ 的奇异值分解：

$$\boldsymbol{M} = \boldsymbol{U\Sigma V}^{\mathrm{T}}$$

其中 $\boldsymbol{\Sigma} = \operatorname{diag}(\sigma_1, \sigma_2, \cdots, \sigma_n)$，$\sigma_1 \geqslant \sigma_2 \geqslant \cdots \geqslant \sigma_n \geqslant 0$. 设 $\boldsymbol{u}_i$，$\boldsymbol{v}_i$ 为矩阵 $\boldsymbol{U}$，$\boldsymbol{V}$ 的第 i 列. 矩阵 $\boldsymbol{U}_i$，$\boldsymbol{V}_i$ 为矩阵 $\boldsymbol{U}$，$\boldsymbol{V}$ 的前 i 列构成的矩阵，$\boldsymbol{\Sigma}_i$ 为矩阵 $\boldsymbol{\Sigma}$ 的前 i 行 i 列构成的矩阵，则有 $\|\boldsymbol{u}_i\sigma_i\boldsymbol{v}_i^{\mathrm{T}}\|_{\mathrm{F}} = \sigma_i$ 成立.

习题 3.18. 假设 $\boldsymbol{B}$ 是一个 $n\times d$ 的矩阵，矩阵 $\boldsymbol{M}$ 是 $(n+d)\times(n+d)$ 定义为

$$\boldsymbol{M} = \begin{bmatrix} \boldsymbol{O} & \boldsymbol{B}^{\mathrm{T}} \\ \boldsymbol{B} & \boldsymbol{O} \end{bmatrix}$$

显然 $\boldsymbol{M}$ 是对称矩阵. 证明：矩阵 $\boldsymbol{M}$ 的对角化会产生 $\boldsymbol{B}$ 的奇异值分解所需要的所有信息.

第四章

矩阵计算问题

在众多自然科学和工程学科中，许多问题都可用数学建模成线性方程组的求解问题，即 $\boldsymbol{Ax}=\boldsymbol{b}$. 根据数据向量 $\boldsymbol{b}\in\mathbb{R}^m$ 和数据矩阵 $\boldsymbol{A}\in\mathbb{R}^{m\times n}$ 的不同，方程组主要有以下三种类型：

- **适定方程组**：方程的个数与未知量的个数相等即 $m=n$，并且 $\boldsymbol{A}$ 满秩可逆，此时 $\boldsymbol{x}$ 有唯一的解.
- **超定方程组**：当上述 $m>n$ 时，并且数据矩阵 $\boldsymbol{A}$ 和数据向量 $\boldsymbol{b}$ 均已知，其中之一或者二者可能存在误差或者干扰.
- **欠定方程组**：当上述 $m<n$ 时，数据矩阵 $\boldsymbol{A}$ 和数据向量 $\boldsymbol{b}$ 均已知，但未知向量 $\boldsymbol{x}$ 可能要求为稀疏向量.

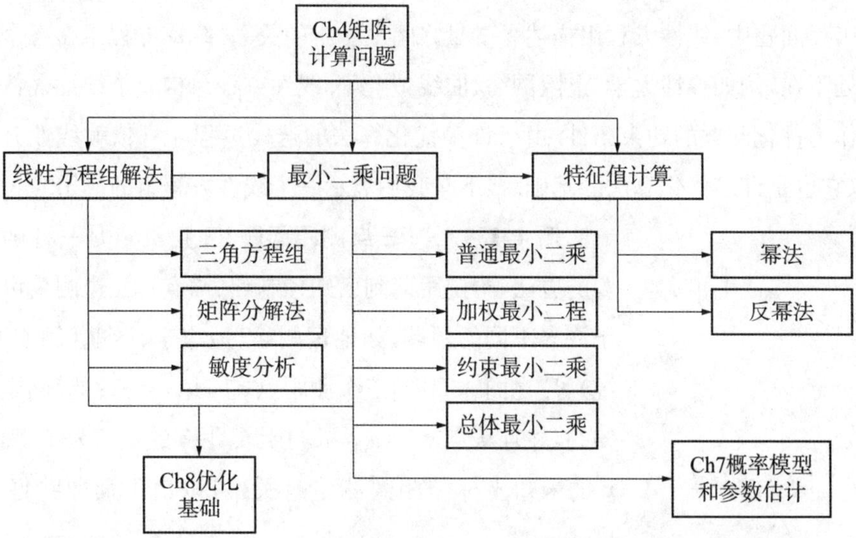

图 4.1　本章导图

线性方程组构成了数值线性代数的基础，它们的解法是许多优化方法的关键. 事实上，解线性方程组问题 $\boldsymbol{Ax}=\boldsymbol{b}$ 可以被看成优化问题，即关于 $\boldsymbol{x}$，最小化 $\|\boldsymbol{Ax}-\boldsymbol{b}\|^2$. 我们描述线性方程组解的集合并且当线性方程组精确解不存在的情况下，讨论求解线性方程组近似解的方法，由此引出最小二乘问题以及它的变体、解的数值敏感性及其解决方法，它们与矩阵分解的关系（例如 QR 分解和 SVD）也将被介绍. 因为矩阵分解以及工程中很多矩阵计算问题都与特征值计算密切相关，所以本章最后也将详细介绍特征值的求解理

论和方法.

4.1 线性方程组的直接解法

解决线性方程组的数学挑战历史悠久，中国古籍《九章算术》早有详尽记载消元解法. 至 19 世纪，高斯消元法在西方兴起. 进入 20 世纪中期，随着计算机技术的发展，高效求解大规模线性方程组成为数值线性代数的核心议题. 该问题的数值解法主要分为两类：直接法和迭代法. 直接法理论上可在无舍入误差下，通过有限步骤直接获得精确解，故又称精确法. 相反，迭代法则采用逐步逼近策略，从初始估计开始，按特定规则生成向量序列，其最终趋向于真实解，但不能通过有限步直接达到完全精确.

本节主要介绍解线性方程组的直接解法.

4.1.1 线性方程组问题

在工程问题中，线性方程组描述了变量之间最基本的关系. 线性方程组在各个科学分支中无处不在，例如弹性力学、电阻网络、曲线拟合等. 线性方程组构成了线性代数的核心并时常作为优化问题的约束条件. 由于许多优化算法的迭代过程非常依赖线性方程组的解，所以它也是许多优化算法的基础. 接下来我们展示一个线性方程组的例子.

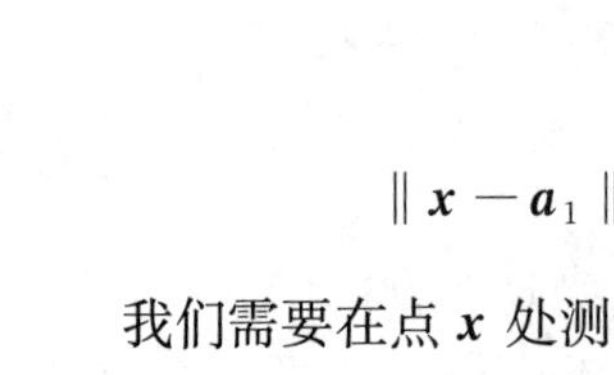

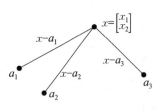

图 4.2 三点测量位置

例 4.1.1. **(三点测距问题)** 三角测量是一种确定点位置的方法，给定距离到已知控制点(锚点)，三边测量可以应用于许多不同的领域，如地理测绘、地震学、导航(例如 GPS 系统)等. 在图 4.2 中，三个测距点 $a_1, a_2, a_3 \in \mathbb{R}^2$ 的坐标是已知的，并且从点 $\boldsymbol{x}=(x_1, x_2)$ 到测距点的距离为 d_1, d_2, d_3，$\boldsymbol{x}$ 的未知坐标与距离测量有关，可以由下面非线性方程组描述

$$\|\boldsymbol{x}-\boldsymbol{a}_1\|_2^2=d_1^2,\ \|\boldsymbol{x}-\boldsymbol{a}_2\|_2^2=d_2^2,\ \|\boldsymbol{x}-\boldsymbol{a}_3\|_2^2=d_3^2 \tag{4.1}$$

我们需要在点 $\boldsymbol{x}$ 处测量距三个测距点 $\boldsymbol{a}_1, \boldsymbol{a}_2, \boldsymbol{a}_3$ 的距离，以便确定 $\boldsymbol{x}$ 的坐标.

通过第一个方程减去另外两个方程，我们获得了两个 $\boldsymbol{x}$ 的线性方程组.

$$2(\boldsymbol{a}_2-\boldsymbol{a}_1)^{\mathrm{T}}\boldsymbol{x}=d_1^2-d_2^2+\|\boldsymbol{a}_2\|_2^2-\|\boldsymbol{a}_1\|_2^2$$
$$2(\boldsymbol{a}_3-\boldsymbol{a}_1)^{\mathrm{T}}\boldsymbol{x}=d_1^2-d_3^2+\|\boldsymbol{a}_3\|_2^2-\|\boldsymbol{a}_1\|_2^2$$

也就是说，原始非线性方程组(4.1)的每个解也可以看作线性方程组的解. 使用方程组标

准形式 $\boldsymbol{Ax}=\boldsymbol{b}$（标准形式的定义在下一小节给出）可以描述为：

$$\boldsymbol{A}=\begin{bmatrix}2(\boldsymbol{a}_2-\boldsymbol{a}_1)^{\mathrm{T}}\\ 2(\boldsymbol{a}_3-\boldsymbol{a}_1)^{\mathrm{T}}\end{bmatrix},\ \boldsymbol{b}=\begin{bmatrix}d_1^2-d_2^2+\|\boldsymbol{a}\|_2^2-\|\boldsymbol{a}_1\|_2^2\\ d_1^2-d_3^2+\|\boldsymbol{a}_3\|_2^2-\|\boldsymbol{a}_1\|_2^2\end{bmatrix} \tag{4.2}$$

上述问题的解，将在后面详细讨论.

4.1.2　一般线性方程组解的理论

正如先前的示例，一般的线性方程被描述为如下的向量形式：

$$\boldsymbol{Ax}=\boldsymbol{b} \tag{4.3}$$

其中 $\boldsymbol{x}\in\mathbb{R}^n$ 是未知变量，$\boldsymbol{A}\in\mathbb{R}^{m\times n}$ 是系数矩阵，$\boldsymbol{b}\in\mathbb{R}^m$ 是已知向量.

接下来我们先讨论线性方程组的基本性质，主要针对解的存在性、唯一性以及描述线性方程组所有可能的解.

含 n 个未知量 $x_1, x_2, \cdots, x_n$，m 个方程的线性方程组的一般形式为

$$\begin{cases}a_{11}x_1+a_{12}x_2+\cdots+a_{1n}x_n=b_1\\ a_{21}x_1+a_{22}x_2+\cdots+a_{2n}x_n=b_2\\ \quad\vdots\\ a_{m1}x_1+a_{m2}x_2+\cdots+a_{mn}x_n=b_m\end{cases} \tag{4.4}$$

若记

$$\boldsymbol{A}=(a_{ij})_{m\times n},\ \boldsymbol{x}=(x_1, x_2, \cdots, x_n),\ \boldsymbol{b}=(b_1, b_2, \cdots, b_m) \tag{4.5}$$

则方程组(4.4)可表为如下的矩阵形式：

$$\boldsymbol{Ax}=\boldsymbol{b} \tag{4.6}$$

当 $\boldsymbol{b}\neq\boldsymbol{0}$ 时，方程组(4.6)称为非齐次线性方程组，当 $\boldsymbol{b}=\boldsymbol{0}$ 时. 方程组称为方程组(4.6)对应的齐次线性方程组.

$$\boldsymbol{Ax}=\boldsymbol{0} \tag{4.7}$$

定义 4.1.1.　矩阵 $\boldsymbol{A}=(a_{ij})_{m\times n}$，称为方程组(4.6)的**系数矩阵**，而矩阵 $\widetilde{\boldsymbol{A}}=[\boldsymbol{A}\quad\boldsymbol{b}]$ 称为它的**增广矩阵**. 方程组(4.7)称为方程组(4.6)的**导出组**.

定义 4.1.2.　若向量 $\boldsymbol{x}^0=(x_1^0, x_2^0, \cdots x_n^0\}$ 满足方程组(4.6)，即 $\boldsymbol{Ax}^0=\boldsymbol{b}$，称 $\boldsymbol{x}^0$ 为方

程组(4.6)的**解向量**.

定义 4.1.3. 给定方程组

$$\hat{\boldsymbol{A}}\boldsymbol{x}=\hat{\boldsymbol{b}} \tag{4.8}$$

其中 $\hat{\boldsymbol{A}}=(\hat{a}_{ij})_{m\times n}$, $\boldsymbol{x}=(x_1, x_2, \cdots, x_n)$, $\hat{\boldsymbol{b}}=(\hat{b}_1, \hat{b}_2, \cdots, \hat{b}_m)$. 当 $\boldsymbol{x}^0=(x_1^0, x_2^0, \cdots x_n^0)$ 是方程组(4.8)的解向量时,若它也是方程组(4.6)的解向量,则称方程组(4.6)与方程组(4.8)是**同解方程组**.

这里先概括地介绍齐次线性方程组的解,再讨论一般线性方程组的解.

定理 4.1.1. 对方程组(4.6)的系数矩阵 $\boldsymbol{A}$ 及右端作相同的行初等变换,所得到的新方程组与原方程组同解.

定义 4.1.4. 设 $\boldsymbol{\eta}_1, \boldsymbol{\eta}_2, \cdots, \boldsymbol{\eta}_t$ 是齐次线性方程组(4.7)的解向量组,如果 $\boldsymbol{\eta}_1, \boldsymbol{\eta}_2, \cdots, \boldsymbol{\eta}_t$ 线性无关,且方程组(4.7)的任意解向量 $\boldsymbol{\eta}$ 都可由 $\boldsymbol{\eta}_1, \boldsymbol{\eta}_2, \cdots, \boldsymbol{\eta}_t$ 线性表出,则称解向量组 $\boldsymbol{\eta}_1, \boldsymbol{\eta}_2, \cdots, \boldsymbol{\eta}_t$ 为方程组(4.7)的一个**基础解系**.

定理 4.1.2. 设齐次线性方程组(4.7)的系数矩阵 $\boldsymbol{A}$ 的秩为 r, 此时

(1) 方程组(4.7)有非零解的充分必要条件是 $r<n$.

(2) 若 $r<n$,则方程组(4.7)一定有基础解系. 基础解系不是唯一的,但任意两个基础解系必等价,且每一个基础解系所含解向量的个数都等于 $n-r$.

(3) 若 $r<n$,设 $\boldsymbol{\eta}_1, \boldsymbol{\eta}_2, \cdots, \boldsymbol{\eta}_{n-r}$ 是方程组(4.7)的一个基础解系,则它的一般解为

$$\boldsymbol{\eta}=\lambda_1\boldsymbol{\eta}_1+\lambda_2\boldsymbol{\eta}_2+\cdots+\lambda_{n-r}\boldsymbol{\eta}_{n-r} \tag{4.9}$$

其中 λ_i, $i=1, 2, \cdots, n-r$ 是数域 $\mathbb{K}$ 中的任意常数.

定理 4.1.3. 方程组(4.6)有解的充分必要条件是: $\text{rank}(\boldsymbol{A})=\text{rank}(\widetilde{\boldsymbol{A}})$,其中矩阵 $\widetilde{\boldsymbol{A}}$ 为它的**增广矩阵**.

定理 4.1.4. 设 $\text{rank}(\boldsymbol{A})=\text{rank}(\widetilde{\boldsymbol{A}})=r$, $\boldsymbol{\gamma}_0$ 是非齐次方程组(4.6)的一个解向量(常称为**特解**), $\boldsymbol{\eta}_1, \boldsymbol{\eta}_2, \cdots, \boldsymbol{\eta}_{n-r}$ 是其导出组(4.7)的一个基础解系,则方程组(4.6)的解向量均可表为:

$$\boldsymbol{\gamma}=\boldsymbol{\gamma}_0+\boldsymbol{\eta}=\boldsymbol{\gamma}_0+\lambda_1\boldsymbol{\eta}_1+\lambda_2\boldsymbol{\eta}_2+\cdots+\lambda_{n-r}\boldsymbol{\eta}_{n-r}$$

其中 λ_i, $i=1, 2, \cdots, n-r$ 是数域 $\mathbb{K}$ 中的任意常数(这种形式的解向量常称为一般解).

1. 线性方程组的解集与基本子空间

线性方程组 $\boldsymbol{A}\boldsymbol{x}=\boldsymbol{b}$, $\boldsymbol{A}\in\mathbb{R}^{m\times n}$, $\boldsymbol{b}\in\mathbb{R}^m$ 的解集被定义为:

$$S:=\{\boldsymbol{x}\in\mathbb{R}^n \mid \boldsymbol{A}\boldsymbol{x}=\boldsymbol{b}\}\tag{4.10}$$

用 $\boldsymbol{a}_1, \boldsymbol{a}_2, \cdots, \boldsymbol{a}n\in\mathbb{R}^n$ 表示矩阵 $\boldsymbol{A}$ 的列，即 $\boldsymbol{A}=[\boldsymbol{a}_1 \quad \boldsymbol{a}_2 \quad \cdots \quad \boldsymbol{a}_n]$. $\boldsymbol{A}\boldsymbol{x}$ 仅仅表示矩阵 $\boldsymbol{A}$ 的列与向量 $\boldsymbol{x}$ 中各个元素的加权和：

$$\boldsymbol{A}\boldsymbol{x}=x_1\boldsymbol{a}_1+x_2\boldsymbol{a}_2+\cdots+x_n\boldsymbol{a}_n\tag{4.11}$$

回顾定义，$\boldsymbol{A}$ 的第 i 列定义为：

$$\mathrm{Col}(\boldsymbol{A})=\mathbf{span}\{\boldsymbol{a}_1, \cdots, \boldsymbol{a}_n\}$$

其中 $\boldsymbol{a}_i$ 为 $\boldsymbol{A}$ 的第 i 列. $\boldsymbol{A}$ 的零空间定义为：

$$\mathrm{Null}(\boldsymbol{A})=\{\boldsymbol{x}\in\mathbb{R}^n \mid \boldsymbol{A}\boldsymbol{x}=\boldsymbol{0}\}\tag{4.12}$$

它的维数记为 nullity($\boldsymbol{A}$).

一个子空间 $\mathbb{S}\subset\mathbb{R}^n$ 的正交补定义为：

$$\mathbb{S}^{\perp}=\{\boldsymbol{y}\in\mathbb{R}^n \mid \boldsymbol{y}^{\mathrm{T}}\boldsymbol{x}=0,\ \forall\boldsymbol{x}\in\mathbb{S}\}\tag{4.13}$$

通过定义，我们能够看出，无论 $\boldsymbol{x}$ 的值是什么，$\boldsymbol{A}\boldsymbol{x}$ 生成了由矩阵 $\boldsymbol{A}$ 的列张成的子空间. 向量 $\boldsymbol{A}\boldsymbol{x}\in\mathrm{Col}(\boldsymbol{A})$. 若 $\boldsymbol{b}\notin\mathrm{Col}(\boldsymbol{A})$，则线性方程组没有解. 因此解集 $\mathbb{S}$ 为空. 等价地，线性方程组有解当且仅当 $\boldsymbol{b}\in\mathrm{Col}(\boldsymbol{A})$，也即 $\boldsymbol{b}$ 是 $\boldsymbol{A}$ 的列的线性组合.

从矩阵的列空间的角度，给出定理 4.1.3 的证明：

定理 4.1.5.　方程组(4.6)的解存在的充分必要条件是 $\mathrm{rank}(\boldsymbol{A})=\mathrm{rank}([\boldsymbol{A} \quad \boldsymbol{b}])$.

证明.　必要性：设存在 $\boldsymbol{x}$ 使 $\boldsymbol{A}\boldsymbol{x}=\boldsymbol{b}$，则 $\boldsymbol{b}$ 是 $\boldsymbol{A}$ 的列向量的线性组合，即 $\boldsymbol{b}\in\mathrm{Col}(\boldsymbol{A})$. 这说明 $\mathrm{Col}([\boldsymbol{A} \quad \boldsymbol{b}])=\mathrm{Col}(\boldsymbol{A})$，所以有 $\mathrm{rank}(\boldsymbol{A})=\mathrm{rank}([\boldsymbol{A} \quad \boldsymbol{b}])$.

充分性：若 $\mathrm{rank}(\boldsymbol{A})=\mathrm{rank}([\boldsymbol{A} \quad \boldsymbol{b}])$ 成立，则 $\boldsymbol{b}\in\mathrm{Col}(\boldsymbol{A})$，即 $\boldsymbol{b}$ 可表示为 $\boldsymbol{b}=\sum_{i=1}^{n}x_i\boldsymbol{a}_i$，这里 $\boldsymbol{a}_i$ 是 $\boldsymbol{A}$ 的第 i 列，所以令 $\boldsymbol{x}=(x_1, \cdots, x_n)$，即有 $\boldsymbol{A}\boldsymbol{x}=\boldsymbol{b}$. □

定理 4.1.6.　假定方程组(4.6)的解存在，并且假定 $\boldsymbol{x}$ 是其任一给定的解，则(4.6)全部解的集合是

$$\boldsymbol{x}+\mathrm{Null}(\boldsymbol{A})\tag{4.14}$$

证明.　如果 $\boldsymbol{y}$ 满足(4.6)，则 $\boldsymbol{A}(\boldsymbol{y}-\boldsymbol{x})=\boldsymbol{0}$，即 $(\boldsymbol{y}-\boldsymbol{x})\in\mathrm{Null}(\boldsymbol{A})$，于是有 $\boldsymbol{y}=\boldsymbol{x}+(\boldsymbol{y}-\boldsymbol{x})\in\boldsymbol{x}+\mathrm{Null}(\boldsymbol{A})$. 反之，如果 $\boldsymbol{y}\in\boldsymbol{x}+\mathrm{Null}(\boldsymbol{A})$，则存在 $\boldsymbol{z}\in\mathrm{Null}(\boldsymbol{A})$，使 $\boldsymbol{y}=\boldsymbol{x}+\boldsymbol{z}$，从而有 $\boldsymbol{A}\boldsymbol{y}=\boldsymbol{A}\boldsymbol{x}+\boldsymbol{A}\boldsymbol{z}=\boldsymbol{A}\boldsymbol{x}=\boldsymbol{b}$. □

定理 4.1.6 告诉我们,只要知道了方程组(4.6)的一个解,便可以用它及 Null($\boldsymbol{A}$) 中向量的和得到(4.6) 的全部解. 由此可知,方程组(4.6) 的解唯一,只有当 Null($\boldsymbol{A}$) 中仅有零向量才行.

推论 4.1.1. 方程组(4.6)的解唯一的充分必要条件是 nullity($\boldsymbol{A}$) $=0$.

2. 线性方程组分类

按照矩阵 $\boldsymbol{A}$ 的秩与行列数的关系,可以划分为三种不同类型的方程. 我们先简略地考虑这三种情形下的解集,并在之后的章节中详细介绍如何求解.

方阵系统:线性方程组 $\boldsymbol{Ax}=\boldsymbol{b}$ 中方程的个数等于未知变量的个数时,也即矩阵 $\boldsymbol{A}$ 是方阵,则我们称 $\boldsymbol{Ax}=\boldsymbol{b}$ 是方阵系统. 如果系数矩阵是满秩的即 $\boldsymbol{A}$ 可逆,$\boldsymbol{A}^{-1}$ 唯一且有 $\boldsymbol{A}^{-1}\boldsymbol{A}=\boldsymbol{I}$. 在这种情况下,线性方程组的解是唯一的:

$$\boldsymbol{x}=\boldsymbol{A}^{-1}\boldsymbol{b} \tag{4.15}$$

注意,实际中我们几乎不会通过先求 $\boldsymbol{A}^{-1}$ 再乘以向量 $\boldsymbol{b}$ 的方式求解 $\boldsymbol{x}$. 而是通过数值方法(比如之前学过的 LU 分解,Cholesky 分解)来计算线性方程组非奇异方程组的解.

超定系统:线性方程组 $\boldsymbol{Ax}=\boldsymbol{b}$ 中线性方程的个数大于未知变量的个数时,也即矩阵 $\boldsymbol{A}$ 的行数大于列数:$m>n$,则我们称 $\boldsymbol{Ax}=\boldsymbol{b}$ 是超定系统或超定方程组. 假设 $\boldsymbol{A}$ 是一个列满秩矩阵,也就是说 rank($\boldsymbol{A}$)$=n$,则我们可以得出 Null($\boldsymbol{A}$)$=\{\boldsymbol{0}\}$. 因此线性方程组的解要么没有解,要么有唯一解. 在超定系统中,$\boldsymbol{y}\notin$ Col($\boldsymbol{A}$) 是很常见的. 因此引入近似解的概念,近似解使得 $\boldsymbol{Ax}$ 与 $\boldsymbol{y}$ 在合适的度量下距离最小,这与最小二乘相联系.

欠定系统:线性方程组 $\boldsymbol{Ax}=\boldsymbol{b}$ 中未知变量的个数大于方程组的个数时,或者说 $\boldsymbol{A}$ 的列数大于行数:$m<n$,则我们称 $\boldsymbol{Ax}=\boldsymbol{b}$ 是欠定系统或欠定方程组. 假设 $\boldsymbol{A}$ 是一个行满秩矩阵,也就是说 rank($\boldsymbol{A}$)$=m$, Col($\boldsymbol{A}$)$=\mathbb{R}^m$. 则根据定理 4.1.6:

$$\text{rank}(\boldsymbol{A})+\dim(\text{Null}(\boldsymbol{A}))=n \tag{4.16}$$

因此 $\dim(\text{Null}(\boldsymbol{A}))=n-m>0$. 此时线性方程组有解且有无限多个解,并且解集的维度是 $n-m$. 在所有可能的解中,我们总是对具有最小范数的解很感兴趣.

4.1.3 容易求解的线性方程组

1. 基于浮点运算次数的复杂性分析

数值线性代数算法的成本经常表示为完成算法所需的浮点运算次数关于各种问题维度的函数.

定义 4.1.5.　两个浮点数做一次相加、相减、相乘或相除称为一次浮点运算.

为了顾及一个算法的复杂性，我们计算总的浮点运算次数，将其表示为所涉及的矩阵或向量的维数的函数(通常是多项式)，并通过只保留主导(即最高次数或占优势)项的方式来简化所得到的表达式.

例 4.1.2.　假设一个具体的算法需要总数为

$$m^3+3m^2n+mn+4mn^2+5m+22$$

次浮点运算，其中 m, n 是问题的维数. 正常情况下，我们将其简化为

$$m^3+3m^2n+4mn^2$$

次浮点运算，因为这些是问题维数 m, n 的主导项. 如果此外又假设 m 远小于 n，我们将进一步把浮点运算次数简化为 $4mn^2$.

例 4.1.3.　为了完成两个向量 $\boldsymbol{x}$, $\boldsymbol{y}\in\mathbb{R}^n$ 的内积运算 $\boldsymbol{x}^{\mathrm{T}}\boldsymbol{y}$，我们先要计算乘积 x_iy_i，然后将它们相加，这需要 n 次乘法和 $n-1$ 次加法，或者为 $2n-1$ 次浮点运算. 只保留主导项，称内积运算需要 $2n$ 次浮点运算，甚至更近似地说，需要次数为 n 的浮点运算.

例 4.1.4.　矩阵与向量相乘 $\boldsymbol{y}=\boldsymbol{A}\boldsymbol{x}$，其中 $\boldsymbol{A}\in\mathbb{R}^{m\times n}$，成本为 $2mn$ 次浮点运算：我们必须计算 $\boldsymbol{y}$ 的 m 个分量，每一个分量是 $\boldsymbol{A}$ 的行向量和 $\boldsymbol{x}$ 的内积.

例 4.1.5.　矩阵与矩阵相乘 $\boldsymbol{C}=\boldsymbol{A}\boldsymbol{B}$，其中 $\boldsymbol{A}\in\mathbb{R}^{m\times n}$, $\boldsymbol{B}\in\mathbb{R}^{n\times p}$，需要 $2mnp$ 次浮点运算，因为我们需要计算 $\boldsymbol{C}$ 的 mp 个元素，而每一个元素都是两个长度为 n 的向量的内积.

2. 对角形方程组

我们首先考虑一个最简单的线性方程组

$$\begin{bmatrix} a_{11} & 0 & \cdots & 0 \\ 0 & a_{22} & \cdots & 0 \\ \vdots & \vdots & \ddots & \vdots \\ 0 & 0 & \cdots & a_{nn} \end{bmatrix}\boldsymbol{x}=\begin{bmatrix} b_1 \\ b_2 \\ \vdots \\ b_n \end{bmatrix}$$

其中 $a_{ii}\neq 0$, $i=1, 2, \cdots, n$. 那么就有 $\boldsymbol{x}=(b_1/a_{11}, b_2/a_{22}, \cdots, b_n/a_{nn})$，我们只需要经过 n 次浮点运算就可以求得.

3. 下三角形线性方程组

我们利用**前代法**计算下三角形线性方程组.

注意,我们要求系数矩阵主对角线上元素均非 0. 从而保证方程组有且仅有一个解.

$$\begin{bmatrix} a_{11} & & & & \\ a_{21} & a_{22} & & & \\ a_{31} & a_{32} & a_{33} & & \\ \vdots & \vdots & \vdots & \ddots & \\ a_{n1} & a_{n2} & a_{n3} & \cdots & a_{nn} \end{bmatrix} \begin{bmatrix} x_1 \\ x_2 \\ x_3 \\ \vdots \\ x_n \end{bmatrix} = \begin{bmatrix} b_1 \\ b_2 \\ b_3 \\ \vdots \\ b_n \end{bmatrix}$$

其中 $a_{11}, a_{22}, \cdots, a_{nn}$ 非 0.

在前代法的第 k 个循环中,将会遇到下面这样一个形式

$$\begin{bmatrix} a_{11} & & & & & & & \\ 0 & a_{22} & & & & & & \\ 0 & 0 & a_{33} & & & & & \\ \vdots & \vdots & \vdots & \ddots & & & & \\ 0 & 0 & 0 & \cdots & a_{kk} & & & \\ 0 & 0 & 0 & \cdots & a_{k+1k} & a_{k+1k+1} & & \\ \vdots & \vdots & \vdots & & \vdots & \vdots & \ddots & \\ 0 & 0 & 0 & \cdots & a_{nk} & a_{nk+1} & \cdots & a_{nn} \end{bmatrix} \begin{bmatrix} x_1 \\ x_2 \\ x_3 \\ \vdots \\ x_n \end{bmatrix} = \begin{bmatrix} b_1 \\ b_2^{(1)} \\ b_3^{(2)} \\ \vdots \\ b_k^{(k-1)} \\ b_{k+1}^{(k-1)} \\ \vdots \\ b_n^{(k-1)} \end{bmatrix}$$

此时将第 k 列从第 $k+1$ 行到第 n 行化为 0,同时更新 $\boldsymbol{b}$.

$$\begin{bmatrix} a_{11} & & & & & & & \\ 0 & a_{22} & & & & & & \\ 0 & 0 & a_{33} & & & & & \\ \vdots & \vdots & \vdots & \ddots & & & & \\ 0 & 0 & 0 & \cdots & a_{kk} & & & \\ 0 & 0 & 0 & \cdots & 0 & a_{k+1k+1} & & \\ \vdots & \vdots & \vdots & & \vdots & \vdots & \ddots & \\ 0 & 0 & 0 & \cdots & 0 & a_{nk+1} & \cdots & a_{nn} \end{bmatrix} \begin{bmatrix} x_1 \\ x_2 \\ x_3 \\ \vdots \\ x_n \end{bmatrix} = \begin{bmatrix} b_1 \\ b_2^{(1)} \\ b_3^{(2)} \\ \vdots \\ b_k^{(k-1)} \\ b_{k+1}^{(k)} \\ \vdots \\ b_n^{(k)} \end{bmatrix}$$

所以前代法,就从前 (x_1) 往后 (x_n) 来依次求解. 它需要经过 $\frac{1}{2}n^2$ 次浮点运算.

算法 4.1　前代法

$x_1 = b_1/a_{11}$
for $i = 2$ **to** n **do**
　for $j = i$ **to** n **do**
　　$b_j = b_j - a_{j,(i-1)} x_{i-1}$
　end for
　$x_i = b_i/a_{ii}$
end for

4. 上三角形线性方程组

回代法则恰好相反，它是从后往前依次求解. 回代法是用于上三角形的线性方程组求解. 同样我们要求其系数矩阵对角线上元素非 0.

$$\begin{bmatrix} a_{11} & a_{12} & \cdots & a_{1n} \\ & a_{22} & \cdots & a_{2n} \\ & & \ddots & \vdots \\ & & & a_{nn} \end{bmatrix} \begin{bmatrix} x_1 \\ x_2 \\ \vdots \\ x_n \end{bmatrix} = \begin{bmatrix} b_1 \\ b_2 \\ \vdots \\ b_n \end{bmatrix}$$

与前代法类似，在回代法第 $n-k+1$ 个循环内.

$$\begin{bmatrix} a_{11} & a_{12} & \cdots & a_{1k-1} & a_{1k} & 0 & \cdots & 0 \\ & a_{22} & \cdots & a_{2k-1} & a_{2k} & 0 & \cdots & 0 \\ & & \ddots & & \vdots & \vdots & & \vdots \\ & & & a_{k-1k-1} & a_{k-1k} & 0 & \cdots & 0 \\ & & & & a_{kk} & 0 & \cdots & 0 \\ & & & & & a_{k+1k+1} & \cdots & 0 \\ & & & & & & \ddots & \vdots \\ & & & & & & & a_{nn} \end{bmatrix} \begin{bmatrix} x_1 \\ x_2 \\ x_3 \\ \vdots \\ x_n \end{bmatrix} = \begin{bmatrix} b_1^{(n-k)} \\ b_2^{(n-k)} \\ \vdots \\ b_{k-1}^{(n-k)} \\ b_k^{(n-k)} \\ b_{k+1}^{(n-k-1)} \\ \vdots \\ b_n \end{bmatrix}$$

此时将第 k 列从第 1 行到第 $k-1$ 行化为 0，同时更新 $\boldsymbol{b}$. 回代法也需要经过 $\frac{1}{2}n^2$ 次浮点运算.

$$\begin{bmatrix} a_{11} & a_{12} & \cdots & a_{1k-1} & 0 & 0 & \cdots & 0 \\ & a_{22} & \cdots & a_{2k-1} & 0 & 0 & \cdots & 0 \\ & & \ddots & & \vdots & \vdots & & \vdots \\ & & & a_{k-1k-1} & 0 & 0 & \cdots & 0 \\ & & & & a_{kk} & 0 & \cdots & 0 \\ & & & & & a_{k+1k+1} & \cdots & 0 \\ & & & & & & \ddots & \vdots \\ & & & & & & & a_{nn} \end{bmatrix} \begin{bmatrix} x_1 \\ x_2 \\ x_3 \\ \vdots \\ x_n \end{bmatrix} = \begin{bmatrix} b_1^{(n-k+1)} \\ b_2^{(n-k+1)} \\ \vdots \\ b_{k-1}^{(n-k+1)} \\ b_k^{(n-k)} \\ b_{k+1}^{(n-k-1)} \\ \vdots \\ b_n \end{bmatrix}$$

算法 4.2 回代法

$x_n = b_n/a_{nn}$
for $i = n-1$ **to** 1 **do**
  for $j = i$ **to** 1 **do**
    $b_j = b_j - a_{j,(i+1)} x_{i+1}$
  end for
  $x_i = b_i/a_{ii}$
end for

---

5. 正交线性方程组

矩阵 $\boldsymbol{A} \in \mathbb{R}^{n\times n}$ 被称为正交矩阵的条件是 $\boldsymbol{A}^{\mathrm{T}}\boldsymbol{A} = \boldsymbol{I}$ 即 $\boldsymbol{A}^{-1} = \boldsymbol{A}^{\mathrm{T}}$. 这种情况下可以通过简单的矩阵-向量乘积 $\boldsymbol{x} = \boldsymbol{A}^{\mathrm{T}}\boldsymbol{b}$ 计算 $\boldsymbol{x} = \boldsymbol{A}^{-1}\boldsymbol{b}$，一般情况其计算成本为 $2n^2$ 次浮点运算. 如果矩阵 $\boldsymbol{A}$ 有其他结构，计算 $\boldsymbol{x} = \boldsymbol{A}^{-1}\boldsymbol{b}$ 的效率可以超过 $2n^2$. 例如，如果 $\boldsymbol{A}$ 具有 $\boldsymbol{A} = \boldsymbol{I} - 2\boldsymbol{u}\boldsymbol{u}^{\mathrm{T}}$ 的形式，其中 $\|\boldsymbol{u}\|_2 = 1$，此时

$$\boldsymbol{x} = \boldsymbol{A}^{-1}\boldsymbol{b} = (\boldsymbol{I} - 2\boldsymbol{u}\boldsymbol{u}^{\mathrm{T}})^{\mathrm{T}}\boldsymbol{b} = \boldsymbol{b} - 2(\boldsymbol{u}^{\mathrm{T}}\boldsymbol{b})\boldsymbol{u}$$

我们可以先计算 $\boldsymbol{u}^{\mathrm{T}}\boldsymbol{b}$，然后计算 $\boldsymbol{b} - 2(\boldsymbol{u}^{\mathrm{T}}\boldsymbol{b})\boldsymbol{u}$，其计算成本为 $4n$ 次浮点运算.

6. 置换线性方程组

令 $\pi = (\pi_1, \cdots, \pi_n)$ 为 $(1, 2, \cdots, n)$ 的一个排列或置换. 相应的排列矩阵或置换矩阵 $\boldsymbol{A} \in \mathbb{R}^{n\times n}$ 定义为

$$\boldsymbol{A}_{ij} = \begin{cases} 1 & j = \pi_i \\ 0 & \text{其他} \end{cases}$$

排列矩阵的每行(或每列)仅有一个元素等于 1，所有其他元素都等于 0. 用排列矩阵乘一

个向量就是对其分量进行如下排列：

$$\boldsymbol{A}\boldsymbol{x}=(x_{\pi_1},\ \cdots,\ x_{\pi_n})$$

排列矩阵的逆矩阵就是逆排列 π^{-1} 对应的排列矩阵，实际上就是 $\boldsymbol{A}^{\mathrm{T}}$. 由此可知排列矩阵是正交矩阵.

如果 $\boldsymbol{A}$ 是排列矩阵，求解 $\boldsymbol{A}\boldsymbol{x}=\boldsymbol{b}$ 将非常容易，用 π^{-1} 对 $\boldsymbol{b}$ 元素进行排列就可以得到 $\boldsymbol{x}$. 这样做并不需要我们定义浮点运算（但是，取决于具体实现，可能要复制浮点数）. 从方程 $\boldsymbol{x}=\boldsymbol{A}^{\mathrm{T}}\boldsymbol{b}$ 可以达到同样的结论. 矩阵 $\boldsymbol{A}^{\mathrm{T}}$（像 $\boldsymbol{A}$ 一样）的每行仅有一个等于 1 的非零元素. 因此不需要加法运算，而唯一需要的乘法是和 1 相乘.

4.1.4　基于矩阵分解的方阵系统的直接解法

本小节从矩阵分解的角度探讨线性方程组的直接解法. 我们首先讨论的一类特殊的方阵线性方程组

$$\boldsymbol{A}\boldsymbol{x}=\boldsymbol{b},\ \boldsymbol{A}\in\mathbb{R}^{n\times n}$$

的求解，其中 $\boldsymbol{A}$ 可逆. 其基本思路是：

可以将矩阵分解成一系列特殊结构矩阵的乘积，包括：对角矩阵、上下三角矩阵、正交矩阵和排列矩阵等. 然后通过对具有特殊结构更简单的方程组的求解来获得原方程组的解.

这种方法的一个优势是，一旦我们对系数矩阵进行了分解，那么对于不同的右侧项就无需重新计算. 而且从计算复杂性的角度看，计算成本主要集中在矩阵的因式分解上.

求解 $\boldsymbol{A}\boldsymbol{x}=\boldsymbol{b}$ 的基本途径是将 $\boldsymbol{A}$ 表示为一系列非奇异矩阵的乘积

$$\boldsymbol{A}=\boldsymbol{A}_1\boldsymbol{A}_2\cdots\boldsymbol{A}_k$$

因此

$$\boldsymbol{x}=\boldsymbol{A}^{-1}\boldsymbol{b}=\boldsymbol{A}_k^{-1}\boldsymbol{A}_{k-1}^{-1}\cdots\boldsymbol{A}_1^{-1}\boldsymbol{b}$$

我们可以从右到左利用这个公式计算 $\boldsymbol{x}$：

$$\begin{aligned}\boldsymbol{z}_1&:=\boldsymbol{A}_1^{-1}\boldsymbol{b}\\ \boldsymbol{z}_2&:=\boldsymbol{A}_2^{-1}\boldsymbol{z}_1=\boldsymbol{A}_2^{-1}\boldsymbol{A}_1^{-1}\boldsymbol{b}\\ &\ \vdots\end{aligned}$$

$$z_{k-1} := A_{k-1}^{-1} z_{k-2} = A_{k-1}^{-1} \cdots A_1^{-1} b$$

$$x := A_k^{-1} z_{k-1} = A_k^{-1} \cdots A_1^{-1} b$$

这个过程的第 i 步需要计算 $z_i = A_i^{-1} z_{i-1}$，即求解线性方程组 $A_i z_i = z_{i-1}$. 如果这些方程组都容易求解(即如果 A_i 是对角矩阵，下三角矩阵或上三角矩阵，排列矩阵等等)，这就形成了计算 $x = A^{-1}b$ 的一种方法. 将 A 表示为因式分解形式(即计算 $A = A_1 A_2 \cdots A_k$) 的步骤被称为**矩阵分解步骤**，而通过递推求解一系列 $A_i z_i = z_{i-1}$ 来计算 $x = A^{-1}b$ 的过程经常被称为**求解步骤**. 采用这种矩阵因式分解求解方法求解 $Ax = b$ 的总的浮点运算次数是 $f + s$，其中 f 是进行因式分解的浮点运算次数，s 是求解步骤的总的浮点运算次数. 很多情况下，因式分解的成本 f，相对总的求解成本 s 占主导地位. 因此求解 $Ax = b$ 的成本，即计算 $x = A^{-1}b$ 就是 f.

1. 基于 LU 分解求解线性方程组

设矩阵 A 有 LU 分解 $A = PLU$，其中 P 是排列矩阵，L 是下三角矩阵，U 是上三角矩阵. 这种形式被称为 A 的 LU 因式分解. 也可以把因式分解写成 $P^{\mathrm{T}} A = LU$，其中矩阵 $P^{\mathrm{T}} A$ 通过重排列 A 的行得到. 那么在求解方程组

$$Ax = b$$

时，等价求解一系列如下方程组

$$Pz_1 = b, \; Lz_2 = z_1, \; Ux = z_2$$

对于第一个方程，我们只需要根据其排列规则来将 b 重新排列. 对于第二个下三角方程，使用前代法来求解. 对于第三个上三角方程，使用回代法来求解.

算法 4.3 利用 LU 因式分解求解线性方程组

1：**LU 因式分解.** 将 A 因式分解为 $A = PLU$($(2/3)n^3$ 次浮点运算).
2：**排列.** 求解 $Pz_1 = b$ (0 次浮点运算).
3：**前向代入.** 求解 $Lz_2 = z_1$(n^2 次浮点运算).
4：**后向代入.** 求解 $Ux = z_2$(n^2 次浮点运算).

因为在计算机上求解方程，我们还需要考虑资源问题，为了节约资源，下面给出一种紧凑的求解方式. 给定矩阵 A 和向量 b，先对 A 进行 LU 分解. 并且使用 A 的上三角部分存储上三角矩阵，用下三角部分存储下三角矩阵.

比如矩阵

$$\begin{bmatrix}3 & 2 & -1\\6 & 6 & -2\\-3 & 2 & 0\end{bmatrix}=\begin{bmatrix}1 & 0 & 0\\2 & 1 & 0\\-1 & 2 & 1\end{bmatrix}\begin{bmatrix}3 & 2 & -1\\0 & 2 & 0\\0 & 0 & -1\end{bmatrix}$$

就可以使用

$$\begin{bmatrix}3 & 2 & -1\\2 & 2 & 0\\-1 & 2 & -1\end{bmatrix}$$

来存储. 最后再使用前代法和回代法求出最终的解.

例 4.1.6. 求解 $\begin{bmatrix}3 & 2 & -1\\6 & 6 & -2\\-3 & 2 & 0\end{bmatrix}\begin{bmatrix}x_1\\x_2\\x_3\end{bmatrix}=\begin{bmatrix}0\\-2\\-5\end{bmatrix}$

解. 我们先对系数矩阵进行 LU 分解.

$$\begin{bmatrix}3 & 2 & -1\\6 & 6 & -2\\-3 & 2 & 0\end{bmatrix}\rightarrow\begin{bmatrix}3 & 2 & -1\\2 & 6 & -2\\-1 & 2 & 0\end{bmatrix}\rightarrow\begin{bmatrix}3 & 2 & -1\\2 & 2 & 0\\-1 & 4 & -1\end{bmatrix}\rightarrow\begin{bmatrix}3 & 2 & -1\\2 & 2 & 0\\-1 & 2 & -1\end{bmatrix}$$

然后再进行前代法，得 $\hat{\boldsymbol{y}}=(0,-2,-1)$. 最后进行回代法，便得解$(1,-1,1)$.

2. 基于 Cholesky 分解求解对称正定线性方程组

设矩阵 $\boldsymbol{A}$ 有 Cholesky 分解 $\boldsymbol{A}=\boldsymbol{L}\boldsymbol{L}^{\mathrm{T}}$，其中 $\boldsymbol{L}$ 是下三角矩阵. 那么在求解方程组 $\boldsymbol{A}\boldsymbol{x}=\boldsymbol{b}$ 时，等价求解一系列如下方程组 $\boldsymbol{L}\boldsymbol{z}_1=\boldsymbol{b}$, $\boldsymbol{L}^{\mathrm{T}}\boldsymbol{x}=\boldsymbol{z}_1$. 对于第一个下三角方程，我们使用前代法来求解. 对于第二个上三角方程，使用回代法来求解.

算法 4.4　基于 Cholesky 分解求解对称正定线性方程组

1：**Cholesky 因式分解.** 将 $\boldsymbol{A}$ 因式分解为 $\boldsymbol{A}=\boldsymbol{L}\boldsymbol{L}^{\mathrm{T}}$($(1/3)n^3$ 次浮点运算).
2：**前向代入.** 求解 $\boldsymbol{L}\boldsymbol{z}_1=\boldsymbol{b}$($n^2$ 次浮点运算).
3：**后向代入.** 求解 $\boldsymbol{L}^{\mathrm{T}}\boldsymbol{x}=\boldsymbol{z}_1$($n^2$ 次浮点运算).

例 4.1.7. 求解 $\begin{bmatrix}4 & -2 & 0\\-2 & 2 & 2\\0 & 2 & 5\end{bmatrix}\begin{bmatrix}x_1\\x_2\\x_3\end{bmatrix}=\begin{bmatrix}-6\\8\\12\end{bmatrix}$

解. 先将系数矩阵进行 Cholesky 分解得

$$\begin{bmatrix}4 & -2 & 0\\-2 & 2 & 2\\0 & 2 & 5\end{bmatrix}=\begin{bmatrix}2 & & \\-1 & 1 & \\0 & 2 & 1\end{bmatrix}\begin{bmatrix}2 & -1 & 0\\ & 1 & 2\\ & & 1\end{bmatrix}$$

先利用前代法，得 $\hat{y}=(-3,5,2)$. 最终利用回代法，得到解 $(-1,1,2)$.

3. 基于 QR 分解求解线性方程组

设可逆矩阵 $\boldsymbol{A}\in\mathbb{R}^{n\times n}$ 有 QR 分解 $\boldsymbol{A}=\boldsymbol{QR}$ 其中 $\boldsymbol{Q}$ 是正交矩阵，$\boldsymbol{R}$ 是主对角线均为正的上三角矩阵. 那么我们在求解方程组 $\boldsymbol{Ax}=\boldsymbol{b}$ 时，等价求解方程组 $\boldsymbol{Rx}=\boldsymbol{Q}^{\mathrm{T}}\boldsymbol{b}$. 对于这个方程组，我们可以使用回代法来求解.

算法 4.5 基于 QR 分解求解线性方程组

1：**QR 因式分解.** 将 $\boldsymbol{A}$ 因式分解为 $\boldsymbol{A}=\boldsymbol{QR}$($4n^3$ 次浮点运算).
2：**矩阵-向量乘法.** 求解 $\boldsymbol{z}=\boldsymbol{Q}^{\mathrm{T}}\boldsymbol{b}$($2n^2$ 次浮点运算).
3：**后向代入.** 求解 $\boldsymbol{Rx}=\boldsymbol{z}$($n^2$ 次浮点运算).

例 4.1.8. 求解 $\begin{bmatrix}1 & 1 & -3\\-1 & 3 & -3\\0 & 2 & 0\end{bmatrix}\begin{bmatrix}x_1\\x_2\\x_3\end{bmatrix}=\begin{bmatrix}1\\-3\\2\end{bmatrix}$

解. 先对系数矩阵做 QR 分解，得

$$\begin{bmatrix}1 & 1 & -3\\-1 & 3 & -3\\0 & 2 & 0\end{bmatrix}=\begin{bmatrix}\frac{1}{\sqrt{2}} & \frac{1}{\sqrt{3}} & -\frac{1}{\sqrt{6}}\\-\frac{1}{\sqrt{2}} & \frac{1}{\sqrt{3}} & -\frac{1}{\sqrt{6}}\\ & \frac{1}{\sqrt{3}} & \frac{2}{\sqrt{6}}\end{bmatrix}\begin{bmatrix}\sqrt{2} & -\sqrt{2} & 0\\ & 2\sqrt{3} & -2\sqrt{3}\\ & & \sqrt{6}\end{bmatrix}$$

那么原问题等价于

$$\begin{bmatrix}\sqrt{2} & -\sqrt{2} & 0\\ & 2\sqrt{3} & -2\sqrt{3}\\ & & \sqrt{6}\end{bmatrix}\begin{bmatrix}x_1\\x_2\\x_3\end{bmatrix}=\begin{bmatrix}2\sqrt{2}\\0\\\sqrt{6}\end{bmatrix}$$

解得答案为(3，1，1).

4. 基于 SVD 求解线性方程组

设矩阵 $\boldsymbol{A}\in\mathbb{R}^{n\times n}$ 的奇异值分解为 $\boldsymbol{A}=\boldsymbol{U\Sigma V}^{\mathrm{T}}$，其中 $\boldsymbol{U}$，$\boldsymbol{V}$ 是正交矩阵，$\boldsymbol{\Sigma}$ 是对角矩阵且可逆. 那么我们在求解方程组 $\boldsymbol{Ax}=\boldsymbol{b}$ 时，等价求解一系列如下方程组 $\boldsymbol{Uy}=\boldsymbol{b}$，$\boldsymbol{\Sigma z}=\boldsymbol{y}$，$\boldsymbol{V}^{\mathrm{T}}\boldsymbol{x}=\boldsymbol{z}$. 而这些方程对应的解为 $\boldsymbol{y}=\boldsymbol{U}^{\mathrm{T}}\boldsymbol{b}$，$\boldsymbol{z}=\boldsymbol{\Sigma}^{-1}\boldsymbol{y}$，$\boldsymbol{x}=\boldsymbol{Vz}$.

算法 4.6　基于 SVD 求解线性方程组

1：**SVD 因式分解.** 将 $\boldsymbol{A}$ 因式分解为 $\boldsymbol{A}=\boldsymbol{U\Sigma V}^{\mathrm{T}}$($n^3$ 次浮点运算).
2：**矩阵-向量乘法.** 求解 $\boldsymbol{Uy}=\boldsymbol{b}$($2n^2$ 次浮点运算).
3：**求解对角方程组.** 求解 $\boldsymbol{\Sigma z}=\boldsymbol{y}$($n$ 次浮点运算).
4：**矩阵-向量乘法.** 求解 $\boldsymbol{V}^{\mathrm{T}}\boldsymbol{x}=\boldsymbol{z}$($2n^2$ 次浮点运算).

例 4.1.9.　求解 $\begin{bmatrix}1&5&5\\-5&1&3\\5&-3&-1\end{bmatrix}\begin{bmatrix}x_1\\x_2\\x_3\end{bmatrix}=\begin{bmatrix}1\\-3\\7\end{bmatrix}$

解.　先对系数矩阵做 *SVD* 分解得

$$\begin{bmatrix}1&5&5\\-5&1&3\\5&-3&-1\end{bmatrix}=\begin{bmatrix}\frac{1}{\sqrt{3}}&\frac{2}{\sqrt{6}}&\\\frac{1}{\sqrt{3}}&-\frac{1}{\sqrt{6}}&\frac{1}{\sqrt{2}}\\-\frac{1}{\sqrt{3}}&\frac{1}{\sqrt{6}}&\frac{1}{\sqrt{2}}\end{bmatrix}\begin{bmatrix}9&&\\&6&\\&&2\end{bmatrix}\begin{bmatrix}-\frac{1}{\sqrt{3}}&\frac{1}{\sqrt{3}}&\frac{1}{\sqrt{3}}\\\frac{2}{\sqrt{6}}&\frac{1}{\sqrt{6}}&\frac{1}{\sqrt{6}}\\&-\frac{1}{\sqrt{2}}&\frac{1}{\sqrt{2}}\end{bmatrix}$$

方程组等价于

$$\begin{bmatrix}9&&\\&6&\\&&2\end{bmatrix}\begin{bmatrix}-\frac{1}{\sqrt{3}}&\frac{1}{\sqrt{3}}&\frac{1}{\sqrt{3}}\\\frac{2}{\sqrt{6}}&\frac{1}{\sqrt{6}}&\frac{1}{\sqrt{6}}\\&-\frac{1}{\sqrt{2}}&\frac{1}{\sqrt{2}}\end{bmatrix}\begin{bmatrix}x_1\\x_2\\x_3\end{bmatrix}=\begin{bmatrix}-3\sqrt{3}\\2\sqrt{6}\\2\sqrt{2}\end{bmatrix}$$

即

$$\begin{bmatrix} -\frac{1}{\sqrt{3}} & \frac{1}{\sqrt{3}} & \frac{1}{\sqrt{3}} \\ \frac{2}{\sqrt{6}} & \frac{1}{\sqrt{6}} & \frac{1}{\sqrt{6}} \\ & -\frac{1}{\sqrt{2}} & \frac{1}{\sqrt{2}} \end{bmatrix} \begin{bmatrix} x_1 \\ x_2 \\ x_3 \end{bmatrix} = \begin{bmatrix} -\frac{\sqrt{3}}{3} \\ \frac{\sqrt{6}}{3} \\ \sqrt{2} \end{bmatrix}$$

最后解得答案为(1，−1，1).

4.1.5 非方阵系统的直接求解方法

上面考虑了方阵系统，我们接下来考虑非方阵系统

$$\boldsymbol{Ax}=\boldsymbol{b},\ \boldsymbol{A}\in\mathbb{R}^{m\times n},\ \boldsymbol{b}\in\mathbb{R}^{m}$$

1. 欠定系统的求解

设 $\boldsymbol{A}\in\mathbb{R}^{m\times n}$，$m<n$，此时方程组为欠定系统，如果 $\operatorname{rank}(\boldsymbol{A})=m$，则对任意的 $\boldsymbol{b}$ 至少存在一个解. 很多实际应用中找到一个具体的解 $\hat{\boldsymbol{x}}$ 就足以解决问题. 其他一些情况下我们可能需要给出所有解的参数化描述

$$\{\boldsymbol{x}\mid\boldsymbol{Ax}=\boldsymbol{b}\}=\{\boldsymbol{Fz}+\hat{\boldsymbol{x}}\mid\boldsymbol{z}\in\mathbb{R}^{n-m}\}$$

其中 $\boldsymbol{F}$ 的列向量构成 $\boldsymbol{A}$ 的零空间的基.

如果已知 $\boldsymbol{A}$ 的一个 $m\times m$ 的非奇异子矩阵，可以直接求解非方阵系统. 假设 $\boldsymbol{A}$ 的前 m 个列向量线性无关. 于是可以将方程 $\boldsymbol{Ax}=\boldsymbol{b}$ 写成

$$\boldsymbol{Ax}=[\boldsymbol{A}_1\quad\boldsymbol{A}_2]\begin{bmatrix}\boldsymbol{x}_1\\\boldsymbol{x}_2\end{bmatrix}=\boldsymbol{A}_1\boldsymbol{x}_1+\boldsymbol{A}_2\boldsymbol{x}_2=\boldsymbol{b}$$

其中 $\boldsymbol{A}_1\in\mathbb{R}^{m\times m}$ 是非奇异矩阵. 我们可以将 $\boldsymbol{x}_1$ 表示成

$$\boldsymbol{x}_1=\boldsymbol{A}_1^{-1}(\boldsymbol{b}-\boldsymbol{A}_2\boldsymbol{x}_2)=\boldsymbol{A}_1^{-1}\boldsymbol{b}-\boldsymbol{A}_1^{-1}\boldsymbol{A}_2\boldsymbol{x}_2$$

该表达式让我们能很容易地计算一个解：简单取 $\hat{\boldsymbol{x}}_2=\boldsymbol{0}$，$\hat{\boldsymbol{x}}_1=\boldsymbol{A}_1^{-1}\boldsymbol{b}$. 其计算成本等于求解 m 维线性方程组 $\boldsymbol{A}_1\hat{\boldsymbol{x}}_1=\boldsymbol{b}$ 的成本. 我们也可以用 $\boldsymbol{x}_2\in\mathbb{R}^{n-m}$ 做自由参数，从而可以表示 $\boldsymbol{Ax}=\boldsymbol{b}$ 的所有解. 方程 $\boldsymbol{Ax}=\boldsymbol{b}$ 的一般性解可以表示成

$$\boldsymbol{x}=\begin{bmatrix}\boldsymbol{x}_1\\ \boldsymbol{x}_2\end{bmatrix}=\begin{bmatrix}-\boldsymbol{A}_1^{-1}\boldsymbol{A}_2\\ \boldsymbol{I}\end{bmatrix}\boldsymbol{x}_2+\begin{bmatrix}\boldsymbol{A}_1^{-1}\boldsymbol{b}\\ \boldsymbol{0}\end{bmatrix}.$$

现在我们考虑一般情况，此时 $\boldsymbol{A}$ 的前 m 个列向量不一定线性独立. 因为 $\operatorname{rank}(\boldsymbol{A})=m$，可以选出 $\boldsymbol{A}$ 的 m 个线性独立的列向量，将它们排列到前面，然后应用上面描述的方法. 换句话说，我们要找到一个排列矩阵 $\boldsymbol{P}$ 使 $\widetilde{\boldsymbol{A}}=\boldsymbol{AP}$ 的前 m 个列向量线性无关，即

$$\widetilde{\boldsymbol{A}}=\boldsymbol{AP}=[\boldsymbol{A}_1\quad \boldsymbol{A}_2]$$

其中 $\boldsymbol{A}_1$ 可逆. 方程 $\widetilde{\boldsymbol{A}}\widetilde{\boldsymbol{x}}=\boldsymbol{b}$ 其中 $\widetilde{\boldsymbol{x}}=\boldsymbol{P}^{\mathrm{T}}\boldsymbol{x}$，其一般解

$$\widetilde{\boldsymbol{x}}=\begin{bmatrix}-\boldsymbol{A}_1^{-1}\boldsymbol{A}_2\\ \boldsymbol{I}\end{bmatrix}\widetilde{\boldsymbol{x}}_2+\begin{bmatrix}\boldsymbol{A}_1^{-1}\boldsymbol{b}\\ \boldsymbol{0}\end{bmatrix}$$

于是 $\boldsymbol{Ax}=\boldsymbol{b}$ 的一般解为

$$\boldsymbol{x}=\boldsymbol{P}\widetilde{\boldsymbol{x}}=\boldsymbol{P}\begin{bmatrix}-\boldsymbol{A}_1^{-1}\boldsymbol{A}_2\\ \boldsymbol{I}\end{bmatrix}\boldsymbol{z}+\boldsymbol{P}\begin{bmatrix}\boldsymbol{A}_1^{-1}\boldsymbol{b}\\ \boldsymbol{0}\end{bmatrix}$$

其中 $\boldsymbol{z}\in\mathbb{R}^{n-m}$ 是自由参数. 该想法可用于容易发现 $\boldsymbol{A}$ 的一个非奇异或便于求逆的子矩阵的情况. 例如，具有非零对角元素的对角矩阵的情况.

2. QR 因式分解

QR 因式分解可以用来解方程组 $\boldsymbol{Ax}=\boldsymbol{b}$，$\boldsymbol{A}\in\mathbb{R}^{m\times n}$，$m<n$. 假设

$$\boldsymbol{A}^{\mathrm{T}}=[\boldsymbol{Q}_1\quad \boldsymbol{Q}_2]\begin{bmatrix}\boldsymbol{R}\\ \boldsymbol{O}\end{bmatrix}$$

是 $\boldsymbol{A}^{\mathrm{T}}$ 的 QR 因式分解. 将其代入上述方程组可以看出 $\widetilde{\boldsymbol{x}}=\boldsymbol{Q}_1\boldsymbol{R}^{-T}\boldsymbol{b}$ 是明显满足该方程组的：

$$\boldsymbol{A}\widetilde{\boldsymbol{x}}=\boldsymbol{R}^{\mathrm{T}}\boldsymbol{Q}_1^{\mathrm{T}}\boldsymbol{Q}_1\boldsymbol{R}^{-T}\boldsymbol{b}=\boldsymbol{b}$$

此外，$\boldsymbol{Q}_2$ 的列向量构成 $\boldsymbol{A}$ 的零空间的基，于是所有的解可以参数化为

$$\{\boldsymbol{x}=\widetilde{\boldsymbol{x}}+\boldsymbol{Q}_2\boldsymbol{z}\mid \boldsymbol{z}\in\mathbb{R}^{n-m}\}$$

QR 因式分解方法是求解非方阵方程组最常用方法.

算法 4.7 QR 因式分解求行满秩非方阵系统

1：**QR 因式分解.** 将 $\boldsymbol{A}^{\mathrm{T}}$ 因式分解为 $\boldsymbol{A}^{\mathrm{T}}=[\boldsymbol{Q}_1\quad \boldsymbol{Q}_2]\begin{bmatrix}\boldsymbol{R}\\ \boldsymbol{O}\end{bmatrix}$ $(2m^2(n-m/3)$ 次浮点运算).
2：**前向代入.** 求解 $\boldsymbol{R}^{\mathrm{T}}\boldsymbol{y}=\boldsymbol{b}$ $(n^2$ 次浮点运算).
3：**矩阵-向量乘法.** 计算 $\boldsymbol{x}=\boldsymbol{Q}_1\boldsymbol{y}$ $(2n^2$ 次浮点运算).
4：根据通解公式给出解空间或某个特解.

例 4.1.10. 求解 $\begin{bmatrix}1 & -1 & 0\\ 1 & 3 & 2\end{bmatrix}\begin{bmatrix}x_1\\ x_2\\ x_3\end{bmatrix}=\begin{bmatrix}0\\ 2\end{bmatrix}$.

解. 先对系数矩阵做 QR 分解，得

$$\begin{bmatrix}1 & 1\\ -1 & 3\\ 0 & 2\end{bmatrix}=\begin{bmatrix}\frac{1}{\sqrt{2}} & \frac{1}{\sqrt{3}} & -\frac{1}{\sqrt{6}}\\ -\frac{1}{\sqrt{2}} & \frac{1}{\sqrt{3}} & -\frac{1}{\sqrt{6}}\\ & \frac{1}{\sqrt{3}} & \frac{2}{\sqrt{6}}\end{bmatrix}\begin{bmatrix}\sqrt{2} & -\sqrt{2}\\ 0 & 2\sqrt{3}\\ 0 & 0\end{bmatrix}$$

那么原问题等价于

$$\begin{bmatrix}\sqrt{2} & 0\\ -\sqrt{2} & 2\sqrt{3}\end{bmatrix}\begin{bmatrix}y_1\\ y_2\end{bmatrix}=\begin{bmatrix}0\\ 2\end{bmatrix}$$

$$\begin{bmatrix}x_1\\ x_2\\ x_3\end{bmatrix}=\begin{bmatrix}\frac{1}{\sqrt{2}} & \frac{1}{\sqrt{3}}\\ -\frac{1}{\sqrt{2}} & \frac{1}{\sqrt{3}}\\ 0 & \frac{1}{\sqrt{3}}\end{bmatrix}\begin{bmatrix}y_1\\ y_2\end{bmatrix}$$

解得答案为(1/3，1/3，1/3). 所以方程组的解集为

$$\boldsymbol{x}=\frac{1}{3}\begin{bmatrix}1\\ 1\\ 1\end{bmatrix}+\frac{1}{\sqrt{6}}\begin{bmatrix}-1\\ -1\\ 2\end{bmatrix}z,\ z\in\mathbb{R}$$

3. 矩形矩阵的 LU 因式分解

假设 $A^{\mathrm{T}}=PLU$ 是方程组 $Ax=b$，$A\in\mathbb{R}^{m\times n}$，$m<n$ 中矩阵 A^{T} 的 LU 因式分解，我们将 L 划分为 $L=\begin{bmatrix}L_1\\L_2\end{bmatrix}$ 其中 $L_1\in\mathbb{R}^{m\times m}$，$L_2\in\mathbb{R}^{(n-m)\times m}$，容易验证参数化解为

$$x=P\begin{bmatrix}-L_1^{-\mathrm{T}}L_2^{\mathrm{T}}\\I\end{bmatrix}z+P\begin{bmatrix}L_1^{-\mathrm{T}}U^{-\mathrm{T}}b\\0\end{bmatrix}$$

其中 $z\in\mathbb{R}^{n-m}$.

算法 4.8　基于 LU 分解求解行满秩非方阵系统

1：**LU 因式分解.** 将 A^{T} 因式分解为 $A^{\mathrm{T}}=P\begin{bmatrix}L_1\\L_2\end{bmatrix}U((2/3)m^3+m^2(n-m)$ 次浮点运算).
2：**前向代入.** 求解 $U^{\mathrm{T}}z_1=b(m^2$ 次浮点运算).
3：**后向代入.** 求解 $L_1^{\mathrm{T}}z_2=z_1(m^2$ 次浮点运算).
4：**后向代入.** 求解 $L_1^{\mathrm{T}}Z_1=L_2^{\mathrm{T}}(m^2(n-m)$ 次浮点运算).
5：**排列.** 计算 $x=P\begin{bmatrix}z_2\\0\end{bmatrix}$ (0 次浮点运算).
6：**排列.** 计算 $\widetilde{Z}=P\begin{bmatrix}-Z_1\\I\end{bmatrix}$ (0 次浮点运算).
7：根据通解公式给出解空间或某个特解.

---

4. 基于奇异值分解的非方阵系统求解方法

考虑非方阵系统 $Ax=b$，$A\in\mathbb{R}^{m\times n}(m<n)$，$b\in\mathbb{R}^m$，系数矩阵仍为行满秩. 我们可以计算 A 的奇异值分解. 设 $A=U\widetilde{\Sigma}V^{\mathrm{T}}$，记 $\tilde{x}=V^{\mathrm{T}}x$，$\tilde{b}=U^{\mathrm{T}}b$，就得到了一个关于对角矩阵的方程组 $\widetilde{\Sigma}\tilde{x}=\tilde{b}$. 其中 $\tilde{b}$ 是将右侧项进行旋转后的结果，因为 $\widetilde{\Sigma}$ 只有对角线有元素，所以得到方程组

$$\sigma_i\tilde{x}_i=\tilde{b}_i,\ i=1,\ 2,\ \cdots,\ m$$

上述这个方程组是很容易计算的. 首先可以用前面 m 个方程进行求解，即

$$\tilde{x}_i=\frac{\tilde{b}_i}{\sigma_i},\ i=1,\ \cdots,\ m$$

$\tilde{x}$ 中后 $n-m$ 个分量可以取任意值. 因此，带参数化的解为：

$$x=V\begin{bmatrix}\widetilde{\Sigma}^{-1}U^{\mathrm{T}}b\\z\end{bmatrix}=V_1\widetilde{\Sigma}^{-1}U^{\mathrm{T}}b+V_2z$$

其中 $\boldsymbol{z} \in \mathbb{R}^{n-m}$.

算法 4.9 基于 SVD 求解行满秩系统

1：**SVD 因式分解.** 将 $\boldsymbol{A}$ 因式分解为 $\boldsymbol{A} = \boldsymbol{U\Sigma V}^{\mathrm{T}}$（$n^3$ 次浮点运算）.
2：**矩阵-向量乘法.** 求解 $\boldsymbol{Uy} = \boldsymbol{b}$（$2n^2$ 次浮点运算）.
3：**求解对角方程组.** 求解 $\boldsymbol{\Sigma z}_1 = \boldsymbol{y}$（$m$ 次浮点运算）.
4：根据通解公式给出解空间或某个特解.

例 4.1.11. 求解 $\begin{bmatrix} 0 & 1 & 1 \\ 1 & 1 & 0 \end{bmatrix}\begin{bmatrix} x_1 \\ x_2 \\ x_3 \end{bmatrix} = \begin{bmatrix} -2 \\ 0 \end{bmatrix}$.

解. 先对系数矩阵做 *SVD* 分解得

$$\begin{bmatrix} 0 & 1 & 1 \\ 1 & 1 & 0 \end{bmatrix} = \begin{bmatrix} \frac{1}{\sqrt{2}} & -\frac{1}{\sqrt{2}} \\ \frac{1}{\sqrt{2}} & \frac{1}{\sqrt{2}} \end{bmatrix} \begin{bmatrix} \sqrt{3} & 0 & 0 \\ 0 & 1 & 0 \end{bmatrix} \begin{bmatrix} \frac{1}{\sqrt{6}} & \frac{2}{\sqrt{6}} & \frac{1}{\sqrt{6}} \\ \frac{1}{\sqrt{2}} & 0 & -\frac{1}{\sqrt{2}} \\ \frac{1}{\sqrt{3}} & -\frac{1}{\sqrt{3}} & \frac{1}{\sqrt{3}} \end{bmatrix}$$

于是有

$$\boldsymbol{x} = \begin{bmatrix} \frac{1}{\sqrt{6}} & \frac{1}{\sqrt{2}} \\ \frac{2}{\sqrt{6}} & 0 \\ \frac{1}{\sqrt{6}} & -\frac{1}{\sqrt{2}} \end{bmatrix} \begin{bmatrix} \frac{1}{\sqrt{3}} & 0 \\ 0 & 1 \end{bmatrix} \begin{bmatrix} \frac{1}{\sqrt{2}} & \frac{1}{\sqrt{2}} \\ -\frac{1}{\sqrt{2}} & \frac{1}{\sqrt{2}} \end{bmatrix} \begin{bmatrix} -2 \\ 0 \end{bmatrix}$$

即 $\boldsymbol{x} = \left(\frac{2}{3}, -\frac{2}{3}, -\frac{4}{3}\right)$，故方程组的解集为：

$$\begin{bmatrix} \frac{2}{3} \\ -\frac{2}{3} \\ -\frac{4}{3} \end{bmatrix} + \begin{bmatrix} \frac{1}{\sqrt{3}} \\ -\frac{1}{\sqrt{3}} \\ \frac{1}{\sqrt{3}} \end{bmatrix} z$$

其中 $z \in \mathbb{R}$.

4.1.6　敏度分析与其他方法

考虑如下两组线性方程组：

$$\begin{bmatrix}1 & 1\\1 & 1.0001\end{bmatrix}\begin{bmatrix}x_1\\x_2\end{bmatrix}=\begin{bmatrix}2\\2.0001\end{bmatrix},\quad\begin{bmatrix}2 & 0\\1 & 1.0001\end{bmatrix}\begin{bmatrix}x_1\\x_2\end{bmatrix}=\begin{bmatrix}2\\2.0001\end{bmatrix}\tag{4.17}$$

的解都是 $\boldsymbol{x}=(1,1)$.

但是如果我们对方程的常数项做一点微小的变动，求解方程组

$$\begin{bmatrix}1 & 1\\1 & 1.0001\end{bmatrix}\begin{bmatrix}x_1\\x_2\end{bmatrix}=\begin{bmatrix}2\\2\end{bmatrix},\quad\begin{bmatrix}2 & 0\\1 & 1.0001\end{bmatrix}\begin{bmatrix}x_1\\x_2\end{bmatrix}=\begin{bmatrix}2\\2\end{bmatrix}\tag{4.18}$$

前者的解为 $\boldsymbol{x}=(2,0)$，而后者的解为 $\boldsymbol{x}=\left(1,\dfrac{10000}{10001}\right)\approx(1,0.9999)$.

可以看到左边方程的解变化得非常大，而右边方程的解几乎没有变化.

在本节中，我们将分析数据的小扰动对非奇异方阵线性方程解的影响.

我们将分别讨论输入的扰动对解的影响，系数矩阵的扰动对解的影响，以及输入和系数矩阵联合扰动对解的影响.

1. 输出的扰动敏感性

令 $\boldsymbol{x}$ 为线性方程 $\boldsymbol{A}\boldsymbol{x}=\boldsymbol{b}$ 的解，其中 $\boldsymbol{A}$ 为非奇异方阵，且 $\boldsymbol{b}\neq\boldsymbol{0}$. 假设我们通过向它添加一个小的扰动项 $\Delta\boldsymbol{b}$ 来略微改变 $\boldsymbol{b}$，并将 $\boldsymbol{x}+\Delta\boldsymbol{x}$ 称为扰动方程组的解：

$$\boldsymbol{A}(\boldsymbol{x}+\Delta\boldsymbol{x})=\boldsymbol{b}+\Delta\boldsymbol{b}$$

关键问题是：如果 $\Delta\boldsymbol{b}$ 变小，$\Delta\boldsymbol{x}$ 将会不会变小？从上面的公式看出，并且从 $\boldsymbol{A}\boldsymbol{x}=\boldsymbol{b}$ 的事实看，扰动 $\Delta\boldsymbol{x}$ 本身就是线性方程组 $\boldsymbol{A}\Delta\boldsymbol{x}=\Delta\boldsymbol{b}$ 的解. 并且，由于认为 $\boldsymbol{A}$ 是可逆的，我们可以写成 $\Delta\boldsymbol{x}=\boldsymbol{A}^{-1}\Delta\boldsymbol{b}$. 采用该方程两边的 l_2 范数得

$$\|\Delta\boldsymbol{x}\|_2=\|\boldsymbol{A}^{-1}\Delta\boldsymbol{b}\|_2\leqslant\|\boldsymbol{A}^{-1}\|_2\|\Delta\boldsymbol{b}\|_2$$

其中 $\|\boldsymbol{A}^{-1}\|_2$ 是 $\boldsymbol{A}^{-1}$ 的谱(最大奇异值) 范数. 类似地，从 $\boldsymbol{A}\boldsymbol{x}=\boldsymbol{b}$ 得出 $\|\boldsymbol{b}\|_2=\|\boldsymbol{A}\boldsymbol{x}\|_2\leqslant\|\boldsymbol{A}\|_2\|\boldsymbol{x}\|_2$，因此 $\|\boldsymbol{x}\|_2^{-1}\leqslant\dfrac{\|\boldsymbol{A}\|_2}{\|\boldsymbol{b}\|_2}$. 将上面两个公式相乘，得到

$$\frac{\|\Delta \boldsymbol{x}\|_2}{\|\boldsymbol{x}\|_2} \leqslant \|\boldsymbol{A}^{-1}\|_2 \|\boldsymbol{A}\|_2 \frac{\|\Delta \boldsymbol{b}\|_2}{\|\boldsymbol{b}\|_2}$$

这个结果将“输入项” $\boldsymbol{b}$ 的相对变化与“输出”$\boldsymbol{x}$ 的相对变化联系起来了.

定义 4.1.6. 设 $\boldsymbol{A} \in \mathbb{R}^{n\times n}$ 是可逆矩阵,称数

$$\kappa(\boldsymbol{A}) = \|\boldsymbol{A}^{-1}\|_2 \|\boldsymbol{A}\|_2$$

是矩阵 $\boldsymbol{A}$ 的**条件数**.

设 σ_1, σ_n 分别是矩阵 $\boldsymbol{A}$ 的最大奇异值和最小奇异值,那么

$$\|\boldsymbol{A}\|_2 = \sigma_1, \quad \|\boldsymbol{A}^{-1}\|_2 = 1/\sigma_n$$

因此矩阵 $\boldsymbol{A}$ 的条件数也可以定义为:

$$\kappa(\boldsymbol{A}) = \frac{\sigma_1}{\sigma_n}, \ 1 \leqslant \kappa(\boldsymbol{A}) \leqslant \infty$$

大的 $\kappa(\boldsymbol{A})$ 意味着 $\boldsymbol{b}$ 上的扰动可能导致 $\boldsymbol{x}$ 上有很大的扰动,即方程对输入数据的变化非常敏感. 如果 $\boldsymbol{A}$ 是奇异的,那么 $\kappa = \infty$. 非常大的 $\kappa(\boldsymbol{A})$ 表明 $\boldsymbol{A}$ 接近奇异;我们说在这种情况下 $\boldsymbol{A}$ 是病态的.

在以下引理中总结了我们的发现.

引理 4.1.1. (对于输出的敏感性)令 $\boldsymbol{A}$ 为非奇异方阵,$\boldsymbol{x}$, $\Delta \boldsymbol{x}$ 满足

$$\boldsymbol{A}\boldsymbol{x} = \boldsymbol{b}$$
$$\boldsymbol{A}(\boldsymbol{x} + \Delta \boldsymbol{x}) = \boldsymbol{b} + \Delta \boldsymbol{b}$$

则有

$$\frac{\|\Delta \boldsymbol{x}\|_2}{\|\boldsymbol{x}\|_2} \leqslant \kappa(\boldsymbol{A}) \frac{\|\Delta \boldsymbol{b}\|_2}{\|\boldsymbol{b}\|_2}$$

其中 $\kappa(\boldsymbol{A}) = \|\boldsymbol{A}^{-1}\|_2 \|\boldsymbol{A}\|_2$ 是矩阵 $\boldsymbol{A}$ 的条件数.

2. 系数矩阵中的扰动敏感性

接下来考虑 $\boldsymbol{A}$ 矩阵的扰动对 $\boldsymbol{x}$ 的影响. 令 $\boldsymbol{A}\boldsymbol{x} = \boldsymbol{b}$ 并且令 $\Delta \boldsymbol{A}$ 为一个扰动,满足下面等式

$$(\boldsymbol{A} + \Delta \boldsymbol{A})(\boldsymbol{x} + \Delta \boldsymbol{x}) = \boldsymbol{b}, \text{对于一些 } \Delta \boldsymbol{x}$$

那么有 $\boldsymbol{A}\Delta \boldsymbol{x} = -\Delta \boldsymbol{A}(\boldsymbol{x} + \Delta \boldsymbol{x})$,因此 $\Delta \boldsymbol{x} = -\boldsymbol{A}^{-1}\Delta \boldsymbol{A}(\boldsymbol{x} + \Delta \boldsymbol{x})$. 则

$$\|\Delta \boldsymbol{x}\|_2 = \|\boldsymbol{A}^{-1}\Delta \boldsymbol{A}(\boldsymbol{x}+\Delta \boldsymbol{x})\|_2 \leqslant \|\boldsymbol{A}^{-1}\|_2 \|\Delta \boldsymbol{A}\|_2 \|\boldsymbol{x}+\Delta \boldsymbol{x}\|_2$$

并且

$$\frac{\|\Delta \boldsymbol{x}\|_2}{\|\boldsymbol{x}+\Delta \boldsymbol{x}\|_2} \leqslant \|\boldsymbol{A}^{-1}\|_2 \|\boldsymbol{A}\|_2 \frac{\|\Delta \boldsymbol{A}\|_2}{\|\boldsymbol{A}\|_2}$$

我们再次看到只有在条件数不是太大时,即小扰动 $\frac{\|\Delta \boldsymbol{A}\|_2}{\|\boldsymbol{A}\|_2} \ll 1$ 对 $\boldsymbol{x}$ 的相对影响才很小. 就是说,它离 1 不太远,$\kappa(\boldsymbol{A}) \simeq 1$. 这将在下一个引理中总结.

引理 4.1.2. (系数矩阵中的扰动敏感性)令 $\boldsymbol{A}$ 为非奇异方阵,$\boldsymbol{x}$, $\Delta \boldsymbol{A}$, $\Delta \boldsymbol{x}$ 满足

$$\boldsymbol{A}\boldsymbol{x} = \boldsymbol{b}$$

$$(\boldsymbol{A}+\Delta \boldsymbol{A})(\boldsymbol{x}+\Delta \boldsymbol{x}) = \boldsymbol{b}$$

那么

$$\frac{\|\Delta \boldsymbol{x}\|_2}{\|\boldsymbol{x}+\Delta \boldsymbol{x}\|_2} \leqslant \kappa(\boldsymbol{A}) \frac{\|\Delta \boldsymbol{A}\|_2}{\|\boldsymbol{A}\|_2}$$

3. 对 **A**, **b** 联合扰动的敏感性

我们最后考虑了 $\boldsymbol{A}$ 和 $\boldsymbol{b}$ 的同时扰动对 $\boldsymbol{x}$ 的影响. 令 $\boldsymbol{A}\boldsymbol{x} = \boldsymbol{b}$,并且令 $\Delta \boldsymbol{A}$, $\Delta \boldsymbol{b}$ 为扰动,满足下面等式

$$(\boldsymbol{A}+\Delta \boldsymbol{A})(\boldsymbol{x}+\Delta \boldsymbol{x}) = \boldsymbol{b}+\Delta \boldsymbol{b}, \text{对于一些 } \Delta \boldsymbol{x}$$

然后,$\boldsymbol{A}\Delta \boldsymbol{x} = \Delta \boldsymbol{b} - \Delta \boldsymbol{A}(\boldsymbol{x}+\Delta \boldsymbol{x})$,因此 $\Delta \boldsymbol{x} = \boldsymbol{A}^{-1}\Delta \boldsymbol{b} - \boldsymbol{A}^{-1}\Delta \boldsymbol{A}(\boldsymbol{x}+\Delta \boldsymbol{x})$. 则

$$\begin{aligned} \|\Delta \boldsymbol{x}\|_2 &= \|\boldsymbol{A}^{-1}\Delta \boldsymbol{b} - \boldsymbol{A}^{-1}\Delta \boldsymbol{A}(\boldsymbol{x}+\Delta \boldsymbol{x})\|_2 \\ &\leqslant \|\boldsymbol{A}^{-1}\Delta \boldsymbol{b}\|_2 + \|\boldsymbol{A}^{-1}\Delta \boldsymbol{A}(\boldsymbol{x}+\Delta \boldsymbol{x})\|_2 \\ &\leqslant \|\boldsymbol{A}^{-1}\|_2 \|\Delta \boldsymbol{b}\|_2 + \|\boldsymbol{A}^{-1}\| \|\Delta \boldsymbol{A}\|_2 \|\boldsymbol{x}+\Delta \boldsymbol{x}\|_2 \end{aligned}$$

接着,上式除以 $\|\boldsymbol{x}+\Delta \boldsymbol{x}\|_2$,

$$\frac{\|\Delta \boldsymbol{x}\|_2}{\|\boldsymbol{x}+\Delta \boldsymbol{x}\|_2} \leqslant \|\boldsymbol{A}^{-1}\|_2 \frac{\|\Delta \boldsymbol{b}\|_2}{\|\boldsymbol{b}\|_2} \frac{\|\boldsymbol{b}\|_2}{\|\boldsymbol{x}+\Delta \boldsymbol{x}\|_2} + \kappa(\boldsymbol{A}) \frac{\|\Delta \boldsymbol{A}\|_2}{\|\boldsymbol{A}\|_2}$$

但是 $\|\boldsymbol{b}\|_2 = \|\boldsymbol{A}\boldsymbol{x}\|_2 \leqslant \|\boldsymbol{A}\|_2 \|\boldsymbol{x}\|_2$, 因此

$$\frac{\|\Delta \boldsymbol{x}\|_2}{\|\boldsymbol{x}+\Delta \boldsymbol{x}\|_2} \leqslant \kappa(\boldsymbol{A}) \frac{\|\Delta \boldsymbol{b}\|_2}{\|\boldsymbol{b}\|_2} \frac{\|\boldsymbol{x}\|_2}{\|\boldsymbol{x}+\Delta \boldsymbol{x}\|_2} + \kappa(\boldsymbol{A}) \frac{\|\Delta \boldsymbol{A}\|_2}{\|\boldsymbol{A}\|_2}$$

下一步，我们根据 $\|\boldsymbol{x}\|_2=\|\boldsymbol{x}+\Delta\boldsymbol{x}-\Delta\boldsymbol{x}\|_2\leqslant\|\boldsymbol{x}+\Delta\boldsymbol{x}\|_2+\|\Delta\boldsymbol{x}\|_2$ 去写

$$\frac{\|\Delta\boldsymbol{x}\|_2}{\|\boldsymbol{x}+\Delta\boldsymbol{x}\|_2}\leqslant\kappa(\boldsymbol{A})\frac{\|\Delta\boldsymbol{b}\|_2}{\|\boldsymbol{b}\|_2}\frac{\|\boldsymbol{x}\|_2}{\|\boldsymbol{x}+\Delta\boldsymbol{x}\|_2}+\kappa(\boldsymbol{A})\frac{\|\Delta\boldsymbol{A}\|_2}{\|\boldsymbol{A}\|_2}$$

从中得到

$$\frac{\|\Delta\boldsymbol{x}\|_2}{\|\boldsymbol{x}+\Delta\boldsymbol{x}\|_2}\leqslant\kappa(\boldsymbol{A})\frac{\|\Delta\boldsymbol{b}\|_2}{\|\boldsymbol{b}\|_2}\left(1+\frac{\|\Delta\boldsymbol{x}\|_2}{\|\boldsymbol{x}+\Delta\boldsymbol{x}\|_2}\right)+\kappa(\boldsymbol{A})\frac{\|\Delta\boldsymbol{A}\|_2}{\|\boldsymbol{A}\|_2}$$

因此

$$\frac{\|\Delta\boldsymbol{x}\|_2}{\|\boldsymbol{x}+\Delta\boldsymbol{x}\|_2}\leqslant\frac{\kappa(\boldsymbol{A})}{1-\kappa(\boldsymbol{A})\dfrac{\|\Delta\boldsymbol{b}\|_2}{\|\boldsymbol{b}\|_2}}\left(\frac{\|\Delta\boldsymbol{b}\|_2}{\|\boldsymbol{b}\|_2}+\frac{\|\Delta\boldsymbol{A}\|_2}{\|\boldsymbol{A}\|_2}\right)$$

扰动的“放大因子”是受 $\dfrac{\kappa(\boldsymbol{A})}{1-\kappa(\boldsymbol{A})\dfrac{\|\Delta\boldsymbol{b}\|_2}{\|\boldsymbol{b}\|_2}}$ 的约束. 因此，如果该界限小于某些给定的 γ，

那么

$$\kappa(\boldsymbol{A})\leqslant\frac{\gamma}{1+\gamma\dfrac{\|\Delta\boldsymbol{b}\|_2}{\|\boldsymbol{b}\|_2}}$$

因此，我们看到关节扰动的影响仍然由 $\boldsymbol{A}$ 的条件数控制，如下所述

引理 4.1.3. （对 $\boldsymbol{A}$，$\boldsymbol{b}$ 扰动的敏感性）令 $\boldsymbol{A}$ 为非奇异方阵，令 $\gamma>1$ 已知，并且令 $\boldsymbol{x}$，$\Delta\boldsymbol{b}$，$\Delta\boldsymbol{A}$，$\Delta\boldsymbol{x}$ 满足下面等式

$$\boldsymbol{A}\boldsymbol{x}=\boldsymbol{b}$$

$$(\boldsymbol{A}+\Delta\boldsymbol{A})(\boldsymbol{x}+\Delta\boldsymbol{x})=\boldsymbol{b}+\Delta\boldsymbol{b}$$

且

$$\kappa(\boldsymbol{A})\leqslant\frac{\gamma}{1+\gamma\dfrac{\|\Delta\boldsymbol{b}\|_2}{\|\boldsymbol{b}\|_2}}$$

那么

$$\frac{\|\Delta\boldsymbol{x}\|_2}{\|\boldsymbol{x}+\Delta\boldsymbol{x}\|_2}\leqslant\gamma\left(\frac{\|\Delta\boldsymbol{b}\|_2}{\|\boldsymbol{b}\|_2}+\frac{\|\Delta\boldsymbol{A}\|_2}{\|\boldsymbol{A}\|_2}\right)$$

4.2　最小二乘问题

最小二乘(Least Squares, LS)法起源于18世纪天文学和测地学的应用需要：有一组容易观测的量和一组不易观测的量，它们之间满足线性关系，如何根据易观测数据去估计不易观测的量(它们称为模型的参数). 在计算上主要涉及超定线性方程组的求解.

最小二乘问题的历史可以追溯到欧拉(L. Euler)在1749年研究木星对土星轨道的影响时，得到 $n=75$ 和 $k=8$ 的一组方程，欧拉用方程分组的思想求解此方程. 梅耶(J. T. Mayer)在1750年由确定地球上一点的经度问题，得到 $n=27$ 和 $k=3$ 的一组方程，也用方程分组的思想求解. 勒让德(A. M. Legendre)于1805年在其著作《计算彗星轨道的新方法》中首次提出了最小二乘法. 高斯则于1809年他的著作《天体运动论》中发表了最小二乘法的方法.

本节的重点是如何通过解决最小二乘问题来解决超定方程组和欠定方程组.

4.2.1　最小二乘问题与线性回归

最小二乘问题多产生于线性回归或者数据拟合问题. 比如给定平面上 m 个点

$$\{(x_1, y_1), (x_2, y_2), \cdots, (x_m, y_m)\}$$

其中 $x_i \in \mathbb{R}$ 是输入 X 的观测值，$y_i \in \mathbb{R}$ 是输出 Y 的观测值. 我们要求给出一条直线 $y=kx+b$，k、b 是直线的参数，$k, b \in \mathbb{R}$，使得在所有输入观测值 x_i 上，$\hat{y}_i=kx_i+b$ 能最佳地逼近这些输出观测值 y_i，也即使得输出观测值 y_i 与直线所预测的值的残差 $r(x_i; k, b)=y_i-\hat{y}_i=y_i-(kx_i+b)$ 的平方和最小，即

$$\min_{k, b}\sum_{i=1}^{m}(y_i-(kx_i+b))^2=\min_{k, b}\sum_{i=1}^{m}(r(x_i; k, b))^2$$

实际上就是一个求解线性回归的参数 k、b 的问题.

在高维情况下，我们用一个超平面来拟合数据点(在三维情况下是用一个平面来拟合). 用 $y=\boldsymbol{w}^{\mathrm{T}}\boldsymbol{x}+b$ 表示超平面，其中 $\boldsymbol{x} \in \mathbb{R}^n$，$n$ 是输入 X 的特征数，$\boldsymbol{w} \in \mathbb{R}^n$ 是超平面预测函数中特征的权重向量参数，$b \in \mathbb{R}$ 是偏差参数. 希望所有输出观测值 y_i 与预测函数的预测值 $y(\boldsymbol{x}_i; \boldsymbol{w}, b)$ 的残差 $r(\boldsymbol{x}_i; \boldsymbol{w}, b)=y_i-\hat{y}_i=y_i-(\boldsymbol{w}^{\mathrm{T}}\boldsymbol{x}_i+b)$ 尽可能的小. 记 $\boldsymbol{x}_i$ 的第 j 个特征分量为 x_{ij}，残差向量 $\boldsymbol{r} \in \mathbb{R}^m$ 的第 i 个分量为 $r(\boldsymbol{x}_i; \boldsymbol{w}, b)$：

$$
\boldsymbol{r}=\begin{bmatrix} y_1-(w_1x_{11}+w_2x_{12}+\cdots+w_nx_{1n}+b) \\ y_2-(w_1x_{21}+w_2x_{22}+\cdots+w_nx_{2n}+b) \\ y_3-(w_1x_{31}+w_2x_{32}+\cdots+w_nx_{3n}+b) \\ \vdots \\ y_m-(w_1x_{m1}+w_2x_{m2}+\cdots+w_nx_{mn}+b) \end{bmatrix}
$$

化成矩阵的形式表示为

$$
\boldsymbol{r}=\boldsymbol{y}-\boldsymbol{A}\hat{\boldsymbol{w}},
$$

其中：

$$
\boldsymbol{A}=\begin{bmatrix} x_{11} & x_{12} & x_{13} & \cdots & x_{1n} & 1 \\ x_{21} & x_{22} & x_{23} & \cdots & x_{2n} & 1 \\ x_{31} & x_{32} & x_{33} & \cdots & x_{3n} & 1 \\ \vdots & & & & & \\ x_{m1} & x_{m2} & x_{m3} & \cdots & x_{mn} & 1 \end{bmatrix},\ \hat{\boldsymbol{w}}=\begin{bmatrix} \boldsymbol{w} \\ b \end{bmatrix},\ \boldsymbol{y}=\begin{bmatrix} y_1 \\ y_2 \\ y_3 \\ \vdots \\ y_m \end{bmatrix}
$$

问题就变为求参数 $\hat{\boldsymbol{w}}$，使得残差 $\boldsymbol{r}$ 尽可能地小. 若使残差 $\boldsymbol{r}$ 在 l_2 范数意义下最小. 也即 $\arg\min\limits_{\hat{\boldsymbol{w}}}\|\boldsymbol{A}\hat{\boldsymbol{w}}-\boldsymbol{y}\|_2$ 把上式中的符号调整成我们常用的符号：

$$
\arg\min_{\boldsymbol{x}}\|\boldsymbol{A}\boldsymbol{x}-\boldsymbol{b}\|_2 \tag{4.19}
$$

这就是最小二乘问题.

下面给出最小二乘问题的定义.

定义 4.2.1. 给定矩阵 $\boldsymbol{A}\in\mathbb{R}^{m\times n}$ 和向量 $\boldsymbol{b}\in\mathbb{R}^m$，确定 $\boldsymbol{x}_0\in\mathbb{R}^n$ 使得

$$
\|\boldsymbol{b}-\boldsymbol{A}\boldsymbol{x}_0\|_2=\|\boldsymbol{r}(\boldsymbol{x}_0)\|_2=\min_{\boldsymbol{y}\in\mathbb{R}^n}\|\boldsymbol{r}(\boldsymbol{y})\|_2=\min_{\boldsymbol{y}\in\mathbb{R}^n}\|\boldsymbol{A}\boldsymbol{y}-\boldsymbol{b}\|_2 \tag{4.20}
$$

其中 $\boldsymbol{r}(\boldsymbol{x}_0)=\boldsymbol{b}-\boldsymbol{A}\boldsymbol{x}_0$ 称为残差向量，该问题称为最小二乘问题，简记为 LS 问题. $\boldsymbol{x}_0$ 则称为最小二乘解或极小解.

如果残差向量 $\boldsymbol{r}$ 线性依赖于 $\boldsymbol{x}$，则称其为线性最小二乘问题；如果 $\boldsymbol{r}$ 非线性的依赖于 $\boldsymbol{x}$，则称其为非线性最小二乘问题. 我们主要讨论线性最小二乘问题，简称最小二乘问题. 所有最小二乘解的集合记为 $\mathcal{X}_{LS}$ 即

$$
\mathcal{X}_{LS}=\{\boldsymbol{x}\in\mathbb{R}^n\mid \boldsymbol{x}\ 满足(4.20)\}
$$

解集 $\mathcal{X}_{LS}$ 中 l_2 范数最小的解称为最小范数解，记为 $\boldsymbol{x}_{LS}$，即

$$\|\boldsymbol{x}_{LS}\|_2=\min\{\|\boldsymbol{x}\|_2 \mid \boldsymbol{x}\in\mathcal{X}_{LS}\}$$

对于残差向量选择不同的范数，便得到不同的问题. 我们主要讨论残差向量选择 l_2 范数的情况.

下面给出关于列满秩或行满秩矩阵的两条有用的性质：

性质 4.2.1.　$\boldsymbol{A}\in\mathbb{R}^{m\times n}$ 是一个列满秩矩阵，当且仅当 $\boldsymbol{A}^{\mathrm{T}}\boldsymbol{A}$ 是可逆的；$\boldsymbol{A}\in\mathbb{R}^{m\times n}$ 是一个行满秩矩阵，当且仅当 $\boldsymbol{A}\boldsymbol{A}^{\mathrm{T}}$ 是可逆的.

证明.　对于第一条性质：如果 $\boldsymbol{A}^{\mathrm{T}}\boldsymbol{A}$ 不是可逆的，则存在 $\boldsymbol{x}\neq\boldsymbol{0}$ 使得 $\boldsymbol{A}^{\mathrm{T}}\boldsymbol{A}\boldsymbol{x}=\boldsymbol{0}$. $\boldsymbol{x}^{\mathrm{T}}\boldsymbol{A}^{\mathrm{T}}\boldsymbol{A}\boldsymbol{x}=\boldsymbol{0}$，因此 $\boldsymbol{A}\boldsymbol{x}=\boldsymbol{0}$. 所以 $\boldsymbol{A}$ 不是一个列满秩矩阵. 反之，如果 $\boldsymbol{A}^{\mathrm{T}}\boldsymbol{A}$ 是可逆的，对于每个 $\boldsymbol{x}\neq\boldsymbol{0}$ 且 $\boldsymbol{A}^{\mathrm{T}}\boldsymbol{A}\boldsymbol{x}\neq\boldsymbol{0}$，也能推出对于每一个非零的 $\boldsymbol{x}$，$\boldsymbol{A}\boldsymbol{x}\neq\boldsymbol{0}$. 第二条性质的证明过程与第一条的证明过程相似.　□

最小二乘问题的解 $\boldsymbol{x}$ 又称为线性方程组

$$\boldsymbol{A}\boldsymbol{x}=\boldsymbol{b},\ \boldsymbol{A}\in\mathbb{R}^{m\times n} \tag{4.21}$$

的最小二乘解，即残差向量 $\boldsymbol{r}(\boldsymbol{x})$ 的 l_2 范数最小的意义下满足方程组(4.21).

根据 m 与 n 以及矩阵 $\boldsymbol{A}$ 的秩 $r(\boldsymbol{A})$ 的不同，最小二乘问题可分为下面几种情况：

(1) $m=n$. 对应方阵系统，此时如果 $\boldsymbol{A}\boldsymbol{x}=\boldsymbol{b}$ 方程有解，那么方程的解使得 $\|\boldsymbol{A}\boldsymbol{x}-\boldsymbol{b}\|_2$ 最小.

(2) $m>n$. 对应超定方程组或矛盾方程组，在这种情况下，方程常发生无解的情况.

(3) $m<n$. 对应欠定方程组，在这种情况下，方程常发生有无穷多解的情况.

每一种情形，根据矩阵 $\boldsymbol{A}$ 的列是线性无关或线性相关，也即矩阵 $\boldsymbol{A}$ 为列满秩或秩亏的，又可分为两种情形：满秩最小二乘问题或秩亏最小二乘问题.

1. 最小范数解与最小范数最小二乘解

定义 4.2.2.　当方程组(4.21)有解时，显然也满足最小二乘问题(4.20)，如何确定 $\boldsymbol{x}_0\in\mathbb{R}^n$，使得

$$\|\boldsymbol{x}_0\|_2=\min\|\boldsymbol{x}\|_2 \quad s.t. \quad \boldsymbol{A}\boldsymbol{x}=\boldsymbol{b}$$

称这样的 $\boldsymbol{x}_0$ 为方程组(4.21)的最小范数解(特别对于欠定情形，方程组有无穷多解，我们总是对具有最小 l_2 范数的解感兴趣).

定义 4.2.3.　当方程组(4.21)无解时，此时相应 LS 问题的最小二乘解不是方程组

$\boldsymbol{Ax}=\boldsymbol{b}$ 的解,如何确定 $\boldsymbol{x}_0\in\mathbb{R}^n$,使得

$$\|\boldsymbol{x}_0\|_2=\min_{\boldsymbol{x}\in\mathcal{X}_{LS}}\|\boldsymbol{x}\|_2$$

称这样的 $\boldsymbol{x}_0$ 为方程组(4.21)的最小范数最小二乘解(方程组无解时相应的 LS 问题的最小二乘解可以看成方程组的近似解,我们总是对使得 l_2 范数最小的近似解感兴趣).

矩阵的广义逆是研究一般线性方程组最小范数解和最小范数最小二乘解的强有力工具.

定理 4.2.1. 如果方程组 $\boldsymbol{Ax}=\boldsymbol{b}$ 有解,则它的最小范数解 $\boldsymbol{x}_0$ 唯一,并且 $\boldsymbol{x}_0=\boldsymbol{A}^{\dagger}\boldsymbol{b}$.

定理 4.2.2. 如果线性方程组 $\boldsymbol{Ax}=\boldsymbol{b}$ 无解,则它的最小范数最小二乘解 $\boldsymbol{x}_0$ 唯一,并 $\boldsymbol{x}_0=\boldsymbol{A}^{\dagger}\boldsymbol{b}$.

考虑一类具体的方程组,针对欠定方程组的情形:当矩阵 $\boldsymbol{A}$ 的列数比行数多:$m<n$.

假设矩阵 $\boldsymbol{A}$ 是行满秩,有 $\dim(\mathrm{Null}(\boldsymbol{A}))=n-m>0$,因此得出 $\boldsymbol{Ax}=\boldsymbol{b}$ 有无数个解并且解的集合是 $\mathbb{S}_{\boldsymbol{x}}=\{\boldsymbol{x}\mid\boldsymbol{x}=\tilde{\boldsymbol{x}}+\boldsymbol{z},\ \boldsymbol{z}\in\mathrm{Null}(\boldsymbol{A})\}$,其中 $\tilde{\boldsymbol{x}}$ 是任意满足 $\boldsymbol{A}\tilde{\boldsymbol{x}}=\boldsymbol{b}$ 的向量. 我们想从这个解的集合 $\mathbb{S}_{\boldsymbol{x}}$ 中挑选出一个 l_2 范数最小的解 $\boldsymbol{x}^*$. 也即求解:

$$\min_{\boldsymbol{x}\in\mathbb{S}_{\boldsymbol{x}}}\|\boldsymbol{x}\|_2$$

这个式子等价于原问题:

$$\min\|\boldsymbol{x}\|_2\quad s.t.\ \boldsymbol{Ax}=\boldsymbol{b}$$

因为(唯一的)解 $\boldsymbol{x}^*$ 必须与 $\mathrm{Null}(\boldsymbol{A})$ 相互垂直,等价地,$\boldsymbol{x}^*\in\mathrm{Col}(\boldsymbol{A}^{\mathrm{T}})$,这意味着存在 ζ,使得 $\boldsymbol{x}^*=\boldsymbol{A}^{\mathrm{T}}\zeta$. 因为 $\boldsymbol{x}^*$ 是方程组的解,必须满足 $\boldsymbol{Ax}^*=\boldsymbol{b}$,所以有 $\boldsymbol{AA}^{\mathrm{T}}\zeta=\boldsymbol{b}$.

因为矩阵 $\boldsymbol{A}$ 是行满秩,$\boldsymbol{AA}^{\mathrm{T}}$ 是可逆的并且有唯一的 ζ 是方程组的解,所以有 $\zeta=(\boldsymbol{AA}^{\mathrm{T}})^{-1}\boldsymbol{b}$.

这样我们得到了唯一的最小范数解:

$$\boldsymbol{x}^*=\boldsymbol{A}^{\mathrm{T}}(\boldsymbol{AA}^{\mathrm{T}})^{-1}\boldsymbol{b}\tag{4.22}$$

因为 $\boldsymbol{A}^{\mathrm{T}}(\boldsymbol{AA}^{\mathrm{T}})^{-1}$ 正是 $\boldsymbol{A}$ 是行满秩矩阵时的伪逆 $\boldsymbol{A}^{\dagger}$,所以 $\boldsymbol{x}^*=\boldsymbol{A}^{\dagger}\boldsymbol{b}$.

定理 4.2.3. 设 $\boldsymbol{A}\in\mathbb{R}^{m\times n}$, $m\leqslant n$ 是行满秩的,并且令 $\boldsymbol{b}\in\mathbb{R}^m$. 在线性方程组 $\boldsymbol{Ax}=\boldsymbol{b}$ 的所有解中,存在唯一的 l_2 范数最小的解,这个解由(4.22)给出.

2. 最小二乘的特征和一般表示

为了说明最小二乘问题解的存在性，我们验证如下的定理.

定理 4.2.4. 线性最小二乘问题(4.20)的解总是存在的，而且其解唯一的充分必要条件是 $\mathrm{Null}(\boldsymbol{A})=\{\boldsymbol{0}\}$.

证明. 因为 $\mathbb{R}^m=\mathrm{Col}(\boldsymbol{A})\oplus\mathrm{Col}(\boldsymbol{A})^{\perp}$，所以向量 $\boldsymbol{b}$ 可以唯一地表示为 $\boldsymbol{b}=\boldsymbol{b}_1+\boldsymbol{b}_2$，其中 $\boldsymbol{b}_1\in\mathrm{Col}(\boldsymbol{A})$，$\boldsymbol{b}_2\in\mathrm{Col}(\boldsymbol{A})^{\perp}$. 于是对于任意 $\boldsymbol{x}\in\mathbb{R}^n$，$\boldsymbol{b}_1-\boldsymbol{A}\boldsymbol{x}\in\mathrm{Col}(\boldsymbol{A})$ 且与 $\boldsymbol{b}_2$ 正交，从而

$$\|\boldsymbol{r}(\boldsymbol{x})\|_2^2=\|\boldsymbol{b}-\boldsymbol{A}\boldsymbol{x}\|_2^2=\|(\boldsymbol{b}_1-\boldsymbol{A}\boldsymbol{x})+\boldsymbol{b}_2\|_2^2=\|\boldsymbol{b}_1-\boldsymbol{A}\boldsymbol{x}\|_2^2+\|\boldsymbol{b}_2\|_2^2$$

由此即知，$\|\boldsymbol{r}(\boldsymbol{x})\|_2^2$ 达到极小当且仅当 $\|\boldsymbol{b}_1-\boldsymbol{A}\boldsymbol{x}\|_2^2$ 达到极小；

而 $\boldsymbol{b}_1\in\mathrm{Col}(\boldsymbol{A})$ 又蕴涵着 $\|\boldsymbol{b}_1-\boldsymbol{A}\boldsymbol{x}\|_2^2$ 达到极小的充分与必要条件是

$$\boldsymbol{A}\boldsymbol{x}=\boldsymbol{b}_1$$

这样，由 $\boldsymbol{b}_1\in\mathrm{Col}(\boldsymbol{A})$ 和 $\boldsymbol{A}\boldsymbol{x}=\boldsymbol{b}_1$ 有唯一解的充要条件是 $\mathrm{nullity}(\boldsymbol{A})=0$.

立即推出定理的结论成立. □

下面这个定理则给出了求解最小二乘问题的方法.

定理 4.2.5. $\boldsymbol{x}\in\mathcal{X}_{LS}$ 当且仅当

$$\boldsymbol{A}^{\mathrm{T}}\boldsymbol{A}\boldsymbol{x}=\boldsymbol{A}^{\mathrm{T}}\boldsymbol{b}\tag{4.23}$$

其中方程组(4.23)称为最小二乘问题的正规化方程组或法方程组.

证明. 设 $\boldsymbol{x}\in\mathcal{X}_{LS}$. 由定理 4.2.4 证明知 $\boldsymbol{A}\boldsymbol{x}=\boldsymbol{b}_1$，其中 $\boldsymbol{b}_1\in\mathrm{Col}(\boldsymbol{A})$，而且

$$\boldsymbol{r}(\boldsymbol{x})=\boldsymbol{b}-\boldsymbol{A}\boldsymbol{x}=\boldsymbol{b}-\boldsymbol{b}_1=\boldsymbol{b}_2\in\mathrm{Col}(\boldsymbol{A})^{\perp}$$

因而 $\boldsymbol{A}^{\mathrm{T}}\boldsymbol{r}(\boldsymbol{x})=\boldsymbol{A}^{\mathrm{T}}\boldsymbol{b}_2=\boldsymbol{0}$. 将 $\boldsymbol{r}(\boldsymbol{x})=\boldsymbol{b}-\boldsymbol{A}\boldsymbol{x}$ 代入 $\boldsymbol{A}^{\mathrm{T}}\boldsymbol{r}(\boldsymbol{x})=\boldsymbol{0}$ 即得(4.23). 反之，设 $\boldsymbol{x}\in\mathbb{R}^n$ 满足 $\boldsymbol{A}^{\mathrm{T}}\boldsymbol{A}\boldsymbol{x}=\boldsymbol{A}^{\mathrm{T}}\boldsymbol{b}$，则对任意的 $\boldsymbol{z}\in\mathbb{R}^n$ 有

$$\begin{aligned}\|\boldsymbol{b}-\boldsymbol{A}(\boldsymbol{x}+\boldsymbol{z})\|_2^2&=\|\boldsymbol{b}-\boldsymbol{A}\boldsymbol{x}\|_2^2-2\boldsymbol{z}^{\mathrm{T}}\boldsymbol{A}^{\mathrm{T}}(\boldsymbol{b}-\boldsymbol{A}\boldsymbol{x})+\|\boldsymbol{A}\boldsymbol{z}\|_2^2\\&=\|\boldsymbol{b}-\boldsymbol{A}\boldsymbol{x}\|_2^2+\|\boldsymbol{A}\boldsymbol{z}\|_2^2\geqslant\|\boldsymbol{b}-\boldsymbol{A}\boldsymbol{x}\|_2^2\end{aligned}$$

由此即得 $\boldsymbol{x}\in\mathcal{X}_{LS}$. □

由定理 4.2.5 可知，可以通过求解正规化方程组或法方程组 $\boldsymbol{A}^{\mathrm{T}}\boldsymbol{A}\boldsymbol{x}=\boldsymbol{A}^{\mathrm{T}}\boldsymbol{b}$ 来求解 $\boldsymbol{A}\boldsymbol{x}=\boldsymbol{b}$ 的最小二乘解. 如果 $\boldsymbol{A}^{\mathrm{T}}\boldsymbol{A}$ 可逆，那么最小二乘解为 $\boldsymbol{x}=(\boldsymbol{A}^{\mathrm{T}}\boldsymbol{A})^{-1}\boldsymbol{A}^{\mathrm{T}}\boldsymbol{b}$.

推论 4.2.1. 若矩阵 $\boldsymbol{A}$ 列满秩，则线性最小二乘问题(4.20)的解是唯一的，并且

解为

$$x=(A^{\mathrm{T}}A)^{-1}A^{\mathrm{T}}b=A^{\dagger}b$$

其中 $A^{\dagger}=(A^{\mathrm{T}}A)^{-1}A^{\mathrm{T}}$.

如果 A 既不是列满秩也不是行满秩,它的最小二乘解仍是方程:

$$A^{\mathrm{T}}Ax=A^{\mathrm{T}}b$$

的解,但是,$A^{\mathrm{T}}A$ 虽然是方阵,却并不一定可逆.

然而,这个方程是一定有解的,我们总可以通过初等行变换将其化为行满秩的方程组. 这样就可以利用求解欠定问题的最小范数解的方法,求得方程的最小范数最小二乘解. 实际上,可以通过 SVD 的方法,求得最小范数最小二乘解,这里不展开介绍.

根据应用的场景不同,可以给出最小二乘问题几种不同的解释.

- **线性方程组的近似解**:最小二乘问题的解,是使得残差 $r=Ax-b$ 在 l_2 范数意义下最小的解.
- **在 Col(A)上的投影**:最小二乘问题的解,使得 Ax 是 b 在 Col(A) 上的投影.
- **线性回归模型**:最小二乘问题的解,是线性回归模型 $f(a_i)=x^{\mathrm{T}}a_i$ 使得 $f(a_i)\approx y_i$,求解出的参数 x. 数据集表示为 $m\times(n+1)$ 大小的矩阵 A,每一行对应一个实例,前 n 项对应实例的 n 个特征,最后一项为 1. b 是 m 维向量,b_i 对应 x_i 的观测值.
- **最小程度地干扰可行性**:最小二乘问题的解,是使得 $Ax=b$ 右侧添加在 l_2 范数意义下的最小扰动项 δb 后 $Ax=b+\delta b$ 有解时的方程组的解.
- **最好的线性无偏估计**:在统计估计的背景下,线性模型的最好无偏估计与最小二乘问题的解是一致的.

4.2.2 最小二乘问题的求解方法

最小二乘问题按照矩阵 A 是否满秩,可分为满秩最小二乘问题和秩亏最小二乘问题. 本小节我们讨论在 A 为列满秩的情形下超定方程组

$$Ax=b$$

的最小二乘解的求解方法:此时,$A^{\mathrm{T}}A$ 可逆,我们的目标是求出方程组唯一的最小二乘解.

对于秩亏最小二乘问题的求解,本书并不涉及.

1. 正规化方法(Cholesky 分解法)

方程组 $\boldsymbol{A}^{\mathrm{T}}\boldsymbol{A}\boldsymbol{x}=\boldsymbol{A}^{\mathrm{T}}\boldsymbol{b}$ 称为最小二乘问题的正规化方程组或法方程组，这是一个含有 n 个变量 n 个方程的线性方程组. 在 $\boldsymbol{A}$ 的列向量线性无关的条件下，$\boldsymbol{A}^{\mathrm{T}}\boldsymbol{A}$ 对称正定，故可用平方根法求解(4.23). 这样，我们就得到了求解最小二乘问题最古老的算法—正规化方法，其基本步骤如下：

(1) 计算 $\boldsymbol{C}=\boldsymbol{A}^{\mathrm{T}}\boldsymbol{A}$，$\boldsymbol{d}=\boldsymbol{A}^{\mathrm{T}}\boldsymbol{b}$.

(2) 用平方根法计算 $\boldsymbol{C}$ 的 Cholesky 分解：$\boldsymbol{C}=\boldsymbol{L}\boldsymbol{L}^{\mathrm{T}}$.

(3) 求解三角方程组 $\boldsymbol{L}\boldsymbol{y}=\boldsymbol{d}$ 和 $\boldsymbol{L}^{\mathrm{T}}\boldsymbol{x}=\boldsymbol{y}$.

注意，正规化方程组 $\boldsymbol{A}^{\mathrm{T}}\boldsymbol{A}\boldsymbol{x}=\boldsymbol{A}^{\mathrm{T}}\boldsymbol{b}$ 的解 $\boldsymbol{x}$ 可以表示为

$$\boldsymbol{x}=(\boldsymbol{A}^{\mathrm{T}}\boldsymbol{A})^{-1}\boldsymbol{A}^{\mathrm{T}}\boldsymbol{b}=\boldsymbol{A}^{\dagger}\boldsymbol{b}$$

算法 4.10 正规化方法(Cholesky 分解法)求解最小二乘问题

1：**矩阵-矩阵乘法.** 求解 $\boldsymbol{C}=\boldsymbol{A}^{\mathrm{T}}\boldsymbol{A}$($2m^2n$ 次浮点运算).
2：**矩阵-向量乘法.** 求解 $\boldsymbol{d}=\boldsymbol{A}^{\mathrm{T}}\boldsymbol{b}$($2mn$ 次浮点运算).
3：**Cholesky 因式分解.** 将 $\boldsymbol{C}$ 因式分解为 $\boldsymbol{C}=\boldsymbol{L}\boldsymbol{L}$($T(1/3)n^3$ 次浮点运算).
4：**前向代入.** 求解 $\boldsymbol{L}\boldsymbol{y}=\boldsymbol{d}$($n^2$ 次浮点运算).
5：**后向代入.** 求解 $\boldsymbol{L}^{\mathrm{T}}\boldsymbol{x}=\boldsymbol{y}$($n^2$ 次浮点运算).

例 4.2.1. 利用正规化方法求 $\boldsymbol{A}\boldsymbol{x}=\boldsymbol{b}$ 的最小二乘解，其中

$$\boldsymbol{A}=\begin{bmatrix}1 & 4 & 5\\1 & -2 & 3\\1 & 4 & 1\\1 & -2 & -1\end{bmatrix},\ \boldsymbol{b}=\begin{bmatrix}6\\0\\-4\\2\end{bmatrix}$$

解.

$$\boldsymbol{A}^{\mathrm{T}}\boldsymbol{A}=\begin{bmatrix}4 & 4 & 8\\4 & 40 & 20\\8 & 20 & 36\end{bmatrix},\ \boldsymbol{A}^{\mathrm{T}}\boldsymbol{b}=\begin{bmatrix}4\\4\\24\end{bmatrix}$$

对 $\boldsymbol{A}^{\mathrm{T}}\boldsymbol{A}$ 做 Cholesky 分解：

$$\boldsymbol{A}^{\mathrm{T}}\boldsymbol{A}=\begin{bmatrix}2 & 0 & 0\\2 & 6 & 0\\4 & 2 & 4\end{bmatrix}\begin{bmatrix}2 & 2 & 4\\0 & 6 & 2\\0 & 0 & 4\end{bmatrix}$$

解方程

$$\begin{bmatrix} 2 & 0 & 0 \\ 2 & 6 & 0 \\ 4 & 2 & 4 \end{bmatrix} \boldsymbol{y} = \begin{bmatrix} 4 \\ 4 \\ 24 \end{bmatrix}$$

可得 $\boldsymbol{y}=(2, 0, 4)$，再解方程

$$\begin{bmatrix} 2 & 2 & 4 \\ 0 & 6 & 2 \\ 0 & 0 & 4 \end{bmatrix} \boldsymbol{x}^* = \begin{bmatrix} 2 \\ 0 \\ 4 \end{bmatrix}$$

得 $\boldsymbol{x}^*=(-2/3, -1/3, 1)$.

2. QR 分解法

由 l_2 范数的正交不变性，即若 $\boldsymbol{Q}$ 是正交矩阵，$\|\boldsymbol{Qx}\|_2=\|\boldsymbol{x}\|_2$. 可以使用 QR 分解求解最小二乘问题. 对于 $\boldsymbol{A}^{m\times n}$ 的列满秩矩阵，其 QR 分解后

$$\boldsymbol{A}=\boldsymbol{Q}\begin{bmatrix} \boldsymbol{R}^{n\times n} \\ \boldsymbol{O}^{(m-n)\times n} \end{bmatrix}$$

$$\|\boldsymbol{Ax}-\boldsymbol{b}\|_2=\left\|\begin{bmatrix} \boldsymbol{R} \\ \boldsymbol{O} \end{bmatrix}\boldsymbol{x}-\boldsymbol{Q}^{\mathrm{T}}\boldsymbol{b}\right\|_2=\left\|\begin{bmatrix} \boldsymbol{Rx} \\ \boldsymbol{0} \end{bmatrix}-\boldsymbol{Q}^{\mathrm{T}}\boldsymbol{b}\right\|_2$$

我们把 $\boldsymbol{Q}^{\mathrm{T}}\boldsymbol{b}$ 拆成 $\begin{bmatrix} \widetilde{\boldsymbol{b}}_1 \\ \widetilde{\boldsymbol{b}}_2 \end{bmatrix}$，其中 $\widetilde{\boldsymbol{b}}_1$ 是 $\boldsymbol{Q}^{\mathrm{T}}\boldsymbol{b}$ 的前 n 项，$\widetilde{\boldsymbol{b}}_2$ 是 $\boldsymbol{Q}^{\mathrm{T}}\boldsymbol{b}$ 的后 $m-n$ 项. 那么

$$\arg\min_{\boldsymbol{x}}\|\boldsymbol{Ax}-\boldsymbol{b}\|_2^2=\arg\min_{\boldsymbol{x}}(\|\boldsymbol{Rx}-\widetilde{\boldsymbol{b}}_1\|_2^2+\|\widetilde{\boldsymbol{b}}_2\|_2^2)=\arg\min_{\boldsymbol{x}}\|\boldsymbol{Rx}-\widetilde{\boldsymbol{b}}_1\|_2^2$$

通过之前最小二乘问题和方程组的关系，我们只需要求 $\boldsymbol{Rx}=\boldsymbol{b}_1$ 的解即可.

QR 分解法求解最小二乘问题的基本步骤如下：

- 计算 $\boldsymbol{A}$ 的 QR 分解：$\boldsymbol{A}=\boldsymbol{Q}\begin{bmatrix} \boldsymbol{R} \\ \boldsymbol{O} \end{bmatrix}$；
- 取 $\widetilde{\boldsymbol{b}}_1$ 为 $\boldsymbol{Q}^{\mathrm{T}}\boldsymbol{b}$ 的前 n 个元素组成的向量；
- 求解上三角方程组 $\boldsymbol{Rx}=\widetilde{\boldsymbol{b}}_1$.

在矩阵分解部分，我们介绍过 Gram-Schmidt 正交化、Householder 变换、Givens 变换三种方法进行 QR 分解.

在计算机中一般使用基于 Householder 变换的 QR 分解，该算法有良好的数值性态，结果通常要比正规化方法精确. 但是运算量也比较大，大约为 $2mn^2-\frac{2}{3}n^3$.

我们也可以使用 Givens 变换来实现 QR 分解，所需的运算量大约是 Householder 方法的两倍，但是如果 $\boldsymbol{A}$ 有较多的零元素，则灵活地使用 Givens 变换会使运算量大为减少.

算法 4.11　基于 QR 分解求解最小二乘问题

1：**QR 因式分解.** 将 $\boldsymbol{A}$ 因式分解为 $\boldsymbol{A}=[\boldsymbol{Q}_1\quad \boldsymbol{Q}_2]\begin{bmatrix}\boldsymbol{R}\\ \boldsymbol{O}\end{bmatrix}$（$2mn^2-\frac{2}{3}n^2$ 次浮点运算）.

2：**矩阵-向量乘法.** 求解 $\boldsymbol{z}=\boldsymbol{Q}_1^{\mathrm{T}}\boldsymbol{b}$（$2n^2$ 次浮点运算）.

3：后向代入. 取 $\boldsymbol{z}$ 的前 n 个元素为新的向量 $\tilde{\boldsymbol{z}}$，求解 $\boldsymbol{R}\boldsymbol{x}=\tilde{\boldsymbol{z}}$（$n^2$ 次浮点运算）.

例 4.2.2.　利用 QR 分解求 $\boldsymbol{A}\boldsymbol{x}=\boldsymbol{b}$ 得最小二乘解，其中

$$\boldsymbol{A}=\begin{bmatrix}1 & 4 & 5\\ 1 & -2 & 3\\ 1 & 4 & 1\\ 1 & -2 & -1\end{bmatrix},\ \boldsymbol{b}=\begin{bmatrix}6\\ 0\\ -4\\ 2\end{bmatrix}$$

解.　求矩阵 $\boldsymbol{A}$ 的 QR 分解

$$\boldsymbol{A}=\boldsymbol{Q}\begin{bmatrix}\boldsymbol{R}\\ \boldsymbol{O}\end{bmatrix}=\begin{bmatrix}1/2 & 1/2 & 1/2 & 1/2\\ 1/2 & -1/2 & 1/2 & -1/2\\ 1/2 & 1/2 & -1/2 & -1/2\\ 1/2 & -1/2 & -1/2 & 1/2\end{bmatrix}\begin{bmatrix}2 & 2 & 4\\ 0 & 6 & 2\\ 0 & 0 & 4\\ 0 & 0 & 0\end{bmatrix}$$

其中

$$\boldsymbol{Q}=\begin{bmatrix}1/2 & 1/2 & 1/2 & 1/2\\ 1/2 & -1/2 & 1/2 & -1/2\\ 1/2 & 1/2 & -1/2 & -1/2\\ 1/2 & -1/2 & -1/2 & 1/2\end{bmatrix},\ \boldsymbol{R}=\begin{bmatrix}2 & 2 & 4\\ 0 & 6 & 2\\ 0 & 0 & 4\end{bmatrix}$$

由此可得

$$Q^{\mathrm{T}}b=\begin{bmatrix}2\\0\\4\\6\end{bmatrix},\ b^*=\begin{bmatrix}2\\0\\4\end{bmatrix}$$

解方程 $Rx^*=b^*$ 得 $x^*=(-2/3,-1/3,1)$.

3. 奇异值分解法

也可以使用奇异值分解来解决最小二乘问题. 设 $A\in\mathbb{R}^{m\times n}(m\geqslant n)$ 列满秩,

$$A=U\begin{bmatrix}\Sigma\\O\end{bmatrix}V^{\mathrm{T}}$$

是 A 的奇异值分解,令 U_n 为 U 的前 n 列组成的矩阵,即 $U=[U_n\quad \widetilde{U}]$,其中 U 是正交矩阵,根据 l_2 范数的正交不变性得

$$\begin{aligned}\|Ax-b\|_2^2&=\left\|U\begin{bmatrix}\Sigma\\O\end{bmatrix}V^{\mathrm{T}}x-b\right\|_2^2=\left\|\begin{bmatrix}\Sigma\\O\end{bmatrix}V^{\mathrm{T}}x-\begin{bmatrix}U_n^{\mathrm{T}}\\\widetilde{U}^{\mathrm{T}}\end{bmatrix}b\right\|_2^2\\&=\left\|\begin{bmatrix}\Sigma V^{\mathrm{T}}x-U_n^{\mathrm{T}}b\\-\widetilde{U}^{\mathrm{T}}b\end{bmatrix}\right\|_2^2=\|\Sigma V^{\mathrm{T}}x-U_n^{\mathrm{T}}b\|_2^2+\|\widetilde{U}^{\mathrm{T}}b\|_2^2\\&\geqslant\|\widetilde{U}^{\mathrm{T}}b\|_2^2\end{aligned}$$

等号当且仅当 $\Sigma V^{\mathrm{T}}x-U_n^{\mathrm{T}}b=0$ 时成立,即 $x=(\Sigma V^{\mathrm{T}})^{-1}U_n^{\mathrm{T}}b=V\Sigma^{-1}U_n^{\mathrm{T}}b$.

算法 4.12 基于 SVD 求解最小二乘问题

1: **SVD 因式分解.** 将 A 因式分解为 $A=U\Sigma V^{\mathrm{T}}$(n^3 次浮点运算).
2: **矩阵-向量乘法.** 求解 $Xy=U_n^{\mathrm{T}}b$($2n^2$ 次浮点运算).
3: **求解对角方程组.** 求解 $\Sigma z=y$(n 次浮点运算).
4: **矩阵-向量乘法.** 求解 $x=Vz$($2n^2$ 次浮点运算).

例 4.2.3. 利用 *SVD* 分解求 $Ax=b$ 的最小二乘解,其中

$$A=\begin{bmatrix}0&1\\1&1\\1&0\end{bmatrix},\ b=\begin{bmatrix}1\\0\\1\end{bmatrix}$$

解. A 的 *SVD* 分解为:

$$\begin{bmatrix}0&1\\1&1\\1&0\end{bmatrix}=\begin{bmatrix}\frac{1}{\sqrt{6}}&\frac{1}{\sqrt{2}}&\frac{1}{\sqrt{3}}\\\frac{2}{\sqrt{6}}&0&-\frac{1}{\sqrt{3}}\\\frac{1}{\sqrt{6}}&-\frac{1}{\sqrt{2}}&\frac{1}{\sqrt{3}}\end{bmatrix}\begin{bmatrix}\sqrt{3}&0\\0&1\\0&0\end{bmatrix}\begin{bmatrix}\frac{1}{\sqrt{2}}&\frac{1}{\sqrt{2}}\\-\frac{1}{\sqrt{2}}&\frac{1}{\sqrt{2}}\end{bmatrix}$$

故

$$\boldsymbol{y}=\begin{bmatrix}\frac{1}{\sqrt{6}}&\frac{2}{\sqrt{6}}&\frac{1}{\sqrt{6}}\\\frac{1}{\sqrt{2}}&0&-\frac{1}{\sqrt{2}}\end{bmatrix}\begin{bmatrix}1\\0\\1\end{bmatrix}=\begin{bmatrix}\frac{2}{\sqrt{6}}\\0\end{bmatrix}$$

因此 $\boldsymbol{x}=\boldsymbol{V\Sigma}^{-1}\boldsymbol{y}=\left(\frac{1}{3},\ \frac{1}{3}\right)$.

4.2.3　最小二乘问题的变体

对最小二乘问题做一些修改,会得到其他形式的最小二乘问题.

1. 加权最小二乘

在普通的最小二乘法中,我们想要最小化误差向量各项的平方和:

$$\|\boldsymbol{Ax}-\boldsymbol{y}\|_2^2=\sum_{i=1}^{m}r_i^2,\ r_i=\boldsymbol{a}_i^{\mathrm{T}}\boldsymbol{x}-y_i$$

其中 $\boldsymbol{a}_i^{\mathrm{T}},\ i=1,\ \cdots,\ m$ 是 $\boldsymbol{A}$ 的各行. 但是,在某些情形下,方程的残差项并不是同样重要的. 相比其他方程,有可能满足某一个方程更重要. 这样,我们需要在残差项赋予权重:

$$f_0(\boldsymbol{x})=\sum_{i=1}^{m}w_i^2r_i^2,$$

其中 $w_i\geqslant 0$ 是给定的权重.

这样最小化目标函数重写为:

$$f_0(\boldsymbol{x})=\|\boldsymbol{W}(\boldsymbol{Ax}-\boldsymbol{y})\|_2^2=\|\boldsymbol{A}_w\boldsymbol{x}-\boldsymbol{y}_w\|_2^2$$

其中

$$\boldsymbol{W}=\mathrm{diag}(w_1,\ \cdots,\ w_m),\ \boldsymbol{A}_w:=\boldsymbol{WA},\ \boldsymbol{y}_w:=\boldsymbol{Wy}$$

加权最小二乘仍然是普通最小二乘的形式，其权重最小二乘解为：

$$\begin{aligned}\hat{\boldsymbol{x}} &= (\boldsymbol{A}_w^{\mathrm{T}}\boldsymbol{A}_w)^{-1}\boldsymbol{A}_w^{\mathrm{T}}\boldsymbol{y}_w \\ &= (\boldsymbol{A}^{\mathrm{T}}\boldsymbol{W}^{\mathrm{T}}\boldsymbol{W}\boldsymbol{A})^{-1}\boldsymbol{A}^{\mathrm{T}}\boldsymbol{W}^{\mathrm{T}}\boldsymbol{W}\boldsymbol{y}\end{aligned}$$

2. 约束最小二乘

考虑带有约束的最小二乘问题

$$\begin{aligned}\min_{\boldsymbol{x}} \quad & \frac{1}{2}\|\boldsymbol{A}\boldsymbol{x}-\boldsymbol{b}\|_2^2 \\ s.t. \quad & \boldsymbol{B}\boldsymbol{x}=\boldsymbol{f}\end{aligned}$$

其中 $\boldsymbol{B}\boldsymbol{x}=\boldsymbol{f}$ 是约束条件. 求解需要凸优化知识，在这里只列出解. 如果 $\boldsymbol{A}^{\mathrm{T}}\boldsymbol{A}$ 非奇异，且 $\boldsymbol{B}$ 行满秩，则 $\hat{\boldsymbol{x}}=(\boldsymbol{A}^{\mathrm{T}}\boldsymbol{A})^{-1}(\boldsymbol{A}^{\mathrm{T}}\boldsymbol{b}-\boldsymbol{B}^{\mathrm{T}}\boldsymbol{\lambda})$，其中 $\boldsymbol{\lambda}=(\boldsymbol{B}(\boldsymbol{A}^{\mathrm{T}}\boldsymbol{A})^{-1}\boldsymbol{B}^{\mathrm{T}})^{-1}(\boldsymbol{B}(\boldsymbol{A}^{\mathrm{T}}\boldsymbol{A})^{-1}\boldsymbol{A}^{\mathrm{T}}\boldsymbol{b}-\boldsymbol{f})$.

3. 总体最小二乘

考虑得到的数据矩阵和数据向量 $\boldsymbol{A}$，$\boldsymbol{b}$ 都有误差，设实际观测的数据矩阵和数据向量

$$\boldsymbol{A}=\boldsymbol{A}_0+\boldsymbol{E},\ \boldsymbol{b}=\boldsymbol{b}_0+\boldsymbol{e}$$

其中 $\boldsymbol{E}$ 和 $\boldsymbol{e}$ 分别表示误差数据矩阵和误差数据向量. 总体最小二乘的基本思想是：不仅用校正向量 $\Delta\boldsymbol{b}$ 去干扰数据向量 $\boldsymbol{b}$，同时用校正矩阵 $\Delta\boldsymbol{A}$ 去干扰数据矩阵 $\boldsymbol{A}$，以便对 $\boldsymbol{A}$ 和 $\boldsymbol{b}$ 二者内存在的误差或噪声进行联合补偿

$$\begin{aligned}\boldsymbol{b}+\Delta\boldsymbol{b}&=\boldsymbol{b}_0+\boldsymbol{e}+\Delta\boldsymbol{b}\rightarrow\boldsymbol{b}_0 \\ \boldsymbol{A}+\Delta\boldsymbol{A}&=\boldsymbol{A}_0+\boldsymbol{E}+\Delta\boldsymbol{A}\rightarrow\boldsymbol{A}_0\end{aligned}$$

以抑制观测误差或噪声对矩阵方程求解的影响，从而实现从有误差的矩阵方程到精确矩阵方程的求解的转换

$$(\boldsymbol{A}+\Delta\boldsymbol{A})\boldsymbol{x}=\boldsymbol{b}+\Delta\boldsymbol{b}\Rightarrow\boldsymbol{A}_0\boldsymbol{x}=\boldsymbol{b}_0 \tag{4.24}$$

自然地，我们希望校正数据矩阵和数据向量都尽量小. 因此，总体最小二乘问题可以用约束优化问题叙述为：

$$\begin{aligned}\min_{\Delta\boldsymbol{A},\,\Delta\boldsymbol{b},\,\boldsymbol{x}} \quad & \|[\Delta\boldsymbol{A}\quad\Delta\boldsymbol{b}]\|_{\mathrm{F}}^2=\|\Delta\boldsymbol{A}\|_{\mathrm{F}}^2+\|\Delta\boldsymbol{b}\|_2^2 \\ s.t. \quad & (\boldsymbol{A}+\Delta\boldsymbol{A})\boldsymbol{x}=\boldsymbol{b}+\Delta\boldsymbol{b}\end{aligned}$$

约束条件有时也表示为 $(\boldsymbol{b}+\Delta\boldsymbol{b})\in \mathrm{Col}(\boldsymbol{A}+\Delta\boldsymbol{A})$.

由(4.24),校正过方程的解满足:

$$[\boldsymbol{A}+\Delta\boldsymbol{A}\quad \boldsymbol{b}+\Delta\boldsymbol{b}]\begin{bmatrix}\boldsymbol{x}\\-1\end{bmatrix}=\boldsymbol{0} \tag{4.25}$$

如果 $[\boldsymbol{A}+\Delta\boldsymbol{A}\quad \boldsymbol{b}+\Delta\boldsymbol{b}]$ 是列满秩的矩阵,记 $\tilde{\boldsymbol{x}}=\begin{bmatrix}\boldsymbol{x}\\-1\end{bmatrix}$,则以 $\tilde{\boldsymbol{x}}$ 为未知量的方程:

$$[\boldsymbol{A}+\Delta\boldsymbol{A}\quad \boldsymbol{b}+\Delta\boldsymbol{b}]\tilde{\boldsymbol{x}}=\boldsymbol{0} \tag{4.26}$$

只有零解,与 $\tilde{\boldsymbol{x}}$ 的最后一个分量为 -1 矛盾. 因此,$[\boldsymbol{A}+\Delta\boldsymbol{A}\quad \boldsymbol{b}+\Delta\boldsymbol{b}]$ 是一个列亏损矩阵. 问题转化为求一个最接近 $[\boldsymbol{A}\quad \boldsymbol{b}]$ 的列亏损矩阵. 设 $[\boldsymbol{A}\quad \boldsymbol{b}]$ 的奇异值分解为

$$[\boldsymbol{A}\quad \boldsymbol{b}]=\sum_{i=1}^{n+1}\sigma_i\boldsymbol{u}_i\boldsymbol{v}_i^{\mathrm{T}}$$

其中 σ_i 为 $[\boldsymbol{A}\quad \boldsymbol{b}]$ 的第 i 个奇异值,$\boldsymbol{u}_i$, $\boldsymbol{v}_i$ 分别为对应的左右奇异向量. 由式(4.26)易知,解向量 $\tilde{\boldsymbol{x}}$ 是增广矩阵 $[\boldsymbol{A}\quad \boldsymbol{b}]$ 的奇异值 σ_{n+1} 对应的右奇异向量 $\boldsymbol{v}_{n+1}$. 于是若求得其奇异值分解,便可得总体最小二乘解为:

$$\tilde{\boldsymbol{x}}=\frac{1}{-v_{n+1,\,n+1}}\begin{bmatrix}v_{1,\,n+1}\\ \vdots\\ v_{n,\,n+1}\end{bmatrix}$$

需要声明的是,为简便起见,我们这里求解假定了 $v_{n+1,\,n+1}$ 不为零. 对于更一般的情形可以参考本章阅读材料提及的参考文献.

4.2.4 最小二乘问题的解的敏感性

现在考虑向量 $\boldsymbol{b}$ 的扰动对最小二乘解的影响. 假定 $\boldsymbol{b}$ 有扰动 $\Delta\boldsymbol{b}$ 且 $\boldsymbol{x}$ 和 $\boldsymbol{x}+\Delta\boldsymbol{x}$ 分别是最小二乘问题

$$\min\|\boldsymbol{b}-\boldsymbol{A}\boldsymbol{x}\|_2 \text{ 和 } \min\|(\boldsymbol{b}+\Delta\boldsymbol{b})-\boldsymbol{A}\boldsymbol{x}\|_2$$

的解,即

$$\boldsymbol{x}=\boldsymbol{A}^{\dagger}\boldsymbol{b},$$
$$\boldsymbol{x}+\Delta\boldsymbol{x}=\boldsymbol{A}^{\dagger}(\boldsymbol{b}+\Delta\boldsymbol{b})=\boldsymbol{A}^{\dagger}\tilde{\boldsymbol{b}}$$

其中 $\widetilde{\boldsymbol{b}}=\boldsymbol{b}+\Delta\boldsymbol{b}$. 下面的定理给出了由于 $\boldsymbol{b}$ 的扰动而引起的 $\boldsymbol{x}$ 的相对误差的界.

定理 4.2.6. 设 $\boldsymbol{b}_1$ 和 $\widetilde{\boldsymbol{b}}_1$ 分别是 $\boldsymbol{b}$ 和 $\widetilde{\boldsymbol{b}}$ 在 $\mathrm{Col}(\boldsymbol{A})$ 上的正交投影. 若 $\boldsymbol{b}_1\neq\boldsymbol{0}$, 则

$$\frac{\|\Delta\boldsymbol{x}\|_2}{\|\boldsymbol{x}\|_2}\leqslant\kappa_2(\boldsymbol{A})\frac{\|\boldsymbol{b}_1-\widetilde{\boldsymbol{b}}_1\|_2}{\|\boldsymbol{b}_1\|_2}$$

其中 $\kappa_2(\boldsymbol{A})=\|\boldsymbol{A}\|_2\|\boldsymbol{A}^\dagger\|_2$.

证明. 设 $\boldsymbol{b}$ 在 $\mathrm{Col}(\boldsymbol{A})^\perp$ 上的正交投影为 $\boldsymbol{b}_2$,则 $\boldsymbol{A}^{\mathrm{T}}\boldsymbol{b}_2=\boldsymbol{0}$. 由 $\boldsymbol{b}=\boldsymbol{b}_1+\boldsymbol{b}_2$ 可得

$$\boldsymbol{A}^\dagger\boldsymbol{b}=\boldsymbol{A}^\dagger\boldsymbol{b}_1+\boldsymbol{A}^\dagger\boldsymbol{b}_2=\boldsymbol{A}^\dagger\boldsymbol{b}_1+(\boldsymbol{A}^{\mathrm{T}}\boldsymbol{A})^{-1}\boldsymbol{A}^{\mathrm{T}}\boldsymbol{b}_2=\boldsymbol{A}^\dagger\boldsymbol{b}_1$$

同理可证 $\boldsymbol{A}^\dagger\widetilde{\boldsymbol{b}}=\boldsymbol{A}^\dagger\widetilde{\boldsymbol{b}}_1$. 因此

$$\|\Delta\boldsymbol{x}\|_2=\|\boldsymbol{A}^\dagger\boldsymbol{b}-\boldsymbol{A}^\dagger\widetilde{\boldsymbol{b}}\|_2=\|\boldsymbol{A}^\dagger(\boldsymbol{b}_1-\widetilde{\boldsymbol{b}}_1)\|_2 \tag{4.27}$$

$$\leqslant\|\boldsymbol{A}^\dagger\|_2\|\boldsymbol{b}_1-\widetilde{\boldsymbol{b}}_1\|_2 \tag{4.28}$$

由 $\boldsymbol{A}\boldsymbol{x}=\boldsymbol{b}_1$ 得

$$\|\boldsymbol{b}_1\|_2\leqslant\|\boldsymbol{A}\|_2\|\boldsymbol{x}\|_2 \tag{4.29}$$

由(4.28)和(4.29)立即得到定理的结论. □

这个定理告诉我们,在考虑 $\boldsymbol{x}$ 的相差误差时,若 $\boldsymbol{b}$ 有变化,只有它在 $\mathrm{Col}(\boldsymbol{A})$ 上的投影会对解产生影响. 此外,这个定理还告诉我们,最小二乘问题之解的敏感性依赖于数 $\kappa_2(\boldsymbol{A})$ 的大小. 因此,我们称它为最小二乘问题的条件数. 若 $\kappa_2(\boldsymbol{A})$ 很大,则称最小二乘问题是病态的;否则称为良态的.

作为本节的结束,我们给出 $\kappa_2(\boldsymbol{A})$ 与方阵 $\boldsymbol{A}^{\mathrm{T}}\boldsymbol{A}$ 的条件数之间的关系.

定理 4.2.7. 设 $\boldsymbol{A}$ 的列向量线性无关,则 $\kappa_2(\boldsymbol{A})^2=\kappa(\boldsymbol{A}^{\mathrm{T}}\boldsymbol{A})$.

证明.

$$\|\boldsymbol{A}\|_2^2=\lambda_{\max}(\boldsymbol{A}^{\mathrm{T}}\boldsymbol{A})=\|\boldsymbol{A}^{\mathrm{T}}\boldsymbol{A}\|_2,$$
$$\|\boldsymbol{A}^\dagger\|_2^2=\|\boldsymbol{A}^\dagger(\boldsymbol{A}^\dagger)^{\mathrm{T}}\|_2=\|(\boldsymbol{A}^{\mathrm{T}}\boldsymbol{A})^{-1}\|_2$$

于是有

$$\kappa_2(\boldsymbol{A})^2=\|\boldsymbol{A}\|_2^2\|\boldsymbol{A}^\dagger\|_2^2=\|\boldsymbol{A}^{\mathrm{T}}\boldsymbol{A}\|_2\|(\boldsymbol{A}^{\mathrm{T}}\boldsymbol{A})^{-1}\|_2=\kappa(\boldsymbol{A}^{\mathrm{T}}\boldsymbol{A})$$ □

刚才我们仅仅考虑了 $\boldsymbol{b}$ 的扰动对最小二乘解的影响问题,而要全面讨论最小二乘问题的敏感性问题,就必须考虑 $\boldsymbol{A}$ 和 $\boldsymbol{b}$ 同时都有微小扰动时,最小二乘解将有何变化,而这

是一个非常复杂的问题，由于篇幅所限这里将不再进行讨论.

4.3　特征值计算

工程中许多实际问题都归结为求某些矩阵的特征值和特征向量：例如物理中的振动问题、稳定性问题，在数据科学以及机器学习中的网页链接分析问题（PageRank）、流形学习、谱聚类、线性判别分析、主成分分析等问题.

与线性方程组和最小二乘问题的求解一样，矩阵特征值和特征向量的计算也是数值线性代数的重要内容. 传统上求一个矩阵的特征值的问题实质上是求一个特征（代数）多项式的根的问题，而数学上已经证明：5 阶以上的多项式的根一般不能用有限次运算求得. 因此，矩阵特征值的计算方法本质上都是迭代的. 目前，已有不少非常成熟的数值方法用于计算矩阵的全部或部分特征值和特征向量. 而全面系统地介绍所有这些重要的数值方法，会远远超出我们这门课的范围，因而这里我们仅介绍几类最常用的基本方法，包括幂法和反幂法等.

4.3.1　矩阵特征值分布范围的估计

本节我们首先讨论矩阵特征值的分布范围或它们的界，其在理论上或者实际中都有重要应用，比如在敏感性分析和迭代法计算中都需要对矩阵的特征值分布范围有了解. 例如，

- 计算矩阵的 2 条件数

$$\kappa_2(\boldsymbol{A})=\sqrt{\frac{\lambda_{\max}(\boldsymbol{A}^{\mathrm{T}}\boldsymbol{A})}{\lambda_{\min}(\boldsymbol{A}^{\mathrm{T}}\boldsymbol{A})}}$$

- 考察一阶定常迭代法 $\boldsymbol{x}^{(k+1)}=\boldsymbol{B}\boldsymbol{x}^{(k)}+\boldsymbol{f}$ 的收敛性、收敛速度，收敛的判据是谱半径 $\rho(\boldsymbol{B})=\max\limits_{1\leqslant j\leqslant n}|\lambda_j(\boldsymbol{B})|<1$，收敛速度为 $R=-\log_{10}\rho(\boldsymbol{B})$.

前面说明过谱半径的大小不超过任何一种算子范数，即

$$\rho(\boldsymbol{A})\leqslant\|\boldsymbol{A}\|$$

这是关于特征值上界的一个重要结论.

为了细致描述 n 阶矩阵的特征值在复平面的分布范围，首先引进 Gerschgorin 圆盘（简称盖尔圆或盖氏圆）. 本讲我们假设矩阵都是复矩阵.

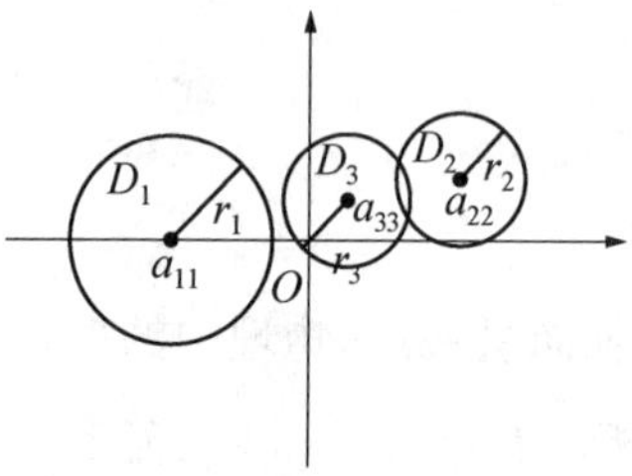

图 4.3 复坐标平面，以及 3×3 复矩阵 $\mathbf{A}$ 的盖氏圆

定义 4.3.1. 设 $\mathbf{A}=(a_{kj})\in\mathbb{C}^{n\times n}$，令 $R_k=\sum_{j=1,\ j\neq k}^{n}|a_{kj}|$，则称集合 $D_k=\{z\mid z\in\mathbb{C}:|z-a_{kk}|\leqslant R_k\}$，$k=1,2,\cdots,n$ 为在复平面内以 a_{kk} 为圆心、R_k 为半径的圆盘，称为 $\mathbf{A}$ 的第 k 个**盖氏圆**.

在很多情况下，我们并不需要确切地知道矩阵的每一个特征值的大小，而是要估计出这个矩阵各个特征值大概的范围.

定理 4.3.1. **(圆盘定理)** 设 $\mathbf{A}=(a_{kj})\in\mathbb{C}^{n\times n}$，则：

(1) $\mathbf{A}$ 的每一个特征值必属于 $\mathbf{A}$ 的格什戈林圆盘之中，即对任一特征值 λ 必定存在 $k(1\leqslant k\leqslant n)$，使得

$$|\lambda-a_{kk}|\leqslant\sum_{j=1,\ j\neq k}^{n}|a_{kj}| \tag{4.30}$$

用集合的关系来说明，这意味着 $\lambda(\mathbf{A})\subseteq\bigcup_{k=1}^{n}D_k$，其中 $D_k=\{z\mid|z-a_{kk}|\leqslant\sum_{j=1,j\neq k}^{n}|a_{kj}|\}$.

(2) 若 $\mathbf{A}$ 的格什戈林圆盘中有 m 个圆盘组成一连通并集 S，且 S 与余下的 $n-m$ 个圆盘分离，则 S 内恰好包含 $\mathbf{A}$ 的 m 个特征值(重特征值按重数计).

下面对定理 4.3.1 的结论(1)进行证明，结论(2)的证明超出了本书的范围.

证明. 设 λ 为 $\mathbf{A}$ 的任一特征值，则有 $\mathbf{A}\boldsymbol{x}=\lambda\boldsymbol{x}$，$\boldsymbol{x}$ 为非零向量. 设 $\boldsymbol{x}$ 中第 k 个分量最大，即

$$|x_k|=\max_{1\leqslant j\leqslant n}|x_j|>0$$

考虑线性方程中第 k 个方程

$$\sum_{j=1}^{n}a_{kj}x_j=\lambda x_k$$

将其中与 x_k 有关的项移到等号左边，其余移到右边，再两边取模得

$$|\lambda-a_{kk}||x_k|=\left|\sum_{\substack{j=1\\j\neq k}}^{n}a_{kj}x_j\right|\leqslant\sum_{\substack{j=1\\j\neq k}}^{n}|a_{kj}||x_j|\leqslant|x_k|\sum_{\substack{j=1\\j\neq k}}^{n}|a_{kj}| \tag{4.31}$$

□

最后一个不等式的推导利用了“$\boldsymbol{x}$ 中第 k 个分量最大”的假设. 将不等式(4.31) 除以

$|x_k|$，即得到式(4.30)，因此证明了定理 4.3.1 的结论(1). 上述证明过程还说明，若某个特征向量的第 k 个分量的模最大，则相应的特征值必定属于第 k 个圆盘中.

例 4.3.1.　试估计矩阵

$$\begin{bmatrix} 4 & 1 & 0 \\ 1 & 0 & -1 \\ 1 & 1 & -4 \end{bmatrix}$$

的特征值范围.

解.　直接应用圆盘定理，该矩阵的三个圆盘如下：

$$D_1: |\lambda - 4| \leqslant 1,\ D_2: |\lambda| \leqslant 2,\ D_3: |\lambda + 4| \leqslant 2$$

D_1 与其他圆盘分离，则它仅含一个特征值，且必定为实数(若为虚数则其共轭也是特征值，这与 D_1 仅含一个特征值矛盾). 所以对矩阵特征值的范围的估计是

$$3 \leqslant \lambda_1 \leqslant 5,\ \lambda_2,\ \lambda_3 \in D_2 \cup D_3$$

再对矩阵 $\boldsymbol{A}^{\mathrm{T}}$ 应用圆盘定理，则可以进一步优化上述结果. 矩阵 $\boldsymbol{A}^{\mathrm{T}}$ 对应的三个圆盘为

$$D_1': |\lambda - 4| \leqslant 2,\ D_2': |\lambda| \leqslant 2,\ D_3': |\lambda + 4| \leqslant 1$$

这说明 D_3' 中存在一个特征值，且为实数，它属于区间$[-5, -3]$. 经过综合分析可知三个特征值均为实数，它们的范围是

$$\lambda_1 \in [3, 5],\ \lambda_2 \in [-2, 2],\ \lambda_3 \in [-5, -3]$$

事实上，可求出矩阵 $\boldsymbol{A}$ 的特征值为 4.2030，−0.4429，−3.7601.

在估计特征值范围的时候，我们希望各个圆盘的半径越小越好. 所以可以通过对矩阵 $\boldsymbol{A}$ 做相似变换，例如取 $\boldsymbol{X}$ 为对角矩阵，然后再应用圆盘定理估计特征值的范围.

例 4.3.2.　选取适当的矩阵 $\boldsymbol{X}$，应用定理 4.3.1 估计例 4.3.1 中矩阵的特征值范围.

解.　取

$$\boldsymbol{X}^{-1} = \begin{bmatrix} 1 & 0 & 0 \\ 0 & 1 & 0 \\ 0 & 0 & 0.9 \end{bmatrix}$$

则

$$A_1 = X^{-1}AX = \begin{bmatrix} 4 & 1 & 0 \\ 1 & 0 & -\dfrac{10}{9} \\ 0.9 & 0.9 & -4 \end{bmatrix}$$

的特征值与 A 的相同. 对 A_1 应用圆盘定理,得到三个分离的圆盘,它们分别包含一个实特征值,由此得到特征值的范围估计

$$\lambda_1 \in [3, 5], \lambda_2 \in \left[-\frac{19}{9}, \frac{19}{9}\right], \lambda_3 \in [-5.8, -2.2]$$

此外,还可以进一步估计 $\rho(A)$ 的范围,即 $3 \leqslant \rho(A) \leqslant 5.8$.

上述例子表明,综合运用圆盘定理和矩阵特征值的性质,可对特征值的范围进行一定的估计. 对具体例子,可适当设置相似变换矩阵,尽可能让圆盘相互分离,从而提高估计的有效性.

4.3.2 幂法

幂法是通过求矩阵的特征向量来求出特征值的一种迭代法. 它主要用来求按模最大的特征值和相应的特征向量. 其优点是算法简单,容易实现,缺点是收敛速度慢,其有效性依赖于矩阵特征值的分布情况. 本节接下来将介绍幂法、反幂法以及加快幂法迭代收敛的技术.

定义 4.3.2. 在矩阵 A 的特征值中,模最大的特征值称为**主特征值**,也叫第一特征值,它对应的特征向量称为**主特征向量**.

应注意的是,主特征值有可能不唯一,因为模相同的复数可以有很多,例如模为 5 的特征值可能是 $5, -5, 3+4i, 3-4i$ 等等. 另外注意谱半径和主特征值的区别.

如果矩阵 A 有唯一的主特征值,则一般通过幂法能够方便地计算出主特征值及其对应的特征向量. 对于实矩阵,这个主特征值显然是实数,但不排除它是重特征值的情况. 幂法的计算过程是,首先任取一非零向量 $x_0 \in \mathbb{R}^n$,再进行迭代计算

$$x_k = Ax_{k-1},\ k = 1, 2, \cdots$$

得到向量序列 $\{x_k\}$,根据它即可求出主特征值与特征向量. 下面我们来看一下具体的计算过程.

假设 A 的特征值可按模的大小排列为 $|\lambda_1| > |\lambda_2| \geqslant \cdots \geqslant |\lambda_n|$,且其对应特征向量 $\xi_1, \xi_2, \cdots, \xi_n$ 线性无关. 此时,任意非零向量 $x^{(0)}$ 均可用 $\xi_1, \xi_2, \cdots, \xi_n$ 线性表示,即

$$x^{(0)}=\alpha_1\boldsymbol{\xi}_1+\alpha_2\boldsymbol{\xi}_2+\cdots+\alpha_n\boldsymbol{\xi}_n$$

且 α_1，α_2，…，α_n 不全为零. 做向量序列 $\boldsymbol{x}^{(k)}=\boldsymbol{A}^k\boldsymbol{x}^{(0)}$，则

$$\begin{aligned}\boldsymbol{x}^{(k)}&=\boldsymbol{A}^k\boldsymbol{x}^{(0)}=\alpha_1\boldsymbol{A}^k\boldsymbol{\xi}_1+\alpha_2\boldsymbol{A}^k\boldsymbol{\xi}_2+\cdots+\alpha_n\boldsymbol{A}^k\boldsymbol{\xi}_n\\&=\alpha_1\lambda_1^k\boldsymbol{\xi}_1+\alpha_2\lambda_2^k\boldsymbol{\xi}_2+\cdots+\alpha_n\lambda_n^k\boldsymbol{\xi}_n\\&=\lambda_1^k\left[\alpha_1\boldsymbol{\xi}_1+\alpha_2\left(\frac{\lambda_2}{\lambda_1}\right)^k\boldsymbol{\xi}_2+\cdots+\alpha_n\left(\frac{\lambda_n}{\lambda_1}\right)^k\boldsymbol{\xi}_n\right]\end{aligned}$$

由此可见，若 $\alpha_1\neq 0$，则有

$$\lim_{k\to\infty}\left(\frac{\lambda_i}{\lambda_1}\right)^k=0,\ i=2,\ \cdots,\ n$$

故当 k 充分大的时候，必有

$$\boldsymbol{x}^{(k)}\approx\lambda_1^k\alpha_1\boldsymbol{\xi}_1$$

即 $\boldsymbol{x}^{(k)}$ 可以近似看成 λ_1 对应的特征向量，而 $\boldsymbol{x}^{(k)}$ 与 $\boldsymbol{x}^{(k-1)}$ 分量之比为

$$\frac{\boldsymbol{x}^{(k)}}{\boldsymbol{x}^{(k-1)}}\approx\frac{\lambda_1^k\alpha_1\boldsymbol{\xi}_1}{\lambda_1^{k-1}\alpha_1\boldsymbol{\xi}_1}=\lambda_1$$

于是利用向量序列 $\{\boldsymbol{x}^{(k)}\}$ 即可求出按模最大的特征值 λ_1，又可以求出对应的特征向量 $\boldsymbol{\xi}_1$.

在实际计算中，考虑到当 $|\lambda_1|>1$ 时，$\lambda_1^k\to\infty$；$|\lambda_1|<1$ 时，$\lambda_1^k\to 0$，因而计算 $\boldsymbol{x}^{(k)}$ 时可能会发生上溢或者下溢，故每一步将 $\boldsymbol{x}^{(k)}$ 归一化处理，即将 $\boldsymbol{x}^{(k)}$ 的各分量都除以模最大的分量，使 $\|\boldsymbol{x}^{(k)}\|_\infty=1$. 于是求 $\boldsymbol{A}$ 按模最大的特征值 λ_1 和对应的特征向量 ξ_1 的算法，可归纳为如下步骤.

上述算法我们称为幂法.

算法 4.13　幂法

1：$k=0$
2：初始化 $\boldsymbol{x}^{(0)}\neq 0$
3：**repeat**
4：　$\boldsymbol{y}^{(k+1)}=\boldsymbol{A}\boldsymbol{x}^{(k)}$
5：　$m_{k+1}=\max\{\boldsymbol{y}^{(k+1)}\}$
6：　$\boldsymbol{x}^{(k+1)}=\boldsymbol{y}^{(k+1)}/m_{k+1}$
7：　$\lambda^{(k+1)}=m^{k+1}$
8：　$k=k+1$
9：**until** 收敛

我们将经过归一化处理的幂法总结为如下的定理：

定理 4.3.2. 设矩阵 $\boldsymbol{A}$ 的特征值可按模的大小排列为 $|\lambda_1|>|\lambda_2|\geqslant\cdots\geqslant|\lambda_n|$，且对应特征向量 $\boldsymbol{\xi}_1, \boldsymbol{\xi}_2, \cdots, \boldsymbol{\xi}_n$ 线性无关. 序列 $\{\boldsymbol{x}^{(k)}\}$ 由算法产生，则有

$$\lim_{k\to\infty}\boldsymbol{x}^{(k)}=\frac{\boldsymbol{\xi}_1}{\max\{\boldsymbol{\xi}_1\}}=\boldsymbol{\xi}_1^0,\ \lim_{k\to\infty}m_k=\lambda_1 \tag{4.32}$$

式中：$\max\{\boldsymbol{\xi}_1\}$ 为向量 $\boldsymbol{\xi}_1$ 模最大的分量，$\boldsymbol{\xi}_1^0$ 为将 $\boldsymbol{\xi}_1$ 归一化后得到的向量.

证明. 由算法 4.13 的步 2 和步 3 知

$$\boldsymbol{x}^{(k)}=\frac{\boldsymbol{y}^{(k)}}{m_k}=\frac{\boldsymbol{A}\boldsymbol{x}^{(k-1)}}{m_k}=\frac{\boldsymbol{A}^2\boldsymbol{x}^{(k-2)}}{m_k m_{k-1}}=\cdots=\frac{\boldsymbol{A}^k\boldsymbol{x}^{(0)}}{m_k m_{k-1}\cdots m_1}$$

由于 $\boldsymbol{x}^{(k)}$ 的最大分量为 1，即 $\max\{\boldsymbol{x}^{(k)}\}=1$，故

$$m_k m_{k-1}\cdots m_1=\max\{\boldsymbol{A}^k\boldsymbol{x}^{(0)}\}$$

从而

$$\boldsymbol{x}^{(k)}=\frac{\boldsymbol{A}^k\boldsymbol{x}^{(0)}}{\max\{\boldsymbol{A}^k\boldsymbol{x}^{(0)}\}}=\frac{\lambda_1^k\left[\alpha_1\boldsymbol{\xi}_1+\sum\limits_{i=2}^n\alpha_i\left(\dfrac{\lambda_i}{\lambda_1}\right)^k\boldsymbol{\xi}_i\right]}{\max\left\{\lambda_1^k\left[\alpha_1\boldsymbol{\xi}_1+\sum\limits_{i=2}^n\alpha_i\left(\dfrac{\lambda_i}{\lambda_1}\right)^k\boldsymbol{\xi}_i\right]\right\}}$$

$$=\frac{\alpha_1\boldsymbol{\xi}_1+\sum\limits_{i=2}^n\alpha_i\left(\dfrac{\lambda_i}{\lambda_1}\right)^k\boldsymbol{\xi}_i}{\max\left\{\alpha_1\boldsymbol{\xi}_1+\sum\limits_{i=2}^n\alpha_i\left(\dfrac{\lambda_i}{\lambda_1}\right)^k\boldsymbol{\xi}_i\right\}}$$

可见

$$\lim_{k\to\infty}\boldsymbol{x}^{(k)}=\frac{\alpha_1\boldsymbol{\xi}_1}{\max\{\alpha_1\boldsymbol{\xi}_1\}}=\frac{\boldsymbol{\xi}_1}{\max\{\boldsymbol{\xi}_1\}}=\boldsymbol{\xi}_1^0$$

又

$$\boldsymbol{y}^{(k)}=\boldsymbol{A}\boldsymbol{x}^{(k-1)}=\frac{\boldsymbol{A}^k\boldsymbol{x}^{(0)}}{m_{k-1}\cdots m_1}=\frac{\boldsymbol{A}^k\boldsymbol{x}^{(0)}}{\max\{\boldsymbol{A}^{(k-1)}\boldsymbol{x}^{(0)}\}}$$

$$=\frac{\lambda_1^k\left[\alpha_1\boldsymbol{\xi}_1+\sum\limits_{i=2}^n\alpha_i\left(\dfrac{\lambda_i}{\lambda_1}\right)^k\boldsymbol{\xi}_i\right]}{\lambda_1^{k-1}\max\left\{\left[\alpha_1\boldsymbol{\xi}_1+\sum\limits_{i=2}^n\alpha_i\left(\dfrac{\lambda_i}{\lambda_1}\right)^{k-1}\boldsymbol{\xi}_i\right]\right.}$$

注意到 m_k 是 $\boldsymbol{y}^{(k)}$ 模的最大的分量，既有

$$m_k=\max\{\boldsymbol{v}^{(k)}\}=\lambda_1\frac{\max\left\{\alpha_1\boldsymbol{\xi}_1+\sum_{i=2}^{n}\alpha_i\left(\frac{\lambda_i}{\lambda_1}\right)^k\boldsymbol{\xi}_i\right\}}{\max\left\{\alpha_1\boldsymbol{\xi}_1+\sum_{i=2}^{n}\alpha_i\left(\frac{\lambda_i}{\lambda_1}\right)^{k-1}\boldsymbol{\xi}_i\right\}}$$

从而 $\lim_{k\to\infty}m_k=\lambda_1$ 成立. 证毕. □

例 4.3.3.　求矩阵 $\begin{bmatrix}8 & -7 & 3\\ -2 & 13 & -3\\ -2 & 10 & 0\end{bmatrix}$ 以(0, 1, 1)为初始迭代向量，前 10 次迭代得到的最大特征值和对应的特征向量.

解.　根据幂法得到模最小特征值的迭代结果为表 4.1.

表 4.1　各步迭代结果

迭代步数	$x^{(k)}$	$\lambda^{(k)}$
$k=1$	(−0.4, 1, 1)	10
$k=2$	(−0.6667, 1, 1)	10.8
$k=3$	(−0.8235, 1, 1)	11.3334
$k=4$	(−0.9091, 1, 1)	11.6471
…	…	…
$k=10$	(−0.9985, 1, 1)	11.9941

故矩阵的最大特征值约为 11.9941(实际值为 12)，对应的特征向量为(−0.9985, 1, 1)(实际特征向量为(−1, 1, 1)).

4.3.3　反幂法

反幂法(inverse iteration)基于幂法，可看成是幂法的一种应用，它能够求矩阵 $\boldsymbol{A}$ 按模最小的特征值及其特征向量. 对于一个非奇异矩阵 $\boldsymbol{A}$，$\boldsymbol{A}^{-1}$ 的特征值为矩阵 $\boldsymbol{A}$ 的特征值的倒数，$\boldsymbol{A}^{-1}$ 的主特征值便是 $\boldsymbol{A}$ 按模最小的特征值的倒数. 因此，可对 $\boldsymbol{A}^{-1}$ 应用幂法求出矩阵 $\boldsymbol{A}$ 的最小特征值. 这就是反幂法的基本思想.

与幂法相对应，反幂法的适用条件是：矩阵 $\boldsymbol{A}$ 按模最小的特征值唯一，且几何重数等于代数重数. 对于实矩阵，满足此条件时这个最小特征值一定是实数，相应的特征向量也

为实向量. 算法过程描述如下：

设 $\boldsymbol{A}$ 可逆，由于 $\boldsymbol{A\xi}_i=\lambda_i\boldsymbol{\xi}_i$ 时，成立 $\boldsymbol{A}^{-1}\boldsymbol{\xi}_i=\lambda_i^{-1}\boldsymbol{\xi}_i$. 因此，若 $|\lambda_1|\geqslant|\lambda_2|\geqslant\cdots\geqslant|\lambda_{n-1}|>|\lambda_n|$，则 λ_n^{-1} 是 $\boldsymbol{A}^{-1}$ 按模最大的特征值，此时按反幂法，必有

$$m_k\to\lambda_n^{-1},\ \boldsymbol{x}^{(k)}\to\boldsymbol{\xi}_n^0$$

其收敛率为 $|\lambda_n/\lambda_{n-1}|$. 任取初始向量 $\boldsymbol{x}^{(0)}$，构造向量序列

$$\boldsymbol{x}^{(k+1)}=\boldsymbol{A}^{-1}\boldsymbol{x}^{(k)},\ k=0,\ 1,\ 2,\ \cdots$$

按幂法计算即可.

但用上述式子计算，首先要求 $\boldsymbol{A}^{-1}$，这比较麻烦而且是不经济的，实际计算中通常用解方程组的办法，即用

$$\boldsymbol{A}\boldsymbol{x}^{(k+1)}=\boldsymbol{x}^{(k)},\ k=0,\ 1,\ 2,\ \cdots$$

求 $\boldsymbol{x}^{(k+1)}$. 为防止计算机溢出，实际计算时所用公式为

$$\begin{aligned}\boldsymbol{A}\boldsymbol{y}^{(k+1)}&=\boldsymbol{x}^{(k)},\\ \boldsymbol{x}^{(k+1)}&=\frac{\boldsymbol{y}^{(k+1)}}{\|\boldsymbol{y}^{(k+1)}\|_\infty}\end{aligned}\tag{4.33}$$

其中：$k=0,\ 1,\ 2,\ \cdots$. 于是得到反幂法 4.14.

算法 4.14 反幂法

$k=0$
初始化 $\boldsymbol{x}^{(0)}\neq 0$
repeat
  $\boldsymbol{y}^{(k+1)}=\boldsymbol{A}^{-1}\boldsymbol{x}^{(k)}$
  $m_{k+1}=\max\{\boldsymbol{y}^{(k+1)}\}$
  $\boldsymbol{x}^{(k+1)}=\boldsymbol{y}^{(k+1)}/m_{k+1}$
  $\lambda^{(k+1)}=\boldsymbol{x}^{(k+1)\mathrm{T}}\boldsymbol{A}\boldsymbol{x}^{(k+1)}/(\boldsymbol{x}^{(k+1)\mathrm{T}}\boldsymbol{x}^{(k+1)})$
  $k=k+1$
until 收敛

例 4.3.4. 求矩阵 $\begin{bmatrix}1&-1&2\\3&0&2\\3&5&-1\end{bmatrix}$ 以(1, 0, 1)为初始迭代向量，前 7 次迭代得到的最小特征值和对应的特征向量.

表 4.2　各步迭代结果

迭代步数	$x^{(k)}$	$\lambda^{(k)}$
$k=1$	(−0.667, 0.722, 1)	0.10
$k=2$	(−0.874, 0.552, 1)	−0.82
$k=3$	(−0.806, 0.532, 1)	−0.78
…	…	…
$k=7$	(−0.810, 0.521, 1)	−0.83

解.　根据反幂法得到模最小特征值的迭代结果为表 4.2. 故矩阵的模最小特征值约为−0.83,对应的特征向量为(−0.810, 0.521, 1).

1. *原点位移法*

在实际计算中,若知道某个矩阵特征值的估计值,常利用反幂法结合原点位移技术来求其精确值和对应的特征向量.

若 $\boldsymbol{A}$ 的特征值是 λ,则 $\lambda-\alpha$ 是 $\boldsymbol{A}-\alpha\boldsymbol{I}$ 的特征值. 因此反幂法可以用于已知矩阵的近似特征值为 α 时,求矩阵的特征向量并且提高特征值精度.

此时,可以用原点位移法来加速迭代过程,于是式(4.33)相应变为

$$(\boldsymbol{A}-\alpha\boldsymbol{I})\boldsymbol{x}^{(k+1)}=\boldsymbol{x}^{(k)},\ k=0,1,2,\cdots$$

以求得 $\boldsymbol{x}^{(k+1)}$. 为防止计算机溢出,实际计算时所用公式为

$$(\boldsymbol{A}-\alpha\boldsymbol{I})\boldsymbol{y}^{(k+1)}=\boldsymbol{x}^{(k)},\ \boldsymbol{x}^{(k+1)}=\frac{\boldsymbol{y}^{(k+1)}}{\|\boldsymbol{y}^{(k+1)}\|_{\infty}}$$

其中, $k=0,1,2,\cdots$. 于是得到算法 4.15.

算法 4.15　原点位移法

$k=0$
初始化 $\boldsymbol{x}^{(0)}\neq\boldsymbol{0}$
repeat
　$\boldsymbol{y}^{(k+1)}=(\boldsymbol{A}-\alpha\boldsymbol{I})^{-1}\boldsymbol{x}^{(k)}$
　$m_{k+1}=\max\{\boldsymbol{y}^{(k+1)}\}$
　$\boldsymbol{x}^{(k+1)}=\boldsymbol{y}^{(k+1)}/m_{k+1}$
　$\lambda^{(k+1)}=\boldsymbol{x}^{(k+1)^{\mathrm{T}}}\boldsymbol{A}\boldsymbol{x}^{(k+1)}/(\boldsymbol{x}^{(k+1)^{\mathrm{T}}}\boldsymbol{x}^{(k+1)})$
　$k=k+1$
until 收敛

例 4.3.5. 求矩阵 $\begin{bmatrix}1 & -1 & 2\\3 & 0 & 2\\3 & 5 & -1\end{bmatrix}$，取 $\alpha=-1$，以(1，0，1)为初始迭代向量，前 4 次迭代的特征值和特征向量.

解. 根据原点位移法求得迭代结果为：故矩阵的模最小特征值约为−0.83，对应的特征向量为(−0.810，−0.521，−1).

表 4.3 各步迭代结果

迭代步数	$x^{(k)}$	$\lambda^{(k)}$
$k=1$	(−0.824，0.471，1)	−1.01
$k=2$	(−0.813，0.524，1)	−0.82
$k=3$	(−0.810，0.521，1)	−0.83
$k=4$	(−0.810，0.521，1)	−0.83

2. 瑞利商加速

假设在原点位移法的某个步骤中，有一个近似特征向量 $\boldsymbol{x}^{(k)}\neq\boldsymbol{0}$. 然后，寻找近似特征值 λ_k，也就是满足下列方程的特征值和特征向量

$$\boldsymbol{x}^{(k)}\lambda_k=\boldsymbol{A}\boldsymbol{x}^{(k)}$$

我们寻找特征值 λ_k，就是要使得方程残差的平方范数最小，即 $\min\|\boldsymbol{x}^{(k)}\lambda_k-\boldsymbol{A}\boldsymbol{x}^{(k)}\|_2^2$. 通过令导数为 0 得到

$$\lambda_k=\frac{\boldsymbol{x}^{(k)^{\mathrm{T}}}\boldsymbol{A}\boldsymbol{x}^{(k)}}{\boldsymbol{x}^{(k)^{\mathrm{T}}}\boldsymbol{x}^{(k)}}$$

这个量称为瑞利商.

我们如果在原点位移法中根据瑞利商来选择位移，则可以得到瑞利商迭代算法. 可以证明瑞利商迭代算法具有局部二次收敛性，即经过一定次数的迭代后，迭代 $k+1$ 次时运行解的收敛间隙与迭代 k 次时该解的间隙平方成正比.

例 4.3.6. 求矩阵 $\begin{bmatrix}1 & -1 & 2\\3 & 0 & 2\\3 & 5 & -1\end{bmatrix}$，以(0，1，1)为初始迭代向量，前 4 次迭代得到的

特征值和对应的特征向量.

解. 根据瑞利商加速算法求得迭代结果为：

故矩阵的靠近初始特征值 3 的特征值约为 4.086，对应的特征向量为(−0.395，−0.780，−1).

算法 4.16　瑞利商加速

1：$k=0$;
2：初始化 $\boldsymbol{x}^{(0)}\neq\boldsymbol{0}$
3：**repeat**
4：　$\lambda^{(k)}=\dfrac{\boldsymbol{x}^{(k)^{\mathrm{T}}}\boldsymbol{A}\boldsymbol{x}^{(k)}}{\boldsymbol{x}^{(k)^{\mathrm{T}}}\boldsymbol{x}^{(k)}}$
5：　$\boldsymbol{y}^{(k+1)}=(\boldsymbol{A}-\lambda^{(k)}\boldsymbol{I})^{-1}\boldsymbol{x}^{(k)}$
6：　$\boldsymbol{x}^{(k+1)}=\boldsymbol{y}^{(k+1)}/\|\boldsymbol{y}^{(k+1)}\|_{\infty}$
7：　$k=k+1$
8：**until** 收敛

表 4.4　各步迭代结果

迭代步数	$x^{(k)}$	$\lambda^{(k)}$
$k=1$	(0.625, 0.750, 1)	4.456
$k=2$	(−0.411, −0.780, −1)	4.122
$k=3$	(0.396, 0.780, 1)	4.086
$k=4$	(−0.395, −0.780, −1)	4.086

4.3.4　特征值计算的应用:PageRank 网页排名

接下来我们介绍一个用于网页排名的算法——PageRank，它依赖于特征值的计算.

互联网(Internet)的使用已经深入到人们的日常生活中，其巨大的信息量和强大的功能给生产、生活带来了很大的便利. 随着网络的信息量越来越庞大，如何有效地搜索出用户真正需要的信息变得十分重要. 自 1998 年搜索引擎网站 Google 创立以来，网络搜索引擎成为解决上述问题的重要手段.

1998 年，美国斯坦福大学的博士生 Larry Page 和 Sergey Brin 创立了 Google 公司，他们的核心技术就是通过 PageRank 技术对海量的网页进行重要性分析. 该技术利用网页相互链接的关系对网页进行组织，确定出每个网页的重要级别(PageRank). 当用户进行搜索时,Google 找出符合搜索要求的网页,并按它们的 PageRank 大小依次列出. 这样,用户一般显示结果的第一页或者前几页就能找到真正有用的结果.

形象地解释,PageRank 技术的基本原理是:如果网页 A 链接到网页 B,则认为"网页 A 投了网页 B"一票,而且如果网页 A 是级别高的网页,则网页 B 的级别也相应地高.

假设 n 是 Internet 中所有可访问网页的数目,此数值非常大,在 2010 年已接近 100 亿. 定义 $n\times n$ 的网页连接矩阵 $\boldsymbol{G}=(g_{ij})\in\mathbb{R}^{n\times n}$,若从网页 j 有一个链接到网页 i,则 $g_{ij}=1$,否则 $g_{ij}=0$. 矩阵 $\boldsymbol{G}$ 有如下特点:

- $\boldsymbol{G}$ 矩阵是大规模稀疏矩阵;
- 第 j 列非零元素的位置表示了从网页 j 链接出去的所有网页;
- 第 i 行非零元素的位置表示了所有链接到网页 i 的网页;
- $\boldsymbol{G}$ 中非零元素的数目为整个 Internet 中存在的超链接的数量;
- 记 $\boldsymbol{G}$ 矩阵行元素之和 $r_i=\sum_j g_{ij}$,它表示第 i 个网页的"入度";
- 记 $\boldsymbol{G}$ 矩阵列元素之和 $c_j=\sum_i g_{ij}$,它表示第 j 个网页的"出度".

要计算 PageRank,可假设一个随机上网"冲浪"的过程,即每次看完当前网页后,有两种选择:

(1) 在当前网页中随机选一个超链接进入下一个网页;

(2) 随机地新开一个网页.

设 p 为选择当前网页上链接的概率(比如 $p=0.85$),则 $1-p$ 为不选当前网页的链接而随机打开一个网页的概率. 若当前网页是网页 j,则如何计算下一步浏览到达网页 i 的概率(网页 j 到 i 的转移概率)? 它有两种可能性:

(1) 若网页 i 在网页 j 的链接上,其概率为 $p\cdot 1/c_j+(1-p)\cdot 1/n$;

(2) 若网页 i 不在网页 j 的链接上,其概率为 $(1-p)\cdot 1/n$.

由于网页 i 是否在网页 j 的链接上由 g_{ij} 决定,网页 j 到 i 的转移概率为

$$a_{ij}=g_{ij}\left(p\cdot\frac{1}{c_j}+(1-p)\cdot\frac{1}{n}\right)+(1-g_{ij})\left((1-p)\cdot\frac{1}{n}\right)=\frac{pg_{ij}}{c_j}+\frac{1-p}{n} \tag{4.34}$$

应注意的是,若 $c_j=0$ 意味着 $g_{ij}=0$,上式改为 $a_{ij}=1/n$. 任意两个网页之间的转移概率形成了一个转移矩阵 $\boldsymbol{A}=(a_{ij})_{n\times n}$. 设矩阵 $\boldsymbol{D}$ 为各个网页出度的倒数(若没有出度,设为

1) 构成的 n 阶对角矩阵，$\boldsymbol{e}$ 为全是 1 的 n 维向量，则

$$\boldsymbol{A}=p\boldsymbol{GD}+\frac{1-p}{n}\boldsymbol{ee}^{\mathrm{T}}$$

这在数学上称为马尔可夫过程. 若这样的随机"冲浪"一直进行下去，某个网页被访问的极限概率就是它的 PageRank.

设 $x_i^{(k)}$，$i=1, 2, \cdots, n$ 表示某时刻k 浏览网页i 的概率且满足 $\sum x_i^{(k)}=1$，向量 $\boldsymbol{x}^{(k)}$ 表示当前时刻浏览该网页的概率分布. 那么下一时刻浏览到网页 i 的概率为 $\sum_{j=1}^{n} a_{ij}x_j^{(k)}$，此时浏览该网页的概率分布为 $\boldsymbol{x}^{(k+1)}=\boldsymbol{A}\boldsymbol{x}^{(k)}$.

当这个过程无限进行下去，达到极限情况，即网页访问概率 $\boldsymbol{x}^{(k)}$ 收敛到一个极限值，这个极限向量 $\boldsymbol{x}$ 为个网页的 PageRank，满足 $\boldsymbol{Ax}=\boldsymbol{x}$，且 $\sum_{i=1}^{n} x_i=1$.

总结一下，我们要求解的问题是在给定 $n\times n$ 的网页连接矩阵 $\boldsymbol{G}$，以及选择当前网页链接的概率 p 时，计算特征值 1 对应的特征向量 $\boldsymbol{x}$. 易知 $\|\boldsymbol{A}\|_1=1$，所以 $\rho(\boldsymbol{A})\leqslant 1$. 又考虑矩阵 $\boldsymbol{L}=\boldsymbol{I}-\boldsymbol{A}$，容易验证它各列元素和均为 0，则 $\boldsymbol{L}$ 为奇异矩阵，所以 $\det(\boldsymbol{I}-\boldsymbol{A})=0$，1 是$\boldsymbol{A}$ 的特征值且为主特征值. 更进一步，用圆盘定理考察矩阵 $\boldsymbol{A}^{\mathrm{T}}$ 的特征值分布，第 j 个圆盘 D_j，$j=1, 2, \cdots, n$，显然其圆心 $a_{jj}>0$，半径 r_j 满足 $a_{jj}+r_j=1$. 因此除了 1 这一点，圆盘上任何一点到圆心的距离(即复数的模) 都小于 1. 这就说明，1 是矩阵 $\boldsymbol{A}^{\mathrm{T}}$ 和 $\boldsymbol{A}$ 的唯一主特征值. 对于实际的大规模稀疏矩阵 $\boldsymbol{A}$，幂法是求其主特征向量的可靠的、唯一的选择.

网页的 PageRank 完全由所有网页的超链接结构所决定，隔一段时间重新算一次 PageRank 以反映互联网的发展变化，此时将上一次计算的结果作为幂法的迭代初值可提高收敛速度. 由于迭代向量以及矩阵 $\boldsymbol{A}$ 的物理意义. 在实际场景中，使用幂法时并不需要对向量进行规格化，而且不需要形成矩阵 $\boldsymbol{A}$. 通过遍历整个网页的数据库，根据网页间超链接关系即可得到 $\boldsymbol{Ax}^{(k)}$ 的结果.

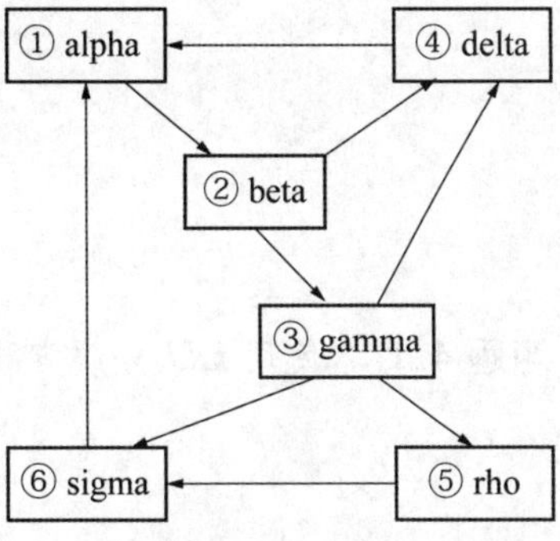

图 4.4　网页链接关系

例 4.3.7.　用一个只有 6 个网页的微型网络作为例子，其网页链接关系如图 4.4 所示. 假设 $p=0.85$，请计算出它们的 *PageRank*.

解.　根据网页链接关系和 p 值，利用公式可得 (4.34)可得：

$$A=\begin{bmatrix}0.025 & 0.025 & 0.025 & 0.875 & 0.025 & 0.875\\ 0.875 & 0.025 & 0.025 & 0.025 & 0.025 & 0.025\\ 0.025 & 0.45 & 0.025 & 0.025 & 0.025 & 0.025\\ 0.025 & 0.45 & 0.30833333 & 0.025 & 0.025 & 0.025\\ 0.025 & 0.025 & 0.30833333 & 0.025 & 0.025 & 0.025\\ 0.025 & 0.025 & 0.30833333 & 0.025 & 0.875 & 0.025\end{bmatrix}$$

使用幂法可求出其主特征向量，其步骤如下：

- 给出初始向量 $\boldsymbol{x}_0=(1, 1, 1, 1, 1, 1)$；
- $\boldsymbol{x}^{k+1}=\boldsymbol{A}\boldsymbol{x}^k$；
- 归一化：$\boldsymbol{x}^{k+1}=\dfrac{\boldsymbol{x}^{k+1}}{\sum_{i=1}^{n}\boldsymbol{x}_i^{k+1}}$；
- 当 $\boldsymbol{x}^{k+1}-\boldsymbol{x}^k>\varepsilon$，重复计算第二步和第三步.

在经过 1000 次迭代后，可得到 *PageRank* 为

$$\boldsymbol{x}=(0.2675, 0.2524, 0.1323, 0.1697, 0.0625, 0.1156)$$

将最终的 PageRank 的各分量显示如图 4.5 所示，从中看出各个网页的级别高低，虽然链接数目一样，但是网页①的链接比④和⑥都高，而②的级别第二高，因为高级别的①链接到它上面，从而获得了更高的级别.

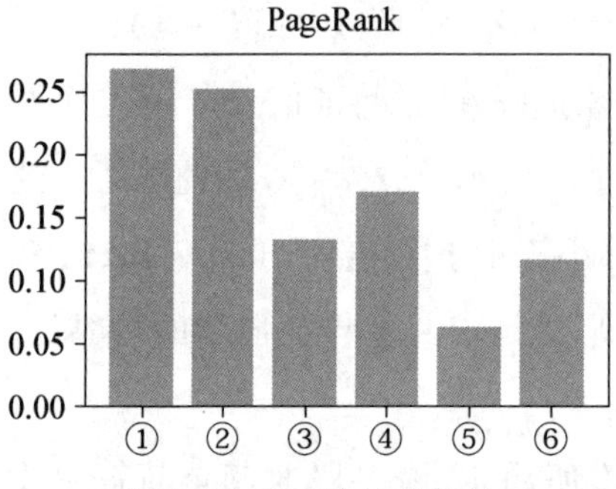

图 4.5 网页的级别高低

习 题

习题 4.1. 使用 *LU* 分解方程组 $\boldsymbol{A}\boldsymbol{x}=\boldsymbol{b}$，其中

$$\boldsymbol{A}=\begin{bmatrix}2 & 1 & 1\\ 1 & 2 & 1\\ 1 & 1 & 0\end{bmatrix},\ \boldsymbol{b}=\begin{bmatrix}2\\ 0\\ 0\end{bmatrix}$$

习题 4.2. 使用 *Cholesky* 分解求解如下方程组

$$\begin{bmatrix}2&1&&\\1&2&1&\\&1&2&1\\&&1&2\end{bmatrix}\begin{bmatrix}x_1\\x_2\\x_3\\x_4\end{bmatrix}=\begin{bmatrix}1\\0\\0\\-1\end{bmatrix}$$

习题 4.3. 利用 *QR* 分解求解下述线性方程组：

$$\begin{bmatrix}1&2&2\\2&1&2\\1&2&1\end{bmatrix}\begin{bmatrix}x_1\\x_2\\x_3\end{bmatrix}=\begin{bmatrix}1\\2\\3\end{bmatrix}$$

习题 4.4. 设

$$\boldsymbol{A}=\begin{bmatrix}1&2\\3&4\\5&6\end{bmatrix},\ \boldsymbol{b}=\begin{bmatrix}1\\1\\1\end{bmatrix}$$

用正规化方法求对应的 *LS* 问题的解.

习题 4.5. 设

$$\boldsymbol{A}=\begin{bmatrix}1&3&1&1\\2&0&0&0\\1&0&0&0\end{bmatrix},\ \boldsymbol{b}=\begin{bmatrix}1\\1\\1\end{bmatrix}$$

利用 *QR* 分解求对应的 *LS* 问题的全部解.

习题 4.6. 设 $\boldsymbol{A}\in\mathbb{R}^{m\times n}$ 且存在 $\boldsymbol{X}\in\mathbb{R}^{n\times m}$ 使得对每一个 $\boldsymbol{b}\in\mathbb{R}^m$，$\boldsymbol{x}=\boldsymbol{X}\boldsymbol{b}$ 均极小化 $\|\boldsymbol{A}\boldsymbol{x}-\boldsymbol{b}\|_2$.

证明：$\boldsymbol{AXA}=\boldsymbol{A}$ 和 $(\boldsymbol{AX})^{\mathrm{T}}=\boldsymbol{AX}$.

习题 4.7. 利用等式

$$\|\boldsymbol{A}(\boldsymbol{x}+\alpha\boldsymbol{w})-\boldsymbol{b}\|_2^2=\|\boldsymbol{A}\boldsymbol{x}-\boldsymbol{b}\|_2^2+2\alpha\boldsymbol{w}^{\mathrm{T}}\boldsymbol{A}^{\mathrm{T}}(\boldsymbol{A}\boldsymbol{x}-\boldsymbol{b})+\alpha^2\|\boldsymbol{A}\boldsymbol{w}\|_2^2$$

证明：如果 $\boldsymbol{x}\in\boldsymbol{X}_{LS}$，那么 $\boldsymbol{A}^{\mathrm{T}}\boldsymbol{A}\boldsymbol{x}=\boldsymbol{A}^{\mathrm{T}}\boldsymbol{b}$.

习题 4.8. 给定点集 $\boldsymbol{p}_1,\cdots,\boldsymbol{p}_m\in\mathbb{R}^n$ 构成的 $n\times m$ 矩阵 $\boldsymbol{P}=[\boldsymbol{p}_1\ \ \cdots\ \ \boldsymbol{p}_m]$. 考虑问题

$$\min_{\boldsymbol{X}} F(\boldsymbol{X}) = \sum_{i=1}^{m} \| \boldsymbol{x}_i - \boldsymbol{p}_i \|_2^2 + \frac{\lambda}{2} \sum_{1 \leqslant i, j \leqslant m} \| \boldsymbol{x}_i - \boldsymbol{x}_j \|_2^2$$

其中$\lambda \geqslant 0$为参数，变量是一个$n \times m$矩阵$\boldsymbol{X} = [\boldsymbol{x}_1 \quad \cdots \quad \boldsymbol{x}_m]$，其中$\boldsymbol{x}_i \in \mathbb{R}^n$是$\boldsymbol{X}$的第$i$列，$i = 1, \cdots, m$. 上述问题尝试聚类点集$\boldsymbol{p}_i$，第一项鼓励聚类中心$\boldsymbol{x}_i$靠近对应的点$\boldsymbol{p}_i$，第二项鼓励$\boldsymbol{x}_i$们之间彼此靠近，当$\lambda$增大的时候，对应更高的组群影响.

(1) 证明：

$$\frac{1}{2} \sum_{1 \leqslant i, j \leqslant m} \| \boldsymbol{x}_i - \boldsymbol{x}_j \|_2^2 = \mathrm{Tr}(\boldsymbol{X}\boldsymbol{H}\boldsymbol{X}^{\mathrm{T}})$$

其中$\boldsymbol{H} = m\boldsymbol{I}_m - \boldsymbol{1}\boldsymbol{1}^{\mathrm{T}}$是一个$m \times m$矩阵，$\boldsymbol{I}_m$是$m \times m$单位矩阵，$\boldsymbol{1}$是$\mathbb{R}^n$中的单位向量.

(2) 证明：$\boldsymbol{H}$是半正定的.

(3) 请说明这个问题属于最小二乘类问题.（不需要明确阐述这个问题的形式）

(4) 依据最小二乘问题的最优条件为目标函数的梯度为零. 证明最优点集的形式为：

$$\boldsymbol{x}_i = \frac{1}{m\lambda + 1} \boldsymbol{p}_i + \frac{m\lambda}{m\lambda + 1} \hat{\boldsymbol{p}}, \ i = 1, \cdots, m$$

其中$\hat{\boldsymbol{p}} = (1/m)(\boldsymbol{p}_1 + \cdots + \boldsymbol{p}_m)$是给定点集的中心.

习题 4.9. 估计矩阵

$$\begin{bmatrix} 0 & 1 & 0 \\ 1 & 2 & 1 \\ 0 & 1 & -4 \end{bmatrix}$$

的特征值范围.

习题 4.10. 利用幂法求解矩阵

$$\begin{bmatrix} 0 & 1 & 0 \\ 1 & 2 & 1 \\ 0 & 1 & -4 \end{bmatrix}$$

模最大的特征值与对应的特征向量.(特征值答案保留两位有效数字,特征向量答案保留三位有效数字)

习题 4.11. 利用反幂法求解矩阵

$$\begin{bmatrix} 0 & 1 & 0 \\ 1 & 2 & 1 \\ 0 & 1 & -4 \end{bmatrix}$$

模最小的特征值与对应的特征向量.(特征值答案保留两位有效数字,特征向量答案保留三位有效数字)

习题 4.12. 利用原点位移法求解矩阵

$$\begin{bmatrix} 0 & 1 & 0 \\ 1 & 2 & 1 \\ 0 & 1 & -4 \end{bmatrix}$$

全部特征值与对应的特征向量.(特征值答案保留两位有效数字,特征向量答案保留三位有效数字)

习题 4.13. 设矩阵

$$\boldsymbol{A}=\begin{bmatrix} 1 & -2 \\ -2 & 1 \end{bmatrix}$$

(1) 用幂法求矩阵 $\boldsymbol{A}+\boldsymbol{I}$ 模最大的特征值及其对应的特征向量,初始向量设为(0, 1);

(2) 用幂法求矩阵 $\boldsymbol{A}-3\boldsymbol{I}$ 模最大的特征值及其对应的特征向量,初始向量设为(0, 1);

(3) 证明:若 λ 是矩阵 $\boldsymbol{A}+\sigma\boldsymbol{I}$ 的特征值,则 $\lambda-\sigma$ 是 $\boldsymbol{A}$ 的特征值.

习题 4.14. 设矩阵

$$\boldsymbol{A}=\begin{bmatrix} 5 & -1 & 1 \\ -1 & 2 & 0 \\ 1 & 0 & 3 \end{bmatrix}$$

记 $\Lambda(\boldsymbol{A})=\{\lambda_1, \lambda_2, \lambda_3\}\subseteq\mathbb{C}$,且 $|\lambda_1|\geqslant|\lambda_2|\geqslant|\lambda_3|$.

(1) 使用 *Gerschgorin* 圆盘定理，证明：$\dfrac{|\lambda_1|}{|\lambda_3|} \leqslant 7$；

(2) 使用幂法与反幂法进行编程计算 $\dfrac{|\lambda_1|}{|\lambda_3|}$.

习题 4.15. 设矩阵

$$\boldsymbol{A} = \begin{bmatrix} \alpha & \gamma \\ 0 & \beta \end{bmatrix}$$

其中 $\alpha \neq \beta$. 求矩阵 $\boldsymbol{A}$ 的特征值 α 和 β 的条件数.

习题 4.16. 设 $\boldsymbol{A} \in \mathbb{C}^{n\times n}$. 对于给定的非零向量 $\boldsymbol{x} \in \mathbb{C}^n$ 定义

$$R(\boldsymbol{x}) = \boldsymbol{x}^* \boldsymbol{A}\boldsymbol{x} / \boldsymbol{x}^* \boldsymbol{x}$$

称之为 $\boldsymbol{x}$ 对 $\boldsymbol{A}$ 的 *Rayleigh* 商. 证明对任意的 $\boldsymbol{x} \in \mathbb{C}^n (\boldsymbol{x} \neq 0)$ 有

$$\| \boldsymbol{A}x - R(\boldsymbol{x})\boldsymbol{x} \|_2 = \inf_{\mu \in \mathbb{C}} \| \boldsymbol{A}\boldsymbol{x} - \mu \boldsymbol{x} \|_2$$

即 *Rayleigh* 商有极小剩余性.

第五章

向量与矩阵微分

机器学习中的很多任务可以看作是学习某个函数，比如，判断一张图片是猫还是狗或是其他，就是学习一个从图片集到标签集的函数. 这样的函数往往是由一些简单的函数通过组合或复合构成的. 线性函数是机器学习中最为常用也是最为简单的函数之一，对于非线性函数，在局部小的范围内也可以看作线性函数. 线性函数应用的例子包括线性回归，用于研究曲线拟合问题，通过优化线性权重参数来最小化拟合误差；神经网络自编码器，用于降维和数据压缩，其中参数是每一层的权值和偏差，通过重复应用链式法则来最小化重构误差；高斯混合模型用于数据分布的建模，优化每个用来混合的分布的位置和形状参数，以最小化拟合误差. 一般需要优化的方法通过学习参数来学习函数. 这就需要对各参数求导数或微分. 机器学习中的参数，常常是向量或者矩阵，因此需要学习函数对向量或矩阵的求导或微分方法. 向量微分是机器学习中最基本的数学工具之一.

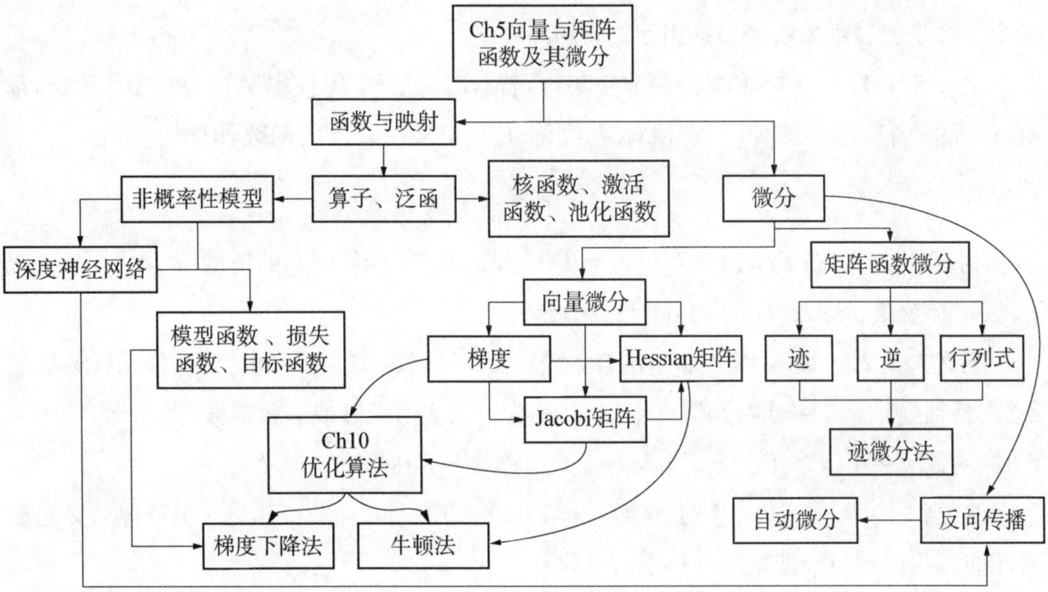

图 5.1　本章导图

5.1　向量函数和矩阵函数

学习问题是指依据经验数据选取所期望的依赖关系的问题，有两种处理学习问题的方法：一是基于经验风险泛函最小化，二是基于估计所期望的随机依赖关系（联合概率和条件概率）. 学习过程是一个从给定的函数集（非概率相关的函数或概率相关的函数集）中，选择一个适当函数的过程.

在机器学习领域，函数集有时也称为假设空间，从数学上，在假设空间中引入恰当的数学结构，可以形成如下空间：

- 距离空间（度量空间）；
- 赋范线性空间；
- Banach 空间（完备的赋范线性空间）；
- 内积空间；
- Hilbert 空间（完备的内积空间）；
- 欧氏空间（特殊的 Hilbert 空间）.

5.1.1 函数

设有两个集合 $\mathbb{M}$ 和 $\mathbb{N}$，如果 $\mathbb{M}$ 中每一个元素对应 $\mathbb{N}$ 中唯一的一个元素，则我们称这两个集合是通过函数依赖关系相互关联的.

定义 5.1.1. 设 $\mathbb{M}$ 和 $\mathbb{N}$ 是两非空集合，若有对应法则 T，使得 $\mathbb{M}$ 内每一个元素 x，都有唯一的一个元素 $y \in \mathbb{N}$ 与它相对应，则称 T 是定义在 $\mathbb{M}$ 上的**函数**，记作

$$T:\mathbb{M} \to \mathbb{N}, x \mapsto y$$

$\mathbb{M}$ 称为 T 的**定义域**；$T(\mathbb{M}) = \{y \mid y = T(x),\ x \in \mathbb{M}\}$ 称为 T 的**值域**.

1. 标量值(scalar-valued function)函数

定义 5.1.2. 设 $\mathbb{M}$ 是一非空集合，当 $\mathbb{N}=\mathbb{R}$ 时，函数 $T:\mathbb{M} \to \mathbb{R}$ 称为实值函数或**标量函数**. 特别当 $\mathbb{M}=\mathbb{N}=\mathbb{R}$ 时，函数 $y=T(x)$ 称为一元实值函数或一元函数. 当 $\mathbb{M}=\mathbb{R}^n$，$\mathbb{N}=\mathbb{R}$ 时，函数 $y=T(\boldsymbol{x})=T(x_1, x_2, \cdots, x_n)$ 称为多元函数.

注：当 $\mathbb{M}=\mathbb{R}^{m\times n}$，$\mathbb{N}=\mathbb{R}$ 时，函数 $y=T(\boldsymbol{A})=T(a_{11}, a_{12}, \cdots, a_{mn})$ 也可称为多元函数，此时，我们相当于把矩阵进行了向量化.

例 5.1.1. 假设 $\boldsymbol{a}$ 是一个 n 维向量，我们可以定义关于 n 维向量 $\boldsymbol{x}$ 的标量值函数：

$$f(\boldsymbol{x}) = \boldsymbol{a}^{\mathrm{T}}\boldsymbol{x}$$

称为**内积函数**.

定义 5.1.3. 叠加性：对于所有的 n 维向量 $\boldsymbol{x}$，$\boldsymbol{y}$ 和标量 α，β，若函数 f 满足性质：

$$f(\alpha\boldsymbol{x}+\beta\boldsymbol{y})=\alpha f(\boldsymbol{x})+\beta f(\boldsymbol{y})$$

则称这个函数满足叠加性.

一个函数如果满足叠加性,则这个函数称为线性函数. 因此内积函数是线性函数.

叠加性有时会被拆成两个性质：

(1) 齐次性:对于任意 n 维向量 $\boldsymbol{x}$ 和标量 α,函数 f 有 $f(\alpha\boldsymbol{x})=\alpha f(\boldsymbol{x})$;

(2) 可加性:对于任意 n 维向量 $\boldsymbol{x}$, $\boldsymbol{y}$,函数 f 有 $f(\boldsymbol{x}+\boldsymbol{y})=f(\boldsymbol{x})+f(\boldsymbol{y})$.

如果一个函数 f 是线性的,叠加性可以拓展到多个向量上：

$$f(\alpha_1\boldsymbol{x}_1+\cdots+\alpha_k\boldsymbol{x}_k)=\alpha_1 f(\boldsymbol{x}_1)+\cdots+\alpha_k f(\boldsymbol{x}_k)$$

对任意的 n 维向量 $\boldsymbol{x}_1$, …, $\boldsymbol{x}_k$ 和标量 α_1, …, α_k 成立.

我们看到与一个固定向量做内积的函数是线性的. 反过来也是正确的,如果一个函数是线性的,那么它就可以表示为与某个固定的向量做内积的函数.

定理 5.1.1.　假设函数 f 是一个 n 维向量的标量值函数,并且是线性的. 那么存在一个 n 维向量 $\boldsymbol{a}$ 使得 $f(\boldsymbol{x})=\boldsymbol{a}^{\mathrm{T}}\boldsymbol{x}$ 对于任意 $\boldsymbol{x}$ 成立. 我们称 $\boldsymbol{a}^{\mathrm{T}}\boldsymbol{x}$ 为 f 的内积表示,并且是唯一表示.

证明.　首先证明存在性. 我们可以把 $\boldsymbol{x}$ 表示为 $\boldsymbol{x}=x_1\boldsymbol{e}_1+\cdots+x_n\boldsymbol{e}_n$. 如果 f 是线性的,那么根据叠加性有

$$f(\boldsymbol{x})=f(x_1\boldsymbol{e}_1+\cdots+x_n\boldsymbol{e}_n)=x_1 f(\boldsymbol{e}_1)+\cdots+x_n f(\boldsymbol{e}_n)=\boldsymbol{a}^{\mathrm{T}}\boldsymbol{x}$$

其中 $\boldsymbol{a}=(f(\boldsymbol{e}_1), f(\boldsymbol{e}_2), \cdots, f(\boldsymbol{e}_n))$.

下证唯一性. 我们不妨设 $f(\boldsymbol{x})=\boldsymbol{a}^{\mathrm{T}}\boldsymbol{x}$ 并且 $f(\boldsymbol{x})=\boldsymbol{b}^{\mathrm{T}}\boldsymbol{x}$. 令 $\boldsymbol{x}=\boldsymbol{e}_i$,当使用 $f(\boldsymbol{x})=\boldsymbol{a}^{\mathrm{T}}\boldsymbol{x}$ 时有 $f(\boldsymbol{e}_i)=\boldsymbol{a}^{\mathrm{T}}\boldsymbol{e}_i=a_i$. 当使用 $f(\boldsymbol{x})=\boldsymbol{b}^{\mathrm{T}}\boldsymbol{x}$ 时有 $f(\boldsymbol{e}_i)=\boldsymbol{b}^{\mathrm{T}}\boldsymbol{e}_i=b_i$. 所以 $a_i=b_i$ 对 $i=1, \cdots, n$ 成立. 所以 $\boldsymbol{a}=\boldsymbol{b}$. □

定义 5.1.4.　一个线性函数加上一个常数叫作仿射函数. 函数 $f:\mathbb{R}^n\to\mathbb{R}$ 是仿射的当且仅当它能够表示成 $f(\boldsymbol{x})=\boldsymbol{a}^{\mathrm{T}}\boldsymbol{x}+b$,其中 $\boldsymbol{a}$ 是 n 维向量,b 是标量,有时候被叫作偏置项.

例 5.1.2.　比如一个三维向量的仿射函数

$$f(\boldsymbol{x})=2.3-2\boldsymbol{x}_1+1.3\boldsymbol{x}_2-\boldsymbol{x}_3$$

其中 $b=2.3$, $\boldsymbol{a}=(-2, 1.3, -1)$.

定理 5.1.2.　任意仿射函数满足如下约束叠加性：

$$f(\alpha \boldsymbol{x}+\beta \boldsymbol{y})=\alpha f(\boldsymbol{x})+\beta f(\boldsymbol{y})$$

其中 $\boldsymbol{x}$，$\boldsymbol{y}$ 是 n 维向量，α，β 是标量，并且 $\alpha+\beta=1$.

证明. 为了证明带约束的叠加性，我们有：

$$\begin{aligned}
f(\alpha \boldsymbol{x}+\beta \boldsymbol{y}) &= \boldsymbol{a}^{\mathrm{T}}(\alpha \boldsymbol{x}+\beta \boldsymbol{y})+b \\
&= \alpha \boldsymbol{a}^{\mathrm{T}} \boldsymbol{x}+\beta \boldsymbol{a}^{\mathrm{T}} \boldsymbol{y}+(\alpha+\beta) b \\
&= \alpha(\boldsymbol{a}^{\mathrm{T}} \boldsymbol{x}+b)+\beta(\boldsymbol{a}^{\mathrm{T}} \boldsymbol{y}+b) \\
&= \alpha f(\boldsymbol{x})+\beta f(\boldsymbol{y})
\end{aligned}$$

□

对于线性函数，叠加性对于任意的 α，β 都成立，但是对于仿射函数只有它们是仿射组合（即它们的和为 1）时才成立. 仿射函数的约束叠加性在证明一个函数不是仿射的时候非常有用，我们只需要寻找向量 $\boldsymbol{x}$，$\boldsymbol{y}$ 和数 α，β 满足 $\alpha+\beta=1$ 并且验证 $f(\alpha \boldsymbol{x}+\beta \boldsymbol{y}) \neq \alpha f(\boldsymbol{x})+\beta f(\boldsymbol{y})$ 即可. 例如，我们可以证明最大值函数不满足约束叠加性. 定理 5.1.2 的结论反过来也是正确的，任意标量值函数只要满足约束叠加性就是仿射函数.

如果 x 是标量，此时函数 $f(x)=\alpha x+\beta$ 是一条直线，故在一些书籍中仿射函数也被称作是线性函数. 但是在标准的数学场景下，当 $\beta \neq 0$ 时，$f(x)=\alpha x+\beta$ 不是 x 的线性函数，它是 x 的仿射函数. 在本课程中，我们将区分线性函数和仿射函数. 但是由线性函数和仿射函数定义的机器学习模型我们统称为线性模型.

例 5.1.3. 二次型也是一个非常典型的标量值函数：

$$f(\boldsymbol{x})=\boldsymbol{x}^{\mathrm{T}} \boldsymbol{A} \boldsymbol{x}$$

将二次型与仿射函数进行叠加得到：

$$f(\boldsymbol{x})=\frac{1}{2} \boldsymbol{x}^{\mathrm{T}} \boldsymbol{A} \boldsymbol{x}+\boldsymbol{b}^{\mathrm{T}} \boldsymbol{x}+c$$

这是我们在优化中常常会碰到的.

例 5.1.4. 常见的向量和矩阵范数也是标量值函数：

- 向量范数：$f(\boldsymbol{x})=\|\boldsymbol{x}\|$；
- 矩阵范数：$f(\boldsymbol{A})=\|\boldsymbol{A}\|$.

例 5.1.5. 常见的以矩阵为自变量的标量值函数：

- 行列式：$f(\boldsymbol{A})=|\boldsymbol{A}|$；
- 秩函数：$f(\boldsymbol{A})=\operatorname{rank}(\boldsymbol{A})$；

- 迹函数：$f(\boldsymbol{A})=\mathrm{Tr}(\boldsymbol{A})$；
- 向量-矩阵-向量积函数：$f(\boldsymbol{A})=\boldsymbol{x}^{\mathrm{T}}\boldsymbol{A}\boldsymbol{x}$.

注:前面两个是非线性函数,后面两个是线性函数.

2. 向量值函数

定义 5.1.5.　设$\mathbb{M}$是一非空集合,当$\mathbb{N}=\mathbb{R}^n$时,函数$T:\mathbb{M}\to\mathbb{R}^n$称为向量值函数,简称向量函数.

例 5.1.6.　假设$\boldsymbol{A}$是一个$m\times n$矩阵.我们可以定义一个关于n维向量$\boldsymbol{x}$的向量值函数:

$$f:\mathbb{R}^n\to\mathbb{R}^m,\ f(\boldsymbol{x})=\boldsymbol{A}\boldsymbol{x}$$

称为矩阵-向量积函数.当$m=1$时,其退化为内积函数.

函数$f:\mathbb{R}^n\to\mathbb{R}^m$若定义为矩阵-向量积函数$f(\boldsymbol{x})=\boldsymbol{A}\boldsymbol{x}$,则它是线性函数,也即满足叠加性:

$$f(\alpha\boldsymbol{x}+\beta\boldsymbol{y})=\alpha f(\boldsymbol{x})+\beta f(\boldsymbol{y})$$

对于n维向量$\boldsymbol{x}$,$\boldsymbol{y}$和标量α,β成立.我们可以通过矩阵-向量乘法,向量-标量乘法来验证叠加性.因此关于$\boldsymbol{x}$的函数$f(\boldsymbol{x})=\boldsymbol{A}\boldsymbol{x}$是线性函数.

反过来也是正确的.假设f是一个将n维向量映射为m维向量的函数,并且是线性的,则$f(\alpha\boldsymbol{x}+\beta\boldsymbol{y})=\alpha f(\boldsymbol{x})+\beta f(\boldsymbol{y})$对于所有的$n$维向量$\boldsymbol{x}$,$\boldsymbol{y}$和所有的标量$\alpha$,$\beta$成立,并且存在一个$m\times n$矩阵$\boldsymbol{A}$使得$f(\boldsymbol{x})=\boldsymbol{A}\boldsymbol{x}$对所有$\boldsymbol{x}$成立.

定义 5.1.6.　向量值函数$f:\mathbb{R}^n\to\mathbb{R}^m$如果能够写成$f(\boldsymbol{x})=\boldsymbol{A}\boldsymbol{x}+\boldsymbol{b}$的形式,那么$f$是一个**仿射函数**,其中$\boldsymbol{A}$是$m\times n$矩阵,$\boldsymbol{b}$是$m$维向量.

定理 5.1.3.　函数$f:\mathbb{R}^n\to\mathbb{R}^m$是仿射函数当且仅当$f(\alpha\boldsymbol{x}+\beta\boldsymbol{y})=\alpha f(\boldsymbol{x})+\beta f(\boldsymbol{y})$对于所有的$n$维向量$\boldsymbol{x}$,$\boldsymbol{y}$和所有的标量$\alpha$,$\beta$成立且$\alpha+\beta=1$.换句话说,向量的仿射组合具有约束叠加性.

将仿射函数表示为$f(\boldsymbol{x})=\boldsymbol{A}\boldsymbol{x}+\boldsymbol{b}$的形式,矩阵$\boldsymbol{A}$和向量$\boldsymbol{b}$是唯一的,并且可以使用$f(\boldsymbol{0})$,$f(\boldsymbol{e}_1)$,…,$f(\boldsymbol{e}_n)$表示,其中$\boldsymbol{e}_k$是$\mathbb{R}^n$中的单位向量:

$$\boldsymbol{A}=[f(\boldsymbol{e}_1)-f(\boldsymbol{0})\quad f(\boldsymbol{e}_2)-f(\boldsymbol{0})\quad\cdots\quad f(\boldsymbol{e}_n)-f(\boldsymbol{0})],\ \boldsymbol{b}=f(\boldsymbol{0})$$

与标量值函数的情形下相同,只有$\boldsymbol{b}=\boldsymbol{0}$时仿射函数为线性函数.

非线性向量值函数是不满足叠加性的.

例 5.1.7.　绝对值函数:$f(\boldsymbol{x})=(|x_1|,|x_2|,\cdots,|x_n|)$是非线性向量值函

数. 取 $n=1$，$x=1$，$y=0$，$\alpha=-1$，$\beta=0$ 有

$$f(\alpha\boldsymbol{x}+\beta\boldsymbol{y})=1\neq\alpha f(\boldsymbol{x})+\beta f(\boldsymbol{y})=-1$$

所以不满足叠加性.

例 5.1.8. 排序函数：f 将 $\boldsymbol{x}$ 的元素降序排列，是非线性向量值函数($n>1$). 取 $n=2$，$\boldsymbol{x}=(1, 0)$，$\boldsymbol{y}=(0, 1)$，$\alpha=\beta=1$ 则

$$f(\alpha\boldsymbol{x}+\beta\boldsymbol{y})=(1, 1)\neq\alpha f(\boldsymbol{x})+\beta f(\boldsymbol{y})=(2, 0)$$

所以不满足叠加性.

3. 矩阵值函数

定义 5.1.7. 设 $\mathbb{M}$ 和 $\mathbb{N}$ 是两个非空的矩阵集合，函数 $T:\mathbb{M}\to\mathbb{N}$ 称为矩阵值函数，简称矩阵函数.

例 5.1.9. 常见的矩阵函数有：

- 考虑一个矩阵 $\boldsymbol{L}\in\mathbb{R}^{m\times n}$，定义 $T:\mathbb{R}^{m\times n}\to\mathbb{R}^{n\times n}$，$T(\boldsymbol{L})=\boldsymbol{L}^{\mathrm{T}}\boldsymbol{L}$ 是一个矩阵函数.
- 逆函数：$f(\boldsymbol{A})=\boldsymbol{A}^{-1}$.

5.1.2 算子

定义 5.1.8. 设 $\mathbb{X}$ 和 $\mathbb{Y}$ 是同一数域 $\mathbb{K}$ 上的线性赋范空间，若 T 是 $\mathbb{X}$ 的某个子集 $\mathbb{D}$ 到 $\mathbb{Y}$ 中的一个映射，则称 T 为子集 $\mathbb{D}$ 到 $\mathbb{Y}$ 中的算子. 称 $\mathbb{D}$ 为算子 T 的定义域；并称 $\mathbb{Y}$ 的子集 $T(\mathbb{D})=\{\boldsymbol{y}=T(\boldsymbol{x}), \boldsymbol{x}\in\mathbb{D}\}$ 为算子 T 的值域. 对于 $\boldsymbol{x}\in\mathbb{D}$，通常记 $\boldsymbol{x}$ 的像为 $T(\boldsymbol{x})$.

上面算子的定义，从狭义的角度是指从一个函数空间到另一个函数空间(或它自身)的映射；从广义的角度看，可以把线性赋范空间推广到一般空间，包括向量空间和内积空间，或更进一步 Banach 空间和 Hilbert 空间等. 当 $\mathbb{X}=\mathbb{Y}=\mathbb{R}$ 时，算子 T 就是微积分中的函数，因此算子是函数概念的推广.

例 5.1.10. 一些常见的算子：

(1) 恒等算子 $I:\mathbb{X}\to\mathbb{X}$ 定义为，$\forall\boldsymbol{x}\in\mathbb{X}$，$I(\boldsymbol{x})=\boldsymbol{x}$.

(2) 设 $C^{(1)}[a, b]$ 是 $[a, b]$ 上所有一阶导函数连续的函数组成的空间，微分算子 D：$C^{(1)}[a, b]\to C[a, b]$，定义为 $\forall x(t)\in C^{(1)}[a, b]$，

$$D(x)=\frac{\mathrm{d}}{\mathrm{d}t}x(t)$$

(3) 积分算子 $T:C[a, b]\to C[a, b]$ 定义为 $\forall x(t)\in C[a, b]$，

$$T(x)=\int_a^t x(\tau)\mathrm{d}\tau,\ t\in[a,b]$$

(4) 设矩阵 $\boldsymbol{A}=(a_{ij})_{m\times n}$, $a\in\mathbb{R}$,矩阵算子 $T:\mathbb{R}^n\rightarrow\mathbb{R}^m$ 定义为

$$\forall\boldsymbol{x}=(x_1,x_2,\cdots,x_n)\in\mathbb{R}^n,\ T(\boldsymbol{x})=A\boldsymbol{x}=:\boldsymbol{y}$$

其中 $\boldsymbol{y}=(y_1,y_2,\cdots,y_m)$.

定义 5.1.9. 设 $\mathbb{X}$ 和 $\mathbb{Y}$ 是同一数域 $\mathbb{K}$ 上的线性赋范空间,$\boldsymbol{x}_0\in\mathbb{D}\subset\mathbb{X}$,$T$ 为 $\mathbb{D}$ 到 $\mathbb{Y}$ 中的算子,如果 $\forall\epsilon>0$, $\exists\delta>0$,当 $\|\boldsymbol{x}-\boldsymbol{x}_0\|<\delta$,有 $\|T(\boldsymbol{x})-T(\boldsymbol{x}_0)\|<\epsilon$,则称算子 T 在点 $\boldsymbol{x}_0$ 处连续.若算子 T 在 $\mathbb{D}$ 中每一点都连续,则称 T 为 $\mathbb{D}$ 上的**连续算子**.

定义 5.1.10. 设 $\mathbb{X}$ 和 $\mathbb{Y}$ 是同一数域 $\mathbb{K}$ 上的线性赋范空间,$\mathbb{D}\subset\mathbb{X}$,$T$ 为 $\mathbb{D}$ 到 $\mathbb{Y}$ 中的算子,如果 $\forall\boldsymbol{x},\boldsymbol{y}\in\mathbb{D}$, $\forall\alpha,\beta\in\mathbb{K}$,有 $T(\alpha\boldsymbol{x}+\beta\boldsymbol{y})=\alpha T(\boldsymbol{x})+\beta T(\boldsymbol{y})$,则称 T 为 $\mathbb{D}$ 上的**线性算子**.

定义 5.1.11. 设 $\mathbb{X}$ 和 $\mathbb{Y}$ 是同一数域 $\mathbb{K}$ 上的线性赋范空间,$\mathbb{D}\subset\mathbb{X}$,$T:\mathbb{D}\rightarrow\mathbb{Y}$ 为线性算子,如果存在 $M>0$, $\forall\boldsymbol{x}\in\mathbb{D}$,有 $\|Tx\|\leqslant M\|x\|$,则称 T 为 $\mathbb{D}$ 上的**线性有界算子**,或称 T **有界**.

例 5.1.11. 验证积分算子 T 为线性有界算子.其中积分算子 $T:C[a,b]\rightarrow C[a,b]$ 定义为 $\forall x(t)\in C[a,b]$, $T(x)=\int_a^t x(\tau)\mathrm{d}\tau$, $t\in[a,b]$.

证明. 设 $x(t)$, $y(t)\in C[a,b]$, $\alpha,\beta\in\mathbb{R}$,则

$$T(\alpha x+\beta y)=\int_a^t(\alpha x(\tau)+\beta y(\tau))\mathrm{d}\tau=\alpha\int_a^t x(\tau)\mathrm{d}\tau+\beta\int_a^t y(\tau)\mathrm{d}\tau=\alpha T(x)+\beta T(y)$$

$$\begin{aligned}\|T(x)\|&=\max_{t\in[a,b]}\left|\int_a^t x(\tau)\mathrm{d}\tau\right|\leqslant\max_{t\in[a,b]}\int_a^t|x(\tau)|\mathrm{d}\tau\leqslant\max_{t\in[a,b]}|x(t)|\int_a^t 1\mathrm{d}\tau\\&\leqslant\|x(t)\|(b-a)\end{aligned}$$

于是积分算子 T 为线性有界算子. □

其他常见的算子有:梯度算子、散度算子、拉普拉斯算子、哈密顿算子等.

5.1.3 泛函

定义 5.1.12. 设 $\mathbb{X}$ 为实(或复)线性赋范空间,则由 $\mathbb{X}$ 到实(或复)数域的算子称为**泛函**.

例 5.1.12. 例如,若 $x(t)$ 是任意一个可积函数:$x(t)\in L^1[a,b]$,则其积分

$$f(x)=\int_a^b x(t)\mathrm{d}t$$

就是一个定义在 $L^1[a,b]$ 上的泛函，而且是线性的：

$$f(\alpha x+\beta y)=\alpha\int_a^b x(t)\mathrm{d}t+\beta\int_a^b y(t)\mathrm{d}t=\alpha f(x)+\beta f(y)$$

还是有界的：

$$|f(x)|\leqslant\int_a^b |x(t)|\mathrm{d}t=\|x\|$$

今后我们一般地仍限于实数范围内讨论泛函.

例 5.1.13. 设 $x(t)\in C[a,b]$，η 是$[a,b]$上任一固定点，则 $\delta_\eta(x)=x(\eta)$ 是定义在 $C[a,b]$ 上的有界线性泛函. 它就是熟知的单位脉冲函数 δ 函数.

例 5.1.14. 令 $J(x)=\int_a^b g(x(t),t)\mathrm{d}t$，其中 g 为二元连续函数. 则 $J(x)$ 是定义在 $C[a,b]$ 上的泛函，但一般地它不是线性的. 如果 $g(x,t)$ 的偏导数 g'_x 存在且有界，则泛函 $J(x)$ 是连续的，这是因为

$$\begin{aligned}|J(x_1)-J(x_2)|&\leqslant\int_a^b |g(x_1,t)-g(x_2,t)|\mathrm{d}t\\&\leqslant\int_a^b |g'_x(\eta,t)|\mathrm{d}t\|x_1-x_2\|_{C[a,b]}\leqslant M\|x_1-x_2\|\end{aligned}$$

例 5.1.15. 设 $\mathbb{X}$ 为线性赋范空间，则 $f(\boldsymbol{x})=\|\boldsymbol{x}\|$ 是连续泛函，但非线性.

5.1.4 机器学习中的风险泛函

下面讨论机器学习中寻找函数依赖关系的模型，称之为从实例学习的模型. 模型包括 3 个组成部分(如图 5.2 所示)：

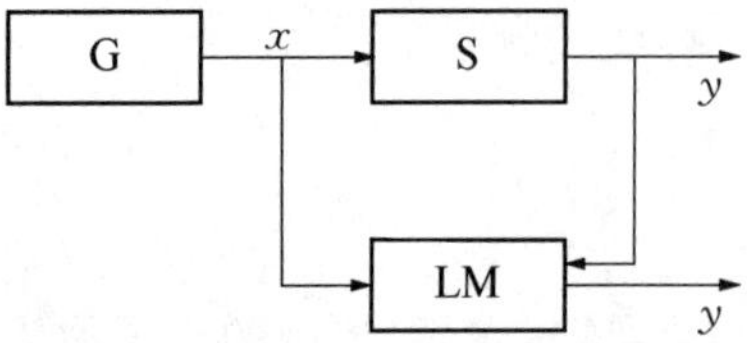

图 5.2 从实例学习的模型

(1) 数据(实例)的发生器 G.

(2) 目标算子 S(有时称为训练器算子，或简单地称为训练器).

(3) 学习机器 LM.

在学习过程中，学习机器观测一系列点对 $(\boldsymbol{x},y)$(训练集). 训练后，机器对任何一个给定的 $\boldsymbol{x}$ 必须返

回一个 $\bar{y}$ 值. 目标是返回一个非常接近于训练器响应 y 的 $\bar{y}$.

从实例学习的一般方法过程如下：

首先，要确定训练器将采用何种类型的算子. 假定训练器依据条件分布函数 $F(y \mid \boldsymbol{x})$ 返回向量 $\boldsymbol{x}$ 上的输出值 y(它包括了训练器采用函数$y=f(\boldsymbol{x})$ 的情形)

学习机器观察训练集，该训练集是依据联合分布函数 $F(\boldsymbol{x}, y)=F(\boldsymbol{x})F(y \mid \boldsymbol{x})$ 随机独立抽取出来的. 利用这一训练集，学习机器构造对未知算子的逼近，也即构造一个机器来实现某一固定的函数集.

因此，学习过程是一个从给定的函数集中选择一个适当函数的过程. 如何选择函数将依赖于恰当的评价准则来进行选取.

每当遇到用所期望的评价准则来选取一个函数的问题时，都可以考虑这样一个模型：在所有可能的函数中，找出一个函数，它以最佳可能方式满足给定的评价准则.

在形式上，这种处理方式的含义是，在向量空间 $\mathbb{R}^n$ 的子集$\mathbb{Z}$ 上，给定一个容许函数集 $\{g(\boldsymbol{z})\}, \boldsymbol{z} \in \mathbb{Z}$，定义一个泛函：

$$R=R(g(\boldsymbol{z}))$$

该泛函就是选取函数的评价准则，然后需要从函数集 $\{g(\boldsymbol{z})\}$ 中找出一个最小化泛函的函数 $g^*(\boldsymbol{z})$.

假定泛函的最小值对应于最好的评价，且 $\{g(\boldsymbol{z})\}$ 中存在泛函的最小值. 在显式地给出函数集$\{g(\boldsymbol{z})\}$ 和泛函$R(g(\boldsymbol{z}))$ 的情况下，寻找最小化$R(g(\boldsymbol{z}))$ 的函数$g^*(z)$，这个问题是变分法的研究主题.

我们考虑另外一种情况，即在 Z 上定义概率分布函数 $F(z)$，并将泛函定义为数学期望：

$$R(g(\boldsymbol{z}))=\int L(z,\ g(\boldsymbol{z}))\mathrm{d}F(z)$$

其中，函数 $L(z,\ g(\boldsymbol{z}))$ 对任意 $g(z) \in \{g(\boldsymbol{z})\}$ 都是可积的. 现在的问题是，在未知概率分布 $F(z)$，但得到了依据 $F(z)$ 独立地随机抽取出的观测样本

$$\boldsymbol{z}_1,\ \cdots,\ \boldsymbol{z}_t$$

的情况下，最小化泛函 $R(g(\boldsymbol{z}))=\int L(z,\ g(\boldsymbol{z}))\mathrm{d}F(z)$.

当用公式给出上述最小化问题时，函数集 $g(z)$ 是以参数的方式给出的：$\{g(z,\ \boldsymbol{a}) \mid \boldsymbol{a} \in \Lambda\}$

定义 5.1.13. 函数 $Q(z, \boldsymbol{a}^*)=L(z, g(z, \boldsymbol{a}^*))$ 的期望损失是由下列积分确定的

$$R(\boldsymbol{a}^*)=\int Q(z, \boldsymbol{a}^*)\mathrm{d}F(z)$$

这一泛函称为**风险泛函**或者**风险**.

当概率分布函数未知,但给定了随机独立观测数据 $z_1, \cdots, z_t$ 时,我们的问题是在函数集 $g(z, \boldsymbol{a}), \boldsymbol{a} \in \Lambda$ 中选取一个最小化风险的函数.

给定一个训练数据集

$$\mathbb{T}=\{(\boldsymbol{x}_1, y_1), (\boldsymbol{x}_2, y_2), \cdots, (\boldsymbol{x}_N, y_N)\}$$

模型 $f(\boldsymbol{x})$ 关于训练数据集的平均损失称为**经验风险(empirical risk)**或**经验损失**,记作 R_{emp}:

$$R_{emp}(f)=\frac{1}{N}\sum_{i=1}^{N}L(y_i, f(\boldsymbol{x}_i)) \tag{5.1}$$

在假设空间、损失函数以及训练数据集确定的情况下,经验风险函数(5.1)就可以确定.经验风险最小化(empirical risk minimization,ERM)的策略认为,经验风险最小的模型是最优的模型.根据这一策略,按照经验风险最小化求最优模型就是求解最优化问题:

$$\min_{f\in\mathcal{F}}\frac{1}{N}\sum_{i=1}^{N}L(y_i, f(\boldsymbol{x}_i)) \tag{5.2}$$

其中,$\mathcal{F}$ 是假设空间,也即前面提到的容许函数集.

当样本容量足够大时,经验风险最小化能保证有很好的学习效果.

经验风险最小化时常常会出现过拟合现象,我们可以通过引入所谓的结构风险最小化策略来防止过拟合.

在假设空间、损失函数以及训练数据集确定的情况下,**结构风险(structural risk)**定义为在经验风险上加上表示模型复杂度的正则化项或罚项:

$$R_{srm}(f)=\frac{1}{N}\sum_{i=1}^{N}L(y_i, f(\boldsymbol{x}_i))+\lambda J(f) \tag{5.3}$$

其中 $J(f)$ 为模型的复杂度,是定义在假设空间 $\mathcal{F}$ 上的泛函.模型 f 越复杂,复杂度 $J(f)$ 就越大;反之,模型 f 越简单,复杂度 $J(f)$ 就越小.也就是说,复杂度表示了对复杂模型的惩罚.$\lambda \geqslant 0$ 是系数,用以权衡经验风险和模型复杂度.结构风险小需要经验风险与模型复杂度同时小.结构风险小的模型往往对训练数据以及未知的测试数据都有较好的预测.

结构风险最小化(structural risk minimization, SRM)策略认为结构风险最小的模型是最优的模型. 所以求最优模型,就是求解最优化问题:

$$\min_{f\in\mathcal{F}}\frac{1}{N}\sum_{i=1}^{N}L(y_i,\ f(\boldsymbol{x}_i))+\lambda J(f) \tag{5.4}$$

上述最优化问题一般也称为正则化(regularization),正则化是结构风险最小化策略的实现.

5.2　统计机器学习中的非概率型函数模型

在数据科学中,我们常常在三个地方遇到向量函数或者矩阵函数.

- 机器学习模型(机器学习模型部分的函数);
- 损失函数(机器学习策略部分的函数);
- 目标函数(机器学习算法部分的函数).

下面我们将分别举一些机器学习中相关的例子,并且着重讲述一些相关的特殊向量函数与矩阵函数.

5.2.1　线性模型中的函数

例 5.2.1.　给定由 d 个属性描述的示例 $\boldsymbol{x}=(x_1,\ x_2,\ \cdots,\ x_d)$,其中 x_i 是 $\boldsymbol{x}$ 在第 i 个属性上的取值,线性模型(linear model)试图学得一个通过属性的线性组合来进行预测的函数,即

$$f(\boldsymbol{x})=\boldsymbol{w}^{\mathrm{T}}\boldsymbol{x}+b$$

其中 $\boldsymbol{w}=(w_1,\ w_2,\ \cdots,\ w_d)$. $\boldsymbol{w}$ 和 b 学得之后,模型就得以确定.

线性模型中的函数是仿射函数,并且可以用于机器学习中的回归和分类,分别对应于线性回归和线性判别.

给定数据集 $\mathbb{T}=\{(\boldsymbol{x}_1,\ y_1),\ (\boldsymbol{x}_2,\ y_2),\ \cdots(\boldsymbol{x}_N,\ y_N)\}$,其中 $\boldsymbol{x}_i=(x_{i1},\ x_{i2},\ \cdots,\ x_{id})$, $y_i\in\mathbb{R}$. 线性回归的模型函数为 $f(\boldsymbol{x}_i)=\boldsymbol{w}^{\mathrm{T}}\boldsymbol{x}_i+b$. 该函数 $f(\boldsymbol{x}_i)\simeq y_i$. 通常我们使用均方误差来度量线性回归的损失,所以损失函数为 $L(f;\ \mathbb{T})=\frac{1}{N}\sum_{i=1}^{N}(f(\boldsymbol{x}_i)-y_i)^2$. 因此,归结为求解如下问题:

$$(\boldsymbol{w}^*, b^*) = \underset{(w,b)}{\operatorname{argmin}} \sum_{i=1}^{N} (f(\boldsymbol{x}_i) - y_i)^2 = \underset{(w,b)}{\operatorname{argmin}} \sum_{i=1}^{N} (\boldsymbol{w}^{\mathrm{T}} \boldsymbol{x}_i + b - y_i)^2$$

这里的目标函数为损失函数.

如果我们令模型的预测值逼近 y 的变形,比如我们认为示例所对应的输出标记是在指数尺度上变化,那就可以将输出标记的对数作为线性模型逼近的目标,即

$$\ln y = \boldsymbol{w}^{\mathrm{T}} \boldsymbol{x} + b$$

这个模型叫作对数线性回归.

更一般地,考虑单调可微函数 $g(\cdot)$,令

$$y = g^{-1}(\boldsymbol{w}^{\mathrm{T}} \boldsymbol{x} + b)$$

这样得到的模型称为广义线性模型,其中 $g(\cdot)$ 称为"联系函数". 显然,对数线性回归是广义线性模型在 $g(\cdot) = \ln(\cdot)$ 时的特例.

对二分类任务,当任务输出标记为 $y \in \{0, 1\}$ 时,而线性回归模型产生的预测值 $z = \boldsymbol{w}^{\mathrm{T}} \boldsymbol{x} + b$ 是实值,于是我们需要将实值 z 转换为 0/1 值,可以通过单位阶跃函数(unit-step function)来实现:

$$y = \begin{cases} 0, & z < 0 \\ 0.5, & z = 0 \\ 1, & z > 0 \end{cases}$$

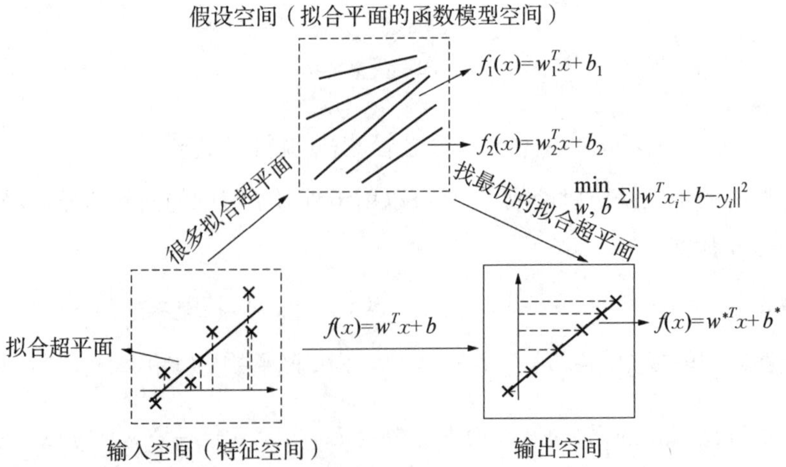

图 5.3 线性回归

即若预测值 z 大于零就判为正例，小于零则判为反例，预测值为临界值可任意判别. 但是，单位阶跃函数不连续，如果使用对数几率函数 $y=\frac{1}{1+e^{-z}}$ 来替代广义线性模型中联系函数的反函数 g^{-1}. 这样我们就可以得到对数几率回归的模型 $y=\frac{1}{1+e^{-(\boldsymbol{w}^{\mathrm{T}}\boldsymbol{x}+b)}}$. 类似对数线性回归，对数几率回归可以变化为 $\ln\frac{y}{1-y}=\boldsymbol{w}^{\mathrm{T}}\boldsymbol{x}+b$.

5.2.2　感知机模型中的函数

例 5.2.2.　(感知机) 假设输入空间(特征空间)是 $\mathbb{X}\subset\mathbb{R}^n$，输出空间是 $\mathbb{Y}=\{+1,-1\}$. 输入 $\boldsymbol{x}\in\mathbb{X}$ 表示实例的特征向量，对应于输入空间(特征空间) 的点；输出 $y\in\mathbb{Y}$ 表示实例的类别. 由输入空间到输出空间的如下函数：

$$f(\boldsymbol{x})=\mathbf{sign}(\boldsymbol{w}^{\mathrm{T}}\boldsymbol{x}+b)$$

称为感知机. 其中，$\boldsymbol{w}$ 和 b 为感知机模型参数，$\boldsymbol{w}\in\mathbb{R}^n$ 叫作权值(*weight*) 或权值向量(*weight vector*)，$b\in\mathbb{R}$ 叫作偏置(*bias*)，$\boldsymbol{w}^{\mathrm{T}}\boldsymbol{x}$ 表示 $\boldsymbol{w}$ 和 $\boldsymbol{x}$ 的内积. **sign** 是符号函数，即 $\forall z\in\mathbb{R}$，

$$\mathbf{sign}(z)=\begin{cases}+1 & z\geqslant 0\\ -1 & z<0\end{cases}$$

感知机是一种线性分类模型，属于判别模型. 感知机模型的假设空间是定义在特征空间中的所有线性分类模型(linear classification model)或线性分类器(linear classifier)，即函数集合 $\{f\mid f(x)=\boldsymbol{w}^{\mathrm{T}}\boldsymbol{x}+b\}$.

函数模型对应的线性方程 $\boldsymbol{w}^{\mathrm{T}}\boldsymbol{x}+b=0$ 称为对应于特征空间的分离超平面，它由法向量 $\boldsymbol{w}$ 和截距 b 决定，可用元组($\boldsymbol{w}$, b) 来表示. 分离超平面将特征空间划分为两部分，一部分是正类，一部分是负类. 法向量指向的一侧为正类，另一侧为负类.

为了找出这样的超平面，即确定感知机模型参数 $\boldsymbol{w}$, b，需要确定一个学习策略，即定义(经验)损失函数并将损失函数极小化.

定义 5.2.1.　**数据集的线性可分性**给定一个数据集

$$\mathbb{T}=\{(\boldsymbol{x}_1,y_1),(\boldsymbol{x}_2,y_2),\cdots,(\boldsymbol{x}_N,y_N)\}$$

其中，$\boldsymbol{x}_i\in\mathbb{X}=\mathbb{R}^n$，$y_i\in\mathbb{Y}=\{+1,-1\}$，$i=1,2,\cdots,N$. 如果存在某个超平面 S

$$\boldsymbol{w}^{\mathrm{T}}\boldsymbol{x}+b=0$$

能够将数据集的正实例点和负实例点完全正确地划分到超平面的两侧,即对所有 $y_i=1$ 的实例 i,有 $\boldsymbol{w}^{\mathrm{T}}\boldsymbol{x}_i+b>0$,对所有 $y_i=-1$ 的实例 i,有 $\boldsymbol{w}^{\mathrm{T}}\boldsymbol{x}_i+b<0$,则称数据集 $\mathbb{T}$ 为**线性可分数据集**(linearly separable dataset);否则,称数据集 $\mathbb{T}$ 线性不可分.

假设训练数据集是线性可分的,输入空间 $\mathbb{R}^n$ 中任一点 $\boldsymbol{x}_0$ 到超平面 S 的距离为 $\frac{1}{\|\boldsymbol{w}\|_2}|\boldsymbol{w}^{\mathrm{T}}\boldsymbol{x}_0+b|$. 误分类点 $\boldsymbol{x}_0$ 到超平面 S 的距离是 $-\frac{1}{\|\boldsymbol{w}\|_2}y_i(\boldsymbol{w}^{\mathrm{T}}\boldsymbol{x}_i+b)$. 假设超平面 S 的误分类点集合为 $\mathbb{M}$,那么所有误分类点到超平面 S 的总距离为 $-\frac{1}{\|\boldsymbol{w}\|_2}\sum_{x_i}\in\mathbb{M}\,y_i(\boldsymbol{w}^{\mathrm{T}}\boldsymbol{x}_i+b)$. $\frac{1}{\|\boldsymbol{w}\|_2}$ 是常系数可以省略,就得到感知机学习的损失函数:

$$L(\boldsymbol{w},\ b)=-\sum_{\boldsymbol{x}_i\in\mathbb{M}}y_i(\boldsymbol{w}^{\mathrm{T}}\boldsymbol{x}_i+b)$$

其中 $\mathbb{M}$ 为误分类点的集合. 这个损失函数就是感知机学习的经验风险函数.

感知机学习算法是对以下最优化问题的算法. 求参数 $\boldsymbol{w}$, b, 使其为以下损失函数极小化问题的解

$$\min_{\boldsymbol{w},\ b}L(\boldsymbol{w},\ b)=-\sum_{\boldsymbol{x}_i\in\mathbb{M}}y_i(\boldsymbol{w}^{\mathrm{T}}\boldsymbol{x}_i+b)$$

其中 $\mathbb{M}$ 为误分类点的集合. $L(\boldsymbol{w},\ b)$ 为感知机模型中的目标函数.

注:在感知机模型中,损失函数和目标函数是一致的.

从空间的角度来理解感知机模型中的函数关系如图 5.4 所示.

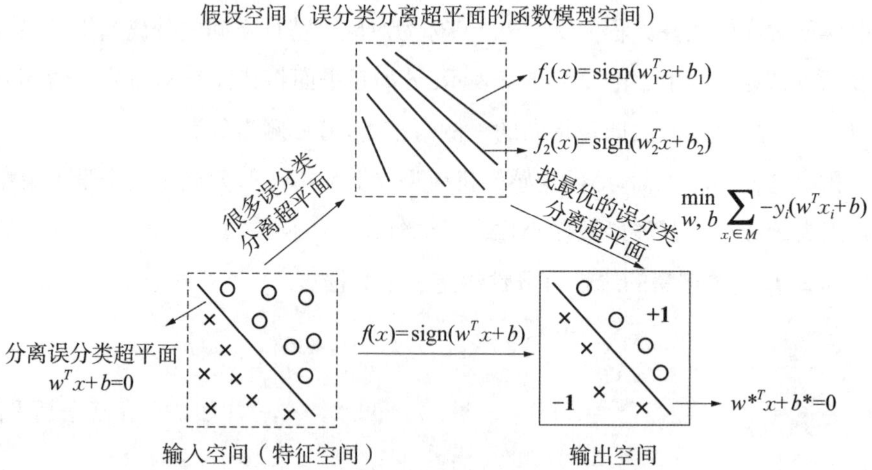

图 5.4 感知机

5.2.3 支持向量机

支持向量机是一种二分类模型,它的基本模型是定义在特征空间上的间隔最大的线性分类器,间隔最大使它有别于感知机.按照训练数据的特征,支持向量机分为以下三种类型:

(1) 线性可分支持向量机:当训练数据线性可分时,通过硬间隔最大化学习得到的线性分类器,又称为硬间隔支持向量机.

(2) 线性支持向量机:当训练数据近似线性可分时,通过软间隔最大化学习得到的线性分类器,又称为软间隔支持向量机.

(3) 非线性支持向量机:当训练数据线性不可分时,通过使用核技巧(Kernel trick)及软间隔最大化,学习得到的非线性分类器.

考虑一个二类分类问题.假设输入空间与特征空间为两个不同的空间.输入空间为欧氏空间或离散集合,特征空间为欧氏空间或希尔伯特空间.

线性可分支持向量机、线性支持向量机假设这两个空间的元素一一对应,并将输入空间中的输入映射为特征空间中的特征向量.非线性支持向量机利用一个从输入空间到特征空间的非线性映射将输入映射为特征向量.所以,输入都由输入空间转换到特征空间,支持向量机的学习是在特征空间进行的.

其中线性可分支持向量机的模型函数定义如下:

定义 5.2.2. 给定线性可分训练数据集,通过间隔最大化或等价地求解相应的凸二次规划问题学习得到的分离超平面为

$$\boldsymbol{w}^{*\mathrm{T}}\boldsymbol{x}+b^{*}=0$$

以及相应的分类决策函数

$$f(x)=\mathbf{sign}(\boldsymbol{w}^{*\mathrm{T}}\boldsymbol{x}+b^{*})$$

称为**线性可分支持向量机**.

一般来说,一个点距离分离超平面的远近可以表示分类预测的确信程度.在超平面 $\boldsymbol{w}^{\mathrm{T}}\boldsymbol{x}+b=0$ 确定的情况下,$\|\boldsymbol{w}^{\mathrm{T}}\boldsymbol{x}+b\|$ 能够相对地表示点距离超平面的远近.而 $\boldsymbol{w}^{\mathrm{T}}\boldsymbol{x}+b$ 的符号与类标记 y 的符号是否一致能够表示分类是否正确.所以可用量 $y(\boldsymbol{w}^{\mathrm{T}}\boldsymbol{x}+b)$ 来表示分类的正确性及置信度,这就是函数间隔(functional margin)的概念.

定义 5.2.3. 给定训练数据集 $\mathbb{T}$ 和超平面$(\boldsymbol{w}, b)$,定义超平面关于样本点$(\boldsymbol{x}_i, y_i)$

的函数间隔为

$$\hat{\gamma}_i = y_i(\boldsymbol{w}^{\mathrm{T}}\boldsymbol{x}_i + b)$$

定义超平面 $(\boldsymbol{w}, b)$ 关于训练数据集 $\mathbb{T}$ 的函数间隔为超平面 $(\boldsymbol{w}, b)$ 关于 $\mathbb{T}$ 中所有样本点 $(\boldsymbol{x}_i, y_i)$ 的函数间隔的最小值,即

$$\hat{\gamma} = \min_{i=1, \cdots, N} \hat{\gamma}_i$$

定义 5.2.4. 给定训练数据集 $\mathbb{T}$ 和超平面 $(\boldsymbol{w}, b)$,定义超平面关于样本点 $(\boldsymbol{x}_i, y_i)$ 的几何间隔为

$$\gamma_i = y_i\left(\frac{\boldsymbol{w}}{\|\boldsymbol{w}\|} x_i + \frac{b}{\|\boldsymbol{w}\|}\right)$$

定义超平面 $(\boldsymbol{w}, b)$ 关于训练数据集 $\mathbb{T}$ 的几何间隔为超平面 $(\boldsymbol{w}, b)$ 关于 $\mathbb{T}$ 中所有样本点 $(\boldsymbol{x}_i, y_i)$ 的几何间隔的最小值,即

$$\gamma = \min_{i=1, \cdots, N} \gamma_i$$

支持向量机学习的基本想法是求解能够正确划分训练数据集并且几何间隔最大的分离超平面. 一般地,当训练数据集线性可分时,存在无穷个分离超平面可将两类数据正确分开. 感知机利用误分类最小的策略,求得分离超平面,不过这时的解有无穷多个,但是线性可分支持向量机利用几何间隔最大化求最优分离超平面,这时,解是唯一的. 这里的间隔最大化又称为硬间隔最大化(与将要讨论的训练数据集近似线性可分时的软间隔最大化相对应).

间隔最大化的直观解释是:对训练数据集找到几何间隔最大的超平面意味着以充分大的置信度对训练数据进行分类. 也就是说,不仅将正负实例点分开,而且对最难分的实例点(离超平面最近的点)也有足够大的置信度将它们分开. 这样的超平面应该对未知的新实例有很好的分类预测能力.

下面考虑如何求得一个几何间隔最大的分离超平面,即最大间隔分离超平面. 具体地,这个问题可以表示为下面的约束最优化问题:

$$\max_{\boldsymbol{w}, b} \quad \gamma$$

$$s.t. \quad y_i\left(\frac{\boldsymbol{w}}{\|\boldsymbol{w}\|} x_i + \frac{b}{\|\boldsymbol{w}\|}\right) \geqslant \gamma, \ i = 1, 2, \cdots, N$$

考虑几何间隔和函数间隔的关系，可以将问题改写成

$$\max_{w,b} \quad \frac{\hat{\gamma}}{\|\boldsymbol{w}\|}$$

$$s.t. \quad y_i(\boldsymbol{w}^{\mathrm{T}}\boldsymbol{x}_i+b) \geqslant \hat{\gamma},\ i=1,\ 2,\ \cdots,\ N$$

更进一步，将 $\hat{\gamma}=1$ 代入上面的最优化问题，实际上，这是对上述优化问题进行等价的变量代换. 再注意到最大化 $\frac{1}{\|\boldsymbol{w}\|}$ 和最小化 $\frac{1}{2}\|\boldsymbol{w}\|^2$ 是等价的，于是就得到下面的线性可分支持向量机学习的最优化问题：

$$\min_{w,b} \quad \frac{1}{2}\|\boldsymbol{w}\|^2$$

$$s.t. \quad y_i(\boldsymbol{w}^{\mathrm{T}}\boldsymbol{x}_i+b)-1 \geqslant 0,\ i=1,\ 2,\ \cdots,\ N$$

从空间的角度来理解线性可分支持向量机中的函数关系，如图 5.5 所示.

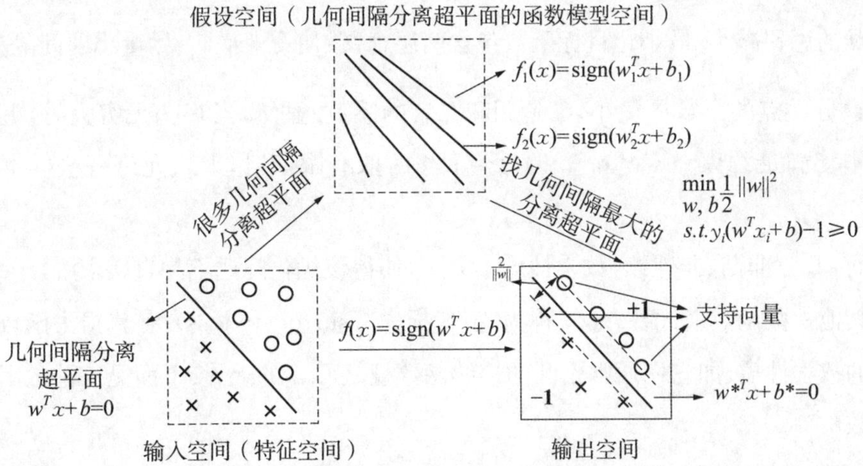

图 5.5　线性可分支持向量机

线性可分问题的支持向量机学习方法，对线性不可分训练数据是不适用的. 线性不可分意味着某些样本点 $(\boldsymbol{x}_i,\ y_i)$ 不能满足函数间隔大于等于 1 的约束条件.

缓解该问题的一个办法是允许支持向量机在一些样本点上出错. 为此要引入“软间隔”的概念，它允许某些样本不满足约束

$$y_i(\boldsymbol{w}^{\mathrm{T}}\boldsymbol{x}_i+b) \geqslant 1,$$

但是，在最大化间隔的同时，不满足约束的样本应尽可能少.

这样目标函数由原来的 $\frac{1}{2}\|\boldsymbol{w}\|^2$ 变成

$$\frac{1}{2}\|\boldsymbol{w}\|^2+C\sum_{i=1}^{N}L_{0/1}(y_i(\boldsymbol{w}^{\mathrm{T}}\boldsymbol{x}_i+b)-1)$$

则软间隔优化目标可写为

$$\min_{\boldsymbol{w},b}\frac{1}{2}\|\boldsymbol{w}\|^2+C\sum_{i=1}^{N}L_{0/1}(y_i(\boldsymbol{w}^{\mathrm{T}}\boldsymbol{x}_i+b)-1),$$

这里，$L_{0/1}$ 是“0/1 损失函数”

$$L_{0/1}(z)=\begin{cases}1, & z<0\\ 0, & \text{其他}\end{cases}$$

其中 $C>0$ 称为惩罚参数. 一般由应用问题决定，C 值大时对误分类的惩罚增大，C 值小时对误分类的惩罚减小. 最小化目标函数包含两层含义：使 $\frac{1}{2}\|\boldsymbol{w}\|^2$ 尽量小即间隔尽量大，同时使误分类点的个数尽量小，C 是调和二者的系数. 显然，当 C 为无穷大时，上式迫使所有样本均满足约束 $y_i(\boldsymbol{w}^{\mathrm{T}}\boldsymbol{x}_i+b)\geqslant 1$；当 C 取有限值时，上式允许一些样本不满足约束.

然而，$L_{0/1}$ 非凸、非连续，数学性质不太好，使得该优化问题不易直接求解，于是，人们通常用其他一些函数来代替 $L_{0/1}$，称为“替代损失”(surrogate loss). 替代损失函数一般具有较好的数学性质，如它们通常是凸的连续函数且是 $L_{0/1}$ 的上界. 下面是三种常用的替代损失函数：

(1) hinge 损失：$L_{\mathrm{hinge}}(z)=\max(0,1-z)$；

(2) 指数损失(exponential loss)：$L_{\exp}(z)=\exp(-z)$；

(3) 对率损失(logistic loss)：$L_{\log}(z)=\log(1+\exp(-z))$.

若采用 hinge 损失，则软件隔优化目标变成

$$\min_{\boldsymbol{w},b}\frac{1}{2}\|\boldsymbol{w}\|^2+C\sum_{i=1}^{N}\max(0,1-y_i(\boldsymbol{w}^{\mathrm{T}}\boldsymbol{x}_i+b))$$

引入“松弛变量” $\xi_i\geqslant 0$，可重写为

$$\min_{w,\,b,\,\xi} \quad \frac{1}{2}\|\boldsymbol{w}\|^2 + C\sum_{i=1}^{N}\xi_i$$
$$s.t.\quad y_i(\boldsymbol{w}^{\mathrm{T}}\boldsymbol{x}_i + b) \geqslant 1-\xi_i,\ i=1,\,2,\,\cdots,\,N$$
$$\xi_i \geqslant 0,\ i=1,\,2,\,\cdots,\,N$$

这就是常用的线性支持向量机.线性支持向量机处理的是线性不可分的数据集,然而训练数据集又近似线性可分时,通过软间隔最大化,也可学习出一个线性分类器,它也被称为软间隔支持向量机.

线性不可分的线性支持向量机的学习问题变成如下凸二次规划(convex quadratic programming)问题:

$$\min_{w,\,b,\,\xi} \quad \frac{1}{2}\|\boldsymbol{w}\|^2 + C\sum_{i=1}^{N}\xi_i$$
$$s.t.\quad y_i(\boldsymbol{w}^{\mathrm{T}}\boldsymbol{x}_i + b) \geqslant 1-\xi_i,\ i=1,\,2,\,\cdots,\,N$$
$$\xi_i \geqslant 0,\ i=1,\,2,\,\cdots,\,N$$

定义 5.2.5. (线性支持向量机)对于给定的线性不可分的训练数据集,通过求解凸二次规划问题,即软间隔最大化问题,得到的分离超平面为

$$\boldsymbol{w}^{*\mathrm{T}}\boldsymbol{x} + b^* = 0$$

以及相应的分类决策函数

$$f(\boldsymbol{x}) = \mathbf{sign}(\boldsymbol{w}^{*\mathrm{T}}\boldsymbol{x} + b^*)$$

称为线性支持向量机.

从空间的角度来理解线性支持向量机中的函数关系,如图 5.6 所示.

非线性分类问题是指通过利用非线性模型才能很好地进行分类的问题.对给定的一个训练数据集 $\mathbb{T}=\{(\boldsymbol{x}_1,\,y_1),\,(\boldsymbol{x}_2,\,y_2),\,\cdots,\,(\boldsymbol{x}_N,\,y_N)\}$,其中,实例 $\boldsymbol{x}_i$ 属于输入空间,$\boldsymbol{x}_i \in \mathbb{X}=\mathbb{R}^n$,对应的标记有两类 $y_i \in \mathbb{Y}=\{+1,\,-1\}$, $i=1,\,2,\,\cdots,\,N$.如果能用$\mathbb{R}^n$中的一个超曲面将正负例正确分开,则称这个问题为非线性可分问题.非线性问题往往不好求解,所以希望能用解线性分类问题的方法解决这个问题.所采取的方法是进行一个非线性变换,将非线性问题变换为线性问题,通过解变换后的线性问题的方法求解原来的非线性问题.

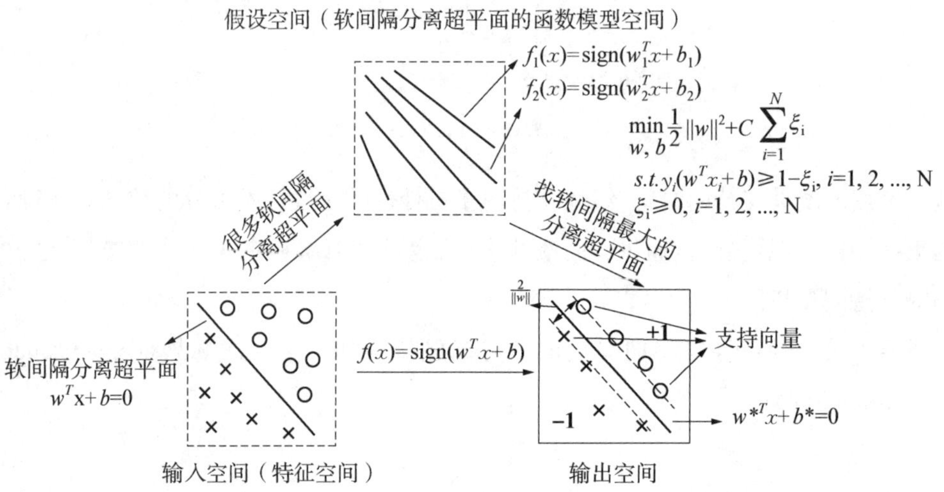

图 5.6 线性支持向量机

例 5.2.3. 设原空间为 $\mathbb{X}\subset\mathbb{R}^2$, $\boldsymbol{x}=(x^{(1)},x^{(2)})\in\mathbb{X}$,新空间为$\mathbb{Z}\subset\mathbb{R}^2$, $\boldsymbol{z}=(z^{(1)},z^{(2)})\in\mathbb{Z}$,定义从原空间到新空间的变换(映射):

$$\boldsymbol{z}=\phi(\boldsymbol{x})=((x^{(1)})^2,(x^{(2)})^2)$$

经过变换 $\boldsymbol{z}=\phi(\boldsymbol{x})$,原空间$\mathbb{X}\subset\mathbb{R}^2$变换为新空间$\mathbb{Z}\subset\mathbb{R}^2$,原空间中的点相应地变换为新空间中的点,原空间中的超曲面(比如一个椭圆)

$$w_1(x^{(1)})^2+w_2(x^{(2)})^2+b=0$$

变换成为新空间中的直线

$$w_1z^{(1)}+w_2z^{(2)}+b=0$$

在变换后的新空间里,直线 $w_1z^{(1)}+w_2z^{(2)}+b=0$ 可以将变换后的正负实例点正确分开. 这样,原空间的非线性可分问题就变成了新空间的线性可分问题.

从上述例子可以看出,用线性分类方法求解非线性分类问题分为两步:

(1) 首先使用一个变换将原空间的数据映射到新空间;

(2) 然后在新空间里用线性分类学习方法从训练数据中学习分类模型.

问题的关键是如何构造变换? 实际上这可以用核函数来实现. 使用核函数的分类方法称为核技巧或核方法.

定义 5.2.6. 设 $\mathbb{X}$ 是输入空间(欧氏空间$\mathbb{R}^n$的子集或者离散集合),又设$\mathbb{H}$ 为特征空

间(希尔伯特空间),如果存在一个从$\mathbb{X}$到$\mathbb{H}$的映射

$$\phi(\boldsymbol{x}):\mathbb{X}\to\mathbb{H}$$

使得对所有$\boldsymbol{x},\boldsymbol{z}\in\mathbb{X}$,函数$K(\boldsymbol{x},\boldsymbol{z})$满足条件

$$K(\boldsymbol{x},\boldsymbol{z})=\langle\phi(\boldsymbol{x}),\phi(\boldsymbol{z})\rangle$$

则称$K(\boldsymbol{x},\boldsymbol{z})$为**核函数**,$\phi(\boldsymbol{x})$为映射函数.

核技巧的想法是:在学习与预测中只定义核函数$K(\boldsymbol{x},\boldsymbol{z})$,而不显式地定义映射函数$\phi$. 通常,直接计算$K(\boldsymbol{x},\boldsymbol{z})$比较容易,而通过$\phi(\boldsymbol{x})$和$\phi(\boldsymbol{z})$计算$K(\boldsymbol{x},\boldsymbol{z})$并不容易. 注意$\phi$是输入空间$\mathbb{R}^n$到特征空间$\mathbb{H}$的映射,特征空间$\mathbb{H}$一般是高维的,甚至是无穷维的. 此外,对于给定的$K(\boldsymbol{x},\boldsymbol{z})$,特征空间$\mathbb{H}$和映射函数$\phi$的取法并不唯一,可以取不同的特征空间,即便是在同一特征空间也可以取不同的映射.

核函数和映射函数的关系由例 5.2.4 可知.

例 5.2.4.　假设输入空间是$\mathbb{R}^2$,核函数是$K(\boldsymbol{x},\boldsymbol{z})=(\boldsymbol{x}^{\mathrm{T}}\boldsymbol{z})^2$,试找出其相关的特征空间$\mathbb{H}$和映射$\phi(\boldsymbol{x}):\mathbb{R}^2\to\mathbb{H}$.

解:取特征空间$\mathbb{H}=\mathbb{R}^3$,记$\boldsymbol{x}=(x^{(1)},x^{(2)})$, $\boldsymbol{z}=(z^{(1)},z^{(2)})$, 由于

$$(\boldsymbol{x}^{\mathrm{T}}\boldsymbol{z})^2=(x^{(1)}z^{(1)}+x^{(2)}z^{(2)})^2=(x^{(1)}z^{(1)})^2+2x^{(1)}z^{(1)}x^{(2)}z^{(2)}+(x^{(2)}z^{(2)})^2$$

所以可以取映射

$$\phi(\boldsymbol{x})=((x^{(1)})^2,\sqrt{2}x^{(1)}x^{(2)},(x^{(2)})^2)$$

容易验证

$$\phi(\boldsymbol{x})^{\mathrm{T}}\phi(\boldsymbol{z})=(\boldsymbol{x}^{\mathrm{T}}\boldsymbol{z})^2=K(\boldsymbol{x},\boldsymbol{z})$$

仍取$\mathbb{H}=\mathbb{R}^3$以及

$$\phi(\boldsymbol{x})=\frac{1}{\sqrt{2}}((x^{(1)})^2-(x^{(2)})^2,2x^{(1)}x^{(2)},(x^{(1)})^2+(x^{(2)})^2)$$

同样有

$$\phi(\boldsymbol{x})^{\mathrm{T}}\phi(\boldsymbol{z})=(\boldsymbol{x}^{\mathrm{T}}\boldsymbol{z})^2=K(\boldsymbol{x},\boldsymbol{z})$$

还可以取$\mathbb{H}=\mathbb{R}^4$和

$$\phi(\boldsymbol{x})=((x^{(1)})^2,x^{(1)}x^{(2)},x^{(1)}x^{(2)},(x^{(2)})^2)$$

定理 5.2.1. 设 $K:\mathbb{X}\times\mathbb{X}\to\mathbb{R}$ 是对称函数，则 $K(\boldsymbol{x},\boldsymbol{z})$ 为正定核函数的充要条件是对任意 $\boldsymbol{x}_i\in\mathbb{X}$，$i=1,2,\cdots,m$，$K(\boldsymbol{x},\boldsymbol{z})$ 对应的 Gram 矩阵

$$\boldsymbol{K}=(K(\boldsymbol{x}_i,\boldsymbol{x}_j))_{m\times m}$$

是半正定矩阵.

定义 5.2.7. 设 $\mathbb{X}\subset\mathbb{R}^n$，$K(\boldsymbol{x},\boldsymbol{z})$ 是定义在 $\mathbb{X}\times\mathbb{X}$ 上的对称函数，如果对于任意 $\boldsymbol{x}_i\in\mathbb{X}$，$i=1,2,\cdots,m$，$K(\boldsymbol{x},\boldsymbol{z})$ 对应的 Gram 矩阵

$$\boldsymbol{K}=(K(\boldsymbol{x}_i,\boldsymbol{x}_j))_{m\times m}$$

是半正定矩阵，则称 $K(\boldsymbol{x},\boldsymbol{z})$ 是**正定核**.

例 5.2.5. 常见的核函数：

(1) 线性核函数：$\kappa(\boldsymbol{x},\boldsymbol{z})=\boldsymbol{x}^{\mathrm{T}}\boldsymbol{z}+c$

(2) 多项式核函数：$\kappa(\boldsymbol{x},\boldsymbol{z})=(\boldsymbol{x}^{\mathrm{T}}\boldsymbol{z})^d$

(3) 高斯核函数：$\kappa(\boldsymbol{x},\boldsymbol{z})=e^{\frac{\|\boldsymbol{x}-\boldsymbol{z}\|^2}{-2\sigma^2}}$

(4) 拉普拉斯核：$\kappa(\boldsymbol{x},\boldsymbol{z})=e^{\frac{\|\boldsymbol{x}-\boldsymbol{z}\|}{-\sigma}}$

(5) Sigmoid 核：$\kappa(\boldsymbol{x},\boldsymbol{z})=\tan(a\boldsymbol{x}^{\mathrm{T}}\boldsymbol{z}+c)$

性质 5.2.1. 核函数的性质有以下三个：

(1) 若 K_1，K_2 为核函数，则对于任意正数 γ_1，γ_2，其线性组合

$$\gamma_1K_1+\gamma_2K_2$$

是核函数.

(2) 若 K_1，K_2 为核函数，则核函数的直积

$$K_1\otimes K_2(\boldsymbol{x},\boldsymbol{z})=K_1(\boldsymbol{x},\boldsymbol{z})K_2(\boldsymbol{x},\boldsymbol{z})$$

是核函数.

(3) 若 K_1 为核函数，则对于任意函数 $g(\boldsymbol{x})$，

$$K(\boldsymbol{x},\boldsymbol{z})=g(\boldsymbol{x})K_1(\boldsymbol{x},\boldsymbol{z})g(\boldsymbol{z})$$

是核函数.

我们将核技巧应用到支持向量机中，其基本想法为：

通过一个非线性变换将输入空间(欧氏空间 $\mathbb{R}^n$ 或离散集合)对应于一个特征空间(希

尔伯特空间$\mathbb{H}$)，使得在输入空间$\mathbb{R}^n$中的超曲面模型对应于特征空间$\mathbb{H}$中的超平面模型(支持向量机). 这样分类问题的学习任务通过在特征空间中求解线性支持向量机就可以完成. 在核技巧中，我们并不需要显式地定义映射函数，而是通过核函数来隐式地定义映射函数. 在通常情况下，我们只需要将一个线性模型化成带有内积的形式，然后将内积部分替换成核函数即可.

定义 5.2.8. (非线性支持向量机)从非线性分类训练集，通过核函数与软间隔最大化，学习得到的分类决策函数

$$f(\boldsymbol{x})=\mathbf{sign}\left(\sum_{i=1}^{N}\alpha_i^* y_i K(\boldsymbol{x},\boldsymbol{x}_i)+b^*\right)$$

称为**非线性支持向量机**，$K(\boldsymbol{x},\boldsymbol{z})$是正定核函数.

选取适当的核函数$K(\boldsymbol{x},\boldsymbol{z})$和适当的参数$C$，构造并求解最优化问题：

$$\begin{aligned}\min_{\alpha}\quad & \frac{1}{2}\sum_{i=1}^{N}\sum_{j=1}^{N}\alpha_i\alpha_j y_i y_j K(\boldsymbol{x}_i,\boldsymbol{x}_j)-\sum_{i=1}^{N}\alpha_i\\ s.t.\quad & \sum_{i=1}^{N}\alpha_i y_i=0,\ 0\leqslant\alpha_i\leqslant C,\ i=1,2,\cdots,N\end{aligned}$$

对于非线性支持向量机以及上述优化问题更为细致的推导过程，我们将在本书对偶优化部分详细地介绍.

从空间的角度来理解非线性支持向量机中的函数关系，如图 5.7 所示.

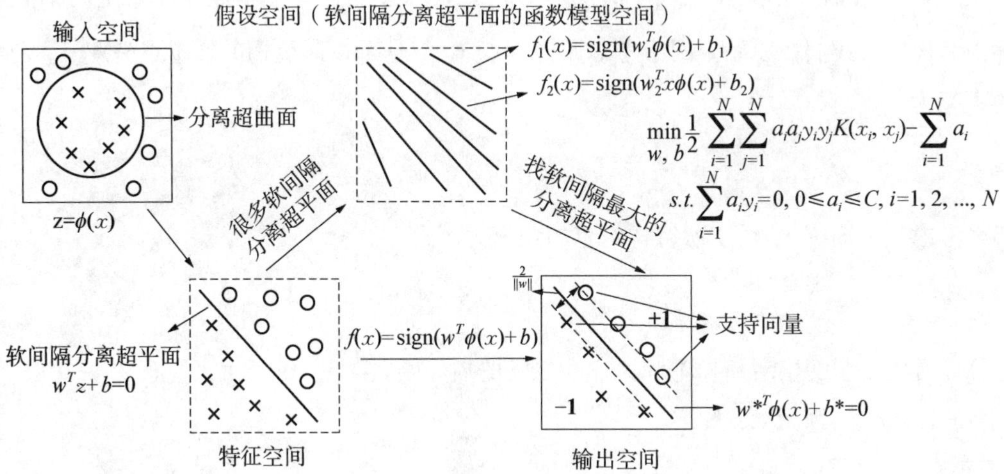

图 5.7　支持向量机

5.2.4 降维和主成分分析中函数

在数据分析和机器学习领域，在高维情形下所有机器学习方法都面临数据样本稀疏、距离计算困难等问题，称为“维数灾难”(curse of dimensionality). 缓解维数灾难的一个重要途径是通过某种数学变换将原始高维属性空间转变为一个低维“子空间”. 这主要有两类方法：

(1) 线性降维：对原始高维空间进行线性变换，代表性的方法有主成分分析(简称PCA).

(2) 非线性降维：对原始高维空间进行非线性变换，代表性的方法有流形学习.

主成分分析主要利用正交变换把由线性相关变量表示的观测数据转换为少数几个由线性无关变量表示的数据，线性无关的变量称为主成分. 主成分的个数通常小于原始变量的个数. 假设给定 d 维原始空间中的 m 个样本构成矩阵 $\boldsymbol{X}=[\boldsymbol{x}_1 \quad \boldsymbol{x}_2 \quad \cdots \quad \boldsymbol{x}_m]\in\mathbb{R}^{d\times m}$，主成分分析通过模型函数 $f(\boldsymbol{x})=\boldsymbol{W}^{\mathrm{T}}\boldsymbol{x}$ 将 m 个样本变换到 $d'\leqslant d$ 维子空间中 $\boldsymbol{Z}=\boldsymbol{W}^{\mathrm{T}}\boldsymbol{X}$，其中 $\boldsymbol{W}\in\mathbb{R}^{d\times d'}$ 是正交变换矩阵，$\boldsymbol{Z}=[\boldsymbol{z}_1 \quad \boldsymbol{z}_2 \quad \cdots \quad \boldsymbol{z}_m]\in\mathbb{R}^{d'\times m}$ 是新空间(d' 维子空间)中的 m 个样本，也即原始样本在新空间中的表达.

我们从使样本点到子空间的距离最近的思想出发，即要求最近重构性. 如果我们假定了数据样本进行了中心化，即 $\sum_i \boldsymbol{x}_i=\boldsymbol{0}$，并且再假定投影变换后得到的新坐标系为 $\{\boldsymbol{w}_1, \boldsymbol{w}_2, \cdots, \boldsymbol{w}_{d'}\}$，其中 $\boldsymbol{w}_i$ 是标准正交基向量. 令 $\boldsymbol{W}=[\boldsymbol{w}_1 \quad \boldsymbol{w}_2 \quad \cdots \quad \boldsymbol{w}_{d'}]$，那么 $\boldsymbol{W}$ 就是一个投影矩阵，所以新样本点在子空间中的坐标为 $\boldsymbol{z}_i=\boldsymbol{W}^{\mathrm{T}}\boldsymbol{x}_i$. 而这些样本点在原始空间中的坐标为 $\boldsymbol{W}\boldsymbol{W}^{\mathrm{T}}\boldsymbol{x}_i$. 我们在原始空间中考虑原样本点 $\boldsymbol{x}_i$ 与基于投影重构的样本点 $\boldsymbol{W}\boldsymbol{W}^{\mathrm{T}}\boldsymbol{x}_i$ 之间的距离为

$$\|\boldsymbol{x}_i-\boldsymbol{W}\boldsymbol{W}^{\mathrm{T}}\boldsymbol{x}_i\|_2$$

那么考虑整个训练集，对于所有样本总的距离为

$$\|\boldsymbol{X}-\boldsymbol{W}\boldsymbol{W}^{\mathrm{T}}\boldsymbol{X}\|_F,$$

这可以看成投影变换后新样本和原样本之间的损失函数.

所以优化问题为

$$\min_{\boldsymbol{W}}\|\boldsymbol{X}-\boldsymbol{W}\boldsymbol{W}^{\mathrm{T}}\boldsymbol{X}\|_F^2=\min_{\boldsymbol{W}}\mathrm{Tr}((\boldsymbol{X}-\boldsymbol{W}\boldsymbol{W}^{\mathrm{T}}\boldsymbol{X})^{\mathrm{T}}(\boldsymbol{X}-\boldsymbol{W}\boldsymbol{W}^{\mathrm{T}}\boldsymbol{X}))$$

$$=\min_{W}\mathrm{Tr}(\boldsymbol{X}^{\mathrm{T}}\boldsymbol{X}-2\boldsymbol{X}^{\mathrm{T}}\boldsymbol{W}\boldsymbol{W}^{\mathrm{T}}\boldsymbol{X}+\boldsymbol{X}^{\mathrm{T}}\boldsymbol{W}\boldsymbol{W}^{\mathrm{T}}\boldsymbol{W}\boldsymbol{W}^{\mathrm{T}}\boldsymbol{X})$$

$$=\min_{W}\mathrm{Tr}(-\boldsymbol{X}^{\mathrm{T}}\boldsymbol{W}\boldsymbol{W}^{\mathrm{T}}\boldsymbol{X})$$

最后还需要注意 $\boldsymbol{W}$ 是一个正交矩阵，并且利用迹函数的轮换性，就得到最终的优化问题

$$\begin{aligned}&\min_{W}\quad \mathrm{Tr}(-\boldsymbol{W}^{\mathrm{T}}\boldsymbol{X}\boldsymbol{X}^{\mathrm{T}}\boldsymbol{W})\\&s.t.\quad \boldsymbol{W}^{\mathrm{T}}\boldsymbol{W}=\boldsymbol{I}\end{aligned}$$

事实上，主成分分析的另外一种想法是使得样本点在子空间上的投影能尽可能分开. 而这两种不同的思想最终推断出优化问题是相同的.

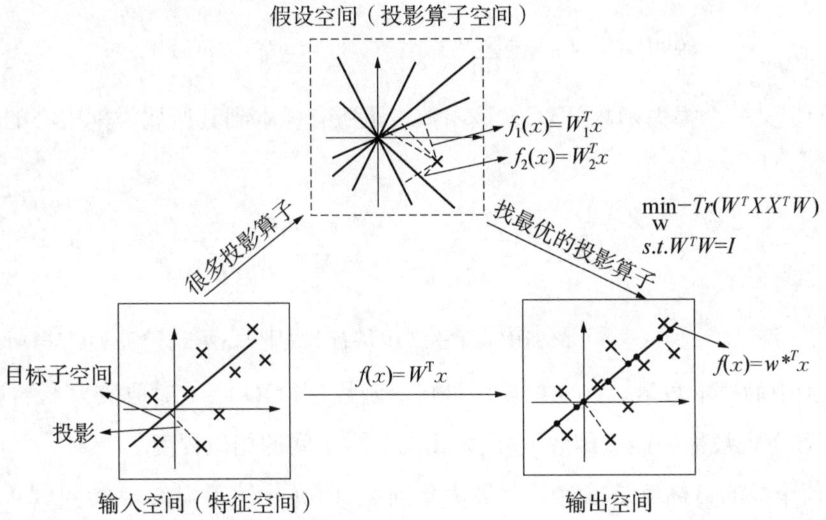

图 5.8　降维

5.2.5　聚类中的函数

聚类分析是一种对给定样本集合进行分组的数据处理技术，它按样本间相似性或距离度量分组样本为“类”或“簇”，揭示数据内在结构. 作为无监督学习，其不依赖事先定义的标签. 聚类算法主要有层次聚类和 k 均值聚类. 这里我们仅以 k 均值聚类进行介绍.

给定 n 个样本的集合 $\mathbb{X}=\{\boldsymbol{x}_1, \boldsymbol{x}_2, \cdots, \boldsymbol{x}_n\}$，每个样本由一个特征向量表示，特征向

量的维数是 m. k 均值聚类的目标是将 n 个样本分到 k 个不同的类或簇中，这里假设 $k < n$. k 个类 $G_1, G_2, \cdots, G_k$ 形成对样本集合 $\mathbb{X}$ 的划分，其中 $G_i \cap G_j = \varnothing$，$\bigcup_{i=1}^{k} G_i = \mathbb{X}$. 用 C 表示划分，一个划分对应着一个聚类结果. 划分 C 是一个多对一的函数. 事实上，如果把每个样本用一个整数 $i \in \{1, 2, \cdots, n\}$ 表示，每个类也用一个整数 $l \in \{1, 2, \cdots, k\}$ 表示，那么划分或者聚类可以用函数 $l = C(i)$ 表示，其中 $i \in \{1, 2, \cdots, n\}$，$l \in \{1, 2, \cdots, k\}$. 所以 k 均值聚类的模型是一个从样本到类的函数.

k 均值聚类问题实质上可以看作是对样本集合 $\mathbb{X}$ 的划分选择问题，或者是对样本到类别归属的映射函数的优化问题. 其核心策略是通过最小化一个特定的损失函数来寻找最优的划分或函数 C^*. 在这个过程中，我们首先选择平方欧氏距离作为衡量样本间相似度的度量标准，其定义为：

$$\operatorname{dist}(\boldsymbol{x}_i, \boldsymbol{x}_j) = \sum_{k=1}^{m} (x_i^k - x_j^k)^2 = \| \boldsymbol{x}_i - \boldsymbol{x}_j \|^2$$

接着，我们定义一个损失函数 $W(C)$，该函数表示所有样本到其所属类别中心的总距离之和，即：

$$W(C) = \sum_{l=1}^{k} \sum_{C(i)=l} \| \boldsymbol{x}_i - \bar{\boldsymbol{x}}_l \|^2$$

其中，$\bar{\boldsymbol{x}}_l = (\bar{x}_l^1, \bar{x}_l^2, \cdots, \bar{x}_l^m)$ 表示第 l 个类别的均值或中心，$n_l = \sum_{i=1}^{n} I(C(i) = l)$ 表示第 l 个类别中的样本数量，$I(C(i) = l)$ 是指示函数，当 $C(i) = l$ 时取值为 1，否则为 0. 损失函数 $W(C)$ 也被称为能量函数，它反映了同类样本间的相似程度.

k 均值聚类的目标就是求解一个最优化问题，即寻找使得损失函数 $W(C)$ 最小的划分 C^*：

$$C^* = \underset{C}{\operatorname{argmin}} W(C) = \underset{C}{\operatorname{argmin}} \sum_{l=1}^{k} \sum_{C(i)=l} \| \boldsymbol{x}_i - \bar{\boldsymbol{x}}_l \|^2$$

当相似的样本被归到同一类别时，损失函数值会达到最小，这正是我们聚类的目的. 然而，这个问题是一个组合优化问题，对于 n 个样本分到 k 个类别的情况，所有可能的划分方式的数量是指数级的. 实际上，k 均值聚类的最优解求解问题是一个 NP 难问题. 在实际应用中，我们通常采用迭代的方法来逼近最优解.

从空间的角度来理解 k 均值聚类中的函数关系，如图 5.9 所示.

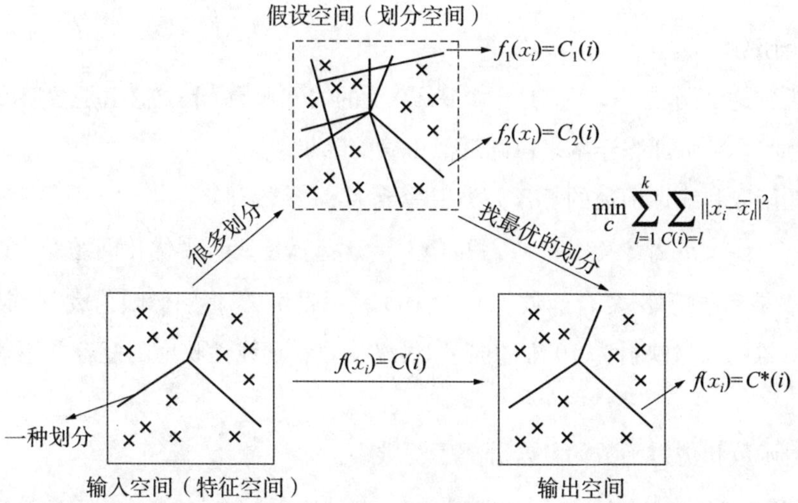

图 5.9　*k* 均值聚类

5.3　深度神经网络中的函数构造

上一节我们已经介绍了统计机器学习中的各种模型函数、损失函数和目标函数的构造. 接下来将介绍深度神经网络中的函数构造. 我们首先回顾一下 MNIST 数字识别这个任务.

例 5.3.1.　在 MNIST 数字识别的任务中,假设我们把训练图像数据集看作 28×28 维向量空间 $\mathbb{R}^{784}$,图片向量为 $\boldsymbol{x}$;把标签不再看作一个数字,如果标签为 i,那么把它看作只有第 i 个分量为 1,其余分量为 0 的 10 维向量 $\boldsymbol{y}$,则所有标签向量在 10 维向量空间$\mathbb{R}^{10}$中. 对于训练集中的每个 $\boldsymbol{x}$,已知它所代表的数字. 我们想要找到一个函数 f(也即分类规则,位于假设空间中),

$$f:\mathbb{R}^{784}\rightarrow\mathbb{R}^{10}$$

$$\hat{\boldsymbol{y}}=f(\boldsymbol{x})$$

将 $\mathbb{R}^{784}$维向量空间中的输入,映射到10维向量空间中去,每个输入对应的输出在0到9之间,其中 $\hat{\boldsymbol{y}}$ 也是$\mathbb{R}^{10}$中的向量. 机器学习试图学习到这个函数,使其适用于(大部分)训练图像,并且在测试集中也能获得好的表现, 这一基本要求称为泛化. 我们可以通过使 $\|\hat{\boldsymbol{y}}-\boldsymbol{y}\|$ 尽可能小,也即求解最优化问题

$$\min \|\hat{\boldsymbol{y}}-\boldsymbol{y}\|$$

来找到这个函数.

首先想到这个函数 $f(\boldsymbol{x})$ 应是$\mathbb{R}^{784}$到$\mathbb{R}^{10}$上的线性函数. 十个输出是数字 0 到 9 的概率,我们将通过 N 个训练样本来得到近似正确的结果.

- 线性函数和线性函数的复合分类手写数字:

如果令 $f(\boldsymbol{x})=\boldsymbol{A}\boldsymbol{x}$ 或者令 $f(\boldsymbol{x})=f_2(f_1(\boldsymbol{x}))=\boldsymbol{A}_2\boldsymbol{A}_1\boldsymbol{x}=\boldsymbol{A}\boldsymbol{x}$,则优化问题变为$\min\limits_{\boldsymbol{A}}\|\boldsymbol{A}\boldsymbol{x}-\boldsymbol{y}\|$,其中 $\boldsymbol{A}$ 是参数矩阵,复合函数 $f_2(f_1(\boldsymbol{x}))$ 表示先用 f_1 将图像映射成50维的向量,再用 f_2 将 50 维的向量映射为 10 维的向量. 最终我们看到线性映射的复合并不能提高分类的准确性.

- 仿射函数和仿射函数的复合分类手写数字:

如果令 $f(\boldsymbol{x})=\boldsymbol{A}\boldsymbol{x}+\boldsymbol{b}$ 或者令 $f(\boldsymbol{x})=f_2(f_1(\boldsymbol{x}))=\boldsymbol{A}_2(\boldsymbol{A}_1\boldsymbol{x}+\boldsymbol{b}_1)+\boldsymbol{b}_2=\boldsymbol{A}\boldsymbol{x}+\boldsymbol{b}$,则优化问题变为$\min\limits_{\boldsymbol{A},\boldsymbol{b}}\|\boldsymbol{A}\boldsymbol{x}+\boldsymbol{b}-\boldsymbol{y}\|$ 其中 $\boldsymbol{A}$, $\boldsymbol{b}$ 是参数矩阵.

但是,线性函数的泛化能力是十分受限的. 从艺术角度上看,两个 0 可以构成 8,1 和 0 可以组合成手写体的 9 或是 6,而图像不具有可加性,因而它的输入-输出规则远不是线性的. 因此我们考虑用非线性函数以及其复合来分类手写数字.

- 非线性函数分类手写数字:

如果令 $f(\boldsymbol{x})=\mathrm{ReLU}(\boldsymbol{A}\boldsymbol{x}+\boldsymbol{b})$,其中 $\boldsymbol{A}$, $\boldsymbol{b}$ 是参数矩阵,$\mathrm{ReLU}(x)=x_+=\max(x, 0)$ 是非线性函数,也称之为修正线性单元(Rectified Linear Unit, ReLU)函数,则优化问题变为

$$\min_{\boldsymbol{A},\boldsymbol{b}}\|\mathrm{ReLU}(\boldsymbol{A}\boldsymbol{x}+\boldsymbol{b})-\boldsymbol{y}\|$$

- 非线性函数复合分类手写数字:

如果令 $f(\boldsymbol{x})=f_2(f_1(\boldsymbol{x}))=\mathrm{ReLU}(\boldsymbol{A}_2\mathrm{ReLU}(\boldsymbol{A}_1\boldsymbol{x}+\boldsymbol{b}_1)+\boldsymbol{b}_2)$,其中 $\boldsymbol{A}_1$, $\boldsymbol{b}_1$, $\boldsymbol{A}_2$, $\boldsymbol{b}_2$ 是参数矩阵,则优化问题变为

$$\min_{\boldsymbol{A}_1,\boldsymbol{A}_2,\boldsymbol{b}_1,\boldsymbol{b}_2}\|\mathrm{ReLU}(\boldsymbol{A}_2\mathrm{ReLU}(\boldsymbol{A}_1\boldsymbol{x}+\boldsymbol{b}_1)+\boldsymbol{b}_2)-\boldsymbol{y}\|$$

从图 5.10 可以看出,线性模型和仿射模型及其复合并不能提高模型的准确率,而引入非线性函数则可以大幅提高模型的准确率. 接下来,我们将介绍在深度神经网络模型中,非线性函数的一般构造方法.

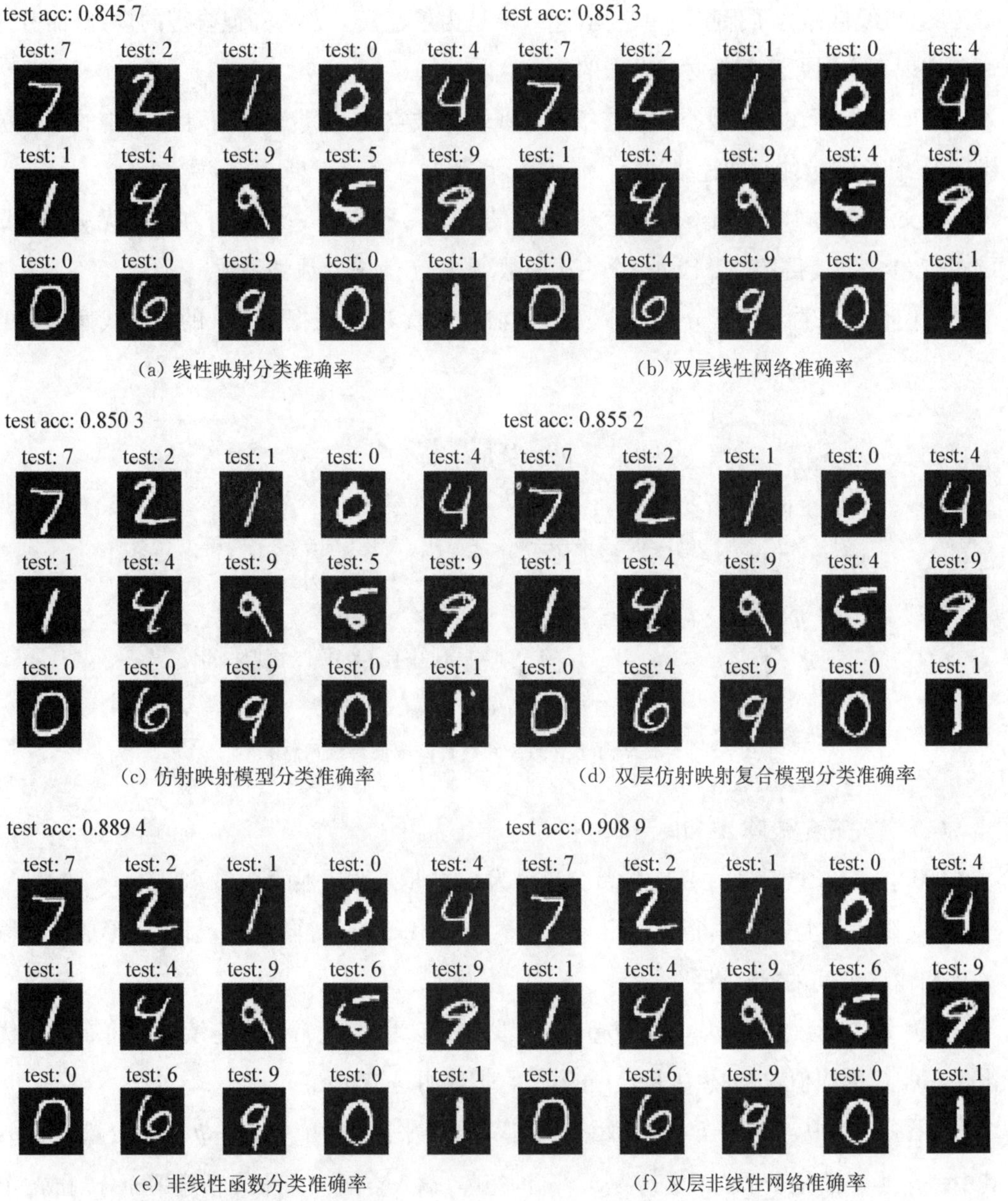

(a) 线性映射分类准确率　(b) 双层线性网络准确率

(c) 仿射映射模型分类准确率　(d) 双层仿射映射复合模型分类准确率

(e) 非线性函数分类准确率　(f) 双层非线性网络准确率

图 5.10　线性映射、双层线性映射、仿射映射、双层仿射映射、非线性函数和双层非线性网络准确率的对比

5.3.1　深度神经网络模型函数的构造过程

我们在双层非线性网络中使用的 ReLU 函数是一个连续分片线性(Continuous Piecswise Linear，CPL)函数，这是一个超越预期的成功发现，它把浅层学习转化为深度

学习.这里线性是为了保持简单起见,连续性是为了建模一条未知但合理的规则,而分片用于实现真实图像和数据必然要求的非线性.

CPL 函数所在的假设空间是连续分片线性函数空间.这带来了可计算性中的一个关键问题:什么参数能够快速描述一大族 CPL 函数?

定义 5.3.1. 如果函数 $f:\mathbb{R}^n\to\mathbb{R}$,对于任意一个点 $\boldsymbol{x}\in\mathbb{R}^n$,存在一个无洞的子集 $\mathbb{I}\subset\mathbb{R}^n$包含 $\boldsymbol{x}$ 使得 f 在$\mathbb{I}$上是一个一次函数.则称 f 为**分片线性函数**.

我们首先来看看连续分片线性函数的构造.图 5.11 是数据向量 $\boldsymbol{v}$ 的分片线性函数的初步构造:

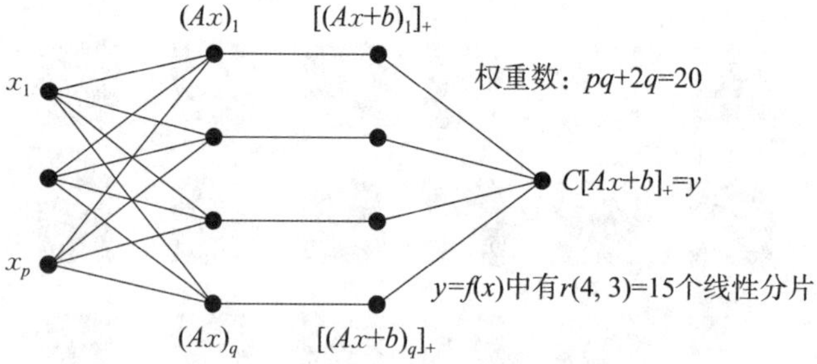

图 5.11　数据向量 v 的分片线性函数的神经网络架构

(1) 首先确定矩阵 $\boldsymbol{A}$ 和向量 $\boldsymbol{b}$.

(2) 接着将 $\boldsymbol{Ax}+\boldsymbol{b}$ 中所有的负分量设为 0(此步是非线性的).

(3) 随后乘上矩阵 $\boldsymbol{C}$,得到输出 $\boldsymbol{w}=F(\boldsymbol{x})=\boldsymbol{C}(\boldsymbol{Ax}+\boldsymbol{b})_+$.向量$(\boldsymbol{Ax}+\boldsymbol{b})_+$形成了在输入 $\boldsymbol{x}$ 和输出 $\boldsymbol{w}$ 间的“隐藏层”.

分片线性函数 ReLU(x)的 Logistic 曲线有类似平滑,通常认为连续导数将有助于优化 $\boldsymbol{A}$, $\boldsymbol{b}$, $\boldsymbol{C}$ 的权值,这种想法是合理的,但它被证明是错误的.

在图 5.11 中,$(\boldsymbol{Av}+\boldsymbol{b})_+$ 的每个分量都是双半平面的(由于 $\boldsymbol{Av}+\boldsymbol{b}$ 中负分量处的 0,其中一个半平面是水平的).若 $\boldsymbol{A}$ 是 $q\times p$ 的矩阵,输入空间$\mathbb{R}^p$将被 q 个超平面分割成 r 个部分,这些分块是可数的,它度量了整个函数 $F(v)$ 的“表达性”,其中

$$r(p,q)=C_q^0+C_q^1+\cdots+C_q^p$$

这个数字给出了 F 的图像的一个描述,但是 F 的形式还没有明确给出.

例 5.3.2. 令 $\boldsymbol{A}=\begin{bmatrix}2 & -1\\ -1 & 1\end{bmatrix}$, $\boldsymbol{C}=[-1\quad 1]$, $\boldsymbol{b}=\begin{bmatrix}1\\ 2\end{bmatrix}$,考虑 $\boldsymbol{y}=F(\boldsymbol{x})=$

$\boldsymbol{C}\mathrm{ReLU}(\boldsymbol{Ax}+\boldsymbol{b})$ 的图像. 可以看到函数的输入空间$\mathbb{R}^2$被两个超平面 $2x_1-x_2+1=0$，$-x_1+x_2+2=0$ 划分成了四个区域. 函数 $\boldsymbol{y}=F(\boldsymbol{x})$ 在每一个区域中约束为一个线性函数.

要想获得对数据更好的表达能力，我们需要更复杂的函数 F. 构造一个更加复杂的 F 最好的方法是通过复合运算，从简单函数中创造复杂函数. 每个 F_i 都是对线性的(或仿射的) 函数施加 ReLU，即 $F_i(\boldsymbol{x})=(\boldsymbol{A}_i\boldsymbol{x}+\boldsymbol{b}_i)_+$ 是非线性的，它们的复合是 $F(\boldsymbol{x})=\boldsymbol{C}F_L(F_{L-1}(\cdots F_2(F_1(\boldsymbol{x}))))$，在最终输出层之前，得到了 L 个隐藏层. 随着 L 的增加，网络将会变得更深.

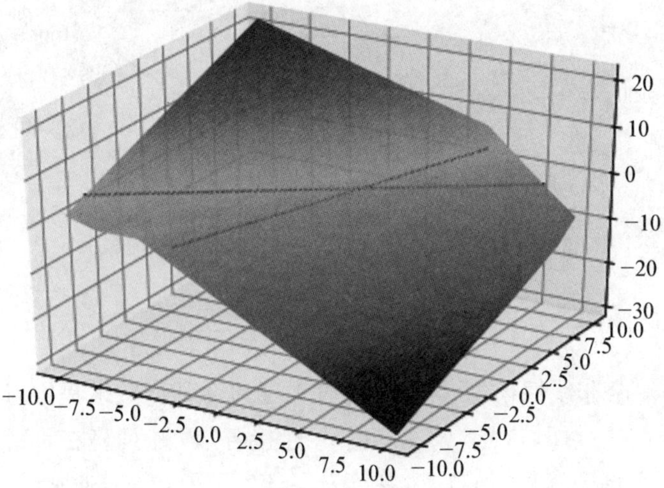

图 5.12　一层的神经网络

例 5.3.3.　考虑一个具有三个隐藏层的神经网络，其中

$$F_1=\mathrm{ReLU}\left(\begin{bmatrix}2 & -1\\ -1 & 1\end{bmatrix}\boldsymbol{x}+\begin{bmatrix}1\\ -2\end{bmatrix}\right)$$

$$F_2=\mathrm{ReLU}\left(\begin{bmatrix}1 & 2\\ -2 & -3\end{bmatrix}\boldsymbol{x}+\begin{bmatrix}-1\\ 2\end{bmatrix}\right)$$

$$F_3=\mathrm{ReLU}\left(\begin{bmatrix}2 & 4\\ -2 & 3\end{bmatrix}\boldsymbol{x}+\begin{bmatrix}1\\ 2\end{bmatrix}\right)$$

复合后得：

$$F(\boldsymbol{x})=[-1\quad 1]F_3(F_2(F_1(\boldsymbol{x})))$$

其图像如图 5.13 所示.

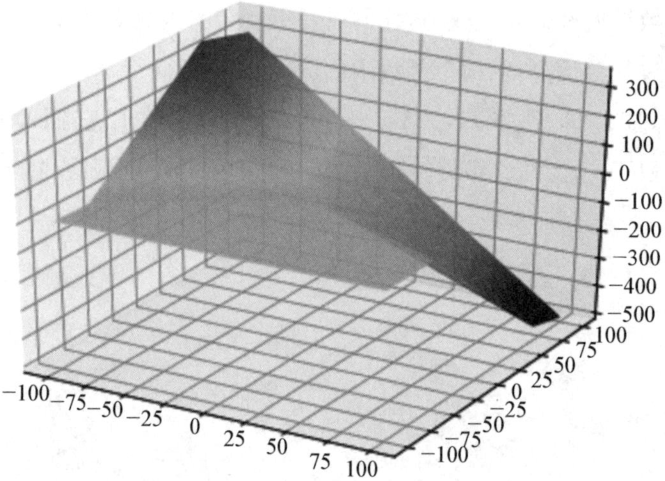

图 5.13　三个隐藏层的神经网络

5.3.2　激活函数

神经网络是一个非线性模型. 其中非线性是通过激活函数来提供. 记神经网络中每一层的函数为 F_1, F_2, F_3, …, F_n, 权重 $\boldsymbol{W}$ 连接各层, 并且将在训练 F 的时候被更新. 向量 $\boldsymbol{x}=\boldsymbol{x}_0$ 来自训练集, 函数 F_k 在第 k 层产生了向量 $\boldsymbol{x}_k$. 通常 F_k 由两部分组成, 首先是线性部分, 比如 $\boldsymbol{Ax}+\boldsymbol{b}$ 或者卷积, 然后再通过激活函数作用变成一个非线性函数.

定义 5.3.2.　**激活函数**是一类非线性函数, 其满足以下性质:

- 连续并可导(允许少数点上不可导)的非线性函数.
- 激活函数本身及其导数计算简单.
- 激活函数的导函数的值域要在一个合适的区间内.

1. 常见的激活函数:ReLU 型函数

ReLU 型函数是目前最常用的激活函数, 它有多种不同的变体.

- ReLU:

$$\mathrm{ReLU}(x)=\begin{cases}x & x\geqslant 0\\0 & x<0\end{cases}=\max(0,\ x)$$

• 带泄露的 ReLU(LeakyReLU)：

$$\text{LeakyReLU}(x)=\begin{cases}x & x>0\\ \gamma x & x\leqslant 0\end{cases}=\max(0,\ x)+\gamma\min(0,\ x)$$

• 带参数的 ReLU(Parametric ReLU,PReLU)：

$$\text{PReLU}_i(x)=\begin{cases}x & x>0\\ \gamma_i x & x\leqslant 0\end{cases}=\max(0,\ x)+\gamma_i\min(0,\ x)$$

上面三种激活函数都是分片线性函数. 所以如果一个神经网络中只用这类激活函数，那么最终得到的模型函数也是分片线性函数. 它们只需要进行加、乘和比较的操作，计算上非常高效. ReLU 函数被认为有生物上的解释性，比如单侧抑制、宽兴奋边界(即兴奋程度也可以非常高). ReLU 函数的缺点是输出是非零中心化的，给后一层的神经网络引入偏置偏移，会影响梯度下降的效率. ReLU 神经元指采用 ReLU 作为激活函数的神经元.

此外，ReLU 神经元在训练时比较容易“死亡”. 在训练时，如果参数在一次不恰当的更新后，第一个隐藏层中的某个 ReLU 神经元在所有的训练数据上都不能被激活，那么这个神经元自身参数的梯度永远都会是 0. 在实际使用中，为了避免上述情况，我们就可以使用 LeakyReLU 和 PReLU. LeakyReLU 在输入 $x<0$ 时，保持一个很小的梯度 λ. 这样当神经元非激活时也能有一个非零的梯度可以更新参数，避免永远不能被激活. 而 PReLU 则引入一个可学习的参数，可以使得不同神经元可以有不同的参数.

2. 常见的激活函数：Sigmoid 型函数

• Logistic 函数：

$$\sigma(x)=\frac{1}{1+\exp(-x)}$$

• Tanh 函数：

$$\tanh(x)=\frac{\exp(x)-\exp(-x)}{\exp(x)+\exp(-x)}$$

Tanh 函数可以看作是放大并平移的 Logistic 函数，其值域为$(-1,\ 1)$，它与 Logistic 函数满足如下关系：

$$\tanh(x)=2\sigma(2x)-1$$

Logistic 函数也叫 Sigmoid 函数，因此我们把它和 Tanh 函数统称为 Sigmoid 型函数.

定义 5.3.3. 对于函数 $f(x)$，若 $x \to -\infty$ 时，其导数 $f'(x) \to 0$，则称其为左饱和. 若 $x \to +\infty$ 时，其导数 $f'(x) \to 0$，则称其为右饱和. 当同时满足左、右饱和时，就称为两端饱和.

定理 5.3.1. Sigmoid 型函数具有饱和性.

Sigmoid 型激活函数会导致一个非稀疏的神经网络，但是 ReLU 具有很好的稀疏性. 相对于 ReLU，Logistic 有更好的光滑性，通常认为连续导数将有助于优化模型，这种想法是合理的，但它被证明是错误的，因为饱和性容易导致梯度消失.

Logistic 函数可以看成是一个"挤压"函数，把一个实数域的输入"挤压"到(0, 1). 当输入值在 0 附近时，Sigmoid 型函数近似为线性函数；当输入值靠近两端时，对输入进行抑制. 输入越小，越接近于 0；输入越大，越接近于 1.

Logistic 激活函数的神经元具有以下性质：Logistic 激活函数使神经元输出限于(0, 1)，类似概率分布，便于概率预测. 同时，其连续平滑的输出使神经元作为软性门动态调控信息，高效处理复杂任务，输出接近 1 时几乎完全传递信息，接近 0 时则阻止传递.

Logistic 函数和 Tanh 函数计算开销较大. 因为这两个函数都是在中间(0 附近)近似线性，两端饱和，因此这两个函数可以通过分片函数来近似.

3. Logistic 函数的近似

因为 Logistic 函数的导数为 $\sigma'(x)=\sigma(x)(1-\sigma(x))$，所以 Logistic 函数在 0 附近的一阶泰勒展开(Taylor expansion)为

$$g_l(x)=\sigma(0)+x\times\sigma'(0)=0.25x+0.5$$

这样 Logistic 函数可以用分片函数 hard-logistic(x)来近似

$$\begin{aligned}\text{hard-logistic}(x)&=\begin{cases}1 & g_l(x)\geqslant 1\\ g_l(x) & 0<g_l(x)<1\\ 0 & g_l(x)\leqslant 0\end{cases}\\ &=\max(\min(g_l(x),\ 1),\ 0)\\ &=\max(\min(0.25x+0.5,\ 1),\ 0)\end{aligned}$$

4. Tanh 函数的近似

同样，Tanh 函数在 0 附近的一阶泰勒展开为

$$g_t(x)=\tanh(0)+x\times\tanh'(0)=x$$

这样 Tanh 函数也可以用分片函数 hard-tanh(x)来近似.

$$\text{hard-tanh}(x)=\max(\min(x,1),-1)$$

5. 其他一些激活函数

我们再列举一些其他的激活函数.

- ELU(Exponential Linear Unit,指数线性单元):

$$\text{ELU}(x)=\begin{cases}x & x>0\\ \gamma(\exp(x)-1) & x\leqslant 0\end{cases}=\max(0,x)+\min(0,\gamma(\exp(x)-1))$$

- Softplus 函数

$$\text{Softplus}(x)=\log(1+\exp(x))$$

Softplus 函数其导数刚好是 Logistic 函数. Softplus 函数虽然也具有单侧抑制、宽兴奋边界的特性,却没有稀疏激活性.

- Swish 函数

$$\text{Swish}(x)=x\sigma(\beta x)$$

最后简单总结一下一个一般的神经网络构造方式:

记神经网络中每一层的函数为 $F_1, F_2, F_3, \cdots, F_n$,权重 $\boldsymbol{W}$ 连接各层,并且将在训练 F 的时候被更新. 向量 $\boldsymbol{x}=\boldsymbol{x}_0$ 来自训练集,函数 F_k 在第 k 层产生了向量 $\boldsymbol{x}_k$. 通常 F_k 由两部分组成,首先是线性部分,比如 $\boldsymbol{Ax}+\boldsymbol{b}$ 或者卷积,然后再通过激活函数作用变成一个非线性函数. 神经网络中最核心的操作就是函数的复合,最终得到的模型 F 就是一系列函数的复合 $F(\boldsymbol{x})=F_n(\cdots F_2(F_1(\boldsymbol{x})))$.

在训练神经网络过程中,我们通常使用随机梯度下降. 为了做到这一点,就需要链式法则和对向量函数或者矩阵函数求梯度,将在下面详细讲述.

如果从空间的角度来理解神经网络中的函数关系,则可以总结为图 5.14.

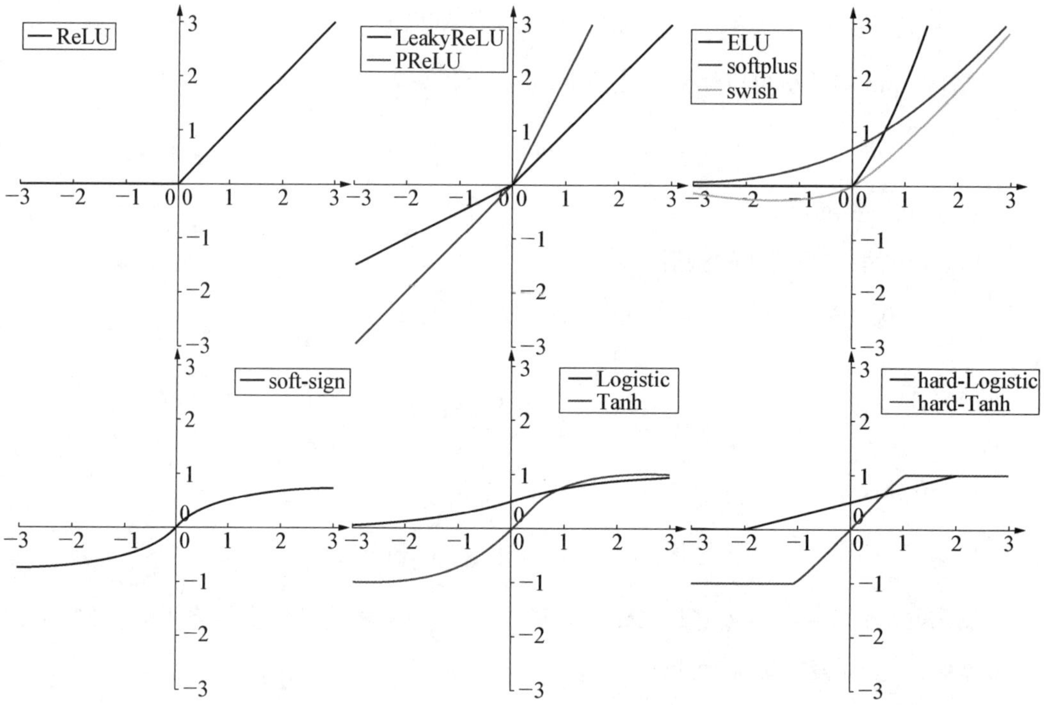

图 5.14 激活函数一览

5.4 向量和矩阵函数的梯度

在机器学习中,一个机器学习模型的求解通常会转变成一个优化问题.

例 5.4.1. 前面介绍的机器学习模型优化时得到的优化问题:

(1) 线性可分支持向量机模型对应的优化问题:

$$\min_{\boldsymbol{w}} \frac{1}{2}\|\boldsymbol{w}\|^2$$

$$s.t.\quad y_i(\boldsymbol{w}^{\mathrm{T}}\boldsymbol{x}_i+b)-1>0$$

(2) PCA 对应的优化问题:

$$\min_{\boldsymbol{W}} -\mathrm{Tr}(\boldsymbol{W}^{\mathrm{T}}\boldsymbol{X}\boldsymbol{X}^{\mathrm{T}}\boldsymbol{W})$$

$$s.t.\quad \boldsymbol{W}^{\mathrm{T}}\boldsymbol{W}=\boldsymbol{I}$$

例 5.4.2. 在深度学习中我们可能会构造一个两层的神经网络

$$\boldsymbol{h}=\mathrm{ReLU}(\boldsymbol{A}_1\boldsymbol{x}+\boldsymbol{b}_1)$$

$$\hat{\boldsymbol{y}} = \mathrm{ReLU}(\boldsymbol{A}_2\boldsymbol{h} + \boldsymbol{b}_2)$$

并且有关于数据集的标签向量 $\boldsymbol{y}$，那么需要求解以下优化问题：

$$\min \| \boldsymbol{y} - \hat{\boldsymbol{y}} \|_2^2$$

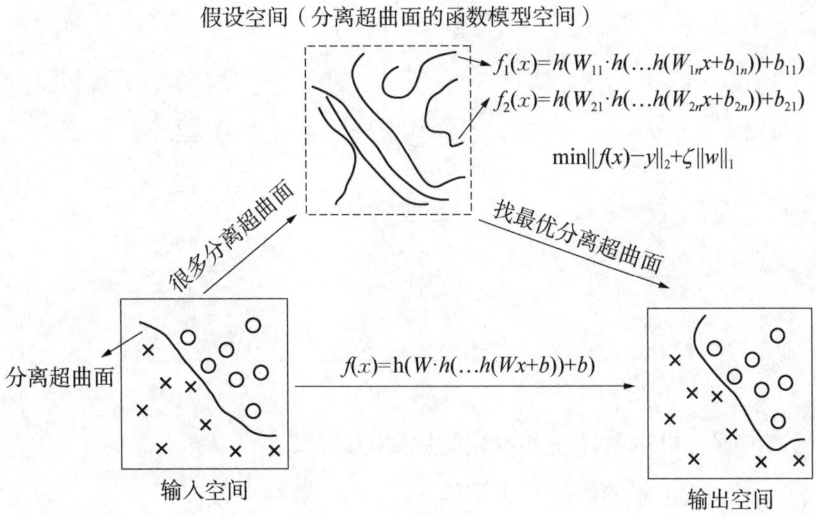

图 5.15 神经网络

上述例子中优化的目标函数都是向量函数或者矩阵函数，优化问题的求解通常都需要利用到函数的梯度信息，对于像牛顿法这种二阶方法还需要知道函数的 Hessian 矩阵，而且这些函数都是多元函数，含有的变量非常多.

例如在深度学习领域，2019 年 OpenAI 开放了一个文本生成模型 GPT - 2，有 7.74 亿个参数，而完整模型则有 15 亿的参数，这就意味着我们需要求解同等规模的梯度，如果要逐个去计算它们的偏导数是不可能的.

本节将主要介绍如何使用一些较为方便的方法来求解梯度或者 Hessian 矩阵.

5.4.1 向量函数的梯度

我们先回顾一下一元函数的导数的相关概念：

定义 5.4.1. 函数 $f:\mathbb{R}\to\mathbb{R}$ 关于 x 的**导数**定义为

$$\frac{\mathrm{d}f}{\mathrm{d}x} := \lim_{h\to 0}\frac{f(x+h)-f(x)}{h}$$

定义 5.4.2. 函数 $f:\mathbb{R}\to\mathbb{R}$ 在 x_0 的 n 阶**泰勒多项式**为

$$T_n(x):=\sum_{k=0}^{n}\frac{f^{(k)}(x_0)}{k!}(x-x_0)^k$$

定义 5.4.3. 光滑函数 $f:\mathbb{R}\to\mathbb{R}$，$f\in\mathbb{C}^{\infty}$在 x_0 处的**泰勒级数**为

$$T_{\infty}(x):=\sum_{k=0}^{\infty}\frac{f^{(k)}(x_0)}{k!}(x-x_0)^k$$

定义 5.4.4. 函数 $f(\boldsymbol{x}):\mathbb{R}^n\to\mathbb{R}$ 关于 $\boldsymbol{x}$ 的 n 个分量的**偏导**为

$$\begin{aligned}\frac{\partial f}{\partial x_1}&=\lim_{h\to 0}\frac{f(x_1+h,\ x_2,\ \cdots,\ x_n)-f(\boldsymbol{x})}{h}\\ &\vdots\\ \frac{\partial f}{\partial x_n}&=\lim_{h\to 0}\frac{f(x_1,\ x_2,\ \cdots,\ x_n+h)-f(\boldsymbol{x})}{h}\end{aligned}$$

多元函数的梯度可以看作一元函数的导数的推广.

相对于 $n\times 1$ 向量 $\boldsymbol{x}$ 的梯度算子记作$\nabla\boldsymbol{x}$，定义为

$$\nabla_{\boldsymbol{x}}:=\left(\frac{\partial}{\partial x_1},\ \frac{\partial}{\partial x_2},\ \cdots,\ \frac{\partial}{\partial x_n}\right)=\frac{\partial}{\partial \boldsymbol{x}} \tag{5.5}$$

因此，以 $n\times 1$ 实向量 $\boldsymbol{x}$ 为变元的实值函数 $f(\boldsymbol{x})$ 相对于 $\boldsymbol{x}$ 的梯度为一 $n\times 1$ 列向量，定义为

定义 5.4.5. 若 $\boldsymbol{x}\in\mathbb{R}^n$，$f(\boldsymbol{x}):\mathbb{R}^n\to\mathbb{R}$是一实值函数，其中 $\boldsymbol{x}=(x_1,\ x_2,\ \cdots,\ x_n)$，则定义

$$\frac{\partial}{\partial\boldsymbol{x}}f=\nabla f(\boldsymbol{x})=\begin{bmatrix}\dfrac{\partial f}{\partial x_1}\\ \dfrac{\partial f}{\partial x_2}\\ \vdots\\ \dfrac{\partial f}{\partial x_n}\end{bmatrix}$$

通常还可以从可微的角度定义梯度如下：

定义 5.4.6. （梯度）给定函数 $f:\mathbb{R}^n\to\mathbb{R}$，且 f 在点 $\boldsymbol{x}$ 的一个邻域内有意义，若存在

向量 $\boldsymbol{g} \in \mathbb{R}^n$ 满足

$$\lim_{\boldsymbol{p}\to 0} \frac{f(\boldsymbol{x}+\boldsymbol{p})-f(\boldsymbol{x})-\boldsymbol{g}^{\mathrm{T}}\boldsymbol{p}}{\|\boldsymbol{p}\|}=0$$

其中 $\|\cdot\|$ 是任意的向量范数，就称 f 在点 $\boldsymbol{x}$ 处可微(或 *Fréchet* 可微). 此时 $\boldsymbol{g}$ 称为 f 在点 $\boldsymbol{x}$ 处的梯度，记作 $\nabla f(\boldsymbol{x})$.

实际上，若 f 在点 $\boldsymbol{x}$ 处的梯度存在(或 Fréchet 可微)，在上式中令 $\boldsymbol{p}=\varepsilon\boldsymbol{e}_i$，$\boldsymbol{e}_i$ 是第 i 个分量为 1 的单位向量. 因此，

$$g_i=\frac{\partial f(\boldsymbol{x})}{\partial x_i},\ i=1,\ \cdots,\ n$$

梯度方向的负方向称为变元 $\boldsymbol{x}$ 的梯度流(gradient flow)，记作

$$\dot{\boldsymbol{x}}=-\nabla_{\boldsymbol{x}} f(\boldsymbol{x}) \tag{5.6}$$

从梯度的定义式可以看出：

- 一个以向量为变元的标量函数的梯度为一向量.
- 梯度的每个分量给出标量函数在分量方向上的变化率.

梯度向量最重要的性质之一是，它指出了当变元增大时函数 f 的最大增大率. 相反，梯度的负值(简称负梯度)指出了当变元增大时函数 f 的最大减小率. 根据这样一种性质，即可设计出求一函数极小值的迭代算法，这将在后面详细讨论.

例 5.4.3. 假设函数 $f(\boldsymbol{x}):\mathbb{R}^2\to\mathbb{R}$ 为 $f(\boldsymbol{x})=\sin x_1+2x_1x_2+x_2^2$. 其中 $\boldsymbol{x}=(x_1,\ x_2)$，则 f 的偏导数分别为

$$\frac{\partial f}{\partial x_1}=\cos x_1+2x_2$$

$$\frac{\partial f}{\partial x_2}=2x_1+2x_2$$

因此梯度为 $\nabla f(\boldsymbol{x})=(\cos x_1+2x_2,\ 2x_1+2x_2)$.

例 5.4.4. 设 $\boldsymbol{x}=(x_1,\ x_2,\ \cdots,\ x_n)\in\mathbb{R}^n$，$\boldsymbol{a}=(a_1,\ a_2,\ \cdots,\ a_n)\in\mathbb{R}^n$，$\boldsymbol{b}=(b_1,\ b_2,\ \cdots,\ b_n)\in\mathbb{R}^n$ 以及 $f(x_1,\ x_2,\ \cdots,\ x_n)=f(\boldsymbol{x})=\boldsymbol{a}^{\mathrm{T}}\boldsymbol{x}+\boldsymbol{1}^{\mathrm{T}}\boldsymbol{b}$，求 $f(\boldsymbol{x})$ 的梯度 $\nabla f(\boldsymbol{x})$. 将 $f(\boldsymbol{x})$ 写成分量的形式：

$$f(\boldsymbol{x})=\boldsymbol{a}^{\mathrm{T}}\boldsymbol{x}+\boldsymbol{1}^{\mathrm{T}}\boldsymbol{b}=\sum_{i=1}^{n}a_ix_i+b_i$$

那么 $f(\boldsymbol{x})$ 对第 h 个分量的偏导数为

$$\frac{\partial(\boldsymbol{a}^{\mathrm{T}}\boldsymbol{x}+\boldsymbol{b})}{\partial x_h}=a_h$$

从而就有

$$\nabla f(\boldsymbol{x})=\boldsymbol{a}$$

例 5.4.5. 设 $\boldsymbol{p}\in\mathbb{R}^n$是$\mathbb{R}^n$中的一个点，函数 $f(\boldsymbol{x})$ 表示点 $\boldsymbol{x}$ 和 $\boldsymbol{p}$ 的距离：

$$f(\boldsymbol{x})=\|\boldsymbol{x}-\boldsymbol{p}\|_2=\sqrt{\sum_{i=1}^{n}(x_i-p_i)^2}$$

函数 $f(\boldsymbol{x})$ 在 $\boldsymbol{x}\neq\boldsymbol{p}$ 处处可微，并且梯度为

$$\nabla f(\boldsymbol{x})=\frac{1}{\|\boldsymbol{x}-\boldsymbol{p}\|_2}(\boldsymbol{x}-\boldsymbol{p})$$

与一元函数类似，向量函数导数有如下运算法则：

- 线性法则：若 $f(\boldsymbol{x})$ 和 $g(\boldsymbol{x})$ 分别是向量 $\boldsymbol{x}$ 的实值函数，c_1 和 c_2 为实常数，则

$$\frac{\partial[c_1f(\boldsymbol{x})+c_2g(\boldsymbol{x})]}{\partial\boldsymbol{x}}=c_1\frac{\partial f(\boldsymbol{x})}{\partial\boldsymbol{x}}+c_2\frac{\partial g(\boldsymbol{x})}{\partial\boldsymbol{x}}\tag{5.7}$$

- 乘法法则：若 $f(\boldsymbol{x})$ 和 $g(\boldsymbol{x})$ 都是向量 $\boldsymbol{x}$ 的实值函数，则

$$\frac{\partial f(\boldsymbol{x})g(\boldsymbol{x})}{\partial\boldsymbol{x}}=g(\boldsymbol{x})\frac{\partial f(\boldsymbol{x})}{\partial\boldsymbol{x}}+f(\boldsymbol{x})\frac{\partial g(\boldsymbol{x})}{\partial\boldsymbol{x}}\tag{5.8}$$

- 商法则：若 $g(\boldsymbol{x})\neq0$，则

$$\frac{\partial f(\boldsymbol{x})/g(\boldsymbol{x})}{\partial\boldsymbol{x}}=\frac{1}{g^2(\boldsymbol{x})}\left(g(\boldsymbol{x})\frac{\partial f(\boldsymbol{x})}{\partial\boldsymbol{x}}-f(\boldsymbol{x})\frac{\partial g(\boldsymbol{x})}{\partial\boldsymbol{x}}\right)\tag{5.9}$$

关于复合函数的链式法则我们后面再进行介绍.

5.4.2 矩阵函数的梯度

定义 5.4.7. 若 $\boldsymbol{A}\in\mathbb{R}^{n\times m}$，$f(\boldsymbol{A})$：$\mathbb{R}^{n\times m}\to\mathbb{R}$ 是一实值函数，其中 $\boldsymbol{A}=\begin{bmatrix}a_{11}&a_{12}&\cdots&a_{1m}\\a_{21}&a_{22}&\cdots&a_{2m}\\\vdots&\vdots&&\vdots\\a_{n1}&a_{n2}&\cdots&a_{nm}\end{bmatrix}$，则定义矩阵函数的梯度为

$$\frac{\partial}{\partial \boldsymbol{A}}f=\begin{bmatrix}\frac{\partial f}{\partial a_{11}} & \frac{\partial f}{\partial a_{12}} & \cdots & \frac{\partial f}{\partial a_{1m}}\\ \frac{\partial f}{\partial a_{21}} & \frac{\partial f}{\partial a_{22}} & \cdots & \frac{\partial f}{\partial a_{2m}}\\ \vdots & \vdots & & \vdots\\ \frac{\partial f}{\partial a_{n1}} & \frac{\partial f}{\partial a_{n2}} & \cdots & \frac{\partial f}{\partial a_{nm}}\end{bmatrix}$$

例 5.4.6.　令 $f:\mathbb{R}^{n\times m}\to\mathbb{R}$，$f(\boldsymbol{A})=\sum_{i,j}a_{ij}$，其中 a_{ij} 为矩阵 $\boldsymbol{A}$ 的第 i 行 j 列个元素，求$\frac{\partial f}{\partial \boldsymbol{A}}$.

解.　我们对每一分量进行求导可得

$$\frac{\partial f}{\partial a_{ij}}=1$$

故根据定义 5.4.7，则有

$$\frac{\partial f}{\partial \boldsymbol{A}}=\begin{bmatrix}1 & 1 & \cdots & 1\\ 1 & 1 & \cdots & 1\\ \vdots & \vdots & & \vdots\\ 1 & 1 & \cdots & 1\end{bmatrix}$$

注意在向量函数梯度定义 5.4.5 中 $\boldsymbol{x}$ 是一列向量. 若将行向量和列向量均看作矩阵的特殊情况，则我们只需给出矩阵函数梯度的定义 5.4.7，由此可导出向量函数梯度定义 5.4.5. 通过定义 5.4.7 我们可以自然地导出对 $\boldsymbol{x}^{\mathrm{T}}$ 求偏导的结果.

定理 5.4.1.　若 $\boldsymbol{x}\in\mathbb{R}^n$，$f(\boldsymbol{x})$：$\mathbb{R}^n\to\mathbb{R}$ 是一实值函数，则有

$$\frac{\partial}{\partial \boldsymbol{x}^{\mathrm{T}}}f=\left(\frac{\partial}{\partial \boldsymbol{x}}f\right)^{\mathrm{T}}$$

证明.　通过定义 5.4.7，有

$$\frac{\partial}{\partial \boldsymbol{x}^{\mathrm{T}}}f=\begin{bmatrix}\frac{\partial f}{\partial x_1} & \frac{\partial f}{\partial x_2} & \cdots & \frac{\partial f}{\partial x_n}\end{bmatrix}=\begin{bmatrix}\frac{\partial f}{\partial x_1}\\ \frac{\partial f}{\partial x_2}\\ \vdots\\ \frac{\partial f}{\partial x_n}\end{bmatrix}^{\mathrm{T}}=\left(\frac{\partial}{\partial \boldsymbol{x}}f\right)^{\mathrm{T}}$$

□

例 5.4.7. 在例 5.4.4 中考虑了一个非常简单的多元线性函数 $f(\boldsymbol{x})=\boldsymbol{a}^{\mathrm{T}}\boldsymbol{x}+\boldsymbol{b}$，我们知道

$$\frac{\partial f}{\partial \boldsymbol{x}}=\boldsymbol{a}$$

利用上述定理有

$$\frac{\partial f}{\partial \boldsymbol{x}^{\mathrm{T}}}=\left(\frac{\partial f}{\partial \boldsymbol{x}}\right)^{\mathrm{T}}=\boldsymbol{a}^{\mathrm{T}}$$

注意在这个例子中实际上仅仅使用了定义. 之后将使用矩阵性质来展示相同的结果，并且不需要使用 $\frac{\partial f}{\partial \boldsymbol{x}}$ 作为桥梁.

例 5.4.8. 对于一个可分的支持向量机，相应的优化问题为

$$\min_{\boldsymbol{w}} \frac{1}{2}\|\boldsymbol{w}\|^2$$

$$s.t.\quad y_i(\boldsymbol{w}^{\mathrm{T}}\boldsymbol{x}_i+b)-1>0,\ i=1,\ \cdots,\ N$$

考虑其目标函数的梯度 $\frac{\partial}{\partial \boldsymbol{w}}\frac{1}{2}\|\boldsymbol{w}\|^2$. 逐分量地求其偏导数有

$$\frac{\partial}{\partial w_i}\frac{1}{2}\|\boldsymbol{w}\|^2=\frac{\partial}{\partial w_i}\frac{1}{2}\sum_{i=1}^{n}w_i^2=w_i$$

所以 $\frac{\partial}{\partial w}\frac{1}{2}\|\boldsymbol{w}\|^2=\boldsymbol{w}$.

实值函数相对于矩阵变元的梯度具有以下性质：

- 线性法则：若 $f(\mathbf{A})$ 和 $g(\mathbf{A})$ 分别是矩阵 $\mathbf{A}$ 的实值函数，c_1 和 c_2 为实常数，则

$$\frac{\partial[c_1 f(\mathbf{A})+c_2 g(\mathbf{A})]}{\partial \mathbf{A}}=c_1\frac{\partial f(\mathbf{A})}{\partial \mathbf{A}}+c_2\frac{\partial g(\mathbf{A})}{\partial \mathbf{A}}$$

- 乘积法则：若 $f(\mathbf{A})$ 和 $g(\mathbf{A})$ 分别是矩阵 $\mathbf{A}$ 的实值函数，则

$$\frac{\partial f(\mathbf{A})g(\mathbf{A})}{\partial \mathbf{A}}=g(\mathbf{A})\frac{\partial f(\mathbf{A})}{\partial \mathbf{A}}+f(\mathbf{A})\frac{\partial g(\mathbf{A})}{\partial \mathbf{A}}$$

- 商法则：若 $g(\mathbf{A})\neq 0$，则

$$\frac{\partial f(\mathbf{A})/g(\mathbf{A})}{\partial(\mathbf{A})}=\frac{1}{g^2(\mathbf{A})}\left[g(\mathbf{A})\frac{\partial f(\mathbf{A})}{\partial \mathbf{A}}-f(\mathbf{A})\frac{\partial g(\mathbf{A})}{\partial \mathbf{A}}\right]$$

5.5　对矩阵微分

尽管大多数时候我们想要的是矩阵导数,但是因为微分形式不变性,将问题转化为求矩阵微分会更容易求解.

定义 5.5.1.　设 $\boldsymbol{A}\in\mathbb{R}^{m\times n}$,矩阵 $\boldsymbol{A}$ 的**微分**定义为

$$d\boldsymbol{A}=\begin{bmatrix} da_{11} & da_{12} & \cdots & da_{1n} \\ da_{21} & da_{22} & \cdots & da_{2n} \\ \vdots & \vdots & \ddots & \vdots \\ da_{m1} & da_{m2} & \cdots & da_{mn} \end{bmatrix}$$

与上面类似,我们也可以将矩阵微分的定义推广到向量上.

定义 5.5.2.　设 $\boldsymbol{x}\in\mathbb{R}^n$,向量 $\boldsymbol{x}$ 的微分定义为

$$\mathrm{d}\boldsymbol{x}=\begin{bmatrix} \mathrm{d}x_1 \\ \mathrm{d}x_2 \\ \vdots \\ \mathrm{d}x_n \end{bmatrix};\ \mathrm{d}\boldsymbol{x}^{\mathrm{T}}=[\mathrm{d}x_1 \quad \mathrm{d}x_2 \quad \cdots \quad \mathrm{d}x_n]$$

性质 5.5.1.　矩阵微分有如下性质:

(1) $\mathrm{d}(c\boldsymbol{A})=c\,\mathrm{d}\boldsymbol{A}$,其中 $\boldsymbol{A}\in\mathbb{R}^{n\times m}$;

(2) $\mathrm{d}(\boldsymbol{A}+\boldsymbol{B})=\mathrm{d}\boldsymbol{A}+\mathrm{d}\boldsymbol{B}$,其中 $\boldsymbol{A}$, $\boldsymbol{B}\in\mathbb{R}^{n\times m}$;

(3) $\mathrm{d}(\boldsymbol{AB})=\mathrm{d}\boldsymbol{AB}+\boldsymbol{A}\mathrm{d}\boldsymbol{B}$,其中 $\boldsymbol{A}\in\mathbb{R}^{n\times m}$, $\boldsymbol{B}\in\mathbb{R}^{m\times k}$;

(4) $\mathrm{d}\boldsymbol{A}^{\mathrm{T}}=(\mathrm{d}\boldsymbol{A})^{\mathrm{T}}$,其中 $\boldsymbol{A}\in\mathbb{R}^{n\times m}$.

证明.　这些性质都能通过矩阵微分的定义自然推出,我们只在这里证明第 3 个性质. 注意等式成立需要两边每一个对应元素都相等,我们考虑两边的第 i 行 j 列的元素,并记 $\boldsymbol{A}$, $\boldsymbol{B}$ 对应的元素分别为 a_{ij}, b_{ij}.

$$左边_{ij}=\mathrm{d}\Big(\sum_k a_{ik}b_{kj}\Big)=\sum_k(\mathrm{d}a_{ik}b_{kj}+a_{ik}\mathrm{d}b_{kj})$$

$$右边_{ij}=(\mathrm{d}\boldsymbol{AB})_{ij}+(\boldsymbol{A}\mathrm{d}\boldsymbol{B})_{ij}=\sum_k \mathrm{d}a_{ik}b_{kj}+\sum_k a_{ik}\mathrm{d}b_{kj}=左边_{ij}$$ □

定理 5.5.1.　微分运算和迹运算可交换,即设 $\boldsymbol{A}\in\mathbb{R}^{n\times n}$, 则

$$\mathrm{dTr}(\boldsymbol{A})=\mathrm{Tr}(\mathrm{d}\boldsymbol{A})$$

证明.

$$左边=\mathrm{d}\left(\sum_i a_{ii}\right)=\sum_i \mathrm{d}a_{ii}$$

$$右边=\mathrm{Tr}\begin{bmatrix}\mathrm{d}a_{11} & \mathrm{d}a_{12} & \cdots & \mathrm{d}a_{1n}\\ \mathrm{d}a_{21} & \mathrm{d}a_{22} & \cdots & \mathrm{d}a_{2n}\\ \vdots & \vdots & \ddots & \vdots\\ \mathrm{d}a_{n1} & \mathrm{d}a_{n2} & \cdots & \mathrm{d}a_{nn}\end{bmatrix}=\sum_i \mathrm{d}a_{ii}=左边$$

□

5.5.1 矩阵微分与偏导数的联系

多元函数的微分和偏导具有如下关系

$$\mathrm{d}f(x_1, x_2, \cdots, x_n)=\frac{\partial f}{\partial x_1}\mathrm{d}x_1+\frac{\partial f}{\partial x_2}\mathrm{d}x_2+\cdots+\frac{\partial f}{\partial x_n}\mathrm{d}x_n$$

这里 $\mathrm{d}f$ 是一个标量,从分量的角度来看,$\mathrm{d}f$ 就是将$\frac{\partial f}{\partial \boldsymbol{x}}$与 $\mathrm{d}\boldsymbol{x}$ 相同位置的元素相乘后再求和. 我们希望对于矩阵微分与偏导数能够得到一个类似的形式.

定理 5.5.2. 对于实值函数 $f:\mathbb{R}^{n\times m}\to\mathbb{R}$ 和 $\boldsymbol{A}\in\mathbb{R}^{n\times m}$ 有

$$\mathrm{d}f=\mathrm{Tr}\left(\left(\frac{\partial f}{\partial \boldsymbol{A}}\right)^{\mathrm{T}}\mathrm{d}\boldsymbol{A}\right)$$

证明.

$$左边=\mathrm{d}f=\sum_{ij}\frac{\partial f}{\partial x_{ij}}\mathrm{d}x_{ij}$$

$$右边=\mathrm{Tr}\left(\left(\frac{\partial f}{\partial \boldsymbol{A}}\right)^{\mathrm{T}}\mathrm{d}\boldsymbol{A}\right)=\sum_{ij}\left(\frac{\partial f}{\partial \boldsymbol{A}}\right)_{ij}(\mathrm{d}\boldsymbol{A})_{ij}=\sum_{ij}\frac{\partial f}{\partial x_{ij}}\mathrm{d}x_{ij}=左边$$

□

注意对于向量也有类似的结果. 这里不再叙述.

5.5.2 关于逆矩阵的函数的微分

由单位矩阵的微分出发,有

$$\boldsymbol{O}=\mathrm{d}\boldsymbol{I}=\mathrm{d}(\boldsymbol{X}\boldsymbol{X}^{-1})=\mathrm{d}\boldsymbol{X}\boldsymbol{X}^{-1}+\boldsymbol{X}\mathrm{d}(\boldsymbol{X}^{-1})$$

$$\mathrm{d}(\boldsymbol{X}^{-1})=-\boldsymbol{X}^{-1}\mathrm{d}\boldsymbol{X}\boldsymbol{X}^{-1}$$

这样我们就得到了关于逆矩阵微分的一个结论.

例 5.5.1.　若非奇异矩阵 $\boldsymbol{A}\in\mathbb{R}^{n\times n}$，$\boldsymbol{x}\in\mathbb{R}^{n}$，$\boldsymbol{y}\in\mathbb{R}^{n}$ 求

$$\frac{\partial \boldsymbol{x}^{\mathrm{T}}\boldsymbol{A}^{-1}\boldsymbol{y}}{\partial \boldsymbol{A}}$$

解.

$$\mathrm{d}(\boldsymbol{x}^{\mathrm{T}}\boldsymbol{A}^{-1}\boldsymbol{y})=\mathrm{Tr}(\mathrm{d}(\boldsymbol{x}^{\mathrm{T}}\boldsymbol{A}^{-1}\boldsymbol{y}))=\mathrm{Tr}(\boldsymbol{x}^{\mathrm{T}}\mathrm{d}\boldsymbol{A}^{-1}\boldsymbol{y})=\mathrm{Tr}(-\boldsymbol{A}^{-1}\boldsymbol{y}\boldsymbol{x}^{\mathrm{T}}\boldsymbol{A}^{-1}\mathrm{d}\boldsymbol{A})$$

所以

$$\frac{\partial \boldsymbol{x}^{\mathrm{T}}\boldsymbol{A}^{-1}\boldsymbol{y}}{\partial \boldsymbol{A}}=-\boldsymbol{A}^{-\mathrm{T}}\boldsymbol{x}\boldsymbol{y}^{\mathrm{T}}\boldsymbol{A}^{-\mathrm{T}}$$

例 5.5.2.　设函数 $f(\boldsymbol{X})=\|\boldsymbol{A}\boldsymbol{X}^{-1}\|_F^2$,其中 $\boldsymbol{A}\in\mathbb{R}^{n\times m}$，$\boldsymbol{X}\in\mathbb{R}^{m\times m}$ 且 $\boldsymbol{X}$ 可逆,求 $\dfrac{\partial f}{\partial \boldsymbol{X}}$

解.

$$\begin{aligned}
f(\boldsymbol{X})&=\mathrm{Tr}(\boldsymbol{X}^{-\mathrm{T}}\boldsymbol{A}^{\mathrm{T}}\boldsymbol{A}\boldsymbol{X}^{-1})\\
\mathrm{d}f(\boldsymbol{X})&=\mathrm{Tr}[\mathrm{d}(\boldsymbol{X}^{-\mathrm{T}}\boldsymbol{A}^{\mathrm{T}}\boldsymbol{A}\boldsymbol{X}^{-1})]\\
&=\mathrm{Tr}(\mathrm{d}\boldsymbol{X}^{-\mathrm{T}}\boldsymbol{A}^{\mathrm{T}}\boldsymbol{A}\boldsymbol{X}^{-1}+\boldsymbol{X}^{-\mathrm{T}}\boldsymbol{A}^{\mathrm{T}}\boldsymbol{A}\mathrm{d}\boldsymbol{X}^{-1})\\
&=\mathrm{Tr}(-2\boldsymbol{X}^{-1}\boldsymbol{X}^{-\mathrm{T}}\boldsymbol{A}^{\mathrm{T}}\boldsymbol{A}\boldsymbol{X}^{-1}\mathrm{d}\boldsymbol{X})
\end{aligned}$$

故

$$\frac{\partial f}{\partial \boldsymbol{X}}=-2\boldsymbol{X}^{-\mathrm{T}}\boldsymbol{A}^{\mathrm{T}}\boldsymbol{A}\boldsymbol{X}^{-1}\boldsymbol{X}^{-\mathrm{T}}$$

5.5.3　关于行列式函数的微分

行列式也是关于矩阵的一个实值函数,有时我们会面临求 $\dfrac{\partial|\boldsymbol{A}|}{\partial \boldsymbol{A}}$. 首先回顾一下行列式相关的一些概念,假设矩阵 $\boldsymbol{A}\in\mathbb{R}^{n\times n}$，则：

- 余子式 M_{ij} 是矩阵 $\boldsymbol{A}$ 划去第 i 行 j 列元素组成的矩阵的行列式.
- 第 i 行 j 列元素的代数余子式定义为 $A_{ij}=(-1)^{i+j}M_{ij}$.
- 如果将行列式按第 i 行展开,则有 $|\boldsymbol{A}|=\sum_j a_{ij}A_{ij}$.

- $\boldsymbol{A}$ 的伴随矩阵 $\boldsymbol{A}^*$ 的第 i 行 j 列元素 A_{ji}.
- 对于非奇异矩阵 $\boldsymbol{A}$ 有 $\boldsymbol{A}^{-1}=\dfrac{\boldsymbol{A}^*}{|\boldsymbol{A}|}$.

定理 5.5.3. 设矩阵 $\boldsymbol{A}\in\mathbb{R}^{n\times n}$ 则有

$$\frac{\partial|\boldsymbol{A}|}{\partial\boldsymbol{A}}=(\boldsymbol{A}^*)^{\mathrm{T}}$$

证明. 为了计算 $\dfrac{\partial|\boldsymbol{A}|}{\partial\boldsymbol{A}}$,我们利用定义 5.4.7 逐元素进行求导. 根据行列式的展开式,易求得对第 i 行第 j 列元素 a_{ij} 的偏导数有

$$\frac{\partial|\boldsymbol{A}|}{\partial a_{ij}}=\frac{\partial\left(\sum_j a_{ij}A_{ij}\right)}{\partial a_{ij}}=A_{ij}$$

使用定义 5.4.7 来组织元素就有 $\dfrac{\partial|\boldsymbol{A}|}{\partial\boldsymbol{A}}=(\boldsymbol{A}^*)^{\mathrm{T}}$. □

如果矩阵 $\boldsymbol{A}$ 非奇异,则可以进一步推出 $\dfrac{\partial|\boldsymbol{A}|}{\partial\boldsymbol{A}}=(|\boldsymbol{A}|\boldsymbol{A}^{-1})^{\mathrm{T}}=|\boldsymbol{A}|(\boldsymbol{A}^{-1})^{\mathrm{T}}$. 通过上述偏导的结果和定理 5.5.2,还能够给出对应的微分关系.

定理 5.5.4. 设矩阵 $\boldsymbol{A}\in\mathbb{R}^{n\times n}$ 则有 $\mathrm{d}|\boldsymbol{A}|=\mathrm{Tr}(\boldsymbol{A}^*\mathrm{d}\boldsymbol{A})$. 当 $\boldsymbol{A}$ 可逆时有 $\mathrm{d}|\boldsymbol{A}|=\mathrm{Tr}(|\boldsymbol{A}|\boldsymbol{A}^{-1}\mathrm{d}\boldsymbol{A})$.

证明.

$$\mathrm{d}|\boldsymbol{A}|=\mathrm{Tr}\left(\left(\frac{\partial|\boldsymbol{A}|}{\partial\boldsymbol{A}}\right)^{\mathrm{T}}\mathrm{d}\boldsymbol{A}\right)=\mathrm{Tr}(\boldsymbol{A}^*\mathrm{d}\boldsymbol{A})$$

当 $\boldsymbol{A}$ 可逆时有

$$\mathrm{d}|\boldsymbol{A}|=\mathrm{Tr}(\boldsymbol{A}^*\mathrm{d}\boldsymbol{A})=\mathrm{Tr}(|\boldsymbol{A}|\boldsymbol{A}^{-1}\mathrm{d}\boldsymbol{A})$$ □

例 5.5.3. 设矩阵 $\boldsymbol{A}\in\mathbb{R}^{n\times n}$ 是一可逆矩阵. 求

$$\frac{\partial|\boldsymbol{A}^{-1}|}{\partial\boldsymbol{A}}$$

解. 应用定理 5.5.4 有

$$\mathrm{d}|\boldsymbol{A}^{-1}|=\mathrm{Tr}(|\boldsymbol{A}^{-1}|\boldsymbol{A}\mathrm{d}\boldsymbol{A}^{-1})=\mathrm{Tr}(-|\boldsymbol{A}^{-1}|\boldsymbol{A}\boldsymbol{A}^{-1}\mathrm{d}\boldsymbol{A}\boldsymbol{A}^{-1})=\mathrm{Tr}(-|\boldsymbol{A}^{-1}|\boldsymbol{A}^{-1}\mathrm{d}\boldsymbol{A})$$

故

$$\frac{\partial |\boldsymbol{A}^{-1}|}{\partial \boldsymbol{A}} = -|\boldsymbol{A}^{-1}|\boldsymbol{A}^{-\mathrm{T}} = -|\boldsymbol{A}|^{-1}\boldsymbol{A}^{-\mathrm{T}}$$

5.6　迹函数的微分和迹微分法

迹函数在处理矩阵微分的问题中具有很重要的地位. 下面我们将给出一种利用迹函数和矩阵微分来求解实值函数的梯度的方法——迹微分法. 我们知道对于一个标量 c 来说 $c=\mathrm{Tr}(c)$，这也就意味着对于一个实值函数 $f(\boldsymbol{A})$ 有 $f(\boldsymbol{A})=\mathrm{Tr}(f(\boldsymbol{A}))$. 从而就有 $\mathrm{d}f(\boldsymbol{A})=\mathrm{d}\mathrm{Tr}(f(\boldsymbol{A}))=\mathrm{Tr}(\mathrm{d}f(\boldsymbol{A}))$. 通过矩阵微分与迹运算的交换性、迹函数性质、矩阵微分的性质以及定理 5.5.2，我们可以总结出如下求微分或梯度的迹微分法：

- $\mathrm{d}f=\mathrm{d}\mathrm{Tr}(f)=\mathrm{Tr}(\mathrm{d}f)$
- 使用迹函数的性质和矩阵微分的性质来得到如下形式

$$\mathrm{d}f=\mathrm{Tr}(\boldsymbol{A}^{\mathrm{T}}\mathrm{d}\boldsymbol{x})$$

- 应用定理 5.5.2 得到结果

$$\frac{\partial f}{\partial \boldsymbol{x}}=\boldsymbol{A}$$

下面先举几个例子说明如何求迹的梯度.

例 5.6.1.　对于 $n\times n$ 矩阵 $\boldsymbol{A}$，由于 $\mathrm{Tr}(\boldsymbol{A})=\sum_{i=1}^{n}a_{ii}$，故梯度 $\frac{\partial \mathrm{Tr}(\boldsymbol{A})}{\partial \boldsymbol{A}}$ 的 (i,j) 元素为

$$\left(\frac{\partial \mathrm{Tr}(\boldsymbol{A})}{\partial \boldsymbol{A}}\right)_{ij}=\frac{\partial \sum_{k=1}^{n}a_{kk}}{\partial a_{ij}}=\begin{cases}1, & i=j\\ 0, & i\neq j\end{cases}$$

即有 $\frac{\partial \mathrm{Tr}(\boldsymbol{A})}{\partial \boldsymbol{A}}=\boldsymbol{I}$.

例 5.6.2.　考查目标函数 $f(\boldsymbol{A})=\mathrm{Tr}(\boldsymbol{AB})$，其中 $\boldsymbol{A}$ 和 $\boldsymbol{B}$ 分别为 $m\times n$ 和 $n\times m$ 实矩阵. 首先，矩阵乘积的元素为 $(\boldsymbol{AB})_{ij}=\sum_{l=1}^{n}a_{il}b_{lj}$，故矩阵乘积的迹 $\mathrm{Tr}(\boldsymbol{AB})=\sum_{p=1}^{m}\sum_{l=1}^{n}a_{pl}b_{lp}$. 于是，梯度 $\frac{\partial \mathrm{Tr}(\boldsymbol{AB})}{\partial \boldsymbol{A}}$ 是 $m\times n$ 矩阵，其元素为

$$\left(\frac{\partial \mathrm{Tr}(\boldsymbol{AB})}{\partial \boldsymbol{A}}\right)_{ij}=\frac{\partial}{\partial a_{ij}}\left(\sum_{p=1}^{m}\sum_{l=1}^{n}a_{pl}b_{lp}\right)=b_{ji}$$

即有

$$\frac{\partial \mathrm{Tr}(\boldsymbol{AB})}{\partial \boldsymbol{A}}=\boldsymbol{B}^{\mathrm{T}}$$

又由于 $\mathrm{Tr}(\boldsymbol{BA})=\mathrm{Tr}(\boldsymbol{AB})$，故

$$\frac{\partial \mathrm{Tr}(\boldsymbol{AB})}{\partial \boldsymbol{A}}=\frac{\partial \mathrm{Tr}(\boldsymbol{BA})}{\partial \boldsymbol{A}}=\boldsymbol{B}^{\mathrm{T}}$$

例 5.6.3. 由于 $\mathrm{Tr}(\boldsymbol{x}\boldsymbol{y}^{\mathrm{T}})=\mathrm{Tr}(\boldsymbol{y}\boldsymbol{x}^{\mathrm{T}})=\boldsymbol{x}^{\mathrm{T}}\boldsymbol{y}$，易知

$$\frac{\partial \mathrm{Tr}(\boldsymbol{x}\boldsymbol{y}^{\mathrm{T}})}{\partial \boldsymbol{x}}=\frac{\partial \mathrm{Tr}(\boldsymbol{y}\boldsymbol{x}^{\mathrm{T}})}{\partial \boldsymbol{x}}=\boldsymbol{y}$$

例 5.6.4. 给定函数 $f(\boldsymbol{x})=\boldsymbol{x}^{\mathrm{T}}\boldsymbol{A}\boldsymbol{x}$，其中 $\boldsymbol{A}$ 是一方阵，$\boldsymbol{x}$ 是一列向量，计算

$$\begin{aligned}\mathrm{d}f&=\mathrm{d}\mathrm{Tr}(\boldsymbol{x}^{\mathrm{T}}\boldsymbol{A}\boldsymbol{x})\\&=\mathrm{Tr}(\mathrm{d}(\boldsymbol{x}^{\mathrm{T}}\boldsymbol{A}\boldsymbol{x}))\\&=\mathrm{Tr}(\mathrm{d}(\boldsymbol{x}^{\mathrm{T}})\boldsymbol{A}\boldsymbol{x}+\boldsymbol{x}^{\mathrm{T}}\mathrm{d}(\boldsymbol{A}\boldsymbol{x}))\\&=\mathrm{Tr}((\boldsymbol{x}^{\mathrm{T}}\boldsymbol{A}^{\mathrm{T}}+\boldsymbol{x}^{\mathrm{T}}\boldsymbol{A}\}\mathrm{d}\boldsymbol{x})\end{aligned}$$

可以得到 $\frac{\partial f}{\partial \boldsymbol{x}}=(\boldsymbol{x}^{\mathrm{T}}\boldsymbol{A}^{\mathrm{T}}+\boldsymbol{x}^{\mathrm{T}}\boldsymbol{A})^{\mathrm{T}}=\boldsymbol{A}\boldsymbol{x}+\boldsymbol{A}^{\mathrm{T}}\boldsymbol{x}$.

如果 $\boldsymbol{A}$ 是对称矩阵，还可以将其简化为 $\frac{\partial f}{\partial \boldsymbol{x}}=2\boldsymbol{A}\boldsymbol{x}$.

令 $\boldsymbol{A}=\boldsymbol{I}$ 则有 $\frac{\partial(\boldsymbol{x}^{\mathrm{T}}\boldsymbol{x})}{\partial \boldsymbol{x}}=2\boldsymbol{x}$.

例 5.6.5. 根据上面的推导可以知道，在谱聚类中我们要求解的优化问题

$$\begin{aligned}\min_{\boldsymbol{x}}\quad&\boldsymbol{x}^{\mathrm{T}}\boldsymbol{L}\boldsymbol{x}\\s.t.\quad&\boldsymbol{x}^{\mathrm{T}}\mathbf{1}=0\end{aligned}$$

中目标函数的梯度为 $\nabla_{\boldsymbol{x}}\boldsymbol{x}^{\mathrm{T}}\boldsymbol{L}\boldsymbol{x}=2\boldsymbol{L}\boldsymbol{x}$.

我们再看一个关于矩阵函数的例子.

例 5.6.6. 在 *PCA* 中，我们需要求解优化问题

$$\begin{aligned}\min_{\boldsymbol{W}}&-\mathrm{Tr}(\boldsymbol{W}^{\mathrm{T}}\boldsymbol{X}\boldsymbol{X}^{\mathrm{T}}\boldsymbol{W})\\s.t.\quad&\boldsymbol{W}^{\mathrm{T}}\boldsymbol{W}=\boldsymbol{I}\end{aligned}$$

我们现在考虑求梯度 $\nabla_{W}-\operatorname{Tr}(\boldsymbol{W}^{\mathrm{T}}\boldsymbol{X}\boldsymbol{X}^{\mathrm{T}}\boldsymbol{W})$.

解.　利用迹微分法有

$$\begin{aligned}\mathrm{d}(-\operatorname{Tr}(\boldsymbol{W}^{\mathrm{T}}\boldsymbol{X}\boldsymbol{X}^{\mathrm{T}}\boldsymbol{W}))&=-\operatorname{Tr}(\mathrm{d}(\boldsymbol{W}^{\mathrm{T}}\boldsymbol{X}\boldsymbol{X}^{\mathrm{T}}\boldsymbol{W}))\\&=-2\operatorname{Tr}(\boldsymbol{W}^{\mathrm{T}}\boldsymbol{X}\boldsymbol{X}^{\mathrm{T}}\mathrm{d}\boldsymbol{W})\end{aligned}$$

所以 $\nabla_{W}-\operatorname{Tr}(\boldsymbol{W}^{\mathrm{T}}\boldsymbol{X}\boldsymbol{X}^{\mathrm{T}}\boldsymbol{W})=-2\boldsymbol{X}\boldsymbol{X}^{\mathrm{T}}\boldsymbol{W}$.

我们可以使用迹微分法来处理含 F 范数的函数.

例 5.6.7.　设 $\boldsymbol{A}\in\mathbb{R}^{n\times m}$，求$\dfrac{\partial\|\boldsymbol{A}\|_F^2}{\partial\boldsymbol{A}}$，其中 $\|\boldsymbol{A}\|_F=\sqrt{\sum_{i=1}^{n}\sum_{j=1}^{m}a_{ij}^2}$.

解.

$$\mathrm{d}\|\boldsymbol{A}\|_F^2=\mathrm{d}\operatorname{Tr}(\boldsymbol{A}^{\mathrm{T}}\boldsymbol{A})=\operatorname{Tr}((\mathrm{d}\boldsymbol{A})^{\mathrm{T}}\boldsymbol{A})+\operatorname{Tr}(\boldsymbol{A}^{\mathrm{T}}\mathrm{d}\boldsymbol{A})=\operatorname{Tr}(2\boldsymbol{A}^{\mathrm{T}}\mathrm{d}\boldsymbol{A})$$

故

$$\frac{\partial\|\boldsymbol{A}\|_F^2}{\partial\boldsymbol{A}}=2\boldsymbol{A}$$

5.7　向量值函数和矩阵值函数的梯度

5.7.1　向量值函数的梯度

上面已经讨论过函数实值函数 $f:\mathbb{R}^n\to\mathbb{R}$ 的偏导和梯度. 接下来，我们将给出向量值函数 $\boldsymbol{f}:\mathbb{R}^n\to\mathbb{R}^m(n,m\geqslant 1)$ 的梯度的概念. 对于一个函数 $\boldsymbol{f}:\mathbb{R}^n\to\mathbb{R}^m$ 和一个向量 $\boldsymbol{x}=(x_1,x_2,\cdots,x_n)\in\mathbb{R}^n$，那么对应的函数值为

$$\boldsymbol{f}(\boldsymbol{x})=(f_1(\boldsymbol{x}),\cdots,f_m(\boldsymbol{x}))\in\mathbb{R}^m.$$

这样写能够更好地展示一个向量值函数 $\boldsymbol{f}:\mathbb{R}^n\to\mathbb{R}^m$，它就相当于一个函数的向量$(f_1,f_2,\cdots,f_m)$，其中 $f_i:\mathbb{R}^n\to\mathbb{R}$.

因此，应用前面已经讨论过的关于其中任一个 f_i 的求导法则，可得向量值函数 $\boldsymbol{f}$ 关于 x_i 的偏导数：

$$\frac{\partial\boldsymbol{f}}{\partial x_i}=\begin{bmatrix}\dfrac{\partial f_1}{\partial x_i}\\ \cdots\\ \dfrac{\partial f_m}{\partial x_i}\end{bmatrix}=\begin{bmatrix}\lim\limits_{h\to 0}\dfrac{f_1(x_1,\cdots,x_{i-1},x_i+h,x_{i+1},\cdots,x_m)-f_1(\boldsymbol{x})}{h}\\ \vdots\\ \lim\limits_{h\to 0}\dfrac{f_m(x_1,\cdots,x_{i-1},x_i+h,x_{i+1},\cdots,x_m)-f_m(\boldsymbol{x})}{h}\end{bmatrix}$$

在上式中，每一个偏导都是一个列向量.因此，我们按照如下组织得到一个向量值函数的偏导：

$$\frac{\partial \boldsymbol{f}(\boldsymbol{x})}{\partial \boldsymbol{x}^{\mathrm{T}}}=\left[\frac{\partial \boldsymbol{f}(\boldsymbol{x})}{\partial x_1} \quad \cdots \quad \frac{\partial \boldsymbol{f}(\boldsymbol{x})}{\partial x_n}\right]=\begin{bmatrix} \frac{\partial f_1(\boldsymbol{x})}{\partial x_1} & \cdots & \frac{\partial f_1(\boldsymbol{x})}{\partial x_n} \\ \vdots & & \vdots \\ \frac{\partial f_m(\boldsymbol{x})}{\partial x_1} & \cdots & \frac{\partial f_m(\boldsymbol{x})}{\partial x_n} \end{bmatrix}$$

定义 5.7.1. 向量值函数 $\boldsymbol{f}(\boldsymbol{x})$：$\mathbb{R}^n \to \mathbb{R}^m$ 的所有一阶导数组成的矩阵称为 ***Jacobian* 矩阵**，它是一个 $m \times n$ 的矩阵，具体定义如下：

$$\boldsymbol{J}=\frac{\partial \boldsymbol{f}(\boldsymbol{x})}{\partial \boldsymbol{x}^{\mathrm{T}}}=\begin{bmatrix} \frac{\partial f_1(\boldsymbol{x})}{\partial x_1} & \cdots & \frac{\partial f_1(\boldsymbol{x})}{\partial x_n} \\ \vdots & & \vdots \\ \frac{\partial f_m(\boldsymbol{x})}{\partial x_1} & \cdots & \frac{\partial f_m(\boldsymbol{x})}{\partial x_n} \end{bmatrix}$$

并且我们定义

$$\frac{\partial \boldsymbol{f}(\boldsymbol{x})^{\mathrm{T}}}{\partial \boldsymbol{x}}=\boldsymbol{J}^{\mathrm{T}}=\left(\frac{\partial \boldsymbol{f}(\boldsymbol{x})}{\partial \boldsymbol{x}^{\mathrm{T}}}\right)^{\mathrm{T}}$$

注意，这里我们没有去定义 $\frac{\partial \boldsymbol{f}(\boldsymbol{x})}{\partial \boldsymbol{x}}$ 以及 $\frac{\partial \boldsymbol{f}(\boldsymbol{x})^{\mathrm{T}}}{\partial \boldsymbol{x}^{\mathrm{T}}}$，所以在后面的讨论中不会出现这两种情况.在计算中也需要注意所计算的形式是否已经被定义.

5.7.2 矩阵值函数的梯度

求矩阵关于向量或其他矩阵的梯度，通常会导致一个多维张量.例如，我们计算一个 $m \times n$ 矩阵关于 $p \times q$ 矩阵的梯度，相应的 Jacobian 矩阵是 $(p \times q) \times (m \times n)$，这是一个四维的张量.为了直观理解，我们可以将矩阵展成向量的形式考虑这一问题.

定义 5.7.2. 函数 vec：$\mathbb{R}^{n \times m} \to \mathbb{R}^{nm}$ 将一个矩阵按列重排成一个列向量，定义如下.设 $\boldsymbol{A}=[\boldsymbol{a}_1 \quad \boldsymbol{a}_2 \quad \cdots \quad \boldsymbol{a}_m] \in \mathbb{R}^{n \times m}$ 则

$$\operatorname{vec}(\boldsymbol{A})=\begin{bmatrix} \boldsymbol{a}_1 \\ \boldsymbol{a}_2 \\ \vdots \\ \boldsymbol{a}_m \end{bmatrix}$$

有了这样一函数之后，我们就可以定义矩阵关于矩阵梯度的 Jacobian 矩阵.

定义 5.7.3.　设矩阵函数 $\boldsymbol{F}(\boldsymbol{X}):\mathbb{R}^{n\times m}\to\mathbb{R}^{q\times p}$ 则其 *Jacobian* 矩阵定义为

$$\boldsymbol{J}=\frac{\partial\text{vec}(\boldsymbol{F}(\boldsymbol{X}))}{\partial\text{vec}(\boldsymbol{X})^{\mathrm{T}}}=\begin{bmatrix}\dfrac{\partial f_{11}}{\partial x_{11}} & \dfrac{\partial f_{11}}{\partial x_{12}} & \cdots & \dfrac{\partial f_{11}}{\partial x_{nm}}\\ \dfrac{\partial f_{12}}{\partial x_{11}} & \dfrac{\partial f_{12}}{\partial x_{12}} & \cdots & \dfrac{\partial f_{12}}{\partial x_{nm}}\\ \vdots & \vdots & & \vdots\\ \dfrac{\partial f_{pq}}{\partial x_{11}} & \dfrac{\partial f_{pq}}{\partial x_{12}} & \cdots & \dfrac{\partial f_{pq}}{\partial x_{nm}}\end{bmatrix}$$

定义 5.7.4.　设矩阵 $\boldsymbol{J}$ 是一 *Jacobian* 矩阵，则其行列式 $J=|\boldsymbol{J}|$ 称为 ***Jacobian* 行列式**.

5.7.3　向量值函数微分

定理 5.7.1.　设函数 $\boldsymbol{f}(\boldsymbol{x}):\mathbb{R}^m\to\mathbb{R}^n$，$\boldsymbol{x}\in\mathbb{R}^m$ 则有 $\mathrm{d}\boldsymbol{f}=\left(\dfrac{\partial\boldsymbol{f}^{\mathrm{T}}}{\partial\boldsymbol{x}}\right)^{\mathrm{T}}\mathrm{d}\boldsymbol{x}=\boldsymbol{J}\mathrm{d}\boldsymbol{x}$.

证明.　显然，df 有 n 个分量，所以我们从分量的角度来证明. 考虑第 j 个分量.

$$\text{左边}_j=\mathrm{d}f_j=\sum_{i=1}^{m}\frac{\partial f_j}{\partial x_i}\mathrm{d}x_i$$

$$\text{右边}_j=\left(\left(\frac{\partial\boldsymbol{f}}{\partial\boldsymbol{x}}\right)^{\mathrm{T}}\mathrm{d}x\right)_j=\sum_{i=1}^{m}\left(\frac{\partial\boldsymbol{f}^{\mathrm{T}}}{\partial\boldsymbol{x}}\right)_{ij}\mathrm{d}x_i=\sum_{i=1}^{m}\left(\frac{\partial f_j}{\partial x_i}\right)\mathrm{d}x_i=\text{左边}_j$$

□

注意这个式子在形式上与之前我们推得的定理 5.5.2 是很像的.

利用定理 5.7.1，仿照求解实值函数梯度的步骤，可以简化求解向量对向量的导数.

例 5.7.1.　考虑向量变换 $\boldsymbol{x}=\sigma\boldsymbol{\Lambda}^{-\frac{1}{2}}\boldsymbol{W}^{\mathrm{T}}\boldsymbol{\eta}$，$\boldsymbol{x}$ 和 $\boldsymbol{\eta}$ 的维数是 n，其中 σ 是一个实变量，$\boldsymbol{\Lambda}$ 是一个满秩对角矩阵，$\boldsymbol{W}$ 是正交矩阵（即 $\boldsymbol{W}\boldsymbol{W}^{\mathrm{T}}=\boldsymbol{W}^{\mathrm{T}}\boldsymbol{W}=\boldsymbol{I}$），计算 *Jacobian* 行列式的绝对值.

解.

$$\mathrm{d}\boldsymbol{x}=\mathrm{d}(\sigma\boldsymbol{\Lambda}^{-\frac{1}{2}}\boldsymbol{W}^{\mathrm{T}}\boldsymbol{\eta})=\sigma\boldsymbol{\Lambda}^{-\frac{1}{2}}\boldsymbol{W}^{\mathrm{T}}\mathrm{d}\boldsymbol{\eta}$$

应用定理 5.7.1 有

$$\boldsymbol{J}=\left(\frac{\partial \boldsymbol{x}^{\mathrm{T}}}{\partial \boldsymbol{\eta}}\right)^{\mathrm{T}}=\sigma \boldsymbol{\Lambda}^{-\frac{1}{2}} \boldsymbol{W}^{\mathrm{T}}$$

接着我们利用行列式的性质来计算 *Jacobian* 行列式 $J=|\boldsymbol{J}|=\det(\boldsymbol{J})$ 的绝对值.

$$\begin{aligned} |J| &= |\det(\boldsymbol{J})| \\ &= \sqrt{|\det(\boldsymbol{J})||\det(\boldsymbol{J})|} \\ &= \sqrt{|\det(\boldsymbol{J})||\det(\boldsymbol{J}^{\mathrm{T}}|} \\ &= \sqrt{|\det(\sigma^2 \boldsymbol{W}\boldsymbol{\Lambda}^{-1}\boldsymbol{W}^{\mathrm{T}})|} \end{aligned}$$

令 $\boldsymbol{\Sigma}=\boldsymbol{W}\boldsymbol{\Lambda}\boldsymbol{W}^{\mathrm{T}}$. 我们就能得到一个优美的结果

$$|J|=|\sigma|^n|\boldsymbol{\Sigma}|^{-\frac{1}{2}}$$

这个结论可以应用到多元正态分布的推广中.

定理 5.7.2. 如果 $\boldsymbol{f}$ 和 $\boldsymbol{x}$ 维数相同,则 $\left(\frac{\partial \boldsymbol{f}^{\mathrm{T}}}{\partial \boldsymbol{x}}\right)^{-1}=\frac{\partial \boldsymbol{x}^{\mathrm{T}}}{\partial \boldsymbol{f}}$.

证明. 利用定理 5.7.1

$$\mathrm{d}\boldsymbol{f}=\left(\frac{\partial \boldsymbol{f}^{\mathrm{T}}}{\partial \boldsymbol{x}}\right)^{\mathrm{T}}\mathrm{d}\boldsymbol{x} \Rightarrow \left(\left(\frac{\partial \boldsymbol{f}^{\mathrm{T}}}{\partial \boldsymbol{x}}\right)^{\mathrm{T}}\right)^{-1}\mathrm{d}\boldsymbol{f}=\mathrm{d}\boldsymbol{x} \Rightarrow \mathrm{d}\boldsymbol{x}=\left(\left(\frac{\partial \boldsymbol{f}^{\mathrm{T}}}{\partial \boldsymbol{x}}\right)^{-1}\right)^{\mathrm{T}}\mathrm{d}\boldsymbol{f}$$

所以,我们就有 $\frac{\partial \boldsymbol{x}^{\mathrm{T}}}{\partial \boldsymbol{f}}=\left(\frac{\partial \boldsymbol{f}^{\mathrm{T}}}{\partial \boldsymbol{x}}\right)^{-1}$. □

这个结果和标量导数是一致的. 这个结论对于变量替换很有用.

5.8 链式法则

回顾对于一元复合函数,设 $y=f(x)$, $z=g(y)$,则我们知道 $\frac{\mathrm{d}z}{\mathrm{d}x}=\frac{\mathrm{d}z}{\mathrm{d}y}\frac{\mathrm{d}y}{\mathrm{d}x}$. 而对于多元复合函数,设 $z=f(y_1, y_2, \cdots, y_n)$, $y_i=g_i(x_1, x_2, \cdots, x_m)$, $i=1, 2, \cdots, n$,则有

$$\frac{\partial z}{\partial x_j}=\sum_{i=1}^{n}\frac{\partial z}{\partial y_i}\frac{\partial y_i}{\partial x_j}=\sum_{i=1}^{n}\frac{\partial y_i}{\partial x_j}\frac{\partial z}{\partial y_i}$$

即

$$\frac{\partial z}{\partial x_j}=\begin{bmatrix}\frac{\partial z}{\partial y_1} & \frac{\partial z}{\partial y_2} & \cdots & \frac{\partial z}{\partial y_n}\end{bmatrix}\begin{bmatrix}\frac{\partial y_1}{\partial x_j}\\ \frac{\partial y_2}{\partial x_j}\\ \vdots\\ \frac{\partial y_n}{\partial x_j}\end{bmatrix}=\begin{bmatrix}\frac{\partial y_1}{\partial x_j} & \frac{\partial y_2}{\partial x_j} & \cdots & \frac{\partial y_n}{\partial x_j}\end{bmatrix}\begin{bmatrix}\frac{\partial z}{\partial y_1}\\ \frac{\partial z}{\partial y_2}\\ \vdots\\ \frac{\partial z}{\partial y_n}\end{bmatrix}$$

例 5.8.1.　考虑函数 $z=f(y_1, y_2)=e^{y_1y_2^2}$，$y_1=g_1(x)=x\cos x$，$y_2=g_2(x)=x\sin x$. 那么

$$\frac{\partial z}{\partial x}=\begin{bmatrix}\frac{\partial y_1}{\partial x} & \frac{\partial y_2}{\partial x}\end{bmatrix}\begin{bmatrix}\frac{\partial z}{\partial y_1}\\ \frac{\partial z}{\partial y_2}\end{bmatrix}$$

$$=[\cos x-x\sin x \quad \sin x+x\cos x]\begin{bmatrix}y_2^2e^{y_1y_2^2}\\ 2y_1y_2e^{y_1y_2^2}\end{bmatrix}$$

$$=(y_2^2(\cos x-x\sin x)+2y_1y_2(\sin x+x\cos x))e^{y_1y_2^2}$$

当把 $\boldsymbol{y}=\boldsymbol{g}(x)$ 看作一个向量值函数时，我们就可以将上述例子看作是求复合函数 $z=f(\boldsymbol{g}(x))$ 关于 x 的导数，并且可以得到公式

$$\frac{\partial z}{\partial x}=\frac{\partial \boldsymbol{y}^{\mathrm{T}}}{\partial x}\frac{\partial z}{\partial \boldsymbol{y}}$$

一般地，我们可以对多个向量值函数（或标量值函数）复合的函数求偏导，有以下链式法则：

定理 5.8.1.　假设有 n 个列向量 $\boldsymbol{x}^{(1)}$，$\boldsymbol{x}^{(2)}$，…，$\boldsymbol{x}^{(n)}$，它们各自的长度为 l_1，l_2，…，l_n，假设 $\boldsymbol{x}^{(i)}$ 是 $\boldsymbol{x}^{(i-1)}$ 的一个函数，则对于所有的 $i=2, 3, \cdots, n$ 有

$$\frac{\partial(\boldsymbol{x}^{(n)})^{\mathrm{T}}}{\partial \boldsymbol{x}^{(1)}}=\frac{\partial(\boldsymbol{x}^{(2)})^{\mathrm{T}}}{\partial \boldsymbol{x}^{(1)}}\frac{\partial(\boldsymbol{x}^{(3)})^{\mathrm{T}}}{\partial \boldsymbol{x}^{(2)}}\cdots\frac{\partial(\boldsymbol{x}^{(n)})^{\mathrm{T}}}{\partial \boldsymbol{x}^{(n-1)}}$$

证明.　根据向量值函数梯度的定义 5.7.1 和向量值函数微分定理 5.7.1，将定理 5.7.1 应用在每一对相关向量上，则有

$$\mathrm{d}\boldsymbol{x}^{(2)}=\left(\frac{\partial(\boldsymbol{x}^{(2)})^{\mathrm{T}}}{\partial\boldsymbol{x}^{(1)}}\right)^{\mathrm{T}}\mathrm{d}\boldsymbol{x}^{(1)},\ \mathrm{d}\boldsymbol{x}^{(3)}=\left(\frac{\partial(\boldsymbol{x}^{(3)})^{\mathrm{T}}}{\partial\boldsymbol{x}^{(2)}}\right)^{\mathrm{T}}\mathrm{d}\boldsymbol{x}^{(2)},\ \cdots,\ \mathrm{d}\boldsymbol{x}^{(n)}=\left(\frac{\partial(\boldsymbol{x}^{(n)})^{\mathrm{T}}}{\partial\boldsymbol{x}^{(n-1)}}\right)^{\mathrm{T}}\mathrm{d}\boldsymbol{x}^{(n-1)}$$

将它们合并起来则有

$$\begin{aligned}\mathrm{d}\boldsymbol{x}^{(n)}&=\left(\frac{\partial(\boldsymbol{x}^{(n)})^{\mathrm{T}}}{\partial\boldsymbol{x}^{(n-1)}}\right)^{\mathrm{T}}\cdots\left(\frac{\partial(\boldsymbol{x}^{(3)})^{\mathrm{T}}}{\partial(\boldsymbol{x}^{(2)}}\right)^{\mathrm{T}}\left(\frac{\partial(\boldsymbol{x}^{(2)})^{\mathrm{T}}}{\partial\boldsymbol{x}^{(1)}}\right)^{\mathrm{T}}\mathrm{d}\boldsymbol{x}^{(1)}\\&=\left(\frac{\partial(\boldsymbol{x}^{(2)})^{\mathrm{T}}}{\partial\boldsymbol{x}^{(1)}}\frac{\partial(\boldsymbol{x}^{(3)})^{\mathrm{T}}}{\partial\boldsymbol{x}^{(2)}}\cdots\frac{\partial(\boldsymbol{x}^{(n)})^{\mathrm{T}}}{\partial\boldsymbol{x}^{(n-1)}}\right)^{\mathrm{T}}\mathrm{d}\boldsymbol{x}^{(1)}\end{aligned}$$

再次应用定理 5.7.1 可得

$$\frac{\partial(\boldsymbol{x}^{(n)})^{\mathrm{T}}}{\partial\boldsymbol{x}^{(1)}}=\frac{\partial(\boldsymbol{x}^{(2)})^{\mathrm{T}}}{\partial\boldsymbol{x}^{(1)}}\frac{\partial(\boldsymbol{x}^{(3)})^{\mathrm{T}}}{\partial\boldsymbol{x}^{(2)}}\cdots\frac{\partial(\boldsymbol{x}^{(n)})^{\mathrm{T}}}{\partial\boldsymbol{x}^{(n-1)}}$$

□

例 5.8.2. 考虑线性回归中的优化问题：$\min\limits_{\theta}\sum_{i=1}^{n}(\boldsymbol{\theta}^{\mathrm{T}}\boldsymbol{x}_i-y_i)^2$. 我们将其目标函数改写成 $\|\boldsymbol{X\theta}-\boldsymbol{y}\|_2^2$ 并关于 $\boldsymbol{\theta}$ 求梯度，其中 $\boldsymbol{X}=[\boldsymbol{x}_1\quad\boldsymbol{x}_2\quad\cdots\quad\boldsymbol{x}_n]^{\mathrm{T}}$, $\boldsymbol{y}=(y_1, y_2, \cdots, y_n)$.

解. 由链式法则我们有

$$\begin{aligned}&\nabla_{\boldsymbol{\theta}}\|\boldsymbol{X\theta}-\boldsymbol{y}\|_2^2\\&=\frac{\partial(\boldsymbol{X\theta}-\boldsymbol{y})^{\mathrm{T}}}{\partial\boldsymbol{\theta}}\frac{\partial\|\boldsymbol{z}\|_2^2}{\partial\boldsymbol{z}},\text{其中 }\boldsymbol{z}=\boldsymbol{X\theta}-\boldsymbol{y}\\&=\boldsymbol{X}^{\mathrm{T}}\frac{\partial\boldsymbol{z}^{\mathrm{T}}\boldsymbol{z}}{\partial\boldsymbol{z}}=2\boldsymbol{X}^{\mathrm{T}}\boldsymbol{z}=2\boldsymbol{X}^{\mathrm{T}}\boldsymbol{X\theta}-2\boldsymbol{X}^{\mathrm{T}}\boldsymbol{y}\end{aligned}$$

例 5.8.3. 计算 $(\boldsymbol{x}-\boldsymbol{\mu})^{\mathrm{T}}\boldsymbol{\Sigma}^{-1}(\boldsymbol{x}-\boldsymbol{\mu})$ 关于 $\boldsymbol{\mu}$ 的导数，其中 $\boldsymbol{\Sigma}^{-1}$ 是对称矩阵.

解. 由链式法则，我们有

$$\begin{aligned}&\frac{\partial((\boldsymbol{x}-\boldsymbol{\mu})^{\mathrm{T}}\boldsymbol{\Sigma}^{-1}(\boldsymbol{x}-\boldsymbol{\mu}))}{\partial\boldsymbol{\mu}}\\&=\frac{\partial[(\boldsymbol{x}-\boldsymbol{\mu})^{\mathrm{T}}]}{\partial\boldsymbol{\mu}}\frac{\partial((\boldsymbol{x}-\boldsymbol{\mu})^{\mathrm{T}}\boldsymbol{\Sigma}^{-1}(\boldsymbol{x}-\boldsymbol{\mu}))}{\partial[\boldsymbol{x}-\boldsymbol{\mu}]}\\&=-2\boldsymbol{\Sigma}^{-1}(\boldsymbol{x}-\boldsymbol{\mu})\end{aligned}$$

5.9 反向传播和自动微分

5.9.1 反向传播

在许多机器学习应用中，通过执行梯度下降来找到好的模型参数，这取决于我们可以根据模型参数计算学习目标的梯度. 对于给定的目标函数,可以使用微积分和链式法则获得模型参数的梯度.

考虑这个函数

$$f(x)=\sqrt{x^2+\exp(x^2)}+\cos(x^2+\exp(x^2)) \tag{5.10}$$

应用链式法则,注意微分是线性的,计算梯度.

$$\begin{aligned}\frac{\mathrm{d}f}{\mathrm{d}x}&=\frac{2x+2x\exp(x^2)}{2\sqrt{x^2+\exp(x^2)}}-\sin(x^2+\exp(x^2))(2x+2x\exp(x^2))\\&=2x\left(\frac{1}{2\sqrt{x^2+\exp(x^2)}}-\sin(x^2+\exp(x^2))\right)(1+\exp(x^2))\end{aligned}$$

用这种明确的方式写出梯度通常是不切实际的,因为它常常导致导数的表达式非常冗长. 在实践中,这意味着,梯度的实现可能比计算函数要昂贵得多,这是不必要的开销. 对于深层神经网络模型的训练,反向传播算法(Kelley,1960;Bryson,1961;Dreyfus,1962;Rumelhart 等人,1986)是计算与模型参数相关的误差函数梯度的有效方法.

在机器学习中,链式法则在选择层次模型参数(例如,最大似然估计)时起着重要作用. 将链式法则用到极致的领域是深度学习,其中函数 $\boldsymbol{y}$ 是函数深度复合来进行计算的.

$$y=(\boldsymbol{f}_K\circ\boldsymbol{f}_{K-1}\circ\cdots\circ\boldsymbol{f}_1)(\boldsymbol{x})=\boldsymbol{f}_K(\boldsymbol{f}_{K-1}(\cdots(\boldsymbol{f}_1(\boldsymbol{x}))\cdots)) \tag{5.11}$$

其中 $\boldsymbol{x}$ 是输入(例如,图像),y 是观察值(例如,类标签)且每一个函数 $\boldsymbol{f}_i$, $i=1, \cdots, K$ 拥有自己的参数. 在多层神经网络中,在第 i 层有函数 $\boldsymbol{f}_i(\boldsymbol{x}_{i-1})=\sigma(\boldsymbol{A}_i\boldsymbol{x}_{i-1}+\boldsymbol{b}_i)$. 其中 $\boldsymbol{x}_{i-1}$ 是第 $i-1$ 层的输出,σ 是激活函数,如 sigmoid,tanh 或一个修正线性单元(ReLU). 为了训练这些模型,我们需要损失函数 L 相对于所有模型参数 $\boldsymbol{A}_j$, $\boldsymbol{b}_j$, $j=1, \cdots, K$ 的梯度. 这也要求我们计算 L 相对于每层输入的梯度. 例如,如果有输入 $\boldsymbol{x}$ 和观测 y,那么网络结构定义为

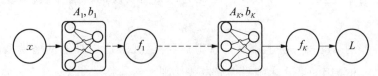

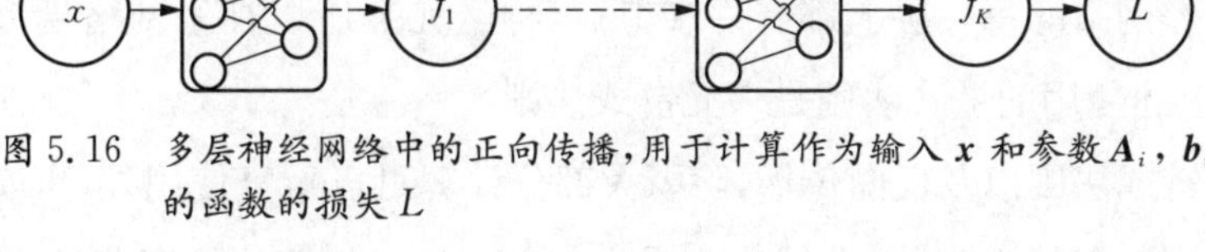

图 5.16　多层神经网络中的正向传播,用于计算作为输入 $\boldsymbol{x}$ 和参数 $\boldsymbol{A}_i$, $\boldsymbol{b}_i$ 的函数的损失 L

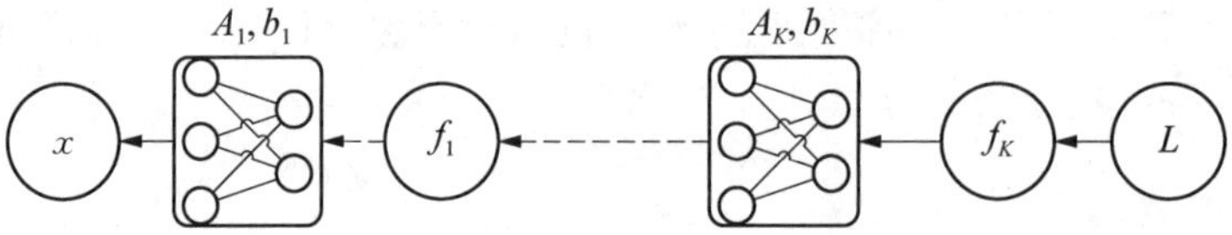

图 5.17　三阶张量的 3-模式向量积的原理图

观察 y 和由网络结构图 5.16 的定义

$$\boldsymbol{f}_0 := \boldsymbol{x}$$

$$\boldsymbol{f}_i := \delta_i(\boldsymbol{A}_i \boldsymbol{f}_{i-1} + \boldsymbol{b}_i),\ i = 1,\ \cdots,\ K, \tag{5.12}$$

考虑平方损失 $L(\boldsymbol{\theta}) = \| y - \boldsymbol{f}_K(\boldsymbol{\theta},\ \boldsymbol{x}) \|^2$ 的最小化问题,其中 $\boldsymbol{\theta} = \{\boldsymbol{A}_1,\ \boldsymbol{b}_1,\ \cdots,\ \boldsymbol{A}_{K-1},\ \boldsymbol{b}_{K-1}\}$. 我们需要得到关于参数集 $\boldsymbol{\theta}$ 的梯度. 为此,需要 L 关于每层参数 $\boldsymbol{\theta}_j$ 的偏导数,其中 $\boldsymbol{\theta}_j,\ j = 1,\ \cdots,\ K$,是由$\{\boldsymbol{A}_j,\ \boldsymbol{b}_j\}$ 合并后展成的向量. 由链式法则可得

$$\frac{\partial L}{\partial \boldsymbol{\theta}_K} = \frac{\partial \boldsymbol{f}_K^{\mathrm{T}}}{\partial \boldsymbol{\theta}_K} \frac{\partial L}{\partial \boldsymbol{f}_K} \tag{5.13}$$

$$\frac{\partial L}{\partial \boldsymbol{\theta}_{K-1}} = \frac{\partial \boldsymbol{f}_{K-1}^{\mathrm{T}}}{\partial \boldsymbol{\theta}_{K-1}} \frac{\partial \boldsymbol{f}_K^{\mathrm{T}}}{\partial \boldsymbol{f}_{K-1}} \frac{\partial L}{\partial \boldsymbol{f}_K} \tag{5.14}$$

$$\frac{\partial L}{\partial \boldsymbol{\theta}_{K-3}} = \frac{\partial \boldsymbol{f}_{K-2}^{\mathrm{T}}}{\partial \boldsymbol{\theta}_{K-2}} \frac{\partial \boldsymbol{f}_{K-1}^{\mathrm{T}}}{\partial \boldsymbol{f}_{K-2}} \frac{\partial \boldsymbol{f}_K^{\mathrm{T}}}{\partial \boldsymbol{f}_{K-1}} \frac{\partial L}{\partial \boldsymbol{f}_K} \tag{5.15}$$

$$\cdots$$

$$\frac{\partial L}{\partial \boldsymbol{\theta}_i} = \frac{\partial \boldsymbol{f}_i^{\mathrm{T}}}{\partial \boldsymbol{\theta}_i} \frac{\partial \boldsymbol{f}_{i+1}^{\mathrm{T}}}{\partial \boldsymbol{f}_i} \cdots \frac{\partial \boldsymbol{f}_K^{\mathrm{T}}}{\partial \boldsymbol{f}_{K-1}} \frac{\partial L}{\partial \boldsymbol{f}_K} \tag{5.16}$$

假设我们已经准备好计算偏导数 $\dfrac{\partial L}{\partial \boldsymbol{\theta}_{i+1}}$,那么大部分计算可以重复使用来计算 $\dfrac{\partial L}{\partial \boldsymbol{\theta}_i}$. 图 5.17 显示了通过网络向后传播的过程.

在了解了什么是反向传播后,我们考虑为什么需要反向传播算法. 从以下两个问题出发:

(1) 在神经网络的每一层上都有许多节点(神经元),所以神经网络模型函数是多变量函数,因此上述使用的链式法则是多元链式法则.

(2) 使用链式法则以及反向传播,除了大部分计算可以重复使用外,事实上这里还有一个问题就是:链式法则求梯度公式中都是一些 Jacobian 矩阵或梯度向量的乘积,因此这些矩阵之间、矩阵和向量乘法的哪个顺序(沿着链向前或向后)更快?

假设链式法则中有三个因子乘积 $\boldsymbol{M}_1\boldsymbol{M}_2\boldsymbol{w}$,两个矩阵和一个向量. 我们要先做矩阵乘积 $\boldsymbol{M}_1\boldsymbol{M}_2$ 还是先做矩阵向量乘积 $\boldsymbol{M}_2\boldsymbol{w}$? 对于 $N\times N$ 矩阵,$\boldsymbol{M}_1\boldsymbol{M}_2$ 包含 N^3 个独立的乘法,而 $\boldsymbol{M}_2\boldsymbol{w}$ 有 N^2 个独立的乘法. 因此 $(\boldsymbol{M}_1\boldsymbol{M}_2)\boldsymbol{w}$ 需要 N^3+N^2 次乘法,而 $\boldsymbol{M}_1(\boldsymbol{M}_2\boldsymbol{w})$ 仅需要 N^2+N^2. 这是一个重要的区别. 如果我们在神经网络中有来自 L 个层的 L 个矩阵链,则差异本质上是 N 的一个因子:

- 正向 $((\boldsymbol{M}_1\boldsymbol{M}_2)\boldsymbol{M}_3)\cdots\boldsymbol{M}_L)\boldsymbol{w}$ 需要 $(L-1)N^3+N^2$ 个乘法.
- 反向 $\boldsymbol{M}_1(\boldsymbol{M}_2(\cdots(\boldsymbol{M}_L\boldsymbol{w})))$ 需要 LN^2 个乘法.

正向和反向顺序之间的选择也出现在矩阵乘法中. 如果要求我们将 $\boldsymbol{A}$ 乘以 $\boldsymbol{B}$ 乘以 $\boldsymbol{C}$,则结合律为乘法顺序提供了两种选择:

- 首先计算 $\boldsymbol{AB}$ 还是 $\boldsymbol{BC}$?
- 计算 $(\boldsymbol{AB})\boldsymbol{C}$ 还是 $\boldsymbol{A}(\boldsymbol{BC})$?

它们的结果相同,但单个乘法的数量可能非常不同. 假设矩阵 $\boldsymbol{A}$ 为 $m\times n$,$\boldsymbol{B}$ 为 $n\times p$ 以及 $\boldsymbol{C}$ 为 $p\times q$.

- 第一种方式 $\boldsymbol{AB}=(m\times n)(n\times p)$ 需要 mnp 次乘法,$(\boldsymbol{AB})\boldsymbol{C}=(m\times p)(p\times q)$ 需要 mpq 次乘法.
- 第二种方式 $\boldsymbol{BC}=(n\times p)(p\times q)$ 需要 npq 次乘法,$\boldsymbol{A}(\boldsymbol{BC})=(m\times n)(n\times q)$ 需要 mnq 次乘法.

因此我们比较 $mp(n+q)$ 和 $nq(m+p)$,将两个数除以 $mnpq$ 就会有结论:当 $\dfrac{1}{q}+\dfrac{1}{n}<\dfrac{1}{m}+\dfrac{1}{p}$ 时,则第一种方式更快;反之,第二种方式更快.

在深度神经网络中,我们定义了深度复合函数,如式(5.11). 目的是优化其中的参数,所以当决定了损失函数 L,我们所要求的就是 L 关于各参数的梯度,即前面已经通过链式法则计算的结果

$$\frac{\partial L}{\partial \boldsymbol{\theta}_i}=\frac{\partial \boldsymbol{f}_i^{\mathrm{T}}}{\partial \boldsymbol{\theta}_i}\frac{\partial \boldsymbol{f}_{i+1}^{\mathrm{T}}}{\partial \boldsymbol{f}_i}\cdots\frac{\partial \boldsymbol{f}_{K-1}^{\mathrm{T}}}{\partial \boldsymbol{f}_{K-2}}\frac{\partial \boldsymbol{f}^{\mathrm{T}}}{\partial \boldsymbol{f}_{K-1}}\frac{\partial L}{\partial \boldsymbol{f}}$$

等式的右边恰好为若干个矩阵相乘,并且最后乘以了一个向量. 根据前面的结论,可以知道按照反向计算可以大大减少计算梯度时的计算量.

5.9.2 自动微分

自动微分是一种计算函数导数的计算机技术. 它主要分为前向和反向模式,其中反向模式在深度学习中尤为常用,因为它能有效地计算损失函数相对于模型参数的梯度. 自动微分技术已经集成到现代机器学习库中,如 TensorFlow 和 PyTorch,极大地推动了机器学习领域的发展. 本质上,它是构建复杂函数的计算图,并应用链式法则上就按梯度.

图 5.18 一个简单的计算图,显示了数据从 x,经过中间变量,最终到 y

在图 5.18 表示的计算图中,输入数据 x 经过中间变量 a, b 得到输出 y. 如果想要计算梯度 $\frac{\mathrm{d}y}{\mathrm{d}x}$, 我们将应用链式法则,最终得到:

$$\frac{\mathrm{d}y}{\mathrm{d}x}=\frac{\mathrm{d}y}{\mathrm{d}b}\frac{\mathrm{d}b}{\mathrm{d}a}\frac{\mathrm{d}a}{\mathrm{d}x} \tag{5.17}$$

直观地,正向和反向模式在乘法的顺序上是不同. 由于矩阵乘法的结合律,我们可以选择等式(5.18)或(5.19).

$$\frac{\mathrm{d}y}{\mathrm{d}x}=\left(\frac{\mathrm{d}y}{\mathrm{d}b}\frac{\mathrm{d}b}{\mathrm{d}a}\right)\frac{\mathrm{d}a}{\mathrm{d}x} \tag{5.18}$$

$$\frac{\mathrm{d}y}{\mathrm{d}x}=\frac{\mathrm{d}y}{\mathrm{d}b}\left(\frac{\mathrm{d}b}{\mathrm{d}a}\frac{\mathrm{d}a}{\mathrm{d}x}\right) \tag{5.19}$$

等式(5.18)是反向模式,因为梯度通过图向后传播,即与数据流相反. 等式(5.19)是正向模式,其中梯度随着数据从左到右流过图.

在下文中,我们将重点关注反向模式自动微分,即反向传播. 在神经网络的背景下,输入维度通常远高于标签维数,反向模式在计算上比正向模式容易得多. 让我们从一个有教育意义的例子开始.

例 5.9.1. 从(5.10)中考虑函数

$$f(x)=\sqrt{x^2+\exp(x^2)}+\cos(x^2+\exp(x^2)) \tag{5.20}$$

如果我们要在计算机上实现一个函数 f, 可以通过使用中间变量来节省一些计算:

$$
\begin{aligned}
a &= x^2 \\
b &= \exp(a) \\
c &= a + b \\
d &= \sqrt{c} \\
e &= \cos(c) \\
f &= d + e
\end{aligned} \tag{5.21}
$$

这与应用链式法则时所发生的思考过程是一样的. 注意,上述方程组所需的操作比直接实现(5.10)中定义的函数 $f(x)$ 所需的操作要少. 图 5.19 中相应的计算图显示了获取函数值 f 所需的数据流和计算.

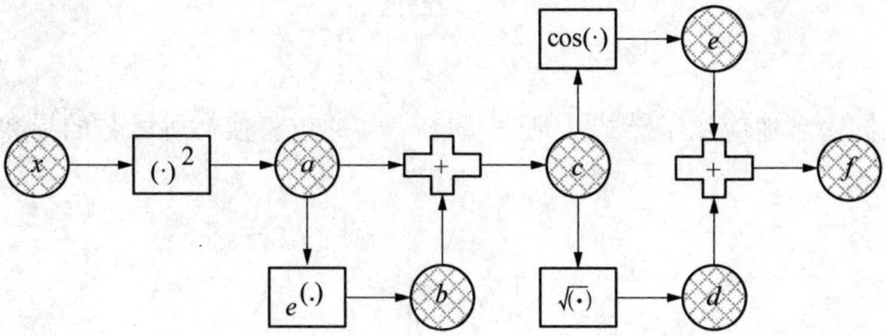

图 5.19 输入 x,函数 f 以及中间变量为 a, b, c, d, e 的计算图

包含中间变量的方程组可以看作是一个计算图,一种广泛应用于神经网络软件库实现的表示形式. 通过回顾初等函数导数的定义,我们可以直接计算中间变量对其相应输入的导数,可得:

$$
\begin{aligned}
\frac{\partial a}{\partial x} &= 2x \\
\frac{\partial b}{\partial a} &= \exp(a) \\
\frac{\partial c}{\partial a} &= 1 = \frac{\partial c}{\partial b} \\
\frac{\partial d}{\partial c} &= \frac{1}{2\sqrt{c}} \\
\frac{\partial e}{\partial c} &= -\sin(c)
\end{aligned}
$$

$$\frac{\partial f}{\partial d}=1=\frac{\partial f}{\partial e} \tag{5.22}$$

由图 5.19 中的计算图，通过输出的反向传播计算出 $\frac{\partial f}{\partial x}$，并且可以得到下面的关系：

$$\begin{aligned}\frac{\partial f}{\partial c}&=\frac{\partial f}{\partial d}\frac{\partial d}{\partial c}+\frac{\partial f}{\partial e}\frac{\partial e}{\partial c}\\ \frac{\partial f}{\partial b}&=\frac{\partial f}{\partial c}\frac{\partial c}{\partial b}\\ \frac{\partial f}{\partial a}&=\frac{\partial f}{\partial b}\frac{\partial b}{\partial a}+\frac{\partial f}{\partial c}\frac{\partial c}{\partial a}\\ \frac{\partial f}{\partial x}&=\frac{\partial f}{\partial a}\frac{\partial a}{\partial x}\end{aligned} \tag{5.23}$$

注意，我们隐含地应用了链式法则来获得 $\frac{\partial f}{\partial x}$，通过替换初等函数的导数，得到

$$\begin{aligned}\frac{\partial f}{\partial c}&=1\cdot\frac{1}{2\sqrt{c}}+1\cdot(-\sin(c))\\ \frac{\partial f}{\partial b}&=\frac{\partial f}{\partial c}\cdot 1\\ \frac{\partial f}{\partial a}&=\frac{\partial f}{\partial b}\exp(a)+\frac{\partial f}{\partial c}\cdot 1\\ \frac{\partial f}{\partial x}&=\frac{\partial f}{\partial a}\cdot 2x\end{aligned} \tag{5.24}$$

通过把上面的每一个导数看作一个变量，我们观察到计算导数所需要的计算与函数本身的计算具有相似的复杂性. 这是非常违反直觉的，因为导数的数学表达式要比函数 $f(x)$ 的数学表达式复杂得多.

例 5.9.2. 我们考虑一个两层的全连接神经网络：

$$\boldsymbol{y}=\boldsymbol{f}(\boldsymbol{x})=\mathrm{ReLU}(\boldsymbol{A}_2(\mathrm{ReLU}(\boldsymbol{A}_1\boldsymbol{x}+\boldsymbol{b}_1))+\boldsymbol{b}_2)$$

其中

$$\boldsymbol{A}_1=\begin{bmatrix}1 & 1\\ 1 & -1\\ -2 & 1\end{bmatrix},\ \boldsymbol{A}_2=\begin{bmatrix}1 & -2 & 1\\ 2 & -1 & 0\end{bmatrix},\ \boldsymbol{b}_1=\begin{bmatrix}0\\ -2\\ -1\end{bmatrix},\ \boldsymbol{b}_2=\begin{bmatrix}-2\\ -3\end{bmatrix}$$

假设输入为 $\boldsymbol{x}=(1, 1)$，并且对应的真实输出为 $\hat{\boldsymbol{y}}=(1, 0)$，采用平方损失 $L=\frac{1}{2}\|\boldsymbol{y}-\hat{\boldsymbol{y}}\|_2^2$. 试计算函数 L 关于 $\boldsymbol{b}_1$, $\boldsymbol{b}_2$ 的梯度.

解. 先计算前项过程：

$$\boldsymbol{A}_1\boldsymbol{x}+\boldsymbol{b}_1=\begin{bmatrix}2\\-2\\-2\end{bmatrix}, \boldsymbol{A}_2(\mathrm{ReLU}(\boldsymbol{A}_1\boldsymbol{x}+\boldsymbol{b}_1))+\boldsymbol{b}_2=\begin{bmatrix}0\\1\end{bmatrix}$$

故 $\boldsymbol{y}=(0, 1)$，从而 $L=1$. 记

$$\boldsymbol{k}=\mathrm{ReLU}(\boldsymbol{A}_1\boldsymbol{x}+\boldsymbol{b}_1)$$

然后分别计算

$$\frac{\partial L}{\partial \boldsymbol{y}}=\begin{bmatrix}-1\\1\end{bmatrix}, \frac{\partial \boldsymbol{y}^{\mathrm{T}}}{\partial \boldsymbol{b}_2}=\begin{bmatrix}1&0\\0&1\end{bmatrix}, \frac{\partial \boldsymbol{y}^{\mathrm{T}}}{\partial \boldsymbol{k}}=\begin{bmatrix}1&2\\-2&-1\\1&0\end{bmatrix}, \frac{\partial \boldsymbol{k}^{\mathrm{T}}}{\partial \boldsymbol{b}_1}=\begin{bmatrix}1&0&0\\0&0&0\\0&0&0\end{bmatrix}$$

所以有

$$\frac{\partial L}{\partial \boldsymbol{b}_1}=\frac{\partial \boldsymbol{k}^{\mathrm{T}}}{\partial \boldsymbol{b}_1}\frac{\partial \boldsymbol{y}^{\mathrm{T}}}{\partial \boldsymbol{k}}\frac{\partial L}{\partial \boldsymbol{y}}=\begin{bmatrix}1&0&0\\0&0&0\\0&0&0\end{bmatrix}\begin{bmatrix}1&2\\-2&-1\\1&0\end{bmatrix}\begin{bmatrix}-1\\1\end{bmatrix}=\begin{bmatrix}1\\0\\0\end{bmatrix}$$

$$\frac{\partial L}{\partial \boldsymbol{b}_2}=\frac{\partial \boldsymbol{y}^{\mathrm{T}}}{\partial \boldsymbol{b}_2}\frac{\partial L}{\partial \boldsymbol{y}}=\begin{bmatrix}1&0\\0&1\end{bmatrix}\begin{bmatrix}-1\\1\end{bmatrix}=\begin{bmatrix}-1\\1\end{bmatrix}$$

5.10　高阶微分和泰勒展开

5.10.1　Hessian 矩阵

前面已讨论过梯度，即一阶导数. 有时我们会对高阶导数感兴趣，比如在优化中使用牛顿法时需要二阶导数. 在一元的情况下，我们可以使用泰勒展开构造多项式来逼近函数，在多元情况下，同样可以这么做.

定义 5.10.1.　设函数 $y=f(\boldsymbol{x}):\mathbb{R}^n\to\mathbb{R}$. $f(\boldsymbol{x})$ 的 ***Hessian* 矩阵**被定义为

$$
\boldsymbol{H}=\frac{\partial}{\partial \boldsymbol{x}^{\mathrm{T}}} \frac{\partial f}{\partial \boldsymbol{x}}=\begin{bmatrix}
\frac{\partial^2 f}{\partial x_1^2} & \frac{\partial^2 f}{\partial x_1 \partial x_2} & \cdots & \frac{\partial^2 f}{\partial x_1 \partial x_n} \\
\frac{\partial^2 f}{\partial x_2 \partial x_1} & \frac{\partial^2 f}{\partial x_2^2} & \cdots & \frac{\partial^2 f}{\partial x_2 \partial x_n} \\
\vdots & \vdots & \ddots & \vdots \\
\frac{\partial^2 f}{\partial x_n \partial x_1} & \frac{\partial^2 f}{\partial x_n \partial x_2} & \cdots & \frac{\partial^2 f}{\partial x_n^2}
\end{bmatrix}
$$

记作 $\nabla^2 f$.

函数的 Hessian 矩阵可以用二步法求出：

(1) 求实值函数 $f(\boldsymbol{x})$ 关于向量变元 $\boldsymbol{x}$ 的偏导数，得到实值函数的梯度 $\frac{\partial f(\boldsymbol{x})}{\partial \boldsymbol{x}}$.

(2) 再求梯度 $\frac{\partial f(\boldsymbol{x})}{\partial \boldsymbol{x}}$ 相对于 $\boldsymbol{x}^{\mathrm{T}}$ 的偏导数，得到梯度的梯度即 Hessian 矩阵.

根据以上步骤，容易得到一些常见函数的 Hessian 矩阵公式.

例 5.10.1. 几个常见函数的 Hessian 矩阵：

(1) 若 $\boldsymbol{a}$ 是 n 维常数向量

$$
\frac{\partial^2 \boldsymbol{a}^{\mathrm{T}} \boldsymbol{x}}{\partial \boldsymbol{x} \partial \boldsymbol{x}^{\mathrm{T}}}=\boldsymbol{O}_{n \times n} \tag{5.25}
$$

(2) 若 $\boldsymbol{A}$ 是 $n \times n$ 矩阵，则

$$
\frac{\partial^2 \boldsymbol{x}^{\mathrm{T}} \boldsymbol{A} \boldsymbol{x}}{\partial \boldsymbol{x} \partial \boldsymbol{x}^{\mathrm{T}}}=\boldsymbol{A}+\boldsymbol{A}^{\mathrm{T}} \tag{5.26}
$$

(3) 令 $\boldsymbol{x}$ 为 n 维向量，$\boldsymbol{a}$ 为 m 维常数向量，$\boldsymbol{A}$ 和 $\boldsymbol{B}$ 分别为 $m \times n$ 和 $m \times m$ 常数矩阵，且 $\boldsymbol{B}$ 为对称矩阵，则

$$
\frac{\partial^2 (\boldsymbol{a}-\boldsymbol{A}\boldsymbol{x})^{\mathrm{T}} \boldsymbol{B} (\boldsymbol{a}-\boldsymbol{A}\boldsymbol{x})}{\partial \boldsymbol{x} \partial \boldsymbol{x}^{\mathrm{T}}}=2\boldsymbol{A}^{\mathrm{T}} \boldsymbol{B} \boldsymbol{A} \tag{5.27}
$$

Hessian 矩阵在机器学习优化中有很多应用. 如果 $f(\boldsymbol{x})$ 是二次(连续)可微的函数，则二阶偏导可交换，也即二阶偏导与微分的顺序无关，此时 Hessian 矩阵是对称矩阵. 在凸优化的章节中，我们将会学到在函数的极小点处 Hessian 矩阵为正定矩阵. Hessian 矩阵也被应用于二阶优化算法，如牛顿法能够快速的收敛到最优点.

5.10.2　线性化和多元泰勒级数

一个函数的一阶泰勒展开通常可以作为 $\boldsymbol{x}_0$ 附近的局部线性逼近

$$f(\boldsymbol{x}) \approx f(\boldsymbol{x}_0) + (\nabla \boldsymbol{x} f)^{\mathrm{T}}(\boldsymbol{x}_0)(\boldsymbol{x} - \boldsymbol{x}_0)$$

这里 $(\nabla \boldsymbol{x} f)^{\mathrm{T}}(\boldsymbol{x}_0)$ 是 f 关于 $\boldsymbol{x}$ 的梯度在 $\boldsymbol{x}_0$ 处的取值. 即通过一个超平面来逼近函数 f，这种逼近是局部准确的，但是在更大范围内是有很大误差的. 上式实际上是函数 f 在 $\boldsymbol{x}_0$ 处泰勒展开的前两项，它是 $f(\boldsymbol{x})$ 在 $\boldsymbol{x}_0$ 处的高阶多元泰勒级数展开的特殊情形.

定理 5.10.1.　对于多元泰勒展开，我们考虑函数 $f: \mathbb{R}^n \to \mathbb{R}$, $\boldsymbol{x} \mapsto f(\boldsymbol{x})$, $\boldsymbol{x} \in \mathbb{R}^n$ 在 $\boldsymbol{x}_0$ 处光滑. 如果我们定义差分向量 $\boldsymbol{\Delta} := \boldsymbol{x} - \boldsymbol{x}_0$，那么 f 在 $\boldsymbol{x}_0$ 处的泰勒展开为

$$f(\boldsymbol{x}) = \sum_{k=0}^{\infty} \frac{D_{\boldsymbol{x}}^k f(\boldsymbol{x}_0)}{k!} \boldsymbol{\Delta}^k$$

其中，$D_{\boldsymbol{x}}^k f(\boldsymbol{x}_0)$ 是 f 关于 $\boldsymbol{x}$ 的 k 阶全微分在 $\boldsymbol{x}_0$ 处的取值.

当 $n > 1$, $k > 1$ 时，我们在上面使用的简写记号 $\boldsymbol{\Delta}^k$ 并没有在 $\mathbb{R}^n$ 中定义. 这里的 $D_x^k \boldsymbol{f}$, $\boldsymbol{\Delta}^k$ 都是 k 阶张量，$\boldsymbol{\Delta}^k \in \mathbb{R}^{n \times n \times \cdots \times n}$ 是通过张量积(用符号 $\otimes$)得到的. 例如

$$\boldsymbol{\Delta}^2 = \boldsymbol{\Delta} \otimes \boldsymbol{\Delta} = \boldsymbol{\Delta} \boldsymbol{\Delta}^{\mathrm{T}},\ \boldsymbol{\Delta}^2[i, j] = \delta[i]\delta[j]$$

$$\boldsymbol{\Delta}^3 = \boldsymbol{\Delta} \otimes \boldsymbol{\Delta} \otimes \boldsymbol{\Delta},\ \boldsymbol{\Delta}^3[i, j, k] = \delta[i]\delta[j]\delta[k]$$

在泰勒展开中，我们得到以下式子

$$D_{\boldsymbol{x}}^k f(\boldsymbol{x}_0)\boldsymbol{\Delta}^k = \sum_{i_1} \cdots \sum_{i_k} D_{\boldsymbol{x}}^k f(\boldsymbol{x}_0)[i_1, \cdots, i_k]\delta[i_1]\cdots\delta[i_k]$$

其中

$$D_{\boldsymbol{x}}^k f(\boldsymbol{x})[i_1, \cdots, i_k] = \frac{\partial^k}{\partial x_{i_1} \cdots \partial x_{i_k}} f(\boldsymbol{x})$$

所以 $D_{\boldsymbol{x}}^k \boldsymbol{f}(\boldsymbol{x}_0)\boldsymbol{\Delta}^k$ 包含了所有 k 次多项式.

$$k = 0: D_{\boldsymbol{x}}^0 f(\boldsymbol{x}_0)\boldsymbol{\Delta}^0 = f(\boldsymbol{x}_0) \in \mathbb{R}$$

$$k = 1: D_{\boldsymbol{x}}^1 f(\boldsymbol{x}_0)\boldsymbol{\Delta}^1 = \nabla_{\boldsymbol{x}} f(\boldsymbol{x}_0)^{\mathrm{T}} \boldsymbol{\Delta} = \sum_i \nabla_{\boldsymbol{x}} f(\boldsymbol{x}_0)[i]\delta[i]$$

$$k = 2: D_{\boldsymbol{x}}^2 f(\boldsymbol{x}_0)\boldsymbol{\Delta}^2 = \boldsymbol{\Delta}^{\mathrm{T}} \boldsymbol{H} \boldsymbol{\Delta} = \sum_i \sum_j \boldsymbol{H}[i, j]\delta[i]\delta[j]$$

$$k=3: D_{\boldsymbol{x}}^{3} f(\boldsymbol{x}_{0}) \boldsymbol{\Delta}^{3}=\sum_{i} \sum_{j} \sum_{k} D_{\boldsymbol{x}}^{3} f(\boldsymbol{x}_{0})[i, j, k] \delta[i] \delta[j] \delta[k]$$

定义 5.10.2. 函数 f 在 $\boldsymbol{x}_0$ 处的 n 阶泰勒多项式被定义为泰勒展开的前 $n+1$ 项：

$$T_{n}=\sum_{k=0}^{n} \frac{D_{\boldsymbol{x}}^{k} f(\boldsymbol{x}_{0})}{k!} \boldsymbol{\Delta}^{k}$$

例 5.10.2. 求函数 $f(\boldsymbol{x})=\boldsymbol{a}^{\mathrm{T}} e^{\boldsymbol{x}}$ 在 $\mathbf{0}$ 处的 2 阶泰勒多项式.

解. 根据泰勒展开有

$$T_{2}=f(\mathbf{0})+(\nabla_{\boldsymbol{x}} f(\mathbf{0}))^{\mathrm{T}}(\boldsymbol{x}-\mathbf{0})+\frac{1}{2}(\boldsymbol{x}-\mathbf{0})^{\mathrm{T}}(\nabla_{\boldsymbol{x}}^{2} f(\mathbf{0}))(\boldsymbol{x}-\mathbf{0})$$

通过计算可得

$$\nabla_{\boldsymbol{x}} f(\boldsymbol{x})=(a_{1} e^{x_{1}}, a_{2} e^{x_{2}}, \cdots, a_{n} e^{x_{n}})$$
$$\nabla_{\boldsymbol{x}}^{2} f(\boldsymbol{x})=\operatorname{diag}(\nabla_{\boldsymbol{x}} f(\boldsymbol{x}))$$

所以

$$f(\mathbf{0})=\sum_{i=1}^{n} a_{i}, \nabla_{\boldsymbol{x}} f(\mathbf{0})=\boldsymbol{a}, \nabla_{\boldsymbol{x}}^{2} f(\mathbf{0})=\operatorname{diag}(\boldsymbol{a})$$

故

$$T_{2}=\sum_{i=1}^{n} a_{i}+\boldsymbol{a}^{\mathrm{T}} \boldsymbol{x}+\frac{1}{2} \boldsymbol{x}^{\mathrm{T}} \operatorname{diag}(\boldsymbol{a}) \boldsymbol{x}=\sum_{i=1}^{n} a_{i}\left(1+x_{i}+\frac{1}{2} x_{i}^{2}\right)$$

习　题

习题 5.1. 计算激活函数 sigmoid 函数的导数

$$f(x)=\frac{1}{1+\exp(-x)}$$

习题 5.2. 设函数 $f(x)=\sin(x)+\cos(x)$，计算当 $x_0=0$ 时的 n 泰勒多项式 T_n，其中 $n=0, \cdots, 5$.

习题 5.3.　有以下函数

$$f(\boldsymbol{x})=\sin(x_1)\cos(x_2),\ \boldsymbol{x}\in\mathbb{R}^2$$
$$f(\boldsymbol{x},\ \boldsymbol{y})=\boldsymbol{x}^{\mathrm{T}}\boldsymbol{y},\ \boldsymbol{x},\ \boldsymbol{y}\in\mathbb{R}^n$$

(1) 请分析 $\frac{\partial f}{\partial \boldsymbol{x}}$ 的维数.

(2) 计算雅克比矩阵.

习题 5.4.　计算下列函数的导数：

(1) 已知

$$f(\boldsymbol{t})=\sin(\log(\boldsymbol{t}^{\mathrm{T}}\boldsymbol{t})),\ \boldsymbol{t}\in\mathbb{R}^n$$

求 f 对 $\boldsymbol{t}$ 的导数.

(2) 已知

$$g(\boldsymbol{X})=\mathrm{Tr}(\boldsymbol{AXB}),\ \boldsymbol{A}\in\mathbb{R}^{m\times n},\ \boldsymbol{X}\in\mathbb{R}^{n\times p},\ \boldsymbol{B}\in\mathbb{R}^{p\times m}$$

求 g 对 $\boldsymbol{X}$ 的导数.

习题 5.5.　用链式法则计算下列函数的导数 $\frac{\mathrm{d}f}{\mathrm{d}\boldsymbol{x}}$，给出每个偏导数的维数，详细描述你的步骤.

(1) $f(\boldsymbol{z})=\log(1+\boldsymbol{z}),\ \boldsymbol{z}=\boldsymbol{x}^{\mathrm{T}}\boldsymbol{x},\ \boldsymbol{x}\in\mathbb{R}^n$

(2) $f(\boldsymbol{z})=\sin(\boldsymbol{z}),\ \boldsymbol{z}=\boldsymbol{Ax}+\boldsymbol{b},\ \boldsymbol{A}\in\mathbb{R}^{m\times n},\ \boldsymbol{x}\in\mathbb{R}^n,\ \boldsymbol{b}\in\mathbb{R}^m$

其中 $\sin(\cdot)$ 作用于 $\boldsymbol{z}$ 的每个元素.

习题 5.6.　在机器学习中，经常需要计算模型的预测值与真实值的误差，常用向量的 l_2 范数度量，然后通过梯度下降进行优化. 现得到如下误差函数，求其对应的梯度.

(1) $f(\boldsymbol{A})=\frac{1}{2}\|\boldsymbol{Ax}+\boldsymbol{b}-\boldsymbol{y}\|_2^2$，求 $\frac{\partial f}{\partial \boldsymbol{A}}$.

(2) $f(\boldsymbol{x})=\frac{1}{2}\|\boldsymbol{Ax}+\boldsymbol{b}-\boldsymbol{y}\|_2^2$，求 $\frac{\partial f}{\partial \boldsymbol{x}}$.

习题 5.7.　二次型是数据分析中常用函数，求 $\frac{\partial \boldsymbol{x}^{\mathrm{T}}\boldsymbol{Ax}}{\partial \boldsymbol{x}}$，$\frac{\partial \boldsymbol{x}^{\mathrm{T}}\boldsymbol{Ax}}{\partial \boldsymbol{A}}$.

习题 5.8.　利用迹微分法求解 $\frac{\partial \mathrm{Tr}(\boldsymbol{W}^{-1})}{\partial \boldsymbol{W}}$.

习题 5.9. 函数 $f(\boldsymbol{z})=\dfrac{\exp(\boldsymbol{z})}{\mathbf{1}^{\mathrm{T}}\exp(\boldsymbol{z})}$ 被称为 softmax 函数，其中$(\exp(\boldsymbol{z}))_i=\exp(\boldsymbol{z}_i)$. 记 $\boldsymbol{q}:=\dfrac{\exp(\boldsymbol{z})}{\mathbf{1}^{\mathrm{T}}\exp(\boldsymbol{z})}$，考虑目标函数 $J=-\boldsymbol{p}^{\mathrm{T}}\log(\boldsymbol{q})$，其中 $\boldsymbol{p},\boldsymbol{q},\boldsymbol{z}\in\mathbb{R}^n$，并且 $\mathbf{1}^{\mathrm{T}}\boldsymbol{p}=1$.

(1) 证：$\dfrac{\partial J}{\partial \boldsymbol{z}}=\boldsymbol{q}-\boldsymbol{p}$；

(2) 若 $\boldsymbol{z}=\boldsymbol{W}\boldsymbol{x}$，其中 $\boldsymbol{W}\in\mathbb{R}^{n\times m}$，$\boldsymbol{x}\in\mathbb{R}^m$，请问$\dfrac{\partial J}{\partial \boldsymbol{W}}=(\boldsymbol{q}-\boldsymbol{p})\boldsymbol{x}^{\mathrm{T}}$ 是否成立.

习题 5.10. 在利用极大似然估计求解多元正态分布模型时，通常需要对期望向量和协方差矩阵求梯度. 现已知对数似然函数：

$$L=-\frac{Nd}{2}\ln(2\pi)-\frac{N}{2}\ln|\boldsymbol{\Sigma}|-\frac{1}{2}\sum_t(\boldsymbol{x}_t-\boldsymbol{\mu})^T\boldsymbol{\Sigma}^{-1}(\boldsymbol{x}_t-\boldsymbol{\mu})$$

其中 N 为样本数，d 为样本维数，$\boldsymbol{\Sigma}\in\mathbb{R}^{d\times d}$ 为协方差矩阵，$\boldsymbol{\mu}\in\mathbb{R}^d$ 为期望向量.

(1) 求 $\dfrac{\partial L}{\partial \boldsymbol{\mu}}$；

(2) 当 $\boldsymbol{\mu}=\dfrac{1}{N}\sum_t\boldsymbol{x}_t$ 时，求$\dfrac{\partial L}{\partial \boldsymbol{\Sigma}}$. 并求 $\boldsymbol{\Sigma}$ 使得$\dfrac{\partial L}{\partial \boldsymbol{\Sigma}}=\boldsymbol{O}$.

习题 5.11. 求 $\dfrac{\partial|\boldsymbol{X}^k|}{\partial \boldsymbol{X}}$，其中 $\boldsymbol{X}\in\mathbb{R}^{m\times m}$ 为可逆矩阵.

习题 5.12. 求 $\dfrac{\partial \mathrm{Tr}(\boldsymbol{AXBX}^{\mathrm{T}}\boldsymbol{C})}{\partial \boldsymbol{X}}$，其中 $\boldsymbol{A}\in\mathbb{R}^{m\times n}$，$\boldsymbol{X}\in\mathbb{R}^{n\times k}$，$\boldsymbol{B}\in\mathbb{R}^{k\times k}$，$\boldsymbol{C}\in\mathbb{R}^{n\times m}$.

习题 5.13. 证明：*Kronecker* 积的矩阵微分

$$\mathrm{d}(\boldsymbol{X}\otimes\boldsymbol{Y})=(\mathrm{d}\boldsymbol{X})\otimes\boldsymbol{Y}+\boldsymbol{X}\otimes(\mathrm{d}\boldsymbol{Y})$$

其中$\otimes$表示矩阵的 *Kronecker* 积.

习题 5.14. 证明：*Hadamard* 积的矩阵微分

$$\mathrm{d}(\boldsymbol{X}\odot\boldsymbol{Y})=(\mathrm{d}\boldsymbol{X})\odot\boldsymbol{Y}+\boldsymbol{X}\odot(\mathrm{d}\boldsymbol{Y})$$

其中$\odot$表示矩阵的 *Hadamard* 积.

习题 5.15. 已知 $f(\boldsymbol{C})=Tr(\boldsymbol{A}^{\mathrm{T}}(\boldsymbol{B}\odot\boldsymbol{C}))$，利用迹微分法求 f 关于$\boldsymbol{C}$ 的偏导数.

习题 5.16. 求实标量函数 $f(\boldsymbol{x})=\boldsymbol{a}^{\mathrm{T}}\boldsymbol{x}$ 和 $f(\boldsymbol{x})=\boldsymbol{x}^{\mathrm{T}}\boldsymbol{A}\boldsymbol{x}$ 的 *Hessian* 矩阵.

习题 5.17. 定义预测输入 $\boldsymbol{x}$ 的输出 $\boldsymbol{y}$ 的神经网络为 $\boldsymbol{y}=\boldsymbol{W}_2\mathrm{ReLU}(\boldsymbol{W}_1\boldsymbol{x})$，$\boldsymbol{W}_1$，$\boldsymbol{W}_2$ 为神经网络中待优化的参数. 损失函数为

$$loss = \|\hat{\boldsymbol{y}} - \boldsymbol{y}\|_2^2$$

(1) 求损失 $loss$ 对矩阵 $\boldsymbol{W}_2$ 的梯度；

(2) 求损失 $loss$ 对矩阵 $\boldsymbol{W}_1$ 的梯度.

第六章

信息论基础

信息论创始人香农对信息的定义为信息是对事物运动状态或存在方式的不确定性的表示.信息论解答了通信理论中的两个基问题:数据压缩的临界值(熵)和通信传输速率的临界值(信道容量).即香农证明了只要通信速率低于信道容量,那么,在理论上存在一种方法可使信息的输出能够以任意小的差错概率通过信道传输.因此认为信息论是通信的基础理论之一.信息论不仅在通信领域具有深远影响,事实上它在很多学科,如统计物理、计算机科学、统计推断、概率和统计等学科都具有奠基性的贡献.

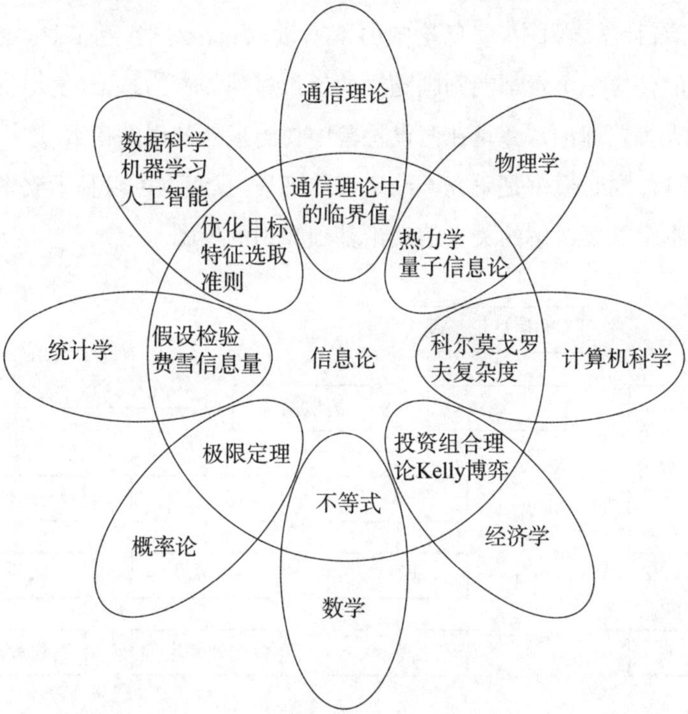

图 6.1 信息论与其他学科的关系

数据承载着信息,有些信息可以直接从数据中获得,有些信息需要对数据进行一定的运算处理后才能获得.比如一张表示猫的图片,人类可以从图片上看出这是一只猫,计算机却需要将图片经过模型运算后才能知道图片上表示的内容是猫,从而获得图片表示内容的信息.我们把发出数据的一端称作信源,从信源发出一张图片,这个图片是什么样的我们是不知道的. 因此,图片数据本身就包含着信息. 对于特定一张图片,在将图片数据经过分类模型处理前,计算机是不知道图片表示的物体类别的. 当图片经过模型处理,确定了图片所属的类别,也就消除了不确定性,从而获得图片所属类别这一信息. Watanabe 认为学习就是一个熵减的过程. 所以我们可以将机器学习或深度模型中的编码解码模型看作是一个通信系统,输入为信源,这样信息论中的一些度量也可以作为学习算法的度量.

具体来说,机器学习或深度学习除了可以将经验风险、经验误差、经验损失的经验函数作为一类学习准则外,还可以使用基于信息论中熵的函数如信息熵、交叉熵、相对熵、互信息作为学习准则. 信息论指导机器学习和深度学习中的很多算法的设计和改进,比如用交叉熵损失作为损失函数,利用互信息进行特征选择等. David MacKay 认为信息论和机器学习就是一枚硬币的两面. 以信息理论为基础的机器学习在理论上更具有优势.

在概率论和统计学学科中,信息论中的基本量,熵、相对熵、互信息,定义成概率分布的泛函. 它们中的任何一个量都能刻画随机变量长序列的行为特征,使得我们能够估计稀有事件的概率(大偏差理论),并且在假设检验中找到最佳的误差指数. 这推动了概率论与统计学学科的发展. 同时概率是研究不确定性的工具,我们也可以基于概率对信息量进行度量. 图 6.2 是本章需要讲解的关于信息论基础知识的导图.

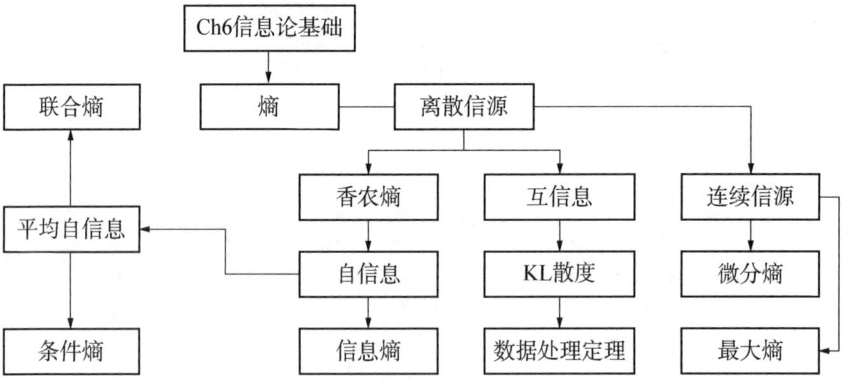

图 6.2　本章导图

6.1　熵、相对熵和互信息

信息论主要研究的是对一个信号包含信息的多少进行量化. 这种量化应该符合这样的直觉即事件的发生概率应该能够反映事件所包含的信息量. 不难理解,小概率事件,一旦出现使人感到意外,因此产生的信息量就大,特别是几乎不可能出现的事件一旦出现,必然产生极大的信息量，而大概率事件，是预料之中的事件，即使发生，也没什么信息量，特别是概率为 1 的确定事件发生以后，不会给人以任何信息量.

信息是个相当宽泛的概念，很难用一个简单的定义将其完全准确地把握，然而对于任何一个概率分布可以定义一个称为熵的量. 它具有许多特性符合度量信息的直观要求，这个概念可以推广到互信息，互信息是一种测度，用来度量一个随机变量包含另一个随机变量的信息量. 照此理解，熵恰好变成了度量其本身信息量的度量，称作自信息. 相对熵是个更广泛的量，它是刻画两个概率分布之间的距离的一种度量，而互信息又是它的特殊情形，以上所有的这些量密切相关，存在许多简单的共性.

6.1.1　自信息

信源发出的消息(事件)具有随机性. 发生概率大的消息含的信息量小. 发生概率小的消息含的信息量大. 如果两个消息是毫无关联的，即发生的概率是相互独立的，那么通过这两个消息获得的信息量应当是两个消息各自信息量的和.

因此随机事件的自信息量 $I(x_i)$ 是该事件发生概率 $p(x_i)$ 的函数，并且 $I(x_i)$ 应该满足以下公理化条件：

(1) $I(x_i)$ 是 $p(x_i)$ 的严格递减函数. 当 $p(x_1)<p(x_2)$ 时，$I(x_1)>I(x_2)$，概率越小，事件发生的不确定性越大，事件发生以后所包含的自信息量越大.

(2) 极限情况下，当 $p(x_i)=0$ 时，$I(x_i)\to\infty$；当 $p(x_i)=1$ 时，$I(x_i)=0$.

(3) 从直观概念上讲，由两个相对独立的不同的消息所提供的信息量应等于它们分别提供的信息量之和，即自信息量满足可加性.

可以证明，满足以上公理化条件的函数形式是对数形式.

定义 6.1.1.　随机事件的自信息量定义为该事件发生概率的对数的负值. 设事件 x_i 的概率为 $p(x_i)$，则它的自信息量定义为

$$I(x_i)=-\log p(x_i)=\log\frac{1}{p(x_i)}$$

$I(x_i)$ 表示事件 x_i 所含有或所能提供的信息量.

自信息量的单位与所用对数的底有关.

- 通常取对数的底为 2，信息量的单位为比特(binary unit, bit). 当 $p(x_i)=1/2$ 时，$I(x_i)=1$ bit，即概率等于 1/2 的事件具有 1 bit 的自信息量. 例如，一枚均匀硬币的任何

一种抛掷结果均含有 1 bit 的信息量. 比特是信息论中最常用的信息量单位，当取对数的底为 2 时，2 常省略. 注意：计算机术语中 bit 是位(binary digit, bit)的单位，与信息量单位不同，但有联系，1 位的二进制数字最大能提供 1 bit 的信息量.

• 若取自然对数(以 e 为底)，自信息量的单位为奈特(natural unit, nat). 理论推导中或用于连续信源时用以 e 为底的对数比较方便.

$$1\,\text{nat}=\log_2 e\,\text{bit}=1.443\,\text{bit}$$

• 工程上用以 10 为底较方便. 若以 10 为对数底，则自信息量的单位为哈特莱(Hartley)，用来纪念哈特莱首先提出用对数来度量信息.

$$1\,\text{Hartley}=\log_2 10\,\text{bit}=3.322\,\text{bit}$$

• 如果取以 r 为底的对数($r>1$)，则 $I(x_i)=-\log_r p(x_i)$，r 进制单位

$$1r\,\text{进制单位}=\log_2 r\,\text{bit}$$

为保持一致性，下面的讨论均取对数的底为 2.

例 6.1.1. 计算信息量：

(1) 假设在某个语言中，字母“b”出现的概率为 0.05，字母“d”出现的概率为 0.03，分别计算它们的自信息量.

(2) 假设前后字母出现是互相独立的，计算“bd”出现的自信息量.

(3) 假设前后字母出现不是互相独立的，当“b”出现以后，“d”出现的概率变为 0.06，计算“b”出现以后，“d”出现的自信息量.

解. 根据信息论的定义，信息量可以通过下述公式计算：

$$I(x)=-\log_2 P(x)$$

(1) 计算“b”和“d”的自信息量：

$$I(b)=-\log_2 0.05=4.32\,\text{bit}$$
$$I(d)=-\log_2 0.03=5.06\,\text{bit}$$

(2) 由于前后字母出现是互相独立的，“bd”出现的概率为 0.05×0.03，所以“bd”的自信息量为：

$$\begin{aligned}I(bd)&=-\log_2(0.05\times 0.03)\\&=-(\log_2 0.05+\log_2 0.03)\end{aligned}$$

$$=I(b)+I(d)$$
$$=4.32+5.06=9.38\ \text{bit}$$

(3) 假设“b”出现的条件下，“d”出现的概率变为 0.06，那么“b”出现以后，“d”的条件自信息量为：

$$I(d\mid b)=-\log_2 0.06=4.39\ \text{bit}$$

6.1.2　熵及其性质

自信息量表示单一消息的信息量，随消息不同而变化，因此是随机变量，不适用于描述整个信源. 整个信源的信息度量为平均自信息量，即信息熵或熵. 信源作为随机变量，其所有可能取值及其概率分布(X, $P(X)$)构成了概率空间，用于研究和转化自信息量.

假设随机变量 X 有 n 个可能的取值 x_i, $i=1, 2, \cdots, n$，各种取值出现的概率为 $p(x_i)$, $i=1, 2, \cdots, n$，它的概率空间表示为

$$\begin{bmatrix} X \\ P(X) \end{bmatrix}=\begin{bmatrix} X=x_1 & \cdots & X=x_i & \cdots & X=x_n \\ p(x_1) & \cdots & p(x_i) & \cdots & p(x_n) \end{bmatrix}$$

这里要注意 $p(x_i)$ 满足概率空间的基本特性：非负性 $0\leqslant p(x_i)\leqslant 1$ 和完备性 $\sum_{i=1}^{n}p(x_i)=1$.

定义 6.1.2.　随机变量 X 的每一个可能取值的自信息 $I(x_i)$ 的统计平均值定义为随机变量 X 的信息熵.

$$H(X)=E[I(x_i)]=-\sum_{i=1}^{n}p(x_i)\log_2 p(x_i)$$

这里 n 为 X 的所有可能取值的个数.

熵的单位也是与所取的对数底有关，根据所取的对数底不同，可以是比特(bit)、奈特(nat)、哈特莱(Hartley)或者是 r 进制单位，通常用 bit 为单位.

例 6.1.2.　假设随机变量 X 的概率分布为 $p(x_i)=2^{-i}$, $i=1, 2, 3, \cdots$，求 $H(X)$.

解.

$$H(X)=\sum_{i=1}^{\infty}2^{-i}\log_2\frac{1}{2^{-i}}=\sum_{i=1}^{\infty}i2^{-i}=2\ \text{bit}$$

1. 熵编码

信息论的核心议题之一涉及如何高效压缩信息，以最少的位元承载最多的含义. 假定欲传达的文本串源于一个字符集$\mathbb{A}$，则每个字符都需要被赋予一套编码规则. 以二进制编码体系为例，美国标准信息交换码(ASCII)即为一种经典实践，它采用固定的 8 比特来表征每一个字符. 然而，这种等长编码策略并非效率最优解.

理想的编码策略遵循一个基本原则：字符的编码长度与其在文本中出现的频度成反比，即高频字符应当拥有较短的编码. 对于待传输的文本序列，若字符 x 出现的概率为 $p(x)$，根据信息论，其最理想的编码长度应为 $-\log_2 p(x)$ 比特. 整个文本的期望编码长度，即平均信息量，可由所有字符的概率分布加权求和给出，表达式为

$$-\sum_x p(x)\log_2 p(x)$$

这恰是信息熵的定义. 信息熵 $H(p)$ 代表了按概率分布 $p(x)$ 编码时理论上的最小平均编码长度，此编码方法被称为熵编码(Entropy Encoding).

值得注意的是，由于字符的自信息量(每个符号的信息量)往往是非整数值，实际应用中难以精确实现熵编码的理论最优. 为此，霍夫曼编码(Huffman Coding)和算术编码(Arithmetic Coding)成为两种广泛应用的熵编码技术，它们在实践中力求逼近熵的界限，实现高效的数据压缩.

2. 熵函数的性质

信息熵 $H(X)$ 是随机变量 X 的概率分布的函数，所以又称为熵函数. 如果把概率分布 $p(x_i)$, $i=1, 2, \cdots, n$，记为 $p_1, p_2, \cdots, p_n$，则熵函数又可以写成概率向量 $\boldsymbol{p}=(p_1, p_2, \cdots, p_n)$ 的函数形式，记为 $H(\boldsymbol{p})$.

$$H(X)=-\sum_{i=1}^{n} p(x_i)\log_2 p(x_i)=:H(p_1, p_2, \cdots, p_q)=H(\boldsymbol{p})$$

因为概率空间的完备性，即 $\sum_{i=1}^{n} p(x_i)=1$，所以 $H(\boldsymbol{p})$ 是$(n-1)$元函数. 当 $n=2$ 时，因为 $p_1+p_2=1$，若令其中一个概率为 p，则另一个概率为$(1-p)$，熵函数可以写成 $H(p)$.

熵函数 $H(\boldsymbol{p})$ 具有以下性质：

性质 6.1.1. 对称性

$$H(p_1, p_2, \cdots, p_n)=H(p_2, p_1, \cdots, p_n)=\cdots=H(p_n, p_1, \cdots, p_{n-1})$$

也就是说概率向量 $\boldsymbol{p}=(p_1, p_2, \cdots, p_n)$ 各分量的次序可以任意变更，熵值不变. 对称性说明熵函数仅与信源的总体统计特性有关.

性质 6.1.2.　确定性

$$H(1, 0)=H(1, 0, 0)=H(1, 0, 0, 0)=\cdots=H(1, 0, \cdots, 0)=0$$

在概率向量 $\boldsymbol{p}=(p_1, p_2, \cdots, p_n)$ 中，只要有一个分量为 1，其他分量必为 0，它们对熵的贡献均为 0，因此熵等于 0，也就是说确定信源的平均不确定度为 0.

性质 6.1.3.　非负性

$$H(\boldsymbol{p})=H(p_1, p_2, \cdots, p_n)\geqslant 0$$

对确定信源，等号成立.

信源熵是自信息的数学期望，自信息是非负值，所以信源熵必定是非负的. 离散信源熵才有这种非负性，以后会讲到连续信源的微分熵则可能出现负值.

性质 6.1.4.　扩展性

$$\lim_{\epsilon\to 0} H_{n+1}(p_1, p_2, \cdots, p_n-\epsilon, \epsilon)=H_n(p_1, p_2, \cdots, p_n)$$

这是因为 $\lim_{\epsilon\to 0}\epsilon\log\epsilon=0$.

这个性质的含义是：增加一个基本不会出现的小概率事件，信源的熵保持不变. 虽然小概率事件出现给予收信者的信息量很大，但在熵的计算中，它占的比重很小，可以忽略不计，这也是熵的总体平均性的体现.

性质 6.1.5.　连续性

$$\lim_{\epsilon\to 0} H(p_1, p_2, \cdots, p_{n-1}-\epsilon, p_n+\epsilon)=H(p_1, p_2, \cdots, p_n)$$

即信源概率空间中概率分量的微小波动，不会引起熵的变化.

性质 6.1.6.　递增性

$$\begin{aligned} &H(p_1, p_2, \cdots, p_{n-1}, q_1, q_2, \cdots, q_m) \\ &=H(p_1, p_2, \cdots, p_n)+p_n H\left(\frac{q_1}{p_n}, \frac{q_2}{p_n}, \cdots, \frac{q_m}{p_n}\right) \end{aligned}$$

这个性质表明，假如有一信源的 n 个元素的概率分布为 $p_1, p_2, \cdots, p_n$，其中某个元素 x_n 又被划分成 m 个元素，这 m 个元素的概率之和等于元素 x_n 的概率，这样得到的新信源的熵增加了一项，增加的一项是由于划分产生的不确定性.

例 6.1.3. 利用递增性计算 $H(1/2, 1/8, 1/8, 1/8, 1/8)$.

解.

$$\begin{aligned}&H(1/2, 1/8, 1/8, 1/8, 1/8)\\&=H(1/2, 1/2)+\frac{1}{2}\times H(1/4, 1/4, 1/4, 1/4)\\&=1+\frac{1}{2}\times 2\\&=2\text{ bit}\end{aligned}$$

性质 6.1.7. 极值性

$$H(p_1, p_2, \cdots, p_n)\leqslant H\left(\frac{1}{n}, \cdots, \frac{1}{n}\right)=\log_2 n \tag{6.1}$$

式中 n 是随机变量 X 的可能取值的个数.

极值性表明离散信源中各消息等概率出现时熵最大,这就是最大离散熵定理. 连续信源的最大熵则还与约束条件有关.

极值性可看成

$$H(p_1, p_2, \cdots, p_n)\leqslant -\sum_{i=1}^{n} p_i\log_2 q_i \tag{6.2}$$

的特例情况,其中 q_i 为其他概率分布. 下面先证明式(6.2),然后由此推出极值性.

证明. 利用 Jensen 不等式,有

$$\begin{aligned}&H(p_1, p_2, \cdots, p_n)+\sum_{i=1}^{n} p_i\log_2 q_i\\&=-\sum_{i=1}^{n} p_i\log_2 p_i+\sum_{i=1}^{n} p_i\log_2 q_i=\sum_{i=1}^{n} p_i\log_2\frac{q_i}{p_i}\leqslant\log_2\sum_{i=1}^{n}\left(p_i\cdot\frac{q_i}{p_i}\right)=0\end{aligned}$$

当 $\frac{q_i}{p_i}=1$, $i=1, 2, \cdots, n$ 时,等号成立. 证毕. □

式(6.2)表明任一随机变量的概率分布 p_i,对其他概率分布 q_i 定义的自信息 $-\log_2 q_i$ 的数学期望,必不小于概率分布 p_i 本身定义的熵 $H(p_1, p_2, \cdots, p_n)$.

如果取 $q_i=\frac{1}{n}$, $i=1, 2, \cdots, n$ 时,由式(6.2)就得到

$$H(p_1,\ p_2,\ \cdots,\ p_n) \leqslant H\left(\frac{1}{n},\ \cdots,\ \frac{1}{n}\right) = \log_2 n$$

当 $p_i = \dfrac{1}{n}$, $i=1,\ 2,\ \cdots,\ n$ 时,等号成立.

当信源输出的消息等概分布时,信源熵达到最大值.因此当二元数字是由等概的二元信源输出时,每个二元数字提供 1 bit 的信息量,否则,每个二元数字提供的信息量小于 1 bit.这就是信息量的单位比特和计算机术语中位的单位比特的关系.

性质 6.1.8.　上凸性

$H(\boldsymbol{p})$ 是严格的上凸函数,设 $\boldsymbol{p}=(p_1,\ p_2,\ \cdots,\ p_n)$, $\hat{\boldsymbol{p}}=(\hat{p}_1,\ \hat{p}_2,\ \cdots,\ \hat{p}_n)$, $\sum_{i=1}^{n} p_i = 1$, $\sum_{i=1}^{n} \hat{p}_i = 1$,则对于任意小于 1 的正数 α, $0<\alpha<1$, 以下不等式成立:

$$H[\alpha \boldsymbol{p} + (1-\alpha)\hat{\boldsymbol{p}}] > \alpha H(\boldsymbol{p}) + (1-\alpha) H(\hat{\boldsymbol{p}})$$

证明.　因为 $0 \leqslant p_i \leqslant 1$, $0 \leqslant \hat{p}_i \leqslant 1$,且 $0<\alpha<1$,所以 $0 \leqslant \alpha p_i + (1-\alpha)\hat{p}_i \leqslant 1$,并且 $\sum_{i=1}^{n}(\alpha p_i + (1-\alpha)\hat{p}_i) = 1$,所以 $\alpha \boldsymbol{p} + (1-\alpha)\hat{\boldsymbol{p}}$ 可以看作是一种新的概率分布.

$$\begin{aligned} H(\alpha \boldsymbol{p} + (1-\alpha)\hat{\boldsymbol{p}}) &= -\sum_{i=1}^{n}(\alpha p_i + (1-\alpha)\hat{p}_i)\log_2(\alpha p_i + (1-\alpha)\hat{p}_i) \\ &= -\alpha \sum_{i=1}^{n} p_i \log_2(\alpha p_i + (1-\alpha)\hat{p}_i) - (1-\alpha)\sum_{i=1}^{n} \hat{p}_i \log_2(\alpha p_i + (1-\alpha)\hat{p}_i) \\ &\geqslant -\alpha \sum_{i=1}^{n} p_i \log_2 p_i - (1-\alpha)\sum_{i=1}^{n} \hat{p}_i \log_2 \hat{p}_i \\ &\geqslant \alpha H(\boldsymbol{p}) + (1-\alpha) H(\hat{\boldsymbol{p}}) \end{aligned}$$

当 $\boldsymbol{p} \neq \hat{\boldsymbol{p}}_i$ 时,有 $\dfrac{\alpha p_i + (1-\alpha)\hat{\boldsymbol{p}}_i}{p_i} \neq 1$,式(6.2)中等号不成立,所以

$$H(\alpha \boldsymbol{p} + (1-\alpha)\hat{\boldsymbol{p}}) > \alpha H(\boldsymbol{p}) + (1-\alpha) H(\hat{\boldsymbol{p}}) \tag{6.3}$$

成立.证毕.　□

上凸函数在定义域内的极值必为极大值,可以利用熵函数的这个性质证明熵函数的极值性.

从直观上讲,随机变量的不确定程度并非一成不变.例如,抛掷一枚公平硬币的不确定性大于抛掷一枚不公平硬币的不确定性;掷一个均匀骰子的不确定性大于掷一枚均匀硬币的不确定性.那么,如何量化这种不确定性呢?香农提出,存在一种量度可以衡量随

机变量的不确定性，这个量度是随机变量概率分布的一个函数，并且必须满足三个公理性条件：(1)连续性：函数 $f(p_1, p_2, \cdots, p_n)$ 应该在 p_i, $i=1, 2, \cdots, n$ 上连续；(2)单调性：当概率均等时，即 $f(1/n, 1/n, \cdots, 1/n)$ 应随 n 的增加而增加；(3)可加性：当随机变量的值需要通过多次试验才能确定时，每次试验的不确定性应该可以累加，且总和与单次试验的不确定性相等，即

$$\begin{aligned} & f(p_1, p_2, \cdots, p_n) \\ = & f((p_1+p_2+\cdots+p_k), p_{k+1}, \cdots, p_n)+(p_1+p_2+\cdots+p_k)f(\hat{p}_1, \hat{p}_2, \cdots, \hat{p}_k) \end{aligned}$$

其中，$\hat{p}_k = p_k/(p_1+p_2+\cdots+p_k)$.

香农根据这 3 个公理性条件于 1948 年先提出了熵的概念，他当时并没有像我们现在这样把熵看成自信息的均值. 后来，Feinstein(范恩斯坦)等人从数学上严格地证明了当满足上述条件时，信息熵的表达形式是唯一的.

6.1.3 联合熵和条件熵

一个随机变量的不确定性可以用熵来表示，这一概念可以方便地推广到多个随机变量.

定义 6.1.3. (联合熵)二维随机变量 (X, Y) 的概率空间表示为

$$\begin{bmatrix} (X, Y) \\ P(X, Y) \end{bmatrix} = \begin{bmatrix} (x_1, y_1) & \cdots & (x_i, y_j) & \cdots & (x_n, y_m) \\ p(x_1, y_1) & \cdots & p(x_i, y_j) & \cdots & p(x_n, y_m) \end{bmatrix}$$

其中，$p(x_i, y_j)$ 满足概率空间的非负性和完备性：$0 \leqslant p(x_i, y_j) \leqslant 1$, $\sum_{i=1}^{n}\sum_{j=1}^{m} p(x_i, y_j)=1$.

二维随机变量 (X, Y) 的联合熵定义为联合自信息的数学期望，它是二维随机变量 (X, Y) 的不确定性的度量.

$$H(X, Y)=\sum_{i=1}^{n}\sum_{j=1}^{m} p(x_i, y_j) I(x_i, y_j) = -\sum_{i=1}^{n}\sum_{j=1}^{m} p(x_i, y_j)\log_2 p(x_i, y_j)$$

定义 6.1.4. (条件熵)考虑在给定 $X=x_i$ 的条件下，随机变量 Y 的不确定性为

$$H(Y \mid x_i) = -\sum_{j} p(y_j \mid x_i)\log_2 p(y_j \mid x_i)$$

对 $H(Y \mid x_i)$ 的所有可能值进行统计平均，就得出给定 X 时，Y 的条件熵 $H(Y \mid X)$

$$H(Y \mid X)=\sum_{i} p(x_i) H(Y \mid x_i)=-\sum_{i} \sum_{j} p(x_i, y_j) \log_2 p(y_j \mid x_i)$$

性质 6.1.9.　条件熵和信息熵的关系

$$H(X \mid Y) \leqslant H(X), H(Y \mid X) \leqslant H(Y) \tag{6.4}$$

证明.　利用式(6.2)先证明式 $H(X \mid Y) \leqslant H(X)$：

$$\begin{aligned}
H(X \mid Y) &=-\sum_{i} \sum_{j} p(x_i, y_j) \log_2 p(x_i \mid y_j) \\
&=-\sum_{j} p(y_j) \sum_{i} p(x_i \mid y_j) \log_2 p(x_i \mid y_j) \\
&\leqslant-\sum_{j} p(y_j) \sum_{i} p(x_i \mid y_j) \log_2 p(x_i) \\
&=-\sum_{i} p(x_i) \log_2 p(x_i)=H(X)
\end{aligned}$$

当 $p(x_i \mid y_j)=p(x_i)$ 时等号成立. 类似地,可以证明 $H(Y \mid X) \leqslant H(Y)$. 证毕.

性质 6.1.10.　联合熵和条件熵有如下关系：

$$H(X, Y)=H(X)+H(Y \mid X)$$

证明.

$$H(X, Y)=E\left(\log_2 \frac{1}{p(x, y)}\right)=E\left(\log_2 \frac{1}{p(x)}\right)+E\left(\log_2 \frac{1}{p(y \mid x)}\right)=H(X)+H(Y \mid X)$$

□

推论 6.1.1.　联合熵和信息熵的关系：

$$H(X, Y) \leqslant H(X)+H(Y) \tag{6.5}$$

证明.

$$H(X, Y)=H(X)+H(Y \mid X) \leqslant H(X)+H(Y)$$

当 X, Y 相互独立时等号成立.

该结论可以推广到 N 个随机变量的情况：

$$H(X_1, X_2, \cdots, X_N) \leqslant H(X_1)+H(X_2)+\cdots+H(X_N)$$

当 $X_1, X_2, \cdots, X_N$ 相互独立时,等号成立.　□

推论 6.1.2.　当二维随机变量 X, Y 相互独立时,联合熵等于 X 和 Y 各自熵之和.

$$H(X, Y)=H(X)+H(Y)$$

证明. 因为随机变量 X, Y 相互独立，所以有 $p(x_i, y_j)=p(x_i)p(y_j)$. 因此

$$H(X, Y)=E[-\log_2 p(x, y)]=E[-\log_2 p(x)]+E[-\log_2 p(y)]=H(X)+H(Y)$$

证毕. □

6.1.4 互信息和相对熵

1. 互信息

定义 6.1.5. 一个事件 y_j 所给出关于另一个事件 x_i 的信息定义为互信息，用 $I(x_i; y_j)$ 表示.

$$I(x_i; y_j)=I(x_i)-I(x_i \mid y_j)=\log_2 \frac{p(x_i \mid y_j)}{p(x_i)} \tag{6.6}$$

互信息 $I(x_i; y_j)$ 是事件 y_j 所包含的关于事件 x_i 的信息量，它等于事件 x_i 本身的信息量 $I(x_i)$ 减去已知事件 y_j 后对 x_i 仍然存在的信息量 $I(x_i \mid y_j)$. 互信息的引出，使信息的传递得到了定量的表示.

例 6.1.4. 某地二月份天气出现的概率分别为晴 1/2，阴 1/4，雨 1/8，雪 1/8. 某一天有人告诉你："今天不是晴天"，把这句话作为收到的消息 y_1，求收到 y_1 后，y_1 与各种天气的互信息量.

解. 把各种天气记作 x_1(晴)，x_2(阴)，x_3(雨)，x_4(雪). 收到消息 y_1 后，各种天气发生的概率变成了后验概率：

$$p(x_1 \mid y_1)=\frac{p(x_1, y_1)}{p(y_1)}=0$$

$$p(x_2 \mid y_1)=\frac{p(x_2, y_1)}{p(y_1)}=\frac{1/4}{1/4+1/8+1/8}=\frac{1}{2}$$

$$p(x_3 \mid y_1)=\frac{p(x_3, y_1)}{p(y_1)}=\frac{1/8}{1/4+1/8+1/8}=\frac{1}{4}$$

同理

$$p(x_4 \mid y_1)=\frac{1}{4}$$

根据互信息量的定义，可计算出 y_1 与各种天气之间的互信息：

$$I(x_1;\ y_1)=\log_2\frac{p(x_1\mid y_1)}{p(x_1)}=\infty$$

$$I(x_2;\ y_1)=\log_2\frac{p(x_2\mid y_1)}{p(x_2)}=\log_2\frac{1/2}{1/4}=1\text{ bit}$$

$$I(x_3;\ y_1)=\log_2\frac{p(x_3\mid y_1)}{p(x_3)}=\log_2\frac{1/4}{1/8}=1\text{ bit}$$

$$I(x_4;\ y_1)=\log_2\frac{p(x_4\mid y_1)}{p(x_4)}=\log_2\frac{1/4}{1/8}=1\text{ bit}$$

定义 6.1.6. 基于上述事件的互信息 $I(x_i;\ y_j)$，我们可以定义随机变量的互信息. 将 $I(x_i;\ y_j)$ 在 (X, Y) 的联合概率空间中的统计平均值定义为随机变量 X 和 Y 间的平均互信息.

$$I(X;\ Y)=\sum_{x_i}\sum_{y_j}p(x_i,\ y_j)I(x_i;\ y_j)$$

也称为互信息.

互信息有以下性质：

性质 6.1.11. 对称性

$$I(X;\ Y)=I(Y;\ X)$$

证明.

$$\begin{aligned}I(X;\ Y)&=\sum_{i=1}^{n}\sum_{j=1}^{m}p(x_i,\ y_j)\log_2\frac{p(x_i\mid y_j)}{p(x_i)}\\&=\sum_{i=1}^{n}\sum_{j=1}^{m}p(x_i,\ y_j)\log_2\frac{p(x_i,\ y_i)}{p(x_i)p(y_j)}\\&=\sum_{i=1}^{n}\sum_{j=1}^{m}p(x_i,\ y_j)\log_2\frac{p(y_j\mid x_i)}{p(y_i)}\\&=I(Y;\ X)\end{aligned}$$

证毕. □

对称性表示从 Y 中获得关于 X 的信息量等于从 X 中获得关于 Y 的信息量.

性质 6.1.12. 非负性

$$I(X;\ Y)\geqslant 0$$

当且仅当 $p(x, y)=p(x)p(y)$ 即 X 与 Y 独立时，互信息为 0.

证明.

$$
\begin{aligned}
-I(X; Y) &= \sum_{i=1}^{n}\sum_{j=1}^{m} p(x_i, y_j)\log_2\frac{p(x_i)p(y_j)}{p(x_i, y_j)} \\
&\leqslant \log_2\sum_{i=1}^{n}\sum_{j=1}^{m} p(x_i, y_j)\frac{p(x_i)p(y_j)}{p(x_i, y_j)} \\
&= \log_2\sum_{i=1}^{n}\sum_{j=1}^{m} p(x_i)p(y_j)=0
\end{aligned}
$$

所以 $I(X; Y)\geqslant 0$，证毕. □

平均互信息是非负的，说明给定随机变量 Y 后，一般来说总能消除一部分关于 X 的不确定性.

2. 相对熵

相对熵是两个随机分布之间距离的度量. 统计学上对应于对数似然比的期望.

定义 6.1.7. 定义同一个随机变量 X 的两个概率密度函数 $p(x)$ 和 $q(x)$ 间的相对熵为：

$$
D(p\,\|\,q)=E_{x\sim p}\left[\log_2\frac{p(x)}{q(x)}\right]=E_{x\sim p}[\log_2 p(x)-\log_2 q(x)]
$$

在机器学习中，相对熵更常用的名称是 KL 散度(Kullback-Leibler Divergence)，记做 $D_{KL}(p\,\|\,q)$.

KL 散度有很多有用的性质，首先 KL 散度是非负的并且可以度量两个分布之间的差异. 但需要注意的是，它并不是距离，因为它不是对称的. 其次，当且仅当在离散型变量的情况下是相同的分布，或者在连续型变量的情况下“几乎处处”相同时，KL 散度才为 0. 此外，联合分布 $p(X, Y)$ 和 $p(X)p(Y)$ 之间的 KL 散度可以作为 X 和 Y 的互信息的另一种定义：

$$
I(X; Y):=D_{KL}(p(X, Y)\,\|\,p(X)p(Y))=\sum_{x}\sum_{y} p(x, y)\log_2\frac{p(x, y)}{p(x)p(y)}
$$

性质 6.1.13. 互信息和熵的关系

$$
I(X; Y)=H(X)-H(X\mid Y)=H(Y)-H(Y\mid X)=H(X)+H(Y)-H(X, Y)
$$

当 X, Y 统计独立时，$I(X; Y)=0$.

性质 6.1.14. $H(X)=I(X; X)$.

也就是随机变量 X 的熵是自己对自己的互信息.

性质 6.1.15. 极值性

$$I(X;Y) \leqslant H(X),\ I(X;Y) \leqslant H(Y)$$

由于 $I(X;Y)=H(X)-H(X\mid Y)=H(Y)-H(Y\mid X)$，而条件熵 $H(X\mid Y)$、$H(Y\mid X)$ 是非负的，所以可得到 $I(X;Y)\leqslant H(X)$，$I(X;Y)\leqslant H(Y)$. 极值性说明从一个事件获得的关于另一个事件的信息量至多只能是另一个事件的平均自信息量，不会超过另一事件本身所含的信息量. 最好的情况是通信后 $I(X;Y)=H(X)=H(Y)$，最坏的情况是当 X，Y 相互独立时，从一个事件不能得到另一个事件的任何信息，即 $I(X;Y)=0$.

6.1.5 熵、相对熵和互信息的链式法则

1. 熵的链式法则

即两个随机变量 X 和 Y 的联合熵等于 X 的熵加上在 X 已知条件下 Y 的条件熵，这个关系可以方便地推广到 N 个随机变量的情况，即

$$H(X_1, X_2, \cdots, X_N)=H(X_1)+H(X_2\mid X_1)+\cdots+H(X_N\mid X_1, X_2, \cdots, X_{N-1})$$

称为熵函数的链规则.

如果 N 个随机变量 $X_1, X_2, \cdots, X_N$ 相互独立，则有

$$H(X_1, X_2, \cdots, X_N)=\sum_{i=1}^{N} H(X_i) \tag{6.7}$$

2. 互信息的链式法则

我们先定义条件互信息：

定义 6.1.8. 随机变量 X 和 Y 在给定随机变量 Z 时的条件互信息为

$$\begin{aligned} I(X;Y\mid Z) &= H(X\mid Z)-H(X\mid Y, Z) \\ &= \sum_{i=1}^{l}\sum_{j=1}^{m}\sum_{k=1}^{n} p(x_i, y_j, z_k)\log_2 \frac{p(x_i, y_j\mid z_k)}{p(x_i\mid z_k)p(y_j\mid z_k)} \end{aligned}$$

性质 6.1.16. 互信息的链式法则

$$I(X_1, X_2, \cdots, X_n; Y)=\sum_{i=1}^{n} I(X_i; Y\mid X_{i-1}, X_{i-2}, \cdots, X_1)$$

3. 相对熵的链式法则

我们先定义条件相对熵：

定义 6.1.9. 联合概率密度函数 $p(x, y)$ 和 $q(x, y)$ 的条件相对熵 $D(p(y \mid x) \| q(y \mid x))$ 定义为条件概率密度函数 $p(y \mid x)$ 和 $q(y \mid x)$ 间的相对熵关于 X 的期望,即

$$
\begin{aligned}
D(p(y \mid x) \| q(y \mid x)) &= \sum_{i=1}^{m} p(x_i) \sum_{j=1}^{n} p(y_j \mid x_i) \log_2 \frac{p(y_j \mid x_i)}{q(y_j \mid x_i)} \\
&= \sum_{i=1}^{m} \sum_{j=1}^{n} p(x_i, y_j) \log_2 \frac{p(y_j \mid x_i)}{q(y_j \mid x_i)}
\end{aligned}
$$

性质 6.1.17. 相对熵的链式法则

$$
D(p(x, y) \| q(x, y)) = D(p(x) \| q(x)) + D(p(y \mid x) \| q(y \mid x))
$$

6.1.6 信息不等式

信息不等式即相对熵恒非负性,其直觉上的理解就是,同一个随机变量的任意两个概率密度函数之间的距离总是大于等于 0 的,这也为机器学习或深度学习模型的优化提供了上界. 其证明如下所示.

性质 6.1.18. 信息不等式设 $p(x)$, $q(x)$ 是两个概率密度函数,则

$$
D(p \| q) \geqslant 0
$$

当且仅当对任意 x, $p(x) = q(x)$ 时,等号成立.

证明.

$$
\begin{aligned}
-D(p \| q) &= -\sum_x p(x) \log_2 \frac{p(x)}{q(x)} = \sum_x p(x) \log_2 \frac{q(x)}{p(x)} \\
&\leqslant \log_2 \sum_x p(x) \frac{q(x)}{p(x)} = \log_2 \sum_x q(x) \\
&= \log_2 1 = 0
\end{aligned}
$$

□

利用信息不等式,可以导出如下推论:

推论 6.1.3. 条件相对熵非负,即 $D(p(y \mid x) \| q(y \mid x)) \geqslant 0$,当且仅当对任意 y 满足 $p(y \mid x) = q(y \mid x)$ 时,等号成立.

推论 6.1.4. 条件互信息非负,即 $I(X; Y \mid Z) \geqslant 0$,当且仅当对给定随机变量 Z 时,X 和 Y 是条件独立的,等号成立.

下面我们介绍信息处理定理. 为了表述数据处理定理,需要引入三元随机变量 X, Y, Z 平均联合互信息的概念.

定义 6.1.10.　平均联合互信息

$$I(X;Y,Z)=E[I(x;y,z)]=\sum_{x}\sum_{y}\sum_{z}p(x,y,z)\log_2\frac{p(x\mid y,z)}{p(x)} \quad (6.8)$$

它表示从二维随机变量 (Y, Z) 所得到的关于随机变量 X 的信息量.

可以证明

$$\begin{aligned}I(X;Y,Z)&=\sum_{x}\sum_{y}\sum_{z}p(x,y,z)\log_2\frac{p(x\mid z)p(x\mid y,z)}{p(x)p(x\mid z)}\\&=I(X;Z)+I(X;Y\mid Z)\end{aligned} \quad (6.9)$$

同理

$$I(X;Y,Z)=I(X;Y)+I(X;Z\mid Y) \quad (6.10)$$

定理 6.1.1.　(数据处理定理)如果随机变量 X, Y, Z 构成一个马尔可夫链,则有以下关系成立:

$$I(X;Z)\leqslant I(X;Y),\ I(X;Z)\leqslant I(Y;Z) \quad (6.11)$$

等号成立的条件是对于任意的 x, y, z,有 $p(x\mid y,z)=p(x\mid z)$ 和 $p(z\mid x,y)=p(z\mid x)$.

证明.　当 X, Y, Z 构成一个马尔可夫链时,Y 值给定后,X, Z 可以认为是互相独立的(在第七章概率图模型中,将会了解到这一点). 所以,

$$I(X;Z\mid Y)=0$$

又因为 $I(X;Y,Z)=I(X;Y)+I(X;Z\mid Y)=I(X;Z)+I(X;Y\mid Z)$,并且 $I(X;Y\mid Z)\geqslant 0$,所以 $I(X;Z)\leqslant I(X;Y)$.

当 $p(x\mid y,z)=p(x\mid z)$ 时,Z 值给定后,X 和 Y 相互独立,所以

$$I(X;Y\mid Z)=0$$

因此

$$I(X;Z)=I(X;Y)$$

这时 $p(x\mid y,z)=p(x\mid z)=p(x\mid y)$. Y, Z 为确定关系时显然满足该条件.　□

同理可以证明 $I(X;Z)\leqslant I(Y;Z)$,并且当 $p(z\mid xy)=p(z\mid x)$ 时,等号成立.

证毕.

定理 $I(X;Z)\leqslant I(X;Y)$ 的结论揭示了从 Z 中获得的关于 X 的信息量总是小于或等于从 Y 中获得的关于 X 的信息量. 若将 $Y\to Z$ 视为一个数据处理系统,则表明处理接收到的数据 Z 后,不会增加关于 X 的信息. 这一结论与日常经验相符,例如,通过他人转述的信息可能会失真,通过书本获得的间接经验通常不如直接经验详细. 数据处理定理强调,在数据处理过程中,即使我们能够对数据进行加工和优化,也无法增加原有数据所包含的关于某个变量的信息量. 处理过程可能会过滤掉噪音或冗余信息,但也可能会丢失一些有价值的信息,这在信息理论中是不可避免的.

6.2 连续分布的微分熵和最大熵

6.2.1 连续信源的微分熵

由于信源的随机性,我们仍将其看作为随机变量加以研究. 因此连续信源可视为连续随机变量. 连续随机变量的取值是连续的,一般用概率密度函数来描述其统计特征. 下面将讨论它的微分熵.

通过对连续变量的取值进行量化分层,可以将连续随机变量用离散随机变量来逼近. 量化间隔越小,离散随机变量与连续随机变量越接近. 当量化间隔趋于 0 时,离散随机变量就变成了连续随机变量. 通过对离散随机变量的熵取极限,可以推导出连续随机变量熵的计算公式.

我们把连续随机变量 X 的取值分割成 n 个小区间,各小区间等宽,区间宽度 $\Delta=\frac{b-a}{n}$,则变量落在第 i 个小区间的概率为

$$P_{\mathrm{r}}\{a+(i-1)\Delta\leqslant x\leqslant a+i\Delta\}=\int_{a+(i-1)\Delta}^{a+i\Delta}p(x)\mathrm{d}x=p(x_i)\Delta \tag{6.12}$$

其中,x_i 是 $a+(i-1)\Delta$ 到 $a+i\Delta$ 之间的某一值. 当 $p(x)$ 是连续函数时,由中值定理可知,必存在一个 x_i 值使式(6.12)成立,这样,连续变量 X 就可用取值为 x_i,$i=1,2,\cdots,n$ 的离散变量来近似,连续信源就被量化成离散信源,这 n 个取值对应的概率分布为 $p_i=p(x_i)\Delta$,这时的离散信源熵是

$$H(X)=-\sum_{i=1}^{n}p(x_i)\Delta\log_2[p(x_i)\Delta]=-\sum_{i=1}^{n}p(x_i)\Delta\log_2 p(x_i)-\sum_{i=1}^{n}p(x_i)\Delta\log_2\Delta \tag{6.13}$$

当 $n \to \infty$ 时，$\Delta \to 0$，如果(6.13)极限存在，离散信源熵就变成了连续信源的熵：

$$\begin{aligned}\lim_{\substack{n\to\infty\\ \Delta\to 0}} H(X) &= \lim_{n\to\infty} - \sum_{i=1}^{n} p(x_i)\Delta\log_2 p(x_i) - \lim_{n\to\infty}\sum_{i=1}^{n} p(x_i)\Delta\log_2\Delta \\ &= -\int_a^b p(x)\log_2 p(x)\,\mathrm{d}x - \lim_{n\to\infty}\log_2\Delta\int_a^b p(x)\,\mathrm{d}x \\ &= -\int_a^b p(x)\log_2 p(x)\,\mathrm{d}x - \lim_{\substack{n\to\infty\\ \Delta\to 0}}\log_2\Delta \end{aligned} \tag{6.14}$$

式(6.14)第一项一般是定值，第二项为无穷大量，因此连续信源的熵实际是无穷大量. 这一点是可以理解的，因为连续信源的可能取值是无限多的，所以它的不确定性是无限大的，当确知输出为某值后，所获得的信息量也是无限大. 在丢掉第二项后，定义第一项为连续信源的**微分熵**：

$$h(X) = -\int_{\mathbb{R}} p(x)\log_2 p(x)\,\mathrm{d}x \tag{6.15}$$

这里，$h(X)$虽然不能直接代表连续信源的平均不确定性或输出的信息量，但它在形式上与离散熵相似，并保留了离散熵的一些关键特性，如可加性. 然而，需要注意的是，微分熵可能具有负值，这与离散熵的非负性不同.

在实际应用中，我们更关心的是熵差，如平均互信息. 在讨论熵差时，只要两个连续信源在离散逼近时所取的间隔 Δ 一致，那么两个无限大量就会相互抵消，从而使得熵差具有信息的特性，如非负性. 因此，连续信源的微分熵 $h(X)$具有相对性，其绝对值大小并非其本质属性，而熵差才是我们关注的重点.

同样，可以定义两个连续随机变量的联合熵：

$$h(X, Y) = -\iint_{\mathbb{R}^2} p(x, y)\log_2 p(x, y)\,\mathrm{d}x\,\mathrm{d}y \tag{6.16}$$

以及条件熵

$$h(X \mid Y) = -\iint_{\mathbb{R}^2} p(x, y)\log_2 p(x \mid y)\,\mathrm{d}x\,\mathrm{d}y \tag{6.17}$$

$$h(Y \mid X) = -\iint_{\mathbb{R}^2} p(x, y)\log_2 p(y \mid x)\,\mathrm{d}x\,\mathrm{d}y \tag{6.18}$$

并且它们之间也有与离散随机变量一样的相互关系：

$$h(X, Y)=h(X)+h(Y \mid X)=h(Y)+h(X \mid Y) \tag{6.19}$$

$$h(X \mid Y) \leqslant h(X) \tag{6.20}$$

$$h(Y \mid X) \leqslant h(Y) \tag{6.21}$$

例 6.2.1. X 是在区间(a, b)内服从均匀分布的连续随机变量,求微分熵.

$$p(x)=\begin{cases}\dfrac{1}{b-a}, & x \in (a, b) \\ 0, & x \notin (a, b)\end{cases}$$

解. 微分熵为

$$h(X)=-\int_a^b p(x)\log_2 p(x)\mathrm{d}x=-\int_a^b \frac{1}{b-a}\log_2 \frac{1}{b-a}\mathrm{d}x=\log_2(b-a)$$

当$(b-a)>1$时,$h(X)>0$;当$(b-a)=1$时,$h(X)=0$;当$(b-a)<1$时,$h(X)<0$. 这说明连续熵不具有非负性,失去了信息的部分含义和性质(但是熵差具有信息的特性).

例 6.2.2. 求均值为μ,方差为σ^2的高斯分布的随机变量的微分熵.

解. 高斯随机变量的概率密度为

$$p(x)=\frac{1}{\sqrt{2}\pi\sigma}\mathrm{e}^{-\frac{(x-\mu)^2}{2\sigma^2}}$$

微分熵为

$$\begin{aligned} h(X)&=-\int_{-\infty}^{+\infty} p(x)\log_2 p(x)\mathrm{d}x \\ &=-\int_{-\infty}^{+\infty} p(x)\log_2 \frac{1}{\sqrt{2\pi}\sigma}\mathrm{d}x-\log_2 e\int_{-\infty}^{+\infty} p(x)\left[-\frac{(x-\mu)^2}{2\sigma^2}\right]\mathrm{d}x \\ &=\log_2\sqrt{2\pi e}\sigma \end{aligned}$$

这里对数以 2 为底,所得微分熵的单位为 bit,如果对数取以 e 为底,则得到

$$h(X)=\ln\sqrt{2\pi\mathrm{e}}\sigma\,\mathrm{nat}$$

我们看到,正态分布的连续信源的微分熵与数学期望μ无关,只与方差σ^2有关.

6.2.2 连续信源的最大熵

离散信源当信源符号为等概分布时有最大熵. 连续信源微分熵也有极大值,但是与约

束条件有关，当约束条件不同时，信源的最大熵不同. 我们一般关心的是约束条件下的最大熵问题.

具体地，需要考虑下面的优化问题：求满足如下条件的所有概率密度函数 f 的熵 $h(f)$ 的最大值.

- $f(x)\geqslant 0$，当 x 在支撑集 S 的外部时，等号成立；
- $\int_S f(x)\mathrm{d}x=1$；
- $\int_S f(x)r_i(x)\mathrm{d}x=\alpha_i$，对所有 $1\leqslant i\leqslant m$.

于是，f 为一个定义在支撑集 S 上，满足一定的矩约束条件 $\alpha_1, \alpha_2, \cdots, \alpha_m$ 的密度函数.

定理 6.2.1. （最大熵分布）设 $f^*(x)=f_\lambda(x)=\mathrm{e}^{\lambda_0+\sum_{i=1}^m\lambda_i(x)}$，$x\in S$，其中 λ_0，$\lambda_1, \cdots, \lambda_m$ 是使 f^* 满足上述约束条件的待定系数. 则 f^* 是所有满足上述约束条件的概率密度函数中唯一能够使得 $h(f)$ 最大化的概率密度函数.

证明. 设函数 g 也满足上述约束条件，那么

$$
\begin{aligned}
h(g)&=-\int_S g\ln g\,\mathrm{d}x\\
&=-\int_S g\ln\frac{g}{f^*}f^*\,\mathrm{d}x\\
&=-D(g\parallel f^*)-\int_S g\ln f^*\,\mathrm{d}x\\
&\overset{(a)}{\leqslant}-\int_S g\ln f^*\,\mathrm{d}x\\
&\overset{(b)}{=}-\int_S g\left(\lambda_0+\sum\lambda_i r_i\right)\mathrm{d}x\\
&\overset{(c)}{=}-\int_S f^*\left(\lambda_0+\sum\lambda_i r_i\right)\mathrm{d}x\\
&=-\int_S f^*\ln f^*\,\mathrm{d}x=h(f^*)
\end{aligned}
$$
□

其中 (a) 是由相对熵的非负性得出的，(b) 可由 f^* 的定义直接看出，(c) 是由于 f^* 和 g 都满足约束条件而得到. 注意，(a) 中等号成立当且仅当对于除一个 0 测集之外的所有 x，有 $f^*(x)=g(x)$. 从而唯一性得到证明.

定理 6.2.2. 对于固定均值为 μ 和方差为 σ^2 的连续随机变量，当服从高斯分布 $N(\mu, \sigma^2)$ 时具有最大熵.

证明. 根据最大熵分布定理很容易证明. 此时最大熵分布的形式为

$$f(x)=e^{\lambda_0+\lambda_1 x+\lambda_2 x^2}$$

为了找到适当的常系数 λ_0, λ_1, λ_2,首先可以看出该分布与正态分布具有相同的形式. 因此,既满足约束条件又使熵最大化的密度函数为 $N(\mu, \sigma_2)$ 分布:

$$f(x)=\frac{1}{\sqrt{2\pi\sigma^2}}e^{-\frac{(x-\mu)^2}{2\sigma^2}}$$

□

这说明,当均值和方差一定时,高斯分布的连续信源的熵最大.

6.3 信息论在数据科学中的应用

6.3.1 基于信息量的度量

我们在日常谈话中常常会说"你的话信息量太大了",其中的"信息量"到底指的是什么,如何进行度量呢? 一个系统中有了新的信息,系统的不确定性将会发生变化,不是减少,就是增加. 不确定性增加或者减少了多少,就是信息的度量. 1948 年香农借鉴了热力学的概念,把信息中排除了冗余后的平均信息量称为"信息熵". 接下来,我们就来学习具体如何进行信息的度量,以及与信息的度量相关的知识.

1. 信息熵

正如前面我们已经定义的随机变量的熵,即信息熵:

$$H(X)=E[I(x_i)]=-\sum_{i=1}^{n}p(x_i)\log p(x_i)$$

信息熵是对信息不确定性的度量,也可以这样理解,数据信息熵越小,数据就越纯.

2. 互信息

假设带标签 X 的数据集有若干属性 Y_1, Y_2, …, Y_n, 我们想通过选择数据集的某个属性判断数据集的标签,那么就要根据哪一个属性对标签的信息量最大以选择属性. 这时就要利用互信息

$$\underset{i}{\operatorname{argmax}} I(X; Y_i)=\underset{i}{\operatorname{argmax}}(H(X)-H(X \mid Y_i))$$

属性对标签的互信息可以理解成选择特定属性后,不确定性的下降量,也就是数据纯度的

提升量. 在机器学习中,这个量等价于信息增益.

关于信息熵和互信息(信息增益)在机器学习的应用,可以参考介绍决策树算法的相关书籍.

表 6.1 互信息结果

词语	windows	microsoft	dos	window
MI	0.215	0.095	0.092	0.067

例 6.3.1. 在特征选择时,可以通过计算特征与目标之间的互信息,选择与目标互信息最大的那些特征,抛弃与目标关系不大的特征.

给定文档分类任务,将文档分成"*class 1(X windows)*"和"*class 2(MS windows)*",特征为 600 个特征(600 个词语分别是否在文档中出现). 令 $p(x_i)$为词语在文档中出现的频率,$p(x_i|y_j)$为在 y_j 分类下词语在文档中出现的频率,则可计算 $I(X;Y)=H(X)-H(X|Y)$, 如表 6.1 所示,互信息高的词语(*windows*, *microsoft*)更有判别性.

3. KL 散度

前面已经介绍相对熵或称 KL 散度可以衡量同一个随机变量 X 的概率分布 $p(x)$ 和 $q(x)$ 的差异:

$$D_{KL}(p\|q)=E_{x\sim p}[\log p(x)-\log q(x)]$$

并且 KL 散度具有非负性,KL 散度为 0,当且仅当 p 和q 在离散型变量的情况下是相同的分布,或者在连续型变量的情况下是"几乎处处"相同. 但 KL 散度并不是距离,因为它不满足对称性.

4. 交叉熵

一个和 KL 散度密切联系的量是**交叉熵**(cross-entropy).

定义 6.3.1. 设关于随机变量 X 的两个分布 $p(x)$, $q(x)$, 关于这两个分布的**交叉熵**定义为:

$$H(p,q)=E_{x\sim p}\log q(x)=H(p)+D_{KL}(p\|q) \tag{6.22}$$

由上式可以看出针对 q 最小化交叉熵等价于最小化 KL 散度,因为 q 并不参与被省略的那一项. 且在给定 p 的情况下,如果 q 和 p 越接近,交叉熵越小;如果 q 和 p 越远,交叉熵就越大.

5. JS 散度

JS 散度(Jensen-Shannon Divergence)是一种对称的衡量两个分布相似度的度量方式.

定义 6.3.2. 设关于随机变量 X 的两个分布 $p(x)$, $q(x)$, 关于这两个分布的 ***JS* 散度**定义为:

$$D_{JS}(p, q)=\frac{1}{2}D_{KL}(p, M)+\frac{1}{2}D_{KL}(q, M)$$

其中 $M=\frac{1}{2}(p+q)$.

JS 散度是对 KL 散度的一种对称性增强,有效解决了 KL 散度在度量两个分布差异时存在的偏向性问题. 然而,无论是 KL 散度还是 JS 散度,在面对两个几乎无交集或交集极小的分布 p 和 q 时,均面临挑战,难以精确刻画两者之间的实际距离. 这是因为在这种情况下,两个分布的差异主要体现在未重叠区域,而这些散度指标对此类信息的捕获能力有限.

6.3.2 其他概率相关的度量

本节还将介绍一些其他和概率相关的度量,作为基于信息论的度量的补充.

1. 马氏距离(Mahalanobis Distance)

前面介绍了关于度量两个向量相似度的一些方法. 并且提到了闵氏距离(包括曼哈顿距离、欧氏距离和切比雪夫距离)存在明显的缺点,并通过下例进行了说明.

例 6.3.2. 给定二维样本(身高,体重),其中身高范围是 150~190 cm,体重范围是 50~60 kg,有三个样本: $a(180, 50)$, $b(170, 50)$, $c(180, 60)$. 通过计算可以得出 a 和 b 之间的闵氏距离等于 a 和 c 之间的闵氏距离,但是身高的 10 cm 不等价于体重的 10 kg.

现在我们就来介绍解决这个问题的一种度量相似度的方式.

定义 6.3.3. 马氏距离:表示点与一个分布之间的距离. 有 m 个样本向量 $\boldsymbol{x}_1, \cdots, \boldsymbol{x}_m$,协方差矩阵记为 $\boldsymbol{S}$,均值记为向量 $\boldsymbol{\mu}$,则其中样本向量 $\boldsymbol{x}$ 到 $\boldsymbol{\mu}$ 的**马氏距离**表示为:

$$\operatorname{dist}(\boldsymbol{x}, \boldsymbol{u})=\sqrt{(\boldsymbol{x}-\boldsymbol{\mu})^{\mathrm{T}}\boldsymbol{S}^{-1}(\boldsymbol{x}-\boldsymbol{\mu})}$$

而其中向量 $\boldsymbol{x}_i$ 与 $\boldsymbol{x}_j$ 之间的马氏距离定义为:

$$\operatorname{dist}(\boldsymbol{x}_i, \boldsymbol{x}_j)=\sqrt{(\boldsymbol{x}_i-\boldsymbol{x}_j)^{\mathrm{T}}\boldsymbol{S}^{-1}(\boldsymbol{x}_i-\boldsymbol{x}_j)}$$

若协方差矩阵是单位矩阵(各个样本向量之间独立同分布),则公式就成了:

$$\mathrm{dist}(\boldsymbol{x}_i, \boldsymbol{x}_j)=\sqrt{(\boldsymbol{x}_i-\boldsymbol{x}_j)^{\mathrm{T}}(\boldsymbol{x}_i-\boldsymbol{x}_j)}$$

也就是欧氏距离.

马氏距离的优点:它不受量纲的影响,两点之间的马氏距离与原始数据的测量单位无关.马氏距离还可以排除变量之间的相关性的干扰.

2. 皮尔逊相关系数

相关系数是衡量随机变量 $\boldsymbol{x}$ 与 $\boldsymbol{y}$ 线性相关程度的一种方法,一般用 r 表示. r 的取值范围是 $[-1, 1]$. r 的绝对值越大,则表明 $\boldsymbol{x}$ 与 $\boldsymbol{y}$ 线性相关度越高.当 $\boldsymbol{x}$ 与 $\boldsymbol{y}$ 线性相关时,相关系数取值为 1(正线性相关)或 -1(负线性相关).

定义 6.3.4.　设随机变量 $\boldsymbol{x}$, $\boldsymbol{y}$, 皮尔逊相关系数定义为:

$$r(\boldsymbol{x}, \boldsymbol{y})=\frac{\mathrm{Cov}(\boldsymbol{x}, \boldsymbol{y})}{\sqrt{D(\boldsymbol{x})}\sqrt{D(\boldsymbol{y})}}=\frac{E((\boldsymbol{x}-E\boldsymbol{x})(\boldsymbol{y}-E\boldsymbol{y}))}{\sqrt{D(\boldsymbol{x})}\sqrt{D(\boldsymbol{y})}}$$

其中, $\mathrm{Cov}(\boldsymbol{x}, \boldsymbol{y})$ 为 $\boldsymbol{x}$ 与 $\boldsymbol{y}$ 的协方差, $\sqrt{D(\boldsymbol{x})}$ 为 $\boldsymbol{x}$ 的方差, $\sqrt{D(\boldsymbol{y})}$ 为 $\boldsymbol{y}$ 的方差.

3. Wasserstein 距离

Wasserstein 距离(Wasserstein Distance)也用于衡量两个分布之间的距离.

定义 6.3.5.　对于两个分布 q_1, q_2, p 级 *Wasserstein* 距离定义为

$$W_p(q_1, q_2)=\left(\inf_{\gamma(x, y)\in\Gamma(q_1, q_2)} E_{(\boldsymbol{x}, \boldsymbol{y})\sim\gamma(x, y)}[d(\boldsymbol{x}, \boldsymbol{y})^p]\right)^{\frac{1}{p}}$$

其中 $\Gamma(q_1, q_2)$ 是边际分布为 q_1 和 q_2 的所有可能的联合分布集合, $d(\boldsymbol{x}, \boldsymbol{y})$ 为 $\boldsymbol{x}$ 和 $\boldsymbol{y}$ 的距离,比如 l_p 距离等.

Wasserstein 距离相比 KL 散度和 JS 散度的优势在于:即使两个分布没有重叠或者重叠非常少,Wasserstein 距离仍然能反映两个分布的远近.在生成网络 GAN 中,为了生成与目标分布接近的分布,使用 JS 散度时训练起来比较困难,而使用 Wassertein 距离使得模型训练更稳定.

例 6.3.3.　对于 $\mathbb{R}^n$ 空间中的两个高斯分布 $q_1=N(\boldsymbol{\mu}_1, \boldsymbol{\Sigma}_1)$ 和 $q_2=N(\boldsymbol{\mu}_2, \boldsymbol{\Sigma}_2)$,当 $p=2$ 时它们的 *Wasserstein* 距离为

$$W_2(q_1, q_2)=\|\boldsymbol{\mu}_1-\boldsymbol{\mu}_2\|_2^2+\mathrm{Tr}(\boldsymbol{\Sigma}_1+\boldsymbol{\Sigma}_2-2(\boldsymbol{\Sigma}_2^{\frac{1}{2}}\boldsymbol{\Sigma}_1\boldsymbol{\Sigma}_2^{\frac{1}{2}})^{\frac{1}{2}})$$

当两个分布的方差为 $\boldsymbol{O}$ 时,该 *Wasserstein* 距离等价于欧氏距离.

4. Jaccard 系数

Jaccard 系数又称为 Jaccard 相似系数，用于比较有限样本集之间的相似性与差异性. Jaccard 系数值越大，样本相似度越高.

定义 6.3.6. 两个集合 $\mathbb{A}$ 和 $\mathbb{B}$ 的交集元素在 $\mathbb{A}$，$\mathbb{B}$ 的并集中所占的比例，称为两个集合的 *Jaccard* 相似系数，用符号 $J(\mathbb{A}, \mathbb{B})$ 表示.

$$J(\mathbb{A}, \mathbb{B})=\frac{|\mathbb{A} \cap \mathbb{B}|}{|\mathbb{A} \cup \mathbb{B}|}$$

当集合 $\mathbb{A}$，$\mathbb{B}$ 都为空时，$J(\mathbb{A}, \mathbb{B})$ 定义为 1.

Jaccard 相似系数是衡量两个集合相似度的一种指标.

对于等概率的随机排列，两个集合的 minHash 值相同的概率等于两个集合的 Jaccard 相似度. 关于 minHash 算法，可以参考有关数据科学算法的教材.

5. Jaccard 距离

Jaccard 距离：与 Jaccard 系数相关的概念是 Jaccard 距离.

定义 6.3.7. Jaccard 距离可用如下公式表示：

$$J_D(\mathbb{A}, \mathbb{B})=1-J(\mathbb{A}, \mathbb{B})=\frac{|\mathbb{A} \cup \mathbb{B}|-|\mathbb{A} \cap \mathbb{B}|}{|\mathbb{A} \cup \mathbb{B}|}$$

Jaccard 距离用两个集合中不同元素占所有元素的比例来衡量两个集合的区分度.

例 6.3.4. Jaccard 相似系数用在衡量样本的相似度上. 样本 A 与样本 B 是两个 n 维向量，而且所有维度的取值都是 0 或 1. 例如：$A=(0, 1, 1, 1)$ 和 $B=(1, 0, 1, 1)$. 我们将样本看成是一个集合，1 表示集合包含该元素，0 表示集合不包含该元素.

p：样本 A 与 B 都是 1 的维度的个数；

q：样本 A 是 1，样本 B 是 0 的维度的个数；

r：样本 A 是 0，样本 B 是 1 的维度的个数；

s：样本 A 与 B 都是 0 的维度的个数.

那么样本 A 与 B 的 Jaccard 相似系数可以表示为：

$$J=\frac{p}{p+q+r}$$

这里 $p+q+r$ 可理解为 A 与 B 的并集的元素个数，而 p 是 A 与 B 的交集的元素个数. 而样本 A 与 B 的 Jaccard 距离表示为：

$$J_D=\frac{q+r}{p+q+r}.$$

习 题

习题 6.1. 同时抛 2 颗骰子,事件 A, B, C 分别表示:

(1) 仅有一个骰子是 3;

(2) 至少有一个骰子是 4;

(3) 骰子上点数的总和为偶数. 是计算事件 A, B, C 发生后所提供的信息量.

习题 6.2. 计算熵函数 $H(1/3, 1/3, 1/6, 1/6)$ 的值.

习题 6.3. X 和 Y 是 $\{0, 1, 2, 3\}$ 上的独立、等概分布的随机变量,求:

(1) $H(X+Y)$, $H(X-Y)$, $H(XY)$;

(2) $H(X+Y, X)$, $H(XY, X)$.

习题 6.4. X, Y, Z 为 3 个随机变量,证明以下不等式成立,并指出等号成立的条件:

(1) $H(X, Y \mid Z) \geqslant H(X \mid Z)$;

(2) $I(X, Y; Z) \geqslant I(X; Z)$;

(3) $H(X, Y, Z) - H(X, Y) \leqslant H(X, Z) - H(X)$;

(4) $I(X; Z \mid Y) \geqslant I(Z; Y \mid X) - I(Z; Y) + I(X; Z)$.

习题 6.5. 找出一个概率分布 $\{p_1, p_2, p_3, p_4, p_5\}$,并且 $p_i>0$,使得 $H(p_1, p_2, p_3, p_4, p_5)=2$.

习题 6.6. 假定 $X_1 \to X_2 \to X_3 \to \cdots \to X_n$ 形成一个马尔科夫链,那么

$$p(x_1, x_2, \cdots, x_n)=p(x_1)p(x_2 \mid x_1)\cdots p(x_n \mid x_{n-1})$$

化简 $I(X_1; X_2\cdots X_n)$.

习题 6.7. 假定 X 是一个离散随机变量,$g(X)$ 是 X 的函数,证明:$H[g(X)] \leqslant H(X)$.

习题 6.8. 三扇门中有一扇门后面藏有一袋金子,并且三扇门后面藏有金子的可能性相同. 如果有人随机打开一扇门并告诉你门后是否藏有金子,他给了你多少关于金子位置的信息量?

习题 6.9. 计算下列各密度函数的微分熵 $h(X)=-\int f\ln f\mathrm{d}x$：

(1) 指数密度函数 $f(x)=\lambda\mathrm{e}^{-\lambda x}$, $x\geqslant 0$.

(2) 拉普拉斯密度函数 $f(x)=\frac{1}{2}\lambda\mathrm{e}^{-\lambda|x|}$.

(3) X_1 与 X_2 的和的密度函数，其中 X_1 与 X_2 是独立的正态分布，均值为 μ_i，方差为 σ_i^2，$i=1, 2$.

习题 6.10. 一个容器里面装有 a 个红球和 a 个白球，若从容器中取出 $k(k\geqslant 2)$ 个球. 对于有放回和无放回两种情况，哪种情况的熵更大？请回答并给予说明.

习题 6.11. 设一个信道的输入随机变量 X 服从区间 $-1/2\leqslant x\leqslant 1/2$ 上的均匀分布，而信道的输出信号为 $Y=X+Z$，其中 Z 是噪声随机变量，服从区间 $-a/2\leqslant z\leqslant a/2$ 上的均匀分布.

(1) 求 $I(X;Y)$ 作为 a 的函数.

(2) 对于 $a=1$，当输入信号 X 是峰值约束的时候，即 X 的取值范围限制于 $-1/2\leqslant x\leqslant 1/2$ 时，求信道容量. 为使得互信息 $I(X;Y)$ 达到最大值，X 应该服从什么概率分布？

习题 6.12. 设 $h(\boldsymbol{X})=-\int f(\boldsymbol{x})\log f(\boldsymbol{x})\mathrm{d}\boldsymbol{x}$，证明：$h(A\boldsymbol{X})=\log|\det(A)|+h(\boldsymbol{X})$.

习题 6.13. 证明：在多分类问题中，利用交叉熵函数作为损失函数和用 KL 散度作为损失函数是等价的.

习题 6.14. 对于正随机变量 X，验证

$$\log E_P(X)=\sup_Q[E_Q(\log X)-D(Q\parallel P)]$$

其中

$$E_P(X)=\sum_x xP(x) \text{ 以及 } D(Q\parallel P)=\sum_x Q(x)\log\frac{Q(x)}{P(x)},$$

并且上确界是取遍所有 $Q(x)\geqslant 0$, $\sum_x Q(x)=1$. 使得 $J(Q)=E_Q(\ln X)-D(Q\parallel P)+\lambda(\sum_x Q(x)-1)$ 极端化的 Q 就足够了.

习题 6.15. 高斯互信息. 假设 (X, Y, Z) 是联合高斯分布，并且 $X\to Y\to Z$ 构成一个马尔可夫链. 令 (X, Y) 与 (Y, Z) 的相关系数分别为 ρ_1 与 ρ_2. 求 $I(X;Z)$.

第七章

概率模型

在实践中我们所遇到的问题其各种变量之间的关系更多是动态的、不确定的,所以无法使用确定的函数表示变量之间的关系,此时我们可以选择概率模型来描述它们. 机器学习中有一大类模型是基于概率的. 概率分布的模型表达主要分为两种情况. 第一种情况,不考虑模型变量间的依赖关系. 若我们已经有含参数的公式来描述连续随机变量的概率密度或者离散随机变量的概率,这种分布就称为参数型概率分布,此时可以采用极大似然法或极大后验概率法估计出概率分布的参数,从而得到随机变量的概率分布;若我们无法使用确定的公式来描述随机变量的概率分布,此时可以采用非参数概率模型. 第二种情况,若考虑变量间存在依赖关系的情形,我们就可以采用图的方式来表达随机变量之间的结构关系,即概率图模型. 本章将会详细介绍这两种情况的模型构建. 并在之后,介绍如何利用统计决策理论,对模型进行评估和选择.

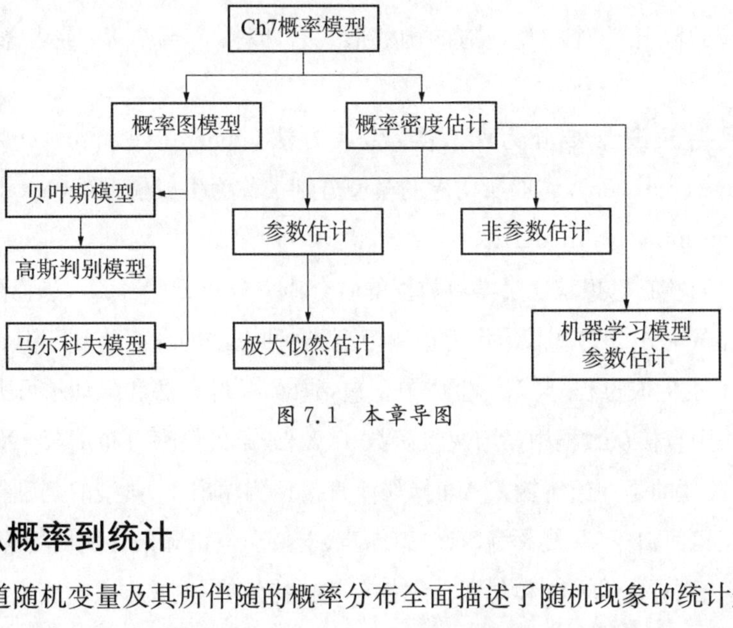

图 7.1 本章导图

7.1 从概率到统计

我们知道随机变量及其所伴随的概率分布全面描述了随机现象的统计规律性,因此要研究一个随机现象首先要知道它的概率分布. 在概率论中,概率分布通常是已知的,或假设为已知的,而一切概率计算和推理,比如求出它的数字特征,讨论随机变量函数的分布,介绍各种常用的分布,就在这已知的基础上得出来. 但在实际中,一个随机现象所服从的分布是什么类型可能完全不知道,比如电视机的寿命服从什么分布是不知道的;或者由于现象的某些事实而知道其类型，但不知其分布函数中所含的参数，比如一件产品是合格品还是不合格品服从一个二项分布，但分布中参数 p（不合格品率）却不知道. 为了对这些问题展开研究，必须知道它们的分布或分布所含的参数.

那么怎样才能知道一个随机现象的分布或参数呢？这是统计学所要解决的一个首要问题.

7.1.1 概率的内容概述

在数据科学中，数据通过采样得到的，具有一定的不确定性；通过观测得到的，也具有一定的不确定性. 因此，自然地使用概率模型对真实数据统计规律进行建模. 在这里，不再详述概率论相关的基础知识，读者可以参见相关的概率论基础教程去了解常见的概率分布、随机变量的数字特征和一些概率不等式. 下面仅介绍概率论与机器学习中紧密相关的话题.

1. 条件分布与概率模型

在机器学习的领域中，监督学习的核心目标是构建一个模型，该模型能够根据给定的输入预测相应的输出. 这个模型对应的函数形式有两种：$Y=f(X)$ 或者条件概率分布：$P(Y \mid X)$

监督学习方法通常被分为两大类：生成方法（generative approach）和判别方法（discriminative approach），它们所构建的模型分别被称为生成模型（generative model）和判别模型（discriminative model）.

生成方法的核心思想是通过学习数据的联合概率分布 $P(X, Y)$，进而根据贝叶斯公式推导出条件概率分布 $P(Y|X)$作为预测模型. 这种方法的命名来源于其能够模拟输入 X 产生输出 Y 的生成过程. 典型的生成模型包括朴素贝叶斯法和隐马尔可夫模型.

判别方法则直接从数据中学习决策函数 $f(X)$或条件概率分布 $P(Y|X)$作为预测模型. 这种方法关注的是在给定输入 X 时，如何直接预测输出 Y. 典型的判别模型有 k 近邻法、决策树、逻辑回归模型、最大熵模型、感知机、支持向量机和条件随机场等.

在监督学习中，生成方法和判别方法各有其独特优势. 生成方法能够还原出联合概率分布 $P(X, Y)$，并且在学习收敛速度上通常更快，特别是当样本容量增加时，能更快地逼近真实模型. 而判别方法则直接学习条件概率 $P(Y|X)$或决策函数 $f(X)$，更直接地面向预测任务，因此往往能够获得更高的预测准确率. 同时，由于直接学习 $P(Y|X)$，判别方法能够灵活地定义和使用各种特征进行学习.

2. 过拟合与偏差-方差分解

在机器学习实践中,数据集被分割为训练集与测试集以评估模型 f 的性能. 过拟合,即模型在训练集上表现优异但在测试集上表现不佳的现象,需要通过平衡模型的复杂度与表达力来避免. 高复杂度的模型易受噪声影响而过拟合,而过度简化的模型则可能导致欠拟合,无法充分表达数据的真实结构. 偏差-方差分解为此问题提供了理论基础,直观上,它将预测误差拆分为偏差、方差及不可约误差三部分:

$$\text{误差} = \underbrace{\text{偏差}^2}_{\text{简化假设偏差}} + \underbrace{\text{方差}}_{\text{数据敏感度}} + \underbrace{\text{不可约误差}}_{\text{固有不确定性}}$$

偏差衡量了模型预测均值与真实值之间的偏离,体现了模型的简化假设;方差揭示了模型在不同数据集上预测结果的波动性,反映了模型对数据的敏感度.

以回归问题为例. 假设样本的真实分布是 $p_r(x, y)$,并采用平方损失函数,模型 $f(x)$ 的期望误差为:

$$\mathcal{R}(f) = E_{(x, y)\sim p_r(x, y)}[(y - f(x))^2]$$

那么最优模型为:

$$f^*(x) = E_{y\sim p_r(y|x)}[y]$$

其中 $p_r(y \mid x)$ 为样本的真实条件分布,$f^*(x)$ 为使用平方损失作为优化目标的最优模型,其损失为:

$$\varepsilon = E_{(x, y)\sim p_r(x, y)}[(y - f^*(x))^2]$$

通常损失 ε 是由样本分布以及噪声引起的,无法通过优化模型来减少.

期望误差可以分解为:

$$\begin{aligned}\mathcal{R}(f) &= E_{(x, y)\sim p_r(x, y)}[(y - f^*(x) + f^*(x) - f(x))^2] \\ &= E_{(x, y)\sim p_r(x, y)}[(y - f^*(x))^2] + E_{(x, y)\sim p_r(x, y)}[(f^*(x) - f(x))^2] \\ &= \varepsilon + E_{x\sim p_r(x)}[(f^*(x) - f(x))^2]\end{aligned} \tag{7.1}$$

其中

$$\begin{aligned}&2E_{(x, y)\sim p_r(x, y)}[(y - f^*(x))(f^*(x) - f(x))] \\ &= 2\int_x\int_y p_r(x, y)(y - f^*(x))(f^*(x) - f(x))\,\mathrm{d}x\,\mathrm{d}y \\ &= 2\int_x (f^*(x) - f(x))\,\mathrm{d}x\int_y p_r(x, y)(y - f^*(x))\,\mathrm{d}y\end{aligned}$$

对于给定的 x_0：

$$\begin{aligned}\int_y p_r(x_0, y)((y-f^*(x_0))\mathrm{d}y &= \int_y p_r(x_0, y)(y-f^*(x_0))\mathrm{d}y \\ &= p_r(x_0)\int_y p_r(y \mid x_0)(y-f^*(x_0))\mathrm{d}y\end{aligned}$$

由于

$$f^*(x_0)=E_{y\sim p_r(y|x_0)}[y]=\int_y p_r(y \mid x_0)y\mathrm{d}y$$

故

$$\int_y p_r(x_0, y)((y-f^*(x_0))(f^*(x_0)-f(x_0))\mathrm{d}y=0$$

$$2E_{(x, y)\sim p_r(x, y)}[(y-f^*(x))(f^*(x)-f(x))]=0$$

式(7.1)中的第二项是当前训练出的模型与最优模型之间的差距，是机器学习算法可以优化的目标.

在模型 $f(x)$ 的训练过程中，训练集 D 是从真实分布 $p_r(x, y)$ 中独立同分布抽取的有限样本集合. 由于不同训练集会导致不同模型，我们定义 $f_D(x)$ 为在训练集 D 上学习到的模型. 机器学习算法（包括模型结构和优化策略）的性能可以通过其在不同训练集上得到的模型的平均性能来评估.

对于单个样本 x，不同训练集 D 得到模型 $f_D(x)$ 和最优模型 $f^*(x)$ 的期望差距为

$$\begin{aligned}E_D[(f_D(x)-f^*(x))^2] &= E_D[(f_D(x)-E_D[f_D(x)]+E_D[f_D(x)]-f^*(x))^2] \\ &= (E_D[f_D(x)]-f^*(x))^2+E_D[(f_D(x)-E_D[f_D(x)])^2]\end{aligned} \tag{7.2}$$

式(7.2)中第一项 $(E_D[f_D(x)]-f^*(x))^2$ 称为偏差(Bias)的平方，记为 $(bias.x)^2$，是指一个模型在不同训练集上的平均性能和最优模型的差异. 第二项 $E_D[(f_D(x)-E_D[f_D(x)])^2]$ 称为方差(Variance)，记为 $variance.x$，是指一个模型在不同训练集上的差异，可以用来衡量一个模型是否容易过拟合.

用 $E_D[(f_D(x)-f^*(x))^2]$ 来代替式(7.1) 中的 $(f(x)-f^*(x))^2$，则期望错误可写成：

$$\begin{aligned}\mathcal{R}(f) &= E_{x\sim p_r(x)}[E_D[(f_D(x)-f^*(x))^2]]+\varepsilon \\ &= (bias)^2+variance+\varepsilon\end{aligned} \tag{7.3}$$

其中：

$$(bias)^2 = E_x[(E_D[f_D(x)] - f^*(x))^2]$$
$$variance = E_x[E_D[(f_D(x) - E_D[f_D(x)])^2]]$$

所以最小化期望误差等价于最小化偏差与方差之和.

图 7.2 展示了机器学习模型的四种偏差和方差组合情况. 每个图的中心点表示理想的最优模型 $f^*(x)$，而散点则代表不同训练集 D 上得到的模型 $f_D(x)$. 图 7.2(a)描述了一种理想情况，即低偏差和低方差. 图 7.2(b)反映了高偏差低方差的情况，这通常表示模型泛化能力强但拟合能力不足. 图 7.2(c)展示了低偏差高方差的情况，这通常意味着模型拟合能力强但泛化能力差，特别是在训练数据较少时易导致过拟合. 图 7.2(d)则是最差的情况，即高偏差高方差.

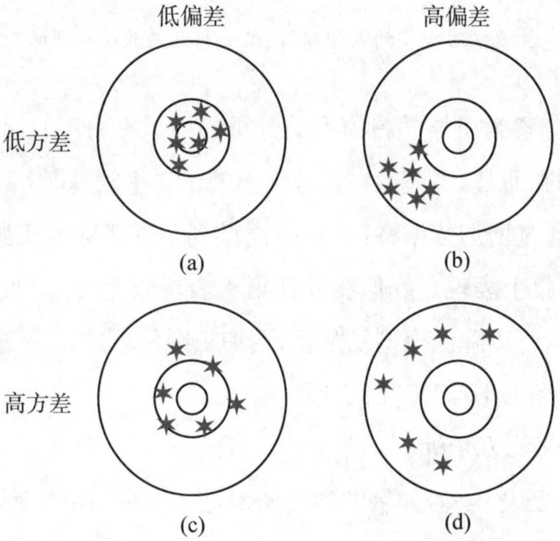

图 7.2　偏差与方差的组合

方差通常会随着训练样本的增加而减少. 当样本量充足时，方差较低，这时可以选择复杂的模型来减少偏差. 然而，在许多实际应用中，训练集的大小往往有限，因此难以同时达到最优的偏差和方差.

随着模型复杂度的增加，其拟合能力增强，偏差减少而方差增大，可能导致过拟合. 以结构风险最小化为例，我们可以通过调整正则化系数来控制模型复杂度. 增大正则化系数会降低模型复杂度，从而减少方差，防止过拟合，但可能增加偏差. 正则化系数过大时，总体期望误差反而会上升.因此,选择适当的正则化系数是平衡偏差和方差的关键.图 7.3 展示了机器学习模型的期望误差(U 型线)、偏差和方差随模型复杂度变化的趋势,其中中间的虚线代表最优模型.值得注意的是,最优模型并不总是偏差和方差曲线的交点.

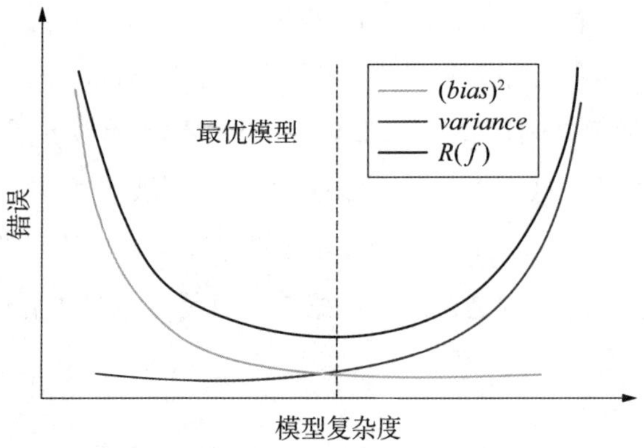

图 7.3　机器学习模型的期望错误、偏差和方差随复杂度的变化情况

偏差和方差的分解为机器学习模型的分析提供了有力工具,但在实际操作中直接衡量它们往往是困难的.通常,当模型在训练集上的错误率较高时,表示其拟合能力不足,偏差较大.此时,可以通过增加数据特征、提高模型复杂度或降低正则化系数等方法来改进模型.当模型在训练集上表现良好但在验证集上表现较差时,则表明模型过拟合,方差较大.为了缓解过拟合,可以降低模型复杂度、增加正则化系数、引入先验知识或采用集成方法(如多个高方差模型的平均)来降低方差.

3. 概率模型泛化能力分析

定义 7.1.1.　(泛化误差)如果学到的模型是 $\hat{f}$,那么用这个模型对未知数据预测的误差即为泛化误差(generalization error):

$$R_{exp}(\hat{f})=E_p[L(Y,\ \hat{f}(X))]=\int_{x\times y}L(y,\ \hat{f}(x))P(x,\ y)\mathrm{d}x\,\mathrm{d}y$$

泛化误差的概率上界称为泛化误差上界.具体来说就是通过比较两种学习方法的泛化误差上界的大小来比较它们的优劣.泛化误差上界通常具有以下性质:

- 它是样本容量的函数,当样本容量增加时,泛化上界趋于 0.
- 它是假设空间容量的函数,假设空间容量越大,模型就越难学,泛化误差上界就越大.

考虑二分类问题,已知训练数据集 $\mathbb{T}=\{(\boldsymbol{x}_1, y_1), (\boldsymbol{x}_2, y_2), \cdots, (\boldsymbol{x}_N, y_N)\}$,$N$ 是样本容量,$\mathbb{T}$ 是从联合概率分布 $P(X, Y)$ 独立同分布产生的,$X \in \mathbb{R}^n$, $Y \in \{-1, +1\}$. 假设空间是函数的有限集合 $\mathcal{F}=\{f_1, f_2, \cdots, f_d\}$,$d$ 是函数个数. 设 f 是从 $\mathcal{F}$ 中选取的函数. 损失函数是 0 - 1 损失. 关于 f 的期望风险和经验风险分别是

$$R(f)=E[L(Y, f(X))]$$

$$\hat{R}(f)=\frac{1}{N}\sum_{i=1}^{N}L(y_i, f(\boldsymbol{x}_i))$$

经验风险最小化函数是

$$f_N=\underset{f\in\mathcal{F}}{\operatorname{argmin}}\hat{R}(f)$$

f_N 依赖训练数据集的样本容量 N. f_N 的泛化能力

$$R(f_N)=E[L(Y, f_N(X))]$$

接下来我们讨论从有限集合 $\mathcal{F}=\{f_1, f_2, \cdots, f_d\}$ 中任意选出的函数 f 的泛化误差上界.

定理 7.1.1.　(泛化误差上界)对于二分类问题,当假设空间是有限个函数的集合 $\mathcal{F}=\{f_1, f_2, \cdots, f_d\}$ 时,对于任意函数 $f \in \mathcal{F}$,至少以概率 $1-\delta$, $0\leqslant\delta\leqslant1$, 以下不等式成立:

$$R(f)\leqslant\hat{R}(f)+\varepsilon(d, N, \delta) \tag{7.4}$$

其中

$$\varepsilon(d, N, \delta)=\sqrt{\frac{1}{2N}\left(\log d+\log\frac{1}{\sigma}\right)} \tag{7.5}$$

不等式(7.4)左端 $R(f)$ 是泛化误差,右端即泛化误差的上界. 在泛化误差上界中,第 1 项是训练误差,训练误差越小,泛化误差也越小. 第 2 项 $\varepsilon(d, N, \delta)$ 是 N 的单调递减函数,当 N 趋于无穷时趋于 0;同时它也是 $\sqrt{\log d}$ 阶的函数,假设空间包含的函数越多,其值越大.

证明.　对任意函数 $f \in \mathcal{F}$,$\hat{R}(f)$ 是 N 个独立的随机变量 $L(Y, f(X))$ 的样本均值,$R(f)$ 是随机变量 $L(Y, f(X))$ 的期望值. 如果损失函数取值于区间[0, 1],即对所有 i, $[a_i, b_i]=[0, 1]$,那么由霍夫丁不等式不难得知,对 $\varepsilon>0$, 以下不等式成立:

$$P(R(f)-\hat{R}(f)\geqslant \varepsilon)\leqslant \exp(-2N\varepsilon^2)$$

由于 $\mathcal{F}=\{f_1, f_2, \cdots, f_d\}$ 是一个有限集合，故

$$\begin{aligned} P(\exists f\in \mathcal{F}: R(f)-\hat{R}(f)\geqslant \varepsilon) &= P(\bigcup_{f\in\mathcal{F}}\{R(f)-\hat{R}(f)\geqslant \varepsilon\}) \\ &\leqslant \sum_{f\in\mathcal{F}} P(R(f)-\hat{R}(f)\geqslant \varepsilon) \\ &\leqslant d\exp(-2N\varepsilon^2) \end{aligned}$$

令 $\delta=d\exp(-2N\varepsilon^2)$，则等价地，对任意 $f\in\mathcal{F}$，有 $P(R(f)-\hat{R}(f)\geqslant\varepsilon)\leqslant\delta$，或者有 $P(R(f)<\hat{R}(f)+\varepsilon)\geqslant 1-\delta$，即至少以概率 $1-\delta$ 有 $R(f)<\hat{R}(f)+\varepsilon$，其中 ε 可从 $\delta=d\exp(-2N\varepsilon^2)$ 中反解，即定理中的表达式(7.4). □

7.1.2 统计的基本概念

在统计中我们总是从所要研究的对象全体中抽取一部分进行观测或试验以取得数据或信息，从而对整体作出推断. 由于观测或试验是随机现象，依据有限个观测或试验对整体所作出的推论不可能绝对准确，含有一定程度的不确定性，而这种不确定性用概率的大小来表示比较恰当. 概率大，推断就比较可靠，概率小，推断就比较不可靠. 所以**统计的基本问题**就是依据观测或试验所取得的有限信息对整体如何推断的问题. 每个推断必须伴随一定的概率以表明推断的可靠程度. 这种伴随有一定概率的推断称为**统计推断**.

我们把研究的对象全体所构成的集合称为**总体**，而把组成总体的每一个单元成员称为**个体**. 例如全体变压器就组成一个总体，其中每一个变压器就是一个个体. 在实际中我们所研究的往往是总体中个体的各种数值指标 X，例如变压器的寿命指标，它是一个随机变量. 假设 X 的分布函数是 $F(x)$，有时简记为 F. 如果我们主要关心的只是这个数值指标 X，为了方便起见，可以把这个数值指标 X 的可能取值的全体看作总体，并且称这一总体为具有分布函数 $F(x)$ 的总体，这样就把总体和随机变量联系起来了. 这种联系也可以推广到 k 维，这样就和随机向量联系起来.

在实际实验中，我们通过观测或试验以取得信息. 如果按照机会均等的原则随机地选取一些个体进行观测或测试某一指标 X 的数值，我们把这一过程称为**随机抽样**. 假如我们抽取了 n 个个体，且这 n 个个体的某一指标为 $(X_1, X_2, \cdots, X_n)$，我们称这 n 个个体的指标 $(X_1, X_2, \cdots, X_n)$ 为一个样本，n 称作这个样本的**容量**. 在重复取样中每个 X_i 是一个随机变量，从而我们把容量为 n 的样本 $(X_1, X_2, \cdots, X_n)$ 看成一个 n 维随机向量.

在一次抽样以后，观测到$(X_1, X_2, \cdots, X_n)$的一组确定的值$(x_1, x_2, \cdots, x_n)$称作容量为n的样本的**观测值**或**数据**. 容量为n的样本的观测值$(x_1, x_2, \cdots, x_n)$可以看作一个随机试验的一个结果，它的一切可能的结果的全体构成一个**样本空间**. 它可以是n维空间，也可以是其中的一个子集. 而样本的一组观测值$(x_1, x_2, \cdots, x_n)$是样本空间的一个点.

实际上，从总体中抽取样本可以有各种不同的方法. 为了使抽到的样本能够对总体作出比较可靠的推断，就希望它能很好地代表总体，这就需要对抽样方法提出一些要求. 比如：总体中每一个个体有同等机会选入样本；样本的分量$X_1, X_2, \cdots, X_n$是相互独立的随机变量，即样本的每一分量有什么观测结果并不影响其他分量有什么观测结果. 这样取得的样本称为**简单随机样本**. 例如放回抽样所得的样本就是简单随机样本.

例 7.1.1.　设总体X具有分布函数$F(x)$，$(X_1, X_2, \cdots, X_n)$为取自这一总体的容量为n的样本，则$(X_1, X_2, \cdots, X_n)$的联合分布函数

$$F^*(x_1, x_2, \cdots, x_n) = \prod_{i=1}^{n} F(x_i)$$

又若X具有概率密度f，则$(X_1, X_2, \cdots, X_n)$的概率密度为

$$f^*(x_1, x_2, \cdots, x_n) = \prod_{i=1}^{n} f(x_i)$$

为了研究总体分布的性质，人们通过试验得到许多观测值，一般来说，这些数据是杂乱无章的，为了利用它们进行统计分析，要将这些数据加以整理，还常借助于表格或图形对它们加以描述. 例如，对于连续型随机变量X引入频率直方图或数据的箱线图，它们可以使人们对总体X的分布有一个粗略的了解.

另一方面，我们知道，样本是总体的反映，但是样本所含的信息不能直接用于解决我们所要研究的问题，而需要对样本所含的信息进行数学上的加工，使其浓缩起来，从而解决我们的问题. 这在统计学当中，往往通过构造一个合适的依赖于样本的函数——**统计量**——来达到.

1. 统计量

定义 7.1.2.　设$(X_1, X_2, \cdots, X_n)$是来自总体X的一个样本，$g(X_1, X_2, \cdots, X_n)$是$X_1, X_2, \cdots, X_n$的函数，若g中不含未知参数，则称$g(X_1, X_2, \cdots, X_n)$是一个统计量.

显然统计量也是一个随机变量. 设$(x_1, x_2, \cdots, x_n)$是相应于样本$(X_1, X_2, \cdots,$

X_n）的样本值，则称 $g(x_1, x_2, \cdots, x_n)$ 是 $g(X_1, X_2, \cdots, X_n)$ 的观测值. 常用的统计量包括：

- 样本均值：$\bar{X}=\frac{1}{n}\sum_{i=1}^{n}X_i$；
- 样本方差：$S^2=\frac{1}{n-1}\sum_{i=1}^{n}(X_i-\bar{X})^2=\frac{1}{n-1}(\sum_{i=1}^{n}X_i^2-n\bar{X}_2)$；
- 样本标准差：$S=\sqrt{S^2}=\sqrt{\frac{1}{n-1}\sum_{i=1}^{n}(X_i-\bar{X})^2}$；
- 样本 k 阶(原点) 矩：$A_k=\frac{1}{n}\sum_{i=1}^{n}X_i^k$, $k=1, 2, \cdots$
- 样本 k 阶中心矩：$B_k=\frac{1}{n}\sum_{i=1}^{n}(X_i-\bar{X})^k$, $k=2, 3, \cdots$

它们的观察值分别为：

- $\bar{x}=\frac{1}{n}\sum_{i=1}^{n}x_i$；
- $s^2=\frac{1}{n-1}\sum_{i=1}^{n}(x_i-\bar{x})^2=\frac{1}{n-1}(\sum_{i=1}^{n}x_i^2-n\bar{x}^2)$；
- $s=\sqrt{\frac{1}{n-1}\sum_{i=1}^{n}(x_i-\bar{x})^2}$；
- $a_k=\frac{1}{n}\sum_{i=1}^{n}x_i^k$, $k=1, 2, \cdots$
- $b_k=\frac{1}{n}\sum_{i=1}^{n}(x_i-\bar{x})^k$, $k=2, 3, \cdots$

这些观察值仍分别称为样本均值、样本方差、样本标准差、样本 k 阶(原点)矩以及样本 k 阶中心矩.

定理 7.1.2. 若总体 X 的 k 阶矩 $E(X^k):=\mu_k$ 存在，则当 $n\to\infty$ 时，$A_k\xrightarrow{P}\mu_k$, $k=1, 2, \cdots$.

证明. 因为 $X_1, X_2, \cdots, X_n$ 独立且与 X 同分布，所以 $X_1^k, X_2^k, \cdots, X_n^k$ 独立且与 X^k 同分布，故有

$$E(X_1^k)=E(X_2^k)=\cdots=E(X_n^k)=\mu_k$$

从而由辛钦大数定理知，$A_k=\frac{1}{n}\sum_{i=1}^{n}X_i^k\xrightarrow{P}\mu_k$, $k=1, 2, \cdots$ □

进而由关于依概率收敛的序列的性质,可知

$$g(A_1, A_2, \cdots, A_k) \xrightarrow{P} g(\mu_1, \mu_2, \cdots, \mu_k)$$

其中 g 为连续函数.

设 $(x_1, x_2, \cdots, x_n)$ 是取自分布为 $F(x)$ 的总体中一个简单随机样本的观测值. 若把样本观测值由小到大进行排列,得到 $x_{(1)} \leqslant x_{(2)} \leqslant \cdots \leqslant x_{(n)}$,这里 $x_{(1)}$ 是样本观测值 $(x_1, \cdots, x_n)$ 中最小一个,$x_{(i)}$ 是样本观测值中第 i 个小的数等,则

$$F_n(x)=\begin{cases}0 & \text{当 } x \leqslant x_{(1)} \\ \dfrac{k}{n} & \text{当 } x_{(k)} < x \leqslant x_{(k+1)},\ k=1, 2, \cdots, n-1 \\ 1 & \text{当 } x > x_{(n)}\end{cases}$$

显然,$F_n(x)$ 是一非减左连续函数,且满足

$$F_n(-\infty)=0 \text{ 和 } F_n(+\infty)=1$$

由此可见,$F_n(x)$ 是一个分布函数,称作**经验分布函数(子样分布函数)**.

对于经验分布函数 $F_n(x)$,格里汶科(Glivenko)在 1933 年证明了以下的结果:对于任一实数 x,当 $n \to \infty$ 时 $F_n(x)$ 以概率 1 一致收敛于分布函数 $F(x)$,即

$$P\{\lim_{n\to\infty} \sup_{-\infty<x<\infty} |F_n(x)-F(x)|=0\}=1$$

因此,对于任一实数 x 当 n 充分大时,经验分布函数的任一个观察值 $F_n(x)$ 与总体分布函数 $F(x)$ 只有微小的差别,从而在实际上可当作 $F(x)$ 来使用.

2. 抽样分布

在使用统计量进行统计推断时,常需要知道它的分布. 我们称统计量的分布为**抽样分布**. 当总体的分布函数已知时,抽样分布是确定的,然而要求出统计量的精确分布,一般来说是困难的. 来自正态总体的几个常用的统计量的抽样分布如下:

- χ^2 分布;
- t 分布,也称为学生分布;
- F 分布.

上述三个分布称为统计学的三大分布,它们在数理统计中有着广泛的应用.

7.1.3 模型、统计推断和学习

统计学的基本问题之一是统计推断，在数据科学或机器学习领域，称之为学习，是指利用数据（样本）去推断产生这些数据（样本）的总体分布的过程. 一个典型的统计推断问题是：

- 给定样本 $X_1, \cdots, X_n \sim F$，怎样去推断总体分布 F？
- 某些情况下，只需推断分布 F 的某种性质，如数字特征，包括均值方差等.

通常把数据服从的一系列分布称为**概率模型或统计模型**.

本书我们只讨论总体分布是连续型和离散型两种情形. 为了简便起见，引入一个对两种情形通用的概念——**概率函数**. 我们称随机变量（总体）X 的概率函数为 $f(x)$ 的意思是指：

- 在连续情形时，$f(x)$ 是 $X=x$ 的密度函数值；
- 在离散情形时，$f(x)$ 是 $X=x$ 的概率.

一般地，在实际推断中，我们对样本总体分布情况的了解有两种可能性：一种是其形式已知，并且可以用有限个参数来表示（虽然这些参数可能是未知的）；另一种是其形式未知，或者其形式已知但不能用有限个参数来表示. 由此引出分布的表示：参数和非参数模型.

1. 参数与非参数模型

定义 7.1.3. 参数模型是指一系列可用有限个参数表示的概率模型 $\mathfrak{F}$.

一般地，参数模型可以用一族带参数 θ 的概率函数来表示，具有如下形式：

$$\mathfrak{F}=\{f(x;\theta) \mid \theta \in \Theta\}$$

其中 $f(x;\theta)$ 是总体（也就是随机变量）X 的概率函数，参数 θ（可能是标量或向量）除了只知道它的可能取值范围为 Θ 外，其他一无所知. 今后我们称 Θ 为参数空间. 如果 θ 是向量，但仅关心其中的一个元素的时候，则称其他参数为冗余参数. 例如 $\{N(\mu;1) \mid \mu \in \mathbb{R}\}$ 是 μ 取实数值的一族正态分布.

定义 7.1.4. 非参数模型指一些不能用有限个参数表示的概率模型 $\mathfrak{F}$.

例如，$\mathfrak{F}_{\text{所有}}=\{$所有 CDF$\}$ 就是非参数模型. 非参数模型是相对参数模型来说的.

例 7.1.2. （一维参数估计）令 $X_1, \cdots, X_n$ 为相互独立的 Bernoulli(p)观察值，问题是如何估计参数 p.

例 7.1.3. (二维参数估计)假设 $X_1, \cdots, X_n \sim F$ 并假设 $PDF f \in \mathfrak{F}$,其中 $\mathfrak{F}$ 满足高斯分布. 这种情况下就有两个参数 μ 和 σ,目标是根据数据去估计这两个参数,如果仅关心估计 μ 的值,则 μ 就是感兴趣的参数而 σ 就是冗余参数.

例 7.1.4. (CDF 的非参数估计)令 $X_1, \cdots, X_n$ 是来源于 CDF 为 F 的独立观察值,问题是在假设 $F \in \mathfrak{F}_{所有} = \{所有\ CDF\}$ 的前提下如何去估计 F.

例 7.1.5. (函数的非参数估计)令 $X_1, \cdots, X_n \sim F$. 假定要在仅假设 μ 存在的条件下去估计 $\mu = T(F) = \int x \,\mathrm{d}F(x)$,通常情况下,任何关于 F 的函数称为**统计泛函**,其他一些统计泛函的例子有方差 $T(F) = \int x^2 \mathrm{d}F(X) - (\int x \,\mathrm{d}F(x))^2$,中位数 $T(F) = F^{-1}(1/2)$.

例 7.1.6. (回归,预测与分类)假设有成对的观察值 $(X_1, Y_1), \cdots, (X_n, Y_n)$,如 X_i 表示第 i 个患者的血压,Y_i 表示该患者能活多久. X 称为**预测变量或回归变量或特征变量或自变量**,Y 称为**输出变量或响应变量或因变量**. 称 $r(x) = E(Y \mid X = x)$ 为**回归函数**. 如果假设 $r \in \mathfrak{F}$,其中,$\mathfrak{F}$ 是有限维的,如直线集,则称模型为**参数回归模型**;如果假设 $r \in \mathfrak{F}$,其中,$\mathfrak{F}$ 不是有限维的,则称模型为**非参数回归模型**. 对一个新的病人,根据他的 X 值去预测 Y 称为**预测**,如果 Y 是离散的(例如,生或死),则称为**分类**,如果目标是估计函数 r,则称为**回归估计或曲线估计**,有时回归模型也记为

$$Y = r(X) + \varepsilon$$

其中,$E(\varepsilon) = 0$,通常也用这种方式来描述回归模型,为进一步理解,定义 $\varepsilon = Y - r(X)$,则 $Y = Y + r(X) - r(X) = r(X) + \varepsilon$. 此外,

$$\begin{aligned} E(\varepsilon) &= E(E(\varepsilon \mid X)) = E(E(Y - r(X)) \mid X) = E(E(Y \mid X) - r(X)) \\ &= E(r(X) - r(X)) = 0. \end{aligned}$$

2. 统计推断的基本概念

有了总体分布的参数和非参数模型表示,接下来我们需要对总体进行参数和非参数统计推断:

- 对于参数模型:我们的任务是,如何根据已知的信息,在分布族 $\{f(x; \theta) \mid \theta \in \Theta\}$ 中选定一个分布作为总体的分布. 用统计的语言就是根据已知信息估计出未知参数 θ 的值. 这样,就能使总体的分布从不明确变成明确的了.

- 对于非参数模型:我们的任务是,在没有关于总体累积分布函数 F 或者概率函数 $f(x)$ 的任何假设或者仅有一般性假设(例如连续分布、对称分布等)的前提下,作出一个

累积分布函数 F 或者一个概率函数 $f(x)$的一致估计.

参数模型推断属于参数统计问题,非参数模型推断属于非参数统计问题. 例如,检验"两个总体有相同分布"这个假设,若假定两总体的分布分别为正态分布 $N(\mu_1, \sigma_2)$和 $N(\mu_2, \sigma_2)$,则问题只涉及三个实参数 μ_1, μ_2, σ_2,这是参数统计问题. 若只假定两总体的分布为连续,此外一无所知,问题涉及的分布不能用有限个实参数刻画,则这是非参数统计问题.

本课程我们主要讨论参数统计推断;对于非参数统计推断,主要限定在对概率密度函数或回归函数的非参估计讨论.

研究统计推断的方法有多种,最主要的有两大类方法:古典的频率统计推断、贝叶斯推断. 许多统计推断问题可以归入以下三类:点估计、置信区间、假设检验. 下面对这三类问题做一个简单的介绍.

(1) 点估计. 点估计是指对感兴趣的某一单点提供"最优估计". 感兴趣的点可以是参数模型、分布函数 F、概率函数 f 和回归函数 r 等中的某一参数,或者可以是对某些随机变量的未来值 Y 的预测.

假设总体 X 的分布函数的形式已知,但它的一个或多个参数未知,借助于总体 X 的一个样本来估计总体未知参数的值称为参数的点估计. 记 θ 的点估计为 $\hat{\theta}$ 或 $\hat{\theta}_n$. 注意 θ 是固定且未知的,而估计 $\hat{\theta}$ 依赖于数据,所以它是随机的. 设 $X_1, X_2, \cdots, X_n$ 是取自总体 X 的一个样本. 我们构造一个统计量 $\hat{\theta}=u(X_1, X_2, \cdots, X_n)$ 作为参数 θ 的估计,称这个统计量 $\hat{\theta}$ 为参数 θ 的一个估计量. 若$(x_1, x_2, \cdots, x_n)$ 是样本$(X_1, X_2, \cdots, X_n)$ 的一组观测值,则 $\hat{\theta}=u(x_1, x_2, \cdots, x_n)$ 就是 $\hat{\theta}$ 的一个点估计值或简称估计值.

如果分布簇中含有 k 个未知参数,即$\{f(x; \theta_1, \cdots, \theta_k) \mid (\theta_1, \cdots, \theta_k) \in \Theta\}$,则需要构造 k 个统计量 $\hat{\theta}_1=u_1(X_1, X_2, \cdots, X_n), \cdots, \hat{\theta}_k=u_k(X_1, X_2, \cdots, X_n)$ 分别作为 $\theta_1, \cdots, \theta_k$ 的估计量. 这种问题又称为多元参数的点估计问题.

由上面看到,要求参数 θ 的估计值,必须先构造一个估计量,然后把样本观测值代入估计量得到一个估计值. 寻找估计量是寻找参数 θ 的估计值的一个前提,绝不是针对一组具体的观测值去定一个估计值,因为对于一组观测值所决定的估计值是不可能知道这个估计的好坏的,而必须从总体出发,在大量重复取样的情况下,才能评价估计的好坏. 研究估计的好坏,一个很自然的想法是研究参数 θ 的一个估计量与参数 θ 的真值之间的偏差在统计意义下是大还是小呢? 在统计意义下,偏差小的估计量可以认为是较好的估计量. 在下一讲介绍估计量的构造方法之前，先简要介绍估计量的评价.

(2) 估计量的评价. 对于同一参数，用不同的估计方法求出的估计量可能不相同，原则上任何统计量都可以作为未知参数的估计量，一个自然的问题是，采用哪一个估计量为好？这涉及用什么样的标准来评价估计量的问题. 主要有三个评价标准：无偏性、有效性、相合性.

设 $X_1, X_2, \cdots, X_n$ 是取自总体的一个样本，$\theta \in \Theta$ 是包含在总体 X 的分布中的待估参数，这里 Θ 是 θ 的取值范围.

无偏性：若估计量 $\hat{\theta}=u(X_1, X_2, \cdots, X_n)$ 的数学期望 $E(\hat{\theta})$ 存在，且对任意的 $\theta \in \Theta$ 有 $E(\hat{\theta})=\theta$，则称 $\hat{\theta}$ 是 θ 的无偏估计量. 估计量的偏差定义为 $\text{bias}(\hat{\theta})=E(\hat{\theta})-\theta$，称为以 $\hat{\theta}$ 作为 θ 的估计的系统误差. 无偏估计的实际意义就是无系统误差.

有效性(风险小)：设 $\hat{\theta}_1=u(X_1, X_2, \cdots, X_n)$ 和 $\hat{\theta}_2=u(X_1, X_2, \cdots, X_n)$ 都是 θ 的无偏估计量，若对于任意的 $\theta \in \Theta$ 有 $D(\hat{\theta}_1) \leqslant D(\hat{\theta}_2)$，且至少对于某一个 $\theta \in \Theta$ 上式中的不等号成立，则称 $\hat{\theta}_1$ 较 $\hat{\theta}_2$ 有效，也即方差越小，越有效.

相合性(一致性)：设 $\hat{\theta}=u(X_1, X_2, \cdots, X_n)$ 为参数 θ 的估计量，若对任意的 $\theta \in \Theta$，当 $n \to \infty$ 时 $\hat{\theta}=u(X_1, X_2, \cdots, X_n)$ 依概率收敛于 θ，则称 $\hat{\theta}$ 为 θ 的相合估计量. 即对任意的 $\theta \in \Theta$ 都满足：对于任意的 $\varepsilon>0$，有 $\lim_{n\to\infty} P\{|\hat{\theta}-\theta| \geqslant \varepsilon\}=0$，则称 $\hat{\theta}$ 为 θ 的相合估计量.

前面讲的无偏性和有效性都是在样本容量 n 固定的前提下提出的，我们自然希望随着样本容量的增大，也即收集的数据越来越多的时候，一个估计量的值稳定于待估参数的真值. 因此这个时候我们就需要考虑相合性的要求.

均方误差评价：点估计的质量好坏有时也用均方误差，即 MSE 来评价，均方误差定义为

$$\mathrm{MSE}=E(\hat{\theta}-\theta)^2$$

要注意 $E(\cdot)$ 是关于如下分布的期望而不是关于 θ 分布的平均，该分布由数据得来，这是因为误差来自从总体中随机采样导致的，具体如下：

$$f(x_1, \cdots, x_n; \theta)=\prod_{i=1}^{n} f(x_i; \theta)$$

定理 7.1.3. 均方误差 MSE 可写成如下形式：

$$\mathrm{MSE}=\mathrm{bias}^2(\hat{\theta})+D(\hat{\theta})$$

证明. 令 $\bar{\theta}=E(\hat{\theta})$，则

$$\begin{aligned}E(\hat{\theta}-\theta)^2&=E(\hat{\theta}-\bar{\theta}+\bar{\theta}-\theta)^2\\&=E(\hat{\theta}-\bar{\theta})^2+2(\bar{\theta}-\theta)E(\hat{\theta}-\bar{\theta})+E(\bar{\theta}-\theta)^2\\&=(\bar{\theta}-\theta)^2+E(\hat{\theta}-\bar{\theta})^2\\&=\mathrm{bias}^2(\hat{\theta})+D(\hat{\theta})\end{aligned}$$

推导过程中用到了如下事实：$E(\hat{\theta}-\bar{\theta})=\bar{\theta}-\bar{\theta}=0$

$\hat{\theta}$ 的分布称为抽样分布，$\hat{\theta}$ 的标准差称为标准误差，记为 se，

$$se=se(\hat{\theta})=\sqrt{D(\hat{\theta})}$$ □

通常标准误差依赖于未知分布 F，在另外一些情况下，se 是未知量，但通常去估计它，估计的标准误差记为$\hat{se}$.

例 7.1.7. 在抛硬币的试验中，令 $X_1, \cdots, X_n\sim\mathrm{Bernoulli}(p)$，$\hat{p}_n=n^{-1}\sum X_i$，则：

(1) $E(\hat{p}_n)=n^{-1}\sum E(X_i)=p$，所以 $\hat{p}_n$ 是无偏的.

(2) 标准误差为 $se=\sqrt{D(\hat{p}_n)}=\sqrt{p(1-p)/n}$，估计的标准误差为 $\hat{se}=\sqrt{\hat{p}_n(1-\hat{p}_n)/n}$.

(3) 因为 $E(\hat{p}_n)=p$，所以 $\mathrm{bias}=p-p=0$，$se=\sqrt{p(1-p)/n}\to 0$，因此 $\hat{p}_n\xrightarrow{P}p$，即 $\hat{p}_n$ 是一致估计量，是相合的.

今后将要遇到的许多估计量都近似服从正态分布.

定义 7.1.5. 如果 $\dfrac{\hat{\theta}n-\theta}{se}\rightsquigarrow N(0, 1)$，则称估计量 $\hat{\theta}_n$ 是渐进正态的.

那么怎样构造估计量呢？参数的点估计方法包括：

- 矩估计(频率学派)；
- 极大似然估计(频率学派)；
- 极大后验估计(贝叶斯学派)；
- 贝叶斯估计(贝叶斯学派).

这些我们将在下一节内容展开介绍.

(3) 置信区间. 对于未知参数 θ，除了求出它的点估计 $\hat{\theta}$ 外，我们还希望估计出一个范

围,并希望知道这个范围包含参数 θ 真值的可信程度. 这样的范围通常以区间的形式给出,同时还给出此区间包含参数 θ 真值的可信程度. 这种形式的估计称为区间估计,这样的区间即所谓的置信区间.

设总体 X 的分布函数 $F(x;\theta)$ 含有一个未知参数 θ, $\theta \in \Theta$(Θ 是 θ 可能取值的范围),对于给定值 $\alpha(0<\alpha<1)$,若由来自 X 的样本 $X_1, X_2, \cdots, X_n$ 确定的两个统计量 $\underline{\theta}=\underline{\theta}(X_1, X_2, \cdots, X_n)$ 和 $\bar{\theta}=\bar{\theta}(X_1, X_2, \cdots, X_n)(\underline{\theta}<\bar{\theta})$,对于任意 $\theta<\Theta$ 满足

$$P\{\underline{\theta}(X_1, X_2, \cdots, X_n)<\theta<\bar{\theta}(X_1, X_2, \cdots, X_n)\} \geqslant 1-\alpha \tag{7.6}$$

则称随机区间 $C_n=(\underline{\theta}, \bar{\theta})$ 是 θ 的置信水平为 $1-\alpha$ 的**置信区间**,$\underline{\theta}$ 和 $\bar{\theta}$ 分别称为置信水平为 $1-\alpha$ 的双侧置信区间的置信下限和置信上限,$1-\alpha$ 称为**置信水平**.

当 X 是连续型随机变量时,对于给定的 α,我们总是按要求 $P\{\underline{\theta}<\theta<\bar{\theta}\}=1-\alpha$ 求出置信区间. 而当 X 是离散型随机变量时,对于给定的 α,常常找不到区间 $(\underline{\theta}, \bar{\theta})$ 使得 $P\{\underline{\theta}<\theta<\bar{\theta}\}$ 恰为 $1-\alpha$. 此时我们去找区间 $(\underline{\theta}, \bar{\theta})$ 使得 $P\{\underline{\theta}<\theta<\bar{\theta}\}$ 至少为 $1-\alpha$,且尽可能地接近 $1-\alpha$. C_n 是随机的而 θ 是固定的. 如果 θ 是向量,则用置信集(例如球面或者椭圆面)代替置信区间.

式(7.6)的含义如下:若反复抽样多次(各次得到的样本的容量相等,都是 n). 每个样本值确定一个区间 $(\underline{\theta}, \bar{\theta})$,每个这样的区间要么包含 θ 的真值,要么不包含 θ 的真值. 按伯努利大数定理,在这么多的区间中,包含 θ 真值的约占 $100(1-\alpha)\%$,不包含 θ 真值的约仅占 $100\alpha\%$. 例如,若 $\alpha=0.05$,反复抽样 1000 次,则得到的 1000 个区间中不包含 θ 真值的约仅为 50 个. 该解释并没有错误,但用处不大,因为人们很少反复地多次重复相同的试验. 第 1 次,对于参数 θ,收集到数据并建立了 95%的置信区间,第 2 次,对于参数 θ_2,收集到数据并建立了 95%的置信区间,第 3 次,对于参数 θ_3. 收集到数据并建立了 95%的置信区间,继续这一过程,对一系列不相关参数 $\theta_1, \theta_2, \cdots$ 建立置信区间,则这些置信区间有 95%的概率覆盖真实的参数值,这一解释不需要反复地重复同一试验.

例 7.1.8.　报纸每天都会报道民意调查的结果. 例如,报道称"有 83%的公众对飞行员随身配备真枪飞行的做法表示赞同",通常你还会看到诸如这样的陈述"该调查有 95%的概率在 4 个百分点的范围内变动". 意思就是赞同飞行员随身配备真枪飞行的做法的人数所占的比例 p 的 95%的置信区间是 $83\%\pm4\%$,如果以后都按这种方式建立置信区间,则有 95%的区间将包括真实的参数值,即使每天估计的量不同(不同的民意测验),这一结论也是正确的.

例 7.1.9. 在抛硬币的试验中,令 $C_n=(\hat{p}_n-\varepsilon,\ \hat{p}_n+\varepsilon)$,其中 $\varepsilon^2=\log(2/\alpha)/(2n)$,由霍夫丁不等式得,对任意 p

$$P(p\in C_n)\geqslant 1-\alpha$$

因此,C_n 是 $1-\alpha$ 置信区间.

(4) 假设检验. 统计推断的另一类重要问题是假设检验问题. 在总体的分布函数完全未知或只知其形式,但不知其参数的情况. 为了推断总体的某些未知特性,提出某些关于总体的假设. 例如,提出总体服从泊松分布的假设,又如对于正态总体提出数学期望等于 μ_0 的假设等. 我们要根据样本对所提出的假设作出是接受,还是拒绝的决策. 假设检验是作出这一决策的过程.

在假设检验中,从缺省理论,即原假设开始,通过数据是否提供显著性证据来支持拒绝该假设,如果不能拒绝,则保留原假设.

例 7.1.10. (检验硬币是否均匀)令 $X_1,\cdots,X_n\sim\text{Bernoulli}(p)$ 为 n 次独立的硬币投掷结果,假设要检验硬币是否均匀,令 H_0 表示硬币是均匀的假设,H 表示硬币不是均匀的假设,H_0 称为原假设,H_1 称为备择假设,可以将假设写成

$$H_0: p=1/2 \text{ 对比 } H_1: p\neq 1/2$$

如果 $T=\left|\hat{p}_n-\dfrac{1}{2}\right|$ 的值很大,则有理由拒绝 H_0,当详细讨论假设检验的时候,将会确定出拒绝 H_0 的精确 T 值.

参数估计和非参数估计也分别称为参数推断和非参数推断. 除了这两种推断,统计推断还包括:独立性推断、因果推断. 本节对参数与非参数模型中的参数密度估计、函数(CDF)的非参数估计、非参数密度估计,统计推断的基本概念如点估计、置信区间、假设检验等做了简单的介绍. 关于概率函数的估计方法,特别是参数估计和非参数估计的方法,没有涉及,将在下一讲进行详细介绍!

7.2 概率密度函数的估计

7.2.1 概率密度估计引入

统计机器学习方法按其使用的技巧大致可以分为两类:核方法和贝叶斯学习. 其中贝叶斯学习,又称为贝叶斯推断,其主要思想是在概率模型的学习和推理中,利用贝叶斯定

理,计算在给定数据条件下模型的条件概率,即后验概率,并应用这个原理进行模型的估计以及对数据的预测.

在设计贝叶斯分类器时,需要已知先验概率和类条件概率密度,并按一定的决策规则确定判别函数和决策面.但实际工作中,先验概率和类条件概率密度常常是未知的,需要结合实际情况具体分析.以鸢尾花分类任务为例,尽管在数据集中各种鸢尾花所占的比例是相等的,但是在实际中人们有可能根据所采集鸢尾花的地域大致判断其类别.例如,在中国的吉林省更有可能采集的是山鸢尾,而不是维吉尼亚鸢尾.这样,结合实际经验使得我们有可能推断先验概率 $P(\omega_i)$.另外,通常我们可能获得各类鸢尾花的样本数据,但不能给出类条件概率密度 $p(x \mid \omega_i)$.这就需要从所采集的各类鸢尾花样本中去估计出山鸢尾和维吉尼亚鸢尾类条件概率密度.

由上可知,在实际中,我们能收集到的是有限数目的样本,而未知的可能是先验概率 $P(\omega_i)$ 和类条件概率密度 $p(x \mid \omega_i)$.任务是利用样本集设计分类器,一个很自然的想法是把分类器设计分成两步:

(1) 利用样本集估计先验概率 $P(\omega_i)$ 和类条件概率密度 $p(x \mid \omega_i)$,分别记为 $\hat{P}(\omega_i)$ 和 $\hat{p}(x \mid \omega_i)$;

(2) 然后利用估计的概率密度设计贝叶斯分类器.

这就是基于样本的两步 Bayes 分类器设计.

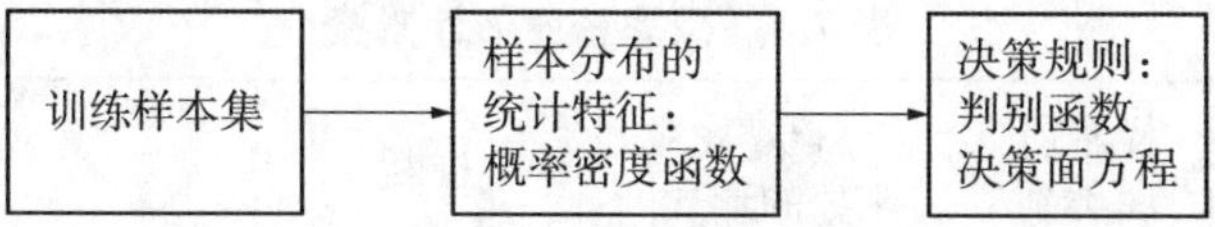

图 7.4　基于样本的两步 Bayes 分类器设计

理想情况,希望当样本数 $N \to \infty$ 时,该方法设计的分类器收敛于理论上的最优解.为此目标,则需要

$$\hat{P}(\omega_i) \xrightarrow{N \to \infty} P(\omega_i)$$

$$\hat{p}(x \mid \omega_i) \xrightarrow{N \to \infty} p(x \mid \omega_i)$$

本节主要内容:研究如何利用样本集估计概率密度函数.

1. 类先验概率 $P(\omega_i)$ 的估计

首先我们来看如何对类先验概率 $P(\omega_i)$ 的估计.这种估计主要依靠经验,用训练数据中各类出现的频率来估计. 使用频率估计概率的优点是使估计具有无偏性、相合性且使估计的收敛速度快.

2. 类条件概率密度函数估计

概率密度函数是满足下面条件的任何函数：

$$p(x) \geqslant 0, \int p(x)\mathrm{d}x = 1$$

估计该函数的方法有参数估计和非参数估计：

- 参数估计：已知类条件概率密度函数的形式，而参数未知. 如已知样本总体符合正态分布，而正态分布的参数均值和方差未知. 根据是否已知样本所在类别，参数估计又分为监督参数估计和非监督参数估计. 根据是否使用参数的先验信息，参数估计的方法又分为基于频率的参数估计方法和基于贝叶斯的参数估计方法. 在接下来的三小节中，将主要介绍参数估计方法.
- 非参数估计：已知样本所在类别，未知类条件概率密度函数的形式，要求直接推断函数本身. 一些常见典型的分布形式并不能总是满足实际需求. 因此，有些实际问题需要根据样本推断总体分布. 在本节的最后一小节中将会涉及概率密度函数的非参数估计.

在表 7.1 中，我们对概率密度函数的参数和非参数估计，及其所使用的方法进行更直观的展示.

表 7.1 概率密度估计概览

	样本所属类别	总体概率密度函数的形式	推断	解决方法
监督参数估计	已知	已知	参数	矩估计、极大似然估计；贝叶斯估计
非监督参数估计	未知	已知		
非参数估计	已知	未知	概率密度函数	直方图、核密度估计、k 近邻法

7.2.2 基于频率观点的参数估计方法

本小节开始主要讨论参数估计的问题. 为了展开一般性地讨论，如无特殊说明，在本小节中均假定参数是多元的. 前面我们已经提及如果对待求解的概率密度分布模型形式已经了解或做了合适的假设，那么问题便转化为模型参数估计的问题. 考虑参数模型，其形式为：

$$\mathfrak{F}=\{f(x;\boldsymbol{\theta})\mid\boldsymbol{\theta}\in\Theta\}$$

其中 $\Theta\subset\mathbb{R}^k$ 为参数空间，$\boldsymbol{\theta}=(\theta_1,\cdots,\theta_k)$ 为参数. 因此推断问题简化为 $\boldsymbol{\theta}$ 的参数估计问题.

在统计学习时经常可能被问及的问题：怎样能确定生成数据的分布是某种参数模型呢？实际上非常困难. 但学习参数模型的方法仍然非常有用. 首先，根据有些案例的背景知识可以假定数据近似服从某种参数模型. 例如，根据先验可以知道交通事故发生的次数服从近似泊松分布. 其次，参数模型的推断为理解非参方法提供了背景知识.

本小节主要介绍基于频率观点(经典学派)的参数估计方法. Pearson、Fisher、Neyman是该流派的创始人，该流派的观点是：概率就是频率，参数就是参数，不会变化. 该流派的主要方法包括矩估计、极大似然估计等.

1. 矩估计

(1) 矩估计的基本思想. 讨论的第一种参数估计方法为矩估计法. 矩估计的基本思想：上一节提到，由大数定理，我们知道样本矩依概率收敛于总体矩，样本矩的连续函数依概率收敛于总体矩的连续函数；在许多分布中它们所含的参数都是矩的函数，例如正态分布 $N(\mu,\sigma^2)$ 中的参数 μ 和 σ^2 就是这个分布的一阶原点矩和二阶中心矩，因此很自然的会想到用样本矩作为相应总体矩的一种估计量. 这种方法称为矩估计法. 矩估计不是最优的，但是最容易计算，它们也可以作为其他需要循环几次的算法的初始值. 接下来我们介绍矩估计的具体做法.

假设总体 X 的概率函数为 $f(x;\theta_1,\cdots,\theta_k)$，其中 $\boldsymbol{\theta}=(\theta_1,\cdots,\theta_k)$ 为待估参数，$X_1,\cdots,X_n$ 是来自 X 的样本. 对于 $1\leqslant j\leqslant k$，定义总体 X 的 j 阶矩为

$$\alpha_j:=\alpha_j(\boldsymbol{\theta})=E(X^j)=\int x^j f(x;\theta_1,\cdots,\theta_k)\mathrm{d}x$$

一般来说，它们都是 $\theta_1,\cdots,\theta_k$ 的函数. 而样本 $X_1,\cdots,X_n$ 的 j 阶样本矩定义为

$$\hat{\alpha}_j=\frac{1}{n}\sum_{i=1}^{n}X_i^j$$

定义 7.2.1. $\boldsymbol{\theta}$ 的矩估计定义为 $\hat{\boldsymbol{\theta}}$，使得

$$\alpha_1(\hat{\boldsymbol{\theta}})=\hat{\alpha}_1$$
$$\alpha_2(\hat{\boldsymbol{\theta}})=\hat{\alpha}_2$$
$$\vdots$$

$$\alpha_k(\hat{\boldsymbol{\theta}})=\hat{\alpha}_k \tag{7.7}$$

公式(7.7)定义了带有 k 个未知参数$\hat{\boldsymbol{\theta}}=(\hat{\theta}_1, \cdots, \hat{\theta}_k)$的 k 个方程的方程组,从中可以解出参数 $\boldsymbol{\theta}=(\theta_1, \cdots, \theta_k)$ 的矩估计量.

例 7.2.1. 令 $X_1, \cdots, X_n \overset{i.i.d}{\sim}$ Bernoulli(p). 则 $\alpha_1=E(X)=p$ 且 $\hat{\alpha}_1=n^{-1}\sum_{i=1}^{n}X_i$. 让它们相等可以得到估计值

$$\hat{p}_n=\frac{1}{n}\sum_{i=1}^{n}X_i$$

例 7.2.2. 令 $X_1, \cdots, X_n \overset{i.i.d.}{\sim} N(\mu, \sigma^2)$. 则 $\alpha_1=E(X)=\mu$ 且 $\alpha_2=E(X^2)=D(X)+(E(X))^2=\sigma^2+\mu^2$. 现在需要解下述方程:

$$\hat{\mu}=\frac{1}{n}\sum_{i=1}^{n}X_i$$

$$\hat{\sigma}^2+\hat{\mu}^2=\frac{1}{n}\sum_{i=1}^{n}X_i^2$$

这是由两个方程组成含有两个未知参数的方程组. 它的解为

$$\hat{\mu}=\bar{X},$$

$$\hat{\sigma}^2=\frac{1}{n}\sum_{i=1}^{n}(X_i-\bar{X})^2$$

(2) 矩估计的性质. 矩估计有一些比较好的性质:

定理 7.2.1. 令 $\hat{\boldsymbol{\theta}}$ 表示矩估计. 在适当的条件下,下述成立:

(1) 矩估计 $\hat{\boldsymbol{\theta}}$ 以接近概率 1 存在.

(2) 这个估计是相合的: $\hat{\boldsymbol{\theta}} \xrightarrow{P} \boldsymbol{\theta}$.

(3) 这个估计是渐进正态的:

$$\sqrt{n}(\hat{\boldsymbol{\theta}}-\boldsymbol{\theta}) \rightsquigarrow N(\mathbf{0}, \boldsymbol{\Sigma})$$

其中,

$$\boldsymbol{\Sigma}=\boldsymbol{G}E(YY^{\mathrm{T}})\boldsymbol{G}^{\mathrm{T}}$$

$$Y=(X, X^2, \cdots, X^k\}, \boldsymbol{G}=[\boldsymbol{g}_1 \quad \cdots \quad \boldsymbol{g}_k], \boldsymbol{g}_j=\partial\alpha_j^{-1}(\boldsymbol{\theta})/\partial\boldsymbol{\theta}$$

定理最后一条可以用于求标准差和置信区间. 然而,有比这更加简单的方法:Bootstrap 方法. 这里不再额外展开讨论.

2. 极大似然估计

(1) 极大似然估计的基本思想. 极大似然估计法(Maximum Likelihood Estimator, MLE)是求估计的另一种方法,在参数模型中,它是最常用的参数估计方法. 极大似然估计法最早由高斯(G. F. Gauss)提出,后来为费歇(R. A. Fisher)在 1912 年重新提出,并且证明了这个方法的一些性质. 极大似然估计这一名称也是费歇给的. 它是建立在极大似然原理的基础上的一个统计方法.

极大似然原理的直观想法是:一个随机试验如有若干个可能的结果 A, B, C, …. 若在一次试验中,结果 A 出现,则一般认为试验条件对 A 有利,也即 A 出现的概率最大. 下面我们来介绍该方法.

定义 7.2.2. 设 $X_1, X_2, \cdots, X_n$ 为取自具有概率函数$\{f(x;\boldsymbol{\theta}) \mid \boldsymbol{\theta} \in \Theta\}$ 的总体 X 的一个样本. 样本 $X_1, X_2, \cdots, X_n$ 的联合概率函数在 X_i 取已知观测值 x_i, $i=1, \cdots, n$ 时的值

$$L(\boldsymbol{\theta}) = L(x_1, x_2, \cdots, x_n; \boldsymbol{\theta}) = \prod_{i=1}^{n} f(x_i; \boldsymbol{\theta}),\ \boldsymbol{\theta} \in \Theta$$

称作这个样本的似然函数. 对数似然函数为

$$H(\boldsymbol{\theta}) = \ln L(\boldsymbol{\theta}) = \sum_{i=1}^{n} \ln f(x_i; \boldsymbol{\theta})$$

定义 7.2.3. 极大似然估计 MLE,记为 $\hat{\boldsymbol{\theta}}$,是使得 $L(\boldsymbol{\theta})$ 最大的 $\boldsymbol{\theta}$ 值,也即满足

$$L(x_1, x_2, \cdots, x_n; \hat{\boldsymbol{\theta}}) = \max_{\boldsymbol{\theta} \in \Theta} L(x_1, x_2, \cdots, x_n; \boldsymbol{\theta})$$

称 $\hat{\boldsymbol{\theta}}(x_1, x_2, \cdots, x_n)$ 为参数 $\boldsymbol{\theta}$ 的极大似然估计值,其相应的统计量 $\hat{\boldsymbol{\theta}}(X_1, X_2, \cdots, X_n)$ 为参数 $\boldsymbol{\theta}$ 的极大似然估计量.

极大似然估计是典型的频率学派观点,它的基本意义是:待估计参数 $\boldsymbol{\theta}$ 是客观存在的,只是未知而已,当 $\boldsymbol{\theta}$ 满足 $\boldsymbol{\theta} = \hat{\boldsymbol{\theta}}$ 时,该组观测样本$(X_1, X_2, \cdots, X_n) = (x_1, x_2, \cdots, x_n)$ 更容易被观测到,我们就说 $\hat{\boldsymbol{\theta}}$ 是 $\boldsymbol{\theta}$ 的极大似然估计值. 也即,估计值 $\hat{\boldsymbol{\theta}}$ 使得事件发生的可能性最大.

接下来,我们考虑如何去求解极大似然估计,这里由于 $\ln x$ 是单调递增函数,使得似

然函数$L(\boldsymbol{\theta})$最大的$\hat{\boldsymbol{\theta}}$也使得对数似然函数$H(\boldsymbol{\theta})$最大,因此有时我们只要求对数似然最大即可!

$$\begin{aligned}\hat{\boldsymbol{\theta}} &= \underset{\boldsymbol{\theta}}{\operatorname{argmax}} L(\boldsymbol{\theta}) = \underset{\boldsymbol{\theta}}{\operatorname{argmax}} H(\boldsymbol{\theta}) \\ &= \underset{\boldsymbol{\theta}}{\operatorname{argmax}} \sum_{i=1}^{n} \ln f(x_i;\ \boldsymbol{\theta})\end{aligned}$$

其中,$\hat{\boldsymbol{\theta}}$是极大似然解的必要条件是:函数梯度(导数)为$\mathbf{0}$.

(2) 常见分布的极大似然估计. 本节主要介绍了如何使用极大似然估计法对一些常见分布的参数进行估计.

例 7.2.3. 假设$X \sim N(\mu, \sigma^2)$, μ, σ^2为未知参数,x_1, x_2, …, x_n是来自X的一个样本值,求μ, σ^2的极大似然估计量.

解. X的概率密度为

$$f(x;\ \mu,\ \sigma^2) = \frac{1}{\sqrt{2\pi}\,\sigma} \exp\left[-\frac{1}{2}\left(\frac{x-\mu}{\sigma}\right)^2\right]$$

此时对应的参数$\boldsymbol{\theta} = (\theta_1, \theta_2) := (\mu, \sigma^2)$,则对数似然函数为

$$H(\boldsymbol{\theta}) = \ln L(\boldsymbol{\theta}) = -\frac{n}{2}\ln 2\pi\sigma^2 - \frac{1}{2\sigma^2}\sum_{i=1}^{n}(x_i - \mu)^2$$

由$\nabla_{\boldsymbol{\theta}} H(\boldsymbol{\theta}) = \mathbf{0}$得

$$\begin{cases} \sum_{i=1}^{n} \dfrac{1}{\sigma^2}(x_i - \mu) = 0 \\ -\sum_{i=1}^{n} \dfrac{1}{\sigma^2} + \sum_{i=1}^{n} \dfrac{(x_i - \mu)^2}{(\sigma^2)^2} = 0 \end{cases}$$

求解方程组得

$$\hat{\mu} = \frac{1}{n}\sum_{i=1}^{n} x_i$$

$$\hat{\sigma}^2 = \frac{1}{n}\sum_{i=1}^{n}(x_i - \hat{\mu})^2$$

因此得μ, σ^2的极大似然估计量分别为

$$\hat{\mu} = \bar{X},\ \hat{\sigma}^2 = \frac{1}{n}\sum_{i=1}^{n}(X_i - \bar{X})^2$$

根据该例的计算结果可以验证,均值的极大似然估计量是无偏的

$$E(\hat{\mu})=E\left(\frac{1}{n}\sum_{i=1}^{n}x_i\right)=\mu$$

方差的极大似然估计量不是无偏的

$$E(\hat{\sigma}^2)=E\left(\frac{1}{n}\sum_{i=1}^{n}(x_i-\hat{\mu})^2\right)=\frac{n-1}{n}\sigma^2\neq\sigma^2$$

方差的无偏估计为样本方差

$$\frac{1}{n-1}\sum_{i=1}^{n}(x_i-\hat{\mu})^2$$

由上述分析可知:正态总体均值的极大似然估计即为学习样本的算术平均;正态总体方差的极大似然估计与样本的方差不同,当 n 较大的时候,二者的差别不大.

例 7.2.4. 类似地,可以求解具有 n 个特征的多元正态分布的极大似然估计.

解.

$$\hat{\mu}=\frac{1}{n}\sum_{i=1}^{n}\boldsymbol{x}_i$$

$$\hat{\boldsymbol{\Sigma}}=\frac{1}{n}\sum_{i=1}^{n}(\boldsymbol{x}_i-\hat{\boldsymbol{\mu}})(\boldsymbol{x}_i-\hat{\boldsymbol{\mu}})^{\mathrm{T}}$$

由上述估计值可以看出对于多元正态分布:$\boldsymbol{\mu}$ 的估计即为学习样本的算术平均;估计的协方差矩阵是矩阵$(\boldsymbol{x}_i-\hat{\boldsymbol{\mu}})(\boldsymbol{x}_i-\hat{\boldsymbol{\mu}})^{\mathrm{T}}$ 的算术平均($n\times n$ 阵列,$n\times n$ 个值).

例 7.2.5. 令 $X_1, \cdots, X_n \overset{i.i.d.}{\sim} \mathrm{Uniform}(0, \theta)$,其概率密度函数为 $f(x;\theta)=\begin{cases}1/\theta, & 0\leqslant x\leqslant\theta \\ 0, & \text{其他}\end{cases}$,求未知参数 θ 的极大似然估计量.

解. 考虑一个固定的 θ 值.假设对于某一个 i,有 $\theta<x_i$.则 $f(x_i;\theta)=0$,因此

$$L(\theta)=\prod_i f(x_i;\theta)=0$$

对任意的 $x_i>\theta$,则 $L(\theta)=0$. 因此,如果 $\theta<x_{(n)}$,就有 $L(\theta)=0$,这里 $x_{(n)}=\max\{x_1, \cdots, x_n\}$.现在考虑任意 $\theta\geqslant x_{(n)}$.对每一个 x_i,有 $f(x_i;\theta)=1/\theta$,所以

$$L(\theta)=\prod f(x_i;\theta)=\theta^{-n}$$

总之

$$L(\theta)=\begin{cases}\left(\dfrac{1}{\theta}\right)^n, & \theta \geqslant x_{(n)} \\ 0, & \theta < x_{(n)}\end{cases}$$

在区间 $[x_{(n)}, \infty]$ 上，$L(\theta)$ 是严格递减的. 因此 $\hat{\theta}=x_{(n)}$，其相应的估计量为 $\hat{\theta}=X_{(n)}$.

(3) 极大似然函数的性质. 在某些条件下，极大似然估计有很多性质（以一元参数 θ 为例）：

- 极大似然估计是相合估计：$\hat{\theta} \xrightarrow{P} \theta_*$，其中，$\theta_*$ 表示参数 θ 的真实值.
- 极大似然估计是同变估计：如果 $\hat{\theta}$ 是 θ 的极大似然估计，则 $g(\hat{\theta})$ 是 $g(\theta)$ 的极大似然估计.
- 极大似然估计是渐近正态的：$(\hat{\theta}-\theta_*)/\hat{se} \rightsquigarrow N(0, 1)$. 同时，估计的标准差 $\hat{se}$ 可以解出来.
- 极大似然估计是渐近最优或有效的：这表示，在所有表现优异的估计中，极大似然估计的方差最小，至少对大样本肯定成立.

(4) 非监督极大似然估计. 非监督极大似然估计问题表现为：假设样本集 $X=\{X_1, \cdots, X_N\}$ 中的样本分属于 c 个类别，但未知各样本所属类别；已知各类先验概率 $P(\omega_i)$，$i=1, \cdots, c$（有时也可未知，一起估计）和类条件概率密度形式 $p(x \mid \omega_i; \boldsymbol{\theta}_i)$，$i=1, \cdots, c$. 需估计未知的 c 个参数向量 $\boldsymbol{\theta}_1, \boldsymbol{\theta}_2, \cdots, \boldsymbol{\theta}_c$.

为求解该问题，首先给出相应的混合密度函数及其似然函数：

$$p(x; \boldsymbol{\theta})=\sum_{i=1}^{c} \underbrace{p(x \mid \omega_i; \theta_i)}_{\text{分量密度}} \underbrace{P(\omega_i)}_{\text{混合参数}}$$

似然函数和对数似然函数：

$$L(\boldsymbol{\theta})=p(X; \boldsymbol{\theta})=\prod_{k=1}^{N} p(x_k; \boldsymbol{\theta})$$

$$H(\boldsymbol{\theta})=\ln[L(\boldsymbol{\theta})]=\sum_{k=1}^{N} \ln p(x_k; \boldsymbol{\theta})$$

则可进一步求得其极大似然估计：

$$\hat{\boldsymbol{\theta}}=\underset{\boldsymbol{\theta} \in \Theta}{\operatorname{argmax}} \prod_{k=1}^{N} p(x_k; \boldsymbol{\theta})=\underset{\boldsymbol{\theta} \in \Theta}{\operatorname{argmax}} \sum_{k=1}^{N} \ln p(x_k; \boldsymbol{\theta})$$

则问题转化成求解下列微分方程组：

$$\begin{aligned}\nabla_{\boldsymbol{\theta}_i} H(\boldsymbol{\theta}) &= \sum_{k=1}^{N} \frac{1}{p(x_k;\boldsymbol{\theta})} \nabla_{\boldsymbol{\theta}_i} \left[\sum_{j=1}^{c} p(x_k \mid \omega_j;\boldsymbol{\theta}_j) P(\omega_j)\right] \\ &= \sum_{k=1}^{N} \frac{1}{p(x_k;\boldsymbol{\theta})} \nabla_{\boldsymbol{\theta}_i} [p(x_k \mid \omega_j;\boldsymbol{\theta}_j) P(\omega_j)] (\text{设 } \boldsymbol{\theta}_i, \boldsymbol{\theta}_j \text{ 独立}) \\ &= \sum_{k=1}^{N} P(\omega_i \mid x_k;\boldsymbol{\theta}_i) \nabla_{\boldsymbol{\theta}_i} \ln p(x_k \mid \omega_i;\boldsymbol{\theta}_i)\end{aligned}$$

其中后验概率

$$P(\omega_i \mid x_k;\boldsymbol{\theta}_i) = \frac{p(x_k \mid \omega_i;\boldsymbol{\theta}_i) P(\omega_i)}{p(x_k;\boldsymbol{\theta})}$$

7.2.3　贝叶斯推断

经典统计学更多关注频率推断，到目前为止我们讲述的方法都是频率论的估计方法（或经典方法）. 频率论方法的观点基于下面的假设：

- 概率指的是相对频率，是真实世界的客观属性.
- 参数是固定的未知常数. 由于参数不会波动，因此不能对其进行概率描述.
- 统计过程应该具有定义良好的频率稳定性. 如：一个 95%的置信区间应覆盖参数真实值至少 95%的频率.

频率推断是根据样本信息对总体分布或总体的特征数进行推断，这里用到两种信息：

总体信息：总体分布提供的信息.

样本信息：抽取样本所得观测值提供的信息.

但是基于频率的估计方法，有其局限性：基于频率估计方法的优良性，在大样本情况下有其理论上的保障. 但在许多情况下，我们无法重复大量的试验，无法得到大量的试验结果，只能得到少量的试验结果. 因此在小样本情况下，传统方法是否优良，是没有保障的. 设总体 X 的概率密度函数为 $f(x;\boldsymbol{\theta})$，X_1，…，X_n 为来自总体 X 的样本，当 n 较大时，用传统方法估计 $\boldsymbol{\theta}$，估计很准确. n 较小时，特别当 $n=1$ 或 $n=2$ 时，传统估计不是很可靠. 因而，人们一直在寻求小样本情况下的优良估计方法. 解决的思路是：用过去的经验，用人们过去对 $\boldsymbol{\theta}$ 的了解（或部分了解），给出 $\boldsymbol{\theta}$ 较可靠、较切合实际的估计.

过去的看法、记忆或经验，常常支配着我们对事物的判断（估计、评判）. 例如，裁判打分，对知名运动员的评分总是要偏高，对新手的评分总是偏低. 又如，对知名产品进行抽样检查，抽取了少量样品，如果全合格，便终止抽样，得出产品合格的结论. 但对一个新厂生产的产品，则不会依据少量的抽样检查下结论. 因此，对 $\boldsymbol{\theta}$ 的了解形成的一种先验信息，对估计可能是有帮助的. 而在传统频率估计方法中，反映在数学上，我们把 X 当作随机变量，而把 $\boldsymbol{\theta}$ 当作确定的未知常量，可能不一定恰当. $f(x;\boldsymbol{\theta})$ 提供的知识与信息是关于 X 的，它反映了 X 取值的规律性，但它没有反映 $\boldsymbol{\theta}$ 的变化规律. 所以，我们可以引入反映 $\boldsymbol{\theta}$ 变化规律的信息，这种引入参数 $\boldsymbol{\theta}$ 的先验信息的推断思想，就是贝叶斯推断.

1. 贝叶斯推断的基本思想

机器学习和数据挖掘更偏爱贝叶斯推断. 贝叶斯方法基于下面的假设：

- 概率描述的是主观信念的程度，而不是频率. 这样除了对从随机变化产生的数据进行概率描述外，还可以对其他事物进行概率描述.
- 可以对各个参数进行概率描述，即使它们是固定的常数.
- 为参数生成一个概率分布来对它们进行推导，点估计和区间估计可以从这些分布得到.

贝叶斯推断除了利用前面频率推断中提到的总体信息和样本信息，还使用第三种信息：

先验信息，即是抽样(试验)之前有关统计问题的一些信息. 人们在试验之前对要做的问题在经验上和资料上总是有所了解的，这些信息对统计推断是有益的. 一般说来，先验信息来源于经验和历史资料. 先验信息在日常生活和工作中是很重要的.

基于上述三种信息进行统计推断的统计学称为**贝叶斯统计学**. 该学派的带头人是 Bayes，Laplace，Jeffreys，Robbins. Thomas Bayes 是英国数学家. 1702 年生于伦敦，1761 年 4 月 17 日卒于坦布里奇韦尔斯. 他长期担任坦布里奇韦尔斯地方教堂的牧师. 1742 年，贝叶斯被选为英国皇家学会会员. 如今在概率、数理统计学中以贝叶斯姓氏命名的有：贝叶斯公式、贝叶斯风险、贝叶斯决策函数、贝叶斯决策规则、贝叶斯估计量、贝叶斯方法、贝叶斯统计等等. 该学派的主要观点是：频率不只是概率，存在主观概率，和实体概率可转化，参数作为随机变量. 其采用的主要方法包括后验均值、贝叶斯估计、最大后验估计等.

贝叶斯统计学与经典统计学的差别就在于是否利用先验信息. 贝叶斯统计通过对先验信息的收集、挖掘和加工，使它数量化，形成先验分布，参加到统计推断中来，以提高统计推断的质量. 忽视先验信息的利用，有时是一种浪费，有时还会导出不合理的结论. 上述利用先验信息形成先验分布的前提是：总体分布的参数是随机的，但有一定的分布规律；

参数是某一常数，但无法知道．目标是充分利用参数的先验信息对未知参数作出更准确的估计．所以贝叶斯方法就是把未知参数视为具有已知分布的随机变量，将先验信息数字化并利用的一种方法．

2．贝叶斯推断

贝叶斯推断通常的做法如下：

(1) 选择一个概率密度函数 $\pi(\boldsymbol{\theta})$，用来表示在观察到数据之前我们对参数的信念(经验判断)，称之为先验分布．

(2) 选择一个统计模型 $q(\mathbf{x};\boldsymbol{\theta})$(在此处记为 $q(\mathbf{x}\mid\boldsymbol{\theta})$)，用来反映在给定参数 $\boldsymbol{\theta}$ 情况下我们对 $\mathbf{x}$ 的信念(经验判断)．

(3) 当得到观察数据 $X_1, X_2, \cdots, X_n$ 后，改进我们原来的信念(经验判断)，并且计算后验分布 $h(\boldsymbol{\theta}\mid X_1, \cdots, X_n)$，从后验分布中得到点估计和区间估计．

下面我们具体地介绍如何实现这些做法．

(1) 先验分布和贝叶斯参数统计模型．Bayes 学派认为：样本分布族中的参数 $\boldsymbol{\theta}$ 不是常量，而是随机变量，它可能取各种不同的值，取各种不同值的概率分布 $\prod(\boldsymbol{\theta})$ 也是确定的．

例 7.2.6.　考虑某厂每天产品的次品率 p．关于 p 的算法：在当天生产的产品中，进行产品全检，计算其次品率 p；或者抽取部分产品，估计其次品率 p．从当天看，p 是一个单纯的未知常数．但从较长的时间看，每天都有一个 p 值，其值因随机因素的作用，会产生波动，当天的 p 值可合理地视为随机变量 p 的一个可能值．如果我们有相当长一个时期的检验记录，则可以相当精确地定出 p 的概率分布．

形式上，把参数 $\boldsymbol{\theta}$ 看成一个随机变量，并给出 $\boldsymbol{\theta}$ 的概率分布 $\prod(\boldsymbol{\theta})$，或概率密度 $\pi(\boldsymbol{\theta})$，这个分布 $\prod(\boldsymbol{\theta})$ 在抽样前就给出了，把它称为 $\boldsymbol{\theta}$ 的先验分布．

定义 7.2.4.　参数 $\boldsymbol{\theta}$ 的参数空间 Θ 上的一个概率分布称为 $\boldsymbol{\theta}$ 的**先验分布**，其密度族记为

$$\{\pi(\boldsymbol{\theta})\mid\boldsymbol{\theta}\in\Theta\}$$

样本 $\mathbf{X}=(X_1, X_2, \cdots, X_n)$ 的条件密度函数族

$$\{q(\mathbf{x}\mid\boldsymbol{\theta})\mid\boldsymbol{\theta}\in\Theta\},\ (\mathbf{x}=(x_1, x_2, \cdots, x_n))$$

称为样本分布族；先验分布与样本分布族构成**贝叶斯参数统计模型**．

实际上,有时,把参数 $\boldsymbol{\theta}$ 看成随机变量有其合理性,但把所有未知参数都视为随机变量则牵强.例如,要估计某铁矿的含铁量 p,把 p 看成随机变量,就要设想这个铁矿是无穷多"类似"铁矿的一个样本,这是不自然的,不如把 p 看作一个独立的未知常数.此外,虽然把参数 $\boldsymbol{\theta}$ 看成随机变量有其合理性,但人们的先验知识没有确切到能用概率分布把 $\boldsymbol{\theta}$ 表达出来.于是,引出了一系列先验分布的确定方法.

(2) 后验分布与贝叶斯公式的密度函数形式.设 $\boldsymbol{\theta}$ 为随机变量,总体 X 依赖于参数 $\boldsymbol{\theta}$ 的概率密度函数为 $f(x;\boldsymbol{\theta})$,在贝叶斯统计中记为 $f(x\mid\boldsymbol{\theta})$,它表示在随机变量 $\boldsymbol{\theta}$ 取某个给定值时总体的条件概率密度函数;根据参数 $\boldsymbol{\theta}$ 的先验信息可确定先验分布,$\boldsymbol{\theta}$ 的先验概率密度函数记为 $\pi(\boldsymbol{\theta})$;从贝叶斯观点看,来自总体 X 的样本 $\mathbf{X}=(X_1, X_2, \cdots, X_n)$ 的产生分两步进行:首先从先验分布 $\pi(\boldsymbol{\theta})$ 产生一个样本 $\boldsymbol{\theta}_0$,然后从 $f(\mathbf{x}\mid\boldsymbol{\theta}_0)$ 中产生一组样本,这时样本的联合条件概率函数为

$$q(\mathbf{x}\mid\boldsymbol{\theta}_0)=\prod_{i=1}^{n} f(x_i\mid\boldsymbol{\theta}_0)$$

其中 $\mathbf{x}=(x_1, x_2, \cdots, x_n)$ 为样本观测值,这个分布综合了总体信息和样本信息.

由于 $\boldsymbol{\theta}_0$ 是未知的,它是按先验分布 $\pi(\boldsymbol{\theta})$ 产生的.为把先验信息综合进去,不能只考虑 $\boldsymbol{\theta}_0$,对 $\boldsymbol{\theta}$ 的其他值发生的可能性也要加以考虑,故要用 $\pi(\boldsymbol{\theta})$ 进行综合.这样一来,样本 $X_1, \cdots, X_n$ 和参数 $\boldsymbol{\theta}$ 的联合概率密度函数为:

$$g(\mathbf{x};\boldsymbol{\theta})=q(\mathbf{x}\mid\boldsymbol{\theta})\pi(\boldsymbol{\theta}) \tag{7.8}$$

其中 $q(\mathbf{x}\mid\boldsymbol{\theta})=\prod_{i=1}^{n} f(x_i\mid\boldsymbol{\theta})$,这个联合分布把总体信息、样本信息和先验信息三种可用信息都综合进去了.

在没有样本信息时,人们只能依据先验分布对 $\boldsymbol{\theta}$ 作出推断.在有了样本观察值 $\mathbf{x}=(x_1, x_2, \cdots, x_n)$ 之后,则应依据 $g(\mathbf{x};\boldsymbol{\theta})$ 对 $\boldsymbol{\theta}$ 作出推断.由于联合概率密度函数等于条件概率密度函数和边际概率密度函数的乘积,也即

$$g(\mathbf{x};\boldsymbol{\theta})=h(\boldsymbol{\theta}\mid\mathbf{x})m(\mathbf{x}) \tag{7.9}$$

其中 $m(\mathbf{x})=\int_{\Theta} g(\mathbf{x};\boldsymbol{\theta})\mathrm{d}\boldsymbol{\theta}=\int_{\Theta} q(\mathbf{x}\mid\boldsymbol{\theta})\pi(\boldsymbol{\theta})\mathrm{d}\boldsymbol{\theta}$ 是 $\mathbf{x}$ 的联合边际概率密度函数,它与 $\boldsymbol{\theta}$ 无关,不含 $\boldsymbol{\theta}$ 的任何信息.

联立公式(7.8)和(7.9)可知,能用来对 $\boldsymbol{\theta}$ 作出推断的仅是条件概率密度函数 $h(\boldsymbol{\theta}\mid\mathbf{x})$,它的计算公式是

$$h(\boldsymbol{\theta} \mid \mathbf{x})=\frac{g(\mathbf{x};\boldsymbol{\theta})}{m(\mathbf{x})}=\frac{q(\mathbf{x} \mid \boldsymbol{\theta}) \cdot \pi(\boldsymbol{\theta})}{\int_{\Theta} q(\mathbf{x} \mid \boldsymbol{\theta}) \cdot \pi(\boldsymbol{\theta}) \mathrm{d} \boldsymbol{\theta}}$$

其相应的条件分布称为 $\boldsymbol{\theta}$ 的后验分布，它集中了总体、样本和先验中有关 $\boldsymbol{\theta}$ 的一切信息. 后验分布 $h(\boldsymbol{\theta} \mid \mathbf{x})$ 的计算公式就是用密度函数表示的贝叶斯公式. 它是用总体和样本对先验分布 $\pi(\boldsymbol{\theta})$ 作调整的结果，贝叶斯统计的一切推断都基于后验分布进行.

定义 7.2.5.　在 $\mathbf{X}=\mathbf{x}$ 的条件下，$\boldsymbol{\theta}$ 的条件分布（或条件概率密度）称为**后验分布**，后验分布由后验密度函数 $\{h(\boldsymbol{\theta} \mid \mathbf{x}) \mid \boldsymbol{\theta} \in \Theta\}$ 描述，其计算公式为：

$$h(\boldsymbol{\theta} \mid \mathbf{x})=\frac{g(\mathbf{x};\boldsymbol{\theta})}{m(\mathbf{x})}=\frac{q(\mathbf{x} \mid \boldsymbol{\theta}) \cdot \pi(\boldsymbol{\theta})}{\int_{\Theta} q(\mathbf{x} \mid \boldsymbol{\theta}) \cdot \pi(\boldsymbol{\theta}) \mathrm{d} \boldsymbol{\theta}}$$

值得说明的是，$\boldsymbol{\theta}$ 的先验分布 $\pi(\boldsymbol{\theta})$ 概括了在试验前关于 $\boldsymbol{\theta}$ 的认识. 经过试验得到样本观测值 $\mathbf{x}=(x_1, x_2, \cdots, x_n)$ 后，我们的认识起了变化，$h(\boldsymbol{\theta} \mid \mathbf{x})$ 是重新认识 $\boldsymbol{\theta}$ 的基础和根据. 特别地，由于 $\int_{\Theta} q(\mathbf{x} \mid \boldsymbol{\theta}) \cdot \pi(\boldsymbol{\theta}) \mathrm{d} \boldsymbol{\theta}$ 不依赖于 $\boldsymbol{\theta}$，在计算 $\boldsymbol{\theta}$ 的后验分布中仅起到一个规范化因子的，作用若把 $\int_{\Theta} q(\mathbf{x} \mid \boldsymbol{\theta}) \cdot \pi(\boldsymbol{\theta}) \mathrm{d} \boldsymbol{\theta}$ 省略，可将后验密度函数改写为如下等价形式：

$$h(\boldsymbol{\theta} \mid \mathbf{x}) \propto q(\mathbf{x} \mid \boldsymbol{\theta}) \pi(\boldsymbol{\theta})$$

其中符号“$\propto$”表示两边仅相差一个不依赖于 $\boldsymbol{\theta}$ 的常数因子. $q(\mathbf{x} \mid \boldsymbol{\theta}) \pi(\boldsymbol{\theta})$ 称为后验分布 $h(\boldsymbol{\theta} \mid \mathbf{x})$ 的核.

例 7.2.7.　设 p 是某厂产品的合格率. 在抽样前，我们可以假定 p 在区间 $(0, 1)$ 之间是均匀分布的（对 p 的认识不多，不妨设 p 取各种值的可能性一样大）. 抽取了 n 个产品检查发现有 m 个废品，这时我们会修正对 p 的认识，p 仍有可能取 $(0, 1)$ 区间的任何值，但机会大小不处处一样了，在 $p=\frac{m}{n}$ 这一点附近的可能性最大，而接近 0，1 处则可能性很小.

现在我们通过下面的例子来说明后验分布的计算：

例 7.2.8.　假设总体 $X \sim N(\mu, \sigma^2)$（σ^2 已知），$X_1, X_2, \cdots, X_n$ 为来自总体 X 的样本，由过去的经验和知识，我们可以确定 μ 的取值范围在区间 $[-\mu_0, \mu_0]$ 之内，但无法得到关于 μ 的更多的信息，按同等无知的原则，我们假定 $\mu \sim \text{Uniform}(-\mu_0, \mu_0)$，其概率

密度为：

$$\pi(\mu)=\begin{cases}\dfrac{1}{2\mu_0} & |\mu|\leqslant\mu_0\\ 0 & |\mu|>\mu_0\end{cases}$$

样本分布函数族为

$$q(\mathbf{x}\mid\mu)=\frac{1}{\sigma^n(2\pi)^{n/2}}\exp\left[-\frac{1}{2\sigma^2}\sum_{n=1}^{n}(x_i-\mu)^2\right]$$

于是

$$h(\mu\mid\mathbf{x})=\frac{q(\mathbf{x}\mid\mu)\cdot\pi(\mu)}{m(\mathbf{x})}=\frac{q(\mathbf{x}\mid\mu)\cdot\pi(\mu)}{\int_{-\infty}^{+\infty}q(\mathbf{x}\mid\mu)\cdot\pi(\mu)\mathrm{d}\mu}$$

$$\propto\begin{cases}\exp\left[-\dfrac{1}{2\sigma^2}\sum_{n=1}^{n}(x_i-\mu)^2\right] & |\mu|\leqslant\mu_0\\ 0 & |\mu|>\mu_0\end{cases}$$

消去分子分母中的公共部分，得：

$$h(\mu\mid\mathbf{x})=\begin{cases}\dfrac{1}{c(\mathbf{x})}\cdot\exp\left[-\dfrac{n}{2\sigma^2}\cdot(\bar{x}-\mu)^2\right] & |\mu|\leqslant\mu_0\\ 0 & |\mu|>\mu_0\end{cases}$$

其中

$$c(\mathbf{x})=\int_{-\mu_0}^{+\mu_0}\exp\left[-\frac{n}{2\sigma^2}\cdot(\bar{x}-\mu)^2\right]\mathrm{d}\mu$$

(3) 贝叶斯推断的原则. 对贝叶斯统计而言，样本 $X_1,\cdots,X_n$ 的唯一作用在于把对 $\boldsymbol{\theta}$ 的认识由先验分布转化成后验分布. 因此，贝叶斯统计推断的原则就是：

- 对参数 $\boldsymbol{\theta}$ 所作的任何推断(参数估计、假设检验等)必须基于且只能基于 $\boldsymbol{\theta}$ 的后验分布，即后验密度函数族 $\{h(\boldsymbol{\theta}\mid\mathbf{x})\mid\boldsymbol{\theta}\in\Theta\}$.
- 一旦由样本 $X_1,\cdots,X_n$ 算出 $\boldsymbol{\theta}$ 的后验分布，就设想我们除了这一后验分布外，其余的东西(样本值、样本分布、先验分布)全忘记了. 这时，对 $\boldsymbol{\theta}$ 的推断的唯一凭借就是这一后验分布.

传统的统计推断原则许多都不能用了. 如无偏性原则，$\hat{\boldsymbol{\theta}}=T(X_1,\cdots,X_n)$，$E(\hat{\boldsymbol{\theta}})=\boldsymbol{\theta}$，

完全利用样本(样本的函数)在进行推断没有利用后验分布,不符合贝叶斯统计推断的原则.

(4) 先验分布的确定. 贝叶斯推断涉及先验分布的确定. 确定先验分布 $\pi(\boldsymbol{\theta})$ 的方法主要有客观法、主观概率法、同等无知原则以及共轭分布法.

客观法:以前的资料积累较多,对 $\boldsymbol{\theta}$ 的先验分布能作出较准确的统计或估计. 在这种情况下,分布的确定没有掺杂多少人的主观因素,故称之为客观法. 如果能用客观法确定 $\boldsymbol{\theta}$ 的先验分布 $\pi(\boldsymbol{\theta})$,对贝叶斯学派持否定态度的统计学者也不反对用贝叶斯方法去作数据处理. 在不少情况下,以往积累的资料并不是直接给出了参数在当时的取值,而只是一种估计. 例如,某厂产品的废品率,不可能是全检(可能是破坏性检验). 有些资料不是直接关于 $\boldsymbol{\theta}$ 取值分布的记录,但我们可以利用这些资料对 $\boldsymbol{\theta}$ 的先验分布作出经验性的推断.

主观概率法:按照 Bayes 学派的说法,这是一种通过"自我反省"去确定先验分布的方法. 就是说,对参数 $\boldsymbol{\theta}$ 取某值的可能性多大,通过思考,觉得该如何,而定下一个值. 主观先验分布反映了个人以往对 $\boldsymbol{\theta}$ 的了解,包括经验知识和理论知识,其中有部分可能是通过他人获取的,也可能是他人对 $\boldsymbol{\theta}$ 的了解. 对过去的经验和知识,必须经过组织和整理. 这样提出的先验分布,在主观上是正确的,但不能保证合乎某种客观标准.

同等无知原则:这一原则称为 Bayes 假定. 以产品的废品率为例,当我们对 p 一无所知时,只好先验地认为,p 以同等机会取 $(0, 1)$ 内各种值,因而以 $(0,1)$ 内均匀分布 Uniform$(0, 1)$ 作为 p 的先验分布. 这一先验分布称为**无信息先验分布**. 这一原则会出现矛盾:如果我们对 p 无知,对 p^3 也同样无知. 按同等无知原则,可以取 Uniform$(0, 1)$ 作为 p^3 的分布,但这时 p 的分布就不是 Uniform$(0, 1)$ 了.

共轭分布法:H. Raiffa, R. Schlaifer 提出了先验分布应取共轭分布才合适.

定义 7.2.6. 设样本分布族为 $\{q(\mathbf{x} \mid \boldsymbol{\theta}) \mid \boldsymbol{\theta} \in \Theta\}$,若先验分布 $\pi(\boldsymbol{\theta})$ 与后验分布 $h(\boldsymbol{\theta} \mid \mathbf{x})$ 属于同一分布类型,则先验分布 $\pi(\boldsymbol{\theta})$ 称为关于 $q(\mathbf{x} \mid \boldsymbol{\theta})$ 的共轭分布. 确切地说,若 $\mathcal{F}$ 为 $\boldsymbol{\theta}$ 的一个密度函数族,若任取 $\pi(\boldsymbol{\theta}) \in \mathcal{F}$,得到样本观测值 $\mathbf{x}$ 后,由 $\pi(\boldsymbol{\theta})$ 及 $q(\mathbf{x} \mid \boldsymbol{\theta})$ 确定的后验密度函数 $h(\boldsymbol{\theta} \mid \mathbf{x}) \in \mathcal{F}$,则称 $\mathcal{F}$ 是关于 $\{q(\mathbf{x} \mid \boldsymbol{\theta}) \mid \boldsymbol{\theta} \in \Theta\}$ 的共轭先验分布族,或称为参数 $\boldsymbol{\theta}$ 的**共轭先验分布族**.

选取共轭先验分布有如下好处:符合直观,先验分布和后验分布应该是相同形式的;可以给出后验分布的解析形式;可以形成一个先验链,即现在的后验分布可以作为下一次计算的先验分布,如果形式相同,就可以形成一个链条.

例 7.2.9. 设 $X_1, X_2, \cdots, X_n$ 是来自正态分布 $N(\theta, \sigma^2)$ 的一个样本,其中 θ 已知,

求方差 σ^2 的共轭先验分布.

解. $(X_1, X_2, \cdots, X_n)$ 的联合条件概率函数为

$$q(\mathbf{x} \mid \sigma^2)=\frac{1}{(\sqrt{2\pi}\sigma)^n}\exp\left[-\frac{1}{2\sigma^2}\sum_{i=1}^{n}(x_i-\theta)^2\right] \propto \left(\frac{1}{\sigma^2}\right)^{n/2}\exp\left[-\frac{1}{2\sigma^2}\sum_{i=1}^{n}(x_i-\theta)^2\right]$$

所以 σ^2 的共轭先验分布是

$$\pi(\sigma^2)=\frac{\lambda^\alpha}{\Gamma(\alpha)}\left(\frac{1}{\sigma^2}\right)^{\alpha+1}\exp\left[-\frac{\lambda}{\sigma^2}\right],$$

为倒 Γ 分布.

计算共轭先验分布的方法:由 $h(\boldsymbol{\theta} \mid \mathbf{x})=\pi(\boldsymbol{\theta})q(\mathbf{x} \mid \boldsymbol{\theta})/m(\mathbf{x})$,其中 $m(\mathbf{x})$ 不依赖于 $\boldsymbol{\theta}$,先求出 $q(\mathbf{x} \mid \boldsymbol{\theta})$,再选取与 $q(\mathbf{x} \mid \boldsymbol{\theta})$ 具有相同形式的分布作为先验分布,就是共轭分布.

常见分布的共轭先验分布有:

- 二项分布 Binomial(n, θ)中的成功概率 θ 的共轭先验分布是贝塔分布 Beta(a, b);
- 泊松分布 Possion(θ)中的均值 θ 的共轭先验分布是伽玛分布 $\Gamma(\alpha, \lambda)$;
- 指数分布中均值的倒数的共轭先验分布是伽玛分布 $\Gamma(\alpha, \lambda)$;
- 在方差已知时,正态均值 θ 的共轭先验分布是正态分布 $N(\mu, \tau^2)$;
- 在均值已知时,正态方差 σ^2 的共轭先验分布是倒伽玛分布(Inverse Gamma distribution) $\mathrm{I}\Gamma(\alpha, \lambda)$.

(5) 基于后验分布的点估计和区间估计. 首先,可以通过集中后验的中心得到点估计. 通常,使用后验的均值或众数. 后验均值为

$$\bar{\boldsymbol{\theta}}=\int_{\Theta}\boldsymbol{\theta}h(\boldsymbol{\theta} \mid \mathbf{x})\mathrm{d}\boldsymbol{\theta}=\frac{\int_{\Theta}\boldsymbol{\theta}q(\mathbf{x} \mid \boldsymbol{\theta})\cdot\pi(\boldsymbol{\theta})\mathrm{d}\boldsymbol{\theta}}{\int_{\Theta}q(\mathbf{x} \mid \boldsymbol{\theta})\cdot\pi(\boldsymbol{\theta})\mathrm{d}\boldsymbol{\theta}}$$

也可以得到贝叶斯区间估计. 以一元参数 θ 为例,可以求出 a 和 b,使得

$$\int_{-\infty}^{a}h(\theta \mid \mathbf{x})\mathrm{d}\theta=\int_{b}^{\infty}h(\theta \mid \mathbf{x})\mathrm{d}\theta=\alpha/2$$

令 $C=(a, b)$. 则

$$\mathbb{P}(\theta \in C \mid \mathbf{x})=\int_{a}^{b}h(\theta \mid \mathbf{x})\mathrm{d}\theta=1-\alpha$$

所以 C 是 $1-\alpha$ 后验区间.

例 7.2.10. 令 $X_1, \cdots, X_n \overset{i.i.d.}{\sim} \text{Bernoulli}(p)$. 假设把均匀分布 $\pi(p)=1$ 或贝塔分布作为 p 的先验分布. 考虑其后验估计和贝叶斯区间估计.

解. 根据贝叶斯定理,后验的形式为

$$h(p \mid \mathbf{x}) \propto \pi(p) q(\mathbf{x} \mid p) = p^s (1-p)^{n-s} = p^{s+1-1}(1-p)^{n-s+1-1}$$

其中, $s=\sum_{i=1}^n x_i$ 是成功的次数. 回想起如果一个随机变量服从参数为 α 和 β 的贝塔分布,其密度为

$$f(p; \alpha, \beta) = \frac{\Gamma(\alpha+\beta)}{\Gamma(\alpha)\Gamma(\beta)} p^{\alpha-1}(1-p)^{\beta-1}$$

可以求出 p 的后验分布是参数为 $s+1$ 和 $n-s+1$ 的贝塔分布,即

$$h(p \mid \mathbf{x}) = \frac{\Gamma(n+2)}{\Gamma(s+1)\Gamma(n-s+1)} p^{(s+1)-1}(1-p)^{(n-s+1)-1}$$

将其记为

$$p \mid \mathbf{x} \sim \text{Beta}(s+1, n-s+1)$$

注意到并没有真正做积分 $\int_p q(\mathbf{x} \mid p) \cdot \pi(p) \mathrm{d}p$ 就求出了归一化系数. 由于 $\text{Beta}(\alpha, \beta)$ 的均值为 $\alpha/(\alpha+\beta)$, 所以贝叶斯估计为

$$\bar{p} = \frac{s+1}{n+2}$$

可以把这个估计改写为

$$\bar{p} = \lambda_n \hat{p} + (1-\lambda_n)\tilde{p}$$

其中, $\hat{p}$ 是极大似然估计, $\tilde{p}=1/2$ 是先验均值, $\lambda_n = n/(n+2) \approx 1$. 通过计算 $\int_a^b h(p \mid \mathbf{x}) \mathrm{d}p = 0.95$ 得到 a 和 b, 从而得到一个 95% 的后验区间.

假设先验分布不是用均匀分布,而是用 $p \sim \text{Beta}(\alpha, \beta)$. 如果重复上述的计算,可以得到 $p \mid \mathbf{x} \sim \text{Beta}(\alpha+s, \beta+n-s)$. 扁平先验(均匀分布) 仅仅是 $\alpha=\beta=1$ 时的一个特例. 后验均值为

$$\bar{p}=\frac{\alpha+s}{\alpha+\beta+n}=\left(\frac{n}{\alpha+\beta+n}\right)\hat{p}+\left(\frac{\alpha+\beta}{\alpha+\beta+n}\right)p_0$$

其中，$p_0=\alpha/(\alpha+\beta)$ 是先验均值.

7.2.4 统计决策与贝叶斯估计

前面已经考虑了几种点估计，如矩估计、极大似然估计和后验均值. 事实上，还有许多其他的估计方法. 如何选择这些方法呢？可以通过决策理论来评价这些方法，统计决策理论是比较统计过程的正规理论. 20 世纪 40 年代末，瓦尔德(Wald)建立了统计决策理论. 1950 年发表了《统计决策函数》一书，系统地论述了他的理论. 这一理论对参数估计、区间估计、假设检验等统计问题在统计决策的观点下统一处理. 它通过将统计问题表示成数学最优化问题的解，引进了各种优良性准则. 这个理论的一些基本观点现在已经不同程度地渗透到各个统计分支，对数理统计学的发展产生了重大的影响. 统计决策理论是二战后数理统计学发展的重大事件.

统计决策与统计推断是既有联系又有区别的. 统计决策问题要考虑到决策的损失，而统计推断问题，一般是指解决一类统计问题的方法，但不考虑决策的损失问题. 如在参数的点估计中，矩估计与极大似然估计是进行点估计的统计方法，属于统计推断的范围，而讨论点估计的优良性，则与统计决策有关. 统计决策是统计推断研究的深化. 统计决策方法可以作为产生优良统计推断的手段. 贝叶斯(Bayes)估计是贝叶斯统计的主要部分，它是运用统计决策理论研究参数估计问题. 本小节，我们先简要介绍统计决策理论，然后引出贝叶斯估计.

1. 统计决策的基本概念

(1) 统计决策三要素. 统计决策问题的三个要素是：样本空间和样本分布族、决策(行动)空间、损失函数.

① 样本空间和分布族.

设总体 X 的分布函数为 $F(x;\theta)$，$\theta\in\Theta$ 是未知参数，Θ 是参数空间. 为方便读者理解，本节内容假定 θ 是一元参数. 若设 $X_1,\cdots,X_n$ 是来自总体 X 的一个样本，则样本所有可能值组成的集合称为样本空间，记为 $\mathcal{X}$. 由于 X_i 的分布函数为 $F(x_i;\theta)$，$i=1,\cdots,n$，则 $X_1,\cdots,X_n$ 的联合分布函数为

$$F(x;\theta)=\prod_{i=1}^{n}F(x_i;\theta),\ \theta\in\Theta$$

若记

$$F^* = \left\{ \prod_{i=1}^{n} F(x_i;\ \theta),\ \theta \in \Theta \right\}$$

则称 F^* 为样本 $X_1, \cdots, X_n$ 的概率分布族,简称样本分布族.

所谓给定了一个参数统计模型,实质上是指给定了样本空间和样本分布族.

② 决策空间(判决空间).

对于一个统计问题,如参数的点估计、区间估计以及参数的假设检验问题,我们常常要给予适当的回答. 对参数的点估计,一个具体的估计值就是一个回答. 在假设检验中,它是一个决定,即是接受还是拒绝原假设. 在统计决策中,每个具体的回答称为一个决策(或行动),一个统计问题中可能选取的全部决策组成的集合称为决策空间,记为 $\mathcal{A}$. 一个决策空间至少应有两个决策,假如 $\mathcal{A}$ 中只含有一个决策,那么人们就无需选择,从而也形成不了一个统计决策问题. 本书讨论的决策主要集中在点估计.

③ 损失函数.

统计决策的一个基本观点是假设:每采取一个决策,必然有一定的后果,所采取的决策不同,后果就不同. 这种后果必须以某种方式通过损失函数的形式表示出来. 这样,每一决策有优劣之分. 统计决策的一个基本思想就是把决策的优劣性以数量的形式表现出来,其方法是引入一个依赖参数值 $\theta \in \Theta$ 和决策 $d \in \mathcal{A}$ 的二元实值非负 $L(\theta, d) \geqslant 0$,称之为损失函数,它表示当参数真值为 θ 而采取决策 d 时所造成的损失,决策越正确,损失就越小. 由于在统计问题中人们总是利用样本对总体进行推断,所以误差是不可避免的,因而总会带来损失,这就是损失函数定义为非负函数的原因.

对于不同的统计问题,可以选取不同的损失函数,对于参数的点估计问题常见的损失函数有如下几种:

- 线性损失:

$$L(\theta, d) = \begin{cases} k_0(\theta - d) & \text{当 } \theta \geqslant d \text{ 时} \\ k_1(d - \theta) & \text{当 } \theta < d \text{ 时} \end{cases}$$

其中 k_0, k_1 是两个非负常数.

- 绝对损失:$L(\theta, d) = |\theta - d|$.
- 平方损失:$L(\theta, d) = (\theta - d)^2$.
- L_p 损失:$L(\theta, d) = |\theta - d|^p$.

- 0 - 1 损失：

$$L(\theta, d)=\begin{cases}0 & \text{当 } \theta=d \text{ 时} \\ 1 & \text{当 } \theta \neq d \text{ 时}\end{cases}$$

- Kullback-Leibler 损失：

$$L(\theta, d)=\int \log\left(\frac{f(x; \theta)}{f(x; d)}\right) f(x; \theta)\mathrm{d}x$$

(2) 统计决策函数及其风险函数. 假设给定了一统计决策问题的三要素：样本空间 $\mathcal{X}$ 和样本分布族，决策空间 $\mathcal{A}$ 及损失函数 $L(\theta, d)$. 我们的问题是对每一样本观测值 $\mathbf{x}=(x_1, \cdots, x_n)$，即对每一个 $\mathbf{x}\in\mathcal{X}$，有一个确定的法则，在 $\mathcal{A}$ 中选取一个决策 d. 这样一个对应关系是定义在样本空间 $\mathcal{X}$ 上，取值于决策空间 $\mathcal{A}$ 的一个函数(即由 $\mathcal{X}$ 到 $\mathcal{A}$ 的一个映射)$d(\mathbf{x})$.

定义 7.2.7. 定义在样本空间 $\mathcal{X}$ 上，取值于决策空间 $\mathcal{A}$ 内的函数 $d(\mathbf{x})$，称为统计决策函数，简称决策函数.

易见，决策函数 $d(\mathbf{x})$ 就是一个行动方案，当有了样本观测值 $\mathbf{x}$ 后，按既定的方案采取行动(决策)$d(\mathbf{x})$；因此 $d(\mathbf{x})$ 本质上就是一个统计量. 决策函数 $d(\mathbf{x})$ 就是所给定的统计决策问题的一个解.

给定一个统计决策问题，若使用决策函数 $d(\mathbf{x})$，由于样本 $\mathbf{X}=(X_1, \cdots, X_n)$ 是随机的，从而 $d(\mathbf{X})$ 也是随机的，因而 $L(\theta, d(\mathbf{X}))$ 也是随机的，它是样本 $\mathbf{X}$ 的函数. 当样本取不同的值 $\mathbf{x}$，决策 $d(\mathbf{x})$ 可能不同，所以损失函数值 $L(\theta, d)$ 也不同. 因此为了判断一个决策的好坏，一般从总体上来评价比较决策函数，也即用 $L(\theta, d(\mathbf{X}))$ 关于样本的数学期望，代表了取决策函数 $d(\mathbf{x})$ 时在概率意义下的平均风险或损失，这个平均风险就是统计决策理论中非常重要的风险函数的概念.

定义 7.2.8. 设样本空间和样本分布族分别为 $\mathcal{X}$ 和 $F^*=\{F(\mathbf{x}; \theta) \mid \theta\in\Theta\}$，决策空间为 $\mathcal{A}$，损失函数为 $L(\theta, d)(\theta\in\Theta, d\in\mathcal{A})$，则统计决策函数 $d(\mathbf{x})$ 的风险函数定义为

$$R(\theta, d)=E[L(\theta, d(\mathbf{X}))]=\int_{\mathcal{X}} L(\theta, d(\mathbf{x}))\mathrm{d}F(\mathbf{x}; \theta)$$

其中 $R(\theta, d)$ 是 θ 的函数，当 θ 取定值时，$R(\theta, d)$ 称为决策函数 $d(\mathbf{x})$ 在参数值 θ 时的风险.

风险函数 $R(\theta, d)$ 是统计决策问题当采取决策函数 $d(\mathbf{x})$ 时统计意义下的平均损失. 风险函数是 Wald 统计决策理论的基本概念. 评价一个决策函数 $d(\mathbf{x})$ 的依据就是其风险函数.

点估计问题在各种损失函数下的风险：

- 设决策函数为 $d(\mathbf{x})=\hat{\theta}(\mathbf{x})$(即 θ 的点估计),则对应平方损失函数的风险函数为

$$R(\theta, \hat{\theta})=E[(\theta-\hat{\theta}(\mathbf{X}))^2]=\int_{\mathcal{X}}(\theta-\hat{\theta}(\mathbf{x}))^2\mathrm{d}F(\mathbf{x};\theta)$$

即为估计量 $\hat{\theta}$ 的均方误差；

- 对应绝对值损失函数的风险函数为

$$R(\theta, \hat{\theta})=E[|\theta-\hat{\theta}(\mathbf{X})|]=\int_{\mathcal{X}}|\theta-\hat{\theta}(\mathbf{x})|\mathrm{d}F(\mathbf{x};\theta)$$

即为估计量 $\hat{\theta}$ 的平均绝对误差.

此外,针对区间估计和假设检验问题,也可以给出在相应损失函数下的风险函数.

Wald 理论引进统计决策函数及其风险函数,将各类统计推断问题用统一的观点与方法处理. 若要论及统计推断方法的优良性,必须考虑统计推断所采取决策的损失,即要考虑风险函数. 按照 Wald 的理论,风险函数越小,决策函数就越优良. 但是对于给定的决策函数,风险函数仍是参数 θ 的函数. 所以,两个决策函数风险大小的比较,情况比较复杂,因此就产生了种种优良性准则.

定义 7.2.9.　设 $d_1(\mathbf{x}), d_2(\mathbf{x})$ 是统计问题中的两个决策函数,简记为 d_1, d_2. 若其风险函数满足不等式

$$R(\theta, d_1)\leqslant R(\theta, d_2),\ \forall\theta\in\Theta$$

则称决策函数 d_1 优于 d_2. 若不等号严格成立,则称决策函数 d_1 一致优于 d_2；若 $R(\theta, d_1)=R(\theta, d_2),\ \forall\theta\in\Theta$,则称 d_1, d_2 等价.

定义 7.2.10.　设 $\mathcal{D}=\{d(\mathbf{x})\}$ 是一切定义在样本空间 $\mathcal{X}$ 上,取值于决策空间 $\mathcal{A}$ 上的决策函数全体,若存在一个决策函数 $d^*(\mathbf{x})\in\mathcal{D}$,使对任意一个 $d(\mathbf{x})\in\mathcal{D}$ 都有

$$R(\theta, d^*)\leqslant R(\theta, d),\ \forall\theta\in\Theta$$

则称 d^* 为一致最小风险决策函数,或一致最优决策函数.

例 7.2.11.　设总体 $X\sim N(\mu, 1)$, $\mu\in(-\infty, +\infty)$,需估计未知参数 μ,请讨论

$d(\mathbf{X})=\bar{X}$ 与 $d(\mathbf{X})=X_1$ 的风险.

解. 选取损失函数为：$L(\mu, d)=(d-\mu)^2$ 则对 μ 的任一估计 $d(\mathbf{X})$，风险函数为

$$R(\mu, d)=E[L(\mu, d)]=E(d-\mu)^2$$

若要求 $d(\mathbf{X})$ 是无偏估计，即 $E(d(\mathbf{X}))=\mu$，则风险函数为：

$$R(\mu, d)=E(d-Ed)^2=D(d(\mathbf{X}))$$

即风险函数为估计量 $d(\mathbf{X})$ 的方差.

若取 $d(\mathbf{X})=\bar{X}$，则 $R(\mu, d)=D\bar{X}=\dfrac{1}{n}$；

若取 $d(\mathbf{X})=X_1$，则 $R(\mu, d)=DX_1=1$.

显然，当 $n>1$ 时，后者的风险比前者大，$\bar{X}$ 优于 X_1.

例 7.2.12. 设总体 $X\sim P(x;\lambda)$，需估计未知参数 λ，请讨论 $d(\mathbf{X})=\bar{X}$ 与 $d(\mathbf{X})=X_1$ 的风险.

解. 选取损失函数为：

$$L(\lambda, d)=(d-\lambda)^2$$

则对 λ 的任一估计 $d(\mathbf{X})$，风险函数为

$$R(\lambda, d)=E[L(\lambda, d)]=E(d-\lambda)^2$$

若要 $d(\mathbf{X})$ 是无偏估计，即 $E(d(\mathbf{X}))=\lambda$，则风险函数为：

$$R(\lambda, d)=E(d-Ed)^2=D(d(\mathbf{X}))$$

若取 $d(\mathbf{X})=\bar{X}$，则 $R(\lambda, d)=D\bar{X}=\dfrac{\lambda}{n}$；

若取 $d(\mathbf{X})=X_1$，则 $R(\lambda, d)=DX_1=\lambda$.

显然，当 $n>1$ 时，风险不同.

在一个统计决策问题中，可供选择的决策函数往往很多，自然希望寻找使风险最小的决策函数，然而在这种意义下的最优决策函数往往是不存在的. 这是因为：

(1) 风险函数是二元函数，极值往往不存在或不唯一；

(2) 在某个区间内的逐点比较不现实(麻烦)；

(3) 对应不同参数的，同一决策函数，风险值不相等；

(4) 由统计规律的特性决定不能点点比较.

因此必须由一个整体指标来代替点点比较.要解决这个问题,就要建立一个整体指标的比较准则.贝叶斯方法通过引进先验分布把两个风险函数的点点比较转化为用一个整体指标的比较来代替,从而可以决定优劣.贝叶斯风险和最大风险就是采用这种形式定义的.

2. 贝叶斯估计

(1) 贝叶斯风险.首先我们考虑贝叶斯风险.

定义 7.2.11. 对于给定的统计决策问题,设 $d(\mathbf{x})$ 为该统计问题的决策函数,又设 $d(\mathbf{x})$ 的风险函数为 $R(\theta, d)(\theta \in \Theta)$,设参数 θ 的先验密度函数为 $\pi(\theta)(\theta \in \Theta)$.风险函数 $R(\theta, d)$ 的关于 θ 的期望

$$R_B(d) = E(R(\theta, d)) = \int_\Theta R(\theta, d)\pi(\theta)\mathrm{d}\theta$$

称为决策函数 $d(\mathbf{x})$ 在给定先验分布 $\pi(\theta)$ 下的**贝叶斯风险**,简称 $d(\mathbf{x})$ 的贝叶斯风险.

使贝叶斯风险最小的决策规则称为贝叶斯规则,相应的决策函数称为贝叶斯规则或贝叶斯决策.

定义 7.2.12. 对于给定的统计决策问题,设总体 X 的分布函数 $F(x;\theta)$ 中参数 θ 为随机变量,$\pi(\theta)$ 为 θ 的先验分布,若在决策函数类 $\mathcal{D}$ 中存在一个决策函数 $d^*(\mathbf{x})$,使得

$$R_B(d^*) = \inf_{d \in \mathcal{D}} R_B(d),$$

则称 $d^*(\mathbf{x})$ 是统计决策问题在先验分布 $\pi(\theta)$ 下的**贝叶斯规则**或**贝叶斯决策**,当问题为点估计时称为**贝叶斯估计**.

当总体 X 和 θ 都是连续型随机变量时,设 X 的概率密度函数为 $f(x;\theta)$,θ 的先验概率密度函数为 $\pi(\theta)$,记 $q(\mathbf{x} \mid \theta) = \prod_{i=1}^n f(x_i;\theta)$ (此即为样本密度),则

$$\begin{aligned}
R_B(d) &= \int_\Theta R(\theta, d)\pi(\theta)\mathrm{d}\theta \\
&= \int_\Theta \int_{\mathcal{X}} L(\theta, d(\mathbf{x}))q(\mathbf{x} \mid \theta)\pi(\theta)\mathrm{d}\mathbf{x}\mathrm{d}\theta \\
&= \int_\Theta \int_{\mathcal{X}} L(\theta, d(\mathbf{x}))m(\mathbf{x})h(\theta \mid \mathbf{x})\mathrm{d}\mathbf{x}\mathrm{d}\theta \\
&= \int_{\mathcal{X}} m(\mathbf{x})\left\{\int_\Theta L(\theta, d(\mathbf{x}))h(\theta \mid \mathbf{x})\mathrm{d}\theta\right\}\mathrm{d}\mathbf{x}
\end{aligned}$$

其中 $m(\mathbf{x}) = \int_\Theta q(\mathbf{x} \mid \theta)\pi(\theta)\mathrm{d}\theta$ 为 $(\mathbf{X}, \theta)$ 关于 $\mathbf{X}$ 的边缘联合密度函数.对于离散型随机变

量:$R_B(d)=\sum_{\mathbf{x}} m(\mathbf{x})\left\{\sum_{\theta} L(\theta,\ d(\mathbf{x}))h(\theta\mid\mathbf{x})\right\}$.

由上式可见,贝叶斯风险可以看作是对随机损失函数 $L(\theta,\ d(\mathbf{X}))$ 求两次数学期望而得到的,第一次先对 θ 的后验分布求数学期望,第二次是关于样本的边缘分布求数学期望.

定义 7.2.13. 设 $L(\theta,\ d)(\theta\in\Theta,\ d\in\mathcal{D})$ 为某一统计决策问题的损失函数,则称 $L(\theta,\ d)$ 对后验分布 $h(\theta\mid\mathbf{x})$ 的数学期望,记作

$$R(d\mid\mathbf{x})=E_{\theta\mid\mathbf{x}}(L(\theta,\ d))=\int_{\Theta} L(\theta,\ d(\mathbf{x}))h(\theta\mid\mathbf{x})\mathrm{d}\theta$$

为样本观测值为 $\mathbf{x}$ 时,决策 d 的**后验风险**.

定理 7.2.2. 任给 $\mathbf{x}\in\mathcal{X}$,若对任一 $d\in\mathcal{D}$, $R(d\mid\mathbf{x})<+\infty$,又存在决策函数 $d_{\mathcal{X}}$,使得后验风险达到最小,即

$$R(d_{\mathcal{X}}\mid\mathbf{x})=\min_{d\in\mathcal{D}} R(d\mid\mathbf{x})$$

则由下式定义后验风险准则下的最优决策函数

$$d^*(\mathbf{x})=d_{\mathcal{X}},\ \mathbf{x}\in\mathcal{X}$$

是贝叶斯决策.

证明. 设样本的分布为 $\{q(\mathbf{x}\mid\theta)\mid\theta\in\Theta\}$,参数 θ 的先验密度为 $\pi(\theta)$, $d(\mathbf{x})$ 为一决策函数,则 $d(\mathbf{x})$ 的贝叶斯风险为

$$\begin{aligned} R_B(d)=E[R(\theta,\ d)]&=\int_{\Theta} R(\theta,\ d)\pi(\theta)\mathrm{d}\theta \\ &=\int_{\Theta} m(\mathbf{x})\int_{\Theta} L(\theta,\ d(\mathbf{x}))h(\theta\mid\mathbf{x})\mathrm{d}\theta\mathrm{d}\mathbf{x} \\ &=\int_{\mathcal{X}} R(d\mid\mathbf{x})m(\mathbf{x})\mathrm{d}\mathbf{x} \end{aligned} \tag{7.10}$$

由于,对任意的 $\mathbf{x}\in\mathcal{X}$, 有

$$R(d^*(\mathbf{x})\mid\mathbf{x})=\min_{d\in\mathcal{A}} R(d\mid\mathbf{x})\leqslant R(d(\mathbf{x})\mid\mathbf{x})$$

从而有,

$$R_B(d^*)=\int_{\mathcal{X}} R(d^*(\mathbf{x})\mid\mathbf{x})m(\mathbf{x})\mathrm{d}\mathbf{x}\leqslant\int_{\mathcal{X}} R(d(\mathbf{x})\mid\mathbf{x})m(\mathbf{x})\mathrm{d}\mathbf{x}=R_B(d)$$

即 d^* 贝叶斯决策函数. □

下面给出各种损失函数下的贝叶斯估计.

定理 7.2.3. 设 θ 的先验分布为 $\pi(\theta)$，损失函数为 $L(\theta, d)=(\theta-d)^2$，则 θ 的贝叶斯估计是

$$d^*(\mathbf{x})=E(\theta \mid \mathbf{X}=\mathbf{x})=\int_{\Theta} \theta \cdot h(\theta \mid \mathbf{x}) \mathrm{d}\theta$$

其中 $h(\theta \mid \mathbf{x})$ 为参数 θ 的后验概率密度函数.

证明. 由于最小化

$$R_B(d)=\int_{\mathcal{X}} m(\mathbf{x})\left\{\int_{\Theta}[\theta-d(\mathbf{x})]^2 h(\theta \mid \mathbf{x}) \mathrm{d}\theta\right\} \mathrm{d}\mathbf{x}$$

与最小化 $\int_{\Theta}(\theta-d(\mathbf{x}))^2 h(\theta \mid \mathbf{x}) \mathrm{d}\theta$ 等价.

而

$$\begin{aligned}
\int_{\Theta}(\theta-d(\mathbf{x}))^2 h(\theta \mid \mathbf{x}) \mathrm{d}\theta &= \int_{\Theta}(\theta-E(\theta \mid \mathbf{x})+E(\theta \mid \mathbf{x})-d(\mathbf{x}))^2 h(\theta \mid \mathbf{x}) \mathrm{d}\theta \\
&= \int_{\Theta}(\theta-E(\theta \mid \mathbf{x}))^2 h(\theta \mid \mathbf{x}) \mathrm{d}\theta+\int_{\Theta}(E(\theta \mid \mathbf{x})-d(\mathbf{x}))^2 h(\theta \mid \mathbf{x}) \mathrm{d}\theta \\
&\quad +2\int_{\Theta}(\theta-E(\theta \mid \mathbf{x}))(E(\theta \mid \mathbf{x})-d(\mathbf{x})) h(\theta \mid \mathbf{x}) \mathrm{d}\theta
\end{aligned}$$

其中 $E(\theta \mid \mathbf{x})=\int_{\Theta} \theta \cdot h(\theta \mid \mathbf{x}) \mathrm{d}\theta$，故

$$\begin{aligned}
&\int_{\Theta}(\theta-E(\theta \mid \mathbf{x}))(E(\theta \mid \mathbf{x})-d(\mathbf{x})) h(\theta \mid \mathbf{x}) \mathrm{d}\theta \\
&=(E(\theta \mid \mathbf{x})-d(\mathbf{x}))\int_{\Theta}(\theta-E(\theta \mid \mathbf{x})) h(\theta \mid \mathbf{x}) \mathrm{d}\theta \\
&=(E(\theta \mid \mathbf{x})-d(\mathbf{x}))(E(\theta \mid \mathbf{x})-E(\theta \mid \mathbf{x}))=0
\end{aligned}$$

所以

$$\begin{aligned}
&\int_{\Theta}(\theta-d(\mathbf{x}))^2 h(\theta \mid \mathbf{x}) \mathrm{d}\theta \\
&=\int_{\Theta}(\theta-E(\theta \mid \mathbf{x}))^2 h(\theta \mid \mathbf{x}) \mathrm{d}\theta+\int_{\Theta}(E(\theta \mid \mathbf{x})-d(\mathbf{x}))^2 h(\theta \mid \mathbf{x}) \mathrm{d}\theta
\end{aligned}$$

显然，当 $d^*(\mathbf{x})=E(\theta \mid \mathbf{x})$ 时，$R_B(d)$ 达到最小. □

一般地,我们常说的贝叶斯估计是指平方损失函数下用后验分布的均值作为 θ 的点估计,也称为后验期望估计. 实际上,我们可以对该定理的结论做一个更为直观的解释. 设 θ 的后验分布为 $h(\theta \mid \mathbf{x})$,贝叶斯估计为 $\hat{\theta}$,则 $(\hat{\theta}-\theta)^2$ 的后验期望

$$\mathrm{MSE}(\hat{\theta} \mid \mathbf{x})=E_{\theta|\mathbf{x}}(\hat{\theta}-\theta)^2$$

称为 $\hat{\theta}$ 的**后验均方差**,其平方根称为后验标准误差,$\hat{\theta}$ 的后验均方差越小,贝叶斯估计的误差就越小,当 $\hat{\theta}$ 为 θ 的后验期望 $\hat{\theta}_B=E(\theta \mid \mathbf{x})$ 时,

$$\mathrm{MSE}(\hat{\theta}_B \mid \mathbf{x})=E_{\theta|\mathbf{x}}(\hat{\theta}_B-\theta)^2=D(\theta \mid \mathbf{x})$$

称为**后验方差**,其平方根称为后验标准差. 后验均方差与后验方差,有如下关系:

$$\begin{aligned}\mathrm{MSE}(\hat{\theta} \mid \mathbf{x})&=E_{\theta|\mathbf{x}}(\hat{\theta}-\theta)^2\\&=E_{\theta|\mathbf{x}}[(\hat{\theta}-\hat{\theta}_B)+(\hat{\theta}_B-\theta)]^2\\&=E_{\theta|\mathbf{x}}(\hat{\theta}_B-\hat{\theta})^2+D(\theta \mid \mathbf{x})\\&=(\hat{\theta}_B-\hat{\theta})^2+D(\theta \mid \mathbf{x})\end{aligned}$$

上面的关系式表明,当 $\hat{\theta}$ 取后验期望时,可使后验均方差达到最小,所以取后验期望作为 θ 的贝叶斯估计是合理的.

(2) 贝叶斯估计的求解. 求贝叶斯估计的一般步骤为:

① 根据总体 X 的分布,求得条件概率 $q(\mathbf{x} \mid \theta)$;

② 在已知 θ 的先验分布 $\pi(\theta)$ 下,求得 $\mathbf{X}$ 与 θ 的联合分布密度 $g(\mathbf{x}, \theta)=\pi(\theta)q(\mathbf{x} \mid \theta)$;

③ 求得 X 的边缘分布 $m(\mathbf{x})$;

④ 计算 $h(\theta \mid \mathbf{x})=\pi(\theta)q(\mathbf{x} \mid \theta)/m(\mathbf{x})$;

⑤ 求数学期望 $\hat{\theta}=\int_{\Theta}\theta \cdot h(\theta \mid \mathbf{x})\mathrm{d}\theta$;

⑥ 求得贝叶斯风险(如有需要)

$$R_B(d)=\int_{\Theta}\int_{\mathcal{X}}L(\theta, d(\mathbf{x}))q(\mathbf{x} \mid \theta)\pi(\theta)\mathrm{d}\mathbf{x}\mathrm{d}\theta$$

例 7.2.13. $X_1, X_2, \cdots, X_n$ 来自正态分布 $N(\theta, \sigma_0^2)$ 的一个样本,其中 σ_0^2 已知,θ 未知,假设 θ 的先验分布为正态分布 $N(\mu, \tau^2)$,其中先验均值 μ 和先验方差 τ^2 均已知,试求 θ 的贝叶斯估计.

解. 样本 $\mathbf{X}$ 的联合分布和 θ 的先验分布分别为

$$q(\mathbf{x} \mid \theta) = (2\pi\sigma_0^2)^{-\frac{n}{2}} \exp\left\{-\frac{1}{2\sigma_0^2}\sum_{i=1}^{n}(x_i - \theta)^2\right\}$$

$$\pi(\theta) = (2\pi\tau^2)^{-\frac{1}{2}} \exp\left\{-\frac{1}{2\tau^2}(\theta - \mu)^2\right\}$$

由此可以写出 $\mathbf{x}$ 与 θ 的联合分布

$$f(\mathbf{x}, \theta) = k_1 \cdot \exp\left\{-\frac{1}{2}\left[\sigma_0^{-2}(n\theta^2 - 2n\theta\bar{x} + \sum_{i=1}^{n}x_i^2) + \frac{\theta^2 - 2\theta\mu + \mu^2}{\tau^2}\right]\right\}$$

其中 $k_1 = (2\pi)^{-(n+1)/2}\tau^{-1}\sigma_0^{-n}$. 若记 $A = \frac{n}{\sigma_0^2} + \frac{1}{\tau^2}$, $B = \frac{n\bar{x}}{\sigma_0^2} + \frac{\mu}{\tau^2}$, $C = \sigma_0^{-2}\sum_{i=1}^{n}x_i^2 + \frac{\mu^2}{\tau^2}$ 则有

$$f(\mathbf{x}, \theta) = k_1 \exp\left\{-\frac{1}{2}[A\theta^2 - 2B\theta + C]\right\}$$

$$= k_1 \exp\left\{-\frac{(\theta - B/A)^2}{2/A} - \frac{1}{2}(C - B^2/A)\right\}$$

注意到 A, B, C 均与 θ 无关,样本的边际密度函数

$$m(\mathbf{x}) = \int_{-\infty}^{\infty} f(\mathbf{x}, \theta)\mathrm{d}\theta = k_1 \exp\left\{-\frac{1}{2}(C - B^2/A)\right\} \cdot \sqrt{\frac{2\pi}{A}}$$

应用贝叶斯公式即可得到后验分布

$$h(\theta \mid \mathbf{x}) = \frac{f(\mathbf{x}, \theta)}{m(\mathbf{x})} = \sqrt{\frac{A}{2\pi}} \exp\left\{-\frac{1}{2/A}(\theta - B/A)^2\right\}$$

这说明在样本给定后,θ 的后验分布为 $N(B/A, 1/A)$,即 $\theta \mid \mathbf{x} \sim N(B/A, 1/A)$,记作 $\theta \mid \mathbf{x} \sim N(\mu_1, \sigma_1^2)$, 其中

$$\mu_1 = \frac{B}{A} = \frac{n\sigma_0^{-2}\bar{x} + \tau^{-2}\mu}{n\sigma_0^{-2} + \tau^{-2}}, \sigma_1^2 = \frac{1}{A} = \frac{\sigma_0^2\tau^2}{\sigma_0^2 + n\tau^2}$$

后验均值即为其贝叶斯估计:

$$\hat{\theta} = \frac{n\tau^2}{n\tau^2 + \sigma_0^2}\bar{x} + \frac{\sigma_0^2}{n\tau^2 + \sigma_0^2}\mu$$

它是样本均值 $\bar{x}$ 与先验均值 μ 的加权平均.

(3) 基于特定损失函数的贝叶斯估计. 实际上,除了平方损失函数以外,还有线性损

失函数、加权平方损失函数、绝对值损失函数等等. 我们依然可以求出对应的贝叶斯估计值.

定理 7.2.4. 设 θ 的先验分布为 $\pi(\theta)$，取损失函数为加权平方损失函数

$$L(\theta, d)=\lambda(\theta)(d-\theta)^2$$

则 θ 的贝叶斯估计为 $d^*(\mathbf{x})=\dfrac{E[\lambda(\theta)\theta \mid \mathbf{x}]}{E[\lambda(\theta) \mid \mathbf{x}]}$.

定理 7.2.5. 设 θ 的先验分布为 $\pi(\theta)$，在线性损失函数

$$L(\theta,d)=\begin{cases}k_0(\theta-d), & d\leqslant\theta\\ k_1(d-\theta), & d>\theta\end{cases}$$

下，则 θ 的贝叶斯估计 $d^*(\mathbf{x})$ 为后验分布 $h(\theta \mid \mathbf{x})$ 的 $k_1/(k_0+k_1)$ 上侧分位数.

定理 7.2.6. 设 θ 的先验分布为 $\pi(\theta)$，损失函数为绝对值损失 $L(\theta, d)=|d-\theta|$，则 θ 的贝叶斯估计 $d^*(\mathbf{x})$ 为后验分布 $h(\theta \mid \mathbf{x})$ 的中位数.

最大后验估计 实际上，还可以取使得后验分布的概率密度函数最大化的参数，这就是最大后验估计.

定义 7.2.14. 设 θ 的后验密度函数为 $h(\theta \mid \mathbf{x})$，若 $\hat{\theta}=\hat{\theta}(x_1, x_2, \cdots, x_n)$ 使得

$$h(\hat{\theta} \mid \mathbf{x})=\max_{\theta\in\Theta} h(\theta \mid \mathbf{x})$$

则称 $\hat{\theta}$ 为 θ 最大后验估计.

例 7.2.14. 设总体 $X\sim E(\theta)$，$X_1, X_2, \cdots, X_n$ 为来自总体 X 的样本，θ 的先验分布为指数分布 $E(\lambda)$（λ 已知），求 θ 的最大后验估计.

解. 因为先验概率密度函数为：

$$\pi(\theta)=\begin{cases}\lambda e^{-\lambda\theta} & \theta>0\\ 0 & \theta\leqslant 0\end{cases}$$

样本 $(X_1, X_2, \cdots, X_n)$ 的联合概率密度为：

$$q(\mathbf{x} \mid \theta)=\prod_{i=1}^{n} f(x_i \mid \theta)=\begin{cases}\theta^n e^{-\theta\sum_{i=1}^n x_i} & x_1, x_2, \cdots, x_n>0\\ 0 & \text{其他}\end{cases}$$

所以 θ 的后验分布密度

$$h(\theta \mid \mathbf{x}) \propto \theta^n e^{-(\lambda+\sum_{i=1}^n x_i)\theta}$$

$$\ln h(\theta \mid \mathbf{x}) = n\ln\theta - \left(\lambda + \sum_{i=1}^n x_i\right)\theta + \ln c(\mathbf{x})$$

$$\frac{\partial \ln h(\theta \mid \mathbf{x})}{\partial \theta} = \frac{n}{\theta} - \left(\lambda + \sum_{i=1}^n x_i\right) = 0$$

求得 θ 的最大后验估计为 $\hat{\theta} = \dfrac{1}{\bar{x} + \lambda/n}$. 当 $n \to \infty$ 时，$\hat{\theta} \to \dfrac{1}{\bar{x}}$，与传统意义下的极大似然估计是一致的.

基于后验分布 $h(\theta \mid \mathbf{x})$ 的贝叶斯估计，常用有如下三种：用后验分布的密度函数最大值作为 θ 的点估计，称为最大后验估计；用后验分布的中位数作为 θ 的点估计，称为后验中位数估计；用后验分布的均值作为 θ 的点估计，称为后验期望估计. 最为常见的是后验期望估计，简称为贝叶斯估计，记为 $\hat{\theta}_B$.

3. 最小最大估计

在统计决策理论中，风险函数提供了一个衡量决策函数好坏的尺度. 贝叶斯决策是根据贝叶斯风险最小的原则而取的最优决策，如果将“最优性”的准则改变，就可以得到另一种“最优”决策. 接下来我们介绍基于最大风险的最小最大决策规则. 与基于贝叶斯风险的贝叶斯决策相比，最小最大决策不依赖于参数的先验信息.

定义 7.2.15. 对于给定的统计决策问题，设 $d(\mathbf{x})$ 为该统计问题的决策函数，又设 $d(\mathbf{x})$ 的风险函数为 $R(\theta, d)(\theta \in \Theta)$，称

$$M(d) = \sup_{\theta} R(\theta, d),$$

为决策函数 $d(\mathbf{x})$ 的最大风险.

(1) 最小最大规则. 使最大风险最小的决策称为最小最大规则，相应的决策函数称为最小最大决策.

定义 7.2.16. 对于给定的统计决策问题，若在决策函数类 $\mathcal{D}$ 中存在一个决策函数 $d^*(\mathbf{x})$，使得

$$\sup_{\theta\in\Theta} R(\theta, d^*) = \inf_{d\in\mathcal{D}} \sup_{\theta\in\Theta} R(\theta, d)$$

则称 d^* 为最小最大(Minimax)决策，或称 d^* 为该统计问题的**最小最大规则**或**最小最大解**.

当问题为估计或检验时，称 d^* 为最小最大估计或最小最大检验. 后面我们主要关注

最小最大估计.

最小最大规则从风险函数的整体性质来确定决策风险的优良性. 使决策函数的最大风险达到最小是考虑到最不利的情况,要求最不利的情况尽可能地好. 也就是人们常说的从最坏处着想,争取最好的结果. 因此最小最大规则是比较保守的规则.

通常,如果对参数 θ 的先验信息有所了解,则利用贝叶斯为好;若对参数 θ 的信息毫无了解,则可使用最小最大准则. 寻求最小最大决策函数的一般步骤是:

① 对 $\mathcal{D}$ 中所有决策函数求最大风险,即 $\max_{\Theta}(R(\theta, d))$, $\forall d \in \mathcal{D}$;

② 在所有最大风险值中选取最小值 $\min_d(\max_{\Theta}(R(\theta, d)))$.

此最小值所对应的决策函数就是最小最大决策函数.

例 7.2.15. 设总体 $X \sim \text{Bernoulli}(p)$, 即

$$P(X=x)=p^x(1-p)^{1-x}(x=0, 1)$$

其中 $p \in \Theta=\left\{\frac{1}{4}, \frac{1}{2}\right\}$, 决策空间为 $A=\left\{\frac{1}{4}, \frac{1}{2}\right\}$, 设损失函数 $L(p, a)$ 为表 7.2 所示. 假设样本容量为 1,试求参数 p 的最小最大估计量.

表 7.2 损失函数 $L(p, a)$ 取值表

L(p, a) a / p	$a_1=\frac{1}{4}$	$a_2=\frac{1}{2}$
$p_1=\frac{1}{4}$	1	4
$p_2=\frac{1}{2}$	3	2

解. 如果我们选取容量为 1 的样本为 X_1, 由于 X_1 仅取两个可能值及 A 中只有两个元素,因而决策函数的集合 $\mathcal{D}$ 是由 4 个元素所组成,其分别记为 d_1, d_2, d_3, d_4, 即有

表 7.3 决策函数表

$\mathcal{D}$ / X	d_1	d_2	d_3	d_4
0	$\frac{1}{4}$	$\frac{1}{2}$	$\frac{1}{4}$	$\frac{1}{2}$
1	$\frac{1}{4}$	$\frac{1}{2}$	$\frac{1}{2}$	$\frac{1}{4}$

由上表计算可得

$$R(p_1, d_1)=L(p_1, a_1)P(X=0)+L(p_1, a_1)P(X=1)=1\times\frac{3}{4}+1\times\frac{1}{4}=1$$

$$R(p_1, d_2)=L(p_1, a_2)P(X=0)+L(p_1, a_2)P(X=1)=4\times\frac{3}{4}+4\times\frac{1}{4}=4$$

$$R(p_1, d_3)=L(p_1, a_1)P(X=0)+L(p_1, a_2)P(X=1)=1\times\frac{3}{4}+4\times\frac{1}{4}=\frac{7}{4}$$

$$R(p_1, d_4)=L(p_1, a_2)P(X=0)+L(p_1, a_1)P(X=1)=4\times\frac{3}{4}+1\times\frac{1}{4}=\frac{13}{4}$$

同理计算可得

$$R(p_2, d_1)=3, R(p_2, d_2)=2, R(p_2, d_3)=\frac{5}{2}, R(p_2, d_4)=\frac{5}{2}.$$

于是 p 的最小最大值估计为：

$$\hat{p}(X_1)=d_3=\begin{cases}\frac{1}{4} & X_1=0\\ \frac{1}{2} & X_1=1\end{cases}$$

表 7.4　风险函数值与最大值

$d_1(x_1)$	d_1	d_2	d_3	d_4
$R(p_1, d_i)$	1	4	$\frac{7}{4}$	$\frac{13}{4}$
$R(p_2, d_i)$	3	2	$\frac{5}{2}$	$\frac{5}{2}$
$\max_{\theta\in\Theta}R(p, d_i)$	3	4	$\frac{5}{2}$	$\frac{13}{4}$

(2) 最小最大决策函数. 寻找最小最大决策函数通常是较困难的，然而贝叶斯决策函数与最小最大决策函数有一定的联系. 以下定理可以作为验证某一决策 d 为最小最大决策函数的方法.

定理 7.2.7.　设 $d^*(\mathbf{x})$为某一先验分布 $\pi(\theta)$下的贝叶斯决策函数，且对任意的 $\theta\in\Theta$，$d^*(\mathbf{x})$ 的风险函数 $R(\theta, d^*)=c$ 为常数，则 $d^*(\mathbf{x})$ 为该统计决策问题的最小最大决

策函数.

证明. 用反证法. 若 $d^*(\mathbf{x})$ 不是最小最大决策函数,则存在决策函数 $d(\mathbf{x})$,使得 $M(d) < M(d^*) = \sup_{\theta\in\Theta} R(\theta, d^*) = c$, 此时有

$$R_\pi(d) = \int_\Theta R(\theta, d)\pi(\theta)\mathrm{d}\theta \leqslant \int_\Theta M(d)\pi(\theta)\mathrm{d}\theta < c = R_\pi(d^*) \qquad \square$$

这与 $d^*(\mathbf{x})$ 为先验分布 $\pi(\theta)$ 下的贝叶斯决策函数相矛盾. 因此,$d^*(\mathbf{x})$ 必定是一个最小最大决策函数.

定理 7.2.8. 设给定一个贝叶斯决策问题,在先验分布 $\pi_k(\theta)$ 下的贝叶斯决策函数为 d_k,而 d_k 的贝叶斯风险为 $B_{\pi_k}(d_k)(k=1, 2, \cdots)$. 若

$$\lim_{k\to\infty} B_{\pi_k}(d_k) = \rho < +\infty$$

且 d^* 为一决策函数,满足

$$\sup_{\theta\in\Theta} R(\theta, d^*) \leqslant \rho$$

则 d^* 为该统计决策问题的最小最大决策函数.

证明. 用反证法. 若 d^* 不是最小最大决策函数,则存在决策函数 d,使得

$$\sup_{\theta\in\Theta} R(\theta, d) < \sup_{\theta\in\Theta} R(\theta, d^*) \leqslant \rho$$

此时,存在 $\varepsilon > 0$,使得 $R(\theta, d) \leqslant \rho - \varepsilon$, $\forall \theta \in \Theta$, 因此,对一切 k,有

$$B_{\pi_k}(d) = \int_\Theta R(\theta, d)\pi_k(\theta)\mathrm{d}\theta \leqslant \rho - \varepsilon$$

由于 d_k 为在先验分布 $\pi_k(\theta)$ 下的贝叶斯决策函数,所以有

$$B_{\pi_k}(d) \geqslant B_{\pi_k}(d_k) > \rho - \varepsilon$$

矛盾,故 d^* 为最小最大决策函数. $\square$

例 7.2.16. 设总体 X 服从正态分布 $N(\theta, 1)$, $X_1, X_2, \cdots, X_n$ 为来自总体 X 的样本,损失函数为 $L(\theta, d) = (\theta - d)^2$, 求 θ 的最小最大估计.

解. 选取一列先验分布 $\{\pi_k\}$, $\pi_k(\theta) \sim N(0, k^2)$, 在 π_k 下,θ 的贝叶斯估计为

$$d_k = E(\theta \mid \mathbf{x}) = \frac{n\bar{x}}{n + \frac{1}{k^2}} = \frac{k^2 n\bar{x}}{k^2 n + 1}$$

由于

$$R(\theta, d_k) = E[L(\theta, d_k)] = E\left[\frac{k^2 n\bar{X}}{k^2 n+1} - \theta\right]^2$$

$$= \frac{E[k^2 n(\bar{X}-\theta) - \theta]^2}{(k^2 n+1)^2} = \frac{k^4 n + \theta^2}{(k^2 n+1)^2}$$

所以 d_k 的贝叶斯风险为

$$B_{\pi_k}(d_k) = E_{\pi_k}\left[\frac{k^4 n + \theta^2}{(k^2 n+1)^2}\right] = \frac{k^2}{k^2 n+1}$$

因为 $\lim_{k\to\infty} B_{\pi_k}(d_k) = \dfrac{1}{n}$，而取决策函数 $d^* = \bar{x}$，则 d^* 的风险函数

$$R(\theta, d^*) = E[L(\theta, d^*)] = E[\bar{X} - \theta]^2 = \frac{1}{n}$$

从而 $\sup_{\theta\in\Theta} R(\theta, d^*) = \dfrac{1}{n}$，于是 θ 的最小最大估计为 $d^* = \bar{x}$.

7.2.5 非参数估计

参数估计要求总体的密度函数的形式已知，但这种假定有时并不成立；常见的一些函数形式很难拟合实际的概率密度，实际中样本维数较高，且关于高维密度函数可以表示成一些低维密度函数乘积的假设通常也不成立；经典的密度函数都是单峰的，而在许多实际情况中却是多峰的，即有多个局部极大值. 但是为了设计贝叶斯分类器，仍然需要总体分布的知识，于是提出一些直接用样本来估计总体分布的方法，称之为：估计分布的非参数方法. 非参数估计可以描述为：密度函数的形式未知，也不作假设，利用训练数据（样本）直接对任意的概率密度进行估计. 又称作模型无关方法.

先来回顾一下之前提到的概率密度估计问题：给定来自于独立同分布 X 的样本集 $\{X_1, X_2, \cdots, X_n\}$，估计概率分布：$p(X)$.

非参数概率密度估计方法主要有三种：直方图密度估计、核密度估计以及 k 近邻估计. 下面将对这些方法进行展开介绍.

1. 直方图密度估计

在经典的统计学中，直方图主要用于描述数据的频率. 本节将介绍如何使用直方图估计一个随机变量的密度. 直方图密度估计与用直方图估计频率的差别在于：在直方图密度

估计中,我们需要对频率估计进行归一化,使其成为一个密度函数的估计. 直方图估计是非参数概率密度估计最简单的方法.

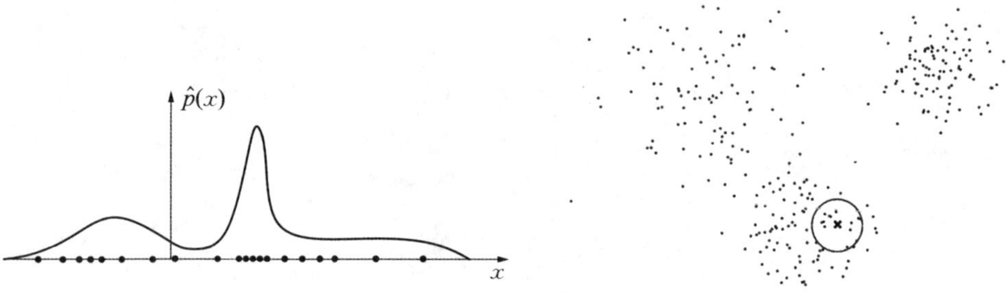

(a) (b)

图 7.5 概率密度估计

(1) 一元函数的直方图密度估计. 先讨论一元函数的直方图密度估计. 假定有数据 $x_1, x_2, \cdots, x_n \in [a, b)$. 对区间$[a, b)$做如下划分,即 $a=a_0<a_1<a_2<\cdots<a_k=b$, $I_i=[a_{i-1}, a_i)$, $i=1, 2, \cdots, k$. 我们有 $\bigcup_{i=1}^{k} I_i=[a, b)$, $I_i \cap I_j=\varnothing$, $i \neq j$. 令 $n_i := \#\{x_i \in I_i\}$ 为落在 I_i 中数据的个数;定义直方图密度估计为:

$$\hat{p}(x)=\begin{cases}\dfrac{n_i}{n(a_i-a_{i-1})}, & \text{当 } x \in I_i \\ 0, & \text{当 } x \notin [a, b)\end{cases}$$

在实际应用中,为了简化计算,通常选择等宽度的区间,即每 i 个 $I(i=1, 2, \cdots, k)$ 的宽度均为 h. 此时,直方图密度估计简化为:

$$\hat{p}(x)=\begin{cases}\dfrac{n_i}{nh}, & \text{当 } x \in I_i \\ 0, & \text{当 } x \notin [a, b)\end{cases}$$

其中,h 既是归一化参数,也代表每个区间的宽度,通常称为带宽或窗宽. 进一步,我们可以验证直方图密度估计的归一性,即

$$\int_a^b \hat{p}(x) \mathrm{d}x=\sum_{i=1}^{k} \int_{I_i} \frac{n_i}{nh} \mathrm{d}x=\sum_{i=1}^{k} \frac{n_i}{n}=1$$

由于位于同一区间内的所有点的直方图密度估计值相同,直方图对应的分布函数 $F_h(x)$ 是一个单调递增的阶梯函数. 这与经验分布函数的形状类似. 实际上,当区间宽度 h 缩小到每个区间内至多包含一个数据点时,直方图的分布函数趋近于经验分布函数.

定理 7.2.9.　固定 x 和 h，令估计的密度是 $\hat{p}(x)$，如果 $x \in I_j$，$p_j = \int_{I_j} p(x)\mathrm{d}x$，有

$$E(\hat{p}(x)) = p_j / h,\ D(\hat{p}(x)) = \frac{p_j(1-p_j)}{nh^2}$$

例 7.2.17.　下面使用了鸢尾花数据集中的山鸢尾(Setosa)和维吉尼亚鸢尾(Virginical)两种花花萼长度的观测数据，共计 150 条. 在图 7.6 中，从左到右，分别采用逐渐增加的带宽间隔：$h_l = 0.40$，$h_m = 0.19$，$h_r = 0.09$ 制作了 3 个直方图. 可以发现当带宽很小的时候，个体特征比较明显，从图中可以看到多个峰值. 而带宽过大的最左边的图上，很多峰都不明显了. 中间的图比较合适，它有两个主要的峰，提供了最为重要的特征信息. 实际上，参与直方图运算的是山鸢尾和维吉尼亚鸢尾两种花花萼长度的混合数据，经验表明，大部分山鸢尾的花萼长度与维吉尼亚鸢尾的花萼长度有一定的差别，因而两个峰是合适的.

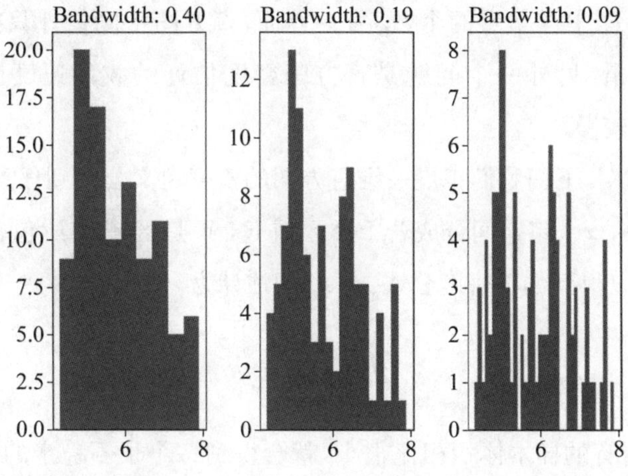

图 7.6　山鸢尾和维吉尼亚鸢尾花萼长度

(2) 理论性质和最优带宽. 由于带宽的不同，会得到不同的估计结果. 因此选择合适的带宽，对于得到好的密度估计非常重要. 在计算最优带宽前，我们先定义 $\hat{p}$ 的平方损失风险：

$$R(\hat{p},\ p) = E\left[\int (\hat{p}(x) - p(x))^2 \mathrm{d}x\right]$$

定理 7.2.10.　假设 $\int p'(x)\mathrm{d}x < +\infty$，则在平方损失风险下，有

$$R(\hat{p},\ p) \approx \frac{h^2}{12}\int (p'(u))^2 \mathrm{d}u + \frac{1}{nh}$$

极小化上式,得到理想带宽为

$$h^* = \frac{1}{n^{1/3}}\left(\frac{6}{\int p'(x)^2 \mathrm{d}x}\right)^{1/3}$$

于是理想的带宽为 $h = Cn^{-1/3}$.

在大多数情况下,我们不知道密度 $p(x)$,因此也不知道 $p'(x)$. 对于理想带宽

$$h * = \frac{1}{n^{1/3}}\left(\frac{6}{\int p'(x)^2 \mathrm{d}x}\right)^{1/3}$$

也无法计算,在实际操作中,经常假设 $p(x)$ 为一个标准正态分布,并进而得到一个带宽 $h_0 \approx 3.5n^{-1/3}$. 直方图密度估计的优势在于简单易懂,在计算过程中也不涉及复杂的模型计算,只需要计算 I_j 中样本点的个数. 另一方面,直方图密度估计只能给出一个阶梯函数,该估计不够光滑. 另外一个问题是直方图密度估计的收敛速度比较慢,也就是说,$\hat{p}(x) \rightarrow p(x)$ 比较慢.

(3) 多维直方图. 下面我们扩展一维直方图的密度定义公式到任意维空间. 设有 n 个观测点 $\boldsymbol{x}_1,\ \boldsymbol{x}_2,\ \cdots,\ \boldsymbol{x}_n$,将空间分成若干小区域 R,V 是区域 R 所包含的体积. 如果有 k 个点落入 R,则可以得到如下密度公式:$p(\boldsymbol{x})$的估计为

$$p(\boldsymbol{x}) \approx \frac{k/n}{V}$$

如果这个体积和所有的样本体积相比很小,就会得到一个很不稳定的估计,这时,密度值局部变化很大,呈现多峰不稳定的特点;反之,如果这个体积太大,则会圈进大量样本,从而使估计过于平滑.

2. 核密度估计

如何平衡不稳定与过度光滑产生两种可能的解决方法:核估计和 k 近邻估计. 核估计法的总体思想:固定体积 V 不变,它与样本总数成反比关系即可. 注意到,在直方图密度估计中,每一点的密度估计只与它是否属于某个 I_i 有关,而 I_i 是预先给定的与该点无关的区域. 不仅如此,区域 I_i 中每个点共有相等的密度,这相当于待估点的密度取邻域 R 的平均密度. 现在以待估点为中心,作体积为 V 的邻域,令该点的密度估计与纳入该邻域中

的样本点的多少成正比，如果纳入的点多，则取密度大，反之亦然. 这一点还可以进一步扩展开去，将密度估计不再局限于 R 内的带内，而是将体积 V 合理拆分到所有样本点对待估计点贡献的加权平均，同时保证距离远的点取较小的权，距离近的点取较大的权，这样就形成了核函数密度估计法的基本思想. 后面我们将看到，这些方法都可能获得较为稳健而适度光滑的估计.

(1) 一维情形. 直方图是不连续的. 核密度估计较光滑且比直方图估计较快地收敛到真正的密度. 先考虑一维的情况.

定义 7.2.17. 假设数据 $x_1, x_2, \cdots, x_n$ 取自连续分布 $p(x)$，在任意点 x 处的一种核密度估计定义为

$$\hat{p}(x)=\frac{1}{n}\sum_{i=1}^{n}\frac{1}{h}\omega_i=\frac{1}{nh}\sum_{i=1}^{n}K\left(\frac{x-x_i}{h}\right) \tag{7.11}$$

其中 $h>0$，称作为带宽；$K(\cdot)$称为**核函数(kernel function)**并且满足

$$K(x)\geqslant 0,\ \int K(x)\mathrm{d}x=1$$

定义中关于核函数 K 的分布密度的约束可以保证 $\hat{p}(x)$作为概率密度函数的合理性，也即其值非负并且积分结果为 1. 实际上，容易验证有

$$\begin{aligned}\int\hat{p}(x)\mathrm{d}x&=\int\frac{1}{n}\sum_{i=1}^{n}\frac{1}{n}K\left(\frac{x-x_i}{h}\right)\mathrm{d}x=\frac{1}{n}\sum_{i=1}^{n}\int\frac{1}{h}K\left(\frac{x-x_i}{h}\right)\mathrm{d}x\\&=\frac{1}{n}\sum_{i=1}^{n}\int K(u)\mathrm{d}u=\frac{1}{n}\cdot n=1\left(\text{其中 } u=\frac{x-x_i}{h}\right)\end{aligned}$$

因此上述定义的 $\hat{p}(x)$是一个合理的密度估计函数.

(2) 常用的一维核函数. 核密度估计中，一个重要的部分就是核函数. 以一维为例，常用的核函数如表 7.5 所示.

表 7.5　常用一维核函数

核函数名称	核函数 $K(u)$
Parzen 窗(Uniform)	$\frac{1}{2}I(\lvert u\rvert\leqslant 1)$
三角(Triangle)	$(1-\lvert u\rvert)I(\lvert u\rvert\leqslant 1)$

（续表）

核函数名称	核函数 $K(u)$
Epanechikov	$\frac{3}{4}(1-u^2\}I(\mid u\mid\leqslant 1)$
四次(Quartic)	$\frac{15}{16}(1-u^2)I(\mid u\mid\leqslant 1)$
三权(Triweight)	$\frac{35}{32}(1-u^2)^3I(\mid u\mid\leqslant 1)$
高斯(Gauss)	$\frac{1}{\sqrt{2\pi}}\exp\left(-\frac{1}{2}u^2\right)$
余弦(Cosinus)	$\frac{\pi}{4}\cos\left(\frac{\pi}{2}u\right)I(\mid u\mid\leqslant 1)$
指数(Exponent)	$\exp\{\mid u\mid\}$

图 7.7 给出了各种带宽之下根据正态核函数做出的密度估计曲线. 由图可知，带宽 $h=0.40$ 是最平滑的(左边)，相反带宽 $h=0.09$ 噪声很多，它在密度中引入了很多虚假的波形. 从图中比较，带宽 $h=0.19$ 是较为理想的，它在不稳定和过于平滑之间作了较好的折中.

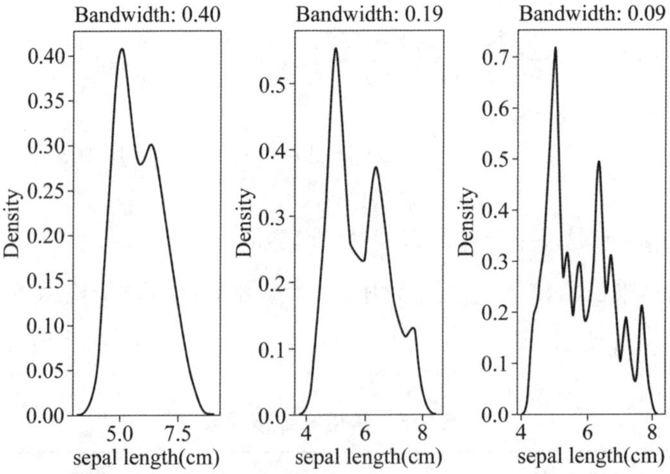

图 7.7　山鸢尾和维吉尼亚鸢尾的花萼长度密度核估计

(3) 一维情形最优带宽. 为了构造一个核密度估计，需要选择一个核函数 K 和一个带宽 h. 理论和经验表明 K 的选择不是关键的，但是带宽 h 的选择非常重要. 带宽对模型光

滑程度的影响作用较大. 如果 h 非常大,将有更多的点对 x 处的密度产生影响. 由于分布是归一化的,即

$$\int \omega_i(x-x_i)\mathrm{d}x=\int \frac{1}{h}K\left(\frac{x-x_i}{h}\right)\mathrm{d}x=\int K(u)\mathrm{d}u=1$$

因而距离 x_i 较远的点也分担了对 x 的部分权重,从而较近的点的权重 ω_i 减弱,距离远和距离近的点的权重相差不大. 在这种情况下,$\hat{p}(x)$是 n 个变化幅度不大的函数的叠加,因此 $\hat{p}(x)$非常平滑. 反之,如果 h 很小,则各点之间的权重由于距离的影响而出现大的落差,因而 $\hat{p}(x)$是 n 个以样本点为中心的尖脉冲的叠加,就好像是一个充满噪声的估计.

如何选择合适的带宽,是核函数密度估计能够成功应用的关键. 通过分析密度估计与真实密度之间的均方误差,有如下定理:

定理 7.2.11. 假设 $\hat{p}(x)$定义如式(7.11),是 $p(x)$的核估计,令 $\mathrm{supp}(p)=\{x\mid p(x)>0\}$ 是密度 p 的支撑. 设 $x\in\mathrm{supp}(p)\subset\mathbb{R}$ 为 $\mathrm{supp}(p)$ 的内点(非边界点),当 $n\to+\infty$ 时,$h\to 0$, $nh\to+\infty$, 核估计有如下性质:

$$\mathrm{Bias}(x)=\frac{h^2}{2}\mu_2(K)p''(x)+O(h^2)$$

$$\mathrm{V}(x)=(nh)^{-1}p(x)R(K)+O((nh)^{-1})+O(n^{-1})$$

其中

$$\mu_2(K)=\int x^2K(x)\mathrm{d}x\,,\ R(K)=\int K(x)^2\mathrm{d}x$$

以及

$$\mathrm{Bias}(x)=E(\hat{p}(x))-p(x),\ \mathrm{V}(x)=E[\hat{p}(x)-E(\hat{p}(x))]^2$$

若 $\sqrt{(nh)}\,h^2\to 0$, 则

$$\sqrt{(nh)}\,(\hat{p}_n(x)-p(x))\to N(0,\ p(x)R(K))$$

从均方误差的偏差和方差分解来看,带宽 h 越小,核估计的偏差越小,但核估计的方差越大;反之,带宽 h 增大,则核估计的方差变小,但核估计偏差却增大. 所以,带宽 h 的变化不可能一方面使核估计的偏差减小,同时又使核估计的方差减小. 因而,最佳带宽选择的标准必须在核估计的偏差和方差之间作一个权衡,使积分均方误差达最小. 通常可以使用渐近积分均方误差(Asymptotic Mean Integrated Squared Error,AMISE)衡量,

它的定义如下：

$$\text{AMISE}=\int[\text{Bias}(x)]^2+\text{V}(x)\mathrm{d}x$$

实际上，由上述定理，我们可以得到渐近积分均方误差：

$$\frac{h^4}{4}\mu_2^2\int p''(x)^2\mathrm{d}x+n^{-1}h^{-1}\int K(x)^2\mathrm{d}x$$

由此可知，最优带宽为

$$h_{\text{opt}}=\mu_2(K)^{-4/5}\left\{\int K(x)^2\mathrm{d}x\right\}^{1/5}\left\{\int p''(x)^2\mathrm{d}x\right\}^{-1/5}n^{-1/5}$$

在密度估计中，当我们面对未知密度函数 $p(x)$ 而核函数 $K(u)$ 已知时，通常采取一种近似方法来估计最优带宽. 一个常见的策略是假设 $p(x)$ 为正态分布，并据此求解最优带宽. 例如，利用正态分布的平滑性质，有

$$\int p''(x)^2\mathrm{d}x=\frac{3}{8\pi^{1/2}\sigma^{-5}}$$

对于不同的核函数，我们可以推导出对应的最优带宽. 以高斯核为例，其均方值 $\mu_2=1$，且

$$\int K(u)^2\mathrm{d}u=\int\frac{1}{2\pi}\mathrm{e}^{-u^2\mathrm{d}u}=\frac{1}{\sqrt{\pi}}$$

从而，最优带宽 h_{opt} 的表达式为

$$h_{\text{opt}}=1.06\sigma n^{-1/5}$$

然而，从实际应用的视角出发，Rudemo 和 Bowman 提出了基于交叉验证法的带宽选择方法. 该方法旨在最小化积分平方误差(ISE)，定义为

$$\text{ISE}(h)=\int[p(x)-\hat{p}(x)]^2\mathrm{d}x$$

其中，$\hat{p}(x)$ 为核密度估计. 展开 ISE，我们得到

$$\text{ISE}_{\text{opt}}(h)=\int\hat{p}(x)^2\mathrm{d}x-2\int p(x)\hat{p}(x)\mathrm{d}x$$

注意到第二项 $\int p(x)\hat{p}(x)\mathrm{d}x=\mathbb{E}[\hat{p}(x)]$，可用无偏估计量

$$\frac{1}{n}\sum_{i=1}^{n}\hat{p}_{-i}(X_i)$$

来近似,其中 $\hat{p}_{-i}$ 表示在剔除第 i 个观测点后重新计算的密度估计.

对于第一项 $\int \hat{p}(x)^2 \mathrm{d}x$,利用核密度估计的定义,我们有

$$\begin{aligned}\int \hat{p}(x)^2 \mathrm{d}x &= n^{-2}h^{-2}\sum_{i=1}^{n}\sum_{j=1}^{n}\int_x K\left(\frac{X_i - x}{h}\right)K\left(\frac{X_j - x}{h}\right)\mathrm{d}x \\ &= n^{-2}h^{-1}\sum_{i=1}^{n}\sum_{j=1}^{n}\int_t K\left(\frac{X_i - X_j}{h} - t\right)K(t)\mathrm{d}t\end{aligned}$$

于是,$\int \hat{p}(x)^2 \mathrm{d}x$ 可用 $n^{-2}h^{-1}\sum_{i=1}^{n}\sum_{j=1}^{n}K*K\left(\frac{X_i - X_j}{h}\right)$ 估计,其中 $K*K(u)=\int_t K(u-t)K(t)\mathrm{d}t$ 是卷积.

所以,Rudemo 和 Bowman 提出的交叉验证法(cross validation)实际上是选择 h 使下一步

$$\mathrm{ISE}(h)_1 = n^{-2}h^{-1}\sum_{i=1}^{n}\sum_{j=1}^{n}K*K\left(\frac{X_i - X_j}{h}\right) - 2n^{-1}\sum_{i=1}^{n}\hat{p}_{-i}(X_i)$$

达到最小. 当 K 是标准正态密度函数时,$K*K$ 是 $N(0, 2)$ 密度函数,有

$$\begin{aligned}\mathrm{ISE}(h)_1 = &\frac{1}{2\sqrt{\pi}n^2 h}\sum_i\sum_j \exp\left[-\frac{1}{4}\left(\frac{X_i - X_j}{h}\right)^2\right] \\ &- \frac{2}{\sqrt{2\pi}n(n-1)h}\sum_i\sum_{j\neq i}\exp\left[-\frac{1}{2}\left(\frac{X_i - X_j}{h}\right)^2\right]\end{aligned}$$

(4) 多维情形. 前面考虑的是一维情况下的核密度估计,下面考虑多维情形.

定义 7.2.18.　假设数据 $\boldsymbol{x}_1, \boldsymbol{x}_2, \cdots, \boldsymbol{x}_n$ 是 d 维向量,并取自一个连续分布 $p(\boldsymbol{x})$,在任意点 $\boldsymbol{x}$ 处的一种核密度估计定义为

$$\hat{p}(\boldsymbol{x}) = \frac{1}{nh^d}\sum_{i=1}^{n}K\left(\frac{\boldsymbol{x} - \boldsymbol{x}_i}{h}\right)$$

其中 h 是带宽,K 是定义在 d 维空间上的核函数,即 $K:\mathbb{R}^d \to \mathbb{R}$,并满足如下条件:

$$K(\boldsymbol{x}) \geqslant 0,\ \int K(\boldsymbol{x})\mathrm{d}\boldsymbol{x} = 1$$

类似于一维情况，可以证明 $\int_{\mathbb{R}^d} \hat{p}(\boldsymbol{x}) \mathrm{d}\boldsymbol{x} = 1$，即 $\hat{p}(\boldsymbol{x})$ 是一个密度估计.

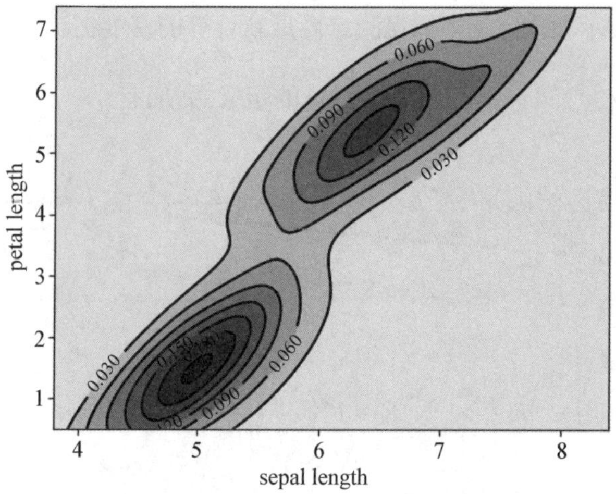

图 7.8　鸢尾花数据集花萼长度和花瓣长度

(5) 常用的多维核函数. 对于核函数的选择，我们经常选取对称的多维密度函数来作为核函数. 例如可以选取多维标准正态密度函数来作为核函数，$K_n(\boldsymbol{x}) = (2\pi)^{-d/2} \exp(-\boldsymbol{x}^{\mathrm{T}}\boldsymbol{x}/2)$. 其他常用的核函数还有

- $K_2(\boldsymbol{x}) = 3\pi^{-1}(1-\boldsymbol{x}^{\mathrm{T}}\boldsymbol{x})^2 I(\boldsymbol{x}^{\mathrm{T}}\boldsymbol{x} < 1)$；
- $K_3(\boldsymbol{x}) = 4\pi^{-1}(1-\boldsymbol{x}^{\mathrm{T}}\boldsymbol{x})^3 I(\boldsymbol{x}^{\mathrm{T}}\boldsymbol{x} < 1)$；
- $K_e(\boldsymbol{x}) = \dfrac{1}{2} c_d^{-1}(d+2)(1-\boldsymbol{x}^{\mathrm{T}}\boldsymbol{x}) I(\boldsymbol{x}^{\mathrm{T}}\boldsymbol{x} < 1)$.

K_e 被称为多维 Epanechinikov 核函数，其中 c_d 是一个和维度有关的常数，$c_1 = 2$，$c_2 = \pi$，$c_3 = 4\pi/3$.

(6) 最优带宽. 上述的多维核密度估计中，只使用了一个带宽参数 h，这意味着在不同方向上，我们取的带宽是一样的. 事实上，可以对不同方向取不同的带宽参数，即

$$\hat{p}(\boldsymbol{x}) = \frac{1}{nh_1 \cdots h_d} \sum_{i=1}^{n} K\left(\frac{\boldsymbol{x} - \boldsymbol{x}_i}{\boldsymbol{h}}\right)$$

其中，$\boldsymbol{h} = (h_1, h_2, \cdots, h_d)$ 是一个 d 维向量. 在实际数据中，有时候一个维度上的数据比另外一个维度上的数据分散得多，这个时候上述的核函数就有用了. 比如说数据在一个维度上分布在(0, 100)区间上，而在另一个维度上仅仅分布在区间(0, 1)上，这时候采用不同带宽的多维核函数就比较合理了.

例 7.2.18. 仍以鸢尾花数据集中的数据为例，它包含 150 对数据，分别为鸢尾花数据集花萼长度和花瓣长度. 我们以此数据估计花萼长度和花瓣长度的联合密度函数，结果如图 7.8.

关于最优带宽的选择，我们也有类似一维情况下的结论. 对于多维核密度估计，利用多维泰勒展开，有

$$\mathrm{Bias}(\boldsymbol{x}) \approx \frac{1}{2}h^2\alpha\,\nabla^2 p(\boldsymbol{x})$$

$$V(\hat{p}(\boldsymbol{x})) \approx n^{-1}h^{-d}\beta p(\boldsymbol{x})$$

其中，$\alpha = \int \boldsymbol{x}^2 K(\boldsymbol{x})\mathrm{d}\boldsymbol{x}$，$\beta = \int K(\boldsymbol{x})^2\mathrm{d}\boldsymbol{x}$. 因此可以得到渐进积分均方误差

$$\mathrm{AMISE} = \frac{1}{4}h^4\alpha^2\int \nabla^2 p(\boldsymbol{x})\mathrm{d}\boldsymbol{x} + n^{-1}h^{-d}\beta$$

由此可得最优带宽为

$$h_{\mathrm{opt}} = \left\{d\beta\alpha^{-2}\left(\int \nabla^2 p(\boldsymbol{x})\mathrm{d}\boldsymbol{x}\right)\right\}^{1/(d+4)} n^{-1/(d+4)}$$

在上述的最优带宽中，真实密度 $p(\boldsymbol{x})$是未知的，因此我们可以采用多维正态密度 $\phi(\boldsymbol{x})$来代替，进而得到

$$h_{\mathrm{opt}} = A(K)n^{-1/(d+4)}$$

其中 $A(K) = \left\{d\beta\alpha^{-2}\left(\int \nabla^2\phi(\boldsymbol{x})d\boldsymbol{x}\right)\right\}^{1/(d+4)}$. 对于 $A(K)$，在知道估计中的核函数类型后，可以计算出来，并进而得到最优带宽 h_{opt}. 不同核函数的 $A(K)$值如表 7.6.

表 7.6 不同核函数的 $A(K)$值

核函数	维数	$A(K)$
K_n	2	1
K_n	d	$\{4/(d+2)\}^{1/(d+4)}$
K_e	2	2.40
K_e	3	2.49
K_e	d	$\{8c_d^{-1}(d+4)(2\sqrt{\pi})\}^{1/(d+4)}$

（续表）

核函数	维数	$A(K)$
K_2	2	2.78
K_3	2	3.12

(7) 贝叶斯决策和非参数估计. 在机器学习领域,分类是一个基本的任务. 在统计学中,分类被看成一个决策. 分类决策是对一个概念的归属作决定的过程. 一个分类框架一般由 4 项基本元素构成.

① 参数集:概念所有可能的不同自然状态. 在分类问题中,自然参数是可数个,用 $\theta=\{\theta_0, \theta_1, \cdots\}$ 表示.

② 决策集:所有可能的决策结果 $\mathcal{A}=\{a\}$. 比如:买或卖、是否癌症、是否为垃圾邮件,在分类问题中,决策结果就是决策类别的归属,所以决策集与参数集往往是一致的.

③ 决策函数集: $\Delta=\{\delta\}$,函数 $\delta:\theta \rightarrow \mathcal{A}$.

④ 损失函数:联系于参数和决策之间的一个损失函数. 如果概念和参数都是有限可数的,那么所有的概念和相应的决策所对应的损失就构成了一个矩阵.

例 7.2.19. 两类问题中,真实的参数集为 θ_1 和 θ_0(分别简记为 1 或 0),可能的决策集由 4 个可能的决策构成 $\Delta=\{\delta_{1,1}, \delta_{0,0}, \delta_{0,1}, \delta_{1,0}\}$. 其中, $\delta_{i,j}$ 表示把 i 判为 j, $i, j=0, 1$, 相应的损失矩阵可能为

$$\boldsymbol{L}=\begin{bmatrix}0 & 1\\1 & 0\end{bmatrix}$$

这表示判对没有损失,判错有损失. 真实的情况为 1 判为 0,或真实的情况为 0 判为 1,则发生损失 1,称为"0 - 1"损失.

从概率分布的角度来看,分类问题可以视为辨识概念属性分布的问题. 仍以二分类问题为例,真实的参数集为 θ_1 和 θ_0. 在观测之前,可通过先验概率 $p(\theta_1)$ 和 $p(\theta_0)$ 确定决策函数,即

$$\delta=\begin{cases}\theta_1, & 当\ p(\theta_1)>p(\theta_0)\\ \theta_0, & 当\ p(\theta_1)<p(\theta_0)\end{cases}$$

当收集到更多观测数据后,可以构建类条件概率密度 $p(x \mid \theta_1)$ 和 $p(x \mid \theta_0)$. 由于两个不同概念在某些关键属性上存在差异,这些差异表现为类别在某些属性上的分布差

异. 结合先验信息，可通过贝叶斯公式重新评估类别的归属，即

$$p(\theta_1 \mid x)=\frac{p(x \mid \theta_1)p(\theta_1)}{p(x)},\ p(\theta_0 \mid x)=\frac{p(x \mid \theta_0)p(\theta_0)}{p(x)}$$

根据贝叶斯公式，我们可以通过后验分布制定决策：

$$\delta=\begin{cases}\theta_1, & p(\theta_1 \mid x)>p(\theta_0 \mid x)\\ \theta_0, & p(\theta_1 \mid x)<p(\theta_0 \mid x)\end{cases}$$

注意到后验概率比较中，本质的部分是分子，所以上式等价于

$$\delta=\begin{cases}\theta_1, & p(x \mid \theta_1)p(\theta_1)>p(x \mid \theta_0)p(\theta_0)\\ \theta_0, & p(x \mid \theta_1)p(\theta_1)<p(x \mid \theta_0)p(\theta_0)\end{cases}$$

定理 7.2.12.　后验概率最大化分类决策是“0－1”损失下的最优风险.

证明.　注意到条件风险

$$R(\theta_1 \mid x)=p(\theta_0 \mid x)L(\theta_0, \theta_1)+p(\theta_1 \mid x)L(\theta_1, \theta_1)=1-p(\theta_1 \mid x) \qquad \square$$

上述定理很容易扩展到 k, $k \geqslant 3$ 个不同的分类. 于是给出如下的非参数核密度估计分类计算步骤(后验分布构造贝叶斯分类)：

① $\forall i=1, 2, \cdots, k$，$\theta_i$ 下观测 $x_{i1}, x_{i2}, \cdots, x_{in} \sim p(x \mid \theta_i)$；

② 估计 $p(\theta_i)$, $i=1, 2, \cdots, k$；

③ 估计 $p(x \mid \theta_i)$, $i=1, 2, \cdots, k$；

④ 对新待分类点 x，计算 $p(x \mid \theta_i)p(\theta_i)$；

⑤ 计算 $\theta^*=\mathrm{argmax}_{\theta_i}\{p(x \mid \theta_i)p(\theta_i)\}$.

例 7.2.20.　根据核密度估计贝叶斯分类对前面例题中提及的两类鸢尾花进行分类.

解.　假设 θ_0 表示山鸢尾，θ_1 表示维吉尼亚鸢尾，记两类花的先验分布为

$$\text{山鸢尾:}\hat{p}(\theta_0)\text{；维吉尼亚鸢尾:}\hat{p}(\theta_1)$$

用两类分别占用全部数据的频率估计先验概率. 在本例中，由于山鸢尾和维吉尼亚鸢尾各为一半，两类的先验概率分别估计为 $\hat{p}(\theta_0)=\hat{p}(\theta_1)=0.5$. 然后，对每一类考虑用核概率密度估计类条件概率：

$$\text{山鸢尾:}\hat{p}(x \mid \theta_0)\text{；维吉尼亚鸢尾:}\hat{p}(x \mid \theta_1)$$

最后，根据最大后验概率进行分类：

$$\forall x, \delta_x \in \begin{cases} \theta_0, & 当\ p(\theta_0 \mid x) > p(\theta_1 \mid x) \\ \theta_1, & 当\ p(\theta_1 \mid x) > p(\theta_0 \mid x) \end{cases}$$

下面我们针对一组数据点，得到如表 7.7 所示的分类结果：

表 7.7 核密度估计贝叶斯分类结果

数值	$p^*(\theta_0\|x)$	$p^*(\theta_1\|x)$	真实的类别	判断的类别
5	0.9916	0.0358	0	0
7.1	0.0000	0.3140	1	1
4.4	0.3535	0.0018	0	0
4.9	0.9489	0.0400	1	0
6.5	0.0003	0.6855	1	1
5.1	0.9554	0.0267	0	0
7.2	0.0000	0.28563	1	1
5.0	0.9916	0.0358	0	0

注：p^* 表示没有归一化的分布密度

非参数密度估计凭借其灵活性和理论上逼近真实密度的潜力，在概率密度和分类任务中展现出独特优势. 然而，该方法面临两大挑战：高样本量需求与高维空间应用难题. 首先，相较于参数方法，非参数估计通常需要大量样本以达到满意效果，导致计算资源消耗巨大. 其次，在高维场景下，数据稀疏与“维数灾难”问题凸显，即高维空间中小体积邻域内的点间距离可能异常增大，传统基于体积的核函数设计失效，进一步加剧了样本需求.

因此，研究焦点集中于如何有效减少非参数密度估计的样本需求，并发展能有效应对高维数据稀疏性与距离度量难题的新方法，以突破“维数灾难”的限制，拓展其在高维数据分析中的应用范围. 这构成了数据科学领域的一项核心研究议题.

3. k 近邻估计

k 近邻估计(k-Nearest Neighbors, kNN)的核心思想是固定一个 k 值，该值通常与样本总数 n 保持一定的关系. 然而，不同于传统的密度估计方法，如 Parzen 窗估计，kNN 通过动态调整邻域体积 V 以适应数据的疏密程度，从而提供了一种新的密度估计方法.

Parzen 窗估计的一个显著缺点是每个点都采用固定的体积 V. 当选择的体积过大时，密集区域的点可能因过多的支持而使得原本突出的尖峰变得平坦；而对于稀疏区域或离群点，可能因体积过小而没有足够的样本点包含在邻域内，导致密度估计为零. 尽管可以通过选择如正态密度等连续核函数来一定程度上缓解此问题，但在许多情况下，并没有一个明确的标准来确定带宽应该如何根据数据的分布情况来设定.

为了克服 Parzen 窗估计的局限性，kNN 方法采取了一种新的策略：让体积 V_n 成为样本的函数. 具体而言，不固定窗函数为全体样本个数的某个函数，而是固定贡献的样本点数为 k_n. 以点 $\boldsymbol{x}$ 为中心，逐渐扩张体积 V_n，直到包含 k_n 个样本为止. 这里的 k_n 是关于 n 的某个特定函数，而被包含在邻域中的样本被称为点 $\boldsymbol{x}$ 的 k_n 个最近邻. 估计点 $\boldsymbol{x}$ 的密度 $\hat{p}_n(x)$可以根据停止时的体积 V_n 定义如下：

$$\hat{p}_n(\boldsymbol{x})=\frac{k_n}{nV_n}$$

在点 $\boldsymbol{x}$ 附近如果有许多样本点，则体积 V_n 会相对较小，导致概率密度估计值较大；反之，如果点 $\boldsymbol{x}$ 附近样本点很稀疏，则体积 V_n 会增大，直到进入某个概率密度较高的区域，此时体积停止增长，概率密度估计值较小.

随着样本点数量的增加，k_n 也相应增大，以防止 V_n 快速变小导致密度趋于无穷. 另一方面，我们希望 k_n 的增加足够缓慢，以确保为了包含 k_n 个样本所需的体积能够逐渐趋于零. 在选择 k_n 方面，Fukunaga 和 Hostetler 针对正态分布给出了一个计算 k_n 的公式：

$$k_n=k_0 n^{\frac{4}{d+4}}$$

其中，k_0 是与样本量 n 和空间维数 d 无关的常数.

如果取 $k_n=\sqrt{n}$，并且假设 $\hat{p}_n(x)$ 是 $p(x)$ 的一个较准确的估计，那么根据上式，有

$$V_n\approx\frac{1}{\sqrt{n}p(x)}$$

这与核函数中的情况相似，但这里的初始体积是根据样本数据的具体情况确定的，而不是预先设定的. 此外，不连续梯度的点通常不直接出现在样本点上，如图 7.9 在鸢尾花数据集上密度估计所示.

与核函数一样，k_n 近邻估计也同样存在维度问题. 除此之外，虽然 $\tilde{p}_n(\boldsymbol{x})$是连续的，但 k 近邻密度估计的梯度却不一定连续. k_n 近邻估计需要的计算量相当大，同时还要防止 k_n 增加过慢导致密度估计扩散到无穷. 这些缺点使得用 k_n 近邻法产生密度并不多见，k_n 近邻法更常用于分类问题.

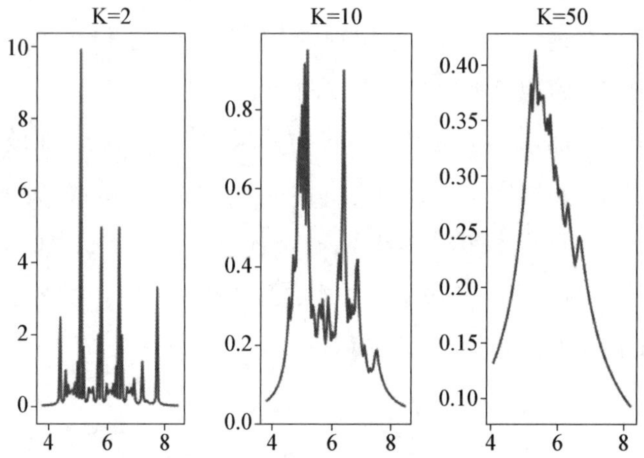

图 7.9 鸢尾花数据集花萼长度 k_n 近邻估计图

7.3 概率模型与图表示

机器学习中很多模型会涉及多元随机向量的概率分布. 如果采用单个函数来描述整个随机变量的联合分布是非常低效的(无论是计算上还是统计上),因为这些随机变量中涉及的直接相互作用通常只介于非常少的变量之间的. 利用随机变量之间的条件独立性关系,可以将随机变量的联合分布分解为一些因式的乘积,得到简洁的概率表示. 我们可以采用图论中的"图"的概率来表示这种分解,得到概率图模型:图中的节点表示随机变量,边表示随机变量之间的直接作用. 有向图和无向图均可以用于表示条件独立性,两者的主要差异是从图中读出独立性的规则不同.

下面我们首先介绍概率模型的有向图表示,其中典型的模型有朴素贝叶斯模型和隐马尔可夫模型.

7.3.1 概率模型的有向图表示

1. 有向图与条件独立性

定义 7.3.1. 一个**有向图** $\mathcal{G}$ 是由节点集 V 及连接一对有序节点的边集 E 组成的.

图 7.10 给出了一个有向图的例子. 若 $(Y, X) \in E$, 则存在一条有向边从 Y 指向 X. 通常一个被赋予某种概率分布的有向图常被称为贝叶斯网络,每个节点对应一个随机变量,每条边展现随机变量间的关联关系.

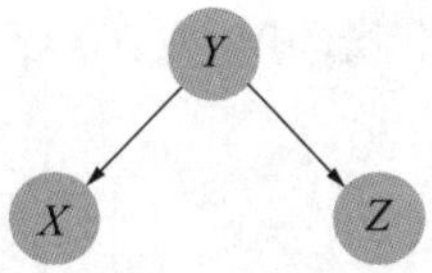

图 7.10 节点集为 $V=\{X, Y, Z\}$ 且边集为 $E=\{\langle Y, X\rangle, \langle Y, Z\rangle\}$

图在表示变量间的独立性关系方面是很有用处的，还可以用来代替反事实去表示因果关系. 在进行关于有向非循环图的讨论之前，需要先讨论一下条件独立性.

定义 7.3.2. 令 X，Y 和 Z 为随机变量. 在给定 Z 的条件下，如果下式对于所有的 x，y 和 z 均成立，

$$f_{X,Y|Z}(x, y \mid z)=f_{X|Z}(x \mid z)f_{Y|Z}(y \mid z)$$

则 X 和 Y 称为条件独立的，记作 $X \perp\!\!\!\perp Y \mid Z$.

直观地理解，上述定义表明知道了 Z，Y 并没有提供关于 X 的额外信息. 一个等价的定义为

$$f(x \mid y, z)=f(x \mid z)$$

条件独立性具有一些基本的性质.

定理 7.3.1. 下列各蕴涵关系成立：

$$X \perp\!\!\!\perp Y \mid Z \Rightarrow Y \perp\!\!\!\perp X \mid Z$$

$$X \perp\!\!\!\perp Y \mid Z \text{ 且 } U=h(X) \Rightarrow U \perp\!\!\!\perp Y \mid Z$$

$$X \perp\!\!\!\perp Y \mid Z \text{ 且 } U=h(X) \Rightarrow X \perp\!\!\!\perp Y \mid (Z, U)$$

$$X \perp\!\!\!\perp Y \mid Z \text{ 且 } X \perp\!\!\!\perp W \mid (Y, Z) \Rightarrow X \perp\!\!\!\perp (W, Y) \mid Z$$

$$X \perp\!\!\!\perp Y \mid Z \text{ 且 } X \perp\!\!\!\perp Z \mid Y \Rightarrow X \perp\!\!\!\perp (Y, Z)$$

2. 有向非循环图与马尔科夫条件

若一条有向边连接两个随机变量 X 和 Y(取任意一个方向)，就称 X 和 Y 是**邻接的**. 若一条有向边从 X 指向 Y，则称 X 是 Y 的**母节点**，而 Y 是 X 的**子节点**. X 的所有母节点的集合记作 π_X 或 $\pi(X)$. 两变量间的一条**有向路**是由一系列的同方向的有向边构成的，如下所示：

$$\boldsymbol{X} \rightarrow \cdots \rightarrow \boldsymbol{Y}$$

一个从 X 开始至 Y 结束的邻接节点的序列，但是忽略其有向边的方向性，就称该序列为

一个**无向路**. 若存在一条有向路从 X 指向 Y(或 $X=Y$)，则称 X 是 Y 的**祖节点**. 也可以说 Y 是 X 的**后裔节点**.

定义 7.3.3. 如下形式的结构：

$$\boldsymbol{X} \rightarrow \boldsymbol{Y} \leftarrow \boldsymbol{Z}$$

称作在 Y 处**相遇**. 不具有该种形式的结构称作**不相遇**.

例如，

$$\boldsymbol{X} \rightarrow \boldsymbol{Y} \rightarrow \boldsymbol{Z}$$

不相遇. 相遇的性质是依赖于路的.

定义 7.3.4. 一条开始和结束都在同一个变量处的有向路是一个圈. 若一个有向图没有圈，则它是**非循环的**. 在这种情况下，称这种图为一个**有向非循环图**(Directed Acyclic Graph，DAG).

令 $\mathcal{G}$ 为一个具有节点集 $V=\{X_1, \cdots, X_k\}$ 的 DAG.

定义 7.3.5. 若 P 为 V 的分布，它的概率函数为 f，若下式成立：

$$f(v)=\prod_{i=1}^{k} f(x_i \mid \pi_i)$$

就说 P 是关于 $\mathcal{G}$ 是**马尔可夫的**，或称 $\mathcal{G}$ 表示 P，其中，π_i 为 X_i 的母节点. 由 $\mathcal{G}$ 表示的分布集记为 $M(\mathcal{G})$.

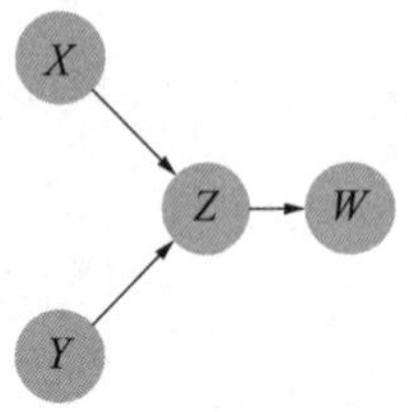

图 7.11 另一个 DAG

例 7.3.1. 对于图 7.11 中的 *DAG* 来说，$\mathbb{P} \in M(\mathcal{G})$ 当且仅当其概率函数 f 具有以下形式：

$$f(x, y, z, w)=f(x)f(y)f(z \mid x, y)f(w \mid z)$$

下述定理表明 $\mathbb{P} \in M(\mathcal{G})$ 当且仅当马尔可夫条件成立.

定理 7.3.2. 一个分布 $\mathbb{P} \in M(\mathcal{G})$ 当且仅当下面的马尔可夫条件成立：对于每个变量 W，

$$W \perp\!\!\!\perp \widetilde{W} \mid \pi_W$$

其中，$\widetilde{W}$ 表示除了 W 的母节点和后裔节点以外的所有其他变量.

粗略地讲，马尔可夫条件意味着每个变量 W 在给定其母节点的情况下与“过去”是独立的.

例 7.3.2. 考虑图 7.12 中的 DAG. 在这种情况下，概率函数分解如下：

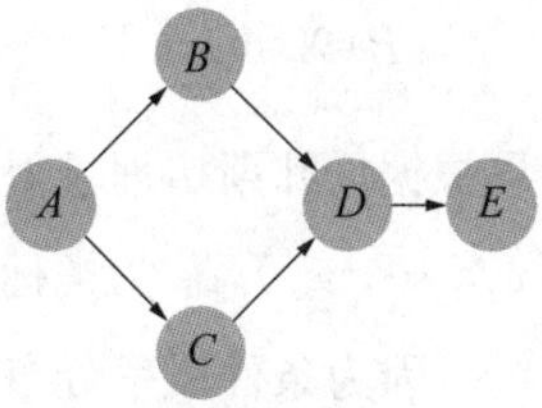

图 7.12 另一个 DAG

$$
\begin{aligned}
& f(a, b, c, d, e) \\
= & f(a)f(b \mid a)f(c \mid a)f(d \mid b, c)f(e \mid d)
\end{aligned}
$$

马尔可夫条件意味着下面的独立性关系：

$$D \perp\!\!\!\perp A \mid \{B, C\}, E \perp\!\!\!\perp \{A, B, C\} \mid D \text{ 且 } B \perp\!\!\!\perp C \mid A$$

在 DAGs 中有两个首先要考虑的估计问题：第一，给定一个 DAG 为 $\mathcal{G}$ 和来自与 $\mathcal{G}$ 相符的分布为 f 的数据 $V_1, \cdots, V_n$，如何去估计 f？第二，给定数据 $V_1, \cdots, V_n$，又如何去估计 $\mathcal{G}$？第一个问题是一个纯粹的估计问题，而第二个问题则涉及模型的选择. 这些都是非常复杂的问题. 这里仅简要介绍其主要思想，我们将在具体的模型中体会这一点.

通常，对于每个条件密度，人们常选择用某个参数模型 $f(x \mid \pi_x; \theta_x)$，则其似然函数为

$$\mathcal{L}(\theta) = \prod_{i=1}^{n} f(V_i; \theta) = \prod_{i=1}^{n} \prod_{j=1}^{m} f(X_{ij} \mid \pi_j; \theta_j)$$

其中，X_{ij} 是对于第 i 个数据点的 X_j 的值，θ_j 是第 j 个条件密度的参数. 这样就可以通过极大似然方法来估计参数.

为了估计 DAG 自身的结构，几乎可以通过极大似然方法来估计每个可能的 DAG，且用 AIC(或其他的方法)来选择一个 DAG. 然而存在很多可能的 DAGs，所以需要很多数据来确保该方法是可靠的. 而且从所有可能的 DAGs 中搜索是一个相当大的计算上的挑战. 对于一个 DAG 结构产生一个有效精确的置信集可能需要天文数字般的样本容量. 若知道关于 DAG 结构的部分先验信息，计算和统计上的问题至少可以部分地改善.

3. 朴素贝叶斯模型

例 7.3.3. 设输入空间 $\mathcal{X} \subseteq R^n$ 为 n 维向量的集合，输出空间为类标记集合 $\mathcal{Y} = \{c_1, c_2, \cdots, c_K\}$. 输入为特征向量 $\boldsymbol{x} \in \mathcal{X}$，输出为类标记 $y \in \mathcal{Y}$. X 是定义在输入空间 $\mathcal{X}$ 上的随机向量，Y 是定义在输出空间 $\mathcal{Y}$ 上的随机变量. 考虑训练数据集为

$$\mathbb{T} = \{(\boldsymbol{x}_1, y_1), (\boldsymbol{x}_2, y_2), \cdots, (\boldsymbol{x}_N, y_N)\}$$

的分类任务，该训练数据集由 $P(X, Y)$ 独立同分布产生. 朴素贝叶斯法通过训练数据集学习联合概率分布 $P(X, Y)$. 具体地学习以下先验概率分布 $P(Y = c_k)$ 和条件概率分布：

$$P(X=\boldsymbol{x} \mid Y=c_k)=P(X_1=x_1, \cdots, X_n=x_n \mid Y=c_k), k=1, 2, \cdots, K$$

再根据贝叶斯定理求得后验概率分布 $P(Y|X)$，其中 $\boldsymbol{x} \in \mathcal{X}$ 为 n 维输入特征向量$(x_1, x_2, \cdots, x_n)$，c_k 为类标记.

因为条件概率分布 $P(X=\boldsymbol{x} \mid Y=c_k)$ 有指数级数量的参数，其估计实际是不可行的. 事实上，假设 x_j 可取值有 S_j 个，$j=1, 2, \cdots, n$，Y 可取值有 K 个，那么参数个数为 $K\prod_{j=1}^{n} S_j$. 因此，朴素贝叶斯法需要对类条件概率进行独立性假设. 即：

$$P(X \mid Y=c_k)=\prod_j P(X_j=x_j \mid Y=c_k)$$

上述独立性假设，恰好相当于假设随机变量 X 与 Y 满足如下 DAG：

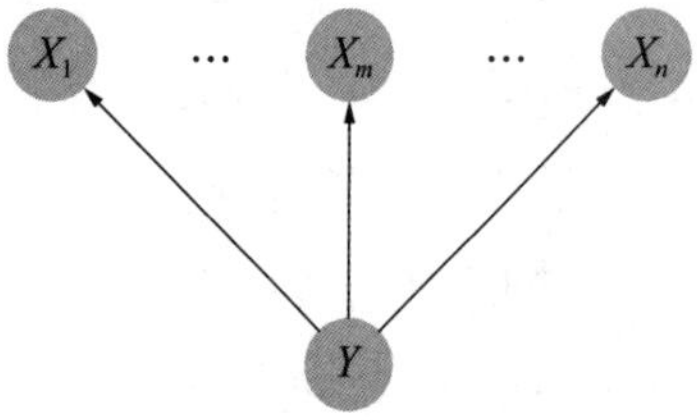

图 7.13 DAG

朴素贝叶斯法实际上学习到生成数据的机制，所以属于生成模型. 条件独立假设等于是说用于分类的特征在类确定的条件下都是条件独立的. 这一假设使朴素贝叶斯法变得简单，但有时会牺牲一定的分类准确率.

朴素贝叶斯法分类时，对给定的输入 $\boldsymbol{x}$，通过学习到的模型计算后验概率分布 $P(Y=c_k \mid X=\boldsymbol{x})$，将后验概率最大的类作为 $\boldsymbol{x}$ 的类输出. 后验概率计算根据贝叶斯定理进行：

$$P(Y=c_k \mid X=\boldsymbol{x})=\frac{P(X=\boldsymbol{x} \mid Y=c_k)P(Y=c_k)}{\sum_k P(X=\boldsymbol{x} \mid Y=c_k)P(Y=c_k)}$$

这是朴素贝叶斯法分类的基本公式. 于是，朴素贝叶斯分类器可表示为

$$y=f(\boldsymbol{x})=\underset{c_k}{\operatorname{argmax}} \frac{P(Y=c_k)\prod_j P(X_j=x_j \mid Y=c_k)}{\sum_k P(Y=c_k)\prod_j P(X_j=x_j \mid Y=c_k)}$$

注意到，在上式中分母对所有 c_k 都是相同的，所以，

$$y=\underset{c_k}{\operatorname{argmax}} P(Y=c_k)\prod_j P(X_j=x_j \mid Y=c_k)$$

朴素贝叶斯法将实例分到后验概率最大的类中. 这等价于期望风险最小化. 假设选择 0-1 损失函数：

$$L(Y, f(X))=\begin{cases}1, & Y \neq f(X) \\ 0, & Y=f(X)\end{cases}$$

式中 $f(X)$是分类决策函数. 这时,期望风险函数为

$$R_{\exp}(f)=E[L(Y,\ f(X))]$$

期望是对联合分布 $P(X,\ Y)$取的. 由此取条件期望

$$R_{\exp}(f)=E_X\sum_{k=1}^{K}[L(c_k,\ f(X))]P(c_k\mid X)$$

为了使期望风险最小化,只需对 $X=\boldsymbol{x}$ 逐个极小化,由此得到

$$\begin{aligned}f(\boldsymbol{x})&=\underset{y\in\mathcal{Y}}{\operatorname{argmin}}\sum_{k=1}^{K}L(c_k,\ y)P(c_k\mid X=\boldsymbol{x})\\&=\underset{y\in\mathcal{Y}}{\operatorname{argmin}}\sum_{k=1}^{K}P(y\neq c_k\mid X=\boldsymbol{x})\\&=\underset{y\in\mathcal{Y}}{\operatorname{argmin}}(1-P(y=c_k\mid X=\boldsymbol{x}))\\&=\underset{y\in\mathcal{Y}}{\operatorname{argmax}}P(y=c_k\mid X=\boldsymbol{x})\end{aligned}$$

这样一来,根据期望风险最小化准则就得到了后验概率最大化准则:

$$f(\boldsymbol{x})=\underset{c_k}{\operatorname{argmax}}P(c_k\mid X=\boldsymbol{x})$$

即朴素贝叶斯法所采用的原理. 这个优化问题可采用极大似然估计或贝叶斯估计进行求解.

4. 隐马尔可夫模型

例 7.3.4. 隐马尔可夫模型(Hidden Markov Model, HMM)是用来表示一种含有隐变量的马尔可夫过程,如图 7.14 所示. 其中 $X_{1:T}$ 为可观测变量,$Y_{1:T}$ 为隐变量. 每个可观测标量 X_t 依赖当前时刻的隐变量 Y_t,隐变量构成一个马尔可夫链.

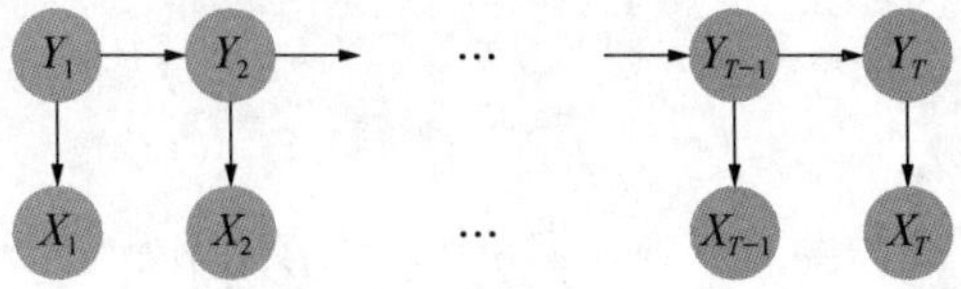

图 7.14 隐马尔可夫模型

从定义可知,隐马尔可夫模型作了两个基本假设:一个是齐次马尔可夫性假设,即假设隐藏的马尔可夫链在任意时刻 t 的状态只依赖于其前一时刻的状态,与其他时刻的状

态及观测无关,也与时刻 t 无关;另一个是观测独立性假设,即假设任意时刻的观测只依赖于该时刻的马尔可夫链的状态,与其他观测及状态无关.

隐马尔可夫模型是生成模型,根据假设知,其联合概率可以分解为

$$p(\boldsymbol{x},\ \boldsymbol{y};\ \theta)=\prod_{t=1}^{T} p(y_t \mid y_{t-1},\ \theta_s)p(x_t \mid y_t,\ \theta_t)$$

除了上述结构信息,要确定一个隐马尔可夫模型还需以下三组参数:状态转移概率、输出观测概率和初始状态概率. 在实际应用中,人们常关注隐马尔可夫模型的三个基本问题:概率计算问题、学习问题和预测问题.

对于学习问题,设所有观测数据写成$(\boldsymbol{x}_1,\ \boldsymbol{y}_1)$, $(\boldsymbol{x}_2,\ \boldsymbol{y}_2)$, $\cdots$, $(\boldsymbol{x}_N,\ \boldsymbol{y}_N)$,确定并极大化完全数据的对数似然函数,得优化问题:

$$\max_{\theta} \sum_{i=1}^{N} \ln p(\boldsymbol{x}_i,\ \boldsymbol{y}_i;\ \theta)$$

若未观测到隐变量,则构建可观测变量的联合概率函数.

7.3.2 概率模型的无向图表示

机器学习中概率模型,有些可以用有向图来表示,还有一些可以用无向图来表示,一般称为概率无向图模型. 概率无向图模型(probabilistic undirected graphical models),又称为马尔可夫随机场,是一个可以由无向图表示的联合概率分布. 虽然无向图模型与有向图表达条件独立性规则不同,但是它仍能将联合概率表示分解成一组函数的乘积. 它主要是借助于“团”的概念及其势函数,建立随机向量的联合概率.

接下来我们首先回顾无向图的定义,然后定义无向图表示的随机变量之间存在的成对马尔可夫性和全局马尔可夫性,最后引出团和势函数的概念以及概率无向图模型的因子分解定理.

1. 无向图

定义 7.3.6. 一个**无向图** $\mathcal{G}=(V,\ E)$ 由一个有限节点集 V 和由每对节点组成的边或(弧)集 E 所构成. 节点对应着随机变量 X, Y, Z, $\cdots$,而边被记作一些无序对.

例如, $(X,\ Y)\in E$ 表示 X 和 Y 通过一条边连接起来. 图 7.15 给出了一个无向图的例子.

定义 7.3.7. 若两个节点之间存在一条边,则称这两个节点是**邻接的**,记作 $X\sim$

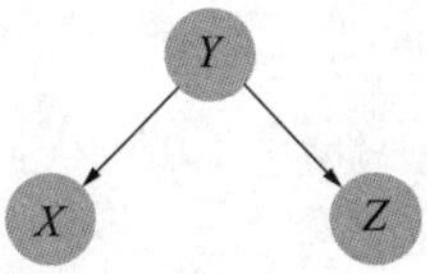

图 7.15 节点集为 $V=\{X, Y, Z\}$ 的一个图. 其边集为 $E=\{(Y, X), (Y, Z)\}$

Y. 在图 7.15 中,X 和 Y 是邻接的但是 X 和 Z 不是邻接的. 若对每个 i 都有 $X_{i-1}\sim X_i$,则序列 $X_0, \cdots, X_n$ 称为一条路. 在图 7.15 中,X, Y, Z 是**一条路**. 若一个图中任意两个节点之间都存在一条边,则称这个图是**完全的**(完全图). 一个子节点集 $U\in V$ 连同其边被称作一个子图.

定义 7.3.8. 设 A, B 和 C 是 V 的不同子集,若从 A 中的一个变量到 B 中的一个变量的路都相交于 C 中的一个变量,就说 C 分离 A 和 B.

例如,在图 7.16 中,$\{Y, W\}$和$\{Z\}$被$\{X\}$**分离**. 同时,$\{W\}$和$\{Z\}$被$\{X, Y\}$**分离**.

2. 概率无向图模型

定义 7.3.9. 令 V 为具有分布$\mathbb{P}$ 的随机变量集. 构造一个图,其每个节点对应 V 中的每个变量. 略去一对变量之间的边,若它们在给定其余变量的条件下是独立的. 即

$$X \text{ 和 } Y \text{ 之间没有边} \Leftrightarrow X \perp\!\!\!\perp Y \mid \text{其余变量},$$

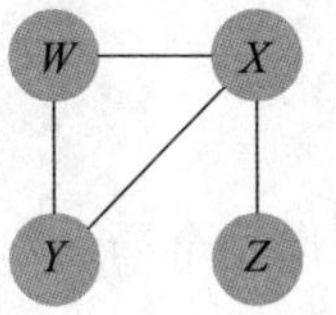

图 7.16 $\{Y, W\}$和$\{Z\}$被$\{X\}$分离. 而且,$\{W\}$和$\{Z\}$被$\{X, Y\}$分离

其中,“其余变量”表示除了 X 和 Y 之外的所有其他变量,这样的图称作成对马尔可夫图.

如图 7.17 所示:

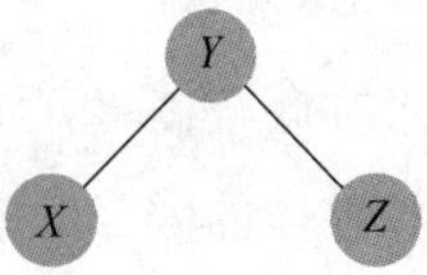

图 7.17 $X \perp\!\!\!\perp Z \mid Y$

图中暗含着一系列的成对条件独立性关系. 这些关系可以推出其他的条件独立性关系. 如何从图中直接读出其他的条件独立性关系呢? 事实上,有如下结论成立:

定理 7.3.3. 令 $\mathcal{G}=(V, E)$ 是一个分布为$\mathbb{P}$ 的成对马尔可夫图. 令 A, B 和C 为 V

的不相同的子集使得 C 分离 A 和 B，则 $A \perp\!\!\!\perp B \mid C$.

若 A 和 B 不是连通的（也就是不存在一条从 A 到 B 的路），则可以把 A 和 B 看作被空集分离，则由定理 7.3.3 可知 $A \perp\!\!\!\perp B$.

定理 7.3.3 中的独立性条件被称作全局马尔可夫性质. 将看到成对和全局马尔可夫性质是等价的. 更确切的，可以描述为：给定一个图 $\mathcal{G}$，令 $M_{pair}(\mathcal{G})$ 表示满足**成对马尔可夫性质的分布集**，因此 $P \in M_{pair}(\mathcal{G})$，在分布 $\mathbb{P}$ 下，若 $X \perp\!\!\!\perp Y \mid$ 其余变量当且仅当 X 和 Y 之间不存在边；令 $M_{global}(\mathcal{G})$ 为满足**全局马尔可夫性质的分布集**：则 $P \in M_{global}(\mathcal{G})$，在分布 $\mathbb{P}$ 下，若 $A \perp\!\!\!\perp B \mid C$ 当且仅当 C 分离 A 和 B.

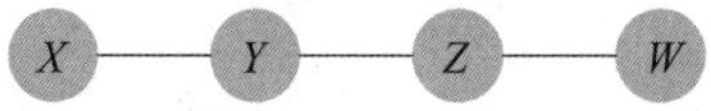

图 7.18　若满足成对马尔可夫性，可以得到 $X \perp\!\!\!\perp Z \mid Y$ 吗？

前面已知成对马尔可夫性隐含着全局马尔可夫性，反过来成立吗？实际上，成对和全局马尔可夫性质是等价的：

定理 7.3.4.　令 $\mathcal{G}$ 为一个图，则 $M_{pair}(\mathcal{G}) = M_{global}(\mathcal{G})$.

上述定理保证了可以使用简单的成对性质来构建图，这就使得可以用全局马尔可夫性来推导其他独立关系.

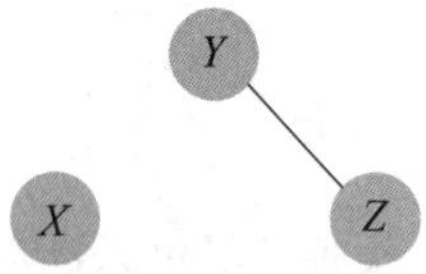

图 7.19　$X \perp\!\!\!\perp Y$

例 7.3.5.　由图 7.19 可知 $X \perp\!\!\!\perp Y$，$X \perp\!\!\!\perp Z$ 和 $X \perp\!\!\!\perp (Y, Z)$.

定义 7.3.10.　设有联合概率分布 $P(Y)$，由无向图 $\mathcal{G} = (V, E)$ 表示，在图 $\mathcal{G}$ 中，结点表示随机变量，边表示随机变量之间的依赖关系. 如果联合概率分布 $P(Y)$ 满足成对或全局马尔可夫性，就称此联合概率分布为**概率无向图模型**（probabilistic undirected graphical model），或**马尔可夫随机场**（Markov random field）.

在实际中，我们关心的是如何求其联合概率分布. 为便于模型的学习与计算，对于给定的概率无向图模型，我们希望将整体的联合概率写成若干子联合概率的乘积的形式，也就是将联合概率进行因子分解. 事实上，概率无向图模型的最大特点就是易于因子分解.

3. 概率无向图模型的因子分解

首先我们给出无向图中的团与极大团的定义.

定义 7.3.11.　若一个图的变量集中的任意两个对应的节点都是邻接的，则称该集为一个**团**. 若一个团任意增加一个节点后就不能成为团,则称之为一个**极大团**.

例 7.3.6.　图 7.20 中的极大团为

$$\{X_1, X_2\}, \{X_1, X_3\}, \{X_2, X_4\}, \{X_3, X_5\}, \{X_2, X_5, X_6\}$$

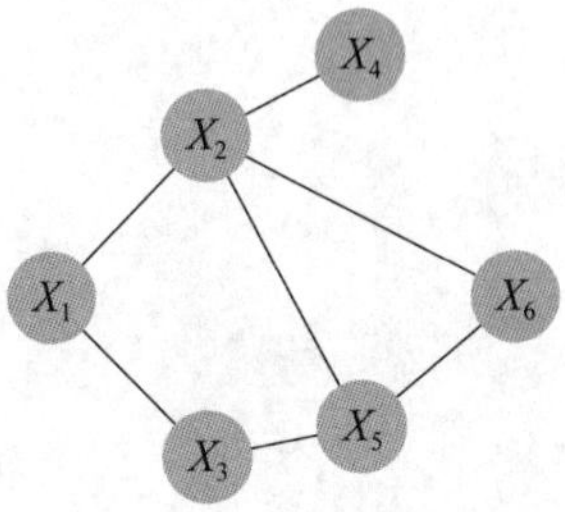

图 7.20　极大团示例

再给出势的定义. 一个势就是任意一个正函数. 在特定的条件下,可以证明分布$\mathbb{P}$关于无向图$\mathcal{G}$是马尔可夫的当且仅当其概率函数f可以写作图中所有极大团$\mathcal{C}$上的函数$\psi_C(\boldsymbol{x}_C)$的乘积形式,即

$$f(\boldsymbol{x})=\frac{\prod_{C\in\mathcal{C}}\psi_C(\boldsymbol{x}_C)}{Z}$$

其中,$\mathcal{C}$是一个极大团集,ψ_C是一个势,且

$$Z=\sum_{\boldsymbol{x}}\prod_{C\in\mathcal{C}}\psi_C(\boldsymbol{x}_C)$$

称为规范化因子. 规范化因子保证f构成一个概率分布. 函数$\psi_C(\boldsymbol{x}_C)$称为势函数,一般要求为严格正函数,通常定义为指数函数:

$$\psi_C(\boldsymbol{x}_C)=\exp(-E(\boldsymbol{x}_C))$$

将概率无向图模型的联合概率分布表示为其极大团上的随机变量的函数的乘积形式的操作,称为概率无向图模型的因子分解(factorization).

定理 7.3.5.　(*Hammersley-Clifford* 定理)概率无向图模型的联合概率分布$P(Y)$可以表示为如下形式:

$$P(Y)=\frac{1}{Z}\prod_C\Psi_C(Y_C)$$

$$Z=\sum_Y\prod_C\Psi_C(Y_C)$$

其中,C是无向图的最大团,Y_C是C的结点对应的随机变量,$\Psi_C(Y_C)$是C上定义的严格正函数,乘积是在无向图所有的最大团上进行的.

例 7.3.7.　前面已知图 7.20 中的极大团是

$$\{X_1, X_2\}, \{X_1, X_3\}, \{X_2, X_4\}, \{X_3, X_5\}, \{X_2, X_5, X_6\}$$

因此,可以把概率函数写为

$$f(x_1, x_2, x_3, x_4, x_5, x_6) \propto \psi_{12}(x_1, x_2)\psi_{13}(x_1, x_3)\psi_{24}(x_2, x_4) \times \psi_{35}(x_3, x_5)\psi_{256}(x_2, x_5, x_6)$$

例 7.3.8. 图 7.21 中对应的概率分布可以分解为

$$f(a, b, c, d, e) \propto \psi_1(a, b, c)\psi_2(b, d)\psi_3(c, e)$$

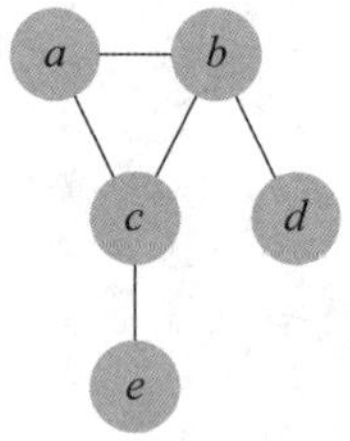

图 7.21 概率无向图模型

4. 条件随机场模型

在实际问题中,我们经常需要建立条件概率模型 $P(Y|X)$. 条件随机场是给定一组输入随机变量条件下另一组输出随机变量的条件概率分布模型,其特点是假设输出随机变量构成马尔可夫随机场. 也即条件随机场是给定随机变量 X 条件下,随机变量 Y 的马尔可夫随机场. 条件随机场可以用于不同的预测问题.

定义 7.3.12. 设 X 与 Y 是随机变量,$P(Y|X)$是在给定 X 的条件下 Y 的条件概率分布. 若随机变量 Y 构成一个由无向图 $\mathcal{G}=(V, E)$ 表示的马尔可夫随机场,即

$$P(Y_v \mid X, Y_w, w \neq v) = P(Y_v \mid X, Y_w, w \sim v)$$

对任意节点 v 成立,则称条件概率分布 $P(Y|X)$为**条件随机场**. 式中 $w \sim v$ 表示在图 $\mathcal{G}=(V, E)$ 中与节点 v 有边连接的所有节点 w,$w \neq v$ 表示节点 v 以外的所有节点,Y_v 与 Y_w 为节点 v 与 w 对应的随机变量.

在条件随机场的定义中,并未对无向图的结构进行任何假定,也没有要求 X 和 Y 具有相同的结构. 现实中,一般假定 X 和 Y 有相同的图结构. 这里,我们考虑无向图具有下图所示的线性链结构,即

$$\mathcal{G}=(V=\{1, 2, \cdots, n\}, E=\{(i, i+1)\}), i=1, 2, \cdots, n-1$$

在此情况下,$X=(X_1, X_2, \cdots, X_n)$, $Y=(Y_1, Y_2, \cdots, Y_n)$, 最大团是相邻两个节点的集合.

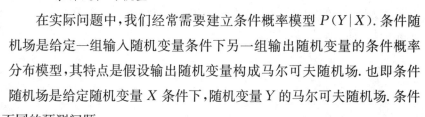

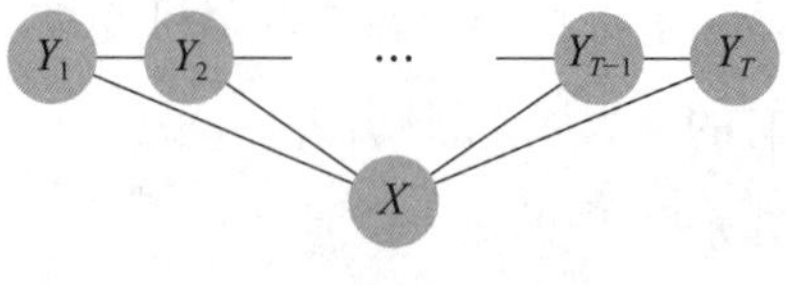

图 7.22 线性链结构

这种具有线性链结构的特殊的条件随机场,称为**线性链条件随机场模型**.

定义 7.3.13. 设 $X=(X_1, X_2, \cdots, X_n)$ 与 $Y=(Y_1, Y_2, \cdots, Y_n)$ 均为线性链表示的随机变量序列，若在给定随机变量序列 X 的条件，随机变量序列 Y 的条件概率分布 $P(Y|X)$ 构成条件随机场，即满足马尔可夫性

$$P(Y_i \mid X, Y_1, \cdots, Y_{i-1}, Y_{i+1}, \cdots, Y_n)=P(Y_i \mid X, Y_{i-1}, Y_{i+1})$$
$$i=1, 2, \cdots, n(\text{在 } i=1 \text{ 和 } n \text{ 时只考虑单边})$$

则称 $P(Y \mid X)$ 为线性链条件随机场. 在标注问题中，X 表示输入观测序列，Y 表示对应的输出标记序列或状态序列.

根据概率无向图模型的因式分解定理，可以给出线性链条件随机场 $P(Y|X)$ 的因子分解式，各因子是定义在相邻两个节点（最大团）上的势函数.

定理 7.3.6. （线性链条件随机场的参数化形式）设 $P(Y|X)$ 为线性链条件随机场，则在随机变量 X 取值为 $\boldsymbol{x}$ 的条件下，随机变量 Y 取值为 $\boldsymbol{y}$ 的条件概率具有如下形式：

$$P(\boldsymbol{y} \mid \boldsymbol{x})=\frac{1}{Z(\boldsymbol{x})}\exp\left(\sum_{i,k}\lambda_k t_k(y_{i-1}, y_i, \boldsymbol{x}, i)+\sum_{i,l}\mu_l s_l(y_i, \boldsymbol{x}, i)\right)$$

其中，$Z(\boldsymbol{x})=\sum_{\boldsymbol{y}}\exp\left(\sum_{i,k}\lambda_k t_k(y_{i-1}, y_i, \boldsymbol{x}, i)+\sum_{i,l}\mu_l s_l(y_i, \boldsymbol{x}, i)\right)$ 式中，t_k 和 s_l 是特征函数，λ_k 和 μ_l 是对应的权值. $Z(\boldsymbol{x})$ 是规范化因子，求和是在所有可能的输出序列上进行的.

定理中的条件概率表达式是线性链条件随机场模型的基本形式，表示给定输入序列 $\boldsymbol{x}$，对输出序列 $\boldsymbol{y}$ 预测的条件概率. 式中，t_k 是定义在边上的特征函数，称为**转移特征**，依赖于当前和前一个位置；s_l 是定义在结点上的特征函数，称为**状态特征**，依赖于当前位置. t_k 和 s_l 都依赖于位置，是局部特征函数. 通常，特征函数 t_k 和 s_l 取值为 1 或 0；当满足特征条件时取值为 1，否则为 0. 条件随机场完全由特征函数 t_k，s_l 和对应的权值 λ_k，μ_l 确定. 很显然线性链条件随机场模型是建立在条件概率分布 $P(Y|X)$ 之下，因此是一个判别模型.

有了线性链条件随机场的定义和参数表示，一般接下来会考虑 3 个基本的问题：概率计算问题、学习问题和预测问题. 线性链条件随机场可以用于机器学习中的标注等问题. 这时，在条件概率模型 $P(Y|X)$ 中，Y 是输出变量，表示标记序列，X 是输入变量，表示需要标注的观测序列. 也把标记序列称为状态序列. 学习时，利用训练数据集通过极大似然估计或正则化的极大似然估计得到条件概率模型 $\hat{P}(Y|X)$. 预测时，对于给定的输入序列 X，求出条件概率 $\hat{P}(\boldsymbol{y}|\boldsymbol{x})$ 最大的输出序列 $\hat{\boldsymbol{y}}$.

已知训练数据集，由此可知经验概率分布 $\widetilde{P}(X, Y)$. 则训练数据的对数似然函数为

$$L(\boldsymbol{\lambda}, \boldsymbol{\mu})=L_{\widetilde{P}}(P_{\boldsymbol{\lambda}, \boldsymbol{\mu}})=\log\prod_{\boldsymbol{x}, \boldsymbol{y}} P_{\boldsymbol{\lambda}, \boldsymbol{\mu}}(\boldsymbol{y} \mid \boldsymbol{x})^{\widetilde{P}(\boldsymbol{x}, \boldsymbol{y})}=\sum_{\boldsymbol{x}, \boldsymbol{y}} \widetilde{P}(\boldsymbol{x}, \boldsymbol{y})\log P_{\boldsymbol{\lambda}, \boldsymbol{\mu}}(\boldsymbol{y} \mid \boldsymbol{x})$$

将线性链条件随机场的参数化形式代入上式，可得对数似然函数为

$$\begin{aligned} L(\boldsymbol{\lambda}, \boldsymbol{\mu}) &= \sum_{\boldsymbol{x}, \boldsymbol{y}} \widetilde{P}(\boldsymbol{x}, \boldsymbol{y})\log P_{\boldsymbol{\lambda}, \boldsymbol{\mu}}(\boldsymbol{y} \mid \boldsymbol{x}) \\ &= \sum_{j=1}^{N}\Big(\sum_{i, k}\lambda_k t_k(y_{j, i-1}, y_{j, i}, \boldsymbol{x}_j, i)+\sum_{i, l}\mu_l s_l(y_{j, i}, \boldsymbol{x}_j, i)\Big)-\sum_{j=1}^{N}\log Z_{\boldsymbol{\lambda}, \boldsymbol{\mu}}(\boldsymbol{x}_j) \end{aligned}$$

因此，可得优化问题：

$$\max_{\boldsymbol{\lambda}, \boldsymbol{\mu}}\sum_{j=1}^{N}\Big(\sum_{i, k}\lambda_k t_k(y_{j, i-1}, y_{j, i}, \boldsymbol{x}_j, i)+\sum_{i, l}\mu_l s_l(y_{j, i}, \boldsymbol{x}_j, i)\Big)-\sum_{j=1}^{N}\log Z_{\boldsymbol{\lambda}, \boldsymbol{\mu}}(\boldsymbol{x}_j)$$

7.4 机器学习中的概率模型

7.4.1 机器学习的概率思路

在统计机器学习中，通常假设输入与输出的随机变量 X 和 Y 遵循**联合概率分布** $P(X, Y)$，$P(X, Y)$表示分布函数或分布密度函数. 在学习过程中，假定这些联合概率分布存在，但对学习系统来说，联合概率分布的具体定义是未知的. 此外，训练数据与测试数据被看作是依联合概率分布 $P(X, Y)$独立同分布产生的.

在概率模型方面，监督学习的概率模型通常由条件概率分布 $P(Y|X)$来表示. 对具体的输入进行相应的输出预测时，写作 $P(y|\boldsymbol{x})$. 无监督学习的概率模型取条件概率分布形式 $P(z|\boldsymbol{x})$或者 $P(\boldsymbol{x})$，$\boldsymbol{x} \in \mathcal{X}$是输入，$z \in \mathcal{Z}$是隐变量，$\mathcal{X}$是输入空间，$\mathcal{Z}$是隐空间.

对于监督学习来说，监督学习方法可以分为生成方法和判别方法，所学到的模型分别称为生成模型和判别模型.

1. 生成模型

生成方法由数据学习联合概率分布 $P(X, Y)$，然后求出条件概率分布 $P(Y|X)$作为预测的模型，即生成模型：

$$P(Y \mid X)=\frac{P(X, Y)}{P(X)}$$

这样的方法之所以称为生成方法，是因为模型表示了给定输入 X 产生输出 Y 的生成关

系. 典型的概率型生成模型有朴素贝叶斯法和隐马尔可夫模型等等.

2. 判别模型

判别方法由数据直接学习决策函数 $f(X)$ 或者条件概率分布 $P(Y|X)$ 作为预测的模型,即判别模型. 判别方法关心的是对给定的输入 X,应该预测什么样的 Y. 典型的概率型判别模型有决策树、逻辑斯蒂回归模型、最大熵模型和条件随机场等等.

除上述内容外,我们还需确定模型的假设空间,假设空间的确定意味着学习的范围的确定. 概率模型的假设空间可以定义为条件概率的集合:

$$\mathcal{F}=\{P \mid P(Y \mid X)\} \tag{7.12}$$

其中,X 和 Y 是定义在输入空间 $\mathcal{X}$ 和输出空间 $\mathcal{Y}$ 上的随机变量. 这时 $\mathcal{F}$ 通常是由一个参数向量决定的条件概率分布族:

$$\mathcal{F}=\{P \mid P_{\boldsymbol{\theta}}(Y \mid X),\ \boldsymbol{\theta} \in \mathbb{R}^n\} \tag{7.13}$$

参数向量 $\boldsymbol{\theta}$ 取值于 n 维欧氏空间 $\mathbb{R}^n$,也称为参数空间.

在损失函数的选择上,常用的损失函数为对数损失函数或对数似然损失函数:

$$L(Y,\ P(Y \mid X))=-\log P(Y \mid X) \tag{7.14}$$

已知上述前提信息后,即可开始对模型进行训练,同样也有监督学习和无监督学习两种方法.

监督学习分为学习和预测两个过程,由学习系统和预测系统完成. 在学习过程中,学习系统利用给定的训练数据集,通过学习(或训练)得到一个模型,表示为条件概率分布 $\hat{P}(Y|X)$,描述了输入与输出随机变量之间的映射关系. 在预测过程中,预测系统对于给定的测试样本集中的输入 $\boldsymbol{x}_{N+1}$,由模型 $y_{N+1}=\operatorname{argmax}_y \hat{P}(y \mid \boldsymbol{x}_{N+1})$ 给出相应的输出 y_{N+1}.

无监督学习也由学习系统和预测系统完成. 在学习过程中,学习系统从训练数据集学习,得到一个最优模型,表示条件概率分布 $\hat{P}(\boldsymbol{z} \mid \boldsymbol{x})$. 在预测过程中,对于给定的输入 $\boldsymbol{x}_{N+1}$,由模型 $\boldsymbol{z}_{N+1}=\operatorname{argmax}_z \hat{P}(\boldsymbol{z} \mid \boldsymbol{x}_{N+1})$ 给出相应的输出 $\boldsymbol{z}_{N+1}$,进行聚类或降维,再由预测系统进行预测.

监督学习的本质是学习输入到输出的映射的统计规律. 对于监督概率模型的学习,本质与概率模型的参数估计相关. 无监督学习的本质是学习数据中的统计规律或潜在结构. 对于无监督概率模型的学习,本质与概率模型的非参数估计相关.

在概率模型的学习和推理中还经常使用贝叶斯技巧,其主要想法是:利用贝叶斯定理,计算在给定数据条件下模型的条件概率,即后验概率,并应用这个原理进行模型的估计,以及对数据的预测.将模型、未观测要素及其参数用变量表示,使用模型的先验分布是贝叶斯学习的特点.估计的方法包括最大后验估计等各种贝叶斯估计方法.

7.4.2 机器学习中的概率模型

1. 决策树模型

决策树是一类常见的机器学习方法.顾名思义,它是基于树结构来进行决策(比如分类或回归),这恰是人类在面临决策问题时一种很自然的处理机制.

定义 7.4.1. 决策树模型是一种对实例进行某种决策(比如分类或回归)的树形结构,其由一个根结点、若干个内部结点和若干个叶结点以及有向边组成;其中根结点包含样本全集,内部结点对应一个特征或属性,叶结点对应于决策结果(比如在分类中,对应某个具体的类);每个结点包含的样本集合根据特征选择或属性测试的结果被划分到子结点中去.

决策树学习的目的是为了生成一颗泛化能力强,即处理未见实例能力强的决策树.其基本流程遵循"分而治之"的策略:以用决策树分类为例,从根结点开始对实例的某一个特征进行测试,根据测试结果将实例分配到其子结点;这时,每一个子结点对应着该特征的一个取值.如此递归地对实例进行测试并分配,直到达到叶结点,最后将实例分到叶结点的类中.所以在分类问题中,决策树模型表示基于特征对实例进行分类的过程.

决策树模型可以通过两种方式来表示:看成是 if-then 规则的集合或看成是定义在特征空间与类空间上的条件概率分布.下面我们主要介绍基于条件概率分布的决策树表示与学习.

决策树可看成在给定特征条件下类的条件概率分布.这一条件概率分布定义在特征空间的一个划分上.将特征空间划分为互不相交的单元或区域,并在每个单元定义一个类的概率分布就构成了一个条件概率分布.决策树的一条路径对应于划分中的一个单元.决策树所表示的条件概率分布由各个单元给定条件下类的条件概率分布组成.

假设 X 为表示特征的随机向量,Y 表示类的随机向量,那么这个条件概率分布就可以表示为 $P(Y|X)$.X 取值于给定划分下单元的集合,Y 取值于类的集合.各叶结点(单元)上的条件概率往往偏向于某一个类,即属于某一类的概率较大.决策树分类时将该结点的实例强行分到条件概率大的那一类去.

决策树学习通常包括三个步骤:特征选择、决策树的生成、决策树的修剪.由于决策树表示一个条件概率分布,所以深浅不同的决策树对应着不同复杂度的概率模型.决策树的生成对应于模型的局部选择，决策树的剪枝对于模型的全局选择，决策树的生成只考虑局部最优，相对的决策树的剪枝则考虑全局最优.

决策树学习的关键是如何选择最优划分属性或最优的特征来划分特征空间. 一般而言，随着划分过程不断进行，我们希望决策树的分支结点所包含的类别尽可能属于同一类别，即结点的"纯度"越来越高. 目前主要有三类属性划分或特征选择的准则：信息增益、增益比、基尼系数.

而在决策树生成上，基于上述准则又具有以下几类方法：

(1) 基于信息增益的决策树生成.

现假设训练数据集为 D，$|D|$表示其样本容量. 设有 K 个类C_k，$k=1, 2, \cdots, K$，$|C_k|$为属于类C_k的样本个数. 显然$\sum_{k=1}^{K}|C_k|=|D|$. 设某特征A取值为$\{a_1, a_2, \cdots, a_n\}$，根据特征$A$的取值将$D$划分为$n$个子集$D_1, D_2, \cdots, D_n$，$|D_i|$为$D_i$的样本个数，$\sum_{i=1}^{n}|D_i|=|D|$. 记子集$D_i$中属于类$C_k$的样本的集合为$D_{ik}$，即$D_{ik}=D_i\cap C_k$，$|D_{ik}|$为$D_{ik}$的样本个数. 因此，可以给出信息增益定义如下：

定义 7.4.2. （信息增益）特征A对训练数据集D的信息增益$g(D, A)$，定义为集合D的经验熵$H(D)$与特征A给定条件下D的经验条件熵$H(D|A)$之差，即

$$g(D,A)=H(D)-H(D\mid A)$$

其中

$$H(D)=-\sum_{k=1}^{K}\frac{|C_k|}{|D|}\log_2\frac{|C_k|}{|D|}$$

$$H(D\mid A)=\sum_{i=1}^{n}\frac{|D_i|}{|D|}H(D_i)=-\sum_{i=1}^{n}\frac{|D_i|}{|D|}\sum_{k=1}^{K}\frac{|D_{ik}|}{|D_i|}\log_2\frac{|D_{ik}|}{|D|}$$

注意这里的经验熵与经验条件熵即为前面章节所介绍的信息熵和条件熵，这里只不过是针对经验分布而言的. 可以看出，决策树学习中的信息增益等价于训练数据集中类与特征的互信息. 一般而言，信息增益越大，则意味着使用特征A来进行划分所获得的"纯度提升"越大. 因此，我们可用信息增益来进行决策树的特征选择或划分属性选择，也即求解如下最优化问题为：

$$\max_{A_i} g(D, A_i)=H(D)-H(D\mid A_i)$$

其中A_i表示样本空间的第i个特征.

(2) 基于信息增益比的决策树生成.

以信息增益准则作为划分训练数据集的特征,存在偏向于选择取值较多的特征的问题,为了减少这种偏好可能带来的不利影响,可以使用信息增益比(information gain ratio)来选择最优特征.

定义 7.4.3. (信息增益比)特征 A 对训练数据集 D 的信息增益比 $g_R(D, A)$,定义为其信息增益 $g(D, A)$与训练数据集 D 关于特征 A 的值的熵 $H_A(D)$之比,即

$$g_R(D, A)=\frac{g(D, A)}{H_A(D)}$$

其中,

$$H_A(D)=-\sum_{i=1}^{n}\frac{|D_i|}{|D|}\log_2\frac{|D_i|}{|D|}$$

n 是特征 A 取值的个数.

(3) 基于基尼系数的决策树生成.

还可使用基尼指数对分类决策树进行最优特征选择,基尼指数也可衡量分布或数据的不确定性,其定义如下:

定义 7.4.4. 分类问题中,假设有 K 个类,样本点属于第 k 类的概率为 p_k,则概率分布的基尼指数定义为

$$\operatorname{Gini}(p)=\sum_{i=1}^{K}p_k(1-p_k)=1-\sum_{k=1}^{K}p_k^2$$

对于给定的样本集合 D,其基尼指数为

$$\operatorname{Gini}(D)=1-\sum_{k=1}^{K}\left(\frac{|C_k|}{|D|}\right)^2$$

这里,C_k 是 D 中属于第 k 类的样本子集,K 是类的个数.

一般地,基尼指数值越大,样本集合的不确定性也就越大,这一点与熵相似.

在决策树生成过程中,我们需要考虑某一特征划分下数据集的基尼指数. 如果样本集合 D 根据特征 A 是否取某一可能值 a 被分割成 D_1 和 D_2 两部分,即

$$D_1=\{(x, y)\in D \mid A(x)=a\},\ D_2=D-D_1$$

则在特征 A 的条件下,集合 D 的基尼指数定义为

$$\text{Gini}(D, A)=\frac{|D_1|}{|D|}\text{Gini}(D_1)+\frac{|D_2|}{|D|}\text{Gini}(D_2)$$

显然，基尼指数 Gini(D, A)表示经 $A=a$ 分割后集合 D 的不确定性.

因此，在决策树生成过程中，我们需要在所有可能的特征以及它所有可能的切分点 a 中，选择基尼指数最小的特征及其对应的切分点，作为最优特征与最优切分点. 此时，最优特征和对应切分点选择的优化问题可表示为：

$$\min_{A_i,\, a_{ij}} \text{Gini}(D, A_i=a_{ij})$$

其中 A_i 表示样本空间的第 i 个特征，a_{ij} 表示特征 A_i 的第 j 个可能的取值.

在优化方面，决策树生成算法递归地产生决策树，直到不能继续下去为止，这样产生的决策树由于在学习时过多地考虑如何提高对训练数据的正确分类，从而构建出分支过多、过于复杂的决策树，因而出现过拟合的现象. 剪枝是决策树学习算法对付过拟合的主要手段.

决策树的剪枝一般通过最小化决策树整体的损失函数或代价函数来实现，也即：

$$\min_T \sum_{t=1}^{|T|} N_t H_t(T)+\alpha\,|T|$$

其中 t 是树 T 的叶结点，$|T|$代表树 T 的叶结点个数，N_t 表示具体某个叶结点的样本数，$\alpha \geqslant 0$ 为参数，$H_t(T)$表示叶节点经验熵为

$$H_t(T)=-\sum_{k=1}^{K}\frac{N_{tk}}{N_t}\log\frac{N_{tk}}{N_t}$$

其中，N_{tk} 表示 k 类样本点的个数，$k=1, 2, \cdots, K$.

由于上述优化问题中目标函数第一项实际上就是负对数似然函数：

$$\begin{aligned}\sum_{t=1}^{|T|} N_t H_t(T) &= -\sum_{t=1}^{|T|}\sum_{k=1}^{K} N_{tk}\log\frac{N_{tk}}{N_t}\\ &= -\log\prod_{t=1}^{|T|}\prod_{k=1}^{K}\left(\frac{N_{tk}}{N_t}\right)^{N_{tk}}\end{aligned}$$

因此，上述优化问题等价于极大对数似然函数，即优化问题：

$$\max\ \log\prod_{t=1}^{|T|}\prod_{k=1}^{K}\left(\frac{N_{tk}}{N_t}\right)^{N_{tk}}$$

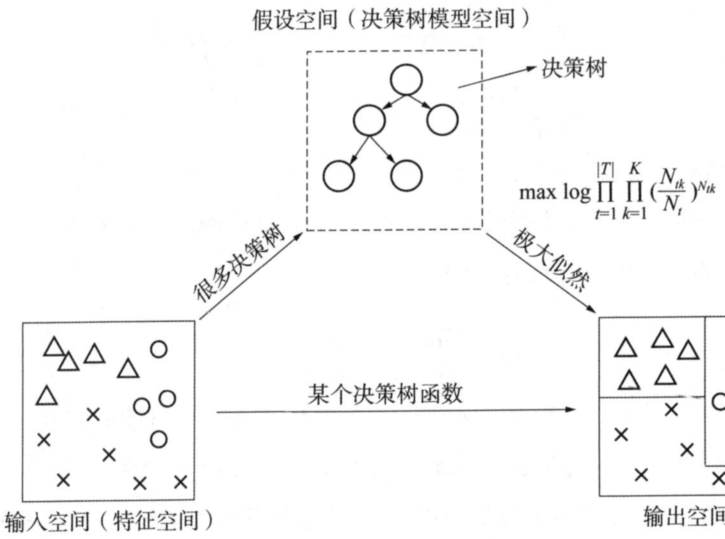

图 7.23 从空间角度理解决策树模型

2. 逻辑斯谛回归模型

逻辑斯谛回归是统计学习中的经典分类方法，它依赖于逻辑斯谛分布.

定义 7.4.5. （逻辑斯谛分布）设 X 是连续随机变量，X 服从逻辑斯谛分布是指 X 具有下列分布函数和密度函数：

$$F(x)=P(X\leqslant x)=\frac{1}{1+e^{-(x-\mu)/\gamma}} \tag{7.15}$$

$$f(x)=F'(x)=\frac{e^{-(x-\mu)/\gamma}}{\gamma(1+e^{-(x-\mu)/\gamma})^2} \tag{7.16}$$

式中，μ 为位置参数，$\gamma>0$ 为形状参数.

逻辑斯谛分布的分布函数属于逻辑函数，其图形是一条关于点$\left(\mu,\frac{1}{2}\right)$为中心对称的 sigmoid 曲线. 该曲线在中心附近增长速度较快，在两端增长速度较慢.

二项逻辑斯谛回归模型是一种分类模型，由条件概率分布 $P(Y|X)$表示，形式为参数化的逻辑斯谛分布. 这里，随机变量 X 取值为实数，随机变量 Y 的取值为 1 和 0.

定义 7.4.6. 二项逻辑斯谛回归模型是如下的条件概率分布：

$$P(Y=1\mid \boldsymbol{x})=\frac{\exp(\boldsymbol{w}^{\mathrm{T}}\boldsymbol{x}+b)}{1+\exp(\boldsymbol{w}^{\mathrm{T}}\boldsymbol{x}+b)} \tag{7.17}$$

$$P(Y=0 \mid \boldsymbol{x})=\frac{1}{1+\exp(\boldsymbol{w}^{\mathrm{T}}\boldsymbol{x}+b)} \tag{7.18}$$

其中，$\boldsymbol{x} \in \mathbb{R}^n$是输入，$Y \in \{0, 1\}$是输出，$\boldsymbol{w} \in \mathbb{R}^n$和$b \in \mathbb{R}$是参数，$\boldsymbol{w}$ 称为权值向量，b 称为偏置.

为了更简洁地表示，有时会将权值向量和输入向量加以扩充，记作 $\boldsymbol{w}=(w_1, w_2, \cdots, w_n, b)$，$\boldsymbol{x}=(x_1, x_2, \cdots, x_n, 1)$. 此时逻辑回归模型如下：

$$P(Y=1 \mid \boldsymbol{x})=\frac{\exp(\boldsymbol{w}^{\mathrm{T}}\boldsymbol{x})}{1+\exp(\boldsymbol{w}^{\mathrm{T}}\boldsymbol{x})} \tag{7.19}$$

$$P(Y=0 \mid \boldsymbol{x})=\frac{1}{1+\exp(\boldsymbol{w}^{\mathrm{T}}\boldsymbol{x})} \tag{7.20}$$

在逻辑斯谛回归模型中，输出 $Y=1$ 的对数概率是输入 $\boldsymbol{x}$ 的线性函数. 线性函数的值越接近正无穷，概率值就越接近 1；线性函数的值越接近负无穷，概率值就越接近 0. 给定的输入实例 $\boldsymbol{x}$，按照式(7.17)和(7.18)可以求得 $P(Y=1 \mid \boldsymbol{x})$ 和 $P(Y=0 \mid \boldsymbol{x})$. 逻辑斯谛回归比较两个条件概率值的大小，将实例 $\boldsymbol{x}$ 分到概率值较大的那一类.

在模型求解上，对于给定的训练数据集 $\mathbb{T}=\{(\boldsymbol{x}_1, y_1), (\boldsymbol{x}_2, y_2), \cdots, (\boldsymbol{x}_N, y_N)\}$，其中，$\boldsymbol{x}_i \in \mathbb{R}^n$，$y_i \in \{0, 1\}$，可以应用极大似然估计法估计模型参数. 设

$$P(Y=1 \mid \boldsymbol{x})=\pi(\boldsymbol{x}),\ P(Y=0 \mid \boldsymbol{x})=1-\pi(\boldsymbol{x})$$

则似然函数为

$$\prod_{i=1}^{N}[\pi(\boldsymbol{x}_i)]^{y_i}[1-\pi(\boldsymbol{x}_i)]^{1-y_i}$$

对数似然函数为

$$\begin{aligned}
L(w) &= \sum_{i=1}^{N}[y_i \log \pi(\boldsymbol{x}_i)+(1-y_i)\log(1-\pi(\boldsymbol{x}_i))] \\
&= \sum_{i=1}^{N}\left[y_i \log \frac{\pi(\boldsymbol{x}_i)}{1-\pi(\boldsymbol{x}_i)}+\log(1-\pi(\boldsymbol{x}_i))\right] \\
&= \sum_{i=1}^{N}[y_i(\boldsymbol{w}^{\mathrm{T}}\boldsymbol{x}_i)-\log(1+\exp(\boldsymbol{w}^{\mathrm{T}}\boldsymbol{x}_i)]
\end{aligned}$$

因此，得到优化问题：

$$\max_{\boldsymbol{w}} \sum_{i=1}^{N} [y_i(\boldsymbol{w}^{\mathrm{T}} \boldsymbol{x}_i) - \log(1 + \exp(\boldsymbol{w}^{\mathrm{T}} \boldsymbol{x}_i))]$$

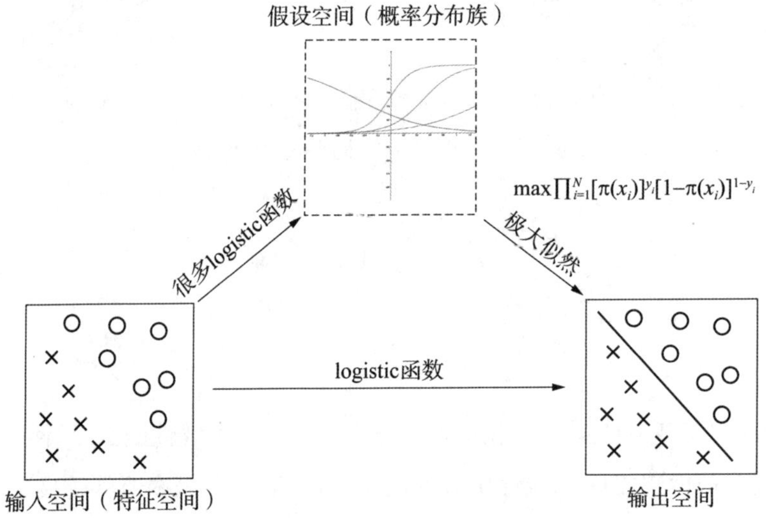

图 7.24　从空间角度理解 Logistic 模型

3. 最大熵模型

最大熵模型(Maximum Entropy Model)由最大熵原理推导实现.最大熵原理是概率模型学习的一个准则,它是指在学习概率模型时,在所有可能的概率模型(分布)中,熵最大的模型是最好的模型.通常用约束条件来确定概率模型的集合,因此最大熵原理也可以被表述为在满足约束条件的模型集合中选取熵最大的模型.

定义 7.4.7.　(最大熵)假设离散随机变量 X 的概率分布是 $P(X)$,则其熵是

$$H(P) = -\sum_{x} P(x) \log P(x) \tag{7.21}$$

熵满足下列不等式:

$$0 \leqslant H(P) \leqslant \log |X| \tag{7.22}$$

式中,$|X|$是 X 的取值个数,当且仅当 X 的分布是等概分布时右边等号成立,即当 X 服从均匀分布时熵最大.

将最大熵原理应用到分类得到最大熵分类模型,它是一个判别模型.假设分类模型是一个条件概率分布 $P(Y \mid X)$,$X \in \mathcal{X} \subseteq \mathbb{R}^n$表示输入,$Y \in \mathcal{Y}$表示输出,$\mathcal{X}$和$\mathcal{Y}$分别是输入和输出的集合.这个模型表示的是对于给定的输入 X,以条件概率 $P(Y \mid X)$ 输出 Y.

通常模型还需要满足一定的约束条件. 给定一个训练数据集

$$\mathbb{T}=\{(\boldsymbol{x}_1, y_1), (\boldsymbol{x}_2, y_2), \cdots, (\boldsymbol{x}_N, y_N)\}$$

可以确定联合分布 $P(X, Y)$的经验分布 $\widetilde{P}(\boldsymbol{x}, y)$和边缘分布 $P(X)$的经验分布 $\widetilde{P}(\boldsymbol{x})$，这里分别用训练数据中样本出现的频率和输入数据的频率来表示. 用特征函数 $f(\boldsymbol{x}, y)$描述输入 $\boldsymbol{x}$ 和输出 y 之间的某一个事实. 如果模型能够获取训练数据中的信息,那么就可以假设特征函数关于经验分布 $\widetilde{P}(X, Y)$的期望值 $E_{\widetilde{P}}(f)$与特征函数关于模型 $P(Y|X)$与经验分布 $\widetilde{P}(X)$的期望值 $E_P(f)$相等,即

$$\sum_{\boldsymbol{x}, y}\widetilde{P}(\boldsymbol{x}, y)f(\boldsymbol{x}, y)=\sum_{\boldsymbol{x}, y}\widetilde{P}(\boldsymbol{x})P(y \mid \boldsymbol{x})f(\boldsymbol{x}, y) \tag{7.23}$$

以此作为模型学习的约束条件. 假如有 n 个特征函数 $f_i(\boldsymbol{x}, y)$，$i=1, 2, \cdots, n$，那么就有 n 个约束条件.

定义 7.4.8.　假设满足所有约束条件的模型集合为

$$\mathcal{C}\equiv\{P\in\mathcal{P} \mid E_P(f_i)=E_{\widetilde{P}}(f_i), i=1, 2, \cdots, n\} \tag{7.24}$$

定义在条件概率分布 $P(Y \mid X)$ 上的条件熵为

$$H(P)=-\sum_{\boldsymbol{x}, y}\widetilde{P}(\boldsymbol{x})P(y \mid \boldsymbol{x})\log P(y \mid \boldsymbol{x}) \tag{7.25}$$

则模型集合 $\mathcal{C}$ 中条件熵 $H(P)$最大的模型称为最大熵模型,式中的对数为自然对数.

最大熵模型的学习可以形式化为约束优化问题.

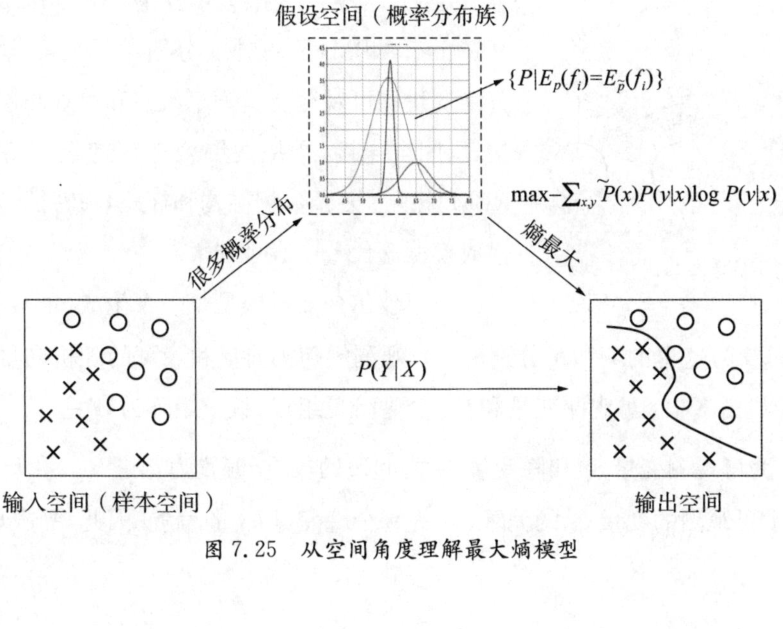

图 7.25　从空间角度理解最大熵模型

对于上述给定的训练数据集$\mathbb{T}$以及特征函数$f_i(\boldsymbol{x}, y)$，$i=1, 2, \cdots, n$，最大熵模型的学习等价于约束最优化问题：

$$\max_{P\in C} H(P)=-\sum_{\boldsymbol{x}, y}\widetilde{P}(\boldsymbol{x})P(y \mid \boldsymbol{x})\log P(y \mid \boldsymbol{x}) \tag{7.26}$$

$$s.t. \quad E_p(f_i)=E_{\widetilde{P}}(f_i), \ i=1, 2, \cdots, n \tag{7.27}$$

$$\sum_{y}P(y \mid \boldsymbol{x})=1 \tag{7.28}$$

通常将求最大值问题改写为等价的求最小值问题：

$$\min_{P\in C} -H(P)=\sum_{\boldsymbol{x}, y}\widetilde{P}(\boldsymbol{x})P(y \mid \boldsymbol{x})\log P(y \mid \boldsymbol{x}) \tag{7.29}$$

$$s.t. \quad E_p(f_i)-E_{\widetilde{P}}(f_i)=0, \ i=1, 2, \cdots, n \tag{7.30}$$

$$\sum_{y}P(y \mid \boldsymbol{x})=1 \tag{7.31}$$

所得解即为最大熵模型学习的解.

7.4.3 深度学习中的概率模型

1. 受限玻尔兹曼机

受限玻尔兹曼机是一种借助隐变量来描述复杂数据分布的概率图模型，在对复杂数据分布进行建模时，可以有效挖掘和学习出可观测变量之间复杂的依赖关系.

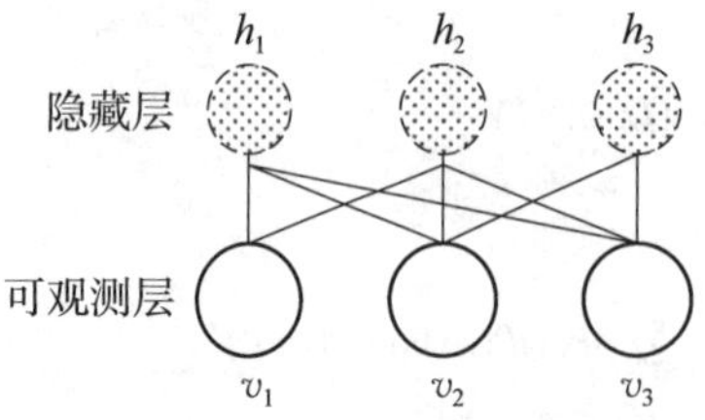

图 7.26 RBM 无向图模型

定义 7.4.9. 受限玻尔兹曼机(Restricted Boltzmann Machine，RBM)是一种二分图结构的无向图模型，区分隐变量和可观测变量为隐藏层和可观测层. 层内无连接，层间全连接，类似两层全连接神经网络. 此结构使RBM能捕获复杂数据结构和模式，在特征学习、降维和生成模型等任务中表现强大.

受限玻尔兹曼机模型是一个生成模型，用于生成联合分布$p(\boldsymbol{v}, \boldsymbol{h})$，这里的$\boldsymbol{v}$和$\boldsymbol{h}$分别表示可观测的随机向量和隐藏的随机向量. 若一个受限玻尔兹曼机由K_v个可观测变量和K_h个隐变量组成，权重矩阵为$\boldsymbol{W}\in\mathbb{R}^{K_u\times K_h}$，其中每个元素$w_{ij}$为可观测变量$v_i$和隐变量$h_j$之间边的权重. 偏置为$\boldsymbol{a}\in\mathbb{R}^{K_v}$和$\boldsymbol{b}\in\mathbb{R}^{K_h}$，其中$a_i$为每个可观测的变量$v_i$的偏置，$b_j$为每个隐变量$h_j$的偏置. 因此，受限玻尔兹曼机

的能量函数定义为

$$E(\boldsymbol{v},\ \boldsymbol{h})=-\boldsymbol{a}^{\mathrm{T}}\boldsymbol{v}-\boldsymbol{b}^{\mathrm{T}}\boldsymbol{h}-\boldsymbol{v}^{\mathrm{T}}\boldsymbol{W}\boldsymbol{h}$$

对应的联合概率分布 $p(\boldsymbol{v},\ \boldsymbol{h})$定义为

$$p(\boldsymbol{v},\ \boldsymbol{h})=\frac{1}{2}\exp(-E(\boldsymbol{v},\ \boldsymbol{h}))$$

其中 $Z=\sum\exp(-E(\boldsymbol{v},\ \boldsymbol{h}))$ 为配分函数.

在给定受限玻尔兹曼机的联合分布 $p(\boldsymbol{v},\ \boldsymbol{h})$后，通常可以使用吉布斯采样方法生成服从该分布的样本.

给出了模型的表示之后，作为概率图模型，受限玻尔兹曼机主要涉及推断和学习两类问题. 其中，对于参数学习，受限玻尔兹曼机是通过最大化似然函数来找到最优的参数 $\boldsymbol{W}$，$\boldsymbol{a}$，$\boldsymbol{b}$. 给定一组训练样本 $\mathcal{D}=\{\hat{\boldsymbol{v}}_1,\ \hat{\boldsymbol{v}}_2,\ \cdots,\ \hat{\boldsymbol{v}}_N\}$，其对数似然函数为

$$\mathcal{L}(\mathcal{D};\ \boldsymbol{W},\ \boldsymbol{a},\ \boldsymbol{b})=\frac{1}{N}\sum_{n=1}^{N}\log p(\hat{\boldsymbol{v}}_n;\boldsymbol{W},\ \boldsymbol{a},\ \boldsymbol{b})$$

因此，得到优化问题：

$$\max\frac{1}{N}\sum_{n=1}^{N}\log p(\hat{\boldsymbol{v}}_n;\boldsymbol{W},\ \boldsymbol{a},\ \boldsymbol{b})$$

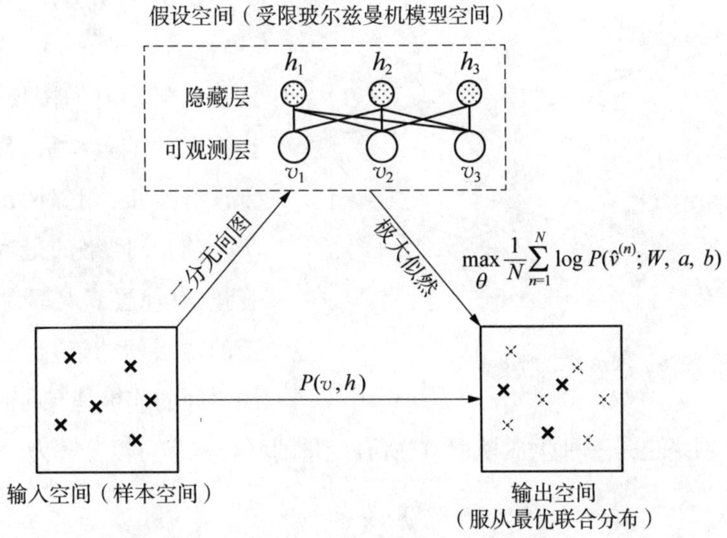

图 7.27　从空间角度理解受限玻尔兹曼机

对于生成模型，一般可以借助吉布斯采样的方法，生成服从对应联合分布的样本. 吉布斯采样(Gibbs Sampling)是一种有效地对高维空间中的分布进行采样的方法. 吉布斯采样使用全条件概率作为提议分布来依次对每个维度进行采样，并设置接受率为 1. 对于一个 M 维的随机向量 $\boldsymbol{X}=(X_1, X_2, \cdots, X_M)$，其第 m 个变量 X_m 的全条件概率为

$$p(x_m \mid \boldsymbol{x}_{\setminus m})$$

其中 $\boldsymbol{x}_{\setminus m}=(x_1, x_2, \cdots, x_{m-1}, x_{m+1}, \cdots, x_M)$ 表示除 X_m 外其他变量的取值. 吉布斯采样可以按照任意的顺序根据全条件分布依次对每个变量进行采样.

吉布斯采样的每单步采样也构成一个马尔可夫链. 假设每个单步(采样维度为第 m 维)的状态转移概率 $q(\boldsymbol{x}|\boldsymbol{x}')$ 为

$$q(\boldsymbol{x} \mid \boldsymbol{x}')=\begin{cases}\dfrac{p(\boldsymbol{x})}{p(\boldsymbol{x}'_{\setminus m})} & \text{if } \boldsymbol{x}_{\setminus m}=\boldsymbol{x}'_{\setminus m}\\ 0 & \text{其他,}\end{cases}$$

其中边际分布 $p(\boldsymbol{x}'_{\setminus m})=\sum_{x'_m} p(\boldsymbol{x}')$. 因此有 $p(\boldsymbol{x}'_{\setminus m})=p(\boldsymbol{x}_{\setminus m})$，并可以得到

$$p(\boldsymbol{x}')q(\boldsymbol{x} \mid \boldsymbol{x}')=p(\boldsymbol{x}')\frac{p(\boldsymbol{x})}{p(\boldsymbol{x}'_{\setminus m})}=p(\boldsymbol{x})\frac{p(\boldsymbol{x}')}{p(\boldsymbol{x}_{\setminus m})}=p(\boldsymbol{x})q(\boldsymbol{x}' \mid \boldsymbol{x})$$

根据细致平衡条件可知，该采样构成的马尔可夫链的平稳分布为 $p(\boldsymbol{x})$.

2. 深度信念网络

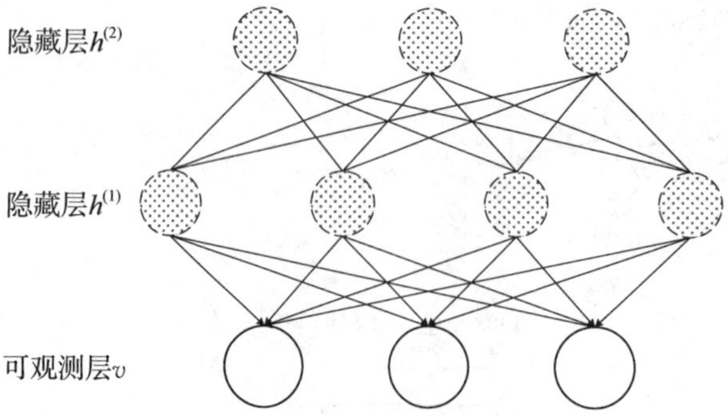

图 7.28 深度信念网络模型

定义 7.4.10. 深度信念网络(Deep Belief Network, DBN)是一种深层的概率有向图模型，其图结构由多层的节点构成. 每层节点的内部没有连接，相邻两层的节点之间为全连接. 网络的最底层为可观测变量，其他层节点都为隐变量. 最顶部的两层间的连接是无向的，其他层之间的连接是有向的.

深度信念网络也是一种生成模型，它所有变量的联合概率可以分解为

$$p(\boldsymbol{v}, \boldsymbol{h}^{(1)}, \cdots, \boldsymbol{h}^{(L)})$$

$$= p(\boldsymbol{v} \mid \boldsymbol{h}^{(1)}) \Big(\prod_{l=1}^{L-2} p(\boldsymbol{h}^{(l)} \mid \boldsymbol{h}^{(l+1)}) \Big) p(\boldsymbol{h}^{(L-1)}, \boldsymbol{h}^{(L)})$$

$$= \Big(\prod_{l=0}^{L-2} p(\boldsymbol{h}^{(l)} \mid \boldsymbol{h}^{(l+1)}) \Big) p(\boldsymbol{h}^{(L-1)}, \boldsymbol{h}^{(L)})$$

其中 $\boldsymbol{h}^{(0)} = \boldsymbol{v}$, $p(\boldsymbol{h}^{(l)} \mid \boldsymbol{h}^{(l+1)})$ 为 Sigmoid 型条件概率分布,定义为

$$p(\boldsymbol{h}^{(l)} \mid \boldsymbol{h}^{(l+1)} = \sigma(\boldsymbol{a}^{(l)} + \boldsymbol{W}^{(l+1)} \boldsymbol{h}^{(l+1)})$$

其中 $\sigma(\cdot)$为按逐元素计算的 Logistic 函数,$\boldsymbol{a}^{(l)}$ 为偏置参数,$\boldsymbol{W}^{(l+1)}$ 为权重参数. 这样,每一个层都可以看作一个 Sigmoid 信念网络.

深度信念网络也是通过最大化似然函数来找到最优的参数 $\boldsymbol{W}^{(1)}, \cdots, \boldsymbol{W}^{(L)}, \boldsymbol{a}^{(1)}, \cdots, \boldsymbol{a}^{(L)}$. 给定一组训练样本 $\mathcal{D} = \{\hat{\boldsymbol{v}}_1, \hat{\boldsymbol{v}}_2, \cdots, \hat{\boldsymbol{v}}_N\}$, 其对数似然函数为

$$\mathcal{L}(\mathcal{D}; \boldsymbol{W}^{(1)}, \cdots, \boldsymbol{W}^{(L)}, \boldsymbol{a}^{(1)}, \cdots, \boldsymbol{a}^{(L)}) = \frac{1}{N} \sum_{n=1}^{N} \log p(\hat{\boldsymbol{v}}_n; \boldsymbol{W}^{(1)}, \cdots, \boldsymbol{W}^{(L)}, \boldsymbol{a}^{(1)}, \cdots, \boldsymbol{a}^{(L)})$$

因此,得到优化问题:

$$\max \frac{1}{N} \sum_{n=1}^{N} \log p(\hat{\boldsymbol{v}}_n; \boldsymbol{W}^{(1)}, \cdots, \boldsymbol{W}^{(L)}, \boldsymbol{a}^{(1)}, \cdots, \boldsymbol{a}^{(L)})$$

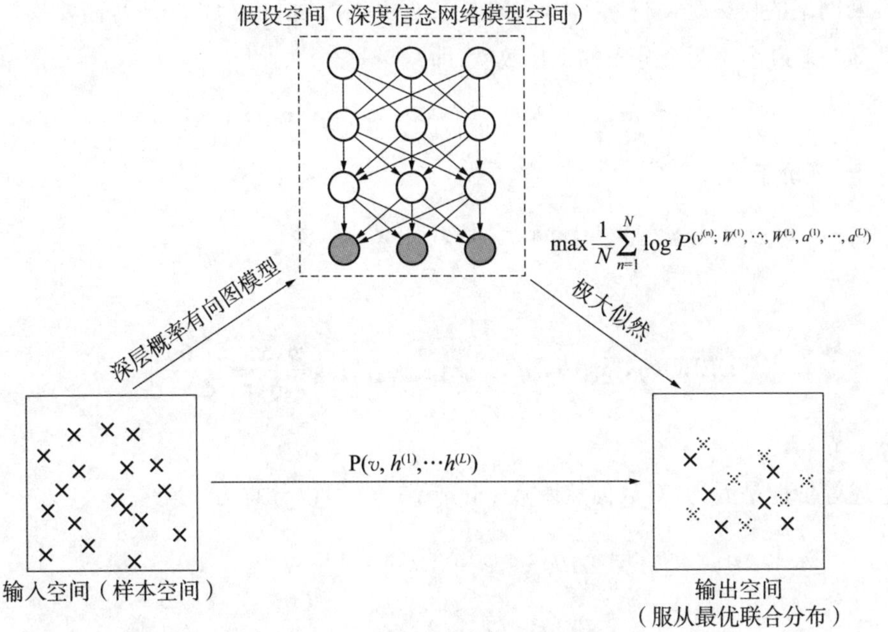

图 7.29 从空间的角度理解深度信念网络模型

3. 变分自编码器

定义 7.4.11. 变分自编码器(Variational AutoEncoder, VAE)是一种深度生成模型,其思想是利用神经网络来分别建模两个复杂的条件概率密度函数.

变分自编码器其模型结构可以分为两个部分:

(1) 推断网络:用神经网络来产生变分分布 $q(z;\boldsymbol{\phi})$,也记为 $q(z\mid\boldsymbol{x};\boldsymbol{\phi})$(用简单的分布 q 去近似复杂的分 $p(z\mid\boldsymbol{x};\boldsymbol{\theta})$);

(2) 生成网络:用神经网络来产生概率分布,估计更好的分布 $p(\boldsymbol{x}\mid z;\boldsymbol{\theta})$.

将推断网络和生成网络合并就得到了变分自编码器的整个网络结构.

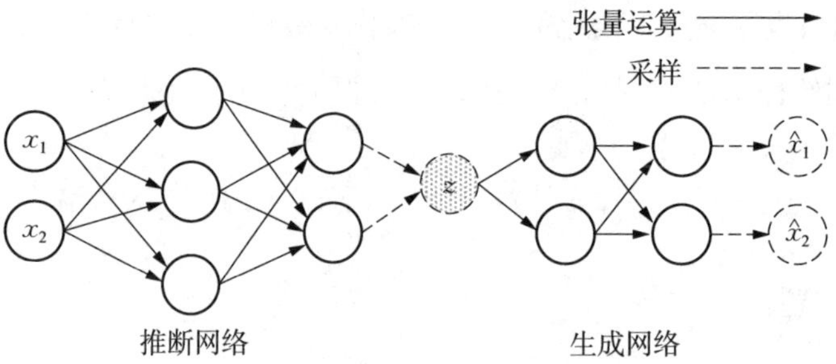

图 7.30 变分自编码器网络

推断网络的目标是使得 $q(z\mid\boldsymbol{x};\boldsymbol{\phi})$ 能接近真实的后验 $p(z\mid\boldsymbol{x};\boldsymbol{\theta})$,需要找到一组网络参数 $\boldsymbol{\phi}^*$ 来最小化两个分布的 KL 散度,即:

$$\boldsymbol{\phi}^*=\underset{\boldsymbol{\phi}}{\operatorname{argmin}} D_{KL}(q(z\mid\boldsymbol{x};\boldsymbol{\phi}),\ p(z\mid\boldsymbol{x};\boldsymbol{\theta}))$$

这实际上,等价于

$$\underset{\boldsymbol{\phi}}{\operatorname{argmax}}\operatorname{ELBO}(q,\boldsymbol{x};\boldsymbol{\theta},\boldsymbol{\phi})$$

其中

$$\operatorname{ELBO}(q,\boldsymbol{x};\boldsymbol{\theta},\boldsymbol{\phi})=E_{z\sim q(z;\boldsymbol{\phi})}\left[\log\frac{p(\boldsymbol{x},z;\boldsymbol{\theta})}{q(z;\boldsymbol{\phi})}\right]$$

为证据下界.

上述等价性是因为,对数似然函数 $\log p(\boldsymbol{x};\boldsymbol{\theta})$ 可以分解为:

$$\begin{aligned}\log p(\boldsymbol{x};\boldsymbol{\theta})&=\sum_z q(z;\boldsymbol{\phi})\log p(\boldsymbol{x};\boldsymbol{\theta})\\&=\sum_z q(z;\boldsymbol{\phi})(\log p(\boldsymbol{x},z;\boldsymbol{\theta})-\log p(z\mid\boldsymbol{x};\boldsymbol{\theta}))\end{aligned}$$

$$=\sum_{z} q(\boldsymbol{z};\boldsymbol{\phi})\log\frac{p(\boldsymbol{x},\boldsymbol{z};\boldsymbol{\theta})}{q(\boldsymbol{z};\boldsymbol{\phi})}\sum_{z} q(\boldsymbol{z};\boldsymbol{\phi})\log\frac{p(\boldsymbol{z}\mid\boldsymbol{x};\boldsymbol{\theta})}{q(\boldsymbol{z};\boldsymbol{\phi})}$$

$$=\mathrm{ELBO}(q,\boldsymbol{x};\boldsymbol{\theta},\boldsymbol{\phi})+D_{KL}(q(\boldsymbol{z};\boldsymbol{\phi})\parallel p(\boldsymbol{z}\mid\boldsymbol{x};\boldsymbol{\theta}))$$

因此,推断网络的目标函数可以转换为

$$\begin{aligned}\boldsymbol{\phi}^{*}&=\underset{\boldsymbol{\phi}}{\operatorname{argmin}}D_{KL}(q(\boldsymbol{z}\mid\boldsymbol{x};\boldsymbol{\phi}),p(\boldsymbol{z}\mid\boldsymbol{x};\boldsymbol{\theta}))\\&=\underset{\boldsymbol{\phi}}{\operatorname{argmin}}\log p(\boldsymbol{x};\boldsymbol{\theta})-\mathrm{ELBO}(q,\boldsymbol{x};\boldsymbol{\theta},\boldsymbol{\phi})\\&=\underset{\boldsymbol{\phi}}{\operatorname{argmax}}\mathrm{ELBO}(q,\boldsymbol{x};\boldsymbol{\theta},\boldsymbol{\phi})\end{aligned}$$

生成网络的目标:生成网络 $f_G(\boldsymbol{z};\boldsymbol{\theta})$ 的目标是找到一组网络参数 $\boldsymbol{\theta}^*$ 来最大化证据下界 ELBO,从而最大化对数似然,即:

$$\boldsymbol{\theta}^{*}=\underset{\boldsymbol{\theta}}{\operatorname{argmax}}\mathrm{ELBO}(q,\boldsymbol{x};\boldsymbol{\theta},\boldsymbol{\phi})$$

结合上述公式,推断网络和生成网络的目标都为最大化证据下界 $\mathrm{ELBO}(q,\boldsymbol{x};\boldsymbol{\theta},\boldsymbol{\phi})$. 因此,变分自编码器的优化问题:

$$\max_{\boldsymbol{\theta},\boldsymbol{\phi}}\mathrm{ELBO}(q,\boldsymbol{x};\boldsymbol{\theta},\boldsymbol{\phi})=\max_{\boldsymbol{\theta},\boldsymbol{\phi}}E_{z\sim q(z;\phi)}\left[\log\frac{p(\boldsymbol{x}\mid\boldsymbol{z};\boldsymbol{\theta})p(\boldsymbol{z};\boldsymbol{\theta})}{q(\boldsymbol{z};\boldsymbol{\phi})}\right]$$

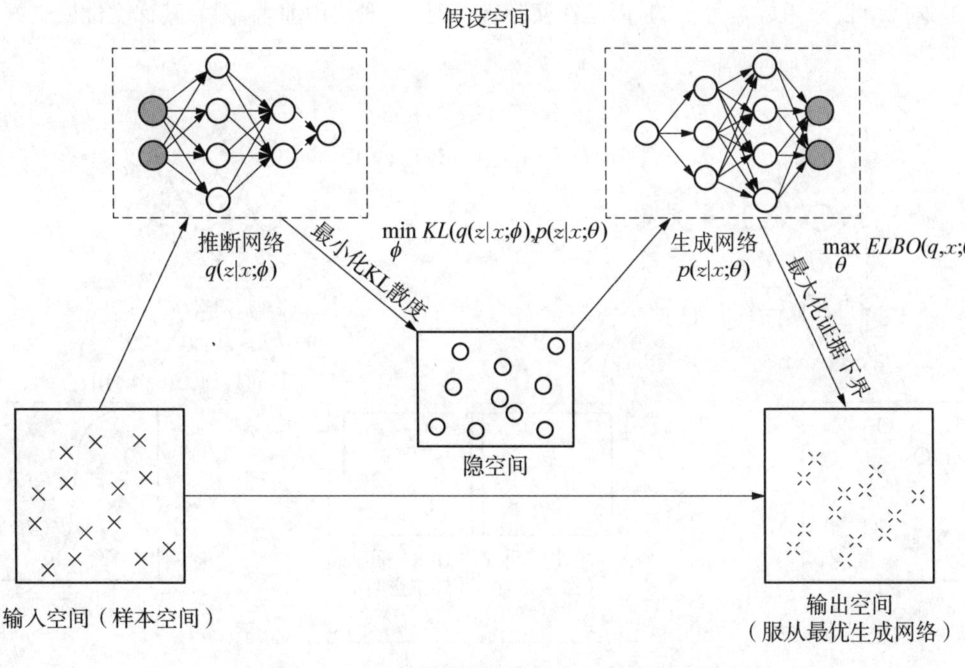

图 7.31　从空间的角度理解变分自编码器模型

4. 生成对抗网络

生成对抗网络(Generative Adversarial Networks,GAN)是通过对抗训练的方式来使得生成网络产生的样本服从真实数据分布.在生成对抗网络中,有两个网络进行对抗训练.一个是判别网络,目标是尽量准确地判断一个样本是来自于真实数据还是由生成网络产生;另一个是生成网络,目标是尽量生成判别网络无法区分来源的样本.

判别网络(Discriminator Network)$D(\boldsymbol{x};\boldsymbol{\phi})$的目标是区分出一个样本 $\boldsymbol{x}$ 是来自于真实分布 $p_r(\boldsymbol{x})$还是来自于生成模型 $p_{\boldsymbol{\theta}}(\boldsymbol{x})$,因此判别网络实际上是一个二分类的分类器.用标签 $y=1$ 来表示样本来自真实分布,$y=0$ 表示样本来自生成模型,判别网络 $D(\boldsymbol{x};\boldsymbol{\phi})$的输出为 $\boldsymbol{x}$ 属于真实数据分布的概率.因此,判别网络的目标函数可以建模为最小化交叉熵,即

$$\min_{\boldsymbol{\phi}} -E_{\boldsymbol{x}}[y\log p(y=1\mid \boldsymbol{x})+(1-y)\log p(y=0\mid \boldsymbol{x})]$$

生成网络(Generator Network)$G(\boldsymbol{z};\boldsymbol{\theta})$的目标刚好和判别网络相反,即让判别网络将自己生成的样本判别为真实样本.因此,

$$\max_{\boldsymbol{\theta}} E_{z\sim p(z)}[\log D(G(\boldsymbol{z};\boldsymbol{\theta});\boldsymbol{\phi})]=\min_{\boldsymbol{\theta}} E_{z\sim p(z)}[\log(1-D(G(\boldsymbol{z};\boldsymbol{\theta});\boldsymbol{\phi}))]$$

上面的这两个目标函数是等价的.但是在实际训练时,一般使用前者,因为其梯度性质更好.

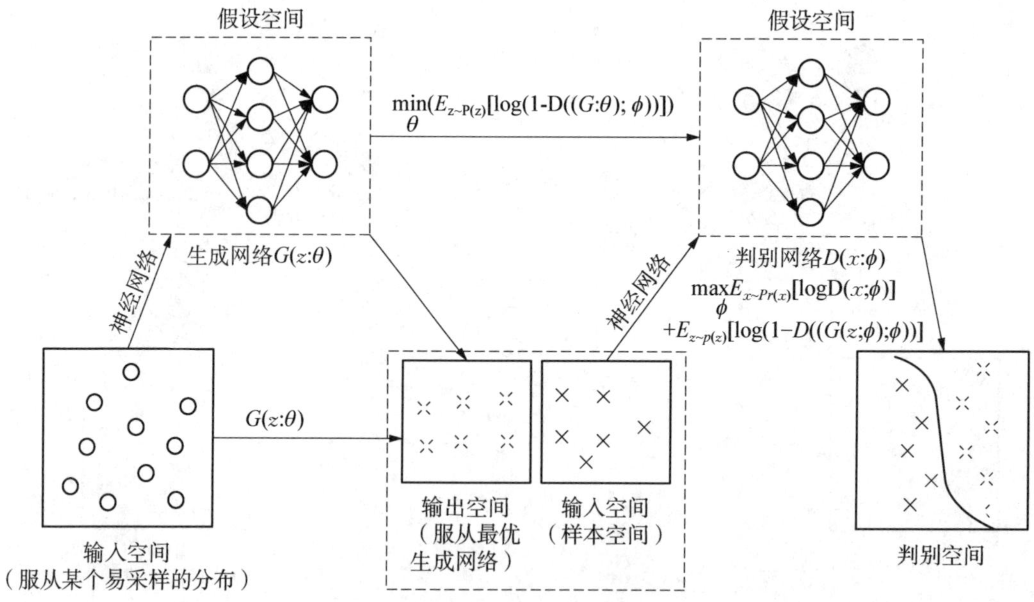

图 7.32　从空间角理解生成对抗网络

把判别网络和生成网络合并为一个整体,将整个生成对抗网络的目标函数看作最小最大优化问题:

$$\begin{aligned}&\min_{\boldsymbol{\theta}}\max_{\boldsymbol{\phi}} E_{\boldsymbol{x}\sim p_r(\boldsymbol{x})}[\log D(\boldsymbol{x};\boldsymbol{\phi})]+E_{\boldsymbol{x}\sim p_{\boldsymbol{\theta}}(\boldsymbol{x})}[\log(1-D(\boldsymbol{x};\boldsymbol{\phi}))]\\ =&\min_{\boldsymbol{\theta}}\max_{\boldsymbol{\phi}} E_{\boldsymbol{x}\sim p_r(\boldsymbol{x})}[\log D(\boldsymbol{x};\boldsymbol{\phi})]+E_{\boldsymbol{z}\sim p(\boldsymbol{z})}[\log(1-D(G(\boldsymbol{z};\boldsymbol{\theta});\boldsymbol{\phi}))]\end{aligned}$$

5. 自回归生成模型

许多数据是以序列的形式存在,如声音、语言、视频、DNA 序列或其他的时序数据等. 序列数据有两个特点:样本是变长的;样本空间非常大.

定义 7.4.12.　给定一个序列样本 $x_{1:T}=x_1, x_2, \cdots, x_T$,其概率为 $p(x_{1:T})$,若在序列建模中,每一步都需要将前面的输出作为当前步的输入,也即是一种自回归的方式,称这样的序列概率模型为自回归生成模型.

根据概率乘法公式,序列 $x_{1:T}$ 的概率可以写为

$$p(x_{1:T})=p(x_1)p(x_2\mid x_1)p(x_3\mid x_{1:2})\cdots p(x_T\mid x_{1:(T-1)})=\prod_{t=1}^{T}p(x\mid x_{1:(t-1)}) \tag{7.32}$$

其中 $x_t\in\mathbb{V}$, $t\in\{1,\cdots,T\}$ 为词表$\mathbb{V}$中的一个词,$p(x_1\mid x_0)=p(x_1)$. 序列数据的概率密度估计问题可变为单变量条件概率估计问题,即给定 $x_{1:(t-1)}$ 时 x_t 的条件概率 $p(x_t\mid x_{1:(t-1)})$.

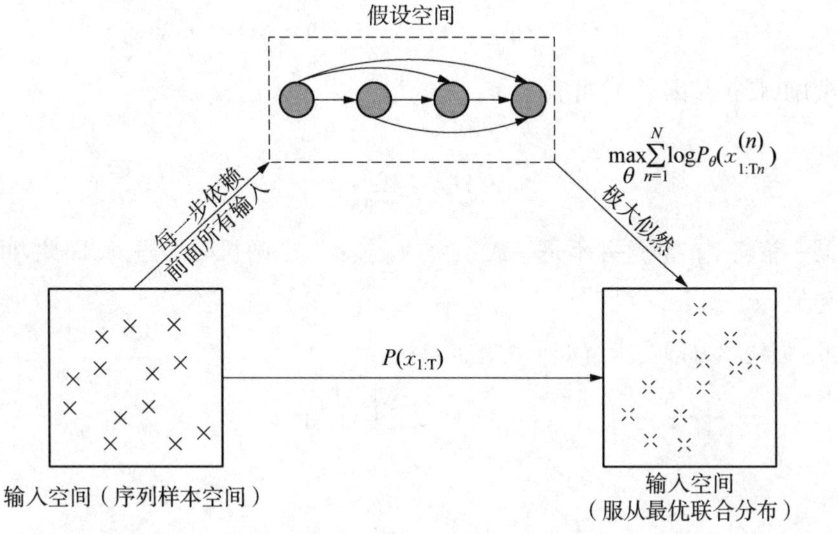

图 7.33　从空间的角度理解自回归模型

给定 N 个序列数据 $\{x_{1:T_n}^{(n)}\}_{n=1}^{N}$，序列概率模型需要学习一个模型 $p_{\boldsymbol{\theta}}(x \mid x_{1:(t-1)})$ 来最大化整个数据集的对数似然函数，即为如下优化问题：

$$\max_{\boldsymbol{\theta}} \sum_{n=1}^{N} \log p_{\boldsymbol{\theta}}(x_{1:T_n}^{(n)}) = \max_{\boldsymbol{\theta}} \sum_{n=1}^{N} \sum_{t=1}^{T_n} \log p_{\boldsymbol{\theta}}(x_t^{(n)} \mid x_{1:(t-1)}^{(n)}) \tag{7.33}$$

7.4.4 强化学习中的概率模型

强化学习既不是监督学习，也不是无监督学习. 一般会借助于“智能体”和“环境”两个概念对其进行表述，即智能体通过与环境的交互，根据获得的奖励信息进行学习. 在交互的过程中，智能体通常能观察到环境的信息，这里简记为状态 s_t. 然后，它会根据当前的策略执行动作 a_t. 环境根据其内在的规律，达到一个新的状态 s_{t+1}，并且给出奖励 r_{t+1}. 整个系统以这样的过程不断地持续进行，智能体也在不断地优化其执行策略.

与监督学习不同的是，在强化学习中，并非学习条件概率分布 $P(Y|X)$或者联合概率分布 $P(X, Y)$. 因此，这并非大家所探讨的一般意义上的概率模型. 若假定状态空间为 $\mathcal{S}=\{1, 2, \cdots, S\}$ 和动作空间 $\mathcal{A}=\{1, 2, \cdots, \mathcal{A}\}$. 现用 $\Delta_{\mathcal{A}}$ 表示在集合 $\mathcal{A}$ 上的概率分布构成的集合，则强化学习的目标是学习出的概率模型(策略) 为 $\pi: \mathcal{S} \rightarrow \Delta_{\mathcal{A}}$.

通常在强化学习里面所最大化的值被称为收益或回报，即累积的奖励. 若假定智能体与环境交互的一条轨迹为：

$$\tau = \{s_0, a_0, r_1, s_1, a_1, r_2, s_2, \cdots\}$$

则累计奖励(带折扣因子 γ)可表示为：

$$R(\tau) = \sum_{t=0}^{\infty} \gamma^t r_t$$

由于在同一策略下的轨迹并不是一成不变的，它是一个随机时序序列. 因此，回报函数为一个期望值：$E_{\tau\sim\pi}[R(\tau)]$.

因此，强化学习即为求解如下优化问题：

$$\max_{\pi} E_{\tau\sim\pi}[R(\tau)]$$

习　题

习题 7.1. 随机地取 8 只活塞环，测得它们的直径为（以 mm 计）

74.001　74.005　74.003　74.001

74.000　73.998　74.006　74.002

试求总体均值 μ 及方差 σ^2 的矩估计值，并求样本方差 s^2.

习题 7.2. 设某种电子器件的寿命（以小时计）T 服从双参数的指数分布，其概率密度为

$$f(t)=\begin{cases}\dfrac{1}{\theta}e^{-(t-c)/\theta} & t\geqslant c\\ 0 & \text{其他}\end{cases}$$

其中 c，$\theta(c, \theta>0)$ 为未知参数. 自一批这种器件中随机地取 n 件进行寿命试验. 设它们的失效时间依次为 $x_1\leqslant x_2\leqslant\cdots\leqslant x_n$.

(1) 求 θ 与 c 的最大似然估计值.

(2) 求 θ 与 c 的矩估计量.

习题 7.3. 设 X_1, X_2, …, X_n 是来自概率密度为

$$f(x;\theta)=\begin{cases}\theta x^{\theta-1} & 0<x<1\\ 0 & \text{其他}\end{cases}$$

的总体的样本，θ 未知，求 $U=e^{-1/\theta}$ 的最大似然估计值.

习题 7.4. 设 x_1, x_2, …, x_n 是来自总体 Binomial(m, θ) 的样本值，又 $\theta=\dfrac{1}{3}(1+\beta)$，求 β 的最大似然估计值.

习题 7.5. 设总体 X 的概率密度为

$$f(x;\theta)=\begin{cases}\dfrac{1}{\theta}x^{(1-\theta)/\theta} & 0<x<1\\ 0 & \text{其他}\end{cases}$$

其中 $0<\theta<+\infty$. 设 $X_1, X_2, \cdots, X_n$ 是来自总体 X 的样本.

(1) 验证 θ 的最大似然估计量是 $\hat{\theta}=-\frac{1}{n}\sum_{i=1}^{n}\ln X_i$.

(2) 证明:$\hat{\theta}$ 是 θ 的无偏估计量.

习题 7.6. 设 $\hat{\theta}$ 是参数 θ 的无偏估计,且有 $D(\hat{\theta})>0$,试证:$\hat{\theta^2}=(\hat{\theta})^2$ 不是 θ^2 的无偏估计.

习题 7.7. 试证明均匀分布

$$f(x)=\begin{cases}\frac{1}{\theta} & 0<x\leqslant\theta \\ 0 & 其他\end{cases}$$

中未知参数 θ 的最大似然估计量不是无偏的.

习题 7.8. 考虑高斯随机变量 $\boldsymbol{x}\sim N(\boldsymbol{x};\boldsymbol{\mu}_x,\boldsymbol{\Sigma}_x)$,其中 $\boldsymbol{x}\in\mathbb{R}^n$. 进一步,我们有

$$\boldsymbol{y}=\boldsymbol{A}\boldsymbol{x}+\boldsymbol{b}+\boldsymbol{w}$$

其中 $\boldsymbol{y}\in\mathbb{R}^m$, $\boldsymbol{A}\in\mathbb{R}^{m\times n}$, $\boldsymbol{b}\in\mathbb{R}^m$,并且 $\boldsymbol{w}\sim N(\boldsymbol{w};\boldsymbol{0},\boldsymbol{Q})$ 是独立高斯噪声.

(1) 写出似然函数 $p(\boldsymbol{y}\mid\boldsymbol{x})$.

(2) 证明: $p(\boldsymbol{y})=\int p(\boldsymbol{y}\mid\boldsymbol{x})p(\boldsymbol{x})d\boldsymbol{x}$ 是高斯分布. 并计算 $\boldsymbol{\mu}_y$ 和协方差 $\boldsymbol{\Sigma}_y$.

(3) 对随机变量 $\boldsymbol{y}$ 做变换

$$\boldsymbol{z}=\boldsymbol{C}\boldsymbol{y}+\boldsymbol{v}$$

写出 $p(\boldsymbol{z}|\boldsymbol{y})$,计算 $p(\boldsymbol{z})$,即均值 $\boldsymbol{\mu}_z$ 和协方差 $\boldsymbol{\Sigma}_z$.

(4) 计算后验概率分布 $p(\boldsymbol{x}|\hat{\boldsymbol{y}})$.

习题 7.9. 假设总体 $X\sim N(\mu,\sigma^2\}$(σ^2 已知),$X_1, X_2, \cdots, X_n$ 为来自总体 X 的样本,由过去的经验和知识,我们可以确定 μ 的取值比较集中在 μ_0 附近,离 μ_0 越远,μ 取值的可能性越小,于是我们假定 μ 的先验分布为正态分布

$$\pi(\mu)=\frac{1}{\sqrt{2\pi\sigma_\mu^2}}\exp\left[-\frac{1}{2\sigma_\mu^2}(\mu-\mu_0)^2\right](\mu_0, \sigma_\mu \text{ 已知})$$

求 μ 的后验概率分布.

习题 7.10. 假设总体 $X\sim P(\lambda)$,$X_1, X_2, \cdots, X_n$ 为来自总体 X 的样木,假定 λ 的先验

分布为伽玛分布 $\Gamma(\alpha, \beta)$，求 λ 的后验期望估计(平方损失下的贝叶斯估计).

习题 7.11. 令 $X_1, \cdots, X_n \sim N(\theta, \sigma^2\}$，假设损失函数为 $L(\theta, \hat{\theta})^2/\sigma^2$，估计 θ. 证明 $\overline{X}$ 是容许的和最小最大的.

习题 7.12. 令 $\Theta=\{\theta_1, \cdots, \theta_k\}$ 是有限维参数空间. 证明：后验均众数是在 0-1 损失函数下的贝叶斯估计.

习题 7.13. 令 $X_1, \cdots, X_n$ 是从方差为 σ^2 的分布中抽取的样本. 考虑形式为 bS^2 的估计，这里 S^2 是样本方差. 令估计 σ^2 的损失函数为

$$L(\sigma^2, \hat{\sigma}^2)=\frac{\hat{\sigma}^2}{\sigma^2}-1-\log\left(\frac{\hat{\sigma}^2}{\sigma^2}\right)$$

找出对所有 σ^2 都使得风险最小的最优 b 值.

习题 7.14. 令 $X \sim \text{Binomial}(n, p)$，假设损失函数为

$$L(p, \hat{p})=\left(1-\frac{\hat{p}}{p}\right)^2$$

这里 $0<p<1$. 考虑估计 $\hat{p}(X)=0$. 这个估计落到参数空间 $(0, 1)$ 之外，但允许这样. 证明：$\hat{p}(X)=0$ 是唯一的最小最大规则.

习题 7.15. 考虑随机变量 (X_1, X_2, X_3). 在下面的每个情形，画出一个与给定的独立性关系对应的图.

(1) $X_1 \perp\!\!\!\perp X_3 \mid X_2$.

(2) $X_1 \perp\!\!\!\perp X_2 \mid X_3$ 和 $X_1 \perp\!\!\!\perp X_3 \mid X_2$.

(3) $X_1 \perp\!\!\!\perp X_2 \mid X_3$, $X_1 \perp\!\!\!\perp X_3 \mid X_2$ 和 $X_2 \perp\!\!\!\perp X_3 \mid X_1$.

第八章

优化基础

根据第 1 章提及的统计学习理论中的经验风险最小化准则，我们知道数据科学、人工智能和机器学习的很多问题都归结为一个优化问题. 对优化问题的求解已然成为大部分数据分析和机器学习算法的核心组成部分. 而且机器学习算法都是在计算机上操作的，其数学公式就表示为数值优化算法. 因为来源于实际应用的优化问题是如此的多样和复杂，所以在介绍各种具体的数值优化算法之前，我们将安排两章内容，第 8、9 章，来厘清所面对的各种优化问题以及其可解的条件，第 10 章，详细介绍各种具体的数值优化求解算法. 本章主要介绍优化的基础理论. 我们在第 4 章已经看到，普通的最小二乘问题可以用标准线性代数工具求解. 在这种情况下，最小化问题的解可以被有效找到并且是整体最优解，也即，除了最小二乘最优解外没有其他更优的解. 这些令人满意的特性实际上可扩展到一类更广泛的优化问题，而实现优化求解的关键特性就是所谓的“凸性”性质. 因此在本章中，将主要介绍：优化问题的定义、优化问题的分类、数据科学中常见的优化问题、凸集和凸函数的定义和判别方法以及保凸运算、凸优化问题的定义和标准形式，并介绍数据科学中常见的典型凸优化问题.

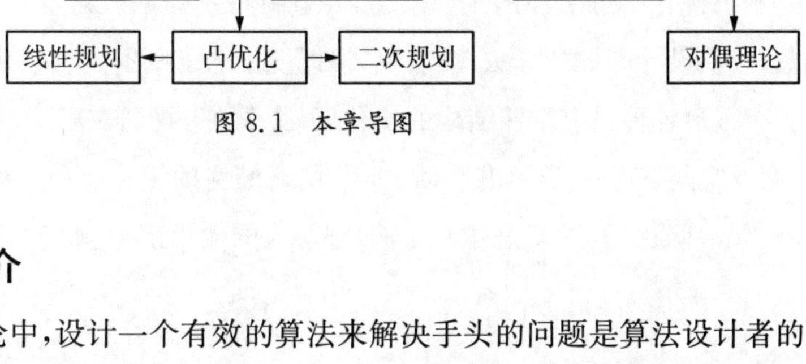

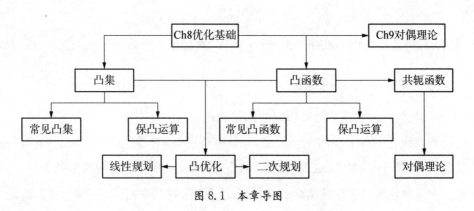

图 8.1　本章导图

8.1　优化简介

在标准算法理论中，设计一个有效的算法来解决手头的问题是算法设计者的主要责任. 自计算机科学引入的几十年以来，人们为各种任务设计了很多优美的算法，这些任务包括查找图中的最短路径、计算网络中的最佳流、压缩包含由数码相机拍摄的图像文件以及替换文本文档中的字符串等.

这些设计方法虽然对许多任务都很有用,但并没有解决更复杂的问题,例如在位图格式的图像中识别特定的人,或者将文本从英语翻译成中文. 对于上述任务,可能有一个很好的算法,但是算法设计方案可能是不容易扩展的.

正如图灵在他的论文中所提倡的那样,我们要教计算机学习如何解决一个任务,而不是教给它特定任务的解决方案. 实际上,这就是我们在学校中所做的,教会大家如何学习. 我们希望教会计算机如何学习. 这就是人工智能的思想,其核心是机器学习,并且主要就是从数据中来进行学习. 比如,我们考虑一个图像数据,将图像分为两类的问题:包含汽车的图像和包含椅子的图像(假设世界上只有两种类型的图像). 在机器学习中,我们训练(教导)一台机器以实现所需的功能,同一台机器可以潜在地解决任何算法任务,并且不同于一个任务到另一个任务只能由一组参数来决定机器的功能.

机器学习中通常将机器训练过程看作一个优化问题. 如果我们把 $\boldsymbol{\theta} \in \mathbb{R}^d$ 作为机器的参数(也即模型,确定了参数就确定了模型),它被限制在某个集合 $\mathcal{K} \subseteq \mathbb{R}^d$ 中,如果函数 f 成功地度量了将实例映射到它们的标签与正确标签间的某种损失,那么这个训练过程可以用如下数学优化问题来描述:

$$\min_{\boldsymbol{\theta} \in \mathcal{K}} f(\boldsymbol{\theta}) \tag{8.1}$$

注意,集合 $\mathcal{K}$ 通常可以由一系列约束函数 f_i, h_j 来表示:

$$\mathcal{K} = \{\boldsymbol{\theta} \in \mathbb{R}^d \mid f_i(\boldsymbol{\theta}) \leqslant 0,\ i=1,\ \cdots,\ m;\ h_j(\boldsymbol{\theta})=0,\ j=1,\ \cdots,\ p\}$$

此时,上述优化问题就转换为标准形式的优化问题.

这是本书优化部分关注的主要问题,并且将特别强调机器学习中出现的具有特殊结构的函数,以便设计有效的算法. 事实上,根据度量的准则不同和参数模型的不一样,机器学习中会有很多各种具有特殊结构的优化问题. 例如,我们在第 1 章中提到,在确定了训练集 $\mathbb{T}$ 、假设空间 $\mathcal{F}$ 以及学习准则后,如何找到最优的模型 $f(\boldsymbol{x},\ \boldsymbol{\theta})$ 就成了一个最优化(Optimization)问题. 其中 $\boldsymbol{x}$ 是输入实例,它对应的输出记为 y,它们一起形成训练数据集

$$\mathbb{T} = \{(\boldsymbol{x}_1,\ y_1),\ (\boldsymbol{x}_2,\ y_2),\ \cdots,\ (\boldsymbol{x}_N,\ y_N)\}$$

根据模型是否含有概率以及学习准则的不同,我们有如下四大类优化问题有待求解.

首先是经验风险最小化问题,求最优模型就是求解最优化问题:

$$\min_{f\in\mathcal{F}}\frac{1}{N}\sum_{i=1}^{N}L(y_i,\ f(\boldsymbol{x}_i)) \tag{8.2}$$

其中，$\mathcal{F}$ 是假设空间，L 是损失函数，如平方损失函数等.

有时，为了避免过拟合，需引入结构风险最小化. 结构风险最小化的策略认为结构风险最小的模型是最优的模型，也就是要求解最优化问题：

$$\min_{f\in\mathcal{F}}\frac{1}{N}\sum_{i=1}^{N}L(y_i,\ f(\boldsymbol{x}_i))+\lambda J(f) \tag{8.3}$$

其中 $J(f)$ 为模型的复杂度，是定义在假设空间 $\mathcal{F}$ 上的泛函.

上面两类优化主要针对函数类模型，当使用概率分布来为实际问题建模，我们会求解最大似然估计，也即最小化如下负对数似然问题：

$$\min_{\boldsymbol{\theta}}\mathcal{L}(\boldsymbol{\theta}) \tag{8.4}$$

其中 $\mathcal{L}(\boldsymbol{\theta})=-\log p(\boldsymbol{y}\mid\boldsymbol{X},\ \boldsymbol{\theta})=-\sum_{n=1}^{N}\log p(y_n\mid\boldsymbol{x}_n,\ \boldsymbol{\theta})$.

如果有关于参数 $\boldsymbol{\theta}$ 的分布的先验知识，则我们会求解一个最大后验估计，也即最小化如下负对数后验问题：

$$\min_{\boldsymbol{\theta}}-\log p(\boldsymbol{\theta}\mid\boldsymbol{x}) \tag{8.5}$$

其中 $p(\boldsymbol{\theta}\mid\boldsymbol{x})=\dfrac{p(\boldsymbol{x}\mid\boldsymbol{\theta})p(\boldsymbol{\theta})}{p(\boldsymbol{x})}\propto p(\boldsymbol{x}\mid\boldsymbol{\theta})p(\boldsymbol{\theta})$.

机器学习训练过程涉及参数优化与超参数优化两大优化问题. 参数优化通过梯度下降等方法调整模型可学习参数 $\boldsymbol{\theta}$. 超参数则定义模型架构与优化路径，不直接参与学习，如簇数量、步长、正则化强度等. 超参数优化复杂，需多维探索，可依赖专家经验或采用网格搜索、随机搜索、贝叶斯优化等策略迭代试错，以优化模型泛化能力和学习效率.

本书主要以参数优化为主. 下面我们介绍机器学习中一些常见的优化问题.

8.1.1　数据科学与机器学习中最优化问题的例子

1. 线性分类与垃圾邮件处理

我们从第 1 章已经知道，监督学习中最基本的优化问题之一是用模型拟合数据或样本，也称为基于经验风险最小化的优化问题. 线性分类的监督学习范式就是这样的一个例子. 在这个模型中，学习者面对的是一些已标记的积极和消极的样本. 每个样本用向量 $\boldsymbol{a}_i$

表示其在欧几里得空间中对应的 d 维特征向量. 例如,垃圾邮件分类问题中电子邮件的常见表示是欧几里得空间中的二进制向量,其中空间的维数是语料中的单词数. 第 i 封电子邮件是一个向量 $\boldsymbol{a}_i$,其中邮件中出现过的单词在向量 $\boldsymbol{a}_i$ 中对应的位置为 1,否则为 0. 此外,每个样本都有一个标签 $b_i \in \{-1, +1\}$,对应于电子邮件是否被标记为垃圾邮件/非垃圾邮件.

我们的目标是找到一个超平面来分离两类向量:带正标签的向量和带负标签的向量. 如果不存在这样一个根据标签完全分离训练集的超平面,则目标是找到一个以最小错误数实现训练集分离的超平面.

从数学上讲,给定一组 m 个样本来训练,我们寻找 $\boldsymbol{x} \in \mathbb{R}^d$,它最小化了错误分类的样本的数量,即

$$\min_{\boldsymbol{x} \in \mathbb{R}^d} \frac{1}{m} \sum_{i \in [m]} \delta(\mathbf{sign}(\boldsymbol{x}^{\mathrm{T}} \boldsymbol{a}_i) \neq b_i)$$

其中,$[m]$ 表示集合 $\{1, \cdots, m\}$,$\mathbf{sign}(x) \in \{-1, +1\}$ 是符号函数,而 $\delta(z) \in \{0, 1\}$ 是指示函数,如果条件 z 满足,则取值 1,否则为 0.

上述线性分类的数学公式是数学优化问题(8.1)的特例,其中

$$f(\boldsymbol{x}) = \frac{1}{m} \sum_{i \in [m]} \delta(\mathbf{sign}(\boldsymbol{x}^{\mathrm{T}} \boldsymbol{a}_i) \neq b_i) = \mathbf{E}_{i \sim [m]}[l_i(\boldsymbol{x})]$$

上式中为了简单,我们使用了期望算子,其中 $l_i(\boldsymbol{x}) = \delta(\mathbf{sign}(\boldsymbol{x}^{\mathrm{T}} \boldsymbol{a}_i) \neq b_i)$. 由于上面的优化问题是非凸的、非光滑的,所以通常采用凸松弛并用凸损失函数代替 $l_i(\boldsymbol{x})$. 典型的选择包括均方误差函数和铰链损失. 特别铰链损失函数

$$l_{\boldsymbol{a}_i, b_i}(\boldsymbol{x}) = \max\{0, 1 - b_i \cdot \boldsymbol{x}^{\mathrm{T}} \boldsymbol{a}_i\}$$

在二分类的背景下,导致了著名的软间隔支持向量机问题.

另一个重要的优化问题是训练用于二分类的深层神经网络. 例如,考虑一个有两个类别标记的图像数据集,这里用 $\{\boldsymbol{a}_i \in \mathbb{R}^d \mid i \in [m]\}$ 表示它,即含有 d 个像素的 m 个图像. 我们想找到一个从图像到汽车和椅子这两类 $\{b_i \in \{0, 1\}\}$ 的映射 $f_{\boldsymbol{w}}(\boldsymbol{a}_i)$. 该映射由机器学习模型的一组参数 $\boldsymbol{w}$ 确定,比如神经网络中的权重. 因此,我们试图找出把 $\boldsymbol{a}_i$ 匹配到 b_i 的最佳参数,也即求解如下数学优化问题

$$\min_{\boldsymbol{w} \in \mathbb{R}^d} f(\boldsymbol{w}) = \mathbf{E}_{\boldsymbol{a}_i, b_i}[l(f_{\boldsymbol{w}}(\boldsymbol{a}_i), b_i)]$$

2. 矩阵补全和推荐系统

随着互联网的出现和在线媒体商店的兴起,媒体推荐已经发生了重大变化. 收集到的大量数据能够有效地聚类和准确预测用户对各种媒体的偏好. 一个众所周知的例子是所谓的“Netflix 挑战”——一个从用户的电影偏好的大数据集中进行推荐的自动化工具的竞赛. 正如 Netflix 挑战中所证明的,自动化推荐系统最成功的方法之一是矩阵补全,它的最简单问题形式可以描述如下.

我们把整个用户-媒体偏好数据集看成是一个部分观测矩阵. 矩阵中的每一行表示每个人,每一列表示一个媒体项(一部电影). 为了简单起见,让我们把观察结果看作是二元的,也即一个人喜欢或不喜欢某部电影. 因此,我们有一个矩阵 $\boldsymbol{M} \in \{0, 1, *\}^{n\times m}$,其中 n 是考虑的总人数,m 是考虑的电影数目,0、1 和 $*$ 分别表示“不喜欢”、“喜欢”和“未知”:

$$M_{i,j}=\begin{cases}0, & \text{第 } i \text{ 个人不喜欢第 } j \text{ 个电影}\\ 1, & \text{第 } i \text{ 个人喜欢第 } j \text{ 个电影}\\ *, & \text{偏好未知}\end{cases}$$

因为有很多用户和很多电影,这个矩阵通常非常大,只有部分位置有数值. 一个自然的目标是补全矩阵,即正确地将 0 或 1 分配给未知项. 到目前为止,这个问题是不适当的,因为任何补全都是一样好(或坏)的,而且对补全没有任何限制.

对补全的常见限制是“真”矩阵具有低秩. 回想一下,如果矩阵 $\boldsymbol{X} \in \mathbb{R}^{n\times m}$ 的秩 $k \ll p = \min\{n, m\}$,那么它可以写成

$$\boldsymbol{X}=\boldsymbol{U}\boldsymbol{V},\ \boldsymbol{U} \in \mathbb{R}^{n\times k},\ \boldsymbol{V} \in \mathbb{R}^{k\times m}$$

这个性质的直观解释是 $\boldsymbol{M}$ 中的每个条目只能用 k 个数字来解释. 在矩阵补全中,这意味着,直觉上,只有 k 个因素决定一个人对电影的偏好,比如类型、导演、演员等等.

在这样的约束下,简单的矩阵补全(推荐系统)问题可以很好地表述为下述的数学优化. 用 $\|\cdot\|_{OB}$ 表示仅在 $\boldsymbol{M}$ 的观测(非星号)项上的欧几里得范数,则矩阵补全的数学优化问题可以描述如下:

$$\begin{aligned}\min_{\boldsymbol{X}\in\mathbb{R}^{n\times m}} \ & \frac{1}{2}\|\boldsymbol{X}-\boldsymbol{M}\|_{OB}^{2}\\ s.t. \ & \operatorname{rank}(\boldsymbol{X}) \leqslant k\end{aligned}$$

8.1.2 其他常见的优化问题举例

1. 最小二乘问题相关优化问题

- 加权最小二乘

$$\min_{\boldsymbol{x}} \| \boldsymbol{A}_w \boldsymbol{x} - \boldsymbol{y}_w \|_2^2$$

- 总体最小二乘

$$\begin{aligned} \min_{\Delta \boldsymbol{A},\, \Delta \boldsymbol{b},\, \boldsymbol{x}} \quad & \| \Delta \boldsymbol{A} \|_F^2 + \| \Delta \boldsymbol{b} \|_2^2 \\ s.t. \quad & (\boldsymbol{A} + \Delta \boldsymbol{A})\boldsymbol{x} = \boldsymbol{b} + \Delta \boldsymbol{b} \end{aligned}$$

2. 自然语言处理下的优化问题

- 词向量模型

$$\min_{\boldsymbol{w},\, b} - \sum_{i=1}^{m} (y_i \log h_{\boldsymbol{w},\, b}(\boldsymbol{x}_i)) + (1 - y_i)\log(1 - h_{\boldsymbol{w},\, b}(\boldsymbol{x}_i))$$

- 连续词袋模型

$$\min_{\boldsymbol{u},\, \boldsymbol{v}} - \boldsymbol{u}_c^{\mathrm{T}} \hat{\boldsymbol{v}} + \log \sum_{j=1}^{|V|} \exp(\boldsymbol{u}_j^{\mathrm{T}} \hat{\boldsymbol{v}})$$

- 跳格模型

$$\min_{\boldsymbol{u},\, \boldsymbol{v}} - \sum_{j=0,\, j \neq m}^{2m} \boldsymbol{u}_{c-m+j}^{\mathrm{T}} \boldsymbol{v}_c + 2m \log \sum_{k=1}^{|V|} \exp(\boldsymbol{u}_k^{\mathrm{T}} \boldsymbol{v}_c)$$

3. 推荐系统中的优化问题

- 推荐系统的优化问题可以转为如下低秩矩阵恢复的优化问题

$$\begin{aligned} & \min_{\boldsymbol{X}} \mathrm{rank}(\boldsymbol{X}) \\ s.t. \quad & \boldsymbol{X}_{ij} = \boldsymbol{M}_{ij} \quad \forall i, j \in \mathbb{E} \end{aligned}$$

或者转化为限定在秩为 r 的条件下，求矩阵使得观测到的评分与预测的评分最接近：

$$\begin{aligned} \min_{\boldsymbol{X}} \sum_{ij} (\boldsymbol{X}_{ij} - \boldsymbol{M}_{ij})^2 \quad & \forall_{i,\, j} \in \mathbb{E} \\ s.t. \quad \mathrm{rank}(\boldsymbol{X}) = r & \end{aligned}$$

4. 低秩矩阵相关优化问题

- 鲁棒 PCA

$$\min_{\boldsymbol{A},\boldsymbol{E}} \|\boldsymbol{A}\|_* + \lambda \|\boldsymbol{E}\|_1 \quad s.t.\ \boldsymbol{X} = \boldsymbol{A} + \boldsymbol{E}$$

- 低秩矩阵补全

$$\min_{\boldsymbol{A}} \|\boldsymbol{A}\|_* \quad s.t.\ P_\Omega(\boldsymbol{A}) = P_\Omega(\boldsymbol{D})$$

- 低秩矩阵表示

$$\min_{\boldsymbol{Z}} \|\boldsymbol{Z}\|_* \quad s.t.\ \boldsymbol{D} = \boldsymbol{B}\boldsymbol{Z}$$

5. 目标分类或预测中的优化问题

- 逻辑回归

$$\min_{\boldsymbol{w}} \sum_{i=1}^{N} [y_i(\boldsymbol{w}^{\mathrm{T}}\boldsymbol{x}_i) - \log(1 + \exp(\boldsymbol{w}^{\mathrm{T}}\boldsymbol{x}_i))]$$

- 感知机

$$\min_{\boldsymbol{w},b} - \sum_{\boldsymbol{x}_i \in M} y_i(\boldsymbol{w}^{\mathrm{T}}\boldsymbol{x}_i + b)$$

- 支持向量机

$$\min_{\boldsymbol{w},b} \frac{1}{2}\|\boldsymbol{w}\|^2 + C\sum_{i=1}^{N} L_{0/1}(y_i(\boldsymbol{w}^{\mathrm{T}}\boldsymbol{x}_i + b) - 1),$$

$$\min_{\boldsymbol{w},b,\xi} \frac{1}{2}\|\boldsymbol{w}\|^2 + C\sum_{i=1}^{N} \xi_i$$

$$s.t.\quad y_i(\boldsymbol{w}^{\mathrm{T}}\boldsymbol{x}_i + b) \geqslant 1 - \xi_i,\ i = 1, 2, \cdots, N$$

$$\xi_i \geqslant 0,\ i = 1, 2, \cdots, N$$

- 非线性支持向量机

$$\min_{\alpha} \frac{1}{2}\sum_{i=1}^{N}\sum_{j=1}^{N} \alpha_i\alpha_j y_i y_j K(\boldsymbol{x}_i, \boldsymbol{x}_j) - \sum_{i=1}^{N} \alpha_i$$

$$s.t.\quad \sum_{i=1}^{N} \alpha_i y_i = 0,\ 0 \leqslant \alpha_i \leqslant C,\ i = 1, 2, \cdots, N$$

6. 无监督学习的相关模型

- PCA

$$\min_{\boldsymbol{W}} \mathrm{Tr}(-\boldsymbol{W}^{\mathrm{T}}\boldsymbol{X}\boldsymbol{X}^{\mathrm{T}}\boldsymbol{W})$$
$$s.t. \quad \boldsymbol{W}^{\mathrm{T}}\boldsymbol{W}=\boldsymbol{I}$$

- k 均值聚类

$$\min_{C}\sum_{l=1}^{k}\sum_{C(i)=l}\|\boldsymbol{x}_i-\bar{\boldsymbol{x}}_l\|^2$$

- 谱聚类

$$\min_{\boldsymbol{x}} \boldsymbol{x}^{\mathrm{T}}\boldsymbol{L}\boldsymbol{x}$$
$$s.t. \quad \boldsymbol{x}^{\mathrm{T}}\mathbf{1}=0$$

7. 概率模型

- 最大熵模型

$$\min_{P\in C}-H(P)=\sum_{\boldsymbol{x},\,y}\widetilde{P}(\boldsymbol{x})P(y\mid\boldsymbol{x})\log P(y\mid\boldsymbol{x})$$
$$s.t. \quad E_p(f_i)-E_{\widetilde{P}}(f_i)=0,\ i=1,\ 2,\ \cdots,\ n$$
$$\sum_{y}P(y\mid\boldsymbol{x})=1$$

- 深度信念网络

$$\max \frac{1}{N}\sum_{n=1}^{N}\log p(\hat{\boldsymbol{v}}_n;\boldsymbol{W}^{(1)},\ \cdots,\ \boldsymbol{W}^{(L)},\ \boldsymbol{a}^{(1)},\ \cdots,\ \boldsymbol{a}^{(L)})$$

- 变分自编码器

$$\max_{\boldsymbol{\theta},\phi}\mathrm{ELBO}(q,\ \boldsymbol{x};\ \boldsymbol{\theta},\ \phi)=\max_{\boldsymbol{\theta},\phi}E_{\boldsymbol{z}\sim q(\boldsymbol{z};\ \phi)}\left[\log\frac{p(\boldsymbol{x}\mid\boldsymbol{z};\ \boldsymbol{\theta})p(\boldsymbol{z};\ \boldsymbol{\theta})}{q(\boldsymbol{z};\ \phi)}\right]$$

8. 神经网络模型

- 多层感知机模型(全连接神经网络)

$$\min_{\boldsymbol{A}_i,\ \boldsymbol{b}_i,\ i=1,\ \cdots,\ L}\|\sigma(\boldsymbol{A}_L(\cdots(\sigma(\boldsymbol{A}_1\boldsymbol{x}+\boldsymbol{b}_1))\cdots)+\boldsymbol{b}_L)-\boldsymbol{y}\|$$

其中 $\boldsymbol{x}$，$\boldsymbol{y}$ 分别表示输入特征和对应的标签，L 代表神经网络的层数，$\boldsymbol{A}_i$，$\boldsymbol{b}_i$ 分别表示连接参数和偏置项，$\sigma(\cdot)$代表激活函数，例如：sigmoid 函数、tanh 函数、ReLU 函数等.

- 卷积神经网络

$$\min_{\boldsymbol{K}_i,\ \boldsymbol{B}_i,\ i=1,\ \cdots,\ L}\|\sigma(\boldsymbol{K}_L*(\cdots(\sigma(\boldsymbol{K}_1*\boldsymbol{X}+\boldsymbol{B}_1))\cdots)+\boldsymbol{B}_L)-\boldsymbol{y}\|$$

其中 $\boldsymbol{K}_i$，$\boldsymbol{B}_i$ 分别表示卷积核和对应的偏置项，这里我们用 $*$ 表示卷积运算，其他变量及符号同上. 注意，在数学上，卷积神经网络可以看作是全连接网络的连接剪枝和参数共享的网络. 另外，在实际计算中，可能还需要添加一些池化层或全连接层，这里为了便于描述进行了简化.

8.1.3 优化问题的一般形式

下面我们给出数学优化问题的一般形式以及相关的概念.

1. 一般形式

最优化问题或者说优化问题的一般形式表示为：

$$\begin{aligned} &\min f_0(\boldsymbol{x}) \\ &s.t. \quad f_i(\boldsymbol{x}) \leqslant 0,\ i=1,\ \cdots,\ m \\ &\qquad\ \ h_j(\boldsymbol{x})=0,\ j=1,\ \cdots,\ p \end{aligned} \tag{8.6}$$

其中，向量 $\boldsymbol{x}=(x_1,\ \cdots,\ x_n)^{\mathrm{T}}$ 称为问题的优化变量，函数 $f_0:\mathbb{R}^n\to\mathbb{R}$ 称为目标函数，在机器学习中常为损失函数. 函数 $f_i:\mathbb{R}^n\to\mathbb{R}$，被称为不等式约束函数，$f_i(\boldsymbol{x})\leqslant 0,\ i=1,\ \cdots,\ m$ 称为不等式约束，函数 $h_j:\mathbb{R}^n\to\mathbb{R}$，被称为等式约束函数，$h_j(\boldsymbol{x})=0,\ j=1,\ \cdots,\ p$ 称为等式约束.

这一标准形式总是可以得到的. 按照惯例，不等式和等式约束的右端非零时，可以通过对任何非零右端进行移项得到. 类似地，我们将 $f_i(\boldsymbol{x})\geqslant 0$ 表示为 $-f_i(\boldsymbol{x})\leqslant 0$. 另外，对于如下极大化问题

$$\begin{aligned} &\max f_0(\boldsymbol{x}) \\ &s.t. \quad f_i(\boldsymbol{x}) \leqslant 0,\ i=1,\ \cdots,\ m \\ &\qquad\ \ h_j(\boldsymbol{x})=0,\ j=1,\ \cdots,\ p \end{aligned} \tag{8.7}$$

可以通过在同样的约束下极小化 $-f_0$ 得到求解.

2. 优化问题的形式转换

优化问题(8.6)的形式是非常灵活的，并允许许多变换，这就有利于我们将一个给定的问题转变为一个易于处理的问题. 例如，优化问题

$$\min_{\boldsymbol{x}}\sqrt{(x_1+1)^2+(x_2-2)^2} \quad s.t.\ x_1\geqslant 0$$

与

$$\min_{x}(x_1+1)^2+(x_2-2)^2 \quad s.t.\ x_1 \geqslant 0$$

是等价的，而第二个优化问题的目标函数是可微的. 有些情况下，还可以使用变量替换. 例如，给定一个优化问题

$$\max_{x} x_1 x_2^3 x_3 \quad s.t.\ x_i \geqslant 0,\ i=1,\ 2,\ 3,\ x_1 x_2 \leqslant 2,\ x_2^3 x_3 \leqslant 1$$

令新变量 $z_i=\log x_i$, $i=1, 2, 3$, 在对目标函数取对数之后，该问题可以等价地写为

$$\max_{z} z_1+3z_2+z_3 \quad z_1+z_2 \leqslant \log 2,\ 3z_2+z_3 \leqslant 0.$$

优点是替换后的目标函数和约束函数都是线性的.

3. 最优解的相关概念

定义 8.1.1. 目标函数和约束函数所有有定义点的集合：

$$\mathcal{D}=\bigcap_{i=0}^{m} \mathbf{dom} f_i \cap \bigcap_{j=1}^{p} \mathbf{dom} h_j$$

称满足所有约束条件的向量 $\boldsymbol{x} \in \mathcal{D}$ 为可行解或可行点，全体可行点的集合称为可行集，记为 $\mathcal{F}$，其表示为：

$$\mathcal{F}=\{\boldsymbol{x} \in \mathcal{D} \mid f_i(\boldsymbol{x}) \leqslant 0,\ i=1,\ \cdots,\ m,\ h_j(\boldsymbol{x})=0,\ j=1,\ \cdots,\ p\}$$

若 $f_i(\boldsymbol{x})$ 和 $h_j(\boldsymbol{x})$ 是连续函数，则 $\mathcal{F}$ 是闭集. 在可行集中找一点 $\boldsymbol{x}^*$，使目标函数 $f_0(\boldsymbol{x})$ 在该点取最小值，则称 x^* 为问题的最优点或最优解，$f_0(\boldsymbol{x}^*)$ 称为最优值，记为 p^*：

$$p^*=\inf\{f_0(\boldsymbol{x}) \mid f_i(\boldsymbol{x}) \leqslant 0,\ i=1,\ \cdots,\ m,\ h_j(\boldsymbol{x})=0,\ j=1,\ \cdots,\ p\}$$

- $p^*=\infty$, 如果问题不可行(没有 $\boldsymbol{x}$ 满足约束)
- $p^*=-\infty$, 问题无下界

优化问题(8.6)可以看成在向量空间$\mathbb{R}^n$的备选解集中选择最好的解. 用 $\boldsymbol{x}$ 表示备选解，$f_i(\boldsymbol{x}) \leqslant b_i$ 和$h_j(\boldsymbol{x})=0$ 表示 $\boldsymbol{x}$ 必须满足的条件，目标函数 $f_0(\boldsymbol{x})$表示选择 $\boldsymbol{x}$ 的成本(同理也可以认为$-f_0(\boldsymbol{x})$表示选择 $\boldsymbol{x}$ 的效益或者效用). 优化问题(8.6)的解即为满足约束条件的所有备选解中成本最小(或者效用最大)的解.

在数据拟合中，人们需要在一组候选模型中选择最符合观测数据与先验知识的模型. 此时，变量为模型中的参数，约束可以是先验知识以及参数限制(比如说非负性). 目标函数可能是与真实模型的偏差或者是观测数据与估计模型的预测值之间的偏差，也有可

能是参数值的似然度和置信度的统计估计. 此时,寻找优化问题(8.6)的最优解即为寻找合适的模型参数值,使之符合先验知识,且与真实模型之间的偏差或者预测值与观测值之间的偏差最小(或者在统计意义上更加相似).

在最优解的相关概念中,常被人们所探讨的是全局最优解和局部最优解,如下定义所述.

定义 8.1.2. **整体(全局)最优解:** 若 $\boldsymbol{x}^* \in \mathcal{F}$,对于一切 $\boldsymbol{x} \in \mathcal{F}$,恒有 $f_0(\boldsymbol{x}^*) \leqslant f_0(\boldsymbol{x})$,则称 $\boldsymbol{x}^*$ 是最优化问题(8.6)的整体最优解.

定义 8.1.3. **局部最优解:** 若 $\boldsymbol{x}^* \in \mathcal{F}$,存在某个邻域 $N_\varepsilon(\boldsymbol{x}^*)$,使得对于一切 $\boldsymbol{x} \in N_\varepsilon(\boldsymbol{x}^*) \cap \mathcal{F}$,恒有 $f_0(\boldsymbol{x}^*) \leqslant f_0(\boldsymbol{x})$,则称 $\boldsymbol{x}^*$ 是最优化问题(8.6)的局部最优解. 其中 $N_\varepsilon(\boldsymbol{x}^*) = \{\boldsymbol{x} \mid \|\boldsymbol{x} - \boldsymbol{x}^*\| < \varepsilon, \varepsilon > 0\}$.

当 $\boldsymbol{x} \neq \boldsymbol{x}^*$,有 $f_0(\boldsymbol{x}^*) < f_0(\boldsymbol{x})$ 则称 $\boldsymbol{x}^*$ 为优化问题(8.6)的严格最优解. 反之,若一个点是局部最优解,但不是严格最优解,则称之为非严格最优解.

例 8.1.1. 下面给出一些无约束优化问题的最优值以及最优解或局部最优解示例.

(1) $f_0(x) = \frac{1}{x}$, $\mathbf{dom} f_0 = R^{++}$: $p^* = 0$, 无最优解;

(2) $f_0(x) = -\log x$, $\mathbf{dom} f_0 = R^{++}$: $p^* = -\infty$, 无下界;

(3) $f_0(x) = x\log x$, $\mathbf{dom} f_0 = R^{++}$: $p^* = -\frac{1}{e}$, $x = \frac{1}{e}$ 是最优解;

(4) $f_0(x) = x^3 - 3x$: $p^* = -\infty$, $x = 1$ 是局部最优解.

由上述定义可知,局部最优解 $\boldsymbol{x}^*$ 使 f_0 最小,但仅对可行集上的邻近点. 此时目标函数的值不一定是问题的(全局)最优值. 局部最优解可能对用户没有实际意义. 因此,在实际的优化问题中局部最优解的存在是一个挑战,因为大多数算法往往被困在局部极小,如果存在的话,从而不能产生期望的全局最优解.

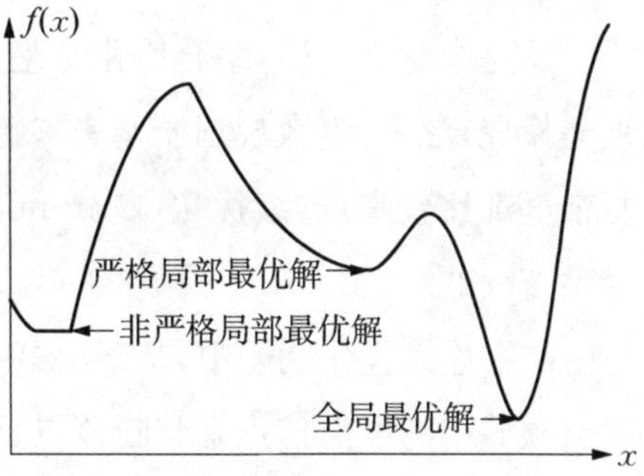

图 8.2 函数的全局与局部最优解、严格和非严格最优解

4. 优化算法

根据优化问题的不同形式,其求解的困难程度可能会有很大差别. 对于一个比较简单优化问

题，如果我们能用代数表达式给出其最优解，那么这个解称为显式解. 然而，对于实际问题往往较为复杂，是没有办法求显式解的，因此常采用迭代算法. 主要思想是寻找一个点列，通过迭代，不断地逼近精确解. 我们将在第 10 章详细讨论.

8.1.4 优化问题的分类

优化问题种类繁多，因而分类的方法也有许多. 可以按变量的性质分类，按有无约束条件分类，按目标函数的个数分类等等. 概括地，按照变量的性质分类，可以分为连续和离散优化问题. 按照约束函数是否存在分类，可以分为无约束和约束优化问题. 按照目标函数的性质分类，可以分为凸和非凸优化问题. 按照目标函数和约束函数的形式分类，可以分为随机和确定性优化问题，也可以分为线性和非线性规划问题.

1. 连续优化与离散优化

根据输入变量 $\boldsymbol{x}$ 的值域是否连续，数学优化问题可以分为离散优化问题和连续优化问题. 离散优化(Discrete Optimization)问题是指决策变量能够在离散集合上取值，比如离散点集或整数集等. 离散优化问题主要有三个分支：

(1) **整数规划**(Integer Programming)：输入变量 $\boldsymbol{x} \in \mathbb{Z}^d$ 为整数向量. 常见的整数规划问题通常为整数线性规划(Integer Linear Programming，ILP).

(2) **混合整数规划**(Mixed Integer Programming，MIP)，即自变量既包含整数也有连续变量.

(3) **组合优化**(Combinatorial Optimization)：其目标是从一个有限集合中找出使得目标函数最优的元素. 很多机器学习问题都是组合优化问题，比如特征选择、聚类问题、超参数优化问题以及结构化学习(Structured Learning)中标签预测问题等.

从这个意义上讲，组合优化是整数规划的子集. 的确，绝大多数组合优化问题都可以被建模成(混合)整数规划模型来求解. 离散优化问题的求解一般都比较困难，优化算法的复杂度都比较高. 连续优化(Continuous Optimization)问题是指决策变量所在的可行集合是连续的.

- 在连续优化问题中，基于决策变量取值空间以及约束和目标函数的连续性，可根据某点领域内的取值信息来判断该点是否最优.
- 离散优化问题不具备该性质. 因此通常将离散优化问题转化为一系列连续优化问题来求解.
- 连续优化问题的求解在最优化理论与算法中处于重要地位. 一般认为，在深度学习或机器学习中,模型中要学习的参数是连续变量.因此本书后续内容也将主要围绕讲解连续优化问题展开.

2. 无约束优化和约束优化

根据是否有变量的约束条件,可以将优化问题分为无约束优化问题和约束优化问题.

(1) **无约束优化问题**(Unconstrained Optimization)的决策变量没有约束条件限制,即可行域为整个实数域$\mathbb{R}^d$.在优化问题(8.6)中,当我们把不等式约束$f_i(\boldsymbol{x})\leqslant b_i$和等式约束$h_j(\boldsymbol{x})=0$去掉时,即退化为无约束优化问题.

(2) **约束优化问题**(Constrained Optimization)是指带有约束条件的问题,即变量$\boldsymbol{x}$需要满足一些等式或不等式的约束.在优化问题(8.6)中,当不等式约束$f_i(\boldsymbol{x})\leqslant b_i$和等式约束$h_j(\boldsymbol{x})=0$只要有一个成立,其即被称为约束优化问题.

3. 随机优化和确定性优化

根据目标或约束函数中是否涉及随机变量,可以将优化问题分为随机优化问题和确定性优化问题.

(1) **随机优化问题**(Stochastic Optimization)是指目标或约束函数中涉及随机变量而带有不确定性的问题.在实际问题中,只能知道参数的某些估计.随机优化在机器学习、深度学习和强化学习中有着重要应用.

(2) **确定性优化问题**(Deterministic Optimization)是指目标和约束函数都是确定的优化问题.

许多确定性优化算法都有相应的随机版本,使得在特定问题上具有更低的计算复杂度和更好的收敛性质.

4. 线性规划和非线性规划

根据函数的线性性质,可以将优化问题分为线性规划(线性优化)和非线性规划(非线性优化).

(1) 在优化问题(8.6)中,当目标函数和所有的约束函数都为线性函数,则该问题为**线性规划问题**(Linear Programming).线性规划问题在约束优化问题中具有较为简单的形式,目前求解线性规划问题最流行的两类方法为单纯形法和内点法.

(2) 在优化问题(8.6)中,如果目标函数或任何一个约束函数为非线性函数,则该问题为**非线性规划问题**(Nonlinear Programming).

本课程将要介绍的优化问题主要为非线性优化问题.

5. 凸优化与非凸优化

更进一步，根据目标函数和可行域的凸性，我们还可以把优化问题分为凸优化(Convex Programming)和非凸优化.

(1) **凸优化问题**是一种特殊的约束优化问题，需满足目标函数为凸函数，并且等式约束函数为线性函数，不等式约束函数为凸函数.

(2) **非凸优化问题**对应于标准形式(8.6)中的一个或多个目标函数或约束函数不具有凸性的问题.

在凸优化问题中，任意局部最优解都是全局最优解，因此算法设计和理论分析上比非凸优化问题简单很多.

6. 参数优化与超参数优化

在机器学习中，优化问题又可以分为参数优化和超参数优化.

- 模型 $f(\boldsymbol{x};\boldsymbol{\theta})$中的 $\boldsymbol{\theta}$ 称为模型的参数，可以通过优化算法进行学习，除了可学习的参数 $\boldsymbol{\theta}$ 之外，还有一类参数是用来定义模型结构或优化策略的，这类参数叫作超参数(Hyper-Parameter).
- 常见的超参数包括：聚类算法中的类别个数、梯度下降法的步长、正则项的系数、神经网络的层数、支持向量机中的核函数等.
- 超参数的选取一般都是组合优化问题，很难通过优化算法来自动学习.
- 因此，超参数优化是机器学习的一个经验性很强的技术，通常通过搜索的方法对一组超参数组合进行不断试错调整.

除了上述分类，还有按目标函数的个数分类：单目标最优化问题，多目标最优化问题；以及按约束条件和目标函数是否是时间的函数分类：静态最优化问题和动态最优化问题(动态规划).

8.2 凸集

凸优化是一类很重要的优化问题，它的理论基础涉及凸集和凸函数. 本节我们将首先给出凸集的定义并介绍一些相关的例子，然后给出保持凸集的一些基本运算，最后给出在机器学习中常用的一个性质，分离超平面定理.

8.2.1 凸集

在给出凸集的定义之前，我们首先回顾线段和仿射集合的定义.

1. 直线与线段

定义 8.2.1.　对于$\mathbb{R}^n$中的两个点$\boldsymbol{x}_1 \neq \boldsymbol{x}_2$，形如

$$\boldsymbol{y}=\theta \boldsymbol{x}_1+(1-\theta)\boldsymbol{x}_2,\ \theta \in \mathbb{R}$$

的点形成了过点$\boldsymbol{x}_1$和$\boldsymbol{x}_2$的直线. 当$0 \leqslant \theta \leqslant 1$时,这样的点构成了连接点$\boldsymbol{x}_1$和$\boldsymbol{x}_2$的线段.

$\boldsymbol{y}$的表示形式$\boldsymbol{y}=\boldsymbol{x}_2+\theta(\boldsymbol{x}_1-\boldsymbol{x}_2)$给出了另一种解释:直线上的点$\boldsymbol{y}$是基点$\boldsymbol{x}_2$(对应$\theta=0$)和方向$\boldsymbol{x}_1-\boldsymbol{x}_2$(由$\boldsymbol{x}_2$指向$\boldsymbol{x}_1$)乘以参数$\theta$的和. 当$\theta$由0增加到1,点$\boldsymbol{y}$相应地由$\boldsymbol{x}_2$移动到$\boldsymbol{x}_1$. 如果$\theta>1$,点$\boldsymbol{y}$在超越了$\boldsymbol{x}_1$的直线上.

2. 仿射集

定义 8.2.2.　如果通过集合$\mathbb{C} \subseteq \mathbb{R}^n$中任意两点的直线仍然在集合$\mathbb{C}$中,则称$\mathbb{C}$为**仿射集**. 即:

$$\boldsymbol{x}_1,\ \boldsymbol{x}_2 \in \mathbb{C} \Rightarrow \theta \boldsymbol{x}_1+(1-\theta)\boldsymbol{x}_2 \in \mathbb{C},\ \forall \theta \in \mathbb{R} \tag{8.8}$$

可以归纳得出:一个仿射集包含其中任意点的仿射组合. 如果$\mathbb{C}$是一个仿射集并且$\boldsymbol{x}_0 \in \mathbb{C}$,则集合

$$\mathbb{V}=\mathbb{C}-\boldsymbol{x}_0=\{\boldsymbol{x}-\boldsymbol{x}_0 \mid \boldsymbol{x} \in \mathbb{C}\}$$

是一个子空间,即关于加法和数乘是封闭的. 因此,仿射集$\mathbb{C}$可以表示为

$$\mathbb{C}=\mathbb{V}+\boldsymbol{x}_0=\{\boldsymbol{v}+\boldsymbol{x}_0 \mid \boldsymbol{v} \in \mathbb{V}\}$$

即一个子空间加上一个偏移. 与仿射集$\mathbb{C}$相关联的子空间$\mathbb{V}$与$\boldsymbol{x}_0$的选取无关,所以$\boldsymbol{x}_0$可以是$\mathbb{C}$中的任意一点. 我们定义仿射集$\mathbb{C}$的维数为子空间$\mathbb{V}=\mathbb{C}-\boldsymbol{x}_0$的维数,其中$\boldsymbol{x}_0$是$\mathbb{C}$中的任意元素.

例 8.2.1.　**线性方程组的解集.** 线性方程组的解集$\mathbb{C}=\{\boldsymbol{x} \mid \boldsymbol{A}\boldsymbol{x}=\boldsymbol{b}\}$是一个仿射集合,其中$\boldsymbol{A} \in \mathbb{R}^{m \times n}$, $\boldsymbol{b} \in \mathbb{R}^m$. 为说明这点,任取$\boldsymbol{x}_1,\ \boldsymbol{x}_2 \in \mathbb{C}$,则有$\boldsymbol{A}\boldsymbol{x}_1=\boldsymbol{b}$, $\boldsymbol{A}\boldsymbol{x}_2=\boldsymbol{b}$. 对于任意$\theta$,有

$$\boldsymbol{A}(\theta \boldsymbol{x}_1+(1-\theta)\boldsymbol{x}_2)=\theta \boldsymbol{A}\boldsymbol{x}_1+(1-\theta)\boldsymbol{A}\boldsymbol{x}_2=\theta \boldsymbol{b}+(1-\theta)\boldsymbol{b}=\boldsymbol{b}$$

这表明,任意的仿射组合$\theta \boldsymbol{x}_1+(1-\theta)\boldsymbol{x}_2$也在仿射集合$\mathbb{C}$中.

我们称由集合$\mathbb{C} \subseteq \mathbb{R}^n$中的点的所有仿射组合组成的集合为$\mathbb{C}$的仿射包,记为$\mathbf{aff}\,\mathbb{C}$:

$$\mathbf{aff}\,\mathbb{C}=\{\theta_1 x_1+\cdots+\theta_k \boldsymbol{x}_k \mid x_1,\ \cdots,\ \boldsymbol{x}_k \in \mathbb{C},\ \theta_1+\cdots+\theta_k=1\}$$

仿射包是包含$\mathbb{C}$的最小的仿射集合,也就是说:如果$\mathbb{S}$是满足$\mathbb{C} \subseteq \mathbb{S}$的仿射集合,那么

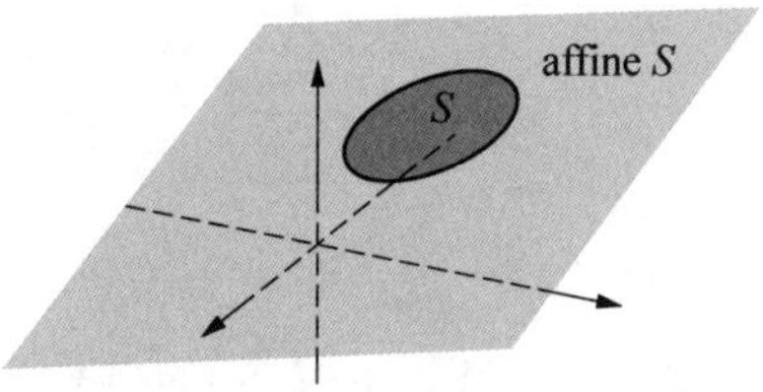

图 8.3 仿射包

$\mathbf{aff}\,\mathbb{C} \subseteq \mathbb{S}$. 图 8.3 展示了$\mathbb{R}^3$中圆盘$\mathbb{S}$的仿射包,为一个平面.

3. 凸集

下面我们给出凸集的定义.

定义 8.2.3. 如果连接集合$\mathbb{C}$中任意两点的线段都在$\mathbb{C}$内,则称$\mathbb{C}$为**凸集**,即

$$\boldsymbol{x}_1, \boldsymbol{x}_2 \in \mathbb{C} \Rightarrow \theta \boldsymbol{x}_1 + (1-\theta)\boldsymbol{x}_2 \in \mathbb{C}, \ \forall 0 \leqslant \theta \leqslant 1$$

从仿射集的定义中可以看出仿射集是凸集.

例 8.2.2. 下图显示了$\mathbb{R}^2$空间中一些简单的凸和非凸集合.

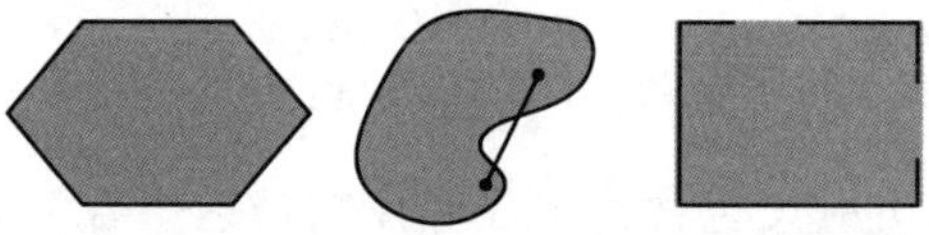

图 8.4 一些简单的凸和非凸集合

(左)包含其边界的六边形是凸的;(中)肾形集合不是凸的,因为图中所示集合中两点间的线段不为集合所包含;(右)仅包含部分边界的正方形不是凸的.

从凸集可以引出凸组合和凸包等概念.

定义 8.2.4. 形如

$$\boldsymbol{x} = \theta_1 \boldsymbol{x}_1 + \cdots + \theta_k \boldsymbol{x}_k, \ 1 = \theta_1 + \theta_2 + \cdots + \theta_k, \ \theta_i \geqslant 0, \ i = 1, 2, \cdots, k$$

的点称为 $x_1, \cdots, x_k$ 的**凸组合**. 集合$\mathbb{C}$中点所有可能的凸组合构成的集合称作$\mathbb{C}$的**凸包**,记作 $\mathbf{conv}\mathbb{C}$.

点的凸组合可以看作是这些点的混合或加权平均,θ_i 代表混合时 $\boldsymbol{x}_i$ 所占的份数. 凸包是包含$\mathbb{C}$的最小的凸集. 即 $\mathbf{conv}\mathbb{C} \subseteq \mathbb{B}$. 下图显示了凸包的定义.

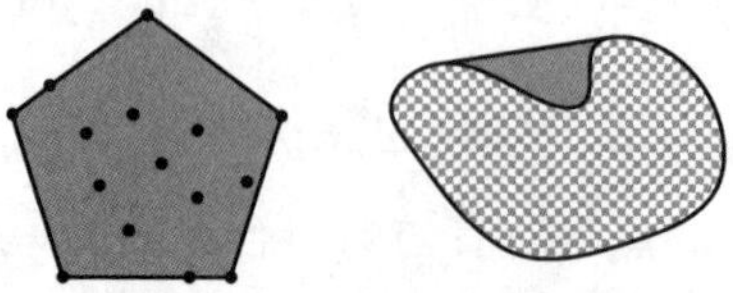

图 8.5 $\mathbb{R}^2$上两个集合的凸包

(左)十五个点的集合的凸包是一个五边形(阴影所示);(右)肾形集合的凸包是阴影所示的集合.

4. 锥

在集合中，有一类特殊的集合，称为锥，我们可以把凸集的定义推广到锥集合上，形成凸锥.

定义 8.2.5. 如果对于任意 $\boldsymbol{x} \in \mathbb{C}$ 和 $\theta \geqslant 0$ 都有 $\theta \boldsymbol{x} \in \mathbb{C}$，我们称集合 $\mathbb{C}$ 是**锥**. 形如 $\boldsymbol{x} = \theta_1 \boldsymbol{x}_1 + \theta_2 \boldsymbol{x}_2 \in \mathbb{C}$，$\theta_1 \geqslant 0$，$\theta_2 \geqslant 0$ 的点称为点 $\boldsymbol{x}_1$，$\boldsymbol{x}_2$ 的**锥组合**. 若集合 $\mathbb{C}$ 中任意点的锥组合都在 $\mathbb{C}$ 中，则称 $\mathbb{C}$ 为**凸锥**.

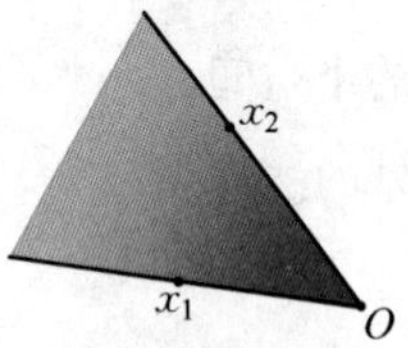

图 8.6 二维扇形

扇形显示了所有具有形式 $\theta_1 x_1 + \theta_2 x_2$ 的点，其中 θ_1，$\theta_2 \geqslant 0$. 扇形的顶点（$\theta_1 = \theta_2 = 0$）在 O 处，其边界（$\theta_1 = 0$ 或 $\theta_2 = 0$）穿过点 x_1 或 x_2.

在几何上，具有此类形式的点构成了二维的扇形，这个扇形以 0 为定点，边通过 x_1 和 x_2，如图 8.6 所示.

我们称集合 $\mathbb{C}$ 中所有元素的锥组合的集合为其**锥包**，即：

$$\{\theta_1 \boldsymbol{x}_1 + \cdots + \theta_k \boldsymbol{x}_k \mid \boldsymbol{x}_i \in \mathbb{C}, \theta_i \geqslant 0, i = 1, 2, \cdots, k\}$$

它是包含 $\mathbb{C}$ 的最小的凸锥.

8.2.2 重要的凸集例子

本节将描述一些重要的凸集，这些凸集在本书的后续部分将会多次遇见.

1. 简单的例子

- 空集，任意一个点（即单点集）$\{\boldsymbol{x}_0\}$、全空间 $\mathbb{R}^n$ 都是 $\mathbb{R}^n$ 的仿射（自然也是凸的）子集.
- 任意直线是仿射的. 如果直线通过零点，则是子空间，因此，也是凸锥.
- 一条线段是凸的，但不是仿射的（除非退化为一个点）.
- 一条射线，即具有形式 $\{\boldsymbol{x}_0 + \theta \boldsymbol{v} \mid \theta \geqslant 0\}$，$\boldsymbol{v} \neq \boldsymbol{0}$ 的集合，是凸的，但不是仿射的. 如果射线的基点 $\boldsymbol{x}_0$ 是 $\boldsymbol{0}$，则它是凸锥.
- 任意子空间是仿射的，也是凸的.
- 凸锥（自然是凸的）.

2. 超平面与半空间

任取非零向量 $\boldsymbol{a}$，形如 $\{\boldsymbol{x} \mid \boldsymbol{a}^{\mathrm{T}} \boldsymbol{x} = b\}$ 的集合称为**超平面**，形如 $\{\boldsymbol{x} \mid \boldsymbol{a}^{\mathrm{T}} \boldsymbol{x} \leqslant b\}$ 的集合称为**半空间**. 其中 $\boldsymbol{a} \in \mathbb{R}^n$，$\boldsymbol{a} \neq \boldsymbol{0}$ 是对应的超平面和半空间的法向量，且 $b \in \mathbb{R}$.

解析地，超平面是关于 $\boldsymbol{x}$ 的非平凡线性方程的解空间（因此是一个仿射集合）. 一个超平面将$\mathbb{R}^n$分成两个半空间. 超平面是仿射集和凸集,半空间是凸集但不是仿射集. 超平面的几何解释如图 8.7. $\mathbb{R}^2$中由法向量 $\boldsymbol{a}$ 和超平面上一点 $\boldsymbol{x}_0$ 确定的超平面. 对于超平面上任意一点 $\boldsymbol{x}$, $\boldsymbol{x}-\boldsymbol{x}_0$(如深色箭头所示)都垂直于 $\boldsymbol{a}$. 半空间的几何解释如图 8.8. $\mathbb{R}^2$上由 $\boldsymbol{a}^{\mathrm{T}}\boldsymbol{x}=b$ 定义的超平面决定了两个半空间,由 $\boldsymbol{a}^{\mathrm{T}}\boldsymbol{x}\geqslant b$ 决定的半空间(无阴影)是向 $\boldsymbol{a}$ 扩展的半空间,由 $\boldsymbol{a}^{\mathrm{T}}\boldsymbol{x}\leqslant b$ 确定的半空间(阴影所示)向 $-\boldsymbol{a}$ 方向扩展. 向量 $\boldsymbol{a}$ 是这个半空间向外的法向量.

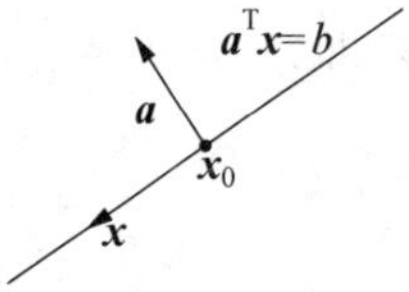

图 8.7 超平面几何解释

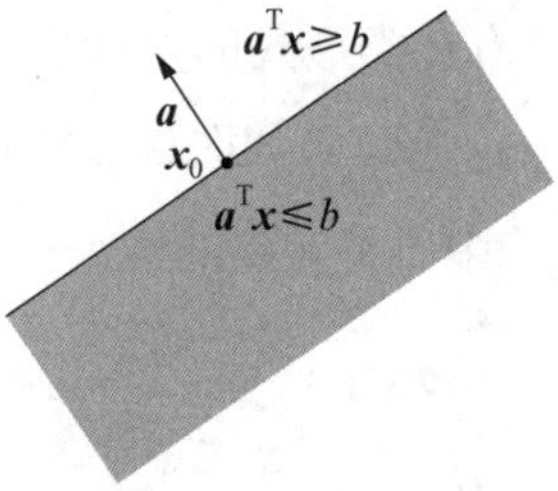

图 8.8 半空间几何解释

3. Euclid 球与范数球

球是空间中到某个点距离(或两者差的范数)小于等于某个常数的点的集合,并将

$$B(\boldsymbol{x}_c, r)=\{\boldsymbol{x} \mid \|\boldsymbol{x}-\boldsymbol{x}_c\|_2 \leqslant r\}=\{\boldsymbol{x}_c+r\boldsymbol{u} \mid \|\boldsymbol{u}\|_2 \leqslant 1\}$$

称为中心为 $\boldsymbol{x}_c$,半径为 r 的 **Euclid 球**. Euclid 球是凸集,即如果 $\|\boldsymbol{x}_1-\boldsymbol{x}_c\|_2 \leqslant r$, $\|\boldsymbol{x}_2-\boldsymbol{x}_c\|_2 \leqslant r$,并且 $0 \leqslant \theta \leqslant 1$, 那么

$$\begin{aligned}\|\theta\boldsymbol{x}_1+(1-\theta)\boldsymbol{x}_2-\boldsymbol{x}_c\|_2 &= \|\theta(\boldsymbol{x}_1-\boldsymbol{x}_c)+(1-\theta)(\boldsymbol{x}_2-\boldsymbol{x}_c)\|_2 \\ &\leqslant \theta\|(\boldsymbol{x}_1-\boldsymbol{x}_c)\|_2+(1-\theta)\|(\boldsymbol{x}_2-\boldsymbol{x}_c)\|_2 \\ &\leqslant r\end{aligned}$$

4. 椭球

形如

$$\{\boldsymbol{x} \mid (\boldsymbol{x}-\boldsymbol{x}_c)^{\mathrm{T}}\boldsymbol{P}^{-1}(\boldsymbol{x}-\boldsymbol{x}_c) \leqslant 1\}$$

的集合称为**椭球**,其中 $\boldsymbol{P} \in \mathcal{S}_{++}^n$ (即 $\boldsymbol{P}$ 对称正定). 椭球的另一种表示为

$$\{\boldsymbol{x}_c+\boldsymbol{A}\boldsymbol{u} \mid \|\boldsymbol{u}\|_2 \leqslant 1\}$$

其中 $\boldsymbol{A}$ 为非奇异的方阵.

5. 范数球与范数锥

设 $\|\cdot\|$ 是 $\mathbb{R}^n$ 中的范数. 称

$$\{x \mid \|x - x_c\| \leqslant r\}$$

为以 r 为半径, x_c 为球心的**范数球**. 根据范数的三角不等式性质可知,范数球是一个凸集.

关于范数 $\|\cdot\|$ 的**范数锥**是集合

$$\{(x, t) \mid \|x\| \leqslant t\} \subseteq \mathbb{R}^{n+1}$$

顾名思义,它是一个凸锥.

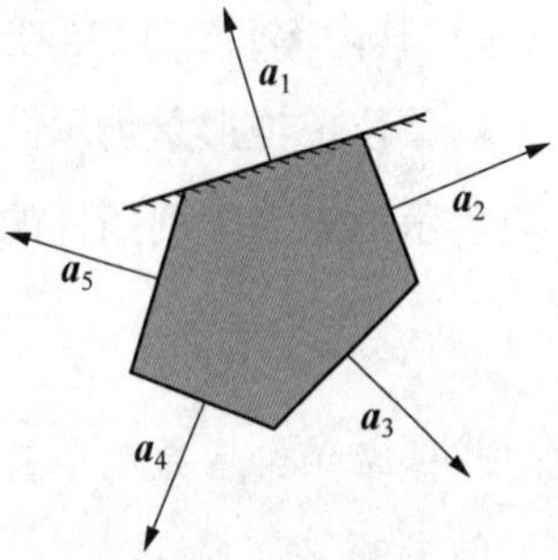

图 8.9　多面体 $\mathcal{P}$

多面体 $\mathcal{P}$ 是外法向量为 a_1, …, a_5 的五个半空间的交集.

6. 多面体

我们将满足线性等式和不等式组的点的集合称为**多面体**,即

$$\{x \mid Ax \leqslant b, Cx = d\}$$

其中 $A \in \mathbb{R}^{m\times n}$, $C \in \mathbb{R}^{p\times n}$, $x \leqslant y$ 表示向量 x 的每个分量均小于等于 y 的对应分量.

因此,多面体是有限个半空间和超平面的交集. 仿射集合(例如子空间、超平面、直线)、射线、线段和半空间都是多面体. 显而易见,多面体是凸集. 有界的多面体有时也称为多胞形,但也有一些作者反过来使用这两个概念(即用多胞形表示具有上面形式的集合,而当其有界时称为多面体). 图 8.9 显示了由五个半空间的交集组成的多面体.

例 8.2.3.　非负象限是具有非负分量的点的集合,即

$$\mathbb{R}_+^n = \{x \in \mathbb{R}^n \mid x_i \geqslant 0, i = 1, \cdots, n\} = \{x \in \mathbb{R}^n \mid x \geqslant \mathbf{0}\}$$

因此 $\mathbb{R}_+$ 表示非负实数的集合,即 $\mathbb{R}_+ = \{x \in \mathbb{R} \mid x \geqslant 0\}$. 非负象限既是多面体也是锥,因此称为多面体锥.

7. 单纯形

单纯形是一类重要的多面体. 设 $k+1$ 个点 $v_0, \cdots, v_k \in \mathbb{R}^n$ **仿射独立**,则 $v_1 - v_0, \cdots, v_k - v_0$ **线性独立**. 那么,这些点决定了一个单纯形,如下所示:

$$\mathbf{conv}\{v_0, \cdots, v_k\} = \{\theta_0 v_0 + \cdots + \theta_k v_k \mid \boldsymbol{\theta} \geqslant 0, \mathbf{1}^{\mathrm{T}}\boldsymbol{\theta} = 1\}$$

其中 $\mathbf{1}$ 表示所有分量均为 1 的向量.

例 8.2.4.　**一些常见的单纯形.** 1 维单纯形是一条线段;2 维单纯形是一个三角形

(包含其内部);3 维单纯形是一个四面体.

单位单纯形是由零向量和单位向量,即 $\mathbf{0}$, $\boldsymbol{e}_1$, …, $\boldsymbol{e}_n \in \mathbb{R}^n$ 决定的 n 维单纯形. 它可以表示为满足下列条件的向量的集合,

$$\boldsymbol{x} \geqslant \mathbf{0},\ \mathbf{1}^{\mathrm{T}}\boldsymbol{x} \leqslant 1$$

概率单纯形是由单位向量 $\boldsymbol{e}_1$, …, $\boldsymbol{e}_n \in \mathbb{R}^n$ 决定的 $n-1$ 维单纯形. 它是满足下列条件的向量的集合,

$$\boldsymbol{x} \geqslant \mathbf{0},\ \mathbf{1}^{\mathrm{T}}\boldsymbol{x} = 1$$

概率单纯形中的向量对应于含有 n 个元素的集合的概率分布,x_i 可理解为第 i 个元素的概率.

8. 半正定锥

我们用 $\mathcal{S}^n$ 表示对称 $n \times n$ 矩阵的集合,即

$$\mathcal{S}^n = \{\boldsymbol{X} \in \mathbb{R}^{n\times n} \mid \boldsymbol{X} = \boldsymbol{X}^{\mathrm{T}}\}$$

这是一个维数为 $n(n+1)/2$ 的向量空间. 我们用 $\mathcal{S}_+^n$ 表示对称半正定矩阵的集合:

$$\mathcal{S}_+^n = \{\boldsymbol{X} \in \mathcal{S}^n \mid \boldsymbol{X} \succeq 0\}$$

用 $\mathcal{S}_{++}^n$ 表示对称正定矩阵集合:

$$\mathcal{S}_{++}^n = \{\boldsymbol{X} \in \mathcal{S}_+^n \mid \boldsymbol{X} \succ 0\}$$

集合 $\mathcal{S}_+^n$ 是一个凸锥:如果 θ_1, $\theta_2 \geqslant 0$ 并且 $\boldsymbol{A}$, $\boldsymbol{B} \in \mathcal{S}_+^n$,那么 $\theta_1\boldsymbol{A} + \theta_2\boldsymbol{B} \in \mathcal{S}_+^n$. 从半正定矩阵的定义可以直接得到:对于任意 $\boldsymbol{x} \in \mathbb{R}^n$,如果 $\boldsymbol{A} \succeq 0$, $\boldsymbol{B} \succeq 0$, 那么,就有

$$\boldsymbol{x}^{\mathrm{T}}(\theta_1\boldsymbol{A} + \theta_2\boldsymbol{B})\boldsymbol{x} = \theta_1\boldsymbol{x}^{\mathrm{T}}\boldsymbol{A}\boldsymbol{x} + \theta_2\boldsymbol{x}^{\mathrm{T}}\boldsymbol{B}\boldsymbol{x} \geqslant 0$$

8.2.3 保持凸集的运算

判定一个集合为凸集的方式,可以使用定义的方式,即判别如下结论是否成立:

$$\boldsymbol{x}_1,\ \boldsymbol{x}_2 \in \mathbb{C},\ 0 \leqslant \theta \leqslant 1 \Rightarrow \theta\boldsymbol{x}_1 + (1-\theta)\boldsymbol{x}_2 \in \mathbb{C}$$

然而,在实际中使用定义判别是比较困难的. 事实上,常见的集合可以由简单的凸集经过一些运算的方式得到,而这些运算具有保凸性. 这为我们判断凸集提供了极大的便利. 本节将介绍一些常见的**保凸运算**:取交集、仿射变换、线性分式及透视函数.

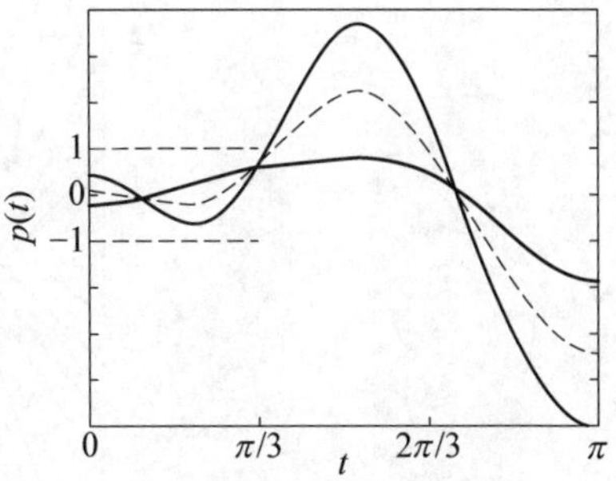

图 8.10 对应于 $m=2$ 中的点的三角多项式. 虚线所示的三角多项式是另外两个的平均

1. 集合运算

(1) **交集**. 交集运算是保凸的:如果$\mathbb{S}_1$和$\mathbb{S}_2$是凸集,那么$\mathbb{S}_1 \cap \mathbb{S}_2$也是凸集. 这个性质可以扩展到无穷个集合的交:如果对于任意$\alpha \in \mathcal{A}$都有$\mathbb{S}_\alpha$是凸集,那么,$\bigcap_{\alpha \in \mathcal{A}} \mathbb{S}_\alpha$ 也是凸集.(子空间和仿射集合对于任意交运算也是封闭的.)作为一个简单的例子,多面体是半空间和超平面(它们都是凸集)的交集,因而是凸的.

例 8.2.5. 半正定锥 $\mathcal{S}_+^n$ 可以表示为,

$$\bigcap_{z \neq 0} \{\boldsymbol{X} \in \mathcal{S}^n \mid \boldsymbol{z}^{\mathrm{T}} \boldsymbol{X} \boldsymbol{z} \geqslant 0\}.$$

对于任意 $\boldsymbol{z} \neq 0$,$\boldsymbol{z}^{\mathrm{T}} \boldsymbol{X} \boldsymbol{z}$ 是关于 $\boldsymbol{X}$ 的(不恒等于零的)线性函数,因此集合

$$\{\boldsymbol{X} \in \mathcal{S}^n \mid \boldsymbol{z}^{\mathrm{T}} \boldsymbol{X} \boldsymbol{z} \geqslant 0\}$$

实际上就是 $\mathcal{S}^n$ 的半空间. 由此可见,半正定锥是无穷个半空间的交集,因此是凸的.

例 8.2.6. 考虑集合

$$\mathbb{S} = \{\boldsymbol{x} \in \mathbb{R}^m \mid |p(t)| \leqslant 1 \text{ 对于 } |t| \leqslant \pi/3\}$$

其中 $p(t) = \sum_{k=1}^{m} x_k \cos kt$. 集合$\mathbb{S}$ 可以表示为无穷个平板的交集:$\mathbb{S} = \bigcap_{|t| \leqslant \pi/3} \mathbb{S}_t$,其中

$$\mathbb{S}_t = \{\boldsymbol{x} \mid -1 \leqslant (\cos t, \cdots, \cos mt)^{\mathrm{T}} \boldsymbol{x} \leqslant 1\}$$

因此,$\mathbb{S}$ 是凸的. 对于 $m=2$ 的情况,它的定义和集合可见图 8.10 和图 8.11.

在上述例子的逆命题也是成立的,即一个闭凸集$\mathbb{S}$ 可以表示为无限多个半空间的交集.

$$\mathbb{S} = \bigcap \{\mathcal{H} \mid \mathcal{H} \text{ 是半空间}, \mathbb{S} \subseteq \mathcal{H}\}$$

(2) **和运算**. 两个集合的和可以定义为:

$$\mathbb{S}_1 + \mathbb{S}_2 = \{\boldsymbol{x} + \boldsymbol{y} \mid \boldsymbol{x} \in \mathbb{S}_1, \boldsymbol{y} \in \mathbb{S}_2\}$$

如果$\mathbb{S}_1$和$\mathbb{S}_2$是凸集,那么,$\mathbb{S}_1 + \mathbb{S}_2$ 是凸的.

我们也可以考虑 $\mathbb{S}_1, \mathbb{S}_2 \in \mathbb{R}^n \times \mathbb{R}^m$ 的**部分和**,定义为

$$\mathbb{S} = \{(\boldsymbol{x}, \boldsymbol{y}_1 + \boldsymbol{y}_2) \mid (\boldsymbol{x}, \boldsymbol{y}_1) \in \mathbb{S}_1, (\boldsymbol{x}, \boldsymbol{y}_2) \in \mathbb{S}_2\}$$

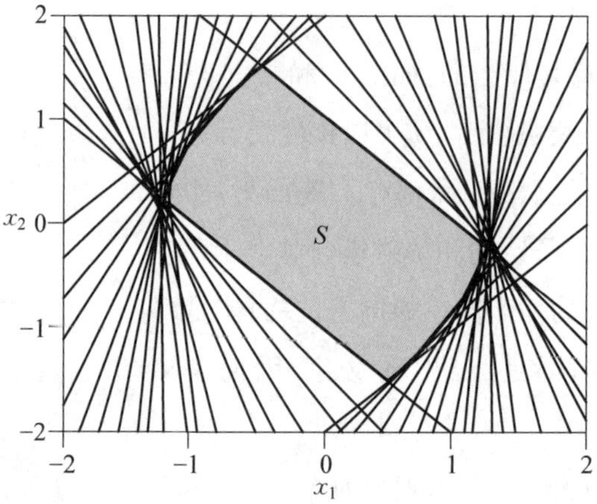

图 8.11 闭凸集$\mathbb{S}$

图中央的白色区域显示了 $m=2$ 情况下例 8.2.6 定义的集合$\mathbb{S}$. 这个集合是无限多个(图中显示了其中 20 个)平板的交集,所以是凸的.

其中 $\boldsymbol{x} \in \mathbb{R}^n$, $\boldsymbol{y}_i \in \mathbb{R}^m$. $m=0$ 时,部分和给出了$\mathbb{S}_1$和$\mathbb{S}_2$的交集;$n=0$, 部分和等于集合之和. 凸集的部分和仍然是凸集.

(3) Cartesian 乘积. 可以看出,如果$\mathbb{S}_1$和$\mathbb{S}_2$是凸的,那么其直积或 Cartesian 乘积

$$\mathbb{S}_1 \times \mathbb{S}_2 = \{(\boldsymbol{x}_1, \boldsymbol{x}_2) \mid \boldsymbol{x}_1 \in \mathbb{S}_1, \boldsymbol{x}_2 \in \mathbb{S}_2\}$$

也是凸集.

(4) **集合投影**. 一个凸集向它的某几个坐标的投影是凸的,即:如果 $\mathbb{S} \subseteq \mathbb{R}^m \times \mathbb{R}^n$ 是凸集,那么

$$\{\boldsymbol{x}_1 \in \mathbb{R}^m \mid (\boldsymbol{x}_1, \boldsymbol{x}_2) \in \mathbb{S}, \text{对于某些 } \boldsymbol{x}_2 \in \mathbb{R}^n\}$$

是凸集.

2. 函数映射

设 $f:\mathbb{R}^n \to \mathbb{R}^m$ 是仿射变换,即 $f(\boldsymbol{x}) = \boldsymbol{A}\boldsymbol{x} + \boldsymbol{b}$, $\boldsymbol{A} \in \mathbb{R}^{m \times n}$, $\boldsymbol{b} \in \mathbb{R}^m$, 则

(1) 凸集在 f 下的像是凸集:

$$\mathbb{S} \subseteq \mathbb{R}^n \text{为凸集} \Rightarrow f(\mathbb{S}) := \{f(\boldsymbol{x}) \mid \boldsymbol{x} \in \mathbb{S}\} \text{ 为凸集};$$

(2) 凸集在 f 下的原像是凸集:

$$\mathbb{C} \subseteq \mathbb{R}^m \text{为凸集} \Rightarrow f^{-1}(\mathbb{C}) := \{\boldsymbol{x} \in \mathbb{R}^n \mid f(\boldsymbol{x}) \in \mathbb{C}\} \text{ 为凸集}$$

例 8.2.7. 伸缩和平移: 如果 $\mathbb{S} \subseteq \mathbb{R}^n$ 是凸集, $\alpha \in \mathbb{R}$ 并且 $\boldsymbol{a} \in \mathbb{R}^n$, 那么,集合 $\alpha\mathbb{S}$ 和

$\mathbb{S}+\boldsymbol{a}$ 是凸的,其中

$$\alpha\,\mathbb{S}=\{\alpha\boldsymbol{x}\mid\boldsymbol{x}\in\mathbb{S}\},\ \mathbb{S}+\boldsymbol{a}=\{\boldsymbol{x}+\boldsymbol{a}\mid\boldsymbol{x}\in\mathbb{S}\}$$

例 8.2.8. 利用仿射变换保凸的性质,可以证明**线性矩阵不等式的解集**:

$$\{\boldsymbol{x}\mid x_1\boldsymbol{A}_1+x_2\boldsymbol{A}_2+\cdots+x_m\boldsymbol{A}_m\preceq\boldsymbol{B}\}$$

是凸集,其中 $\boldsymbol{A}_i,\ \boldsymbol{B}\in\mathcal{S}^n$. 因为,它可以看作是一个仿射变换的原像.

例 8.2.9. **双曲锥**:

$$\{\boldsymbol{x}\mid\boldsymbol{x}^{\mathrm{T}}\boldsymbol{P}\boldsymbol{x}\leqslant(\boldsymbol{c}^{\mathrm{T}}\boldsymbol{x})^2,\ \boldsymbol{c}^{\mathrm{T}}\boldsymbol{x}\geqslant 0\}$$

是凸集,其中 $\boldsymbol{P}\in\mathcal{S}_+^n$. 因为,它可以看作是 $\boldsymbol{x}\mapsto(\boldsymbol{P}^{1/2}\boldsymbol{x},\ \boldsymbol{c}^{\mathrm{T}}\boldsymbol{x})$ 变换下的原像,而值域是凸锥.

3. 透视函数

定义 8.2.6. 我们定义 $P:\mathbb{K}\to\mathbb{R}^n$,

$$P(\boldsymbol{z},\ t)=\boldsymbol{z}/t$$

为透视函数,其定义域为 $\mathbf{dom}f=\mathbb{K}=\mathbb{R}^n\times\mathbb{R}_{++}$.

透视函数对向量进行伸缩,或称为规范化,使得最后一维分量为 1 并舍弃之. 如果 $\mathbb{C}\subseteq\mathbb{K}$ 是凸集,那么它的像

$$P(\mathbb{C})=\{P(\boldsymbol{x})\mid\boldsymbol{x}\in\mathbb{C}\}$$

也是凸集. 这个结论很直观:通过小孔观察一个凸的物体,可以得到凸的像. 为解释这个事实,下面我们将说明在透视函数作用下,线段将被映射成线段.

假设 $\boldsymbol{x}=(\tilde{\boldsymbol{x}},\ x_{n+1}),\ \boldsymbol{y}=(\tilde{\boldsymbol{y}},\ y_{n+1})\in\mathbb{R}^{n+1}$ 并且 $x_{n+1}>0,\ y_{n+1}>0$. 那么,对于 $0\leqslant\theta\leqslant 1$.

$$P(\theta\boldsymbol{x}+(1-\theta)\boldsymbol{y})=\frac{\theta\tilde{\boldsymbol{x}}+(1-\theta)\tilde{\boldsymbol{y}}}{\theta x_{n+1}+(1-\theta)y_{n+1}}=\mu P(\boldsymbol{x})+(1-\mu)P(\boldsymbol{y})$$

其中,

$$\mu=\frac{\theta x_{n+1}}{\theta x_{n+1}+(1-\theta)y_{n+1}}\in[0,\ 1]$$

θ 和 μ 之间的关系是单调的:当 θ 在 $[0,1]$ 间变化时(形成线段 $[\boldsymbol{x},\ \boldsymbol{y}]$),$\mu$ 也在 $[0,1]$ 间变

化(形成线段 $[P(\boldsymbol{x}), P(\boldsymbol{y})]$). 这说明 $P([\boldsymbol{x}, \boldsymbol{y}])=[P(\boldsymbol{x}), P(\boldsymbol{y})]$.

现在假设$\mathbb{C}$是凸的,并且有 $\mathbb{C}\subseteq\mathbb{K}$,即对于所有 $\boldsymbol{x}\in\mathbb{C}$, $x_{n+1}>0$ 及 $\boldsymbol{x}, \boldsymbol{y}\in\mathbb{C}$. 为显示 $P(\mathbb{C})$ 的凸性,我们需要说明线段$[P(\boldsymbol{x}), P(\boldsymbol{y})]$ 在 $P(\mathbb{C})$中. 这条线段是线段$[\boldsymbol{x}, \boldsymbol{y}]$在 P 的象,因而属于 $P(\mathbb{C})$.

一个凸集在透视函数下的原象也是凸的:如果 $\mathbb{C}\subseteq\mathbb{R}^n$ 为凸集,那么

$$P^{-1}(\mathbb{C})=\{(\boldsymbol{x}, t)\in\mathbb{R}^{n+1}\mid \boldsymbol{x}/t\in\mathbb{C}, t>0\}$$

是凸集.

为证明这点,假设 $(\boldsymbol{x}, t)\in P^{-1}(\mathbb{C})$, $(\boldsymbol{y}, s)\in P^{-1}(\mathbb{C})$, $0\leqslant\theta\leqslant 1$. 我们需要说明

$$\theta(\boldsymbol{x}, t)+(1-\theta)(\boldsymbol{y}, s)\in P^{-1}(\mathbb{C})$$

即

$$\frac{\theta\boldsymbol{x}+(1-\theta)\boldsymbol{y}}{\theta t+(1-\theta)s}\in\mathbb{C}$$

显然地, $\theta t+(1-\theta)s>0$. 这可从下式看出,

$$\frac{\theta\boldsymbol{x}+(1-\theta)\boldsymbol{y}}{\theta t+(1-\theta)s}=\mu(\boldsymbol{x}/t)+(1-\mu)(\boldsymbol{y}/s)$$

其中

$$\mu=\frac{\theta t}{\theta t+(1-\theta)s}\in[0, 1]$$

4. 线性分式函数

线性分式函数由透视函数和仿射函数复合而成. 设 $g:\mathbb{R}^n\to\mathbb{R}^{m+1}$ 是仿射的,即

$$g(\boldsymbol{x})=\begin{bmatrix}\boldsymbol{A}\\ \boldsymbol{c}^{\mathrm{T}}\end{bmatrix}\boldsymbol{x}+\begin{bmatrix}\boldsymbol{b}\\ d\end{bmatrix}$$

其中 $\boldsymbol{A}\in\mathbb{R}^{m\times n}$, $\boldsymbol{b}\in\mathbb{R}^m$, $\boldsymbol{c}\in\mathbb{R}^n$并且$d\in\mathbb{R}$. 则由 $f=P\circ g$ 给出的函数 $f:\mathbb{R}^n\to\mathbb{R}^m$

$$f(\boldsymbol{x})=(\boldsymbol{A}\boldsymbol{x}+\boldsymbol{b})/(\boldsymbol{c}^{\mathrm{T}}\boldsymbol{x}+d),\ \mathbf{dom}f=\{\boldsymbol{x}\mid \boldsymbol{c}^{\mathrm{T}}\boldsymbol{x}+d>0\}$$

称为线性分式(或投射)函数. 如果 $\boldsymbol{c}=\boldsymbol{0}$, $d>0$. 则 f 的定义域为$\mathbb{R}^n$,并且 f 是仿射函数. 因此,我们可以将仿射和透视函数视为特殊的线性分式函数.

类似于透视函数,线性分式函数也是保凸的. 如果$\mathbb{C}$是凸集并且在 f 的定义域中(即

任意 $\boldsymbol{x}\in\mathbb{C}$ 满足 $\boldsymbol{c}^{\mathrm{T}}\boldsymbol{x}+d>0$)，那么$\mathbb{C}$ 的象 $f(\mathbb{C})$也是凸集. 根据前述的结果可以直接得到这个结论:$\mathbb{C}$ 在仿射映射下的象是凸的，并且在透视函数 P 下的映射(即 $f(\mathbb{C})$)是凸的. 类似地，如果 $\mathbb{C}\subseteq\mathbb{R}^m$ 是凸集，那么其原象 $f^{-1}(\mathbb{C})$也是凸的.

例 8.2.10.　**条件概率.** 设 u 和 v 是分别在$\{1,\cdots,n\}$和$\{1,\cdots,m\}$中取值的随机变量，并且 p_{ij} 表示概率 $P(u=i,v=j)$. 那么条件概率 $f_{ij}=P(u=i\mid v=j)$ 由下式给出

$$f_{ij}=\frac{p_{ij}}{\sum_{k=1}^{n}p_{kj}}$$

因此，f 可以通过一个线性分式映射从 p 得到. 可以知道，如果$\mathbb{C}$ 是一个关于(u,v)的联合密度的凸集，那么相应的 u 的条件密度(给定 v)的集合也是凸集.

8.2.4　分离与支撑超平面

1. 分离超平面

本节中我们将阐述一个在之后非常重要的想法:用超平面或仿射函数将两个不相交的凸集分离开来.

定义 8.2.7.　假设$\mathbb{C}$ 和$\mathbb{D}$ 是两个不相交的凸集，即 $\mathbb{C}\cap\mathbb{D}=0$. 如果仿射函数 $\boldsymbol{a}^{\mathrm{T}}\boldsymbol{x}-b$ 在$\mathbb{C}$中非正，而在$\mathbb{D}$中非负，那么，超平面$\{\boldsymbol{x}\mid\boldsymbol{a}^{\mathrm{T}}\boldsymbol{x}=b\}$被称为集合$\mathbb{C}$和$\mathbb{D}$的**分离超平面**，或者说超平面**分离**了集合$\mathbb{C}$ 和$\mathbb{D}$. 如果对于任意 $\boldsymbol{x}\in\mathbb{C}$ 有 $\boldsymbol{a}^{\mathrm{T}}\boldsymbol{x}<b$，并且对于任意 $\boldsymbol{x}\in\mathbb{D}$ 有 $\boldsymbol{a}^{\mathrm{T}}\boldsymbol{x}>b$. 则称其为集合$\mathbb{C}$ 和$\mathbb{D}$ 的**严格分离**.

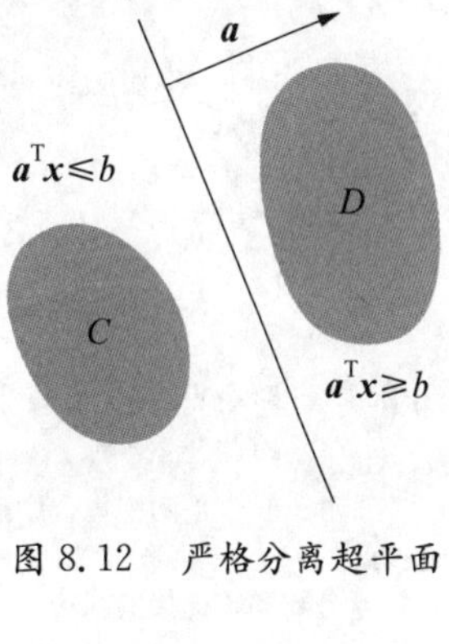

图 8.12　严格分离超平面

图 8.12 给出了严格分离超平面示例. 超平面 $\{\boldsymbol{x}\mid\boldsymbol{a}^{\mathrm{T}}\boldsymbol{x}=b\}$ 分离了两个不相交的凸集$\mathbb{C}$ 和$\mathbb{D}$. 仿射函数 $\boldsymbol{a}^{\mathrm{T}}\boldsymbol{x}-b$ 在$\mathbb{C}$ 上非正而在$\mathbb{D}$ 上非负.

实际上，对于任意两个不相交的凸集，必存在这样的分离超平面，即如下超平面分离定理.

定理 8.2.1.　**超平面分离定理:**假设$\mathbb{C}$ 和$\mathbb{D}$ 是两个不相交的凸集，则存在非零向量 $\boldsymbol{a}$ 和常数 b，使得

$$\boldsymbol{a}^{\mathrm{T}}\boldsymbol{x}\leqslant b,\ \forall\boldsymbol{x}\in\mathbb{C}\text{ 且 }\boldsymbol{a}^{\mathrm{T}}\boldsymbol{x}\geqslant b,\ \forall\boldsymbol{x}\in\mathbb{D}$$

即超平面 $\{\boldsymbol{x}\mid\boldsymbol{a}^{\mathrm{T}}\boldsymbol{x}=b\}$ 分离了$\mathbb{C}$ 和$\mathbb{D}$.

证明.　这里对一个特殊的情况给予证明. 我们假设$\mathbb{C}$ 和$\mathbb{D}$ 的(Euclid)距离为正，这里

的距离定义为

$$\text{dist}(\mathbb{C},\mathbb{D})=\inf\{\|\boldsymbol{u}-\boldsymbol{v}\|_2 \mid \boldsymbol{u}\in\mathbb{C},\boldsymbol{v}\in\mathbb{D}\}$$

并且存在 $\boldsymbol{c}\in\mathbb{C}$ 和 $\boldsymbol{d}\in\mathbb{D}$ 达到这个最小距离，即 $\|\boldsymbol{c}-\boldsymbol{d}\|_2=\text{dist}(\mathbb{C},\mathbb{D})$

定义

$$\boldsymbol{a}=\boldsymbol{d}-\boldsymbol{c},\ b=\frac{\|\boldsymbol{d}\|_2^2-\|\boldsymbol{c}\|_2^2}{2}$$

我们将显示仿射函数

$$f(\boldsymbol{x})=\boldsymbol{a}^{\mathrm{T}}\boldsymbol{x}-b=(\boldsymbol{d}-\boldsymbol{c})^{\mathrm{T}}(\boldsymbol{x}-(1/2)(\boldsymbol{d}+\boldsymbol{c}))$$

在$\mathbb{C}$中非正而在$\mathbb{D}$中非负，即超平面 $\{\boldsymbol{x}\mid a^{\mathrm{T}}\boldsymbol{x}=b\}$ 分离了$\mathbb{C}$和$\mathbb{D}$. 这个超平面与连接 $\boldsymbol{c}$ 和 $\boldsymbol{d}$ 之间的线段相垂直并且穿过其中点.

我们首先证明 f 在$\mathbb{D}$中非负. 关于 f 在$\mathbb{C}$中非正的证明是相似的，只需将$\mathbb{C}$和$\mathbb{D}$交换并考虑 $-f$ 即可. 假设存在一个点 $\boldsymbol{u}\in\mathbb{D}$，并且

$$f(\boldsymbol{u})=(\boldsymbol{d}-\boldsymbol{c})^{\mathrm{T}}(\boldsymbol{u}-(1/2)(\boldsymbol{d}+\boldsymbol{c}))<0$$

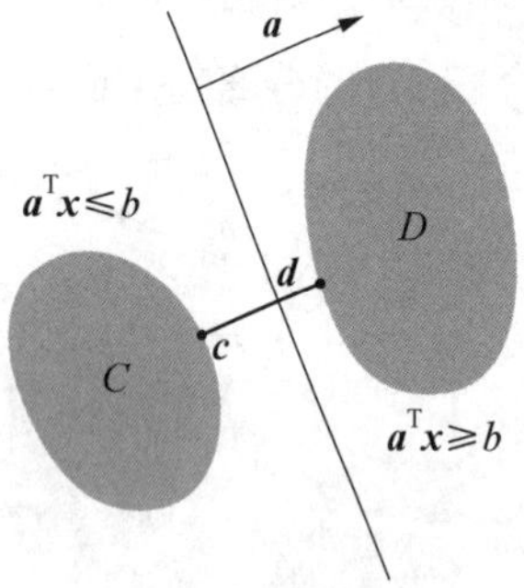

图 8.13 两个凸集分离超平面的构造

$\boldsymbol{c}\in\mathbb{C}$ 和 $\boldsymbol{d}\in\mathbb{D}$ 是两个集合中最靠近彼此的一个点对. 分离超平面垂直并等分 $\boldsymbol{c}$ 和 $\boldsymbol{d}$ 连接的线段.

我们可以将 $f(\boldsymbol{u})$表示为

$$\begin{aligned}f(\boldsymbol{u})&=(\boldsymbol{d}-\boldsymbol{c})^{\mathrm{T}}(\boldsymbol{u}-\boldsymbol{d}+(1/2)(\boldsymbol{d}-\boldsymbol{c}))\\&=(\boldsymbol{d}-\boldsymbol{c})^{\mathrm{T}}(\boldsymbol{u}-\boldsymbol{d})+(1/2)\|\boldsymbol{d}-\boldsymbol{c}\|_2^2\end{aligned}$$

这意味着 $(\boldsymbol{d}-\boldsymbol{c})^{\mathrm{T}}(\boldsymbol{u}-\boldsymbol{d})\leqslant 0$. 于是，我们观察到

$$\frac{\mathrm{d}}{\mathrm{d}t}\|\boldsymbol{d}+t(\boldsymbol{u}-\boldsymbol{d})-\boldsymbol{c}\|_2^2\Big|_{t=0}=2(\boldsymbol{d}-\boldsymbol{c})^{\mathrm{T}}(\boldsymbol{u}-\boldsymbol{d})\leqslant 0$$

因此，对于足够小的 $t>0$ 及 $t\leqslant 1$ 有

$$\|\boldsymbol{d}+t(\boldsymbol{u}-\boldsymbol{d})-\boldsymbol{c}\|_2\leqslant\|\boldsymbol{d}-\boldsymbol{c}\|_2$$

即点 $\boldsymbol{d}+t(\boldsymbol{u}-\boldsymbol{d})$ 比 $\boldsymbol{d}$ 更靠近$\boldsymbol{c}$. 因为$\mathbb{D}$是包含 $\boldsymbol{d}$ 和 $\boldsymbol{u}$ 的凸集，我们有 $\boldsymbol{d}+t(\boldsymbol{u}-\boldsymbol{d})\in\mathbb{D}$. 但这是不可能的，因为根据假设，$\boldsymbol{d}$ 应当是$\mathbb{D}$中离$\mathbb{C}$最近的点. □

一般地，严格分离(即上式成立严格不等号)需要更强的假设. 例如当$\mathbb{C}$是闭凸集，$\mathbb{D}$是单点集时，我们有如下严格分离定理：

定理 8.2.2.　**严格分离定理**：设$\mathbb{C}$是闭凸集，点 $\boldsymbol{x}_0 \notin \mathbb{C}$，则存在非零向量 $\boldsymbol{a}$ 和常数 b，使得

$$\boldsymbol{a}^{\mathrm{T}}\boldsymbol{x} < b,\ \forall \boldsymbol{x} \in \mathbb{C} \text{ 且 } \boldsymbol{a}^{\mathrm{T}}\boldsymbol{x}_0 > b$$

2. 支撑超平面

当点 $\boldsymbol{x}_0$ 恰好在凸集$\mathbb{C}$的边界上时，可以构造支撑超平面.

定义 8.2.8.　给定集合$\mathbb{C}$及其边界上一点 $\boldsymbol{x}_0$，如果 $\boldsymbol{a} \neq \mathbf{0}$ 满足 $\boldsymbol{a}^{\mathrm{T}}\boldsymbol{x} \leqslant \boldsymbol{a}^{\mathrm{T}}\boldsymbol{x}_0,\ \forall \boldsymbol{x} \in \mathbb{C}$，那么称集合

$$\{\boldsymbol{x} \mid \boldsymbol{a}^{\mathrm{T}}\boldsymbol{x} = \boldsymbol{a}^{\mathrm{T}}\boldsymbol{x}_0\}$$

为$\mathbb{C}$在边界点 $\boldsymbol{x}_0$ 处的**支撑超平面**. 这等于点 $\boldsymbol{x}_0$ 与集合$\mathbb{C}$**被超平面所分离**.

从几何上来说，超平面 $\{\boldsymbol{x} \mid \boldsymbol{a}^{\mathrm{T}}\boldsymbol{x} = \boldsymbol{a}^{\mathrm{T}}\boldsymbol{x}_0\}$ 与集合$\mathbb{C}$在点 $\boldsymbol{x}_0$ 处相切并且半空间$\{\boldsymbol{x} \mid \boldsymbol{a}^{\mathrm{T}}\boldsymbol{x} \leqslant \boldsymbol{a}^{\mathrm{T}}\boldsymbol{x}_0\}$ 包含$\mathbb{C}$.

根据凸集的分离超平面定理，我们有如下一个基本的结论，称为**支撑超平面定理**.

定理 8.2.3.　如果$\mathbb{C}$是凸集，则在$\mathbb{C}$的任意边界点处都存在支撑超平面.

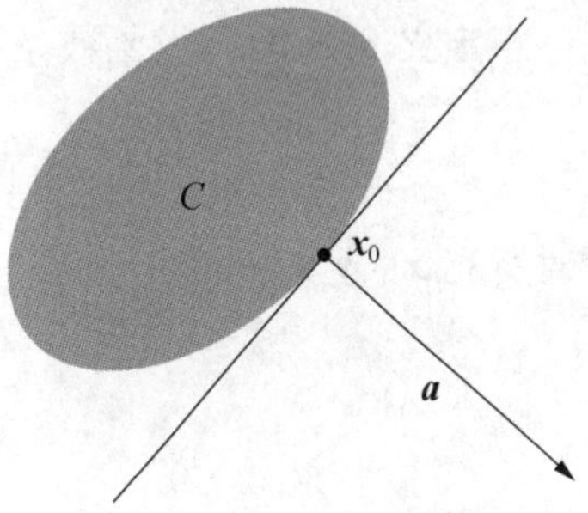

图 8.14　超平面 $\{\boldsymbol{x} \mid \boldsymbol{a}^{\mathrm{T}}\boldsymbol{x} = \boldsymbol{a}^{\mathrm{T}}\boldsymbol{x}_0\}$ 在 $\boldsymbol{x}_0$ 处支撑

表明对于任意非空的凸集$\mathbb{C}$和任意 $\boldsymbol{x}_0$ 属于$\mathbb{C}$的边界. 在 $\boldsymbol{x}_0$ 处存在$\mathbb{C}$的支撑超平面. 支撑超平面定理从几何上看，可以理解为：给定一个平面后，可以把凸集边界上的任意一点当成支撑点将凸集放置在该平面上. 支撑超平面定理从超平面分离定理很容易得到证明. 需要区分两种情况. 如果$\mathbb{C}$的内部非空，对于$\{\boldsymbol{x}_0\}$和 **int**$\mathbb{C}$应用超平面分离定理可以直接得到所需的结论. 如果$\mathbb{C}$的内部是空集，则$\mathbb{C}$必处于小于 n 维的一个仿射集合中，并且任意包含这个仿射集合的超平面一定包含$\mathbb{C}$和 $\boldsymbol{x}_0$，这是一个（平凡的）支撑超平面.

8.3　凸函数

本节我们将首先给出凸函数的定义和相关的例子，然后给出凸函数的判定条件，最后给出保持凸函数的一些基本运算.

8.3.1 凸函数的定义和基本性质

1. 凸函数定义

在给出凸函数的定义前，我们需要对广义实值函数和适当函数进行界定：

定义 8.3.1. （广义实值函数）令 $\overline{\mathbb{R}} := \mathbb{R} \cup \{\pm\infty\}$ 为广义实数空间，则映射 $f: \mathbb{R}^n \to \overline{\mathbb{R}}$ 称为广义实值函数.

适当函数是一类很重要的广义实值函数，很多最优化理论都是建立在适当函数之上的.

定义 8.3.2. （适当函数）给定广义实值函数 f 和非空集合 $\mathcal{X}$. 如果存在 $\boldsymbol{x} \in \mathcal{X}$ 使得 $f(\boldsymbol{x}) < +\infty$，并且对任意的 $\boldsymbol{x} \in \mathcal{X}$，都有 $f(\boldsymbol{x}) > -\infty$，那么称函数 f 关于集合 $\mathcal{X}$ 是适当的.

概括来说，适当函数 f 的特点是“至少有一处取值不为正无穷”，以及“处处取值不为负无穷”. 对最优化问题 $\min_x f(\boldsymbol{x})$，适当函数可以帮助去掉一些我们不感兴趣的函数，从而在一个比较合理的函数类中考虑最优化问题.

定义 8.3.3. 设函数 $f: \mathbb{R}^n \to \mathbb{R}$ 为适当函数，如果 $\mathbf{dom} f$ 是凸集，且

$$f(\theta \boldsymbol{x} + (1-\theta)\boldsymbol{y}) \leqslant \theta f(\boldsymbol{x}) + (1-\theta) f(\boldsymbol{y}) \tag{8.9}$$

对所有 $\boldsymbol{x}, \boldsymbol{y} \in \mathbf{dom} f$，$0 \leqslant \theta \leqslant 1$ 都成立，则称 f 是**凸函数**.

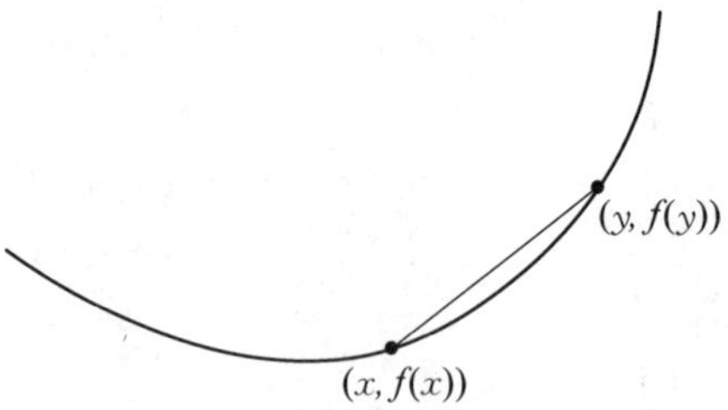

图 8.15　凸函数示意图

图上任意两点之间的弦（即线段）都在函数图象之上.

如果对所有的 $\boldsymbol{x}, \boldsymbol{y} \in \mathbf{dom} f$，$\boldsymbol{x} \neq \boldsymbol{y}$，$0 < \theta < 1$，上述不等式严格成立，则称函数 f 是**严格凸函数**. 从几何意义上看，上述不等式意味着连接凸函数图像上任意两点的线段都在函数图像上方（如图 8.15 所示）.

如果函数 $-f$ 是凸函数，则称函数 f 是**凹函数**. 一个函数是仿射函数等价于它是**既凸又凹**的.

2. 基本性质-Jensen 不等式

如图 8.15 所示，对于任意 $\boldsymbol{x}, \boldsymbol{y} \in \mathbb{C}$ 和任意 $0 \leqslant \theta \leqslant 1$，凸函数 f 满足不等式

$$f(\theta \boldsymbol{x} + (1-\theta)\boldsymbol{y}) \leqslant \theta f(\boldsymbol{x}) + (1-\theta) f(\boldsymbol{y})$$

这个不等式被称为 Jensen 不等式. 此不等式可以很方便地扩展至更多点的凸组合：如果函数 f 是凸函数，$\boldsymbol{x}_1, \cdots, \boldsymbol{x}_k \in \mathbb{C}$，$\theta_1, \cdots, \theta_k \geqslant 0$ 且 $\theta_1 + \cdots + \theta_k = 1$，则下式成立

$$f(\theta_1 \boldsymbol{x}_1 + \cdots + \theta_k \boldsymbol{x}_k) \leqslant \theta_1 f(\boldsymbol{x}_1) + \cdots + \theta_k f(\boldsymbol{x}_k)$$

考虑凸集时，此不等式可以扩展至无穷项和、积分以及期望. 例如，我们可以采用其支撑属于$\mathbb{C}$的任意概率测度. 如果 $\boldsymbol{x}$ 是随机向量，事件 $\boldsymbol{x} \in \mathbb{C}$ 发生的概率为 1，函数 f 是凸函数，当相应的期望存在时，我们有

$$f(E(\boldsymbol{x})) \leqslant E[f(\boldsymbol{x})]$$

设随机向量 $\boldsymbol{x}$ 的可能取值为$\{\boldsymbol{x}_1, \boldsymbol{x}_2\}$，相应的取值概率为 $P(\boldsymbol{x}=\boldsymbol{x}_1)=\theta$, $P(\boldsymbol{x}=\boldsymbol{x}_2)=1-\theta$，则由一般形式 $f(E(\boldsymbol{x})) \leqslant E[f(\boldsymbol{x})]$ 可以得到 $f(\theta \boldsymbol{x}+(1-\theta)\boldsymbol{y}) \leqslant \theta f(\boldsymbol{x})+(1-\theta)f(\boldsymbol{y})$. 所以 $f(E(\boldsymbol{x})) \leqslant E[f(\boldsymbol{x})]$ 可以刻画凸性：如果函数 f 不是凸函数，那么存在随机向量 $\boldsymbol{x}$, $\boldsymbol{x} \in \mathbb{C}$ 以概率 1 发生，使 $f(E(\boldsymbol{x})) > E[f(\boldsymbol{x})]$. 上述所有不等式均被称为 **Jensen 不等式**.

3. 凸函数定义的扩展

为了叙述方便，下面给出凸函数的一个扩展定义. 通常通过定义凸函数在定义域$\mathbb{C}$外的值为∞，从而将这个凸函数延伸至全空间$\mathbb{R}^n$.

定义 8.3.4.　如果 f 是定义在$\mathbb{C}$上的凸函数，按照如下方式定义它的扩展函数 $\tilde{f}$: $\mathbb{R}^n \to \mathbb{R} \cup \{\infty\}$

$$\tilde{f} = \begin{cases} f(\boldsymbol{x}) & \boldsymbol{x} \in \mathbb{C} \\ \infty & \boldsymbol{x} \notin \mathbb{C} \end{cases}$$

扩展函数 $\tilde{f}$ 是定义在全空间$\mathbb{R}^n$上的，取值集合为 $\mathbb{R} \cup \{\infty\}$. 我们也可以从扩展函数 $\tilde{f}$ 的定义中确定原函数 f 的定义域，即$\mathbb{C}=\{\boldsymbol{x} \mid \tilde{f} \leqslant \infty\}$. 类似地，可以通过定义凹函数在定义域外的取值为$-\infty$对其进行延伸.

8.3.2　凸函数举例

前文已经提到所有的线性函数和仿射函数均为凸函数(同时也是凹函数). 事实上，通过定义，可以很容易判断出许多凸函数和凹函数的例子. 下面列出一些常见的凸函数和凹函数的例子.

1. 实数集$\mathbb{R}$上常见的凸函数

首先考虑$\mathbb{R}$上的一些函数，其自变量为 x. 用$\mathbb{R}_{++}$表示正实数，用$\mathbb{R}_+$表示非负实数，以后同.

- 指数函数. 对任意 $a \in R$，函数 e^{ax} 在$\mathbb{R}$上是凸的.
- 幂函数. 当 $a \geqslant 1$ 或 $a \leqslant 0$ 时，x^a 是在$\mathbb{R}_{++}$上的凸函数，当 $0 \leqslant a \leqslant 1$ 时 x^a 是在$\mathbb{R}_{++}$上的凹函数.
- 绝对值幂函数. 当 $p \geqslant 1$ 时，函数$|x|^p$ 在$\mathbb{R}$上是凸函数.
- 对数函数. 函数 $\log x$ 在$\mathbb{R}_{++}$上的凹函数.
- 负熵. 函数 $x\log x$ 在其定义域上是凸函数.

2. 空间$\mathbb{R}^n$上常见的凸函数

下面我们给出$\mathbb{R}^n$上的一些例子.

- **仿射函数:** $\boldsymbol{a}^{\mathrm{T}}\boldsymbol{x}+b$，其中 $\boldsymbol{a},\ \boldsymbol{x} \in \mathbb{R}^n$是向量. 它是$\mathbb{R}^n$上的凸(凹)函数.
- **几何平均.** 几何平均是其定义域上的凹函数.
- **范数.** 所有范数都是凸函数(向量和矩阵版本)，这是由于范数满足三角不等式.

3. 机器学习中常见的凸函数

- **负熵.** 函数 $x\log x$ 在其定义域上是凸函数.
- **线性函数.** $f(\boldsymbol{x})=\langle \boldsymbol{c},\ \boldsymbol{x}\rangle$，其中 $\boldsymbol{c} \in \mathbb{R}^n$.
- **二次型函数.** $f(\boldsymbol{x})=\boldsymbol{x}^{\mathrm{T}}\boldsymbol{A}\boldsymbol{x}+\boldsymbol{b}^{\mathrm{T}}\boldsymbol{x}$，其中 $\boldsymbol{A}$ 是半正定矩阵，向量 $\boldsymbol{b} \in \mathbb{R}^n$. 利用后续的判定条件将可以证明这一点.

8.3.3 凸函数的性质

1. 连续性

凸函数不一定是连续函数，但下面这个定理说明凸函数在定义域中内点处是连续的.

定理 8.3.1. 设 $f:\mathbb{R}^n \to (-\infty,\ +\infty]$ 为凸函数. 对任意点 $\boldsymbol{x}_0 \in \textbf{int dom}f$，有 f 在点 $\boldsymbol{x}_0$ 处连续. 这里 $\textbf{int dom}f$ 表示定义域 $\textbf{dom}f$ 的内点.

定理 8.3.1 表明凸函数“差不多”是连续的，它的一个直接推论为：

推论 8.3.1. 设 $f(x)$是凸函数，且 $\textbf{dom}f$ 是开集，则 $f(x)$在 $\textbf{dom}f$ 上是连续的.

证明. 由于开集中所有的点都为内点，利用定理 8.3.1 可直接得到结论.

凸函数在定义域的边界上可能不连续. 一个例子为：

$$f(x)=\begin{cases}0, & x<0\\ 1, & x=0\end{cases}$$

其中 $\textbf{dom}f=(-\infty,\ 0]$. 容易证明 $f(x)$ 是凸函数，但其在点 $x=0$ 处不连续.

2. 凸下水平集

下水平集是描述实值函数取值情况的一个重要概念. 为此有如下定义：

定义 8.3.5.　（α-下水平集）对于广义实值函数 $f:\mathbb{R}^n \to \overline{\mathbb{R}}$，

$$\mathbb{C}_\alpha = \{\boldsymbol{x} \mid f(\boldsymbol{x}) \leqslant \alpha\}$$

称为 f 的 α-下水平集.

凸函数的所有下水平集都为凸集，即有如下结果：

定理 8.3.2.　设 $f(\boldsymbol{x})$ 是凸函数，则 $f(\boldsymbol{x})$ 所有的 α-下水平集 $\mathbb{C}_\alpha$ 为凸集.

证明.　任取 $\boldsymbol{x}_1, \boldsymbol{x}_2 \in \mathbb{C}_\alpha$，对任意的 $\theta \in (0, 1)$，根据 $f(\boldsymbol{x})$ 的凸性我们有

$$\begin{aligned} f(\theta\boldsymbol{x}_1 + (1-\theta)\boldsymbol{x}_2) &\leqslant \theta f(\boldsymbol{x}_1) + (1-\theta) f(\boldsymbol{x}_2) \\ &\leqslant \theta\alpha + (1-\theta)\alpha = \alpha \end{aligned}$$

这说明 $\mathbb{C}_\alpha$ 是凸集.　□

8.3.4　凸函数的判定条件

根据凸函数的几何意义，可以观察出：若函数是凸的，当且仅当其在与其定义域相交的任何直线上都是凸的. 换言之，函数 f 是凸的，当且仅当对于任意 $\boldsymbol{x} \in \mathbb{C}$ 和任意向量 $\boldsymbol{v}$，函数 $g(t) = f(\boldsymbol{x} + t\boldsymbol{v})$ 是凸的（其定义域为 $\{t \mid \boldsymbol{x} + t\boldsymbol{v} \in \mathbb{C}\}$）. 这为我们提供了一个较为简单的判定方法，即如下判定定理：

定理 8.3.3.　$f(\boldsymbol{x})$ 是凸函数当且仅当对任意的 $\boldsymbol{x} \in \mathbf{dom} f$，$\boldsymbol{v} \in \mathbb{R}^n$，$g:\mathbb{R} \to \mathbb{R}$，

$$g(t) = f(\boldsymbol{x} + t\boldsymbol{v}),\ \mathbf{dom} g = \{t \mid \boldsymbol{x} + t\boldsymbol{v} \in \mathbf{dom} f\}$$

是凸函数.

这个结论非常有用，因为它容许我们通过将函数限制在直线上来判断其是否是凸函数. 下面的例子说明如何利用上述定理判断函数的凸性.

例 8.3.1.　$f(\boldsymbol{X}) = -\ln\det\boldsymbol{X}$ 是凸函数，其中 $\mathbf{dom} f = \mathcal{S}^n_{++}$. 任取 $\boldsymbol{X} \succ 0$ 以及方向 $\boldsymbol{V} \in \mathcal{S}^n$，将 f 限制在直线 $\boldsymbol{X} + t\boldsymbol{V}$（$t$ 满足 $\boldsymbol{X} + t\boldsymbol{V} \succ 0$）上，考虑函数 $g(t) = -\ln\det(\boldsymbol{X} + t\boldsymbol{V})$. 那么

$$\begin{aligned} g(t) &= -\ln\det\boldsymbol{X} - \ln\det(\boldsymbol{I} + t\boldsymbol{X}^{-1/2}\boldsymbol{V}\boldsymbol{X}^{-1/2}) \\ &= -\ln\det\boldsymbol{X} - \sum_{i=1}^{n} \ln(1 + t\lambda_i) \end{aligned}$$

其中 λ_i 是 $\boldsymbol{X}^{-1/2}\boldsymbol{V}\boldsymbol{X}^{-1/2}$ 的第 i 个特征值. 对每个 $\boldsymbol{X} > 0$ 以及方向 $\boldsymbol{V}$,易知 g 关于 t 是凸的,因此 f 是凸的.

如若知道 f 的可微性,则我们还能更为方便地判断函数的凸性. 注意这时需要对 f 附加平滑条件(分别为可微性或二次可微性).

1. 一阶条件:f 可微

定理 8.3.4. 对于定义在凸集上的可微函数 f,f 是凸函数当且仅当

$$f(\boldsymbol{y}) \geqslant f(\boldsymbol{x}) + \nabla f(\boldsymbol{x})^{\mathrm{T}}(\boldsymbol{y}-\boldsymbol{x}),\ \forall \boldsymbol{x},\ \boldsymbol{y} \in \mathbf{dom} f \tag{8.10}$$

该定理说明可微凸函数 f 的图形始终在其任一点处切线(切平面)的上方,图 8.16 描述了上述不等式的几何含义.

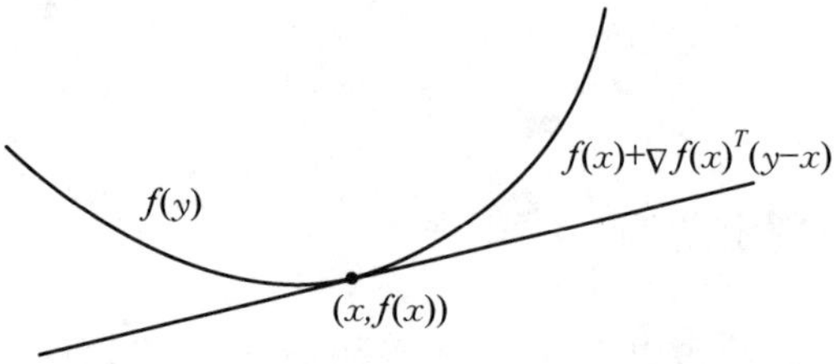

图 8.16 如果函数 f 是凸的且可微,那么对于任意 $\boldsymbol{x}$, $\boldsymbol{y} \in \mathbb{K}$ 有 $f(\boldsymbol{x}) + \nabla f(\boldsymbol{x})^{\mathrm{T}}(\boldsymbol{y}-\boldsymbol{x}) \leqslant f(\boldsymbol{y})$

证明. 假设 f 是凸函数, $\boldsymbol{x},\ \boldsymbol{y} \in \mathbb{K}$. 对任意 $\lambda \in (0,\ 1)$ 有:

$$(1-\lambda)f(\boldsymbol{x}) + \lambda f(\boldsymbol{y}) \geqslant f((1-\lambda)\boldsymbol{x} + \lambda\boldsymbol{y}) = f(\boldsymbol{x} + \lambda(\boldsymbol{y}-\boldsymbol{x}))$$

整理得

$$f(\boldsymbol{y}) \geqslant f(\boldsymbol{x}) + \frac{f(\boldsymbol{x}+\lambda(\boldsymbol{y}-\boldsymbol{x})) - f(\boldsymbol{x})}{\lambda}$$

令 $\lambda \to 0$,则 $\dfrac{f(\boldsymbol{x}+\lambda(\boldsymbol{y}-\boldsymbol{x})) - f(\boldsymbol{x})}{\lambda} \to \langle \nabla f(\boldsymbol{x}),\ \boldsymbol{y}-\boldsymbol{x} \rangle$,则

$$f(\boldsymbol{y}) \geqslant f(\boldsymbol{x}) + \langle \nabla f(\boldsymbol{x}),\ \boldsymbol{y}-\boldsymbol{x} \rangle$$

反之,假设函数 f 满足式(8.10). 固定 $\boldsymbol{x},\ \boldsymbol{y} \in \mathbb{K}$ 并且 $\lambda \in [0,\ 1]$. 令 $\boldsymbol{z} := \lambda\boldsymbol{x} + (1-\lambda)\boldsymbol{y}$ 是凸集中的某个点,则有不等式:

$$f(\boldsymbol{x}) \geqslant f(\boldsymbol{z}) + \langle \nabla f(\boldsymbol{z}),\ \boldsymbol{x}-\boldsymbol{z} \rangle \tag{8.11}$$

$$f(\boldsymbol{y}) \geqslant f(\boldsymbol{z}) + \langle \nabla f(\boldsymbol{z}),\ \boldsymbol{y} - \boldsymbol{z} \rangle \tag{8.12}$$

对(8.11)乘以 λ,对(8.12)乘以 $1-\lambda$,并将两个不等式相加,有

$$\begin{aligned}(1-\lambda)f(\boldsymbol{x}) + \lambda f(\boldsymbol{y}) &\geqslant f(\boldsymbol{z}) + \langle \nabla f(\boldsymbol{z}),\ \lambda \boldsymbol{x} + (1-\lambda)\boldsymbol{y} - \boldsymbol{z} \rangle \\ &= f(\boldsymbol{z}) + \langle \nabla f(\boldsymbol{z}),\ \boldsymbol{0} \rangle \qquad (8.13) \\ &= f((1-\lambda)\boldsymbol{x} + \lambda \boldsymbol{y})\end{aligned}$$

□

在 $\mathbb{R}$ 上的凸函数,若具有一阶微分,则它的一阶导数是单调递增的. 实际上,对于高维空间也有类似的结论.

定理 8.3.5. **(梯度单调性)** 设 f 为可微函数,则 f 为凸函数当且仅当 $\mathbf{dom}f$ 为凸集且 ∇f 为**单调映射**,即

$$(\nabla f(\boldsymbol{x}) - \nabla f(\boldsymbol{y}))^{\mathrm{T}}(\boldsymbol{x} - \boldsymbol{y}) \geqslant 0,\ \forall \boldsymbol{x},\ \boldsymbol{y} \in \mathbf{dom}f \tag{8.14}$$

证明. 令 f 是凸函数. 根据定理 8.3.4,有

$$f(\boldsymbol{x}) \geqslant f(\boldsymbol{y}) + \langle \nabla f(\boldsymbol{y}),\ \boldsymbol{x} - \boldsymbol{y} \rangle, \text{且 } f(\boldsymbol{y}) \geqslant f(\boldsymbol{x}) + \langle \nabla f(\boldsymbol{x}),\ \boldsymbol{y} - \boldsymbol{x} \rangle$$

将两不等式相加即得到式(8.14).

下面假设式(8.14)对任意 $\boldsymbol{x}$, $\boldsymbol{y}$ 成立. 取 $\lambda \in [0,1]$,令 $\boldsymbol{x}_\lambda := \boldsymbol{x} + \lambda(\boldsymbol{y} - \boldsymbol{x})$. 由于 ∇f 是连续的,有

$$\begin{aligned} f(\boldsymbol{y}) &= f(\boldsymbol{x}) + \int_0^1 \langle \nabla f(\boldsymbol{x} + \lambda(\boldsymbol{y} - \boldsymbol{x})),\ \boldsymbol{y} - \boldsymbol{x} \rangle \mathrm{d}\lambda \\ &= f(\boldsymbol{x}) + \langle \nabla f(\boldsymbol{x}),\ \boldsymbol{y} - \boldsymbol{x} \rangle + \int_0^1 \langle \nabla f(\boldsymbol{x}_\lambda) - \nabla f(\boldsymbol{x}),\ \boldsymbol{y} - \boldsymbol{x} \rangle \mathrm{d}\lambda \\ &= f(\boldsymbol{x}) + \langle \nabla f(\boldsymbol{x}),\ \boldsymbol{y} - \boldsymbol{x} \rangle + \int_0^1 \frac{1}{\lambda} \langle \nabla f(\boldsymbol{x}_\lambda) - \nabla f(\boldsymbol{x}),\ \boldsymbol{x}_\lambda - \boldsymbol{x} \rangle \mathrm{d}\lambda \\ &\geqslant f(\boldsymbol{x}) + \langle \nabla f(\boldsymbol{x}),\ \boldsymbol{y} - \boldsymbol{x} \rangle \end{aligned}$$

□

推论 8.3.2. f 是严格凸函数当且仅当

$$(\nabla f(\boldsymbol{x}) - \nabla f(\boldsymbol{y}))^{\mathrm{T}}(\boldsymbol{x} - \boldsymbol{y}) > 0,\ \forall \boldsymbol{x},\ \boldsymbol{y} \in \mathbf{dom}f$$

f 是凹函数当且仅当

$$(\nabla f(\boldsymbol{x}) - \nabla f(\boldsymbol{y}))^{\mathrm{T}}(\boldsymbol{x} - \boldsymbol{y}) \leqslant 0,\ \forall \boldsymbol{x},\ \boldsymbol{y} \in \mathbf{dom}f$$

2. 二阶条件

进一步地,如果函数二阶连续可微,我们也可以得到一些判定的条件.

对于二阶可微的一元函数,我们可以较容易地得到函数 f 是凸函数当且仅当 $f''(x) \geqslant 0$. 对于高维情形,可以得到如下定理:

定理 8.3.6. 假设定义在开集$\mathbb{K}$ 内的函数 f 二阶可微,则函数 $f:\mathbb{K} \to \mathbb{R}$ 是凸函数的充要条件是:其 *Hessian* 矩阵是半正定阵,即对于所有的 $\boldsymbol{x} \in \mathbb{K}$,都有

$$\nabla^2 f(\boldsymbol{x}) \succeq 0$$

证明. 假设 $f:\mathbb{K} \to \mathbb{R}$ 是二阶可微的凸函数. 对任意 $\boldsymbol{x} \in \mathbb{K}$,并且对任意 $\boldsymbol{s} \in \mathbb{R}^n$,由于$\mathbb{K}$ 是开集,存在 $\tau > 0$ 使得 $\boldsymbol{x}_\tau := \boldsymbol{x} + \tau \boldsymbol{s} \in \mathbb{K}$. 根据梯度单调性,有

$$\begin{aligned}
0 &\leqslant \frac{1}{\tau^2}\langle \nabla f(\boldsymbol{x}_\tau) - \nabla f(\boldsymbol{x}),\ \boldsymbol{x}_\tau - \boldsymbol{x} \rangle \\
&= \frac{1}{\tau}\langle \nabla f(\boldsymbol{x}_\tau) - \nabla f(\boldsymbol{x}),\ \boldsymbol{s} \rangle \\
&= \frac{1}{\tau}\int_0^\tau \langle \nabla^2 f(\boldsymbol{x} + \lambda \boldsymbol{s})\boldsymbol{s},\ \boldsymbol{s} \rangle \mathrm{d}\lambda
\end{aligned}$$

最后令 $\tau \to 0$ 即得到结论.

反之,假设 $\forall \boldsymbol{x} \in \mathbb{K}$, $\nabla^2 f(\boldsymbol{x}) \succeq 0$. 对任意 $\boldsymbol{x}$, $\boldsymbol{y} \in \mathbb{K}$,有

$$\begin{aligned}
f(\boldsymbol{y}) &= f(\boldsymbol{x}) + \int_0^1 \langle \nabla f(\boldsymbol{x} + \lambda(\boldsymbol{y} - \boldsymbol{x})),\ \boldsymbol{y} - \boldsymbol{x} \rangle \mathrm{d}\lambda \\
&= f(\boldsymbol{x}) + \langle \nabla f(\boldsymbol{x}),\ \boldsymbol{y} - \boldsymbol{x} \rangle + \int_0^1 \langle \nabla f(\boldsymbol{x} + \lambda(\boldsymbol{y} - \boldsymbol{x})) - \nabla f(\boldsymbol{x}),\ \boldsymbol{y} - \boldsymbol{x} \rangle \mathrm{d}\lambda \\
&= f(\boldsymbol{x}) + \langle \nabla f(\boldsymbol{x}),\ \boldsymbol{y} - \boldsymbol{x} \rangle + \int_0^1\int_0^1 (\boldsymbol{y} - \boldsymbol{x})^{\mathrm{T}} \nabla^2 f(\boldsymbol{x} + \tau(\boldsymbol{y} - \boldsymbol{x}))(\boldsymbol{y} - \boldsymbol{x}) \mathrm{d}\tau \mathrm{d}\lambda \\
&\geqslant f(\boldsymbol{x}) + \langle \nabla f(\boldsymbol{x}),\ \boldsymbol{y} - \boldsymbol{x} \rangle
\end{aligned}$$

最后一步利用了 $\nabla^2 f(\boldsymbol{x})$ 是半正定的. □

例 8.3.2. 常见二次函数的凸性:

(1) 考虑二次函数 $f(\boldsymbol{x}) = \frac{1}{2}\boldsymbol{x}^{\mathrm{T}}\boldsymbol{P}\boldsymbol{x} + \boldsymbol{q}^{\mathrm{T}}\boldsymbol{x} + r(\boldsymbol{P} \in \mathcal{S}^n)$,容易计算出其梯度与海瑟矩阵分别为

$$\nabla f(\boldsymbol{x}) = \boldsymbol{P}\boldsymbol{x} + \boldsymbol{q},\ \nabla^2 f(\boldsymbol{x}) = \boldsymbol{P}$$

那么,f 是凸函数当且仅当 $\boldsymbol{P} \succeq 0$.

(2) 考虑最小二乘函数 $f(\boldsymbol{x}) = \frac{1}{2}\|\boldsymbol{A}\boldsymbol{x} - \boldsymbol{b}\|_2^2$,其梯度与海瑟矩阵分别为

$$\nabla f(\boldsymbol{x})=\boldsymbol{A}^{\mathrm{T}}(\boldsymbol{A}\boldsymbol{x}-\boldsymbol{b}),\ \nabla^2 f(\boldsymbol{x})=\boldsymbol{A}^{\mathrm{T}}\boldsymbol{A}$$

注意到 $\boldsymbol{A}^{\mathrm{T}}\boldsymbol{A}$ 恒为半正定矩阵,因此对任意 $\boldsymbol{A}$, $\boldsymbol{f}$ 都是凸函数.

对于严格凸函数,它的条件可能相对苛刻一些. 一般地,可微函数 f 是严格凸函数的充要条件是$\mathbb{C}$ 是凸集,且对于任意 $\boldsymbol{x}\neq\boldsymbol{y}\in\mathbb{K}$,都有

$$f(\boldsymbol{y})>f(\boldsymbol{x})+\langle\nabla f(\boldsymbol{x}),\ \boldsymbol{y}-\boldsymbol{x}\rangle \tag{8.15}$$

成立. 若函数二次可微且

$$\nabla^2 f(\boldsymbol{x})\succ 0,\ \forall\boldsymbol{x}\in\mathbb{C}$$

那么 f 是严格凸的.

例 8.3.3. 仍然考虑二次函数 $f:\mathbb{R}^n\to\mathbb{R}$,其定义域为$\mathbb{K}=\mathbb{R}^n$, 其表达式为

$$f(\boldsymbol{x})=(1/2)\boldsymbol{x}^{\mathrm{T}}\boldsymbol{P}\boldsymbol{x}+\boldsymbol{q}^{\mathrm{T}}\boldsymbol{x}+r$$

其中 $\boldsymbol{P}\in\mathcal{S}^n$, $\boldsymbol{q}\in\mathbb{R}^n$, $r\in\mathbb{R}$. 对于任意 $\boldsymbol{x}$,$\nabla^2 f(\boldsymbol{x})=\boldsymbol{P}$. 因此,函数 f 是严格凸的,当且仅当 $\boldsymbol{P}\succ 0$(函数是严格凹的当且仅当 $\boldsymbol{P}\prec 0$).

类似地,函数 f 是凹函数的充要条件是,$\mathbb{K}$ 是凸集且对于任意 $\boldsymbol{x}\in\mathbb{K}$, $\nabla^2 f(\boldsymbol{x})\preceq 0$. 严格凸的条件可以部分由二阶条件刻画. 如果对于任意的 $\boldsymbol{x}\in\mathbb{K}$ 有$\nabla^2 f(\boldsymbol{x})\succ 0$,则函数 f 是严格凸. 反过来则不一定成立:例如,函数 $f:\mathbb{R}\to\mathbb{R}$ 其表达式为 $f(x)=x^4$,它是严格凸的,但是在 $x=0$ 处,二阶导数为零.

为了方便对严格凸性定量描述,人们常引入强凸性的概念.

定义 8.3.6. (强凸函数)若存在常数 $\sigma>0$, 使得

$$g(\boldsymbol{x})=f(\boldsymbol{x})-\frac{\sigma}{2}\|\boldsymbol{x}\|^2$$

为凸函数,则称 $f(\boldsymbol{x})$为强凸函数,其中 σ 为强凸参数. 为了方便我们也称 $f(\boldsymbol{x})$为 σ-强凸函数.

通过直接对 $g(\boldsymbol{x})=f(\boldsymbol{x})-\frac{\sigma}{2}\|\boldsymbol{x}\|^2$ 应用凸函数的定义,我们可得到另一个常用的强凸函数定义.

定义 8.3.7. (强凸函数的等价定义)若存在常数 $\sigma>0$,使得对任意 $\boldsymbol{x}$, $\boldsymbol{y}\in\mathbf{dom}f$ 以及$\theta\in(0,1)$, 有

$$f(\theta \boldsymbol{x}+(1-\theta)\boldsymbol{y}) \leqslant \theta f(\boldsymbol{x})+(1-\theta)f(\boldsymbol{y})-\frac{\sigma}{2}\theta(1-\theta)\|\boldsymbol{x}-\boldsymbol{y}\|^2$$

则称 $f(\boldsymbol{x})$为强凸函数,其中 σ 为强凸参数.

强凸函数具有二次下界的性质.

定理 8.3.7. (二次下界)定义在凸集$\mathbb{K}$上的可微函数 $f:\mathbb{K}\to\mathbb{R}$ 被称为关于范数 $\|\cdot\|$是 σ-强凸的,则如下不等式成立

$$f(\boldsymbol{y}) \geqslant f(\boldsymbol{x})+\langle\nabla f(\boldsymbol{x}),\ \boldsymbol{y}-\boldsymbol{x}\rangle+\frac{\sigma}{2}\|\boldsymbol{y}-\boldsymbol{x}\|^2$$

证明. 由强凸函数的定义,$g(\boldsymbol{x})=f(\boldsymbol{x})-\frac{\sigma}{2}\|\boldsymbol{x}\|^2$ 是凸函数,根据凸函数的一阶条件可知

$$g(\boldsymbol{y}) \geqslant g(\boldsymbol{x})+\nabla g(\boldsymbol{x})^{\mathrm{T}}(\boldsymbol{y}-\boldsymbol{x})$$

即

$$f(\boldsymbol{y}) \geqslant f(\boldsymbol{x})-\frac{\sigma}{2}\|\boldsymbol{x}\|^2+\frac{\sigma}{2}\|\boldsymbol{y}\|^2+(\nabla f(\boldsymbol{x})-\sigma\boldsymbol{x})^{\mathrm{T}}(\boldsymbol{y}-\boldsymbol{x}) \tag{8.16}$$

$$=f(\boldsymbol{x})+\langle\nabla f(\boldsymbol{x}),\ \boldsymbol{y}-\boldsymbol{x}\rangle+\frac{\sigma}{2}\|\boldsymbol{y}-\boldsymbol{x}\|^2 \tag{8.17}$$

注意,强凸函数也是严格凸的,但反之不一定成立.如果 f 是二阶连续可微的,并且 $\|\cdot\|=\|\cdot\|_2$ 是 l_2-范数,则强凸性蕴含

$$\nabla^2 f(\boldsymbol{x})-\sigma\boldsymbol{I}\succeq 0$$

对任意 $\boldsymbol{x}\in\mathbb{K}$. 强凸性表示,函数

$$f(\boldsymbol{y})-f(\boldsymbol{x})-\langle\nabla f(\boldsymbol{x}),\ \boldsymbol{y}-\boldsymbol{x}\rangle \tag{8.18}$$

存在一个二次函数 $\frac{\sigma}{2}\|\boldsymbol{y}-\boldsymbol{x}\|^2$ 作为下界.式(8.18)通常被称为 Bregman 散度. □

定义 8.3.8. (*Bregman* 散度)函数 $f:\mathbb{K}\to\mathbb{R}$在$\boldsymbol{u},\ \boldsymbol{w}\in\mathbb{K}$两点间的 *Bregman* 散度定义为:

$$D_f(\boldsymbol{u},\ \boldsymbol{w}):=f(\boldsymbol{w})-(f(\boldsymbol{u})+\langle\nabla f(\boldsymbol{u}),\ \boldsymbol{w}-\boldsymbol{u}\rangle)$$

一般说来,Bregman 散度关于 $\boldsymbol{u}$ 和 $\boldsymbol{w}$ 不是对称的,即 $D_f(\boldsymbol{u},\ \boldsymbol{w})$一般和 $D_f(\boldsymbol{w},\ \boldsymbol{u})$不

相等. 从定义可以看出，强凸函数减去一个正定二次函数仍然是凸的；强凸函数一定是严格凸函数，当 $m=0$ 时退化成凸函数. 无论从哪个定义出发，容易看出和凸函数相比，强凸函数有更好的性质.

定理 8.3.8.　设 f 为强凸函数且存在最小值，则 f 的最小值点唯一.

证明.　我们采用反证法来证明. 假设存在两个不同的点 $\boldsymbol{x} \neq \boldsymbol{y}$，均为 f 的最小值点. 根据强凸函数的定义，对于任意的 $\theta \in (0, 1)$，我们有

$$f(\theta \boldsymbol{x} + (1-\theta)\boldsymbol{y}) \leqslant \theta f(\boldsymbol{x}) + (1-\theta) f(\boldsymbol{y}) - \frac{\sigma}{2}\theta(1-\theta)\|\boldsymbol{x}-\boldsymbol{y}\|^2$$

由于 $\boldsymbol{x}$ 和 $\boldsymbol{y}$ 都是 f 的最小值点，所以 $f(\boldsymbol{x}) = f(\boldsymbol{y})$. 代入上式得

$$f(\theta \boldsymbol{x} + (1-\theta)\boldsymbol{y}) \leqslant f(\boldsymbol{x}) - \frac{\sigma}{2}\theta(1-\theta)\|\boldsymbol{x}-\boldsymbol{y}\|^2$$

由于 $\boldsymbol{x} \neq \boldsymbol{y}$，我们有 $\|\boldsymbol{x}-\boldsymbol{y}\|^2 > 0$，并且由于 $\theta \in (0, 1)$，因此 $\theta(1-\theta) > 0$. 从而

$$f(\theta \boldsymbol{x} + (1-\theta)\boldsymbol{y}) < f(\boldsymbol{x})$$

这与 $f(\boldsymbol{x})$ 为最小值的假设矛盾. 故假设不成立，证毕. □

3. 上镜图与凸函数判定

上镜图是从集合的角度来描述一个函数的具体性质. 上镜图定义如下：

定义 8.3.9.　(上镜图)对于广义实值函数 $f: \mathbb{R}^n \to \overline{\mathbb{R}}$，

$$\mathbf{epi} f = \{(\boldsymbol{x}, t) \in \mathbb{R}^{n+1} \mid f(\boldsymbol{x}) \leqslant t\}$$

称为 f 的上镜图.

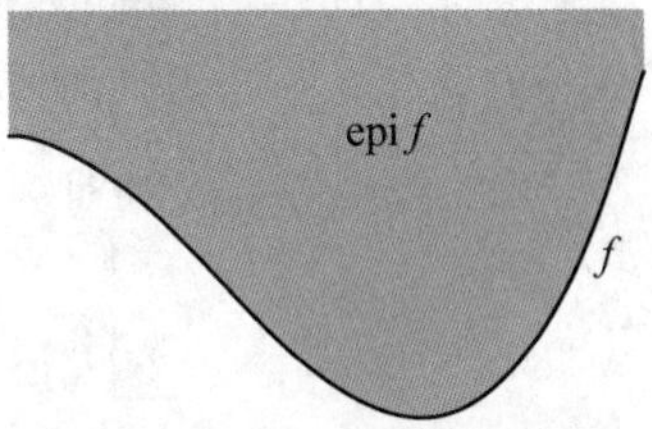

图 8.17　函数 f 和其上镜图 $\mathbf{epi} f$

上镜图将函数和集合建立了联系，f 的很多性质都可以在 $\mathbf{epi} f$ 上得到体现. 实际上，可以使用上镜图 $\mathbf{epi} f$ 来判断 f 的凸性. 有如下定理：

定理 8.3.9.　函数 $f(\boldsymbol{x})$ 为凸函数当且仅当其上镜图 $\mathbf{epi} f$ 是凸集.

8.3.5　保凸运算

前面已经提及判定函数凸性的方法，包括从定义出发；多维转化为一维函数判定；利用一阶或二阶导数的信息来判断凸性等等. 事实上，函数的凸性可以由简单的凸函数通过

一些保凸的运算得到. 了解这些运算,为复杂函数凸性的判定提供了极大的便利,包括:非负加权求和、复合仿射映射、逐点最大和逐点上(下)确界、最小化、透视函数等.

1. 非负加权求和与复合仿射映射

显而易见,如果函数 f 是凸函数且 $\alpha \geqslant 0$, 则函数 αf 也是凸函数,如果函数 f_1 和 f_2 都是凸函数,则它们的和 f_1+f_2 也是凸函数. 将非负伸缩以及求和运算结合起来,可以看出,凸函数的非负加权求和仍然是凸函数,即如果 f_i, $i=1, \cdots, m$ 是凸函数, $w_i \geqslant 0$, $i=1, \cdots, m$, 那么,函数

$$f=w_1 f_1+\cdots+w_m f_m$$

也是凸函数. 类似地,凹函数的非负加权求和仍然是凹函数. 严格凸(凹)函数的非负、非零加权求和是严格凸(凹)函数.

这个性质可以扩展至无限项的求和以及积分的情形. 例如,如果固定任意 $\boldsymbol{y} \in \mathcal{A}$, 函数 $f(\boldsymbol{x}, \boldsymbol{y})$ 关于 $\boldsymbol{x}$ 是凸函数,且对任意 $\boldsymbol{y} \in \mathcal{A}$, 有 $w(\boldsymbol{y}) \geqslant 0$, 则函数

$$g(\boldsymbol{x})=\int_{\mathcal{A}} w(\boldsymbol{y}) f(\boldsymbol{x}, \boldsymbol{y}) \mathrm{d} y$$

关于 $\boldsymbol{x}$ 是凸函数(若此积分存在).

另外,若 f 是凸函数,则复合仿射映射函数 $f(\boldsymbol{A}\boldsymbol{x}+\boldsymbol{b})$ 也是凸函数. 实际上,对于复合函数的保凸性,在下面将会给出一般性的讨论.

例 8.3.4. 利用与仿射函数的复合函数保凸,可以证明:

(1) 线性不等式的对数障碍函数:

$$f(\boldsymbol{x})=-\sum_{i=1}^{m} \log(b_i-\boldsymbol{a}_i^{\mathrm{T}} \boldsymbol{x}), \ \mathbf{dom} f=\{\boldsymbol{x} \mid \boldsymbol{a}_i^{\mathrm{T}} \boldsymbol{x} \leqslant b_i, \ i=1, \cdots, m\}$$

是凸函数.

(2) 仿射函数的(任意)范数: $f(x)=\|\boldsymbol{A}\boldsymbol{x}+\boldsymbol{b}\|$ 都是凸函数.

2. 逐点最大和逐点确界函数

(1) **逐点最大函数**. 如果函数 f_1 和 f_2 均为凸函数,则二者的逐点最大函数

$$f(\boldsymbol{x})=\max\{f_1(\boldsymbol{x}), f_2(\boldsymbol{x})\}$$

仍然是凸函数,定义域为 $\mathbb{K}=\mathbb{K}_1 \cap \mathbb{K}_2$. 这个性质可以很容易验证:任取 $0 \leqslant \theta \leqslant 1$ 以及 $\boldsymbol{x}, \boldsymbol{y} \in \mathbb{K}$, 有

$$
\begin{aligned}
f(\theta \boldsymbol{x}+(1-\theta)\boldsymbol{y}) &= \max\{f_1(\theta \boldsymbol{x}+(1-\theta)\boldsymbol{y}),\ f_2(\theta \boldsymbol{x}+(1-\theta)\boldsymbol{y})\} \\
&\leqslant \max\{\theta f_1(\boldsymbol{x})+(1-\theta)f_1(\boldsymbol{y}),\ \theta f_2(\boldsymbol{x})+(1-\theta)f_2(\boldsymbol{y})\} \\
&\leqslant \theta \max\{f_1(\boldsymbol{x}),\ f_2(\boldsymbol{x})\}+(1-\theta)\max\{f_1(\boldsymbol{y}),\ f_2(\boldsymbol{y})\} \\
&= \theta f(\boldsymbol{x})+(1-\theta)f(\boldsymbol{y})
\end{aligned}
$$

从而说明了函数 f 的凸性. 同样地，如果函数 $f_1, \cdots, f_m$ 为凸函数，则它们的逐点最大函数

$$f(\boldsymbol{x})=\max\{f_1(\boldsymbol{x}),\ \cdots,\ f_m(\boldsymbol{x})\}$$

仍然是凸函数.

例 8.3.5.　**分片线性函数.** 函数

$$f(\boldsymbol{x})=\max\{\boldsymbol{a}_1^{\mathrm{T}}\boldsymbol{x}+b_1,\ \cdots,\ \boldsymbol{a}_L^{\mathrm{T}}\boldsymbol{x}+b_L\}$$

定义了一个分片线性(实际上是仿射)函数(具有 L 个或者更少的子区域). 因为它是一系列仿射函数的逐点最大函数，所以它是凸函数.

反之亦成立：任意具有 L 个或者更少子区域的分片线性凸函数都可以表述成上述形式.

例 8.3.6.　$x \in \mathbb{R}^n$ 最大的 r 个分量之和：

$$f(\boldsymbol{x})=x_{[1]}+x_{[2]}+\cdots+x_{[r]}$$

是凸函数($x_{[i]}$ 是 $\boldsymbol{x}$ 的从大到小排列的第 i 个分量). 可通过改造函数形式为

$$f(\boldsymbol{x})=\max\{x_{i_1}+x_{i_2}+\cdots+x_{i_r} \mid 1 \leqslant i_1 < i_2 \cdots < i_r \leqslant n\}$$

去证明原函数的凸性.

(2) **逐点上确界函数.** 逐点最大的性质可以扩展至无限个凸函数的逐点上确界. 如果对于任意 $\boldsymbol{y} \in \mathcal{A}$，函数 $f(\boldsymbol{x},\ \boldsymbol{y})$关于 $\boldsymbol{x}$ 都是凸函数，则

$$g(\boldsymbol{x})=\sup_{\boldsymbol{y} \in \mathcal{A}} f(\boldsymbol{x},\ \boldsymbol{y})$$

关于 $\boldsymbol{x}$ 亦是凸函数. 此时，函数 g 的定义域为

$$\mathbb{K}=\{\boldsymbol{x} \mid (\boldsymbol{x},\ \boldsymbol{y}) \in \mathbb{K},\ \forall \boldsymbol{y} \in \mathcal{A},\ \sup_{\boldsymbol{y} \in \mathcal{A}} f(\boldsymbol{x},\ \boldsymbol{y}) < \infty\}$$

类似地，一系列凹函数的逐点下确界仍然是凹函数.

例 8.3.7.　**集合的支撑函数.** 令集合 $\mathbb{C} \subseteq \mathbb{R}^n$，且$\mathbb{C} \neq \varnothing$，定义集合$\mathbb{C}$ 的**支撑函数** $S_{\mathbb{C}}$

为

$$S_{\mathbb{C}}(\boldsymbol{x})=\sup\{\boldsymbol{x}^{\mathrm{T}}\boldsymbol{y} \mid \boldsymbol{y}\in\mathbb{C}\}$$

其定义域为 $\mathbb{K}=\{\boldsymbol{x} \mid \sup_{\boldsymbol{y}\in\mathbb{C}}\boldsymbol{x}^{\mathrm{T}}\boldsymbol{y}<\infty\}$. 对于任意 $\boldsymbol{y}\in\mathbb{C}$，$\boldsymbol{x}^{\mathrm{T}}\boldsymbol{y}$ 是 $\boldsymbol{x}$ 的线性函数,所以 $S_{\mathbb{C}}$ 是一系列线性函数的逐点上确界函数,因此是凸函数.

例 8.3.8.　矩阵范数. 考虑函数 $f(\boldsymbol{X})=\|\boldsymbol{X}\|_2$,定义域为$\mathbb{K}=\mathbb{R}^{p\times q}$，其中，$\|\cdot\|_2$ 表示谱函数或者最大奇异值. 函数 f 则可以重新写为

$$f(\boldsymbol{X})=\sup\{\boldsymbol{u}^{\mathrm{T}}\boldsymbol{X}\boldsymbol{v} \mid \|\boldsymbol{u}\|_2=1,\ \|\boldsymbol{v}\|_2=1\}$$

由于它是 $\boldsymbol{X}$ 的一族线性函数的逐点上确界,所以是凸函数.

上述例子表明,一个建立函数凸性的好方法是将其表示为一族仿射函数的逐点上确界. 几乎所有的凸函数都可以表示成一族仿射函数的逐点上确界.

定理 8.3.10.　如果函数 $f:\mathbb{K}\rightarrow\mathbb{R}$ 是凸函数,其定义域为$\mathbb{K}=\mathbb{R}^n$，有

$$f(\boldsymbol{x})=\sup\{g(\boldsymbol{x}) \mid g\text{ 是仿射函数},g(\boldsymbol{z})\leqslant f(\boldsymbol{z}),\ \forall\boldsymbol{z}\}$$

换言之,函数 f 是它所有的仿射全局下估计的逐点上确界.

证明.　设函数 f 是凸函数,定义域为 $\mathbb{K}=\mathbb{R}^n$，显然下面的不等式成立

$$f(\boldsymbol{x})\geqslant\sup\{g(\boldsymbol{x}) \mid g\text{ 是仿射函数},g(\boldsymbol{z})\leqslant f(\boldsymbol{z}),\ \forall\boldsymbol{z}\}$$

因为函数 g 是函数 f 的任意仿射下估计,有 $g(\boldsymbol{x})\leqslant f(\boldsymbol{x})$. 为了建立等式,我们说明,对任意 $\boldsymbol{x}\in\mathbb{R}^n$,存在仿射函数 g 是函数 f 的全局下估计,并且满足 $g(\boldsymbol{x})=f(\boldsymbol{x})$.

毫无疑问,函数 f 的上镜图是凸集,因此在点$(\boldsymbol{x},f(\boldsymbol{x}))$处可以找到此凸集的支撑超平面,即存在 $\boldsymbol{a}\in\mathbb{R}^n$，$b\in\mathbb{R}$ 且$(\boldsymbol{a},b)\neq\boldsymbol{0}$,使得对任意$(\boldsymbol{z},t)\in\mathbf{epi}f$，有

$$\begin{bmatrix}\boldsymbol{a}\\b\end{bmatrix}^{\mathrm{T}}\begin{bmatrix}\boldsymbol{x}-\boldsymbol{z}\\f(\boldsymbol{x})-t\end{bmatrix}\leqslant 0$$

由于 $(\boldsymbol{z},t)\in\mathbf{epi}f$ 等价于存在 $s\geqslant 0$,使得 $t=f(\boldsymbol{z})+s$. 因此,对任意 $\boldsymbol{z}\in\mathbb{K}=\mathbb{R}^n$以及所有 $s\geqslant 0$，都有

$$\boldsymbol{a}^{\mathrm{T}}(\boldsymbol{x}-\boldsymbol{z})+b(f(\boldsymbol{x})-f(\boldsymbol{z})-s)\leqslant 0 \tag{8.19}$$

为了保证不等式(8.19)对所有的 $s\geqslant 0$ 均成立,必须要 $b\geqslant 0$. 如果 $b=0$,对所有的 $\boldsymbol{z}\in\mathbb{R}^n$，不等式(8.19) 可以简化为 $\boldsymbol{a}^{\mathrm{T}}(\boldsymbol{x}-\boldsymbol{z})\leqslant 0$. 这意味着 $\boldsymbol{a}=\boldsymbol{0}$,于是和假设$(\boldsymbol{a},b)\neq\boldsymbol{0}$矛盾. 因

此,$b>0$,即支撑超平面不是竖直的.

在 $b>0$ 的情况下,对任意 $\boldsymbol{z}$,令 $s=0$,式(8.19)可以重新表述为

$$g(\boldsymbol{z})=f(\boldsymbol{x})+\begin{bmatrix}\boldsymbol{a}\\ b\end{bmatrix}^{\mathrm{T}}(\boldsymbol{x}-\boldsymbol{z})\leqslant f(\boldsymbol{z})$$

由此说明函数 g 是函数 f 的一个仿射下估计,并且满足 $g(\boldsymbol{x})=f(\boldsymbol{x})$.

(3) **逐点下确界函数.** 一些特殊形式的最小化同样可以得到凸函数. 如果函数 f 关于 $(\boldsymbol{x},\boldsymbol{y})$ 是凸函数,集合 $\mathbb{C}$ 是非空凸集,定义函数

$$g(\boldsymbol{x})=\inf_{\boldsymbol{y}\in\mathbb{C}}f(\boldsymbol{x},\boldsymbol{y}) \tag{8.20}$$

如果对任意的 $\boldsymbol{x}$,都有 $g(\boldsymbol{x})>-\infty$,那么,函数 g 关于 $\boldsymbol{x}$ 是凸函数. 此时,函数 g 的定义域是 $\mathbb{C}$ 在 $\boldsymbol{x}$ 方向上的投影,即

$$\mathbf{dom}\,g=\{\boldsymbol{x}\mid\exists\,\boldsymbol{y}\in\mathbb{C},\ s.t.\ (\boldsymbol{x},\boldsymbol{y})\in\mathbb{K}\}$$

可以利用 Jensen 不等式来证明函数 g 的凸性.

证明. 　任取 $\boldsymbol{x}_1,\boldsymbol{x}_2\in\mathbf{dom}\,g$,令 $\varepsilon>0$,则存在 $\boldsymbol{y}_1,\boldsymbol{y}_2\in\mathbb{C}$,使 $f(\boldsymbol{x}_i,\boldsymbol{y}_i)\leqslant g(\boldsymbol{x}_i)+\varepsilon$,$i=1,2$. 设 $\theta\in[0,1]$. 我们有

$$\begin{aligned}g(\theta\boldsymbol{x}_1+(1-\theta)\boldsymbol{x}_2)&=\inf_{\boldsymbol{y}\in\mathbb{C}}f(\theta\boldsymbol{x}_1+(1-\theta)\boldsymbol{x}_2,\boldsymbol{y})\\&\leqslant f(\theta\boldsymbol{x}_1+(1-\theta)\boldsymbol{x}_2,\theta\boldsymbol{y}_1+(1-\theta)\boldsymbol{y}_2)\\&\leqslant\theta f(\boldsymbol{x}_1,\boldsymbol{y}_1)+(1-\theta)f(\boldsymbol{x}_2,\boldsymbol{y}_2)\\&\leqslant\theta g(\boldsymbol{x}_1)+(1-\theta)g(\boldsymbol{x}_2)+\varepsilon\end{aligned}$$

因为上式对任意 $\varepsilon>0$ 均成立,所以不等式

$$g(\theta\boldsymbol{x}_1+(1-\theta)\boldsymbol{x}_2)\leqslant\theta g(\boldsymbol{x}_1)+(1-\theta)g(\boldsymbol{x}_2) \tag{8.21}$$

成立. 结论得证. □

例 8.3.9. 　**点到某一集合的距离.** 某点 $\boldsymbol{x}$ 到集合 $\mathbb{S}\subseteq\mathbb{R}^n$ 的距离定义为

$$\mathrm{dist}(\boldsymbol{x},\mathbb{S})=\inf_{\boldsymbol{y}\in\mathbb{S}}\|\boldsymbol{x}-\boldsymbol{y}\|$$

函数 $\|\boldsymbol{x}-\boldsymbol{y}\|$ 关于 $(\boldsymbol{x},\boldsymbol{y})$ 是凸的. 所以,若集合 $\mathbb{S}$ 是凸集,则 $\mathrm{dist}(\boldsymbol{x},\mathbb{S})$ 是关于 $\boldsymbol{x}$ 的凸函数.

3. 复合函数

本节给定函数 $h:\mathbb{R}^k\to\mathbb{R}$ 以及 $g:\mathbb{R}^n\to\mathbb{R}^k$,定义复合函数 $f=h\circ g:\mathbb{R}^n\to\mathbb{R}$ 为

$$f(\boldsymbol{x})=h(g(\boldsymbol{x})),\ \mathbf{dom} f=\{\boldsymbol{x}\in\mathbf{dom} g\mid g(\boldsymbol{x})\in\mathbf{dom} h\}$$

我们考虑当函数 f 保凸或者保凹时,函数 h 和 g 必须满足的条件.

4. 标量复合

考虑 $k=1$ 的情况,即 $h:\mathbb{R}\to\mathbb{R}$, $g:\mathbb{R}^n\to\mathbb{R}$.

当 $n=1$ 时,(事实上,将函数限定在与其定义域相交的任意直线上得到的函数决定了原函数的凸性)为了找出复合规律,假设函数 h 和 g 是二次可微的,且 $\mathbf{dom} g=\mathbf{dom} h=\mathbb{R}$. 根据二阶判定条件,在上述假设下,函数 f 是凸的等价于 $f''\geqslant 0$(即对所有的 $x\in\mathbb{R}$, $f''(x)\geqslant 0$). 计算可得复合函数 $f=h\circ g$ 的二阶导数为

$$f''(x)=h''(g(x))g'(x)^2+h'(g(x))g''(x) \tag{8.22}$$

易知,若函数 g 是凸函数 ($g''\geqslant 0$),函数 h 是凸函数且非减(即 $h''\geqslant 0$ 且 $h'\geqslant 0$),从式(8.22) 可以得出 $f''\geqslant 0$,即函数 f 是凸函数. 类似地,由式(8.22)可以得出如下结论

如果 h 是凸函数且非减,g 是凸函数,则 f 是凸函数;

如果 h 是凸函数且非增,g 是凹函数,则 f 是凸函数;

如果 h 是凹函数且非减,g 是凹函数,则 f 是凹函数;

如果 h 是凹函数且非增,g 是凸函数,则 f 是凹函数. (8.23)

当 $n>1$ 时,即 $\mathbf{dom} g=\mathbb{R}^n$, $\mathbf{dom} h=\mathbb{R}$,此时,不再假设函数 h 和 g 可微,相似的复合规则仍然成立:

如果 h 是凸函数且 $\tilde{h}$ 非减,g 是凸函数,则 f 是凸函数;

如果 h 是凸函数且 $\tilde{h}$ 非增,g 是凹函数,则 f 是凸函数;

如果 h 是凹函数且 $\tilde{h}$ 非减,g 是凹函数,则 f 是凹函数;

如果 h 是凹函数且 $\tilde{h}$ 非增,g 是凸函数,则 f 是凹函数. (8.24)

其中 $\tilde{h}$ 是 h 的扩展函数. 这些结论和(8.23)不同之处在于要求扩展函数 $\tilde{h}$ 在整个 $\mathbb{R}$ 上非增或者非减.

下面开始证明其中一种情形:如果 h 是凸函数且 $\tilde{h}$ 非减,g 是凸函数,则 $f=h\circ g$ 是凸函数. (8.24)中的其他结论可以类似得到证明.

证明. 假设 $\boldsymbol{x}, \boldsymbol{y} \in \mathbb{K}$, $0 \leqslant \theta \leqslant 1$. 由于 $\boldsymbol{x}, \boldsymbol{y} \in \mathbb{K}$, 我们有 $\boldsymbol{x}, \boldsymbol{y} \in \mathbf{dom}g$, 且 $g(\boldsymbol{x}), g(\boldsymbol{y}) \in \mathbf{dom}h$. 因为 $\mathbf{dom}g$ 是凸集,则有 $\theta\boldsymbol{x}+(1-\theta)\boldsymbol{y} \in \mathbf{dom}g$. 由函数 g 的凸性可得

$$g(\theta\boldsymbol{x}+(1-\theta)\boldsymbol{y}) \leqslant \theta g(\boldsymbol{x})+(1-\theta)g(\boldsymbol{y}) \tag{8.25}$$

由 $g(\boldsymbol{x}), g(\boldsymbol{y}) \in \mathbf{dom}h$ 可得 $\theta g(\boldsymbol{x})+(1-\theta)g(\boldsymbol{y}) \in \mathbf{dom}h$. 即式(8.25)的右端在 $\mathbf{dom}h$ 内. 根据假设 $\tilde{h}$ 是非减的,可以理解为其定义域在负方向上无限延伸. 式(8.25)的右端在 $\mathbf{dom}h$ 内,我们知道其左侧仍在定义域内,即 $g(\theta\boldsymbol{x}+(1-\theta)\boldsymbol{y}) \in \mathbf{dom}h$, 因此 $\mathbb{K}$ 是凸集.

根据前提条件,$\tilde{h}$ 非减,利用不等式(8.25),有

$$h(g(\theta\boldsymbol{x}+(1-\theta)\boldsymbol{y})) \leqslant h(\theta g(\boldsymbol{x})+(1-\theta)g(\boldsymbol{y})) \tag{8.26}$$

由函数 h 的凸性,可得

$$h(\theta g(\boldsymbol{x})+(1-\theta)g(\boldsymbol{y})) \leqslant \theta h(g(\boldsymbol{x}))+(1-\theta)h(g(\boldsymbol{y})) \tag{8.27}$$

综合式(8.26)和式(8.27),可得

$$h(g(\theta\boldsymbol{x}+(1-\theta)\boldsymbol{y})) \leqslant \theta h(g(\boldsymbol{x}))+(1-\theta)h(g(\boldsymbol{y}))$$

结论得证. □

例 8.3.10. 下面列出几个标量函数复合的例子:

(1) 若 g 是凸函数,则 $\exp g(\boldsymbol{x})$ 是凸函数;

(2) 若 g 是正值凹函数,则 $1/g(\boldsymbol{x})$ 是凸函数;

(3) 若 g_i 是正值凹函数,则 $\sum_{i=1}^{m}\ln(g_i(\boldsymbol{x}))$ 是凹函数.

5. 向量复合

考虑 $k>1$ 的情况,$f(\boldsymbol{x})=h(g(\boldsymbol{x}))=h(g_1(\boldsymbol{x}), \cdots, g_k(\boldsymbol{x}))$,其中,$h:\mathbb{R}^k \to \mathbb{R}$, $g_i: \mathbb{R}^n \to \mathbb{R}$, $i=1, \cdots, k$.

和上节一样,首先假设 $n=1$. 和 $k=1$ 的情形类似,为了得到复合规则,假设函数二次可微,且 $\mathbf{dom}g_i=\mathbb{R}$, $\mathbf{dom}h=\mathbb{R}^k$. 对函数 f 进行二次微分,可得

$$f''(x)=\boldsymbol{g}'(x)^{\mathrm{T}}\nabla^2 h(\boldsymbol{g}(x))\boldsymbol{g}'(x)+\nabla h(\boldsymbol{g}(x))^{\mathrm{T}}\boldsymbol{g}''(x) \tag{8.28}$$

上式可以看成是式(8.22)对应的向量形式. 此时,需要判断在什么条件下对所有 x,

有 $f''(x)\geqslant 0$(或者对所有 x,有 $f''(x)\leqslant 0$, 则 f 是凹函数). 利用式(8.28),得到如下复合规则:

如果 h 是凸函数且在每维分量上 h 非减,g_i 是凸函数,则 f 是凸函数;

如果 h 是凸函数且在每维分量上 h 非增,g_i 是凹函数,则 f 是凸函数;

如果 h 是凹函数且在每维分量上 h 非减,g_i 是凹函数,则 f 是凹函数.

如果 h 是凹函数且在每维分量上 h 非增,g_i 是凸函数,则 f 是凹函数.

然后考虑 $n>1$ 的情况,类似的复合结论仍然成立.

例 8.3.11. 函数 $h(\boldsymbol{z})=\log(\sum_{i=1}^{k}e^{z_i})$ 是凸函数且在每一维分量上非减,因此只要 g_i 是凸函数,$\log(\sum_{i=1}^{k}e^{g_i})$ 就是凸函数.

例 8.3.12. 点 $\boldsymbol{x}$ 到凸集 $\mathbb{S}$ 的距离: $\mathrm{dist}(\boldsymbol{x},\mathbb{S})=\inf_{\boldsymbol{y}\in\mathbb{S}}\|\boldsymbol{x}-\boldsymbol{y}\|$ 是凸函数.

6. 透视函数

给定函数 $f:\mathbb{R}^n\to\mathbb{R}$,则 f 的透视函数 $g:\mathbb{R}^{n+1}\to\mathbb{R}$ 定义为

$$g(\boldsymbol{x},t)=tf(\boldsymbol{x}/t)$$

其定义域为

$$\mathbf{dom}g=\{(\boldsymbol{x},t)\mid \boldsymbol{x}/t\in\mathbb{K},t>0\}$$

透视运算是保凸运算:如果函数 f 是凸函数,则其透视函数 g 也是凸函数. 类似地,若 f 是凹函数,则 g 亦是凹函数.

可以从多个角度来证明此结论,从上镜图的角度,当 $t>0$, 我们有

$$\begin{aligned}(\boldsymbol{x},t,s)\in\mathbf{epi}g&\Leftrightarrow tf(\boldsymbol{x}/t)\leqslant s\\&\Leftrightarrow f(\boldsymbol{x}/t)\leqslant s/t\\&\Leftrightarrow(\boldsymbol{x}/t,s/t)\in\mathbf{epi}f\end{aligned}$$

因此,$\mathbf{epi}g$ 是透视映射下 $\mathbf{epi}f$ 的原像,此透视映射将 (u,v,w) 映射为 $(u,w)/v$. 因此,$\mathbf{epi}g$ 是凸集,g 是凸函数.

例 8.3.13. ***Euclid* 范数平方.** $\mathbb{R}^n$ 上的凸函数 $f(\boldsymbol{x})=\boldsymbol{x}^{\mathrm{T}}\boldsymbol{x}$ 的透视函数定义为

$$g(\boldsymbol{x},t)=t(\boldsymbol{x}/t)^{\mathrm{T}}(\boldsymbol{x}/t)=\frac{\boldsymbol{x}^{\mathrm{T}}\boldsymbol{x}}{t}$$

当 $t>0$ 时,它关于 $(\boldsymbol{x},t)$ 是凸函数.

例 8.3.14. **负对数.** 考虑$\mathbb{R}_{++}$上的凸函数 $f(x)=-\log x$，其透视函数为

$$g(x, t)=-t\log(x/t)=t\log(t/x)=t\log t-t\log x$$

在$\mathbb{R}_{++}^2$上它是凸函数. 函数 g 被称为关于 t 和 x 的**相对熵**. 当 $x=1$ 时，g 为负熵函数. 根据函数 g 的凸性，可以推导出其他函数的凸性. 例如：定义两个向量 $u, v\in\mathbb{R}_{++}^n$ 的相对熵

$$\sum_{i=1}^n u_i\log(u_i/v_i)$$

因为它可以转化为(u, v)的相对熵和线性函数的求和，所以是凸函数.

例 8.3.15. 设 $f:\mathbb{R}^m\to\mathbb{R}$ 是凸函数，$\boldsymbol{A}\in\mathbb{R}^{m\times n}$，$\boldsymbol{b}\in\mathbb{R}^m$，$\boldsymbol{c}\in\mathbb{R}^n$，$d\in\mathbb{R}$. 定义

$$g(\boldsymbol{x})=(\boldsymbol{c}^{\mathrm{T}}\boldsymbol{x}+d)f((\boldsymbol{A}\boldsymbol{x}+\boldsymbol{b})/(\boldsymbol{c}^{\mathrm{T}}\boldsymbol{x}+d))$$

其定义域为

$$\mathbf{dom}g=\{\boldsymbol{x}\mid\boldsymbol{c}^{\mathrm{T}}\boldsymbol{x}+d>0, (\boldsymbol{A}\boldsymbol{x}+\boldsymbol{b})/(\boldsymbol{c}^{\mathrm{T}}\boldsymbol{x}+d)\in\mathbb{K}\}$$

则 g 是凸函数.

8.3.6 共轭函数

本节介绍一种函数运算称作共轭函数，它将在后续优化问题的对偶理论中发挥重要的作用.

1. 定义

定义 8.3.10. 任一适当函数 f 的**共轭函数**定义为：

$$f^*(\boldsymbol{y})=\sup_{\boldsymbol{x}\in\mathbf{dom}f}(\boldsymbol{y}^{\mathrm{T}}\boldsymbol{x}-f(\boldsymbol{x})).$$

图 8.18 描述了共轭函数的几何意义. 与 f 的函数性质无关，f^* 始终是凸函数. 这是因为若 f^* 是凸函数，它是一系列关于 y 的凸函数（实质上是仿射函数）的逐点上确界.

2. $\mathbb{R}$ 上一些常见凸函数的共轭函数

下面我们从一些简单的例子开始，通过求解常见函数的共轭函数，获得共轭函数的一些直观理解.

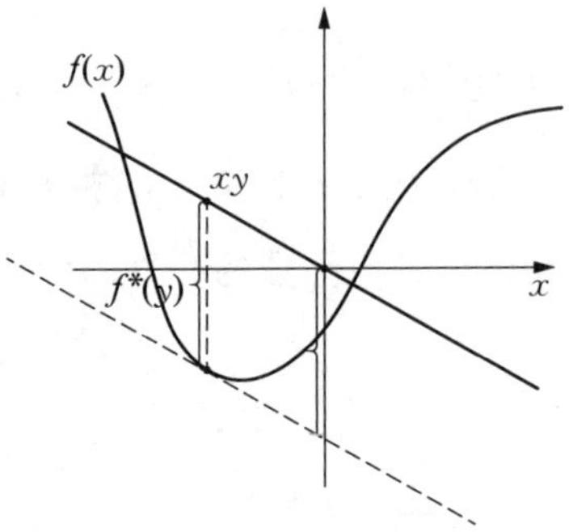

图 8.18 给定函数 $f:\mathbb{R}\to\mathbb{R}$ 以及某一 $y\in\mathbb{R}$. 其共轭函数在 y 处的值 $f^*(y)$ 是线性函数 yx 和 $f(x)$ 之间的最大差值

(1) 仿射函数.

$f(x)=ax+b$. 作为 x 的函数,当且仅当 $y=a$,即为常数时,$yx-ax-b$ 有界. 因此,共轭函数 f^* 的定义域为单点集 $\{a\}$,且 $f^*(a)=-b$.

(2) 负对数函数.

$f(x)=-\log x$,定义域为$\mathbb{K}=\mathbb{R}_{++}$. 当 $y\geqslant 0$ 时,函数 $xy+\log x$ 无上界,当 $y<0$ 时,在 $x=-\dfrac{1}{y}$ 处函数达到最大. 因此,定义域为$\mathbb{K}^*=\{y\mid y<0\}=-\mathbb{R}_{++}$,共轭函数为 $f^*(y)=-\log(-y)-1(y<0)$.

(3) 指数函数.

$f(x)=e^x$ 当 $y<0$ 时,函数 $xy-e^x$ 无界. 当 $y>0$ 时,函数 $xy-e^x$ 在 $x=\log y$ 处达到最大值. 因此,$f^*(y)=y\log y-y$. 当 $y=0$ 时,$f^*(y)=\sup_x -e^x=0$. 综合起来,$\mathbb{K}^*=\mathbb{R}_+$, $f^*(y)=y\log y-y$(规定 $0\log 0=0$).

(4) 负熵函数.

$f(x)=x\log x$,定义域为$\mathbb{K}=\mathbb{R}_+$. 对所有 y,函数 $xy-x\log x$ 关于 x 在$\mathbb{R}_+$上有界,因此$\mathbb{K}^*=\mathbb{R}$. 在 $x=e^{y-1}$ 处,函数达到最大值. 因此 $f^*(y)=e^{y-1}$.

(5) 反函数.

$f(x)=\dfrac{1}{x}$, $x\in\mathbb{R}_{++}$. 当 $y>0$ 时,$yx-1/x$ 无上界. 当 $y=0$ 时,函数有上确界 0;当 $y<0$ 时,在 $x=(-y)^{-1/2}$ 处达到上确界. 因此,$f^*(y)=-2(-y)^{1/2}$ 且$\mathbb{K}^*=-\mathbb{R}_+$.

3. $\mathbb{R}^n$上一些常见凸函数的共轭函数

(1) 严格凸的二次函数.

考虑函数 $f(\boldsymbol{x})=\frac{1}{2}\boldsymbol{x}^{\mathrm{T}}\boldsymbol{Q}\boldsymbol{x}$，$\boldsymbol{Q}\in\mathcal{S}_{++}^n$. 对于所有的 $\boldsymbol{y}$，$\boldsymbol{x}$ 的函数 $\boldsymbol{y}^{\mathrm{T}}\boldsymbol{x}-\frac{1}{2}\boldsymbol{x}^{\mathrm{T}}\boldsymbol{Q}\boldsymbol{x}$ 都有上界并在 $\boldsymbol{x}=\boldsymbol{Q}^{-1}\boldsymbol{y}$ 处达到上确界,因此,$f^*(\boldsymbol{y})=\frac{1}{2}\boldsymbol{y}^{\mathrm{T}}\boldsymbol{Q}^{-1}\boldsymbol{y}$.

(2) 指示函数.

设 $I_{\mathbb{S}}$ 是某个集合 $\mathbb{S}\subseteq\mathbb{R}^n$(不一定是凸集) 的示性函数,即当 $\boldsymbol{x}$ 在 $\mathbf{dom}I_{\mathbb{S}}=\mathbb{S}$ 内时,$I_{\mathbb{S}}(\boldsymbol{x})=0$. 示性函数的共轭函数为 $I_{\mathbb{S}}^*(\boldsymbol{y})=\sup\limits_{\boldsymbol{x}\in\mathbb{S}}\boldsymbol{y}^{\mathrm{T}}\boldsymbol{x}$，它是集合$\mathbb{S}$ 的支撑函数.

(3) 范数平方.

考虑函数 $f(\boldsymbol{x})=(1/2)\|\boldsymbol{x}\|^2$,其中 $\|\cdot\|$ 是范数,对偶范数为 $\|\cdot\|_*$. 此函数的共轭函数为 $f^*(\boldsymbol{y})=(1/2)\|\boldsymbol{y}\|_*^2$. 一方面,由 $\boldsymbol{y}^{\mathrm{T}}\boldsymbol{x}\leqslant\|\boldsymbol{y}\|_*\|\boldsymbol{x}\|$ 可知,对任意 $\boldsymbol{x}$ 下式成立

$$\boldsymbol{y}^{\mathrm{T}}\boldsymbol{x}-1/2\|\boldsymbol{x}\|^2\leqslant\|\boldsymbol{y}\|_*\|\boldsymbol{x}\|-1/2\|\boldsymbol{x}\|^2$$

上式右端是关于 $\|\boldsymbol{x}\|$ 的二次函数,其最大值为 $1/2\|\boldsymbol{y}\|_*^2$. 因此,对任意 $\boldsymbol{x}$,我们有

$$\boldsymbol{y}^{\mathrm{T}}\boldsymbol{x}-(1/2)\|\boldsymbol{x}\|^2\leqslant(1/2)\|\boldsymbol{y}\|_*^2$$

即 $f^*(\boldsymbol{y})\leqslant(1/2)\|\boldsymbol{y}\|_*^2$. 另一方面,任取满足 $\boldsymbol{y}^{\mathrm{T}}\boldsymbol{x}=\|\boldsymbol{y}\|_*\|\boldsymbol{x}\|$ 的向量 $\boldsymbol{x}$,对其进行伸缩,使得 $\|\boldsymbol{x}\|=\|\boldsymbol{y}\|_*$. 此时,

$$\boldsymbol{y}^{\mathrm{T}}\boldsymbol{x}-(1/2)\|\boldsymbol{x}\|^2=(1/2)\|\boldsymbol{y}\|_*^2$$

因此，$f^*(\boldsymbol{y})=(1/2)\|\boldsymbol{y}\|_*^2$.

4. 基本性质

(1) Fenchel 不等式.

从共轭函数的定义可以知道,对任意 $\boldsymbol{x}$ 和 $\boldsymbol{y}$,不等式

$$f(\boldsymbol{x})+f^*(\boldsymbol{y})\geqslant\boldsymbol{x}^{\mathrm{T}}\boldsymbol{y}$$

成立,这就是 Fenchel 不等式(当 f 可微时,亦称为 Young 不等式).

(2) 可微函数.

可微函数 f 的共轭函数亦称为 f 的 Legendre 变换. 设函数 f 是凸函数且可微,其定义域为 $\mathbb{K}=\mathbb{R}^n$,对于 $\boldsymbol{z}\in\mathbb{R}^n$，若

$$\boldsymbol{y}=\nabla f(\boldsymbol{z})$$

则 $f^*(\boldsymbol{y})=\boldsymbol{z}^{\mathrm{T}}\nabla f(\boldsymbol{z})-f(\boldsymbol{z})$.

(3) 伸缩变换和复合仿射变换.

伸缩变换和复合仿射变换在后续对偶理论中有着重要的作用.若 $a>0$ 以及 $b\in\mathbb{R}$，$g(x)=af(x)+b$ 的共轭函数为 $g^*(y)=af^*(y/a)-b$. 同理,对于复合仿射变换,设 $\boldsymbol{A}\in\mathbb{R}^{n\times n}$ 非奇异,$\boldsymbol{b}\in\mathbb{R}^n$,则函数 $g(\boldsymbol{x})=f(\boldsymbol{A}\boldsymbol{x}+\boldsymbol{b})$ 的共轭函数为

$$g^*(\boldsymbol{y})=f^*(\boldsymbol{A}^{-\mathrm{T}}\boldsymbol{y})-\boldsymbol{b}^{\mathrm{T}}\boldsymbol{A}^{-\mathrm{T}}\boldsymbol{y}$$

其定义域为 $\mathbf{dom}g^*=\boldsymbol{A}^{\mathrm{T}}\mathbf{dom}f^*$.

(4) 独立函数的和.

如果函数 $f(\boldsymbol{u},\boldsymbol{v})=f_1(\boldsymbol{u})+f_2(\boldsymbol{v})$，其中 f_1 和 f_2 是凸函数,且共轭函数分别为 f_1^* 和 f_2^*,则

$$f^*(\boldsymbol{w},\boldsymbol{z})=f_1^*(\boldsymbol{w})+f_2^*(\boldsymbol{z}).$$

换言之,独立函数的和的共轭函数是各个凸函数的共轭函数的和(“独立”的含义是各个函数具有不同的变量).

5. 机器学习中的共轭函数

机器学习中常涉及优化问题. 在优化问题的求解时,常需要将优化问题转化为其对偶问题. 这便涉及对偶函数的计算. 实际上对偶函数的计算可转化为共轭函数的计算,下面列出其中一些常见的例子.

例 8.3.16. (二次函数)考虑二次函数 $f(\boldsymbol{x})=\frac{1}{2}\boldsymbol{x}^{\mathrm{T}}\boldsymbol{A}\boldsymbol{x}+\boldsymbol{b}^{\mathrm{T}}\boldsymbol{x}+c$.

(1) 强凸情形 ($\boldsymbol{A}\succ 0$):

$$f^*(\boldsymbol{y})=\frac{1}{2}(\boldsymbol{y}-\boldsymbol{b})^{\mathrm{T}}\boldsymbol{A}^{-1}(\boldsymbol{y}-\boldsymbol{b})-c$$

(2) 一般凸情形 ($\boldsymbol{A}\succeq 0$):

$$f^*(\boldsymbol{y})=\frac{1}{2}(\boldsymbol{y}-\boldsymbol{b})^{\mathrm{T}}\boldsymbol{A}^{\dagger}(\boldsymbol{y}-\boldsymbol{b})-c,\ \mathbf{dom}f^*=\mathrm{Col}(\boldsymbol{A})+\boldsymbol{b}$$

例 8.3.17. (任意范数)给定任意范数,则 $f=\|\boldsymbol{x}\|$ 的共轭函数为

$$f_0^*(\boldsymbol{y})=\begin{cases}0 & \|\boldsymbol{y}\|_*\leqslant 1\\ \infty & \text{其他情况}\end{cases}$$

可以看出此函数是对偶范数单位球的示性函数.

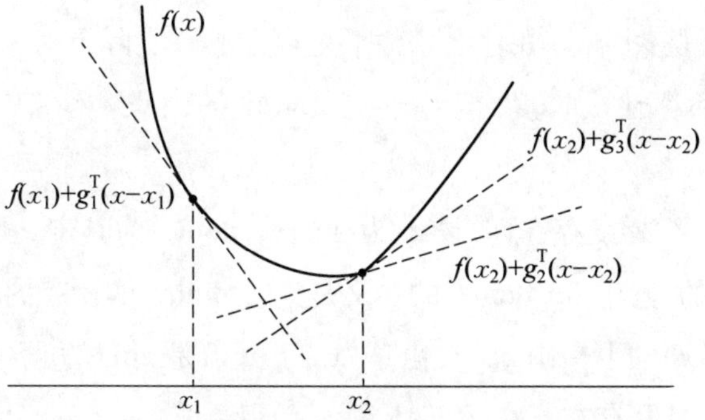

图 8.19　虚线表示次梯度对应的切线(一维)

例 8.3.18.　(负熵函数)负熵函数 $f_0(\boldsymbol{x})=\sum_{i=1}^n x_i\log x_i$ 的共轭函数为

$$f_0^*(\boldsymbol{y})=\sum_{i=1}^n e^{y_i-1}$$

这可以由标量负熵函数的共轭函数和共轭函数的性质得出.

共轭函数是凸分析和优化的基本对象. 我们将在后续课程中看到,拉格朗日对偶 $g(\lambda,\mu)$ 有时可以用原目标函数的共轭来表示.

8.3.7　次梯度

1. 次梯度的定义

前面介绍了可微函数的梯度. 但是对于一般的函数,之前定义的梯度不一定存在. 对于凸函数,类比梯度的一阶性质,我们可以引入次梯度的概念,其在凸优化算法设计与理论分析中扮演着重要角色.

定义 8.3.11.　(次梯度)设 f 为适当凸函数,$\boldsymbol{x}$ 为定义域 $\mathbf{dom}f$ 中的一点. 若向量 $\boldsymbol{g}\in\mathbb{R}^n$ 满足

$$f(\boldsymbol{y})\geqslant f(\boldsymbol{x})+\boldsymbol{g}^{\mathrm{T}}(\boldsymbol{y}-\boldsymbol{x}),\ \forall\,\boldsymbol{y}\in\mathbf{dom}f$$

则称 $\boldsymbol{g}$ 为函数 f 在点 $\boldsymbol{x}$ 处的一个次梯度. 进一步地,称集合

$$\partial f(\boldsymbol{x})=\{\boldsymbol{g} \mid \boldsymbol{g} \in \mathbb{R}^n,\ f(\boldsymbol{y}) \geqslant f(\boldsymbol{x})+\boldsymbol{g}^{\mathrm{T}}(\boldsymbol{y}-\boldsymbol{x}),\ \forall\, \boldsymbol{y} \in \mathbf{dom} f\}$$

为 f 在点 $\boldsymbol{x}$ 处的次微分.

我们通过图 8.19 可以看出梯度与次梯度之间在几何意义上的区别与联系.

2. 次梯度的存在性

一个问题自然就是:次梯度在什么条件下是存在的? 实际上对一般凸函数 f 而言,f 未必在所有的点处都存在次梯度. 但对于定义域中的内点,f 在其上的次梯度总是存在的.

定理 8.3.11. (次梯度存在性)设 f 为凸函数,$\mathbf{dom} f$ 为其定义域. 如果 $\boldsymbol{x} \in \mathbf{int\ dom} f$,则 $\partial f(\boldsymbol{x})$ 是非空的,其中 $\mathbf{int\ dom} f$ 的含义是集合 $\mathbf{dom} f$ 的所有内点.

证明. 考虑 $f(\boldsymbol{x})$的上镜图 $\mathbf{epi} f$. 由于$(\boldsymbol{x},\ f(\boldsymbol{x}))$是 $\mathbf{epi} f$ 边界上的点,且 $\mathbf{epi} f$ 为凸集,根据支撑超平面定理,存在 $\boldsymbol{a} \in \mathbb{R}^n$, $b \in \mathbb{R}$ 使得:

$$\begin{bmatrix}\boldsymbol{a}\\ b\end{bmatrix}^{\mathrm{T}}\left(\begin{bmatrix}\boldsymbol{y}\\ t\end{bmatrix}-\begin{bmatrix}\boldsymbol{x}\\ f(\boldsymbol{x})\end{bmatrix}\right) \leqslant 0,\ \forall\,(\boldsymbol{y},\ t) \in \mathbf{epi} f$$

即

$$\boldsymbol{a}^{\mathrm{T}}(\boldsymbol{y}-\boldsymbol{x}) \leqslant b(f(\boldsymbol{x})-t) \tag{8.29}$$

我们断言 $b<0$. 这是因为根据 t 的任意性,在式(8.29)中令 $t \rightarrow +\infty$, 可以得知式(8.29)成立的必要条件是 $b \leqslant 0$;

同时由于 $\boldsymbol{x}$ 是内点,因此当取 $\boldsymbol{y}=\boldsymbol{x}+\varepsilon \boldsymbol{a} \in \mathbf{dom} f$, $\varepsilon>0$ 时,$b=0$ 不能使得式(8.29)成立. 于是令 $\boldsymbol{g}=-\dfrac{\boldsymbol{a}}{b}$,则对任意 $\boldsymbol{y} \in \mathbf{dom} f$, 有

$$\boldsymbol{g}^{\mathrm{T}}(\boldsymbol{y}-\boldsymbol{x})=\frac{\boldsymbol{a}^{\mathrm{T}}(\boldsymbol{y}-\boldsymbol{x})}{-b} \leqslant -(f(\boldsymbol{x})-f(\boldsymbol{y}))$$

整理得

$$f(\boldsymbol{y}) \geqslant f(\boldsymbol{x})+\boldsymbol{g}^{\mathrm{T}}(\boldsymbol{y}-\boldsymbol{x})$$

这说明 $\boldsymbol{g}$ 是 f 在点 $\boldsymbol{x}$ 处的次梯度. □

根据定义可以计算一些简单函数的次微分,在这里我们给出一个例子.

例 8.3.19. (ℓ_2 范数的次微分)设 $f(\boldsymbol{x})=\|\boldsymbol{x}\|_2$,则 $f(\boldsymbol{x})$ 在点 $\boldsymbol{x}=\mathbf{0}$ 处不可微,求其在该点处的次梯度. 注意到对任意的 $\boldsymbol{g}$ 且 $\|\boldsymbol{g}\|_2 \leqslant 1$, 根据柯西不等式,

$$\boldsymbol{g}^{\mathrm{T}}(\boldsymbol{x}-\boldsymbol{0}) \leqslant \|\boldsymbol{g}\|_2 \|\boldsymbol{x}\|_2 \leqslant \|\boldsymbol{x}\|_2 - 0$$

因此

$$\{\boldsymbol{g} \mid \|\boldsymbol{g}\|_2 \leqslant 1\} \subseteq \partial f(\boldsymbol{0})$$

接下来说明若 $\|\boldsymbol{g}\|_2 > 1$,则 $\boldsymbol{g} \notin \partial f(\boldsymbol{0})$. 取 $\boldsymbol{x}=\boldsymbol{g}$,若 $\boldsymbol{g}$ 为次梯度,则

$$\|\boldsymbol{g}\|_2 - 0 \geqslant \boldsymbol{g}^{\mathrm{T}}(\boldsymbol{g}-\boldsymbol{0}) = \|\boldsymbol{g}\|_2^2 > \|\boldsymbol{g}\|_2$$

这显然是矛盾的. 综上,有

$$\partial f(\boldsymbol{0}) = \{\boldsymbol{g} \mid \|\boldsymbol{g}\|_2 \leqslant 1\}$$

3. *次梯度的性质*

凸函数 $f(\boldsymbol{x})$的次梯度和次微分有许多有用的性质. 下面的定理说明次微分$\partial f(\boldsymbol{x})$在一定条件下分别为闭凸集和非空有界集.

定理 8.3.12. 设 f 是凸函数,则$\partial f(\boldsymbol{x})$有如下性质:

(1) 对任何 $\boldsymbol{x} \in \mathbf{dom} f$,$\partial f(\boldsymbol{x})$ 是一个闭凸集(可能为空集);

(2) 如果 $\boldsymbol{x} \in \mathbf{int\ dom} f$,则 $\partial f(\boldsymbol{x})$ 非空有界集.

证明. 设 $\boldsymbol{g}_1, \boldsymbol{g}_2 \in \partial f(\boldsymbol{x})$,并设 $\lambda \in (0, 1)$,由次梯度的定义有

$$f(\boldsymbol{y}) \geqslant f(\boldsymbol{x}) + \boldsymbol{g}_1^{\mathrm{T}}(\boldsymbol{y}-\boldsymbol{x}), \ \forall\, \boldsymbol{y} \in \mathbf{dom} f$$
$$f(\boldsymbol{y}) \geqslant f(\boldsymbol{x}) + \boldsymbol{g}_2^{\mathrm{T}}(\boldsymbol{y}-\boldsymbol{x}), \ \forall\, \boldsymbol{y} \in \mathbf{dom} f$$

由上面第一式的 λ 倍加上第二式的 $(1-\lambda)$ 倍,得到 $\lambda \boldsymbol{g}_1 + (1-\lambda)\boldsymbol{g}_2 \in \partial f(\boldsymbol{x})$,从而 $\partial f(\boldsymbol{x})$ 是凸集. 此外令 $\boldsymbol{g}_k \in \partial f(\boldsymbol{x})$ 为次梯度且 $\boldsymbol{g}_k \to \boldsymbol{g}$,则

$$f(\boldsymbol{y}) \geqslant f(\boldsymbol{x}) + \boldsymbol{g}_k^{\mathrm{T}}(\boldsymbol{y}-\boldsymbol{x}), \ \forall\, \boldsymbol{y} \in \mathbf{dom} f$$

在上述不等式中取极限,并注意到极限的保号性,最终有

$$f(\boldsymbol{y}) \geqslant f(\boldsymbol{x}) + \boldsymbol{g}^{\mathrm{T}}(\boldsymbol{y}-\boldsymbol{x}), \ \forall\, \boldsymbol{y} \in \mathbf{dom} f$$

这说明 $\partial f(\boldsymbol{x})$ 为闭集. □

下设 $\boldsymbol{x} \in \mathbf{int\ dom} f$,我们来证明 $\partial f(\boldsymbol{x})$ 是非空有界的. 首先,$\partial f(\boldsymbol{x})$ 非空是上一定理的直接结果,因此只需要证明有界性. 对 $i=1, 2, \cdots, n$,定义 $\boldsymbol{e}_i=(0, \cdots, 1, \cdots, 0)$(第 i 个分量为1,其余分量均为0),易知$\{\boldsymbol{e}_i\}_{i=1}^n$ 为$\mathbb{R}^n$ 的一组标准正交基. 取定充分小的正数 r,使得

$$\mathbb{B}=\{\boldsymbol{x}\pm r\boldsymbol{e}_i \mid i=1,2,\cdots,n\}\subset \mathbf{dom}f$$

对任意 $\boldsymbol{g}\in\partial f(\boldsymbol{x})$,不妨设 $\boldsymbol{g}$ 不为 $\mathbf{0}$. 存在 $\boldsymbol{y}\in\mathbb{B}$ 使得

$$f(\boldsymbol{y})\geqslant f(\boldsymbol{x})+\boldsymbol{g}^{\mathrm{T}}(\boldsymbol{y}-\boldsymbol{x})=f(\boldsymbol{x})+r\|\boldsymbol{g}\|_\infty$$

由此得到

$$\|\boldsymbol{g}\|_\infty\leqslant\frac{\max_{\boldsymbol{y}\in\mathbb{B}}f(\boldsymbol{y})-f(\boldsymbol{x})}{r}<+\infty$$

即 $\partial f(\boldsymbol{x})$ 有界. □

定理 8.3.13. 设 $f(\boldsymbol{x})$在 $\boldsymbol{x}_0\in\mathbf{int\ dom}f$ 处可微,则 $\partial f(\boldsymbol{x}_0)=\{\nabla f(\boldsymbol{x}_0)\}$.

证明. 根据可微凸函数的一阶条件可知梯度 $\nabla f(\boldsymbol{x}_0)$ 为次梯度. 下证 $f(\boldsymbol{x})$ 在点 $\boldsymbol{x}_0$ 处不可能有其他次梯度. 设 $\boldsymbol{g}\in\partial f(\boldsymbol{x}_0)$,根据次梯度的定义,对任意的非零 $\boldsymbol{v}\in\mathbb{R}^n$ 且 $\boldsymbol{x}_0+t\boldsymbol{v}\in\mathbf{dom}f$, $t>0$ 有

$$f(\boldsymbol{x}_0+t\boldsymbol{v})\geqslant f(\boldsymbol{x}_0)+t\boldsymbol{g}^{\mathrm{T}}\boldsymbol{v}$$

若 $\boldsymbol{g}\neq\nabla f(\boldsymbol{x}_0)$,取 $\boldsymbol{v}=\boldsymbol{g}-\nabla f(\boldsymbol{x}_0)\neq\mathbf{0}$, 上式变形为

$$\frac{f(\boldsymbol{x}_0+t\boldsymbol{v})-f(\boldsymbol{x}_0)-t\nabla f(\boldsymbol{x}_0)^{\mathrm{T}}\boldsymbol{v}}{t\|\boldsymbol{v}\|}\geqslant\frac{(\boldsymbol{g}-\nabla f(\boldsymbol{x}_0))^{\mathrm{T}}\boldsymbol{v}}{\|\boldsymbol{v}\|}=\|\boldsymbol{v}\|$$

不等式两边令 $t\to 0$, 根据 Fréchet 可微的定义,左边趋于 0,而右边是非零正数,可得到矛盾. □

和梯度类似,凸函数的次梯度也具有某种单调性. 这一性质在很多和次梯度有关的算法的收敛性分析中起到了关键的作用.

定理 8.3.14. (次梯度的单调性)设 $f:\mathbb{R}^n\to\mathbb{R}$ 为凸函数,$\boldsymbol{x}$, $\boldsymbol{y}\in\mathbf{dom}f$, 则

$$(\boldsymbol{u}-\boldsymbol{v})^{\mathrm{T}}(\boldsymbol{x}-\boldsymbol{y})\geqslant 0$$

其中 $\boldsymbol{u}\in\partial f(\boldsymbol{x})$, $\boldsymbol{v}\in\partial f(\boldsymbol{y})$.

证明. 由次梯度的定义,

$$f(\boldsymbol{y})\geqslant f(\boldsymbol{x})+\boldsymbol{u}^{\mathrm{T}}(\boldsymbol{y}-\boldsymbol{x})$$
$$f(\boldsymbol{x})\geqslant f(\boldsymbol{y})+\boldsymbol{v}^{\mathrm{T}}(\boldsymbol{x}-\boldsymbol{y})$$

将以上两个不等式相加即得结论. □

对于闭凸函数(即凸下半连续函数),次梯度还具有某种连续性.

定理 8.3.15. 设 $f(\boldsymbol{x})$ 是闭凸函数且 ∂f 在点 $\bar{\boldsymbol{x}}$ 附近存在且非空. 若序列 $\boldsymbol{x}^k \to \bar{\boldsymbol{x}}$, $\boldsymbol{g}^k \in \partial f(\boldsymbol{x}^k)$ 为 $f(\boldsymbol{x})$ 在点 $\boldsymbol{x}^k$ 处的次梯度, 且 $\boldsymbol{g}^k \to \bar{\boldsymbol{g}}$, 则 $\bar{\boldsymbol{g}} \in \partial f(\bar{\boldsymbol{x}})$.

证明. 对任意 $\boldsymbol{y} \in \mathbf{dom} f$, 根据次梯度的定义,

$$f(\boldsymbol{y}) \geqslant f(\boldsymbol{x}^k) + \langle \boldsymbol{g}^k, \boldsymbol{y} - \boldsymbol{x}^k \rangle$$

对上述不等式两边取下极限,有

$$\begin{aligned} f(\boldsymbol{y}) &\geqslant \liminf_{k\to\infty} [f(\boldsymbol{x}^k) + \langle \boldsymbol{g}^k, \boldsymbol{y} - \boldsymbol{x}^k \rangle] \\ &\geqslant f(\bar{\boldsymbol{x}}) + \langle \bar{\boldsymbol{g}}, \boldsymbol{y} - \bar{\boldsymbol{x}} \rangle \end{aligned}$$

其中第二个不等式利用了 $f(\boldsymbol{x})$的下半连续性以及 $\boldsymbol{g}^k \to \bar{\boldsymbol{g}}$, 由此可推出 $\bar{\boldsymbol{g}} \in \partial f(\bar{\boldsymbol{x}})$. □

4. 凸函数的方向导数

在微积分的框架内,方向导数的概念对于理解函数在特定方向上的变化率至关重要. 设 f 为适当函数,在点 $\boldsymbol{x}_0$ 处沿方向 $\boldsymbol{d} \in \mathbb{R}^n$(其中 $\boldsymbol{d} \neq 0$),方向导数(若存在)定义为

$$\phi(t) = \lim_{t \downarrow 0} \frac{f(\boldsymbol{x}_0 + t\boldsymbol{d}) - f(\boldsymbol{x}_0)}{t}$$

其中, $t \downarrow 0$ 表示 t 单调趋向于 0. 对于凸函数 $f(\boldsymbol{x})$, 我们可以观察到 $\phi(t)$在区间$(0, +\infty)$上是单调不减的,这意味着极限的存在性可以由下确界 inf 来保证. 因此凸函数在任意给定点和方向上总是可以定义方向导数.

定义 8.3.12. (方向导数)对于凸函数 f, 给定点 $\boldsymbol{x}_0 \in \mathbf{dom} f$ 以及方向 $\boldsymbol{d} \in \mathbb{R}^n$, 其方向导数定义为

$$\partial f(\boldsymbol{x}_0; \boldsymbol{d}) = \inf_{t>0} \frac{f(\boldsymbol{x}_0 + t\boldsymbol{d}) - f(\boldsymbol{x}_0)}{t}$$

方向导数可能是正负无穷,但在定义域的内点处方向导数 $\partial f(\boldsymbol{x}_0; \boldsymbol{d})$ 是有限的.

定理 8.3.16. 设 $f(\boldsymbol{x})$为凸函数, $\boldsymbol{x}_0 \in \mathbf{int\ dom} f$, 则对任意 $\boldsymbol{d} \in \mathbb{R}^n$, $\partial f(\boldsymbol{x}_0; \boldsymbol{d})$ 有限.

证明. 首先 $\partial f(\boldsymbol{x}_0; \boldsymbol{d})$ 不为正无穷是显然的. 由于 $\boldsymbol{x}_0 \in \mathbf{int\ dom} f$, 根据存在定理可知 $f(\boldsymbol{x})$在点 $\boldsymbol{x}_0$ 处存在次梯度 $\boldsymbol{g}$. 根据方向导数的定义,有

$$\begin{aligned} \partial f(\boldsymbol{x}_0; \boldsymbol{d}) &= \inf_{t>0} \frac{f(\boldsymbol{x}_0 + t\boldsymbol{d}) - f(\boldsymbol{x}_0)}{t} \\ &\geqslant \inf_{t>0} \frac{\boldsymbol{g}^{\mathrm{T}} \boldsymbol{d}}{t} = \boldsymbol{g}^{\mathrm{T}} \boldsymbol{d} \end{aligned}$$

其中的不等式利用了次梯度的定义. 这说明 $\partial f(\boldsymbol{x}_0;\ \boldsymbol{d})$ 不为负无穷. □

凸函数的方向导数和次梯度之间有很强的联系. 以下结果表明，凸函数 $f(\boldsymbol{x})$关于 $\boldsymbol{d}$ 的方向导数 $\partial f(\boldsymbol{x};\ \boldsymbol{d})$ 正是 f 在点 $\boldsymbol{x}$ 处的所有次梯度与 $\boldsymbol{d}$ 的内积的最大值.

定理 8.3.17. 设 $f: \mathbb{R}^n \to (-\infty, +\infty]$ 为凸函数，点 $\boldsymbol{x}_0 \in \textbf{int dom} f$，$\boldsymbol{d}$ 为$\mathbb{R}^n$中任一方向，则

$$\partial f(\boldsymbol{x}_0;\ \boldsymbol{d}) = \max_{\boldsymbol{g} \in \partial f(\boldsymbol{x}_0)} \boldsymbol{g}^{\mathrm{T}} \boldsymbol{d}$$

证明. 为了方便，对任意 $\boldsymbol{v} \in \mathbb{R}^m$，我们定义 $q(\boldsymbol{v}) = \partial f(\boldsymbol{x}_0;\ \boldsymbol{v})$. 根据上述命题的证明过程可直接得出对任意 $\boldsymbol{g} \in \partial f(\boldsymbol{x}_0)$，

$$q(\boldsymbol{d}) = \partial f(\boldsymbol{x}_0;\ \boldsymbol{d}) \geqslant \boldsymbol{g}^{\mathrm{T}} \boldsymbol{d}$$

这说明 $\partial f(\boldsymbol{x}_0;\ \boldsymbol{d})$ 是 $\boldsymbol{g}^{\mathrm{T}} \boldsymbol{d}$ 的一个上界，接下来说明该上界为上确界. 构造函数

$$h(\boldsymbol{v},\ t) = t\left(f\left(\boldsymbol{x}_0 + \frac{\boldsymbol{v}}{t}\right) - f(\boldsymbol{x}_0)\right)$$

可知 $h(\boldsymbol{v},\ t)$ 为 $\tilde{f}(\boldsymbol{v}) = f(\boldsymbol{x}_0 + \boldsymbol{v}) - f(\boldsymbol{x}_0)$ 的透视函数，并且

$$q(\boldsymbol{v}) = \inf_{t'>0} \frac{f(\boldsymbol{x}_0 + t'\boldsymbol{v}) - f(\boldsymbol{x}_0)t}{t'} \overset{t=1/t'}{=} \inf_{t>0} h(\boldsymbol{v},\ t)$$

根据定理透视函数保凸性知 $h(\boldsymbol{v},\ t)$为凸函数，又根据取下确界仍为凸函数，因此 $q(\boldsymbol{v})$关于 $\boldsymbol{v}$ 是凸函数. 由上述命题直接可以得出 $\textbf{dom} q = \mathbb{R}^n$，因此 $q(\boldsymbol{v})$在全空间任意一点次梯度存在. 对方向 $\boldsymbol{d}$，设 $\hat{\boldsymbol{g}} \in \partial q(\boldsymbol{d})$，则对任意 $\boldsymbol{v} \in \mathbb{R}^n$以及 $\lambda \geqslant 0$，有

$$\lambda q(\boldsymbol{v}) = q(\lambda \boldsymbol{v}) \geqslant q(\boldsymbol{d}) + \hat{\boldsymbol{g}}^{\mathrm{T}} (\lambda \boldsymbol{v} - \boldsymbol{d})$$

令 $\lambda = 0$，有 $q(\boldsymbol{d}) \leqslant \hat{\boldsymbol{g}}^{\mathrm{T}} \boldsymbol{d}$；令 $\lambda \to +\infty$，有

$$q(\boldsymbol{v}) \geqslant \hat{\boldsymbol{g}}^{\mathrm{T}} \boldsymbol{v}$$

进而推出

$$f(\boldsymbol{x} + \boldsymbol{v}) \geqslant f(\boldsymbol{x}) + q(\boldsymbol{v}) \geqslant f(\boldsymbol{x}) + \hat{\boldsymbol{g}}^{\mathrm{T}} \boldsymbol{v}$$

这说明 $\hat{\boldsymbol{g}} \in \partial f(\boldsymbol{x})$ 且 $\hat{\boldsymbol{g}}^{\mathrm{T}} \boldsymbol{d} \geqslant q(\boldsymbol{d})$. 即 $q(\boldsymbol{d})$ 为 $\boldsymbol{g}^{\mathrm{T}} \boldsymbol{d}$ 的上确界，且当 $\boldsymbol{g} = \hat{\boldsymbol{g}}$ 时上确界达到.

□

上述定理可对一般的 $\boldsymbol{x} \in \textbf{dom} f$ 作如下推广：

定理 8.3.18. 设 f 为适当凸函数，且在 $\boldsymbol{x}_0$ 处次微分不为空集，则对任意 $\boldsymbol{d}\in\mathbb{R}^n$ 有

$$\partial f(\boldsymbol{x}_0;\ \boldsymbol{d})=\sup_{\boldsymbol{g}\in\partial f(\boldsymbol{x}_0)}\boldsymbol{g}^{\mathrm{T}}\boldsymbol{d}$$

且当 $\partial f(\boldsymbol{x}_0;\ \boldsymbol{d})$ 不为无穷时，上确界可以取到.

5. 次梯度的计算规则

如何计算一个不可微凸函数的次梯度在优化算法设计中是很重要的问题. 根据定义来计算次梯度一般来说比较繁琐，我们来介绍一些次梯度的计算规则. 本小节讨论的计算规则都默认 $\boldsymbol{x}\in\textbf{int dom}f$.

(1) **基本规则.** 我们首先不加证明地给出一些计算次梯度(次微分)的基本规则.

① 可微凸函数：设 f 为凸函数，若 f 在点 $\boldsymbol{x}$ 处可微，则 $\partial f(\boldsymbol{x})=\{\nabla f(\boldsymbol{x})\}$.

② 凸函数的非负线性组合：设 $f_1,\ f_2$ 为凸函数，且满足

$$\textbf{int dom}f_1\cap\textbf{dom}f_2\neq\varnothing$$

而 $\boldsymbol{x}\in\textbf{dom}f_1\cap\textbf{dom}f_2$. 若

$$f(\boldsymbol{x})=\alpha_1 f_1(\boldsymbol{x})+\alpha_2 f_2(\boldsymbol{x}),\ \alpha_1,\ \alpha_2\geqslant 0$$

则 $f(\boldsymbol{x})$ 的次微分

$$\partial f(\boldsymbol{x})=\alpha_1\partial f_1(\boldsymbol{x})+\alpha_2\partial f_2(\boldsymbol{x})$$

③ 线性变量替换：设 h 为适当凸函数，并且函数 f 满足

$$f(\boldsymbol{x})=h(\boldsymbol{A}\boldsymbol{x}+\boldsymbol{b}),\ \forall\,\boldsymbol{x}\in\mathbb{R}^m$$

其中 $\boldsymbol{A}\in\mathbb{R}^{n\times m},\ \boldsymbol{b}\in\mathbb{R}^n$. 若存在 $\boldsymbol{x}^{\#}\in\mathbb{R}^m$，使得 $\boldsymbol{A}\boldsymbol{x}^{\#}+\boldsymbol{b}\in\textbf{int dom}h$，则

$$\partial f(\boldsymbol{x})=\boldsymbol{A}^{\mathrm{T}}\partial h(\boldsymbol{A}\boldsymbol{x}+\boldsymbol{b}),\ \forall\,\boldsymbol{x}\in\textbf{int dom}f$$

(2) **两个函数之和的次梯度计算规则.** 以下为 Moreau-Rockafellar 定理给出两个凸函数之和的次微分的计算方法.

定理 8.3.19. 设 $f_1,\ f_2:\mathbb{R}^n\rightarrow(-\infty,+\infty]$ 是两个凸函数，则对任意的 $\boldsymbol{x}_0\in\mathbb{R}^n$，

$$\partial f_1(\boldsymbol{x}_0)+\partial f_2(\boldsymbol{x}_0)\subseteq\partial(f_1+f_2)(\boldsymbol{x}_0)$$

进一步地，若 $\textbf{int dom}f_1\cap\textbf{dom}f_2\neq\varnothing$，则对任意的 $\boldsymbol{x}_0\in\mathbb{R}^n$，

$$\partial(f_1+f_2)(\boldsymbol{x}_0)=\partial f_1(\boldsymbol{x}_0)+\partial f_2(\boldsymbol{x}_0)$$

(3) **函数族的上确界函数的次梯度计算规则.** 前面已经介绍过一族凸函数的上确界函数仍是凸函数. 我们对这样得到的凸函数的次梯度有如下重要结果:

定理 8.3.20. 设 $f_1, f_2, \cdots, f_m: \mathbb{R}^n \to (-\infty, +\infty]$ 均为凸函数,令

$$f(\boldsymbol{x}) = \max\{f_1(\boldsymbol{x}), f_2(\boldsymbol{x}), \cdots, f_m(\boldsymbol{x})\}, \ \forall \boldsymbol{x} \in \mathbb{R}^n$$

对 $\boldsymbol{x}_0 \in \bigcap_{i=1}^m \textbf{int dom} f_i$,定义 $I(\boldsymbol{x}_0) = \{i \mid f_i(\boldsymbol{x}_0) = f(\boldsymbol{x}_0)\}$, 则

$$\partial f(\boldsymbol{x}_0) = \textbf{conv} \bigcup_{i \in I(\boldsymbol{x}_0)} \partial f_i(\boldsymbol{x}_0)$$

(4) **固定分量的函数极小值函数次梯度计算规则.** 设 $h: \mathbb{R}^n \times \mathbb{R}^m \to (-\infty, +\infty]$ 是关于$(\boldsymbol{x}, \boldsymbol{y})$的凸函数,则 $f(\boldsymbol{x}) := \inf_{\boldsymbol{y}} h(\boldsymbol{x}, \boldsymbol{y})$ 是关于 $\boldsymbol{x} \in \mathbb{R}^n$ 的凸函数. 以下结果可以用于求解 f 在点 $\boldsymbol{x}$ 处的一个次梯度.

定理 8.3.21. 考虑函数

$$f(\boldsymbol{x}) = \inf_{\boldsymbol{y}} h(\boldsymbol{x}, \boldsymbol{y})$$

其中

$$h: \mathbb{R}^n \times \mathbb{R}^m \to (-\infty, +\infty]$$

是关于$(\boldsymbol{x}, \boldsymbol{y})$的凸函数. 对 $\hat{\boldsymbol{x}} \in \mathbb{R}^n$,设 $\hat{\boldsymbol{y}} \in \mathbb{R}^m$满足$h(\hat{\boldsymbol{x}}, \hat{\boldsymbol{y}}) = f(\hat{\boldsymbol{x}})$,且存在 $\boldsymbol{g} \in \mathbb{R}^n$使得$(\boldsymbol{g}, \boldsymbol{0}) \in \partial h(\hat{\boldsymbol{x}}, \hat{\boldsymbol{y}})$,则 $\boldsymbol{g} \in \partial f(\hat{\boldsymbol{x}})$.

在机器学习中,存在一些非常常见的不可微的函数,但是存在次梯度. 例如分段线性函数以及 ℓ_1 正则项.

例 8.3.20. (分段线性函数)令

$$f(\boldsymbol{x}) = \max_{i=1, 2, \cdots, m} \{\boldsymbol{a}_i^{\mathrm{T}} \boldsymbol{x} + b_i\}$$

其中 $\boldsymbol{x}, \boldsymbol{a}_i \in \mathbb{R}^n$, $b_i \in \mathbb{R}$, $i = 1, 2, \cdots, m$, 则

$$\partial f(\boldsymbol{x}) = \textbf{conv}\{\boldsymbol{a}_i \mid i \in I(\boldsymbol{x})\}$$

其中

$$I(\boldsymbol{x}) = \{i \mid \boldsymbol{a}_i^{\mathrm{T}} \boldsymbol{x} + b_i = f(\boldsymbol{x})\}$$

例 8.3.21. (ℓ_1 范数)定义 $f: \mathbb{R}^n \to \mathbb{R}$ 为ℓ_1 范数,则对 $\boldsymbol{x} = (x_1, x_2, \cdots, x_n) \in \mathbb{R}^n$,有

$$f(\boldsymbol{x})=\|\boldsymbol{x}\|_1=\max_{\boldsymbol{s}\in\{-1,\,1\}^n}\boldsymbol{s}^{\mathrm{T}}\boldsymbol{x}$$

于是

$$\partial f(\boldsymbol{x})=J_1\times J_2\times\cdots\times J_n,\ J_k=\begin{cases}[-1,\,1], & x_k=0\\ \{1\}, & x_k>0\\ \{-1\}, & x_k<0\end{cases}$$

例 8.3.22. 设$\mathbb{C}$是$\mathbb{R}^n$中一闭凸集,令

$$f(\boldsymbol{x})=\inf_{\boldsymbol{y}\in\mathbb{C}}\|\boldsymbol{x}-\boldsymbol{y}\|_2$$

令 $\hat{\boldsymbol{x}}\in\mathbb{R}^n$,我们来求 f 在 $\hat{\boldsymbol{x}}$ 处的一个次梯度.

(1) 若 $f(\hat{\boldsymbol{x}})=0$,则容易验证 $\boldsymbol{g}=\boldsymbol{0}\in\partial f(\hat{\boldsymbol{x}})$;

(2) 若 $f(\hat{\boldsymbol{x}})>0$,由$\mathbb{C}$是闭凸集,可取 $\hat{\boldsymbol{y}}$ 为 $\hat{\boldsymbol{x}}$ 在$\mathbb{C}$上的投影,即

$$\hat{\boldsymbol{y}}=\mathcal{P}_{\mathrm{C}}(\hat{\boldsymbol{x}}):=\operatorname*{argmin}_{\boldsymbol{y}\in\mathbb{C}}\|\hat{\boldsymbol{x}}-\boldsymbol{y}\|_2$$

利用 $\hat{\boldsymbol{y}}$ 的定义可以验证

$$\boldsymbol{g}=\frac{1}{\|\hat{\boldsymbol{x}}-\hat{\boldsymbol{y}}\|_2}(\hat{\boldsymbol{x}}-\hat{\boldsymbol{y}})=\frac{1}{\|\hat{\boldsymbol{x}}-\mathcal{P}_{\mathrm{C}}(\hat{\boldsymbol{x}})\|_2}(\hat{\boldsymbol{x}}-\mathcal{P}_{\mathrm{C}}(\hat{\boldsymbol{x}}))$$

满足固定分量的函数极小值情形的条件. 故 $\boldsymbol{g}\in\partial f(\hat{\boldsymbol{x}})$.

8.4 凸优化

8.4.1 凸优化问题

1. 凸优化问题的标准形式

定义 8.4.1. 形如

$$\begin{aligned}&\min\quad f_0(\boldsymbol{x})\\&s.t.\quad f_i(\boldsymbol{x})\leqslant 0,\ i=1,\ \cdots,\ m\\&\boldsymbol{a}_j^{\mathrm{T}}\boldsymbol{x}=b_j,\ j=1,\ \cdots,\ p\end{aligned}\tag{8.30}$$

的优化问题,若 $f_0,\ \cdots,\ f_m$ 为**凸函数**,则称为**凸优化问题**. 特别地,当 $m=p=0$ 时,式(8.30)被称为无约束凸优化问题.

标准形式的凸优化问题也经常等价地表达为：

$$\begin{aligned} \min \quad & f_0(\boldsymbol{x}) \\ s.t. \quad & f_i(\boldsymbol{x}) \leqslant 0,\ i=1,\ \cdots,\ m \\ & \boldsymbol{A}\boldsymbol{x}=\boldsymbol{b} \end{aligned}$$

有时原凸优化问题并非上述形式，但可以进行转化成标准形式，如下例题所述.

例 8.4.1.

$$\begin{aligned} \min \quad & f_0(\boldsymbol{x})=x_1^2+x_2^2 \\ s.t. \quad & f_1(\boldsymbol{x})=x_1/(1+x_2^2) \leqslant 0 \\ & h_1(\boldsymbol{x})=(x_1+x_2)^2=0 \end{aligned}$$

可转化成：

$$\begin{aligned} \min \quad & f_0(\boldsymbol{x})=x_1^2+x_2^2 \\ s.t. \quad & f_1(\boldsymbol{x})=x_1 \leqslant 0 \\ & h_1(\boldsymbol{x})=x_1+x_2=0 \end{aligned}$$

对比凸优化问题(8.30)和一般优化问题的标准形式问题(8.7)，可以看出，凸优化问题有三个附加要求：

- 目标函数必须是凸的；
- 不等式约束函数必须是凸的；
- 等式约束函数 $h_i(\boldsymbol{x})=\boldsymbol{a}_i^{\mathrm{T}}\boldsymbol{x}-b_i$ 必须是仿射的.

由凸函数的性质可知：凸优化问题的可行集是凸的. 因此，凸优化问题本质上是在一个凸集上极小化一个凸的目标函数.

2. 凸优化的全局最优性

定理 8.4.1. 凸优化问题中，局部最优点就是(全局)最优点.

证明. 设 $\boldsymbol{x}$ 是凸优化问题的局部最优解，即存在 $R>0$，对任意可行的 $\boldsymbol{z}$ 且 $\|\boldsymbol{z}-\boldsymbol{x}\|_2 \leqslant R$，则 $f_0(\boldsymbol{z}) \geqslant f_0(\boldsymbol{x})$. 设 $\boldsymbol{y}$ 是最优点使得 $f_0(\boldsymbol{y})<f_0(\boldsymbol{x})$，且 $\|\boldsymbol{y}-\boldsymbol{x}\|_2 > R$.

考虑 $\boldsymbol{z}=(1-\theta)\boldsymbol{x}+\theta\boldsymbol{y}$，其中

$$\theta=\frac{R}{2\|\boldsymbol{y}-\boldsymbol{x}\|_2}$$

则易证明 $\| \boldsymbol{z}-\boldsymbol{x} \|_2 = R/2 < R$. 又 $\boldsymbol{z}$ 是两个可行点的凸组合,因此也是可行的. 根据凸函数的性质可知

$$f_0(\boldsymbol{z}) \leqslant (1-\theta) f_0(\boldsymbol{x}) + \theta f_0(\boldsymbol{y}) < f_0(\boldsymbol{x})$$

这与 $\boldsymbol{x}$ 是局部最优解矛盾. □

8.4.2　典型凸优化及其在数据科学中应用示例

1. 线性规划

例 8.4.2.　当目标函数和约束函数都是仿射时,问题称作线性规划(Linear Programming,LP). 一般的线性规划具有以下形式

$$\begin{aligned} \min \quad & \boldsymbol{c}^{\mathrm{T}} \boldsymbol{x} + d \\ s.t. \quad & \boldsymbol{G}\boldsymbol{x} \leqslant h \\ & \boldsymbol{A}\boldsymbol{x} = b \end{aligned} \tag{8.31}$$

其中, $\boldsymbol{G} \in \mathbb{R}^{m\times n}$, $\boldsymbol{A} \in \mathbb{R}^{p\times n}$. 线性规划问题都是凸优化问题.

图 8.20 为线性规划的几何解释. 图中阴影区域 P 为可行域,目标 $\boldsymbol{c}^{\mathrm{T}}\boldsymbol{x}$ 的等值线为与 $\boldsymbol{c}$ 垂直的超平面(虚线),最优解 $\boldsymbol{x}^*$ 是沿 $-\boldsymbol{c}$ 方向的最远点.

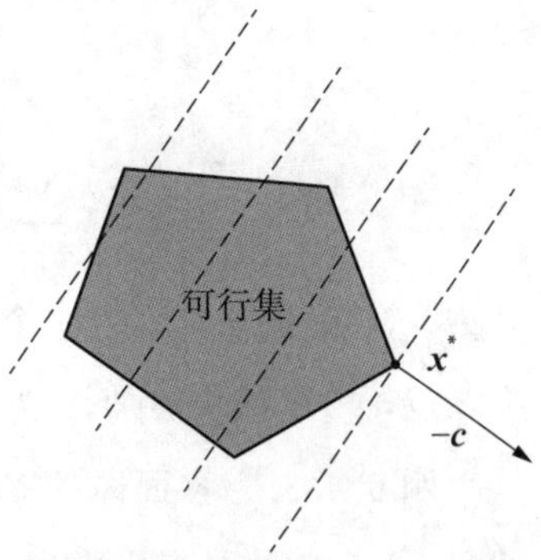

图 8.20　线性规划的几何解释
可行集 $\mathcal{P}$ 是多面体,如阴影所示. 目标 $\boldsymbol{c}^{\mathrm{T}}\boldsymbol{x}$ 是线性的,所以其等位曲线是与 $\boldsymbol{c}$ 正交的超平面(如虚线所示). 点 $\boldsymbol{x}^*$ 是最优的,它是 $\mathcal{P}$ 中在方向 $-\boldsymbol{c}$ 上最远的点.

线性规划目标函数中的常数 d 可省略,因不影响最优解集. 另外,最大化问题可等效为最小化负值,故仿射最大化亦属线性规划范畴.

事实上,线性规划(8.31)已经被广泛深入地研究,人们在研究其求解算法会常常使用:标准形和不等式形. 标准形的线性规划

$$\begin{aligned} \min \quad & \boldsymbol{c}^{\mathrm{T}} \boldsymbol{x} \\ s.t. \quad & \boldsymbol{A}\boldsymbol{x} = \boldsymbol{b} \\ & \boldsymbol{x} \geqslant \boldsymbol{0} \end{aligned} \tag{8.32}$$

中仅有的不等式都是关于变量的非负性约束. 如果线性规划没有等式约束,则称为不等式型的线性规划,常写作

$$\begin{aligned}\min\quad & \boldsymbol{c}^{\mathrm{T}}\boldsymbol{x}\\ s.t.\quad & \boldsymbol{A}\boldsymbol{x}\leqslant\boldsymbol{b}\end{aligned}\tag{8.33}$$

至于线性规划各种形式间的转换，以及更多有关线性规划的介绍，读者参考相关的专著.

线性规划出现在非常多的领域和应用中. 这里我们给出一些典型的例子.

例 8.4.3. 分片线性极小化

$$\min_{\boldsymbol{x}}\max_{i=1,\cdots,m}(\boldsymbol{a}_i^{\mathrm{T}}\boldsymbol{x}+\boldsymbol{b}_i)$$

等价于如下线性规划问题：

$$\begin{aligned}\min\quad & t\\ s.t.\quad & \boldsymbol{a}_i^{\mathrm{T}}\boldsymbol{x}+\boldsymbol{b}_i\leqslant t,\ i=1,\cdots,m\end{aligned}$$

例 8.4.4. 马尔科夫决策过程 在马尔科夫决策过程中，考虑终止时间 $T=\infty$ 的情形. 假设奖励有界，为求出最优动作以及最优期望奖励，将 *Bellman* 方程转化为如下线性规划问题：

$$\begin{aligned}&\max_{V\in\mathbb{R}^{|S|}}\sum_i V(i)\\ s.t.\quad & V(i)\geqslant\sum_j P_a(i,j)(r(i,a)+\gamma V(j)),\ \forall i\in\mathcal{S},\ \forall a\in\mathcal{A}\end{aligned}$$

其中 $V(i)$ 是向量 V 的第 i 个分量，表示从状态 i 出发得到的累积奖励，$P_a(i,j)$ 是转移概率，$r(i,a)$ 是单步奖励，γ 为折现因子.

例 8.4.5. 多面体的 Chebyshev 中心 多面体 $\mathcal{P}=\{\boldsymbol{x}\mid\boldsymbol{a}_i^{\mathrm{T}}\boldsymbol{x}\leqslant b_i,\ i=1,\cdots,m\}$ 的 *Chebyshev* 中心是最大的内切球球心

$$\mathcal{B}=\{\boldsymbol{x}_c+\boldsymbol{u}\mid\|\boldsymbol{u}\|_2\leqslant r\}$$

对于所有的 $\boldsymbol{x}\in\mathcal{B}$，有 $\boldsymbol{a}_i^{\mathrm{T}}\boldsymbol{x}\leqslant b_i$. 这等价于

$$\sup\{\boldsymbol{a}_i^{\mathrm{T}}(\boldsymbol{x}_c+\boldsymbol{u})\mid\|\boldsymbol{u}\|_2\leqslant r\}=\boldsymbol{a}_i^{\mathrm{T}}\boldsymbol{x}_c+r\|\boldsymbol{a}_i\|_2\leqslant b_i$$

因此 $\boldsymbol{x}_c$，r 可以通过解决一个 LP 问题被确定下来

$$\begin{aligned}\max\quad & r\\ s.t.\quad & \boldsymbol{a}_i^{\mathrm{T}}\boldsymbol{x}_c+r\|\boldsymbol{a}_i\|_2\leqslant b_i,\ i=1,\cdots,m\end{aligned}$$

例 8.4.6.　压缩感知中的基追踪问题　基追踪问题是压缩感知中的一个基本问题，可以写为

$$\begin{aligned} \min \quad & \|\boldsymbol{x}\|_1 \\ s.t. \quad & \boldsymbol{A}\boldsymbol{x} = \boldsymbol{b} \end{aligned}$$

对每个$|x_i|$引入一个新的变量z_i，可以将该问题转化为

$$\begin{aligned} \min \quad & \sum\nolimits_{i=1}^{n} z_i \\ s.t. \quad & \boldsymbol{A}\boldsymbol{x} = \boldsymbol{b}, \\ & -z_i \leqslant x_i \leqslant z_i,\ i = 1,\ 2,\ \cdots,\ n \end{aligned}$$

这是一个线性规划问题.

例 8.4.7.　分式线性问题

$$\begin{aligned} \min \quad & f_0(\boldsymbol{x}) \\ s.t. \quad & \boldsymbol{G}\boldsymbol{x} \leqslant \boldsymbol{h} \\ & \boldsymbol{A}\boldsymbol{x} = \boldsymbol{b} \end{aligned}$$

其中

$$f_0(\boldsymbol{x}) = \frac{\boldsymbol{c}^{\mathrm{T}}\boldsymbol{x} + d}{\boldsymbol{e}^{\mathrm{T}}\boldsymbol{x} + f},\ \mathbf{dom} f_0 = \{\boldsymbol{x} \mid \boldsymbol{e}^{\mathrm{T}}\boldsymbol{x} + f \geqslant 0\}$$

可以转换为等价的线性规划

$$\begin{aligned} \min \quad & \boldsymbol{c}^{\mathrm{T}}\boldsymbol{y} + dz \\ s.t. \quad & \boldsymbol{G}\boldsymbol{y} - \boldsymbol{h}z \leqslant \boldsymbol{0} \\ & \boldsymbol{A}\boldsymbol{y} - \boldsymbol{b}z = \boldsymbol{0} \\ & \boldsymbol{e}^{\mathrm{T}}\boldsymbol{y} + fz = 1 \\ & z \geqslant 0 \end{aligned}$$

2. 二次规划

当凸优化问题(8.30)的目标函数是(凸)二次型，并且约束函数为仿射函数时，该问题称为**二次规划**(Quadratic Programming，QP)，具体表示为

$$\min \quad \frac{1}{2}\boldsymbol{x}^{\mathrm{T}}\boldsymbol{P}\boldsymbol{x} + \boldsymbol{q}^{\mathrm{T}}\boldsymbol{x} + \boldsymbol{r}$$

$$
\begin{aligned}
s.t. \quad & \boldsymbol{Gx} \leqslant \boldsymbol{h} \\
& \boldsymbol{Ax} = \boldsymbol{b}
\end{aligned} \tag{8.34}
$$

其中，$\boldsymbol{P} \in \mathcal{S}_+^n$，$\boldsymbol{G} \in \mathbb{R}^{m \times n}$，$\boldsymbol{A} \in \mathbb{R}^{p \times n}$. 可以看出线性规划是二次规划的特例，通过在(8.34)中取 $\boldsymbol{P} = \boldsymbol{O}$ 可得. 实际上求解二次规划问题，相当于在多面体上极小化一个凸二次函数，如图 8.21 所示.

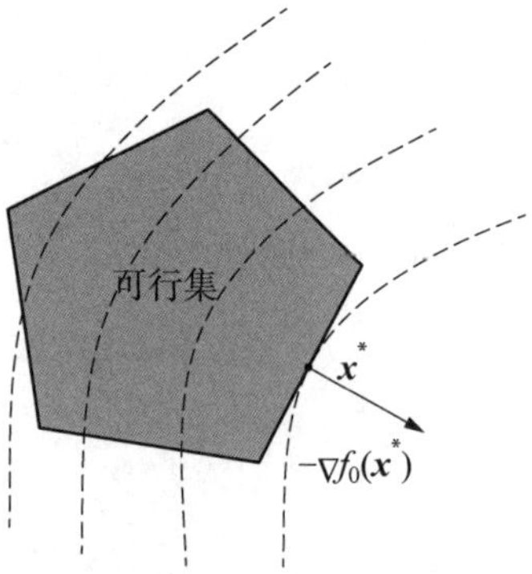

图 8.21　QP 的几何解释

多面体为可行集 $\mathcal{P}$，虚线为凸二次目标函数的等值线. 最优点为 $\boldsymbol{x}^*$.

例 8.4.8.　最小二乘及回归　最小化凸二次函数

$$\| \boldsymbol{Ax} - \boldsymbol{b} \|_2^2 = \boldsymbol{x}^{\mathrm{T}} \boldsymbol{A}^{\mathrm{T}} \boldsymbol{A} \boldsymbol{x} - 2\boldsymbol{b}^{\mathrm{T}} \boldsymbol{A} \boldsymbol{x} + \boldsymbol{b}^{\mathrm{T}} \boldsymbol{b}$$

的问题是一个(无约束的)二次规划. 在很多领域中，都会遇到这个问题，并有很多的名字，例如回归分析或最小二乘逼近. 这个问题很简单，有著名的解析解 $\boldsymbol{x} = \boldsymbol{A}^{\dagger} \boldsymbol{b}$，其中，$\boldsymbol{A}^{\dagger}$ 是 $\boldsymbol{A}$ 的伪逆.

例 8.4.9.　随机线性规划问题

$$
\begin{aligned}
\min \quad & \bar{\boldsymbol{c}}^{\mathrm{T}} \boldsymbol{x} + \gamma \boldsymbol{x}^{\mathrm{T}} \Sigma \boldsymbol{x} = \mathbf{E}(\boldsymbol{c}^{\mathrm{T}} \boldsymbol{x}) + \gamma \, \mathbf{var}(\boldsymbol{c}^{\mathrm{T}} \boldsymbol{x}) \\
s.t. \quad & \boldsymbol{Gx} \leqslant \boldsymbol{h} \\
& \boldsymbol{Ax} = \boldsymbol{b}
\end{aligned}
$$

其中 $\boldsymbol{c}$ 是随机向量，均值为 $\bar{\boldsymbol{c}}$，协方差 Σ. 因此，$\boldsymbol{c}^{\mathrm{T}} \boldsymbol{x}$ 是随机变量，均值 $\bar{\boldsymbol{c}}^{\mathrm{T}} \boldsymbol{x}$，方差 $\boldsymbol{x}^{\mathrm{T}} \Sigma \boldsymbol{x}$. $\gamma > 0$ 为风险厌恶参数；权衡期望损失和方差(风险).

3. 二次约束二次规划(Quadratically Constrained Quadratic Programming，QCQP)

若目标函数与不等式约束函数均为二次函数，则可得到如下二次约束二次规划：

$$
\begin{aligned}
\min \quad & (1/2)\boldsymbol{x}^{\mathrm{T}} \boldsymbol{P}_0 \boldsymbol{x} + \boldsymbol{q}_0^{\mathrm{T}} \boldsymbol{x} + r_0 \\
s.t. \quad & (1/2)\boldsymbol{x}^{\mathrm{T}} \boldsymbol{P}_i \boldsymbol{x} + \boldsymbol{q}_i^{\mathrm{T}} \boldsymbol{x} + r_i \leqslant 0, \; i = 1, \cdots, m \\
& \boldsymbol{Ax} = \boldsymbol{b}
\end{aligned}
$$

$\boldsymbol{P}_i \in \mathcal{S}_+^n$，$i = 0, \cdots, m$，目标和限制函数都是凸二次型. 如果 $\boldsymbol{P}_i \in \mathcal{S}_{++}^n$，可行域是 m 个椭球和一个仿射集合的交集. 显然，二次规划是二次约束二次规划的特例，通过在二次规划中令 $\boldsymbol{P}_i = \boldsymbol{O}$，$i = 1, \cdots, m$ 可得.

4. 半定规划(Semidefinite Programming，SDP)

半定规划是线性规划在矩阵空间中的一种推广，它与线性规划不同的地方是其自变

量取值于半正定矩阵空间. 并具有如下一般形式

$$\begin{aligned}&\min \quad \boldsymbol{c}^{\mathrm{T}}\boldsymbol{x}\\&s.t. \quad x_1\boldsymbol{F}_1+\cdots+x_n\boldsymbol{F}_n+\boldsymbol{G}\preceq 0\\&\qquad\quad \boldsymbol{A}\boldsymbol{x}=\boldsymbol{b}\end{aligned}$$

其中$\boldsymbol{G}$, $\boldsymbol{F}_1$, $\cdots$, $\boldsymbol{F}_n$ 都是对称矩阵. 如果这些矩阵为对角阵,那么上式中的线性矩阵不等式(LMI)等价于 n 个线性不等式,此时,SDP 便退化为线性规划.

仿照线性规划的分析,SDP 同样具有标准形式和不等式形式的半定规划. **标准形式**的 SDP 具有对变量 $\boldsymbol{X}\in\mathcal{S}^n$ 的线性等式约束和(矩阵)非负定约束:

$$\begin{aligned}&\min \quad \mathrm{Tr}(\boldsymbol{C}\boldsymbol{X})\\&s.t. \quad \mathrm{Tr}(\boldsymbol{A}_j\boldsymbol{X})=\boldsymbol{b}_j,\ j=1,\ \cdots,\ p\\&\qquad\quad \boldsymbol{X}\succeq 0\end{aligned}$$

其中$\boldsymbol{C}$, $\boldsymbol{A}_1$, $\cdots$, $\boldsymbol{A}_P\in\mathcal{S}^n$, $\mathrm{Tr}(\cdot)$ 是迹函数. 将这一形式与标准形式的线性规划进行比较,在线性规划(LP)和 SDP 的标准形式中,我们在变量的 p 个线性等式约束和变量非负约束下极小化变量的线性函数.

如同不等式形式的 LP,**不等式形式**的 SDP 不含有等式的约束,但是具有一个 LMI:

$$\begin{aligned}&\min \quad \boldsymbol{c}^{\mathrm{T}}\boldsymbol{x}\\&s.t. \quad x_1\boldsymbol{A}_1+\cdots+x_n\boldsymbol{A}_n\preceq\boldsymbol{B}\end{aligned}$$

其优化变量为 $\boldsymbol{x}\in\mathbb{R}^n$,参数为 $\boldsymbol{B}$, $\boldsymbol{A}_1$, $\cdots$, $\boldsymbol{A}_n\in\mathcal{S}^k$, $\boldsymbol{c}\in\mathbb{R}^n$.

例 8.4.10.　最大割问题的半定规划松弛　令 $\mathcal{G}=(V,\ E)$ 是一个无向图,其中 V 是含有 n 个顶点的顶点集, E 表示边的集合. 假定对于边 $(i,\ j)\in E$ 的权重为 w_{ij}. 最大割问题是找到节点集合 V 的一个子集 U,使得 U 与它的补集 $\bar{U}$ 之间相连边的权重之和最大化. 若令 $x_i=1,\ i\in U$ 和 $x_i=-1,\ i\in\bar{U}$, 则可得如下整数规划

$$\begin{aligned}&\max \quad \frac{1}{2}\sum_{i<j}(1-x_ix_j)w_{ij}\\&s.t. \quad x_i\in\{-1,\ 1\},\ i=1,\ 2,\ \cdots,\ n\end{aligned}\tag{8.35}$$

显然,只有 x_i 与 x_j 不相等时,即分别在集合 U 和 $\bar{U}$ 中,目标函数中 w_{ij} 的系数非零. 该问题很难在多项式时间内找到它的最优解. 接下来探讨如何将其松弛成一个半定规划

问题.

令 $\boldsymbol{W}$ 表示无向图的邻接矩阵,$\boldsymbol{D}$ 表示该图的度矩阵,并定义 $\boldsymbol{A}=-\frac{1}{4}(\boldsymbol{D}-\boldsymbol{W})$ 为图的拉普拉斯矩阵的 $-\frac{1}{4}$ 倍,则问题(8.35)可以等价地写为

$$\begin{aligned} \min \quad & \boldsymbol{x}^{\mathrm{T}}\boldsymbol{A}\boldsymbol{x} \\ s.t. \quad & x_i^2=1,\ i=1,\ 2,\ \cdots,\ n \end{aligned} \tag{8.36}$$

现在令 $\boldsymbol{X}=\boldsymbol{x}\boldsymbol{x}^{\mathrm{T}}$,注意到约束条件 $x_i^2=1$. 利用矩阵形式,我们可将最大割问题化为

$$\begin{aligned} \min \quad & \langle \boldsymbol{A},\ \boldsymbol{X}\rangle \\ s.t. \quad & X_{ii}=1,\ i=1,\ 2,\ \cdots,\ n \\ & \boldsymbol{X}\succeq 0 \\ & \mathrm{rank}(\boldsymbol{X})=1 \end{aligned} \tag{8.37}$$

容易验证问题(8.36)与(8.37)是等价的. 现在将问题(8.37)的约束 $\mathrm{rank}(\boldsymbol{X})=1$ 去掉,那么便得到最大割的半定规划松弛形式

$$\begin{aligned} \min \quad & \langle \boldsymbol{A},\ \boldsymbol{X}\rangle \\ s.t. \quad & X_{ii}=1,\ i=1,\ 2,\ \cdots,\ n \\ & \boldsymbol{X}\succeq 0 \end{aligned} \tag{8.38}$$

需要声明的是问题(8.38)与原问题并不等价,但确实能得到一个较好的近似解.

例 8.4.11. ***QCQP* 问题的半定规划松弛** 考虑二次约束二次规划问题

$$\begin{aligned} \min_{\boldsymbol{x}\in\mathbb{R}^n} \quad & \boldsymbol{x}^{\mathrm{T}}\boldsymbol{A}_0\boldsymbol{x}+2\boldsymbol{b}_0^{\mathrm{T}}\boldsymbol{x}+c_0 \\ s.t. \quad & \boldsymbol{x}^{\mathrm{T}}\boldsymbol{A}_i\boldsymbol{x}+2\boldsymbol{b}_i^{\mathrm{T}}\boldsymbol{x}+c_i\leqslant 0,\ i=1,\ 2,\ \cdots,\ m \end{aligned} \tag{8.39}$$

其中 $\boldsymbol{A}_i$ 为 $n\times n$ 对称矩阵. 当部分 $\boldsymbol{A}_i$ 为对称不定矩阵时,问题(8.39)是 NP 难的非凸优化问题. 现在我们写出问题(8.39)的半定规划松弛问题. 对任意 $\boldsymbol{x}\in\mathbb{R}^n$ 以及 $\boldsymbol{A}\in\mathcal{S}^n$,有恒等式

$$\boldsymbol{x}^{\mathrm{T}}\boldsymbol{A}\boldsymbol{x}=\mathrm{Tr}(\boldsymbol{x}^{\mathrm{T}}\boldsymbol{A}\boldsymbol{x})=\mathrm{Tr}(\boldsymbol{A}\boldsymbol{x}\boldsymbol{x}^{\mathrm{T}})=\langle \boldsymbol{A},\ \boldsymbol{x}\boldsymbol{x}^{\mathrm{T}}\rangle$$

因此该优化问题中所有的二次项均可用下面的方式进行等价刻画:

$$\boldsymbol{x}^{\mathrm{T}}\boldsymbol{A}_i\boldsymbol{x}+2\boldsymbol{b}_i^{\mathrm{T}}\boldsymbol{x}+c_i=\langle \boldsymbol{A}_i,\ \boldsymbol{x}\boldsymbol{x}^{\mathrm{T}}\rangle+2\boldsymbol{b}_i^{\mathrm{T}}\boldsymbol{x}+c_i$$

所以，原始问题等价于

$$
\begin{aligned}
\min_{x\in\mathbb{R}^n} & \langle \boldsymbol{A}_0, \boldsymbol{X}\rangle + 2\boldsymbol{b}_0^{\mathrm{T}}\boldsymbol{x} + c_0 \\
s.t.\quad & \langle \boldsymbol{A}_i, \boldsymbol{X}\rangle + 2\boldsymbol{b}_i^{\mathrm{T}}\boldsymbol{x} + c_i \leqslant 0,\ i=1,2,\cdots,m \\
& \boldsymbol{X} = \boldsymbol{x}\boldsymbol{x}^{\mathrm{T}}
\end{aligned}
$$

进一步地，

$$
\begin{aligned}
\boldsymbol{x}^{\mathrm{T}}\boldsymbol{A}_i\boldsymbol{x} + 2\boldsymbol{b}_i^{\mathrm{T}}\boldsymbol{x} + c_i &= \left\langle \begin{pmatrix} \boldsymbol{A}_i & \boldsymbol{b}_i \\ \boldsymbol{b}_i^{\mathrm{T}} & c_i \end{pmatrix}, \begin{pmatrix} \boldsymbol{X} & \boldsymbol{x} \\ \boldsymbol{x}^{\mathrm{T}} & 1 \end{pmatrix} \right\rangle \\
&=: \langle \hat{\boldsymbol{A}}_i, \hat{\boldsymbol{X}}\rangle,\ i=0,1,\cdots,m
\end{aligned}
$$

接下来将等价问题(8.39)松弛为半定规划问题. 在问题(8.39)中，唯一的非线性部分是约束 $\boldsymbol{X}=\boldsymbol{x}\boldsymbol{x}^{\mathrm{T}}$，我们将其松弛成半正定约束 $\boldsymbol{X}\succeq\boldsymbol{x}\boldsymbol{x}^{\mathrm{T}}$. 可以证明 $\hat{\boldsymbol{X}}\succeq 0$ 与 $\boldsymbol{X}\succeq\boldsymbol{x}\boldsymbol{x}^{\mathrm{T}}$ 是等价的. 因此这个问题的半定规划松弛可以写成

$$
\begin{aligned}
\min\quad & \langle \hat{\boldsymbol{A}}_0, \hat{\boldsymbol{X}}\rangle \\
s.t.\quad & \langle \hat{\boldsymbol{A}}_i, \hat{\boldsymbol{X}}\rangle \leqslant 0,\ i=1,2,\cdots,m \\
& \hat{\boldsymbol{X}} \succeq 0 \\
& \hat{\boldsymbol{X}}_{n+1,n+1} = 1
\end{aligned}
$$

其中“松弛”来源于我们将 $\boldsymbol{X}=\boldsymbol{x}\boldsymbol{x}^{\mathrm{T}}$ 替换成了 $\boldsymbol{X}\succeq\boldsymbol{x}\boldsymbol{x}^{\mathrm{T}}$.

习　题

习题 8.1.　下面的集合哪些是凸集？

(1) 平板，即形如 $\{x\in\mathbb{R}^n \mid \alpha\leqslant\boldsymbol{a}^{\mathrm{T}}\boldsymbol{x}\leqslant\beta\}$ 的集合.

(2) 矩形，即形如 $\{x\in\mathbb{R}^n \mid \alpha_i\leqslant x_i\leqslant\beta_i,\ i=1,\cdots,n\}$ 的集合. 当 $n>2$ 时，矩形有时也称为超矩形.

(3) 楔形，即 $\{\boldsymbol{x}\in\mathbb{R}^n \mid \boldsymbol{a}_1^{\mathrm{T}}\boldsymbol{x}\leqslant b_1,\ \boldsymbol{a}_2^{\mathrm{T}}\boldsymbol{x}\leqslant b_2\}$.

(4) 距离给定点比距离给定集合近的点构成的集合，即

$$\{\boldsymbol{x} \mid \|\boldsymbol{x}-\boldsymbol{x}_0\|_2 \leqslant \|\boldsymbol{x}-\boldsymbol{y}\|_2,\ \forall \boldsymbol{y} \in \mathbb{S}\}$$

其中 $\mathbb{S} \subseteq \mathbb{R}^n$.

习题 8.2. 令 $\mathbb{C} \subseteq \mathbb{R}^n$ 为下列二次不等式的解集,

$$\mathbb{C}=\{\boldsymbol{x} \in \mathbb{R}^n \mid \boldsymbol{x}^{\mathrm{T}}\boldsymbol{A}\boldsymbol{x}+\boldsymbol{b}^{\mathrm{T}}\boldsymbol{x}+c \leqslant 0\}$$

其中 $\boldsymbol{A} \in \mathbb{S}^n$, $\boldsymbol{b} \in \mathbb{R}^n$, $c \in \mathbb{R}$.

(1) 证明:如果 $\boldsymbol{A} \succeq 0$, 那么$\mathbb{C}$是凸集.

(2) 证明:如果对某些 $\lambda \in \mathbb{R}$ 有 $\boldsymbol{A}+\lambda\boldsymbol{g}\boldsymbol{g}^{\mathrm{T}} \succeq 0$,那么$\mathbb{C}$和由 $\boldsymbol{g}^{\mathrm{T}}\boldsymbol{x}+h=0$(这里 $\boldsymbol{g} \neq \boldsymbol{0}$) 定义的超平面的交集是凸集.

习题 8.3. 证明:如果$\mathbb{S}_1$和$\mathbb{S}_2$是$\mathbb{R}^{m\times n}$中的凸集,那么它们的部分和

$$\mathbb{S}=\{(\boldsymbol{x},\ \boldsymbol{y}_1+\boldsymbol{y}_2) \mid \boldsymbol{x} \in \mathbb{R}^m,\ \boldsymbol{y}_1,\ \boldsymbol{y}_2 \in \mathbb{R}^n,\ (\boldsymbol{x},\ \boldsymbol{y}_1) \in \mathbb{S}_1,\ (\boldsymbol{x},\ \boldsymbol{y}_2) \in \mathbb{S}_2\}$$

也是凸的.

习题 8.4. 支撑超平面

(1) 将闭凸集 $\{\boldsymbol{x} \in \mathbb{R}_+^2 \mid x_1x_2 \geqslant 1\}$ 表示为半空间的交集.

(2) 令 $\mathbb{C}=\{\boldsymbol{x} \in \mathbb{R}^n \mid \|\boldsymbol{x}\|_\infty \leqslant 1\}$ 表示$\mathbb{R}^n$空间中的单位l_∞范数球,并令 $\hat{\boldsymbol{x}}$ 为$\mathbb{C}$的边界上的点. 显示地写出集合$\mathbb{C}$在 $\hat{\boldsymbol{x}}$ 处的支撑超平面.

习题 8.5. 设 $f:\mathbb{R} \to \mathbb{R}$ 递增,在其定义域$(a,\ b)$是凸函数,令 g 表示其反函数,即具有定义域$(f(a),\ f(b))$,且对所有 $a<x<b$ 满足$g(f(x))=x$. 函数 g 是凸函数还是凹函数? 为什么?

习题 8.6. 证明:*Gauss* 概率密度函数的累积分布函数

$$\Phi(x)=\frac{1}{\sqrt{2\pi}}\int_{-\infty}^{x} e^{-u^2/2}du$$

是对数-凹函数. 即 $\log(\Phi(x))$ 是凹函数.

习题 8.7. 利用凸函数二阶条件证明如下结论:

(1) $\ln-\sum-\exp$ 函数: $f(x)=\ln\sum_{k=1}^{n}\exp x_k$ 是凸函数;

(2) 几何平均: $f(\boldsymbol{x})=(\prod_{k=1}^{n}x_k)^{1/n}$ $(\boldsymbol{x} \in \mathbb{R}_{++}^n)$ 是凹函数;

(3) 设 $f(\boldsymbol{x})=\left(\sum_{i=1}^{n}x_i^p\right)^{1/p}$,其中 $p \in (0,\ 1)$,定义域为 $\boldsymbol{x}>\boldsymbol{0}$, 则 $f(x)$是凹函数.

习题 8.8. 计算 $f(x)$ 的共轭函数，以及共轭函数的定义域.

(1) $f(x)=-\log x$

(2) $f(x)=e^x$

习题 8.9. 考虑如下带有半正定约束的优化问题：

$$\begin{aligned}\min\quad & \mathrm{Tr}(\boldsymbol{X})\\ s.t.\quad & \begin{bmatrix}\boldsymbol{A} & \boldsymbol{B}\\ \boldsymbol{B}^{\mathrm{T}} & \boldsymbol{X}\end{bmatrix}\succeq 0\\ & \boldsymbol{X}\in\mathcal{S}^n,\end{aligned}$$

其中 $\boldsymbol{A}$ 是正定矩阵. 证明：此优化问题的解为 $\boldsymbol{X}=\boldsymbol{B}^{\mathrm{T}}\boldsymbol{A}^{-1}\boldsymbol{B}$.

习题 8.10. 证明：函数 $f(\boldsymbol{A},\boldsymbol{B})=\mathrm{Tr}(\boldsymbol{B}^{\mathrm{T}}\boldsymbol{A}^{-1}\boldsymbol{B})$ 关于 $(\boldsymbol{A},\boldsymbol{B})$ 是凸函数，其中 $f(\boldsymbol{A},\boldsymbol{B})$ 的定义域 $\mathrm{dom} f=\mathcal{S}_{++}^m\times\mathbb{R}^{m\times n}$.

习题 8.11. 求下列函数的共轭函数：

(1) 负熵：$\sum_{i=1}^n x_i\ln x_i$；

(2) 矩阵对数：$f(\boldsymbol{X})=-\ln\det(\boldsymbol{X})$；

(3) 最大值函数：$f(\boldsymbol{x})=\max_i x_i$；

(4) 二次锥上的对数函数：$f(\boldsymbol{x},t)=-\ln(t^2-\boldsymbol{x}^{\mathrm{T}}\boldsymbol{x})$，注意这里 f 的自变量是 $(\boldsymbol{x},t)$.

习题 8.12. 给定函数 $f(\boldsymbol{X})=\mathrm{Tr}(\boldsymbol{X}^{-1})$，定义域 $\mathbf{dom} f=\mathcal{S}_{++}^n$. 证明：$f(\boldsymbol{X})$ 的共轭函数为：

$$f^*(\boldsymbol{Y})=-2\mathrm{Tr}(-\boldsymbol{Y})^{1/2},\ \mathbf{dom} f^*=-\mathcal{S}_{+}^n.$$

习题 8.13. 求下列函数的一个次梯度：

(1) $f(\boldsymbol{x})=\|\boldsymbol{Ax}-\boldsymbol{b}\|_2+\|\boldsymbol{x}\|_2$；

(2) $f(x)=\inf\|\boldsymbol{Ay}-\boldsymbol{x}\|_\infty$，这里可以假设能够取到 $\hat{\boldsymbol{y}}$，使得 $\|\boldsymbol{A}\hat{\boldsymbol{y}}-\boldsymbol{x}\|_\infty=f(\boldsymbol{x})$.

习题 8.14. 考虑优化问题

$$\begin{aligned}\min\quad & f_0(x_1,x_2)\\ s.t.\quad & 2x_1+x_2\geqslant 1\\ & x_1+3x_2\geqslant 1\\ & x_1\geqslant 0,\ x_2\geqslant 0\end{aligned}$$

给出以下函数最优集和最优值

(1) $f_0(x_1, x_2)=x_1+x_2$

(2) $f_0(x_1, x_2)=-x_1-x_2$

(3) $f_0(x_1, x_2)=x_1$

(4) $f_0(x_1, x_2)=\max\{x_1, x_2\}$

(5) $f_0(x_1, x_2)=x_1^2+9x_2^2$

习题 8.15. 证明：$\boldsymbol{x}^*=(1, 1/2, -1)$ 是如下优化问题的最优解

$$\begin{aligned} \min \quad & (1/2)\boldsymbol{x}^{\mathrm{T}}\boldsymbol{P}\boldsymbol{x}+\boldsymbol{q}^{\mathrm{T}}\boldsymbol{x}+r \\ s.t. \quad & -1\leqslant x_i\leqslant 1, i=1, 2, 3 \end{aligned}$$

其中

$$\boldsymbol{P}=\begin{bmatrix} 13 & 12 & -2 \\ 12 & 17 & 6 \\ -2 & 6 & 12 \end{bmatrix}, \boldsymbol{q}=\begin{bmatrix} -22.0 \\ -14.5 \\ 13.0 \end{bmatrix}, r=1$$

习题 8.16. 考虑极小化二次函数

$$f_0(\boldsymbol{x})=(1/2)\boldsymbol{x}^{\mathrm{T}}\boldsymbol{P}\boldsymbol{x}+\boldsymbol{q}^{\mathrm{T}}\boldsymbol{x}+r$$

其中，$\boldsymbol{P}\in\mathcal{S}_+^n$ (n 阶半正定矩阵). 给出 $\boldsymbol{x}$ 为 f_0 最小解的重要条件，并说明 $\boldsymbol{x}$ 何时无解，有唯一解，有多个解.

第九章

最优性条件和对偶理论

本章将讨论优化问题的最优解条件，这有助于我们去求解优化问题. 首先将看到大家所熟悉的无约束优化的最优性条件，例如对于可微函数必定是驻点. 因此，我们有了求解梯度为零的直接解法或梯度下降的迭代法(第十章的内容). 其次，本章将介绍拉格朗日对偶函数和拉格朗日对偶问题，把标准形式(可能是非凸)的优化问题转化为对偶问题进行求解；从而得到约束优化的最优性条件. 本章最后介绍了数据科学中各种常见的优化问题的对偶性问题.

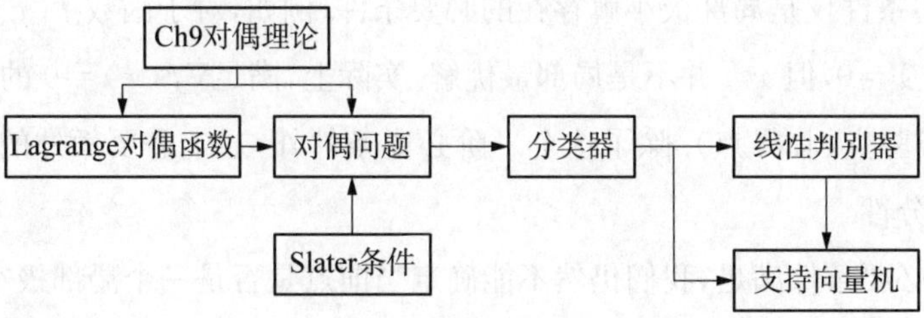

图 9.1 本章导图

9.1 无约束优化的最优性条件

求解优化问题需要清楚最优解应当满足何种条件，即最优性条件. 通过最优性条件，将可获得解析解求解的表达式，抑或者是数值解的迭代求解方法. 先考虑如下无约束优化问题：

$$\min \quad f(\boldsymbol{x}) \tag{9.1}$$

1. 无约束可微问题的最优性条件

根据多元函数微积分的知识，可知最优解处的一阶必要条件为：

定理 9.1.1. 假设 f 在全空间$\mathbb{R}^n$可微. 若 $\boldsymbol{x}^*$ 是一个局部极小解，那么

$$\nabla f(\boldsymbol{x}^*)=\boldsymbol{0} \tag{9.2}$$

证明. 任取 $\boldsymbol{v}\in\mathbb{R}^n$，考虑 f 在点 $\boldsymbol{x}=\boldsymbol{x}^*$ 处的泰勒展开

$$f(\boldsymbol{x}^*+t\boldsymbol{v})=f(\boldsymbol{x}^*)+t\boldsymbol{v}^{\mathrm{T}}\nabla f(\boldsymbol{x}^*)+o(t)$$

整理得

$$\frac{f(\boldsymbol{x}^*+t\boldsymbol{v})-f(\boldsymbol{x}^*)}{t}=\boldsymbol{v}^{\mathrm{T}}\nabla f(\boldsymbol{x}^*)+o(1)$$

根据 $\boldsymbol{x}^*$ 的最优性，在上式中分别对 t 取点 0 处的左、右极限可知

$$\lim_{t\to 0^+}\frac{f(\boldsymbol{x}^*+t\boldsymbol{v})-f(\boldsymbol{x}^*)}{t}=\boldsymbol{v}^{\mathrm{T}}\nabla f(\boldsymbol{x}^*)\geqslant 0$$

$$\lim_{t\to 0^-}\frac{f(\boldsymbol{x}^*+t\boldsymbol{v})-f(\boldsymbol{x}^*)}{t}=\boldsymbol{v}^{\mathrm{T}}\nabla f(\boldsymbol{x}^*)\leqslant \boldsymbol{0}$$

即对任意的 $\boldsymbol{v}$ 有 $\boldsymbol{v}^{\mathrm{T}}\nabla f(\boldsymbol{x}^*)=0$，由 $\boldsymbol{v}$ 的任意性知 $\nabla f(\boldsymbol{x}^*)=\boldsymbol{0}$. □

注意：上述条件仅是局部极小解存在的必要条件. 例如，对于函数 $f(x)=x^3$，在 $x^*=0$ 处，有 $f'(x^*)=0$，但 x^* 并不是局部最优解. 实际上，满足 $\nabla f(x)=0$ 的点 x 称为函数 f 的稳定点(或驻点、临界点). 除了这个一阶必要条件外，通常需要额外的限制条件来确保最优解的充分性.

如果一阶必要条件满足，我们仍然不能确定当前点是否是一个局部极小点. 这里考虑使用二阶信息来进一步判断给定点的最优性. 实际上，若函数具有二阶连续可微的性质，则根据多元函数的泰勒展开可得如下定理：

定理 9.1.2. 假设 f 在点 $\boldsymbol{x}^*$ 的一个开邻域内是二阶连续可微的，则以下最优性条件成立：

- 二阶必要条件：如果 $\boldsymbol{x}^*$ 是 f 的一个局部极小点，那么

$$\nabla f(\boldsymbol{x}^*)=\boldsymbol{0},\ \nabla^2 f(\boldsymbol{x}^*)\succeq \boldsymbol{0}$$

- 二阶充分条件：如果在点 $\boldsymbol{x}^*$ 处，有

$$\nabla f(\boldsymbol{x}^*)=\boldsymbol{0},\ \nabla^2 f(\boldsymbol{x}^*)\succ \boldsymbol{0}$$

成立，那么 $\boldsymbol{x}^*$ 是 f 的一个局部极小点.

证明. 考虑 $f(\boldsymbol{x})$ 在点 $\boldsymbol{x}^*$ 处的二阶泰勒展开，

$$f(\boldsymbol{x}^*+\boldsymbol{d})=f(\boldsymbol{x}^*)+\frac{1}{2}\boldsymbol{d}^{\mathrm{T}}\nabla^2 f(\boldsymbol{x}^*)\boldsymbol{d}+o(\|\boldsymbol{d}\|^2)$$

这里因为一阶必要条件成立，所以 $\nabla f(\boldsymbol{x}^*)=\boldsymbol{0}$. 反设 $\nabla^2 f(\boldsymbol{x}^*)\succeq 0$ 不成立，即 $\nabla^2 f(\boldsymbol{x}^*)$ 有负的特征值. 取 $\boldsymbol{d}$ 为其负特征值 λ_- 对应的特征向量，通过对上式变形得到

$$\frac{f(\boldsymbol{x}^*+\boldsymbol{d})-f(\boldsymbol{x}^*)}{\|\boldsymbol{d}\|^2}=\frac{1}{2}\frac{\boldsymbol{d}^{\mathrm{T}}}{\|\boldsymbol{d}\|}\nabla^2 f(\boldsymbol{x}^*)\frac{\boldsymbol{d}}{\|\boldsymbol{d}\|}+o(1)$$

这里注意$\frac{\boldsymbol{d}}{\|\boldsymbol{d}\|}$是$\boldsymbol{d}$的单位化,因此

$$\frac{f(\boldsymbol{x}^*+\boldsymbol{d})-f(\boldsymbol{x}^*)}{\|\boldsymbol{d}\|^2}=\frac{1}{2}\lambda_-+o(1)$$

当$\|\boldsymbol{d}\|$充分小时,$f(\boldsymbol{x}^*+\boldsymbol{d})<f(\boldsymbol{x}^*)$,这和点$\boldsymbol{x}^*$的最优性矛盾.因此二阶必要条件成立.当$\nabla^2 f(\boldsymbol{x})\succ 0$时,对任意的$\boldsymbol{d}\neq\boldsymbol{0}$有$\boldsymbol{d}^{\mathrm{T}}\nabla^2 f(\boldsymbol{x}^*)\boldsymbol{d}\geqslant\lambda_{\min}\|\boldsymbol{d}\|^2>0$,这里$\lambda_{\min}>0$是$\nabla^2 f(\boldsymbol{x}^*)$的最小特征值.因此有

$$\frac{f(\boldsymbol{x}^*+\boldsymbol{d})-f(\boldsymbol{x}^*)}{\|\boldsymbol{d}\|^2}\geqslant\frac{1}{2}\lambda_{\min}+o(1)$$

当$\|\boldsymbol{d}\|$充分小时有$f(\boldsymbol{x}^*+\boldsymbol{d})\geqslant f(\boldsymbol{x}^*)$,即二阶充分条件成立. □

我们以线性最小二乘问题为例来说明其最优性条件的具体形式.

例 9.1.1. 线性最小二乘问题可以表示为

$$\min_{\boldsymbol{x}\in\mathbb{R}^n} f(\boldsymbol{x})=\frac{1}{2}\|\boldsymbol{b}-\boldsymbol{A}\boldsymbol{x}\|_2^2$$

其中$\boldsymbol{A}\in\mathbb{R}^{m\times n}$,$\boldsymbol{b}\in\mathbb{R}^m$分别是给定的矩阵和向量.易知$f(\boldsymbol{x})$是可微且凸的,因此,$\boldsymbol{x}^*$为一个全局最优解当且仅当

$$\nabla f(\boldsymbol{x}^*)=\boldsymbol{A}^{\mathrm{T}}(\boldsymbol{A}\boldsymbol{x}^*-\boldsymbol{b})=\boldsymbol{0}$$

因此,线性最小二乘问题本质上等于求解线性方程组,可以利用数值代数知识对其有效求解.

2. 无约束不可微优化的最优性条件

本节仍考虑问题:

$$\min_{\boldsymbol{x}\in\mathbb{R}^n} f(\boldsymbol{x})$$

但其中$f(\boldsymbol{x})$为不可微函数.很多实际问题的目标函数不是光滑的,例如$f(\boldsymbol{x})=\|\boldsymbol{x}\|_1$.对于此类问题,由于目标函数可能不存在梯度和海瑟矩阵,因此上一小节中的一阶和二阶条件不适用.此时我们必须使用其他最优性条件来判断不可微问题的最优点.

(1) **优化问题一阶充要条件**.对于目标函数是凸函数的情形,我们已经引入了次梯度

的概念并给出了其计算法则. 一个自然的问题是：可以利用次梯度代替梯度来构造最优性条件吗？实际上有如下定理：

定理 9.1.3. 假设 f 是适当且凸的函数，则 $\boldsymbol{x}^*$ 为无约束优化问题的一个全局极小点当且仅当

$$\mathbf{0} \in \partial f(\boldsymbol{x}^*)$$

证明. 先证必要性. 因为 $\boldsymbol{x}^*$ 为全局极小点，所以

$$f(\boldsymbol{y}) \geqslant f(\boldsymbol{x}^*) = f(\boldsymbol{x}^*) + \mathbf{0}^{\mathrm{T}}(\boldsymbol{y} - \boldsymbol{x}^*), \quad \forall \boldsymbol{y} \in \mathbb{R}^n$$

因此，$\mathbf{0} \in \partial f(\boldsymbol{x}^*)$. 再证充分性. 如果 $\mathbf{0} \in \partial f(\boldsymbol{x}^*)$，那么根据次梯度的定义

$$f(\boldsymbol{y}) \geqslant f(\boldsymbol{x}^*) + \mathbf{0}^{\mathrm{T}}(\boldsymbol{y} - \boldsymbol{x}^*) = f(\boldsymbol{x}^*), \quad \forall \boldsymbol{y} \in \mathbb{R}^n$$

因而 $\boldsymbol{x}^*$ 为一个全局极小点. □

这说明条件 $\mathbf{0} \in \partial f(\boldsymbol{x}^*)$ 是 $\boldsymbol{x}^*$ 为全局最优解的充要条件. 这个结论比前面的一阶条件要强，其原因是凸问题有非常好的性质.

(2) **复合优化问题的一阶必要条件**. 在实际问题中，目标函数不一定是凸函数，但它可以写成一个光滑函数与一个非光滑凸函数的和. 在压缩感知中，我们使用 ℓ_1 范数来获得信号的稀疏性；再比如在机器学习中使用 ℓ_1 正则化；还有经典的 LASSO 回归问题. 这时我们需要考虑复合优化问题

$$\min_{\boldsymbol{x} \in \mathbb{R}^n} \psi(\boldsymbol{x}) = f(\boldsymbol{x}) + h(\boldsymbol{x}) \tag{9.3}$$

其中 f 为光滑函数(可能非凸)，h 为凸函数(可能非光滑). 对于其任何局部最优解，我们给出如下一阶必要条件：

定理 9.1.4. 令 $\boldsymbol{x}^*$ 为问题(9.3)的一个局部极小点，那么

$$-\nabla f(\boldsymbol{x}^*) \in \partial h(\boldsymbol{x}^*)$$

其中$\partial h(\boldsymbol{x}^*)$为凸函数 h 在点 $\boldsymbol{x}^*$ 处的次梯度集合.

证明. 因为 $\boldsymbol{x}^*$ 为一个局部极小点，所以对于任意单位向量 $\boldsymbol{d} \in \mathbb{R}^n$和足够小的 $t > 0$，

$$f(\boldsymbol{x}^* + t\boldsymbol{d}) + h(\boldsymbol{x}^* + t\boldsymbol{d}) \geqslant f(\boldsymbol{x}^*) + h(\boldsymbol{x}^*)$$

给定任一方向 $\boldsymbol{d} \in \mathbb{R}^n$，其中$\|\boldsymbol{d}\| = 1$. 因为对光滑函数和凸函数都可以考虑方向导数，根

据方向导数的定义，

$$\begin{aligned}\psi'(\boldsymbol{x}^*;\boldsymbol{d})&=\lim_{t\to 0_+}\frac{\psi(\boldsymbol{x}^*+t\boldsymbol{d})-\psi(\boldsymbol{x}^*)}{t}\\&=\nabla f(\boldsymbol{x}^*)^{\mathrm{T}}\boldsymbol{d}+\partial h(\boldsymbol{x}^*;\boldsymbol{d})\\&=\nabla f(\boldsymbol{x}^*)^{\mathrm{T}}\boldsymbol{d}+\sup_{\boldsymbol{\theta}\in\partial h(\boldsymbol{x}^*)}\boldsymbol{\theta}^{\mathrm{T}}\boldsymbol{d}\end{aligned}$$

其中$\partial h(\boldsymbol{x}^*;\boldsymbol{d})$表示凸函数$h(\boldsymbol{x})$在点$\boldsymbol{x}^*$处的方向导数，最后一个等式利用了凸函数方向导数和次梯度的关系. 现在用反证法证明我们所需要的结论. 反设$-\nabla f(\boldsymbol{x}^*)\notin\partial h(\boldsymbol{x}^*)$，根据次梯度的性质可知$\partial h(\boldsymbol{x}^*)$是有界闭凸集，又根据严格分离定理，存在$\boldsymbol{d}\in\mathbb{R}^n$以及常数$b$使得

$$\boldsymbol{\theta}^{\mathrm{T}}\boldsymbol{d}<b<-\nabla f(\boldsymbol{x}^*)^{\mathrm{T}}\boldsymbol{d},\ \forall\boldsymbol{\theta}\in\partial h(\boldsymbol{x}^*)$$

根据$\partial h(\boldsymbol{x}^*)$是有界闭集可知对此方向$\boldsymbol{d}$，

$$\psi'(\boldsymbol{x}^*;\boldsymbol{d})=\nabla f(\boldsymbol{x}^*)^{\mathrm{T}}\boldsymbol{d}+\sup_{\boldsymbol{\theta}\in\partial h(\boldsymbol{x}^*)}\boldsymbol{\theta}^{\mathrm{T}}\boldsymbol{d}<0$$

这说明对充分小的非负实数t，

$$\psi(\boldsymbol{x}^*+t\boldsymbol{d})<\psi(\boldsymbol{x}^*)$$

这与$\boldsymbol{x}^*$的局部极小性矛盾. 因此$-\nabla f(\boldsymbol{x}^*)\in\partial h(\boldsymbol{x}^*)$. □

该定理给出了当目标函数一部分是非光滑凸函数时的一阶必要条件. 在这里注意，由于目标函数可能是整体非凸的，因此一般没有一阶充分条件.

例 9.1.2. 以ℓ_1范数正则化的优化问题为例，给出其最优解的最优性条件. 前面我们已经介绍其一般形式可以写成

$$\min_{\boldsymbol{x}\in\mathbb{R}^n}\psi(\boldsymbol{x})=f(\boldsymbol{x})+\mu\|\boldsymbol{x}\|_1$$

其中$f(\boldsymbol{x})$:$\mathbb{R}^n\to\mathbb{R}$为光滑函数，正则系数$\mu>0$用来调节解的稀疏度.

尽管$\|\boldsymbol{x}\|_1$不是可微的，但可以计算其次微分，在次梯度计算的例子中，我们已经计算出

$$\partial_i\|\boldsymbol{x}\|_1=\begin{cases}\{1\}, & x_i>0\\ [-1,1], & x_i=0\\ \{-1\}, & x_i<0\end{cases}$$

因此，如果 $\boldsymbol{x}^*$ 是优化问题的一个局部最优解，那么其满足

$$-\nabla f(\boldsymbol{x}^*) \in \mu\partial\|\boldsymbol{x}^*\|_1$$

即

$$\nabla_i f(\boldsymbol{x}^*)=\begin{cases}-\mu, & x_i^*>0\\ a\in[-\mu,\mu], & x_i^*=0\\ \mu, & x_i^*<0\end{cases}$$

进一步地，如果 $f(\boldsymbol{x})$是凸的（比如在 $LASSO$ 回归中 $f(\boldsymbol{x})=\frac{1}{2}\|\boldsymbol{A}\boldsymbol{x}-\boldsymbol{b}\|^2$），那么满足上式的 $\boldsymbol{x}^*$ 就是全局最优解.

9.2 Lagrange 对偶函数

9.2.1 Lagrange 函数与对偶函数

1. Lagrange 函数

现考虑标准形式的约束优化问题：

$$\begin{aligned}\min\quad & f_0(\boldsymbol{x})\\ s.t.\quad & f_i(\boldsymbol{x})\leqslant 0,\ i=1,\cdots,m\\ & h_j(\boldsymbol{x})=0,\ j=1,\cdots,p\end{aligned}\tag{9.4}$$

其中自变量 $\boldsymbol{x}\in\mathbb{R}^n$，假设定义域 $\mathcal{D}=\bigcap_{i=0}^m \mathbf{dom} f_i \cap \bigcap_{j=1}^p \mathbf{dom} h_j$ 是非空集合. 我们亦称该问题为**原问题**. 注意，这里并没有假设问题(9.4)是凸优化问题. 约束优化问题在实际问题中或机器学习领域中更为常见. 例如：

例 9.2.1. 最大割问题：

$$\begin{aligned}\min\quad & \boldsymbol{x}^{\mathrm{T}}\boldsymbol{W}\boldsymbol{x}\\ s.t.\quad & x_i^2=1,\ i=1,\cdots,n\end{aligned}$$

其中，$\boldsymbol{W}\in\mathcal{S}^n$.

例 9.2.2. 支持向量机：

$$\begin{aligned} \min_{w,\, b} \quad & \frac{1}{2}\|\boldsymbol{w}\|^2 \\ s.t. \quad & y_i(\boldsymbol{w}^{\mathrm{T}} x_i + b) \geqslant 1,\ i = 1,\ 2,\ \cdots,\ N \end{aligned}$$

约束优化问题的最优性理论条件相比于无约束优化问题更为复杂. 通常,我们将其约束条件追加到目标函数中,从而将约束优化转化为无约束优化的方式进行分析. 这也即下面将要介绍的 Lagrange 对偶函数和对偶问题. 引入对偶问题不仅利于分析约束优化问题的最优性条件,而且在后面我们还可以发现这将便于将非凸的优化问题转化为凸优化问题进行求解.

定义 9.2.1.　定义问题(9.4)的 ***Lagrange* 函数** $L: \mathcal{D} \times \mathbb{R}_+^m \times \mathbb{R}^p \to \mathbb{R}$ 为

$$L(\boldsymbol{x},\ \boldsymbol{\lambda},\ \boldsymbol{\nu}) = f_0(\boldsymbol{x}) + \sum_{i=1}^{m} \lambda_i f_i(\boldsymbol{x}) + \sum_{j=1}^{p} \nu_j h_j(\boldsymbol{x})$$

其中定义域为 $\mathbf{dom}\, L = \mathcal{D} \times \mathbb{R}_+^m \times \mathbb{R}^p$. λ_i 是第 i 个不等式约束 $f_i(\boldsymbol{x}) \leqslant 0$ 的 ***Lagrange* 乘子**;类似地,ν_j 是第 j 个等式约束 $h_j(\boldsymbol{x}) = 0$ 对应的 ***Lagrange* 乘子**. 向量 $\boldsymbol{\lambda}$ 和 $\boldsymbol{\nu}$ 称为问题(9.4)的对偶变量或者 ***Lagrange* 乘子向量**. 可以看出拉格朗日函数,即为原问题的目标函数添加约束条件的加权和,得到增广的目标函数.

2. Lagrange 对偶函数

定义 9.2.2.　**定义 *Lagrange* 对偶函数(或对偶函数)** $g: \mathbb{R}_+^m \times \mathbb{R}^p \to \mathbb{R}$ 是拉格朗日函数关于 $\boldsymbol{x}$ 取得的下确界:即对 $\boldsymbol{\lambda} \in \mathbb{R}_+^m$, $\boldsymbol{\nu} \in \mathbb{R}^p$, 有

$$g(\boldsymbol{\lambda},\ \boldsymbol{\nu}) = \inf_{x \in \mathcal{D}} L(\boldsymbol{x},\ \boldsymbol{\lambda},\ \boldsymbol{\nu}) = \inf_{x \in \mathcal{D}} \Big(f_0(\boldsymbol{x}) + \sum_{i=1}^{m} \lambda_i f_i(\boldsymbol{x}) + \sum_{j=1}^{p} \nu_j h_j(\boldsymbol{x}) \Big)$$

如果 Lagrange 函数关于 $\boldsymbol{x}$ 无下界,则对偶函数取值为 $-\infty$. 因为对偶函数是一族关于($\boldsymbol{\lambda}$, $\boldsymbol{\nu}$)的仿射函数的逐点下确界,所以即使原问题(9.4)不是凸的,对偶函数也是凹函数.

3. 最优值的下界

定理 9.2.1.　对偶函数构成了原问题(9.4)最优值 p^* 的下界:即对任意 $\boldsymbol{\lambda} \geqslant \mathbf{0}$ 和 $\boldsymbol{\nu}$, 下式成立

$$g(\boldsymbol{\lambda},\ \boldsymbol{\nu}) \leqslant p^* \tag{9.5}$$

证明.　设 $\tilde{\boldsymbol{x}}$ 是原问题(9.4)的一个可行点,即 $f_i(\tilde{\boldsymbol{x}}) \leqslant 0$ 且 $h_i(\tilde{\boldsymbol{x}}) = 0$. 根据假设,

$\boldsymbol{\lambda} \geqslant \mathbf{0}$，有

$$\sum_{i=1}^{m} \lambda_i f_i(\tilde{\boldsymbol{x}}) + \sum_{j=1}^{p} \nu_j h_j(\tilde{\boldsymbol{x}}) \leqslant 0$$

左边第一项非正，第二项为零.

根据上述不等式，有

$$L(\tilde{\boldsymbol{x}}, \boldsymbol{\lambda}, \boldsymbol{\nu}) = f_0(\tilde{\boldsymbol{x}}) + \sum_{i=1}^{m} \lambda_i f_i(\tilde{\boldsymbol{x}}) + \sum_{j=1}^{p} \nu_j h_j(\tilde{\boldsymbol{x}}) \leqslant f_0(\tilde{\boldsymbol{x}})$$

因此

$$g(\boldsymbol{\lambda}, \boldsymbol{\nu}) = \inf_{\boldsymbol{x}} L(\boldsymbol{x}, \boldsymbol{\lambda}, \boldsymbol{\nu}) \leqslant L(\tilde{\boldsymbol{x}}, \boldsymbol{\lambda}, \boldsymbol{\nu}) \leqslant f_0(\tilde{\boldsymbol{x}})$$

由于每一个可行点 $\tilde{\boldsymbol{x}}$ 都满足 $g(\boldsymbol{\lambda}, \boldsymbol{\nu}) \leqslant f_0(\tilde{\boldsymbol{x}})$，因此 $g(\boldsymbol{\lambda}, \boldsymbol{\nu}) \leqslant p^*$ 成立. □

虽然不等式(9.5)成立，但是当 $g(\boldsymbol{\lambda}, \boldsymbol{\nu}) = -\infty$ 时，其意义不大. 只有当 $\boldsymbol{\lambda} \geqslant \mathbf{0}$，且 $(\boldsymbol{\lambda}, \boldsymbol{\nu}) \in \mathbf{dom}\, g$，即 $g(\boldsymbol{\lambda}, \boldsymbol{\nu}) > -\infty$ 时，对偶函数才能给出 p^* 的一个非平凡下界. 称满足条件 $\boldsymbol{\lambda} \geqslant \mathbf{0}$ 和 $(\boldsymbol{\lambda}, \boldsymbol{\nu}) \in \mathbf{dom}\, g$ 的 $(\boldsymbol{\lambda}, \boldsymbol{\nu})$ 是**对偶可行**的.

9.2.2 常见优化问题目标函数的对偶函数

1. 线性方程组的最小二乘解

考虑问题

$$\begin{aligned} \min \quad & \boldsymbol{x}^{\mathrm{T}} \boldsymbol{x} \\ s.t. \quad & \boldsymbol{A}\boldsymbol{x} = \boldsymbol{b} \end{aligned} \tag{9.6}$$

其中 $\boldsymbol{A} \in \mathbb{R}^{p \times n}$. 这个问题没有不等式约束，只有 p 个等式约束. 它的 Lagrange 函数表示为

$$L(\boldsymbol{x}, \boldsymbol{\nu}) = \boldsymbol{x}^{\mathrm{T}} \boldsymbol{x} + \boldsymbol{\nu}^{\mathrm{T}} (\boldsymbol{A}\boldsymbol{x} - \boldsymbol{b})$$

其定义域为 $\mathbb{R}^n \times \mathbb{R}^p$. 它的对偶函数是 $g(\boldsymbol{\nu}) = \inf_x L(\boldsymbol{x}, \boldsymbol{\nu})$. 因为 $L(\boldsymbol{x}, \boldsymbol{\nu})$ 是关于 $\boldsymbol{x}$ 的二次凸函数，可以通过求解如下最优性条件得到函数的最小值，

$$\nabla_x L(\boldsymbol{x}, \boldsymbol{\nu}) = 2\boldsymbol{x} + \boldsymbol{A}^{\mathrm{T}} \boldsymbol{\nu} = \mathbf{0} \Rightarrow \boldsymbol{x} = -(1/2) \boldsymbol{A}^{\mathrm{T}} \boldsymbol{\nu}$$

在点 $\boldsymbol{x} = -(1/2)\boldsymbol{A}^{\mathrm{T}} \boldsymbol{\nu}$ 处，Lagrange 函数达到最小值. 此时，对偶函数为

$$g(\boldsymbol{\nu}) = L((-1/2)\boldsymbol{A}^{\mathrm{T}} \boldsymbol{\nu}, \boldsymbol{\nu}) = -(1/4) \boldsymbol{\nu}^{\mathrm{T}} \boldsymbol{A}\boldsymbol{A}^{\mathrm{T}} \boldsymbol{\nu} - \boldsymbol{b}^{\mathrm{T}} \boldsymbol{\nu}$$

它是一个二次凹函数，定义域为 $\mathbb{R}^p$. 根据对偶函数是原问题最优值的下界这一性质可知，

对任意 $\boldsymbol{v} \in \mathbb{R}^p$，都有

$$p^* \geqslant -(1/4)\boldsymbol{v}^{\mathrm{T}}\boldsymbol{A}\boldsymbol{A}^{\mathrm{T}}\boldsymbol{v} - \boldsymbol{b}^{\mathrm{T}}\boldsymbol{v}$$

2. 标准形式的线性规划

考虑标准形式的线性规划问题

$$\begin{aligned} \min \quad & \boldsymbol{c}^{\mathrm{T}}\boldsymbol{x} \\ s.t. \quad & \boldsymbol{A}\boldsymbol{x} = \boldsymbol{b} \\ & \boldsymbol{x} \geqslant \boldsymbol{0} \end{aligned} \tag{9.7}$$

为了推导 Lagrange 函数，对 n 个不等式约束引入 Lagrange 乘子 λ_i，对等式约束引入 Lagrange 乘子 ν_i，则有

$$\begin{aligned} L(\boldsymbol{x}, \boldsymbol{\lambda}, \boldsymbol{v}) &= \boldsymbol{c}^{\mathrm{T}}\boldsymbol{x} - \sum_{i=1}^{n}\lambda_i x_i + \boldsymbol{v}^{\mathrm{T}}(\boldsymbol{A}\boldsymbol{x} - \boldsymbol{b}) \\ &= -\boldsymbol{b}^{\mathrm{T}}\boldsymbol{v} + (\boldsymbol{c} + \boldsymbol{A}^{\mathrm{T}}\boldsymbol{v} - \boldsymbol{\lambda})^{\mathrm{T}}\boldsymbol{x} \end{aligned}$$

对偶函数为

$$g(\boldsymbol{\lambda}, \boldsymbol{v}) = \inf_{\boldsymbol{x}} L(\boldsymbol{x}, \boldsymbol{\lambda}, \boldsymbol{v}) = -\boldsymbol{b}^{\mathrm{T}}\boldsymbol{v} + \inf_{\boldsymbol{x}}(\boldsymbol{c} + \boldsymbol{A}^{\mathrm{T}}\boldsymbol{v} - \boldsymbol{\lambda})^{\mathrm{T}}\boldsymbol{x}$$

可以很容易确定对偶函数的解析表达式，因为线性函数只有恒为零时才有下界. 因此 $\boldsymbol{c} + \boldsymbol{A}^{\mathrm{T}}\boldsymbol{v} - \boldsymbol{\lambda} = \boldsymbol{0}$ 时，$g(\boldsymbol{\lambda}, \boldsymbol{v}) = -\boldsymbol{b}^{\mathrm{T}}\boldsymbol{v}$，其余情况下 $g(\boldsymbol{\lambda}, \boldsymbol{v}) = -\infty$，即

$$g(\boldsymbol{\lambda}, \boldsymbol{v}) = \begin{cases} -\boldsymbol{b}^{\mathrm{T}}\boldsymbol{v} & \boldsymbol{A}^{\mathrm{T}}\boldsymbol{v} - \boldsymbol{\lambda} + \boldsymbol{c} = \boldsymbol{0} \\ -\infty & \text{其他情况} \end{cases}$$

注意到对偶函数 g 只有在 $\mathbb{R}^m \times \mathbb{R}^p$ 上的一个正常仿射子集上才是有限值. 后面我们将会看到这是一种常见的情况.

只有当 $\boldsymbol{\lambda}, \boldsymbol{v}$ 满足 $\boldsymbol{\lambda} \geqslant \boldsymbol{0}$ 和 $\boldsymbol{A}^{\mathrm{T}}\boldsymbol{v} - \boldsymbol{\lambda} + \boldsymbol{c} = \boldsymbol{0}$ 时，下界性质(9.5)才是非平凡的，在此情形下，$-\boldsymbol{b}^{\mathrm{T}}\boldsymbol{v}$ 给出了线性规划问题(9.7)最优值的一个下界.

3. 双向划分问题

$$\begin{aligned} \min \quad & \boldsymbol{x}^{\mathrm{T}}\boldsymbol{W}\boldsymbol{x} \\ s.t. \quad & x_i^2 = 1, \ i = 1, \cdots, n \end{aligned} \tag{9.8}$$

其中，$\boldsymbol{W} \in \mathcal{S}^n$. 约束条件要求 x_i 的值为 1 或者 -1，所以原问题等价于寻找这样的向量，其分量 ± 1，并使 $\boldsymbol{x}^{\mathrm{T}}\boldsymbol{W}\boldsymbol{x}$ 最小. 可行集是有限的，包含 2^n 个离散点，所以此问题本质上可以

通过遍历所有可行点来求得最小值.然而,可行点的数量是指数增长的.所以,只有当问题规模较小(比如 $n \leqslant 30$)时,遍历法才是可行的.一般而言,问题(9.8)很难求解.

可以将问题(9.8)看成 n 个元素的集合$\{1, \cdots, n\}$上的双向划分问题,对任意可行点 $\boldsymbol{x}$,其对应的划分为

$$\{1, \cdots, n\} = \{i \mid x_i = -1\} \cup \{i \mid x_i = 1\}$$

矩阵系数 W_{ij} 是将 i, j 置于同一分区内的成本;$-W_{ij}$ 可以看成分量 i 和 j 在不同分区内的成本.问题(9.8)中的目标函数是考虑分量间所有配对的成本,因此问题(9.8)也即寻找使得总成本最小的划分.

下面来推导此问题的对偶函数. Lagrange 函数为

$$\begin{aligned} L(\boldsymbol{x}, \boldsymbol{\nu}) &= \boldsymbol{x}^{\mathrm{T}}\boldsymbol{W}\boldsymbol{x} + \sum_{i=1}^{n} \nu_i (x_i^2 - 1) \\ &= \boldsymbol{x}^{\mathrm{T}}(\boldsymbol{W} + \mathrm{diag}(\boldsymbol{\nu}))\boldsymbol{x} - \mathbf{1}^{\mathrm{T}}\boldsymbol{\nu} \end{aligned}$$

对 $\boldsymbol{x}$ 求极小得到 Lagrange 对偶函数

$$\begin{aligned} g(\boldsymbol{\nu}) &= \inf_{\boldsymbol{x}} \boldsymbol{x}^{\mathrm{T}}(\boldsymbol{W} + \mathrm{diag}(\boldsymbol{\nu}))\boldsymbol{x} - \mathbf{1}^{\mathrm{T}}\boldsymbol{\nu} \\ &= \begin{cases} -\mathbf{1}^{\mathrm{T}}\nu & \boldsymbol{W} + \mathrm{diag}(\boldsymbol{\nu}) \succeq 0 \\ -\infty & \text{其他情况} \end{cases} \end{aligned}$$

对偶函数构成了问题(9.8)的最优值的一个下界.例如,令对偶变量取值为

$$\boldsymbol{\nu} = -\lambda_{\min}(\boldsymbol{W})\mathbf{1}$$

上述取值是对偶可行的,这是因为

$$\boldsymbol{W} + \mathrm{diag}(\boldsymbol{\nu}) = \boldsymbol{W} - \lambda_{\min}(\boldsymbol{W})\boldsymbol{I} \succeq 0$$

由此得到了最优值 p^* 的一个下界

$$p^* \geqslant -\mathbf{1}^{\mathrm{T}}\boldsymbol{\nu} = n\lambda_{\min}(\boldsymbol{W}) \tag{9.9}$$

9.2.3 Lagrange 对偶函数与共轭函数的联系

1. Lagrange 对偶函数与共轭函数的联系

上一章已经介绍函数 $f: \mathbb{R}^n \to \mathbb{R}$ 的共轭函数 f^* 定义为

$$f^*(\boldsymbol{y})=\sup_{x\in\textbf{dom}f}(\boldsymbol{y}^{\mathrm{T}}\boldsymbol{x}-f(\boldsymbol{x}))$$

从表达式中可以看出 Lagrange 对偶函数和共轭函数具有形式上的相似性. 事实上，Lagrange 对偶函数和共轭函数紧密相关. 下面简单地说明一下它们之间的联系，考虑问题

$$\begin{aligned}\min\quad & f_0(\boldsymbol{x})\\ s.t.\quad & \boldsymbol{x}=\boldsymbol{0}\end{aligned}$$

上述问题的 Lagrange 函数为 $L(\boldsymbol{x},\boldsymbol{\nu})=f_0(\boldsymbol{x})+\boldsymbol{\nu}^{\mathrm{T}}\boldsymbol{x}$，其对偶函数为

$$g(\boldsymbol{\nu})=\inf_{\boldsymbol{x}}(f_0(\boldsymbol{x})+\boldsymbol{\nu}^{\mathrm{T}}\boldsymbol{x})=-\sup_{\boldsymbol{x}}((-\boldsymbol{\nu})^{\mathrm{T}}\boldsymbol{x}-f_0(\boldsymbol{x}))=-f_0^*(-\boldsymbol{\nu})$$

更一般地，考虑一个优化问题，其具有线性不等式以及等式约束，

$$\begin{aligned}\min\quad & f_0(\boldsymbol{x})\\ s.t.\quad & \boldsymbol{Ax}\leqslant\boldsymbol{b}\\ & \boldsymbol{Cx}=\boldsymbol{d}\end{aligned}\tag{9.10}$$

利用函数 f_0 的共轭函数，我们可以将问题(9.10)的对偶函数表述为

$$\begin{aligned}g(\boldsymbol{\lambda},\nu)&=\inf_{\boldsymbol{x}}(f_0(\boldsymbol{x})+\boldsymbol{\lambda}^{\mathrm{T}}(\boldsymbol{Ax}-\boldsymbol{b})+\boldsymbol{\nu}^{\mathrm{T}}(\boldsymbol{Cx}-\boldsymbol{d}))\\ &=-\boldsymbol{b}^{\mathrm{T}}\boldsymbol{\lambda}-\boldsymbol{d}^{\mathrm{T}}\boldsymbol{\nu}+\inf_{\boldsymbol{x}}(f_0(\boldsymbol{x})+(\boldsymbol{A}^{\mathrm{T}}\boldsymbol{\lambda}+\boldsymbol{C}^{\mathrm{T}}\boldsymbol{\nu})^{\mathrm{T}}\boldsymbol{x})\\ &=-\boldsymbol{b}^{\mathrm{T}}\boldsymbol{\lambda}-\boldsymbol{d}^{\mathrm{T}}\boldsymbol{\nu}-f_0^*(-\boldsymbol{A}^{\mathrm{T}}\boldsymbol{\lambda}-\boldsymbol{C}^{\mathrm{T}}\boldsymbol{\nu})\end{aligned}\tag{9.11}$$

函数 g 的定义域也可以由函数 f_0^* 的定义域得到，

$$\textbf{dom}\,g=\{(\boldsymbol{\lambda},\boldsymbol{\nu})\mid-\boldsymbol{A}^{\mathrm{T}}\boldsymbol{\lambda}-\boldsymbol{C}^{\mathrm{T}}\boldsymbol{\nu}\in\textbf{dom}\,f_0^*\}$$

因此，Lagrange 对偶函数可以用共轭函数来表示.

2. 利用共轭函数计算 Lagrange 对偶函数

在第 8 章的内容中，已经计算过许多函数的共轭函数. 因此，根据这里对偶函数与共轭函数的关系，可以利用前面共轭函数的结论，直接求得对偶函数.

例 9.2.3.　考虑问题

$$\begin{aligned}\min\quad & f_0(\boldsymbol{x})=\|\boldsymbol{x}\|\\ s.t.\quad & \boldsymbol{Ax}=\boldsymbol{b}\end{aligned}\tag{9.12}$$

其中，$\|\cdot\|$是任意范数. 函数 $f_0=\|\cdot\|$ 的共轭函数为

$$f_0^*(\boldsymbol{y})=\begin{cases}0 & \|\boldsymbol{y}\|_*\leqslant 1\\ \infty & \text{其他情况}\end{cases} \tag{9.13}$$

可以看出此函数是对偶范数单位球的示性函数.

利用上面 *Lagrange* 对偶函数与共轭函数的联系(9.11),可以得到问题(9.12)的对偶函数

$$g(\boldsymbol{v})=-\boldsymbol{b}^{\mathrm{T}}\boldsymbol{v}-f_0^*(-\boldsymbol{A}^{\mathrm{T}}\boldsymbol{v})=\begin{cases}-\boldsymbol{b}^{\mathrm{T}}\boldsymbol{v} & \|\boldsymbol{A}^{\mathrm{T}}\boldsymbol{v}\|_*\leqslant 1\\ -\infty & \text{其他情况}\end{cases}$$

例 9.2.4. 考虑熵的最大化问题

$$\begin{aligned} \min\quad & f_0(\boldsymbol{x})=\sum_{i=1}^{n}x_i\log x_i\\ s.t.\quad & \boldsymbol{Ax}\leqslant\boldsymbol{b}\\ & \boldsymbol{1}^{\mathrm{T}}\boldsymbol{x}=1\end{aligned} \tag{9.14}$$

其中,$\mathbf{dom}\, f_0=\mathbb{R}_{++}^n$. 关于实变量 x 的负熵函数 $x\log x$ 的共轭函数是 e^{y-1}. 由于函数 f_0 是不同变量的负熵函数的和,其共轭函数为

$$f_0^*(\boldsymbol{y})=\sum_{i=1}^{n}e^{y_i-1}$$

其定义域为 $\mathbf{dom} f_0^*=\mathbb{R}^n$. 根据结论(9.11),问题(9.14)的对偶函数为

$$g(\boldsymbol{\lambda},\nu)=-\boldsymbol{b}^{\mathrm{T}}\boldsymbol{\lambda}-\nu-\sum_{i=1}^{n}e^{-\boldsymbol{a}_i^{\mathrm{T}}\boldsymbol{\lambda}-\nu-1}=-\boldsymbol{b}^{\mathrm{T}}\boldsymbol{\lambda}-\nu-e^{-\nu-1}\sum_{i=1}^{n}e^{-\boldsymbol{a}_i^{\mathrm{T}}\boldsymbol{\lambda}}$$

其中 $\boldsymbol{a}_i$ 是矩阵 $\boldsymbol{A}$ 的第 i 列向量.

9.3 Lagrange 对偶问题

9.3.1 Lagrange 对偶问题

对于任意一组$(\boldsymbol{\lambda},\boldsymbol{v})$,其中 $\boldsymbol{\lambda}\geqslant\boldsymbol{0}$, Lagrange 对偶函数给出了优化问题(9.4)的最优值 p^* 的一个下界. 因此,我们可以得到和参数 $\boldsymbol{\lambda}$、$\boldsymbol{v}$ 相关的一个下界. 一个自然的问题是:从 Lagrange 函数能够得到的**最好**下界是什么? 为了研究这个问题,本节引入了如下优化问题:

定义 9.3.1. 定义问题(9.4)的 ***Lagrange* 对偶问题**:

$$\begin{aligned} \max \quad & g(\boldsymbol{\lambda}, \boldsymbol{\nu}) \\ s.t. \quad & \boldsymbol{\lambda} \geqslant \mathbf{0} \end{aligned} \tag{9.15}$$

在本书中,原始问题(9.4)有时被称为**原问题**.前面提到的**对偶可行**的概念,即描述满足 $\boldsymbol{\lambda} \geqslant \mathbf{0}$ 和 $g(\boldsymbol{\lambda}, \boldsymbol{\nu}) > -\infty$ 的一组 $(\boldsymbol{\lambda}, \boldsymbol{\nu})$,此时具有意义.它意味着,这样的一组 $(\boldsymbol{\lambda}, \boldsymbol{\nu})$ 是对偶问题(9.15)的一个可行解.称解 $(\boldsymbol{\lambda}^*, \boldsymbol{\nu}^*)$ 是**对偶最优解**或者是**最优 Lagrange 乘子**,如果它是对偶问题(9.15)的最优解.

Lagrange 对偶问题(9.15)是一个凸优化问题,这是因为目标函数是凹函数,且约束集合是凸集,因此,对偶问题的凸性和原问题(9.4)是否是凸优化问题无关.

在将原问题转化为其对偶问题时,有时可通过显示表达对偶约束来进行.对偶函数的定义域

$$\mathbf{dom}\, g = \{(\boldsymbol{\lambda}, \boldsymbol{\nu}) \mid g(\boldsymbol{\lambda}, \boldsymbol{\nu}) > -\infty\}$$

的维数一般都小于 $m+p$.事实上,很多情况下,我们可以求出 $\mathbf{dom}\, g$ 的仿射包并将其表示为一系列线性等式约束,也就是说,我们可以识别出对偶问题(9.15)的目标函数 g 所"隐含"的等式约束.这样处理之后就可以得到一个等价问题,在等价问题中,这些等式约束都被显式地表达为优化问题的约束条件.接下来,通过以下两个例子来具体说明如何用显示表达对偶约束.

例 9.3.1. 标准形式线性规划

$$\begin{aligned} \min \quad & \boldsymbol{c}^{\mathrm{T}} \boldsymbol{x} \\ s.t. \quad & \boldsymbol{A}\boldsymbol{x} = \boldsymbol{b},\ \boldsymbol{x} \geqslant \mathbf{0} \end{aligned} \tag{9.16}$$

的 *Lagrange* 对偶函数为

$$g(\boldsymbol{\lambda}, \boldsymbol{\nu}) = \begin{cases} -\boldsymbol{b}^{\mathrm{T}}\boldsymbol{\nu} & \boldsymbol{A}^{\mathrm{T}}\boldsymbol{\nu} - \boldsymbol{\lambda} + \boldsymbol{c} = \mathbf{0} \\ -\infty & \text{其他情况} \end{cases}$$

它的对偶问题是在满足约束 $\boldsymbol{\lambda} \geqslant \mathbf{0}$ 的条件下,极大化对偶函数 g,即

$$\begin{aligned} \max \quad & g(\boldsymbol{\lambda}, \boldsymbol{\nu}) = \begin{cases} -\boldsymbol{b}^{\mathrm{T}}\boldsymbol{\nu} & \boldsymbol{A}^{\mathrm{T}}\boldsymbol{\nu} - \boldsymbol{\lambda} + \boldsymbol{c} = \mathbf{0} \\ -\infty & \text{其他情况} \end{cases} \\ s.t. \quad & \boldsymbol{\lambda} \geqslant \mathbf{0} \end{aligned} \tag{9.17}$$

当且仅当 $\boldsymbol{A}^{\mathrm{T}}\boldsymbol{\nu} - \boldsymbol{\lambda} + \boldsymbol{c} = \mathbf{0}$ 时,对偶函数 g 有界.因此,可以通过将此"隐含"的等式约束"显式"化,从而得到其等价问题

$$\begin{aligned} \max \quad & -\boldsymbol{b}^{\mathrm{T}}\boldsymbol{\nu} \\ s.t. \quad & \boldsymbol{A}^{\mathrm{T}}\boldsymbol{\nu}-\boldsymbol{\lambda}+\boldsymbol{c}=\boldsymbol{0} \\ & \boldsymbol{\lambda}\geqslant \boldsymbol{0} \end{aligned} \tag{9.18}$$

进一步地,这个问题可以表述为

$$\begin{aligned} \max \quad & -\boldsymbol{b}^{\mathrm{T}}\boldsymbol{\nu} \\ s.t. \quad & \boldsymbol{A}^{\mathrm{T}}\boldsymbol{\nu}+\boldsymbol{c}\geqslant \boldsymbol{0} \end{aligned} \tag{9.19}$$

这是一个不等式形式的线性规划.

注意到这三个问题之间细微的差别. 标准形式线性规划(9.16)的 Lagrange 对偶问题是优化问题(9.17),而这个优化问题等价于问题(9.18)和(9.19)(但形式不同). 称问题(9.18)和(9.19)都是标准形式线性规划(9.16)的 Lagrange 对偶问题.

例 9.3.2. 不等式形式的线性规划问题

$$\begin{aligned} \min \quad & \boldsymbol{c}^{\mathrm{T}}\boldsymbol{x} \\ s.t. \quad & \boldsymbol{A}\boldsymbol{x}\leqslant \boldsymbol{b} \end{aligned} \tag{9.20}$$

的 *Lagrange* 函数为

$$L(\boldsymbol{x},\boldsymbol{\lambda})=\boldsymbol{c}^{\mathrm{T}}\boldsymbol{x}+\boldsymbol{\lambda}^{\mathrm{T}}(\boldsymbol{A}\boldsymbol{x}-\boldsymbol{b})=-\boldsymbol{b}^{\mathrm{T}}\boldsymbol{\lambda}+(\boldsymbol{A}^{\mathrm{T}}\boldsymbol{\lambda}+\boldsymbol{c})^{\mathrm{T}}\boldsymbol{x}$$

所以,对偶函数为

$$g(\boldsymbol{\lambda})=\inf_{\boldsymbol{x}} L(\boldsymbol{x},\boldsymbol{\lambda})=-\boldsymbol{b}^{\mathrm{T}}\boldsymbol{\lambda}+\inf_{\boldsymbol{x}}(\boldsymbol{A}^{\mathrm{T}}\boldsymbol{\lambda}+\boldsymbol{c})^{\mathrm{T}}\boldsymbol{x} \tag{9.21}$$

若线性函数的系数不等于 0,则线性函数的下确界是$-\infty$. 因此,对偶函数可重新表示为

$$g(\boldsymbol{\lambda})=\begin{cases} -\boldsymbol{b}^{\mathrm{T}}\boldsymbol{\lambda} & \boldsymbol{A}^{\mathrm{T}}\boldsymbol{\lambda}+\boldsymbol{c}=\boldsymbol{0} \\ -\infty & \text{其他情况} \end{cases}$$

如果$\boldsymbol{\lambda}\geqslant\boldsymbol{0}$且$\boldsymbol{A}^{\mathrm{T}}\boldsymbol{\lambda}+\boldsymbol{c}=\boldsymbol{0}$,那么,对偶变量$\boldsymbol{\lambda}$是对偶可行的. 和前面一样,我们可以显式表达对偶可行的条件并作为约束来重新描述对偶问题

$$\begin{aligned} \max \quad & -\boldsymbol{b}^{\mathrm{T}}\boldsymbol{\lambda} \\ s.t. \quad & \boldsymbol{A}^{\mathrm{T}}\boldsymbol{\lambda}+\boldsymbol{c}=\boldsymbol{0} \\ & \boldsymbol{\lambda}\geqslant \boldsymbol{0} \end{aligned} \tag{9.22}$$

该对偶问题是一个标准形式的线性规划.

通过以上两个例子,可以发现一个非常有趣的现象,标准形式线性规划问题和不等式形式线性规划问题与它们的对偶问题之间都存在对称性:标准形式线性规划的对偶问题是只含有不等式约束的线性规划问题,反之亦然. 此外,问题(9.24)的 Lagrange 对偶问题就是(等价于)原问题(9.20).

例 9.3.3. 二次规划问题

$$\begin{aligned} \min \quad & \boldsymbol{x}^{\mathrm{T}}\boldsymbol{P}\boldsymbol{x} \\ s.t. \quad & \boldsymbol{A}\boldsymbol{x} \leqslant \boldsymbol{b} \end{aligned} \tag{9.23}$$

其中 $\boldsymbol{P} \in \mathcal{S}_{+}^{n}$. 类似地,可计算出它的对偶函数为

$$g(\boldsymbol{\lambda}) = \inf_{\boldsymbol{x}}(\boldsymbol{x}^{\mathrm{T}}\boldsymbol{P}\boldsymbol{x} + \boldsymbol{\lambda}^{\mathrm{T}}(\boldsymbol{A}\boldsymbol{x} - \boldsymbol{b})) = -\frac{1}{4}\boldsymbol{\lambda}^{\mathrm{T}}\boldsymbol{A}\boldsymbol{P}^{-1}\boldsymbol{A}^{\mathrm{T}}\boldsymbol{\lambda} - \boldsymbol{b}^{\mathrm{T}}\lambda$$

同样地,将对偶可行的条件作为约束可得对偶问题

$$\begin{aligned} \max \quad & -\frac{1}{4}\boldsymbol{\lambda}^{\mathrm{T}}\boldsymbol{A}\boldsymbol{P}^{-1}\boldsymbol{A}^{\mathrm{T}}\boldsymbol{\lambda} - \boldsymbol{b}^{\mathrm{T}}\boldsymbol{\lambda} \\ s.t. \quad & \boldsymbol{\lambda} \geqslant \boldsymbol{0} \end{aligned} \tag{9.24}$$

该对偶问题仍然是一个二次规划问题.

9.3.2 对偶性质

1. 弱对偶性

用 p^* 标记原问题的最优值,d^* 标记 Lagrange 对偶问题的最优值. 下述定理将告诉我们,d^* 是通过 Lagrange 函数得到的原问题最优值 p^* 的最好下界.

定理 9.3.1. 不等式

$$d^* \leqslant p^* \tag{9.25}$$

成立. 即使原问题不是凸优化,上述不等式亦成立. 这个性质称为弱**对偶性**.

根据定理 9.2.1,可直接推导出弱对偶性成立. 即使当 d^* 和 p^* 都趋于无穷时,弱对偶性不等式(9.25)也成立. 例如,如果原问题无下界,即 $p^* = -\infty$,为了保证弱对偶性,必须有 $d^* = -\infty$,即 Lagrange 对偶问题不可行. 反过来,若对偶问题无上界,即 $d^* = \infty$,为了保证弱对偶性成立,必须有 $p^* = \infty$,即原问题不可行.

定义 9.3.2. 差值 $p^* - d^*$ 是原问题的最优值与其通过 *Lagrange* 对偶函数得到的

最好(最大)下界之间的差值. 因此,称 p^*-d^* 是原问题的最优对偶间隙. 最优对偶间隙总是非负的.

当原问题很难求解时,弱对偶不等式(9.25)给出了原问题最优值的一个下界,这是因为对偶问题总是凸问题,而且在很多情况下都可以进行有效的求解,得到 d^*. 考虑双向划分问题(9.8),其对偶问题是一个半定规划问题

$$\begin{aligned} \max \quad & -\mathbf{1}^{\mathrm{T}}\boldsymbol{v} \\ s.t. \quad & \boldsymbol{W}+\operatorname{diag}(\boldsymbol{v}) \succeq 0 \end{aligned}$$

其中,$\boldsymbol{v}\in\mathbb{R}^n$. 即使当 n 取相对较大的值(例如 $n=100$ 时),该对偶问题都可以进行有效求解,其最优值给出了双向划分问题最优值的一个下界,而这个下界至少和由 $\lambda_{\min}(\boldsymbol{W})$ 推导出的下界(9.9)一样好.

2. 强对偶性和 Slater 约束准则

定义 9.3.3. 如果原问题和对偶问题的最优值相等,即等式

$$p^*=d^* \tag{9.26}$$

成立,最优对偶间隙为零,那么,它们满足**强对偶性**.

对于一般情况,强对偶性不成立. 但是,如果原问题(9.4)是凸问题,即表述为如下形式

$$\begin{aligned} \min \quad & f_0(\boldsymbol{x}) \\ s.t. \quad & f_i(\boldsymbol{x})\leqslant 0,\ i=1,\cdots,m \\ & \boldsymbol{Ax}=\boldsymbol{b} \end{aligned} \tag{9.27}$$

其中,函数 $f_0,\cdots,f_m$ 是凸函数,强对偶性通常(但不总是)成立. 有很多研究成果给出了强对偶性成立的条件(除了凸性条件以外),例如,Slater 条件. 这些条件称为**约束准则**.

定义 9.3.4. **Slater 条件**:至少存在一点 $x\in\textbf{relint}\,\mathcal{D}$[①] 使得下式成立

$$f_i(\boldsymbol{x})<0,\ i=1,\cdots,m,\ \boldsymbol{Ax}=\boldsymbol{b} \tag{9.28}$$

因为不等式约束严格成立,所以,满足上述条件的点是**严格可行的**.

下述定理将告诉我们,当 Slater 条件成立,且原问题是凸问题时,强对偶性成立. 即强对偶性定理:

① 给定集合 $\mathcal{D}$,记其仿射包 $\textbf{aff}\,\mathcal{D}$. 则:$\textbf{relint}\,\mathcal{D}=\{\boldsymbol{x}\in\mathcal{D}\mid\exists r>0$,使得 $B(\boldsymbol{x},r)\cap\textbf{aff}\,\mathcal{D}\subset\mathcal{D}\}$.

定理 9.3.2. （强对偶性定理）假设函数 $f_0, f_1, \cdots, f_m$ 以及 $h_1, \cdots, h_p$ 均为凸函数，而且满足 *Slater* 条件，那么

$$\sup_{\boldsymbol{\lambda}\geqslant \mathbf{0},\ \boldsymbol{\nu}} g(\boldsymbol{\lambda}, \boldsymbol{\nu}) = \inf_{\boldsymbol{x}\in \mathbb{K}} f_0(\boldsymbol{x})$$

即对偶间隙为零.

该定理的证明将放在后面介绍. 另外，Slater 条件可以进一步改进，当不等式约束函数 f_i 中有一些是仿射函数时，并不要求严格不等号成立.

定义 9.3.5.　改进的 *Slater* 条件：已知前面的 k 个约束函数 $f_1, \cdots, f_k$ 是仿射函数，存在一点 $\boldsymbol{x} \in \textbf{relint}\,\mathcal{D}$，使得不等式

$$f_i(\boldsymbol{x}) \leqslant 0,\ i=1, \cdots, k,\ f_i(\boldsymbol{x}) < 0,\ i=k+1, \cdots, m,\ \mathbf{A}\boldsymbol{x}=\boldsymbol{b} \tag{9.29}$$

成立. 换言之，仿射不等式不需要严格成立.

注意，当所有约束条件都是线性等式或不等式且 $\textbf{dom} f_0$ 是开集时，改进的 Slater 条件(9.29)就是该优化问题的可行性条件. 若 Slater 条件（或是改进的 Slater 条件）满足，则当 $d^* > -\infty$ 时，对偶问题能够取得最优值，即存在一组对偶可行解(λ^*, ν^*)使得 $g(\lambda^*, \nu^*) = d^* = p^*$.

3. 不满足强对偶性的示例

考虑函数 $f: \mathcal{D} \to \mathbb{R}$ 定义为 $f(x, y) := e^{-x}$，其中

$$\mathcal{D} = \{(x, y) \mid y > 0\} \subseteq \mathbb{R}^2$$

凸优化问题为

$$\begin{aligned} &\min_{(x, y)\in\mathcal{D}} e^{-x} \\ &s.t. \quad \frac{x^2}{y} \leqslant 0 \end{aligned}$$

由于 e^{-x} 和$\dfrac{x^2}{y}$都是 $\mathcal{D}$ 上的凸函数，所以这的确是一个凸优化. 我们可以看出实际上约束条件等价于 $x=0$，变量 y 是冗余的. 显然，优化问题的最优值为 1. 现在我们考虑它的 Lagrange 对偶. 可以写出 Lagrange 函数为

$$L(x, y, \lambda) = e^{-x} + \lambda \frac{x^2}{y}$$

便可推出

$$g(\lambda)=\inf_{(x,\ y)\in\mathcal{D}} L(x,\ y,\ \lambda)=0$$

对所有的 $\lambda \geqslant 0$. 因此,强对偶性在这个例子中不成立.

9.3.3 常见优化问题的对偶问题及强对偶性

1. 线性方程组的最小二乘解

考虑问题(9.6)

$$\begin{aligned} \min \quad & \boldsymbol{x}^{\mathrm{T}}\boldsymbol{x} \\ s.t. \quad & \boldsymbol{A}\boldsymbol{x}=\boldsymbol{b} \end{aligned}$$

其对偶问题为

$$\max \quad -(1/4)\boldsymbol{v}^{\mathrm{T}}\boldsymbol{A}\boldsymbol{A}^{\mathrm{T}}\boldsymbol{v}-\boldsymbol{b}^{\mathrm{T}}\boldsymbol{v}$$

它是一个凹二次函数的无约束极大化问题.

此时,Slater 条件就是原问题的可行性条件. 所以,如果 $\boldsymbol{b}\in\mathcal{R}(\boldsymbol{A})$,即 $p^{*}<\infty$,就有 $p^{*}=d^{*}$,则强对偶性成立,即使 $p^{*}=\infty$ 亦如此. 并且当 $p^{*}=\infty$ 时,$\boldsymbol{b}\notin\mathcal{R}(\boldsymbol{A})$,故存在 $\boldsymbol{z}$ 使得 $\boldsymbol{A}^{\mathrm{T}}\boldsymbol{z}=\boldsymbol{0}$, $\boldsymbol{b}^{\mathrm{T}}\boldsymbol{z}\neq 0$. 因此,对偶函数在直线 $\{t\boldsymbol{z}\mid t\in\mathbb{R}\}$ 上无界,也就是说,对偶问题最优值无界,$d^{*}=\infty$.

2. 二次约束二次规划

考虑约束和目标函数都是二次函数的优化问题(QCQP)

$$\begin{aligned} \min \quad & (1/2)\boldsymbol{x}^{\mathrm{T}}\boldsymbol{P}_0\boldsymbol{x}+\boldsymbol{q}_0^{\mathrm{T}}\boldsymbol{x}+r_0 \\ s.t. \quad & (1/2)\boldsymbol{x}^{\mathrm{T}}\boldsymbol{P}_i\boldsymbol{x}+\boldsymbol{q}_i^{\mathrm{T}}\boldsymbol{x}+r_i\leqslant 0,\ i=1,\ \cdots,\ m \end{aligned} \tag{9.30}$$

其中,$\boldsymbol{P}_0\in\mathcal{S}_{++}^{n}$, $\boldsymbol{P}_i\in\mathcal{S}_{++}^{n}$, $i=1,\ \cdots,\ m$. 其 Lagrange 函数为

$$L(\boldsymbol{x},\ \boldsymbol{\lambda})=(1/2)\boldsymbol{x}^{\mathrm{T}}\boldsymbol{P}(\boldsymbol{\lambda})\boldsymbol{x}+\boldsymbol{q}(\boldsymbol{\lambda})^{\mathrm{T}}\boldsymbol{x}+r(\boldsymbol{\lambda})$$

其中

$$\boldsymbol{P}(\boldsymbol{\lambda})=\boldsymbol{P}_0+\sum_{i=1}^{m}\lambda_i\boldsymbol{P}_i,\ \boldsymbol{q}(\boldsymbol{\lambda})=\boldsymbol{q}_0+\sum_{i=1}^{m}\lambda_i\boldsymbol{q}_i,\ r(\boldsymbol{\lambda})=r_0+\sum_{i=1}^{m}\lambda_i r_i$$

如果 $\boldsymbol{\lambda}\geqslant 0$,有 $\boldsymbol{P}(\boldsymbol{\lambda})\succ\boldsymbol{0}$ 及

$$g(\boldsymbol{\lambda})=\inf_{\boldsymbol{x}} L(\boldsymbol{x},\ \boldsymbol{\lambda})=-(1/2)\boldsymbol{q}(\boldsymbol{\lambda})^{\mathrm{T}}\boldsymbol{P}(\boldsymbol{\lambda})^{-1}\boldsymbol{q}(\boldsymbol{\lambda})+r(\boldsymbol{\lambda})$$

因此,对偶问题可以表述为

$$\begin{aligned} \max \quad & -(1/2)\boldsymbol{q}(\boldsymbol{\lambda})^{\mathrm{T}}\boldsymbol{P}(\boldsymbol{\lambda})^{-1}\boldsymbol{q}(\boldsymbol{\lambda})+r(\boldsymbol{\lambda}) \\ s.t. \quad & \boldsymbol{\lambda} \geqslant 0 \end{aligned} \tag{9.31}$$

原问题满足 Slater 条件,也就是二次不等式约束严格成立,即存在一点 $\boldsymbol{x}$,使得

$$(1/2)\boldsymbol{x}^{\mathrm{T}}\boldsymbol{P}_i\boldsymbol{x}+\boldsymbol{q}_i^{\mathrm{T}}\boldsymbol{x}+r_i<0,\ i=1,\ \cdots,\ m$$

根据强对偶定理可知,优化问题(9.31)和(9.30)之间强对偶性成立.

9.3.4　强对偶性定理的证明

1. 对偶间隙的几何解释

为了直观理解对偶间隙,考虑如下带有一个不等式约束的优化问题:

$$\begin{aligned} \min \quad & f_0(\boldsymbol{x}) \\ s.t. \quad & f_1(\boldsymbol{x}) \leqslant 0 \end{aligned}$$

自变量 $\boldsymbol{x}$ 的自然定义域为 $\mathcal{D}$,优化问题的最优值 p^*.

定义集合

$$\mathcal{G}=\{(f_1(\boldsymbol{x}),\ f_0(\boldsymbol{x}))\in\mathbb{R}\times\mathbb{R}\mid \boldsymbol{x}\in\mathcal{D}\} \tag{9.32}$$

下面结合该集合,给出最优值、对偶函数及对偶间隙的一些几何解释.

原问题:利用集合 $\mathcal{G}$,表达最优值 p^*

$$p^*=\inf\{t\mid(u,\ t)\in\mathcal{G},\ u\leqslant 0\}$$

这对应于在图 9.2 中,取集合 $\mathcal{G}$ 在左半平面的最低点.

对偶问题:在 $(u,\ t)\in\mathcal{G}$ 上,定义仿射函数

$$[\lambda\quad 1]^{\mathrm{T}}\begin{bmatrix}u\\t\end{bmatrix}=\lambda u+t$$

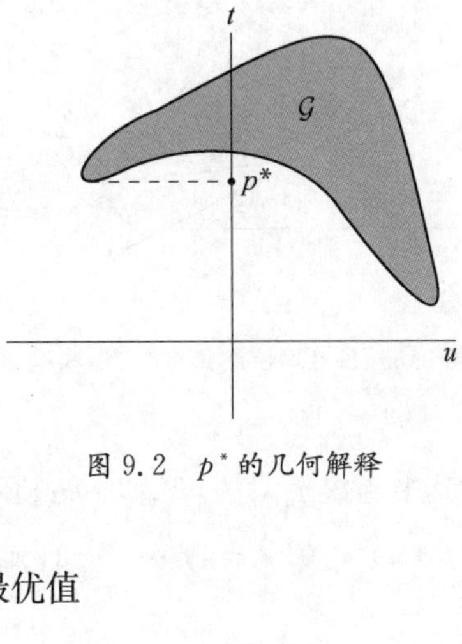

图 9.2　p^* 的几何解释

得到

$$g(\lambda)=\inf\{\lambda u+t\mid(u,\ t)\in\mathcal{G}\}$$

如果下确界有限,则不等式

$$\lambda u+t\geqslant g(\lambda)$$

是集合 $\mathcal{G}$ 的一个(非竖直)支撑超平面. 显然,对偶问题的最优值

$$d^* = \max_{\lambda \geqslant 0} g(\lambda)$$

可知此时强对偶性不成立.

从图 9.3 可以看出支撑超平面 $\lambda u + t = g(\lambda)$ 与纵坐标轴的交点即为 $g(\lambda)$. 当我们对 λ 取上确界,便可得到图 9.4 所示的 d^*. 从图中可以看出 p^* 是在 $g(\lambda)$之上的. 我们仍然可以从数学上证明这一几何直观. 假设 $\lambda \geqslant 0$,如果 $u \leqslant 0$,则 $t \geqslant \lambda u + t$ 成立,有

$$\begin{aligned} p^* &= \inf\{t \mid (u, t) \in \mathcal{G}, u \leqslant 0\} \\ &\geqslant \inf\{\lambda u + t \mid (u, t) \in \mathcal{G}, u \leqslant 0\} \\ &\geqslant \inf\{\lambda u + t \mid (u, t) \in \mathcal{G}\} \\ &= g(\lambda) \end{aligned}$$

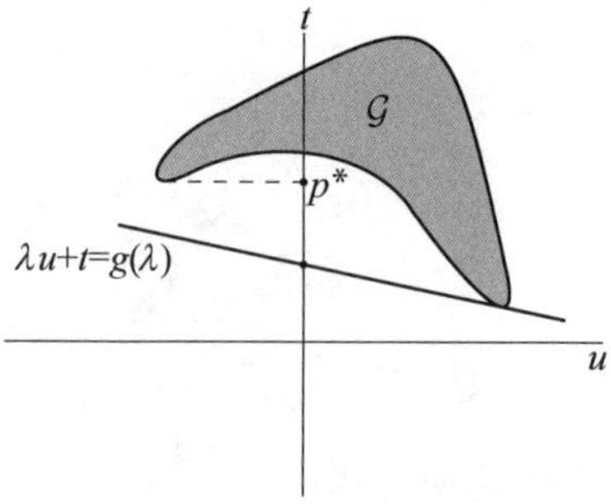

图 9.3 $g(\lambda)$的几何解释

支撑超平面与坐标轴 $u=0$ 的交点即为 $g(\lambda)$.

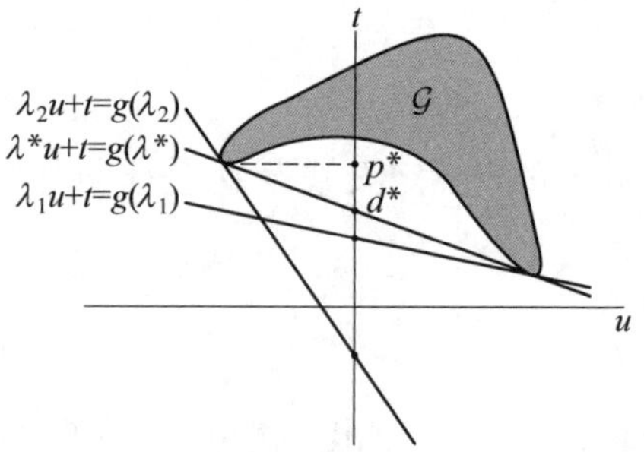

图 9.4 d^* 以及最优对偶间隙 $p^* - d^*$ 的几何解释

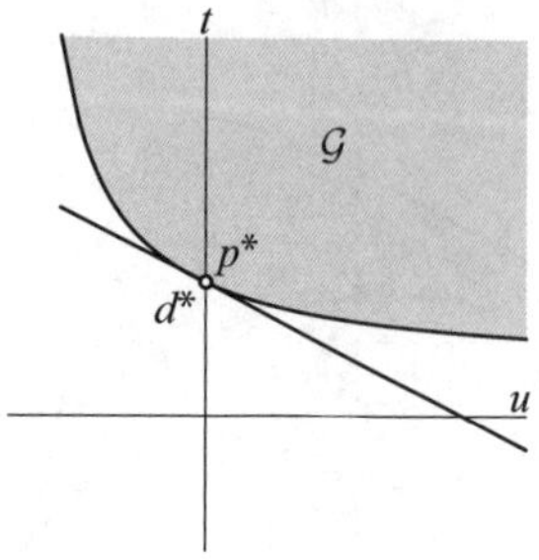

图 9.5 强对偶性成立的图示

因此, $p^* \geqslant d^*$, 即弱对偶性成立. 在图 9.4 所示中可以看出是存在对偶间隙,即强对偶性不成立. 如果强对偶性成立,那么对偶间隙为零,此时 p^* 与 d^* 重合,如几何图 9.5 所示.

2. 强对偶性定理的证明

考虑问题

$$\begin{aligned} \min \quad & f_0(\boldsymbol{x}) \\ s.t. \quad & f_i(\boldsymbol{x}) \leqslant 0, \ i = 1, \cdots, m \\ & \boldsymbol{Ax} = \boldsymbol{b} \end{aligned}$$

其中函数 $f_0, \cdots, f_m$ 均为凸函数. 假设 Slater 条件满足:即存在一点 $\tilde{\boldsymbol{x}} \in \textbf{relint}\, \mathcal{D}$ 使得 $f_i(\tilde{\boldsymbol{x}}) < 0, \ i = 1, \cdots, m$ 且 $\boldsymbol{A}\tilde{\boldsymbol{x}} = \boldsymbol{b}$. 现需证明强对偶性成立.

为简化证明，附加两个假设条件：

(1) $\mathcal{D}$ 的内点集不为空集(即 $\mathbf{relint}\,\mathcal{D}=\mathbf{int}\,\mathcal{D}$)；

(2) $\mathrm{rank}\,\boldsymbol{A}=p$. 假设最优值 p^* 有限.

证明.　定义集合 $\mathcal{A}$

$$\mathcal{A}=\{(\boldsymbol{u},\ \boldsymbol{v},\ t)\mid \exists \boldsymbol{x}\in\mathcal{D},\ f_i(\boldsymbol{x})\leqslant u_i,\ i=1,\ \cdots,\ m,\\ h_j(\boldsymbol{x})=v_j,\ j=1,\ \cdots,\ p,\ f_0(\boldsymbol{x})\leqslant t\}$$

显然，它是凸集. 定义另一凸集 $\mathcal{B}$ 为

$$\mathcal{B}=\{(\mathbf{0},\ \mathbf{0},\ s)\in R^m\times R^p\times R\mid s<p^*\}$$

集合 $\mathcal{A}$ 和集合 $\mathcal{B}$ 不相交. 设存在 $(\boldsymbol{u},\ \boldsymbol{v},\ t)\in\mathcal{A}\cap\mathcal{B}$. 因为 $(\boldsymbol{u},\ \boldsymbol{v},\ t)\in\mathcal{B}$，有 $\boldsymbol{u}=\mathbf{0},\ \boldsymbol{v}=\mathbf{0}$，以及 $f_0(\boldsymbol{x})\leqslant t<p^*$，而这与 p^* 是原问题的最优值矛盾.

因此，根据超平面定理，存在 $(\tilde{\boldsymbol{\lambda}},\ \tilde{\boldsymbol{v}},\ \mu)\neq\mathbf{0}$ 和 α 使得

$$(\boldsymbol{u},\ \boldsymbol{v},\ t)\in\mathcal{A}\Rightarrow\tilde{\boldsymbol{\lambda}}^{\mathrm{T}}\boldsymbol{u}+\tilde{\boldsymbol{v}}^{\mathrm{T}}\boldsymbol{v}+\mu t\geqslant\alpha \tag{9.33}$$

和

$$(\boldsymbol{u},\ \boldsymbol{v},\ t)\in\mathcal{B}\Rightarrow\tilde{\boldsymbol{\lambda}}^{\mathrm{T}}\boldsymbol{u}+\tilde{\boldsymbol{v}}^{\mathrm{T}}\boldsymbol{v}+\mu t\leqslant\alpha \tag{9.34}$$

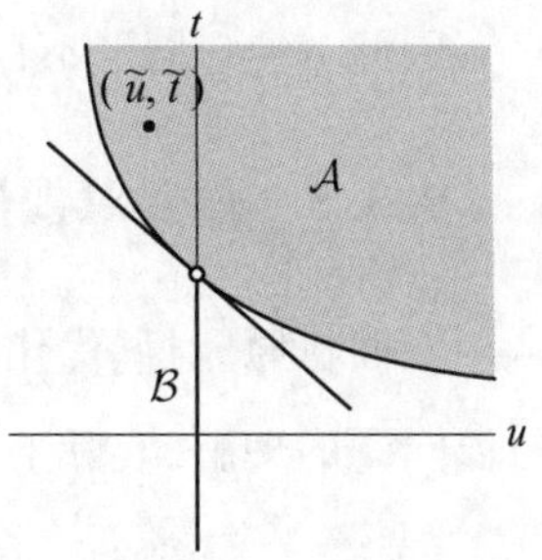

图 9.6　两个集合都是凸集，不相交，因此存在分离超平面

根据式(9.33)，有 $\tilde{\boldsymbol{\lambda}}\geqslant\mathbf{0}$ 和 $\mu\geqslant 0$.

式(9.34)意味着 $\mu t\leqslant\alpha$ 对所有 $t<p^*$ 成立，因此 $\mu p^*\leqslant\alpha$. 结合式(9.33)，对任意 $\boldsymbol{x}\in\mathcal{D}$，下式成立

$$\sum_{i=1}^{m}\tilde{\lambda}_i f_i(\boldsymbol{x})+\tilde{\boldsymbol{v}}^{\mathrm{T}}(\mathbf{A}\boldsymbol{x}-\boldsymbol{b})+\mu f_0(\boldsymbol{x})\geqslant\alpha\geqslant\mu p^* \tag{9.35}$$

设 $\mu>0$，式(9.35)两端除以 μ，可得任意 $\boldsymbol{x}\in\mathcal{D}$，下式成立

$$L(\boldsymbol{x},\ \tilde{\boldsymbol{\lambda}}/\mu,\ \tilde{\boldsymbol{v}}/\mu)\geqslant p^*$$

定义

$$\boldsymbol{\lambda}=\tilde{\boldsymbol{\lambda}}/\mu,\quad \boldsymbol{v}=\tilde{\boldsymbol{v}}/\mu$$

对 $\boldsymbol{x}$ 求极小可以得到 $g(\boldsymbol{\lambda},\ \boldsymbol{v})\geqslant p^*$. 根据强对偶性，有 $g(\boldsymbol{\lambda},\ \boldsymbol{v})\leqslant p^*$，因此 $g(\boldsymbol{\lambda},\ \boldsymbol{v})=p^*$. 说明当 $\mu>0$ 时强对偶性成立，且对偶问题能达到最优值.

考虑当 $\mu=0$ 时的情形. 根据式(9.35)，对任意 $\boldsymbol{x}\in\mathcal{D}$，有

$$\sum_{i=1}^{m}\tilde{\lambda}_i f_i(\boldsymbol{x})+\tilde{\boldsymbol{\nu}}^{\mathrm{T}}(\boldsymbol{A}\boldsymbol{x}-\boldsymbol{b})\geqslant 0 \tag{9.36}$$

满足 Slater 条件的点 $\tilde{\boldsymbol{x}}$ 同样满足式(9.36)，因此有 $\sum_{i=1}^{m}\tilde{\lambda}_i f_i(\boldsymbol{x})\geqslant 0$

- $f_i(\tilde{\boldsymbol{x}})<0$ 且 $\tilde{\lambda}_i\geqslant 0$，有 $\tilde{\boldsymbol{\lambda}}=\boldsymbol{0}$.
- $(\tilde{\boldsymbol{\lambda}},\tilde{\boldsymbol{\nu}},\mu)\neq 0$ 且 $\tilde{\boldsymbol{\lambda}}=\boldsymbol{0}$, $\mu=0$，所以 $\tilde{\boldsymbol{\nu}}\neq\boldsymbol{0}$.
- 式(9.36)表明对任意 $\boldsymbol{x}\in\mathcal{D}$ 有 $\tilde{\boldsymbol{\nu}}^{\mathrm{T}}(\boldsymbol{A}\boldsymbol{x}-\boldsymbol{b})\geqslant 0$.
- 又因为 $\tilde{\boldsymbol{x}}$ 满足 $\tilde{\boldsymbol{\nu}}^{\mathrm{T}}(\boldsymbol{A}\tilde{\boldsymbol{x}}-\boldsymbol{b})=0$，且 $\tilde{\boldsymbol{x}}\in\mathbf{int}\,\mathcal{D}$，因此除了 $\boldsymbol{A}^{\mathrm{T}}\tilde{\boldsymbol{\nu}}=0$ 的情况，总存在 $\mathcal{D}$ 中的点使得 $\tilde{\boldsymbol{\nu}}^{\mathrm{T}}(\boldsymbol{A}\boldsymbol{x}-\boldsymbol{b})<0$. 而 $\boldsymbol{A}^{\mathrm{T}}\tilde{\boldsymbol{\nu}}=\boldsymbol{0}$ 显然与假设 $\mathrm{rank}\boldsymbol{A}=p$ 矛盾.

因此 $\mu=0$ 情形不存在. 故证毕. □

9.3.5 强弱对偶性的极大极小描述

下面将原、对偶优化问题以一种更为对称的方式进行表达. 这将更有助于对原问题和对偶问题的理解. 实际上，**原问题**的最优值写成如下形式

$$p^*=\inf_{\boldsymbol{x}}\sup_{\boldsymbol{\lambda}\geqslant\boldsymbol{0},\,\boldsymbol{\nu}}L(\boldsymbol{x},\lambda,\boldsymbol{\nu})$$

这是因为

$$\begin{aligned}\sup_{\boldsymbol{\lambda}\geqslant\boldsymbol{0},\,\boldsymbol{\nu}}L(\boldsymbol{x},\boldsymbol{\lambda},\boldsymbol{\nu})&=\sup_{\boldsymbol{\lambda}\geqslant\boldsymbol{0},\,\boldsymbol{\nu}}\left(f_0(\boldsymbol{x})+\sum_{i=1}^{m}\lambda_i f_i(\boldsymbol{x})+\sum_{j=1}^{p}\nu_j h_j(\boldsymbol{x})\right)\\&=\begin{cases}f_0(\boldsymbol{x}) & f_i(\boldsymbol{x})\leqslant 0,\ h_j(\boldsymbol{x})=0,\ i=1,\cdots,m,\ j=1,\cdots,p\\ \infty & \text{其他}\end{cases}\end{aligned}$$

根据**对偶函数**的定义，有

$$d^*=\sup_{\boldsymbol{\lambda}\geqslant\boldsymbol{0},\,\boldsymbol{\nu}}\inf_{\boldsymbol{x}}L(\boldsymbol{x},\boldsymbol{\lambda},\boldsymbol{\nu})$$

因此弱对偶性可以表述为下述不等式(显然成立)

$$\sup_{\boldsymbol{\lambda}\geqslant\boldsymbol{0},\,\boldsymbol{\nu}}\inf_{\boldsymbol{x}}L(\boldsymbol{x},\lambda,\boldsymbol{\nu})\leqslant\inf_{\boldsymbol{x}}\sup_{\boldsymbol{\lambda}\geqslant\boldsymbol{0},\,\boldsymbol{\nu}}L(\boldsymbol{x},\boldsymbol{\lambda},\boldsymbol{\nu}) \tag{9.37}$$

强对偶性可以表示为下面的不等式

$$\sup_{\boldsymbol{\lambda}\geqslant\boldsymbol{0},\,\boldsymbol{\nu}}\inf_{\boldsymbol{x}}L(\boldsymbol{x},\lambda,\boldsymbol{\nu})=\inf_{\boldsymbol{x}}\sup_{\boldsymbol{\lambda}\geqslant\boldsymbol{0},\,\boldsymbol{\nu}}L(\boldsymbol{x},\boldsymbol{\lambda},\boldsymbol{\nu})$$

强对偶性意味着对 $\boldsymbol{x}$ 求极小和对 $\boldsymbol{\lambda}\geqslant\mathbf{0}$，$\boldsymbol{\nu}$ 求极大可以互换而不影响结果.

9.4 最优性条件

9.4.1 互补松弛条件

假设原问题和对偶问题的最优值都可以达到且相等(即强对偶性成立). 令 $\boldsymbol{x}^*$ 是原问题的最优解，$(\boldsymbol{\lambda}^*, \boldsymbol{\nu}^*)$ 是对偶问题的最优解，这表明

$$
\begin{aligned}
f_0(\boldsymbol{x}^*) &= g(\boldsymbol{\lambda}^*, \boldsymbol{\nu}^*) \\
&= \inf_{\boldsymbol{x}}\left(f_0(\boldsymbol{x}) + \sum_{i=1}^{m}\boldsymbol{\lambda}_i^* f_i(\boldsymbol{x}) + \sum_{j=1}^{p}\boldsymbol{\nu}_j^* h_j(\boldsymbol{x})\right) \\
&\leqslant f_0(\boldsymbol{x}^*) + \sum_{i=1}^{m}\boldsymbol{\lambda}_i^* f_i(\boldsymbol{x}^*) + \sum_{j=1}^{p}\boldsymbol{\nu}_j^* h_j(\boldsymbol{x}^*) \\
&\leqslant f_0(\boldsymbol{x}^*)
\end{aligned}
$$

第一个等式说明最优对偶间隙为零，第二个等式是对偶函数的定义，第三个不等式成立是因为 Lagrange 函数关于 $\boldsymbol{x}$ 的下确界小于等于其在 $\boldsymbol{x}=\boldsymbol{x}^*$ 处的值，最后一个不等式成立则是因为 $\lambda_i^*\geqslant 0$, $f_i(\boldsymbol{x}^*)\leqslant 0$, $i=1, \cdots, m$，以及 $h_j(\boldsymbol{x}^*)=0$, $j=1, \cdots, p$. 因此，在上面的式子链中，最后两个不等式取等号.

可以由此得出一些有意义的结论. 一方面，由于第三个不等式变为等式，因此，$L(\boldsymbol{x}, \boldsymbol{\lambda}^*, \boldsymbol{\nu}^*)$ 关于 $\boldsymbol{x}$ 求极小值是在 $\boldsymbol{x}^*$ 处取得的. 其中 Lagrange 函数 $L(\boldsymbol{x}, \boldsymbol{\lambda}^*, \boldsymbol{\nu}^*)$ 也可以有其他最优点；$\boldsymbol{x}^*$ 只是其中一个最优点.

另一方面的结论是

$$
\sum_{i=1}^{m}\lambda_i^* f_i(\boldsymbol{x}^*) = 0
$$

事实上，求和项的每一项都非正，因此有

$$
\lambda_i^* f_i(\boldsymbol{x}^*) = 0,\ i=1, \cdots, m \tag{9.38}
$$

上述条件称为**互补松弛性**；它对任意原问题最优解 $\boldsymbol{x}^*$ 以及对偶问题最优解 $(\boldsymbol{\lambda}^*, \boldsymbol{\nu}^*)$ 都成立(当强对偶性成立时). 我们可以将互补松弛条件写成

$$
\lambda_i^* > 0 \Rightarrow f_i(\boldsymbol{x}^*) = 0
$$

或者

$$f_i(\boldsymbol{x}^*) < 0 \Rightarrow \lambda_i^* = 0$$

这表明,在最优点处,除非第 i 个约束起作用,否则第 i 个最优 Lagrange 乘子取值为零.

9.4.2 KKT 最优性条件

假设函数 $f_0, \cdots, f_m, h_1, \cdots, h_p$ 可微(因此定义域是开集),此时并没有假设这些函数是凸函数.

定义 9.4.1. 令 $\boldsymbol{x}^*$ 和$(\boldsymbol{\lambda}^*, \boldsymbol{\nu}^*)$分别是原问题和对偶问题的最优解,其对偶间隙为零. 因此,就有

(1) 原始约束:

$$f_i(\boldsymbol{x}^*) \leqslant 0,\ i=1, \cdots, m$$
$$h_j(\boldsymbol{x}^*) = 0,\ j=1, \cdots, p$$

(2) 对偶约束:$\lambda_i^* \geqslant 0,\ i=1, \cdots, m$

(3) 互补松弛:$\lambda_i^* f_i(\boldsymbol{x}^*) = 0,\ i=1, \cdots, m$

(4) 稳定性条件:

$$\nabla f_0(\boldsymbol{x}^*) + \sum_{i=1}^{m} \lambda_i^* \nabla f_i(\boldsymbol{x}^*) + \sum_{j=1}^{p} \nu_j^* \nabla h_j(\boldsymbol{x}^*) = \boldsymbol{0}$$

这些公式被称为 ***Karush-Kuhn-Tucker***(*KKT*)条件.

总之,对于目标函数和约束函数可微的任意优化问题,如果强对偶性成立,那么,原问题和对偶问题的任意一对最优解都必须满足 KKT 条件. 事实上,它们两者是等价的,即如下定理所述.

定理 9.4.1. 对于凸优化问题(9.27),如果 *Slater* 条件成立,那么 $\boldsymbol{x}^*, \boldsymbol{\lambda}^*, \boldsymbol{\nu}^*$ 分别是原始、对偶全局最优解当且仅当它们满足 *KKT* 条件.

证明. 由本节的起始部分,易知必要性显然成立. 下面考虑充分性:为了说明这一点,注意到前面两个条件说明了 $\boldsymbol{x}^*$ 是原问题的可行解. 因为 $\lambda_i^* \geqslant 0$, $L(\boldsymbol{x}, \boldsymbol{\lambda}^*, \boldsymbol{\nu}^*)$ 是 $\boldsymbol{x}$ 的凸函数;最后一个 KKT 条件说明在 $\boldsymbol{x} = \boldsymbol{x}^*$ 处,Lagrange 函数的导数为零. 因此,$L(\boldsymbol{x}, \boldsymbol{\lambda}^*, \boldsymbol{\nu}^*)$关于 $\boldsymbol{x}$ 求极小在 $\boldsymbol{x}^*$ 处取得最小值. 我们得出结论

$$
\begin{aligned}
g(\boldsymbol{\lambda}^*, \boldsymbol{\nu}^*) &= L(\boldsymbol{x}^*, \boldsymbol{\lambda}^*, \boldsymbol{\nu}^*) \\
&= f_0(\boldsymbol{x}^*) + \sum_{i=1}^{m} \lambda_i^* f_i(\boldsymbol{x}^*) + \sum_{j=1}^{p} \nu_j^* h_j(\boldsymbol{x}^*) \\
&= f_0(\boldsymbol{x}^*)
\end{aligned}
$$

最后一行成立是因为 $h_j(\boldsymbol{x}^*)=0$ 以及 $\lambda_i^* f_i(\boldsymbol{x}^*)=0$. 这说明原问题的解 $\boldsymbol{x}^*$ 和对偶问题的解$(\boldsymbol{\lambda}^*, \boldsymbol{\nu}^*)$之间的对偶间隙为零,因此分别是原、对偶问题最优解. 总之,对目标函数和约束函数可微的任意凸优化问题,任意满足 KKT 条件的点分别是原、对偶最优解,对偶间隙为零. □

KKT 条件在优化领域有着重要的作用. 在一些特殊情形下,是可以解析求解 KKT 条件的(因此也可以求解优化问题). 更一般地,很多求解凸优化问题的方法可以认为或理解为求解 KKT 条件的方法.

例 9.4.1.　考虑问题

$$
\begin{aligned}
\min \quad & (1/2)\boldsymbol{x}^{\mathrm{T}}\boldsymbol{P}\boldsymbol{x} + \boldsymbol{q}^{\mathrm{T}}\boldsymbol{x} + r \\
s.t. \quad & \boldsymbol{A}\boldsymbol{x} = \boldsymbol{b}
\end{aligned}
\tag{9.39}
$$

其中,$\boldsymbol{P} \in \mathcal{S}_+^n$. 此问题的 KKT 条件为

$$
\boldsymbol{A}\boldsymbol{x}^* = \boldsymbol{b},\ \boldsymbol{P}\boldsymbol{x}^* + \boldsymbol{q} + \boldsymbol{A}^{\mathrm{T}}\boldsymbol{\nu}^* = \boldsymbol{0}
$$

我们可以将其写成

$$
\boldsymbol{H}_{\boldsymbol{x}} = \begin{bmatrix} \boldsymbol{P} & \boldsymbol{A}^{\mathrm{T}} \\ \boldsymbol{A} & 0 \end{bmatrix} \begin{bmatrix} \boldsymbol{x}^* \\ \boldsymbol{\nu}^* \end{bmatrix} = \begin{bmatrix} -\boldsymbol{q} \\ \boldsymbol{b} \end{bmatrix}
$$

求解变量 x^*, ν^* 的 $m+n$ 个方程,其中变量的维数为 $m+n$, 可以得到优化问题(9.39)的最优原变量和对偶变量.

9.4.3　通过解对偶问题求解原问题

前面提到,如果强对偶性成立,且存在一个对偶最优解$(\boldsymbol{\lambda}^*, \boldsymbol{\nu}^*)$,那么任意原问题最优点也是 $L(\boldsymbol{x}, \boldsymbol{\lambda}^*, \boldsymbol{\nu}^*)$的最优解. 这个性质可以让我们从对偶最优方程去求解原问题最优解.

更具体地,假设强对偶性成立,对偶最优解$(\boldsymbol{\lambda}^*, \boldsymbol{\nu}^*)$已知. 假设 $L(\boldsymbol{x}, \boldsymbol{\lambda}^*, \boldsymbol{\nu}^*)$的最小值点唯一,即下列问题的解

$$\min f_0(\boldsymbol{x})+\sum_{i=1}^{m}\lambda_i^* f_i(\boldsymbol{x})+\sum_{j=1}^{p}\nu_j^* h_j(\boldsymbol{x}) \tag{9.40}$$

唯一. 对于优化凸问题而言,这是必然会发生(比如说,$L(\boldsymbol{x}, \boldsymbol{\lambda}^*, \boldsymbol{\nu}^*)$是关于 $\boldsymbol{x}$ 的严格凸函数). 如果问题(9.40)的解是原问题的可行解,那么,它就是原问题的最优解;反之,如果它不是原问题的可行解,那么,原问题不存在最优点,即原问题的最优解无法达到. 当对偶问题比原问题更易求解时,比如说对偶问题可以解析求解或者有某些特殊的结构更易分析,上述方法很有意义.

例 9.4.2. 考虑熵的最大化问题

$$\begin{aligned}\min\quad & f_0(\boldsymbol{x})=\sum_{i=1}^{n}x_i\log x_i\\ s.t.\quad & \boldsymbol{A}\boldsymbol{x}\leqslant \boldsymbol{b}\\ & \boldsymbol{1}^{\mathrm{T}}\boldsymbol{x}=1\end{aligned}$$

其中定义域为$\mathbb{R}_{++}^n$,其对偶问题为

$$\begin{aligned}\max\quad & -\boldsymbol{b}^{\mathrm{T}}\boldsymbol{\lambda}-\nu-e^{-\nu-1}\sum_{i=1}^{n}e^{-\boldsymbol{a}_i^{\mathrm{T}}\boldsymbol{\lambda}}\\ s.t.\quad & \boldsymbol{\lambda}\geqslant \boldsymbol{0}\end{aligned}$$

假设改进的 *Slater* 条件成立,即存在 $\boldsymbol{x}>0$ 使得 $\boldsymbol{A}\boldsymbol{x}\leqslant \boldsymbol{b}$ 以及 $\boldsymbol{1}^{\mathrm{T}}\boldsymbol{x}=1$, 因此强对偶性成立,存在一个对偶最优解$(\boldsymbol{\lambda}^*, \nu^*)$.

设对偶问题已经解出. $(\boldsymbol{\lambda}^*, \nu^*)$处的拉格朗日函数为

$$L(\boldsymbol{x}, \boldsymbol{\lambda}^*, \nu^*)=\sum_{i=1}^{n}x_i\log x_i+\boldsymbol{\lambda}^{*\mathrm{T}}(\boldsymbol{A}\boldsymbol{x}-\boldsymbol{b})+\nu^*(\boldsymbol{1}^{\mathrm{T}}\boldsymbol{x}-1)$$

它在 $\mathcal{D}$ 上严格凸且有下界,因此有一个唯一解 $\boldsymbol{x}^*$,

$$x_i^*=1/\exp(\boldsymbol{a}_i^{\mathrm{T}}\boldsymbol{\lambda}^*+\nu^*+1),\ i=1, \cdots, n$$

其中 $\boldsymbol{a}_i$ 是矩阵 $\boldsymbol{A}$ 的列向量. 如果 $\boldsymbol{x}^*$ 是原问题的可行解,那么,它必然是原问题(9.14)的最优解;反之,如果 $\boldsymbol{x}^*$ 不是原问题的可行解,那么,就说原问题的最优解不能达到.

例 9.4.3. 在等式约束下极小化可分函数

$$\begin{aligned}\min\quad & f_0(\boldsymbol{x})=\sum_{i=1}^{n}f_i(x_i)\\ s.t.\quad & \boldsymbol{a}^{\mathrm{T}}\boldsymbol{x}=b\end{aligned}$$

其中 $\boldsymbol{a}\in\mathbb{R}^n$, $b\in\mathbb{R}$，函数 $f_i:\mathbb{R}\to\mathbb{R}$ 是可微函数，也是严格凸函数. 目标函数是可分的，因为它可以表示为关于一系列单变量 x_i, …, x_n 的函数求和的形式. 假设函数 f_0 的定义域与约束集有交集，即存在一点 $\boldsymbol{x}_0\in\textbf{dom}\,f_0$，使得 $\boldsymbol{a}^{\mathrm{T}}\boldsymbol{x}_0=b$. 由此可知，该问题存在唯一最优解 $\boldsymbol{x}^*$.

该问题的 *Lagrange* 函数为

$$L(\boldsymbol{x},\nu)=\sum_{i=1}^{n}f_i(x_i)+\nu(\boldsymbol{a}^{\mathrm{T}}\boldsymbol{x}-b)=-b\nu+\sum_{i=1}^{n}(f_i(x_i)+\nu a_ix_i))$$

同样是可分函数，因此，对偶函数为

$$\begin{aligned}g(\nu)&=-b\nu+\inf_{\boldsymbol{x}}\Big(\sum_{i=1}^{n}(f_i(x_i)+\nu a_ix_i)\Big)\\&=-b\nu+\sum_{i=1}^{n}\inf_{x_i}(f_i(x_i)+\nu a_ix_i)\\&=-b\nu-\sum_{i=1}^{n}f_i^*(-\nu a_i)\end{aligned}$$

故对偶问题可表示为

$$\max\quad -b\nu-\sum_{i=1}^{n}f_i^*(-\nu a_i)$$

其中，$\nu\in\mathbb{R}$ 是实变量.

现在假设找到了一个对偶最优解 ν^*. 事实上，有很多简单的方法来求解一个实变量的凸问题，比如说二分法. 因为每个函数 f_i 都是严格凸的，所以，函数 $L(\boldsymbol{x},\nu^*)$ 关于 $\boldsymbol{x}$ 是严格凸的，故具有唯一的最小点 $\tilde{\boldsymbol{x}}$. 然而，已知 $\boldsymbol{x}^*$ 是 $L(\boldsymbol{x},\nu^*)$ 的最小点，因此，就有 $\tilde{\boldsymbol{x}}=\boldsymbol{x}^*$. 这可以通过求解 $\nabla_x L(\boldsymbol{x},\nu^*)=0$ 得到 $\boldsymbol{x}^*$，即求解方程组 $f_i'(x_i^*)=-\nu^*a_i$, $i=1,\cdots,n$.

9.5　数据科学中常见模型的对偶问题

在模式识别问题和分类问题中，给定数据集

$$\mathbb{T}=\{(\boldsymbol{x}_1,y_1),(\boldsymbol{x}_2,y_2),\cdots,(\boldsymbol{x}_N,y_N)\},\ y_1\in\{-1,+1\},\ i=1,\cdots,N$$

我们希望（从给定的函数族中）找到一个函数 $f:\mathbb{R}^n\to\mathbb{R}$，使得 $f(\boldsymbol{x}_i)$ 与 y_i 的符号一致. 如果函数对这些训练集都成立，我们称 f 能对数据集分离、分类或判别. 我们有时也考虑弱分离，在这种情况下，允许一定的容忍度，只需要弱不等式成立.

9.5.1 线性可分支持向量机

1. 间隔与支持向量

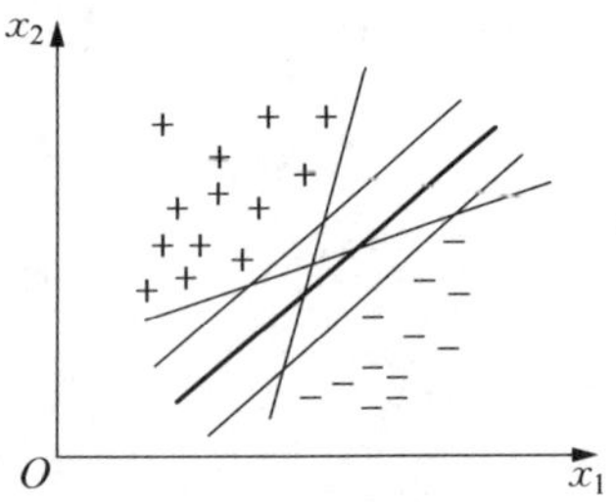

图 9.7 存在多个划分超平面将两类训练样本分开

给定上述训练样本集$\mathbb{T}$，分类学习最基本的想法就是基于训练集$\mathbb{T}$在样本空间中找到一个划分超平面，将不同类别的样本分开. 但能将训练样本分开的划分超平面可能有很多，如图 9.7 所示，我们应该努力去找到哪一个呢？

从直观上讲，我们更倾向于选择图 9.7 所示的，位于两类训练样本"正中间"的划分超平面. 这样的选择是因为，它对于训练样本局部扰动的"容忍度"最高，即对于可能存在的噪声或训练集外的样本，其分类结果的鲁棒性最强，泛化能力最好.

在样本空间中，划分超平面可以由以下线性方程来描述：

$$\boldsymbol{w}^{\mathrm{T}}\boldsymbol{x}+b=0 \tag{9.41}$$

其中，$\boldsymbol{w}=(w_1, w_2, \cdots, w_d)$是权重向量，也是超平面的法向量；$b$ 是偏置项，决定了超平面与原点之间的距离. 显然，划分超平面完全由法向量 $\boldsymbol{w}$ 和偏置 b 确定，我们将其简记为 $(\boldsymbol{w}, b)$.

根据几何知识，很容易得到样本空间中任意一点 $\boldsymbol{x}$ 到超平面$(\boldsymbol{w}, b)$的距离可以表示为：

$$r=\frac{\boldsymbol{w}^{\mathrm{T}}\boldsymbol{x}+b}{\|\boldsymbol{w}\|} \tag{9.42}$$

假设超平面$(\boldsymbol{w}, b)$能将训练样本正确分类，即对于$(\boldsymbol{x}_i, y_i)\in\mathbb{T}$，若 $y_i=+1$，则有 $\boldsymbol{w}^{\mathrm{T}}\boldsymbol{x}_i+b>0$；若 $y_i=-1$，则有 $\boldsymbol{w}^{\mathrm{T}}\boldsymbol{x}_i+b<0$. 令

$$\begin{cases}\boldsymbol{w}^{\mathrm{T}}\boldsymbol{x}_i+b\geqslant+1, & y_i=+1\\ \boldsymbol{w}^{\mathrm{T}}\boldsymbol{x}_i+b\leqslant-1, & y_i=-1\end{cases} \tag{9.43}$$

如图 9.8 所示，距离超平面最近的几个训练样本点使式(9.43)的等号成立，它们被称为"支持向量"(support vector)，两个异类支持向量到超平面的距离之和为

$$\gamma=\frac{2}{\|\boldsymbol{w}\|} \tag{9.44}$$

它被称为“间隔”(margin). 想要找到具有“最大间隔”(maximun margin)的划分超平面，也就是要找到能满足式中约束的参数 $\boldsymbol{w}$ 和 b，使得 γ 最大，即

$$\max_{\boldsymbol{w},\, b} \quad \frac{2}{\|\boldsymbol{w}\|}$$
$$s.t. \quad y_i(\boldsymbol{w}^{\mathrm{T}}\boldsymbol{x}_i + b) \geqslant 1,\ i = 1,\ 2,\ \cdots,\ N \tag{9.45}$$

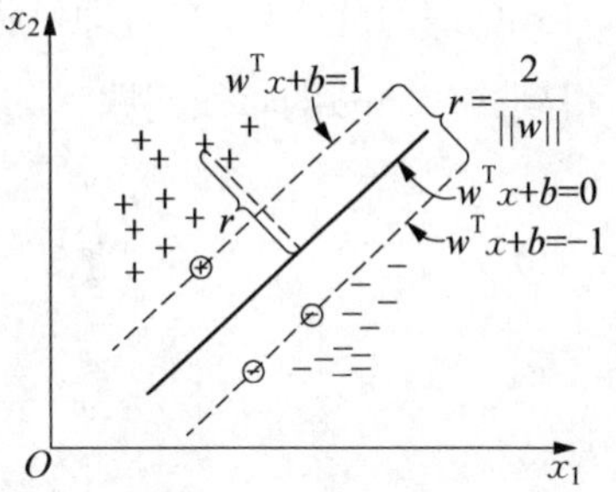

图 9.8　支持向量与间隔

显然，为了最大化间隔，仅需最大化 $\|\boldsymbol{w}\|^{-1}$，这等价于最小化 $\|\boldsymbol{w}\|^2$. 于是，式(9.45)可重写为

$$\min_{\boldsymbol{w},\, b} \quad \frac{1}{2}\|\boldsymbol{w}\|^2 \tag{9.46}$$
$$s.t. \quad y_i(\boldsymbol{w}^{\mathrm{T}}\boldsymbol{x}_i + b) \geqslant 1,\ i = 1,\ 2,\ \cdots,\ N$$

这就是支持向量机(Support Vector Machine, SVM)的基本型.

2. 对偶问题

在支持向量机中，我们寻求最大化间隔的超平面，这等价于求解问题(9.46)以获取模型

$$f(\boldsymbol{x}) = \boldsymbol{w}^{\mathrm{T}}\boldsymbol{x} + b \tag{9.47}$$

其中，$\boldsymbol{w}$ 和 b 是待求解的模型参数. 虽然式(9.46)是一个凸二次规划问题，能够直接使用优化算法求解，但通常利用其对偶问题进行求解会更加高效. 通过引入拉格朗日乘子法，我们可以将原始问题转化为对偶问题. 具体地，对于式(9.46)中的每个约束条件，我们添加非负的拉格朗日乘子 $\boldsymbol{\alpha} = (\alpha_1,\ \alpha_2,\ \cdots,\ \alpha_N)$，从而得到拉格朗日函数

$$L(\boldsymbol{w},\ b,\ \boldsymbol{\alpha}) = \frac{1}{2}\|\boldsymbol{w}\|^2 + \sum_{i=1}^{N}\alpha_i(1 - y_i(\boldsymbol{w}^{\mathrm{T}}\boldsymbol{x}_i + b)) \tag{9.48}$$

其中 $\boldsymbol{\alpha} = (\alpha_1,\ \alpha_2,\ \cdots,\ \alpha_N)$. 令 $L(\boldsymbol{w},\ b,\ \boldsymbol{\alpha})$ 对 $\boldsymbol{w}$ 和 b 的偏导为零可得

$$\boldsymbol{w} = \sum_{i=1}^{N}\alpha_i y_i \boldsymbol{x}_i, \tag{9.49}$$

$$0 = \sum_{i=1}^{N}\alpha_i y_i \tag{9.50}$$

将式(9.49)代入(9.48),即可将 $L(\boldsymbol{w}, b, \boldsymbol{\alpha})$ 中的 $\boldsymbol{w}$ 和 b 消去,再考虑式(9.50)的约束,就得到式(9.46)的对偶问题

$$\begin{aligned} \max_{\boldsymbol{\alpha}} \quad & \sum_{i=1}^{N}\alpha_i - \frac{1}{2}\sum_{i=1}^{N}\sum_{j=1}^{N}\alpha_i\alpha_j y_i y_j \boldsymbol{x}_i^{\mathrm{T}}\boldsymbol{x}_j \\ s.t. \quad & \sum_{i=1}^{N}\alpha_i y_i = 0,\ \alpha_i \geqslant 0,\ i=1, 2, \cdots, N \end{aligned} \tag{9.51}$$

解出 $\boldsymbol{\alpha}$ 后,求出 $\boldsymbol{w}$ 与 b 即可得到模型

$$\begin{aligned} f(\boldsymbol{x}) &= \mathbf{sign}(\boldsymbol{w}^{\mathrm{T}}\boldsymbol{x} + b) \\ &= \mathbf{sign}\left(\sum_{i=1}^{N}\alpha_i y_i \boldsymbol{x}_i^{\mathrm{T}}\boldsymbol{x} + b\right) \end{aligned} \tag{9.52}$$

从对偶问题(9.51)得到的解是公式(9.48)中的拉格朗日乘子,它恰对应着训练样本 $(\boldsymbol{x}_i, y_i)$. 注意到式(9.46)中有不等式约束,因此上述过程需满足 KKT 条件,即要求

$$\begin{cases} \alpha_i \geqslant 0 \\ y_i f(\boldsymbol{x}_i) - 1 \geqslant 0 \\ \alpha_i(y_i f(\boldsymbol{x}_i) - 1) = 0 \end{cases} \tag{9.53}$$

对于任意训练样本 $(\boldsymbol{x}_i, y_i)$,根据 KKT 条件,我们可以得出以下结论:

(1) 如果 $\alpha_i = 0$,则样本 $(\boldsymbol{x}_i, y_i)$ 不会出现在式(9.50)的求和式中,因此不会对最终模型 $f(\boldsymbol{x})$ 产生影响.

(2) 如果 $\alpha_i > 0$,则必有 $y_i f(\boldsymbol{x}_i) = 1$,这意味着样本 $(\boldsymbol{x}_i, y_i)$ 位于最大间隔边界上,该样本也被称之为支持向量.

这揭示了支持向量机的一个重要特性:在训练完成后,大部分训练样本可以被丢弃,最终模型仅由支持向量决定,因此该方法被称为支持向量机(Support Vector Machine). 支持向量的存在简化了模型,使得在高维空间中也能有效地进行学习和预测.

9.5.2 线性支持向量机

1. 软间隔

现实中的训练样本集,通常由于数据本身具有噪音或其他原因,导致数据集是线性不可分的,或者是近似线性可分. 对于线性近似可分数据集,在第五章已经介绍,通过引入"软间隔"的方式,即松弛变量的方式使其"可分". 因此得到如下软间隔优化问题:

$$
\begin{aligned}
&\min_{w,b,\xi} \frac{1}{2}\|\boldsymbol{w}\|^2 + C\sum_{i=1}^{N}\xi_i \\
&s.t. \quad y_i(\boldsymbol{w}^{\mathrm{T}}\boldsymbol{x}_i + b) \geqslant 1-\xi_i,\ i=1,\ 2,\ \cdots,\ N \\
&\qquad\ \ \xi_i \geqslant 0,\ i=1,\ 2,\ \cdots,\ N
\end{aligned} \tag{9.54}
$$

2. 对偶问题

同理,对式(9.54)使用拉格朗日乘子法可得到其"对偶问题". 具体来说,对式(9.54)的每条约束添加拉格朗日乘子 $\boldsymbol{\alpha} \geqslant \mathbf{0}$, $\boldsymbol{\mu} \geqslant \mathbf{0}$, 则该问题的拉格朗日函数可写为

$$
L(\boldsymbol{w},\ b,\ \boldsymbol{\xi},\ \boldsymbol{\alpha},\ \boldsymbol{\mu}) = \frac{1}{2}\|\boldsymbol{w}\|^2 + C\sum_{i=1}^{N}\xi_i + \sum_{i=1}^{N}\alpha_i(1-\xi_i - y_i(\boldsymbol{w}^{\mathrm{T}}\boldsymbol{x}_i + b)) - \sum_{i=1}^{N}(\mu_i\xi_i) \tag{9.55}
$$

其中 $\boldsymbol{\alpha} = (\alpha_1,\ \alpha_2,\ \cdots,\ \alpha_N)$. 令 $L(\boldsymbol{w},\ b,\ \boldsymbol{\alpha})$ 对 $\boldsymbol{w}$、b 和 $\boldsymbol{\xi}$ 的偏导为零可得

$$
\boldsymbol{w} = \sum_{i=1}^{N}\alpha_i y_i \boldsymbol{x}_i, \tag{9.56}
$$

$$
0 = \sum_{i=1}^{N}\alpha_i y_i \tag{9.57}
$$

$$
\boldsymbol{\alpha} + \boldsymbol{\mu} = C\mathbf{1} \tag{9.58}
$$

将式(9.56)和式(9.58)代入(9.55),即可将 $L(\boldsymbol{w},\ b,\ \boldsymbol{\alpha})$ 中的 $\boldsymbol{w}$ 和 b 消去,再考虑式(9.57)的约束,就得到式(9.54)的对偶问题

$$
\begin{aligned}
&\max_{\boldsymbol{\alpha}} \quad \sum_{i=1}^{N}\alpha_i - \frac{1}{2}\sum_{i=1}^{N}\sum_{j=1}^{N}\alpha_i\alpha_j y_i y_j \boldsymbol{x}_i^{\mathrm{T}}\boldsymbol{x}_j \\
&s.t. \quad \sum_{i=1}^{N}\alpha_i y_i = 0 \\
&\qquad\ \ 0 \leqslant \alpha_i \leqslant C,\ i=1,\ 2,\ \cdots,\ N
\end{aligned} \tag{9.59}
$$

解出 $\boldsymbol{\alpha}$ 后,求出 $\boldsymbol{w}$ 与 b 即可得到模型

$$
\begin{aligned}
f(\boldsymbol{x}) &= \mathbf{sign}(\boldsymbol{w}^{\mathrm{T}}\boldsymbol{x} + b) \\
&= \mathbf{sign}\Big(\sum_{i=1}^{N}\alpha_i y_i \boldsymbol{x}_i^{\mathrm{T}}\boldsymbol{x} + b\Big)
\end{aligned} \tag{9.60}
$$

在线性不可分的情况下,对应于 $\alpha_i > 0$ 的样本点的实例 x_i 称为支持向量. 根据需满足的 KKT 条件易知,若 $\alpha_i < C$,则 $\xi_i = 0$,支持向量恰好落在间隔边界上;若 $\alpha_i = C$,当

$0<\xi_i<1$ 时,分类正确,支持向量落在间隔边界与分离超平面之间,当 $\xi_i=1$ 时,则支持向量在分离超平面上,当 $\xi_i>1$ 时,则位于分离超平面误分类的一侧.

习　　题

习题 9.1. 考虑优化问题

$$\begin{aligned} \min \quad & \exp(-x) \\ s.t. \quad & x^2/y \leqslant 0 \end{aligned}$$

优化变量为 x 和 y,定义域为 $\mathcal{D}=\{(x, y) \mid y>0\}$.

(1) 证明这是一个凸优化问题,求解最优值.

(2) 给出 *Lagrange* 对偶问题,求解对偶问题的最优解 λ^* 和最优值 d^*. 给出最优对偶间隙.

(3) *Slater* 条件对此问题是否成立?

习题 9.2. 考虑问题

$$\begin{aligned} \min \quad & \boldsymbol{c}^{\mathrm{T}} \boldsymbol{x} \\ s.t. \quad & f(\boldsymbol{x}) \leqslant 0 \end{aligned}$$

其中 $\boldsymbol{c} \neq \mathbf{0}$. 利用共轭函数 f^* 表述对偶问题. 我们不假设函数 f 是凸的,证明对偶问题是凸的.

习题 9.3. 求解线性规划

$$\begin{aligned} \min \quad & \boldsymbol{e}^{\mathrm{T}} \boldsymbol{x} \\ s.t. \quad & \boldsymbol{G}\boldsymbol{x} \preceq \boldsymbol{h} \\ & \boldsymbol{A}\boldsymbol{x}=\boldsymbol{b} \end{aligned}$$

的对偶函数,给出对偶问题.

习题 9.4. 证明:弱极大极小不等式

$$\sup_{z \in \mathbb{Z}} \inf_{w \in \mathbb{W}} f(\boldsymbol{w}, \boldsymbol{z}) \leqslant \inf_{w \in \mathbb{W}} \sup_{z \in \mathbb{Z}} f(\boldsymbol{w}, \boldsymbol{z})$$

总是成立. 其中函数 $f: \mathbb{R}^n \times \mathbb{R}^m \rightarrow \mathbb{R}$, $\mathbb{W} \subseteq \mathbb{R}^n$, $\mathbb{Z} \subseteq \mathbb{R}^m$ 为任意子集.

习题 9.5. 写出下述非线性规划的 KKT 条件并求解

(1)

$$\begin{aligned} \max \quad & f(x)=(x-3)^2 \\ s.t. \quad & 1 \leqslant x \leqslant 5 \end{aligned}$$

(2)

$$\begin{aligned} \min \quad & f(x)=(x-3)^2 \\ s.t. \quad & 1 \leqslant x \leqslant 5 \end{aligned}$$

习题 9.6. 考虑等式约束的最小二乘问题

$$\begin{aligned} \min \quad & \|\boldsymbol{Ax}-\boldsymbol{b}\|_2^2 \\ s.t. \quad & \boldsymbol{Gx}=\boldsymbol{h} \end{aligned}$$

其中 $\boldsymbol{A} \in \mathbb{R}^{m\times n}$，$\mathrm{rank}(\boldsymbol{A})=n$，$\boldsymbol{G} \in \mathbb{R}^{p\times n}$，$\mathrm{rank}(\boldsymbol{G})=p$. 给出 KKT 条件，推导原问题最优解 $\boldsymbol{x}^*$ 以及对偶问题最优解 $\boldsymbol{v}^*$ 的表达式.

习题 9.7. 用 Lagrange 乘子法证明：矩阵 $\boldsymbol{A} \in \mathbb{R}^{m\times n}$ 的 l_2 范数

$$\|\boldsymbol{A}\|_2 = \max_{\|\boldsymbol{x}\|_2=1} \|\boldsymbol{Ax}\|_2$$

的平方是 $\boldsymbol{A}^{\mathrm{T}}\boldsymbol{A}$ 的最大特征值.

习题 9.8. 用 Lagrange 乘子法求欠定方程 $\boldsymbol{Ax}=\boldsymbol{b}$ 的最小二乘范数解，其中 $\boldsymbol{A} \in \mathbb{R}^{m\times n}$，$m \leqslant n$，$\mathrm{rank}(\boldsymbol{A})=m$.

习题 9.9. 计算下列优化问题的对偶问题.

(1) $\min_{\boldsymbol{x}\in\mathbb{R}^n} \|\boldsymbol{x}\|_1$，　$s.t.\ \boldsymbol{Ax}=\boldsymbol{b}$；

(2) $\min_{\boldsymbol{x}\in\mathbb{R}^n} \|\boldsymbol{Ax}-\boldsymbol{b}\|_1$；

(3) $\min_{\boldsymbol{x}\in\mathbb{R}^n} \|\boldsymbol{Ax}-\boldsymbol{b}\|_\infty$；

(4) $\min_{\boldsymbol{x}\in\mathbb{R}^n} x^{\mathrm{T}}\boldsymbol{Ax}+2\boldsymbol{b}^{\mathrm{T}}\boldsymbol{x}$，　$s.t.\ \|\boldsymbol{x}\|_2^2 \leqslant 1$，其中 $\boldsymbol{A}$ 为正定矩阵.

习题 9.10. 如下论断正确吗？为什么？对等式约束优化问题

$$\begin{aligned} \min \quad & f(\boldsymbol{x}) \\ s.t. \quad & c_i(\boldsymbol{x})=0,\ i \in \varepsilon. \end{aligned}$$

考虑与之等价的约束优化问题：

$$\begin{aligned} \min \quad & f(\boldsymbol{x}) \\ s.t. \quad & c_i^2(\boldsymbol{x})=0,\ i \in \varepsilon. \end{aligned}$$

设 $\boldsymbol{x}^{\#}$ 是上述问题的一个 KKT 点，则 $\boldsymbol{x}^{\#}$ 满足

$$0=\nabla f(\boldsymbol{x}^{\#})+2\sum_{i\in\varepsilon}\lambda_i^{\#}c_i(\boldsymbol{x}^{\#})\nabla c_i(\boldsymbol{x}^{\#}),$$

$$0=c_i(\boldsymbol{x}^{\#}),\ i\in\varepsilon,$$

其中 $\lambda_i^{\#}$ 是相应的拉格朗日乘子. 整理上式得 $\nabla f(\boldsymbol{x}^{\#})=\mathbf{0}$. 这说明对等式约束优化问题，我们依然能给出类似无约束优化问题的最优性条件.

习题 9.11. 考虑优化问题

$$\min_{\boldsymbol{Z}\in\mathbb{R}^{n\times q},\,\boldsymbol{V}\in\mathbb{R}^{q\times p}}\|\boldsymbol{X}-\boldsymbol{Z}\boldsymbol{V}\|_F^2,\quad s.t.\quad \boldsymbol{V}^{\mathrm{T}}\boldsymbol{V}=\boldsymbol{I},\ \boldsymbol{Z}^{\mathrm{T}}\mathbf{1}=\mathbf{0},$$

其中 $\boldsymbol{X}\in\mathbb{R}^{n\times p}$. 请给出该优化问题的解.

习题 9.12. 考虑优化问题

$$\begin{aligned}\min_{\boldsymbol{x}\in R^2}\quad & x_1\\ s.t.\quad & 16-(x_1-4)^2-x_2^2\geqslant 0\\ & x_1^2+(x_2-2)^2-4=0\end{aligned}$$

求出该优化问题的 KKT 点，并判断它们是否是局部极小点、鞍点以及全局极小点？

习题 9.13. 在介绍半定规划问题的最优性条件时，我们提到互补松弛条件可以是 $\langle\boldsymbol{X},\boldsymbol{S}\rangle=0$ 或 $\boldsymbol{X}\boldsymbol{S}=\boldsymbol{O}$，证明这两个条件是等价的，即对 $\boldsymbol{X}\succeq 0$ 与 $\boldsymbol{S}\succeq 0$ 有

$$\langle\boldsymbol{X},\boldsymbol{S}\rangle=0\Leftrightarrow\boldsymbol{X}\boldsymbol{S}=\boldsymbol{O}.$$

习题 9.14. 考虑优化问题

$$\min_{\boldsymbol{x}\in\mathbb{R}^n}\boldsymbol{x}^{\mathrm{T}}\boldsymbol{A}\boldsymbol{x}+2\boldsymbol{b}^{\mathrm{T}}\boldsymbol{x},\quad s.t.\quad \|\boldsymbol{x}\|_2\leqslant 1,$$

其 $\boldsymbol{A}\in\mathcal{S}^n$, $\boldsymbol{b}\in\mathbb{R}^n$. 写出该问题的对偶问题，以及对偶问题的对偶问题.

习题 9.15. 写出无偏置项的软件隔支持向量机的对偶问题：

$$\begin{aligned}\min_{\boldsymbol{w},\,b,\,\boldsymbol{\xi}}\quad & \frac{1}{2}\|\boldsymbol{w}\|^2+C\sum_{i=1}^{N}\xi_i\\ s.t.\quad & y_i(\boldsymbol{w}^{\mathrm{T}}\boldsymbol{x}_i)\geqslant 1-\xi_i,\ i=1,2,\cdots,N\\ & \xi_i\geqslant 0,\ i=1,2,\cdots,N\end{aligned}\tag{9.61}$$

其中这些变量的含义如(9.54)所述.

第十章

优化算法

对于特定的优化问题，可以找到问题的解析解. 比如最小二乘问题. 然而，很多问题并没有解析解，或者虽然有解析解，但是利用解析式求解最优值的方式需要极高的运算量. 采用迭代的方法逐渐逼近一个最优解是一种可行的方式. 优化算法可分为无约束优化算法和约束优化算法，其中无约束优化算法可分为零阶方法(一维搜索)、一阶方法和二阶方法；约束优化算法可分为可行方向法和制约函数法.

本章主要介绍无约束优化和约束优化算法的性质和求解方法，除此之外，本章还介绍了机器学习中的复合优化算法和深度学习中常用的优化算法，以便读者在实践中使用. 最后，还介绍了在线凸优化，它在线机器学习中有着广泛的应用.

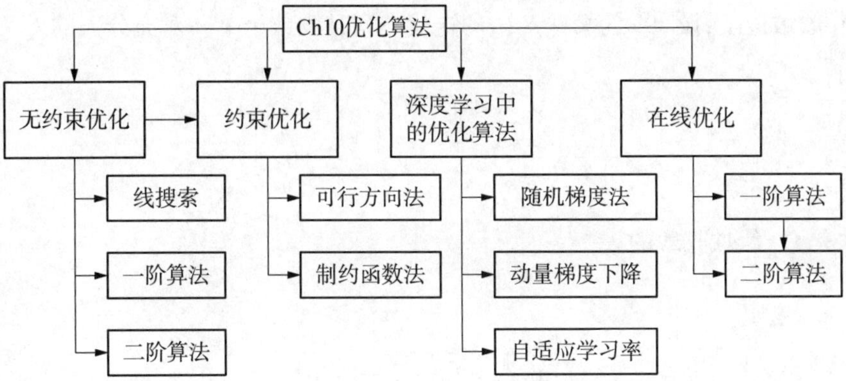

图 10.1 本章导图

10.1 无约束优化

本节讨论下述无约束优化问题的求解方法

$$\min f(\boldsymbol{x}) \tag{10.1}$$

其中 $f:\mathbb{R}^n\to\mathbb{R}$ 的可微函数.

根据前一章对无约束优化问题最优性条件的讨论，可知使得目标函数 $f(\boldsymbol{x})$ 的梯度等于零，求得平稳点；然后用充分条件进行判别，便可求出所要的最优解. 然而，对于一般的 n 元函数 $f(\boldsymbol{x})$ 来说，通常 $\nabla f(\boldsymbol{x})=\mathbf{0}$ 是一个非线性方程组，求它的解析解相当困难. 对于不可微函数,更无法使用这样的方法. 为此,常使用**迭代法**进行求解.

1. 迭代法

迭代法的基本思想是:为了求函数 $f(\boldsymbol{x})$ 的最优解,首先给定一个**初始估计** $\boldsymbol{x}^{(0)}$,然后按某种规则(即**算法**)找出比 $\boldsymbol{x}^{(0)}$ 更好的解 $\boldsymbol{x}^{(1)}$(对极小化问题,$f(\boldsymbol{x}^{(1)})<f(\boldsymbol{x}^{(0)})$;对极大化问题,$f(\boldsymbol{x}^{(1)})>f(\boldsymbol{x}^{(0)})$),再按此种规则找出比 $\boldsymbol{x}^{(1)}$ 更好的解 $\boldsymbol{x}^{(2)}$,…. 如此即可得到一个解的序列 $\{\boldsymbol{x}^{(k)}\}$. 若这个解序列有极限 $\boldsymbol{x}^*$,即

$$\lim_{k\to\infty}\|\boldsymbol{x}^{(k)}-\boldsymbol{x}^*\|=0$$

则称它收敛于 $\boldsymbol{x}^*$.

若这算法是有效的,那么它所产生的解的序列将收敛于该问题的最优解. 除此之外,算法的**渐进收敛速度**是衡量算法性能的一个重要指标. 这里重点介绍 **Q-收敛速度**(Q 的含义是 quotient),以及 **R-收敛速度**(R 的含义是 root).

- **Q-收敛速度**:设 $\boldsymbol{x}^{(k)}$ 为算法产生的迭代点列且收敛于 $\boldsymbol{x}^*$,对充分大的 k,

若满足有

$$\frac{\|\boldsymbol{x}^{(k+1)}-\boldsymbol{x}^*\|}{\|\boldsymbol{x}^{(k)}-\boldsymbol{x}^*\|}\leqslant a,\ a\in(0,1) \tag{10.2}$$

则称算法是 **Q-线性收敛**的;

若满足

$$\lim_{k\to\infty}\frac{\|\boldsymbol{x}^{(k+1)}-\boldsymbol{x}^*\|}{\|\boldsymbol{x}^{(k)}-\boldsymbol{x}^*\|}=0 \tag{10.3}$$

则称算法是 **Q-超线性收敛**的;

若满足

$$\lim_{k\to\infty}\frac{\|\boldsymbol{x}^{(k+1)}-\boldsymbol{x}^*\|}{\|\boldsymbol{x}^{(k)}-\boldsymbol{x}^*\|}=1 \tag{10.4}$$

则称算法是 **Q-次线性收敛**的;

若满足

$$\frac{\|\boldsymbol{x}^{(k+1)}-\boldsymbol{x}^*\|}{\|\boldsymbol{x}^{(k)}-\boldsymbol{x}^*\|^2}\leqslant a,\ a>0 \tag{10.5}$$

则称算法是 **Q-二次收敛**的.

从图 10.2 可以看出不同 Q 收敛速度的效果图. 一般来说,具有 Q-超线性收敛速度和 Q-二次收敛速度的算法是收敛较快的.

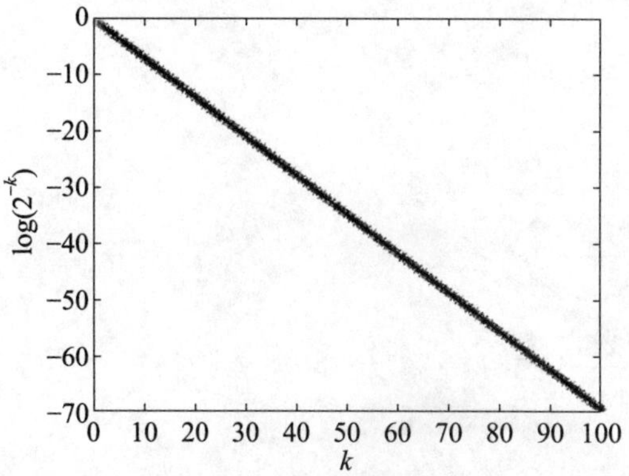

(a) Q-线性收敛

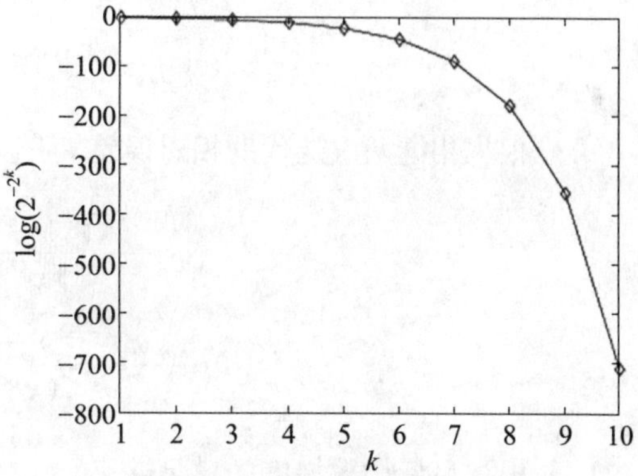

(b) Q-二次收敛

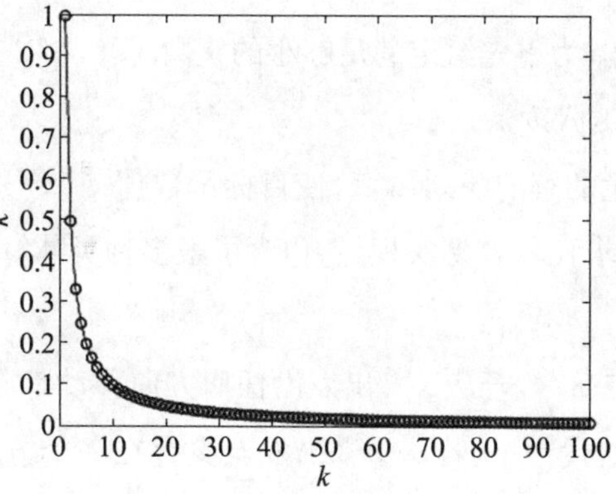

(c) Q-次线性收敛

图 10.2　不同 Q-收敛速度比较

- **R-收敛速度**:设 $\boldsymbol{x}^{(k)}$ 为算法产生的迭代点列且收敛于 $\boldsymbol{x}^*$,若存在 Q-线性收敛于 0 的非负序列 t_k 并且对任意 k 成立

$$\|\boldsymbol{x}^{(k)}-\boldsymbol{x}^*\|\leqslant t_k \tag{10.6}$$

则称算法是 **R-线性收敛**的.

类似地,可以定义 **R-超线性收敛**和 **R-二次收敛**等收敛速度.

不过,由于计算机只能进行有限次迭代,一般说很难得到准确解,而只能得到近似解. 当满足所要求的精度时,即可停止迭代. 又因为真正的最优解事先未知,通常根据相继两次迭代的结果,决定什么时候停止计算.常用的终止计算准则有以下几种.

- 根据相继两次迭代的**绝对误差**

$$\|\boldsymbol{x}^{(k+1)}-\boldsymbol{x}^{(k)}\|<\varepsilon_1$$

$$|f(\boldsymbol{x}^{(k+1)})-f(\boldsymbol{x}^{(k)})|<\varepsilon_2$$

- 根据相继两次迭代的**相对误差**

$$\frac{\|\boldsymbol{x}^{(k+1)}-\boldsymbol{x}^{(k)}\|}{\|\boldsymbol{x}^{(k)}\|}<\varepsilon_3$$

$$\frac{|f(\boldsymbol{x}^{(k+1)})-f(\boldsymbol{x}^{(k)})|}{|f(\boldsymbol{x}^{(k)})|}<\varepsilon_4$$

- 根据目标函数梯度的模足够小

$$\|\nabla f(\boldsymbol{x}^{(k)})\|<\varepsilon_5$$

其中,ε_1, ε_2, ε_3, ε_4, ε_5 为事先给定的足够小的正数.

2. 最优化问题的迭代方法

若由某算法所产生的解的序列$\{\boldsymbol{x}^{(k)}\}$使目标函数值 $f(\boldsymbol{x}^{(k)})$逐步减少,就称这算法为**下降算法**."下降"的要求比较容易实现,它包含了很多种具体算法.显然,求解极小化问题应采用下降算法.

现假定已迭代到点 $\boldsymbol{x}^{(k)}$,若从 $\boldsymbol{x}^{(k)}$ 出发沿任何方向移动都不能使目标函数值下降,则 $\boldsymbol{x}^{(k)}$ 是一局部极小点,迭代停止.若从 $\boldsymbol{x}^{(k)}$ 出发至少存在一个方向可使目标函数值有所下降,则可选定能使目标函数值下降的某方向 $\boldsymbol{p}^{(k)}$,沿这个方向迈进适当的一步,得到下一个迭代点 $\boldsymbol{x}^{(k+1)}$,并使 $f(\boldsymbol{x}^{(k+1)})<f(\boldsymbol{x}^{(k)})$.这相当于在射线 $\boldsymbol{x}=\boldsymbol{x}^{(k)}+\lambda\boldsymbol{p}^{(k)}$ 上选定新点 $\boldsymbol{x}^{(k+1)}=\boldsymbol{x}^{(k)}+\lambda_k\boldsymbol{p}^{(k)}$ (见图 10.3),其中,$\boldsymbol{p}^{(k)}$称为**搜索方向**;λ_k 称为**步长**或步长因子.

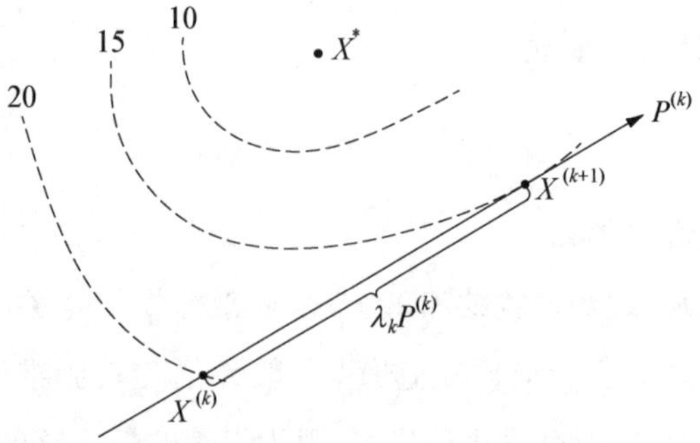

图 10.3 下降算法迭代过程示意图

本文主要考虑的下降算法的步骤，可总结如下：

算法 10.1　下降算法框架

1：选定某一初始点 $\boldsymbol{x}^{(0)}$，并令 $k := 0$；
2：依据一定规则，确定**搜索方向** $\boldsymbol{p}^{(k)}$；
3：从 $\boldsymbol{x}^{(k)}$ 出发，沿方向 $\boldsymbol{p}^{(k)}$ 求**步长**（步长因子）λ_k，以产生下一个迭代点 $\boldsymbol{x}^{(k+1)}$；
4：检查得到的新点 $\boldsymbol{x}^{(k+1)}$ 是否为极小点或近似极小点. 若是，则停止迭代. 否则，令 $k := k+1$，转回第二步继续进行迭代.

在以上步骤中，存在两个**关键问题**：一方面，如何确定搜索方向 $\boldsymbol{p}^{(k)}$；另一方面，如何确定步长 λ_k. 确定步长 λ_k 的过程，实际上是解决在确定搜索方向之后，在该方向走多远的问题. 本质上，它是一个一元函数的优化问题，故称之为线搜索（一维搜索）. 一般分为两类：

- **精确线搜索**，即沿射线 $\boldsymbol{x} = \boldsymbol{x}^{(k)} + \lambda \boldsymbol{p}^{(k)}$ 求目标函数 $f(\boldsymbol{x})$ 的极小，换言之

$$\lambda_k = \arg\min_{\lambda} f(\boldsymbol{x}^{(k)} + \lambda \boldsymbol{p}^{(k)})$$

这样确定的步长为**最佳步长**.

- **非精确线搜索**，不要求 λ_k 是上述优化问题的极小点，只要步长 λ_k 能使目标函数值下降充分即可.

根据利用目标函数的信息不同，确定搜索方向的方法也有差异. 我们将其分为如下两类：

- **一阶方法**：该方法利用目标函数的梯度信息进行优化，均为梯度类算法. 适用于不需要很高精度的大数据优化问题，例如：机器学习、深度学习；
- **二阶方法**：该方法利用目标函数的 Hessian 矩阵进行优化，例如牛顿法、拟牛顿法. 适用于需要高精度的优化问题，例如：科学计算.

下面我们将针对这些方面进行展开论述.

10.1.1　线搜索

1. 精确线搜索

前面已提及线搜索分为精确和非精确线搜索，我们先介绍精确线搜索. 线搜索本质上是求如下优化问题：

$$\lambda_k = \arg\min_{\lambda} f(\boldsymbol{x}^{(k)} + \lambda \boldsymbol{p}^{(k)})$$

求解这一问题也称之为精确线搜索. 这样得到的最优解具有很好的性质:某种程度上,下一个迭代点的函数值在该方向上已经不能够再下降(达到最优). 即在搜索方向上所得最优点处目标函数的梯度和该搜索方向正交. 如下定理所述.

定理 10.1.1. 设目标函数 $f(\boldsymbol{x})$具有一阶连续偏导数, $\boldsymbol{x}^{(k+1)}$ 按照下述规则产生

$$\begin{cases}\lambda_k : \min\limits_{\lambda} f(\boldsymbol{x}^{(k)}+\lambda \boldsymbol{p}^{(k)}) \\ \boldsymbol{x}^{(k+1)}=\boldsymbol{x}^{(k)}+\lambda_k \boldsymbol{p}^{(k)}\end{cases}$$

则有

$$\nabla f(\boldsymbol{x}^{(k+1)})^{\mathrm{T}} \boldsymbol{p}^{(k)}=0 \tag{10.7}$$

证明. 构造函数 $\varphi(\lambda)=f(\boldsymbol{x}^{(k)}+\lambda \boldsymbol{p}^{(k)})$, 则得

$$\begin{cases}\varphi(\lambda_k)=\min\limits_{\lambda} \varphi(\lambda) \\ \boldsymbol{x}^{(k+1)}=\boldsymbol{x}^{(k)}+\lambda_k \boldsymbol{p}^{(k)}\end{cases}$$

即 λ_k 为 $\varphi(\lambda)$的极小点. 此外

$$\varphi'(\lambda)=\nabla f(\boldsymbol{x}^{(k)}+\lambda \boldsymbol{p}^{(k)})^{\mathrm{T}} \boldsymbol{p}^{(k)}$$

由 $\varphi'(\lambda)|_{\lambda=\lambda_k}=0$, 可得

$$\nabla f(\boldsymbol{x}^{(k)}+\lambda \boldsymbol{p}^{(k)})^{\mathrm{T}} \boldsymbol{p}^{(k)}=\nabla f(\boldsymbol{x}^{(k+1)})^{\mathrm{T}} \boldsymbol{p}^{(k)}=0$$ □

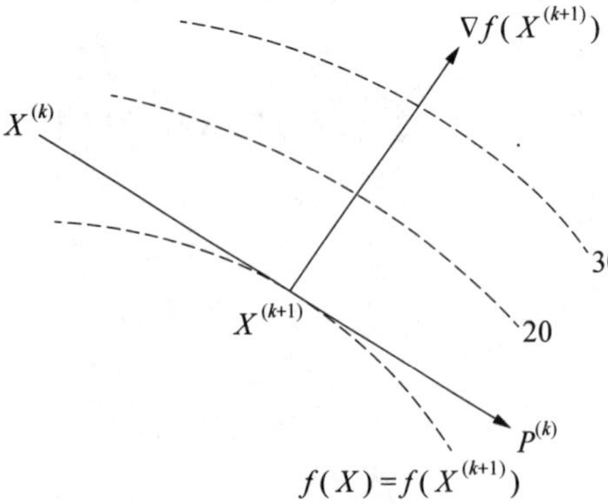

图 10.4 式(10.7)的几何意义

式(10.7)的几何意义见图 10.4. 图中 $\boldsymbol{p}^{(k)}$ 就是前一迭代点 $\boldsymbol{x}^{(k)}$ 的下降方向,当使用精确线搜索,达到 $k+1$ 个迭代点 $\boldsymbol{x}^{(k+1)}$ 时,必然与该点的梯度方向垂直. 若不然,梯度方向与搜索方向为钝角,则意味着函数值还可以继续下降,这与最小值矛盾.

限于篇幅,下面仅介绍斐波那契法和 0.618 法. 实际上,由于线搜索本质上是单变量函数的最优化问题. 因此,一维优化方法均可用于此,包括:

- 试探法("成功-失败"法,斐波那契法,0.618 法等);
- 插值法(抛物线插值法,三次插值法等);

- 微积分中的求根法(切线法,二分法等).

2. 非精确线搜索

需要指出的是,尽管使用精确线搜索算法时我们可以在多数情况下得到优化问题的解,但这样选取的步长通常需要很大计算量,在实际应用中较少使用.另一个想法:不要求步长是最小值点,而是仅仅要求它是满足某些不等式性质的近似解,这种线搜索方法被称为非精确线搜索算法.由于非精确线搜索算法结构简单,在实际应用中较为常见.

在非精确线搜索算法中,若选取不合适的线搜索准则将会导致算法无法收敛.为便于理解这一点,我们给出一个例子.

例 10.1.1.　考虑一维无约束优化问题

$$\min_{x} f(x)=x^2$$

迭代初始点 $x^{(0)}=1$.由于问题是一维的,下降方向只有$\{-1,+1\}$两种.我们选取$d^{(k)}=-\operatorname{sign}(x^{(k)})$,且只要求选取的步长满足迭代点处函数值单调下降,即 $f(x^{(k)}+\lambda_k d^{(k)})<f(x^{(k)})$.考虑选取如下两种步长:

$$\lambda_{k,1}=\frac{1}{3^{(k+1)}},\ \lambda_{k,2}=1+\frac{2}{3^{(k+1)}}$$

通过简单计算可以得到

$$x_1^{(k)}=\frac{1}{2}\left(1+\frac{1}{3^{(k)}}\right),\ x_2^{(k)}=\frac{(-1)^{(k)}}{2}\left(1+\frac{1}{3^{(k)}}\right)$$

显然,序列$\{f(x_1^{(k)})\}$和序列$\{f(x_2^{(k)})\}$均单调下降,但序列$\{x_1^{(k)}\}$收敛的点不是极小值点,序列$\{x_2^{(k)}\}$则在原点左右振荡,不存在极限.

出现上述震荡现象的原因在于迭代过程中函数值 $f(x_2^{(k)})$的下降量不足,导致算法无法收敛到极小值点.为了克服这一困难,我们需要引入更为合理的线搜索准则,以确保迭代过程的收敛性.

(1) **Armijo 准则**.首先引入 Armijo 准则,它是一个常用的线搜索准则.引入 Armijo 准则的目的是保证每一步迭代充分下降.

定义 10.1.1.　(*Armijo* 准则)设 $\boldsymbol{d}^{(k)}$ 是点 $\boldsymbol{x}^{(k)}$ 处的下降方向,若

$$f(\boldsymbol{x}^{(k)}+\lambda\boldsymbol{d}^{(k)})\leqslant f(\boldsymbol{x}^{(k)})+c_1\lambda\,\nabla f(\boldsymbol{x}^{(k)})^{\mathrm{T}}\boldsymbol{d}^{(k)}$$

则称步长 λ 满足 *Armijo* 准则,其中 $c_1\in(0,1)$ 是一个常数.

Armijo 准则有非常直观的几何含义，它指的是点$(\lambda, \phi(\lambda))$必须在直线

$$l(\lambda)=\phi(0)+c_1\lambda \nabla f(\boldsymbol{x}^{(k)})^{\mathrm{T}}\boldsymbol{d}^{(k)}$$

的下方. 如图 10.5 所示，区间$[0, \lambda_1]$中的点均满足 Armijo 准则. 我们注意到 $\boldsymbol{d}^{(k)}$ 为下降方向，这说明 $l(\lambda)$的斜率为负，选取符合 Armijo 准则的 λ 确实会使得函数值下降. 在实际应用中，参数 c_1 通常选为一个很小的正数，例如 $c_1=10^{-3}$，这使得 Armijo 准则非常容易得到满足. 但是仅仅使用 Armijo 准则并不能保证迭代的收敛性，这是因为 $\lambda=0$ 显然满足条件，而这意味着迭代序列中的点固定不变，研究这样的步长是没有意义的. 为此，Armijo 准则需要配合其他准则共同使用.

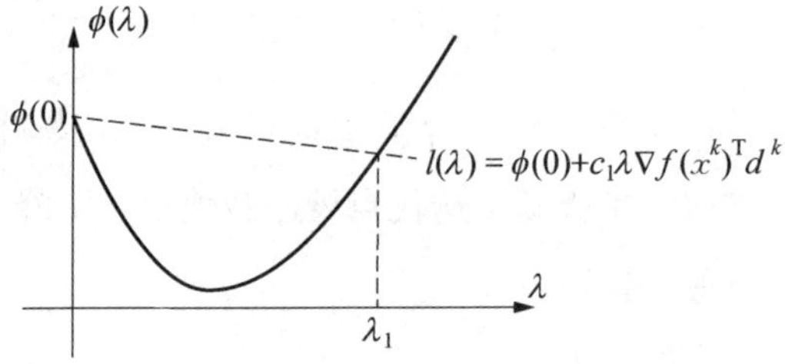

图 10.5 Armijo 准则

(2) **Wolfe 准则.** 为了克服 Armijo 准则的缺陷，我们需要引入其他准则来保证每一步的步长不会太小. 为此我们引入 Armijo-Wolfe 准则，简称 Wolfe 准则.

定义 10.1.2. (Wolfe 准则)设 $\boldsymbol{d}^{(k)}$ 是点 $\boldsymbol{x}^{(k)}$ 处的下降方向，若

$$f(\boldsymbol{x}^{(k)}+\lambda\boldsymbol{d}^{(k)})\leqslant f(\boldsymbol{x}^{(k)})+c_1\lambda\nabla f(\boldsymbol{x}^{(k)})^{\mathrm{T}}\boldsymbol{d}^{(k)}$$

$$\nabla f(\boldsymbol{x}^{(k)}+\lambda\boldsymbol{d}^{(k)})\boldsymbol{d}^{(k)}\geqslant c_2\nabla f(\boldsymbol{x}^{(k)})^{\mathrm{T}}\boldsymbol{d}^{(k)}$$

则称步长 λ 满足 Wolfe 准则，其中 $c_1, c_2\in(0, 1)$ 为给定的常数且 $c_1<c_2$.

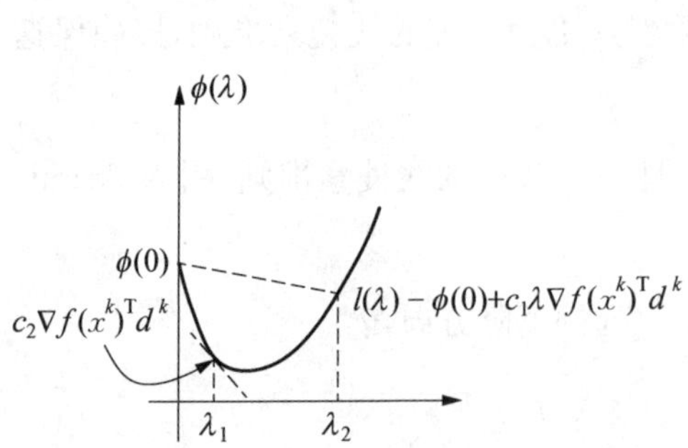

图 10.6 Wolfe 准则

在 Wolfe 准则中，第一个不等式即是 Armijo 准则，而第二个不等式则是 Wolfe 准则的本质要求. 注意到 $\nabla f(\boldsymbol{x}^{(k)}+\lambda\boldsymbol{d}^{(k)})^{\mathrm{T}}\boldsymbol{d}^{(k)}$ 恰好就是 $\phi(\lambda)$的导数，Wolfe 准则实际要求 $\phi(\lambda)$在点 λ 处切线的斜率不能小于 $\phi'(0)$的 c_2 倍. 如图 10.6 所示，在区间$[\lambda_1, \lambda_2]$中的点均满足 Wolfe 准则. 注意到在 $\phi(\lambda)$的极小值

点 λ^* 处有 $\phi'(\lambda^*)=\nabla f(\boldsymbol{x}^{(k)}+\lambda^*\boldsymbol{d}^{(k)})^{\mathrm{T}}\boldsymbol{d}^{(k)}=0$，因此 λ^* 永远满足第二个不等式. 而选择较小的 c_1 可使得 λ^* 同时满足第一个不等式条件，即 Wolfe 准则在绝大多数情况下会包含线搜索子问题的精确解. 在实际应用中，参数 c_2 通常取为 0.9.

(3) **非精确线搜索算法**. 在优化算法的实现中，寻找一个满足 Armijo 准则的步长是比较容易的，一个最常用的算法是**回退法**. 给定初值 $\hat{\lambda}$，回退法通过不断以指数方式缩小试探步长，找到第一个满足 Armijo 准则的点. **回退法**的基本过程如下所示：

算法 10.2 回退法

1：选择初始步长 $\hat{\lambda}$，参数 γ，$c\in(0,1)$. 初始化 $\lambda\leftarrow\hat{\lambda}$
2：**while** $f(\boldsymbol{x}^{(k)}+\lambda\boldsymbol{d}^{(k)})>f(\boldsymbol{x}^{(k)})+c\lambda\nabla f(\boldsymbol{x}^{(k)})^{\mathrm{T}}\boldsymbol{d}^{(k)}$ **do**
3：$\lambda\leftarrow\gamma\lambda$.
4：**end while**
5：输出 $\lambda_k=\lambda$.

具体来说，回退法选取

$$\lambda_k=\gamma^{j_0}\hat{\lambda}$$

其中

$$j_0=\min\{j=0,1,\cdots\mid f(\boldsymbol{x}^{(k)}+\gamma^j\hat{\lambda}\boldsymbol{d}^{(k)})\leqslant f(\boldsymbol{x}^{(k)})+c_1\gamma^j\hat{\lambda}\nabla f(\boldsymbol{x}^{(k)})^{\mathrm{T}}\boldsymbol{d}^{(k)}\}$$

参数 $\gamma\in(0,1)$ 为一个给定的实数. 该算法被称为回退法是因为 λ 的试验值是由大至小的，它可以确保输出的 λ_k 能尽量地大. 此外该算法不会无限进行下去，因为 $\boldsymbol{d}^{(k)}$ 是一个下降方向，当 λ 充分小时，Armijo 准则总是成立的.

回退法的实现简单、原理直观，所以它是最常用的线搜索算法之一. 然而，回退法的缺点也很明显：第一，回退法以指数的方式缩小步长，因此对初值 $\hat{\lambda}$ 和参数 γ 的选取比较敏感，当 γ 过大时每一步试探步长改变量很小，此时回退法效率比较低，当 γ 过小时回退法过于激进，导致最终找到的步长太小，错过了选取大步长的机会. 为了提高回退法的效率，还有其他类型基于多项式插值的线搜索算法. 第二，它无法保证找到满足 Wolfe 准则的步长，但对一些优化算法而言，找到满足 Wolfe 准则的步长是十分必要的. 为此，Fletcher 提出了一个用于寻找满足 Wolfe 准则的算法. 这个算法比较复杂，有较多细节，这里不展开阐述.

10.1.2 一阶方法

上一小节，我们讨论了线搜索，即确定步长的相关方法. 本小节开始考虑确定搜索方向的问题. 我们期望的搜索方向应当能够保证函数值在局部范围内下降，而且在局部范围内尽可能“最优”. 根据对目标函数的近似程度不同，这些方法可分为一阶方法(梯度类方法)和二阶方法(牛顿类方法). 本小节，我们将一起探讨被机器学习领域广泛应用的一阶方法(梯度类方法).

1. 梯度下降法

在求解无约束优化问题中，**梯度法**是最为古老但又十分基本的一种数值方法，却依然在深度学习领域中发挥着作用. 它的迭代过程简单，使用方便，而且是理解某些其他最优化方法的基础，所以我们先来说明这一方法.

假定无约束优化问题中的目标函数 $f(\boldsymbol{x})$ 有一阶连续偏导数，具有极小点 $\boldsymbol{x}^*$. 设 $\boldsymbol{x}^{(k)}$ 表示极小点的第 k 次近似，为了探讨当前的搜索方向应满足的性质，不妨设此时方向为 $\boldsymbol{p}^{(k)}$. 那么第 $k+1$ 次近似点 $\boldsymbol{x}^{(k+1)}$ 可以表示为

$$\boldsymbol{x}^{(k+1)}=\boldsymbol{x}^{(k)}+\lambda\boldsymbol{p}^{(k)}\quad(\lambda\geqslant 0)$$

其中 λ 为步长. 我们期望函数值下降 $f(\boldsymbol{x}^{(k+1)})<f(\boldsymbol{x}^{(k)})$，即

$$f(\boldsymbol{x}^{(k)}+\lambda\boldsymbol{p}^{(k)})<f(\boldsymbol{x}^{(k)}).$$

在小范围内，$f(\boldsymbol{x}^{(k)}+\lambda\boldsymbol{p}^{(k)})$ 可以由 $\boldsymbol{x}^{(k)}$ 点处的泰勒级数很好地近似. 利用泰勒展开有

$$f(\boldsymbol{x}^{(k)}+\lambda\boldsymbol{p}^{(k)})=f(\boldsymbol{x}^{(k)})+\lambda\nabla f(\boldsymbol{x}^{(k)})^{\mathrm{T}}\boldsymbol{p}^{(k)}+\boldsymbol{o}(\lambda)$$

其中

$$\lim_{\lambda\to 0^+}\frac{\boldsymbol{o}(\lambda)}{\lambda}=0$$

因此，对于充分小的 λ，只要

$$\nabla f(\boldsymbol{x}^{(k)})^{\mathrm{T}}\boldsymbol{p}^{(k)}<0 \tag{10.8}$$

即可保证 $f(\boldsymbol{x}^{(k)}+\lambda\boldsymbol{p}^{(k)})<f(\boldsymbol{x}^{(k)})$. 这时若取

$$\boldsymbol{x}^{(k+1)}=\boldsymbol{x}^{(k)}+\lambda\boldsymbol{p}^{(k)}$$

就能使目标函数值得到改善. 易知，即便假定 $\boldsymbol{p}^{(k)}$ 的模一定(且不为零)，并设 $\nabla f(\boldsymbol{x}^{(k)})\neq 0$ (否则，$\boldsymbol{x}^{(k)}$ 是平稳点)，能使式(10.8)成立的 $\boldsymbol{p}^{(k)}$ 也有无限多个，那么我们应该选择哪个方向呢?

为了使目标函数值能得到尽量大的改善，必须寻求使 $\nabla f(\boldsymbol{x}^{(k)})^{\mathrm{T}}\boldsymbol{p}^{(k)}$ 取最小值的

$\boldsymbol{p}^{(k)}$. 由线性代数学知道

$$\nabla f(\boldsymbol{x}^{(k)})^{\mathrm{T}}\boldsymbol{p}^{(k)}=\|\nabla f(\boldsymbol{x}^{(k)})\|\cdot\|\boldsymbol{p}^{(k)}\|\cos\theta \tag{10.9}$$

式中 θ 为向量 $\nabla f(\boldsymbol{x}^{(k)})$ 与 $\boldsymbol{p}^{(k)}$ 的夹角. 当 $\boldsymbol{p}^{(k)}$ 与 $\nabla f(\boldsymbol{x}^{(k)})$ 反向时, $\theta=180°$, $\cos\theta=-1$. 这时式(10.8)成立,而且其左端取最小值. 我们称方向

$$\boldsymbol{p}^{(k)}=-\nabla f(\boldsymbol{x}^{(k)})$$

为**负梯度方向**,它是使函数值下降最快的方向(在 $\boldsymbol{x}^{(k)}$ 的某一小范围内). 将该方向作为搜索方向,便得到了梯度下降法算法 10.3.

算法 10.3　梯度下降法

1: 给定初始近似点 $\boldsymbol{x}^{(0)}$ 及精度 $\varepsilon>0$, 计算 $\nabla f(\boldsymbol{x}^{(0)})$.
2: 若 $\|\nabla f(\boldsymbol{x}^{(0)})\|^2\leqslant\varepsilon$, 则 $f(\boldsymbol{x}^{(0)})$ 即为近似极小点;
3: 若 $\|\nabla f(\boldsymbol{x}^{(0)})\|^2>\varepsilon$, 利用线搜索确定步长 λ_0,并计算

$$\boldsymbol{x}^{(1)}=\boldsymbol{x}^{(0)}-\lambda_0\nabla f(\boldsymbol{x}^{(0)}).$$

4: 一般地,设已迭代到点 $\boldsymbol{x}^{(k)}$,计算 $\nabla f(\boldsymbol{x}^{(k)})$. 若 $\|\nabla f(\boldsymbol{x}^{(k)})\|^2\leqslant\varepsilon$,则 $\boldsymbol{x}^{(k)}$ 即为所求的近似解;
若 $\|\nabla f(\boldsymbol{x}^{(k)})\|^2>\varepsilon$, 则求步长 λ_k,并确定下一个近似点

$$\boldsymbol{x}^{(k+1)}=\boldsymbol{x}^{(k)}-\lambda_k\nabla f(\boldsymbol{x}^{(k)})$$

如此继续,直至达到要求的精度为止.

再次强调,这里仅是讨论了搜索方向,从算法中可以看出还需要结合前一小节的方式确定步长. 事实上,在实际计算中人们可能会采取更为简单的方式确定步长. 有时可以采取合适的固定步长的方式. 有时也可采用可接受点算法,就是取某一 λ 进行试算,看是否满足不等式

$$f(\boldsymbol{x}^{(k)}-\lambda\nabla f(\boldsymbol{x}^{(k)}))<f(\boldsymbol{x}^{(k)}) \tag{10.10}$$

若上述不等式成立,就可以迭代下去. 否则,缩小 λ 使满足不等式(10.10). 由于采用负梯度方向,满足式(10.10)的 λ 总是存在的. 如果采用的是精确线搜索,即通过在负梯度方向的一维搜索,来确定使 $f(\boldsymbol{x})$ 最小的 λ_k,这种梯度下降法就是所谓的**最速下降法**.

例 10.1.2.　试用梯度法求

$$f(\boldsymbol{x})=(x_1-1)^2+(x_2-1)^2$$

的极小点,已知 $\varepsilon=0.1$.

解. 取初始点 $\boldsymbol{x}^{(0)}=(0, 0)$

$$\nabla f(\boldsymbol{x})=(2(x_1-1), 2(x_2-1))$$

$$\nabla f(\boldsymbol{x}^{(0)})=(-2, -2)$$

$$\|\nabla f(\boldsymbol{x}^{(0)})\|^2=(-2)^2+(-2)^2=8>\varepsilon$$

令 $\boldsymbol{x}^{(1)}=\boldsymbol{x}^{(0)}-\lambda_0\nabla f(\boldsymbol{x}^{(0)})=(2\lambda_0, 2\lambda_0)$，代入 $f(x)$，可得：

$$f(\boldsymbol{x}^{(1)})=(2\lambda_0-1)^2+(2\lambda_0-1)^2$$

要使得上式最小，令 $\mathrm{d}f(\boldsymbol{x}^{(1)})/\mathrm{d}\lambda_0=0$，可得

$$\lambda_0=\frac{1}{2}$$

因此，

$$\boldsymbol{x}^{(1)}=\boldsymbol{x}^{(0)}-\lambda_0\nabla f(\boldsymbol{x}^{(0)})=(1, 1)$$

$$\nabla f(\boldsymbol{x}^{(1)})=(2(1-1), 2(1-1))=(0, 0)$$

故 $\boldsymbol{x}^{(1)}$ 即为极小点.

由这个例子可知，对于目标函数的等值线为圆的问题来说，不管初始点位置取在哪里，负梯度方向总是直指圆心，而圆心即为极值点. 这样，只要一次迭代即可达到最优解. 前面提到有时还可采用固定步长求解，甚至可以得到如下收敛定理.

定理 10.1.2. 设函数 $f(\boldsymbol{x})$ 为凸的梯度 L-利普希茨连续函数，$f^*=f(\boldsymbol{x}^*)=\inf_{\boldsymbol{x}} f(\boldsymbol{x})$ 存在且可达. 如果步长 λ_k 取为常数 λ 且满足 $0<\lambda\leqslant\frac{1}{L}$，那么由梯度下降法得到的点列 $\{\boldsymbol{x}^{(k)}\}$ 的函数值收敛到最优值，且在函数值的意义下收敛速度为 $\mathcal{O}\left(\frac{1}{k}\right)$.

证明. 因为函数 f 是利普希茨可微函数，对任意的 $\boldsymbol{x}$，根据梯度 L-利普希茨连续的性质：

$$f(\boldsymbol{x}-\lambda\nabla f(\boldsymbol{x}))\leqslant f(\boldsymbol{x})-\lambda\left(1-\frac{L\lambda}{2}\right)\|\nabla f(\boldsymbol{x})\|^2.$$

现在记 $\tilde{\boldsymbol{x}}=\boldsymbol{x}-\lambda\nabla f(\boldsymbol{x})$，我们有

$$f(\tilde{\boldsymbol{x}}) \leqslant f(\boldsymbol{x}) - \frac{\lambda}{2}\|\nabla f(\boldsymbol{x})\|^2 \leqslant f^* + \nabla f(\boldsymbol{x})^{\mathrm{T}}(\boldsymbol{x} - \boldsymbol{x}^*) - \frac{\lambda}{2}\|\nabla f(\boldsymbol{x})\|^2 (\text{凸性})$$

$$= f^* + \frac{1}{2\lambda}(\|\boldsymbol{x} - \boldsymbol{x}^*\|^2 - \|\boldsymbol{x} - \boldsymbol{x}^* - \lambda \nabla f(\boldsymbol{x})\|^2)$$

$$= f^* + \frac{1}{2\lambda}(\|\boldsymbol{x} - \boldsymbol{x}^*\|^2 - \|\tilde{\boldsymbol{x}} - \boldsymbol{x}^*\|^2)$$

在上式中取 $\boldsymbol{x} = \boldsymbol{x}^{(i-1)}$, $\tilde{\boldsymbol{x}} = \boldsymbol{x}^{(i)}$ 并将不等式对 $i = 1, 2, \cdots, k$ 求和得到

$$\sum_{i=1}^{(k)}(f(\boldsymbol{x}^{(i)}) - f^*) \leqslant \frac{1}{2\lambda}\sum_{i=1}^{(k)}(\|\boldsymbol{x}^{(i-1)} - \boldsymbol{x}^*\|^2 - \|\boldsymbol{x}^{(i)} - \boldsymbol{x}^*\|^2)$$

$$= \frac{1}{2\lambda}(\|\boldsymbol{x}^{(0)} - \boldsymbol{x}^*\|^2 - \|\boldsymbol{x}^{(k)} - \boldsymbol{x}^*\|^2)$$

$$= \frac{1}{2\lambda}\|\boldsymbol{x}^{(0)} - \boldsymbol{x}^*\|^2$$

易知 $f(\boldsymbol{x}^{(i)})$是非增的,所以

$$f(\boldsymbol{x}^{(k)}) - f^* \leqslant \frac{1}{k}\sum_{i=1}^{(k)}(f(\boldsymbol{x}^{(i)}) - f^*) \leqslant \frac{1}{2k\lambda}\|\boldsymbol{x}^{(0)} - \boldsymbol{x}^*\|^2 \qquad \square$$

例 10.1.3. 试求 $f(\boldsymbol{x}) = x_1^2 + 25x_2^2$ 的极小点.

解. 取初始点 $\boldsymbol{x}^{(0)} = (2, 2)$,固定步长 $\lambda = 0.01$,其迭代过程如表 10.1 所示.

表 10.1 梯度法迭代结果

步骤	点	x_1	x_2	$\frac{\partial f(x^{(k)})}{\partial x_1}$	$\frac{\partial f(x^{(k)})}{\partial x_2}$	$\|\nabla f(x^{(k)})\|$
0	$x^{(0)}$	2	2	4	100	100.08
1	$x^{(1)}$	1.96	1.00	3.92	50	50.15
2	$x^{(2)}$	1.92	0.50	3.84	25	25.29
3	$x^{(3)}$	1.88	0.25	3.76	12.5	13.06
…	…	…	…	…	…	
200	$x^{(200)}$	3.45×10^{-2}	6.22×10^{-61}	6.89×10^{-2}	3.11×10^{-59}	0.07

通过这个例子,我们可以观察到:通过迭代在开头几步,目标函数值下降较快,但接近极小点 $\boldsymbol{x}^*$ 时,收敛速度就不理想了.特别是当目标函数的等值线椭圆比较扁平时,收敛速

度就更慢了. 因此，在实用中，常将梯度法和其他方法(后面介绍的二阶方法)联合起来应用. 在前期使用梯度法，而在接近极小点时，则使用收敛较快的其他方法.

2. 次梯度算法

在实际应用中经常会遇到不可微的函数，对于这类函数我们无法在每个点处求出梯度，但往往它们的最优值都是在不可微点处取到的. 为了能处理这种情形，这一节介绍次梯度算法. 现在我们在问题(10.1)中假设 $f(\boldsymbol{x})$ 为凸函数，但不一定可微. 对凸函数可以在定义域的内点处定义次梯度 $\boldsymbol{g} \in \partial f(\boldsymbol{x})$. 类比梯度法的构造，我们有如下次梯度算法的迭代格式：

$$\boldsymbol{x}^{(k+1)} = \boldsymbol{x}^{(k)} - \lambda_k \boldsymbol{g}^{(k)}, \quad \boldsymbol{g}^{(k)} \in \partial f(\boldsymbol{x}^{(k)}) \tag{10.11}$$

其中 $\lambda_k > 0$ 为步长. 它通常有如下四种选择：

(1) 固定步长 $\lambda_k = \lambda$；

(2) 固定 $\|\boldsymbol{x}^{(k+1)} - \boldsymbol{x}^{(k)}\|$，即 $\lambda_k \|\boldsymbol{g}^{(k)}\|$ 为常数；

(3) 消失步长 $\lambda_k \to 0$ 且 $\sum_{k=0}^{\infty} \lambda_k = +\infty$；

(4) 选取 λ_k 使其满足某种线搜索准则.

次梯度算法(10.11)的构造虽然是受梯度法的启发，但在很多方面次梯度算法有其独特性质. 首先，我们知道次微分 $\partial f(\boldsymbol{x})$ 是一个集合，在次梯度算法的构造中只要求从这个集合中选出一个次梯度即可，但在实际中不同的次梯度取法可能会产生截然不同的效果；其次，对于梯度法，判断一阶最优性条件只需要验证 $\|\nabla f(\boldsymbol{x}^*)\|$ 是否充分小即可，但对于次梯度算法，此时有 $\boldsymbol{0} \in \partial f(\boldsymbol{x}^*)$，而这个条件在实际应用中往往是不易直接验证的，这导致我们不能使用它作为次梯度算法的停机条件；此外，步长选取在次梯度法中的影响非常大，因此，此梯度算法的收敛性分析，相比于梯度法较为复杂一些. 为便于读者抓住主要内容，这里不再对次梯度算法的收敛性进行展开叙述.

3. 应用实例：梯度法求解 LASSO 回归

本小节介绍用梯度法来求解 LASSO 回归. LASSO 回归问题可以看作是对压缩感知基追踪的一个近似解法，这将在后续的制约函数法理解这一点. LASSO 问题的形式为

$$\min_{\boldsymbol{x}} f(\boldsymbol{x}) = \frac{1}{2}\|\boldsymbol{A}\boldsymbol{x} - \boldsymbol{b}\|^2 + \mu\|\boldsymbol{x}\|_1$$

LASSO 问题的目标函数 $f(\boldsymbol{x})$ 不光滑，在某些点处无法求出梯度，因此不能直接对原始问

题使用梯度法求解.

考虑到目标函数的不光滑项为$\|\boldsymbol{x}\|_1$，它实际上是 $\boldsymbol{x}$ 各个分量绝对值的和. 因此，在实际应用中，人们常考虑利用如下一维光滑函数近似：

$$l_\delta(x)=\begin{cases}\dfrac{1}{2\delta}x^2, & |x|<\delta\\ |x|-\dfrac{\delta}{2}, & \text{其他}\end{cases}$$

实际上它是 Huber 损失函数的一种变形. 图 10.7 展示了当 δ 取不同值时 $l_\delta(x)$ 对绝对值函数的逼近程度. 易知，当 $\delta\to 0$ 时，光滑函数 $l_\delta(x)$ 和绝对值函数 $|x|$ 会越来越接近.

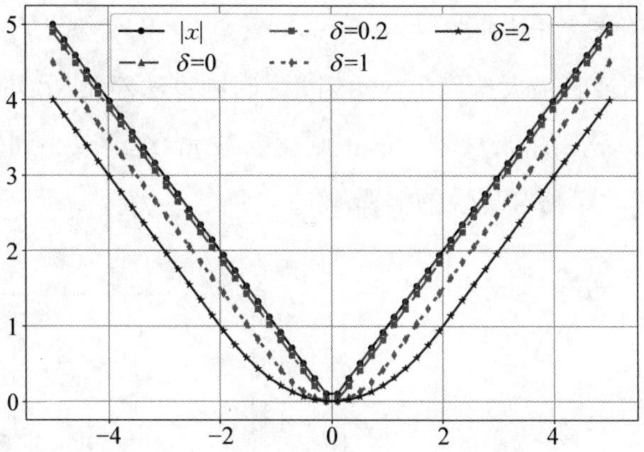

图 10.7　绝对值函数的光滑近似

这样便可构造光滑化的 LASSO 问题为

$$\min_{\boldsymbol{x}} f_\delta(\boldsymbol{x})=\frac{1}{2}\|\boldsymbol{Ax}-\boldsymbol{b}\|^2+\mu L_\delta(\boldsymbol{x})$$

其中 δ 为给定的光滑化参数，以及

$$L_\delta(\boldsymbol{x})=\sum_{i=1}^{n} l_\delta(x_i)$$

这时容易计算出 $f_\delta(\boldsymbol{x})$ 的梯度为

$$\nabla f_\delta(\boldsymbol{x})=\boldsymbol{A}^{\mathrm{T}}(\boldsymbol{Ax}-\boldsymbol{b})+\mu\,\nabla L_\delta(\boldsymbol{x})$$

其中$\nabla L_\delta(\boldsymbol{x})$是逐个分量定义的：

$$(\nabla L_\delta(\boldsymbol{x}))_i=\begin{cases}\operatorname{sign}(x_i), & |x_i|>\delta\\ \dfrac{x_i}{\delta}, & |x_i|\leqslant\delta\end{cases}$$

现在我们谈论步长的问题，显然 $f_\delta(\boldsymbol{x})$ 的梯度是 L-利普希茨连续的，且相应常数为 $L=\|\boldsymbol{A}^{\mathrm{T}}\boldsymbol{A}\|_2+\dfrac{\mu}{\delta}$. 根据定理 10.1.2，若采用固定步长则需满足 $0<\lambda\leqslant\dfrac{1}{L}$ 才能保证算法收敛. 如果 δ 过小，那么我们需要选取充分小的步长 λ 使得梯度法收敛.

图 10.8 展示了光滑化 LASSO 问题的求解结果. 其中真解 $\boldsymbol{x}^*$ 是一个稀疏度(非零元个数与总元素个数的比值)为 0.1 的 1 024 维的向量，通过 $512\times1\,024$ 维的随机矩阵 $\boldsymbol{A}$ 对其进行“观测”，得到向量 $\boldsymbol{b}$. 然后利用光滑化的 LASSO 问题作为求解模型，利用梯度法进行求解. 这里的正则化参数我们设置为 $\mu=10^{-3}$. 只要 $|f_\delta(\boldsymbol{x}^{(k)})-f_\delta(\boldsymbol{x}^{(k-1)})|<10^{-8}$，或者 $\|\nabla f_\delta(\boldsymbol{x})\|<10^{-6}$ 或者最大迭代步数达到 3 000，则算法停止. 另外，为了加快算法的收敛速度，可以采用连续化策略来从较大的正则化参数 μ_0 逐渐减小到 μ. 我们将在制约函数法内容中给出连续化策略合理性的解释.

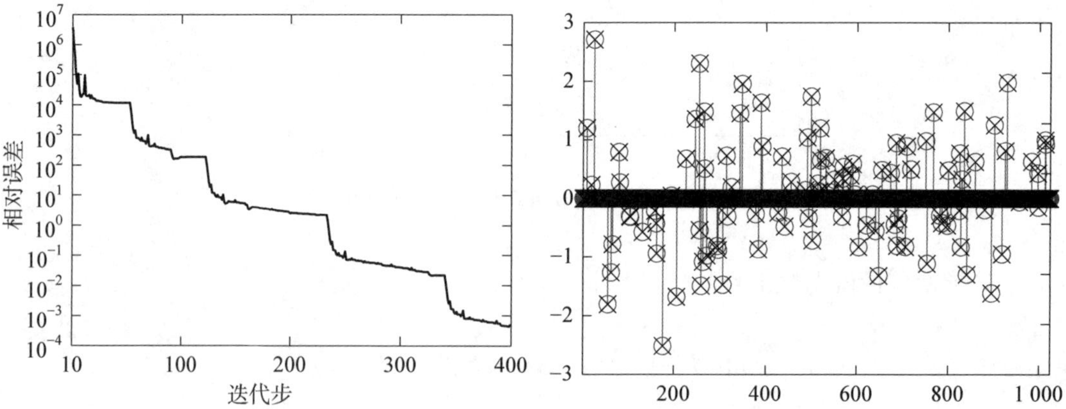

图 10.8 光滑化 LASSO 问题求解结果

4. 应用实例：次梯度法求解正定矩阵补全问题

正定矩阵补全问题是一种特殊的矩阵恢复问题，它的具体形式为

$$\begin{aligned}&\text{find}\quad \boldsymbol{X}\in\mathcal{S}_n\\ &s.t.\quad X_{ij}=M_{ij},\ (i,j)\in\Omega\\ &\qquad\quad \boldsymbol{X}\succeq 0\end{aligned}$$

其中 Ω 是已经观测的分量位置集合. 问题本质上是一个目标函数为常数的半定规划问题,但由于其特殊性我们可以使用次梯度算法求解. 考虑两个集合

$$\mathbb{C}_1=\{\boldsymbol{X} \mid X_{ij}=M_{ij},\ (i,\ j)\in\Omega\}$$
$$\mathbb{C}_2=\{\boldsymbol{X} \mid \boldsymbol{X}\succeq 0\}$$

因此,求解正定矩阵补全问题等价于寻找闭凸集 $\mathbb{C}_1$ 和 $\mathbb{C}_2$ 的交集. 定义欧几里得距离函数

$$d_j(\boldsymbol{X})=\inf_{\boldsymbol{Y}\in\mathbb{C}_j}\|\boldsymbol{X}-\boldsymbol{Y}\|_F$$

则可将这个问题转化为无约束非光滑优化问题

$$\min f(\boldsymbol{X})=\max\{d_1(\boldsymbol{X}),\ d_2(\boldsymbol{X})\}$$

由次梯度计算规则可知

$$\partial f(\boldsymbol{X})=\begin{cases}\partial d_1(\boldsymbol{X}), & d_1(\boldsymbol{X})>d_2(\boldsymbol{X})\\ \partial d_2(\boldsymbol{X}), & d_1(\boldsymbol{X})<d_2(\boldsymbol{X})\\ \mathbf{conv}(\partial d_1(\boldsymbol{X})\cup\partial d_2(\boldsymbol{X})), & d_1(\boldsymbol{X})=d_2(\boldsymbol{X})\end{cases}$$

而又根据固定分量的函数极小值求次梯度的例子,我们可以求得距离函数的一个次梯度为

$$G_j=\begin{cases}0, & \boldsymbol{X}\in\mathbb{C}_j\\ \dfrac{1}{d_j(\boldsymbol{X})}(\boldsymbol{X}-\mathcal{P}_{\mathbb{C}_j}(\boldsymbol{X})), & \boldsymbol{X}\notin\mathbb{C}_j\end{cases}$$

其中 $\mathcal{P}_{\mathbb{C}_j}(\boldsymbol{X})=\arg\min\limits_{Y\in\mathbb{C}_j}\|\boldsymbol{Y}-\boldsymbol{X}\|_F$ 为 $\boldsymbol{X}$ 到 $\mathbb{C}_j$ 的投影. 对于集合 $\mathbb{C}_1$, $\boldsymbol{X}$ 在它上面的投影为

$$(\mathcal{P}_{\mathbb{C}_1}(\boldsymbol{X}))_{ij}=\begin{cases}M_{ij}, & (i,\ j)\in\Omega\\ X_{ij}, & (i,\ j)\notin\Omega\end{cases}$$

对于集合 $\mathbb{C}_2$, $\boldsymbol{X}$ 在它上面的投影为

$$\mathcal{P}_{\mathbb{C}_2}(\boldsymbol{X})=\sum_{i=1}^{n}\max(0,\ \lambda_i)\boldsymbol{q}_i\boldsymbol{q}_i^{\mathrm{T}}$$

其中 λ_i, $\boldsymbol{q}_i$ 分别是 $\boldsymbol{X}$ 的第 i 个特征值和特征向量. 在这里注意,为了比较 $d_1(\boldsymbol{X})$ 和 $d_2(\boldsymbol{X})$ 的大小关系,我们在计算次梯度时还是要将 $\boldsymbol{X}$ 到两个集合的投影分别求出,之后再选

取距离较大的一个计算出次梯度. 因此,完整的次梯度计算过程为:

(1) 给定点 $\boldsymbol{X}$,根据上式计算出 $\boldsymbol{X}$ 到$\mathbb{C}_1$和$\mathbb{C}_2$的投影,分别记为 $\boldsymbol{P}_1$ 和 $\boldsymbol{P}_2$;

(2) 比较 $d_j(\boldsymbol{X})=\|\boldsymbol{X}-\boldsymbol{P}_j\|_F$, $j=1, 2$, 较大者记为 $\hat{j}$;

(3) 计算次梯度 $G=\dfrac{\boldsymbol{X}-\boldsymbol{P}_{\hat{j}}}{d_{\hat{j}}(\boldsymbol{X})}$.

10.1.3 二阶方法

1. 牛顿法

从上一讲中可以看出,梯度法仅使用了目标函数的一阶信息. 如果函数足够光滑,那么就可以使用更多的信息,例如二阶信息. 直观上,可以期望得到更好的优化算法. 这就是本讲我们将探究的牛顿类方法.

设二次函数 $f(\boldsymbol{x})$在 $\boldsymbol{x}$ 具有二阶连续偏导函数,因此,可以在该点处进行 Taylor 展开. 不妨设 $f(\boldsymbol{x})$在 $\boldsymbol{x}$ 处的二阶 Taylor 近似(或模型)$\hat{f}$ 为

$$\hat{f}(\boldsymbol{x}+\boldsymbol{v})=f(\boldsymbol{x})+\nabla f(\boldsymbol{x})^{\mathrm{T}}\boldsymbol{v}+\frac{1}{2}\boldsymbol{v}^{\mathrm{T}}\nabla^2 f(\boldsymbol{x})\boldsymbol{v} \tag{10.12}$$

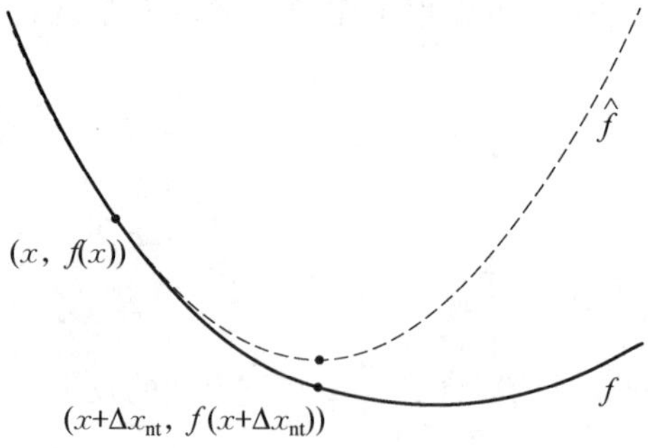

图 10.9 Hessian 矩阵

这是 $\boldsymbol{v}$ 的二次凸函数,当 Hessian 矩阵为半正定时,显然在 $\boldsymbol{v}=\Delta\boldsymbol{x}_{nt}$ 处达到最小值. 如图 10.9 所示.

若 Hessian 矩阵 $\nabla^2 f(\boldsymbol{x})$ 正定,对二阶近似求极小,可得**牛顿方程** $\nabla^2 f(\boldsymbol{x})\Delta\boldsymbol{x}_{nt}=-\nabla f(\boldsymbol{x})$, 并解得:

$$\Delta\boldsymbol{x}_{nt}=-\nabla^2 f(\boldsymbol{x})^{-1}\nabla f(\boldsymbol{x})$$

它被称为 f 在 $\boldsymbol{x}$ 处的 **Newton 步径**. 由正定性可知,除非 $\nabla f(\boldsymbol{x})=\boldsymbol{0}$, 否则就有

$$\nabla f(\boldsymbol{x})^{\mathrm{T}}\Delta\boldsymbol{x}_{nt}=-\nabla f(\boldsymbol{x})^{\mathrm{T}}\nabla^2 f(\boldsymbol{x})^{-1}\nabla f(\boldsymbol{x})<0$$

因此,Newton 步径是下降方向(除非 $\boldsymbol{x}$ 是最优点). 将 $\boldsymbol{x}$ 加上 Newton 步径 $\Delta\boldsymbol{x}_{nt}$ 能够极小化 f 在 $\boldsymbol{x}$ 处的二阶近似. 特别地,当 $f(x)$就是正定二次函数时,只需要一步便能求出最优解.

通过简单计算,可以得到牛顿法的单步下降量约为 $f(\boldsymbol{x})-\hat{f}(\boldsymbol{x}+\Delta\boldsymbol{x}_{nt})$, 即:

$$f(\boldsymbol{x})-\hat{f}(\boldsymbol{x}+\Delta\boldsymbol{x}_{nt})=\frac{1}{2}\delta(\boldsymbol{x})^2$$

算法 10.4　牛顿法

1：给定初始点 $\boldsymbol{x}\in\mathbf{dom}\,f$，误差阈值 $\epsilon>0$.

2：计算 Newton 步径和减量.

$$\Delta\boldsymbol{x}_{nt}:=-\nabla^2 f(\boldsymbol{x})^{-1}\nabla f(\boldsymbol{x});\quad \delta^2:=\nabla f(\boldsymbol{x})^{\mathrm{T}}\nabla^2 f(\boldsymbol{x})^{-1}\nabla f(\boldsymbol{x})$$

3：停止准则. 如果 $\delta^2/2\leqslant\epsilon$，退出.

4：直线搜索. 通过回溯直线搜索确定步长 λ.

5：改进. $\boldsymbol{x}:=\boldsymbol{x}+\lambda\Delta\boldsymbol{x}_{nt}$

6：重复上述步骤，直至退出.

其中 $\hat{f}$ 仍是 f 在 $\boldsymbol{x}$ 处的二阶近似. 这一量可作为牛顿法的终止判定准则. 因此，我们可以得到**牛顿法**具体求解算法如算法 10.4.

经典牛顿法有很好的局部收敛性质. 有如下定理：

定理 10.1.3.　（经典牛顿法的收敛性）假设目标函数 f 是二阶连续可微的函数，且海瑟矩阵在最优值点 $\boldsymbol{x}^*$ 的一个邻域 $N_\delta(\boldsymbol{x}^*)$ 内是利普希茨连续的，即存在常数 $L>0$ 使得

$$\|\nabla^2 f(\boldsymbol{x})-\nabla^2 f(\boldsymbol{y})\|\leqslant L\|\boldsymbol{x}-\boldsymbol{y}\|,\quad \forall\,\boldsymbol{x},\,\boldsymbol{y}\in N_\delta(\boldsymbol{x}^*)$$

如果函数 $f(\boldsymbol{x})$ 在点 $\boldsymbol{x}^*$ 处满足 $\nabla f(\boldsymbol{x}^*)=0$，$\nabla^2 f(\boldsymbol{x}^*)\succ 0$，则对于步长为 1 时的迭代有如下结论：

(1) 如果初始点离 $\boldsymbol{x}^*$ 足够近，则牛顿法产生的迭代点列 $\{\boldsymbol{x}^{(k)}\}$ 收敛到 $\boldsymbol{x}^*$；

(2) $\{\boldsymbol{x}^{(k)}\}$ 收敛到 $\boldsymbol{x}^*$ 的速度是 Q-二次的；

(3) $\{\|\nabla f(\boldsymbol{x}^{(k)})\|\}$ Q-二次收敛到 0.

证明.　从牛顿法的定义和最优值点 $\boldsymbol{x}^*$ 的性质 $\nabla f(\boldsymbol{x}^*)=0$ 可得

$$\begin{aligned}\boldsymbol{x}^{(k+1)}-\boldsymbol{x}^* &=\boldsymbol{x}^{(k)}-\nabla^2 f(\boldsymbol{x}^{(k)})^{-1}\nabla f(\boldsymbol{x}^{(k)})-\boldsymbol{x}^*\\ &=\nabla^2 f(\boldsymbol{x}^{(k)})^{-1}[\nabla^2 f(\boldsymbol{x}^{(k)})(\boldsymbol{x}^{(k)}-\boldsymbol{x}^*)-(\nabla f(\boldsymbol{x}^{(k)})-\nabla f(\boldsymbol{x}^*))]\end{aligned}\tag{10.13}$$

根据泰勒公式，可得

$$\nabla f(\boldsymbol{x}^{(k)})-\nabla f(\boldsymbol{x}^*)=\int_0^1\nabla^2 f(\boldsymbol{x}^{(k)}+t(\boldsymbol{x}^*-\boldsymbol{x}^{(k)}))(\boldsymbol{x}^{(k)}-\boldsymbol{x}^*)\,\mathrm{d}t$$

因此估计

$$\begin{aligned}
&\|\nabla^2 f(\boldsymbol{x}^{(k)})(\boldsymbol{x}^{(k)}-\boldsymbol{x}^*)-(\nabla f(\boldsymbol{x}^{(k)})-\nabla f(\boldsymbol{x}^*))\|\\
&=\left\|\int_0^1[\nabla^2 f(\boldsymbol{x}^{(k)}+t(\boldsymbol{x}^*-\boldsymbol{x}^{(k)}))-\nabla^2 f(\boldsymbol{x}^{(k)})](\boldsymbol{x}^{(k)}-\boldsymbol{x}^*)\mathrm{d}t\right\|\\
&\leqslant\int_0^1\|\nabla^2 f(\boldsymbol{x}^{(k)}+t(\boldsymbol{x}^*-\boldsymbol{x}^{(k)}))-\nabla^2 f(\boldsymbol{x}^{(k)})\|\,\|\boldsymbol{x}^{(k)}-\boldsymbol{x}^*\|\mathrm{d}t \qquad (10.14)\\
&\leqslant\|\boldsymbol{x}^{(k)}-\boldsymbol{x}^*\|^2\int_0^1 Lt\,\mathrm{d}t\\
&=\frac{L}{2}\|\boldsymbol{x}^{(k)}-\boldsymbol{x}^*\|^2
\end{aligned}$$

其中第二个不等式是由于海瑟矩阵的局部利普希茨连续性. 又因为$\nabla^2 f(\boldsymbol{x}^*)$是非奇异的且 f 二阶连续可微，因此存在 r，使得对任意满足 $\|\boldsymbol{x}-\boldsymbol{x}^*\|\leqslant r$ 的点 $\boldsymbol{x}$ 均有 $\|\nabla^2 f(\boldsymbol{x})^{-1}\|\leqslant 2\|\nabla^2 f(\boldsymbol{x}^*)^{-1}\|$. 结合式(10.13)与式(10.14)可得：

$$\begin{aligned}
&\|\boldsymbol{x}^{(k+1)}-\boldsymbol{x}^*\|\\
&\leqslant\|\nabla^2 f(\boldsymbol{x}^{(k)})^{-1}\|\,\|\nabla^2 f(\boldsymbol{x}^{(k)})(\boldsymbol{x}^{(k)}-\boldsymbol{x}^*)-(\nabla f(\boldsymbol{x}^{(k)})-\nabla f(\boldsymbol{x}^*))\|\\
&\leqslant L\|\nabla^2 f(\boldsymbol{x}^*)^{-1}\|\,\|\boldsymbol{x}^{(k)}-\boldsymbol{x}^*\|^2
\end{aligned}$$

因此，当初始点 $\boldsymbol{x}^{(0)}$ 满足

$$\|\boldsymbol{x}^{(0)}-\boldsymbol{x}^*\|\leqslant\min\left\{\delta,\ r,\ \frac{1}{2L\|\nabla^2 f(\boldsymbol{x}^*)^{-1}\|}\right\}=:\hat{\delta}$$

时，可保证迭代点列一直处于邻域 $N_{\hat{\delta}}(\boldsymbol{x}^*)$ 中，因此$\{\boldsymbol{x}^{(k)}\}$ Q-二次收敛到 $\boldsymbol{x}^*$. 由牛顿方程可知

$$\begin{aligned}
\|\nabla f(\boldsymbol{x}^{(k+1)})\|&=\|\nabla f(\boldsymbol{x}^{(k+1)})-\nabla f(\boldsymbol{x}^{(k)})-\nabla^2 f(\boldsymbol{x}^{(k)})\Delta\boldsymbol{x}_{nt}^{(k)}\|\\
&=\left\|\int_0^1\nabla^2 f(\boldsymbol{x}^{(k)}+t\boldsymbol{d}^{(k)})\boldsymbol{d}^{(k)}\mathrm{d}t-\nabla^2 f(\boldsymbol{x}^{(k)})\Delta\boldsymbol{x}_{nt}^{(k)}\right\|\\
&\leqslant\int_0^1\|\nabla^2 f(\boldsymbol{x}^{(k)}+t\boldsymbol{d}^{(k)})-\nabla^2 f(\boldsymbol{x}^{(k)})\|\,\|\Delta\boldsymbol{x}_{nt}^{(k)}\|\mathrm{d}t\\
&\leqslant\frac{L}{2}\|\Delta\boldsymbol{x}_{nt}^{(k)}\|^2\leqslant\frac{1}{2}L\|\nabla^2 f(\boldsymbol{x}^{(k)})^{-1}\|^2\|\nabla f(\boldsymbol{x}^{(k)})\|^2\\
&\leqslant 2L\|\nabla^2 f(\boldsymbol{x}^*)^{-1}\|^2\|\nabla f(\boldsymbol{x}^{(k)})\|^2
\end{aligned}$$

这证明了梯度的范数 Q-二次收敛到 0. □

牛顿法的收敛速度快，但也存在着缺陷. 函数的 Hessian 矩阵本身计算代价大，难以存储. Heissian 矩阵还可能面临着不正定的问题，应该如何修正？在高维问题中，求解 Hessian

矩阵的逆(或者是解大规模线性方程组)的计算量更大. 能否以较小的代价找到 Hessian 矩阵的一个较好的近似? 这就是接下来要介绍的修正牛顿法和拟牛顿法(变尺度法).

2. 修正牛顿法

尽管牛顿法在理论分析中具有重要意义,但在实际应用中其原始形式存在诸多挑战. 以下是经典牛顿法面临的主要问题:

- 当海瑟矩阵$\nabla^2 f(\boldsymbol{x})$非正定时,由牛顿方程得到的牛顿方向 Δx_{nt} 可能不是下降方向,影响算法的收敛性.
- 求解 n 维线性方程组在每步迭代中均需进行,导致高维问题计算量大,且海瑟矩阵$\nabla^2 f(\boldsymbol{x})$既难以计算又难以存储.
- 直接选择步长 $\alpha=1$ 时,当迭代点远离最优解时,迭代过程可能变得不稳定,甚至导致迭代点列发散.

为克服上述缺陷,我们引入修正牛顿法,其基本思想是对海瑟矩阵$\nabla^2 f(\boldsymbol{x})$进行修正,确保其正定性,并引入线搜索以增强算法的稳定性. 以下给出修正牛顿法的一般框架(算法 10.5).

算法 10.5　修正牛顿法

1: 给定初始点 $\boldsymbol{x}^{(0)}$.
2: **for** $k=0, 1, 2, \cdots$ **do**
3: 　确定矩阵 $\boldsymbol{E}^{(k)}$ 使得矩阵 $\boldsymbol{B}^{(k)}:=\nabla^2 f(\boldsymbol{x}^{(k)})+\boldsymbol{E}^{(k)}$ 正定且条件数较小.
4: 　求解修正的牛顿方程 $\boldsymbol{B}^{(k)}\boldsymbol{d}^{(k)}=-\nabla f(\boldsymbol{x}^{(k)})$ 得方向 $\boldsymbol{d}^{(k)}$.
5: 　使用任意一种线搜索准则确定步长 α_k.
6: 　更新 $\boldsymbol{x}^{(k+1)}=\boldsymbol{x}^{(k)}+\alpha_k\boldsymbol{d}^{(k)}$.
7: **end for**

修正矩阵 $\boldsymbol{E}^{(k)}$ 的一种直接取法是 $\boldsymbol{E}^{(k)}=\tau_k\boldsymbol{I}$,其中 τ_k 为某常数. 根据矩阵理论,当 τ_k 充分大时,可以确保$\boldsymbol{B}^{(k)}$ 为正定矩阵. 然而,过大的 τ_k 会使$\boldsymbol{d}^{(k)}$ 的方向接近负梯度方向,影响算法性能. 因此,一种更合适的做法是先估计$\nabla^2 f(\boldsymbol{x}^{(k)})$ 的最小特征值,再适当选择 τ_k. 另一种隐式选取修正矩阵 $\boldsymbol{E}^{(k)}$ 的方法是通过修正 Cholesky 分解来求解牛顿方程. 当海瑟矩阵$\nabla^2 f(\boldsymbol{x}^{(k)})$ 正定时,Cholesky 分解可以高效地求解线性方程组. 然而,当海瑟矩阵非正定或条件数较大时,Cholesky 分解将不再适用. 为了克服这一困难,我们采用修正的 Cholesky 分解算法,该算法对基本 Cholesky 分解进行了修正,以处理非正定或条件数较大的矩阵.

我们回顾Cholesky分解的定义. 对于任意对称正定矩阵$\boldsymbol{A}=(a_{ij})$，其Cholesky分解可表示为

$$\boldsymbol{A}=\boldsymbol{LDL}^{\mathrm{T}}$$

其中，$\boldsymbol{L}=(l_{ij})$是对角线元素均为1的下三角矩阵，$\boldsymbol{D}=\operatorname{diag}(d_1, d_2, \cdots, d_n)$是对角矩阵且对角线元素均为正. 在Cholesky分解的框架下，如果$\boldsymbol{A}$正定且条件数较小，则矩阵$\boldsymbol{D}$的对角线元素不应过小.

为了处理非正定或条件数较大的情况，我们引入修正的Cholesky分解算法. 该算法通过修正d_j的更新来确保分解的稳定性和有界性. 具体地，我们选取两个正参数ξ，γ，使得

$$d_j \geqslant \xi, \quad l_{ij}\sqrt{d_j} \leqslant \gamma, \quad i=j+1, j+2, \cdots, n$$

通过限制d_j和$l_{ij}\sqrt{d_j}$的大小，我们可以确保修正后的矩阵与原始矩阵相差不大，同时保持分解的稳定性和有界性.

在修正的Cholesky分解中，我们只需要修改d_j的更新方式即可保证上述条件成立. 具体地，我们采用以下更新公式：

$$d_j=\max\left\{|c_{jj}|, \left(\frac{e_j}{\gamma}\right)^2, \xi\right\}, \quad e_j=\max_{i>j}|c_{ij}|$$

可以证明，修正的Cholesky分解算法实际上是计算修正矩阵$\nabla^2 f(\boldsymbol{x}^{(k)})+\boldsymbol{E}^{(k)}$的Cholesky分解，其中$\boldsymbol{E}^{(k)}$是对角矩阵且对角线元素非负. 当$\nabla^2 f(\boldsymbol{x}^{(k)})$正定且条件数足够小时，有$\boldsymbol{E}^{(k)}=\boldsymbol{O}$.

3. 拟牛顿法

拟牛顿法(变尺度法)是近40多年发展起来的，它是求解无约束优化问题的一种有效方法. 由于它既避免了计算二阶导数矩阵及其求逆过程，又比梯度法的收敛速度快，特别是对高维问题具有显著的优越性，因而使拟牛顿法获得了很高的声誉，至今仍被公认为求解无约束优化问题最有效的算法之一. 下面我们就来简要地介绍拟牛顿法的基本原理及其计算过程.

(1) 割线方程.

若想获得Hessian矩阵或它的逆的一个近似，就应当寻找到它需要满足的条件. 以便构造近似矩阵，并期望其也满足同样的条件. 显然，这样的一个近似应当满足Taylor展开. 根据Taylor展开，梯度函数$\nabla f(\boldsymbol{x})$在点$\boldsymbol{x}^{(k+1)}$处的近似为

$$\nabla f(\boldsymbol{x}) \approx \nabla f(\boldsymbol{x}^{(k+1)}) + \nabla^2 f(\boldsymbol{x}^{(k+1)})(\boldsymbol{x} - \boldsymbol{x}^{(k+1)})$$

令 $\boldsymbol{x} = \boldsymbol{x}^{(k)}$，即有

$$\nabla f(\boldsymbol{x}^{(k+1)}) - \nabla f(\boldsymbol{x}^{(k)}) = \nabla^2 f(\boldsymbol{x}^{(k+1)})(\boldsymbol{x}^{(k+1)} - \boldsymbol{x}^{(k)}) \tag{10.15}$$

或

$$\boldsymbol{x}^{(k+1)} - \boldsymbol{x}^{(k)} = \nabla^2 f(\boldsymbol{x}^{(k+1)})^{-1}[\nabla f(\boldsymbol{x}^{(k+1)}) - \nabla f(\boldsymbol{x}^{(k)})] \tag{10.16}$$

这两个式子并称为**割线方程**，即**拟牛顿条件**.

为表述方便，令

$$\begin{cases} \Delta \boldsymbol{g}^{(k)} = \nabla f(\boldsymbol{x}^{(k+1)}) - \nabla f(\boldsymbol{x}^{(k)}) \\ \Delta \boldsymbol{x}^{(k)} = \boldsymbol{x}^{(k+1)} - \boldsymbol{x}^{(k)} \end{cases} \tag{10.17}$$

则式(10.15)变为

$$\Delta \boldsymbol{g}^{(k)} = \nabla^2 f(\boldsymbol{x}^{(k+1)}) \Delta \boldsymbol{x}^{(k)}$$

式(10.16)变为

$$\Delta \boldsymbol{x}^{(k)} = \nabla^2 f(\boldsymbol{x}^{(k+1)})^{-1} \Delta \boldsymbol{g}^{(k)}$$

如果得到满足割线方程的 **Hessian 矩阵**的近似(下面均用 $\boldsymbol{H}$ 表示)，或者 **Hessian 矩阵的逆**的近似(下面均用 $\bar{\boldsymbol{H}}$ 表示)，则可以得到拟牛顿方法的一般求解算法框架 10.6.

下面，我们将讨论如何借助**割线方程**(拟牛顿条件)，具体的构造 Hessian 矩阵或其逆的近似. 为了能较为清晰地阐述拟牛顿法，这里补充几点说明. 基于(10.15)式得到 Hessian 矩阵的近似，具有较好的理论性质，迭代序列较为稳定，但仍然可能在大规模问题上是非常耗时的. 基于(10.16)式得到 Hessian 矩阵的逆的近似，更加实用. 由于上述两种方式之间具有很好的形式对称性，下面仅基于 Hessian 矩阵逆的近似进行探究.

算法 10.6　拟牛顿法计算框架

给定 $\boldsymbol{x}^{(0)} \in \mathbb{R}^n$，初始矩阵 $\boldsymbol{H}(0) \in \mathbb{R}^{n\times n}$(或 $\bar{\boldsymbol{H}}^{(0)}$)，令 $k = 0$.
while $k = 0, 1, 2, \cdots$ **do**
　计算方向 $\boldsymbol{d}^{(k)} = -(\boldsymbol{H}^{(k)})^{-1}\nabla f(\boldsymbol{x}^{(k)})$ 或 $\boldsymbol{d}^{(k)} = -\bar{\boldsymbol{H}}^{(k)} \nabla f(\boldsymbol{x}^{(k)})$.
　通过线搜索找到合适的步长 $\lambda_k > 0$，令 $\boldsymbol{x}^{(k+1)} = \boldsymbol{x}^{(k)} + \lambda_k \boldsymbol{d}^{(k)}$.
　更新海瑟矩阵的近似矩阵 $\boldsymbol{H}^{(k+1)}$ 或其逆矩阵的近似 $\bar{\boldsymbol{H}}^{(k+1)}$.
　$k \leftarrow k + 1$.
end while

(2) 秩一更新.

现在考虑 Hessian 矩阵逆的近似构造. 设 $\bar{\boldsymbol{H}}^{(k)}$ 是第 k 步 Hessian 矩阵的逆的近似,现需构造出 $\bar{\boldsymbol{H}}^{(k+1)}$,则直观的想法是对 $\bar{\boldsymbol{H}}^{(k)}$ 做尽可能少的改动便得到 $\bar{\boldsymbol{H}}^{(k+1)}$, 即对它进行秩一修正. 考虑到对称性,则可设

$$\bar{\boldsymbol{H}}^{(k+1)}=\bar{\boldsymbol{H}}^{(k)}+a\boldsymbol{u}\boldsymbol{u}^{\mathrm{T}} \tag{10.18}$$

其中 $\boldsymbol{u}\in\mathbb{R}^n$, $a\in\mathbb{R}$ 待定.

显然,我们需要构造出的 Hessian 逆矩阵依然满足相应的拟牛顿条件,即割线方程. 因此,利用割线方程,有

$$\begin{aligned}\Delta\boldsymbol{x}^{(k)}&=\bar{\boldsymbol{H}}^{(k+1)}\Delta\boldsymbol{g}^{(k)}\\&=(\bar{\boldsymbol{H}}^{(k)}+a\boldsymbol{u}\boldsymbol{u}^{\mathrm{T}})\Delta\boldsymbol{g}^{(k)}\end{aligned} \tag{10.19}$$

整理得

$$a(\boldsymbol{u}^{\mathrm{T}}\Delta\boldsymbol{g}^{(k)})\boldsymbol{u}=\Delta\boldsymbol{x}^{(k)}-\bar{\boldsymbol{H}}^{(k)}\Delta\boldsymbol{g}^{(k)}$$

因此 $\boldsymbol{u}$ 与 $\Delta\boldsymbol{x}^{(k)}-\bar{\boldsymbol{H}}^{(k)}\Delta\boldsymbol{g}^{(k)}$ 共线. 不妨令 $\boldsymbol{u}=\Delta\boldsymbol{x}^{(k)}-\bar{\boldsymbol{H}}^{(k)}\Delta\boldsymbol{g}^{(k)}$, 则代入可得

$$a=\frac{1}{(\Delta\boldsymbol{x}^{(k)}-\bar{\boldsymbol{H}}^{(k)}\Delta\boldsymbol{g}^{(k)})^{\mathrm{T}}\Delta\boldsymbol{g}^{(k)}}$$

从而,得到**秩一更新**公式:

$$\bar{\boldsymbol{H}}^{(k+1)}=\bar{\boldsymbol{H}}^{(k)}+\frac{(\Delta\boldsymbol{x}^{(k)}-\bar{\boldsymbol{H}}^{(k)}\Delta\boldsymbol{g}^{(k)})(\Delta\boldsymbol{x}^{(k)}-\bar{\boldsymbol{H}}^{(k)}\Delta\boldsymbol{g}^{(k)})^{\mathrm{T}}}{(\Delta\boldsymbol{x}^{(k)}-\bar{\boldsymbol{H}}^{(k)}\Delta\boldsymbol{g}^{(k)})^{\mathrm{T}}\Delta\boldsymbol{g}^{(k)}}$$

上述矩阵也称之为**尺度矩阵**.

如果考虑的是 Hessian 矩阵本身的近似,则按照上述过程,同理可得对应的秩一更新公式如下:

$$\boldsymbol{H}^{(k+1)}=\boldsymbol{H}^{(k)}+\frac{(\Delta\boldsymbol{g}^{(k)}-\boldsymbol{H}^{(k)}\Delta\boldsymbol{x}^{(k)})(\Delta\boldsymbol{g}^{(k)}-\boldsymbol{H}^{(k)}\Delta\boldsymbol{x}^{(k)})^{\mathrm{T}}}{(\Delta\boldsymbol{g}^{(k)}-\boldsymbol{H}^{(k)}\Delta\boldsymbol{x}^{(k)})^{\mathrm{T}}\Delta\boldsymbol{x}^{(k)}}$$

通过对比发现,实际上二者之间具有非常好的形式对称性,可看作是做了如下形式上的替换:

$$\bar{\boldsymbol{H}}\rightarrow\boldsymbol{H},\quad \Delta\boldsymbol{x}^{(k)}\leftrightarrow\Delta\boldsymbol{g}^{(k)}$$

这样的形式对称性对我们了解拟牛顿法大有裨益.

秩一更新虽然结构简单,易计算,但是秩一更新存在着重大缺陷.它不能保证在迭代过程中保持正定.因此,需要寻求更好的近似.

(3) DFP 和 BFGS.

为克服秩一修正的缺陷,直观的改进方式是对它进行秩二修正.同样地考虑对称性,则可设

$$\bar{\boldsymbol{H}}^{(k+1)}=\bar{\boldsymbol{H}}^{(k)}+a\boldsymbol{u}\boldsymbol{u}^{\mathrm{T}}+b\boldsymbol{v}\boldsymbol{v}^{\mathrm{T}} \tag{10.20}$$

其中 $\boldsymbol{u},\ \boldsymbol{v}\in\mathbb{R}^n,\ a,\ b\in\mathbb{R}$ 待定.

同上所述,仍然利用割线方程,有

$$\begin{aligned}\Delta\boldsymbol{x}^{(k)}&=\bar{\boldsymbol{H}}^{(k+1)}\Delta\boldsymbol{g}^{(k)}\\&=(\bar{\boldsymbol{H}}^{(k)}+a\boldsymbol{u}\boldsymbol{u}^{\mathrm{T}}+b\boldsymbol{v}\boldsymbol{v}^{\mathrm{T}})\Delta\boldsymbol{g}^{(k)}\end{aligned} \tag{10.21}$$

整理得

$$a(\boldsymbol{u}^{\mathrm{T}}\Delta\boldsymbol{g}^{(k)})\boldsymbol{u}+b(\boldsymbol{v}^{\mathrm{T}}\Delta\boldsymbol{g}^{(k)})\boldsymbol{v}=\Delta\boldsymbol{x}^{(k)}-\bar{\boldsymbol{H}}^{(k)}\Delta\boldsymbol{g}^{(k)}$$

因此,$\boldsymbol{u}$, $\boldsymbol{v}$ 的线性组合等于 $\Delta\boldsymbol{x}^{(k)}-\bar{\boldsymbol{H}}^{(k)}\Delta\boldsymbol{g}^{(k)}$.同样地,不妨令 $\boldsymbol{u}=\Delta\boldsymbol{x}^{(k)}$, $\boldsymbol{v}=\bar{\boldsymbol{H}}^{(k)}\Delta\boldsymbol{g}^{(k)}$,则代入可得

$$a=\frac{1}{(\Delta\boldsymbol{x}^{(k)})^{\mathrm{T}}\Delta\boldsymbol{g}^{(k)}}$$

$$b=-\frac{1}{(\Delta\boldsymbol{g}^{(k)})^{\mathrm{T}}\bar{\boldsymbol{H}}^{(k)}\Delta\boldsymbol{g}^{(k)}}$$

从而,得到更新公式:

$$\bar{\boldsymbol{H}}^{(k+1)}=\bar{\boldsymbol{H}}^{(k)}+\frac{\Delta\boldsymbol{x}^{(k)}(\Delta\boldsymbol{x}^{(k)})^{\mathrm{T}}}{(\Delta\boldsymbol{x}^{(k)})^{\mathrm{T}}\Delta\boldsymbol{g}^{(k)}}-\frac{\bar{\boldsymbol{H}}^{(k)}\Delta\boldsymbol{g}^{(k)}(\bar{\boldsymbol{H}}^{(k)}\Delta\boldsymbol{g}^{(k)})^{\mathrm{T}}}{(\Delta\boldsymbol{g}^{(k)})^{\mathrm{T}}\bar{\boldsymbol{H}}^{(k)}\Delta\boldsymbol{g}^{(k)}} \tag{10.22}$$

这种迭代公式由 Davidon 发现,并由 Flecher 以及 Powell 进一步发展.因此被称为 **DFP 公式.**

利用前面提及的形式对称性,可得如下更新公式:

$$\boldsymbol{H}^{(k+1)}=\boldsymbol{H}^{(k)}+\frac{\Delta\boldsymbol{g}^{(k)}(\Delta\boldsymbol{g}^{(k)})^{\mathrm{T}}}{(\Delta\boldsymbol{g}^{(k)})^{\mathrm{T}}\Delta\boldsymbol{x}^{(k)}}-\frac{\boldsymbol{H}^{(k)}\Delta\boldsymbol{x}^{(k)}(\boldsymbol{H}^{(k)}\Delta\boldsymbol{x}^{(k)})^{\mathrm{T}}}{(\Delta\boldsymbol{x}^{(k)})^{\mathrm{T}}\boldsymbol{H}^{(k)}\Delta\boldsymbol{x}^{(k)}}$$

这种迭代格式就是著名的 **BFGS 公式**. 尽管 DFP 格式和 BFGS 格式存在这种对偶关系，但实际上，BFGS 格式效果更好些. 因此，在实际中 BFGS 格式被使用得更多.

综上，可将拟牛顿法(以 DFP 为例)的计算方法总结在算法 10.7. 与共轭梯度法相类似，如果迭代 n 次仍不收敛，则以 $\boldsymbol{x}^{(n)}$ 为新的 $\boldsymbol{x}^{(0)}$，以这时的 $\boldsymbol{x}^{(0)}$ 为起点重新开始一轮新的迭代.

对于拟牛顿法，我们也可以得到其基本的收敛性以及收敛速度.

定理 10.1.4. (BFGS 全局收敛性)假设初始矩阵 $\boldsymbol{H}^{(0)}$ 是对称正定矩阵，目标函数 $f(\boldsymbol{x})$ 是二阶连续可微函数，且下水平集

$$\mathcal{L}=\{\boldsymbol{x} \in \mathbb{R}^n \mid f(\boldsymbol{x}) \leqslant f(\boldsymbol{x}^{(0)})\}$$

算法 10.7 拟牛顿法(DFP)

1：给定初始点 $\boldsymbol{x}^{(0)}$ 及梯度允许误差 $\varepsilon > 0$；

2：若

$$\|\nabla f(\boldsymbol{x}^{(0)})\|^2 \leqslant \varepsilon$$

则 $\boldsymbol{x}^{(0)}$ 即为近似极小点，停止迭代. 否则，转向下一步；

3：令

$$\overline{\boldsymbol{H}}^{(0)} = \boldsymbol{I}(\text{单位阵})$$
$$\boldsymbol{p}^{(0)} = -\overline{\boldsymbol{H}}^{(0)} \nabla f(\boldsymbol{x}^{(0)})$$

在 $\boldsymbol{p}^{(0)}$ 方向进行一维搜索，确定最佳步长 λ_0

$$\min_{\lambda} f(\boldsymbol{x}^{(0)}+\lambda \boldsymbol{p}^{(0)}) = f(\boldsymbol{x}^{(0)}+\lambda_0 \boldsymbol{p}^{(0)})$$

如此可得下一个近似点

$$\boldsymbol{x}^{(1)} = \boldsymbol{x}^{(0)}+\lambda_0 \boldsymbol{p}^{(0)}$$

4：一般地，设已得到近似点 $\boldsymbol{x}^{(k)}$，算出 $\nabla f(\boldsymbol{x}^{(k)})$，若

$$\|\nabla f(\boldsymbol{x}^{(k)})\|^2 \leqslant \varepsilon$$

则 $\boldsymbol{x}^{(k)}$ 即为所求的近似解，停止迭代；否则，按式(10.22)计算 $\overline{\boldsymbol{H}}^{(k)}$，并令

$$\boldsymbol{p}^{(k)} = -\overline{\boldsymbol{H}}^{(k)} \nabla f(\boldsymbol{x}^{(k)})$$

在 $\boldsymbol{p}^{(k)}$ 方向进行一维搜索，确定最佳步长 λ_k

$$\min_{\lambda} f(\boldsymbol{x}^{(k)}+\lambda \boldsymbol{p}^{(k)}) = f(\boldsymbol{x}^{(k)}+\lambda_k \boldsymbol{p}^{(k)})$$

其下一个近似点为

$$\boldsymbol{x}^{(k+1)} = \boldsymbol{x}^{(k)}+\lambda_k \boldsymbol{p}^{(k)}$$

5：若 $\boldsymbol{x}^{(k+1)}$ 点满足精度要求，则 $\boldsymbol{x}^{(k+1)}$ 即为所求的近似解. 否则，转回第(4)步，直到求出某点满足精度要求为止.

是凸的,并且存在正数 m 以及 M 使得对于任意的 $\boldsymbol{z} \in \mathbb{R}^n$ 以及任意的 $\boldsymbol{x} \in \mathcal{L}$ 有

$$m\|\boldsymbol{z}\|^2 \leqslant \boldsymbol{z}^{\mathrm{T}} \nabla^2 f(\boldsymbol{x})\boldsymbol{z} \leqslant M\|\boldsymbol{z}\|^2$$

则采用 BFGS 格式并结合 Wolfe 线搜索的拟牛顿算法全局收敛到 $f(\boldsymbol{x})$的极小值点 $\boldsymbol{x}^*$.

该定理叙述了 BFGS 格式的全局收敛性,但没有说明以什么速度收敛. 下面这个定理介绍了在一定条件下 BFGS 格式会达到 Q-超线性收敛速度. 这里仍然只给出定理结果,感兴趣的读者可以查阅相关文献,了解详细的证明过程.

定理 10.1.5. (BFGS 收敛速度)设 $f(\boldsymbol{x})$二阶连续可微,在最优点 $\boldsymbol{x}^*$ 的一个邻域内海瑟矩阵利普希茨连续,且使用 *BFGS* 迭代格式收敛到 f 的最优值点 $\boldsymbol{x}^*$. 若迭代点列 $\{\boldsymbol{x}^{(k)}\}$满足

$$\sum_{k=1}^{\infty}\|\boldsymbol{x}^{(k)}-\boldsymbol{x}^*\|<+\infty$$

则$\{\boldsymbol{x}^{(k)}\}$以 Q-超线性收敛到 $\boldsymbol{x}^*$.

在以上讨论中,我们取第一个尺度矩阵 $\overline{\boldsymbol{H}}^{(0)}$ 为对称正定阵,以后的尺度矩阵由式(10.22)逐步形成. 可以证明,这样构成的尺度矩阵均为对称正定阵. 由此可知其搜索方向 $\boldsymbol{p}^{(k)}=-\overline{\boldsymbol{H}}^{(k)}\nabla f(\boldsymbol{x}^{(k)})$ 为下降方向,这就可以保证每次迭代均能使目标函数值有所改善.

当把 DFP 拟牛顿法用于正定二次函数时,产生的搜索方向为共轭方向,因而也具有有限步收敛的性质. 若将初始尺度矩阵也取为单位矩阵,对这种函数来说,DFP 法就与共轭梯度法一样了.

还要指出,可以采用不同的方法来构造尺度矩阵 $\overline{\boldsymbol{H}}^{(k)}$,从而就有不同的拟牛顿法. DFP 法属于拟牛顿法的一种. 开始时取 $\overline{\boldsymbol{H}}^{(0)}=\boldsymbol{I}$,这相当于第一步采用最速下降法. 以后的 $\overline{\boldsymbol{H}}^{(k)}$ 接近于 $\boldsymbol{H}(\boldsymbol{x}^{(k)})^{-1}$,当达到极小点时,从理论上讲,这时的尺度矩阵应等于该点处 Hessian 矩阵的逆阵.

例 10.1.4. 试用 DFP 法求

$$\min f(\boldsymbol{x})=4(x_1-5)^2+(x_2-6)^2$$

解. 取

$$\overline{\boldsymbol{H}}^{(0)}=\begin{bmatrix}1 & 0\\0 & 1\end{bmatrix},\ \boldsymbol{x}^{(0)}=\begin{bmatrix}8\\9\end{bmatrix}$$

由于

$$\nabla f(\boldsymbol{x})=(8(x_1-5),\ 2(x_2-6))$$
$$\nabla f(\boldsymbol{x}^{(0)})=(24,\ 6)$$

故

$$\begin{aligned}\boldsymbol{x}^{(1)}&=\boldsymbol{x}^{(0)}+\lambda_0\boldsymbol{p}^{(0)}=\boldsymbol{x}^{(0)}+\lambda_0[-\bar{\boldsymbol{H}}^{(0)}\nabla f(\boldsymbol{x}^{(0)})]\\&=\begin{bmatrix}8\\9\end{bmatrix}-\lambda_0\begin{bmatrix}1&0\\0&1\end{bmatrix}\begin{bmatrix}24\\6\end{bmatrix}=\begin{bmatrix}8\\9\end{bmatrix}-\lambda_0\begin{bmatrix}24\\6\end{bmatrix}\\&=\begin{bmatrix}8-24\lambda_0\\9-6\lambda_0\end{bmatrix}\end{aligned}$$

$$f(\boldsymbol{x}^{(1)})=4[(8-24\lambda_0)-5]^2+[(9-6\lambda_0)-6]^2$$

令

$$\frac{\mathrm{d}f(\boldsymbol{x}^{(1)})}{\mathrm{d}\lambda_0}=0$$

可得

$$\lambda_0=\frac{17}{130}$$

这便得到下一个迭代点

$$\boldsymbol{x}^{(1)}=((8-24\lambda_0),\ (9-6\lambda_0))=(4.862,\ 8.215)$$
$$\nabla f(\boldsymbol{x}^{(1)})=(-1.108,\ 4.431)$$
$$\Delta\boldsymbol{x}^{(0)}=\boldsymbol{x}^{(1)}-\boldsymbol{x}^{(0)}=(-3.138,\ -0.785)$$
$$\Delta\boldsymbol{g}^{(0)}=\nabla f(\boldsymbol{x}^{(1)})-\nabla f(\boldsymbol{x}^{(0)})=(-25.108,\ -1.569)$$

由此可得

$$\begin{aligned}\bar{\boldsymbol{H}}(1)&=\bar{\boldsymbol{H}}^{(0)}+\frac{\Delta\boldsymbol{x}^{(0)}(\Delta\boldsymbol{x}^{(0)})^{\mathrm{T}}}{(\Delta\boldsymbol{g}^{(0)})^{\mathrm{T}}\Delta\boldsymbol{x}^{(0)}}-\frac{\bar{\boldsymbol{H}}^{(0)}\Delta\boldsymbol{g}^{(0)}(\Delta\boldsymbol{g}^{(0)})^{\mathrm{T}}\bar{\boldsymbol{H}}^{(0)}}{(\Delta\boldsymbol{g}^{(0)})^{\mathrm{T}}\bar{\boldsymbol{H}}^{(0)}\Delta\boldsymbol{g}^{(0)}}\\&=\begin{bmatrix}0.1270&-0.0315\\-0.0315&1.0038\end{bmatrix}\end{aligned}$$

故

$$x^{(2)} = x^{(1)} - \lambda_1 \bar{H}^{(1)} \nabla f(x^{(1)})$$
$$= \begin{bmatrix} 4.862 \\ 8.215 \end{bmatrix} - \lambda_1 \begin{bmatrix} 0.1270 & -0.0315 \\ -0.0315 & 1.0038 \end{bmatrix} \begin{bmatrix} -1.108 \\ 4.431 \end{bmatrix}$$

如上求最佳步长，可得

$$\lambda_1 = 0.4942$$

代入上式得

$$x^{(2)} = (5,\ 6)$$

这就是极小点.

实际上，对上述例题做进一步的计算，可以发现尺度矩阵 $\bar{H}$ 对 Hessian 矩阵的逆有着较好的近似. 若计算该例题的目标函数 $f(x)$的 Hessian 矩阵，则

$$A = \begin{bmatrix} 8 & 0 \\ 0 & 2 \end{bmatrix}$$

故

$$A^{-1} = \begin{bmatrix} \frac{1}{8} & 0 \\ 0 & \frac{1}{2} \end{bmatrix}$$

现计算出该问题的 $\bar{H}^{(2)}$，有

$$\bar{H}^{(2)} = \begin{bmatrix} 1.25 \times 10^{-1} & -8.882 \times 10^{-16} \\ -8.882 \times 10^{-16} & 5.00 \times 10^{-1} \end{bmatrix}$$

可知二者几乎相等.

在以上几小节中，我们介绍了求解无约束优化问题的解析法，这些方法只是众多算法中的一部分. 一般认为，从迭代次数上考虑，拟牛顿法所需迭代次数较少，共轭梯度法次之，最速下降法所需迭代次数最多. 但从每次迭代所需的计算工作量来看，却正好相反，最速下降法最简单，拟牛顿法比它们都繁琐.

4. *应用实例：牛顿法求解 Logistic 回归*

在前面我们已经介绍了二分类的 Logistic 回归模型：

$$\min_{\boldsymbol{x}} L(\boldsymbol{x})=\frac{1}{m}\sum_{i=1}^{m}\ln(1+\exp(-b_i\boldsymbol{a}_i^{\mathrm{T}}\boldsymbol{x}))+\lambda\|\boldsymbol{x}\|_2^2$$

接下来推导求解该问题的牛顿法，这转化为计算目标函数 $L(\boldsymbol{x})$ 的梯度和 Hessian 矩阵的问题. 根据第五章介绍的向量值函数求导法，容易算出梯度为

$$\begin{aligned}\nabla L(\boldsymbol{x})&=\frac{1}{m}\sum_{i=1}^{m}\frac{1}{1+\exp(-b_i\boldsymbol{a}_i^{\mathrm{T}}\boldsymbol{x})}\cdot\exp(-b_i\boldsymbol{a}_i^{\mathrm{T}}\boldsymbol{x})\cdot(-b_i\boldsymbol{a}_i)+2\lambda\boldsymbol{x}\\&=-\frac{1}{m}\sum_{i=1}^{m}(1-p_i(\boldsymbol{x}))b_i\boldsymbol{a}_i+2\lambda\boldsymbol{x}\end{aligned}$$

其中 $p_i(\boldsymbol{x})=\frac{1}{1+\exp(-b_i\boldsymbol{a}_i^{\mathrm{T}}\boldsymbol{x})}$. 引入矩阵 $\boldsymbol{A}=[\boldsymbol{a}_1\quad\boldsymbol{a}_2\quad\cdots\quad\boldsymbol{a}_m]^{\mathrm{T}}\in\mathbb{R}^{m\times n}$，向量 $\boldsymbol{b}=(b_1,\ b_2,\ \cdots,\ b_m)$，以及

$$\boldsymbol{p}(\boldsymbol{x})=(p_1(\boldsymbol{x}),\ p_2(\boldsymbol{x}),\ \cdots,\ p_m(\boldsymbol{x}))$$

此时梯度可简写为：

$$\nabla L(\boldsymbol{x})=-\frac{1}{m}\boldsymbol{A}^{\mathrm{T}}(\boldsymbol{b}-\boldsymbol{b}\odot\boldsymbol{p}(\boldsymbol{x}))+2\lambda\boldsymbol{x}$$

再对梯度求导，并写成更为紧凑的矩阵形式，可得到 Hessian 矩阵

$$\nabla^2L(\boldsymbol{x})=\frac{1}{m}\boldsymbol{A}^{\mathrm{T}}\boldsymbol{P}(\boldsymbol{x})\boldsymbol{A}+2\lambda\boldsymbol{I}$$

其中 $\boldsymbol{P}(\boldsymbol{x})$ 为由 $\{p_i(\boldsymbol{x})(1-p_i(\boldsymbol{x}))\}_{i=1}^{m}$ 生成的对角矩阵. 因此，牛顿法可以写作

$$\boldsymbol{x}^{(k+1)}=\boldsymbol{x}^{(k)}+\left(\frac{1}{m}(\boldsymbol{A}^{\mathrm{T}}\boldsymbol{P}(\boldsymbol{x}^{(k)})\boldsymbol{A}+2\lambda\boldsymbol{I}\right)^{-1}\left(\frac{1}{m}\boldsymbol{A}^{\mathrm{T}}(\boldsymbol{b}-\boldsymbol{b}\odot\boldsymbol{p}(\boldsymbol{x}^{(k)}))-2\lambda\boldsymbol{x}^{(k)}\right)$$

在实际中，λ 经常取为 $\frac{1}{100m}$. 另外，当变量规模不是很大时，可以利用正定矩阵的 Cholesky 分解来求解牛顿方程；当变量规模较大时，可以使用共轭梯度法进行不精确求解. 这里采用 LIBSVM 网站的数据集，包括：a9a、ijcnn1 和 CINA 数据集. 然后使用牛顿法进行求解，其求解结果参见图 10.10. 从中可以看出，在精确解附近梯度范数具有 Q-超线性收敛性.

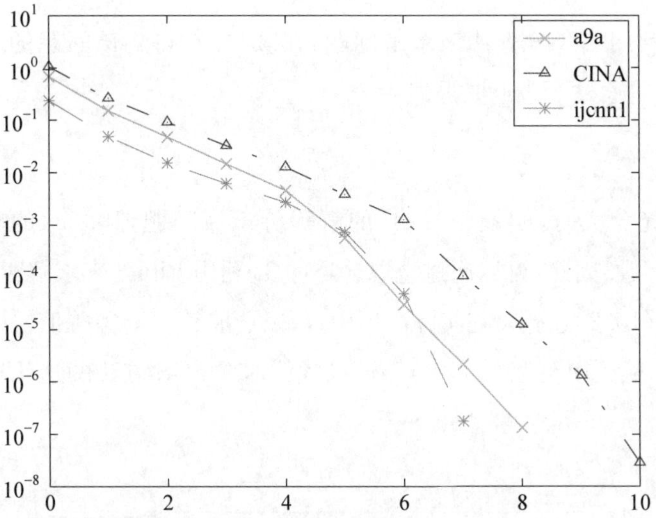

图 10.10 牛顿法求解 Logistic 回归模型

5. 应用实例:拟牛顿法求解压缩感知问题

考虑压缩感知问题:

$$\min_{x\in\mathbb{R}^n}\|\boldsymbol{x}\|_1,\quad s.t.\quad \boldsymbol{Ax}=\boldsymbol{b} \tag{10.23}$$

其中 $\boldsymbol{A}\in\mathbb{R}^{m\times n}$, $\boldsymbol{b}\in\mathbb{R}^m$ 为给定的矩阵和向量. 这是一个约束优化问题,如何将其转化为一个无约束优化问题呢? 自然地,我们可以考虑其对偶问题. 由于问题(10.23)的对偶问题的无约束优化形式不是可微的,即无法计算梯度(读者可以自行验证),我们考虑如下正则化问题:

$$\min_{x\in\mathbb{R}^n}\|\boldsymbol{x}\|_1+\frac{1}{2\alpha}\|\boldsymbol{x}\|_2^2,\quad s.t.\quad \boldsymbol{Ax}=\boldsymbol{b} \tag{10.24}$$

这里 $\alpha>0$ 为正则化参数. 显然,当 α 趋于无穷大时,问题(10.24)的解会逼近(10.23)的解. 由于问题(10.24)的目标函数是强凸的,其对偶问题的无约束优化形式的目标函数是可微的. 具体地,问题(10.24)的对偶问题为

$$\min_{y\in\mathbb{R}^m} f(\boldsymbol{y})=-\boldsymbol{b}^{\mathrm{T}}\boldsymbol{y}+\frac{\alpha}{2}\|\boldsymbol{A}^{\mathrm{T}}\boldsymbol{y}-\mathcal{P}_{[-1,1]^n}(\boldsymbol{A}^{\mathrm{T}}\boldsymbol{y})\|_2^2 \tag{10.25}$$

其中 $\mathcal{P}_{[-1,1]^n}(\boldsymbol{x})$ 为 $\boldsymbol{x}$ 到集合 $[-1,1]^n$ 的投影. 通过简单计算,可知

$$\nabla f(\boldsymbol{y})=-\boldsymbol{b}+\alpha \boldsymbol{A}(\boldsymbol{A}^{\mathrm{T}} \boldsymbol{y}-\mathcal{P}_{[-1,1]^n}(\boldsymbol{A}^{\mathrm{T}} \boldsymbol{y}))$$

那么,我们可以利用 BFGS 方法来求解问题(10.25). 在得到该问题的解 $\boldsymbol{y}^*$ 之后,问题(10.24)的解 $\boldsymbol{x}^*$ 可通过下式近似得到:

$$\boldsymbol{x}^* \approx \alpha(\boldsymbol{A}^{\mathrm{T}} \boldsymbol{y}^*-\mathcal{P}_{[-1,1]^n}(\boldsymbol{A}^{\mathrm{T}} \boldsymbol{y}^*))$$

进一步地,当 α 充分大时,问题(10.24)的解等价于原问题(10.23)的解. 又(10.25)为(10.24)的对偶问题. 因此,可以通过选取合适的 α,利用 BFGS 来求解对偶问题(10.25),从而得到原问题(10.23)的解. 在实际应用中,可以选取 $\alpha=5$, 10 等值,其迭代收敛过程可以参考图 10.11. 从图中可以看出,当靠近最优解时,BFGS 方法的迭代点列呈 Q 线性收敛.

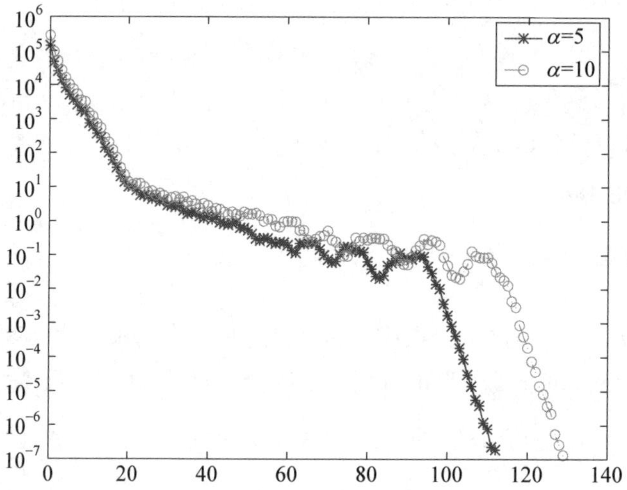

图 10.11 压缩感知问题

10.2 约束优化

实际工作中遇到的大多数优化问题,其变量的取值多受到一定限制,这种限制由约束条件来体现. 带有约束条件的优化问题称为约束优化问题,其一般形式为

$$\begin{aligned} \min \quad & f_0(\boldsymbol{x}) \\ s.t. \quad & f_i(\boldsymbol{x}) \leqslant 0,\ i=1,2,\cdots,m \\ & h_j(\boldsymbol{x})=0,\ j=1,2,\cdots,p \end{aligned} \tag{10.26}$$

另外,一些特定方法可能会针对于求解仅含有不等式约束优化问题:

$$\begin{aligned} \min \quad & f_0(\boldsymbol{x}) \\ s.t. \quad & f_i(\boldsymbol{x}) \leqslant 0,\ i=1,\ 2,\ \cdots,\ m \end{aligned} \tag{10.27}$$

或者是仅含有等式约束优化问题:

$$\begin{aligned} \min \quad & f_0(\boldsymbol{x}) \\ s.t. \quad & h_j(\boldsymbol{x}) = 0,\ j=1,\ 2,\ \cdots,\ p \end{aligned} \tag{10.28}$$

求解约束优化问题要比求解无约束优化问题困难得多. 对有约束的极小化问题来说,除了要使目标函数在每次迭代有所下降之外,还要时刻注意解的可行性问题(某些算法的中间步骤除外),这就给寻优工作带来了很大困难. 为了实际求解和(或)简化其优化工作,通常可采用以下方法:将无约束优化问题的求解方法直接推广至约束优化问题;将约束问题化为逐序列的无约束问题;以及将复杂问题变换为较简单问题的其他方法. 本讲主要介绍:可行方向法、外点法(二次罚函数法、增广拉格朗日法)和内点法(倒数障碍函数法、对数障碍函数法).

10.2.1　可行方向法

现在介绍求解不等式约束优化问题(10.27)的可行方向法. 下面对约束优化问题相关的概念进行界定.

定义 10.2.1.　考虑约束优化的某一可行点 $\boldsymbol{x}^{(0)}$,对该点的任一方向 $\boldsymbol{d}$ 来说,若存在实数 $\lambda'_0>0$,使对任意 $\lambda \in [0,\ \lambda'_0]$ 均有

$$f_0(\boldsymbol{x}^{(0)}+\lambda \boldsymbol{d}) < f_0(\boldsymbol{x}^{(0)})$$

就称方向 $\boldsymbol{d}$ 为 $\boldsymbol{x}^{(0)}$ 点的一个**下降方向**.

由于约束优化还涉及一个关键的问题是解的可行性问题. 如果一个下降方向却不是可行的,那么对优化目标函数依然没有价值. 这里我们定义可行方向为:

定义 10.2.2.　假定 $\boldsymbol{x}^{(0)}$ 是待求解的约束优化问题的一个可行点,现考虑此点的某一方向 $\boldsymbol{d}$,若存在实数 $\lambda_0 > 0$,使对于任意 $\lambda \in [0,\ \lambda_0]$ 均有

$$\boldsymbol{x}^{(0)}+\lambda \boldsymbol{d} \tag{10.29}$$

满足约束条件,则称方向 $\boldsymbol{d}$ 是 $\boldsymbol{x}^{(0)}$ 点的一个**可行方向**.

如果方向 $\boldsymbol{d}$ 既是 $\boldsymbol{x}^{(0)}$ 点的可行方向，又是这个点的下降方向，就称它是该点的**可行下降方向**. 对于含有不等式约束优化的一个可行解 $\boldsymbol{x}^{(0)}$，在不等式约束条件 $f_i(\boldsymbol{x})\leqslant 0$ 下可行时存在两种可能. 其一为 $f_i(\boldsymbol{x}^{(0)})<0$. 这时点 $\boldsymbol{x}^{(0)}$ 不是处于由这一约束条件形成的可行域边界上，因而这一约束对 $\boldsymbol{x}^{(0)}$ 点的微小摄动不起限制作用. 从而称这个约束条件是 $\boldsymbol{x}^{(0)}$ 点的**不起作用约束**(或无效约束). 其二为 $f_i(\boldsymbol{x}^{(0)})=0$. 这时 $\boldsymbol{x}^{(0)}$ 点处于该约束条件形成的可行域边界上，它对 $\boldsymbol{x}^{(0)}$ 的摄动起到了某种限制作用. 故称这个约束是 $\boldsymbol{x}^{(0)}$ 点的**起作用约束**(有效约束). 显而易见，对于含有等式约束优化的一个可行解 $\boldsymbol{x}^{(0)}$，等式约束条件对所有可行点来说都是起作用约束.

直接判定某可行点处的下降方向或可行方向是不易的，通常需要对函数进行光滑性假设. 若假定 $f_0(\boldsymbol{x})$ 和 $f_i(\boldsymbol{x})$ 具有一阶连续偏导数，可以对可行下降方向的理解进一步深化，以便设计有效的求解方法. 在无约束优化中，我们知道将目标函数 $f_0(\boldsymbol{x})$ 在点 $\boldsymbol{x}^{(0)}$ 处作一阶泰勒展开，可得满足条件

$$\nabla f_0(\boldsymbol{x}^{(0)})^{\mathrm{T}}\boldsymbol{d}<0 \tag{10.30}$$

的方向 $\boldsymbol{d}$ 必为 $\boldsymbol{x}^{(0)}$ 点的**下降方向**.

在光滑性假设下，可行方向应该满足什么条件？若 $\boldsymbol{d}$ 是可行点 $\boldsymbol{x}^{(0)}$ 处的任一**可行方向**(图 10.12)，则对该点的所有有效约束均有

$$-\nabla f_i(\boldsymbol{x}^{(0)})^{\mathrm{T}}\boldsymbol{d}\geqslant 0,\quad i\in J \tag{10.31}$$

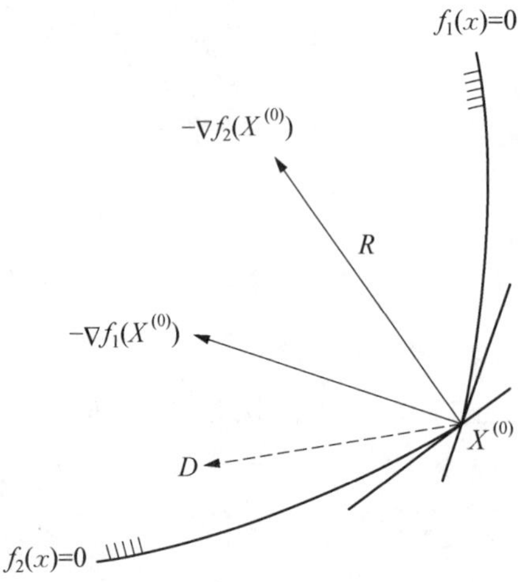

图 10.12 任一可行方向

其中 J 为 $\boldsymbol{x}^{(0)}$ 这个点所有起作用约束下标的集合. 这是因为它需要保持有效约束函数不会上升，从而保证下一个迭代点仍然可行，即小于或等于 0. 因此，同时满足式(10.30)和(10.31)的方向一定是可行下降方向. 如果 $\boldsymbol{x}^{(0)}$ 点不是极小点，继续寻优时的搜索方向就应从该点的可行下降方向中去找. 显然，若某点存在可行下降方向，它就不会是极小点. 另外，若某点为极小点，则在该点不存在可行下降方向，即如定理 10.2.1 所述.

定理 10.2.1. 设 $\boldsymbol{x}^*$ 是不等式约束优化问题(10.27)的一个局部极小点，目标函数 $f_0(\boldsymbol{x})$ 在

$\boldsymbol{x}^*$ 处可微，而且

$f_i(\boldsymbol{x})$在 $\boldsymbol{x}^*$ 处可微，当 $i \in J$

$f_i(\boldsymbol{x})$在 $\boldsymbol{x}^*$ 处连续，当 $i \notin J$

则在 $\boldsymbol{x}^*$ 点不存在可行下降方向，从而不存在向量 $\boldsymbol{d}$ 同时满足：

$$\begin{cases}\nabla f_0(\boldsymbol{x}^*)^{\mathrm{T}}\boldsymbol{d} < 0 \\ -\nabla f_i(\boldsymbol{x}^*)^{\mathrm{T}}\boldsymbol{d} > 0, \quad i \in J\end{cases} \tag{10.32}$$

证明.　事实上，通过反证法即可证明. 若存在满足式(10.32)的方向 $\boldsymbol{d}$，则通过泰勒展开可以发现，在该点的一个小的邻域内，沿该方向搜索一定可找到更好的可行点. 从而，与 $\boldsymbol{x}^*$ 为局部极小点的假设矛盾.

式(10.32)的几何意义：满足该条件的方向 $\boldsymbol{d}$，与点 $\boldsymbol{x}^*$ 处目标函数负梯度方向和有效约束函数负梯度方向的夹角均为锐角. 式(10.32)就是下降方向(10.30)和可行方向(10.31)的交集.

因此，为了设计出求解方法，需要解决第 k 个迭代可行点 $\boldsymbol{x}^{(k)}$(非局部极小点)处搜索方向的问题. 显然，此处的搜索方向应当从式(10.32)可行下降方向中寻找，即从下述不等式组中确定向量 $\boldsymbol{d}$：

$$\begin{cases}\nabla f_0(\boldsymbol{x}^{(k)})^{\mathrm{T}}\boldsymbol{d} < 0 \\ -\nabla f_i(\boldsymbol{x}^{(k)})^{\mathrm{T}}\boldsymbol{d} > 0, i \in J\end{cases} \tag{10.33}$$

显然，在 $\boldsymbol{x}^{(k)}$ 处满足可行下降的方向可能有多个，这时就需要思考如下问题：我们应该选择哪一个方向？借鉴无约束优化中的梯度下降法，确实能带给我们一些启发. 在梯度下降法中，我们期望选择的搜索方向使得目标函数值最快地下降，因此得到了搜索方向为负梯度方向. 同理，在此同样希望目标函数值尽快地下降，但是这里无法给出一个解析方向. 需要转换为如下优化问题：

$$\begin{aligned} \min \quad & \eta \\ s.t. \quad & \nabla f_0(\boldsymbol{x}^{(k)})^{\mathrm{T}}\boldsymbol{d} \leqslant \eta \\ & \nabla f_i(\boldsymbol{x}^{(k)})^{\mathrm{T}}\boldsymbol{d} \leqslant \eta, \quad i \in J(\boldsymbol{x}^{(k)}) \\ & \eta \leqslant 0 \end{aligned} \tag{10.34}$$

□

幸运地，这是一个易于求解的线性规划问题. 上述优化问题还存在一个不足，就是对搜索方向 $\boldsymbol{d}$ 做缩放仍然是满足约束，从而导致无限的最优解. 实际上，我们只关注的是这

个方向(分量的相对大小).所以还需加一些限制:

$$\begin{aligned}\min\quad & \eta \\ s.t.\quad & \nabla f_0(\boldsymbol{x}^{(k)})^{\mathrm{T}}\boldsymbol{d}\leqslant\eta \\ & \nabla f_i(\boldsymbol{x}^{(k)})^{\mathrm{T}}\boldsymbol{d}\leqslant\eta,\quad i\in J(\boldsymbol{x}^{(k)}) \\ & -1\leqslant d_i\leqslant 1,\quad i=1,2,\cdots,n \\ & \eta\leqslant 0\end{aligned}\tag{10.35}$$

其中 $d_i(i=1,2,\cdots,n)$ 为向量 $\boldsymbol{d}$ 的分量.将线性规划式(10.35)的最优解记为$(\boldsymbol{d}^{(k)},\eta_k)$,如果求出的 $\eta_k=0$,说明在 $\boldsymbol{x}^{(k)}$ 点不存在可行下降方向,在$\nabla f_i(\boldsymbol{x}^{(k)})$(此处 $i\in J(\boldsymbol{x}^{(k)})$)线性无关的条件下,$\boldsymbol{x}^{(k)}$满足 KKT 条件.若解出的 $\eta_k<0$,则得到可行下降方向 $\boldsymbol{d}^{(k)}$,这就是我们所要的搜索方向.

现考虑约束优化式(10.27),设 $\boldsymbol{x}^{(k)}$是它的一个可行解,但不是要求的极小点.为了求它的极小点或近似极小点,根据式(10.35)确定在 $\boldsymbol{x}^{(k)}$点的某一可行下降方向 $\boldsymbol{d}^{(k)}$.然后,根据线搜索确定步长 λ_k.从而得到下一迭代点 $\boldsymbol{x}^{(k+1)}=\boldsymbol{x}^{(k)}+\lambda_k\boldsymbol{d}^{(k)}$.若满足精度要求,迭代停止,$\boldsymbol{x}^{(k+1)}$ 就是所要的点.否则,从 $\boldsymbol{x}^{(k+1)}$ 出发继续进行迭代,直到满足要求为止.上述这种方法称为可行方向法,我们这里一般指的是 Zoutendijk 在 1960 年提出的算法及其变形.下面就将其具体迭代步骤总结为算法 10.8.由于机器学习中较少使用可行方向法,因此,这里仅介绍了不等式约束情形下的可行方向法.对于更为一般的情形(包括等式约束),限于篇幅,这里不做拓展.实际上,通过简单的思考过程,可以很容易地将该方法推广至线性等式约束的情形.

例 10.2.1. 用可行方向法解下述约束优化问题

$$\begin{aligned}\max\quad & 4x_1+4x_2-x_1^2-x_2^2 \\ s.t.\quad & x_1+2x_2\leqslant 4\end{aligned}$$

解. 先将该约束优化问题写成

$$\begin{aligned}\min\quad & f_0(\boldsymbol{x})=-(4x_1+4x_2-x_1^2-x_2^2) \\ s.t.\quad & f_1(\boldsymbol{x})=x_1+2x_2-4\leqslant 0\end{aligned}$$

算法 10.8　可行方向法

1：确定允许误差 $\varepsilon_1>0$ 和 $\varepsilon_2>0$，选初始近似点 $\boldsymbol{x}^{(0)}$ 满足约束条件，并令 $k:=0$；

2：确定起作用约束指标集

$$J(\boldsymbol{x}^{(k)})=\{i\mid f_i(\boldsymbol{x}^{(k)})=0,\ 1\leqslant i\leqslant m\}$$

(1) 若 $J(\boldsymbol{x}^{(k)})=\varnothing$($\varnothing$ 为空集)，而且 $\|\nabla f_0(\boldsymbol{x}^{(k)})\|\leqslant\varepsilon_1$，停止迭代，得点 $\boldsymbol{x}^{(k)}$；

(2) 若 $J(\boldsymbol{x}^{(k)})=\varnothing$，但 $\|\nabla f_0(\boldsymbol{x}^{(k)})\|>\varepsilon_1$，则取 $\boldsymbol{d}^{(k)}=-\nabla f_0(\boldsymbol{x}^{(k)})$，然后转向第 5 步；

(3) 若 $J(\boldsymbol{x}^{(k)})\neq\varnothing$，转下一步；

3：求解线性规划

$$\begin{aligned}\min\quad&\eta\\ s.t.\quad&\nabla f_0(\boldsymbol{x}^{(k)})^{\mathrm{T}}\boldsymbol{d}\leqslant\eta\\ &\nabla f_i((\boldsymbol{x}^{(k)})^{\mathrm{T}}\boldsymbol{d})\leqslant\eta,\ i\in J(\boldsymbol{x}^{(k)})\\ &-1\leqslant d_i\leqslant 1,\ i=1,2,\cdots,n\\ &\eta\leqslant 0\end{aligned}$$

设它的最优解是 $(\boldsymbol{d}^{(k)},\ \eta_k)$；

4：检验是否满足

$$|\eta_k|\leqslant\varepsilon_2$$

若满足则停止迭代，得到点 $\boldsymbol{x}^{(k)}$；否则，以 $\boldsymbol{d}^{(k)}$ 为搜索方向，并转下一步；

5：解下述一维优化问题

$$\lambda_k:\min_{0\leqslant\lambda\leqslant\bar{\lambda}} f_0(\boldsymbol{x}^{(k)}+\lambda\boldsymbol{d}^{(k)})$$

此处

$$\bar{\lambda}=\max\{\lambda\mid f_i(\boldsymbol{x}^{(k)}+\lambda\boldsymbol{d}^{(k)})\leqslant 0,\quad i=1,2,\cdots,m\}$$

6：令

$$\begin{aligned}\boldsymbol{x}^{(k+1)}&=\boldsymbol{x}^{(k)}+\lambda_k\boldsymbol{d}^{(k)}\\ k&:=k+1\end{aligned}$$

转回第 2 步.

取初始可行点 $\boldsymbol{x}^{(0)}=(0,\ 0)$，$f_0(\boldsymbol{x}^{(0)})=0$

$$\nabla f_0(\boldsymbol{x})=\begin{bmatrix}2x_1-4\\2x_2-4\end{bmatrix},\quad \nabla f_0(\boldsymbol{x}^{(0)})=\begin{bmatrix}-4\\-4\end{bmatrix}$$

$$\nabla f_1(\boldsymbol{x})=(1,\ 2)$$

$f_1(\boldsymbol{x}^{(0)})=-4<0$，从而 $J(\boldsymbol{x}^{(0)})=\varnothing$(空集). 由于

$$\|\nabla f_0(\boldsymbol{x}^{(0)})\|^2=(-4)^2+(-4)^2=32$$

所以 $\boldsymbol{x}^{(0)}$ 不是(近似)极小点. 现取搜索方向

$$\boldsymbol{d}^{(0)}=-\nabla f_0(\boldsymbol{x}^{(0)})=(4,\ 4)$$

从而

$$\boldsymbol{x}^{(1)}=\boldsymbol{x}^{(0)}+\lambda\boldsymbol{d}^{(0)}=\begin{bmatrix}0\\0\end{bmatrix}+\lambda\begin{bmatrix}4\\4\end{bmatrix}=\begin{bmatrix}4\lambda\\4\lambda\end{bmatrix}$$

将其代入约束条件,并令 $f_1(\boldsymbol{x}^{(1)})=0$,解得 $\bar{\lambda}=1/3$.

$$f_0(\boldsymbol{x}^{(1)})=-16\lambda-16\lambda+16\lambda^2+16\lambda^2=32\lambda^2-32\lambda$$

令 $f_0(\boldsymbol{x}^{(1)})$对 λ 的导数等于零,解得 $\lambda=1/2$. 因 λ 大于$\bar{\lambda}$($\bar{\lambda}=1/3$),故取 $\lambda_0=\bar{\lambda}=1/3$.

$$\boldsymbol{x}^{(1)}=\left(\frac{4}{3},\ \frac{4}{3}\right),\quad f_0(\boldsymbol{x}^{(1)})=-\frac{64}{9}$$

$$\nabla f_0(\boldsymbol{x}^{(1)})=\left(-\frac{4}{3},\ -\frac{4}{3}\right),\quad f_1(\boldsymbol{x}^{(1)})=0$$

现构成下述线性规划问题

$$\begin{aligned}\min\quad & \eta\\ s.t.\quad & -\frac{4}{3}d_1-\frac{4}{3}d_2\leqslant\eta\\ & d_1+2d_2\leqslant\eta\\ & -1\leqslant d_1\leqslant 1,\quad -1\leqslant d_2\leqslant 1\\ & \eta\leqslant 0\end{aligned}$$

从而得到,$\eta=-4/10$,搜索方向

$$\boldsymbol{d}^{(1)}=\begin{bmatrix}d_1\\d_2\end{bmatrix}=\begin{bmatrix}1.0\\-0.7\end{bmatrix}$$

由此

$$\boldsymbol{x}^{(2)}=\boldsymbol{x}^{(1)}+\lambda\boldsymbol{d}^{(1)}=\begin{bmatrix}4/3+\lambda\\4/3-0.7\lambda\end{bmatrix}$$

$$f_0(\boldsymbol{x}^{(2)})=1.49\lambda^2-0.4\lambda-7.111$$

令 $\dfrac{\mathrm{d}f(\boldsymbol{x}^{(2)})}{\mathrm{d}\lambda}=0$,得到 $\lambda=0.134$. 现暂用该步长,算出

$$x^{(2)}=\begin{bmatrix}4/3+0.134\\4/3-0.7\times0.134\end{bmatrix}=\begin{bmatrix}1.467\\1.239\end{bmatrix}$$

因 $f_1(\boldsymbol{x}^{(2)})=-0.055<0$，上面算出的 $\boldsymbol{x}^{(2)}$ 为可行点，说明选取 $\lambda_1=0.134$ 正确. 继续迭代下去，可得最优解为

$$\boldsymbol{x}^*=(1.6,\ 1.2),\quad f_0(\boldsymbol{x}^*)=-7.2$$

原问题的最优解不变，其原问题目标函数值为 $-f_0(\boldsymbol{x}^*)=7.2$.

10.2.2 外点法

本节介绍求解约束优化问题的制约函数法. 使用这种方法，可将约束优化问题的求解，转化为求解一系列无约束优化问题，因而也称这种方法为无约束极小化技术(Sequential Unconstrained Minimization Technique, SUMT). 常用的制约函数可分为两类：**罚函数**(penalty function)和**障碍函数**(barrier function). 对应于这两种函数的 SUMT 可分为：**外点法**和**内点法**. 这一节我们主要是了解外点法.

约束优化问题相比于无约束优化问题的难点，在于不能简单地将负梯度方向作为搜索方向. 一种直观的想法，通过将约束项转化为一种惩罚项. 违背约束时，进行惩罚；反之，不惩罚. 将惩罚项添加到目标函数中，从而将约束优化问题转化为无约束优化问题进行求解. 当惩罚的力度足够大时，约束自然需要得到满足，不然无法极小化目标函数. 这就是外点法的主要思想.

下面先考虑等式约束的转化，构造一个函数 $\phi(t)$

$$\phi(t)=\begin{cases}0, & \text{当 } t=0\\ \infty, & \text{当 } t\neq 0\end{cases}\tag{10.36}$$

现把 $h_j(\boldsymbol{x})$视为 t，显然当 $\boldsymbol{x}$ 满足约束条件时，$\phi(h_j(\boldsymbol{x}))=0,\quad j=1,\ 2,\ \cdots,\ p$；当 $\boldsymbol{x}$ 不满足约束条件时，$\phi(h_j(\boldsymbol{x}))=\infty$.

现在考虑不等式约束的转化，构造一个函数 $\psi(t)$

$$\psi(t)=\begin{cases}0, & \text{当 } t\geqslant 0\\ \infty, & \text{当 } t<0\end{cases}\tag{10.37}$$

现把 $-f_i(\boldsymbol{x})$视为 t，显然当 $\boldsymbol{x}$ 满足约束条件时，$\psi(-f_i(\boldsymbol{x}))=0,\quad i=1,\ 2,\ \cdots,\ m$；当 $\boldsymbol{x}$ 不满足约束条件时，$\psi(-f_i(\boldsymbol{x}))=\infty$.

再构造罚函数

$$P(\boldsymbol{x})=f_0(\boldsymbol{x})+\sum_{j=1}^{p}\phi(h_j(\boldsymbol{x}))+\sum_{i=1}^{m}\psi(-f_i(\boldsymbol{x})) \tag{10.38}$$

就转换成求解无约束问题

$$\min P(\boldsymbol{x}) \tag{10.39}$$

若该问题有解,假定其解为 $\boldsymbol{x}^*$,则由式(10.36)和式(10.37)知应有 $\phi(h_j(\boldsymbol{x}^*))=0$ 和 $\psi(-f_i(\boldsymbol{x}^*))=0$. 这就是说点 $\boldsymbol{x}^*$ 满足约束条件. 因而,$\boldsymbol{x}^*$ 不仅是问题式(10.39)的极小解,它也是原问题式(10.27)的极小解. 这样一来,就把有约束问题式(10.27)的求解化成了求解无约束问题式(10.39).

1. *二次罚函数法*

显然,用上述方法构造的函数存在不足,$\phi(t)$ 和 $\psi(t)$ 在 $t=0$ 处不连续,更没有导数. 为此,将它们修改为

$$\phi(t)=\begin{cases}0, & \text{当 } t=0\\ t^2, & \text{当 } t\neq 0\end{cases} \quad 以及 \quad \psi(t)=\begin{cases}0, & \text{当 } t\geqslant 0\\ t^2, & \text{当 } t<0\end{cases} \tag{10.40}$$

修改后的函数 $\phi(t)$,$\psi(t)$,当 $t=0$ 时导数等于零,而且 $\phi(t)$,$\psi(t)$和 $\phi'(t)$,$\psi'(t)$对任意 t 都连续. 当 $\boldsymbol{x}$ 满足约束条件时仍有

$$\sum_{j=1}^{p}\phi(h_j(\boldsymbol{x}))=0,\quad \sum_{i=1}^{m}\psi(-f_i(\boldsymbol{x}))=0$$

但是,当 $\boldsymbol{x}$ 不满足约束条件时

$$0<\sum_{j=1}^{p}\phi(h_j(\boldsymbol{x}))<\infty$$

$$0<\sum_{i=1}^{m}\psi(-f_i(\boldsymbol{x}))<\infty$$

因此,可能存在因为惩罚的力度不够,导致无约束优化问题的解不满足原约束条件的情形发生. 故我们需要对无约束优化问题(10.39)的目标函数 $P(\boldsymbol{x})$进行适当的改变.

定义 10.2.3. 对一般的约束优化问题(10.26),定义如下**二次罚函数**:

$$P(\boldsymbol{x},M)=f_0(\boldsymbol{x})+M\left[\sum_{j=1}^{p}[h_j(\boldsymbol{x})]^2+\sum_{i=1}^{m}[\min(0,-f_i(\boldsymbol{x}))]^2\right] \tag{10.41}$$

其中等式第二项为惩罚项，$M>0$ 为罚因子.

若求得的无约束优化问题的最优解 $\boldsymbol{x}(M)$ 满足约束条件，则它必定是原问题的极小解. 事实上，对于所有满足约束条件的 $\boldsymbol{x}$

$$
\begin{aligned}
f_0(\boldsymbol{x})+M\left[\sum_{j=1}^{p}\phi(h_j(\boldsymbol{x}))+\sum_{i=1}^{m}\psi(-f_i(\boldsymbol{x}))\right] &= P(\boldsymbol{x},M)\\
&\geqslant P(\boldsymbol{x}(M),M)\\
&= f_0(\boldsymbol{x}(M))
\end{aligned}
$$

即当 $\boldsymbol{x}$ 满足约束条件时，有 $f_0(\boldsymbol{x})\geqslant f_0(\boldsymbol{x}(M))$.

虽然有罚因子 M，但仍然可能出现最优解不满足约束条件. 所以需要不断地增大罚因子 M 的值，迫使最优解满足所有约束条件. 这样便得到**二次罚函数法**的迭代过程如算法 10.9. 对于为何应不断地增大罚因子，下面也给出了图解. 图 10.13 示出了这种惩罚项的例子，图中左半部表示约束条件 $f_1(x)=a-x\leqslant 0$ 的情形，右半部则表示 $f_2(x)=x-b\leqslant 0$ 的情形. 若对于某一个**罚因子** M，例如 M_1，$\boldsymbol{x}(M_1)$ 不满足约束条件，就加大罚因子的值. 随着 M 值的增加，惩罚函数中的惩罚项所起的作用随之增大. $\min P(\boldsymbol{x},M)$ 的解 $\boldsymbol{x}(M)$ 与约束集的“距离”就越来越近，当

$$
0<M_1<M_2<\cdots<M_k<\cdots
$$

趋于无穷大时，点列 $\{\boldsymbol{x}(M_k)\}$ 就从可行域的外部趋于原问题式(10.26)的极小点 $\boldsymbol{x}_{\min}$.

算法 10.9　二次罚函数法

1：给定初值 $\boldsymbol{x}^{(0)}$. 取 $M_1>0$（例如说取 $M_1=1$），允许误差 $\varepsilon>0$，并令 $k:=0$；

2：以 $\boldsymbol{x}^{(k)}$ 为初始点，求无约束优化问题的最优解：

$$
\boldsymbol{x}^{(k+1)}=\arg\min_{\boldsymbol{x}} P(\boldsymbol{x},M_k)
$$

式中

$$
P(\boldsymbol{x},M_k)=f_0(\boldsymbol{x})+M_k\left[\sum_{j=1}^{p}[h_j(\boldsymbol{x})]^2+\sum_{i=1}^{m}[\min(0,-f_i(\boldsymbol{x}))]^2\right]
$$

3：若对某一个 $j(1\leqslant j\leqslant p)$ 或 $i(1\leqslant i\leqslant m)$ 有

$$
|h_j(\boldsymbol{x}^{(k)})|\geqslant\varepsilon,\ f_i(\boldsymbol{x}^{(k)})\geqslant\varepsilon
$$

则取 $M_{k+1}>M_k$（例如，$M_{k+1}=cM_k$，$(c>1)$），令 $k:=k+1$，并转向第 2 步. 否则，停止迭代，得

$$
\boldsymbol{x}_{\min}\approx\boldsymbol{x}^{(k)}
$$

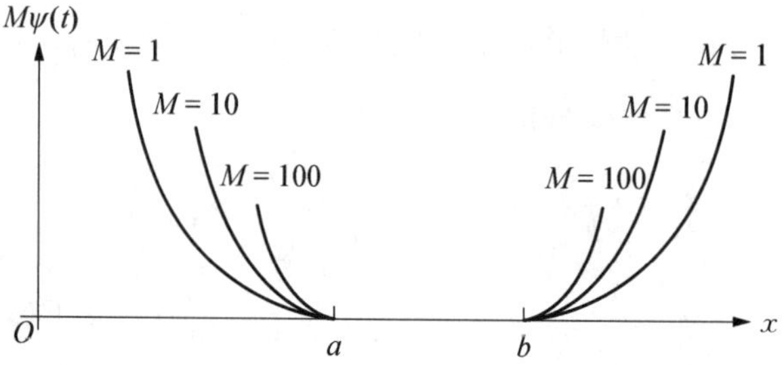

图 10.13 罚因子对罚函数的影响

借此可对外点法作如下经济解释：把目标函数看成"价格"，约束条件看成某种"规定"，采购人可在规定范围内购置最便宜的东西. 此外对违反规定制定了一种"**罚款**"政策，若符合规定，罚款为零；否则，要收罚款. 采购人付出的总代价应是价格和罚款的总和. 采购者的目标是使总代价最小，这就是上述的无约束问题. 当罚款规定不够苛刻时，采购人可能存在一些**投机行为**，可能违反部分规定，使得总代价最小. 当罚款规定得很苛刻时，违反规定支付的罚款很高，这就**迫使采购人符合规定**. 在数学上表现为罚因子 M_k 足够大时，上述无约束问题的最优解应满足约束条件，而成为约束条件的最优解.

例 10.2.2. 求解约束优化问题

$$\begin{aligned} \min \quad & f_0(\boldsymbol{x})=x_1+x_2 \\ s.t. \quad & f_1(\boldsymbol{x})=x_1^2-x_2\leqslant 0 \\ & f_2(\boldsymbol{x})=-x_1\leqslant 0 \end{aligned}$$

解. 构造罚函数

$$P(\boldsymbol{x},M)=x_1+x_2+M\{[\min(0,-(x_1^2-x_2))]^2+[\min(0,x_1)]^2\}$$

$$\frac{\partial P}{\partial x_1}=1+2M[\min(0,(x_1^2-x_2)(2x_1))]+2M[\min(0,x_1)]$$

$$\frac{\partial P}{\partial x_2}=1+2M[\min(0,(-x_1^2+x_2))]$$

对于不满足约束条件的点 $\boldsymbol{x}=(x_1,x_2)$，有

$$x_1^2-x_2>0,\quad x_1<0$$

令

$$\frac{\partial P}{\partial x_1}=\frac{\partial P}{\partial x_2}=0$$

得 $\min P(\boldsymbol{x},M)$的解为

$$\boldsymbol{x}(M)=\left(-\frac{1}{2(1+M)},\left(\frac{1}{4(1+M)^2}-\frac{1}{2M}\right)\right)$$

取 $M=1,2,3,4$，可得出以下结果：

$$M=1:\quad \boldsymbol{x}=(-1/4,-7/16)$$
$$M=2:\quad \boldsymbol{x}=(-1/6,-2/9)$$
$$M=3:\quad \boldsymbol{x}=(-1/8,-29/192)$$
$$M=4:\quad \boldsymbol{x}=(-1/10,-23/200)$$

可知 $\boldsymbol{x}(M)$从约束条件外面逐步逼近约束条件的边界，当 $M\to\infty$ 时，$\boldsymbol{x}(M)$趋于原问题的极小解 $\boldsymbol{x}_{\min}=(0,0)$（见图 10.14）.

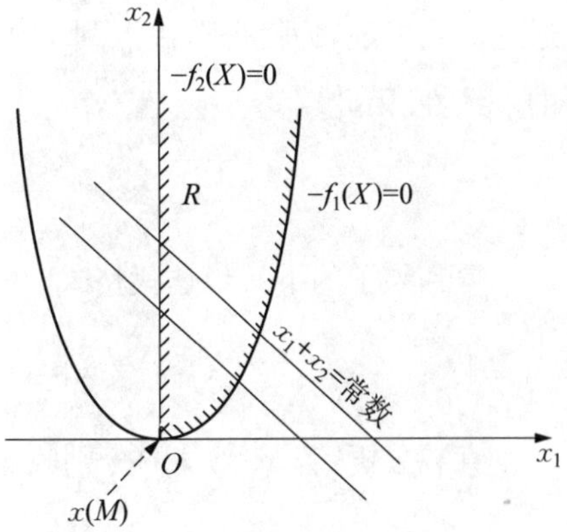

图 10.14 $x(M)$趋于原问题的极小解

二次罚函数法虽然计算简便，但也存在不足. 例如，为了保证最优解可行，罚因子必须趋于无穷大. 实际上，罚因子趋于无穷大时，子问题变得病态而难以求解. 是否能对二次罚函数进行某种修正，使得对于有限的罚因子得到的最优解也是可行的？这就是接下来要介绍的增广拉格朗日函数法.

2. 增广拉格朗日函数法

为方便理解，这里仅介绍等式约束优化问题的增广拉格朗日函数法. 该方法是对二次罚函数的一个修正. 它是在拉格朗日函数的基础之上，增加约束条件的二次罚函数. 定义如下：

定义 10.2.4. 对等式约束优化问题(10.28)，定义如下**增广拉格朗日函数**：

$$L_M(\boldsymbol{x},\boldsymbol{\lambda})=f_0(\boldsymbol{x})+\sum_{j=1}^{p}[\lambda_j h_j(\boldsymbol{x})]+M\sum_{j=1}^{p}[h_j(\boldsymbol{x})]^2 \tag{10.42}$$

其中 $\boldsymbol{\lambda}$ 为拉格朗日乘子，$M>0$ 仍为罚因子.

因此，希望每次迭代时求解如下无约束优化问题去近似原优化问题：

$$\min_{\boldsymbol{x}} L_{M_k}(\boldsymbol{x}, \boldsymbol{\lambda}^{(k)}).$$

在得到该优化问题的具体迭代步骤前，我们需要厘清这些问题：一方面，增广拉格朗日函数优化问题的最优解能趋于原等式约束优化问题的最优解？罚因子在每次迭代采用逐步放大时，拉格朗日乘子 $\boldsymbol{\lambda}$ 在每次迭代时需要如何变化？下面通过对比原问题与增广拉格朗日函数优化问题的最优性条件，来寻找答案.

原等式约束优化问题的最优解 $\boldsymbol{x}^*$ 与相应的拉格朗日乘子 $\boldsymbol{\lambda}^*$，应满足

$$\nabla f_0(\boldsymbol{x}^*) + \sum_{j=1}^{p} [\lambda_j^* \nabla h_j(\boldsymbol{x}^*)] = \boldsymbol{0} \tag{10.43}$$

而增广拉格朗日函数在第 k 次迭代时的最优解 $\boldsymbol{x}^{(k+1)}$，应满足

$$\nabla f_0(\boldsymbol{x}^{(k+1)}) + \sum_{j=1}^{p} [\lambda_j^{(k)} + 2M_k h_j(\boldsymbol{x}^{(k+1)})] \nabla h_j(\boldsymbol{x}^{(k+1)}) = \boldsymbol{0} \tag{10.44}$$

通过对比发现，为使得迭代点列 $\boldsymbol{x}^{(k)}$ 收敛到 $\boldsymbol{x}^*$，则需要保证上述式(10.43)与式(10.44)的一致性. 因此

$$\lambda_j^* \approx \lambda_j^{(k)} + 2M_k h_j(\boldsymbol{x}^{(k+1)}),\ j=1,\ \cdots,\ p \tag{10.45}$$

从而得到乘子的下一步迭代格式

$$\lambda_j^{(k+1)} = \lambda_j^{(k)} + 2M_k h_j(\boldsymbol{x}^{(k+1)}),\ j=1,\ \cdots,\ p \tag{10.46}$$

直观分析：若 $\boldsymbol{x}^{(k)}$，$\boldsymbol{\lambda}^{(k)}$ 分别收敛到 $\boldsymbol{x}^*$，$\boldsymbol{\lambda}^*$，则由式(10.45)知

$$h_j(\boldsymbol{x}^{(k+1)}) \approx \frac{1}{2M_k}(\lambda_j^* - \lambda_j^{(k)})$$

因此 $h_j(\boldsymbol{x}^{(k)})$ 也将趋于 0. 当 λ_j^* 足够接近 $\lambda_j^{(k)}$ 时，允许罚因子不需要足够大(无需趋于无穷大)，也能保证约束条件满足. 事实上，我们可以得到如下收敛定理：

定理 10.2.2. 假设 $\boldsymbol{x}^*$，$\boldsymbol{\lambda}^*$ 分别是原等式约束优化问题(10.28)的严格局部最小解和相应的拉格朗日乘子，那么，存在足够大的常数 $\bar{M} > 0$ 和足够小的常数 $\delta > 0$，如果对某个 k，有

$$\frac{1}{M_k} \| \boldsymbol{\lambda}^{(k)} - \boldsymbol{\lambda}^* \| < \delta, \quad M_k \geq \bar{M}$$

则

$$\boldsymbol{\lambda}^{(k)} \to \boldsymbol{\lambda}^{*},\ \boldsymbol{x}^{(k)} \to \boldsymbol{x}^{*}$$

该定理表明增广拉格朗日函数法的收敛性并不要求 M_k 趋于正无穷，只需要大于某个 M. 最后，将**增广拉格朗日函数法**的迭代步骤总结如下：

算法 10.10 增广拉格朗日函数法

1：给定初值 $\boldsymbol{x}^{(0)}$ 和乘子 $\boldsymbol{\lambda}(0)$. 取 $M_0 > 0$，允许精度要求 $\eta_k > 0$ 和约束条件违反误差 $\varepsilon > 0$，并令 $k := 0$；

2：以 $\boldsymbol{x}^{(k)}$ 为初始点，求无约束优化问题的最优解：

$$\boldsymbol{x}^{(k+1)} = \arg\min_{x} L_{M_k}(\boldsymbol{x}, \boldsymbol{\lambda}^{(k)})$$

使得精度满足

$$\| \nabla x L_{M_k}(\boldsymbol{x}^{(k+1)}, \boldsymbol{\lambda}^{(k)}) \| \leqslant \eta_k.$$

3：若对所有 $j(1 \leqslant j \leqslant p)$ 有 $|h_j(\boldsymbol{x}^{(k)})| \leqslant \varepsilon$，则停止迭代，返回近似解 $\boldsymbol{x}^{(k+1)}$，$\boldsymbol{\lambda}^{(k)}$；否则转到下一步.

4：更新：$\lambda_j^{(k+1)} = \lambda_j^{(k)} + 2M_k h_j(\boldsymbol{x}^{(k+1)})$，$M_{k+1} = cM_k(c > 1)$，令 $k := k+1$，并转向第 2 步.

总体上，可以看出外点法具有一定的优点，例如函数 $P(\boldsymbol{x}, M)$ 是在 $\mathbb{R}^n$ 上进行优化，初始点可任意选择，这给计算带来了很大方便. 而且外点法也可用于非凸函数的最优化. 外点法同时适用于含有等式和不等式约束条件的优化问题. 然而，如果可行域函数的性质比较复杂，甚至没有定义，这时就无法使用外点法.

3. *应用实例：二次罚函数法求解低秩矩阵恢复*

在前面的章节中，我们介绍了低秩矩阵恢复问题（又称矩阵补全问题），并引入了该问题的形式如下：

$$\begin{aligned} \min \quad & \|\boldsymbol{X}\|_* \\ s.t. \quad & X_{ij} = M_{ij},\ (i, j) \in \Omega \end{aligned}$$

我们对其中的等式约束引入二次罚函数可以得到

$$\min \|\boldsymbol{X}\|_* + \frac{\sigma}{2} \sum_{(i,j)\in\Omega} (X_{ij} - M_{ij})^2$$

当罚因子 $\sigma = \dfrac{1}{\mu}$ 时，上述优化问题转化为如下优化问题

$$\min \mu \|\boldsymbol{X}\|_* + \frac{1}{2} \sum_{(i,j)\in\Omega} (X_{ij} - M_{ij})^2 \tag{10.47}$$

这里，我们采用罚函数法的策略来求解低秩矩阵恢复问题，具体算法如算法 10.11 所示. 由于子问题(10.47)的求解，涉及核范数的优化问题处理，需要使用后续章节将介绍的近似点梯度法，因此，我们在此省略子问题求解的详细步骤.

算法 10.11 低秩矩阵恢复的罚函数法

给定初值 $\boldsymbol{X}^{(0)}$，最终参数 μ，初始参数 μ_0，因子 $\gamma \in (0, 1)$，$k \leftarrow 0$.
while $\mu_k \geqslant \mu$ **do**
  以 $\boldsymbol{X}^{(k)}$ 为初值，$\mu = \mu_k$ 为正则化参数求解问题(10.47)，得 $\boldsymbol{X}^{(k+1)}$.
  if $\mu_k = \mu$ **then**
    停止迭代，输出 $\boldsymbol{X}^{(k+1)}$.
  else
    更新罚因子 $\mu_{k+1} = \max\{\mu, \gamma\mu_k\}$.
    $k \leftarrow k+1$.
  end if
  $k \leftarrow k+1$
end while

4. 应用实例：增广拉格朗日函数法求解半定规化问题

考虑半定规划问题：

$$\begin{aligned} \min \quad & \mathrm{Tr}(\boldsymbol{CX}) \\ s.t. \quad & \mathrm{Tr}(\boldsymbol{A}_j\boldsymbol{X}) = \boldsymbol{b}_j, \ j = 1, \cdots, p \\ & \boldsymbol{X} \succeq 0 \end{aligned} \tag{10.48}$$

其中 $\boldsymbol{C}, \boldsymbol{A}_1, \cdots, \boldsymbol{A}_p \in \mathcal{S}^n$，$\mathrm{Tr}(\cdot)$ 是迹函数. 其对偶问题为：

$$\begin{aligned} \min_{\boldsymbol{y} \in \mathbb{R}^p} \quad & -\boldsymbol{b}^{\mathrm{T}}\boldsymbol{y} \\ s.t. \quad & \sum_{j=1}^{p} y_j\boldsymbol{A}_j \preceq \boldsymbol{C} \end{aligned} \tag{10.49}$$

我们可以利用增广拉格朗日函数法求解. 对于原始问题，引入乘子 $\boldsymbol{\lambda} \in \mathbb{R}^p$，罚因子 σ，并记 $\mathcal{A}(\boldsymbol{X}) = (\mathrm{Tr}(\boldsymbol{A}_1\boldsymbol{X}), \mathrm{Tr}(\boldsymbol{A}_2\boldsymbol{X}), \cdots, \mathrm{Tr}(\boldsymbol{A}_p\boldsymbol{X}))^{\mathrm{T}}$，则增广拉格朗日函数为

$$L_\sigma(\boldsymbol{X}, \boldsymbol{\lambda}) = \langle \boldsymbol{C}, \boldsymbol{X} \rangle - \boldsymbol{\lambda}^{\mathrm{T}}(\mathcal{A}(\boldsymbol{X}) - \boldsymbol{b}) + \frac{\sigma}{2}\|\mathcal{A}(\boldsymbol{X}) - \boldsymbol{b}\|_2^2, \quad \boldsymbol{X} \succeq 0$$

那么，增广拉格朗日函数法为

$$\begin{cases}\boldsymbol{X}^{(k+1)} \approx \arg\min\limits_{\boldsymbol{X}\in\mathcal{S}_+^n} L_{\sigma_k}(\boldsymbol{X}, \boldsymbol{\lambda}^{(k)}) \\ \boldsymbol{\lambda}^{(k+1)} = \boldsymbol{\lambda}^{(k)} - \sigma_k(\mathcal{A}(\boldsymbol{X}^{(k+1)}) - \boldsymbol{b}) \\ \sigma_{k+1} = \min\{\rho\sigma_k, \bar{\sigma}\}\end{cases}$$

这里，当迭代收敛时，$\boldsymbol{X}^{(k)}$ 和 $\boldsymbol{\lambda}^{(k)}$ 分别收敛到问题(10.48)和(10.49)的解.

10.2.3　内点法

前面已经提及，如果 $f(\boldsymbol{x})$ 在可行域外的性质比较复杂，甚至没有定义，这时就无法使用外点法. 这促使我们去思考能否设计一种类似于外点法的算法，通过逐序列的无约束优化问题的解，不断地逼近原始约束优化问题的解. 同时要求这种方法满足，每次迭代过程始终在可行域内部进行. 人们也把取在可行域内部(即既不在可行域外，也不在可行域边界上)的可行点称为**内点**或**严格内点**.

一种较为直观的想法，仍然使用约束条件改造原目标函数，使得它在原可行域的边界上设置一道“障碍”，使迭代点靠近可行域的边界时，给出的新目标函数值迅速增大，从而使迭代点始终留在可行域内部. 这种方法实际上就是接下来要介绍的内点法. 这时，改造后的目标函数通常被称为**障碍函数**. 满足这种要求的障碍函数，其极小解自然不会在可行域的边界上达到. 这是因为虽然可行域是一个闭集，但因极小点不在闭集的边界上，只能在可行域内部取得，因而实际上是具有**无约束性质**的优化问题，可借助于无约束优化的方法进行计算. 由于要保持在可行域内部，因此，内点法主要用于不等式约束问题(10.27).

1. 倒数障碍函数法及对数障碍函数法

根据上述分析，需要将约束优化式(10.27)转化为下述一系列无约束性质的极小化问题：

$$\min_{\boldsymbol{x}\in R_0} \bar{P}(\boldsymbol{x}, r_k) \tag{10.50}$$

其中 $\bar{P}(\boldsymbol{x}, r_k)$ 是障碍函数，$R_0 = \{\boldsymbol{x} \mid -f_i(\boldsymbol{x}) > 0, i = 1, 2, \cdots, m\}$. 只要能在可行域边界上建立起“障碍”，我们便可以设计出不同的障碍函数. 根据障碍函数的不同，便可得到不同的障碍函数法. 通常，我们使用倒数障碍函数和对数障碍函数.

定义 10.2.5.　对一般的约束优化问题(10.27)，定义如下**倒数障碍函数**：

$$\bar{P}(\boldsymbol{x}, r_k)=f_0(\boldsymbol{x})+r_k\sum_{i=1}^{m}\frac{1}{-f_i(\boldsymbol{x})}, \quad (r_k>0) \tag{10.51}$$

其中等式第二项为障碍项，$r_k>0$ 为罚因子.

可以计算出，在接近可行域的边界上(即至少有一个 $-f_i(\boldsymbol{x}\to 0^+)$，$\frac{1}{-f_i(\boldsymbol{x})}$ 趋于正无穷大，则 $\bar{P}(\boldsymbol{x}, r_k)$ 趋于正无穷大.

定义 10.2.6. 对一般的约束优化问题(10.27)，定义如下**对数障碍函数**：

$$\bar{P}(\boldsymbol{x}, r_k)=f_0(\boldsymbol{x})-r_k\sum_{i=1}^{m}\log(-f_i(\boldsymbol{x})), \quad (r_k>0) \tag{10.52}$$

其中等式第二项为障碍项，$r_k>0$ 为罚因子.

同样地，此时在接近可行域的边界上(即至少有一个 $-f_i(\boldsymbol{x})\to 0^+$)，$\log(-f_i(\boldsymbol{x}))$ 趋于负无穷大，则 $\bar{P}(\boldsymbol{x}, r_k)$ 趋于正无穷大.

如果从可行域内部的某一点 $\boldsymbol{x}^{(0)}$ 出发，按无约束极小化方法对式(10.50)进行迭代(在进行一维搜索时要使用控制步长，以免迭代点跑到 R_0 之外)，则随着**障碍因子** r_k 的逐步减小，即

$$r_1>r_2>\cdots>r_k>\cdots>0$$

障碍项所起的作用也越来越小，因而，求出的 $\min\bar{P}(\boldsymbol{x}, r_k)$的解 $\boldsymbol{x}(r_k)$也逐步逼近原问题式(10.27)的极小解 $\boldsymbol{x}_{\min}$. 现在，可将一般的**内点法**的迭代步骤总结为算法 10.12.

算法 10.12 内点法

1：取 $r_1>0$(例如取 $r_1=1$)，允许误差 $\varepsilon>0$；
2：找出一可行点 $\boldsymbol{x}^{(0)}\in R_0$，并令 $k=0$；
3：构造障碍函数，障碍项可采用倒数障碍函数(式(10.51))，也可采用对数障碍函数(例如式(10.52))；
4：以 $\boldsymbol{x}^{(k)}\in R_0$ 为初始点，对障碍函数进行无约束极小化(在 R_0 内)：

$$\boldsymbol{x}^{(k+1)}=\arg\min_{\boldsymbol{x}\in R_0}\bar{P}(\boldsymbol{x}, r_k) \tag{10.53}$$

式中 $\bar{P}(\boldsymbol{x}, r_k)$见式(10.51)或(10.52)；
5：检验是否满足收敛准则

$$r_k\sum_{i=1}^{m}\frac{1}{-f_i(\boldsymbol{x}^{(k)})}\leqslant\varepsilon \quad \text{(倒数障碍函数)}$$

或

$$\left| r_k \sum_{i=1}^{m} \log(-f(\boldsymbol{x}^{(k)})) \right| \leqslant \varepsilon \quad （对数障碍函数）$$

如满足上述准则，则以 $\boldsymbol{x}^{(k)}$ 为原问题的近似极小解 $\boldsymbol{x}_{\min}$；否则，取 $r_{k+1} < r_k$（例如取 $r_{k+1} = r_k/10$ 或 $r_k/5$），令 $k := k+1$，转向第 3 步继续进行迭代.

值得指出的是，收敛准则也可采用不同的形式，例如：

$$\| \boldsymbol{x}^{(k)} - \boldsymbol{x}^{(k-1)} \| < \varepsilon$$

或

$$\| f_0(\boldsymbol{x}^{(k)}) - f_0(\boldsymbol{x}^{(k-1)}) \| < \varepsilon.$$

例 10.2.3. 试用内点法求解

$$\begin{aligned} \min \quad & f_0(\boldsymbol{x}) = \frac{1}{3}(x_1+1)^3 + x_2 \\ s.t. \quad & f_1(\boldsymbol{x}) = 1 - x_1 \leqslant 0 \\ & f_2(\boldsymbol{x}) = -x_2 \leqslant 0 \end{aligned}$$

解. 构造倒数障碍函数

$$\overline{P}(\boldsymbol{x}, r) = \frac{1}{3}(x_1+1)^3 + x_2 + \frac{r}{x_1 - 1} + \frac{r}{x_2}$$

$$\frac{\partial \overline{P}}{\partial x_1} = (x_1+1)^2 - \frac{r}{(x_1-1)^2} = 0$$

$$\frac{\partial \overline{P}}{\partial x_2} = 1 - \frac{r}{x_2^2} = 0$$

联立解上述两个方程，得

$$x_1(r) = \sqrt{1+\sqrt{r}}, \quad x_2(r) = \sqrt{r}$$

如此得最优解：

$$\boldsymbol{x}_{\min} = \lim_{r \to 0} \left(\sqrt{1+\sqrt{r}}, \sqrt{r} \right) = (1, 0)$$

由于此例可解析求解，故可如上进行. 但很多实际问题不便用解析法，仍需用迭代法求解.

例 10.2.4. 使用内点法解

$$\begin{aligned} \min \quad & f_0(\boldsymbol{x}) = x_1 + x_2 \\ s.t. \quad & f_1(\boldsymbol{x}) = x_1^2 - x_2 \leqslant 0 \\ & f_2(\boldsymbol{x}) = -x_1 \leqslant 0 \end{aligned}$$

解. 构造对数障碍函数如下：

$$\bar{P}(\boldsymbol{x}, r) = x_1 + x_2 - r\log(-x_1^2 + x_2) - r\log x_1$$

各次迭代结果示于表 10.2 和图 10.15.

表 10.2 各次迭代结果

障碍因子	r	$x_1(r)$	$x_2(r)$
r_1	1.000	0.500	1.250
r_2	0.500	0.309	0.595
r_3	0.250	0.183	0.283
r_4	0.100	0.085	0.107
r_5	0.0001	0.000	0.000

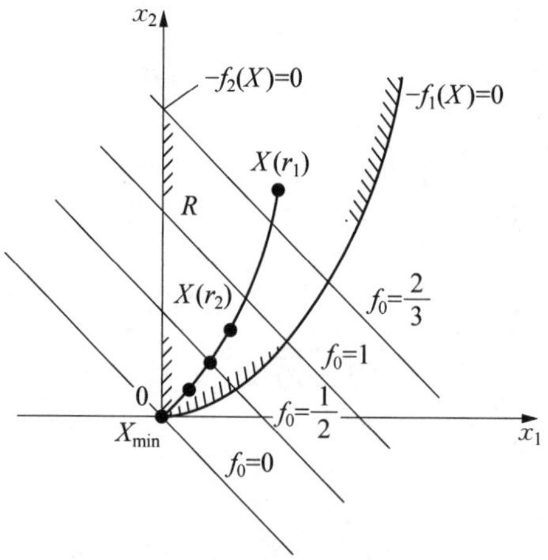

图 10.15 各次迭代结果

2. 初始内点

实际上，上述内点法还存在一个未解决的问题：我们知道，内点法的迭代过程必须由某个内点开始. 这在高维空间并不是一件简单的事情. 在处理实际问题时，如果不能找出某个内点作为初始点，内点法的迭代就无法展开. 那么，怎样得到初始的内点呢？

我们可以尝试先任找一点 $\boldsymbol{x}^{(0)}$ 为初始点，则约束条件只会存在于如下两类：

$$S_0=\{i \mid -f_i(\boldsymbol{x}^{(0)})\leqslant 0,\quad 1\leqslant i\leqslant m\}$$
$$T_0=\{i \mid -f_i(\boldsymbol{x}^{(0)})> 0,\quad 1\leqslant i\leqslant m\}$$

我们期望在寻找的过程中 T_0 内的条件始终满足，而 S_0 中的约束条件趋向满足（即函数值增大）. 这恰好等价于，求解将 T_0 作为约束条件，而 S_0 内约束条件的函数之和的相反数作为目标的优化问题. 这时将 $\boldsymbol{x}^{(0)}$ 作为初始点，用内点法求解该优化问题得到下一迭代点重复上述步骤，至所有约束条件得到满足，即得到原问题的初始内点.

初始内点的具体迭代步骤如下：

(1) 任取一点 $\boldsymbol{x}^{(0)}$，$r_0>0$（例如 $r_0=1$），令 $k=0$；

(2) 定出指标集 S_k 及 T_k

$$S_k=\{i \mid -f_i(\boldsymbol{x}^{(k)})\leqslant 0,\quad 1\leqslant i\leqslant m\}$$
$$T_k=\{i \mid -f_i(\boldsymbol{x}^{(k)})> 0,\quad 1\leqslant i\leqslant m\}$$

(3) 检查集合 S_k 是否为空集，若为空集，则 $\boldsymbol{x}^{(k)}$ 在 R_0 内，初始内点找到，迭代停止，否则转向第(4)步；

(4) 构造函数

$$\widetilde{P}(\boldsymbol{x},r_k)=\sum_{i\in S_k}f_i(\boldsymbol{x})+r_k\sum_{i\in T_k}\frac{1}{-f_i(\boldsymbol{x})},\quad (r_k>0)$$

以 $\boldsymbol{x}^{(k)}$ 为初始点，在保持对集合

$$\widetilde{R}_k=\{\boldsymbol{x} \mid -f_i(\boldsymbol{x})>0,\quad i\in T_k\}$$

可行的情况下，极小化 $\widetilde{P}(\boldsymbol{x},r_k)$，即

$$\min \widetilde{P}(\boldsymbol{x},r_k),\quad \boldsymbol{x}\in\widetilde{R}_k$$

得 $\boldsymbol{x}^{(k+1)}$，$\boldsymbol{x}^{(k+1)}\in\widetilde{R}_k$，转向第(5)步；

(5) 令 $0 < r_{k+1} < r_k$(例如说 $r_{k+1} = r_k/10$, $k := k+1$),转向第(2)步.

3. 应用实例:对数障碍函数求解网络比率优化问题

我们考虑最优网络流问题的一种变形,有时被称为**网络比率优化问题**. 我们用 L 个弧或边组成的有向图描述网络. 货物或信息包通过边在网络上移动. 网络支持 n 个流,它们的(非负的)比率 $x_1, \cdots, x_n$ 是优化变量. 每个流沿着网络上一个固定的,或预先设定的道路(或线路)从源结点向目标结点移动. 每条边可以支持多个流通过. 每条边上的总交通量等于通过它的所有流量的比率之和. 每条边有一个正的容量,这是在它上面能够通过的总交通量的最大值.

我们可以用下面定义的流-边关联矩阵 $\boldsymbol{A} \in \mathbb{R}^{L\times n}$ 描述这些边上的容量限制,

$$A_{ij} = \begin{cases} 1 & \text{流 } j \text{ 通过边 } i \\ 0 & \text{其他情况} \end{cases}$$

这样就可以将边 i 上的总交通量写成 $(\boldsymbol{Ax})_i$,于是边容量约束可以用 $\boldsymbol{Ax} \leqslant \boldsymbol{c}$ 表示,其中 c_i 是边 i 上的容量. 通常每个道路只通过所有边中的一小部分,因此 $\boldsymbol{A}$ 是稀疏矩阵.

在网络比率问题中道路是固定的(并作为问题的参数记录在矩阵 $\boldsymbol{A}$ 中);变量是流的比率 x_i. 目标是选择流的比率使下面的可分效用函数 U 达到最大,

$$U(\boldsymbol{x}) = U_1(x_1) + \cdots + U_n(x_n)$$

我们假定每个 U_i(从而 U)是凹和非减的. 可以把 $U_i(x_i)$ 视为通过以比率 x_i 支持第 i 个流产生的收入;于是 $U(\boldsymbol{x})$ 是相应的流产生的总收入. 网络比率优化问题可写成

$$\begin{aligned} \max \quad & U(\boldsymbol{x}) \\ s.t. \quad & \boldsymbol{Ax} \leqslant \boldsymbol{c},\ \boldsymbol{x} \geqslant 0 \end{aligned}$$

这是一个凸优化问题. 用对数障碍方法构造对应的无约束优化问题,其目标函数为

$$-tU(\boldsymbol{x}) - \sum_{i=1}^{L} \log(\boldsymbol{c} - \boldsymbol{Ax})_i - \sum_{j=1}^{n} \log x_j$$

每步迭代需要用 Newton 方法求解对应的无约束优化,确定 Newton 步径 $\Delta\boldsymbol{x}_{\mathrm{nt}}$ 需要求解线性方程组

$$(\boldsymbol{D}_0 + \boldsymbol{A}^{\mathrm{T}}\boldsymbol{D}_1\boldsymbol{A} + \boldsymbol{D}_2)\Delta\boldsymbol{x}_{\mathrm{nt}} = -\boldsymbol{g}$$

其中

$$
\begin{aligned}
\boldsymbol{D}_0 &= -t\,\mathrm{diag}(U_1''(\boldsymbol{x}), \cdots, U_n''(\boldsymbol{x})) \\
\boldsymbol{D}_1 &= \mathrm{diag}(1/(\boldsymbol{c}-\boldsymbol{A}\boldsymbol{x})_1^2, \cdots, 1/(\boldsymbol{c}-\boldsymbol{A}\boldsymbol{x})_L^2) \\
\boldsymbol{D}_2 &= \mathrm{diag}(1/x_1^2, \cdots, 1/x_n^2)
\end{aligned}
$$

是对角矩阵，而 $\boldsymbol{g} \in \mathbf{R}^n$. 我们可以精确描述这个 $n \times n$ 系数矩阵的稀疏结构：当且仅当流 i 和流 j 共享一条边时才成立

$$
(\boldsymbol{D}_0 + \boldsymbol{A}^{\mathrm{T}}\boldsymbol{D}_1\boldsymbol{A} + \boldsymbol{D}_2)_{ij} \neq 0
$$

如果道路都比较短，而每条边只有较少的道路通过，那么这个矩阵就是稀疏的，因此其稀疏的 Cholesky 因式分解可以被利用. 当 Newton 系统的某些(不是很多)行和列稠密时，我们也可以进行有效的求解. 这种情况发生于仅有很少数的流和大量的流相交的时候，如果比较长的流很少就可能出现这种情况.

10.3　复合优化算法

本节主要考虑如下复合优化问题：

$$
\min_{x \in \mathbb{R}^n} \psi(\boldsymbol{x}) = f(\boldsymbol{x}) + h(\boldsymbol{x}) \tag{10.54}
$$

其中 $f(\boldsymbol{x})$为可微函数(可能非凸)，$h(\boldsymbol{x})$可能为不可微函数. 问题(10.54)出现在很多应用领域中，例如压缩感知、图像处理、机器学习等，如何高效求解该问题是近年来的热门课题. 在梯度法求解 LASSO 问题中，我们曾利用光滑化的思想处理不可微项 $h(\boldsymbol{x})$，但这种做法没有充分利用 $h(\boldsymbol{x})$的性质，在实际应用中有一定的局限性. 在本节内容，我们将介绍若干适用于求解问题(10.54)的优化算法. 我们首先引入针对该问题的近似点梯度法和 Nesterov 加速算法，之后介绍求解特殊结构复合优化问题的分块坐标下降法及交替方向乘子法. 需要注意的是，许多实际问题并不直接具有本节介绍的算法所能处理的形式，我们需要利用拆分、引入辅助变量等技巧将其进行等价变形，最终化为本节所介绍的优化问题形式.

10.3.1　近似点梯度法

在机器学习、图像处理领域中，许多模型包含两部分：一部分是误差项，一般为光滑函数；另外一部分是正则项，可能为非光滑函数，用来保证求解问题的特殊结构. 例如最常见的 LASSO 问题就是用 ℓ_1 范数构造正则项保证求解的参数是稀疏的，从而起到筛选

变量的作用. 由于有非光滑部分的存在，此类问题属于非光滑的优化问题，我们可以考虑使用次梯度算法进行求解. 然而次梯度算法并不能充分利用光滑部分的信息，也很难在迭代中保证非光滑项对应的解的结构信息，这使得次梯度算法在求解这类问题时往往收敛较慢.

本小节将介绍求解这类问题非常有效的一种算法一近似点梯度算法. 它能克服次梯度算法的缺点，充分利用光滑部分的信息，并在迭代过程中显式地保证解的结构，从而能够达到和求解光滑问题的梯度算法相近的收敛速度. 在后面的内容中，我们首先引入邻近算子，它是近似点梯度算法中处理非光滑部分的关键；接着介绍近似点梯度算法的迭代格式，并给出一些实际的例子. 为了讨论简便，方便读者理解，我们主要介绍凸函数的情形.

1. 邻近算子

邻近算子是处理非光滑问题的一个非常有效的工具，也与许多算法的设计密切相关，比如我们即将介绍的近似点梯度法. 当然该算子并不局限于非光滑函数，也可以用来处理光滑函数. 本小节将介绍邻近算子的相关内容，为引入近似点梯度算法做准备. 首先给出邻近算子的定义.

定义 10.3.1. （邻近算子）对于一个凸函数 h，定义它的邻近算子为

$$\text{prox}_h(\boldsymbol{x}) = \underset{\boldsymbol{u}\in\textbf{dom}\,h}{\arg\min}\left\{h(\boldsymbol{u}) + \frac{1}{2}\|\boldsymbol{u}-\boldsymbol{x}\|^2\right\}$$

可以看到，邻近算子的目的是求解一个距 $\boldsymbol{x}$ 不算太远的点，并使函数值 $h(\boldsymbol{x})$ 也相对较小. 一个很自然的问题是，上面给出的邻近算子的定义是不是有意义的，即定义中的优化问题的解是不是存在唯一的. 若答案是肯定的，我们就可使用邻近算子去构建迭代格式. 下面的定理将给出定义中优化问题解的存在唯一性.

定理 10.3.1. （存在唯一性）如果 h 是适当的闭凸函数，则对任意的 $\boldsymbol{x}\in\mathbb{R}^n$，$\text{prox}_h(\boldsymbol{x})$ 的值存在且唯一.

证明. 为了简化证明，我们假设 h 至少在定义域内的一点处存在次梯度，保证次梯度存在的一个充分条件是 $\textbf{dom}\,h$ 内点集非空. 我们定义辅助函数

$$m(\boldsymbol{u}) = h(\boldsymbol{u}) + \frac{1}{2}\|\boldsymbol{u}-\boldsymbol{x}\|^2$$

下面说明 $m(\boldsymbol{u})$ 最小值点的存在性. 因为 $h(\boldsymbol{u})$ 是凸函数，且至少在一点处存在次梯度，所

以 $h(\boldsymbol{u})$有全局下界：

$$h(\boldsymbol{u}) \geqslant h(\boldsymbol{v}) + \boldsymbol{\theta}^{\mathrm{T}}(\boldsymbol{u} - \boldsymbol{v})$$

这里 $\boldsymbol{v} \in \mathbf{dom}h$，$\boldsymbol{\theta} \in \partial h(\boldsymbol{v})$. 进而得到

$$\begin{aligned} m(\boldsymbol{u}) &= h(\boldsymbol{u}) + \frac{1}{2}\|\boldsymbol{u} - \boldsymbol{x}\|^2 \\ &\geqslant h(\boldsymbol{v}) + \boldsymbol{\theta}^{\mathrm{T}}(\boldsymbol{u} - \boldsymbol{v}) + \frac{1}{2}\|\boldsymbol{u} - \boldsymbol{x}\|^2 \end{aligned}$$

这表明 $m(\boldsymbol{u})$具有二次下界. 容易验证 $m(\boldsymbol{u})$为适当闭函数且具有强制性(当 $\|\boldsymbol{u}\| \to +\infty$ 时,$m(\boldsymbol{u}) \to +\infty$).

因为 $m(\boldsymbol{u})$是适当的,故存在 $\boldsymbol{u}_0$ 使得 $m(\boldsymbol{u}_0) < +\infty$. 记 $\bar{\gamma} = m(\boldsymbol{u}_0)$,并定义下水平集 $C_{\bar{\gamma}} := \{\boldsymbol{u} : m(\boldsymbol{u}) \leqslant \bar{\gamma}\}$. 因为 m 是强制的,则 $C_{\bar{\gamma}}$ 是非空有界的(假设无界,则存在点列 $\{\boldsymbol{u}^{(k)}\} \subset C_{\bar{\gamma}}$ 满足 $\lim_{k\to\infty}\|\boldsymbol{u}^{(k)}\| = +\infty$,由强制性有 $\lim_{k\to\infty} m(\boldsymbol{u}^{(k)}) = +\infty$,这与 $m(\boldsymbol{u}) \leqslant \bar{\gamma}$ 矛盾).

我们先证下确界 $t \overset{\text{def}}{=} \inf_{\boldsymbol{u}} m(\boldsymbol{u}) > -\infty$. 采用反证法. 假设 $t = -\infty$,则存在点列 $\{\boldsymbol{u}^{(k)}\}_{k=1}^{\infty} \subset C_{\bar{\gamma}}$,使得 $\lim_{k\to\infty} m(\boldsymbol{u}^{(k)}) = t = -\infty$. 因为 $C_{\tilde{\gamma}}$ 的有界性,点列$\{\boldsymbol{u}^{(k)}\}$一定存在聚点,记为 $\boldsymbol{u}^*$. 根据上方图的闭性,我们知道$(\boldsymbol{u}^*, t) \in \mathbf{epi}m$,即有 $m(\boldsymbol{u}*) \leqslant t = -\infty$. 这与函数的适当性矛盾,故 $t > -\infty$. 利用上面的论述,我们知道 $f(\boldsymbol{u}^*) \leqslant t$. 因为 t 是下确界,故必有 $f(\boldsymbol{u}^*) = t$. 这就证明了下确界是可取得的.

接下来证明唯一性. 注意到 $m(\boldsymbol{u})$是强凸函数,根据强凸函数的性质可直接得出 $m(\boldsymbol{u})$的最小值唯一. 综上 $\mathrm{prox}_h(\boldsymbol{x})$是良定义的. □

另外,根据最优性条件可以得到如下等价结论：

定理 10.3.2. (邻近算子与次梯度的关系)如果 h 是适当的闭凸函数,则

$$\boldsymbol{u} = \mathrm{prox}_h(\boldsymbol{x}) \Leftrightarrow \boldsymbol{x} - \boldsymbol{u} \in \partial h(\boldsymbol{u})$$

证明. 若 $\boldsymbol{u} = \mathrm{prox}_h(\boldsymbol{x})$,则由最优性条件得 $0 \in \partial h(\boldsymbol{u}) + (\boldsymbol{u} - \boldsymbol{x})$,因此有 $\boldsymbol{x} - \boldsymbol{u} \in \partial h(\boldsymbol{u})$. 反之,若 $\boldsymbol{x} - \boldsymbol{u} \in \partial h(\boldsymbol{u})$则由次梯度的定义可得到

$$h(\boldsymbol{v}) \geqslant h(\boldsymbol{u}) + (\boldsymbol{x} - \boldsymbol{u})^{\mathrm{T}}(\boldsymbol{v} - \boldsymbol{u}), \quad \forall\, \boldsymbol{v} \in \mathbf{dom}h$$

两边同时加 $\frac{1}{2}\|\boldsymbol{v} - \boldsymbol{x}\|^2$, 即有

$$h(\boldsymbol{v})+\frac{1}{2}\|\boldsymbol{v}-\boldsymbol{x}\|^2 \geqslant h(\boldsymbol{u})+(\boldsymbol{x}-\boldsymbol{u})^{\mathrm{T}}(\boldsymbol{v}-\boldsymbol{u})+\frac{1}{2}\|\boldsymbol{v}-\boldsymbol{x}\|^2$$

$$\geqslant h(\boldsymbol{u})+\frac{1}{2}\|\boldsymbol{u}-\boldsymbol{x}\|^2, \quad \forall \boldsymbol{v} \in \mathbf{dom}\, h$$

因此我们得到 $\boldsymbol{u}=\operatorname{prox}_h(\boldsymbol{x})$.

用 th 代替 h,上面的等价结论形式上可以写成

$$\boldsymbol{u}=\operatorname{prox}_{th}(\boldsymbol{x}) \Leftrightarrow \boldsymbol{u} \in \boldsymbol{x}-\mathrm{t}\partial \mathrm{h}(\boldsymbol{u})$$

邻近算子的计算可以看成是次梯度算法的隐式格式(后向迭代).对于非光滑情形,由于次梯度不唯一,显式格式的迭代并不唯一,而隐式格式却能得到唯一解.此外在步长的选择上面,隐式格式也要优于显式格式.下面给出一些常见的 ℓ_1 范数和 ℓ_2 范数对应的例子.计算邻近算子的过程实际上是在求解一个优化问题,下面给出具体计算过程.

例 10.3.1. (邻近算子的例子)在下面所有例子中,常数 $t>0$ 为正实数.

(1) ℓ_1 范数:

$$h(\boldsymbol{x})=\|\boldsymbol{x}\|_1, \operatorname{prox}_{th}(\boldsymbol{x})=\operatorname{sign}(\boldsymbol{x})\max\{|\boldsymbol{x}|-t, 0\}$$

(2) ℓ_2 范数:

$$h(\boldsymbol{x})=\|\boldsymbol{x}\|_2, \operatorname{prox}_{th}(\boldsymbol{x})=\begin{cases}\left(1-\dfrac{t}{\|\boldsymbol{x}\|_2}\right)\boldsymbol{x}, & \|\boldsymbol{x}\|_2 \geqslant t \\ 0, & \text{其他}\end{cases}$$

证明. (1) 因为求解 ℓ_1 范数的邻近算子,所对应的优化问题是可以拆分的.因此,我们只需要考虑一维的情形.易知,邻近算子 $u=\operatorname{prox}_{th}(x)$ 的最优性条件为

$$x-u \in t\partial|u|=\begin{cases}\{t\}, & u>0 \\ [-t, t], & u=0 \\ \{-t\}, & u<0\end{cases}$$

因此,当 $x>t$ 时,$u=x-t$;当 $x<-t$ 时,$u=x+t$;当 $x \in[-t, t]$ 时,$u=0$,即有 $u=\operatorname{sign}(x)\max\{|x|-t, 0\}$. □

(2) 邻近算子 $\boldsymbol{u}=\operatorname{prox}_{th}(\boldsymbol{x})$ 的最优性条件为

$$\boldsymbol{x}-\boldsymbol{u} \in t\partial\|\boldsymbol{u}\|_2=\begin{cases}\left\{\dfrac{t\boldsymbol{u}}{\|\boldsymbol{u}\|_2}\right\}, & \boldsymbol{u} \neq \mathbf{0} \\ \{\boldsymbol{w}:\|\boldsymbol{w}\|_2 \leqslant t\}, & \boldsymbol{u}=\mathbf{0}\end{cases}$$

因此,当 $\|x\|_2 > t$ 时,$u = x - \dfrac{tx}{\|x\|_2}$;当 $\|x\|_2 \leqslant t$ 时,$u = \mathbf{0}$. □

另外一种比较常用的邻近算子是关于示性函数的邻近算子. 集合 $\mathbb{C}$ 的示性函数定义为

$$I_{\mathbb{C}}(x) = \begin{cases} 0, & x \in \mathbb{C} \\ +\infty, & \text{其他} \end{cases}$$

它可以用来把约束变成目标函数的一部分.

例 10.3.2. (闭凸集上的投影)设 $\mathbb{C}$ 为 $\mathbb{R}^n$ 上的闭凸集,则示性函数 $I_{\mathbb{C}}$ 的邻近算子为点 x 到集合 $\mathbb{C}$ 的投影,即

$$\begin{aligned}\operatorname{prox}_{I_{\mathbb{C}}}(x) &= \arg\min_{u}\left\{I_{\mathbb{C}}(u) + \frac{1}{2}\|u - x\|^2\right\} \\ &= \arg\min_{u \in \mathbb{C}}\|u - x\|^2 = \mathcal{P}_{\mathbb{C}}(x)\end{aligned}$$

此外,应用定理 10.3.2 可进一步得到

$$\begin{aligned}u = \mathcal{P}_{\mathbb{C}}(x) &\Leftrightarrow x - u \in \partial I_{\mathbb{C}}(u) \\ &\Leftrightarrow (x - u)^{\mathrm{T}}(z - u) \leqslant I_{\mathbb{C}}(z) - I_{\mathbb{C}}(u) = 0, \quad \forall z \in \mathbb{C}\end{aligned}$$

此结论有较强的几何意义:若点 x 位于 $\mathbb{C}$ 外部,则从投影点 u 指向 x 的向量与任意起点为 u 且指向 $\mathbb{C}$ 内部的向量的夹角为直角或钝角.

2. 近似点梯度法

本节将重点介绍近似点梯度算法,它适用于解决如下复合优化问题:

$$\min_{x} \phi(x) = f(x) + h(x) \tag{10.55}$$

其中,$f(x)$是可微函数,其定义域 $\mathbf{dom}\, f = \mathbb{R}^n$;$h(x)$是凸函数,可能非光滑,但通常计算其邻近算子并不复杂. 例如,在 LASSO 问题中,两项可以分别表示为 $f(x) = \frac{1}{2}\|Ax - b\|_2^2$ 和 $h(x) = \mu\|x\|_1$. 一般的带凸集约束的优化问题 $\min_{x \in \mathbb{C}} \phi(x)$ 也可以转化为形式(10.55). 此时,对应复合优化问题中的两项可以写作 $f(x) = \phi(x)$ 和 $h(x) = I_{\mathbb{C}}(x)$,其中 $I_{\mathbb{C}}(x)$ 为示性函数.

近似点梯度法的核心思想在于:对光滑部分 f 使用梯度下降,对非光滑部分 h 使用邻近算子. 其迭代公式为

$$\boldsymbol{x}^{(k+1)}=\operatorname{prox}_{t_k h}(\boldsymbol{x}^{(k)}-t_k\nabla f(\boldsymbol{x}^{(k)})) \tag{10.56}$$

其中 $t_k>0$ 为每次迭代的步长，可以是常数或由线搜索确定. 近似点梯度法与其他多种算法有紧密联系，在特定条件下可以转化为其他算法. 例如，当 $h(\boldsymbol{x})=0$ 时，迭代公式(14)退化为梯度下降法；当 $h(\boldsymbol{x})=I_C(\boldsymbol{x})$ 时，迭代公式(10.56)变为投影梯度法. 我们将近似点梯度法总结为算法 10.13.

算法 10.13 近似点梯度法

Require：函数 $f(\boldsymbol{x})$，$h(\boldsymbol{x})$，初始点 $\boldsymbol{x}^{(0)}$. 初始化 $k=0$.
1：**while** 未达到停止准则 **do**
2：$\boldsymbol{x}^{(k+1)}=\operatorname{prox}_{t_k h}(\boldsymbol{x}^{(k)}-t_k\nabla f(\boldsymbol{x}^{(k)}))$.
3：$k\leftarrow k+1$.
4：**end while**

如何理解近似点梯度法？根据邻近算子的定义，把迭代公式展开：

$$\begin{aligned}\boldsymbol{x}^{(k+1)}&=\arg\min_{\boldsymbol{u}}\left\{h(\boldsymbol{u})+\frac{1}{2t_k}\|\boldsymbol{u}-\boldsymbol{x}^{(k)}+t_k\nabla f(\boldsymbol{x}^{(k)})\|^2\right\}\\&=\arg\min_{\boldsymbol{u}}\left\{h(\boldsymbol{u})+f(\boldsymbol{x}^{(k)})+\nabla f(\boldsymbol{x}^{(k)})^{\mathrm{T}}(\boldsymbol{u}-\boldsymbol{x}^{(k)})+\frac{1}{2t_k}\|\boldsymbol{u}-\boldsymbol{x}^{(k)}\|^2\right\}\end{aligned}$$

可以发现，近似点梯度法实质上就是将问题的光滑部分线性展开，再加上二次项并保留非光滑部分，然后求极小来作为每一步的估计. 此外，根据定理 10.3.2，近似点梯度算法可以形式上写成

$$\boldsymbol{x}^{(k+1)}=\boldsymbol{x}^{(k)}-t_k\nabla f(\boldsymbol{x}^{(k)})-t_k\boldsymbol{g}^{(k)},\ \boldsymbol{g}^{(k)}\in\partial h(\boldsymbol{x}^{(k+1)})$$

其本质上是对光滑部分做显式的梯度下降，关于非光滑部分做隐式的梯度下降. 算法 10.13 中步长 t_k 的选取较为关键. 当 f 为梯度 L-利普希茨连续函数时，可取固定步长 $t_k=t\leqslant\frac{1}{L}$. 当 L 未知时可使用线搜索准则

$$f(\boldsymbol{x}^{(k+1)})\leqslant f(\boldsymbol{x}^{(k)})+\nabla f(\boldsymbol{x}^{(k)})^{\mathrm{T}}(\boldsymbol{x}^{(k+1)}-\boldsymbol{x}^{(k)})+\frac{1}{2t_k}\|\boldsymbol{x}^{(k+1)}-\boldsymbol{x}^{(k)}\|^2$$

3. Nestrov 加速

上一小节介绍了近似点梯度算法，如果光滑部分的梯度是利普希茨连续的，则它的收

敛速度可以达到 $\mathcal{O}\left(\frac{1}{k}\right)$. 一个自然的问题是如果仅用梯度信息，我们能不能取得更快的收敛速度. Nesterov 分别在 1983 年、1988 年和 2005 年提出了三种改进的一阶算法，收敛速度能达到 $\mathcal{O}\left(\frac{1}{k^2}\right)$. 实际上，这三种算法都可以应用到近似点梯度算法上. 在 Nesterov 加速算法刚提出的时候，由于牛顿算法有更快的收敛速度，Nesterov 加速算法在当时并没有引起太多的关注. 但近年来，随着数据量的增大，牛顿型方法由于其过大的计算复杂度，不便于有效地应用到实际中，Nesterov 加速算法作为一种快速的一阶算法重新被挖掘出来并迅速流行起来. Beck 和 Teboulle 就在 2008 年给出了 Nesterov 在 1983 年提出的算法的近似点梯度法版本—FISTA. 本节将对这些加速方法做一定的介绍和总结，为了便于读者的理解，我们仍将主要讨论凸函数的加速算法.

考虑如下复合优化问题：

$$\min_{x\in\mathbb{R}^n} \psi(\boldsymbol{x}) = f(\boldsymbol{x}) + h(\boldsymbol{x})$$

其中 $f(\boldsymbol{x})$是连续可微的凸函数且梯度是利普希茨连续的(利普希茨常数是 L)，$h(\boldsymbol{x})$是适当的闭凸函数. 我们希望能够利用 Nesterov 加速近似点梯度算法，这就是本小节要介绍的 FISTA 算法.

FISTA 算法由两步组成：第一步沿着前两步的计算方向计算一个新点，第二步在该新点处做一步近似点梯度迭代，即

$$\boldsymbol{y}^{(k)} = \boldsymbol{x}^{(k-1)} + \frac{k-2}{(k+1)}(\boldsymbol{x}^{(k-1)} - \boldsymbol{x}^{(k-2)})$$

$$\boldsymbol{x}^{(k)} = \mathrm{prox}_{t_k h}(\boldsymbol{y}^{(k)} - t_k \nabla f(\boldsymbol{y}^{(k)}))$$

从图 10.16 中可以直观地看出 FISTA 算法的迭代情况. 可以得到这一做法对每一步迭代的计算量几乎没有影响，而带来的效果是显著的. 如果选取 t_k 为固定的步长并小于或等于$\frac{1}{L}$，其收敛速度达到了 $\mathcal{O}\left(\frac{1}{k^2}\right)$. 感兴趣的读者，可以在相关参考文献中查阅这一收敛性分析的推导过程. 完整的 FISTA 算法见算法 10.14.

为了对算法做更好的推广，可以给出 FISTA 算法的一个等价变形，只是把原来算法中的第一步拆成两步迭代，相应算法见算法 10.15. 当 $\gamma_k = \frac{2}{k+1}$ 时，并且取固定步长时，两个算法是等价的. 但是当 γ_k 采用别的取法时，算法 10.15 将给出另一个版本的加速

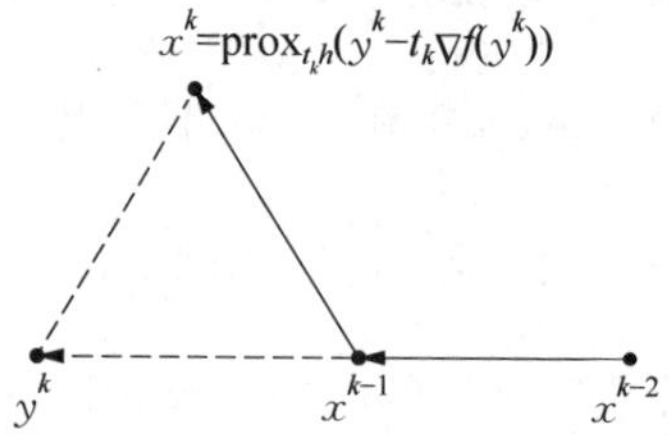

图 10.16 FISTA 算法迭代图示

算法.

4. 应用实例：低秩矩阵恢复

考虑将等式约束转化为二次罚函数项的低秩矩阵恢复模型：

$$\min_{\boldsymbol{X}\in\mathbb{R}^{\times\times n}} \mu\|\boldsymbol{X}\|_* + \frac{1}{2}\sum_{(i,j)\in\Omega}(X_{ij}-M_{ij})^2$$

算法 10.14 FISTA 算法

Require: $\boldsymbol{x}^{(0)}=\boldsymbol{x}^{(-1)}\in\mathbb{R}^n$, $k\leftarrow 1$.

1: **while** 未达到停止准则 **do**

2: 计算 $\boldsymbol{y}^{(k)}=\boldsymbol{x}^{(k-1)}+\dfrac{k-2}{k+1}(\boldsymbol{x}^{(k-1)}-\boldsymbol{x}^{(k-2)})$,

3: 选取 $t_k=t\in\left(0,\dfrac{1}{L}\right]$,计算 $\boldsymbol{x}^{(k)}=\text{prox}_{t_k h}(\boldsymbol{y}^{(k)}-t_k\nabla f(\boldsymbol{y}^{(k)}))$.

4: $k\leftarrow k+1$

5: **end while**

算法 10.15 FISTA 等价变形

Require: $\boldsymbol{v}^{(0)}=\boldsymbol{x}^{(0)}\in\mathbb{R}^n$, $k\leftarrow 1$.

1: **while** 未达到停止准则 **do**

2: 计算 $\boldsymbol{y}^{(k)}=(1-\gamma_k)\boldsymbol{x}^{(k-1)}+\gamma_k\boldsymbol{v}^{(k-1)}$.

3: 选取 t_k,计算 $\boldsymbol{x}^{(k)}=\text{prox}_{t_k h}(\boldsymbol{y}^{(k)}-t_k\nabla f(\boldsymbol{y}^{(k)}))$.

4: 计算 $\boldsymbol{v}^{(k)}=\boldsymbol{x}^{(k-1)}+\dfrac{1}{\gamma_k}(\boldsymbol{x}^{(k)}-\boldsymbol{x}^{(k-1)})$.

5: $k\leftarrow k+1$.

6: **end while**

其中 $\boldsymbol{M}$ 是想要恢复的低秩矩阵,但是只知道其在下标集 Ω 上的值. 令

$$f(\boldsymbol{X})=\frac{1}{2}\sum_{(i,j)\in\Omega}(X_{ij}-M_{ij})^2,\quad h(\boldsymbol{X})=\mu\|\boldsymbol{X}\|$$

定义矩阵 $\boldsymbol{P}\in\mathbb{R}^{m\times n}$：

$$P_{ij}=\begin{cases}1, & (i,j)\in\Omega\\ 0, & \text{其他}\end{cases}$$

则

$$f(\boldsymbol{X})=\frac{1}{2}\|\boldsymbol{P}\odot(\boldsymbol{X}-\boldsymbol{M})\|_F^2$$

$$\nabla f(\boldsymbol{X})=\boldsymbol{P}\odot(\boldsymbol{X}-\boldsymbol{M})$$

$$\mathrm{prox}_{t_kh}(\boldsymbol{X})=\boldsymbol{U}\mathrm{diag}(\max\{|\boldsymbol{d}|-t_k\mu,0\})\boldsymbol{V}^{\mathrm{T}}$$

其中 $\boldsymbol{X}=\boldsymbol{U}\mathrm{diag}(\boldsymbol{d})\boldsymbol{V}^{\mathrm{T}}$ 为矩阵 $\boldsymbol{X}$ 的约化的奇异值分解. 则近似点梯度法的迭代格式为

$$\boldsymbol{Y}^{(k)}=\boldsymbol{X}^{(k)}-t_k\boldsymbol{P}\odot(\boldsymbol{X}^{(k)}-\boldsymbol{M})$$

$$\boldsymbol{X}^{(k+1)}=\mathrm{prox}_{t_kh}(\boldsymbol{Y}^{(k)})$$

对应的加速算法 FISTA 的迭代格式为

$$\boldsymbol{Y}^{(k)}=\boldsymbol{X}^{(k-1)}+\frac{k-2}{k+1}(\boldsymbol{X}^{(k-1)}-\boldsymbol{X}^{(k-2)})\boldsymbol{Z}^{(k)}=\boldsymbol{Y}^{(k)}-t_k\boldsymbol{P}\odot(\boldsymbol{Y}^{(k)}-\boldsymbol{M})$$

$$\boldsymbol{X}^{(k+1)}=\mathrm{prox}_{t_kh}(\boldsymbol{Z}^{(k)})$$

10.3.2　分块坐标下降法

在解决复杂的优化问题时，目标函数往往包含大量的自变量. 直接对这些变量进行联合优化以找到目标函数的极小值往往非常困难. 然而，当这些变量具备某种“可分离性”时，即当固定部分变量时，函数的结构会显著简化，问题就变得可处理. 这种特性允许我们将原始问题分解为一系列仅包含少量变量的子问题. 分块坐标下降法(Block Coordinate Descent, BCD)正是基于这种思想，用于解决具有特殊结构的优化问题，并在实际应用中展现出良好的性能.

1. 问题引入

考虑具有如下形式的问题：

$$\min_{x\in\mathcal{X}}F(\boldsymbol{x}_1,\boldsymbol{x}_2,\cdots,\boldsymbol{x}_s)=f(\boldsymbol{x}_1,\boldsymbol{x}_2,\cdots,\boldsymbol{x}_s)+\sum_{i=1}^{s}r_i(\boldsymbol{x}_i)\tag{10.56}$$

其中 $\mathcal{X}$ 是函数的可行域,这里将自变量 $\boldsymbol{x}$ 拆分成 s 个变量块 $\boldsymbol{x}_1$, $\boldsymbol{x}_2$, $\cdots$, $\boldsymbol{x}_s$,每个变量块 $\boldsymbol{x}_i \in \mathbb{R}^{n_i}$. 函数 f 是关于 $\boldsymbol{x}$ 的可微函数,每个 $r_i(\boldsymbol{x}_i)$ 关于 $\boldsymbol{x}_i$ 是适当的闭凸函数,但不一定可微.

在问题(10.56)中,尽管 f 对于所有变量块 $\boldsymbol{x}_i$ 是不可分的,但在单独考虑每一个变量块时,通常 f 可能呈现出较为简单的结构;而 r_i 仅与第 i 个变量块相关,因此 r_i 是目标函数中的一个可分项.解决问题(10.56)的难点在于如何有效利用这种分块结构来处理不可分的 f.需要特别指出的是,在问题(10.56)中,除了在 r_i 部分以外,其余部分并未明确要求凸性.因此,可行域 $\mathcal{X}$ 不一定是凸集,函数 f 也不一定是凸函数.

需要指出的是,并非所有问题都适合按照问题(10.56)进行处理.下面给出两个例子,并将在应用实例中介绍如何使用分块坐标下降法求解它们.

例 10.3.3. (聚类问题)前面我们介绍了 K-均值聚类问题的等价形式:

$$\begin{aligned} \min_{\boldsymbol{\Phi}, \boldsymbol{H}} \quad & \|\boldsymbol{A} - \boldsymbol{\Phi}\boldsymbol{H}\|_F^2 \\ s.t. \quad & \boldsymbol{\Phi} \in \mathbb{R}^{n\times k}, \text{每一行只有一个元素为 } 1, \text{其余为 } 0 \\ & \boldsymbol{H} \in \mathbb{R}^{k\times p} \end{aligned}$$

这是一个矩阵分解问题,自变量总共有两块.注意到变量 $\boldsymbol{\Phi}$ 取值在离散空间上,因此聚类问题不是凸问题.

例 10.3.4. (非负矩阵分解)设 $\boldsymbol{M}$ 是已知矩阵,考虑求解如下极小化问题:

$$\min_{\boldsymbol{X}, \boldsymbol{Y} \geqslant 0} \frac{1}{2}\|\boldsymbol{X}\boldsymbol{Y} - \boldsymbol{M}\|_F^2 + \alpha r_1(\boldsymbol{X}) + \beta r_2(\boldsymbol{X})$$

在这个例子中自变量共有两块,且均有非负的约束.

上述的所有例子中,函数 f 关于变量全体一般是非凸的,这使得求解问题(10.56)变得很有挑战性.首先,应用在非凸问题上的算法的收敛性不易分析,很多针对凸问题设计的算法通常会失效;其次,目标函数的整体结构十分复杂,这使得变量的更新需要很大计算量.对于这类问题,我们最终的目标是要设计一种算法,它具有简单的变量更新格式,同时具有一定的(全局)收敛性.而分块坐标下降法则是处理这类问题较为有效的算法.

2. 算法结构

考虑问题(10.56),我们所感兴趣的分块坐标下降法具有如下更新方式:按照 $\boldsymbol{x}_1$, $\boldsymbol{x}_2$, $\cdots$, $\boldsymbol{x}_s$ 的次序依次固定其他($s-1$)块变量极小化 F,完成一块变量的极小化后,它的值便立即被更新到变量空间中,更新下一块变量时将使用每个变量最新的值.根据这种更

新方式定义辅助函数

$$f_i^{(k)}(\boldsymbol{x}_i)=f(\boldsymbol{x}_1^{(k)},\cdots,\boldsymbol{x}_{i-1}^{(k)},\boldsymbol{x}_i,\boldsymbol{x}_{i+1}^{(k-1)},\cdots,\boldsymbol{x}_s^{(k-1)})$$

其中 $\boldsymbol{x}_j^{(k)}$ 表示在第 k 次迭代中第 j 块自变量的值，$\boldsymbol{x}_i$ 是函数的自变量. 函数 $f_i^{(k)}$ 表示在第 k 次迭代更新第 i 块变量时所需要考虑的目标函数的光滑部分. 考虑第 i 块变量时前 $(i-1)$ 块变量已经完成更新，因此上标为 k. 而后面下标从 $(i+1)$ 起的变量仍为旧的值，因此上标为 $(k-1)$. 在每一步更新中，通常使用以下三种更新格式之一：

$$\boldsymbol{x}_i^{(k)}=\arg\min_{\boldsymbol{x}_i\in\mathcal{X}_i^{(k)}}\{f_i^{(k)}(\boldsymbol{x}_i)+r_i(\boldsymbol{x}_i)\}\tag{10.57}$$

$$\boldsymbol{x}_i^{(k)}=\arg\min_{\boldsymbol{x}_i\in\mathcal{X}_i^{(k)}}\left\{f_i^{(k)}(\boldsymbol{x}_i)+\frac{L_i^{(k-1)}}{2}\|\boldsymbol{x}_i-\boldsymbol{x}_i^{(k-1)}\|_2^2+r_i(\boldsymbol{x}_i)\right\}\tag{10.58}$$

$$\boldsymbol{x}_i^{(k)}=\arg\min_{\boldsymbol{x}_i\in\mathcal{X}_i^{(k)}}\left\{\langle\hat{\boldsymbol{g}}_i^{(k)},\boldsymbol{x}_i-\hat{\boldsymbol{x}}_i^{(k-1)}\rangle+\frac{L_i^{(k-1)}}{2}\|\boldsymbol{x}_i-\hat{\boldsymbol{x}}_i^{(k-1)}\|_2^2+r_i(\boldsymbol{x}_i)\right\}\tag{10.59}$$

其中 $L_i^{(k)}>0$ 为常数，

$$\mathcal{X}_i^{(k)}=\{\boldsymbol{x}\in\mathbb{R}^{n_i}\mid(\boldsymbol{x}_1^{(k)},\cdots,\boldsymbol{x}_{i-1}^{(k)},\boldsymbol{x},\boldsymbol{x}_{i+1}^{(k-1)},\cdots,\boldsymbol{x}_s^{(k-1)})\in\mathcal{X}\}$$

在更新格式(10.59)中，$\hat{\boldsymbol{x}}_i^{(k-1)}$ 采用外推定义：

$$\hat{\boldsymbol{x}}_i^{(k-1)}=\boldsymbol{x}_i^{(k-1)}+\omega_i^{(k-1)}(\boldsymbol{x}_i^{(k-1)}-\boldsymbol{x}_i^{(k-2)})$$

其中 $\omega_i^{(k)}\geqslant 0$ 为外推的权重，$\hat{\boldsymbol{g}}_i^{(k)}:=\nabla f_i^{(k)}(\hat{\boldsymbol{x}}_i^{(k-1)})$ 为外推点处的梯度. 在外推式中取权重 $\omega_i^{(k)}=0$ 即可得到不带外推的更新格式，此时计算(10.59)等价于进行一次近似点梯度法的更新. 在(10.59)式使用外推是为了加快分块坐标下降法的收敛速度. 我们可以通过如下的方式理解这三种格式：格式(10.57)是最直接的，即固定其他分量然后对单一变量求极小；格式(10.58)则是增加了一个近似点项 $\frac{L_i^{(k-1)}}{2}\|\boldsymbol{x}_i-\boldsymbol{x}_i^{(k-1)}\|_2^2$ 来限制下一步迭代不应该与当前位置相距过远，增加近似点项的作用是使得算法能够收敛；格式(10.59)首先对 $f_i^{(k)}(\boldsymbol{x})$ 进行线性化以简化子问题的求解，在此基础上引入了 Nesterov 加速算法的技巧加快收敛.

为了直观地说明分块坐标下降法的迭代过程，我们给出一个简单的例子.

例 10.3.5. 考虑二元二次函数的优化问题

$$\min f(x,y)=x^2-2xy+10y^2-4x-20y$$

现在对变量 x，y 使用分块坐标下降法求解. 当固定 y 时，可知当 $x=2+y$ 时函数取极小值；当固定 x 时，可知当 $y=1+\frac{x}{10}$ 时函数取极小值. 故采用格式(10.57)的分块坐标下降法为

$$x^{(k+1)}=2+y^{(k)}$$
$$y^{(k+1)}=1+\frac{x^{(k+1)}}{10}$$

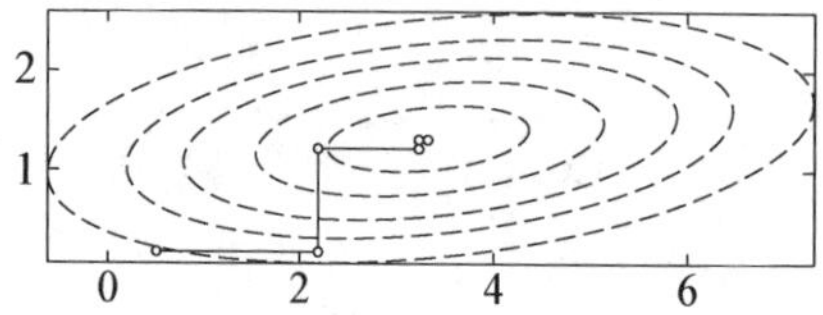

图 10.17　迭代点轨迹

在图 10.17 中，我们展示了从初始点 $(x, y)=(0.5, 0.2)$ 出发的迭代轨迹. 可以清晰地看到，经过 7 次迭代后，迭代点已经与最优解非常接近. 而使用梯度法处理这一类病态的优化问题时，收敛速度可能会较慢. 一个直观的解释是，当面对较为病态的优化问题时，分块坐标下降法（Block Coordinate Descent，BCD)通过逐个处理变量的方式，能够更有效地捕捉目标函数的各向异性(anisotropy). 具体来说，由于 BCD 是逐个分量进行优化的，它更能适应函数在不同维度上的变化特性. 而梯度法，由于其整体性的优化方式，可能会受到这些各向异性特性的较大影响，从而导致收敛速度变慢.

结合上述更新格式(10.57)—(10.59)可以得到分块坐标下降法的基本框架，详见算法 10.16.

算法 10.16　分块坐标下降法

Require：初始化：选择两组初始点 $(\boldsymbol{x}_1^{(-1)}, \boldsymbol{x}_2^{(-1)}, \cdots, \boldsymbol{x}_s^{(-1)})=(\boldsymbol{x}_1^{(0)}, \boldsymbol{x}_2^{(0)}, \cdots, \boldsymbol{x}_s^{(0)})$.

```
for k = 1, 2, ⋯ do
    for i = 1, 2, ⋯ do
        使用格式(10.57)或(10.58)或(10.59)更新 x_i^(k).
    end for
    if 满足停机条件 then
        返回(x_1^(k), x_2^(k), ⋯, x_s^(k)),算法终止.
    end if
end for
```

算法 10.16 的子问题有三种更新方式，可能导致不同的迭代结果和数值表现. 方式(10.57)简单，保证目标函数值下降，但对复杂函数 f 的子问题求解困难，且在非凸问题上

不一定收敛.方式(10.58)和(10.59)是(10.57)的变体,不保证目标函数单调性,但可能改善收敛性,特别是对非严格凸函数 F.方式(10.59)通过一阶泰勒近似,有时能绕过局部极小值,且计算简便.

3. 应用实例:K 均值聚类

下面对聚类问题使用分块坐标下降法进行求解.其目标函数为

$$\begin{aligned} \min_{\boldsymbol{\Phi}, \boldsymbol{H}} \quad & \|\boldsymbol{A}-\boldsymbol{\Phi}\boldsymbol{H}\|_F^2 \\ s.t. \quad & \boldsymbol{\Phi} \in \mathbb{R}^{n\times k}, \text{每一行只有一个元素为 } 1, \text{其余为 } 0 \\ & \boldsymbol{H} \in \mathbb{R}^{k\times p} \end{aligned}$$

接下来分别讨论在固定 $\boldsymbol{\Phi}$ 和 $\boldsymbol{H}$ 的条件下如何极小化另一块变量.当固定 $\boldsymbol{H}$ 时,设 $\boldsymbol{\Phi}$ 的每一行为 $\boldsymbol{\phi}_i^{\mathrm{T}}$,那么根据矩阵分块乘法,

$$\boldsymbol{A}-\boldsymbol{\Phi}\boldsymbol{H}=\begin{bmatrix} \boldsymbol{a}_1^{\mathrm{T}} \\ \boldsymbol{a}_2^{\mathrm{T}} \\ \vdots \\ \boldsymbol{a}_n^{\mathrm{T}} \end{bmatrix} - \begin{bmatrix} \boldsymbol{\phi}_1^{T} \\ \boldsymbol{\phi}_2^{T} \\ \vdots \\ \boldsymbol{\phi}_n^{T} \end{bmatrix} \boldsymbol{H} = \begin{bmatrix} \boldsymbol{a}_1^{\mathrm{T}}-\boldsymbol{\phi}_1^{\mathrm{T}}\boldsymbol{H} \\ \boldsymbol{a}_2^{\mathrm{T}}-\boldsymbol{\phi}_2^{\mathrm{T}}\boldsymbol{H} \\ \vdots \\ \boldsymbol{a}_n^{\mathrm{T}}-\boldsymbol{\phi}_n^{\mathrm{T}}\boldsymbol{H} \end{bmatrix}$$

注意到 $\boldsymbol{\phi}_i$ 只有一个分量为 1,其余分量为 0,不妨设其第 j 个分量为 1,此时 $\boldsymbol{\phi}_i^{\mathrm{T}}\boldsymbol{H}$ 相当于将 $\boldsymbol{H}$ 的第 j 行取出,因此 $\|\boldsymbol{a}_i^{\mathrm{T}}-\boldsymbol{\phi}_i^{\mathrm{T}}\boldsymbol{H}\|$ 为 $\boldsymbol{a}_i^{\mathrm{T}}$ 与 $\boldsymbol{H}$ 的第 j 个行向量的距离.我们的最终目的是极小化 $\|\boldsymbol{A}-\boldsymbol{\Phi}\boldsymbol{H}\|_F^2$,所以 j 应该选矩阵 $\boldsymbol{H}$ 中距离 $\boldsymbol{a}_i^{\mathrm{T}}$ 最近的那一行,即

$$\Phi_{ij}=\begin{cases} 1, & j=\arg\min\limits_{l}\|\boldsymbol{a}_i-\boldsymbol{h}_l\| \\ 0, & \text{其他} \end{cases}$$

其中 $\boldsymbol{h}_l^{\mathrm{T}}$ 表示矩阵 $\boldsymbol{H}$ 的第 l 行.当固定 $\boldsymbol{\Phi}$ 时,此时考虑 $\boldsymbol{H}$ 的每一行 $\boldsymbol{h}_j^{\mathrm{T}}$,根据目标函数的等价性有

$$\|\boldsymbol{A}-\boldsymbol{\Phi}\boldsymbol{H}\|_F^2=\sum_{j=1}^{(k)}\sum_{\boldsymbol{a}\in S_j}\|\boldsymbol{a}-\boldsymbol{h}_j\|^2$$

因此只需要对每个 $\boldsymbol{h}_j$ 求最小即可.设 $\bar{\boldsymbol{a}}_j$ 是目前第 j 类所有点的均值,则

$$\begin{aligned} \sum_{\boldsymbol{a}\in S_j}\|\boldsymbol{a}-\boldsymbol{h}_j\|^2 &= \sum_{\boldsymbol{a}\in S_j}\|\boldsymbol{a}-\bar{\boldsymbol{a}}_j+\bar{\boldsymbol{a}}_j-\boldsymbol{h}_j\|^2 \\ &= \sum_{\boldsymbol{a}\in S_j}(\|\boldsymbol{a}-\bar{\boldsymbol{a}}_j\|^2+\|\bar{\boldsymbol{a}}_j-\boldsymbol{h}_j\|^2+2\langle \boldsymbol{a}-\bar{\boldsymbol{a}}_j, \bar{\boldsymbol{a}}_j-\boldsymbol{h}_j\rangle) \end{aligned}$$

$$=\sum_{\boldsymbol{a}\in S_j}(\|\boldsymbol{a}-\bar{\boldsymbol{a}}_j\|^2+\|\bar{\boldsymbol{a}}_j-\boldsymbol{h}_j\|^2)$$

这里利用了交叉项 $\sum_{\boldsymbol{a}\in S_j}\langle\boldsymbol{a}-\bar{\boldsymbol{a}}_j,\bar{\boldsymbol{a}}_j-\boldsymbol{h}_j\rangle=0$ 的事实. 因此容易看出,此时 $\boldsymbol{h}_j$ 直接取为 $\bar{\boldsymbol{a}}_j$ 即可达到最小值. 综上,我们得到了针对聚类问题的分块坐标下降法,它每一次迭代分为两步:第一,固定参考点 $\boldsymbol{H}$,将每个样本点分到和其最接近的参考点代表的类中;第二,固定聚类方式 $\boldsymbol{\Phi}$,重新计算每个类所有点的均值并将其作为新的参考点. 这个过程恰好就是经典的 K -均值聚类算法,因此可以得到结论:K -均值聚类算法本质上是一个分块坐标下降法.

4. 应用实例:非负矩阵分解

非负矩阵分解问题也可以使用分块坐标下降法求解. 现在考虑最基本的非负矩阵分解问题

$$\min_{\boldsymbol{X},\boldsymbol{Y}\geqslant 0}\frac{1}{2}\|\boldsymbol{XY}-\boldsymbol{M}\|_F^2$$

它的一个等价形式为

$$\min_{\boldsymbol{X},\boldsymbol{Y}}\frac{1}{2}\|\boldsymbol{XY}-\boldsymbol{M}\|_F^2+I_{\geqslant 0}(\boldsymbol{X})+I_{\geqslant 0}(\boldsymbol{Y})$$

其中 $I_{\geqslant 0}(\cdot)$ 为集合 $\{\boldsymbol{X}\mid\boldsymbol{X}\geqslant 0\}$ 的示性函数. 不难验证该问题具有形式(10.56). 以下考虑求解方法. 注意到 $\boldsymbol{X}$ 和 $\boldsymbol{Y}$ 耦合在一起,在固定 $\boldsymbol{Y}$ 的条件下,我们无法直接按照格式(10.57)或格式(10.58)的形式给出子问题的显式解. 若要采用这两种格式需要额外设计算法求解子问题,最终会产生较大计算量. 但我们总能使用格式(10.59)来对子问题进行线性化,从而获得比较简单的更新格式. 令 $f(\boldsymbol{X},\boldsymbol{Y})=\frac{1}{2}\|\boldsymbol{XY}-\boldsymbol{M}\|_F^2$,则

$$\frac{\partial f}{\partial\boldsymbol{X}}=(\boldsymbol{XY}-\boldsymbol{M})\boldsymbol{Y}^{\mathrm{T}},\quad\frac{\partial f}{\partial\boldsymbol{Y}}=\boldsymbol{X}^{\mathrm{T}}(\boldsymbol{XY}-\boldsymbol{M})$$

注意到在格式(10.59)中,当 $r_i(\boldsymbol{X})$ 为凸集示性函数时即是求解到该集合的投影,因此得到分块坐标下降法如下:

$$\boldsymbol{X}^{(k+1)}=\max\{\boldsymbol{X}^{(k)}-t_k^x(\boldsymbol{X}^{(k)}\boldsymbol{Y}^{(k)}-\boldsymbol{M})(\boldsymbol{Y}^{(k)})^{\mathrm{T}},0\}$$
$$\boldsymbol{Y}^{(k+1)}=\max\{\boldsymbol{Y}^{(k)}-t_k^y(\boldsymbol{X}^{(k)})^{\mathrm{T}}(\boldsymbol{X}^{(k)}\boldsymbol{Y}^{(k)}-\boldsymbol{M}),0\}$$

其中 t_k^x, t_k^y 是步长,分别对应格式(10.59)中的 $\frac{1}{L_i^{(k)}}$, $i=1, 2$.

10.3.3　交替方向乘子法

统计学、机器学习和科学计算中出现了很多结构复杂且可能非凸、非光滑的优化问题.交替方向乘子法很自然地提供了一个适用范围广泛、容易理解和实现、可靠性不错的解决方案.本节首先介绍交替方向乘子法的基本算法;然后给出交替方向乘子法在矩阵分离实际问题中的应用.

1. 问题引入

本节考虑如下凸问题:

$$\begin{aligned} \min_{\boldsymbol{x}_1, \boldsymbol{x}_2} \quad & f_1(\boldsymbol{x}_1)+f_2(\boldsymbol{x}_2) \\ s.t. \quad & \boldsymbol{A}_1\boldsymbol{x}_1+\boldsymbol{A}_2\boldsymbol{x}_2=\boldsymbol{b} \end{aligned} \tag{10.60}$$

其中 f_1, f_2 是适当的闭凸函数,但不要求是光滑的, $\boldsymbol{x}_1\in\mathbb{R}^n$, $\boldsymbol{x}_2\in\mathbb{R}^m$, $\boldsymbol{A}_1\in\mathbb{R}^{p\times n}$, $\boldsymbol{A}_2\in\mathbb{R}^{p\times m}$, $\boldsymbol{b}\in\mathbb{R}^p$. 这个问题的特点是目标函数可以分成彼此分离的两块,但是变量被线性约束结合在一起.常见的一些无约束和带约束的优化问题都可以表示成这一形式.下面的一些例子将展示如何把某些一般的优化问题转化为适用交替方向乘子法求解的标准形式.

例 10.3.6.　可以分成两块的无约束优化问题

$$\min_{\boldsymbol{x}} f_1(\boldsymbol{x})+f_2(\boldsymbol{x})$$

为了将此问题转化为标准形式(10.60),需要将目标函数改成可分的形式.我们可以通过引入一个新的变量 $\boldsymbol{z}$ 并令 $\boldsymbol{x}=\boldsymbol{z}$, 将问题转化为

$$\begin{aligned} \min_{\boldsymbol{x}, \boldsymbol{z}} \quad & f_1(\boldsymbol{x})+f_2(\boldsymbol{z}) \\ s.t. \quad & \boldsymbol{x}-\boldsymbol{z}=\boldsymbol{0} \end{aligned}$$

例 10.3.7.　带线性变换的无约束优化问题

$$\min_{\boldsymbol{x}} f_1(\boldsymbol{x})+f_2(\boldsymbol{A}\boldsymbol{x})$$

类似地,我们可以引入一个新的变量 $\boldsymbol{z}$,令 $\boldsymbol{z}=\boldsymbol{A}\boldsymbol{x}$, 则问题变为

$$\begin{aligned} \min_{\boldsymbol{x}, \boldsymbol{z}} \quad & f_1(\boldsymbol{x})+f_2(\boldsymbol{z}) \\ s.t. \quad & \boldsymbol{A}\boldsymbol{x}-\boldsymbol{z}=\boldsymbol{0} \end{aligned}$$

对比问题(10.60)可知 $\boldsymbol{A}_1=\boldsymbol{A}$ 和 $\boldsymbol{A}_2=-\boldsymbol{I}$.

2. 算法结构

下面给出交替方向乘子法(Alternating Direction Method of Multipliers, ADMM)的迭代格式,首先写出问题(10.60)的增广拉格朗日函数

$$\begin{aligned}L_\rho(\boldsymbol{x}_1,\boldsymbol{x}_2,\boldsymbol{y})=&f_1(\boldsymbol{x}_1)+f_2(\boldsymbol{x}_2)+\boldsymbol{y}^{\mathrm{T}}(\boldsymbol{A}_1\boldsymbol{x}_1+\boldsymbol{A}_2\boldsymbol{x}_2-\boldsymbol{b})\\&+\frac{\rho}{2}\|\boldsymbol{A}_1\boldsymbol{x}_1+\boldsymbol{A}_2\boldsymbol{x}_2-\boldsymbol{b}\|_2^2\end{aligned}$$

其中 $\rho>0$ 是二次罚项的系数. 常见的求解带约束问题的增广拉格朗日函数法为如下更新:

$$\begin{aligned}(\boldsymbol{x}_1^{(k+1)},\boldsymbol{x}_2^{(k+1)})&=\arg\min_{\boldsymbol{x}_1,\boldsymbol{x}_2}L_\rho(\boldsymbol{x}_1,\boldsymbol{x}_2,\boldsymbol{y}^{(k)})\\\boldsymbol{y}^{(k+1)}&=\boldsymbol{y}^{(k)}+\tau\rho(\boldsymbol{A}_1\boldsymbol{x}_1^{(k+1)}+\boldsymbol{A}_2\boldsymbol{x}_2^{(k+1)}-\boldsymbol{b})\end{aligned}$$

其中 τ 为步长. 在实际求解中,第一步迭代同时对 $\boldsymbol{x}_1$ 和 $\boldsymbol{x}_2$ 进行优化有时候比较困难,而固定一个变量求解关于另一个变量的极小问题可能比较简单,因此我们可以考虑对 $\boldsymbol{x}_1$ 和 $\boldsymbol{x}_2$ 交替求极小,这就是交替方向乘子法的基本思路. 其迭代格式可以总结如下:

$$\begin{aligned}\boldsymbol{x}_1^{(k+1)}&=\arg\min_{\boldsymbol{x}_1}L_\rho(\boldsymbol{x}_1,\boldsymbol{x}_2^{(k)},\boldsymbol{y}^{(k)})\\\boldsymbol{x}_2^{(k+1)}&=\arg\min_{\boldsymbol{x}_2}L_\rho(\boldsymbol{x}_1^{(k+1)},\boldsymbol{x}_2,\boldsymbol{y}^{(k)})\\\boldsymbol{y}^{(k+1)}&=\boldsymbol{y}^{(k)}+\tau\rho(\boldsymbol{A}_1\boldsymbol{x}_1^{(k+1)}+\boldsymbol{A}_2\boldsymbol{x}_2^{(k+1)}-\boldsymbol{b})\end{aligned}$$

其中 τ 为步长.

观察交替方向乘子法的迭代格式,第一步固定 $\boldsymbol{x}_2$, $\boldsymbol{y}$ 对 $\boldsymbol{x}_1$ 求极小;第二步固定 $\boldsymbol{x}_1$, $\boldsymbol{y}$ 对 $\boldsymbol{x}_2$ 求极小;第三步更新拉格朗日乘子 $\boldsymbol{y}$. 与无约束优化问题不同,交替方向乘子法针对的问题(10.60)是带约束的优化问题,因此算法的收敛准则应当借助约束优化问题的最优性条件(KKT 条件). 因为 f_1, f_2 均为闭凸函数,约束为线性约束,所以当 Slater 条件成立时,可以使用凸优化问题的 KKT 条件来作为交替方向乘子法的收敛准则. 问题(10.60)的拉格朗日函数为

$$L(\boldsymbol{x}_1,\boldsymbol{x}_2,\boldsymbol{y})=f_1(\boldsymbol{x}_1)+f_2(\boldsymbol{x}_2)+\boldsymbol{y}^{\mathrm{T}}(\boldsymbol{A}_1\boldsymbol{x}_1+\boldsymbol{A}_2\boldsymbol{x}_2-\boldsymbol{b})$$

根据 KKT 条件,若 $\boldsymbol{x}_1^*$, $\boldsymbol{x}_2^*$ 为问题(10.60)的最优解,$\boldsymbol{y}^*$ 为对应的拉格朗日乘子,则

以下条件满足：

$$\mathbf{0}\in\partial_{x_1}L(\boldsymbol{x}_1^*,\boldsymbol{x}_2^*,\boldsymbol{y}^*)=\partial f_1(\boldsymbol{x}_1^*)+\boldsymbol{A}_1^{\mathrm{T}}\boldsymbol{y}^* \tag{10.61}$$

$$\mathbf{0}\in\partial_{x_2}L(\boldsymbol{x}_1^*,\boldsymbol{x}_2^*,\boldsymbol{y}^*)=\partial f_2(\boldsymbol{x}_2^*)+\boldsymbol{A}_2^{\mathrm{T}}\boldsymbol{y}^* \tag{10.62}$$

$$\boldsymbol{A}_1\boldsymbol{x}_1^*+\boldsymbol{A}_2\boldsymbol{x}_2^*=\boldsymbol{b} \tag{10.63}$$

在这里条件(10.63)又称为原始可行性条件，条件(10.61)和条件(10.62)又称为对偶可行性条件. 由于问题中只含等式约束，KKT 条件中的互补松弛条件可以不加考虑. 在 ADMM 迭代中，我们得到的迭代点实际为$(\boldsymbol{x}_1^{(k)},\boldsymbol{x}_2^{(k)},\boldsymbol{y}^{(k)})$. 因此收敛准则应当针对$(\boldsymbol{x}_1^{(k)},\boldsymbol{x}_2^{(k)},\boldsymbol{y}^{(k)})$检测条件(10.61)—(10.63). 接下来讨论如何具体计算这些收敛准则.

一般来说，原始可行性条件(10.63)在迭代中是不满足的，为了检测这个条件，需要计算原始可行性残差

$$\boldsymbol{r}^{(k)}=\boldsymbol{A}_1\boldsymbol{x}_1^{(k)}+\boldsymbol{A}_2\boldsymbol{x}_2^{(k)}-\boldsymbol{b}$$

的模长，这一计算是比较容易的.

现在来看两个对偶可行性条件. 考虑 ADMM 迭代更新 $\boldsymbol{x}_2$ 的步骤

$$\boldsymbol{x}_2^{(k)}=\arg\min_{\boldsymbol{x}}\left\{f_2(\boldsymbol{x})+\frac{\rho}{2}\left\|\boldsymbol{A}_1\boldsymbol{x}_1^{(k)}+\boldsymbol{A}_2\boldsymbol{x}-\boldsymbol{b}+\frac{\boldsymbol{y}^{(k-1)}}{\rho}\right\|^2\right\}$$

假设这一子问题有显式解或能够精确求解，根据最优性条件不难推出

$$\mathbf{0}\in\partial f_2(\boldsymbol{x}_2^{(k)})+\boldsymbol{A}_2^{\mathrm{T}}[\boldsymbol{y}^{(k-1)}+\rho(\boldsymbol{A}_1\boldsymbol{x}_1^{(k)}+\boldsymbol{A}_2\boldsymbol{x}_2^{(k)}-\boldsymbol{b})]$$

注意到当 ADMM 步长 $\tau=1$ 时，根据迭代格式可知上式方括号中的表达式就是 $\boldsymbol{y}^{(k)}$，最终有

$$\mathbf{0}\in\partial f_2(\boldsymbol{x}_2^{(k)})+\boldsymbol{A}_2^{\mathrm{T}}\boldsymbol{y}^{(k)}$$

这恰好就是条件(10.62). 上面的分析说明在 ADMM 迭代过程中，若 $\boldsymbol{x}_2$ 的更新能取到精确解且步长 $\tau=1$，对偶可行性条件(10.62)是自然成立的，因此无需针对条件(10.62)单独验证最优性条件.

然而，在迭代过程中条件(10.61)却不能自然满足. 实际上，由 $\boldsymbol{x}_1$ 的更新公式

$$\boldsymbol{x}_1^{(k)}=\arg\min_{\boldsymbol{x}}\left\{f_1(\boldsymbol{x})+\frac{\rho}{2}\left\|\boldsymbol{A}_1\boldsymbol{x}+\boldsymbol{A}_2\boldsymbol{x}_2^{(k-1)}-\boldsymbol{b}+\frac{\boldsymbol{y}^{(k-1)}}{\rho}\right\|^2\right\}$$

假设子问题能精确求解，根据最优性条件

$$\mathbf{0} \in \partial f_1(\boldsymbol{x}_1^{(k)}) + \boldsymbol{A}_1^{\mathrm{T}}[\rho(\boldsymbol{A}_1\boldsymbol{x}_1^{(k)} + \boldsymbol{A}_2\boldsymbol{x}_2^{(k-1)} - \boldsymbol{b}) + \boldsymbol{y}^{(k-1)}]$$

注意，这里 $\boldsymbol{x}_2$ 上标是 $k-1$，因此根据 ADMM 的迭代第三式，同样取 $\tau=1$，有

$$\mathbf{0} \in \partial f_1(\boldsymbol{x}_1^{(k)}) + \boldsymbol{A}_1^{\mathrm{T}}(\boldsymbol{y}^{(k)} + \boldsymbol{A}_2(\boldsymbol{x}_2^{(k-1)} - \boldsymbol{x}_2^{(k)}))$$

对比条件(10.61)可知多出来的项为 $\boldsymbol{A}_1^{\mathrm{T}}\boldsymbol{A}_2(\boldsymbol{x}_2^{(k-1)} - \boldsymbol{x}_2^{(k)})$，因此要检测对偶可行性只需要检测残差

$$\boldsymbol{s}^{(k)} = \boldsymbol{A}_1^{\mathrm{T}}\boldsymbol{A}_2(\boldsymbol{x}_2^{(k-1)} - \boldsymbol{x}_2^{(k)})$$

的模长是否充分小，这一检测同样也是比较容易的. 综上，当 $\boldsymbol{x}_2$ 更新取到精确解且 $\tau=1$ 时，判断 ADMM 是否收敛只需要检测前述两个残差 $\boldsymbol{r}^{(k)}$，$\boldsymbol{s}^{(k)}$ 是否充分小：

$$\mathbf{0} \approx \|\boldsymbol{r}^{(k)}\| = \|\boldsymbol{A}_1\boldsymbol{x}_1^{(k)} + \boldsymbol{A}_2\boldsymbol{x}_2^{(k)} - \boldsymbol{b}\| \quad \text{（原始可行性）}$$
$$\mathbf{0} \approx \|\boldsymbol{s}^{(k)}\| = \|\boldsymbol{A}_1^{\mathrm{T}}\boldsymbol{A}_2(\boldsymbol{x}_2^{(k-1)} - \boldsymbol{x}_2^{(k)})\| \quad \text{（对偶可行性）}$$

3. 应用实例：矩阵分离问题

考虑矩阵分离问题：

$$\begin{aligned} \min_{\boldsymbol{X},\boldsymbol{S}} \quad & \|X\|_* + \mu\|\boldsymbol{S}\|_1 \\ s.t. \quad & \boldsymbol{X} + \boldsymbol{S} = \boldsymbol{M} \end{aligned}$$

其中 $\|\cdot\|_1$ 与 $\|\cdot\|_*$ 分别表示矩阵 ℓ_1 范数与核范数. 引入乘子 $\boldsymbol{Y}$ 作用在约束 $\boldsymbol{X}+\boldsymbol{S}=\boldsymbol{M}$ 上，我们可以得到此问题的增广拉格朗日函数

$$L_\rho(\boldsymbol{X}, \boldsymbol{S}, \boldsymbol{Y}) = \|\boldsymbol{X}\|_* + \mu\|\boldsymbol{S}\|_1 + \langle \boldsymbol{Y}, \boldsymbol{X}+\boldsymbol{S}-\boldsymbol{M}\rangle + \frac{\rho}{2}\|\boldsymbol{X}+\boldsymbol{S}-\boldsymbol{M}\|_F^2$$

在第 $(k+1)$ 步，交替方向乘子法分别求解关于 $\boldsymbol{X}$ 和 $\boldsymbol{S}$ 的子问题来更新得到 $\boldsymbol{X}^{(k+1)}$ 和 $\boldsymbol{S}^{(k+1)}$. 对于 $\boldsymbol{X}$ 子问题，

$$\begin{aligned} \boldsymbol{X}^{(k+1)} &= \arg\min_{\boldsymbol{X}} L_\rho(\boldsymbol{X}, \boldsymbol{S}^{(k)}, \boldsymbol{Y}^{(k)}) \\ &= \arg\min_{\boldsymbol{X}}\left\{\|\boldsymbol{X}\|_* + \frac{\rho}{2}\left\|\boldsymbol{X}+\boldsymbol{S}^{(k)}-\boldsymbol{M}+\frac{\boldsymbol{Y}^{(k)}}{\rho}\right\|_F^2\right\} \\ &= \arg\min_{\boldsymbol{X}}\left\{\frac{1}{\rho}\|\boldsymbol{X}\|_* + \frac{1}{2}\left\|\boldsymbol{X}+\boldsymbol{S}^{(k)}-\boldsymbol{M}+\frac{\boldsymbol{Y}^{(k)}}{\rho}\right\|_F^2\right\} \end{aligned}$$

$$=\boldsymbol{U}\mathrm{diag}\left(\mathrm{prox}_{(1/\rho)\|\cdot\|_1}(\sigma(\boldsymbol{A}))\right)\boldsymbol{V}^{\mathrm{T}}$$

其中 $\boldsymbol{A}=\boldsymbol{M}-\boldsymbol{S}^{(k)}-\dfrac{\boldsymbol{Y}^{(k)}}{\rho}$，$\sigma(\boldsymbol{A})$ 为 $\boldsymbol{A}$ 的所有非零奇异值构成的向量并且 $\boldsymbol{U}\mathrm{diag}(\sigma(\boldsymbol{A}))\boldsymbol{V}^{\mathrm{T}}$ 为 $\boldsymbol{A}$ 的约化奇异值分解. 对于 $\boldsymbol{S}$ 子问题，

$$\begin{aligned}\boldsymbol{S}^{(k+1)}&=\arg\min_{\boldsymbol{S}} L_\rho(\boldsymbol{X}^{(k+1)},\boldsymbol{S},\boldsymbol{Y}^{(k)})\\&=\arg\min_{\boldsymbol{S}}\left\{\mu\|\boldsymbol{S}\|_1+\frac{\rho}{2}\left\|\boldsymbol{X}^{(k+1)}+\boldsymbol{S}-\boldsymbol{M}+\frac{\boldsymbol{Y}^{(k)}}{\rho}\right\|_F^2\right\}\\&=\mathrm{prox}_{(\mu/\rho)\|\cdot\|_1}\left(\boldsymbol{M}-\boldsymbol{X}^{(k+1)}-\frac{\boldsymbol{Y}^{(k)}}{\rho}\right)\end{aligned}$$

对于乘子 $\boldsymbol{Y}$，依然使用常规更新，即

$$\boldsymbol{Y}^{(k+1)}=\boldsymbol{Y}^{(k)}+\tau\rho(\boldsymbol{X}^{(k+1)}+\boldsymbol{S}^{(k+1)}-\boldsymbol{M})$$

那么，交替方向乘子法的迭代格式为

$$\begin{aligned}\boldsymbol{X}^{(k+1)}&=\boldsymbol{U}\mathrm{diag}\left(\mathrm{prox}_{(1/\rho)\|\cdot\|_1}(\sigma(\boldsymbol{A}))\right)\boldsymbol{V}^{\mathrm{T}}\\\boldsymbol{S}^{(k+1)}&=\mathrm{prox}_{(\mu/\rho)\|\cdot\|_1}\left(\boldsymbol{M}-\boldsymbol{X}^{(k+1)}-\frac{\boldsymbol{Y}^{(k)}}{\rho}\right)\\\boldsymbol{Y}^{(k+1)}&=\boldsymbol{Y}^{(k)}+\tau\rho\left(\boldsymbol{X}^{(k+1)}+\boldsymbol{S}^{(k+1)}-\boldsymbol{M}\right)\end{aligned}$$

值得说明的是，在实际中，大多数问题并不直接具有问题(10.60)的形式. 我们需要通过一系列拆分技巧将问题化成 ADMM 的标准形式，同时要求每一个子问题尽量容易求解. 需要指出的是，对同一个问题可能有多种拆分方式，不同方式导出的最终算法可能差异巨大，读者应当选择最容易求解的拆分方式.

10.4 深度学习常用优化算法

深度学习算法在许多情况下都涉及优化算法，但是用于深度模型训练的优化算法与传统的优化算法在几个方面有所不同. 在大多数机器学习问题中，我们关注的点是在测试集上的不可解的性能度量 P. 因此，只是间接地优化 P. 我们希望通过降低代价函数 $J(\theta)$ 来提高 P，这一点不同于纯优化最小化 J 本身.

通常，在机器学习或深度学习中，通常利用经验风险最小化的原则，寻找最优的模

型. 即极小化如下代价函数

$$J(\boldsymbol{\theta})=\mathbb{E}_{(\boldsymbol{x},\boldsymbol{y})\sim\hat{P}_{data}}L(f(\boldsymbol{x};\boldsymbol{\theta}),\boldsymbol{y}) \tag{10.64}$$

其中,L 是每个样本的损失函数,$f(\boldsymbol{x};\boldsymbol{\theta})$是输入为 $\boldsymbol{x}$ 时所预测的输出,$\hat{P}_{data}$ 是经验分布,监督学习中,$\boldsymbol{y}$ 是目标输出. 在本节中,我们不讨论结构风险最小化的问题.

10.4.1 随机梯度下降

结合前一章的内容可知,在利用优化算法求解极小化代价函数时,最常用的目标函数的性质是梯度:

$$\nabla_{\boldsymbol{\theta}}J(\boldsymbol{\theta})=\mathbb{E}_{(\boldsymbol{x},\boldsymbol{y})\sim\hat{P}_{data}}\nabla_{\boldsymbol{\theta}}L(f(\boldsymbol{x};\boldsymbol{\theta}),\boldsymbol{y}) \tag{10.65}$$

在一阶优化或二阶优化算法时,均需要用到梯度信息. 然而,由于机器学习,特别是深度学习中的数据集非常大. 准确计算这个梯度的计算量非常大,因为需要考虑到整个数据集上的每个样本. 每次迭代都需要很大的运算量,那么多次迭代所需的运算量更是让人无法接受. 该如何解决这个问题呢?

1. 随机梯度法

考虑到,梯度的计算实际上可以看作是求期望. 根据期望的性质可知,任何一个样本都可看作是期望值的一个无偏估计. 因此,考虑如下方式计算梯度:

$$\nabla_{\boldsymbol{\theta}}J(\boldsymbol{\theta})=\nabla_{\boldsymbol{\theta}}L(f(\boldsymbol{x}^{(i)};\boldsymbol{\theta}),\boldsymbol{y}^{(i)}) \tag{10.66}$$

这也被称为**随机梯度**,对应的优化算法被称为**随机梯度下降法**(Stochastic Gradient Descent, SGD).

仔细审视随机梯度,可发现理论上确实是可行的. 这是因为,首先,n 个样本均值的标准差是$\sigma/\sqrt{n}$,其中 σ 是样本值真实的标准差,分母$\sqrt{n}$. 这表明使用更多样本来估计梯度的方法是**低于线性的**. 换言之,一个基于 100 个样本,另一个基于 10 000 个样本,后者用于梯度计算的计算量是前者的 100 倍,但前者只提高了 10 倍的均值标准差. 如果能够快速计算出梯度估计值,而不是缓慢计算准确值,那么大多数优化算法会收敛得更快(就总的计算量而言,而不是指更新次数). 其次,从小数目样本中获得梯度的统计估计的动机是训练集的**冗余性**. 在最坏情况下,训练集中所有 m 个样本可以是彼此相同的拷贝. 基于采样的梯度估计可以使用单个样本计算出正确的梯度,而比原来的做法少花了 m 倍时间. 实践中,尽管不太可能真的遇见这种最坏情况,但我们可能会发现大量样本确实都对梯度做出了非常相似的贡献.

在进一步介绍随机梯度法之前,有必要对涉及的相关概念做一些区分. 通常,使用整个训练集的梯度优化算法被称为 **batch** 或**确定性**梯度算法,简称**梯度算法**. 每次从一个固定大小的训练集中随机抽取单个样本的梯度优化算法被称为**随机梯度**算法. 每次只使用单个样本的梯度优化算法有时被称为**随机梯度**或者**在线**算法. 其中"**在线**"通常是指从连续产生的数据流中抽取样本的情况,而不是从一个固定大小的训练集中遍历多次采样的情况. 大多数用于深度学习的算法介于梯度法和上面提到的随机梯度法两者之间,使用一个以上,而又不是全部的训练样本. 传统上,这些会被称为 **minibatch 随机梯度**方法,通常也简单地称为**随机梯度**方法,这也是现如今被广泛运用的随机梯度法.

随机方法的典型示例是随机梯度下降,其算法概括如下:

算法 10.17　随机梯度法

Require:学习速率 ϵ_k,初始参数 $\boldsymbol{\theta}$

repeat

　从训练集中采包含 m 个样本$\{\boldsymbol{x}^{(1)}, \cdots, \boldsymbol{x}^{(m)}\}$的 minibatch,对应目标为 $\boldsymbol{y}^{(i)}$;

　计算梯度估计:$\hat{\boldsymbol{g}} \leftarrow \frac{1}{m}\nabla_{\boldsymbol{\theta}}\sum_i L(f(\boldsymbol{x}^{(i)}; \boldsymbol{\theta}), \boldsymbol{y}^{(i)})$

　应用更新:$\boldsymbol{\theta} \leftarrow \boldsymbol{\theta} - \epsilon_k\hat{\boldsymbol{g}}$

until 达到停止准则

2. 学习速率

SGD 算法中的一个关键参数是学习速率(即前面提到的步长,在机器学习领域,人们常称之为学习速率). 在实践中,随着时间的推移有必要逐渐降低学习速率. 逐步降低学习速率的原因是 SGD 在梯度估计引入的噪源(m 个训练样本的随机采样)并不会在极小值处消失. 相比之下,当我们使用 batch 梯度下降到达极小值时,整个代价函数的真实梯度会变得很小,甚至为 $\mathbf{0}$,因此 batch 梯度下降可以使用固定的学习速率. 若假定在第 k 次迭代的学习速率我们记为 ϵ_k,则保证 SGD 收敛的一个充分条件是

$$\sum_{k=1}^{\infty}\epsilon_k = \infty \tag{10.67}$$

且

$$\sum_{k=1}^{\infty}\epsilon_k^2 = \infty \tag{10.68}$$

实践中，一般会线性衰减学习速率到第 τ 次迭代：

$$\epsilon_k = (1-\alpha)\epsilon_0 + \alpha\tau_r \tag{10.69}$$

其中，$\alpha = \frac{k}{\tau}$. 在 τ 步迭代之后，一般使 ϵ 保持常数.

学习速率可通过试验和误差来选取，通常最好的选择方法是画出目标函数值随时间变化的学习曲线. 使用线性时间表时，参数选择为 ϵ_0，ϵ_τ，τ. 通常 τ 被设为需要反复遍历训练样本几百次的迭代次数，且设为大于 1% 的 ϵ_0. 所以主要问题是如何设置 ϵ_0. 若 ϵ_0 太大，学习曲线将会剧烈振荡，代价函数值通常会明显增加. 温和的振荡是良好的，特别是训练于随机代价函数上，例如由信号丢失引起的代价函数. 如果学习速率太慢，那么学习进程会缓慢. 如果初始学习速率太低，那么学习可能会卡在一个相当高的损失值. 通常，就总训练时间和最终损失值而言，最优初始学习速率会高于大约迭代 100 步后输出最好效果的学习速率. 因此，通常最好是检测最早的几次迭代，使用一个高于此时效果最佳学习速率的学习速率，但又不能太高以致严重的不稳定性.

SGD 和相关的 minibatch 或在线基于梯度的优化的最重要性质是每一步更新的计算时间不会随着训练样本数目而增加. 对于大数据集，SGD 初始快速更新只需非常少量样本计算梯度的能力远远超过了其缓慢的渐进收敛. 对于足够大的数据集，SGD 可能会在处理整个训练集之前就收敛到最终测试集误差的某个固定容差范围内. SGD 应用于凸问题时，k 步迭代后的额外误差量级是 $O\left(\frac{1}{\sqrt{k}}\right)$，在强凸情况下是 $O\left(\frac{1}{k}\right)$. 除非假定额外的条件，否则这些界限不能进一步改进.

Batch 梯度下降在理论上比随机梯度下降有更好的收敛率，然而，Carmér 界限指出，泛化误差的下降速度不会快于 $O\left(\frac{1}{k}\right)$. Bottou 和 Bousquet 由此认为对于机器学习任务，不值得探寻收敛快于 $O\left(\frac{1}{k}\right)$ 的优化算法——更快的收敛可能对应着过拟合. 此外，渐进分析掩盖了随机梯度下降在少量更新步之后的很多优点. 我们也可以权衡 batch 梯度下降和随机梯度下降两者的优点，在学习过程中逐渐增大 minibatch 的大小.

10.4.2 动量梯度下降

虽然随机梯度下降仍然是非常受欢迎的优化方法，但学习速率有时会很慢. 可能出现如图 10.18 所示“震荡”的现象. 我们试图去分析出现“震荡”现象的最直接原因. 在历史梯度的某些分量方向上,出现反复迂回的现象;而在一致前进的分量方向又没有得到加速,所以产生“震荡”. 例如:假设第 $k-1$ 次迭代的梯度 $\nabla_\theta L(\theta_{k-1})=[0.5\quad 0.2]^{\mathrm{T}}$, 而在第 k 次迭代的梯度 $\nabla_\theta L(\theta_k)=[-0.4\quad 0.1]^{\mathrm{T}}$. 显然,这两次迭代在第一维分量上产生震荡,第二维的分量方向行进一致. 这促使我们思考:如何在震荡的分量上抵消震荡,在行进一致的分量上进行加速?

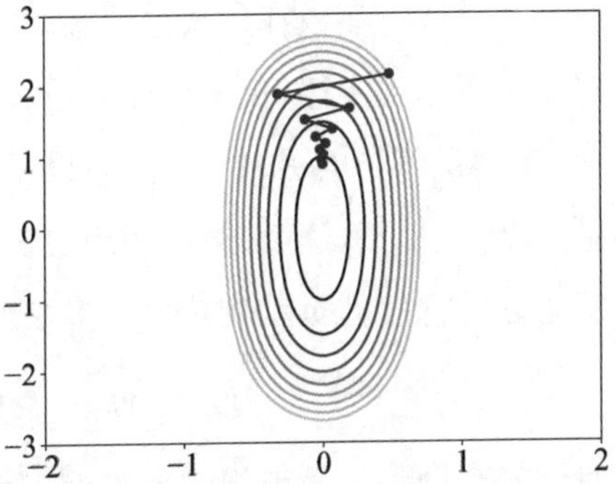

图 10.18 “震荡”现象

1. 动量法

一个简单的方法:将历史数据与当前的梯度进行某种加法,那么自然会抵消震荡部分的分量,并且加速行进一致的分量. 这就是动量法的思想,它积累了之前梯度指数级衰减的移动平均,并且继续沿该方向移动. 这便得到**动量法**的更新规则如下:

$$\begin{cases}\boldsymbol{v}\leftarrow\alpha\boldsymbol{v}-\epsilon\nabla_{\boldsymbol{\theta}}\left(\dfrac{1}{m}\displaystyle\sum_{i=1}^{m}L(f(\boldsymbol{x}^{(i)};\boldsymbol{\theta}),\boldsymbol{y}^{(i)})\right)\\ \boldsymbol{\theta}\leftarrow\boldsymbol{\theta}+\boldsymbol{v}\end{cases}\tag{10.70}$$

其中第一个式子的第一项可以看作是历史梯度信息,第一个式子的第二项为当前的负梯度. 然后将它们的加权和作为当前下降的方向. 动量法本质上解决了两个问题:Hessian 矩阵的不良条件数和随机梯度的方差. 总体上,避免了将计算浪费在来回的震荡之中. 下面将带动量的 SGD 算法总结如下:

算法 10.18 动量法

Require:学习速率 ϵ,动量参数 α,初始参数 $\boldsymbol{\theta}$,初始速度 $\boldsymbol{v}$

repeat
  从训练集中采包含 m 个样本$\{\boldsymbol{x}^{(1)},\cdots,\boldsymbol{x}^{(m)}\}$的 minibatch,对应目标为 $\boldsymbol{y}^{(i)}$;
  计算梯度估计:$\boldsymbol{g}\leftarrow\dfrac{1}{m}\nabla_{\boldsymbol{\theta}}\sum_i L(f(\boldsymbol{x}^{(i)};\boldsymbol{\theta}),\boldsymbol{y}^{(i)})$
  计算速度更新:$\boldsymbol{v}\leftarrow\alpha\boldsymbol{v}-\epsilon\boldsymbol{g}$
  应用更新:$\boldsymbol{\theta}\leftarrow\boldsymbol{\theta}+\boldsymbol{v}$
until 达到停止准则

动量法有着物理学上的直观含义. 从形式上看,动量算法引入了变量 $\boldsymbol{v}$ 充当速度的角色——它代表参数在参数空间移动的方向和速度. 名称**动量**(momentum)来自物理类比,根据牛顿运动定律,负梯度是移动参数空间中粒子的力. 动量在物理学上是质量乘以速度. 在动量学习算法中,我们假设是单位质量,因此速度向量 $\boldsymbol{v}$ 也可以看作是粒子的动量. 实际上动量(速度)被设为历史负梯度信息的指数衰减平均,其中超参数 $\alpha \in [0, 1)$ 决定了之前梯度的贡献衰减得有多快. 这可以通过简单的展开得到:

$$\boldsymbol{v}_k = \alpha \boldsymbol{v}_{k-1} - \epsilon \boldsymbol{g}_k = \alpha^2 \boldsymbol{v}_{k-2} - \alpha \epsilon \boldsymbol{g}_{k-1} - \epsilon \boldsymbol{g}_k = \cdots$$

对动量法做一个最理想的假设:如果动量动量算法总是观测到梯度 $\boldsymbol{g}$,那么它会在方向 $-\boldsymbol{g}$ 上不停加速,直到达到最后速度的步长为

$$\frac{\epsilon \|\boldsymbol{g}\|}{1-\alpha} \tag{10.71}$$

因此,将动量的超参数视为 $\dfrac{1}{1-\alpha}$.

2. Nesterov 动量法

动量法中使用历史的梯度数据来改进搜索方向,那能不能使用未来的梯度数据来改进当前搜索方向呢? 实际上,这就是 Nesterov 加速梯度算法. 假设我们试探性地向前迈进了一步,然后计算下一步的梯度,再利用它改善当前的前进方向.

受 Nesterov 加速梯度算法启发,Sutskever(2013)提出了动量算法的一个变种. 这种情况的更新规则如下:

$$\begin{cases} \boldsymbol{v} \leftarrow \alpha \boldsymbol{v} - \epsilon \nabla_{\boldsymbol{\theta}} \left[\dfrac{1}{m} \displaystyle\sum_{i=1}^{m} L(\boldsymbol{f}(\boldsymbol{x}^{(i)}; \boldsymbol{\theta} + \alpha \boldsymbol{v}), \boldsymbol{y}^{(i)}) \right] \\ \boldsymbol{\theta} \leftarrow \boldsymbol{\theta} + \boldsymbol{v} \end{cases} \tag{10.72}$$

其中参数 α 和 ϵ 发挥了和标准动量方法中类似的作用. Nesterov 动量和标准动量之间的区别体现在梯度计算上. Nesterov 动量中,梯度计算在施加当前速度之后. $\boldsymbol{\theta} + \alpha \boldsymbol{v}$ 即表示试探性的下一步,那么第一个式子的第二项即为下一步的梯度. Nesterov 动量的随机梯度下降算法如下:

算法 10.19 Nesterov 动量法

Require:学习速率 ϵ,动量参数 α,初始参数 $\boldsymbol{\theta}$,初始速度 $\boldsymbol{v}$

1: **repeat**

2: 从训练集中采包含 m 个样本$\{\boldsymbol{x}^{(1)}, \cdots, \boldsymbol{x}^{(m)}\}$的 minibatch,对应目标为 $\boldsymbol{y}^{(i)}$;

3: 应用临时更新: $\tilde{\boldsymbol{\theta}} \leftarrow \boldsymbol{\theta} + \alpha \boldsymbol{v}$

4: 计算梯度(在临时点): $\boldsymbol{g} \leftarrow \frac{1}{m} \nabla_{\tilde{\boldsymbol{\theta}}} \sum_i L\left(f(\boldsymbol{x}^{(i)}; \tilde{\boldsymbol{\theta}}), \boldsymbol{y}^{(i)}\right)$

5: 计算速度更新: $\boldsymbol{v} \leftarrow \alpha \boldsymbol{v} - \epsilon \boldsymbol{g}$

6: 应用更新: $\boldsymbol{\theta} \leftarrow \boldsymbol{\theta} + \boldsymbol{v}$

7: **until** 达到停止准则

在凸 batch 梯度的情况下,Nesterov 动量将额外误差收敛率从 $O(1/k)$(k 步后)改进到 $O(1/k^2)$. 可惜,在随机梯度的情况下,Nesterov 动量没有改进收敛率.

10.4.3 自适应学习速率

前面讨论的是如何优化搜索方向,实际上还有一个关键的问题是优化学习速率. 神经网络研究员早就意识到学习速率肯定是难以设置的超参数之一,因为它对模型的性能有显著的影响. 通常,损失函数高度敏感于参数空间中的某些方向,动量算法虽然可以在一定程度缓解这些问题,但这样做的代价是引入了另一个超参数. 在这种情况下,自然会问有没有其他方法. 如果我们相信方向敏感度在某种程度是轴对齐的,那么每个参数设置不同的学习速率,在整个学习过程中自动适应这些学习速率是有道理的.

事实上,**Delta-bar-delta** 算法(Jacobs, 1988)是一个早期的在训练时适应模型参数各自学习速率的启发式方法. 该方法基于一个很简单的想法:如果损失对于某个给定模型参数的偏导保持相同的符号,那么学习速率应该增加;如果对于该参数的偏导变化了符号,那么学习速率应减小. 当然,这种方法只能应用于全 batch 优化中. 而对于基于 minibatch 的算法是否有相应的启发式学习速率? 最近,研究者们提出了一些增量(或者基于 minibatch)的算法来自适应模型参数的学习速率. 这节将简要回顾其中一些算法.

1. AdaGrad

我们回到图 10.18 所示"震荡"的现象. 这次不从搜索方向的角度思考,而从学习速率的角度思考,直观地发现:在左下至右上的维度前进的步伐较大,导致了反复迂回;在左上至右下的维度前进的步伐较小,导致了下降不够. 实际上,我们可以从梯度的分量值上获得这一直观认识. 当梯度的分量较大时,意味着该方向函数值变化快,应减小学习率;当梯度的分量较大时,函数值变化平缓,应增大步长. 因此,可以根据梯度历史值自适应地更新学习速率. 这就是 **AdaGrad** 算法:按照每个参数的**梯度历史值的平方和的平方根成反比**缩放每个参数(Duchi, 2011),独立地适应所有模型参数的学习速率. 这样具有最大偏导的参数，自适应地降低了学习速率，而具有小偏导的参数在学习速率上应相对变大. AdaGrad 算法如算法 10.20 所示.

算法 10.20 AdaGrad

Require：全局学习速率 ϵ，初始参数 $\boldsymbol{\theta}$，小常数 δ（为了数值稳定大约设为 10^{-7}）

1：初始化梯度累计变量 $\boldsymbol{r}=\boldsymbol{0}$；

2：**repeat**

3：　从训练集中采包含 m 个样本 $\{\boldsymbol{x}^{(1)},\cdots,\boldsymbol{x}^{(m)}\}$ 的 minibatch，对应目标为 $\boldsymbol{y}^{(i)}$；

4：　计算梯度：$\boldsymbol{g}\leftarrow\frac{1}{m}\nabla_{\boldsymbol{\theta}}\sum_i L(f(\boldsymbol{x}^{(i)};\boldsymbol{\theta}),\boldsymbol{y}^{(i)})$

5：　累积平方梯度：$\boldsymbol{r}\leftarrow\boldsymbol{r}+\boldsymbol{g}\odot\boldsymbol{g}$（$\odot$表示逐元素相乘）

6：　计算更新：$\Delta\boldsymbol{\theta}\leftarrow-\frac{\epsilon}{\delta+\sqrt{\boldsymbol{r}}}\odot\boldsymbol{g}$（逐元素地应用除和求平方根）

7：　应用更新：$\boldsymbol{\theta}\leftarrow\boldsymbol{\theta}+\Delta\boldsymbol{\theta}$

8：**until** 达到停止准则

在凸优化背景中，AdaGrad 算法具有一些令人满意的理论性质. 然而，经验上已经发现，对于训练深度神经网络模型而言，从训练开始时积累梯度平方会导致有效学习速率过早和过量的减小. AdaGrad 在某些深度学习模型上效果不错，但不是全部.

如果在 AdaGrad 中使用真实梯度$\nabla f(\boldsymbol{x}^{(k)})$，那么 AdaGrad 也可以看成是一种介于一阶和二阶之间的优化算法. 考虑 $f(\boldsymbol{x})$在点 $\boldsymbol{x}^{(k)}$ 处的二阶泰勒展开：

$$f(\boldsymbol{x})\approx f(\boldsymbol{x}^{(k)})+\nabla f(\boldsymbol{x}^{(k)})^{\mathrm{T}}(\boldsymbol{x}-\boldsymbol{x}^{(k)})+\frac{1}{2}(\boldsymbol{x}-\boldsymbol{x}^{(k)})^{\mathrm{T}}\boldsymbol{B}^{(k)}(\boldsymbol{x}-\boldsymbol{x}^{(k)})$$

若使用常数倍单位矩阵近似 $\boldsymbol{B}^{(k)}$ 时可得到梯度法；若利用海瑟矩阵作为 $\boldsymbol{B}^{(k)}$ 时可得到牛顿法. 而 AdaGrad 则是使用一个对角矩阵来作为 $\boldsymbol{B}^{(k)}$. 具体地，取

$$\boldsymbol{B}^{(k)}=\frac{1}{\epsilon}\mathrm{diag}(\sqrt{\boldsymbol{r}}+\delta)$$

时导出的算法就是 AdaGrad.

2. RMSProp

在了解动量法之后，我们会发现 AdaGrad 算法存在明显不足：将所有的历史梯度值的平方直接相加，一方面可能使得学习速率在达到这样的凸结构前就变得太小了. 另一方面，对于遥远过去的历史数据没有衰减. 借助动量法的思想，**RMSProp** 算法（Hinton）修改 AdaGrad 算法，改变梯度积累为指数加权的移动平均：

$$\boldsymbol{r} \leftarrow \rho \boldsymbol{r} + (1-\rho)\boldsymbol{g} \odot \boldsymbol{g}$$

AdaGrad 旨在应用于凸问题时快速收敛. 当应用于非凸函数训练神经网络时，学习轨迹可能穿过了很多不同的结构，最终到达一个局部是凸的碗状的区域. RMSProp 使用指数衰减平均以丢弃遥远过去的历史，使其能够在找到碗状凸结构后快速收敛，它就像一个初始化于该碗状结构的 AdaGrad 算法实例.

算法 10.21　RMSProp

Require：全局学习速率 ϵ，衰减速率 ρ，初始参数 $\boldsymbol{\theta}$，小常数 δ（为了数值稳定大约设为 10^{-6}）
1：初始化梯度累计变量 $\boldsymbol{r}=\boldsymbol{0}$；
2：**repeat**
3：　从训练集中采包含 m 个样本$\{\boldsymbol{x}^{(1)}, \cdots, \boldsymbol{x}^{(m)}\}$的 minibatch，对应目标为 $\boldsymbol{y}^{(i)}$；
4：　计算梯度：$\boldsymbol{g} \leftarrow \frac{1}{m} \nabla_{\boldsymbol{\theta}} \sum_i L(f(\boldsymbol{x}^{(i)}; \boldsymbol{\theta}), \boldsymbol{y}^{(i)})$
5：　累积平方梯度：$\boldsymbol{r} \leftarrow \rho \boldsymbol{r} + (1-\rho)\boldsymbol{g} \odot \boldsymbol{g}$
6：　计算更新：$\Delta\boldsymbol{\theta} \leftarrow -\frac{\epsilon}{\delta+\sqrt{\boldsymbol{r}}} \odot \boldsymbol{g}$
7：　应用更新：$\boldsymbol{\theta} \leftarrow \boldsymbol{\theta} + \Delta\boldsymbol{\theta}$
8：**until** 达到停止准则

RMSProp 的标准形式如算法 10.21，相比于 AdaGrad，使用移动平均引入了一个新的超参数 ρ，用来控制移动平均的长度范围. 经验上，RMSProp 已被证明是一种有效且实用的深度神经网络优化算法. 目前它是深度学习从业者经常采用的优化方法之一.

3. Adam

在前面我们探讨了搜索方向上的优化，得到了动量法；其次，我们通过学习速率上的优化，获得了 AdaGrad 算法、RMSProp 算法. 显然，可以将二者结合起来，即接下来要介绍的 Adam 算法. 它可看作是结合了 RMSProp 和动量法的变种.

Adam(kingma and Ba, 2014)是另一种学习速率自适应的优化算法. “Adam”这个名字派生自短语“adaptive moments”. 首先，在 Adam 中，动量直接并入了梯度一阶矩（指数加权）的估计. 将动量加入 RMSProp 最直观的方法是将动量应用于缩放后的梯度：

$$\boldsymbol{s} \leftarrow \rho_1 \boldsymbol{s} + (1-\rho_1)\boldsymbol{g}$$

结合缩放的动量使用没有明确的理论动机. 其次，与 RMSProp 类似，也会记录迭代过程中梯度的二阶矩：

$$\boldsymbol{r} \leftarrow \rho_2 \boldsymbol{r} + (1-\rho_2)\boldsymbol{g} \odot \boldsymbol{g}$$

再次，Adam 包括偏置修正，修正从原点初始化的一阶矩和（非中心的）二阶矩的估计：

$$\hat{\boldsymbol{s}} \leftarrow \frac{\boldsymbol{s}}{1-\rho_1^{\mathrm{T}}},\ \hat{\boldsymbol{r}} \leftarrow \frac{\boldsymbol{r}}{1-\rho_2^{\mathrm{T}}}$$

Adam 算法具体步骤如算法 10.22 所示.

算法 10.22 Adam

Require：步长 ϵ（建议默认为 0.001），矩估计的指数衰减速率 ρ_1，ρ_2（建议分别默认为 0.9 和 0.999），用于数值稳定的小常数 δ（建议默认为 10^{-8}），初始参数 $\boldsymbol{\theta}$

初始化一阶和二阶矩变量 $\boldsymbol{s}=\boldsymbol{0},\ \boldsymbol{r}=\boldsymbol{0},\ t=0$

repeat

  从训练集中采包含 m 个样本 $\{\boldsymbol{x}^{(1)},\ \cdots,\ \boldsymbol{x}^{(m)}\}$ 的 minibatch，对应目标为 $\boldsymbol{y}^{(i)}$；

  计算梯度：$\boldsymbol{g} \leftarrow \frac{1}{m}\nabla_{\boldsymbol{\theta}}\sum_i L(f(\boldsymbol{x}^{(i)};\ \boldsymbol{\theta}),\ \boldsymbol{y}^{(i)})$

  $t \leftarrow t+1$

  更新有偏一阶矩估计：$\boldsymbol{s} \leftarrow \rho_1\boldsymbol{s}+(1-\rho_1)\boldsymbol{g}$

  更新有偏二阶矩估计：$\boldsymbol{r} \leftarrow \rho_2\boldsymbol{r}+(1-\rho_2)\boldsymbol{g}\odot\boldsymbol{g}$

  修正一阶矩和二阶矩的偏差：$\hat{\boldsymbol{s}} \leftarrow \frac{\boldsymbol{s}}{1-\rho_1^{\mathrm{T}}},\ \hat{\boldsymbol{r}} \leftarrow \frac{\boldsymbol{r}}{1-\rho_2^{\mathrm{T}}}$

  计算更新：$\Delta\boldsymbol{\theta} \leftarrow -\epsilon\frac{\hat{\boldsymbol{s}}}{\sqrt{\hat{\boldsymbol{r}}}+\delta}$

  应用更新：$\boldsymbol{\theta} \leftarrow \boldsymbol{\theta}+\Delta\boldsymbol{\theta}$

until 达到停止准则

从算法中可以看出，RMSProp 也采用了（非中心的）二阶矩估计，然而缺失了修正因子. 因此，不像 Adam，RMSProp 二阶矩估计可能在训练初期有很高的偏置. Adam 通常被认为对超参数的选择相当鲁棒，尽管学习速率有时需要改为与建议的默认值不同的值. Adam 也是深度学习从业者经常采用的优化方法之一. 它已经被实现在许多主流的深度学习框架之中，包括 Pytorch 和 Tensorflow.

10.4.4 应用实例：多层感知机

多层感知机也叫全连接神经网络，是一种基本的网络结构，在前面已经简要地介绍了这一模型. 考虑有 L 个隐藏层的多层感知机，给定输入 $\boldsymbol{x}\in\mathbb{R}^p$，则多层感知机的输出可用如下迭代过程表示：

$$\boldsymbol{f}_l=\sigma(\boldsymbol{A}_l\boldsymbol{f}_{l-1}+\boldsymbol{b}_l),\ l=1,\ 2,\ \cdots,\ L+1$$

其中 $\boldsymbol{A}_l \in \mathbb{R}^{m_{l-1}\times m_l}$ 为系数矩阵，$\boldsymbol{b}_l \in \mathbb{R}^{m_l}$ 为非齐次项，$\sigma(\cdot)$ 为非线性激活函数，输出为 $\boldsymbol{f}_{L+1}$.

现在用非线性函数 $h(\boldsymbol{x};\boldsymbol{\theta})$来表示该多层感知机，其中

$$\boldsymbol{\theta}=\mathrm{vec}\left(\boldsymbol{A}^{(1)},\ \boldsymbol{A}^{(2)},\ \cdots,\ \boldsymbol{A}_l,\ \boldsymbol{b}^{(1)},\ \boldsymbol{b}^{(2)},\ \cdots,\ \boldsymbol{b}^{(L)}\right)$$

表示所有网络参数展成的向量，则学习问题可以表示成经验损失函数求极小问题：

$$\min \frac{1}{N}\sum_{i=1}^{N} L(h(\boldsymbol{x};\boldsymbol{\theta}),\ \boldsymbol{y}_i)$$

同样地，由于目标函数表示成了样本平均的形式，我们可以用随机梯度算法：

$$\boldsymbol{\theta}^{(k+1)}=\boldsymbol{\theta}^{(k)}-\tau_k \nabla_{\boldsymbol{\theta}} L(h(\boldsymbol{x}_{s_k};\boldsymbol{\theta}^{(k)}),\ \boldsymbol{y}_{s_k})$$

其中 s_k 为第 k 次迭代时从$\{1,2,\cdots,N\}$中随机抽取的一个样本. 算法最核心的部分为求梯度，由于函数具有复合结构，因此可以采用后传算法. 假定已经得到关于第 l 隐藏层的导数$\dfrac{\partial L}{\partial \boldsymbol{f}_l}$，然后可以通过下面递推公式得到关于第 l 隐藏层参数的导数以及关于前一个隐藏层的导数：

$$\frac{\partial L}{\partial \boldsymbol{b}_l}=\frac{\partial L}{\partial \boldsymbol{f}_l}\odot\frac{\partial \sigma}{\partial \boldsymbol{z}_l},\quad \frac{\partial L}{\partial \boldsymbol{A}_l}=\left(\frac{\partial L}{\partial \boldsymbol{f}_l}\odot\frac{\partial \sigma}{\partial \boldsymbol{z}_l}\right)(\boldsymbol{f}_{l-1})^{\mathrm{T}},\quad \frac{\partial L}{\partial \boldsymbol{f}_{l-1}}=(\boldsymbol{A}_l)^{\mathrm{T}}\left(\frac{\partial L}{\partial \boldsymbol{f}_l}\odot\frac{\partial \sigma}{\partial \boldsymbol{z}_l}\right).$$

其中$\odot$为逐元素相乘，$\boldsymbol{z}_l=\boldsymbol{A}_l\boldsymbol{f}_l+l$. 完整的后传算法见算法 10.23.

算法 10.23 后传算法

1：$\boldsymbol{g} \leftarrow \nabla_{\hat{f}} L(\hat{\boldsymbol{f}},\ \boldsymbol{y}_{s_k})$.
2：**for** $l=L+1,\ L,\ \cdots,\ 1$ **do**
3：　$\boldsymbol{g} \leftarrow \boldsymbol{g}\odot\dfrac{\partial \sigma}{\partial \boldsymbol{z}_l}$.
4：　$\dfrac{\partial L}{\partial \boldsymbol{b}_l}=\boldsymbol{g}$.
5：　$\dfrac{\partial L}{\partial \boldsymbol{A}_l}=\boldsymbol{g}(\boldsymbol{f}_{l-1})^{\mathrm{T}}$.
6：　$\boldsymbol{g} \leftarrow (\boldsymbol{A}_l)^{\mathrm{T}}\boldsymbol{g}$.
7：**end for**

10.5 在线凸优化算法简介

将优化视为一个过程的观点已经在各种领域中都变得非常突出. 随着机器学习的发展,在线机器学习也成为一个热门的研究方向. 而其背后正是近年来许多学者所提出的在线凸优化的框架. 本节我们将对这一前沿领域做简要介绍,包括在线凸优化模型的建立、实际应用(在线投资组合选择)以及求解算法.

10.5.1 在线凸优化模型

在在线凸优化(Online Convex Optimization, OCO)问题中,一个在线参与者(玩家)迭代式地做出决策. 在做出每一个决策时,与他的选择相关的结果对参与者来说是未知的. 在做出决策后,决策者会付出一个代价. 每一个可能的决策都会付出一个(可能是不同的)代价,这些代价是决策者无法提前预知的,可以由对手选择,甚至取决于决策者自身采取的行动.

为使得这个架构有意义,定义一些约束是非常有必要的:

- 对手给出的代价不允许是无界的. 否则对手可以在每一步中不断降低代价的值,使得算法永远不能从第一次支付代价后恢复. 因此代价被假定为局限在某一个有界范围内.
- 尽管决策集中元素的个数不必是有限的,但它必须是有界的,且/或是有结构的. 为理解这一规定的必要性,可以考虑在一个无穷可能决策集上的决策问题. 对手可以在参与者选择的所有策略上不固定地附加较高的代价,并令其他策略的代价为零. 这就使得任何有意义的性能指标无法使用.

令人惊讶的是,在不超过这两个约束的情况下,可以导出一些有趣的结论和算法. 在在线凸优化架构模型中,决策集被模型化为欧氏空间中的一个凸集,记为 $\mathcal{K} \subset \mathbb{R}^n$. 代价被模型化为 $\mathcal{K}$ 上的有界凸函数. OCO 架构可以看作一个有结构的、不断重复的博弈过程.

这一学习架构的规则为:在第 t 次迭代时,在线参与者选择 $\boldsymbol{x}_t \in \mathcal{K}$. 在参与者做出这一选择后,给出一个凸函数 $f_t \in \mathcal{F}: \mathcal{K} \mapsto \mathbb{R}$. 此处 $\mathcal{F}$ 为对手可以使用的有界代价函数族. 在线参与者付出的代价为 $f_t(\boldsymbol{x}_t)$,即选择 $\boldsymbol{x}_t$ 时代价函数的值. 令 T 表示博弈进行的总迭代次数.

一个自然的问题,是什么使得一个算法成为好的 OCO 算法呢? 由于该架构为一个博弈过程,它天然具有对抗性,其合理的性能评估指标也将来自于博弈论:决策者的**遗**

憾(regret). 它定义为在事后看来,决策者做出决策所付出的总代价与固定的最好决策总代价之间的差. 在 OCO 中,通常对一个算法在最坏的情况下做出决策的遗憾上界感兴趣.

令 $\mathcal{A}$ 为一个 OCO 算法,它将某特定博弈中的历史决策映射到决策集中. 经 T 次的迭代后,$\mathcal{A}$ 的遗憾的形式化定义为:

$$\text{遗憾}_T(\mathcal{A}) = \sup_{f_1, \cdots, f_T \subseteq \mathcal{F}} \left\{ \sum_{t=1}^{\mathrm{T}} f_t(\boldsymbol{x}_t) - \min_{x \in \mathcal{K}} \sum_{t=1}^{\mathrm{T}} f_t(\boldsymbol{x}) \right\} \tag{10.73}$$

直观地讲,如果一个算法的遗憾是 T 的次线性函数,即遗憾$_T(\mathcal{A}) = o(T)$,则该算法的性能较好,因为这意味着算法的平均性能在事后看来与最好的固定策略是一样的.

在一个 T 迭代重复博弈中,在线优化算法的执行时间定义为在迭代 $t \in [T]$①时,最坏情形下得到 $\boldsymbol{x}_t$ 所需的时间. 通常,执行时间会依赖于 n(决策集 $\mathcal{K}$ 的维数)、T(博弈迭代的总次数)、代价函数的参数及基本凸集.

OCO 在最近几年成为在线学习的主要架构的原因得益于它极强的建模能力,使得它被广泛地应用于诸多领域,例如:在线路由,广告选择,垃圾邮件过滤和投资组合选择等.

这里详细介绍最近被广泛研究的投资组合选择问题,考虑一个对股票市场不做任何统计性假设(用以区别传统的几何布朗运动股票价格模型)的投资组合选择模型,并将其称为"通用投资组合选择"(universal portfolio selection)模型.

在每一迭代 $t \in [T]$ 中,决策者在 n 种资产上选择其财富的一个分布 $\boldsymbol{x}_t \in \Delta_n$,此处 $\Delta n = \{\boldsymbol{x} \in \mathbb{R}_+^n,\ \sum_i = 1\}$ 为 n 维单纯形. 对手独立地选择资产的回报,即一个所有元素都严格为正的向量 $\boldsymbol{r}_t \in \mathbb{R}^n$,其每一个分量 $\boldsymbol{r}_t(i)$ 表示资产在迭代 t 和 $t+1$ 之间的价格的比值. 例如,若第 i 个分量为一个 Google 股票持有者用 GOOG 标记的 NASDAQ 交易量,则:

$$\boldsymbol{r}_t(i) = \frac{\text{在 } t+1 \text{ 时刻 GOOG 的价格}}{\text{在 } t \text{ 时刻 GOOG 的价格}}$$

令 W_t 为在迭代 t 时的总财富,则在忽略交易成本的情况下,有

$$W_{t+1} = W_t \cdot \boldsymbol{r}_t^{\mathrm{T}} \boldsymbol{x}_t$$

投资者在迭代 $t+1$ 和 t 时的财富的比值为 $\boldsymbol{r}_t^{\mathrm{T}} \boldsymbol{x}_t$. 这样经过 T 次迭代后,总资产财富可用下式给出:

---

① 在此以后,符号$[n]$表示整数集合$\{1, \cdots, n\}$.

$$W_T = W_1 \cdot \Pi_{t=1}^{\mathrm{T}} \boldsymbol{r}_t^{\mathrm{T}} \boldsymbol{x}_t$$

决策者的目标是最大化整体的财富收益 W_T/W_1，它可以通过最大化下面的对数值更为方便地求得：

$$\log \frac{W_T}{W_1} = \sum_{t=1}^{\mathrm{T}} \log \boldsymbol{r}_t^{\mathrm{T}} \boldsymbol{x}_t$$

尽管它被标示为收益最大化而不是代价最小化，但这并没有本质区别. 这一设定下的收益就定义为该财富比例变化的对数，即

$$f_t(\boldsymbol{x}) = \log(\boldsymbol{r}_t^{\mathrm{T}} \boldsymbol{x}).$$

注意到由于 $\boldsymbol{x}_t$ 为投资者财富的分布，即便有 $\boldsymbol{x}_{t+1} = \boldsymbol{x}_t$，由于价格的变化，投资者仍然需要通过交易来调整资产.

在这种情况下，遗憾被定义为：

$$遗憾_T = \max_{\boldsymbol{x}^\star \in \Delta_n} \sum_{t=1}^{\mathrm{T}} \log(\boldsymbol{r}_t^{\mathrm{T}} \boldsymbol{x}^\star) - \sum_{t=1}^{\mathrm{T}} \log(\boldsymbol{r}_t^{\mathrm{T}} \boldsymbol{x}_t)$$

即

$$遗憾_T = \max_{\boldsymbol{x}^\star \in \Delta_n} \sum_{t=1}^{\mathrm{T}} f_t(\boldsymbol{x}^\star) - \sum_{t=1}^{\mathrm{T}} f_t(\boldsymbol{x}_t)$$

这是非常直观的. 公式中的第一项是财富的对数，它是由尽可能好的事后分布 $\boldsymbol{x}^\star$ 所积累的. 由于这一分布是固定的，它对于每一个交易期后重新平衡头寸的策略，因此，他被称为持续的再平衡投资组合(constant rebalanced portfolio). 第二项就是在线决策者积累财富的对数. 因此最小化遗憾就对应于最大化投资者的财富与一个投资策略集中表现最佳基准财富的比值.

在这一设定下，通用投资者组合选择非常符合 OCO 架构. 一般地，通用投资者组合选择算法被定义为求得的遗憾收敛于零的算法. 尽管这一算法需要使用指数次的计算时间，但它最先是由 Cover 提出的.

10.5.2 一阶方法

本小节将描述并分析在线凸优化中的一个最简单也最基本的算法，它在实践中也非常有效. 本小节中介绍的算法的目标都是最小化遗憾(regret)，而不是优化误差(在在线假

设下，它是病态的).

回顾等式(10.73)中给出的 OCO 设定下有关遗憾的定义，将其中在上标、下标和上确界中有关函数类的记号去掉后，就得到比较清晰的形式：

$$\text{遗憾} = \sum_{t=1}^{T} f_t(\boldsymbol{x}_t) - \min_{x \in \mathcal{K}} \sum_{t=1}^{T} f_t(\boldsymbol{x})$$

为将遗憾与优化误差进行对比，考虑平均遗憾(即遗憾/T)是非常有用的. 令 $\bar{\boldsymbol{x}}_T = \frac{1}{T}\sum_{t=1}^{T} \boldsymbol{x}_t$ 为决策向量的平均，若函数 f_t 都是同样的一个函数 $f: \mathcal{K} \mapsto \mathbb{R}$，则 Jensen 不等式意味着 $f(\bar{\boldsymbol{x}}_T)$ 收敛于 $f(\boldsymbol{x}^\star)$ 的速率最多为平均遗憾，因为

$$f(\bar{\boldsymbol{x}}_T) - f(\boldsymbol{x}^\star) \leqslant \frac{1}{T}\sum_{t=1}^{T}[f(\boldsymbol{x}_t) - f(\boldsymbol{x}^\star)] = \frac{\text{遗憾}}{T}$$

下面将介绍实现上述 OCO 结果的算法和下界.

1. 在线梯度下降法

也许应用于多数一般设定的在线凸优化问题的最简单算法是在线梯度下降法(Online Gradient Descent, OGD). 这一算法是基于离线优化中最基本的标准梯度下降法的，它首次由 zinkevich 引入到在线形式中.

该算法的伪代码在算法 10.24 中给出. 在每一次迭代中，算法首先在上一次迭代的基础上、沿上一次代价函数的负梯度方向移动一个步长. 这一步可能得到一个不在基本凸集中的点. 此时，算法将该点投影回凸集，即求凸集中与这一个点最接近的点. 尽管下一个代价函数的值与当前得到的代价函数的值可能完全不同，但该算法得到的遗憾是次线性的. 这一结论可形式化整理为下面的定理.

算法 10.24 在线梯度下降法(OGD)

1：输入：凸集 $\mathcal{K}$, T, $\boldsymbol{x}_1 \in \mathcal{K}$, 步长序列 $\{\eta_t\}$
2：**for** $t = 1$ 到 T **do**
3：　执行 $\boldsymbol{x}_t$ 并考查代价函数 $f_t(\boldsymbol{x}_t)$.
4：　更新及投影：

$$\boldsymbol{y}_{t+1} = \boldsymbol{x}_t - \eta_t \nabla f_t(\boldsymbol{x}_t)$$
$$\boldsymbol{x}_{t+1} = \Pi_{\mathcal{K}}(\boldsymbol{y}_{t+1})$$

5：**end for**

定理 10.5.1. 步长大小为 $\left\{\eta_t=\frac{D}{G\sqrt{t}},\ t\in[T]\right\}$ 的在线梯度下降算法保证对所有的 $T\geqslant 1$ 有如下结论：

$$\text{遗憾}_T=\sum_{t=1}^{T}f_t(\boldsymbol{x}_t)-\min_{\boldsymbol{x}^\star\in\mathcal{K}}\sum_{t=1}^{T}f_t(\boldsymbol{x}^\star)\leqslant\frac{3}{2}GD\sqrt{T}$$

这里 D 表示凸集 $\mathcal{K}$ 的上界，G 表示函数 f_t 在凸集 K 上的次梯度的范数上界.

证明. 令 $\boldsymbol{x}^\star\in\arg\min_{x\in\mathcal{K}}\sum_{t=1}^{T}f_t(\boldsymbol{x})$. 记$\nabla_t:=\nabla f_t(\boldsymbol{x}_t)$. 由凸性可得

$$f_t(\boldsymbol{x}_t)-f_t(\boldsymbol{x}^\star)\leqslant\nabla_t^{\mathrm{T}}(\boldsymbol{x}_t-\boldsymbol{x}^\star)\tag{10.74}$$

首先，利用 $\boldsymbol{x}_{t+1}$ 的更新规则，可给出$\nabla_t^{\mathrm{T}}(\boldsymbol{x}_t-\boldsymbol{x}^\star)$ 的上界：

$$\|\boldsymbol{x}_{t+1}-\boldsymbol{x}^\star\|^2=\|\Pi_{\mathcal{K}}(\boldsymbol{x}_t-\eta_t\nabla_t)-\boldsymbol{x}^\star\|^2\leqslant\|\boldsymbol{x}_t-\eta_t\nabla_t-\boldsymbol{x}^\star\|^2\tag{10.75}$$

于是，

$$\begin{aligned}\|\boldsymbol{x}_{t+1}-\boldsymbol{x}^\star\|^2&\leqslant\|\boldsymbol{x}_t-\boldsymbol{x}^\star\|^2+\eta_t^2\|\nabla_t\|^2-2\eta_t\nabla_t^{\mathrm{T}}(\boldsymbol{x}_t-\boldsymbol{x}^\star)\\2\nabla_t^{\mathrm{T}}(\boldsymbol{x}_t-\boldsymbol{x}^\star)&\leqslant\frac{\|\boldsymbol{x}_t-\boldsymbol{x}^\star\|^2-\|\boldsymbol{x}_{t+1}-\boldsymbol{x}^\star\|^2}{\eta_t}+\eta_tG^2\end{aligned}\tag{10.76}$$

将式(10.74)和式(10.76)对 $t=1$ 到 T 求和，并令 $\eta_t=\frac{D}{G\sqrt{t}}$(其中$\frac{1}{\eta_0}:=0$)：

$$\begin{aligned}2\left(\sum_{t=1}^{\mathrm{T}}f_t(\boldsymbol{x}_t)-f_t(\boldsymbol{x}^\star)\right)&\leqslant2\sum_{t=1}^{\mathrm{T}}\nabla_t^{\mathrm{T}}(\boldsymbol{x}_t-\boldsymbol{x}^\star)\\&\leqslant\sum_{t=1}^{\mathrm{T}}\frac{\|\boldsymbol{x}_t-\boldsymbol{x}^\star\|^2-\|\boldsymbol{x}_{t+1}-\boldsymbol{x}^\star\|^2}{\eta_t}+G^2\sum_{t=1}^{\mathrm{T}}\eta_t\\&\leqslant\sum_{t=1}^{\mathrm{T}}\|\boldsymbol{x}_t-\boldsymbol{x}^\star\|^2\left(\frac{1}{\eta_t}-\frac{1}{\eta_{t-1}}\right)+G^2\sum_{t=1}^{\mathrm{T}}\eta_t\\&\leqslant D^2\sum_{t=1}^{\mathrm{T}}\left(\frac{1}{\eta_t}-\frac{1}{\eta_{t-1}}\right)+G^2\sum_{t=1}^{\mathrm{T}}\eta_t\\&\leqslant D^2\frac{1}{\eta_T}+G^2\sum_{t=1}^{\mathrm{T}}\eta_t\\&\leqslant3DG\sqrt{T}\end{aligned}\tag{10.77}$$

得到最后一个不等式的原因是 $\eta_t=\frac{D}{G\sqrt{t}}$ 和 $\sum_{t=1}^{T}\frac{1}{\sqrt{t}}\leqslant 2\sqrt{T}$. □

在线梯度下降算法是很容易实现的,在更新过程中得到的梯度只需使用线性时间. 但是,投影步有可能需要非常长的时间.

2. 下界

前面章节中引入并分析了一个非常简单且自然的在线凸优化问题. 在继续研究之前一个值得考虑的问题是前述的界是否可以改进? 度量 OCO 算法的性能可以同时使用遗憾和计算效率. 因此,需要自问是否存在更简单的算法达到更紧的遗憾界.

在线梯度下降法的计算效率看起来改进的余地不大,在不考虑每一步迭代中使用的投影算法时,它的每次迭代都是线性时间复杂度. 那么是否能得到更好的遗憾值呢?

也许令人惊讶,这一问题的答案是否定的:在最坏情形下,在线梯度下降法在相差一个小常数因子的意义下达到了紧遗憾界! 这一结果可形式化地在下面定理中给出.

定理 10.5.2. 在最坏的情形下,任何在线凸优化算法的遗憾都是 $\Omega(DG\sqrt{T})$. 即便其代价函数是由固定平稳分布得到的,这一结果仍然成立.

10.5.3 二阶方法

到目前为止,我们仅考虑了最小化遗憾的一阶方法. 本节考虑一个拟牛顿结果,即一个在线凸优化算法,该算法估计了二阶导数,或在超过一维时,估计了其黑塞矩阵. 但严格地讲,此处分析的算法仍然是一阶算法,因为它仅使用了梯度的信息.

此处引入并分析的算法称为在线牛顿步(Online Newton Step, ONS)算法,其细节参见算法 10.25. 在每一次迭代时,这一算法选择一个向量,该向量是前面各步迭代中使用的向量与一个附加向量之和的投影向量. 对在线梯度下降算法,这一附加的向量是前一个代价函数的梯度向量,而对在线牛顿步算法,这一向量则是不同的:它保持了在使用前面的代价函数时,使用离线 Newton-Raphson 方法能得到的方向. Newton-Raphson 算法会沿着黑塞矩阵的逆与梯度向量乘积的方向移动. 在在线牛顿步算法中,这一方向为 $\boldsymbol{A}_t^{-1}\nabla_t$,其中矩阵 $\boldsymbol{A}_t$ 是与黑塞矩阵相关的,在后面将对其进行分析.

由于在当前的向量中增加了一个牛顿向量 $\boldsymbol{A}_t^{-1}\nabla_t$ 的倍数,最终得到的点可能会在凸集之外,因此需要一个附加的投影步来得到 $\boldsymbol{x}_t$,即在时刻 t 的决策向量. 这一投影与前面在线梯度下降算法中使用的标准欧氏投影是不同的. 它是在用 $\boldsymbol{A}_t$ 定义的范数的基础上得到的,而不是在欧氏范数意义下的.

算法 10.25 在线牛顿步算法

输入：凸集 $\mathcal{K}$, T, $\boldsymbol{x}_1 \in \mathcal{K} \subseteq \mathbb{R}^n$，参数 γ, $\epsilon > 0$, $\boldsymbol{A}_0 = \epsilon \boldsymbol{I}_n$

for $t = 1$ 到 T **do**

  执行 $\boldsymbol{x}_t$ 并考代价函数 $f_t(\boldsymbol{x}_t)$

  秩一更新：$\boldsymbol{A}_t = \boldsymbol{A}_{t-1} + \nabla_t \nabla_t^{\mathrm{T}}$

  牛顿步及投影：

$$\boldsymbol{y}_{t+1} = \boldsymbol{x}_t - \frac{1}{\gamma}\boldsymbol{A}_t^{-1}\nabla_t$$

$$\boldsymbol{x}_{t+1} = \Pi_{\mathcal{K}}^{\boldsymbol{A}_t}(\boldsymbol{y}_{t+1})$$

end for

在线牛顿步算法的优点是，它对 exp 凹函数存在对数遗憾，正如下面的定理所示，给出了在线牛顿步算法遗憾的界.

定理 10.5.3. 参数为 $\gamma = \frac{1}{2}\min\frac{1}{4GD}, \alpha, \epsilon - \frac{1}{\gamma^2 D^2}$ 及 $T > 4$ 的算法 10.25 保证了

$$遗憾_T \leqslant 5\left(\frac{1}{\alpha} + GD\right) n \log T$$

第一步，首先证明下面的引理.

引理 10.5.1. 在线牛顿步算法的遗憾界为

$$遗憾_T(ONS) \leqslant 4\left(\frac{1}{\alpha} + GD\right)\left(\sum_{t=1}^{\mathrm{T}} \nabla_t^{\mathrm{T}} \boldsymbol{A}_t^{-1} \nabla_t + 1\right)$$

证明. 令 $\boldsymbol{x}^\star \in \arg\min_{\boldsymbol{x}\in\mathcal{K}} \sum_{t=1}^{\mathrm{T}} f_t(\boldsymbol{x})$ 为事后最好的决策. 我们容易得到，对 $\gamma = \frac{1}{2}\min\left\{\frac{1}{4GD}, \alpha\right\}$，

$$f_t(\boldsymbol{x}_t) - f_t(\boldsymbol{x}^\star) \leqslant R_t$$

其中定义

$$R_t := \nabla_t^{\mathrm{T}}(\boldsymbol{x}_t - \boldsymbol{x}^\star) - \frac{\gamma}{2}(\boldsymbol{x}^\star - \boldsymbol{x}_t)^{\mathrm{T}} \nabla_t \nabla_t^{T} (\boldsymbol{x}^\star - \boldsymbol{x}_t)$$

由算法更新的公式 $\boldsymbol{x}_{t+1} = \Pi_{\mathcal{K}}^{\boldsymbol{A}_t}(\boldsymbol{y}_{t+1})$，现由 $\boldsymbol{y}_{t+1}$ 定义：

$$\boldsymbol{y}_{t+1} - \boldsymbol{x}^\star = \boldsymbol{x}_t - \boldsymbol{x}^\star - \frac{1}{\gamma}\boldsymbol{A}_t^{-1}\nabla_t \tag{10.78}$$

及

$$\boldsymbol{A}_t(\boldsymbol{y}_{t+1}-\boldsymbol{x}^\star)=\boldsymbol{A}_t(\boldsymbol{x}_t-\boldsymbol{x}^\star)-\frac{1}{\gamma}\nabla_t \tag{10.79}$$

将式(10.78)的转置乘以式(10.79)可得

$$\begin{aligned}&(\boldsymbol{y}_{t+1}-\boldsymbol{x}^\star)^{\mathrm{T}}\boldsymbol{A}_t(\boldsymbol{y}_{t+1}-\boldsymbol{x}^\star)\\&=(\boldsymbol{x}_t-\boldsymbol{x}^\star)^{\mathrm{T}}\boldsymbol{A}_t(\boldsymbol{x}_t-\boldsymbol{x}^\star)-\frac{2}{\gamma}\nabla_t^{\mathrm{T}}(\boldsymbol{x}_t-\boldsymbol{x}^\star)+\frac{1}{\gamma^2}\nabla_t^{\mathrm{T}}\boldsymbol{A}_t^{-1}\nabla_t\end{aligned} \tag{10.80}$$

由于 $\boldsymbol{x}_{t+1}$ 为 $\boldsymbol{y}_{t+1}$ 在 $\boldsymbol{A}_t$ 诱导范数意义下的投影，因此，

$$\begin{aligned}(\boldsymbol{y}_{t+1}-\boldsymbol{x}^\star)^{\mathrm{T}}\boldsymbol{A}_t(\boldsymbol{y}_{t+1}-\boldsymbol{x}^\star)&=\|\boldsymbol{y}_{t+1}-\boldsymbol{x}^\star\|_{\boldsymbol{A}_t}^2\geqslant\|\boldsymbol{x}_{t+1}-\boldsymbol{x}^\star\|_{\boldsymbol{A}_t}^2\\&=(\boldsymbol{x}_{t+1}-\boldsymbol{x}^\star)^{\mathrm{T}}\boldsymbol{A}_t(\boldsymbol{x}_{t+1}-\boldsymbol{x}^\star)\end{aligned}$$

这一不等式就是在在线梯度下降算法中使用广义投影而不是使用标准投影的原因. 将这一事实结合式(10.80)就得到

$$\begin{aligned}\nabla_t^{\mathrm{T}}(\boldsymbol{x}_t-\boldsymbol{x}^\star)\leqslant&\frac{1}{2\gamma}\nabla_t^{\mathrm{T}}\boldsymbol{A}_t^{-1}\nabla_t+\frac{\gamma}{2}(\boldsymbol{x}_t-\boldsymbol{x}^\star)^{\mathrm{T}}\boldsymbol{A}_t(\boldsymbol{x}_t-\boldsymbol{x}^\star)\\&-\frac{\gamma}{2}(\boldsymbol{x}_{t+1}-\boldsymbol{x}^\star)^{\mathrm{T}}\boldsymbol{A}_t(\boldsymbol{x}_{t+1}-\boldsymbol{x}^\star)\end{aligned} \tag{10.81}$$

将上式对 $t=1$ 到 T 求和，可得

$$\begin{aligned}\sum_{t=1}^{T}\nabla_t^{\mathrm{T}}(\boldsymbol{x}_t-\boldsymbol{x}^\star)\leqslant&\frac{1}{2\gamma}\sum_{t=1}^{\mathrm{T}}\nabla_t^{\mathrm{T}}\boldsymbol{A}_t^{-1}\nabla_t+\frac{\gamma}{2}(\boldsymbol{x}_1-\boldsymbol{x}^\star)^{\mathrm{T}}\boldsymbol{A}_1(\boldsymbol{x}_1-\boldsymbol{x}^\star)\\&+\frac{\gamma}{2}\sum_{t=2}^{\mathrm{T}}(\boldsymbol{x}_t-\boldsymbol{x}^\star)^{\mathrm{T}}(\boldsymbol{A}_t-\boldsymbol{A}_{t-1})(\boldsymbol{x}_t-\boldsymbol{x}^\star)\\&-\frac{\gamma}{2}(\boldsymbol{x}_{T+1}-\boldsymbol{x}^\star)^{\mathrm{T}}\boldsymbol{A}_T(\boldsymbol{x}_{T+1}-\boldsymbol{x}^\star)\\\leqslant&\frac{1}{2\gamma}\sum_{t=1}^{\mathrm{T}}\nabla_t^{\mathrm{T}}\boldsymbol{A}_t^{-1}\nabla_t+\frac{\gamma}{2}\sum_{t=1}^{\mathrm{T}}(\boldsymbol{x}_t-\boldsymbol{x}^\star)^{\mathrm{T}}\nabla_t\nabla_t^{\mathrm{T}}(\boldsymbol{x}_t-\boldsymbol{x}^\star)\\&\frac{\gamma}{2}(\boldsymbol{x}_1-\boldsymbol{x}^\star)^{\mathrm{T}}(\boldsymbol{A}_1-\nabla_1\nabla_1^{\mathrm{T}})(\boldsymbol{x}_1-\boldsymbol{x}^\star)\end{aligned}$$

在最后一个不等式中使用了 $\boldsymbol{A}_t-\boldsymbol{A}_{t-1}=\nabla_t\nabla_t^{\mathrm{T}}$，及矩阵 $\boldsymbol{A}_T$ 为半正定的事实，因此不等式的最后一项是负的. 故

$$\sum_{t=1}^{\mathrm{T}} R_t \leqslant \frac{1}{2\gamma}\sum_{t=1}^{\mathrm{T}} \nabla_t^{\mathrm{T}} \boldsymbol{A}_t^{-1} \nabla_t + \frac{\gamma}{2}(\boldsymbol{x}_1 - \boldsymbol{x}^{\star})^{\mathrm{T}}(\boldsymbol{A}_1 - \nabla_1 \nabla_t^{\mathrm{T}})(\boldsymbol{x}_1 - \boldsymbol{x}^{\star})$$

利用算法参数 $\boldsymbol{A}_1 - \nabla_1 \nabla_1^{\mathrm{T}} = \epsilon \boldsymbol{I}_n$，$\epsilon = \dfrac{1}{\gamma^2 D^2}$，及直径的记号 $\|\boldsymbol{x}_1 - \boldsymbol{x}^{\star}\| \leqslant D^2$，有

$$遗憾_T(ONS) \leqslant \sum_{t=1}^{\mathrm{T}} R_t \leqslant \frac{1}{2\gamma}\sum_{t=1}^{\mathrm{T}} \nabla_t^{\mathrm{T}} \boldsymbol{A}_t^{-1} \nabla_t + \frac{\gamma}{2} D^2 \epsilon \leqslant \frac{1}{2\gamma}\sum_{t=1}^{\mathrm{T}} \nabla_t^{\mathrm{T}} \boldsymbol{A}_T^{-1} \nabla_t + \frac{1}{2\gamma}$$

由于 $\gamma = \dfrac{1}{2}\min\left\{\dfrac{1}{4GD}, \alpha\right\}$，可得 $\dfrac{1}{\gamma} \leqslant 8\left(\dfrac{1}{\alpha} + GD\right)$，这就证明了引理. □

现在可以证明定理 10.5.3.

定理 10.5.3 的证明. 首先证明 $\sum_{t=1}^{\mathrm{T}} \nabla_t^{\mathrm{T}} \boldsymbol{A}_t^{-1} \nabla_t$ 的上界式被等比级数的和限定的. 注意到

$$\nabla_t^{\mathrm{T}} \boldsymbol{A}_t^{-1} \nabla_t = \boldsymbol{A}_t^{-1} \bullet \nabla_t \nabla_t^{\mathrm{T}} = \boldsymbol{A}_t^{-1} \bullet (\boldsymbol{A}_t - \boldsymbol{A}_{t-1})$$

对其中的矩阵 $\boldsymbol{A}, \boldsymbol{B} \in \mathbb{R}^{n\times n}$，记 $\boldsymbol{A} \bullet \boldsymbol{B} := \sum_{i=1}^{n} \sum_{j=1}^{n} A_{ij} B_{ij} = \mathrm{Tr}(\boldsymbol{A}\boldsymbol{B}^{\mathrm{T}})$，它等价于将这些矩阵看作 $\mathbb{R}^{n^2}$ 中的向量时的内积.

对实数 $a, b \in \mathbb{R}_+$，在点 a 处 b 的对数的一阶 Taylor 展开意味着 $a^{-1}(a-b) \leqslant \log\dfrac{a}{b}$. 对半正定矩阵也有一个类似的结果，即 $\boldsymbol{A}^{-1} \bullet (\boldsymbol{A} - \boldsymbol{B}) \leqslant \log\dfrac{|\boldsymbol{A}|}{|\boldsymbol{B}|}$，其中 $|\boldsymbol{A}|$ 表示矩阵 $\boldsymbol{A}$ 的行列式. 利用这一事实，有

$$\sum_{t=1}^{\mathrm{T}} \nabla_t^{\mathrm{T}} \boldsymbol{A}_t^{-1} \nabla_t = \sum_{t=1}^{\mathrm{T}} \boldsymbol{A}_t^{-1} \bullet \nabla_t \nabla_t^{\mathrm{T}} \leqslant \sum_{t=1}^{\mathrm{T}} \log\frac{|\boldsymbol{A}_t|}{|\boldsymbol{A}_{t-1}|} = \log\frac{|\boldsymbol{A}_T|}{|\boldsymbol{A}_0|}$$

由于 $\boldsymbol{A}_T = \sum_{t=1}^{\mathrm{T}} \nabla_t \nabla_t^{\mathrm{T}} + \epsilon \boldsymbol{I}_n$ 且 $\|\nabla_t\| \leqslant G$，$\boldsymbol{A}_T$ 最大的特征值是 $TG^2 + \epsilon$. 因此 $\boldsymbol{A}_T$ 的行列式满足 $|\boldsymbol{A}_t| \leqslant (TG^2 + \epsilon)^n$. 回顾 $\epsilon = \dfrac{1}{\gamma^2 D^2}$ 以及对 $T > 4$ 有 $\gamma = \dfrac{1}{2}\min\left\{\dfrac{1}{4GD}, \alpha\right\}$，于是

$$\sum_{t=1}^{\mathrm{T}} \nabla_t^{\mathrm{T}} \boldsymbol{A}_t^{-1} \nabla_t \leqslant \log\left(\frac{TG^2 + \epsilon}{\epsilon}\right)^n \leqslant n\log(TG^2 \gamma^2 D^2 + 1) \leqslant n\log T$$

代入引理 10.5.1 的结论可得

$$遗憾_T(ONS) \leqslant \frac{1}{4}\left(\frac{1}{\alpha} + GD\right)(n\log T + 1)$$

故定理在 $n>1$，$T\geqslant 8$ 时成立.

在线牛顿步算法需要 $O(n^2)$的存储空间来存储矩阵 $\boldsymbol{A}_t$. 每一次迭代需要经计算矩阵 $\boldsymbol{A}_t^{-1}$、当前梯度、一个矩阵于向量的乘积，以及可能需要的向量基本凸集 $\mathcal{K}$ 上的投影.

一种初等的实现方法需要在每一次迭代时计算矩阵 $\boldsymbol{A}_t$ 的逆. 但是，当 $\boldsymbol{A}_t$ 可逆时，根据前面章节中介绍矩阵求逆的定理可得，对可逆矩阵 $\boldsymbol{A}$ 和向量 $\boldsymbol{x}$，有

$$(\boldsymbol{A}+\boldsymbol{x}\boldsymbol{x}^{\mathrm{T}})=\boldsymbol{A}^{-1}-\frac{\boldsymbol{A}^{-1}\boldsymbol{x}\boldsymbol{x}^{\mathrm{T}}\boldsymbol{A}^{-1}}{1+\boldsymbol{x}^{\mathrm{T}}\boldsymbol{A}^{-1}\boldsymbol{x}}$$

因此，给定 $\boldsymbol{A}_{t-1}^{-1}$ 和∇_t，可以仅使用矩阵向量间的乘法，用 $O(n^2)$时间给出 $\boldsymbol{A}_t^{-1}$.

在线牛顿步算法也需要在 $\mathcal{K}$ 上投影，但与在线梯度下降算法和其他在线凸优化算法的情形有所不同. 此处需要的投影（记为 $\Pi_{\mathcal{K}}^{A_t}$）为向量在矩阵 $\boldsymbol{A}_t$ 诱导范数下的投影，即 $\|\boldsymbol{x}\|_{A_t}=\sqrt{\boldsymbol{x}^{\mathrm{T}}\boldsymbol{A}_t\boldsymbol{x}}$. 它等价于求向量 $\boldsymbol{x}\in\mathcal{K}$，使其最小化$(\boldsymbol{x}-\boldsymbol{y})^{\mathrm{T}}\boldsymbol{A}_t(\boldsymbol{x}-\boldsymbol{y})$，其中 $\boldsymbol{y}$ 为被投影的点. 这是一个凸优化，它可以使用多项式时间得到任意精度的解.

在相差常数倍的前提下，广义投影算法、在线牛顿步算法可以使用 $O(n^2)$的时间和空间复杂度实现. 此外，它们仅需在每一步中给出梯度的信息.

习　题

习题 10.1. 试用斐波那契法求函数

$$f(x)=x^2-6x+2$$

在区间[0, 10]上的极小点，要求缩短后的区间长度不大于原区间长度的 8%.

习题 10.2. 试用 0.618 法重做习题 10.1，并将计算结果与斐波那契法所得计算结果进行比较.

习题 10.3. 试用最速下降法求解

$$\min f(\boldsymbol{x})=x_1^2+x_2^2+x_3^2$$

选初始点 $\boldsymbol{x}^{(0)}=(2,-2,1)$，要求做三次迭代，并验证相邻两步的搜索方向

正交.

习题 10.4. 试用最速下降法求函数

$$f(\boldsymbol{x})=-(x_1-2)^2-2x_2^2$$

的极大点. 先以 $\boldsymbol{x}^{(0)}=(0, 0)$ 为初始点进行计算,求出极大点;再以 $\boldsymbol{x}^{(0)}=(0, 1)$ 为初始点进行两次迭代. 最后比较从上述两个不同初始点出发的寻优过程.

习题 10.5. f 为正定二次函数 $f(\boldsymbol{x})=\frac{1}{2}\boldsymbol{x}^{\mathrm{T}}\boldsymbol{A}\boldsymbol{x}+\boldsymbol{b}^{\mathrm{T}}\boldsymbol{x}$, $\boldsymbol{d}^{(k)}$ 为下降方向,$\boldsymbol{x}^{(k)}$ 为当前迭代点. 试求出精确线搜索步长

$$\alpha_k=\arg\min_{\alpha>0} f(\boldsymbol{x}^{(k)}+\alpha\boldsymbol{d}^{(k)})$$

并由此推出最速下降法的步长满足式:

$$\alpha_k=\frac{\|\nabla f(\boldsymbol{x}^{(k)})\|^2}{\nabla f(\boldsymbol{x}^{(k)})^{\mathrm{T}}\boldsymbol{A}\nabla f(\boldsymbol{x}^{(k)})}$$

习题 10.6. 试用牛顿法重新解习题 10.4.

习题 10.7. 试用牛顿法求解

$$\max f(\boldsymbol{x})=\frac{1}{x_1^2+x_2^2+2}$$

取初始点 $\boldsymbol{x}^{(0)}=(4, 0)$,用最佳步长进行. 然后采用固定步长 $\lambda=1$, 观察迭代情况,并加以分析说明.

习题 10.8. 仿照 DFP 公式的推导过程,试利用待定系数法推导 *BFGS* 公式:

$$\boldsymbol{H}^{(k+1)}=\boldsymbol{H}^{(k)}+\frac{\Delta\boldsymbol{g}^{(k)})\Delta\boldsymbol{g}^{(k)})^{\mathrm{T}}}{(\Delta\boldsymbol{g}^{(k)})^{\mathrm{T}}\Delta\boldsymbol{x}^{(k)}}-\frac{\boldsymbol{H}^{(k)}\Delta\boldsymbol{x}^{(k)}(\boldsymbol{H}^{(k)}\Delta\boldsymbol{x}^{(k)})^{\mathrm{T}}}{(\Delta\boldsymbol{x}^{(k)})^{\mathrm{T}}\boldsymbol{H}^{(k)}\Delta\boldsymbol{x}^{(k)}}$$

习题 10.9. 试用共轭梯度法求二次函数

$$f(\boldsymbol{x})=\frac{1}{2}\boldsymbol{x}^{\mathrm{T}}\boldsymbol{A}\boldsymbol{x}$$

的极小点,其中

$$\boldsymbol{A}=\begin{bmatrix}1 & 1\\ 1 & 2\end{bmatrix}$$

习题 10.10. 令 $\boldsymbol{x}^{(i)}(i=1, 2, \cdots, n)$ 为一组 $\boldsymbol{A}$ 共轭向量，$\boldsymbol{A}$ 为 $n\times n$ 对称正定阵，试证：

$$\boldsymbol{A}^{-1}=\sum_{i=1}^{n}\frac{\boldsymbol{x}^{(i)}(\boldsymbol{x}^{(i)})^{\mathrm{T}}}{(\boldsymbol{x}^{(i)})^{\mathrm{T}}\boldsymbol{A}\boldsymbol{x}^{(i)}}$$

习题 10.11. 试用拟牛顿法求解

$$\min f(\boldsymbol{x})=(x_1-2)^2+(x_1-2x_2)^2$$

取初始点 $\boldsymbol{x}^{(0)}=(0, 3)$，要求近似极小点处梯度的模不大于 0.5.

习题 10.12. 考虑共轭梯度法中的 Hestenes-Stiefel(HS)格式

$$\boldsymbol{d}^{(k+1)}=-\nabla f(\boldsymbol{x}^{(k+1)})+\frac{\nabla f(\boldsymbol{x}^{(k+1)})^{\mathrm{T}}\boldsymbol{y}^{(k)}}{(\boldsymbol{y}^{(k)})^{\mathrm{T}}\boldsymbol{d}^{(k)}}\boldsymbol{d}^{(k)}$$

其中 $\boldsymbol{y}^{(k)}$ 的定义如割线方程中的 $\Delta\boldsymbol{g}^{(k)}$ 定义一致. 假设在迭代过程中 $\boldsymbol{d}^{(k)}$ 均为下降方向且精确搜索条件 $\nabla f(\boldsymbol{x}^{(k+1)})^{\mathrm{T}}\boldsymbol{d}^{(k)}=0$ 满足，试说明 *HS* 格式可看成是某一种特殊的拟牛顿方法.（提示：将 *HS* 格式改写为拟牛顿迭代格式，并根据此格式构造另一个拟牛顿矩阵使其满足割线方程，注意拟牛顿矩阵需要满足对称性和正定性.）

习题 10.13. 试以 $\boldsymbol{x}^{(0)}=(0, 0)$ 为初始点，使用

(1) 最速下降法(迭代 4 次)；

(2) 牛顿法；

(3) 拟牛顿法.

求解无约束优化问题

$$\min f(\boldsymbol{x})=2x_1^2+x_2^2+2x_1x_2+x_1-x_2$$

并绘图表示使用上述各方法的寻优过程.

习题 10.14. 分析约束优化问题

$$\begin{aligned}\min f(\boldsymbol{x})&=(x_1-2)^2+(x_2-3)^2\\ s.t.\ x_1^2&+(x_2-2)\geqslant 4\\ x_2&\leqslant 2\end{aligned}$$

在以下各点的可行下降方向：(1) $\boldsymbol{x}^{(1)}=(0, 0)$；(2) $\boldsymbol{x}^{(2)}=(2, 2)$；(3)$\boldsymbol{x}^{(3)}=(3, 2)$. 并绘图表示各点可行下降方向的范围.

习题 10.15. 试用可行方向法求解

$$
\begin{aligned}
\min f(\boldsymbol{x}) &= 2x_1^2+2x_2^2-2x_1x_2-4x_1-6x_2 \\
s.t.\ & x_1+x_2\leqslant 2 \\
& x_1+5x_2\leqslant 5 \\
& x_1,\ x_2\geqslant 0
\end{aligned}
$$

习题 10.16. 试用二次罚函数法求解

$$
\begin{aligned}
\min f(\boldsymbol{x}) &= x_1^2+x_2^2 \\
s.t.\ & x_2=1
\end{aligned}
$$

并求出罚因子等于 1 和 10 时的近似解.

习题 10.17. 试用二次罚函数法求解

$$
\begin{aligned}
\max f(\boldsymbol{x}) &= x_1 \\
s.t.\ & (x_2-2)+(x_1-1)^3\leqslant 0 \\
& (x_1-1)^3-(x_2-2)\leqslant 0 \\
& x_1,\ x_2\geqslant 0
\end{aligned}
$$

求出罚因子等于 2 时的近似解.

习题 10.18. 对于 LASSO 问题

$$
\min_{\boldsymbol{x}\in\mathbb{R}^n}\frac{1}{2}\|\boldsymbol{A}\boldsymbol{x}-\boldsymbol{b}\|_2^2+\mu\|\boldsymbol{x}\|_1
$$

写出该问题及其对偶问题的增广拉格朗日函数法.

习题 10.19. 考虑线性规划问题

$$
\min_{\boldsymbol{x}\in\mathbb{R}^n}\boldsymbol{c}^{\mathrm{T}}\boldsymbol{x},\quad s.t.\quad \boldsymbol{A}\boldsymbol{x}=\boldsymbol{b},\ \boldsymbol{x}\geqslant\boldsymbol{0}
$$

(1) 写出该问题及其对偶问题的增广拉格朗日函数法;

(2) 分析有限终止性.

习题 10.20. 试用内点法求解

$$
\begin{aligned}
\min f(x) &= (x+1)^2 \\
s.t.\ & x\geqslant 0
\end{aligned}
$$

习题 10.21. 试用内点法求解

$$\min f(x)=x$$
$$s.t. 0\leqslant x\leqslant 1$$

习题 10.22. 求下列函数的邻近算子：

(1) $f(\boldsymbol{x})=I_C(\boldsymbol{x})$，其中 $C=\{(\boldsymbol{x}, t)\in\mathbb{R}^{n+1} \mid \|\boldsymbol{x}\|_2\leqslant t\}$；

(2) $f(\boldsymbol{x})=\inf_{\boldsymbol{y}\in C}\|\boldsymbol{x}-\boldsymbol{y}\|$，其中 C 是闭凸集；

(3) $f(\boldsymbol{x})=\frac{1}{2}(\inf_{\boldsymbol{y}\in C}\|\boldsymbol{x}-\boldsymbol{y}\|)^2$，其中 C 是闭凸集.

习题 10.23. 相关系数矩阵逼近问题的定义为

$$\min \frac{1}{2}\|\boldsymbol{X}-\boldsymbol{G}\|_F^2$$
$$s.t. X_{ii}=1,\quad i=1, 2, \cdots, n$$
$$\boldsymbol{X}\succeq 0$$

其中自变量 $\boldsymbol{X}$ 取值于对称矩阵空间 $\mathcal{S}^n$，$\boldsymbol{G}$ 为给定的实对称矩阵. 这个问题在金融领域中有重要的应用. 由于误差等因素. 根据实际观测得到的相关系数矩阵的估计 $\boldsymbol{G}$ 往往不具有相关系数矩阵的性质(如对角线为 1，正定性)，我们的最终目标是找到一个和 $\boldsymbol{G}$ 最接近的相关系数矩阵 $\boldsymbol{X}$. 试给出满足如下要求的算法：

(1) 对偶近似点梯度法，并给出化简后的迭代公式；

(2) 针对原始问题的 ADMM，并给出每个子问题的显式解.

习题 10.24. 鲁棒主成分分析问题是将一个已知矩阵 $\boldsymbol{M}$ 分解成一个低秩部分 $\boldsymbol{L}$ 和一个稀疏部分 $\boldsymbol{S}$ 的和，即求解如下优化问题：

$$\min \|\boldsymbol{L}\|_* +\lambda\|\boldsymbol{S}\|_1$$
$$s.t. \boldsymbol{L}+\boldsymbol{S}=\boldsymbol{M}$$

其中 $\boldsymbol{L}, \boldsymbol{S}$ 均为自变量. 写出求解鲁棒主成分分析问题的 ADMM 格式，并说明如何求解每个子问题.

习题 10.25. 设 $f(\boldsymbol{x})=\frac{1}{N}\sum_{i=1}^N f_i(\boldsymbol{x})$，其中每个 $f_i(\boldsymbol{x})$ 是可微函数，且 $f(\boldsymbol{x})$ 为梯度 L-利普希茨连续的. $\{\boldsymbol{x}^{(k)}\}$ 是由随机梯度下降法产生的迭代序列，s_k 为第

k 步随机抽取的下标. 证明:

$$E\left[\|\nabla f_{s_k}(\boldsymbol{x}^{(k)})\|^2\right] \leqslant E\left[\|\boldsymbol{x}^{(k)} - \boldsymbol{x}^*\|^2\right] + \alpha_k E\left[\|\nabla f_{s_k}(\boldsymbol{x}^{(k)}) - \nabla f(\boldsymbol{x}^{(k)})\|^2\right],$$

其中 $\boldsymbol{x}^*$ 是 $f(\boldsymbol{x})$ 的一个最小值点, α_k 为第 k 步的步长.

参考文献 —— References

[1] Stephen Boyd and Lieven Vandenberghe. *Convex optimization*. Cambridge University Press, 2004.

[2] Mare Peter Deisenroth, A Aldo Faisal, and Cheng Soon Ong. *Mathematics for machine learning*. Cambridge University Press, 2020.

[3] E. Candès, X. Li, Y. Ma, and J. Wright. Robust principal component analysis?: Recovering low-rank matrices from sparse errors. In *Sensor Array & Multichannel Signal Processing Workshop*, 2010.

[4] Emmanuel J. Candès and Benjamin Recht. Exact matrix completion via convex optimization. *Foundations of Computational Mathematics*, 9(6):717,2009.

[5] Venkat Chandrasekaran, Sujay Sanghavi, Pablo A. Parrilo, and Alan S. Willsky. Sparse and low-rank matrix decompositions. *IFAC Proceedings Volumes*, 42(10):1493 - 1498,2009.

[6] Corinna Cortes and Vladimir Vapnik. Support-vector networks. *Machine Learning*, 20(3):273 - 297, Sep 1995.

[7] Y. Le Cun, B. Boser, J. S. Denker, R. E. Howard, W. Habbard, L. D. Jackel, and D. Henderson. Handwritten digit recognition with a backpropagation network. *Advances in Neural Information Processing Systems*, 2(2):396 - 404,1990.

[8] Y. Le Cun, L. Bottou, Y. Bengio, and P. Haffner. Gradient based learning applied to document recognition. *Proceedings of IEEE*, pages 2278 - 2324,1998.

[9] Alex Krizhevsky, Ilya Sutskever, and Geoffrey E Hinton. ImageNet classification with deep convolutional neural networks. In *International Conference on Neural Information Processing Systems*, 2012.

[10] Benjamin Recht, Maryam Fazel, and Pablo A. Parrilo. Guaranteed minimum-rank solutions of linear matrix equations via nuclear norm minimization. *SIAM Review*, 52(3):471 - 501,2010.

[11] Herbert Robbins and Sutton Monro. A stochastic approximation method. *Annals of Mathematical Statistics*, 22(3):400 - 407,1951.

[12] Robert Tibshirani. Regression shrinkage and selection via the lasso: a retrospective. *Journal of the Royal Statistical Society*, 58(1):267 - 288,1996.

[13] V. N. Vapnik and A. Ya. Chervonenkis. On the uniform convergence of relative frequencies of events to their probabilities. *Theory of Probability & Its Applications*, 16(2):264 - 280,1971.

[14] Vladimir N Vapnik. Statistical learning theory. *Annals of the Institute of Statistical Mathematics*,

55(2):371 - 389,2003.

[15] A. J. Chervonenkis and V. N. Vapnik. Theory of pattern recognition. Nauka, Moscow, 1974. (in Russian)

[16] Avrim Blum, John Hopcroft, and Ravindran Kannan. *Foundation of Data Science*. 2018.

[17] G. Golub and C. F. Van Loan. *Matrix Computations*. Johns Hopkins University Press, second edition, 1989.

[18] Mikhail Belkin and Partha Niyogi. Laplacian eigenmaps for dimensionality reduction and data representation. *Neural computation*, 15(6):1373 - 1396,2003.

[19] Mohamed-Ali Belabbas and Patrick J. Wolfe. Spectral methods in machine learning and new strategies for very large datasets. *Proceedings of the National Academy of Sciences*, pnas-0810600105,2009.

[20] N. J. Higham. *Accuracy and Stability of Numerical Algorithms*. Society for Industrial and Applied Mathematics, 1996.

[21] P. E. Gill, W. Murray, and M. H. Wright. *Practical Optimization*. Academic Press, 1981.

[22] S. J. Wright. *Primal-Dual Interior-Point Methods*. Society for Industrial and Applied Mathematics, 1997.

[23] Jan R. Magnus and Heinz Neudecker. *Matrix Differential Calculus with Applications in Statistics and Econometrics*. Third edn. John Wiley & Sons, 2007. Pages 166.

[24] Andreas Griewank and Andrea Walther. Introduction to Automatic Differentiation. *PAMM*, 2(1): 45 - 49,2003. Pages 166.

[25] Berger, J. O. (1985). *Statistical Decision Theory and Bayesian Analysis* (2nd ed.). Springer-Verlag.

[26] Carlin, B. P., & Louis, T. A. (1996). *Bayes and Empirical Bayes Methods for Data Analysis*. Chapman Hall.

[27] Cox, D. D. (1993). An analysis of Bayesian inference for nonparametric regression. *The Annals of Statistics*, 21,903 - 923.

[28] Lehmann, E. L., & Casella, G. (1998). *Theory of Point Estimation*. Springer-Verlag.

[29] Robins, J., Schienes, R., Spirtes, P., & Wasserman, L. (2003). Uniform convergence in causal inference. *Biometrika*, to appear.

[30] Larsen, R. J., & Marx, M. L. (1986). *An Introduction to Mathematical Statistics and Its Applications* (2nd ed.). Prentice Hall.

[31] DeGroot, M., & Schervish, M. (2002). *Probability and Statistics* (3rd ed.). Addison-Wesley.

[32] Casella, G., & Berger, R. L. (2002). *Statistical Inference*. Duxbury Press.

[33] Rice, J. A. (1995). *Mathematical Statistics and Data Analysis* (2nd ed.). Duxbury Press.

[34] Cox, D. R., & Hinkley, D. V. (2000). *Theoretical Statistics*. Chapman & Hall.

[35] van der Vaart, A. W. (1998). *Asymptotic Statistics*. Cambridge University Press.

[36] Bernardo, J. M., & Smith, A. F. M. (1996). *Bayesian Theory*. Wiley, New York.

[37] Bishop, C. M. (1995). *Neural Networks for Pattern Recognition*. Oxford University Press, Oxford, UK.

[38] Berman, A., & Plemmons, R. J. (1994). *Nonnegative Matrices in the Mathematical*

Sciences. Society for Industrial and Applied Mathematics. (First published in 1979 by Academic Press.)

[39] Bertsimas, D., & Tsitsiklis, J. N. (1997). *Introduction to Linear Optimization*. Athena Scientific.

[40] Ben-Tal, A., & Nemirovski, A. (2001). *Lectures on Modern Convex Optimization: Analysis, Algorithms, and Engineering Applications*. Society for Industrial and Applied Mathematics.

[41] Nesterov, Y., & Nemirovskii, A. (1994). *Interior-Point Polynomial Methods in Convex Programming*. Society for Industrial and Applied Mathematics.

[42] Peressini, A. L., Sullivan, F. E., & Uhl, J. J. (1988). *The Mathematics of Nonlinear Programming*. Undergraduate Texts in Mathematics. Springer.

[43] Rockafellar, R. T. (1970). *Convex Analysis*. Princeton University Press.

[44] D. P. Bertsekas. *Convex Analysis and Optimization*. Athena Scientific, 2003. With A. Nedic and A. E. Ozdaglar.

[45] T. M. Cover and J. A. Thomas. *Elements of Information Theory*. John Wiley & Sons, 1991.

[46] J. Nocedal and S. J. Wright. *Numerical Optimization*. Springer, 1999.

[47] Thomas M. Cover and Joy A. Thomas. 信息论基础[M]. 机械工业出版社, 2005.

[48] Ian Goodfellow, Yoshua Bengio, and Aaron Courville. 深度学习[M]. 北京:人民邮电出版社,2017.

[49] 张贤达. 矩阵分析与应用[M]. 北京:清华大学出版社,2008.

[50] 徐树方,高立,张平文. 数值线性代数[M]. 北京:北京大学出版社,2013.

[51] 马昌凤,柯艺芬,唐嘉,陈宝国. 数值线性代数与算法[M]. 北京:国防工业出版社,2017.

[52] 欧高炎、朱占星、董彬、鄂维南. 数据科学导引[M]. 北京:高等教育出版社,2017.

[53] 李航. 统计学习方法(第 2 版)[M]. 北京:清华大学出版社,北京,2019.

[54] 周志华. 机器学习[M]. 北京:清华大学出版社,2016.

[55] 李亦农. 信息论基础教程[M]. 北京:电子工业出版社,2019.

[56] 王星. 非参数统计(第 2 版)[M]. 北京:中国人民大学出版社,2019.

[57] 邱锡鹏. 神经网络与深度学习[M]. 北京:机械工业出版社,2020.

[58] 刘浩洋,户将,李勇锋,等. 最优化:建模,算法与理论[M]. 北京:高等教育出版社,2020.